Editions Henri GOURSAU
14, avenue du Mail - 31650 Saint-Orens-de-Gameville
FRANCE
Tel. (33) 61 39 26 40 - Fax (33) 61 39 92 10

Other publications by Henri Goursau

- English-French Dictionary of Aeronautics and Space Technology. Volume 1 - 40,000 translations, hardback, 730 pages.

- French-English Dictionary of Aeronautics and Space Technology. Volume 2 - 50,000 translations, hardback, 732 pages.

- English-French Dictionary of Technical and Scientific Terms. Volume 1 - 80,000 translations, hardback, 936 pages.

- European Dictionary of Colloquial Terms and Everyday Expressions in French - English - German - Spanish - Italian - Portuguese - 50,000 translations, paperback, 765 pages.

- International Dictionary of Colloquial Terms and Everyday Expressions - 6 languages - 50,000 translations, paperback, 762 pages.

- The GOURSAU ELECTRONICS. A translation assistance software for the aerospace field for use on microcomputer compatible IBM PC with instantaneous access to some 100,000 technical terms and their translations in French and English.

Editions Henri GOURSAU
14, avenue du Mail - 31650 Saint-Orens-de-Gameville
FRANCE
Tel. (33) 61 39 26 40 - Fax (33) 61 39 92 10

Other publications by Nikolai N. Novitchkov

- English-Russian Aviation & Space Dictionary (with A.M. Murashkevich). 1974, about 70,000 terms, hardback, 1336 pages.

- English-Russian Military Dictionary of Radioelectronics, Laser & Infrared Engineering. 1984, about 30,000 terms, hardback, 640 pages.

- English-Russian Military Dictionary of Radioelectronics, Laser & Infrared Engineering. Second edition, revised and enlarged. 1993, about 32,000 terms, hardback, 654 pages.

- English-Russian Communications and Radioelectronics Abbreviations Dictionary (with F.S. Voroisky and others). 1989, about 30,000 abbreviations, hardback, 680 pages.

- English-Russian Dictionary of Antimissile & Antisatellite Defense. 1989, about 25,000 terms, hardback, 592 pages.

- The Comprehensive English-Russian Scientific and Technical Dictionary. In two volumes, approx. 200,000 entries. Volume 1 - 702 pages, volume 2 - 719 pages. 1991, hardback.

- English-Russian Dictionary of Advanced Aerospace Systems (with A.M. Murashkevich). 1993, about 40,000 terms, hardback, 724 pages.

- Electronic Dictionary of Aerospace Engineering (English-Russian and Russian-English). 55,000 entries and abbreviations on various fields of Aerospace Technology. The dictionary requires an IBM PC computer with hard disk with memory of 8 MB, RAM of about 50K, DOS 3.0 or higher; resident mode, SOUNDEX-like phonetic search both in English and Russian languages.

Editions Henri GOURSAU

DICTIONARY OF AERONAUTICS & SPACE TECHNOLOGY

ENGLISH-RUSSIAN

VOL. 1
First printing

АНГЛО-РУССКИЙ СЛОВАРЬ ПО АВИАЦИОННОЙ И КОСМИЧЕСКОЙ ТЕХНИКЕ

© 1994, Editions H. GOURSAU. All rights reserved including the right of reproduction in whole or in part in any form.

Distributed by Editions Henri Goursau
14, avenue du Mail, 31650 Saint-Orens-de-Gameville, FRANCE
Tel. (33) 61 39 26 40 - Fax (33) 61 39 92 10

To order write to the address above-mentioned.
ISBN 2-904 105-05-0

DICTIONARY OF AERONAUTICS AND SPACE TECHNOLOGY

ENGLISH-RUSSIAN

by

Henry GOURSAU

and

Dr. Nikolai NOVITCHKOV
Deputy Director of ITAR-TASS ASONTI News Agency
Vice Chairman of ISO's Subcommittee
for Aerospace Terminology

Prefaces by

Daniel S. Goldin
Administrator
National Aeronautics and Space Administration

Yuri Koptev
Director-General
of the Russian Space Agency

Jean Pierson
President and Chief Executive
Airbus Industrie

Valentin Klimov
Chairman and President of Tupolev Aviation
Scientific & Technological Complex

АНГЛО-РУССКИЙ АВИАЦИОННО-КОСМИЧЕСКИЙ СЛОВАРЬ

Анри ГУРСО

и

канд. техн. наук Н.Н. НОВИЧКОВ
Заместитель директора
АСОНТИ ИТАР-ТАСС
Заместитель председателя подкомитета ИСО
по авиационно-космической терминологии

Предисловия:

Даниэль Голдин
Директор НАСА

Юрий Коптев
Генеральный Директор
Российского Космического Агентства

Жан Пирсон
Президент и Исполнительный Директор концерна
"Эрбас Индастри"

Валентин Климов
Председатель и Президент АНТК им.Туполева

PREFACE

The aerospace community is an increasingly global one. There is an extensive cooperation among nations at the governmental level, and the aerospace industry is cooperating and competing in an international marketplace.

The United States and Russia have a history of governmental cooperation in the space field. In the post-Cold war world, these opportunities for cooperation are expanding dramatically, and new industrial ties between our two nations are being forged. Russia is opening its doors to other nations as well.

It is in this context that this dictionary will be an extremely useful and important tool. Clear and precise communication is essential to facilitate technological ties between nations. The depth of detail and the breadth of coverage in this work are both a tribute to the authors and a benefit to the user.

> Daniel S. GOLDIN
> Administrator
> National Aeronautics
> and Space Administration

ПРЕДИСЛОВИЕ

Авиационно-космическая промышленность все в большей степени приобретает всемирный характер. Между государствами осуществляется широкомасштабное сотрудничество на правительственном уровне, и авиационно-космические предприятия сотрудничают и конкурируют на международном рынке.

Соединенные Штаты Америки и Россия в течение длительного времени поддерживают сотрудничество на уровне правительств в области исследования космоса. В мире, характеризующемся окончанием "холодной войны", эти возможности для сотрудничества значительно расширяются, и создаются новые промышленные связи между двумя нашими государствами. Россия также открывает свои двери другим странам.

Именно в этих условиях данный словарь будет являться чрезвычайно полезным и необходимым пособием. Для укрепления сотрудничества в области технологий, первостепенное значение имеют четкость и точность общения. Авторы удачно соединили в словаре детальный характер изложения и глубину охвата материала, что принесет неоценимую пользу пользователям словаря.

Даниэль С. ГОЛДИН
**Директор
Национального управления
по аэронавтике и исследованию
космического пространства**

PREFACE

Space engineering plays a unique role in the present-day world ensuring the functioning of the world systems of communication, meteorology, navigation and rescue. Its prospects, aimed at resolving ecological, power, raw materials and other global challenges mankind is faced with, transcend the limits of national potentialities and are increasingly dependent on international cooperation. One of the most important milestones in cooperation in the field of astronautics is the "Soyuz-Apollo" Soviet-American project carried out 20 years ago. Representatives of a score of countries have already worked in space orbits, and yet the working languages of space cooperation are Russian and English.

The importance of good quality English-Russian and Russian-English dictionaries can hardly be overestimated for the purpose of reaching mutual understanding among specialists in space engineering. In Russia analogous dictionaries are published since 1958. The participation of well-known specialists in aerospace terminology Henri Goursau (France) and Nikolai Novichkov (Russia) in the current dictionary is a guarantee of the high practical-scientific level and profound benefit of the dictionary for further cooperation among peoples in space and on earth.

Yuri KOPTEV
Director General
of the Russian Space Agency

ПРЕДИСЛОВИЕ

Космическая техника играет в современном мире уникальную роль, обеспечивая функционирование всемирных систем связи, метеорологии, навигации и спасения. Ее перспективы, направленные на решение экологических, энергетических, сырьевых и прочих глобальных проблем человечества, перерастают национальные возможности и все более зависят от международного сотрудничества. Одной из значительных вех в сотрудничестве в области космонавтики стал осуществленный 20 лет тому назад советско-американский проект "Союз-Аполлон". На космических орбитах уже работали представители двух десятков стран, но рабочими языками сотрудничества в космонавтике являются русский и английский.

Для взаимопонимания специалистов космической техники трудно переоценить значение добротных англо-русских и русско-английских словарей. В России подобные словари издаются с 1958 года. Непосредственное участие в настоящем издании известных специалистов в области аэрокосмической терминологии Анри Гурсо (Франция) и Николая Новичкова (Россия) является залогом высокого научно-практического уровня и большой пользы данного словаря для дальнейшего сотрудничества между народами в космосе и на Земле.

Юрий Николаевич КОПТЕВ
Генеральный директор
Российского космического
агентства

PREFACE

The break-up of the Soviet Union, if it has brought about dramatic changes to our vision of a world dominated by two super powers, has opened up many opportunities and challenges in a number of industrial sectors. Air transport rates high among these. Aeroflot, before it was split into a number of subsidiaries, could claim to have the world's largest fleet of aircraft: 10,000 machines that ranged from crop-spraying to passenger-carrying planes. Equally, it rated as one of the world's largest airline in terms of passengers carried per year. True enough, the costs of air travel, within the Soviet Union, or to and from its Eastern European neighbours bore no relation to the actual cost of providing these services and the economic reality has now begun to prevail as forces regulating an open-market come into play.

Aircraft manufacturers of the former Soviet Union were heavily dependent on defence contracts and were monopoly suppliers to their domestic operators. They have a well-established reputation for some novel thinking in a number of aeronautical disciplines. They too, will now have to adapt to the new order and face up to being challenged by Western manufacturers on their home ground.

Airbus Industrie has long given consideration to tap the enormous potential for air transport that exists in the CIS. Its activities in Eastern Europe predates the momentous events which led to the collapse of the old political and economic order, with sales to the flag-carriers of the German Democratic Republic, Czechoslovakia, Bulgaria, Soviet Union and Romania. True enough, these successes were modest but we were, at least, among the first, if not the first Western aircraft manufacturing company to break into what was, until then, the chasse gardée of our competitors from the Soviet Union. We were equally, with the A310 sold to Aeroflot, the first Western manufacturer to have our aircraft certificated by the Soviet Union.

There is a need for our products in Eastern and Central Europe. The efficiency of our machines makes sound economic sense to all the airlines which serve this region. We must however bear in mind that the scarcity of hard currency as payment for our products does restrict the size of the market in the region for Western jetliners. The absence of a reliable statistical date base makes it difficult to attempt to forecast its size. But it seems clear that in the short and medium term, air traffic in the region now priced realistically is likely to decline as the bulk of the population devotes its limited economic resources to satisfying needs for basic consumer commodities. Significant air travel growth cannot be expected before the year 2000. There will be growth both in freight and passenger volumes in the CIS this is beyond doubt ; but it will not come overnight. Demand for air transport will be in step with economic development. Is it in the interest of major Western commercial aircraft manufacturers to seek to penetrate this market in unfettered competition with local, well-established traditional suppliers? For air travel to flourish, macroeconomic stability is essential to the transformation of the CIS into an open-market economy. This requires, therefore, the maintenance within the CIS of a variety of high technology industries, almost certainly including commercial aircraft manufacturing. It is essential that the indigenous participants in this industry be allowed to remain in business and this will be made possible through cooperation with Western aircraft manufacturers rather than head-to-head competition.

Such cooperation can take many forms and has been put in practice by Airbus Industrie. For example, VIAM, the All-Russia Institute of Aviation Materials, have agreed to provide us with samples of aluminium-lithium alloys for testing to confirm that the specification and quality meet our standards. We have used the trans-sonic wind tunnel facilities of the TSAGI Central Aerohydrodynamics Institute to test an A310 model, while Poland and Czechoslovakia are producing parts for some of our aircraft. Further progress beyond these preliminary steps must await a degree of stabilization. When the time is ripe, we will actively to foster and develop great collaboration between Airbus Industrie and the aircraft manufacturing industries of the CIS.

We are convinced that directly relevant experience and proven expertise are vital ingredients for successful collaboration on such complex products as manufacturing advanced commercial aircraft. On both counts, experience and expertise, the rich aeronautical heritage of Eastern European countries speaks volumes. And on cooperative projects, the Airbus Industrie success story is no less eloquent.

Jean PIERSON
President and Chief Executive
Airbus Industrie

ПРЕДИСЛОВИЕ

Распад Советского Союза, кардинальным образом внесший изменения в наше представление о мире, в котором главенствующее положение занимали две сверхдержавы, привел к созданию благоприятных возможностей и открыл новые горизонты в ряде отраслей промышленности. Среди них очень высоко котируется воздушный транспорт. Аэрофлот, перед тем как распасться на ряд более мелких фирм, мог претендовать на звание крупнейшей компании мира по количеству самолетов в мире: 10 тысяч машин от применяемых в сельском хозяйстве для борьбы с сорняками до пассажирских лайнеров. В равной степени Аэрофлот считался крупнейшей компанией в мире по количеству перевозимых пассажиров в год. Конечно же, нельзя не отметить тот факт, что стоимость полета в Советском Союзе или в восточноевропейских странах, не соответствовали реальным затратам по предоставлению этих услуг, и экономические реалии стали играть главенствующую роль по мере того, как стали действовать силы, направленные на создание открытого рынка.

Самолетостроительные предприятия бывшего Советского Союза полностью зависели от заказов министерства обороны и являлись монопольными поставщиками местных организаций-эксплуатантов. Они пользовались заслуженной репутацией за разработку определенных рационализаторских идей в ряде авиационных дисциплин. Они тоже вынуждены будут приспосабливаться к изменившейся ситуации, чтобы достойно встретить конкуренцию со стороны западных производителей на местном рынке.

Фирма "Эрбас Индастри" в течение продолжительного времени уделяла большое внимание изучению возможности использования громадного потенциала воздушного транспорта, существующего в СНГ. Фирма начала свою деятельность в Восточной Европе задолго до значительных событий, приведших к крушению старого политического и экономического порядка, осуществляя продажи авиакомпаниям Германской Демократической Республики, Чехословакии, Болгарии, Советского Союза и Румынии. Необходимо отметить достаточно скромный характер этих сделок, но мы, по крайней мере, были среди первых, если не первой западной самолетостроительной компанией, которая смогла прорваться на заповедную территорию наших конкурентов из Советского Союза. В равной степени, продав самолет А310 Аэрофлоту, мы стали первой западной самолетостроительной компанией, чей самолет был сертифицирован в Советским Союзе.

В Восточной и Центральной Европе существует потребность в нашей продукции. Высокая экономическая эффективность наших самолетов делает их привлекательными с экономической точки зрения для всех авиакомпаний в этом регионе. Однако, необходимо учитывать, что острая нехватка твердой валюты для закупок нашей продукции ограничивает объем рынка сбыта западных авиалайнеров в этом регионе. Отсутствие надежной статистической базы данных затрудняют попытки предсказать этот объем. Но, как представляется, нет сомнений в том, что в краткосрочной и среднесрочной перспективе объем воздушных перевозок в этом регионе по умеренным ценам, вероятно, будет сокращаться, так как основная масса населения направляет свои ограниченные денежные средства на покупку основных потребительских товаров. Значительное увеличение объемов воздушных перевозок можно ожидать к 2000 году. Рост объемов будет наблюдаться в СНГ как в перевозке грузов, так и пассажиров, в этом нет сомнения, но это не произойдет мгновенно. Спрос на услуги воздушного транспорта будет находиться в соответствии с экономическим развитием. В интересах ли крупных западных самолетостроительных фирм предпринимать попытки прорваться на этот рынок в условиях свободной конкуренции с местными, занимающими прочное положение традиционными поставщиками? Для того, чтобы воздушные перевозки стали широко популярными, для преобразования экономики СНГ в экономику свободного рынка необходима макроэкономическая стабильность. И эта задача требует поэтому сохранения в СНГ ряда высокотехнологичных отраслей промышленности, почти наверняка включающих производство коммерческих самолетов. Существенно важно, чтобы местные производители смогли продолжить работу в этой отрасли, что может быть осуществлено не посредством жесткой конкурентной борьбы, а в ходе сотрудничества с западными самолетостроительными фирмами.

Такое сотрудничество может принимать различные формы и на практике было осуществлено фирмой "Эрбас Индастри". Например, Всероссийский институт авиационных материалов (ВИАМ), согласился предоставить нам образцы алюминиево-литиевых сплавов для испытаний на соответствие спецификаций и качества нашим стандартам. Мы использовали трансзвуковую аэродинамическую трубу Центрального Аэрогидродинамического института (ЦАГИ) для испытаний модели самолета А310, Польша и Чехословакия изготавливают детали для наших самолетов. Расширение сотрудничества за рамки этих предварительных шагов должен последовать после определенной стабилизации в экономической жизни СНГ. Когда наступит подходящее время, мы предпримем все возможные шаги для установления и укрепления более плодотворного сотрудничества фирмы "Эрбас Индастри" с самолетостроителями СНГ.

Мы убеждены, что непосредственный опыт работы и проверенные на практике знания являются необходимыми компонентами для успешного сотрудничества по такой сложной продукции как производство современного коммерческого самолета. Опыт и знания, богатое наследие авиационного прошлого восточноевропейских стран говорят сами за себя. Что же касается проектов совместного сотрудничества, то успех фирмы "Эрбас Индастри" тоже говорит красноречивее всяких слов.

Жан ПИРСОН
Президент и Исполнительный
Директор консорциума
"Эрбас Индастри"

PREFACE

This English-Russian Dictionary of Aeronautics and Space Technology has been prepared by well-known specialists in the field of aerospace terminology Henri GOURSAU of France and Nikolai NOVICHKOV of Russia.

The present stage of development of aerospace engineering is characterized by strengthening of international cooperation between Russia, Western Europe and the USA, which makes the dictionary an indispensable tool for those working in the field of aeronautics and space.

The prospects of a Single European Market in 1994, in which the aviation world is particularly concerned, does not necessarily mean that the linguistic barriers will be any easier to surmount than the economic ones.

Henri GOURSAU and Nikolay Novichkov's dictionary therefore takes an active part in improving the dialogue between the communities which are likely live even closer together in the future.

Valentin KLIMOV
Director of the "A.N.Tupolev"
Aviation Scientific and
Technical Complex

ПРЕДИСЛОВИЕ

Англо-русский авиационно-космический словарь подготовлен известными специалистами в области авиационно-космической терминологии Анри Гурсо (Франция) и Николаем Новичковым (Россия).

Современное состояние развития авиационно-космической техники характеризуется укреплением сотрудничества между Россией, Западной Европой и США, что делает данный словарь незаменимым справочным пособием для специалистов, работающих в области авиации и космоса.

Перспективы создания Единого Европейского Рынка в 1994 году, в котором авиации предназначается особая роль, не означает, что лингвистические барьеры удастся преодолеть гораздо легче, чем экономические.

Поэтому словарь Анри Гурсо и Николая Новичкова принимает самое активное участие в улучшении диалога между народами, которым, вероятно, предстоит еще в более тесном единстве в будущем.

Валентин КЛИМОВ
Генеральный директор
Авиационного
Научно-Технического
Комплекса имени
А.Н.Туполева,
доктор технических наук

A

ABAC (abacus) .... мозаичная панель; сетчатая номограмма; ординатная сетка
ABAFT .... в хвостовой части; сзади, позади
ABANDON .... покидать (самолет в полете); исключать
ABANDONED AERODROME .... недействующий аэродром; закрытый для полетов аэродром
ABANDONED AIRCRAFT .... покинутый (экипажем) самолет; воздушное судно, исключенное из реестра (авиакомпании)
ABANDONED TAKE-OFF .... прерванный взлет; прерванный старт
ABANDONMENT .... покидание (самолета в полете); исключение
ABATE (to) .... ослаблять, уменьшать; снижать
ABATEMENT .... уменьшение; снижение; скидка; аннулирование
ABBREVIATED VISUAL APPROACH .... визуальный заход на посадку по упрощенной схеме
ABEAM .... на пересекающихся курсах; на траверзе
ABEAM THE LEFT PILOT POSITION .... на левом траверзе
ABEAM THE RIGHT PILOT POSITION .... на правом траверзе
ABILITY .... способность
ABILITY TO CONDUCT .... способность управлять (самолетом)
ABILITY TO MANEUVER .... способность маневрировать; способность к маневрированию
ABILITY TO PLACE PAYLOAD INTO ORBIT ..... способность к выведению полезной нагрузки [ПН] на орбиту
ABILITY TO REACH ANY ORBIT PLANE .. способность к выведению (ПН) на орбиту с любым наклонением
ABLATANT .... абляционный материал; абляционный теплозащитный экран; уносимое теплозащитное покрытие, уносимое ТЗП
ABLATE .... аблировать, подвергаться уносу массы
ABLATED DISTANCE .... толщина уносимого (теплозащитного) слоя
ABLATING CONE .... головной обтекатель с уносимым покрытием
ABLATING MATERIAL .... абляционный теплозащитный материал [ТЗМ], уносимый ТЗМ

ABLATING-TYPE TPS TRAJECTORY .... траектория, обеспечиваемая абляционной системой теплозащиты
ABLATION .... абляция, унос массы
ABLATION COMPOSITE .... абляционный композиционный материал, абляционный КМ
ABLATION-COOLED .... с абляционным охлаждением, охлаждаемый абляцией
ABLATION FACTOR .... коэффициент уноса массы
ABLATION-PROTECTED ENGINE .... (ракетный) двигатель с абляционной теплозащитой
ABLATION RATE .... скорость абляции, быстрота процесса уноса массы
ABLATIVE ELASTOMER COMPOSITE .... абляционный эластомерный композиционный материал [КМ]
ABLATIVE ENGINE ....(ракетный) двигатель с абляционной теплозащитой
ABLATIVE MATERIAL .... абляционный теплозащитный материал [ТЗМ], уносимый ТЗМ
ABLATIVE SEALANT .... абляционный герметик
ABLATIVE TILE ....абляционная теплозащитная плитка
ABLATOR ....абляционный материал; абляционный теплозащитный экран; уносимое теплозащитное покрытие [ТЗП]
ABLATOR TILE ....абляционная теплозащитная плитка
ABLAZE .... горящий; в огне, в пламени
ABLE TO CARRY .... способный к перевозке [транспортировке]
ABNORMAL ....аномальный
ABNORMALITY .... отклонение; неисправность; сбой
ABNORMAL NOISES .... аномальные шумы
ABNORMAL OPERATION .... аномальное функционирование
ABOARD ....на борту
ABOLITION .... отмена, аннулирование; упразднение
ABORT ....аварийное прекращение полета; аварийное возвращение (на Землю); прерванный полет
ABORT (to) .... аварийно прерывать (полет)
ABORT A MANEUVER (to) .... аварийно прерывать маневр
ABORT DEMONSTRATION TEST ....демонстрационное испытание на режиме аварийного прекращения полета
ABORTED .... прерванный, аварийно-прекращенный

ABORTED AIRCRAFT .... летательный аппарат, не выполнивший задание; ЛА, прервавший полет
ABORTED START .... прерванный пуск; прерванный старт
ABORTED TAKE-OFF .... прерванный взлет; прерванный старт
ABORT ENGINE .... двигатель системы аварийного прекращения полета; двигатель системы аварийного спасения [САС]
ABORT FROM ORBIT .... аварийный сход с орбиты
ABORTIVE FLIGHT .... невыполненный полет; неудачный полет
ABORT OF THE MISSION .... аварийное прекращение полета
ABORT ONCE-AROUND .... аварийное возвращение после первого витка
ABORT THE TAKE-OFF (to) .... прерывать взлет; прерывать старт
ABORT TO LAUNCH SITE .... аварийное возвращение на стартово-посадочный комплекс [СПК]
ABORT TO ORBIT .... аварийное прекращение полета при выведении на орбиту
ABORT TRAJECTORY .... траектория аварийного возвращения
ABOVE .... наверху, вверху; над, выше
ABOVE GROUND LEVEL .... над уровнем земли
ABOVE MEAN SEA LEVEL (AMSL) .... над средним уровнем моря
ABOVE TOLERANCE .... сверх допуска
ABRADABLE SEAL .... снашиваемое (трением) уплотнение
ABRADE (to) .... (и)стирать, изнашивать [снашивать] трением; обдирать; шлифовать
ABRADED .... изношенный трением; отшлифованный
ABRADING .... обработка абразивным инструментом; доводка; притирка; доводочный; притирочный
ABRASION .... абразивный износ, истирание
ABRASION RESISTANT .... стойкий к истиранию, абразивостойкий
ABRASION RESISTANT FINISH .... износостойкое покрытие
ABRASION WEAR .... абразивный износ
ABRASIVE .... абразив(ный) материал; абразивный
ABRASIVE BLAST (to) .... очищать шлифованием; очищать абразивной обработкой
ABRASIVE BLAST CLEANING .... очистка шлифованием; очистка абразивной обработкой
ABRASIVE BLASTING .... очистка шлифованием; очистка абразивной обработкой

ABRASIVE CLOTH	абразивное полотно
ABRASIVE DISK (rotary)	абразивный диск
ABRASIVE GRIT	песок для абразивной обработки
ABRASIVE HARDNESS	режущая твердость (абразивного материала); твердость на истирание
ABRASIVENESS	истирающая способность; абразивные характеристики
ABRASIVE PAPER	абразивная бумага, наждачная бумага
ABRASIVE PASTE	абразивная паста
ABRASIVE POWDER	абразивный порошок
ABRASIVE STONE	абразивный камень
ABRASIVE STRIP	абразивная лента
ABRASIVE WHEEL	абразивный круг
ABREAST	рядом, в один ряд на одной высоте (о строе самолетов); с расположением в ряд, на одной линии (о креслах); на траверзе
ABRUPT PULL OUT	резкий выход из пикирования
ABRUPT PULL UP	резкий переход на кабрирование
ABSOLUTE	абсолютный; максимальный
ABSOLUTE ACCELERATION	абсолютное ускорение
ABSOLUTE AIRSPEED INDICATOR	указатель истинной воздушной скорости
ABSOLUTE CEILING	абсолютный потолок; теоретический потолок
ABSOLUTE HUMIDITY	абсолютная влажность
ABSOLUTE PRESSURE	абсолютное давление
ABSOLUTE TEMPERATURE	абсолютная температура
ABSOLUTE VELOCITY	абсолютная скорость
ABSOLUTE VISCOSITY	абсолютная вязкость
ABSOLUTE VOLTAGE	абсолютное напряжение
ABSOLUTE ZERO (-459,688 deg. F)	абсолютный нуль (-273,16 град. С)
ABSORB (to)	абсорбировать, поглощать; амортизировать, впитывать
ABSORBABILITY	поглощающая способность, абсорбционная способность; амортизирующая способность
ABSORBED WAVE	поглощенная волна
ABSORBENT COTTON	гигроскопическая вата

ABSORBENT MATERIALS .... поглощающие материалы, поглотители
ABSORBER .... абсорбер, поглотитель, поглощающий материал; амортизатор; демпфер
ABSORBER CIRCUIT ....схема поглощения; поглощающий контур
ABSORBING FILM ....поглощающая пленка
ABSORPTION ....абсорбция, поглощение; впитывание; амортизация
ABSORPTION CIRCUIT .... схема поглощения; поглощающий контур
ABSORPTION FACTOR .... коэффициент поглощения
ABSORPTION WAVE... волна поглощения
ABSORPTIVITY ....поглощающая способность
ABUT (to)..............................соединять встык; наращивать, наставлять
ABUTMENT ....торец; упор; опора; пята
ABUTMENT FACE .... опорная поверхность; поверхность контакта
ABUTMENT SURFACE (abutting surface) .... опорная поверхность; ометаемая площадь (винта)
AC (alternating current) .... переменный ток
AC BUS .... шина переменного тока
ACC COMPOSITE .... усовершенствованный углерод-углеродный композиционный материал [КМ]
ACCELERATE (to)..ускорять; разгоняться
ACCELERATED AGEING TEST .... испытание на ускоренное старение
ACCELERATED FLIGHT ....полет с разгоном [с ускорением]; неустановившийся (по скорости) полет
ACCELERATED TECHNOLOGY AEROSPACEPLANE................. воздушно-космический самолет [ВКС], создаваемый при ускоренном развитии техники
ACCELERATE-STOP DISTANCE............. дистанция прерванного взлета
ACCELERATE-STOP DISTANCE AVAILABLE (ASDA)....... располагаемая дистанция прерванного взлета
ACCELERATING BURN ....разгонный импульс
ACCELERATING ENGINE .... разгонный двигатель
ACCELERATING PUMP ....ускорительный насос
ACCELERATION ....ускорение; разгон; перегрузка

ACCELERATION CONTROL UNIT .... автомат приемистости (двигателя); блок управления ускорением
ACCELERATION DETECTOR .... датчик ускорения; датчик перегрузки
ACCELERATION DUE TO GRAVITY .... ускорение силы тяжести; гравитационное ускорение
ACCELERATION FACTOR .... коэффициент перегрузки
ACCELERATION GOVERNOR .... регулятор ускорений; автомат приемистости
ACCELERATION INDICATOR .... указатель ускорений
ACCELERATION LIMIT .... предельное ускорение; предельная перегрузка
ACCELERATION OF FREE FALL .... ускорение свободного падения
ACCELERATION OF GRAVITY .... ускорение силы тяжести; гравитационное ускорение
ACCELERATION-PROOF .... с системой защиты от срабатывания при перегрузках
ACCELERATION RATE .... быстрота разгона, темп нарастания ускорения
ACCELERATION-SENSITIVE .... чувствительный к перегрузкам
ACCELERATION THROUGH MACH 1 .... разгон до сверхзвуковой скорости
ACCELERATION TIME .... время разгона; время приемистости (двигателя)
ACCELERATOR .... ускоритель; катализатор
ACCELERATOR ENGINE .... разгонный двигатель
ACCELERATOR PEDAL .... педаль управления ускорением
ACCELEROMETER .... акселерометр, измеритель перегрузок
ACCELEROMETRIC SENSOR .... датчик ускорений
ACCEPTANCE FAMILIARIZATION FLIGHT .... ознакомительный полет
ACCEPTANCE FLIGHT .... сдаточный полет
ACCEPTANCE OF MATERIAL .... приемка материала
ACCEPTANCE OF WEIGHTLESSNESS .... переносимость условий невесомости
ACCEPTANCE RATE .... пропускная способность (аэропорта)
ACCEPTANCE REPORT .... приемосдаточный акт
ACCEPTANCE STANDARD .... стандартные требования к приемке
ACCEPTANCE TEST .... приемосдаточное испытание
ACCEPTANCE TEST SPECIFICATIONS (ATS) .... условия приемки
ACCESS .... доступ; подход; люк; лючок; выборка

ACCESS DOOR	крышка смотрового люка
ACCESSIBILITY	доступность, достижимость; удобство осмотра и обслуживания
ACCESS OPENING	смотровое отверстие
ACCESSORIES DRAIN LINE	сливной трубопровод
ACCESSORY	вспомогательный агрегат; вспомогательное оборудование
ACCESSORY DRIVE	привод агрегатов
ACCESSORY DRIVE GEARBOX (case)	редуктор привода агрегатов
ACCESSORY GEARBOX (gearcase)	промежуточный редуктор
ACCESSORY UNIT	блок вспомогательных агрегатов
ACCESS PANEL	смотровая панель
ACCESS REMOVAL	демонтаж для доступа
ACCESS TIME	время ввода (данных)
ACCIDENT	авария; происшествие
ACCIDENTAL ACTUATION	самопроизвольное срабатывание
ACCIDENT CONDITIONS	аварийные условия
ACCIDENT DATA REPORT	(статистический) отчет об авиационных происшествиях
ACCIDENT-FREE	безаварийный
ACCIDENT-FREE FLIGHT	безаварийный полет
ACCIDENT RATE	уровень аварийности (полетов)
ACCIDENT REPORT	донесение об авиационном происшествии
ACCOMMODATION	аккомодация, приспособляемость (организма); размещение; помещение
ACCORDANCE	соответствие
ACCORDING TO	в соответствии с, согласно, по
ACCORDION FOLD (to)	изгибать гибкое соединение; сгибать в гофры, гофрировать
ACCOUNT	счет, расчет; считать, рассчитывать
ACCOUNTABILITY	считываемость, приспособленность к считыванию (параметров)
ACCOUNTING	учет; ведение учета
ACCOUNTS DEPARTMENT	расчетный отдел; бухгалтерская служба
ACCRETION	нарастание; наращивание
ACCUMULATE (to)	накапливать; аккумулировать
ACCUMULATED OPERATING TIME	суммарная наработка
ACCUMULATION	аккумулирование; накопление
ACCUMULATOR	аккумулятор; суммирующий счетчик
ACCUMULATOR BATTERY	аккумуляторная батарея

ACC

ACCUMULATOR CHARGING VALVE ...... зарядный клапан аккумулятора
ACCUMULATOR PLATE ....аккумуляторная пластина
ACCURACY .... точность; максимальная погрешность
ACCURACY LIMITS .... пределы погрешности
ACCURATE .... точный, правильный; калиброванный
ACCURATE INDICATION .... точная индикация
ACE .... ас, первоклассный летчик-истребитель
ACETATE .... ацетат, соль уксусной кислоты
ACETIC ACID .... уксусная кислота
AC GENERATOR (UNIT) ....генератор переменного тока
AC GENERATOR CONSTANT SPEED DRIVE............. привод постоянной
скорости генератора переменного тока
AC GENERATOR COOLING .... охлаждение генератора
переменного тока
ACHIEVE (to) ....достигать; реализовать
ACHIEVED OVERHAUL LIFE .... срок службы до капитального ремонта
ACID ....кислота; кислотный
ACID CONTENT ....содержание кислоты
ACID-COOLED ....охлаждаемый кислотой
ACIDITY, ACIDNESS .... кислотность
ACIDOMETER .... кислотометр
ACID PICKLING .... кислотное травление
ACID-PROOF, ACID-RESISTANT............................... кислотоупорный,
кислотостойкий
AC LINE FREQUENCY ....частота переменного тока
ACORN NUT .... глухая гайка
ACOUSTIC .... акустический
ACOUSTICAL .... акустический
ACOUSTICAL COUPLER ....акустическое устройство связи
ACOUSTICAL INSULATION PANEL .... звукоизоляционная панель
ACOUSTICAL TEST STAND ....стенд для акустических испытаний
ACOUSTICAL WALL ....звукопоглощающая стенка
ACOUSTIC FATIGUE ....акустическая усталость
ACOUSTIC FATIGUE TEST ....испытание на акустическую усталость
ACOUSTIC FREQUENCY ....звуковая частота
ACOUSTIC INSULATION ....звукоизоляция; шумоизоляция
ACOUSTIC NOISE.. акустический шум
ACOUSTICS .... акустика; акустические характеристики
ACOUSTIC TREATMENT ....акустическая облицовка
ACOUSTIC WAVE .... акустическая волна, звуковая волна

ACOUSTOELASTICITY .... акустикоупругие характеристики, характеристики упругости при акустическом воздействии
ACOUSTO-OPTICS .... акустикооптика
AC POWER DISTRIBUTION .... распределение мощности переменного тока
AC POWER LINE .... шина питания переменного тока
AC POWER ON PLANE .... бортовая электросеть переменного тока
ACQUIRE (to) .... обнаруживать (цель); захватывать (цель); определять местоположение (цели); собирать и накапливать (данные); принимать и различать (радио)сигналы; выходить в заданную точку
ACQUISITION .... определение местоположения (объекта); обнаружение (цели); захват на автоматическое сопровождение; прием и различение (радио)сигнала; сбор и накопление данных
ACROBATIC AIRCRAFT .... спортивно-пилотажный самолет
ACROBATIC FLIGHT (stunt) .... полет с выполнением фигур высшего пилотажа
ACROBATICS .... воздушная акробатика; высший пилотаж
ACROJET .... летчик-мастер высшего пилотажа на реактивных самолетах
ACROSS .... поперек, в ширину; по траверсу; по ту сторону
ACROSS-TRACK DISPLAY UNIT .... индикатор отклонения от линии пути
ACROSS-TRACK ERROR .... боковое отклонение (от расчетной траектории)
ACRYLIC .... акрилопласт; акриловый полимер; акриловый
ACRYLIC LACQUER .... акриловый лак
AC SUPPLY .... источник питания переменного тока
ACT (to) .... действовать; воздействовать
ACTING .... действующий
ACTIVATE (to) .... приводить в действие; переводить в рабочее состояние; включать; развертывать; вводить в строй
ACTIVATED .... приведенный в действие; включенный
ACTIVATION .... приведение в действие; перевод в рабочее состояние; включение; развертывание; ввод в строй; активация

ACTIVATOR	активатор; катализатор, активирующая присадка; вулканизирующее вещество
ACTIVE	активный; действующий; работоспособный; с экипажем на борту; работающий, включенный
ACTIVE AIRCRAFT	эксплуатируемый самолет; эксплуатируемое воздушное судно
ACTIVE CELL	активный элемент; заряженный элемент (батареи)
ACTIVE CONTROL TECHNOLOGY (ACT)	техника активного управления
ACTIVE-COOLING AIRCRAFT	самолет с активной системой охлаждения
ACTIVE GUIDANCE	активное наведение
ACTIVELY COOLED	с активным охлаждением
ACTIVELY COOLING SHUTTLE	многоразовый транспортный космический корабль [МТКК] с активной системой охлаждения
ACTIVE MAINTENANCE DOWNTIME	простой из-за технического обслуживания
ACTIVE MAINTENANCE TIME	продолжительность технического обслуживания
ACTIVE RUNWAY	действующая взлетно-посадочная полоса, действующая ВПП
ACTIVE SEEKER (active homing head)	активная головка самонаведения, активная ГСН
ACTIVE TENSION	действующее давление; действующее напряжение
ACTUAL	фактический, реальный; натурный
ACTUAL AIRBORNE TIME	время фактического нахождения в воздухе
ACTUAL AIRSPEED	фактическая воздушная скорость
ACTUAL FATIGUE TEST	усталостное испытание с реальным нагружением
ACTUAL FLIGHT CONDITIONS	реальные условия полета
ACTUAL FLIGHT PATH	фактическая траектория полета
ACTUAL HORSE POWER	фактическая мощность; фактическая тяга
ACTUAL SIDELINE NOISE LEVEL	боковой фактический уровень шума
ACTUAL TIME OF ARRIVAL	фактическое время прибытия

ACTUAL TIME OF DEPARTURE .... фактическое время вылета
ACTUAL TIME OVER (ATO) .... фактическое время прибытия в заданную точку
ACTUAL TIME OVERFLIGHT .... фактическое время пролета
ACTUATE (to) .... приводить в действие; возбуждать; срабатывать
ACTUATED TAB .... сервокомпенсатор; серворуль
ACTUATING BELLCRANK .... рычаг управления рулем
ACTUATING CYLINDER (ram) .... силовой цилиндр, цилиндр привода
ACTUATING LEVER .... ручка управления
ACTUATING ROD .... тяга (системы) управления
ACTUATION .... приведение в действие; включение; срабатывание; отклонение (рулей)
ACTUATION LINK .... тяга (системы) управления
ACTUATION ROD .... тяга (системы) управления
ACTUATION TEST .... испытание по уборке (шасси)
ACTUATOR .... силовой привод; исполнительный механизм; гидравлический цилиндр; подъемник; сервомотор; рулевая машинка
ACTUATOR BEAM .... штанга силового привода
ACTUATOR CYLINDER .... силовой цилиндр, цилиндр привода
ACUTE ANGLE .... острый угол
AC VOLTAGE .... переменное напряжение
ACYCLIC .... ацикличный; апериодический
ADAPTABILITY .... адаптируемость, приспособляемость; способность к приспособлению; совместимость
ADAPTABILITY TO SHAPES .... легкость формообразования
ADAPTATION .... адаптация, приспособление; самонастройка
ADAPTATION TO ZERO-G .... адаптация к условиям невесомости
ADAPTER .... переходник; переходный отсек; согласующее устройство; переходная муфта
ADAPTER SLEEVE .... соединительная муфта
ADAPTER SOCKET .... соединительный разъем
ADAPTER TEE .... тройник
ADAPTIVE .... адаптивный; самонастраивающийся
ADAPTIVE WALL .. адаптивная стенка (аэродинамической трубы, АДТ); стенка с самокоррекцией; самоиндукционная стенка

ADAPTOR	переходник; переходный отсек; согласующее устройство; переходная муфта
ADAPTOR BUSHING	переходная муфта
ADAPTOR COUPLING	соединительная муфта
ADAPTOR FITTING	переходное соединение
ADAPTRONICS	адаптроника, электроника систем адаптации
ADD (to)	присоединять; добавлять
ADDED	присоединенный; дополнительный
ADDER	сумматор
ADDING-MACHINE	вычислительная машина
ADDITION	присадка, добавка; дополнительный компонент; дополнение; сложение, суммирование
ADDITIONAL	добавочный, дополнительный
ADDITIONAL FLIGHT	дополнительный полет
ADDITIONAL PROTECTION	дополнительная защита
ADDITIONAL SEATS	дополнительные сиденья
ADDITIONAL TANK	дополнительный бак
ADD OIL (to)	доливать масло
ADD-ON	добавочный, дополнительный
ADDRESS DECODER	дешифратор адреса
ADDRESSEE	адресат
ADDRESSING	адресация
ADDRESS MARK	адресная метка
ADF (Automatic Direction Finder)	автоматический радиопеленгатор; автоматический радиокомпас
ADF APPROACH	заход на посадку по данным автоматического радиокомпаса
ADF BEARING	пеленг по автоматическому радиокомпасу
ADF CONTROL UNIT	блок управления автоматическим радиопеленгатором
ADF LOOP	рамочная антенна автоматического радиопеленгатора
ADF RECEIVER	приемник автоматического радиопеленгатора
ADHESION	адгезия, сцепление, прилипание
ADHESIVE	адгезионное покрытие; клей, клеящий материал
ADHESIVE SEALANT	клей-герметик
ADHESIVE TAPE	клеящая [липкая] лента
ADIABATIC	адиабатический

ADIABATIC COMPRESSIBLE FLOW	адиабатическое течение сжимаемой жидкости
ADIABATIC COMPRESSION TEMPERATURE	температура адиабатического сжатия
ADIABATIC EFFICIENCY	адиабатический кпд; степень адиабатичности
ADIABATIC PROCESS	адиабатический процесс
ADIABATIC TEMPERATURE	адиабатическая температура
ADIABATIC WALL EFFECTIVENESS	эффективность адиабатической стенки
ADIABATIC WALL TEMPERATURE	температура адиабатической стенки
ADJUST(to)	регулировать; устанавливать; настраивать; юстировать; подгонять; округлять; выравнивать; корректировать
ADJUSTABILITY	регулируемость; настраиваемость
ADJUSTABLE	регулируемый, настраиваемый
ADJUSTABLE ADAPTOR	регулируемый переходник
ADJUSTABLE BRACKET	регулируемая опора; регулируемая держазка
ADJUSTABLE CONDENSER	конденсатор переменной емкости
ADJUSTABLE CONTROL ROD	регулируемая тяга управления
ADJUSTABLE DIE	регулируемая плашка
ADJUSTABLE HEIGHT LANDING GEAR	шасси с регулируемой высотой
ADJUSTABLE NOZZLE	регулируемое сопло; сопло с изменяемым критическим сечением
ADJUSTABLE-PITCH PROPELLER	винт (фиксированного шага) с переставными лопастями
ADJUSTABLE ROD END	узел крепления регулируемой тяги
ADJUSTABLE SEAT	регулируемое сиденье
ADJUSTABLE SPANNER	разводной гаечный ключ
ADJUSTABLE STOP	регулируемый упор; переставной упор
ADJUSTABLE WRENCH	разводной гаечный ключ
ADJUSTED	отрегулированный; исправленный скорректированный, настроенный
ADJUSTED DATA PLATE	таблица поправок
ADJUSTER	регулятор, регулировочное приспособление; юстировочное устройство; техник-регулировщик
ADJUSTING NUT	регулировочная гайка

ADJUSTING POINT .... изменяемая координата; регулируемое положение (рабочего органа)
ADJUSTING SCREW .... установочный винт; регулировочный винт
ADJUSTING SHIM .... регулировочная прокладка; регулировочный винт
ADJUSTING TOOL .... регулировочное приспособление
ADJUSTING WASHER .... регулировочная шайба
ADJUSTMENT .... регулирование, регулировка; настройка; юстировка; корректировка, внесение поправок; подгонка; установка; округление; выравнивание
ADJUSTMENT FACTOR .... поправочный коэффициент
ADJUSTMENT SCREW .... установочный винт; регулировочный винт
ADJUSTMENT TEST .... проверка настройки
ADJUST WEIGHT .... уравновешивающий груз; противовес
ADMISSIBLE .... допустимый, приемлемый
ADMISSION .... впуск; подача; приток, поступление (воздуха)
ADMISSION LAG .... задержка подачи (топлива)
ADMIT (to) .... допускать; признавать
ADMITTANCE .... полная проводимость, адмиттанс; подача; подвод (топлива); разрешение (напр. таможенных или иммиграционных властей)
ADOPTED RATE .... принятый тариф
ADVANCE .... прогресс; улучшение; усовершенствование; продвижение; опережение; упреждение
ADVANCE (to) .... улучшать; усовершенствовать; опережать; распространяться; упреждать
ADVANCE BOOKING CHARTER (ABC) .... чартерный рейс с предварительным бронированием мест
ADVANCED .... усовершенствованный; перспективный
ADVANCED AEROSPACEPLANE .... перспективный воздушно-космический самолет [ВКС]
ADVANCED AIRCRAFT .... усовершенствованный летательный аппарат [ЛА]
ADVANCED FIGHTER AIRCRAFT .... истребитель нового поколения
ADVANCED IGNITION .... раннее зажигание
ADVANCED MODULAR DESIGN .... усовершенствованная модульная конструкция
ADVANCED PROPULSION AEROSPACEPLANE . воздушно-космический самолет [ВКС] с перспективной двигательной установкой [ДУ]

ADVANCE DRAWING CHANGE NOTICE (ADCN) .... извещение о предстоящем внесении изменений в чертеж
ADVANCED SYSTEM .... перспективная система
ADVANCED TECHNOLOGY .... перспективная техника; перспективная технология
ADVANCED TIMING .... опережение зажигания
ADVANCED TRAINING .... повышенная летная подготовка
ADVANCE OF PERIGEE .... смещение перигея в направлении движения
ADVANCING THE LEVER .... движение ручки вперед
ADVECTION .... адвекция
ADVERSE .... неблагоприятный; вредный
ADVERSE WEATHER .... неблагоприятная погода; сложные метеоусловия
ADVERSE WEATHER CONDITIONS .... сложные метеоусловия
ADVERSE WIND .... неблагоприятный (для полета) ветер; встречный ветер
ADVERTISEMENT .... объявление; реклама; анонс; извещение; известие
ADVERTISING .... рекламирование; публикация объявлений
ADVISE (to) .... советовать; консультировать
ADVISER .... советник
ADVISORY .... сводка (данных); сообщение; рекомендации; совещательный, консультативный; рекомендательный
ADVISORY AIRSPACE .... консультативное воздушное пространство (имеющее средства обеспечения информацией)
ADVISORY APPROACH .... заход на посадку по командам наземных станций
ADVISORY INFORMATION .... рекомендательная информация, консультативная информация
ADVISORY ROUTES .... маршруты консультативного обслуживания (экипажей), консультативные маршруты
ADVISORY SERVICE .... консультативное обслуживание (полетов)
AERATION .... вентиляция
AERATOR .... вентилятор
AERAULIC RESEARCH .... исследование процессов вентиляции
AERIAL .... антенна; авиационный, воздушный

AERIAL CABLE	антенный провод
AERIAL COLLISION	столкновение в воздухе
AERIAL COMBAT	воздушный бой
AERIAL DUSTING (spraying)	опыление с воздуха
AERIAL EVACUATION	эвакуация по воздуху
AERIAL FIGHT	воздушный бой
AERIAL NAVIGATION	аэронавигация, самолетовождение
AERIAL PHOTOGRAPHY	аэрофотосъемка
AERIAL REFUELING	дозаправка топливом в полете
AERIAL REFUELING AREA	район дозаправки топливом в полете
AERIAL SEARCH PATTERN	схема воздушного поиска
AERIAL SURVEY	аэрофотосъемка
AERIAL WORK	авиационные работы
AERO/THERMAL LOADS	аэродинамические и тепловые нагрузки
AEROACCELERATION	ускорение под действием аэродинамических сил
AEROACOUSTIC DESIGN	расчет аэроакустических характеристик
AEROACOUSTIC LOADS	аэроакустические нагрузки
AEROACOUSTICS	авиационная акустика, аэроакустика
AEROASSISTED	с использованием аэродинамических сил; с использованием аэродинамических средств торможения
AEROASSISTING	аэродинамическое торможение
AEROBALLISTIC	аэробаллистический; с небольшим аэродинамическим качеством; скользящий
AEROBALLISTIC DESCENT	аэробаллистический спуск; скользящий спуск; спуск с небольшим аэродинамическим качеством
AEROBALLISTICS	аэробаллистика
AEROBATIC FLIGHT	полет с выполнением фигур высшего пилотажа
AEROBATICS	воздушная акробатика; фигуры высшего пилотажа
AEROBRAKE	аэродинамический тормоз; воздушный тормоз
AEROBRAKED	с использованием аэродинамического торможения

AEROBRAKED AEROGLIDE	планирующий полёт в атмосфере с использованием средств аэродинамического торможения
AEROBRAKING	аэродинамическое торможение; воздушное торможение
AEROBRAKING AT PERIGEE	аэродинамическое торможение в перигее (орбиты)
AEROBRIDGE	телескопический трап
AEROCAPTURE	использование атмосферы для манёвра торможения; выведение (КА) на орбиту спутника с аэродинамическим торможением; захват (КА) атмосферой; вход (КА) в атмосферу планеты
AEROCLUB	аэроклуб
AEROCONTROL	аэродинамическое управление
AEROCRUISE	крейсерский полёт в атмосфере; маршевый полёт в атмосфере
AERODROME	аэродром
AERODROME ALERTING SERVICE	аэродромная служба аварийного оповещения
AERODROME ALTITUDE	высота аэродрома
AERODROME APPROACH	подход к зоне аэродрома
AERODROME AUTHORITY	администрация аэродрома
AERODROME BEACON	аэродромный маяк
AERODROME CHECK POINT	контрольная точка аэродрома
AERODROME CHECK-POINT SIGN	указатель контрольной точки аэродрома
AERODROME CIRCLING	полёт по кругу над аэродромом
AERODROME CIRCUIT	круг полёта над аэродромом
AERODROME CONTROL	управление (полётами) в зоне аэродрома; аэродромный диспетчерский пункт, АДП
AERODROME CONTROL POINT	аэродромный диспетчерский пункт, АДП
AERODROME CONTROL RADAR	диспетчерский аэродромный радиолокатор
AERODROME CONTROL RADIO	аэродромная радиостанция командной связи
AERODROME CONTROL RATING	квалификационная отметка о допуске (диспетчера) к управлению движением в зоне аэродрома

AERODROME CONTROL SECTOR .... зона контроля аэродрома диспетчерской службой
AERODROME CONTROL SERVICE .... служба управления движением в зоне аэродрома; аэродромное диспетчерское обслуживание
AERODROME CONTROL TOWER .... аэродромный диспетчерский пункт, АДП
AERODROME CONTROL UNIT .... аэродромный диспетчерский пункт, АДП
AERODROME EMERGENCY SERVICE .... аэродромная аварийная служба
AERODROME FIRE SERVICES PERSONNEL .... персонал аэродромной пожарной службы
AERODROME FLIGHT INFORMATION SERVICE .... аэродромная служба полетной информации
AERODROME GROUND SIGNALS .... наземные аэродромные сигналы
AERODROME HAZARD BEACON .... аэродромный заградительный (свето)маяк
AERODROME IDENTIFICATION SIGN .... опознавательный знак аэродрома; аэродромный маркировочный знак
AERODROME IN QUESTION .... указанный (планом полета) аэродром
AERODROME LIGHTING .... аэродромное светосигнальное оборудование
AERODROME LOCATING BEACON .... аэродромный приводной (радио)маяк
AERODROME OF CALL .... аэродром выхода (экипажа) на связь
AERODROME OF DEPARTURE .... аэродром вылета
AERODROME OF INTENDED LANDING .... аэродром предполагаемой посадки
AERODROME OF ORIGIN .... аэродром приписки
AERODROME REFERENCE POINT .... контрольный ориентир аэродрома
AERODROME SECURITY LIGHTING ..... светосигнальное оборудование аэродрома для обеспечения безопасности (передвижения наземных средств)

AERODROME SERVICE ....аэродромное (диспетчерское) обслуживание
AERODROME SURVEILLANCE RADAR (ASR) .... обзорный аэродромный радиолокатор
AERODROME TAXI CIRCUIT ....схема руления по аэродрому
AERODROME TRAFFIC..............................движение в зоне аэродрома
AERODROME TRAFFIC CIRCUIT .... аэродромный круг полетов
AERODROME USABILITY FACTOR ....коэффициент использования аэродрома
AERODROME UTILIZATION RATE ....степень использования аэродрома
AERODROME WIND DISTRIBUTION.................роза ветров аэродрома
AERODROME WIND SOCK .... аэродромный ветроуказатель
AERODYNAMIC ACTION .... аэродинамическое воздействие
AERODYNAMIC ADVANCES.................................. аэродинамические усовершенствования
AERODYNAMICAL BALANCING .... аэродинамическая балансировка
AERODYNAMICAL BLOCKAGE THRUST REVERSER........реверсор тяги со створками на дефлекторе газовой струи
AERODYNAMICAL BUFFET............ бафтинг, аэродинамическая тряска
AERODYNAMICAL CHARACTERISTICS .... аэродинамические характеристики
AERODYNAMICALLY ....с использованием аэродинамики
AERODYNAMICALLY ADVANCED ....с улучшенной аэродинамикой; с улучшенными аэродинамическими характеристиками
AERODYNAMICALLY BALANCED .с аэродинамической балансировкой; с аэродинамической компенсацией
AERODYNAMICALLY CLEAN,
AERODYNAMICALLY CONFIGURED .... с оптимальными аэродинамическими обводами, удобообтекаемый (о ЛА)
AERODYNAMICALLY CONTROLLED ....с аэродинамической системой управления
AERODYNAMICALLY HEATED .... с аэродинамическим нагревом
AERODYNAMICALLY IMPROVED............ с улучшенной аэродинамикой
AERODYNAMICALLY OPERATED .....управляемый аэродинамическими (рулевыми) поверхностями

AERODYNAMICALLY SHAPED .... с оптимальными аэродинамическими обводами, удобообтекаемый (о ЛА)

AERODYNAMICALLY STABLE .... аэродинамически устойчивый (о ЛА)

AERODYNAMICALLY TURNING AEROGLIDE .... планирующий полет в атмосфере с разворотами и использованием аэродинамических сил и моментов

AERODYNAMIC ASPECT-RATIO .... относительное удлинение аэродинамической поверхности

AERODYNAMIC BALANCE .... аэродинамическая балансировка; аэродинамические весы

AERODYNAMIC BOOSTING .... улучшение аэродинамических характеристик; выведение (на орбиту) с использованием аэродинамических сил

AERODYNAMIC BRAKING .... аэродинамическое торможение

AERODYNAMIC CENTRE (center) .... аэродинамический фокус

AERODYNAMIC CHORD .... аэродинамическая хорда

AERODYNAMIC CLEANNESS .... аэродинамическое совершенство

AERODYNAMIC COEFFICIENT IDENTIFICATION PACKAGE .... блок приборов для определения аэродинамических коэффициентов

AERODYNAMIC CONTROL .... управление с помощью аэродинамических поверхностей

AERODYNAMIC CONTROL TAB (boost tab) .... серворуль

AERODYNAMIC DESIGN .... аэродинамическое проектирование; аэродинамическая схема; аэродинамическая компоновка

AERODYNAMIC DEVELOPMENT AIRCRAFT .. летательный аппарат [ЛА] для отработки аэродинамики

AERODYNAMIC DRAG .... аэродинамическое (лобовое) сопротивление

AERODYNAMIC EFFICIENCY .... аэродинамическое качество

AERODYNAMIC FACTOR .... аэродинамический коэффициент

AERODYNAMIC FLUTTER .... аэроупругие колебания, флаттер

AERODYNAMIC FORCE .... аэродинамическая сила

AERODYNAMIC HEATING .... аэродинамический нагрев

AERODYNAMICIST .... инженер-аэродинамик, специалист по аэродинамике

AERODYNAMIC LOADING	аэродинамическая нагрузка
AERODYNAMIC MATCHING	согласование аэродинамических характеристик
AERODYNAMIC MOMENT	аэродинамический момент
AERODYNAMIC ORBITAL PLANE CHANGE AEROSPACEPLANE	ВКС с изменением наклонения [поворотом плоскости] орбиты аэродинамическим маневром
AERODYNAMIC PRESSURE	аэродинамическое давление
AERODYNAMIC PROFILE	аэродинамический профиль
AERODYNAMIC REFINEMENT	усовершенствование аэродинамики (ЛА)
AERODYNAMIC REVERSER	аэродинамическое реверсивное устройство
AERODYNAMICS	аэродинамика
AERODYNAMIC SEAL	гермоперегородка аэродинамической поверхности
AERODYNAMIC SHROUD	обтекатель
AERODYNAMIC SMOOTHING SEALANT	герметик для стыков аэродинамических поверхностей
AERODYNAMIC SURFACE	аэродинамическая поверхность
AERODYNAMIC TESTING	аэродинамическое испытание
AERODYNAMIC TORQUE	момент аэродинамических сил
AERODYNAMIC TRIM	аэродинамическая балансировка
AERODYNE (heavier-than-air aircraft)	ЛА, тяжелее воздуха
AEROELASTICALLY-INDUCED LOAD	нагрузка от аэроупругости (конструкции)
AEROELASTIC DISTORTION	аэроупругая деформация
AEROELASTIC INSTABILITY	аэроупругая неустойчивость
AEROELASTICITY	аэроупругость
AEROELASTIC STABILITY	аэроупругая устойчивость
AERO-ENGINE	авиационный двигатель
AEROFLIGHT	полет в атмосфере; атмосферный участок полета
AEROFOIL	аэродинамическая поверхность; аэродинамический профиль
AEROFOIL SECTION (airfoil section)	аэродинамический профиль; профиль несущей поверхности
AEROGLIDE	планирующий полет в атмосфере
AEROGRAPH	аэрограф
AEROGRAPHY	метеорология

AEROHEATING	аэродинамический нагрев
AEROHYDRODYNAMIC TESTING	аэрогидродинамическое испытание
AEROLITE	каменный метеорит
AEROLOGY	аэрология
AEROMAGNETISM	аэромагнетизм
AEROMANEUVER	аэродинамический маневр, маневр с использованием аэродинамических сил
AEROMANEUVERING	аэродинамическое маневрирование, маневрирование с использованием аэродинамических сил
AEROMARINE	военно-морская авиация
AEROMEDICAL RESCUE	спасение с использованием авиационной медицины
AEROMEDICINE	авиационная медицина
AEROMETRY	аэрометрия, измерения в воздухе
AEROMODELLER	авиамоделист
AEROMODELLING	авиамоделирование
AERONAUT	аэронавт; воздухоплаватель
AERONAUTICAL	авиационный; аэронавигационный
AERONAUTICAL BEACON	аэронавигационный маяк
AERONAUTICAL BROADCASTING SERVICE	радиовещательное обслуживание воздушных маршрутов
AERONAUTICAL CHART	аэронавигационная карта
AERONAUTICAL CLIMATOLOGY	авиационная климатология
AERONAUTICAL ENGINEERING	самолетостроение; авиационная конструкция
AERONAUTICAL EN-ROUTE INFORMATION	информационное обслуживание на маршруте полета
AERONAUTICAL FIXED SERVICE	аэронавигационная служба стационарных средств (связи)
AERONAUTICAL INDUSTRY	авиационная промышленность
AERONAUTICAL INFORMATION	аэронавигационная информация
AERONAUTICAL INFORMATION CONTROL	аэронавигационное диспетчерское обслуживание
AERONAUTICAL INFORMATION SERVICE	служба аэронавигационной информации, САИ
AERONAUTICAL METEOROLOGY	авиационная метеорология
AERONAUTICAL METEOROLOGY SERVICE	авиационная метеорологическая служба

AERONAUTICAL MOBILE-SATELLITE SERVICE ...... аэронавигационная служба спутниковых средств (связи)
AERONAUTICAL RATING .... категорирование летного состава
AERONAUTICAL ROUTE CHART .... карта авиационных маршрутов
AERONAUTICAL STATION OPERATOR .... оператор авиационной станции связи
AERONAUTICS .... авиация; воздухоплавание
AERONAVAL .... авиационный и морской; морской авиации
AERONAVIGATION .... аэронавигация; самолетовождение
AERONOMY .... аэрономия
AEROPAUSE .... аэропауза
AEROPHOTOGRAMMETRY .... аэрофотограмметрия
AEROPHOTOGRAPHY .... аэрофотография; аэрофотосъемка
AEROPLANE .... самолет
AEROPULSE .... пульсирующий воздушно-реактивный двигатель, ПуВРД
AEROSERVOELASTICITY .... взаимодействие аэроупругой конструкции и системы автоматического управления ЛА
AEROSHOW .... авиационный салон, авиасалон; авиационная выставка
AEROSOL CAN .... авиационная бомба объемного взрыва; бомба с взрывчатой топливовоздушной смесью
AEROSPACE .... воздушно-космическое пространство; воздушно-космический (о ЛА); авиационно-космический, авиакосмический
AEROSPACE ACOUSTICS .... авиационно-космическая акустика
AEROSPACE INDUSTRY .... авиационно-космическая промышленность
AEROSPACE MEDICINE .... авиационно-космическая медицина
AEROSPACEPLANE .... воздушно-космический самолет, ВКС
AEROSPACE VEHICLE .... воздушно-космический ЛА; воздушно-космический самолет, ВКС
AEROSPIKE .... носовая игла для улучшения аэродинамических характеристик
AEROSPIKE ENGINE .... ЖРД с центральным телом и дожиганием горючего в подводимом воздухе
AEROSTALL .... аэродинамический срыв; срыв воздушного потока
AEROSTAT (balloon, airship) .... аэростат; ЛА легче воздуха

AEROSTATIC BALLOON	аэростат
AEROSTATICS	воздухоплавание
AEROSURFACE	аэродинамическая поверхность
AEROTECHNICS	авиационная техника
AEROTHERMOCHEMISTRY	аэротермохимия
AEROTHERMODYNAMIC LOADS	аэротермодинамические нагрузки
AEROTHERMODYNAMICS	аэротермодинамика
AEROTHERMOELASTICITY	аэротермоупругость
AEROTHERMOPLASTICITY	аэротермопластичность
AERO-TOW FLIGHT	полет на буксире
AETHER	эфир
AF AMPLIFIER (audio frequency)	усилитель звуковой частоты
AFFECT (to)	воздействовать; влиять
AFFECTED AREA	поврежденная зона
AFFIRMATIVE	утвердительный; "да", "разрешаю" (ответ при ведении переговоров)
AFFORDABILITY	реализуемость, осуществимость
AF INPUT	входной звуковой сигнал
AFIRE, AFLAME	охваченный пламенем, горящий
AFLOAT	на море; на воде; плавающий; плывущий
AFOCAL TELESCOPE	телескоп с афокальным зеркалом
AFT	задняя часть (фюзеляжа); хвостовая часть (самолета); задняя полусфера; задний; хвостовой
AFT BODY FLAP	хвостовой (под)фюзеляжный щиток
AFT ENTRY DOOR	задняя входная дверь; задний смотровой люк
AFTERBODY	хвостовая часть; сопровождающее тело (отброшенное от КА); последняя ступень ракеты-носителя
AFTERBURNER (DUCT)	форсажная камера
AFTERBURNER LIGHT-UP	включение форсажной камеры
AFTERBURNING	дожигание (топлива) в форсажной камере; работа на форсажном режиме
AFTERBURNING TIME	время полета на форсаже
AFTERCOMBUSTION	дожигание (топлива)
AFTERCOOLER	выходной вторичный теплообменник
AFTEREFFECT	последействие
AFTERGLOW	послесвечение
AFTER-HEAT	остаточное тепловыделение

AFTERHEATER	тепловой экран
AFTERIMAGE	остаточное изображение
AFTER-PLATING	дополнительное нанесение гальванического покрытия
AFTERPOWER	остаточное энерговыделение
AFTERPULSE	остаточный импульс, послеимпульс
AFTERPULSING	остаточная пульсация
AFTER-SALE(S)/SERVICE SUPPORT	сервисное обслуживание после поставки
AFTER USE	после эксплуатации
AFT FACING SEAT	кресло, расположенное против направления полета
AFT FLAP	задняя часть закрылка
AFT FUSELAGE JACK	подъемник хвостовой части фюзеляжа
AFT GALLEY DOOR	задняя дверь бортовой кухни
AFT LAVATORY	задний туалет
AFT-MOUNTED TRIM FLAP	хвостовой балансировочный щиток
AFT STAIR WELL	ниша заднего трапа
AFT THRUST REVERSER	задний реверсор тяги двигателя
AFT TRANSLATION	перемещение назад
AGE HARDENING	дисперсионное твердение; упрочнение при старении
AGEING (aging)	старение (материала)
AGENCY	агентство; представительство
AGENT	вещество; присадка; реактив; компонент; агент; представитель (авиакомпании)
AGENT DISCHARGE CIRCUIT	схема слива компонента
AGING OF MATERIALS	старение материалов
AGITATE (to)	взбалтывать, перемешивать, встряхивать
AGITATION	возбуждение; взбалтывание; перемешивание; встряхивание; турбулизация; тряска
AGITATOR	смеситель
AGREE (to)	соглашаться; договариваться; соответствовать, подходить
AGREED REPORTING POINT	согласованный пункт выхода на связь
AGREED TARIFF	согласованный тариф
AGRICULTURAL AIRCRAFT	сельскохозяйственный самолет
AGRICULTURAL PILOT	летчик сельскохозяйственной авиации
AHEAD	впереди, вперед
AHEAD OF SCHEDULE	с опережением графика

AHEAD OF THE WING	носок крыла
AID	средство (обеспечения); устройство
AIDS TO LOCATION	средства пеленгования
AID TO AIR NAVIGATION	аэронавигационное средство
AID TO APPROACH	средство (обеспечения) захода на посадку
AILERON	элерон
AILERON AND ELEVATOR CONTROL COLUMN	ручка управления элеронами и рулем высоты
AILERON CONTROL	управление элеронами
AILERON CONTROL SURFACE SNUBBER	демпфер элерона
AILERON CONTROL WHEEL	штурвал управления элеронами
AILERON GUST LOCK	стопор элерона
AILERON HYDRAULIC COMPENSATOR	гидравлический компенсатор элеронов
AILERON LOCKOUT	фиксация элеронов
AILERON SERVO	сервопривод элеронов
AILERON SERVO UNIT	рулевая машинка элеронов
AILERON SPRING CARTRIDGE	пружинная тяга элерона
AILERON TAB	триммер элерона
AILERON TRIM	балансировочное отклонение элерона; триммер элерона
AIM	цель; прицеливание
AIM (to)	прицеливаться; наводить
AIMING	прицеливание; визирование; наведение; наводка; целеуказание
AIMING POINT	точка прицеливания; точка наведения; точка визирования; прицельная точка посадки, точка касания колес
AIR	воздух; атмосфера; воздушное пространство; воздушная масса; воздушный; атмосферный; авиационный
AIR/GROUND COMMUNICATIONS	(двусторонняя) связь "воздух - земля"
AIR/GROUND SENSING SYSTEM	бортовая система обнаружения наземных объектов
AIR/OIL VAPOR MIXTURE	смесь воздушно-масляных паров
AIR ACCIDENTS	летные происшествия
AIR AMBULANCE	эвакуация по воздуху
AIR AMBULANCE HELICOPTER	санитарный вертолет

AIR AMBULANCE SERVICE	авиационно-медицинская служба
AIR-AND-OIL SHOCK-ABSORBER	масляно-пневматический амортизатор, жидкостно-воздушный амортизатор
AIR ATTACK	воздушный налет; нападение с воздуха
AIR-AUGMENTED	ракетно-прямоточный (о двигателе)
AIR BAFFLE	дефлектор воздушной струи
AIR BASE	авиационная база, база ВВС
AIR BATTLE	воздушный бой
AIR BLAST	воздушная ударная волна; струя воздуха
AIR BLAST ATOMIZER	распылитель воздушной струи
AIR BLEED DUCT	отводящий воздухопровод
AIR BLEED PORT	отверстие отбора воздуха
AIR BLEED SYSTEM	система отбора воздуха
AIR BLEED VALVE	клапан системы отбора воздуха
AIRBORNE	воздушно-десантный; перевозимый по воздуху; аэротранспортабельный; находящийся в воздухе; бортовой
AIRBORNE AUXILIARY POWER	вспомогательная силовая установка, ВСУ
AIRBORNE COMPUTER	бортовая цифровая вычислительная машина, БЦВМ
AIRBORNE DELAY	ожидание (посадки) в воздухе
AIRBORNE EARLY WARNING (AEW)	дальнее радиолокационное обнаружение, ДРЛО
AIRBORNE EQUIPMENT	бортовое оборудование; бортовая аппаратура
AIRBORNE FLIGHT INSTRUMENTS	бортовые пилотажные приборы
AIRBORNE FORCES	воздушно-десантные войска, ВДВ
AIRBORNE HOUR	летный час; часы налета
AIRBORNE INSTRUMENTS	бортовые приборы
AIRBORNE PATH	воздушный участок траектории (ЛА)
AIRBORNE RADAR	бортовая радиолокационная станция, бортовая РЛС
AIRBORNE RANGING RADAR	бортовой радиодальномер
AIRBORNE SUPPORT EQUIPMENT (ASE)	бортовое вспомогательное оборудование
AIRBORNE TAXI	"воздушное такси"
AIRBORNE TIME	полетное время, время полета
AIRBORNE TRANSPONDER	бортовой радиоответчик

AIRBORNE TROOPS .... воздушно-десантные войска, ВДВ
AIRBORNE WARNING AND CONTROL SYSTEM (AWACS) .... самолет дальнего радиолокационного обнаружения и управления, самолет ДРЛО и управления
AIRBRAKE (speed brake) .... аэродинамический тормоз; тормозной щиток
AIRBRAKE EXTENSION .... выпуск аэродинамического тормоза; открытие тормозного щитка
AIR-BRAKE JACK .... цилиндр управления воздушными тормозами
AIRBREATHER .... воздушно-реактивный двигатель, ВРД; разгонщик с ВРД
AIR BREATHING .... потребление воздуха
AIR BREATHING ENGINE .... воздушно-реактивный двигатель, ВРД
AIRBREATHING MOTOR .... воздушно-реактивный двигатель, ВРД
AIRBRIDGE .... воздушный мост, воздушные перевозки; телескопический трап
AIR BUBBLE .... воздушный пузырь
AIR BUMP .... воздушный порыв; воздушная "яма"
AIRBUS (pluriel airbuses) .... аэробус
AIRBUS PROGRAM .... программа создания аэробуса
AIR-BYPASS DOOR .... створка перепуска воздуха
AIR CARGO .... груз для воздушной перевозки
AIR CARGO TERMINAL .... грузовой комплекс аэропорта
AIR CARRIER .... воздушный перевозчик, авиаперевозчик
AIR CART .... тележка с баллонами сжатого воздуха
AIR CHAMBER .... воздушная камера
AIR CHANNEL .... воздухопровод; воздушный канал
AIR CHARGING INTAKE .... штуцер для зарядки сжатым воздухом
AIR CHARGING VALVE .... зарядный (воздушный) клапан
AIR CHARTER CARRIER .... чартерный авиаперевозчик
AIR CHUTE .... парашют
AIR CIRCULATION OVEN .... печь с круговой циркуляцией воздуха
AIR CLEANER .... воздухоочиститель; воздушный фильтр
AIR COLLISION .... столкновение в воздухе
AIR COMBAT .... воздушный бой
AIR COMBAT FIGHTER .... (самолет-)истребитель
AIR COMBAT SIMULATOR ...... тренажер для отработки воздушного боя
AIR CONDITIONED .... с кондиционированным воздухом
AIR CONDITIONER .... кондиционер

AIR CONDITIONING	кондиционирование воздуха
AIR CONDITIONING DUCT	трубопровод системы кондиционирования воздуха
AIR CONDITIONING PACK	установка для кондиционирования воздуха
AIR CONDITIONING SYSTEM	установка для кондиционирования воздуха
AIR CONTROL	диспетчерское обслуживание воздушного пространства
AIR COOLED	с воздушным охлаждением
AIR COOLED ENGINE	двигатель с воздушным охлаждением
AIR COOLING	воздушное охлаждение
AIR COOLING UNIT	установка воздушного охлаждения
AIR CORRIDOR	воздушный коридор
AIR COVER	прикрытие с воздуха, авиационное прикрытие
AIRCRAFT (A/C)	летательный аппарат, ЛА; самолет; вертолет; воздушное судно
AIRCRAFT ACCIDENT	авария самолета; авиационная авария; авиационная катастрофа; летное происшествие
AIRCRAFT ATTITUDE	пространственное положение самолета
AIRCRAFT BALANCE	центровка самолета; центровка ЛА
AIRCRAFT BREAK-UP	разрушение самолета; разрушение ЛА
AIRCRAFT CARRIER	авианосец
AIRCRAFT CATEGORY	классификация ЛА по типам
AIRCRAFT CERTIFICATE	сертификат ЛА
AIRCRAFT COMMANDER	командир корабля; командир экипажа
AIRCRAFT DIVISION DIRECTOR	командир летного отряда; директор авиационного отделения (фирмы)
AIRCRAFT EMERGENCY LOCATOR	бортовой аварийный приводной (радио)маяк
AIRCRAFT ENGINE	авиационный двигатель
AIRCRAFT ENGINE MANUFACTURER	фирма-изготовитель авиационных двигателей
AIRCRAFT EQUIPMENT	бортовое оборудование; бортовая аппаратура
AIRCRAFT FIRE POINT	очаг пожара на ЛА
AIRCRAFT FIX LATITUDE	широта местонахождения самолета
AIRCRAFT FLEET	парк воздушных судов; парк летательных аппаратов
AIRCRAFT FLIGHT REPORT	полетный лист ЛА

AIRCRAFT FURNISHINGS	бортовое оборудование
AIRCRAFT GROSS WEIGHT	взлетная масса ЛА
AIRCRAFT GROUND EQUIPMENT (AGE)	наземное оборудование для обслуживания ЛА; наземное авиационное оборудование
AIRCRAFT GROUNDING	прекращение полетов ЛА, заземление (воздушного судна)
AIRCRAFT HANDLING AGENT	агент по оформлению авиапассажиров
AIRCRAFT HYDRAULIC JACK	гидроподъемник для ЛА
AIRCRAFT IN DISTRESS	самолет, терпящий бедствие
AIRCRAFT IN MISSING	самолет, пропавший без вести
AIRCRAFT IN SERVICE	эксплуатируемый самолет
AIRCRAFT INSTRUMENTS	бортовые приборы ЛА
AIRCRAFT INTEGRATED DATA SYSTEM (AIDS)	бортовая комплексная система регистрации данных
AIRCRAFT-KILOMETER	самолето-километр
AIRCRAFT LEAD	электропроводка самолета
AIRCRAFT LEVELING POINT	нивелировочная точка воздушного судна
AIRCRAFT LOG BOOK	формуляр самолета
AIRCRAFT MAINTENANCE	техническая эксплуатация ЛА
AIRCRAFT MAINTENANCE ENGINEER	инженер по техническому обслуживанию ЛА
AIRCRAFT MANEUVERS	маневры самолета
AIRCRAFT MANUFACTURER	самолетостроительная фирма; авиационный завод
AIRCRAFT MECHANIC	авиационный механик
AIRCRAFT-MILE	самолето-километр
AIRCRAFT MOTIONS	движения ЛА
AIRCRAFT MOVEMENT	движение ЛА; взлеты и посадки ЛА
AIRCRAFT NAVIGATION	навигация самолетов; самолетовождение
AIRCRAFT NOISE CERTIFICATE	сертификат ЛА по шуму
AIRCRAFT-ON-GROUND (AOG)	ЛА на аэродроме
AIRCRAFT OPERATING AGENCY	летно-эксплуатационное предприятие
AIRCRAFT OPERATING CYCLE	цикл эксплуатации ЛА
AIRCRAFT OPERATION	эксплуатация ЛА; воздушные перевозки
AIRCRAFT OPERATOR	авиатранспортная компания; авиадиспетчер; оператор на борту ЛА
AIRCRAFT OUTLINE	обводы ЛА

AIRCRAFT OUT-OF-RANGE	самолет с увеличенной дальностью полета
AIRCRAFT OVERHAUL	ремонт ЛА
AIRCRAFT PIRACY	воздушный терроризм
AIRCRAFT PLANE	летательный аппарат, ЛА; самолет; вертолет; воздушное судно
AIRCRAFT POSITION REPORT	сообщение о (место)положении ЛА
AIRCRAFT POWER SUPPLY	бортовой источник электропитания
AIRCRAFT RADAR	бортовая радиолокационная станция, бортовая РЛС
AIRCRAFT RATING	классификационная отметка ЛА; классификация ЛА
AIRCRAFT SAFETY	проблесковый бортовой маяк предупреждения столкновений
AIRCRAFT SEPARATION ASSURANCE	обеспечение эшелонирования воздушных судов
AIRCRAFT-SPACECRAFT	воздушно-космический самолет, ВКС
AIRCRAFT STAND	место остановки самолета; место стоянки самолета
AIRCRAFT STATUS REPORT	донесение о состоянии парка ЛА
AIRCRAFT SYSTEM	бортовая система
AIRCRAFT TIE-DOWN	точка швартовки воздушного судна
AIRCRAFT-TO-SATELLITE CHANNEL	канал спутниковой связи самолетов
AIRCRAFT TOWING POINT	буксировочный узел воздушного судна
AIRCRAFT TRIM	балансировка самолета
AIRCRAFT USEFUL LOAD	полезная нагрузка ЛА
AIRCRAFT UTILIZATION	эксплуатация (парка) ЛА; коэффициент использования ЛА
AIRCRAFT WEIGHT	масса ЛА
AIRCRAFT WIRING	электропроводка на ЛА
AIR CREW	летный экипаж, экипаж ЛА
AIRCREW TRAINING CENTER	центр летной подготовки
AIR CRUISE	крейсерский полет
AIR CURING	полимеризация в воздушной среде
AIR CURRENT	воздушный поток; ток воздуха
AIR-CUSHION	воздушный амортизатор; воздушная подушка
AIR-CUSHION SYSTEM	система создания воздушной подушки

AIR-CUSHION VEHICLE (ACV) .... корабль на воздушной подушке, КВП
AIR CYCLE MACHINE (ACM) .... установка с воздушным циклом; (турбо)холодильная установка
AIR DATA COMPUTATIONS .... расчеты воздушных параметров
AIR DATA COMPUTER .... вычислитель воздушных параметров
AIR DATA INSTRUMENTS .... датчики воздушных сигналов
AIR DATA PACKAGE .... блок системы воздушных сигналов
AIR DATA SENSOR (probe) .... датчик воздушных сигналов
AIR DATA SYSTEM .... вычислитель воздушных параметров
AIR DEFENCE .... противовоздушная оборона, ПВО
AIR DEFENCE BATTERY .... зенитная батарея, батарея ПВО
AIR DEFENCE VARIANT (ADV) .... вариант перехватчика ПВО
AIR DEFLECTOR (door) .... воздушный дефлектор
AIR DELIVERY .... доставка по воздуху; воздушная переброска грузов
AIR DELIVERY DUCT .... подводящий воздухопровод
AIR DENSITY .... плотность воздуха
AIR DEPRESSION .... понижение атмосферного давления
AIR DISPLAY .... экран изображения воздушной обстановки
AIR DISTRIBUTION .... распределение воздуха
AIR DRAUGHT .... принудительный воздушный поток
AIR DRILL .... пневматическая дрель; перфорация для отсоса пограничного слоя; летная подготовка
AIRDROME .... аэродром
AIR DRONE .... воздушная мишень; беспилотный летательный аппарат, БЛА
AIR DRYING .... осушение воздуха; сушка на открытом воздухе
AIR DUCT .... воздухопровод
AIRED .... вентилируемый
AIR EJECTOR .... пневматический механизм принудительного отделения; воздушный эжектор
AIREP (air report) .... донесение с борта
AIR ESCAPING .... утечка воздуха
AIR EXIT GRILLE .... вентиляционная решетка
AIR EXPRESS .... срочная отправка (груза) по воздуху
AIR FARE .... тариф на воздушную перевозку
AIR FEED HOLE .... отверстие для подвода воздуха

AIR-FERRY .... перегоняемый самолет; самолет-носитель для транспортировки грузов на внешней подвеске
AIR FERRY ROUTE .... маршрут перегонки самолетов
AIRFIELD .... летное поле (аэродрома); посадочная площадка; (грунтовой) аэродром
AIRFIELD PRESENTATION .... индикация летного поля
AIRFIELD SURFACE MOVEMENT INDICATOR (ASMI) .. радиолокационный индикатор наземного движения самолетов
AIRFIGHT .... воздушный бой
AIR-FILED FLIGHT PLAN .... план полета, переданный с борта
AIRFILLED .... заправленный топливом в воздухе
AIR FILLING VALVE .... клапан заправки сжатым воздухом
AIR FILTER .... воздушный фильтр
AIR FLEET .... воздушный флот
AIR FLOW (airflow) .... воздушный поток; расход воздуха
AIR FLOW CHARACTERISTICS .... параметры воздушного потока
AIR FLOW CONTROL UNIT (controller) .... устройство регулирования расхода воздуха
AIRFLOW DETECTOR .... датчик (секундного) расхода воздуха
AIRFLOW DIRECTION .... направление воздушного потока
AIRFLOW MEASURING DEVICE .... измеритель (секундного) расхода воздуха
AIR FLOW MEASURING UNIT .... вычислитель расхода воздуха
AIRFLOW PATTERN .... спектр течения, спектр обтекания воздушным потоком
AIRFOIL (aerofoil) .... аэродинамическая поверхность; аэродинамический профиль
AIRFOIL CHORD .... хорда профиля несущей поверхности
AIRFOIL FLOWFIELD .... поле обтекания аэродинамической поверхности
AIRFOIL SECTION (aerofoil section) .... аэродинамический профиль; профиль несущей поверхности
AIR FORCE .... военно-воздушные силы, ВВС
AIRFRAME .... авиационная конструкция, конструкция ЛА; планер ЛА; корпус (ракеты)
AIRFRAME MANUFACTURER .... самолетостроительная фирма; самолетостроительный завод; авиационный завод
AIRFRAME MECHANIC .... механик по планеру самолета

AIR FREIGHT (air-freight service).................. авиационный груз
AIRFREIGHT CONTAINER.................. грузовой авиационный контейнер
AIRFREIGHTER.................. грузовой самолет, транспортный самолет
AIR FRICTION.................. трение в потоке воздуха
AIR FRICTION HEATING.................. аэродинамический нагрев
AIR-FUEL HEAT EXCHANGER..... воздушно-топливный теплообменник
AIR-FUEL RATIO.................. коэффициент избытка воздуха, (весовое) отношение воздуха к топливу
AIR GAP.................. воздушный зазор
AIR GUN.............. авиационная пушка; пневмопистолет (для крепежа)
AIR HAMMER (bit)..............пневматический молоток, пневмомолоток
AIR HEATER.................. подогреватель воздуха
AIR HOLE..................воздушная яма
AIR-HOSTESS.................. стюардесса
AIR IMPACT WRENCH.......... пневматический ключ ударного действия; ударный ручной гайковерт
AIR INCLUSIVE TOUR..........воздушная перевозка типа "инклюзив тур" (полное обслуживание туристической поездки с предварительной оплатой всех услуг)
AIR INLET.................. воздухозаборник
AIR INLET ANTI-ICING.................. противообледенительная защита воздухозаборника
AIR INLET COVER..................заглушка воздухозаборника
AIR INLET DUCT..................воздухопровод воздухозаборника
AIR INTAKE.................. воздухозаборник
AIR INTAKE CASE.................. корпус воздухозаборника
AIR INTAKE DUCT..................воздухопровод воздухозаборника
AIR INTAKE PRESSURE.................. давление воздуха на входе
AIR INTAKE SCREEN.................. решетка на входе в воздухозаборник
AIR JACKET.................. надувной спасательный жилет
AIR JET PUMP.................. эжекторный насос
AIR-LAUNCH AIRCRAFT..........самолет-носитель для пуска ЛА в воздухе
AIR-LAUNCHED MISSILE.................. ракета воздушного базирования; авиационная ракета
AIR LAW.............. воздушное право; воздушное законодательство; воздушный кодекс
AIR LEAK.................. утечка воздуха
AIR LETTER (aerogram).................. аэрограмма

AIRLIFT (airlifting)	(массовые) воздушные перевозки; транспортировка по воздуху
AIR LINE	воздушная линия, авиалиния; воздухопровод
AIRLINE	авиакомпания; воздушная линия, авиалиния; воздушная трасса, авиатрасса; магистраль подвода воздуха, воздухопровод
AIRLINE'S CHAIRMAN	президент авиакомпании
AIRLINE CERTIFICATE	удостоверение на право полетов по авиалинии
AIRLINE COUNTER	стойка авиакомпании (в аэровокзале)
AIRLINE DEREGULATION	перебои в движении на авиатрассе
AIRLINE FLEET	парк (самолетов) авиакомпании
AIRLINE HAND LUGGAGE	ручной багаж
AIRLINE NETWORK	сеть авиационных линий
AIRLINE OPERATOR	авиадиспетчер
AIRLINE PILOT	линейный пилот (авиакомпании)
AIRLINER	воздушный лайнер, авиалайнер
AIRLINE TRANSPORT	самолет авиакомпании; перевозки по воздушным линиям
AIRLINE TRANSPORT PILOT CERTIFICATE	летное свидетельство линейного пилота авиакомпании
AIR LOAD	аэродинамическая нагрузка
AIR LOCK	шлюзовая камера; воздушная пробка
AIR MAIL	воздушная почта, авиапочта
AIR MAIL PARCEL	авиапосылка
AIR MAIL SERVICE	авиапочтовое отделение
AIRMAN	член летного экипажа
AIR MANIFOLD	воздушный коллектор; воздухопровод
AIR-MAPPING	воздушное картографирование
AIR MARSHAL (A.M)	маршал ВВС; маршал авиации
AIR MASS	воздушная масса
AIR MECHANIC	авиационный механик, авиамеханик
AIRMISS	потеря воздушной цели (на экране локатора) сближение в пути; потери (самолетов) в авиакатастрофах
AIR MOLECULE	молекула воздуха
AIR MOTOR (turbine-type)	воздушно-турбинный двигатель
AIR MOVER	вентилятор
AIR NAVIGATION	воздушная навигация, аэронавигация

AIR NAVIGATION CHARGE	аэронавигационный сбор, сбор за аэронавигационное обслуживание
AIR NAVIGATION COMMISSION	Аэронавигационная комиссия
AIR NAVIGATION COMMITTEE	Аэронавигационный комитет
AIR NAVIGATION REGION	район аэронавигации
AIR NAVIGATION SERVICE	аэронавигационное обслуживание
AIR NOZZLE	вентиляционное сопло
AIR-OIL SEAL	воздушно-масляное уплотнение
AIR OPERATION	воздушная операция; боевые действия авиации; воздушная перевозка
AIR OPERATION FOR HIRE	воздушная перевозка по найму
AIR OPERATION FOR REMUNERATION	воздушная перевозка за плату
AIR OUTLET	насадок индивидуальной вентиляции
AIR PAGEANT	воздушный парад
AIR PARCEL POST	авиапочтовое отделение
AIR PASSAGE	воздушный канал, воздухопровод
AIR PATH	воздушная трасса
AIR PICKUP	подхват (объекта) в воздухе (пролетающим самолетом)
AIR PIONEER	пионер авиации
AIR PIRACY (aerial piracy)	воздушное пиратство
AIR PIRATE (aerial pirate)	воздушный пират
AIRPLANE	самолет
AIRPLANE DESIGN	конструкция ЛА; аэродинамическая схема ЛА; проектирование ЛА
AIRPLANE ON JACKS	самолет на домкратах (для замены шасси)
AIRPLANE STRUCTURE	конструкция ЛА
AIRPLANE SYSTEM	бортовая система
AIRPLANE WING HEADING	направление положения самолета на стоянке
AIRPLANE WIRING	электропроводка на ЛА
AIR POCKET	воздушная "яма"
AIR PORT	отверстие отбора воздуха
AIRPORT	аэропорт
AIRPORTABLE	приспособленный для перевозки по воздуху, авиатранспортабельный; воздушно-десантный
AIRPORT ALTITUDE	высота аэропорта
AIRPORT AUTHORITY	администрация аэропорта
AIRPORT BEACON	световой маяк аэропорта

AIRPORT CHARGE	аэропортовый сбор
AIRPORT CONTROL TOWER	командно-диспетчерский пункт аэропорта, КДП
AIRPORT EQUIPMENT (airport ground equipment)	оборудование аропорта
AIRPORT INDICATOR (designator)	указатель аэропорта
AIRPORT LIGHTING	светосигнальное оборудование аэропорта
AIRPORT LIGHTING MONITOR SYSTEM	система контроля работы светосигнального оборудования аэропорта
AIRPORT MANAGER	начальник аэропорта
AIRPORT REVENUES	доходы аэропорта
AIRPORT SURVEILLANCE RADAR (ASR)	обзорный радиолокатор аэропорта
AIRPORT TERMINAL	аэровокзал
AIRPORT TRAFFIC	(воздушное) движение в зоне аэропорта
AIRPORT TRAFFIC CONTROL	управление воздушным движением в зоне аэропорта
AIR POSITION	местоположение в воздушном пространстве
AIRPOWER	военно-воздушные силы, ВВС; мощь ВВС
AIR PRESSURE	атмосферное давление; воздушное давление
AIR PRESSURE INDICATOR	указатель воздушного давления; манометр
AIR PRESSURE MODULATOR	модулятор воздушного давления
AIR PRESSURE REDUCER	редуктор воздушного давления
AIR PRESSURE REGULATOR	регулятор воздушного давления
AIR PRESSURE SOURCE	источник воздушного давления; источник наддува
AIR PRESSURIZATION	создание избыточного давления, наддув
AIR PRESSURIZING LINE TO HYDRAULIC TANK	трубопровод наддува бака гидросистемы
AIR-PROOF	воздухонепроницаемый
AIR PUMP	воздушный насос
AIR RAID	воздушный налет; удар с воздуха
AIR RATCHET	храповой механизм с пневмоприводом
AIR REACTION	сопротивление воздуха
AIR REGULATIONS	руководство по полетам
AIR REPORT (AIREP)	донесение с борта

AIR RESISTANCE	сопротивление воздуха
AIR ROUTE	воздушная трасса
AIR ROUTE FORECAST	прогноз по маршруту полета
AIR ROUTE NETWORK	сеть воздушных трасс
AIR ROUTE TRAFFIC CONTROL CENTER (ARTCC)	центр управления воздушным движением на маршруте
AIR SCOOP	воздухозаборник
AIR SCREEN	воздушный фильтр; дефлектор воздушной струи
AIRSCREW	воздушный винт
AIRSCREW BRAKE	тормоз воздушного винта
AIRSCREW DRAUGHT	спутная струя воздушного винта
AIRSCREW SLIPSTREAM	спутная струя воздушного винта
AIRSCREW TORQUE	вращающий момент воздушного винта
AIRSCREW TORQUE REACTION	реактивный момент воздушного винта
AIRSCREW WASH	спутная струя воздушного винта
AIR SCRIBE	граверный станок с пневмоприводом
AIR SEAL	воздушное уплотнение
AIR SENSOR	датчик воздушных параметров
AIR SERVICE	воздушные перевозки, авиаперевозки; воздушное сообщение
AIRSHIP	дирижабль
AIR SHOW	авиационная выставка, авиасалон
AIR SICK BAG	гигиенический пакет
AIR SICKNESS	воздушная болезнь
AIR SICKNESS BAG	гигиенический пакет
AIR SITUATION DISPLAY	дисплей индикации воздушной обстановки
AIR SOCK	ветровой конус
AIRSPACE	воздушное пространство; воздушно-космический; авиационно-космический
AIRSPACE RESERVATION	резервирование воздушного пространства
AIRSPACE RESTRICTED AREA	зона воздушного пространства с особым режимом полета
AIRSPEED	воздушная скорость; приборная скорость
AIRSPEED/MACH INDICATOR	(комбинированный) указатель воздушной скорости и числа М
AIRSPEED/MACHMETER	(комбинированный) указатель воздушной скорости и числа М

AIRSPEED BUG	подвижный указатель воздушной скорости
AIR SPEED INDICATOR (ASI)	указатель воздушной скорости
AIRSPEED INDICATOR (meter)	указатель воздушной скорости
AIRSPEED SENSOR	датчик воздушной скорости
AIRSPEED SWITCH	контактный датчик воздушной скорости
AIRSPEED TUBE	приемник воздушного давления, ПВД
AIR SQUADRON	авиационная эскадрилья
AIR STAFF	летный состав
AIR STAIR	авиационный трап
AIR START	запуск двигателя в воздухе; воздушный старт (ракеты); запуск двигателя воздушным стартером
AIR START UNIT (air starter)	воздушный стартер
AIR STRAINER	воздухоочиститель; воздушный фильтр
AIR STREAM (airstream)	воздушный поток
AIRSTREAM SEPARATION	срыв воздушного потока
AIRSTRIP	грунтовая летная полоса
AIR SUCTION	отсасывание воздуха, отсос воздуха
AIR SUPERIORITY	превосходство в воздухе
AIR SUPERIORITY AIRCRAFT (fighter)	истребитель завоевания превосходства в воздухе
AIR SUPPLY	подача воздуха; снабжение по воздуху
AIR SUPPORT	авиационная поддержка
AIR SYSTEM	воздухопровод
AIR TAPPING	штуцер отбора воздуха; отбор воздуха (от компрессора)
AIR TARGET INDICATOR	индикатор воздушных целей
AIR TAXI	"воздушное такси"
AIR TERMINAL	аэровокзал
AIRTIGHT	герметичный; воздухонепроницаемый
AIR TIGHT SEAL	герметичное уплотнение
AIR-TO-AIR	воздух - воздух
AIR-TO-AIR MISSILE	ракета класса "воздух - воздух", ракета воздушного боя
AIR-TO-GROUND	воздух - земля
AIR-TO-GROUND MISSILE	ракета класса "воздух - земля"
AIR-TO-SURFACE	воздух - поверхность
AIR-TO-SURFACE MISSILE	ракета класса "воздух - поверхность"
AIR TRAFFIC	воздушное движение; воздушные перевозки
AIR TRAFFIC CONTROL (ATC)	управление воздушным движением, УВД

AIR TRAFFIC CONTROL CENTER .... диспетчерский пункт управления воздушным движением
AIR TRAFFIC CONTROLLER .... диспетчер службы управления воздушным движением, авиадиспетчер
AIR TRAFFIC CONTROL OFFICER .... диспетчер службы управления воздушным движением, авиадиспетчер
AIR TRAFFIC CONTROL RADAR BEACON SYSTEM .... радиолокационный маяк системы управления воздушным движением
AIR TRAFFIC CONTROL SERVICE .... служба управления воздушным движением; диспетчерское обслуживание воздушного движения
AIR TRAFFIC RULES .... правила полетов в зоне аэродрома
AIR TRAFFIC SERVICE .... служба воздушного движения; обслуживание воздушного движения, ОВД
AIR TRAFFIC SERVICE ROUTE .... маршрут, обслуживаемый службой воздушного движения
AIR TRAFFIC ZONE .... зона аэродромного движения
AIR TRANSPORT .... воздушный транспорт
AIR TRANSPORT COMMITTEE (ATC) .... Комитет по воздушным перевозкам
AIR TRANSPORT PILOT .... линейный пилот авиакомпании
AIR TRANSPORT SERVICE .... воздушные перевозки, авиаперевозки
AIR TRAVEL .... воздушное путешествие
AIR TRAVELLER .... воздушный путешественник
AIR TUBE .... воздухопровод
AIR TUNNEL .... аэродинамическая труба, АДТ
AIR TURBINE STARTER .... воздушный турбостартер
AIR TURBULENCE .... воздушная турбулентность
AIR TURNBACK .... разворот в полете на 180 градусов
AIR VALVE .... воздушный клапан
AIR VECTOR .... вектор воздушной скорости
AIR VENT .... вентиляционное сопло
AIR VENT VALVE .... клапан вентиляционного сопла
AIR WARFARE .... воздушная война; боевые действия в воздухе
AIRWAY (AWY) .... воздушная трасса, авиатрасса, воздушная линия, авиалиния
AIRWAY BEACON .... трассовый маяк
AIR WAYBILL .... авиагрузовая накладная

AIRWAY FORECAST .... прогноз на авиатрассе
AIRWAY INSPECTION .... наблюдение за воздушной трассой
AIRWAY MARKER .... радиомаркер воздушной трассы
AIRWAY ROUTING ....прокладка маршрута полета
AIRWAYS .... воздушные коридоры; маршруты полета
AIRWAYS CLEARANCE .... разрешение на полет по воздушной трассе
AIRWAYS NAVIGATION (flying airways) .... прокладка курса по радиомаякам
AIRWAY TRAFFIC CONTROL .... диспетчерский центр управления движением на авиатрассе
AIRWAY WEATHER REPORT .... сводка погоды для авиалинии
AIRWORTHINESS .... летная годность, полетопригодность
AIRWORTHINESS CERTIFICATE ....сертификат летной годности
AIRWORTHINESS DIRECTIVES........................нормы летной годности
AIRWORTHY..годный к полетам; пригодный к летной эксплуатации
AISLE ....проход между креслами
ALARM... сигнал тревоги; устройство сигнализации; сигнализация
ALARM BELL .... сигнальный звонок
ALARM SYSTEM ....система сигнализации
ALCLAD...альклед (плакированный дюралюмин)
ALCOHOL ....спирт; этиловый спирт
ALCOHOL THERMOMETER......................................спиртовой термометр
ALEE .... в подветренную сторону (о полете)
ALERT..состояние готовности
ALERTING SERVICE ....служба оповещения
ALERT LIGHT ....лампа тревожной сигнализации
ALERT MESSAGE .... аварийное сообщение
ALERT RADAR .... РЛС системы оповещения
ALGORITHM ....алгоритм
ALIGHT (to)..совершать посадку, садиться
ALIGHTING .... посадка; посадочный
ALIGHTING GEAR..шасси
ALIGHTING POINT.. точка приземления
ALIGHTING RUN ....пробег при посадке; глиссирование при посадке на воду
ALIGN (to) .... выравнивать; выводить на курс, ставить по курсу (полета); совмещать направления; спрямлять (линию полета)

ALIGNING PIN	центрирующий штифт
ALIGNMENT	выравнивание (положения самолета); вывод на курс (полета); совмещение направлений; спрямление (линии полета); центрирование; настройка (аппаратуры)
ALIGNMENT CHECK	проверка настройки (аппаратуры); контроль вывода на курс (полета)
ALIGNMENT ERROR	ошибка в настройке (аппаратуры); ошибка при построении маршрутов
ALIGNMENT PIN	центрирующий штифт
ALIGNMENT SIGHT	визир для выравнивания
ALIGNMENT TELESCOPE	оптический прибор для юстировки
ALIPHATIC NAPHTA	керосин
ALIVE	действующий; работающий; находящийся под электрическим напряжением
ALKALINE CLEANING	щелочная очистка
ALKALINE SOLUTION	щелочной раствор
ALKALINITY	щелочность
ALL-AREAS	всесезональный
ALL-AROUND	универсальный
ALL-BODY	несущий корпус (ЛА); цилиндрический корпус (РН)
ALL-BURNOUT POINT	конец активного участка траектории, точка траектории в момент окончания работы двигателя
ALL-CARGO AIRCRAFT	грузовой самолет, транспортный самолет
ALL-CARGO SERVICE	грузовые (авиа)перевозки
ALL CLEAR	разрешено (о вылете, полете)
ALL-COMPOSITE	цельнокомпозиционный
ALL-DIGITAL	полностью цифровой
ALLEN HEAD SCREW	установочный винт, вращаемый рукой; винт-барашек
ALLEN KEY (wrench)	торцевой ключ
ALL-FLYING	полностью управляемый
ALL-FREIGHT	полностью грузовой
ALL-FREIGHT OPERATIONS	грузовые (авиа)перевозки
ALL-FREIGHT SERVICE	грузовые (авиа)перевозки
ALL-HYPERSONIC	(чисто) гиперзвуковой
ALLIGATOR CLIP(S)	зажим типа "крокодил"
ALLIGATORING	камуфляжная окраска

ALL-INCLUSIVE TOUR	воздушная перевозка типа "инклюзив тур" (полное обслуживание туристической поездки с предварительной оплатой всех услуг")
ALL-INERTIAL	(чисто) инерциальный
ALL-IN-ONE-PIECE	цельный, неразъемный; одноблочный
ALL-METAL	цельнометаллический
ALL-METAL AIRCRAFT	цельнометаллический самолет
ALL-MOVABLE	цельноповоротный
ALL-MOVING	цельноповоротный
ALL-NEW AIRCRAFT	самолет целиком новой конструкции
ALL-OVER	полностью покрытый; везде, всюду, повсюду
ALLOW (to)	позволять; разрешать; допускать
ALLOWABLE	допустимый; приемлемый
ALLOWABLE LANDING WEIGHT	допустимая посадочная масса
ALLOWABLE LOAD	допустимая нагрузка
ALLOWABLE TAKE-OFF WEIGHT	допустимая взлетная масса
ALLOWANCE	допуск; припуск (на обработку); зазор; натяг; скидка; разрешение; норма
ALLOWED TAKE-OFF WEIGHT	максимальная разрешенная взлетная масса
ALLOW TO COOL (to)	охлаждать
ALLOW TO DRY (to)	осушать
ALLOW TO SETTLE (to)	устанавливать в определенное положение
ALLOY	сплав; легирующий элемент
ALLOY (to)	сплавлять; легировать
ALLOYED	сплавной; легированный
ALLOYING	легирование; сплавление; легирующий
ALLOY STEEL	легированная сталь
ALL-PASSENGER CONFIGURATION	конфигурация пассажирского варианта (самолета)
ALL-POWER	всережимный
ALL-PURPOSE	многоцелевой; универсальный
ALL-PURPOSE AIRCRAFT	многоцелевой самолет
ALL-RATING	всережимный
ALL-ROUND PRICE	общая цена
ALL-ROUND VIEW	круговой обзор
ALL-SERVICE RUNWAY	ВПП для эксплуатации любых типов воздушных судов
ALL-SPEED	всережимный
ALL-UP WEIGHT	полная полетная масса

ALL-WEATHER	всепогодный
ALL-WEATHER FIGHTER	всепогодный истребитель
ALL-WEATHER LANDING	всепогодная посадка
ALL-WEATHER OPERATIONS	всепогодные полеты
ALL-WEIGHT	максимальная масса
ALL-WING AIRCRAFT	самолет схемы "летающее крыло"
ALMEN TEST STRIP	образец для испытаний
ALMEN TEST GAGE	инструмент для измерения прогиба
ALMOST	почти; едва не
ALOFT	в воздухе, в полете
ALONG THE CENTER-LINE	вдоль осевой линии; по оси
ALONG-TRACK ERROR	отклонение по дальности; ошибка измерения дальности
ALONG-TRACK MILEAGE	заданная дальность в милях
ALPAX	силумин
ALPHA	угол атаки
ALPHANUMERIC	буквенно-цифровой
ALPHANUMERIC DISPLAY	буквенно-цифровой индикатор
ALPHANUMERIC INFORMATION	буквенно-цифровая информация
ALPHANUMERIC KEYBOARD	буквенно-цифровая клавиатура
ALPHANUMERICS	буквенно-цифровые обозначения
ALPHANUMERIC SYMBOLS	буквенно-цифровые символы
ALTER (to)	изменять; модифицировать
ALTERABLE MEMORY	изменяемая память
ALTERATION OF COURSE	изменение курса
ALTERNATE (to)	чередоваться, сменяться
ALTERNATE	переменный (о ветре); запасной (об аэродроме); чередование; вариант; замена
ALTERNATE AIRPORT	запасной аэродром
ALTERNATE AIRWAY	вспомогательная авиалиния
ALTERNATE DESCEND PATH	запасная траектория снижения
ALTERNATE LANDING	посадка на запасной аэродром
ALTERNATE LEG	запасной маршрут полета; запасной аэродром
ALTERNATE LOAD	(знако)переменная нагрузка
ALTERNATE LONGITUDINAL TRIM	дополнительная балансировка по тангажу, дополнительная продольная балансировка
ALTERNATE ROUTE	запасной маршрут полета
ALTERNATING CURRENT (A.C)	переменный ток

ALTERNATING CURRENT (A.C) GENERATOR .... генератор переменного тока
ALTERNATING FLASHES .... резервные проблесковые огни
ALTERNATION .... чередование; очередность
ALTERNATIVE .... альтернатива; альтернативный; вариант; знакопеременный полупериод
ALTERNATIVE FUEL .... альтернативное топливо
ALTERNATOR .... генератор переменного тока
ALTERNATOR BUS BAR .... шина генератора переменного тока
ALTIGRAPH .... высотомер-самописец, барограф
ALTIMETER .... высотомер
ALTIMETER SETTING .... установка высотомера
ALTIMETRIC COLUMN .... шкала высотомера
ALTIMETRY .... измерение высоты; режим измерения высоты
ALTITUDE .... высота; высота светила; угол места; высотный
ALTITUDE ALERT .... предупреждение по высоте
ALTITUDE ALERT ANNUNCIATOR .... табло сигнализации опасной высоты
ALTITUDE CHAMBER .... высотная камера, барокамера
ALTITUDE CHART .... изогипсы
ALTITUDE COLUMN .... столб воздуха
ALTITUDE COMPENSATING REGULATOR .... барометрический регулятор
ALTITUDE COMPENSATOR .... высотный корректор
ALTITUDE CORRECTION .... высотная коррекция
ALTITUDE CORRECTOR .... высотный корректор
ALTITUDE ENGINE .... двигатель с наддувом
ALTITUDE FLIGHT .... высотный полет, полет на больших высотах
ALTITUDE HOLD .... выдерживание высоты (полета)
ALTITUDE HORN .... сигнальная сирена высотомера
ALTITUDE INDICATOR .... указатель (абсолютной) высоты
ALTITUDE-LIMIT INDICATOR .... указатель предельной высоты
ALTITUDE MIXTURE .... высотная коррекция
ALTITUDE MIXTURE CONTROL .... высотный корректор
ALTITUDE PRESSURE SWITCH .... сигнализатор барометрического давления
ALTITUDE PRESSURE TRANSMITTER .... датчик барометрического давления
ALTITUDE-RATE INDICATOR .... вариометр
ALTITUDE RECORD .... рекорд высоты

ALTITUDE REMINDER BUG	отметка высоты (на экране индикатора)
ALTITUDE REPORT	сообщение о высоте полета
ALTITUDE SELECT INDICATOR	указатель выбранной высоты
ALTITUDE SENSING UNIT (ASU)	высотный корректор
ALTITUDE SENSOR	датчик высоты
ALTITUDE SWITCH	высотный сигнализатор
ALTITUDE WARNING HORN	сирена сигнализации о приближении к максимальной высоте полета
ALTOCUMULUS	высококучевые облака
ALTOSTRATUS	высокослоистые облака
ALUMEL LEAD	кабель из алюмеля
ALUMILITING	алюминирование
ALUMINA	окись алюминия, глинозем
ALUMINISED	алюминированный, металлизированный алюминием
ALUMINISED BLADE	алюминированная лопасть
ALUMINISING, ALUMINIZING	алюминирование, металлизирование алюминием
ALUMINUM	алюминий
ALUMINUM ALLOY	алюминиевый сплав
ALUMINUM HONEYCOMB	сотовая конструкция с алюминиевым заполнителем; алюминиевый сотовый заполнитель
ALUMINUM OXIDE	окись алюминия, глинозем
ALUMINUM PLATE	алюминиевый лист; алюминиевая пластина
ALUMINUM POWDER	алюминиевая пудра, алюминиевый порошок
ALUMINUM SHEET	алюминиевый лист
ALUMINUM TAPE	алюминиевая лента
ALUMINUM WOOL	алюминиевая вата
AMALGAMATED ZINC	цинк, полученный методом амальгамации
AMBER LIGHT	желтый огонь
AMBER WARNING LIGHT	желтая лампа аварийной сигнализации
AMBIENT	обтекающий (о воздушном потоке); окружающий (о воздухе)
AMBIENT AIR	окружающий воздух
AMBIENT AIR TEMPERATURE	температура окружающего воздуха
AMBIENT NOISE	шум окружающей среды

AMBIENT PRESSURE	давление при обтекании (аэродинамической поверхности); давление наружного воздуха
AMBIENT THERMORESISTOR	терморезистор [термистор] для измерения температуры окружающей среды
AMBULANCE	аэродромная машина скорой медицинской помощи; санитарный самолет; санитарный вертолет
AMBULANCE AIRCRAFT	санитарный летательный аппарат, санитарный ЛА
AMBULANCE TRANSPORT	санитарный транспорт
AMBULANCE VERSION	санитарный вариант
AMENDMENT	улучшение, исправление; модификация
AMERICAN SIZE(S)	размеры по стандартам США
AMERICAN STANDARD CODE FOR INFORMATION INTERCHANGE (ASCII)	Американский национальный стандартный код для обмена информацией
AMMETER	амперметр
AMMUNITION	боеприпас(ы); подрывные средства, взрывчатые вещества
AMORTIZE (to)	амортизировать
AMOUNT	количество; величина; сумма
AMOUNT (to)	достигать (по величине); составлять (сумму); доходить до
AMOUNT OF FUEL	количество топлива
AMOUNT OF MATERIAL	количество материала
AMPERAGE	сила тока в амперах
AMPERE	ампер, А
AMPERE-HOUR	ампер-час
AMPEREMETER	амперметр
AMPHIBIAN	самолет-амфибия, гидросамолет
AMPLIFICATION FACTOR	коэффициент усиления
AMPLIFIER	усилитель
AMPLIFIER-COMPUTER (package)	блок усиления сигналов
AMPLITUDE	амплитуда
AMPLITUDE DISTORTION	амплитудное искажение (сигнала)
AMPLITUDE MODULATION	амплитудная модуляция
ANABATIC WIND	восходящий поток, анабатический поток

ANALOG COMPUTER	аналоговая вычислительная машина; моделирующее вычислительное устройство
ANALOG DATA	аналоговые данные; аналоговая информация
ANALOG-DIGITAL CONVERTER (A/D converter)	аналого-цифровой преобразователь
ANALOG-DIGITAL INTERACTION	аналого-цифровая взаимосвязь
ANALOG GROUND	аналоговая масса
ANALOG INPUT	аналоговый вход; аналоговые входные данные
ANALOG METER	аналоговый измерительный прибор
ANALOG MULTIPLEXER	мультиплексор аналоговых сигналов
ANALOG OUTPUT	аналоговый выход; аналоговые выходные данные
ANALOG TAPE RECORDER	устройство для записи аналоговых данных; регистратор
ANALOG-TO-DIGITAL	аналого-цифровой
ANALYSE (to)	анализировать, исследовать
ANALYSER	анализатор
ANALYSIS	анализ, исследование
ANALYST	аналитик
ANALYTICAL	аналитический
ANCHOR	якорь; анкер; промежуточная опора
ANCHOR (to)	закреплять; фиксировать; скреплять
ANCHORAGE	закрепление анкерными болтами; жесткая заделка
ANCHOR BOLT	крепежный болт; анкерный болт
ANCHOR PIN	крепежный штифт; анкерный штифт
ANCHOR PLATE	анкерная плита
ANCILLARIES	вспомогательные системы
ANCILLARY	вспомогательный; дополнительный
ANCILLARY CIRCUIT	служебная (телефонная) линия; дополнительная линия
ANCILLARY EQUIPMENTS	вспомогательное оборудование
ANCILLARY SYSTEM	вспомогательная система
ANECHOIC CHAMBER (room)	безэховая камера
ANEMO-BAROMETRIC SENSOR	приемник полного и статического давлений
ANEMOMETER (wind speed)	анемометр (прибор для измерения скорости ветра)
ANEMOMETRIC SWITCH	анемометрический переключатель

ANEMOMETRY .... анемометрия
ANEROID .... анероид, барометр; анероидный
ANEROID ALTIMETER .... барометрический высотомер
ANEROID CAPSULE .... анероидная коробка; динамическая камера (указателя скорости)
ANEROID PRESSURE DIAPHRAGM .... анероидная коробка
ANEROID SWITCH .... барометрический переключатель
ANGLE .... угол; уголковый профиль, уголок
ANGLE BAR .... угловая сталь, прокат углового сечения
ANGLE BLOCK .... (опорный) угольник; угловая концевая мера
ANGLE BRACKET .... угольник; угловой кронштейн; угловая консоль
ANGLE COUNTERSHAFT .... угловой редуктор
ANGLED PARKING .... стоянка (ЛА) под углом к аэровокзалу
ANGLE DRILL .... пневматическая дрель для сверления под углом
ANGLE GEAR(BOX) .... угловой редуктор
ANGLE-HEAD WRENCH .... гаечный ключ с угловой головкой
ANGLE-IRON .... угольник; уголковый профиль, уголок; уголковый стрингер
ANGLE KEEL .... нижний уголковый стрингер
ANGLE NAVIGATION .... аэронавигация по заданным путевым углам
ANGLE OF APPROACH .... угол наклона траектории при заходе на посадку
ANGLE OF APPROACH LIGHT .... глиссадный огонь
ANGLE OF ATTACK (AOA) .... угол атаки
ANGLE OF ATTACK INDICATOR .... указатель угла атаки
ANGLE OF BANK .... угол крена
ANGLE OF CLIMB .... угол набора высоты
ANGLE OF ELEVATION .... угол возвышения; угол места; высота (светила)
ANGLE OF GLIDE .... угол планирования
ANGLE OF INCIDENCE .... угол атаки; угол установки крыла
ANGLE OF ROLL .... угол крена
ANGLE OF SETTING .... угол установки
ANGLE OF SIDE-SLIP .... угол бокового скольжения
ANGLE OF SLOPE .... угол наклона глиссады
ANGLE OF STALL .... угол сваливания
ANGLE OF TRAVEL .... угол отклонения
ANGLE PLATE .... наклонная подставка; установочный угольник
ANGLE SPEED .... угловая скорость

ANGLE SUPPORT	угловая опора; угловая стойка
ANGULAR	угловой
ANGULAR ACCELERATION	угловое ускорение
ANGULAR ACCURACY	угловая точность
ANGULAR MEASURES	угловые размеры
ANGULAR MOMENTUM	кинетический момент, момент количества движения
ANGULAR MOVEMENT	угловое перемещение
ANGULAR POINT	угловые координаты; наклонные стойки
ANGULAR POSITION	наклонное положение
ANGULAR RATE-SENSOR	датчик угловой скорости
ANGULAR REFERENCE	исходные угловые координаты
ANGULAR VELOCITY	угловая скорость
ANGULAR VELOCITY SENSOR	датчик угловой скорости
ANHEDRAL	отрицательное поперечное V
ANHEDRAL ANGLE	угол отрицательного поперечного V
ANHYDROUS	безводный
ANISOELASTIC DRIFT	несистематический уход (гироскопа)
ANISOTROPIC	анизотропный
ANISOTROPIC MATERIALS	анизотропные материалы
ANISOTROPY	анизотропия, анизотропность
ANNEAL (to)	отжигать; отпускать
ANNEALED	отожженный
ANNEALING	отжиг; отпуск; нормализация
ANNEALING FURNACE	печь для отжига
ANNOUNCEMENT	объявление
ANNOUNCER	диктор
ANNULAR COMBUSTION CHAMBER	кольцевая камера сгорания
ANNULAR COMBUSTOR	кольцевая камера сгорания
ANNULAR FLANGE	круглый фланец
ANNULAR GASKET	уплотнительное кольцо; кольцевая прокладка
ANNULAR SPACE	кольцевой зазор
ANNULUS	кольцо; кольцеобразный зазор; кольцевой канал; зубчатое колесо
ANNULUS GEAR	кольцевое зубчатое колесо; эпициклическое зубчатое колесо
ANNUNCIATION	(световая) сигнализация
ANNUNCIATOR	(световое) табло; (световой) сигнализатор
ANNUNCIATOR FLAG	флажок [бленкер] светового табло

ANNUNCIATOR LAMPS	лампы светового табло
ANNUNCIATOR PANEL	блок светового табло
ANODE	анод
ANODE BATTERY	анодная батарея
ANODE CURRENT	анодный ток
ANODE DROP (fall)	анодное падение напряжения
ANODE ETCHING	анодное травление
ANODICALLY	анодный
ANODIC DEGREASING	анодное обезжиривание
ANODIC FILM	анодная пленка
ANODIC OXIDATION	анодирование, анодизация, анодное оксидирование
ANODIC TREATMENT	анодирование, анодизация, анодное оксидирование
ANODIZATION (anodizing)	анодирование, анодизация, анодное оксидирование
ANODIZE (to)	анодировать; покрывать оксидной пленкой
ANODIZED	анодированный; покрытый оксидной пленкой
ANOMALY DETECTOR (MAD)	устройство магнитного обнаружения (напр. подводных лодок)
ANTENNA	антенна
ANTENNA ARRAY	антенная решетка
ANTENNA BAY	антенный отсек
ANTENNA COAXIAL CONNECTOR	коаксиальный соединитель антенны
ANTENNA COUPLER	цепь связи с антенной; входная цепь приемника; выходная цепь передатчика
ANTENNA DISK	антенный отражатель, антенное зеркало
ANTENNA GAIN	коэффициент усиления антенны; коэффициент направленного действия [КНД] антенны
ANTENNA HORN	рупорная антенна
ANTENNA LOOP	рамочная антенна; антенный контур
ANTENNA MAST	антенная мачта
ANTENNA PATTERN	диаграмма направленности антенны
ANTENNA-POST	антенная мачта; антенный пост
ANTENNA REEL (winder)	антенная катушка
ANTENNA REFLECTOR	антенный отражатель, антенное зеркало
ANTENNA SCAN	сканирование антенны

ANTENNA TUNER	устройство настройки антенны
ANTI-ABRASION	стойкий к истиранию, абразивостойкий
ANTI-ABRASION COATING	износостойкое покрытие
ANTI-AIRCRAFT (anti-aerial)	противовоздушный; зенитный
ANTI-AIRCRAFT DEFENCE	противовоздушная оборона, ПВО
ANTI-AIRCRAFT MISSILE	зенитная управляемая ракета, ЗУР
ANTI-ARMOUR	противотанковый
ANTI-BALANCE TAB	антикомпенсатор (руля)
ANTI-BOOM CLIMB	набор высоты без звукового удара
ANTI-CHAFING	антифрикционный
ANTI-CLOCKWISE	против часовой стрелки
ANTI-COLLAPSE SPRING	оттягивающая пружина
ANTICOLLISION FLASH BEACON	проблесковый (свето)маяк для предупреждения столкновения
ANTI-COLLISION LIGHTS	(аэронавигационные) огни для предотвращения столкновений
ANTICORROSION GREASE	противокоррозионная смазка
ANTI-CORROSIVE (anticorrosive)	противокоррозионный
ANTI-CORROSIVE COAT (compound)	противокоррозионное покрытие
ANTI-CORROSIVE OIL	противокоррозионная смазка
ANTI-CORROSIVE TREATMENT	противокоррозионная обработка
ANTICYCLONE	антициклон
ANTICYCLONIC	антициклонический
ANTI-DAZZLING	противоослепляющий
ANTI-FLOAT TAB	сервокомпенсатор для подавления флаттера
ANTIFOAM	противовспениватель, пеногаситель; пеноудаляющий, противовспенивающий
ANTIFOAMER	противовспениватель, пеногаситель
ANTI-FOGGING	средство против запотевания (стекол кабины)
ANTI-FREEZE	антифриз, противообледенительная жидкость
ANTI-FREEZING GREASE	незамерзающая смазка
ANTI-FREEZING LIQUID	антифриз, противообледенительная жидкость
ANTI-FRET PLATE	тормозной диск, стойкий к коррозионно-механическому изнашиванию
ANTI-FRETTING COMPOUND	коррозионно-стойкий состав
ANTI-FRETTING STRIP	прокладка, стойкая к коррозионно-механическому изнашиванию
ANTI-FRICTION	антифрикционный

ANTIFRICTION BEARING	подшипник с антифрикционным вкладышем
ANTIFRICTION GREASE	антифрикционная смазка
ANTI-FROST	противообледенительная защита
ANTI-G	антигравитация; противоперегрузочный
ANTIGEYZER	антигейзерное устройство (в топливном баке)
ANTI-GLARE	противоослепляющий
ANTIGRAVITATION, ANTIGRAVITY	антигравитация
ANTIHUNTING CIRCUIT	демпфирующая цепь
ANTI-ICE DUCTING	система трубопроводов противообледенителя
ANTI-ICER	противообледенительное устройство
ANTI-ICE VALVE	клапан противообледенителя
ANTI-ICING	защита от намерзания льда
ANTI-ICING AIR REGULATOR	регулятор подачи воздуха противообледенительного устройства
ANTI-ICING DUCT	трубопровод противообледенителя
ANTI-ICING FLUID	противообледенительная жидкость
ANTI-ICING SYSTEM	противообледенительная система
ANTI-ICING THERMOSTAT	термостат противообледенительной системы
ANTI-ICING VALVE	клапан противообледенителя
ANTI-INTERFERENCE FILTER	фильтр для подавления помех
ANTIJAMMING	противодействие активным помехам, защита от активных помех; помехозащищенный; помехоустойчивый
ANTI-KNOCK	противодетонационный
ANTI-KNOCK COMPOUND	противодетонационная присадка
ANTI-KNOCK FUEL	противодетонационное топливо
ANTI-MAGNETIC	противомагнитный
ANTIMISSILE	противоракета
ANTI-MIST	средство против запотевания (стекол кабины)
ANTIMONY	сурьма
ANTI-NOISE	шумопоглощающий
ANTIPOLLUTION	борьба с загрязнением окружающей среды
ANTIRADAR	противорадиолокационный
ANTIRESONANT CIRCUIT	цепь с заграждающим фильтром
ANTIROTATION BOLT	фиксирующий болт; упорный болт
ANTIROTATION LUG	фиксатор
ANTIROTATION SCREW	фиксирующий винт; упорный винт
ANTI-RUST	антикоррозийный

ANTI-RUST COMPOUND	антикоррозийный состав
ANTI-SAND FILTER	противопыльный фильтр; фильтр для защиты от попадания песка
ANTI-SCUFFING	противозадирный; приработочный
ANTI-SEIZE COMPOUND	смазка; смазочный материал
ANTISEIZE LUBRICANT	смазка; смазочный материал
ANTI-SHIMMY DEVICE	устройство для подавления колебаний (переднего колеса шасси)
ANTI-SHIP MISSILE	противокорабельная ракета, ПКР
ANTI-SHOCK	противоударный
ANTI-SIPHON LINE	магистраль без сифонного участка
ANTI-SIPHON LOOP	тракт без сифонного участка
ANTI-SKID (antiskid)	противоскользящий
ANTI-SKID CONTROL VALVE	управляющий клапан автомата торможения
ANTISKID SYSTEM	автомат торможения, противоюзовый автомат
ANTISKID DETECTOR	сигнализатор автомата торможения
ANTISKID INTERLOCK RELAY	реле блокировки автомата торможения
ANTISKID RELAY	реле автомата торможения
ANTI-SKID VALVE	клапан автомата торможения
ANTI-SLIP	противоскользящий
ANTI-SPIN	противоштопорный
ANTI-STALL	противосрывной, предупреждающий срыв [сваливание]
ANTI-STALL FENCE	аэродинамическая перегородка (крыла)
ANTISTATIC AGENT	присадка для снятия статических зарядов
ANTISTATIC FILTER	противопомеховый фильтр
ANTISUBMARINE	противолодочный
ANTISUBMARINE PATROL PLANE	противолодочный самолет, самолет ПЛО
ANTISUBMARINE TORPEDO	противолодочная торпеда
ANTI-SURFACE SHIP	корабль для борьбы с береговыми целями
ANTI-SURGE SYSTEM	противопомпажная система (двигателя)
ANTI-SURGE VALVE	противопомпажный клапан
ANTI-TANK COMBAT	борьба с танками; боевые действия с применением противотанкового оружия
ANTI-TANK HELICOPTER	противотанковый вертолет
ANTI-TANK WEAPON SYSTEM	система противотанкового оружия

ANTI-TEAR STRAP	ремень с большой прочностью на разрыв, высокопрочный ремень
ANTI-TORQUE	парирование крутящего момента; устройство парирования момента (несущего винта)
ANTI-TORQUE ROTOR	хвостовой винт, рулевой винт
ANTI-VESSEL	противокорабельный
ANTI-VIBRATION DAMPER	амортизатор; демпфер
ANTIVORTEXING COVER	противовихревая заслонка
ANTIWEAR	износостойкий, износоустойчивый
ANVIL	упор; упорный стержень; пята; наковальня
ANVIL CLOUD	наковальнеобразное облако
AOG PRIORITY	приоритетность пребывания самолета на аэродроме
AOG SERVICE (aircraft-on-ground)	приоритетность обслуживания самолета на аэродроме
APASTRON	апоастр(ий)
APERIODIC CIRCUIT	апериодическая цепь; апериодический контур
APERTURE	апертура, раскрыв (антенны); кадровое окно; диафрагма; отверстие
APEX	пик, высшая точка; вершина (траектории); полюс (парашютного купола); апекс
APEX OF CONE	вершина конуса
APOGEE	апогей
APOGEE MOTOR	апогейный двигатель, двигатель, включаемый в апогее
APPARATUS	аппарат; прибор; установка; аппаратура
APPARATUS HEAD	носовая часть летательного аппарата
APPARENT	истинный; видимый; кажущийся
APPARENT ASPECT-RATIO	истинное относительное удлинение
APPARENT POWER	располагаемая мощность; эффективная мощность
APPENDIX	приложение
APPLIANCE	аппарат; прибор; установка; аппаратура
APPLICATION	применение, использование; назначение; введение в действие
APPLICATION FOR CERTIFICATION	заявка на сертификацию
APPLICATION OF TARIFFS	применение тарифов

APPLIED LOAD	приложенная нагрузка
APPLIED MATHEMATICS	прикладная математика
APPLIED TORQUE	приложенный крутящий момент
APPLY (to)	применять; прилагать (силу); наносить (покрытие)
APPLY BRAKES (to)	применять тормоза
APPLY ONE COAT (to)	наносить однослойное покрытие
APPLY TENSION (to)	натягивать; растягивать
APPOINTMENT	оборудование; приспособление; компоновка
APPRECIATE (to)	оценивать
APPROACH	приближение, подход; сближение; заход на посадку; причаливание
APPROACH (to)	приближаться; сближаться; заходить на посадку; причаливать
APPROACH AIDS	средства обеспечения захода на посадку
APPROACH AND LEAD-IN LIGHTS	огни приближения
APPROACH ANGLE	угол захода на посадку; угол сближения
APPROACH AREA	зона захода на посадку
APPROACH AZIMUTH GUIDANCE	наведение по азимуту при заходе на посадку
APPROACH BEACON	луч захода на посадку
APPROACH CHART	схема захода на посадку
APPROACH CLEARANCE	разрешение на заход на посадку
APPROACH COMPLETED	завершенная посадка
APPROACH CONTROL	управление заходом на посадку
APPROACH CONTROL SERVICE	диспетчерская служба захода на посадку; диспетчерское обслуживание (в зоне) подхода (к аэродрому)
APPROACH CONTROL UNIT	диспетчерский пункт управления заходом на посадку
APPROACH FIX	контрольная точка захода на посадку
APPROACH FUNNEL	полоса воздушных подходов
APPROACH GUIDANCE	наведение при заходе на посадку
APPROACH LIGHT	огонь приближения
APPROACH LIGHT BEACON	посадочный светомаяк
APPROACH LIGHTING SYSTEM	система посадочных огней; светосигнальное оборудование зоны приближения (к ВПП)

APPROACH LIGHT TOWER	мачта посадочного светомаяка
APPROACH MARKER	маркерный посадочный маяк
APPROACH NAVIGATION	аэронавигация в зоне подхода
APPROACH NOISE PATH	траектория распространения шума при заходе на посадку
APPROACH PATH	траектория захода на посадку
APPROACH PROCEDURE	схема захода на посадку
APPROACH PROGRESS DISPLAY	индикатор выполнения захода на посадку
APPROACH SECTOR	сектор подхода к аэродрому
APPROACH SEQUENCE	очередность захода на посадку
APPROACH SLOPE	глиссада захода на посадку
APPROACH SLOPE GUIDANCE	наведение по глиссаде при заходе на посадку
APPROACH SPEED	скорость захода на посадку
APPROACH SURFACE	(условная) поверхность для ограничения зоны захода на посадку
APPROACH SURVEILLANCE RADAR	РЛС управления заходом на посадку
APPROACH TEST PROCEDURE	методика испытаний при заходе на посадку
APPROACH THRESHOLD LIGHTS	входные огни взлетно-посадочной полосы, входные огни ВПП
APPROACH TO LAND	заход на посадку
APPROACH TO LAND PROCEDURES	правила захода на посадку
APPROPRIATE AUTHORITY	компетентные органы
APPROVAL	одобрение; разрешение; утверждение (документа)
APPROVE (to)	одобрять; разрешать; утверждать
APPROVED FLIGHT PROCEDURE	установленный порядок выполнения полета
APPROVED REPAIR	разрешенный ремонт
APPROXIMATE VALUE	приближенное значение
APPROXIMATION	аппроксимация, приближение, приближенное значение
APPROXIMATIVELY (approximately)	приблизительно, приближенно
APRON	перрон; приангарная площадка
APRON CART	перронная тележка
APRON CONTROLLER	диспетчер перрона
APRON FLOODLIGHT	прожектор аэродромной стоянки

APRON FLOODLIGHTING	прожекторное освещение аэродромной стоянки
APRON LIGHTS	перронные огни
APRON MANAGEMENT	орган управления движением (воздушных судов) на перроне; перронная служба
APRON SUPERVISOR	дежурный по перрону (аэровокзала)
APU (auxiliary power unit)	вспомогательная силовая установка, ВСУ
APU ENGINE SHROUD	обтекатель ВСУ
APU FIRE DETECTION	обнаружение возгорания ВСУ
APU MOUNT	крепление ВСУ
AQUAPLANING	скольжение (шасси по влажной ВПП); глиссирование
AQUEOUS FILM	водяная пленка
AQUEOUS SOLUTION	водный раствор
ARALDITE LAYER	слой аралдита, слой клея на основе эпоксидной смолы
ARAMIDE FIBRE	ароматическое волокно
ARBOR	оправка; вал; ось; шпиндель
ARBOR PRESS	пресс для посадки на оправку (обрабатываемого изделия)
ARC	дуга; арка; сектор
ARC (to)	искрение (щеток)
ARC-BACK	обратная дуга
ARC BRAZING	дуговая пайка
ARCH	арка; дуга; дужка (профиля); изгиб
ARCH (to)	выгибать, изгибать дугой
ARCHED	изогнутый
ARC HEIGHT	высота дуги
ARCH PANEL	изогнутая панель
ARCING	образование (электрической) дуги; дуговой разряд
ARCING TEST	испытание на пробой
ARC WELD (to)	сваривать дуговой сваркой
ARC WELDING	дуговая сварка
AREA	площадь; район; зона; область
AREA BOMBING	площадное бомбометание
AREA COMMUNICATION CENTRE	центр региональной связи
AREA CONTROL	управление (полетами) в зоне

AREA CONTROL CENTER	районный диспетчерский центр (управления воздушным движением)
AREA FORECAST	зональный прогноз
AREA FORECAST CENTER	центр зональных прогнозов
AREA NAVIGATION SYSTEM	система зональной аэронавигации
AREA OF SEPARATION	зона срыва (потока)
ARGON ARC WELDING	аргоновая дуговая сварка
ARGON FLOW	подача аргона
ARGON SUPPLY	подача аргона
ARGON WELDING	аргоновая сварка
ARIANE BOOSTER	ракета-носитель "Ариан"
ARISE (to)	подниматься
ARITHMETIC LOGIC UNIT (ALU)	арифметическое логическое устройство
ARM	оружие; вооружение; (механическая) рука; звено (манипулятора); рычаг; рукоятка
ARM (to)	снимать с предохранителя, взводить; подготавливать к работе
ARMAMENT	вооружение; оружие; боевые средства; боевое снаряжение
ARMAMENT CONTROL PANEL	щиток управления вооружением
ARMATURE	арматура; якорь
ARMATURE CORE	сердечник якоря
ARMATURE CURRENT	ток в обмотке якоря
ARMATURE GAP	зазор между статором и ротором
ARMATURE IRON	железо якоря (электрогенератора)
ARMATURE WINDING	обмотка ротора
ARMCHAIR	кресло, сиденье
ARMED FORCES	вооруженные силы
ARMING	вооружение, снаряжение, оснащение (процесс); приведение в боевую готовность; подготовка к запуску (двигателя); взведение (взрывателя); снятие ступеней предохранения
ARMING LIGHT	лампа сигнализации приведения в боевую готовность; световой сигнал готовности
ARMOUR (armor US)	(броне)танковые войска; танки; бронированные цели; броня; бронировать; (броне)танковый; бронированный; броневой

ARMOURED	защищенный броней, бронированный; броневой; бронетанковый
ARMOURED CABLE	бронированный кабель
ARMOURED VEHICLE (armored vehicle)	бронированная машина
ARMOUR PIERCING	бронированный сердечник
ARMOUR PLATE	бронированная плита
ARMOUR PROTECTION	броневая защита
ARM REST	опора звена манипулятора
ARMREST	подлокотник
ARMY AIR CORPS	армейская авиация
AROUND	вблизи, поблизости; около, приблизительно
AROUND-THE-WORLD FLIGHT	кругосветный полет, кругосветный перелет
ARRANGE (to)	располагать; размещать; компоновать; отлаживать; пригонять; вести подготовку производства; систематизировать
ARRANGEMENT	расположение; размещение; компоновка; (аэродинамическая) схема
ARRAY	(антенная) решетка; (многоэлементная) панель; матрица; массив (данных); расположение в определенном порядке; комплект
ARRAY EFFECT	действие антенной решетки
ARREST (to)	уменьшать скорость, тормозить
ARRESTED BARRIER	аэрофинишер (на авианосце)
ARRESTED HOOK	тормозной посадочный крюк
ARRESTED LANDING	посадка с использованием аэрофинишера
ARRESTER	стопорное приспособление; тормозная установка
ARRESTING CABLE	трос аэрофинишера; тормозной трос
ARRESTING FENCE	аэрофинишер
ARRESTING GEAR	аэродромное тормозное устройство; аэрофинишер
ARRESTING NET	тормозная сетка (на ВПП)
ARRIVAL	прилет, прибытие; прибывающие пассажиры
ARRIVAL GATE	вход в зал прилета
ARRIVAL LOUNGE	зал прилета
ARRIVAL ROUTE	маршрут прибытия
ARRIVAL TIME	время прилета
ARRIVAL TRACK	маршрут прибытия
ARRIVING AIRCRAFT	прибывающий самолет

ARRIVING PASSENGERS	прибывающие пассажиры
ARROW	стрелка (прибора)
ARROWING	установка указателей
ARROW WING	стреловидное крыло
ARTICULATE (to)	соединять шарнирно
ARTIFICIAL FEEL	усилие на органах управления (летательным аппаратом) от автомата загрузки
ARTIFICIAL FEEL INDICATOR	индикатор автомата загрузки
ARTIFICIAL FEEL UNIT (system)	загрузочный механизм
ARTIFICIAL HORIZON	искусственный горизонт
ARTIFICIAL LIGHT	искусственное освещение
ARTIST'S VIEW	изображение
ASBESTOS	асбест; асбестовый
ASBESTOS BLANKET	асбестовая прокладка; покрытие из асбестовой ткани
ASBESTOS CLOTH (fiber)	асбестовая ткань; асбестовое волокно
ASCEND (to)	набирать высоту, подниматься
ASCENDING	набор высоты
ASCENSIONAL (power)	мощность, затрачиваемая на подъем
ASCENSIONAL RATE	скорость набора высоты
ASCENT	набор высоты, подъем; крутизна (траектории)
ASCERTAIN (to)	выяснять; удостоверяться
ASEPTIC TANK	асептический бачок
AS FOLLOWS	как следует ниже; следующим образом
ASH	пепел
ASHORE	к берегу, к суше; на берегу, на суше
ASH-TRAY	пепельница
ASIDE	около, рядом
ASKEW	наклонный; косой
ASLANT	поперек; наискось; через
ASPECT RATIO	относительное удлинение
ASPHALT	асфальт; (асфальтовый) битум
ASPHALTED RUNWAY	взлетно-посадочная полоса [ВПП] с асфальтовым покрытием
ASPIRATOR	аспиратор; вентилятор
ASSAULT HELICOPTER	ударный вертолет
ASSEMBLE (to)	монтировать; собирать; производить сборку; компоновать; транслировать (с языка ассемблер)
ASSEMBLER	ассемблер, транслятор (с языка ассемблер); сборщик; сборочно-монтажная установка

ASSEMBLY	агрегат; установка; устройство; пакет; блок; монтаж; сборка; компоновка; партия
ASSEMBLY DRAWING	сборочный чертеж
ASSEMBLY HALL	сборочный цех; сборочный участок
ASSEMBLY JIG	сборочное зажимное приспособление
ASSEMBLY LINE	сборочная линия
ASSEMBLY SHOP	сборочный цех
ASSIGNED TRACK	заданный маршрут
ASSIST (to)	помогать; содействовать
ASSISTANT	помощник, ассистент
ASSISTANT DIRECTOR	заместитель директора
ASSOCIATED HARDWARE	комплектующее оборудование
ASSOCIATED PARTS	комплектующие узлы
ASSOCIATED SYSTEM	комплектующая система
ASSORTMENT	номенклатура; ассортимент
ASTERN	назад
ASTEROID	астероид
ASTRAY	сойти с маршрута
ASTRIONICS	астрионика, космическая электроника
ASTROBALLISTICS	астробаллистика
ASTROBIOLOGY	астробиология
ASTROBIONICS	астробионика
ASTROBOTANY	астроботаника
ASTROCAMERA	астро(фото)камера
ASTROCOMPASS	астрокомпас
ASTRODOME	астрокупол (фюзеляжа)
ASTRODROME	космодром
ASTRODYNAMICS	астродинамика
ASTROFIX	определение местоположения по звездам
ASTROGEOLOGY	астрогеология
ASTROGEOPHYSICS	астрогеофизика
ASTROGRAPH	астрограф
ASTROGRAPHY	астрография
ASTROLOGY	астрология
ASTROMETRY	астрометрия
ASTROMETRY SATELLITE	спутник для астрометрических исследований
ASTRONAUT	космонавт, астронавт
ASTRONAUTICS	космонавтика, астронавтика

ASTRONAVIGATION	астронавигация
ASTRONAVIGATOR	астронавигационное устройство
ASTRONOMER	астроном
ASTRONOMICAL FIX	определение местоположения по звездам, астроориентация
ASTRONOMICAL OBSERVATION	астрономические наблюдения
ASTRONOMICAL OBSERVATORY	орбитальная астрономическая обсерватория
ASTRONOMIC SIGHTING	астроориентация, определение местоположения по звездам
ASTRONOMICS TELESCOPE	астрономический телескоп
ASTRONOMY	астрономия
ASTRONOMY OBSERVATORY	астрономическая обсерватория
ASTROPHOTOCAMERA	астрофотокамера
ASTROPHOTOGRAMMETRY	астрофотограмметрия
ASTROPHOTOGRAPHY	астрофотография; астрофотосъемка
ASTROPHYSICS	астрофизика
ASTROTRACKER	астроориентатор
ASYMMETRICAL DEFLECTION	несимметричное отклонение (поверхностей управления)
ASYMMETRICAL RETRACTION	несимметричная уборка (напр. закрылков)
ASYMMETRICAL REVERSAL THRUST	несимметричная реверсивная тяга
ASYMMETRICAL WING	асимметричное крыло
ASYMMETRIC ENGINES POWER	асимметричная [несимметричная] тяга двигателей
ASYMMETRIC FLIGHT	полет с несимметричной тягой двигателей
ASYMMETRIC THRUST	несимметричная тяга
ASYMMETRIC THRUST LANDING	посадка с несимметричной тягой
ASYMMETRIC WHEEL BRAKE APPLICATION	несимметричное применение колесных тормозов
ASYMMETRY	асимметрия
ASYNCHRONOUS	асинхронный
ASYNCHRONOUS COMPONENT INTERFACE ADAPTER	адаптер интерфейса асинхронного блока
AT ALL TIME	всегда; постоянно
ATC (air traffic control)	управление воздушным движением, УВД

ATC GROUND INTERROGATOR	наземный запросчик системы управления воздушным движением, наземный запросчик УВД
ATC OFFICE	пункт управления воздушным движением, пункт УВД
ATC RADAR BEACON SYSTEM	приводной радиолокационный маяк системы управления воздушным движением, приводной радиомаяк системы УВД
ATC ROUTE	маршрут управления воздушным движением, маршрут УВД
ATC TRACK	маршрут управления воздушным движением, маршрут УВД
ATC TRANSPONDER	ответчик системы управления воздушным движением, ответчик системы УВД
ATHERMANOUS WALL	нетеплопроводная стенка
ATHODYD	прямоточный воздушно-реактивный двигатель, ПВРД
ATHWART	поперек; наискось; перпендикулярно
ATMOSPHERE	атмосфера
ATMOSPHERIC	атмосферный
ATMOSPHERIC ABSORPTION RATE	коэффициент атмосферного поглощения
ATMOSPHERIC ATTENUATION	ослабление в атмосфере; затухание в атмосфере
ATMOSPHERIC FLIGHT	атмосферный полет
ATMOSPHERIC PHYSICS	физика атмосферы
ATMOSPHERIC POLLUTION	загрязнение атмосферы
ATMOSPHERIC PRESSURE	атмосферное давление
ATMOSPHERIC REENTRY	возвращение в атмосферу; спуск в атмосфере
ATMOSPHERICS	атмосферные (радио)помехи
ATOM	атом
ATOMIC BOMB	ядерная бомба
ATOMIC WEIGHT	атомная масса
ATOMIZATION (atomizing)	распыление; пульверизация; тонкое измельчение
ATOMIZE (to)	распылять; тонко измельчать
ATOMIZER	форсунка; распылитель; пульверизатор
AT RIGHT ANGLE	под прямым углом

ATS ROUTE	маршрут, контролируемый диспетчерской службой
ATTACH (to)	отбортовывать; крепить; заделывать; стыковать
ATTACH(MENT) FITTING	стыковочный фитинг; крепежная арматура; соединительные элементы
ATTACHE CASE	атташе-кейс
ATTACHED	отбортованный; прикрепленный; заделанный; пристыкованный
ATTACHING COLLAR	стыковочное кольцо
ATTACHING DEVICE	стыковочное устройство
ATTACHING HARDWARE	стыковочное оборудование
ATTACHING LUG	узел крепления; узел подвески
ATTACHING PARTS	стыковочные узлы; узлы крепления
ATTACHING PLATE	соединительная накладка; крепежная планка
ATTACHING SCREW	крепежный винт
ATTACHMENT	отбортовка; (за)крепление; заделка; стыковка; приспособление
ATTACHMENT BOLT	соединительный болт; крепежный болт
ATTACHMENT CLIP	соединительный зажим
ATTACHMENT HOLE	крепежное отверстие
ATTACHMENT LUG	узел крепления; узел подвески
ATTACHMENT PARTS	узлы крепления; стыковочные узлы
ATTACHMENT PIN	крепежный болт
ATTACHMENT PLATE	соединительная накладка; крепежная планка
ATTACHMENT POINT	крепежный узел; точка крепления; точка соединения
ATTACH POINT	крепежная точка
ATTACK PLANE	ударный самолет
ATTAIN (to)	достигать; получать
ATTAINABLE	достижимый
ATTEMPT	попытка
ATTEMPT (to)	пытаться
ATTEMPTED TAKE-OFF	предпринятый взлет
ATTEMPT TO LAND	попытка посадки
ATTENDANCE	уход, обслуживание
ATTENDANT	бортпроводник
ATTENDANT'S DOOR	дверь кабины бортпроводника

ATTENDANT'S PANEL	пульт бортпроводника
ATTENDANT'S STATION	рабочее место бортпроводника
ATTENDANT CALL BUTTON	кнопка вызова бортпроводника
ATTENUATE (to)	ослаблять; снижать; затухать
ATTENUATION	ослабление; затухание
ATTENUATION RATE	коэффициент затухания; коэффициент поглощения
ATTENUATOR	редуктор давления; глушитель шума; отражатель шума; аттенюатор (антенны)
ATTITUDE	пространственное положение
ATTITUDE AND ORBIT CONTROL SYSTEM	система ориентации и орбитального маневрирования
ATTITUDE CONTROL	управление пространственным положением
ATTITUDE CONTROL SYSTEM	система управления пространственным положением
ATTITUDE CONTROL UNIT	блок управления пространственным положением
ATTITUDE DIRECTOR INDICATOR (ADI)	командный авиагоризонт
ATTITUDE ERROR	угловая ошибка
ATTITUDE EXCURSION	изменение пространственного положения
ATTITUDE GA(U)GE	датчик пространственного положения
ATTITUDE GYRO SENSOR	гироскопический датчик пространственного положения
ATTITUDE INDICATOR	указатель пространственного положения
ATTITUDE OF FLIGHT	пространственное положение в полете
ATTITUDE PLATFORM	платформа для отсчета углов пространственного положения (летательного аппарата)
ATTITUDE REFERENCE	гировертикаль
ATTITUDE REFERENCE UNIT	опорный блок системы ориентации
ATTITUDE REPEATER	повторитель сигналов системы ориентации
ATTRACT (to)	притягивать
ATTRACTION	притяжение; сила притяжения
ATTRITION	истирание; изнашивание; износ; притирка
AUDIBILITY	слышимость
AUDIBLE ALARM	звуковая аварийная сигнализация
AUDIBLE SIGNAL	звуковой сигнал
AUDIBLE WARNING SYSTEM	звуковая система предупреждения

AUDIO	звук; звуковой; акустический; звукозаписывающая и звуковоспроизводящая аппаратура; звукозаписывающий; звуковоспроизводящий
AUDIO AMPLIFIER	звуковой усилитель
AUDIO CONTROL PANEL	щиток управления звуковой сигнализацией
AUDIO FREQUENCY (AF)	звуковая частота
AUDIO INTERPHONE SYSTEM	переговорное устройство в кабине
AUDIO JACK	штекерный разъем переговорного устройства
AUDIO POWER UNIT	блок питания звукозаписывающей и звуковоспроизводящей аппаратуры
AUDIO RESPONSE	чувствительность звукозаписывающей и звуковоспроизводящей аппаратуры
AUDIO SELECT(OR) PANEL	щиток переключения режимов работы звукозаписывающей аппаратуры
AUDIO SELECTOR	переключатель режимов работы аудиоаппаратуры
AUDIO SIGNAL	звуковой сигнал
AUDIO SWITCH	звуковой сигнализатор
AUDIO TONE	звуковой сигнал
AUDIO VOLUME	уровень звукового сигнала
AUDIO WARNING DEVICE	звуковой сигнализатор
AUGER	сверло; бур; шнек (транспортера)
AUGER (to)	сверлить, буравить, просверливать
AUGER IN (to)	разбиваться (при ударе о землю)
AUGMENTATION	форсирование, форсаж
AUGMENTED POWER	форсированный режим (работы)
AUGMENTED THRUST	форсированная тяга
AUGMENTOR	форсажная камера
AUGMENTOR WING	крыло с управляемой циркуляцией (потока воздуха)
AURAL	звуковой, акустический
AURAL SIGNAL	звуковой сигнал
AURAL WARNING	звуковая сигнализация
AURAL WARNING DEVICE	звуковой сигнализатор
AUSTENITIC STEEL	аустенитная сталь
AUTHORIZED AIRCRAFT	самолет, имеющий разрешение на полет
AUTHORIZED REPAIR	разрешенный ремонт, санкционированный ремонт

AUTOACCELERATION	самопроизвольное ускорение
AUTOAPPROACH	автоматический заход на посадку
AUTOCLAVE	автоклав
AUTOCOLLIMATOR	автоколлиматор
AUTOCONTROL	автоматический контроль; автоматическое управление
AUTOFEATHER (to)	автоматически флюгировать
AUTOFEATHERING	автоматическое флюгирование
AUTOFLARE	автоматическое выравнивание
AUTO-FLIGHT CONTROL	автоматическое управление полетом
AUTOFLIGHT SYSTEM	автоматическая система управления полетом
AUTOGENOUS WELDING	газовая сварка
AUTO GO-AROUND COMPUTER	вычислитель параметров автоматического ухода на второй круг
AUTOGYRO (ROTOR)	автожир
AUTOIGNITION	самовоспламенение; автоматическое зажигание
AUTOLAND (auto-land)	автоматическая посадка
AUTOLAND APPROACH	автоматический заход на посадку
AUTOLAND CAPABILITY	возможность автоматической посадки
AUTOLAND SYSTEM	система автоматической посадки
AUTOMATED	автоматизированный
AUTOMATED SEND RECEIVE (ASR)	автоматизированная передача и прием
AUTOMATIC	автоматический
AUTOMATICALLY	автоматически
AUTOMATICALLY UPDATING	автоматическая коррекция; автоматическая настройка
AUTOMATIC ANTENNA TUNER	автоматическое устройство настройки антенны
AUTOMATIC APPROACH	автоматический заход на посадку
AUTOMATIC BOOST CONTROL	автоматическое регулирование наддува (гермокабины)
AUTOMATIC BRAKE ADJUSTER	регулятор автоматического тормоза
AUTOMATIC BRAKING	автоматическое торможение
AUTOMATIC CUT-OUT	автоматическое отключение
AUTOMATIC CYCLE	автоматический цикл
AUTOMATIC DATA PROCESSING (ADP)	автоматическая обработка данных

AUTOMATIC DEAD RECKONING COMPUTER .... автомат счисления пути
AUTOMATIC DECRAB SIGNAL .... сигнал автоматического парирования сноса
AUTOMATIC DIRECTION FINDER (ADF) ....автоматический радиопеленгатор; автоматический радиокомпас
AUTOMATIC EXHAUST TEMPERATURE CONTROL........автоматический регулятор температуры выхлопных газов
AUTOMATIC FEATHERING................... автоматическое флюгирование
AUTOMATIC FEED ....автоматическая подача
AUTOMATIC FLIGHT CONTROL .... автоматическое управление полетом
AUTOMATIC FLIGHT CONTROL SYSTEM...................... автоматическая система управления полетом
AUTOMATIC FLOW CONTROL VALVE...............автоматический клапан управления подачей топлива
AUTOMATIC FLYING ....автоматическое пилотирование
AUTOMATIC FREQUENCY CONTROL........ автоматическая регулировка частоты; автоматическая подстройка частоты, АПЧ
AUTOMATIC GAIN CONTROL .... автоматическая регулировка усиления, АРУ
AUTOMATIC INFLATION .... автоматическая зарядка; автоматическое наполнение
AUTOMATIC INSTRUMENT LANDING APPROACH SYSTEM (AILAS)........................ автоматическая система захода на посадку по приборам
AUTOMATIC LANDING (autoland)................ автоматическая посадка
AUTOMATIC LATHE .... токарный автомат
AUTOMATIC LEVEL CONTROL .... автоматическое управление уровнем (записи)
AUTOMATIC PATH CONTROL .... автоматический контроль траектории (полета)
AUTOMATIC PILOT SYSTEM (autopilot)........ система автоматического управления, САУ; автопилот
AUTOMATIC PITCH TRIM .... автоматическая балансировка по тангажу
AUTOMATIC RANGE UNIT................................блок автоматического определения дальности

AUTOMATIC RELEASE	автоматический замок; автоматическая расцепка
AUTOMATIC RELIEF VALVE	автомат разгрузки (в гидросистеме)
AUTOMATICS	автоматика, приборы автоматического управления
AUTOMATIC SEAT RESERVATION	автоматическое бронирование мест
AUTOMATIC THROTTLE (auto-throttle)	автоматическое дросселирование тяги
AUTOMATIC TRIM (ming)	автоматическая балансировка
AUTOMATIC VOLUME CONTROL (AVC)	автоматическая регулировка громкости
AUTOMATIC WELDING MACHINE	сварочный автомат
AUTOMATIC ZERO SETTING	автоматическая установка нуля
AUTOMATION	автоматизация
AUTOMATIONING	автоматизация
AUTOMATON	автомат
AUTOMOTIVE ENGINEER	инженер-автомобилестроитель
AUTOMOTIVE ENGINEERING	автомобилестроение
AUTOMOTIVE INDUSTRY	автомобильная промышленность
AUTONAVIGATOR	автоштурман
AUTONOMOUS	автономный
AUTONOMY	автономность; автономный полет
AUTOPILOT	автопилот
AUTOPILOT/FLIGHT DIRECTOR SYSTEM	система автоматического управления и командных пилотажных приборов
AUTOPILOT AMPLIFIER	усилитель автопилота
AUTOPILOT AUTOLAND	посадка с помощью автопилота
AUTOPILOT AUTO THROTTLE	автомат тяги в системе автопилота
AUTOPILOT COMPUTER	вычислитель автопилота
AUTOPILOT CONTROL	управление полетом с помощью автопилота
AUTOPILOT CONTROLLER LIGHT	лампа подсветки пульта управления автопилотом
AUTOPILOT DISENGAGE	отключение автопилота
AUTOPILOT DISENGAGE LIGHT	табло сигнализации отключения автопилота
AUTOPILOT DISENGAGE UNIT	блок отключения автопилота
AUTOPILOT RESPONSE	чувствительность автопилота

AUTOPILOT SENSOR	датчик автопилота
AUTOPILOT SERVO	рулевая машинка автопилота
AUTOPILOT TRIM MOTOR	электродвигатель системы автотриммирования
AUTOPILOT UNIT	блок автопилота
AUTORANGING	автоматическое измерение дальности
AUTOROTATE (to)	авторотировать
AUTOROTATING ROTOR	авторотирующий несущий винт
AUTOROTATION	авторотация, самопроизвольное вращение, самовращение
AUTOROTATIONAL SPEED	угловая скорость авторотации
AUTOROTATION FLIGHT	полет в режиме авторотации
AUTO-SHUTDOWN	автоматическое выключение
AUTOSTABILIZATION	автоматическая стабилизация, автостабилизация
AUTOSTABILIZER	автомат устойчивости; автоматически управляемый стабилизатор
AUTOSTART CONTROL UNIT	автомат запуска (двигателей)
AUTOSYN(CHRONOUS)	сельсин; синхронный
AUTOSYN DYNAMOTOR	синхронный электрогенератор
AUTOSYN ROTOR	ротор синхронного электрогенератора
AUTOSYN SYNCHRO VOLTAGE	напряжение, генерируемое сельсином
AUTOTHROTTLE (auto-throttle, automatic throttle)	автомат тяги
AUTOTHROTTLE CLUTCH SYSTEM	муфта сцепления автомата тяги
AUTOTHROTTLE DRIVE	привод автомата тяги
AUTO-THROTTLE LEVER	рычаг управления автоматом тяги
AUTO-TRACKING ANTENNA	антенна в режиме автосопровождения
AUTOTRANSFORMER	автотрансформатор
AUXILIARIES	вспомогательные агрегаты
AUXILIARY	вспомогательный; дополнительный; подсобный; вспомогательное оборудование
AUXILIARY CIRCUIT	дополнительная цепь; вспомогательный контур
AUXILIARY GEARBOX	дополнительный редуктор
AUXILIARY HYDRAULIC SYSTEM	вспомогательная гидросистема

AUXILIARY POWER AC GENERATOR .... генератор переменного тока вспомогательной силовой установки, генератор переменного тока ВСУ
AUXILIARY POWER UNIT (APU) .... вспомогательная силовая установка, ВСУ
AUXILIARY TANK .... дополнительный топливный бак
AVAILABLE .... доступный; пригодный; имеющийся в наличии
AVAILABLE LIFT .... располагаемая подъемная сила
AVAILABLE PAYLOAD .... располагаемый полезный груз
AVAILABLE POWER .... располагаемая мощность
AVAILABLE SEAT-KILOMETER .... располагаемый пассажиро-километраж
AVAILABLE THRUST .... располагаемая тяга
AVERAGE (to) .... осреднять, усреднять
AVERAGE CONVERSION RATE .... средняя скорость преобразования
AVERAGE DEPTH .... средняя толщина
AVERAGE PAYLOAD AVAILABLE .... располагаемый полезный груз
AVERAGE READING .... среднее показание (прибора)
AVERAGE REVENUE RATE .... средняя доходная ставка (авиакомпании)
AVERAGE SERVICE LIFE .... средний срок службы; средний ресурс
AVERAGE SPEED .... средняя скорость
AVERAGE VALUE .... среднее значение
AVIATE (to) .... управлять самолетом, пилотировать
AVIATION .... авиация
AVIATION AUTHORITY .... авиационная администрация
AVIATION GASOLINE .... авиационный керосин
AVIATION INDUSTRY .... авиационная промышленность, авиапромышленность
AVIATION MEDICINE .... авиационная медицина
AVIATION METEOROLOGY .... авиационная метеорология
AVIATION SAFETY REPORTING SYSTEM .... система информации о состоянии безопасности полетов
AVIATION SECURITY AUTHORITY .... орган обеспечения безопасности на воздушном транспорте
AVIATOR .... летчик
AVIONICS .... бортовое радиоэлектронное оборудование, БРЭО
AVOID (to) .... уклоняться; предотвращать; аннулировать; отменять; делать недействительным
AVOIDANCE .... предотвращение

AVOIDANCE OF COLLISIONS	предотвращение столкновений (воздушных судов)
AVOIDANCE OF HAZARDOUS CONDITIONS	предупреждение опасных условий (полета)
AVOID FLYING (to)	отменять полет
AWACS (airborne warning and control system)	самолет дальнего радиолокационного обнаружения и управления, самолет ДРЛО и управления
AWASH	на поверхности воды, на волнах; затопленный водой
AWAY	удаленный, находящийся на расстоянии
AWAY FROM CENTERLINE	с отклонением от осевой линии взлетно-посадочной полосы [ВПП]
AXIAL AIR INTAKE	осесимметричный воздухозаборник
AXIAL COMPRESSOR	осевой компрессор
AXIAL DIFFUSER	осевой диффузор
AXIAL EXIT NOZZLE	соосное сопло
AXIAL FLOW	осевое течение; осевой поток
AXIAL FLOW COMPRESSOR	осевой компрессор
AXIAL LOAD	осевая нагрузка
AXIAL NOZZLE	осевое сопло
AXIAL-PISTON TYPE HYDRAULIC MOTOR	гидромотор с осевым поршнем
AXIAL PLAY	осевой зазор
AXIAL-SYMMETRIC FLOW	осесимметричный поток
AXIAL THRUST	осевая тяга
AXIAL WHEEL	осевое колесо
AXIS	ось
AXIS OF ROTATION	ось вращения
AXISYMMETRIC FLOW	осесимметричный поток
AXISYMMETRIC JET NOZZLE	осесимметричное реактивное сопло
AXLE	ось; вал
AXLE-ARM	полуось; цапфа; шейка (оси)
AXLE JACK	домкрат
AXLE-JOURNAL	ступица; цапфа; шейка (вала)
AZIMUTH	азимут; пеленг
AZIMUTHAL	азимутальный
AZIMUTHAL CONTROL	управление по азимуту; управление по пеленгу
AZIMUTH BEAM	азимутальный луч

AZI

AZIMUTH BEAMWIDTH .... ширина луча в азимутальной плоскости
AZIMUTH CARD .... шкала азимута
AZIMUTH COMPASS .... пеленгаторный компас
AZIMUTH COMPUTER .... азимутальный вычислитель;
вычислитель пеленга
AZIMUTH GUIDANCE UNIT .... блок азимутального наведения;
блок наведения по пеленгу
AZIMUTH INDICATOR .... указатель азимута; указатель пеленга
AZIMUTH RADAR .... обзорная радиолокационная станция,
обзорная РЛС
AZIMUTH RING .... азимутальный круг
AZURE .... лазурь, синева; кобальтовое стекло

B

BABBIT BEARING .... баббитовый подшипник
BABBIT LINED .... залитый баббитом; с баббитовой облицовкой
BABBIT METAL .... антифрикционный сплав баббит
BACK .... спинка (лопасти); корыто (лопатки);
сброс, отвод (напр.рабочей жидкости); обратный
BACK (to) .... сбрасывать, отводить;
двигаться в обратном направлении
BACKBEAM (back beam) .... отраженный луч; обратный луч
BACK BEAM TRACK .... направление отраженного луча
BACK BEARING .... обратный пеленг; обратный курс
BACKBONE .... несущая конструкция;
конструктивно-силовая схема;
главная опора; основа
BACK COUPLING .... обратная связь
BACK COURSE .... обратный курс
BACK COURSE APPROACH .... заход на посадку с обратным курсом
BACK CURRENT .... обратный ток
BACK DRILL (to) .... вращать в обратном направлении
BACK-ELECTROMOTIVE FORCE .... противоэлектродвижущая
сила, противоэдс
BACKFIRE .... обратный выхлоп; хлопок
или вспышка (в карбюраторе)
BACKFIRE (to) .... давать обратные вспышки [выхлопы]
BACKFLOW .... обратный поток, противоток
BACKGROUND .... фон
BACKGROUND CORRECTION .... коррекция (шумового) фона
BACKGROUND LEVEL .... уровень фона, фоновый уровень
BACKGROUND NOISE .... фоновый шум
BACKGROUND RADIATION .... фоновое излучение
BACKHAUL .... обратный рейс
BACKING .... вращение против часовой стрелки,
левое вращение; задний ход
BACKING BOARD .... подкладка; футеровка
BACKING PLATE .... накладка моторной рамы;
накладка (местного) усиления
BACKING PUMP .... подкачивающий насос
BACKING WASHER .... усиливающая кольцевая прокладка

BACKING WIND .... ветер с правым вращением (относительно линии полета)

BACKLASH .... люфт; зазор; скольжение винта; мертвый ход

BACKLASH ERROR .... погрешность (показаний приборов) из-за люфтов; ошибка (при пилотировании) из-за люфтов (в системе управления)

BACKLASH IN GEARS .... зазор в редукторе

BACKLASH SPRING .... прижимная пружина, пружина для устранения люфта [зазора]

BACKLOG .... задел; резерв; незавершенная работа; невыполненные заказы; задолженность (по сдаче готовой продукции)

BACK MARKER .... радиомаркер с излучением в заднюю полусферу

BACK OFF (to) .... отставать (от самолета-заправщика); компенсировать; вывинчивать; отвинчивать; раскреплять

BACK OF SEAT .... спинка кресла

BACK OUT (to) .... выбивать; аннулировать изменения; восстанавливать (предыдущее состояние)

BACKPACK .... ранцевая установка для маневрирования космонавта [УМК]; ранцевая система жизнеобеспечения [СЖО]

BACKPLATE .... накладка моторной рамы; накладка (местного) усиления

BACK PRESSURE .... противодавление

BACK PRESSURE REGULATOR .... регулятор противодавления

BACK PRESSURE VALVE .... клапан регулятора противодавления

BACKREST .... спинка кресла

BACK SCATTER .... обратное рассеяние

BACK SCATTERED LIGHT .... световое излучение обратного рассеяния

BACK SCATTERED RADIATION .... излучение обратного рассеяния

BACK SCATTERING .... обратное рассеяние

BACK STROKE .... обратный ход поршня

BACK SWEEP .... стреловидность крыла

BACKSWEPT WING .... крыло прямой стреловидности

BACK-TO-BACK .... (компоновка) "спина к спине"; замкнутый контур

BACK-TO-BACK FLIGHT ....полет в обоих направлениях (с полной загрузкой)
BACK-TO-BACK TESTING ....испытания на стенде с замкнутым контуром (нагружения)
BACKTRACK (to) .... лететь обратным курсом; рулить в обратном направлении
BACKUP ....дублирование; резервирование
BACKUP (to) .... дублировать; резервировать
BACK-UP PUMP ....вспомогательный насос
BACKUP REENTRY ....резервный вариант возвращения в атмосферу
BACK-UP RING .... опорное кольцо
BACKWARD ....в обратном направлении (о полете)
BACKWARD MOTION .... движение назад; обратное движение
BACKWARD MOVEMENT OF THE STICK .... взятие ручки на себя, отклонение ручки назад
BACKWARD SWEEP .... прямая стреловидность
BACKWASH ....спутная струя
BACK WHEEL ....заднее колесо
BADIN HEAD .... приемник воздушного давления, ПВД
BAD WEATHER .... сложные метеорологические условия
BAD-WEATHER FLIGHT ....полет в сложных метеоусловиях
BAFFLE ....дефлектор; отражатель; глушитель; демпфирующая перегородка; турбулизатор потока
BAFFLE (to) .... отражать; глушить; демпфировать
BAFFLE PLATE...демпфирующая перегородка
BAFFLE RING................демпфирующее кольцо; дефлекторное кольцо
BAFFLING WIND .... встречный порывистый ветер
BAG..багаж; портфель; сумка; чемодан; баллон; пакет (для пассажира)
BAG BONDING (to) ....оставлять багаж на таможне (до уплаты пошлины); склеивать чемодан
BAG CURING (to).. склеивать чемодан
BAGGAGE/CARGO COMPARTMENT .... багажно-грузовой отсек
BAGGAGE BREAK-DOWN AREA ....зона обработки прибывающего багажа
BAGGAGE CHECK..багажная квитанция
BAGGAGE CHECK-IN ....регистрация багажа
BAGGAGE CHECK-IN FACILITIES ....оборудование стойки регистрации багажа

BAGGAGE CLAIM	востребование багажа
BAGGAGE CLAIM AREA	место востребования багажа
BAGGAGE CLEARANCE	(таможенное) разрешение на провоз багажа
BAGGAGE-CLEARANCE SYSTEM	система досмотра багажа
BAGGAGE COMPARTMENT	багажный отсек
BAGGAGE CONVEY BELT	устройство раздачи багажа
BAGGAGE COUNTER	стойка оформления багажа
BAGGAGE DELIVERY AREA	место выдачи багажа
BAGGAGE-DISPENSING SYSTEM	система сортировки багажа
BAGGAGE HANDLER	оператор по обработке багажа
BAGGAGE HANDLING	оформление и обработка багажа
BAGGAGE HANDLING SYSTEM	система обработки багажа
BAGGAGE HOLD	багажный отсек
BAGGAGE LOADER	погрузчик багажа
BAGGAGE LOCKER	камера хранения багажа; контейнер для хранения багажа
BAGGAGE POINT	место оформления багажа
BAGGAGE RACE TRACK	стенд раздачи багажа
BAGGAGE RACK	багажная стойка
BAGGAGE RAMP	багажный трап
BAGGAGE ROOM	камера хранения багажа
BAGGAGE STOWAGE BIN	багажный отсек
BAGGAGE-TRACING SYSTEM	система розыска багажа
BAGGAGE TROLLEY (cart)	тележка для багажа, багажная тележка
BAGGAGE TRUCK	багажная самоходная платформа
BAGGING	упаковка в мешки
BAILER	парашютист
BAIL OUT (to)	прыгать с парашютом
BAKE (to)	отжигать; обжигать; прокаливать; сушить; выпекать; запекаться
BAKE AFTER PLATING (to)	сушить после нанесения гальванического покрытия
BAKELITE	бакелит
BAKELITE CASING	бакелитовый кожух
BAKING	отжиг; обжиг; прокаливание; сушка
BALANCE	равновесие; центровка; балансировка; компенсация; весы; компенсатор

BALANCE (to)	уравновешивать; центрировать; балансировать; компенсировать; взвешивать
BALANCE BEAM	балансир
BALANCE CALCULATIONS	расчет центровки (летательного аппарата)
BALANCE CHART	график центровки (летательного аппарата)
BALANCE CONTROL MANUAL	инструкция по регулировке центровки
BALANCED AILERON	элерон с компенсацией (напр. весовой)
BALANCED AIRCRAFT	сбалансированный ЛА; сбалансированное воздушное судно
BALANCE DATA	центровочные данные
BALANCED BEAM NOZZLE	регулируемое сопло створчатого типа
BALANCED BRAKING	симметричное торможение; равномерное торможение
BALANCED CONTROL SURFACE	сбалансированная поверхность управления
BALANCED FIELD LENGTH	сбалансированная длина летного поля
BALANCED INPUT	симметричный вход
BALANCED LOAD	уравновешивающая нагрузка
BALANCED OUTPUT	симметричный выход
BALANCED SURFACE	сбалансированная поверхность (управления)
BALANCED TAB	сервокомпенсатор (руля)
BALANCE PANEL	балансировочная панель
BALANCE PLUG	втулка весового балансира; втулка балансировочного груза
BALANCER	балансир; компенсатор
BALANCE RELAY	качалка весового балансира
BALANCE SPRING	пружина весового балансира
BALANCE SURFACE	аэродинамический компенсатор, аэродинамическая поверхность компенсации усилий
BALANCE TAB	сервокомпенсатор (руля)
BALANCE WASHER	шайба весового балансира
BALANCE WEIGHT	балластный груз (для центровки летательного аппарата); балансировочный груз
BALANCING	балансировка, уравновешивание
BALANCING COIL	симметрирующая катушка

BALANCING HORN	роговой компенсатор
BALANCING IMPEDANCE	характеристическое полное сопротивление
BALANCING LOAD	уравновешивающая нагрузка
BALANCING MACHINE	балансировочный станок
BALANCING OUT	нейтрализация
BALANCING PIN	балансировочный штифт
BALANCING RESISTOR	симметрирующий резистор
BALANCING TAB	сервокомпенсатор (руля)
BALANCING WEIGHT	балластный груз (для центровки летательного аппарата); балансировочный груз
BALK	отказ; повреждение; неисправность; поломка; авария; выход из строя
BALKED APPROACH	неудавшийся заход на посадку; прерванный заход на посадку
BALKED LANDING	неудавшаяся посадка, незавершённая посадка (с уходом на второй круг)
BALKING ENGINE (balky engine)	двигатель с отказавшей системой зажигания
BALL	шарик
BALL AND SOCKET BEARING	шаровая опора; шарикоподшипник
BALL AND SOCKET JOINT	шаровое шарнирное соединение, шаровой шарнир
BALLAST	балласт
BALLAST (to)	утяжелять; нагружать; перегружать
BALLAST RELEASER (to)	разгружать, освобождать от нагрузки; сбрасывать балласт; снижать нагрузку
BALLAST RESISTOR	балластный резистор
BALL-BANK INDICATOR	шариковый указатель крена
BALL BEARING	шаровая опора; шарикоподшипник
BALL BEARING ROD END	узел крепления шаровой опоры
BALL END	сферическая [шаровая] пята; сферическая [шаровая] цапфа; шаровая головка
BALLISTIC	баллистический
BALLISTIC DESCENT	баллистический спуск (с орбиты)
BALLISTICIAN	специалист-баллистик
BALLISTIC MISSILE	баллистическая ракета, БР
BALLISTIC PATH	баллистическая траектория

BALLISTIC REENTRY .... возвращение в атмосферу по баллистической траектории, баллистический спуск в атмосфере
BALLISTICS .... баллистика; баллистические характеристики
BALLISTIC TRAJECTORY .... баллистическая траектория
BALL JOINT .... шаровое шарнирное соединение, шаровой шарнир
BALL-LOCK PIN .... штифт со сферической головкой; палец с полусферическим наконечником; шаровая цапфа
BALLOON .... аэростат; воздушный шар; надувная сфера; надувной спутник
BALLOON (to) .... подниматься на воздушном шаре, лететь на воздушном шаре; взмывать
BALLOONING .... полет на аэростате; полет на воздушном шаре; взмывание (самолета перед касанием ВПП); вздутие, раздувание
BALLOONIST .... воздухоплаватель
BALL PEEN HAMMER .... молоток с круглым бойком
BALL RACE .... кольцо шарикоподшипника; беговая дорожка шарикоподшипника
BALL SCREW (ballscrew) .... шариковый ходовой винт
BALLSCREW ACTUATOR .... винтовой подъемник
BALL SEAT .... шаровая опора
BALL SELF ALIGNING BEARING .... самоустанавливающийся [самоцентрирующийся] шарикоподшипник
BALL SHAPED .... шаровой формы, сферической формы
BALL-SLIP INDICATOR .... шариковый указатель скольжения
BALL STAKE (to) .... вставлять в сферическую оправу
BALL STAKING .... обжимка в сферической оправе
BALL TESTING .... определение твердости вдавливанием шарика (по Бринеллю)
BALL THRUST BEARING .... упорный шарикоподшипник
BALL-TYPE AIR OUTLET .... насадок шарового типа индивидуальной вентиляции
BALLUTE .... надувное тормозное устройство, надувная тормозящая сфера
BALL VALVE .... шаровой клапан; шаровая задвижка (трубопровода); шаровой затвор; поплавковый шаровой регулятор расхода

BALSA WOOD	бальза, пробковая древесина
BANANA PLUG	вилка соединителя с подпружинивающими контактами
BAND	полоса частот; диапазон; лента; полоса
BAND (to)	связывать; соединять
BAND CONVEYOR	ленточный конвейер
BAND-LIMITING FILTER	фильтр с ограниченной полосой пропускания
BAND OF WEAR	износостойкая лента
BAND-PASS AMPLIFIER	полосовой усилитель
BAND-PASS FILTER	полосовой фильтр
BAND PULLEY	ременный шкив; барабан ленточного конвейера
BAND-REJECTION FILTER	полосовой режекторный фильтр
BAND SAW	ленточная пила; ленточно-пильный станок; ленточно-отрезной станок
BAND-SAWING MACHINE	ленточно-пильный станок; ленточно-отрезной станок
BAND-SELECTIVE FILTER	полосовой избирательный фильтр
BAND SELECTOR SWITCH	переключатель выбора частоты
BAND-SEPARATING FILTER	полосовой избирательный фильтр
BAND-STOP FILTER	полосовой режекторный фильтр
BAND SUPPRESSOR	полосовой режекторный фильтр
BAND WAVE	диапазон волн
BANDWIDTH	ширина полосы частот
BANDWIDTH CURVE	кривая селективности, кривая избирательности
BANDWIDTH FILTER	полосовой фильтр
BANG	взрыв; удар; толчок; импульс; выброс, отметка (на экране индикатора)
BANJO BOLT	болт типа "банджо"
BANJO CONNECTION (fitting)	присоединение патрубка типа "банджо"
BANK	разворот; вираж; крен; гряда (облаков)
BANK (to)	вводить в вираж; выполнять вираж; кренить; выполнять разворот с креном
BANK-AND-PITCH INDICATOR	указатель крена и тангажа
BANK-AND-TURN INDICATOR	указатель крена и поворота
BANK ANGLE (bank attitude)	угол крена
BANK ATTITUDE	угол крена

BANK CONTROL	управление креном
BANK COUNTERACT SYSTEM	система (автоматического) парирования крена (при отказе одного из двигателей)
BANKED	накрененный; выполняющий вираж; выполняющий разворот с креном
BANKED ANGLE	угол крена
BANKED ATTITUDE	положение с креном, накрененное положение; угол крена
BANKED FLIGHT	полет с креном
BANKED TURN	разворот с креном; перекладка по крену
BANK INDICATOR	указатель крена
BANK INDICATOR BALL	шарик указателя крена
BANKING	введение в вираж; выполнение виража; выполнение разворота с креном; кренение; крен
BANKING MANOEUVRE	перекладка по крену; разворот с креном
BANK MODULATION MANOEUVRES	маневры с перекладками по крену, маневры типа "змейка"
BANK SYNCHRO ERROR ANGLE	угол рассогласования по крену
BANK-TO-TURN MANOEUVRE	разворот с креном
BANK TURN	разворот с креном
BANK WITH AILERONS	разворот с помощью элеронов
BAR	линия поперечных световых огней; световой горизонт (системы огней ВПП); тяга; стержень; стрелка; штанга; бар (единица измерения давления); бар; пруток; выдвижной шпиндель
BARE	неизолированный; открытый; незащищенный
BARE (to)	оголять; обнажать; открывать, раскрывать
BARE A CABLE (to)	оголять провод, снимать изоляцию с провода
BARE COPPER WIRE	провод из чистой меди
BARED CABLE	оголенный провод, провод со снятой изоляцией
BARE ENGINE	незакапотированный двигатель
BARE METAL	чистый металл

BARE WEIGHT	чистый вес, чистая масса
BARE WIRE	неизолированный провод, оголенный провод
BAR-EXTENSION	удлинитель штанги
BARIUM CHLORIDE	хлорид бария
BARNSTORMER	участник развлекательных полетов
BARNSTORMING	развлекательные полеты, полеты с развлекательными целями
BAROGRAPH	барограф
BAROMETER	барометр
BAROMETER ANEROID	барометр-анероид
BAROMETER CORRECTION	барометрическая коррекция
BAROMETRIC	барометрический
BAROMETRIC/RADIO ALTIMETER	комбинированный барометрический и радиовысотомер
BAROMETRIC ALTIMETER	барометрический высотомер
BAROMETRIC ALTITUDE	барометрическая высота
BAROMETRIC ALTITUDE HOLD	выдерживание барометрической высоты (полета)
BAROMETRIC CAPSULE	анероидная коробка
BAROMETRIC CORRECTION SELECTOR	кнопка барометрической коррекции
BAROMETRIC CORRECTOR	барометрический корректор
BAROMETRIC HEAD	приемник барометрического давления
BAROMETRIC HEIGHT	барометрическая высота
BAROMETRIC PRESSURE	барометрическое давление
BAROMETRIC PRESSURE ALTIMETER	барометрический высотомер
BAROMETRIC PRESSURE CONTROL	регулирование барометрического давления
BAROMETRIC PRESSURE SETTING	установка барометрического давления
BAROMETRIC RANGE	барометрическая шкала, шкала барометрических давлений
BAROMETRIC RATE	степень изменения барометрического давления
BAROMETRIC SCALE	барометрическая шкала, шкала барометрических давлений
BAROMETRIC SWITCH	барометрическое реле
BAROSTAT	баростат

BAROSTATIC DEVICE .... контактный барометрический датчик
BAROSTATIC METERING VALVE .... баростатический регулирующий клапан
BAROTHERMOGRAPH .... баротермограф
BARREL .... барабан; вал; втулка; гильза; стакан цилиндра; камера сгорания; ствол (пушки); бочка (фигура); нефтяной баррель
BARREL FINISHING .... галтовка; чистовая обработка цилиндрической детали
BARREL ROLL .... управляемая бочка с большим радиусом вращения
BARRETTE .... ряд близкорасположенных световых огней (с воздуха сливающихся в сплошную линию)
BARRETTE CENTER LINE .... линия центрального ряда линейных огней
BARRIER .... барьер; преграда; препятствие
BARRIER LAYER .... запирающий слой
BARRIER NET .... задерживающая сеть (аэродромной тормозной установки)
BARRIER PAPER .... фильтрующая бумага
BARROW .... тачка; тележка; лебедка; барабан
BAR SERVICE .... обслуживание в баре
BAR STEEL .... прутковая сталь
BARYCENTER .... барицентр
BASE .... база; основание; опора; фундамент; донная часть (ракеты); уровень (отсчета)
BASE (to) .... базировать(ся); основывать(ся); служить базой; опирать(ся)
BASEBAND ANALYZER .... анализатор группового спектра
BASE DRAG .... донное сопротивление
BASE LEG .... прямая между третьим и четвертым разворотами (при заходе на посадку по "коробочке")
BASE LINE .... базовая линия; линия начала отсчета
BASELINE AIRCRAFT .... базовая модель летательного аппарата [ЛА]; базовая модель воздушного судна
BASE METAL .... основной металл; неблагородный металл
BASE NUT .... стопорная гайка; контргайка

BASE PLATE (baseplate) ..... опорная плита; базовая плита, основание; установочная плита; планшайба
BASE TURN .... разворот на посадочную прямую; разворот на посадочный курс
BASE TURN PROCEDURE .... схема разворота на посадочную прямую [посадочный курс]
BASE WEIGHT .... масса пустого летательного аппарата, сухая масса
BASE WIDTH .... база (шасси); габарит
BASIC .... БЕЙСИК (язык программирования)
BASIC .... основной; главный; базовый; фундаментальный
BASIC AIRCRAFT .... основной вариант летательного аппарата; основной вариант воздушного судна
BASIC CAUSE .... основная причина
BASIC DATA .... исходные данные; базовые данные
BASIC EMPTY WEIGHT .... исходная масса пустого летательного аппарата, исходная сухая масса
BASIC ENGINE .... основной двигатель
BASIC FAILURE .... серьезный отказ
BASIC FARE .... базисный тариф
BASIC INSTALLATION .... основная установка; основное оборудование
BASIC LOAD .... базовая нагрузка; исходная нагрузка
BASIC MATERIALS .... исходные материалы, сырье
BASIC MODEL .... базовая модель; исходная модель
BASIC OVERHAUL TIME .... межремонтный ресурс
BASIC PRICE .... базисная цена
BASIC PRINCIPLE .... фундаментальный закон; основной принцип
BASIC RUNWAY LENGTH .... базовая длина взлетно-посадочной полосы [ВПП]
BASIC SIZE .... базовый размер; основные размеры
BASIC SPEED .... исправленная скорость (с учетом погрешности измерения)
BASIC SYSTEM .... базовая система
BASIC TECHNICAL DATA .... основные технические параметры
BASIC VERSION .... основной вариант (компоновки)
BASIC WEIGHT .... исходная масса
BASING FARE .... базовый тариф
BASKET .... корзина (аэростата); сетка

BAT	сигнальный флажок
BATCH	партия; группа; серия
BATCH MACHINING	серийная обработка; обработка (деталей) партиями
BATCH NUMBER	номер партии; номер серии
BATCH PROCESSING	серийное производство
BATCH PRODUCTION	серийное производство
BATH	ванна; бассейн
BATTALION	батальон; дивизион
BATTEN	планка; рейка; узкая доска
BATTERING	наплавка на кромки
BATTERY (electrical accumulator)	(аккумуляторная) батарея; гальванический элемент
BATTERY CELL	элемент батареи
BATTERY CHARGER UNIT	зарядный блок батареи
BATTERY CLIP	зажим аккумуляторной батареи
BATTERY COMPARTMENT	отсек (аккумуляторной) батареи
BATTERY ELECTROLYTE LEVEL	уровень электролита в аккумуляторе
BATTERY FAILURE	отказ батареи
BATTERY FLUID	электролит
BATTERY POD	контейнер (аккумуляторной) батареи
BATTERY SWITCH	переключатель батареи
BATTERY TERMINALS	клеммы (аккумуляторной) батареи
BATTERY TESTER	тестер для проверки батареи
BATTERY TRANSFER BUS	обходная шина (аккумуляторной) батареи
BATTLEFIELD	поле боя; фронт; район боевых действий; тактический; фронтовой; боевой
BAUD RATE	скорость передачи данных в бодах
BAULKED LANDING	прерванная посадка; уход на второй круг
BAY	ниша (шасси); отсек (фюзеляжа); участок расширения (напр. ВПП)
BAYONET BASE	основание разъема байонетного типа
BAYONET RECEPTACLE	розетка байонетного разъема
BAYONET TYPE BULB	патрон байонетного типа
BCD OUTPUT	выходные данные в двоичном коде, выходные двоично-кодированные данные

BEACON	(свето)маяк; сигнальный световой огонь; (радио)маяк; приводная (радио)станция
BEACON BEARING	пеленг маяка
BEACON COURSE	курс по (радио)маяку
BEACON HOMING	самонаведение по сигналам маяка
BEACON LIGHT	огонь светового маяка; световой маяк
BEACON MARKER INDICATOR	маркерный (радио)маяк, (радио)маркер
BEACON RANGE	радиус действия маяка
BEAD	кромка; буртик; заплечик; загиб; валик; окантовка, отбортовка; полоса материала; узкий шов
BEAD BLOW-OUT	снятие [демонтаж] пневматика; срыв пневматика
BEADED	отбортованный; с отогнутой кромкой
BEADED EDGE	отогнутая кромка; утолщенный край
BEADED RIM	обод с отбортовкой
BEADED TYRE (tire)	вставленный пневматик
BEAD HEEL	скругление кромки
BEADING	процесс отбортовки; ребро жесткости
BEAD OF SEALANT	полоса герметика; слой герметика
BEAD SIZE	радиус кромки; ширина полосы материала
BEAD TOE	острие кромки; кромка лицевой поверхности шва
BEAM	луч (курсового маяка); наведение по лучу; траверз; балка; траверса; лонжерон; стрела (крана)
BEAM ANTENNA (aerial)	остронаправленная антенна
BEAM APPROACH	заход на посадку по маяку
BEAM APPROACH BEACON SYSTEM	система посадки по лучу маяка
BEAM BEND	отклонение луча
BEAM CAP	полка лонжерона
BEAM CAPTURE	захват луча (радиомаяка)
BEAM ELEVATION	угол подъема луча (глиссадного огня)
BEAM FLYING	полеты по лучу радиомаяка
BEAM HOMING	наведение по лучу
BEAM IDENTIFICATION	радиолокационное опознавание
BEAM INDEX TUBE	индексный кинескоп; индексный индикатор
BEAM OF LIGHT	световой луч, луч света

BEAM OF RAYS	световые лучи, лучи света
BEAM PATTERN	форма луча; форма пучка; диаграмма направленности луча
BEAM-RIDER SYSTEM	система наведения по лучу
BEAM SHARPENING	сжатие диаграммы направленности (доплеровской РЛС); сужение луча; сужение пучка
BEAM SPAR	балочный лонжерон
BEAM SPREAD	расходимость луча; раствор луча; расходимость пучка
BEAM SPREAD ANGLE	угол раствора луча
BEAM TILT	наклон луча
BEAM-TYPE FUSELAGE	балочный фюзеляж
BEAM WIDTH (beamwidth)	ширина луча; ширина пучка; ширина диаграммы направленности антенны
BEAM WIND	боковой ветер
BEAR (to)	нести нагрузку; подпирать; поддерживать; нажимать
BEARD	бородка; зубец; зазубрина; острый край
BEARER	опора; стойка; несущий элемент; несущая балка
BEARERS	моторная рама
BEARING	пеленг; азимут; опора; несущая поверхность, опорная поверхность; подшипник
BEARING/HEADING INDICATOR	указатель штурмана, указатель курсовых углов
BEARING AND DISTANCE	пеленг и дальность
BEARING AREA	(аэродинамическая) несущая поверхность; опорная поверхность
BEARING BLOCK	подшипниковый узел
BEARING CAGE	сепаратор шарикоподшипника
BEARING CAP	опорная крышка; крышка подшипника
BEARING CAPACITY	несущая способность (аэродинамической поверхности)
BEARING CIRCLE	азимутальный круг (на аэродроме)
BEARING EXTRACTOR	съемник подшипников
BEARING FACE	опорная поверхность
BEARING FAILURE	разрушение подшипника; неисправность подшипника
BEARING FRICTION	трение в опорах (ротора)

BEARING HOUSING	корпус подшипника
BEARING INDICATOR	указатель азимута; указатель пеленга
BEARING INNER RACE	внутреннее кольцо подшипника
BEARING INSTALLATION	сборка подшипника; установка подшипника
BEARING JOURNAL	опорная шейка (вала); шейка (вала) под подшипник
BEARINGLESS ROTOR HUB	втулка несущего винта (вертолета) без шарниров
BEARING MARKER	указатель пеленга
BEARING OIL SCAVENGE PUMP	откачивающий [отсасывающий] маслонасос подшипника
BEARING OUTER RACE	наружное кольцо подшипника
BEARING PLATE	опорная плита; фундаментальная плита; башмак
BEARING POINTER	указатель пеленга; стрелка указателя пеленга
BEARING PULLER	съемник для подшипников
BEARING RACE	планка с дорожкой качения; дорожка подшипника
BEARING RATIO	показатель плотности грунта (на летном поле)
BEARING RETAINER	(несущая) крышка подшипникового узла
BEARING RETENTION	крепление подшипника
BEARING ROTATIONAL TORQUE	крутящий момент подшипника
BEARING SELECTOR	задатчик пеленга
BEARING SEPARATOR	сепаратор шарикоподшипника
BEARING SHAFT	вал подшипника
BEARING STRAP	поверхность качения, след (пневматика); обод колеса
BEARING STRENGHT	несущая способность
BEARING SURFACE	(аэродинамическая) несущая поверхность; опорная поверхность
BEARING TRACK	рулежная дорожка
BEAT	пульсация; биение; колебание
BEAT FREQUENCY	частота биений; частота колебаний
BEAT OSCILLATOR	генератор биений
BEAVERTAIL	диаграмма направленности антенны типа "двойной косеканс"

BECQUEREL EFFECT	эффект Беккереля, фотогальванический эффект
BED	основание; стенд
BEDDING	станина; основание; слой; подложка; наслаивание; притирка; приработка
BED TESTS	стендовые испытания
BEEF UP (to)	усиливать, повышать прочность, упрочнять; армировать; подкреплять; повышать жесткость
BEEPER	система командного радиоуправления с тональной модуляцией; оператор системы командного радиоуправления с тональной модуляцией
BEEPER TRIM	настройка системы командного радиоуправления с тональной модуляцией
BEEP LEVER	ручка управления
BEESWAX	воск
BEFORE	раньше; прежде; до; впереди; перед; прежде чем, раньше чем, до того как; скорее чем
BEHAVIOR	режим работы; характеристики; состояние; свойства; характер изменения (параметров)
BELCH OUT FLAMES (to)	выбрасывать языки пламени
BELL	колокол; звонок; расширение; раструб; сопло
BELLCRANK (bell crank)	коленчатый рычаг; качалка
BELLCRANK PRESSURE SEAL	гермовывод поворотной качалки
BELL GEAR	колокольная шестерня (планетарного редуктора)
BELLMOUTH	приемный конус; раструб
BELLMOUTHED	оснащенный приемным конусом; с раструбом
BELLMOUTHING	образование приемного конуса; образование раструба
BELLOW CHAMBER	мембранная камера, сильфонная камера
BELLOWS	сильфон, мембранная коробка; гофрированный чехол
BELLOWS SEAL	уплотнение сильфона
BELLOW VALVE	мембранный клапан, сильфон

BELLY	нижняя часть фюзеляжа; подфюзеляжный
BELLY COMPARTMENT	отсек в нижней части фюзеляжа; подфюзеляжный контейнер
BELLY CONTAINER LOADER	погрузчик контейнеров через нижние люки (фюзеляжа)
BELLY INTAKE	подфюзеляжный воздухозаборник
BELLY-LAND (to)	садиться с убранным шасси, садиться "на брюхо"
BELLY LANDING	посадка с убранным шасси, посадка "на брюхо"
BELOW	внизу; ниже; под
BELOW MINIMUM LEVEL	ниже минимально допустимого уровня
BELOW TOLERANCE	за пределами допуска; ниже допуска
BELT	привязной ремень (пассажира); приводной ремень (механизма); зона; пояс
BELT CONVEYOR	ленточный конвейер
BELT DRIVE	ременная передача
BELT LOADER	ленточный погрузчик
BELT PULLEY	ременный шкив; барабан ленточного конвейера
BELT SAW	ленточная пила; ленточнопильный станок; ленточноотрезной станок
BELT SAW MACHINE	ленточнопильный станок; ленточноотрезной станок
BENCH	стенд; установка; уровень; высота
BENCH CHECK REMOVAL	снятие (узла) для проверки на стенде
BENCH GRINDER	настольный шлифовальный станок; верстачное заточное устройство
BENCHMARK	точка начала отсчета
BENCH SHEARS	верстачные ножницы
BENCH VICE (vise)	верстачные тиски
BEND	отклонение (от курса); изгиб; прогиб; искривление изображения; отвод; колено (трубопровода); коленчатый патрубок
BEND (to)	отклонять; изгибать; гнуть; отгибать; сгибать
BEND BACK (to)	загибать корнем шва наружу; складывать
BENDER	гибочный станок; гибочный пресс
BENDING	изгиб; изгибание; сгибание; гибка
BENDING FAILURE	разрушение при изгибе
BENDING FATIGUE TEST	усталостные испытания на изгиб
BENDING LOAD	изгибающая нагрузка

BENDING MACHINE	гибочный станок; гибочный пресс
BENDING MOMENT	изгибающий момент
BENDING PRESS	гибочный пресс
BENDING RADIUS	радиус загиба; радиус закругления
BENDING STRAIN	деформация изгиба
BENDING STRENGTH	изгибающая сила
BENDING STRESS	напряжение изгиба
BENDING TOOL	гибочный инструмент; гибочный штамп
BEND OFF (to)	отгибать
BEND OVER (to)	отгибать на…; заворачивать на…
BEND RADIUS	радиус загиба; радиус закругления
BEND TAB OF LOCKWASHER (to)	изгибать петлю пружинной шайбы
BEND TANG OF WASHER (to)	изгибать петлю пружинной шайбы
BEND UP (to)	отгибать вверх; заворачивать вверх
BENEATH	внизу; ниже; под
BENT	вмятина
BENT COURSE	искривленный маршрут (полета)
BENT HANDLE	изогнутая ручка
BENT NEEDLE NOSE PLIER	изогнутые остроугубцы
BENT PIPE	колено трубопровода; коленчатый патрубок
BENT PROPELLER	изогнутый воздушный винт
BENT-TIP BLADE	лопасть с изогнутой законцовкой
BENZENE	бензол
BENZINE	бензин
BENZOL	бензол
BENZONITRILE	бензонитрил
BERTH	спальное место
BERTHABLE SEAT	спальное место
BEST CLIMB ANGLE	оптимальный угол набора высоты
BEST RATE OF CLIMB	наибольшая скороподъемность
BETWEEN CENTERS	расстояние между центрами; расстояние между осями
BEVEL	наклонная поверхность; наклонная линия; уклон, наклон; скос кромки; фаска; обрез
BEVEL (to)	скашивать, делать скос; снимать фаску
BEVEL(L)ED CONTROL SURFACE	рулевая поверхность управления с отогнутой задней кромкой
BEVEL EDGE	скошенная кромка; отогнутая кромка

BEVEL GEAR(ING) ....коническое зубчатое колесо;
коническая зубчатая передача;
коническая шестерня
BEVELLED ....наклонный; скошенный; со скошенной кромкой;
со снятой фаской
BEVELLED SECTION..наклонная секция;
наклонный участок поверхности
BEVEL WHEEL ....коническое зубчатое колесо
BEVERAGE .... напитки
BEVERAGE TROLLEY ....тележка для напитков
BEWILDER (to) .... изменять курс; дезориентировать,
вводить в заблуждение;
сбивать с курса
BEYOND LIMITS .... за пределами допусков
BEYOND STALL ANGLE ....закритический угол атаки
BEZEL .... посадочное место; оправа; держатель;
гнездо; ободок; наклонная кромка
(режущего инструмента);
подвижная шкала
BIAS.. уклон; наклон; отклонение; смещение;
систематическая ошибка;
систематическое отклонение
BIAS (to).. смещать; отклонять;
подавать напряжение смещения;
вызывать систематическое смещение
BIAS CELL .... элемент батареи смещения,
элемент сеточной батареи
BIAS CURRENT .... ток смещения; ток подмагничивания
BIASED RELAY .... дифференциальное реле
BIAS ERROR .... систематическая ошибка
BICYCLE LANDING GEAR .... велосипедное шасси
BIDIMENSIONAL .... двумерный; плоский
BIDIRECTIONAL.. двунаправленный
BIDIRECTIONAL STOP BAR LIGHTS ....огни линии "стоп"
двустороннего действия
BIFILAR WINDING .... бифилярная обмотка
BIFURCATED AIR INTAKE................... двухканальный воздухозаборник
BIG END.. головка шатуна
BIG FAN .... вентилятор большого диаметра

BIG FAN ENGINE .... крупногабаритный турбореактивный двухконтурный двигатель, крупногабаритный ТРДД
BIG JET .... крупный реактивный самолет
BILL .... счет; накладная, опись
BILL OF STAYING .... складская накладная
BIMETAL .... биметалл; биметаллическое устройство
BIMETALLIC .... биметаллический
BIN .... грузовой контейнер; приемник; бункер
BINARY .... двоичный код; бистабильное устройство; бистабильная схема; бинарный; двойной, сдвоенный; двоичный
BINARY DIGIT WORD .... двоичное цифровое слово
BINARY SEARCH .... дихотомический поиск
BIND (to) .... связывать; вязать; схватываться; затвердевать; заедать
BINDER .... связующее (вещество), связующий материал; раствор для заливки швов (плит ВПП); арматурный хомут; крепежная деталь
BINDING .... сцепление; связь; связывание; скрепление; соединение; сращивание; бандаж; обвязка; переплет; бандажирование
BINDING-POST .... зажим, клемма
BINOCULAR INSPECTION .... бинокулярная дефектоскопия
BINOCULAR MAGNIFIER .... бинокулярный увеличитель
BIOASTRONAUTICS .... биоастронавтика
BIOASTROPHYSICS .... биоастрофизика
BIOCHEMISTRY .... биохимия
BIODEGRADABLE DETERGENT .... биологически разлагающееся моющее средство
BIOFEEDBACK .... биологическая обратная связь
BIOINSTRUMENTATION .... (измерительная) биоаппаратура
BIOPACK .... биоконтейнер
BIOPROPELLANT .... биотопливо, топливо на основе отходов жизнедеятельности (экипажа космического корабля)
BIOSATELLITE .... биоспутник
BIOSENSOR .... биодатчик
BIOSHIELD .... биоэкран, биозащитный экран
BIOSPHERE .... биосфера
BIOTELEMETRY .... биотелеметрия

BIPLANE	биплан
BIPOLAR	двухполюсный, биполярный
BIPROPELLANT	двухкомпонентное ракетное топливо
BIRD COLLISION	столкновение с птицами
BIRD GUN	пушка для испытания на птицестойкость
BIRD INGESTION	засасывание птиц (в тракт авиационного двигателя)
BIRD STRIKE	столкновение с птицами
BIRD STRIKE HAZARD	опасность столкновения с птицами
BIRD STRIKE TEST	испытание на птицестойкость
BIT	бит, (двоичный) разряд; резец; режущий инструмент; режущая кромка (инструмента); сверло
BIT BLANKING	устранение ошибок по битам
BIT ERROR RATE	частота (появления) ошибок по битам
BIT HOLDER	держатель режущего инструмента
BITS PER INCH (BPI)	число бит на дюйм (единица плотности записи)
BITUMEN	битум; асфальт
BIT WORD	двоичное цифровое слово
BIZJET	служебный реактивный самолет
BLACK	черный
BLACK BOX	регистратор параметров полета, "черный ящик"
BLACK FINISH	полирование; воронение
BLACK FINISHED	полированный; вороненый
BLACK HOLE	черная дыра
BLACK LIGHT	тепловое излучение; невидимое излучение (ИК области спектра)
BLACK LIGHT MONITOR	измеритель уровня теплового излучения
BLACK-OUT	временное нарушение радиосвязи; временная потеря чувствительности
BLACK OXIDE TREATMENT	покрытие черной оксидной пленкой
BLADDER	натяжная камера (противоперегрузочного костюма); уплотнительный манжет (скафандра); баллон; диафрагма; вытеснительный мешок
BLADDER CELL	мягкий бак
BLADDER TANK	мягкий бак

BLADDER TYPE FUEL CELL .... мягкий топливный бак; гибкий топливный элемент
BLADE .... лопатка (турбины, компрессора); лопасть (воздушного винта)
BLADE AIRFOIL .... аэродинамический профиль лопатки
BLADE AIRFOIL PORTION .... профильная часть лопатки, перо лопатки
BLADE ANGLE .... угол установки лопасти; угол установки лопатки
BLADE BUTT .... комель лопасти (воздушного винта); хвостовик лопатки (компрессора)
BLADE CHORD .... хорда лопасти
BLADE CRACKING .... растрескивание лопасти
BLADE CREEPING .... пластическая деформация лопасти
BLADED TOOL .... расточной инструмент; фреза
BLADE FLUTTER .... флаттер лопасти
BLADE FOLDED BACK .... сложенная лопасть (несущего винта)
BLADE FOLDING .... складывание лопастей (несущего винта)
BLADE HUB CONTACT SWITCH .... контактный датчик втулки несущего винта
BLADE LIFT .... подъемная сила лопасти (несущего винта)
BLADE LIFT/DRAG RATIO .... аэродинамическое качество лопасти (несущего винта)
BLADE LIFT COEFFICIENT .... коэффициент подъемной силы лопасти (несущего винта)
BLADE LOADING .... (удельная) нагрузка на лопасть
BLADE PASSAGE .... межлопаточный проход
BLADE PITCH SCALE .... шкала угла установки лопасти
BLADE PLATFORM .... плоскость лопатки; плоскость лопасти
BLADE RETAINER .... стопор лопатки
BLADE RETAINING LUG .... монтажный выступ для крепления лопатки (компрессора)
BLADE RETAINING PLATE .... пластинчатый замок [фиксатор] крепления лопатки (компрессора)
BLADE RING .... лопаточный венец (двигателя)
BLADE ROOT .... хвостовик лопатки; комель лопатки (винта)
BLADE SECTION .... сечение лопасти
BLADE SHANK .... комель лопасти (воздушного винта)

BLADE-SLAP CORRECTION — поправка на изменение угла атаки лопасти
BLADE SPACING — шаг лопаток
BLADE SPAR — лонжерон лопасти
BLADES RETAINING RING — стопорное кольцо лопаток (двигателя)
BLADE STOP CABLE — стопорный трос лопастей (вертолета)
BLADE STOP GEAR — фиксатор шага лопасти (воздушного винта)
BLADE TILT — наклон лопасти
BLADE TIP — законцовка лопасти
BLADE TIP LIGHT — (контурный) огонь конца лопасти
BLADE TIP VELOCITY (speed) — окружная скорость конца лопасти (воздушного винта)
BLADE TRIM TAB — триммер лопасти
BLADE TWIST — крутка лопасти
BLANK — пробел; пропуск; заготовка, болванка; заглушка; "белое пятно" (на карте полетов); гасящий импульс; запирающий импульс; пауза
BLANK (to) — гасить (отметки на индикаторе); запирать
BLANKET — покрытие; оболочка; поверхностный слой; защитный слой; (аэродинамическое) затенение; глушение, подавление (радиосигналов); слой сплошной облачности; пелена густого тумана
BLANKETING — (аэродинамическое) затенение; создание преднамеренных радиопомех, активное радиоэлектронное подавление
BLANKETING EFFECT — аэродинамическое затенение (рулей)
BLANKING — гашение; запирание
BLANKING CAP — крышка обтюратора
BLANKING DISC — дисковый обтюратор
BLANKING FLAP — створка обтюратора
BLANKING PLATE — пластинка обтюратора; обтюрирующая пластинка
BLANKING PLUG — крышка обтюратора
BLANKING PULSE — гасящий импульс
BLANKING STRAP — пластинка обтюратора; обтюрирующая пластинка
BLANK OFF (to) — заграждать; препятствовать; маскировать; затенять; обтюрировать; закрывать; затягивать (отверстие)

BLANK PAGE.. чистый лист
BLAST .... порыв (ветра); шквал; поток (воздуха); струя; взрыв;
ударная волна; дульная вспышка
BLAST (to) .... взрывать, подрывать; выдувать
BLAST AIR ....воздух, создающий скоростной напор
BLAST COOLING TUBE .... патрубок обдува для охлаждения
BLAST FENCE (blast deflector, blast screen)........ струеотбойный щит;
газоотбойный щит (решетка)
BLAST FURNACE .... ракетный двигатель
BLASTING .... обдувка; продувка; сдув (пограничного слоя)
BLASTING CAP .... капсюль-детонатор
BLAST-OFF...взлет; старт; пуск;
момент отрыва (от пусковой установки)
BLAST PIPE .... сопло; выхлопная труба
BLEACHED..обесцвеченный; выгоревший
BLEED .... отбор; отвод; слив; дренаж;
обрез (аэронавигационной карты)
BLEED (to) .... отбирать; отводить; сливать; дренировать
BLEED AIR ....стравливаемый воздух;
отбираемый от компрессора воздух
BLEED AIR CLEANER............... воздухоочиститель; воздушный фильтр
BLEED AIR HEAT EXCHANGER ....теплообменник
с охлаждением отбираемым
(от компрессора) воздухом
BLEED AIR PRECOOLER SYSTEM ....система предварительного
охлаждения отбираемым
(от компрессора) воздухом
BLEED AIR RECEIVER......................................ресивер отбора воздуха
(от компрессора)
BLEED BRAKES (to)............стравливать давление в тормозной системе
BLEED CONNECTION .... сливной патрубок;
патрубок для отвода утечек
BLEED DRAG .... сопротивление отсоса (пограничного слоя)
BLEEDER .... дренажный клапан; дренажное отверстие;
сливной клапан; спускной клапан
BLEEDER SCREW................................... винт стравливания давления;
винт дренажного клапана
BLEEDER VALVE .... выпускной клапан; сливной [дренажный] клапан;
регулирующий клапан с открытым перепуском

BLEEDER WRENCH .... гаечный ключ для сливного [спускного] клапана
BLEED FROM (to) .... отводить; выпускать; стравливать; сливать
BLEED HOLE .... канал для отвода утечек; дренажное отверстие; сливное отверстие; спускное отверстие
BLEED HOSE .... сливной шланг; гибкий трубопровод для отвода утечек
BLEEDING OF SYSTEM .... продувка системы; дренаж системы; удаление воздушной пробки из магистрали
BLEEDING OPERATION .... дренаж; продувка
BLEED ISOLATION VALVE .... стопорный [запорный] клапан дренажной системы
BLEED LINE .... сливной трубопровод; спускной трубопровод; трубопровод для отвода [отбора]
BLEED MANIFOLD .... коллектор для отвода [отбора]; сливной коллектор; спускной коллектор
BLEED OFF (to) .... перепускать (воздух из компрессора); стравливать; продувать; дренировать; отводить; сливать; выпускать
BLEED SCREW .... винт стравливания давления; винт дренажного клапана
BLEED SHUTOFF VALVE .... стопорный [запорный] клапан дренажной системы; отсечной клапан системы перепуска
BLEED VALVE .... выпускной клапан; сливной [дренажный] клапан; регулирующий клапан с открытым перепуском; клапан перепуска
BLEED VALVE CONTROL UNIT .... блок управления клапанам и перепуска (воздуха из компрессора)
BLEMISH .... пятно; (поверхностный) дефект; (поверхностное) повреждение
BLEMISHED SURFACE .... поврежденная поверхность
BLEND .... смесь; сплав; композиция; плавный переход
BLEND (to) .... смешивать; компаундировать; перемешивать однородные компоненты; гомогенизировать; создавать плавное сопряжение, плавно сопрягать

BLENDED AREA	поверхность с плавным сопряжением, поверхность с зализом
BLENDING	плавное сопряжение (формы); зализ (стыка); постановка зализа
BLENDING RADIUS	радиус плавного сопряжения; радиус зализа
BLEND OUT (to)	создавать плавное сопряжение, плавно сопрягать
BLIMP	полужесткий дирижабль
BLIND	шторка; жалюзи; диафрагма; при отсутствии видимости; в условиях плохой видимости; закрытый; глухой; несквозной (об отверстии); утопленный; потайной (о винте)
BLIND (to)	затемнять (видимость)
BLIND APPROACH	заход на посадку по приборам; заход на посадку "под шторками" (на тренировке)
BLIND AREA	зона отсутствия видимости
BLIND BOLT	потайной болт
BLIND CRACK	невидимая трещина
BLIND FLYING (flight)	полет по приборам
BLIND FLYING TRAINING	подготовка к полетам по приборам
BLIND HOLE	глухое отверстие
BLIND LANDING	посадка по приборам
BLIND LANDING SYSTEM	система посадки по приборам
BLIND NAVIGATION	навигация при отсутствии видимости
BLIND NUT	колпачковая гайка
BLIND PENETRATION	попадание в зону полета с полным отсутствием видимости
BLIND RIVET	заклепка с потайной головкой
BLIND SECTOR	участок полета без коммерческих прав
BLIND SPOT	мертвый конус; мертвое пространство
BLINK (to)	мерцать; мигать
BLINKER	проблесковый огонь; мерцающий световой сигнал
BLINKER INDICATOR	проблесковый указатель
BLINKER LIGHT	проблесковый огонь; мерцающий световой сигнал
BLIP	отметка, изображение (на экране локатора)
BLIRT	порыв ветра с дождем; неустойчивая погода (в районе полетов)

BLISTER .... блистер, обтекаемый выступ; обтекатель; пузырь; вздутие; газовая раковина; блистерный
BLISTERED PAINT .... вспученная краска
BLISTERING .... образование пузырей; образование вздутий; охрупчивание; пузырение
BLITZKRIEG ATTACK .... молниеносный удар; стремительная атака
BLIZZARD .... снежная буря; метель
BLOCK .... блок; шкив; (упорная) колодка (под колесо); механизм торможения
BLOCK (to) .... устанавливать (упорную) колодку; фрахтовать (воздушное судно); создавать помехи
BLOCKAGE .... блокировка; блокирование; запирание; забивание, засорение; загрязнение (гидросмеси)
BLOCKAGE TYPE REVERSER .... реверсивное устройство с блокирующим механизмом
BLOCK-DIAGRAM .... блок-схема, структурная схема
BLOCKED-OFF CHARTER .... блок-чартерный рейс, блок-чартер (с полным фрахтом воздушного судна)
BLOCKED-OFF FLIGHT .... блок-чартерный рейс, блок-чартер (с полным фрахтом воздушного судна)
BLOCKED SEATS .... зарезервированные места
BLOCKED UP .... закупоренный; засоренный; загроможденный
BLOCKER DOOR .... створка блокирующего устройства
BLOCK FUEL .... запас топлива на рейс (от запуска до остановки двигателей)
BLOCK HOURS .... полетное время
BLOCKHOUSE .... пост управления пуском (ракет)
BLOCKING .... фрахтование (воздушного судна)
BLOCKING RELAY .... блокировочное реле, реле блокировки
BLOCKING VALVE .... запорный кран; стоп-кран; клиновая задвижка
BLOCK INSPECTION .... агрегатный контроль; осмотр узлов
BLOCK SPEED .... коммерческая скорость
BLOCK TIME .... время налета (летчика)
BLOCK TO BLOCK TIME .... время в рейсе (от начала движения на взлет до остановки на ВПП)
BLOOMER .... расплывание на экране локатора
BLOW (to) .... дуть, задувать

BLOWAWAY JET SYSTEM .... система гашения завихрения (для предотвращения всасывания посторонних предметов в двигатель)
BLOW-BACK .... вспышка горючей смеси; обратный удар пламени; проскок пламени
BLOW DOWN .... продувка (двигателя); холодный запуск (двигателя); сброс (конденсата)
BLOWED WING .... крыло со сдувом пограничного слоя
BLOWER .... вентилятор
BLOW-IN DOOR .... створка подсоса дополнительного воздуха
BLOWING .... сдув (пограничного слоя); утечка (газа)
BLOWING RATE .... интенсивность сдува (пограничного слоя)
BLOW LAMP .... паяльная лампа
BLOWN(-OUT) TIRE .... лопнувший пневматик
BLOWN FLAP .... закрылок со сдувом пограничного слоя
BLOWN FUSE .... перегоревший предохранитель
BLOW OFF (to) .... стравливать давление воздуха
BLOWOFF .... стравливание давления воздуха
BLOW OFF VALVE .... продувочный клапан
BLOW OFF VALVE BODY .... корпус продувочного клапана
BLOW OUT (blowout) .... срыв пламени (в камере сгорания); заглохание (ракетного двигателя); разрыв (пневматика колеса)
BLOW OUT (to) .... продувать; прочищать; прекращать горение; срывать пламя (в камере сгорания); выключаться; заглохнуть; лопаться, разрываться; выдувать; тушить, гасить
BLOWOUT .... срыв пламени (в камере сгорания); разрыв (пневматика колеса)
BLOWOUT CYCLE .... процесс срыва пламени (в камере сгорания)
BLOWOUT DISC .... разрывная диафрагма; разрывная мембрана
BLOWOUT PANEL (blow out panel) .... отверстие для сброса избыточного давления
BLOWOUT PLUG .... предохранительная заглушка
BLOWPIPE (blow pipe) .... форсунка; горелка
BLOW-TORCH .... паяльная лампа
BLOW UP (to) .... увеличивать; взрываться; заполнять детали (плана)
BLUCK(ET) .... лебедка; тали

BLUE ANNEALING .... синение (проволоки) путем отжига; черный отжиг горячекатаных листов
BLUED STEEL .... вороненая сталь
BLUE FLIGHT .... контрольный полет; полет группы мастеров высшего пилотажа
BLUE PRINT .... перечень технических условий; журнал спецификаций
BLUING .... окрашивать в голубой [синий] цвет
BLUNDER .... грубая ошибка; просчет
BLUNDER (to) .... делать грубую ошибку; просчитываться
BLUNT .... тупой, с затупленным носком
BLUNT BODY (blunt object) .... затупленное тело, тело с затупленным носком
BLURRED .... нерезкий, расплывчатый
BOARD .... борт (воздушного судна); планшет; доска; пульт; организация; управление; бортовой
BOARD (to) .... подниматься на борт (воздушного судна)
BOARDING .... посадка (пассажиров) на борт (воздушного судна)
BOARDING AREA .... место загрузки (воздушного судна)
BOARDING AT .... подниматься на борт (воздушного судна)
BOARDING BRIDGE .... трап для посадки, пассажирский трап
BOARDING CARD (pass) .... посадочный талон
BOARDING CHECK .... наблюдение за посадкой (пассажиров)
BOARDING CLERK .... дежурный по посадке (пассажиров)
BOARDING TIME .... время посадки пассажиров
BOARD INSTALLATION .... бортовая установка; бортовая аппаратура
BOARD INSTRUMENT .... бортовой прибор
BOAT SEAPLANE .... гидросамолет
BOATTAIL DRAG .... сопротивление сужающейся хвостовой части; донное сопротивление
BOAT TAILED .... с сужающейся хвостовой частью (напр. фюзеляж)
BOATTAIL PRESSURE .... донное давление
BOATTAIL PRESSURE DRAG .... сопротивление донного давления
BOBBIN .... бобина; катушка

BOB WEIGHT (bobweight)	весовой балансир; противовес; центробежный груз
BODY	тело; корпус; фюзеляж; небесное тело, светило
BODY BULKHEAD FRAME	ферменная конструкция фюзеляжа, силовой набор фюзеляжа; шпангоут фюзеляжа
BODY REPAIR	ремонт фюзеляжа
BODY SEARCH	поиск пассажиров (после авиационной катастрофы)
BODY SKIN	обшивка фюзеляжа
BODY STATION	точка пересечения шпангоута с основной линией фюзеляжа
BODY WORKING TOOL SET	комплект инструментов для обработки фюзеляжа
BOGGED	погрязший в...; увязший в...
BOGIE	тележка (шасси); каретка (закрылка)
BOGIE BEAM	балка тележки (шасси); тележка (шасси)
BOGIE PIVOT	ось вращения тележки (шасси)
BOGIE-TYPE LANDING GEAR	тележечное шасси
BOIL (to)	кипеть; закипать, вскипать
BOILER HOUSE	котел
BOILING	кипение; кипячение
BOILING POINT	точка кипения
BOILING WATER	кипящая вода
BOLSTER	кронштейн; стойка перил; балка; брус; поддон
BOLT	болт
BOLT CUTTER	болторезный станок
BOLTED	привинченный болтами; скрепленный болтами
BOLTER	дача газа; уход на второй круг после касания ВПП
BOLTHEAD (bolt head)	головка болта
BOLTING	закрепление болтами, фиксация болтами
BOLT SHANK	стержень болта
BOMB	авиационная бомба
BOMB BAY	бомбовый отсек
BOMB COMPARTMENT (bomb hold)	бомбовый отсек
BOMB DROP TEST	испытание по сбросу бомб
BOMBER	бомбардировщик
BOMBING ACCURACY	точность бомбометания
BOMBING MISSION	вылет на бомбометание
BOMBING RAID	бомбовый удар

BOMB LAUNCHER	бомбодержатель; бомбосбрасыватель
BOMB-RACK	бомбодержатель
BOMB SCARE	тревога при обнаружении бомбы (на борту воздушного судна)
BOMB SIGHT	бомбовый прицел
BOND	соединение, связь; металлическая перемычка; таможенная закладная
BOND (to)	связывать, соединять; оставлять товары на таможне до уплаты пошлины
BONDED	соединенный; сцепленный; приклеенный; припаянный
BONDED ABRASIVES	склеенный абразивный материал
BONDED AREA	зона таможенного склада
BONDED PANELS	склеенные панели; соединенные панели
BONDED SEAL	клеевое уплотнение; паяное уплотнение
BONDED STORE	таможенный склад; магазин в таможенной зоне
BONDING	металлизация (частей летательного аппарата); склеивание; соединение
BONDING AGENT	клеящее вещество; связующее вещество
BONDING AUTOCLAVES	автоклав для склеивания
BONDING BRAID	металлическая оплетка
BONDING JUMPER	навесная перемычка; соединительный провод
BONDING LEAD	провод заземления; металлизированная перемычка
BONDING LINK	металлизация; шина металлизации
BONDING STRAP (strip)	металлизированная перемычка
BOND WIRE	соединительный провод; металлическая перемычка
BONNET	колпак; крышка; кожух; капот
BOOK (to)	бронировать место (на рейс)
BOOKED TICKET	билет с подтвержденной броней
BOOKING	бронирование (места на рейс)
BOOKING CLERK	агент по бронированию (мест на рейс)
BOOLEAN LOGIC	математическая логика, булевская логика
BOOM	штанга; стрела; лонжерон; балка; (звуковой) удар
BOOM TAIL	балочное хвостовое оперение
BOOM TRAVEL	распространение звукового удара
BOOST (to)	ускорять; разгонять(ся); форсировать (двигатель); повышать давление; повышать напряжение

BOOSTED .... с повышенными энергетическими характеристиками; форсажный; бустерный; с наддувом; разгоняемый

BOOSTED CONTROLS .... сервоприводы; рулевые приводы; гидроусилители; серворули; бустерное управление

BOOST ENGINE .... форсажный двигатель

BOOSTER .... (стартовый) ускоритель; ускоритель-инжектор; ракета-носитель, РН; разгонный блок; разгонщик; баллистическая ракета, БР

BOOSTER ACCELERATION .... разгон стартовыми ускорителями; ускорение под действием тяги стартовых ускорителей

BOOSTER COIL .... катушка зажигания, пусковая катушка; повышающий трансформатор

BOOSTER CONTROL .... сервопривод; рулевой привод; сервомотор; рулевая машина; гидроусилитель, бустер; бустерное управление

BOOSTER CYLINDER .... сервопривод; сервомотор; рулевая машина; гидроусилитель

BOOSTER ENGINE .... стартовый двигатель; разгонный двигатель; двигатель ракетного ускорителя; двигатель РН; двигатель разгонщика

BOOSTER INJECTION ... принудительный впрыск; принудительный вдув

BOOSTER NOZZLE .... сопло ускорителя; сопло стартового двигателя; сопло разгонного блока; сопло РН

BOOSTER PUMP .... подкачивающий насос, насос подкачки

BOOSTER ROCKET .... (стартовый) ускоритель; ракета-носитель, РН; разгонный блок; баллистическая ракета, БР

BOOSTER UNIT .... вспомогательная силовая установка, ВСУ; блок стартового ускорителя; вспомогательное оборудование

BOOSTING .... ускорение; разгон; выведение (на орбиту); форсирование (двигателя); повышение давления; наддув

BOOSTING VOLTAGE .... ускоряющее напряжение

BOOST PRESSURE .... давление наддува

BOOST PRESSURE INDICATOR .... указатель давления наддува

BOOST PUMP	насос подкачки, подкачивающий насос
BOOST TAB	серворуль
BOOT	чехол
BOOTH	кабина
BOOT STRAP	лямка чехла; ремень чехла
BOOTSTRAP SYSTEM	автоматическое зарядное устройство; самогенерирующая система; система с замкнутым рабочим циклом
BORDER (to)	граничить; устанавливать предел; окантовывать
BORDER-CROSSING FLIGHT	полет с пересечением границы (государства)
BORDER FLIGHT CLEARANCE	разрешение на пролет границы
BORDERING	окантовка
BORE	отверстие; диаметр отверстия; внутренний диаметр; канал (ствола); калибр
BORE (to)	сверлить; растачивать; рассверливать; высверливать
BORESCOPE EXAMINATION	проверка методом интроскопии
BORESCOPE INSPECTION	проверка методом интроскопии
BORESCOPE INSPECTION PORT	отверстие для ввода интроскопа
BORESCOPY	интроскопия
BORIC ACID	(орто)борная кислота
BORING	растачивание; сверление; рассверливание
BORING BAR	расточная оправка; борштанга; выдвижной шпиндель расточного станка
BORING CUTTER	расточная головка; расточный резец; насадной зенкер
BORING MACHINE	расточный станок; сверлильный станок
BORING TOOL	расточный резец
BORON	бор
BORON FIBER COMPOSITE	борволоконный композиционный материал [КМ]
BORON OXIDE	оксид бора
BOROSCOPE	интроскоп
BORROW	заем (единицы старшего разряда при вычитании); сигнал заема; импульс заема; занимать
BOSS	прилив; утолщение; выступ; бобышка; ступица; втулка (колеса); руководитель; хозяин; предприниматель; босс

BOTTLE	баллон; корпус (ракетного двигателя)
BOTTLE NECK	узкая зона (для пролета); узкое место производства; транспортная пробка
BOTTLE PIN	болт для соединения крыла с фюзеляжем
BOTTOM	дно, днище; низ; подфюзеляжная поверхность; основание
BOTTOM DEAD CENTRE (center)	нижняя мертвая точка [НМТ] (хода поршня)
BOTTOM OF STROKE	нижняя мертвая точка [НМТ] (хода поршня)
BOTTOM VIEW	вид снизу
BOUM	подскок (при посадке), "козел"; рикошет; рикошетирование
BOUNCE	"козление" (при посадке); флуктуация отметки цели; мигание изображения; радиоэхо; рикошет, рикошетирование
BOUNCE (to)	"козлить", подпрыгивать (при посадке); рикошетировать
BOUNCED LANDING	резкое вертикальное перемещение при посадке, "козление" при посадке
BOUND	граница; ограничение; предел; прямой ход (амортизатора); ограничивать; устанавливать предел
BOUNDARY	граница; пограничный
BOUNDARY BEACON	пограничный (свето)маяк
BOUNDARY LAYER	пограничный слой
BOUNDARY LAYER AIR	воздух в пограничном слое
BOUNDARY LAYER BLEED	отвод пограничного слоя
BOUNDARY LAYER BLOWING	сдув(ание) пограничного слоя
BOUNDARY LAYER CONTROL	управление пограничным слоем
BOUNDARY LAYER FENCE	перегородка для устранения перетекания пограничного слоя; аэродинамический гребень
BOUNDARY LAYER REMOVAL	сдув(ание) пограничного слоя
BOUNDARY LAYER SEPARATION	отрыв пограничного слоя
BOUNDARY LAYER SPLITTER PLATE	отделитель пограничного слоя (воздухозаборника)
BOUNDARY LAYER SUCTION	отсос пограничного слоя
BOUNDARY LAYER TRANSITION	турбулизация пограничного слоя
BOUNDARY LIGHT	пограничный (световой) огонь (аэродрома)

BOUNDARY LIGHTING .... система пограничных (световых) огней (аэродрома)
BOUNDARY MARKER .... пограничный маркер (для обозначения посадочной площадки)
BOUNDARY OBSTRUCTION LIGHT пограничный заградительный огонь (для обозначения препятствий)
BOUNDARY SPEED .... скорость в момент касания взлетно-посадочной полосы; скорость над ВПП
BOUNGEE CORD .... амортизационный шнур; резиновый амортизатор
BOURDON TUBE-TYPE PRESSURE GAUGE .... манометр Бурдона, пружинный манометр
BOW (to) .... гнуть, выгибать
BOW (SHOCK) WAVE .... головной скачок уплотнения
BOW HEAVY .... с передней центровкой
BOWING .... сгибание; кривизна; изгиб
BOW INTAKE .... носовой воздухозаборник
BOWL COMPASS .... кронциркуль
BOW LEADING .... направляющая часть; заборная [заходная] часть (инструмента); фаска на входной кромке
BOW LOADER .... транспортный самолет с откидной носовой частью фюзеляжа
BOW RING .... передний шпангоут
BOWSER .... (аэродромный) топливозаправщик
BOX .... коробка (приводов); редуктор; бокс; ящик; тара; букса; вкладыш
BOX BEAM .... коробчатая балка; кессонная балка
BOX BULKHEAD RIB .... коробчатая нервюра; кессонная нервюра
BOX COUPLING .... коробчатое соединение; соединение кессона крыла
BOX-PATTERN FLIGHT .... полет по "коробочке"
BOX RIB .... коробчатая нервюра; кессонная нервюра
BOX SPANNER (socket wrench) .... накидной гаечный ключ; торцевой гаечный ключ; кольцевой гаечный ключ; (зажимная) втулка с квадратным отверстием
BOX SPAR .... коробчатый лонжерон; кессонный лонжерон

BOX WRENCH (socket spanner).................накидной гаечный ключ; торцовый гаечный ключ; кольцевой гаечный ключ
BRACE...растяжка; расчалка; скоба; подкос; раскос
BRACE (to)............................. связывать; скреплять; закреплять
BRACED ....подкосный; с подкосом, подкрепленный подкосом; расчаленный
BRACED WING .... расчалочное крыло
BRACE LINK... тяга подкоса
BRACE STRUT ....подкос
BRACING ....растяжка; расчалка; скоба; подкос; раскос
BRACING STRUT ....подкос
BRACING TRUSS .... расчалка (ферменной конструкции)
BRACKET................................... кронштейн; консоль; скоба; держатель
BRACKET (to) .... устанавливать в проушины кронштейна; выполнять пробный заход на посадку
BRACKETING ....выход в равносигнальную зону (луча локатора)
BRACKET SUPPORT............................... скоба; хомутик; бугель
BRAD .... штифт; носовая часть; головная часть
BRAID .... плетение; оплетка; жгут
BRAIDING................................... плетение; оплетка, оплетение; плетеный плоский кабель
BRAIN (electronic)......................вычислительная машина; процессор
BRAKE... тормоз; тормозной
BRAKE (to)...тормозить
BRAKE ACCUMULATOR .... тормозной аккумулятор
BRAKE APPLICATION .... применение тормозов
BRAKE APPLICATION SPEED .... скорость начала торможения
BRAKE BAR .... тормозная шина
BRAKE BLOCK .... тормозная колодка
BRAKE CHATTER ....визг тормозов
BRAKE CHUTE .... тормозной парашют
BRAKE COMPENSATING ROD .... тормозная (компенсирующая) тяга (тележки шасси)
BRAKE CONTROL VALVE .... клапан управления тормозами
BRAKE DISC .... тормозной диск
BRAKE DRUM .... тормозной барабан

BRAKE EQUALIZER ROD	тормозная тяга
BRAKE GEAR	тормозное устройство
BRAKE HANDLE	рукоятка тормоза
BRAKE HARD (to)	резкое торможение; сильное торможение
BRAKE HEAT SINK	теплопоглощение при торможении
BRAKE-HORSE-POWER (BHP)	замеренная мощность
BRAKE INTERCONNECT VALVE	тормозной клапан; тормозной кран
BRAKE JAW	тормозная колодка
BRAKE LINING	тормозная колодка; (фрикционная) накладка барабанного тормоза
BRAKE LOAD	тормозная нагрузка
BRAKE LOCKOUT-DEBOOST VALVE	клапан тормозной системы
BRAKE MEAN EFFECTIVE PRESSURE	среднее эффективное давление в тормозной системе
BRAKE METER(ING) VALVE	распределительный клапан тормозной системы
BRAKE OPERATION	действие тормозов
BRAKE OVERHEAT	перегрев тормозов
BRAKE PAD	тормозная накладка
BRAKE PARACHUTE	тормозной парашют
BRAKE PEDAL	педаль тормоза
BRAKE PLATE	тормозной диск
BRAKE POWER	тормозная мощность
BRAKE PRESSURE	давление в тормозной системе
BRAKE RELEASE	отпускание тормозов, растормаживание
BRAKES APPLIED	введенные в действие тормоза; использование тормозов
BRAKE SEIZURE	заклинивание тормозов
BRAKE SELECTOR VALVE	селекторный клапан тормозной системы
BRAKE SHOE	тормозная колодка
BRAKE-SHOE LININGS	тормозные накладки
BRAKES OFF	отпускание тормозов, растормаживание
BRAKES RELEASED	с отпущенными тормозами, расторможенный
BRAKE SYSTEM	тормозная система
BRAKE TEMPERATURE PANEL	щиток регулирования температуры тормозов
BRAKE TEMPERATURE SELECTOR	задатчик температуры тормозов

BRAKE TEMPERATURE SENSOR	температурный датчик тормозной системы
BRAKE TENSION ROD	тяга передачи тормозных усилий
BRAKETING	захват (лучом)
BRAKE TORQUE	тормозной момент
BRAKE UNIT	механизм торможения; тормоз, тормозной блок
BRAKE WAY	тормозной путь
BRAKE WEAR	изнашивание тормозов, срабатывание тормозов
BRAKING ACTION	торможение; срабатывание тормозов
BRAKING DISTANCE	тормозной путь, дистанция торможения
BRAKING EFFECT	эффект торможения; действие тормозов
BRAKING FORCE	сила торможения
BRAKING PITCH	шаг (воздушного винта) в режиме торможения
BRAKING SYSTEM	тормозная система
BRAKING TORQUE	тормозной момент
BRANCH	ветвь; ответвление; патрубок; участок; отдел; отделение; филиал
BRANCH (to)	ответвлять; отводить
BRANCH CABLE	отрезок кабеля
BRANCH LINE	ответвление трубопровода
BRANCH PIPE	патрубок, ответвление трубопровода
BRAND OF OIL	сорт масла; марка масла
BRASS	латунь; вкладыш (подшипника); прокладка; латунный
BRASS SOLDER	латунный припой
BRAYTON CYCLE	цикл Брайтона
BRAZE (to)	паять
BRAZE ALLOY	тугоплавкий припой, припой для пайки
BRAZED	паяный
BRAZIER HEAD RIVET	заклепка с медной головкой
BRAZIER HEAD SCREW	ходовой винт с медной головкой
BRAZING	пайка (твердым припоем)
BRAZING FILLER WIRE	твердый припой в виде проволоки
BRAZING FLUX	флюс для пайки (твердым припоем)
BRAZING LAMP	паяльная лампа
BRAZING METAL (material)	твердый припой

BRAZING STRAIN	деформация паяного соединения; напряжение в паяном соединении
BRAZING TORCH	паяльная лампа; паяльная горелка
BREAK	поломка, авария; разрушение; разъем (фюзеляжа); трещина
BREAK (to)	преодолевать (звуковой барьер); пробивать (облачность); переходить с приема на передачу (радиосигналов); размыкать (электроцепь)
BREAKAGE	поломка, авария; разрушение; разъем (фюзеляжа); трещина
BREAK A RECORD (to)	побивать [устанавливать] рекорд
BREAK AWAY	страгивание (с места); отрыв; отход; срыв (потока); выход (из атаки); уход (от цели); выход (самолета) из строя, отваливание; отворот, резкое изменение курса; расцепка; разъединение
BREAK AWAY (to)	отрывать, разрывать; отдалиться; отделиться; выходить из атаки
BREAK-AWAY HEIGHT	минимальная безопасная высота захода на посадку
BREAKAWAY TORQUE	пусковой момент, момент трогания (электродвигателя)
BREAK CONTACT (to)	разъединять [разрывать] контакт
BREAKDOWN	поломка; авария; неисправность; выход из строя; списание (летчика) по состоянию здоровья; пробой (изоляции); распределение веса (по длине фюзеляжа)
BREAKDOWN DRAWING	чертеж узлов изделия; схема разрушения (конструкции)
BREAKDOWN OF AIR FLOW	отрыв воздушного потока, нарушение безотрывности обтекания
BREAKDOWN PRESSURE	давление разрыва
BREAK-DOWN REPAIRS	мелкий ремонт подручными средствами, аварийный ремонт
BREAKDOWN STRENGTH TESTING	испытание на прочность при разрыве; испытание на электрическую прочность
BREAKDOWN VOLTAGE	напряжение пробоя, пробивное напряжение

BREAKER	выключатель; прерыватель
BREAKER BAR	ручка выключателя
BREAK-EVEN	с равными затратами
BREAKEVEN LEVEL	уровень рентабельности (воздушной перевозки)
BREAKEVEN LOAD	доходная [безубыточная] (коммерческая) загрузка
BREAKEVEN LOAD FACTOR	коэффициент доходной [безубыточной] (коммерческой) загрузки
BREAKEVEN POINT	характеристика рентабельности (воздушной перевозки)
BREAK-IN	приработка; обкатка
BREAK IN (to)	вырубать; выламывать; взламывать; вклиниваться; врываться, вламываться; прерывать
BREAK-IN AREA (break-in point)	место аварийного вырубания обшивки (фюзеляжа)
BREAKING	преодолевание (звукового барьера); пробивание (облачности); переход с приема на передачу (радиосигналов); размыкание (электроцепи)
BREAKING LOAD	разрушающая нагрузка
BREAKING STRAIN	деформация при разрушении
BREAKING STRENGTH	предел прочности на разрыв; сопротивление разрыву; сопротивление разрушению; разрывное усилие
BREAKING STRESS	напряжение разрушения
BREAKLINE	линия разъема (фюзеляжа)
BREAK-OFF BUBBLE POINT	точка срыва потока
BREAK-OFF HEIGHT	минимальная безопасная высота захода на посадку; высота перехода к визуальному полету, высота пробивания облачности
BREAK-OFF POINT	точка отрыва (потока)
BREAK OUT	отвинчивание, развинчивание (резьбового соединения); пробивание облаков; место отвода (из многожильного кабеля)
BREAK OUT (to)	выламывать; вспыхивать (о пожаре); эвакуироваться (из самолета в аварийной ситуации)
BREAKOVER VOLTAGE	напряжение включения (тиристора)

BREAKPOINT .... останов (программы); прерывание (работы программы); точка останова (программы); точка прерывания (программы)

BREAKPOINT WEIGHT .... предельная загрузка (летательного аппарата)

BREAK SHARP CORNERS (to) .... закруглять острые углы

BREAK SHARP EDGES (to) .... закруглять острые кромки

BREAK THE CIRCUIT (to) .... разрывать цепь

BREAK THE SOUND BARRIER (to) .... преодолевать звуковой барьер

BREAKTHROUGH .... разрыв линии (в распознавании образов); важное достижение; переворот (в науке и технике)

BREAK UP (to) .... разбивать; разбиваться; расформировывать; распускать; диспергировать; расщепить; меняться (о погоде)

BREATHE (to) .... дуть; втягивать; всасывать

BREATHER .... система суфлирования (двигателя); всасывающий канал (двигателя); выпускной клапан; выхлопная трубка; отбор воздуха (от турбины); удаление воздушных пробок

BREATHER AIR .... воздух (линии) суфлирования; всасываемый воздух

BREATHER HOLE .... дренажное отверстие; вентиляционное отверстие

BREATHER OUTLET .... выходное отверстие; выпускное отверстие; штуцер дренажной системы; вентиляционное отверстие

BREATHER PIPE .... трубопровод сапуна; трубопровод суфлера (двигателя)

BREATHER PRESSURE .... давление в системе суфлирования (двигателя); давление в выпускном клапане

BREATHER SYSTEM .... система суфлирования (двигателя)

BREATHER WEB .... стенка всасывающего канала (двигателя); стенка трубопровода суфлирования

BREATHING .... вентиляция; выпуск газов; суфлирование (напр. бака с атмосферой)

BREATHING MASK .... респиратор

BREATHING VAPORS	пары в системе суфлирования; пары в вентиляционной системе
BREECH	затвор; замок; казенная часть; остов затвора
BREECH BLOCK	механизм фиксации; затвор; затворный механизм
BREEZE	бриз; слабый ветер
BREEZE PLUG	входной штуцер; заправочная горловина; заборник; электрический соединитель
BREEZE PLUG SHELL	корпус (воздухо)заборника
BRIDGE	трап; шунт; перемычка; (измерительный) мост; мостовая схема; параллельное соединение
BRIDGE (to)	соединять мостом; шунтировать; соединять перемычкой; запараллеливать (напр. линию передачи)
BRIDGE BALANCE	электрический мост; равновесие (измерительного) моста
BRIDGE-BLOCK	мостовая блок-схема
BRIDGE CIRCUIT	мостовая схема, мост; двухполупериодная схема (выпрямителя)
BRIDGED	шунтированный; запараллеленный; соединенный перемычкой
BRIDGE RECTIFIER	мостовой выпрямитель
BRIDGING COIL	шунтирующая катушка
BRIEF (to)	проводить инструктаж, инструктировать
BRIEFCASE	(служебный) портфель
BRIEFING	(предполетный) инструктаж
BRIEFING UNIT	комната для инструктажа (экипажей)
BRIGHT	яркий; блестящий; отполированный
BRIGHT CADMIUM	осветленный кадмий
BRIGHT CADMIUM PLATING	осветленное кадмирование
BRIGHTEN (to)	шлифовать; очищать; полировать; придавать блеск
BRIGHTENER	блескообразователь; блескообразующая добавка; осветлитель
BRIGHTENING	шлифование; полирование
BRIGHTNESS (brilliancy)	яркость, блеск; прозрачность; степень белизны
BRIGHT SHOT	абразивная крошка (для шлифования)
BRIGHT SPOT	светящаяся точка

BRIGHT STEEL	сталь со светлой поверхностью
BRINELL (to)	измерять твердость по Бринеллю
BRINELLED AREA	бринеллированная зона; поверхность для определения твердости по Бринеллю
BRINELL HARDNESS MACHINE	пресс Бринелля (для определения твердости вдавливанием шарика)
BRINELLING	бринеллирование; измерение твердости по Бринеллю
BRING (to)	приносить; приводить; привозить, доставлять; вводить (в действие)
BRING INTO SERVICE (to)	вводить в эксплуатацию
BRING INTO STEP (to)	синхронизировать; фазировать
BRISTLE BRUSH (soft)	щетинная кисть; щетинная щетка
BRITTLE	хрупкий, ломкий
BRITTLENESS	хрупкость, ломкость
BRITTLE STRENGTH	предел прочности при хрупком разрушении
BROACH	протяжка; прошивка; протяжной станок
BROACH (to)	протягивать; прошивать
BROACHING	протягивание; прошивание
BROAD-BAND (broadband)	широкополосный
BROADCAST (to)	вещать; передавать сообщения
BROADCAST(ING)	вещание (радиовещание); телевизионное вещание; проводное вещание)
BROADCAST-BAND	полоса частот для вещания
BROADCASTING-SATELLITE SERVICE	спутниковое радиовещательное обслуживание (воздушного движения)
BROADCASTING STATION	вещательная станция
BROADCASTING TV SATELLITE	спутник для телевизионного вещания
BROADENING	расширение; уширение
BROKEN	разорванный (об облаках); сломанный; разбитый; несплошной; с просветами (о небе); неустойчивый; переменный
BROKEN CIRCUIT	разорванная (электро)цепь
BROKEN WHITE	переливающийся белый цвет
BROLLY	парашют
BRONZE	бронза
BRONZE BUSHING	бронзовая втулка

BRUISE	забоина; вмятина; помятость (поверхности)
BRUISING	смятие при ударе; разрушение
BRUSH	щетка; кисть; скользящий [подвижный] контакт
BRUSH APPLICATION	применение скользящих контактов; применение щеток
BRUSH BLOCK	щеткодержатель
BRUSH BOX	обойма щеткодержателя
BRUSH CADMIUM PLATING	щеточное кадмирование; кадмирование скользящего контакта
BRUSH-CARRIER	щеткодержатель
BRUSH COAT	покрытие кистью; грунтовка кистью
BRUSH-GEAR	щеточное устройство (электрогенератора)
BRUSH GEAR SLIP RINGS	контактные [токособирательные] кольца щеточного устройства (электрогенератора)
BRUSH-HOLDER	щеткодержатель
BRUSH-HOLDER CROWN	обод щеткодержателя
BRUSHING	очистка щетками, щеточная очистка; нанесение кистью; кистевой разряд; напыление щеткой
BRUSHING WHEEL	щеточный полировальный круг
BRUSHLESS	без скользящих [подвижных] контактов; бесщеточный
BRUSH PLATING	металлизация подвижного контакта
BUBBLE	пузырь, пузырек (газа); раковина; область срыва (потока); пузырек сферического уровня; фонарь (кабины)
BUBBLE CANOPY	каплевидный фонарь (кабины летчика)
BUBBLE CHAMBER	пузырьковая камера
BUBBLE-FREE FUEL	топливо без воздушных пузырьков
BUBBLE LEVEL	пузырьковый уровень (прибора)
BUBBLE PROTRACTOR	пузырьковый транспортир
BUBBLE WINDOW	каплевидный фонарь (кабины летчика)
BUBBLING	кипение; выделение пузырьков; барботирование
BUCKET	лопатка (турбины); створка (реверса)
BUCKET GROOVE	паз для вставки лопатки
BUCKING BAR	полоса подавления (радиочастот)

BUCKLE	скоба; скобка; хомут; продольный изгиб; коробление; выпучивание
BUCKLE (to)	закреплять [соединять] скобой; изгибаться; коробиться; выпучиваться
BUCKLED SKIN	покоробленная обшивка; вспученная обшивка
BUCKLING	продольный изгиб; коробление; выпучивание; "хлопун" (обшивки); потеря устойчивости (конструкции)
BUCKLING STRENGHT	прочность на продольный изгиб; сопротивление продольному изгибу
BUFFER	амортизатор; буферная схема; буферный каскад; буферный усилитель; буферное запоминающее устройство
BUFFER AMPLIFIER	буферный усилитель
BUFFER BATTERY	буферная батарея
BUFFER MEMORY (buffer store)	буферное запоминающее устройство; буферная память
BUFFER STOP	ограничитель амортизатора; амортизирующий упор
BUFFET	бафтинг, тряска
BUFFETED (to be)	подвергаться бафтингу, подвергаться тряске
BUFFET EFFECT	эффект бафтинга; влияние бафтинга
BUFFET-FREE PERFORMANCE	летные качества без влияния бафтинга
BUFFETING	бафтинг, тряска
BUFFETING ONSET SPEED	скорость возникновения бафтинга
BUFFING	полирование (матерчатым) кругом
BUG	схема полетов (в зоне аэродрома); технический дефект; специалист по радиооборудованию; подвижный индекс прибора
BUG SPEED	скорость, заданная подвижным индексом (прибора)
BUILDER	завод-изготовитель; фирма-изготовитель
BUILD ERROR	погрешность при изготовлении; производственная ошибка
BUILD IN (to)	устанавливать, монтировать; встраивать
BUILD-IN AREA	зона застройки (в районе аэропорта)

BUILD-IN TEST SYSTEM .... система встроенного контроля
BUILD UP (to) .... собирать; монтировать;
подвешивать; наращивать; нагнетать (давление);
набирать обороты; наваривать; наплавлять;
поднимать, повышать (параметры)
BUILD-UP OF WELD METAL (to) .... наращивать металл
сварного шва
BUILD UP SPEED (to) .... набирать скорость, разгоняться
BUILT-IN .... встроенный; вмонтированный; бортовой
BUILT-IN NAVIGATION COMPUTER .... бортовой
навигационный вычислитель
BUILT-IN RANGE .... дальность полета без
дополнительных топливных баков
BUILT-IN SWITCH .... встроенный выключатель;
бортовой выключатель
BUILT-IN TEST CIRCUIT .... цепь встроенного контроля
BUILT UNDER LICENCE .... изготовленный по лицензии
BUILT-UP .... составной; сборный; разъемный;
наплавленный (о металле);
с наростом (о режущей кромке)
BUILT-UP AREA .... зона застройки (в зоне аэропорта)
BULB .... баллон (электровакуумного прибора);
колба (электрической лампы); шарообразная деталь;
шарик; резервуар; сферическая головка (заклепки)
BULB ANGLE .... уголковый омегообразный профиль
BULB SOCKET (bulb-holder) .... патрон лампы;
ламповая панель
BULGE .... выступ, выпуклость; вздутие;
утолщение; раздутие; наплыв
BULGED .... утолщенный; вздутый; вспученный
BULK .... масса; большая часть; основная масса;
объем; навал; сыпучий материал;
припуск (на обработку)
BULK BAGGAGE LOADING .... бесконтейнерная загрузка
(воздушного судна)
BULK BUYING .... оптовая [массовая] закупка (билетов на рейсы)
BULK CARGO .... навалочный груз, бестарный груз
BULK DELIVERY .... массовая поставка;
поставка большими партиями
BULKHEAD .... шпангоут; перегородка

BULKHEAD NUT	болт для крепления шпангоутов
BULKHEAD PRESSURIZED	герметическая перегородка; гермошпангоут
BULKHEAD RIB	усиленная нервюра; ферменная нервюра
BULKHEAD RIM	полка шпангоута
BULKHEAD UNION	набор шпангоутов
BULK INCLUSIVE TOUR	массовая перевозка типа "инклюзив тур"
BULK LOADING	нагрузка навалом; бесконтейнерная загрузка
BULK MATERIAL	вещество в массе, вещество в объеме; сыпучий материал; материал навалом; материал подложки
BULK STORAGE	бестарное хранение; запоминающее устройство большого объема; массовая память; накопитель (данных)
BULK TOUR	массовая перевозка
BULK TRANSPORTATION	смешанная (воздушная) перевозка (напр. пассажиров и грузов)
BULK UNITIZATION RATE	тариф для навалочных грузов
BULKY	крупногабаритный; громоздкий; массивный
BULKY BAGGAGE	громоздкий багаж
BULLET	пуля; игла; обтекатель; пулевидный
BULLETIN	сводка; бюллетень
BULLETIN BOARD	информационное табло
BULLET SHAPED NOSE DOME	носовой обтекатель оживальной формы
BULLET-TYPE NOZZLE	сопло с центральным телом
BULL NOSE PLIERS	универсальные плоскогубцы
BUMP	возмущение (атмосферы); воздушная яма
BUMPER	амортизатор; пружинное устройство
BUMPER STOP	упругий упор
BUMPER STRIP	упругая прокладка; упругая лента
BUMPINESS	болтанка (при полете в турбулентной атмосфере)
BUMPING	отказ (в перевозке пассажиров или груза)
BUMPING HAMMER	молоток для рихтования
BUMPS	выпуклости; неровности; гофры (в газодинамическом подшипнике)
BUMPY	турбулентный (о потоке)
BUMPY-AIR FLIGHT	полет в условиях болтанки

BUMPY LANDING	грубая посадка
BUMPY RIDE	полет в условиях болтанки
BUNCHED CIRCUIT	сгруппированные каналы
BUNCHING OF CABLES	вязание жгута проводов
BUNDLE	жгут; связка; пучок (лучей); группа; сгусток
BUNDLE OF CABLES	бухта кабеля; жгут изолированных проводов; многожильный кабель
BUNG	пробка; втулка; крышка
BUNGEE	амортизатор; пружинное устройство
BUNGEE CORD	амортизирующий трос, упругий трос
BUNGLED LANDING	грубая посадка
BUNT	нисходящая полупетля, половина петли "под себя" (с выходом в перевернутый полет)
BUNT (to)	ударять; толкать
BUOY	буй, плавучее сигнальное средство
BUOYANCY	подъемная сила; плавучесть
BUOYANT	плавучий, способный держаться на воде
BURBLE	срыв потока
BURBLE ANGLE	угол срыва потока (на крыле)
BURBLE POINT	точка срыва потока
BURBLING	завихрение; турбулизация
BURN	горение, сгорание; выгорание; выжигание; прожигание; обгорание; импульс (тяги); включение (ракетного двигателя)
BURN (to)	гореть, сгорать; жечь, сжигать; выгорать; выжигать; прожигать; обгорать; форсировать двигатель
BURNER	камера сгорания; форсунка
BURNER CAN	камера сгорания
BURNER LINER	внутренняя футеровка камеры сгорания; жаровая труба
BURNER MANIFOLD	коллектор топливных форсунок
BURNER PRESSURE	давление (топлива) перед форсунками
BURNER RING	кольцо форсунок
BURNER SECTION	камера сгорания
BURN-IN	обкатка; притирка; тренировка свечей; приработка (радиоэлектронного оборудования)
BURNING	горение; дожигание; работа (двигателя)
BURNING TIME	продолжительность горения; время работы (ракетного двигателя)

BURNISH (to) ...... выглаживать; производить отделочное накатывание [раскатывание]; дорновать; снимать защиты
BURNISHER .... выглаживающий инструмент; накатник; раскатник; дорн
BURNISHING .... выглаживание; отделочное накатывание [раскатывание]; прокатка; дорнование; снятие заусенцев
BURNISHING MANDREL .... оправка для выглаживания; дорн; сердечник
BURN OFF (to) .... сгорать; сжигать
BURN-OFF FUEL .... сгоревшее топливо
BURN OUT (to) .... выжигать; сжигать; сгорать; прогорать (насквозь)
BURNOUT .... прогар; перегорание; прекращение работы (двигателя)
BURNT GASES .... выхлопные газы, газообразные продукты сгорания
BURNT OUT .... отработавший; сгоревший
BURNT SPOT .... прогар
BURR .... заусенец; небольшая фреза; треугольное зубило; оселок; ротационный напильник
BURR (to) .... снимать заусенцы
BURRING .... снятие заусенцев; отбортовка отверстия
BURST .... разрыв; трещина; взрыв; разлет; шквал огня; огневой налет; очередь (при стрельбе); выстрел; вспышка; пик; импульс; всплеск (импульса); пачка (импульсов); сигнал цветовой синхронизации; разрывной; взрывоопасный
BURSTING .... разрыв; трещина; взрыв; разрывной; взрывоопасный
BURSTING DISC INDICATOR .... сигнальное очко разрядки (огнетушителя)
BURSTING PRESSURE .... разрывающее [разрывное] внутреннее давление, давление разрыва
BURSTING STRENGHT .... сопротивление разрыву
BURST OF WAVES .... волновой пакет
BURST PRESSURE .... давление взрыва
BURST PROOF .... протектированный (о топливном баке); самозатягивающийся (о пневматике); взрывобезопасный

BURST TYRE	лопнувший пневматик
BUS	(электро)шина; широкофюзеляжный пассажирский самолет, аэробус
BUS (to)	ошиновывать, осуществлять шинное соединение
BUS BAR	основная электрическая шина, силовая электрошина
BUS CABLE	многожильный кабель электрошины
BUS CONTROLLER	контроллер электрошин
BUSH	втулка; гильза; вкладыш
BUSH HOLE	отверстие под втулку
BUSH HOLE (to)	сверлить отверстие под втулку [вкладыш]
BUSHING	втулка; гильза; вкладыш (подшипника); изоляционная втулка
BUSHING CUTTER	сечение вкладыша (подшипника); сечение втулки
BUSHING INSTALLATION	установка втулки; установка вкладыша
BUSHING PERMITTED	соединенный муфтой
BUSHING SEGMENT	сегмент вкладыша (подшипника); сегмент втулки
BUSHING STOP	ограничитель муфты
BUSH OVERSIZE	увеличенный размер отверстия под втулку [вкладыш]
BUSINESS AIRCRAFT	служебный самолет; служебное воздушное судно
BUSINESS CLASS FARE	тариф бизнес-класса
BUSINESS FLYING	деловые полеты
BUSINESS JET	служебный реактивный самолет
BUSINESSMAN	бизнесмен, деловой человек
BUSINESS PASS	проход для пассажиров бизнес-класса
BUSINESS TRAVELLER (traveler)	пассажир бизнес-класса
BUSINESS TRIP	деловой полет; полет в бизнес-классе, полет в деловом классе
BUS LINE	электрическая шина, электрошина
BUS POWER FAILURE	отказ бортовой электрошины
BUS ROD	электрическая шина, электрошина
BUS SELECTOR SWITCH	переключатель (электро)шин
BUS SYSTEM	система электрошин
BUS TIE	соединение с помощью электрошины
BUS TIE BREAKER	выключатель электрошины

BUTT (to)	ставить торец к торцу; стыковать; соединять встык
BUTT ACTION CONTACT	стыковой контакт
BUTTERFLY	дроссельная заслонка; V-образное оперение; V-образный
BUTTERFLY NUT	гайка-барашек
BUTTERFLY PLATE	дроссельная заслонка
BUTTERFLY VALVE	дроссельный клапан; двухстворчатый клапан; дроссельная заслонка; дроссельный затвор
BUTTER LUBRICATE WITH GREASE (to)	смазывать консистентной смазкой
BUTTING	стыковка; соединение
BUTT JOINT (BUTTJOINT)	стыковочное соединение, соединение встык
BUTTON	кнопка; палец; штифт; тарелка клапана
BUTTON SWITCH	кнопочный переключатель; гашетка
BUTTRESS	упорная резьба
BUTTRESSED	снабженный упорной резьбой; завинченный на упорную резьбу
BUTT-SEAM WELDING	шовно-стыковая сварка
BUTT STRAP	стыковая накладка
BUTT WELD (BUTTWELD) (to)	сваривать встык
BUTT WELDING	сварка встык
BUYER	покупатель
BUY ORDER	заказ на покупку
BUZZ	вибрирующий звук, "зуд"
BUZZ (to)	издавать вибрирующий звук, "зудеть"
BUZZER	зуммер; звуковой сигнализатор; вибратор
BUZZER COIL	катушка зуммера; катушка звукового сигнализатора
BUZZING	шум работающего двигателя; шум в ушах; зуммирование, зуммерный сигнал; полет на малой высоте
BUZZING SOUND	зуммерный сигнал
BUZZTONE	тон зуммера (электрического прерывателя)
BY AIRMAIL	пересылка авиапочтой
BY-CREW	резервный экипаж
BY MEANS	при помощи, посредством
BYPASS	перепуск, обводная линия; второй контур; шунт

BYPASS (to)	перепускать, обводить; шунтировать
BYPASS AIR	воздух второго контура
BYPASS AIR DUCT	второй контур, внешний контур (двухконтурного двигателя)
BYPASS AIRFLOW	воздушный поток во втором [внешнем] контуре (двухконтурного двигателя); расход воздуха через второй [внешний] контур
BYPASS CONTROL	управление перепуском топлива (на вход в насос)
BYPASS DRAG	сопротивление, обусловленное перепуском потока
BYPASS DUCT	второй контур, внешний контур (двухконтурного двигателя)
BYPASSED	двухконтурный; с перепускным клапаном
BYPASS ENGINE	двухконтурный двигатель
BYPASS FUEL LINE	линия перепуска топлива (на вход в насос)
BYPASS GAS TURBINE ENGINE	двухконтурный газотурбинный двигатель
BYPASS RATIO	степень двухконтурности (двигателя)
BYPASS SECTION	канал второго [внешнего] контура (двухконтурного двигателя)
BYPASS TAXIWAY	обходная рулежная дорожка
BYPASS TURBOFAN ENGINE	турбореактивный двухконтурный двигатель, ТРДД
BYPASS VALVE	перепускной клапан
BY-PRODUCT	побочный продукт
BYTE	байт

C

CAB .... кабина (экипажа); (пассажирский) салон;
дежурный самолет; такси
CAB-DRIVER .... шофер такси; летчик дежурного самолета
CABIN .... кабина (экипажа); (пассажирский) салон
CABIN ACCOMMODATION .... компоновка кабины (экипажа)
CABIN AIR COMPRESSOR ....кабинный компрессор,
компрессор наддува кабины
CABIN AIR SUPPLY TEMPERATURE BULB .... температурный датчик
системы кондиционирования
кабины (экипажа)
CABIN AISLE ....проход между креслами в
пассажирском салоне
CABIN ALTIMETER .... кабинный высотомер;
указатель высоты в кабине
(по барометрическому давлению)
CABIN ALTITUDE ....высота в кабине (в соответствии
с барометрическим давлением)
CABIN ALTITUDE INDICATOR .... указатель высоты в кабине
CABIN ALTITUDE LIMITER ....регулятор высоты в кабине
CABIN ALTITUDE SELECTOR .... задатчик высоты в кабине
CABIN ALTITUDE WARNING CUTOUT SWITCH ....выключатель
сигнализации о падении
давления в кабине
CABIN ALTITUDE WARNING HORN AND SWITCH ....звуковая сирена
и выключатель сигнализации
о падении давления в кабине
CABIN ATTENDANT .... бортпроводник, стюардесса, стюард
CABIN ATTENDANT'S STATION .... рабочие места бортпроводников
CABIN ATTENDANT CALL ....вызов бортпроводника
[стюардессы, стюарда]
CABIN BAGGAGE .... ручная кладь
CABIN CREW .... обслуживающий экипаж; бортпроводники
CABIN DEPRESSURIZATION .... разгерметизация кабины
CABIN DIFFERENTIAL PRESSURE
INDICATOR (ga(u)ge) .... указатель высоты перепада
давления в кабине
CABIN DOOR...дверь кабины

CABIN EMERGENCY LIGHT .... аварийное табло в кабине экипажа
CABINET .... шкаф с выдвижными ящиками;
стеллаж; стойка; секция; камера
CABIN FLOOR .... пол кабины
CABIN HEATER .... обогреватель кабины
CABIN HEATING SYSTEM .... система обогрева кабины
CABIN LAYOUT .... компоновка кабины
CABIN OVERPRESSURE INDICATOR .... указатель
перенаддува кабины
CABIN OVERPRESSURIZATION .... перенаддув кабины
CABIN PERSONNEL .... обслуживающий персонал;
бортпроводники
CABIN PRESSURE ALTITUDE .... высота давления в кабине
CABIN PRESSURE AUTOMATIC CONTROLLER .... автоматический
регулятор давления в кабине,
автоматический регулятор наддува кабины
CABIN PRESSURE CONTROL .... регулирование давления в кабине,
регулирование наддува кабины
CABIN PRESSURE CONTROLLER .... регулятор давления в кабине,
регулятор наддува кабины
CABIN PRESSURE CONTROL SYSTEM .... система автоматического
регулирования давления
в кабине, САРД
CABIN PRESSURE EMERGENCY RELIEF VALVE .... аварийный
предохранительный клапан системы
наддува кабины
CABIN PRESSURE INDICATOR .... указатель перепада
давления в кабине
CABIN PRESSURE MANUAL CONTROL .... ручное регулирование
давления в кабине, ручное регулирование
наддува кабины
CABIN PRESSURE OUTFLOW VALVE .... перепускной клапан
для регулирования давления в кабине,
перепускной клапан системы наддува кабины
CABIN PRESSURE TEST .... испытания кабины
на герметичность
CABIN PRESSURIZING .... герметизация кабины;
наддув кабины; опрессовка кабины
CABIN RATE-OF-CLIMB INDICATOR .... указатель
скорости набора высоты в кабине

CABIN RATE SELECTOR	задатчик скорости полета в кабине
CABIN SIGNS	указатели в кабине (для пассажиров)
CABIN STAFF	обслуживающий экипаж; бортпроводники
CABIN SUPERCHARGING	герметизация кабины; наддув кабины
CABIN TEMPERATURE CONTROL	регулирование температуры воздуха в кабине
CABIN TEMPERATURE CONTROL VALVE	регулятор температуры воздуха в кабине
CABIN TEMPERATURE INDICATOR	указатель температуры воздуха в кабине
CABIN TIGHTNESS TESTING DEVICE	прибор для проверки кабины на герметичность
CABIN VERTICAL SPEED INDICATOR	указатель скорости набора высоты в кабине
CABIN WIDTH	габаритная ширина кабины
CABIN WINDOWS	иллюминаторы в кабине
CABLE	трос; канат; кабель; многожильный провод
CABLE AIR SEAL	воздушное уплотнение кабины
CABLE BOX	кабельная муфта
CABLE BUNDLE	жгут (изолированных) проводов
CABLE BUS SYSTEM	кабельная сеть с использованием электрошин
CABLE CHANNEL	кабельный канал
CABLE CHART	схема проводки
CABLE CLAMP	зажим кабеля
CABLE COMPENSATOR	резьбовой наконечник троса; компенсатор кабеля
CABLE CONDUIT	кабельный канал; кабелепровод
CABLE CONTROL SYSTEM	система тросового управления
CABLE CUTTER	нож для проводки; нож для троса
CABLED	каблированный; проводной
CABLE DRUM	кабельный барабан
CABLE DUCT	кабельный канал
CABLE EYE	кабельный наконечник
CABLE GRIP	чулок для протягивания кабеля (в кабельный канал)
CABLE GROMMET	проходная изоляционная втулка
CABLE GROOVE	кабельный желоб
CABLE GUARD	экранная оплетка кабеля
CABLE GUIDE	направляющая троса

CABLE JOINT	муфта-наконечник троса
CABLE LOAD	натяжение кабеля; натяжение троса
CABLE LOOSE OR BROKEN	потери в кабеле
CABLE LUG	кабельный наконечник
CABLE OPERATED	управляемый по проводам, с электродистанционным управлением; с тросовым управлением
CABLE PLATING	нанесение гальванического покрытия на кабель
CABLE PULLEY	шкив троса
CABLE RIGGING LOAD	натяжение приводного ремня
CABLE RUN	трасса кабеля; канализация кабеля; канализация кабельной полки
CABLE RUN No	трасса кабеля N; участок кабеля N
CABLES CROSSED	с кабельным пересечением
CABLE SEAL	заделка кабеля; герметизация кабеля
CABLE SEPARATION	разрыв кабеля
CABLE STRAND	жила кабеля; трос кабеля
CABLE TAG	маркировка кабеля; кабельный наконечник
CABLE TENSION	натяжение кабеля
CABLE TENSION ADJUSTER	регулятор натяжения троса
CABLE TENSION CHART	диаграмма натяжения кабеля
CABLE TENSION REGULATOR	регулятор натяжения кабеля
CABLE TERMINAL	концевая кабельная муфта; кабельный наконечник; блочный кабельный соединитель
CABLE TROUGH	кабельный желоб
CABLE TURNBUCKLE LOCKING CLIP	винтовая стяжная муфта для соединения кабелей
CABLEWAY	кабелепровод
CABLE WRAPPING	поясная изоляция кабеля; оплетка кабеля
CABLING	разводка кабелей; кабельная проводка; каблирование; кабельная сеть
CADMIUM	кадмий
CADMIUM ANODE	кадмиевый анод
CADMIUM-NICKEL BATTERY	батарея никель-кадмиевых аккумуляторов
CADMIUM PLATE (to)	кадмировать, наносить кадмиевое покрытие

CADMIUM PLATING .... кадмирование
CAGE .... корпус; кожух; каркас;
экранирующая сетка; сепаратор (подшипника)
CAGE (to) .... арретировать (гироскоп)
CAGED .... заарретированный (о гироскопе)
CAGING .... арретирование (гироскопа)
CAGING DEVICE .... арретир (гироскопа)
CAKE UP (to) .... брикетировать; спекать(ся); образовывать нагар
CALAMINE .... нагар, окалина
CALCULATE (to) .... вычислять; рассчитывать; подсчитывать
CALCULATING UNIT .... вычислительное устройство;
вычислитель
CALCULATION .... вычисление; расчет; подсчет
CALCULATOR .... счетная машина; калькулятор;
вычислитель(ная машина);
вычислительное устройство
CALENDAR LIFE .... расчетный срок службы;
расчетный рабочий ресурс;
расчетная долговечность
CALIBRATE (to) .... калибровать; градуировать;
тарировать; уточнять показания (прибора);
списывать девиацию (компаса)
CALIBRATED AIRSPEED (CAS) .... индикаторная воздушная скорость
CALIBRATED AIRSPEED INDICATOR .... указатель
индикаторной воздушной скорости
CALIBRATED ALTITUDE .... уточненная высота
CALIBRATED INDICATED AIRSPEED (CIAS) .... уточненная
индикаторная воздушная скорость
CALIBRATED ORIFICE .... протарированный датчик
CALIBRATED STEM .... шток с градуировкой
CALIBRATED VALVE .... протарированный клапан
CALIBRATING FLUID .... калибровочное масло
CALIBRATION .... тарировка; калибровка;
градуировка; уточнение показаний (прибора);
списание девиации (компаса)
CALIBRATION CHART (table) .... градуировочная таблица
CALIBRATION CHECK .... контрольная тарировка
CALIBRATION GENERATOR .... эталонный генератор
CALIBRATION OF THERMOCOUPLE .... тарировка термопары

CALIBRATION TEST .... функциональное испытание (двигателя); тарировка; калибровка
CALIBRATOR .... калибратор; тарировочное устройство
CALIBRE .... калибр; максимальный диаметр (корпуса ракеты); внутренний диаметр (трубы)
CALIPER .... кронциркуль; штангенциркуль; толщиномер
CALIPER SQUARE (ga(u)ge) .... калибр-скоба; раздвижной калибр
CALL .... (радио)вызов; (радио)сообщение; (радио)команда; сигнал; позывной; запрос
CALLBACK .... повторный вызов (на связь)
CALL BULB .... табло сигнализации вызова
CALL BUTTON .... кнопка вызова
CALL BUZZER .... зуммер вызова
CALL CHIME .... звуковая сигнализация; звонок вызова
CALL DEVICE .... звонок; устройство вызова
CALLER .... вызывное устройство; вызывающий оператор; вызывная программа; информатор
CALL HORN .... звуковая сирена
CALL-IN .... вызов на связь (наземной станции с экипажем)
CALL INDICATOR .... световой индикатор вызова
CALLIPER (caliper) .... кронциркуль; штангенциркуль; толщиномер
CALL LAMP .... световое табло вызова
CALL LIGHT .... световой сигнализатор вызова
CALL-OUT .... ответный сигнал (по связи)
CALLSIGN .... позывной (о сигнале радиосвязи)
CALL SWITCH .... искатель вызовов; переключатель системы вызова
CALL SYSTEM .... система вызова
CALL-UP .... вызов на связь (экипажа с наземной станцией)
CALM .... отсутствие ветра; штиль
CALORIC ENERGY .... тепловая энергия
CALORIFIC .... тепловой, термический; теплотворный
CALORIFIC VALUE .... теплотворная способность, теплотворность
CALORIMETER .... калориметр
CALORIMETRIC GAUGE .... термодатчик; измеритель температуры
CALORY .... калория

CAM	кулачок; кулачковый упор; кулачковая шайба; эксцентрик; копир; шаблон, лекало; замок
CAM ACTUATED SWITCH	кулачковый переключатель
CAMBER	кривизна; выпуклость; изогнутость
CAMBERED	с изогнутым профилем, с кривизной (о крыле)
CAMBERED FACE	изогнутая поверхность; изогнутая обшивка; скошенная поверхность
CAMBERED WING	крыло изогнутого [несимметричного] профиля
CAMBER FLAP	закрылок с изменяемой кривизной профиля
CAMBER RATIO	относительная кривизна (профиля крыла)
CAM-CONTROLLED, CAM-DRIVEN	с кулачковым приводом
CAM DRUM	барабан с криволинейным пазом; кулачковый барабан
CAMEL HAIR BRUSH	беличья кисть; волосяная кисть
CAMERA	фотокамера, фотоаппарат; кинокамера, киноаппарат; телекамера
CAM FOLLOWER	ролик, работающий от кулачка [копира]; элемент с приводом от кулачка [копира]
CAM LOBE	контур кулачка
CAMOUFLAGE (to)	маскировать; камуфлировать
CAMOUFLAGED FIGHTER	истребитель с камуфляжной окраской
CAMPLATE	кулачок; кулачковая шайба; палец; зуб; выступ; прилив
CAM ROLLER	ролик, работающий от кулачка [копира]; элемент с приводом от кулачка [копира]
CAMSHAFT (cam shaft)	кулачковый вал (поршневого двигателя)
CAN-ANNULAR COMBUSTION CHAMBER	трубчатокольцевая камера сгорания
CANARD	аэродинамическая схема "утка"; самолет схемы "утка"; переднее горизонтальное оперение, ПГО; носовой руль
CANARD AIRCRAFT	самолет аэродинамической схемы "утка"
CANARD-DELTA	схема "утка" с треугольным крылом
CANARD-DOUBLE-DELTA	схема "утка" с треугольным крылом двойной стреловидности

CANARD FLAPS .... закрылки передних поверхностей в аэродинамической схеме "утка"; переднее горизонтальное оперение [ПГО] в схеме "утка"
CANARD PLAN .... аэродинамическая схема "утка"
CANARD SURFACES .... переднее горизонтальное оперение, ПГО
CANARD TAIL .... хвостовое оперение в аэродинамической схеме "утка"
CANCEL (to) .... отменять (напр. рейс); устранять; подавлять (напр. шум); стирать (напр. информацию)
CANCEL AN ORDER (to) .... отменять заказ
CANCELLATION .... отмена (напр. рейса); устранение; подавление (напр. шума); стирание (напр. информации)
CANCELLATION OF FLIGHT .... отмена рейса
CANCELLED .... изъятый из эксплуатации (самолет)
CANCELLED FLIGHT .... отмененный рейс, аннулированный рейс
CANDLE .... свеча; керамический фильтр; "свеча", вертикальный набор высоты
CANDLING .... выполнять "свечу", вертикально набирать высоту
CANISTER .... контейнер; укупорка; бачок; бидон
CANNIBALIZATION REMOVAL .... снятие (исправных) узлов для разукомплектования изделия
CANNIBALIZE (to) .... разукомплектовывать изделие
CANNULAR .... трубчато-кольцевой
CANNULAR COMBUSTION CHAMBER .... трубчатокольцевая камера сгорания
CANNULAR TYPE COMBUSTOR .... трубчато-кольцевая камера сгорания; жаровая труба камеры сгорания
CANOPY .... фонарь (кабины экипажа); купол (парашюта)
CANT .... наклон; угол наклона; уклон; отклонение; скос; фаска
CANT ANGLE .... угол наклона; угол отклонения
CANTED DOWNWARD .... отогнутый вниз; отклоненный в сторону
CANTED PARKING .... стоянка под углом (к аэровокзалу)

CANTILEVER .... консоль; кронштейн; стрела; консольный (о балке); свободнонесущий (о крыле)
CANTILEVER (to) .... выступать в виде консоли
CANTILEVER FITTED .... консольно закрепленный; консольно установленный
CANTILEVER-MOUNTED ROTOR .... ротор консольного типа
CANTILEVER WING .... консольное крыло, свободнонесущее крыло
CAN-TYPE COMBUSTION CHAMBER .... жаровая труба; трубчатая камера сгорания
CAN TYPE COMBUSTOR .... жаровая труба; трубчатая камера сгорания
CANVAS .... парусина; брезент; холст
CANVAS-COVERED RUBBER .... прорезиненная ткань
CANYON APPROACH (profile) .... заход на посадку (по крутой траектории); крутое снижение с большой высоты
CAP .... колпачок; заглушка; пробка; капсюль; концевой обтекатель; уплотнение; пояс; полка (лонжерона)
CAP (to) .... закрывать крышкой; закрывать колпачком
CAPABILITY .... способность; возможность; характеристика; мощность; производительность
CAPABLE OF CARRYING .... грузоподъемность
CAPABLE OF LIFTING .... несущая способность
CAPACITANCE .... (электрическая) емкость
CAPACITANCE (MEASURING) BRIDGE .... емкостной измерительный мост
CAPACITANCE METER .... фарадметр
CAPACITOR .... конденсатор
CAPACITOR DISCHARGE LIGHT .... импульсный огонь с конденсаторным разрядом
CAPACITOR GAUGE .... измеритель электрической емкости; устройство для измерения емкостным методом
CAPACITOR PROBE .... емкостный зонд
CAPACITY .... емкость, вместимость; грузоподъемность; объем; мощность; производительность; пропускная способность
CAPACITY DIODE .... емкостный диод
CAPACITY TON MILES .... объем воздушных перевозок в тонно-милях

CAPE CHISEL	зубило; крейцмейсель
CAPILLARY	капилляр; капиллярная трубка; капиллярный
CAPILLARY ACTION	капиллярное действие, капиллярность
CAPNUT (cap nut)	глухая [колпачковая] гайка
CAPPED	закрытый колпачком; обтюрированный
CAPRING SEAL	уплотнение стыка; стягиваемое уплотнение
CAPSCREW (cap screw)	стяжной болт
CAPSIZE (to)	опрокидываться
CAPSTAN	натяжная камера (высотного компенсирующего костюма); тросовый барабан (рулевой машины); ведущий вал (магнитного самописца)
CAPSTAN LATHE	токарно-револьверный станок с продольными салазками
CAPSTAN SCREW	ходовой винт револьверного суппорта; винт с радиально расположенными отверстиями в (цилиндрической) головке
CAP STRIP	накладка полки (лонжерона)
CAPSULE	коробка; ячейка; капсюль
CAPSULE PRESSURE GAUGE	мембранный манометр
CAPTAIN	командир самолета; командир экипажа; командир корабля; капитан; кэптен (капитан 1 ранга)
CAPTAIN'S PANEL	приборная доска командира экипажа
CAPTAINCY	звание капитана; звание кэптена (капитана 1 ранга)
CAPTIVE	военнопленный; на привязи; без отделения от самолета-носителя; без сбрасывания (с ЛА)
CAPTIVE BALLOON	привязной аэростат
CAPTIVE FLIGHT	полет без сбрасывания наружных подвесок; полет на привязи; полет без отделения от самолета-носителя
CAPTIVE NUT	гайка в обойме; невыпадающая гайка
CAPTIVE SCREW	невыпадающий винт
CAPTOR	взявший [захвативший] в плен
CAPTURE	захват (сигнала); выход (на заданную траекторию)
CAPTURE OF A BEAM	захват глиссадного луча

CAPTURE POINT ....точка захвата (глиссадного луча)
CAR .... автомобиль; тележка; вагон; передвижная платформа; гондола (ЛА)
CARBIDE ....карбид
CARBIDE DRILL .... сверло с твердосплавными пластинами
CARBIDE INSERT ....твердосплавная режущая пластина; твердосплавная втулка
CARBIDE TIP .... твердосплавный наконечник
CARBO-BLAST CLEANING .... пескоструйная очистка; дробеструйная очистка
CAR BODY ....кузов автомобиля; кузов вагона
CARBON ....углерод; технически чистый уголь, графит; углеродный; угольный
CARBON BRAKES .... углеродные тормоза
CARBON BRUSH .... углеродная щетка; скользящий контакт из углерода
CARBON-CARBON COMPOSITE MATERIAL ....углерод-углеродный композиционный материал
CARBON DEPOSIT .... осаждение углерода; отложение углерода
CARBON DIOXIDE ....двуокись углерода, углекислота, углекислый газ
CARBON DIOXIDE SNOW ....углекислотная пена
CARBON DIOXIDE TYPE FIRE EXTINGUISHER .... углекислотный огнетушитель
CARBON FIBER .... углеродное волокно
CARBON FIBER COMPOSITE .... углепластик
CARBON FIBER REINFORCED PLASTIC (CFRP) .... пластик, армированный углеродным волокном
CARBONIC ICE (dry ice) ....сухой лед, твердая углекислота
CARBONIZATION (carbonising) ....карбонизация; науглероживание, цементация
CARBON MONOXIDE .... окись углерода
CARBON PILE ....углеродный элемент; частица углерода
CARBON REMOVAL (carbon removing) .... снятие нагара, удаление окалины

CARBON REMOVER	состав для снятия нагара
CARBON SCRAPER	скребок для снятия нагара
CARBON SEAL	углеродистый герметик
CARBON STEEL	углеродистая сталь
CARBON STEEL CABLE	трос из углеродистой стали
CARBORUNDUM CLOTH	ткань из карбида кремния
CARBORUNDUM STONE	карборунд, карбид кремния
CARBOY	бутыль; баллон
CARBURET(T)OR	карбюратор (двигателя)
CARBURET(T)OR ADAPTER	переходной патрубок карбюратора
CARBURETION	смесеобразование в карбюраторе (двигателя)
CARBURETOR, CARBURET(T)ER, CARBURETOR JET	жиклер карбюратора
CARBURETOR PRE-HEAT DUCT	трубопровод предварительного нагрева карбюратора
CARBURIZE (to)	карбюрировать, образовывать горючую смесь; закоксовывать
CARBURIZED PARTS	науглероженные детали
CARCASS (carcase)	каркас; корпус; несущая конструкция; арматура
CARD	таблица; карта; шкала; картушка (компаса); перфокарта; плата (со схемой)
CARDAN COUPLING	муфта карданного вала
CARDAN JOINT	соединение карданного вала
CARDBOARD	плотная бумага; тонкий картон
CARDINAL HEADINGS DEVIATION	девиация на основных курсах
CARDINAL POINTS	главные румбы (компаса)
CARD INDEX	указатель шкалы
CARD PUNCHER	карточный перфоратор
CARD READER	устройство считывания с перфокарт, устройство ввода с перфокарт
CARE	внимательность; осторожность
CAREFULLY	осторожно; тщательно, внимательно
CARELESS FLYING	полет с ошибками; полет со снижением безопасности
CARGO	груз; грузовой
CARGO AGENCY	транспортное агентство, агентство грузовых перевозок
CARGO AGENT	агент по грузовым перевозкам

CARGO AIRCRAFT	грузовое воздушное судно; транспортный самолет
CARGO ATTENDANT	сопровождающий груза
CARGO BIN	грузовой контейнер
CARGO CAPACITY	грузовместимость
CARGO COMPARTMENT	грузовой отсек
CARGO COMPARTMENT DECK PANEL	панель пола грузового отсека
CARGO COMPARTMENT INSULATION	изоляция грузового отсека
CARGO COMPARTMENT LINING	обшивка грузового отсека
CARGO CONTAINER DOOR	люк для контейнерной загрузки
CARGO DISPATCH	отправление груза
CARGO DOOR	грузовой люк; створка грузового люка
CARGO DROP SWITCH	выключатель сброса груза
CARGO FLIGHT	грузовой рейс
CARGO HANDLING	оформление и обработка грузов
CARGO-HANDLING DEVICE	погрузочно-разгрузочное устройство
CARGO HATCH	грузовой люк
CARGO HATCH CONTROL SWITCH	переключатель управления грузовым люком
CARGO HOLD	грузовой отсек
CARGO LASHING POINT	узел крепления груза
CARGO LOADER	автопогрузчик, погрузочное устройство
CARGO LOAD FACTOR	коэффициент коммерческой загрузки
CARGO LOADING	погрузка (воздушного судна)
CARGO-LOADING DEVICE	автопогрузчик, погрузочное устройство
CARGO LOADSHEET	погрузочная накладная
CARGO MANIFEST	список грузов
CARGO PALLET	грузовой поддон
CARGO PARACHUTE	грузовой парашют
CARGO-PASSENGER	грузопассажирский
CARGO STORAGE CHARGE	сбор за хранение груза
CARGO TERMINAL	грузовой комплекс, грузовой терминал (аэропорта)
CARGO TIE-DOWN DEVICE	оборудование для крепления [швартовки] груза
CARGO TIE-DOWN RING	крепежное кольцо груза (в кабине)

CARGO TRANSPORT	перевозка грузов; транспортный самолет
CARGO UNLOADING	разгрузка (воздушного судна)
CARGO UNLOADING DEVICE	разгрузочное устройство
CARGO-WEIGHTING DEVICE	грузовые весы
CARPET	бортовой передатчик помех; самолетная система радиоэлектронного подавления; ковер, коврик, покрытие пола; зона
CARPET MAT	ковровое покрытие
CAR RENT	аренда автомобиля
CARRIAGE	перевозка; транспортировка; платформа; шасси; рама; несущее устройство; каретка (закрылка)
CARRIAGEABILITY	соответствие условиям применения с самолета-носителя
CARRIAGE DURATION	продолжительность перевозки
CARRIED FLIGHT ENVELOPE	диапазон летных режимов с грузом
CARRIER	(авиа)перевозчик; (авиа)компания; носитель; держатель; несущая (частота)
CARRIER'S AGENT	представитель перевозчика
CARRIER AIRCRAFT	самолет-носитель, самолет-разгонщик; транспортный самолет
CARRIER-BASED AIRCRAFT	палубный самолет
CARRIER-BASED FIGHTER	палубный истребитель
CARRIER-BORNE	палубный; авианосный
CARRIER-BORNE AVIATION	палубная авиация
CARRIER DECK	палуба авианосца
CARRIER FREQUENCY	несущая частота
CARRIER-RING	несущее кольцо; опорное кольцо
CARRIER-ROCKET	ракета-носитель, РН
CARRIER SHAFT	вал несущего винта
CARRIER SIGNAL	сигнал несущей частоты
CARRIER WAVE	несущая
CARRY (to)	поднимать (в воздух); нести; переносить; транспортировать
CARRYING CAPACITY	грузоподъемность
CARRY-ON BAGGAGE	переносной багаж; ручная кладь
CARRY OUT (to)	выполнять; проводить (испытания); производить (смену деталей)

CARRY UP (to)	возводить; строить; подтягивать
CART	тележка
CARTESIAN COORDINATES	прямоугольные [декартовы] координаты
CARTOGRAPHIC PLOTTING	нанесение данных на карту полета
CARTRIDGE	(пиро)патрон; фильтрующий элемент; кассета, картридж
CARTRIDGE ACTUATED DEVICE	пиромеханизм
CARTRIDGE FILTER	патронный фильтр
CARTRIDGE STARTER	пороховой стартер, пиростартер
CAS (calibrated airspeed)	индикаторная воздушная скорость
CASCADE	ступень (турбины или компрессора); решетка профилей (лопаток)
CASCADE TYPE THRUST REVERSER	решетчатый реверсер тяги
CASCADE VANES	направляющие лопатки решетки (реверса тяги); решетка (реверса тяги)
CASE	корпус; кожух; оболочка; контейнер; гильза
CASE HARDEN (to)	цементировать, науглероживать; цианировать
CASE HARDENING	цементация, науглероживание; цианирование
CASH	наличные деньги; касса
CASH (to)	превращать в наличные; расплачиваться наличными
CASH DESK	касса
CASHIER	кассир
CASING	корпус; кожух; картер
CASSETTE	кассета; контейнер
CAST	отливка; литье, разливка; отлитый, литой
CAST (to)	отливать; разливать
CAST BLADE	литая лопатка
CASTELLATED	зубчатый; коронtчатый
CASTELLATED NUT	коронtчатая гайка
CASTELLATION	зубчатое зацепление; зубцы
CASTER	разливочная машина; литейная машина; литейщик; разливщик, заливщик
CASTERING	разливка; отливка
CASTING	литье; отливка; литейный
CAST IRON	(литейный) чугун

CASTLE NUT	корончатая гайка
CASTLE SHEAR NUT	работающая на срез корончатая гайка
CASTOR	ролик; комплект роликовых опор; колесо; самоориентирующееся колесо (шасси)
CASTOR (to)	поворачиваться, вращаться вокруг оси
CASTORING	самоориентирование колеса (шасси)
CASTOR OIL	касторовое масло
CASTOR WHEEL	самоориентирующееся колесо (шасси)
CAST STEEL	литая сталь; стальная отливка
CASUALTY	несчастный случай; катастрофа; авария; происшествие; повреждение
CATALOG	каталог
CATALYSIS	катализ
CATALYST	катализатор
CATALYTIC FILTER	каталитический фильтр
CATAPULT	катапульта; пусковое устройство; телескопический стреляющий механизм (катапультного кресла)
CATAPULT A PLANE (to)	запускать самолет с помощью катапульты
CATAPULTED TEST	испытание по катапультированию
CATAPULT LAUNCH	катапультирование; пуск с помощью катапульты
CATAPULT TAKEOFF	взлет с помощью катапульты
CATCH	защелка; фиксатор; запирающее устройство
CATCH (to)	захватывать; зацеплять; запирать; защелкивать; стопорить
CATCHING	захват (цели); стопорение; запирание
CATCH LOCK	запорный механизм; фиксатор
CATEGORIZED AERODROME	категорированный аэродром (в соответствии с нормами ИКАО)
CATEGORY III LANDING	автоматическая посадка по третьей категории (ИКАО)
CATEGORY I LANDING	посадка по первой категории (ИКАО)
CATERED	обеспеченный бортовым питанием
CATERER	фирма, обслуживающая бортовым питанием
CATERGOL	однокомпонентное жидкое ракетное топливо
CATERING	обслуживание бортовым питанием
CATERING MANAGEMENT DOCUMENT	инструкция службы обеспечения бортовым питанием

CATERING SERVICE .... (аэродромная) служба обеспечения бортовым питанием
CATERING TRUCK .... машина для обслуживания бортовой кухни
CATERPILLAR .... машина на гусеничном ходу; гусеничный трактор; гусеничный ход
CATHODE .... катод
CATHODE-RAY TUBE (CRT) .... электронно-лучевая трубка, ЭЛТ
CATHODE RAY TUBE DISPLAY .... дисплей на электронно-лучевой трубке (ЭЛТ)
CATHODE SCREEN .... экран электронно-лучевой трубки (ЭЛТ)
CATHODIC .... электронно-лучевой
CATHODIC BEAM .... электронный луч; электронный пучок
CAULK (to) .... заполнять пустоты и трещины
CAULKING .... уплотнение соединения заполнителем; цевочное соединение
CAULKING COMPOUND .... заливочный компаунд; заливка; уплотняющий состав
CAUSE DAMAGE (to) .... вызывать разрушение [повреждение]
CAUSE OF REMOVAL .... причина снятия (с эксплуатации)
CAUSTIC ETCH(ING) .... травление каустиком [каустической содой]
CAUSTIC SODA .... каустик, каустическая сода, гидроокись натрия, едкий натр
CAUSTIC SOLUTION .... щелочной раствор
CAUTION .... предупреждение (об опасности в полете); предупредительная сигнализация; осторожность, осмотрительность
CAUTION ANNUNCIATOR .... табло предупредительной сигнализации
CAUTION LIGHT .... огонь предупредительной сигнализации
CAUTION SYSTEM .... система предупредительной сигнализации
CAVITATION .... кавитация; порообразование; кавитационные поры и пустоты; кавитационные каверны
CAVITY .... углубление; полость; гнездо; каверна; раковина, газовый пузырь; пора
CEASE (to) .... прекращать; (при)останавливать
CEASE TO ROTATE (to) .... останавливать вращение
CEILING .... потолок, максимальная высота (полета); высота нижней кромки (облачности)
CEILING BLOWOUT PANEL .... потолочная вышибная панель

CEILING LIGHT	потолочное освещение
CEILING LINING	облицовка потолка (кабины)
CEILOMETER	измеритель высоты облачности
CELERITY	скорость; быстрота
CELESTIAL BODY	небесное тело
CELESTIAL DECLINATION	астрономическое склонение
CELESTIAL GUIDANCE	астронаведение
CELESTIAL MECHANICS	небесная механика
CELESTIAL NAVIGATION	астронавигация
CELESTIAL PLOTTING	прокладка маршрута методами астронавигации
CELL	баллон (аэростата); секция, отсек (крыла); бак; резервуар; (электро)элемент; топливный элемент, ТЭ; батарея
CELL TYPE TANK	бак с отсеками; мягкий бак
CELLULAR STRUCTURE	сотовая конструкция
CELLULOSE VARNISH	нитролак
CELONAVIGATION	астронавигация
CELORON WASHER	шайба [прокладка] из целорона
CELSIUS SCALE	температурная шкала Цельсия
CEMENT	цементирующая среда; вяжущее средство; клей, клеящее вещество; замазка; мастика
CEMENT (to)	цементировать; скреплять; склеивать, приклеивать
CEMENTATION	цементация, цементирование; склеивание; диффузионное насыщение
CEMENTING	склеивание; промазка клеем
CENTER (centre)	центр, середина; центр(альное учреждение); центровое отверстие; обрабатывающий центр; начало координат
CENTER BIT	центровое сверло
CENTERBODY NOZZLE	сопло с центральным телом
CENTERED	отцентрированный; занимающий среднее положение
CENTER ELECTRODE	средний электрод
CENTER ENGINE	средний двигатель (относительно оси самолета)
CENTERING BAR	центральный стержень; центрирующий стержень

CENTERING CAM	центрирующий кулачок
CENTERING CAM DEVICE	кулачковое центрирующее устройство
CENTERING DEVICE	центрирующее устройство
CENTERING DOWEL	центрирующий штифт
CENTERING PIN	центрирующий штифт; центральная ось; осевая линия
CENTERING RING	центрирующее кольцо
CENTERING SPIGOT	центрирующий выступ; центрирующий буртик; центрирующая шейка
CENTERING SPRING	центрирующая пружина
CENTER INSTRUMENT PANEL	средняя панель приборной доски
CENTERLESS	бесцентровый
CENTERLINE (center line)	осевая линия, ось
CENTER LINE APPROACH	заход на посадку по осевой линии
CENTERLINE CAMBER	относительная кривизна (крыла)
CENTERLINE LIGHTS	осевые огни (взлетно-посадочной полосы, ВПП)
CENTERLINE OF ENGINE	ось двигателя
CENTER OF AIR PRESSURE	центр аэродинамического давления
CENTER OF GRAVITY	центр тяжести; центровка
CENTER OF GRAVITY DISPLACEMENT	смещение центровки
CENTER OF LIFT	центр подъемной силы
CENTER OF PRESSURE	центр давления
CENTER OF THRUST	центр силы тяги
CENTER OIL TRANSFER	перекачка топлива в центральный топливный бак
CENTER POSITION	среднее положение
CENTER PUNCH	кернер
CENTER SECTION	центроплан (крыла)
CENTER SPAR	центральный лонжерон
CENTER WING	центроплан
CENTERWING	центроплан
CENTER WING BOX	центральный кессон крыла
CENTERWING CHORD	хорда центроплана
CENTER WING SECTION	центроплан; отсек центроплана
CENTER WING TANK	топливный бак в центроплане
CENTRAL CHECK-IN	основная стойка регистрации
CENTRAL PROCESSOR UNIT (CPU)	центральный процессор

CENTRE (center)	центр, середина; центральное учреждение; центровое отверстие; обрабатывающий центр; начало координат
CENTRE LINE	осевая линия, ось
CENTRE-LINE APPROACH	заход на посадку по осевой линии
CENTRE OF BUOYANCY	гидростатический центр выталкивающей силы
CENTRE OF GRAVITY	центр тяжести, центровка
CENTRE OF LIFT	центр подъемной силы
CENTRE OF PRESSURE	центр давления
CENTRE OF THRUST	центр силы тяги
CENTRE PUNCH	кернер
CENTRE-PUNCH (to)	кернить
CENTRES (between)	межцентровое расстояние
CENTRE-TAPPED TRANSFORMER	трансформатор с выведенной средней точкой обмотки
CENTRIFUGAL ACCELERATION	центробежное ускорение
CENTRIFUGAL BOOST ELEMENT	центробежная ступень
CENTRIFUGAL BREATHER	центробежный воздухоочистительный фильтр
CENTRIFUGAL BREATHER SYSTEM	центробежная система вентиляции
CENTRIFUGAL CLUTCH	центробежная муфта
CENTRIFUGAL COMPRESSOR	центробежный компрессор
CENTRIFUGAL FILTER	центробежный фильтр
CENTRIFUGAL FORCE	центробежная сила
CENTRIFUGAL FUEL INJECTION	центробежный впрыск топлива
CENTRIFUGAL GOVERNOR	центробежный регулятор
CENTRIFUGAL PUMP	центробежный насос
CENTRIFUGAL SEPARATOR	центробежный сепаратор
CENTRIFUGAL SWITCH	центробежный выключатель
CENTRIFUGAL TACHOMETER	центробежный тахометр
CENTRING SCREW	центрирующий винт
CENTRING SPRING	центрирующая пружина
CENTRIPETAL ACCELERATION	центростремительное ускорение
CENTRIPETAL FORCE	центростремительная сила
CENTRIPETAL TURBINE	центростремительная турбина
CERAMIC CAPACITOR	керамический конденсатор

CERAMIC MOULD	керамическая пресс-форма
CERAMICS	керамика
CERTIFICATE	свидетельство; аттестат; сертификат; паспорт; акт
CERTIFICATED	сертифицированный; зарегистрированный
CERTIFICATED AIR CARRIER	зарегистрированный авиаперевозчик
CERTIFICATE OF AIRWORTHINESS	сертификат летной годности
CERTIFICATE OF COMPLIANCE	свидетельство о соответствии установленным требованиям
CERTIFICATE OF VACCINATION	сертификат о вакцинации (пассажира), свидетельство о прививке
CERTIFICATION	сертификация; регистрация
CERTIFICATION AIRSPEED	расчетная воздушная скорость; сертифицированная воздушная скорость
CERTIFICATION FLIGHT	сертификационный испытательный полет
CERTIFICATION TEST(ING)	сертификационное испытание
CERTIFIED	сертифицированный; зарегистрированный
CERTIFIED PERSONNEL	дипломированный персонал; освидетельствованный персонал
CESSATION	прекращение (полетов); перерыв
CETANE NUMBER	цетановое число
CETHYL ALCOHOL	цетиловый спирт
CHAFE (to)	тереть; растирать; греть; нагревать; подогревать
CHAFED SPOT	участок трения; точка контакта
CHAFING	защемление; трение; растирание; нагревание; подогревание
CHAFING STRIP	износостойкая прокладка
CHAFING WASHER	износостойкая прокладка
CHAIN	цепь; цепочка; сеть
CHAIN HOIST	таль; цепная лебедка
CHAIN PIPE WRENCH	цепной трубный ключ
CHAIN REACTION	цепная реакция
CHAIN SPROCKET	звездочка натяжителя цепи
CHAIN TENSIONING DEVICE	натяжитель цепи

CHAIN WHEEL (chainwheel)	звездочка
CHAIN WHEEL GEAR	цепная передача
CHAIN WRENCH	цепной ключ
CHAIRMAN	председатель
CHALK	мел(ок); линия, выполненная мелком
CHAMBER	камера; отсек; отделение; полость
CHAMBER PRESSURE	давление в камере
CHAMFER	канавка; выемка; фаска; скос
CHAMFER (to)	снимать фаску; скашивать; закруглять кромки
CHAMFERED	с фаской; скошенный; с закругленными кромками
CHAMPIONSHIP	чемпионат; первенство
CHANGE (changing)	изменение; замена
CHANGE (to)	изменять; заменять
CHANGE OF HEADING	изменение курса
CHANGE OVER (to)	переключать; переходить; переводить
CHANGE-OVER FREQUENCY	частота переключений
CHANGE-OVER POINT	пункт переключения частоты связи (на маршруте полета)
CHANGE-OVER RELAY	переключающее реле
CHANGE-OVER SWITCH	переключатель частоты связи
CHANGER	преобразователь; переключатель
CHANGING THE OIL	замена масла
CHANNEL	канал (связи); сток; желоб; взлетная полоса (гидроаэродрома)
CHANNEL AMPLIFIER	канальный усилитель, усилитель канала связи
CHANNEL BRACKET	швеллер
CHANNEL CONVERTER	преобразователь канала (связи)
CHANNELING	выделение каналов; уплотнение каналов
CHANNELIZING	разделение каналов
CHANNEL LIGHTS	огни взлетной полосы гидроаэродрома
CHANNEL SEAL	уплотнение (вентиляционного) канала
CHANNEL SECTION	сечение швеллера
CHANNEL SELECTOR	селектор каналов
CHANNEL SWITCHING	переключение каналов
CHANNELTRON UNIT	канальный электронный умножитель, КЭУ
CHAPTER	раздел, сегмент, секция (программы)
CHARACTERISTIC CURVE	характеристическая кривая
CHARACTERISTIC EQUATION	характеристическое уравнение

CHARGE	сбор; налог; пошлина; штраф; зарядка (аккумулятора); заправка (топливом); расходы; издержки
CHARGE (to)	заправлять; заряжать
CHARGE AMPLIFIER	усилитель заряда
CHARGE COUPLED DEVICE (CCD)	прибор с зарядовой связью, ПЗС
CHARGED CONDUCTOR	провод под напряжением
CHARGED PARTICLES	заряженные частицы
CHARGE HAND	загрузочная рука (робота)
CHARGE LOSS	снижение напряжения (в сети); разрядка (батареи)
CHARGES PREPAID	оплаченные издержки; оплаченная пошлина
CHARGING	заряжание; зарядка; загрузка; заправка
CHARGING CONNECTION	патрубок для зарядки системы
CHARGING CURRENT	зарядный ток
CHARGING HOSE	бортовой зарядный шланг
CHARGING VALVE	зарядный клапан; заправочный клапан
CHARGING VOLTAGE	зарядное напряжение
CHARRED	обуглившийся, обугленный
CHARRING	обугливание, коксование; обугливающийся, коксующийся
CHART	схема; карта; диаграмма; график; таблица
CHART ANGLE SELECTOR	задатчик угла карты
CHART CASE	планшет для карт
CHARTER	чартер(ный) рейс; чартерная перевозка; фрахтование (воздушного судна); чартер (договор)
CHARTER (plane)	воздушное судно для чартерных перевозок; зафрахтованное воздушное судно
CHARTER (to)	фрахтовать
CHARTER AIRLINE, CHARTER CARRIER	авиакомпания чартерных перевозок
CHARTER AIR TRANSPORTATION	чартерная воздушная перевозка
CHARTER CLASS FARE (CCF)	чартерный тариф
CHARTERED AIRCRAFT	зафрахтованное воздушное судно
CHARTERED FLIGHT	зафрахтованный полет
CHARTERER	заявитель чартерного рейса; фрахтователь, фрахтовщик
CHARTER FLIGHT	чартер(ный) рейс

CHARTERING	фрахтование
CHARTER RATE	чартерный тариф
CHARTER ROUTE	чартерный маршрут
CHARTERWORTHINESS	летная годность (воздушного судна) для чартерных перевозок
CHART-MATCHING DEVICE	блок совмещения радиолокационного изображения (местности) с картой
CHASE (to)	преследовать (противника); сопровождать; нарезать резьбу гребенкой; чеканить
CHASED FLIGHT	полет с сопровождающим самолетом
CHASE ORBIT	догоняющая орбита, орбита преследования
CHASE PILOT	летчик самолета сопровождения
CHASE PLANE	самолет сопровождения, сопровождающий самолет
CHASER	преследующий самолет; сопровождающий самолет; (резьбонарезная) гребенка
CHASING	сопровождающий полет; сопровождение; нарезание резьбы
CHASING-FIGHTER	преследующий истребитель; истребитель сопровождения
CHASSIS	шасси (радиоаппаратуры)
CHATTER	вибрация; дрожание; дребезг
CHATTER (to)	вибрировать; дрожать; дребезжать
CHEAP	по сходной цене, по низкой цене; дешевый; недорогой
CHEAPER	по пониженной цене
CHECK	регистрация (багажа); проверка; квитанция; документ о проверке
CHECK (to)	регистрировать; проверять; контролировать
CHECK CIRCUIT CONTINUITY (to)	проверять неразрывность цепи
CHECKED BAGGAGE	зарегистрированный багаж
CHECKED-IN BAGGAGE	зарегистрированный багаж
CHECKED MANEUVER	контролируемый маневр
CHECKER	проверочное устройство; средство контроля; программа проверки; контрольно-измерительный прибор
CHECK FOR LEAKS (to)	проверять герметичность, проверять отсутствие утечек
CHECK GAP BETWEEN (to)	проверять зазор между...

CHECK-IN .... регистрация, оформление (пассажиров); стойка регистрации
CHECK-IN (to) .... регистрировать, оформлять
CHECK-IN COUNTER .... стойка регистрации пассажиров
CHECK-IN DESK .... стойка регистрации пассажиров
CHECKING .... контроль; проверка; контрольный; проверочный
CHECKING JIGS .... контрольный шаблон; приспособление для проверки
CHECK-IN POINT .... место регистрации (пассажиров)
CHECK-IN TIME .... время начала регистрации (на рейс)
CHECK-LIST .... ведомость технического контроля; дефектная ведомость; контрольный перечень
CHECK NUT .... стопорная гайка; контргайка
CHECKOUT FLIGHT .... контрольный полет
CHECK-OUT SYSTEM .... система технического контроля; система проверки
CHECK PILOT .... пилот-инспектор
CHECK POINT .... контрольный пункт
CHECKPOINT TIME PASSAGE .... время пролета контрольной точки (маршрута)
CHECK RIGGING (to) .... проверять настройку; проверять регулировку
CHECK RUN SHEET .... журнал записей результатов контрольных проверок
CHECK SAMPLE .... контрольная проба; контрольный образец; контрольная выборка
CHECK SCREW .... стопорный винт; установочный винт
CHECK SHEET .... контрольный лист, перечень контрольных [проверочных] операций
CHECK THE ADJUSTMENT OF (to) .... проверять настройку; проверять регулировку
CHECK VALVE .... стопорный [запорный] клапан; контрольный клапан; обратный клапан
CHEEK .... щека; бок; боковина; боковая сторона (паза)
CHEESE .... антенна типа "сыр", сегментно-параболическая антенна
CHEESECLOTH .... марля; волосяное сито
CHEESE HEAD SCREW .... винт с плоской цилиндрической головкой
CHEMICAL .... химикат, химический продукт; химреагент; химический

CHEMICAL COMPOSITION	химический состав
CHEMICAL COMPOUND	химическое соединение
CHEMICAL ENERGY	химическая энергия
CHEMICAL ENGINEER	инженер-химик
CHEMICAL ETCHING	химическое травление
CHEMICAL FORMULA	химическая формула; формула химического состава
CHEMICALLY CLEANING	химическая очистка
CHEMICALLY MILLED	обработанный химическим фрезерованием
CHEMICALLY STRIP (to)	снимать покрытие химическим способом; подвергать химическому травлению
CHEMICAL PROPULSION	(ракетный) двигатель на химическом топливе
CHEMICAL REACTION	химическая реакция
CHEMICAL REMOVAL	химическое травление; химическая очистка поверхности
CHEMICAL STRIPPING	снятие покрытия химическим способом
CHEMICAL TREAT (to)	обрабатывать химическим способом
CHEMICAL TREATMENT	химическая обработка; химическая пропитка
CHEMIST	химик
CHEMISTRY	химия; химический состав
CHEQUERED	размещенный в шахматном порядке; маркированный
CHERRY-LOCK	глухая заклепка
CHEST	шкаф; контейнер; ящик с крышкой на петлях
CHEST PACK PARACHUTE	нагрудный парашют
CHEVRON	шеврон; шевронный
CHICKEN CANNON	пушка для испытаний на птицестойкость
CHIEF	глава, руководитель; лидер; начальник, шеф; заведующий, директор
CHIEF ENGINEER	главный инженер
CHIEF PILOT	шеф-пилот, ведущий пилот, ведущий летчик
CHIEF STEWARD	старший бортпроводник
CHILL (to)	охлаждать(ся); замораживать; отливать в кокиль

CHILL CAST (to)	отливать в кокиль
CHILL CAST ALLOY	литейный сплав для отливки в кокиль
CHILL CASTING	литье в кокиль, кокильное литье; кокильная отливка
CHILLED	охлажденный; замороженный; отлитый в кокиль
CHILLING	охлаждение; замораживание; литье в кокиль
CHILL MOULDING	литье в кокиль, кокильное литье; кокильная отливка
CHILL PLATE	кокиль; металлическая форма
CHIME	звуковая сигнализация; электрический звонок
CHIME SOUND	звуковая сигнализация
CHIN	передняя нижняя часть фюзеляжа
CHINE	нижний стрингер
CHIP	кристалл; интегральная схема, ИС; микросхема; стружка; осколок; обломок
CHIP BREAKER	стружколом
CHIP DETECTOR	магнитный прибор обнаружения стружки; датчик на микросхеме
CHIPPING	дробление; измельчение; обрубка; обдирка; вырубка; стружка; монтаж кристаллов (интегральной схемы)
CHIPPINGS	осколки; гранулы; стружка
CHIP SELECT	выбор кристалла
CHISEL	зубило; стамеска; долото; резец
CHISEL (to)	рубить зубилом; строгать стамеской; долбить долотом
CHLORIDE	хлорид, соль хлористо-водородной кислоты
CHLORINATED	хлорированный
CHOCK	клин; чека; упорная [тормозная] колодка; стояночная колодка
CHOCKS AWAY	"колодки убраны"
CHOCKS ON	"колодки поставлены"
CHOCK-TO-CHOCK TIME	полное время полета (от уборки до установки колодок)
CHOICE OF FIELD	выбор посадочной площадки (при вынужденной посадке)
CHOKE	сверхзвуковое сопло; критическое сечение (сопла); дроссель; воздушная заслонка (карбюратора)

CHOKE (to) .... дросселировать;
　　　　закрывать воздушную заслонку (карбюратора);
　　　　запирать; глушить
CHOKE COIL ....электрический дроссель
CHOKE CONTROL............................. управление воздушной
　　　　заслонкой (карбюратора); дроссельное управление
CHOKED .... задросселированный; запертый;
　　　　закрытый воздушной заслонкой; прикрытый
CHOKED JET ....запертая струя; закрытая форсунка
CHOKED NOZZLE .... "запертое" сопло,
　　　　сопло с заторможенным течением
CHOKED STATOR ...."запертый" статор
CHOKER .... воздушная заслонка; дроссельная заслонка
CHOKE TUBE..сопло; выходное отверстие;
　　　　насадок; патрубок;
　　　　диффузор (карбюратора); коллектор
CHOKE VALVE.. дроссельный клапан;
　　　　дроссельная задвижка
CHOKE VENTURI .... трубка [расходомер] Вентури для диффузора
CHOKING............................запирание (потока); дросселирование;
　　　　регулирование истечения (газа)
CHOP (to) .... резко убирать газ, резко уменьшать тягу;
　　　　глушить (двигатель); рубить; колоть;
　　　　раскалывать; быстро включать и
　　　　выключать ответчик (для опознавания)
CHOP DECELERATION........... сброс газа, резкое уменьшение оборотов
　　　　(двигателя)
CHOPPED PART .... деталь с насечкой; губка (тисков) с насечкой;
　　　　щека с насечкой; отрезанная деталь
CHOPPER .... отрезной станок
CHOP THE THROTTLE (to) .... сбрасывать газ
CHORD ....хорда (аэродинамического профиля)
CHORD/THICKNESS RATIO .... относительная толщина (профиля)
CHORD LENGHT .... длина хорды
CHORD LINE .... линия хорды
CHORDWISE..вдоль хорды, по хорде
CHROMA-AMPLIFIER ....усилитель цветности
CHROMATE TREATMENT .... хроматирование,
　　　　нанесение хроматных покрытий

CHROMATING — хроматирование, нанесение хроматных покрытий
CHROME — хром; хромовое покрытие
CHROMEL/ALUMEL THERMOCOUPLE — термопара из хромеля и алюмеля
CHROMEL LEAD — наконечник кабеля из хромеля
CHROME-MOLYBDENUM STEEL — хромомолибденовая сталь
CHROME-NICKEL STEEL — хромоникелевая сталь
CHROME OXIDE POWDER — порошок оксида хрома
CHROME PLATE BUILDUP — образование хромированного фотошаблона; наращивание хроматного покрытия
CHROME PLATING — хромирование
CHROMIC — хромовый
CHROMIC ACID ANODIZE (to) — анодировать хромовой кислотой
CHROMIC ACID ANODIZING — анодирование хромовой кислотой
CHROMINANCE SIGNAL — сигнал цветности
CHROMIUM — хром; хромовое покрытие
CHROMIUM NICKEL STEEL — хромоникелевая сталь
CHROMIUM PLATE (to) — хромировать
CHRONOMETER — хронометр
CHUCK — зажимной патрон; зажим; зажимное устройство; фиксатор; держатель
CHUCK JAW — кулачок зажимного патрона; диск соединительной муфты
CHUFFING — неустойчивое [нестабильное, пульсирующее] горение (в ракетном двигателе)
CHUTE — лоток, желоб; трап-лоток; (газоотводный) канал; парашют; лаз (в нижней части фюзеляжа)
CIGAR LIGHTER — прикуриватель
CINDER — зола, пепел; шлак; окалина
CIPHER (to) — шифровать; производить вычисления
CIRCLE — круг полета, замкнутая траектория полета; шкала, лимб (прибора)
CIRCLE THE FIELD — круг над посадочной площадкой
CIRCLE TO LAND — заход на посадку после полета по кругу
CIRCLE TRIP — полет по круговому маршруту, полет по кругу
CIRCLING — полет по круговому маршруту, полет по кругу

CIRCLING APPROACH	заход на посадку по кругу
CIRCLING APPROACH MINIMUM	минимум (погоды) для захода на посадку по кругу
CIRCLING GUIDANCE LIGHTS	вращающиеся огни наведения; огни управления полетом по кругу (при заходе на посадку)
CIRCLING PROCEDURE	схема полета по кругу
CIRCLIP	стопорное (пружинное) кольцо
CIRCLIP PLIERS	клещи для снятия и установки стопорных колец
CIRCUIT	контур; цепь; схема; круг полета, замкнутая траектория полета
CIRCUIT-BREAKER (C-B)	автоматический (контактный) выключатель; рубильник
CIRCUIT BREAKER PANEL	щиток рубильника
CIRCUIT-CIRCLING	полет по кругу, полет по круговому маршруту
CIRCUIT CLOSER	замыкатель цепи
CIRCUIT CONTINUITY	неразрывность цепи
CIRCUIT FLYING	полеты по кругу
CIRCUIT PATTERN	схема полета по кругу; диаграмма направленности с круговым сканированием
CIRCUIT PROTECTION DEVICE	устройство защиты (электрической) цепи
CIRCUITRY	схемы; схемотехника
CIRCUIT TESTER	прибор для проверки схем
CIRCULAR MOTION	круговое движение
CIRCULAR ORBIT	круговая орбита
CIRCULAR PATTERN	схема полета по кругу; диаграмма направленности с круговым сканированием
CIRCULAR PITCH	окружной шаг
CIRCULAR POLARIZATION	круговая поляризация
CIRCULAR ROUTE	обходной маршрут
CIRCULAR TICKET	билет "туда - обратно"
CIRCULATING AIR	циркулирующий воздух
CIRCULATING OIL SYSTEM	циркуляционная система смазки (двигателя)
CIRCUM-EARTH ORBIT	околоземная орбита

CIRCUMFERENCE..окружность; длина окружности
CIRCUMFERENTIAL FRAME...кольцевой шпангоут
CIRCUMFERENTIAL GROOVE... кольцевая канавка
CIRCUMFERENTIAL SKIN JOINT..........кольцевое соединение обшивки
CIRCUMFERENTIAL SPEED...круговая скорость;
окружная скорость
CIRCUMLUNAR... окололунный; вокруг Луны
CIRCUMPLANETARY .... околопланетный; вокруг планеты
CIRCUMSOLAR.. околосолнечный; вокруг Солнца
CIRCUMTERRESTRIAL............................околоземный; вокруг Земли
CIRRO-CUMULUS (cirrocumulus) .... перисто-кучевые облака
CIRRO-STRATUS (cirrostratus).....................перисто-слоистые облака
CIRRUS..перистые облака
CIRRUS THREAD CLOUDS.......................нитевидные перистые облака
CITRIC ACID .... лимонная кислота
CIT SENSOR (compressor inlet temperature)...............датчик контроля
температуры на входе в компрессор
CIT SENSOR SIGNAL.. сигнал датчика контроля
температуры на входе в компрессор
CITY-PAIR .... пункты вылета и прилета
(в купоне авиабилета)
CIVIL AERODROME..гражданский аэродром
CIVIL AERONAUTICS ADMINISTRATION ....Аэронавигационное
управление гражданской авиации (США)
CIVIL AIRCRAFT .... самолет гражданской авиации;
воздушное судно гражданской авиации
CIVIL AIRLINER .... гражданский воздушный лайнер,
авиалайнер гражданской авиации
CIVIL AVIATION ....гражданская авиация
CIVIL AVIATION ADMINISTRATION....................... полномочный орган
гражданской авиации
CIVIL AVIATION ADVISER...советник по вопросам
гражданской авиации
CIVIL AVIATION AUTHORITY (CAA)................Управление гражданской
авиации (Великобритании)
CIVIL TRANSPORT .... гражданский воздушный транспорт
CIVIL VERSION .... гражданский вариант (самолета);
пассажирский вариант (компоновки)
CLACK SOUND..треск; щелканье
CLACK VALVE..запорный клапан

CLAD	плакированный; армированный; бронированный; покрытый
CLAD ALUMINIUM	плакированный алюминий
CLAD STEEL	плакированная сталь
CLAIM	претензия; требование; рекламация; иск
CLAIMING PROCEDURE	порядок предъявления рекламаций
CLAIMS DEPARTMENT	служба приема рекламаций
CLAMP	хомут; зажим; фиксатор; проушина
CLAMP (to)	зажимать; фиксировать
CLAMP(ING) RING	зажимное кольцо; стяжное кольцо; зажимной хомут
CLAMP(ING) SCREW	зажимной винт; зажимной болт
CLAMP(ING) WIRE	фиксирующий трос
CLAMP HOSE	гибкий зажим
CLAMPING BLOCK	зажимная планка; зажимная пята; гайка ползуна (поперечно-строгального станка)
CLAMPING BOLT	зажимной болт
CLAMPING DEVICE	зажимное приспособление
CLAMP-ON	задержка вызова (на связь)
CLAMSHELL	двухстворчатый; створка (реверса тяги)
CLAMSHELL DOOR	створка реверса тяги
CLAMSHELL NOZZLE	двухстворчатое (регулируемое) сопло
CLANGING	резкий металлический звук; звон
CLAPPER VALVE	запорный клапан; откидной клапан; откидная заслонка
CLASP	застежка; замок; пряжка
CLASSIFIER	классификатор
CLATTER	стук; звон
CLAW	выступ; зубец; зуб; клещи; захват; раздвоенный конец; вильчатый конец
CLAY	глина
CLEAN	с убранной механизацией (о крыле); чистый; свободный от примесей
CLEAN AIRCRAFT	самолет с убранными средствами механизации и шасси; самолет с плавными аэродинамическими обводами
CLEAN CONFIGURATION	конфигурация без наружных подвесок и с убранными средствами механизации и шасси; конфигурация с плавными аэродинамическими обводами
CLEANER	очиститель; очистительная машина

CLEANING .... очистка
CLEANING AGENT .... очиститель, очищающий компонент; жидкость для промывки
CLEANING SOLVENT .... очищающий растворитель
CLEAN-LINED .... с плавными (аэродинамическими) обводами
CLEAN LINES .... плавные (аэродинамические) обводы; (топливные) магистрали после дренажа
CLEANLINESS .... чистота (поверхности)
CLEAN OUT (to) .... очищать; вычищать, опоражнивать; придавать обтекаемость [удобообтекаемую форму]
CLEANSER .... очищающее средство, чистящее средство; скребок; приспособление для очистки
CLEANSING AGENT .... очищающее средство, чистящее средство
CLEAN UP (to) .... очищать; убирать (шасси); придавать обтекаемость [удобообтекаемую форму]
CLEAN WATER .... чистая вода
CLEAR .... светлый; прозрачный; чистый; бесцветный; очистка; установка на "нуль"; сброс; стирание (записи)
CLEAR (to) .... давать разрешение (на взлет); пролетать беспрепятственно (зону); устанавливать на "нуль"; сбрасывать; обесточивать (линию); стирать (запись); осветлять(ся); очищать(ся)
CLEAR(ED) TO TAXI .... руление разрешено
CLEAR AIR TURBULENCE .... турбулентность в ясном небе
CLEARANCE .... (диспетчерское) разрешение; очистка от таможенных пошлин; оформление (воздушной перевозки); запас высоты, клиренс; допуск на зазор; пролет (препятствий)
CLEARANCE ARRAY .... клиренсная антенна
CLEARANCE BAR LIGHT .... линейный огонь линии предупреждения (перед пересечением рулежных дорожек)
CLEARANCE FIT .... посадка с (гарантированным) зазором
CLEARANCE PROCEDURE .... порядок контроля (пассажиров перед посадкой); порядок выдачи диспетчерского разрешения (на полет)
CLEARED ALTITUDE .... разрешенная высота, заданная высота

CLEARED BY CUSTOMS	груз, выданный таможней (по уплате таможенной пошлины); снятая таможенная пломба
CLEARED FOR A VOR APPROACH	заход на посадку по сигналам всенаправленного радиомаяка очень высокой частоты разрешен
CLEARED FOR TO LANDING	посадка разрешена
CLEARED FOR TO TAKEOFF	взлет разрешен
CLEARED TO	разрешено
CLEARED TO LAND	посадка разрешена
CLEAR GROUND (to)	разрешать взлет; разрешать старт
CLEARING	обеспечение беспрепятственного полета; устранение препятствий полету
CLEAR LACQUER	бесцветный [прозрачный] лак
CLEAR LANDING (to)	разрешать выполнение посадки
CLEAR OF CLOUD	ясный, безоблачный; в ясном небе, вне облаков
CLEAR OF ICE	очистка льда
CLEAR OF PROPELLER (to)	выходить из зоны действия воздушного винта
CLEAR OUT (to)	чистить, очищать, прочищать; опорожнять
CLEAR SWITCH	клавиша стирания (записи)
CLEAR THE FLOOR (to)	разрешать взлет; разрешать старт
CLEARWAY	полоса, свободная от препятствий
CLEAR WEATHER	ясная погода
CLEARZONE	свободная зона (для полетов)
CLEAT	скоба; планка; рейка; клин
CLEAVE (to)	раскалывать(ся); расщеплять(ся); расслаивать(ся)
CLEVIS (fork, knuckle-joint)	серьга; скоба; ушко; хомут; вилка; V-образное звено цепи
CLEVIS BOLT	болт с отверстием под шплинт
CLEVIS LUG	выступ с отверстием под шплинт; соединительная скоба
CLEVIS TERMINAL	контактный зажим
CLICK	щелчок; треск; защелка
CLICK-TYPE TORQUE WRENCH	тарированный гаечный ключ; динамометрический гаечный ключ (с измерителем крутящего момента)
CLIMATIC CONDITIONS	климатические условия

CLIMATOGRAPHY .... климатография
CLIMATOLOGY .... климатология
CLIMAXING STALL .... срыв [сваливание] на предельном режиме
CLIMB (to) ....набирать высоту, подниматься
CLIMB(ING) SPEED .... (вертикальная) скорость набора высоты
CLIMB(ING) TURN .... разворот с набором высоты
CLIMB ACCELERATION ....ускорение при наборе высоты;
перегрузка при наборе высоты
CLIMB-AND-DESCENT RATE INDICATOR .... вариометр,
указатель скорости
набора высоты и снижения
CLIMB-AND-DIVE INDICATOR .... вариометр, указатель скорости
набора высоты и снижения
CLIMB AT SEA LEVEL .... скороподъемность на уровне моря
CLIMB ATTITUDE ....положение при наборе высоты;
угол тангажа при наборе высоты
CLIMB AWAY (to) ....уходить (из зоны) с набором высоты
CLIMBAWAY ....уход (из зоны) с набором высоты
CLIMB CONFIGURATION .... конфигурация при наборе высоты
CLIMB DOWN (to) .... кратковременно снижаться,
выполнять кратковременное снижение
CLIMB GRADIENT .... градиент [угол траектории]
набора высоты
CLIMB INDICATOR .... указатель скорости набора
высоты и снижения, вариометр
CLIMBING .... набор высоты, подъем
CLIMBING ABILITY ....скороподъемность
CLIMBING CAPACITY ....скороподъемность
CLIMBING FLIGHT .... полет с набором высоты
CLIMBING PERFORMANCES .... характеристики скороподъемности,
характеристики набора высоты
CLIMBING TEST .... испытание на скороподъемность
CLIMB MILLING .... попутное фрезерование,
фрезерование по подаче
CLIMB ON COURSE .... набор высоты по курсу полета
CLIMB-OUT (to) ....уходить (из зоны) с набором высоты
CLIMBOUT ....уход (из зоны) с набором высоты
CLIMBOUT (climb out) SPEED .... скорость набора высоты
при выходе из зоны;
скорость начального набора высоты

CLIMB RATE	скорость набора высоты, скороподъемность
CLIMB TIME	продолжительность набора высоты
CLIMB TO A CRUISE FLIGHT LEVEL	набор высоты крейсерского эшелона
CLIMB TO CEILING	набор высоты до потолка (полета)
CLIMB TO CRUISE OPERATION	набор высоты до крейсерского режима
CLIMB TO SAFE HEIGHT	набор безопасной высоты
CLINCH (to)	загибать; крепить загибанием концов
CLINOMETER	угломер; уклономер; креномер
CLIP	зажим; скоба; хомут; пружинный зажим; пружинный фиксатор
CLIP (to)	зажимать; фиксировать; крепить; ограничивать
CLIPPER CIRCUIT	схема одностороннего ограничения
CLOAKROOM	туалет, уборная
CLOCK	часы; генератор частоты; тактовый генератор; синхронизирующий генератор; синхронизирующий сигнал; тактовый сигнал
CLOCK ACQUISITION	обнаружение сигнала синхронизации по времени (полета)
CLOCKING	синхронизация; тактирование
CLOCKING-IN MACHINE	генератор частоты (для измерения времени); тактовый генератор
CLOCK-OUT	тактовый выход
CLOCK-OVER (to)	работать на малых оборотах
CLOCK PULSE GENERATOR	генератор синхронизирующих импульсов
CLOCK-TIMER	реле времени
CLOCKWISE	по часовой стрелке
CLOG (to)	засорять; забивать; закупоривать
CLOGGED	засоренный; забитый; закупоренный
CLOGGED UP	полностью засоренный; полностью закупоренный
CLOGGING	засорение; закупоривание; забивание; загрязнение; засаливание
CLOGGING INDICATOR	индикатор фильтра
CLOSE	закрытый; плотный; близко расположенный; жесткий (о допуске); тугой (о посадке)
CLOSE (to)	закрывать(ся); перекрывать; замыкать (контакт)

CLOSE A CIRCUIT (to) ....замыкать цепь
CLOSE AIR COMBAT ....ближний воздушный бой
CLOSE AIR SUPPORT AIRCRAFT ....самолет непосредственной воздушной поддержки; (самолет-)штурмовик
CLOSE CIRCUIT BREAKERS (to) ....включать автомат защиты цепи
CLOSE COMBAT ....ближний бой
CLOSED .... закрытый; замкнутый; включенный (об электровыключателе)
CLOSED CIRCUIT ....замкнутый контур; замкнутая цепь
CLOSED-CIRCUIT FLIGHT ....полет по замкнутому кругу
CLOSED CONTACT .... замкнутый контакт
CLOSED COOLING SYSTEM ....замкнутая система охлаждения
CLOSED CYCLE ....замкнутый цикл
CLOSED-DIE FORGINGS .... штамповка в закрытых штампах
CLOSED FLIGHT .... полет с полной загрузкой; полет без свободных мест
CLOSED GROUP CHARTER .... чартерный рейс для перевозки определенной группы
CLOSED-JET WIND TUNNEL .... аэродинамическая труба с закрытой рабочей частью
CLOSED LOOP ....круговой маршрут; замкнутый контур (электроцепи)
CLOSED ORBIT ....замкнутая орбита
CLOSE DOWN AN ENGINE (to) .... останавливать [выключать] двигатель
CLOSED RATE.........................закрытый тариф; утвержденный тариф
CLOSED SPANNER............................. гаечный ключ с закрытым зевом
CLOSE FIT .... точная посадка (о детали)
CLOSE FITTING ....точная пригонка; точная сборка; плотно прилегающий
CLOSE-IN .... включение; замыкание (цепи)
CLOSE-IN (to) ....включать; замыкать (цепь)
CLOSE-OUT TIME .... время окончания регистрации (пассажиров)
CLOSE-SUPPORT AIRCRAFT...................... самолет непосредственной воздушной поддержки; (самолет-)штурмовик
CLOSET ....туалет, уборная
CLOSE TO ....около

CLOSE UP (to)	сближаться (с целью); тщательно осматривать
CLOSING	закрытие; герметизация; замыкание
CLOSING LEVEL	закрытый эшелон
CLOSING ON	сближение (напр. воздушных судов)
CLOSING PRESSURE	запирающее давление
CLOSING SPEED	скорость сближения
CLOSING TIME	время сближения (с целью)
CLOSURE	сближение (напр. воздушных судов); закрытие; герметизация; замыкание; перегородка; заглушка; крышка; уборка газа, перемещение РУД назад, уменьшение тяги (двигателя); замыкание (контакта)
CLOSURE DEVICE	запорное устройство
CLOSURE PANEL	гермостворка; защитный щиток
CLOSURE PLUG	запорный клапан
CLOSURE RATE	скорость сближения
CLOSURE RIB	бортовая нервюра
CLOTH	ткань; полотно
CLOTHING	одежда; наружная обшивка
CLOTHLINED	обитый тканью; обитый войлоком
CLOUD	облако
CLOUD AMOUNT	интенсивность облачности; балл облачности
CLOUD BANK	гряда облаков
CLOUD BASE	нижняя кромка облачности
CLOUD BREAKING PROCEDURE	способ пробивания облачности (в полете)
CLOUD-BURST	ливень; ливневый дождь
CLOUD CEILING	высота нижней кромки облачности
CLOUD-COVER	облачность
CLOUDED SKY	облачность
CLOUD FLYING	полет в условиях облачности
CLOUDINESS	облачность
CLOUD LAYER	слой облачности; ярус облачности
CLOUD LEVEL	высота облачности
CLOUD-TO-CLOUD DISCHARGE	(грозовой) разряд между облаками
CLOUD-TO-GROUND DISCHARGE	(грозовой) разряд между облаками и землей
CLOUDY	облачный; мутный, непрозрачный
CLOUDY SKY	облачность

CLUM CLASS	групповой класс
CLUSTER	связка; группа; блок; пакет; пачка; кластер; сгусток; скопление
CLUSTER BOMB	кассетная бомба; разовая бомбовая кассета, РБК
CLUSTERING	групповое соединение; образование кластеров, кластеризация; модульная конфигурация
CLUSTER OF NOZZLES	сопловый блок, группа сопел
CLUTCH COUPLING	муфтовое соединение; кулачковая муфта
CLUTCH DISK	диск муфты сцепления
CLUTCH FORK	вилка выключения сцепления
CLUTCH FRICTION PLATE	диск фрикционной муфты
CLUTCH HOUSING	корпус муфты
CLUTCH PEDAL	педаль муфты сцепления
CLUTCH PLATE	диск муфты сцепления
CLUTCH RELEASE BEARING	выжимной [отжимной] подшипник муфты
CLUTCH SLIP	пробуксовка сцепления
CLUTCH SPRING	пружина (муфты) сцепления
CLUTTER	помехи; засветка (на экране локатора)
CLUTTER-REMOVING SYSTEM	система подавления (радио)помех
COACH	туристский автобус
COACH CLASS	туристический класс
COACH-CLASS SEAT	место в туристическом классе
COACHING	инструктаж; тренировка
COACH SCREW	болт с квадратной головкой
COANDA EFFECT	эффект флотации
COARSE	грубый; черновой; предварительный; шероховатый; необработанный; сырой
COARSE ADJUSTMENT	грубая настройка; предварительная регулировка
COARSE-FIBRED	грубоволокнистый
COARSE GRIT	крупное зерно
COARSENING THE PITCH	увеличение шага [затяжеление] (воздушного винта)
COARSE PITCH	большой шаг (резьбы); крупный модуль
COARSE THREAD	крупная резьба

COARSE TUNING	грубая настройка; предварительная регулировка
COAST	полет по инерции
COAST (to)	лететь по инерции; вращаться по инерции
COASTAL AERODROME	береговой аэродром
COASTAL DEFENCE AIRCRAFT	патрульный самолет береговой охраны
COASTAL SURVEILLANCE (survey)	патрулирование побережья; наблюдение за побережьем
COASTING FLIGHT	полет по инерции
COASTING TRAJECTORY	траектория полета по инерции
COAST-TO-COAST FLIGHT	полет в пределах континента
COAT	покрытие; покрывающий слой; облицовка; грунтовка
COAT (to)	покрывать; наносить покрытие; облицовывать; грунтовать
COAT CLOSET	гардеробная; раздевалка
COAT COMPARTMENT	гардеробная; раздевалка
COATED	покрытый; облицованный; загрунтованный
COAT HOOK	крючок для верхней одежды
COATING	слой; грунт; обшивка; облицовка; покрытие; покрывающий слой; нанесение покрытия; шпатлевка; грунтование; облицовывание
COATING OF GREASE	покрытие (консистентной) смазкой
COAT OF PRIMER	слой грунтовки; первичный слой (краски)
COAT RACK	гардероб, платяной шкаф
COAT RACKS (room)	гардеробная; раздевалка
COATS	верхняя одежда
COAXIAL	коаксиальный; соосный
COAXIAL CABLE	коаксиальный кабель
COAXIAL COMMUTATOR	коаксиальное коммутационное устройство
COAXIAL CONNECTOR	коаксиальный соединитель
COAXIAL PLUG	вилка коаксиального кабеля
COAXIAL PROPELLERS	соосные воздушные винты
COAXIAL REDUCTION GEAR BOX	соосный редуктор
COAXIAL ROTORS	соосные воздушные винты
COAXIAL SOCKET	коаксиальная розетка
COAXIAL SWITCH	коаксиальный переключатель
COAXIAL TRUNKLINES	коаксиальные кабельные линии

COBALT POWDER	кобальтовый порошок
COBALT STEEL	кобальтовая сталь
CO-CHANNEL	совмещенный канал (связи)
COCK	(запорный) кран; клапан с ручным управлением
COCK (to)	запускать механизм; взводить; приводить в готовность
COCKED POSITION	рабочее положение; взведенное положение
COCKING	подготовка к действию; предстартовая подготовка; взведение (взрывателя)
COCKPIT	кабина экипажа
COCKPIT CANOPY	фонарь кабины экипажа
COCKPIT CHECK	(предполетная) проверка (приборов) в кабине экипажа
COCKPIT CUTOFF ANGLE	предельный угол обзора из кабины экипажа
COCKPIT DISPLAYS	устройства отображения информации в кабине экипажа; дисплеи в кабине экипажа
COCKPIT FLIGHT DATA RECORDER	регистратор параметров полета в кабине экипажа; (бортовой) регистратор полетных данных в кабине экипажа
COCKPIT FLOOR	пол кабины экипажа
COCKPIT FURNISHING	отделка кабины экипажа
COCKPIT INSTRUMENT PANEL	приборная доска в кабине экипажа
COCKPIT INSTRUMENTS	(пилотажно-навигационные) приборы в кабине экипажа
COCKPIT LAYOUT	компоновка кабины экипажа
COCKPIT PANEL	приборная доска (в кабине экипажа)
COCKPIT PANEL LAYOUT	компоновка приборных досок в кабине экипажа
COCKPIT PERSONNEL (crew)	члены экипажа
COCKPIT SYSTEM SIMULATOR (CSS)	(учебный) макет кабины экипажа; тренажер с кабиной экипажа
COCKPIT VOICE RECORDER (CVR)	речевой регистратор переговоров в кабине экипажа; кабинный магнитофон
CODE (to)	кодировать; шифровать

CODED PULSE	(за)кодированный импульс
CODE LETTER SYSTEM	система буквенного кодирования
CODE LIGHT	кодовый сигнальный огонь
CODER	кодирующее устройство, кодер
CODE SIGNAL	кодовый сигнал
CODEWORD	кодовое слово, кодовая комбинация, кодовая группа
CODING	кодирование; маркировка
CODING ALTIMETER	высотомер с кодирующим устройством
CODING DEVICE	кодирующее устройство
CODING UNIT	кодирующие огни взлетно-посадочной полосы [ВПП]
COEFFICIENT	коэффициент
COEFFICIENT OF DRAG (CD)	коэффициент лобового сопротивления
COEFFICIENT OF FRICTION	коэффициент трения; коэффициент сцепления (колес с ВПП)
COEFFICIENT OF LIFT (CL)	коэффициент подъемной силы
COEFFICIENT OF SAFETY	коэффициент безопасности
COELLIPTIC(AL) ORBIT	коэллиптическая орбита
COERCIVITY	коэрцитивность, коэрцитивная сила
COG	гребень, зуб; костер; костровая цепь
COG (to)	обжимать, упрочнять прокаткой
COG BELT	зубчатый ремень
COGGED	зубчатый
COG-RAIL	зубчатая рейка; кремальера
COG-WHEEL	зубчатое колесо
COHERENCE	когерентность (сигналов); согласованность (в действиях экипажа)
COIL	спираль; виток; рулон; бухта (провода); намотка; катушка (индуктивности); соленоид
COIL (to)	скручивать; свертывать в спираль; сматывать в бухту; наматывать, мотать
COIL FRAME	корпус катушки (индуктивности)
COIL POLARITY	полярность катушки (индуктивности)
COIL SPRING	цилиндрическая винтовая пружина
COIL TURNS INDICATOR	указатель витков катушки (индуктивности)
COIL WINDING	катушечная обмотка; намотка спирали
COINCIDED ORBITS	совмещенные [компланарные] орбиты
COKE (to)	коксовать(ся); образовывать нагар

COKE CLEANING	очистка от нагара
COLD	холодный
COLD/HOT RATIO	степень разжижения (смазки)
COLD AIR	холодный воздух; холодный фронт воздуха
COLD AIR UNIT	холодильная установка (в системе кондиционирования)
COLD AIR VALVE	клапан холодного воздуха
COLD ANTICYCLONE	холодный антициклон
COLD BONDING PROCESS	процесс склеивания без вулканизации
COLD BUCKLING	коробление при охлаждении
COLD DRAWING	холодное волочение
COLD FOG	холодный туман
COLD FORGED PARTS	детали, изготовленные холодной штамповкой
COLD FORGING	холодная штамповка
COLD FORMING	холодная штамповка; формоизменение в холодном состоянии
COLD PARTS	детали, изготавливаемые холодной штамповкой
COLD-RIVETED	холодноклепанный
COLD ROLLING	холодная прокатка
COLD-SHRINK FIT	холодная посадка с натягом
COLD SPELL	холодный период, холодная пора
COLDSTREAM	поток холодного воздуха; холодное течение
COLD STRIKING	холодная штамповка
COLD WEATHER OPERATION	полет в холодную погоду
COLD WORK CRACK	растрескивание при холодном волочении
COLD WORKING	холодная обработка; нагартовка, наклеп
COLINEAR CRACK	коллинеарная трещина
COLLABORATION	сотрудничество
COLLABORATIVE PROGRAMS	программы сотрудничества
COLLAPSE (to)	ломаться; выходить из строя; выгибать; оседать
COLLAPSED	сломанный; вышедший из строя; сложенный; убранный; телескопический
COLLAPSED ORBIT	возмущенная орбита
COLLAPSIBLE	складной; убирающийся; телескопический; раздвижной; разборный; податливый
COLLAPSIBLE TUBE	гибкая [мягкая] труба

COLLAR	кольцо; (узкая) втулка; хомут; манжета; заплечик; буртик
COLLECT (to)	собирать; улавливать
COLLECTING BAR	сборная шина
COLLECTING CENTER	центр сбора информации
COLLECTION OF WATER	сбор воды
COLLECTIVE PITCH	общий шаг (несущего винта); "шаг-газ" (вертолета)
COLLECTIVE PITCH (control) LEVEL	ручка "шаг-газ" (управления общим шагом несущего винта и газом двигателя)
COLLECTIVE PITCH CONTROL SYSTEM	система управления общим шагом (несущего винта)
COLLECTIVE PITCH INDICATOR	указатель общего шага (несущего винта вертолета)
COLLECTOR	коллектор
COLLECTOR RING	монтажное кольцо; токособирательное кольцо
COLLECTOR TANK	коллекторный [сборный] бак
COLLET	цанга; цанговый патрон; конусная втулка; разрезная втулка
COLLET CHUCK	(зажимной) патрон; план-шайба
COLLET CLAMPING	зажим цангового патрона
COLLIMATOR	коллиматор
COLLISION	столкновение; соударение; удар; сближение (воздушных судов)
COLLISION ANGLE	угол столкновения (воздушных судов)
COLLISION AVOIDANCE	предупреждение столкновений (воздушных судов)
COLLISION AVOIDING	предотвращение столкновений (воздушных судов)
COLLISION COURSES	пересекающиеся курсы
COLLISION PREVENTION	предотвращение столкновений (воздушных судов)
COLLISION RISK MODEL (CRM)	модель расчета риска столкновения (воздушных судов)
COLLISION WARNING RADAR	радиолокатор предупреждения столкновений (воздушных судов)
COLLOCATION	совместное размещение (аэронавигационных средств)

COLLOID PROPULSION	коллоидный электрический ракетный двигатель, коллоидный ЭРД
COLOR (COLOUR)	цветной
COLOR CODED SYSTEM	цветовая система таможенного контроля (зеленый - пассажир проходит без предъявления багажа; красный - при наличии вещей для предъявления таможенному контролю)
COLOR DISPLAY	цветной дисплей; цветное отображение информации
COLOR-DISPLAY RADAR (coloradar)	радиолокатор с цветным дисплеем; радиолокатор с цветным отображением информации
COLORED LIGHT	цветной сигнальный огонь
COLORED SMOKE SIGNAL	цветной дымовой сигнал
COLORLESS	бесцветный
COLOR RADAR INDICATOR	цветной дисплей радиолокатора
COLOR WEATHER RADAR	метеорологический радиолокатор с цветным дисплеем
COLOUR DISPLAY	цветной дисплей
COLOURED ETCHING	цветное травление
COLUMN	штурвальная колонка, штурвал; колонка; стойка
COMBAT AIRCRAFT	боевой самолет; боевой летательный аппарат, боевой ЛА
COMBAT AIR PATROL	боевой воздушный патруль
COMBAT FIGHTER	боевой истребитель
COMBAT SQUADRON	боевая эскадрилья
COMBI	транспортный конвертируемый самолет
COMBINATION	комбинация, сочетание; соединение; состав; смесь
COMBINATION AIRCRAFT	воздушное судно для смешанных перевозок, грузопассажирское воздушное судно
COMBINATION AIRSPEED INDICATOR	комбинированный указатель скорости, КУС
COMBINATION IMPULSE-REACTION TYPE TURBINE	комбинированная активно-реактивная турбина
COMBINATION PASSENGER-CARGO AIRCRAFT	грузопассажирское воздушное судно

COMBINATION PLIERS	комбинированные щипцы (плоскогубцы и кусачки); пассатижи
COMBINATION PUMP	комбинированный насос
COMBINATION WRENCH SET	набор разводных гаечных ключей
COMBINE (to)	объединять; комбинировать; комплексировать
COMBINED	объединенный; комбинированный; скомплексированный
COMBINED PASSENGER/CARGO CONFIGURATION	комбинированная грузопассажирская конфигурация
COMBINED PRESSURE-AND-VACUUM GAUGE	мановакуумметр
COMBINER	сумматор, схема сложения; устройство уплотнения (каналов); блок объединения, объединитель
COMBIPLANE	транспортный конвертируемый самолет
COMBIS	транспортный конвертируемый самолет
COMBUSTIBLE MIXTURE	горючая смесь
COMBUSTIBLE VAPORS	горючие пары
COMBUSTION	горение; сгорание; сжигание; воспламенение
COMBUSTION CHAMBER	камера сгорания
COMBUSTION CHAMBER SHROUD	тепловой экран камеры сгорания
COMBUSTION EFFICIENCY	коэффициент полноты сгорания (топлива)
COMBUSTION GASES	продукты сгорания; выхлопные газы
COMBUSTION INSTABILITY	неустойчивость горения
COMBUSTION-PNEUMATIC STARTER	комбинированный пневмопиростартер
COMBUSTION STARTER	газотурбинный стартер; пиростартер
COMBUSTOR (chamber)	камера сгорания
COMBUSTOR CAN	жаровая труба
COME INTO CONTACT (to)	установить контакт; войти в соприкосновение
COMET	комета
COMFORT	комфорт
COMMAND	командование; управление; часть; соединение; команда; приказание; командный сигнал; сигнал управления; командный
COMMAND (to)	командовать; управлять; подавать команды

COMMAND ANTENNA	антенна командной системы управления; управляющая антенна
COMMAND BAR	директорная [командная] стрелка (прибора)
COMMANDER	командир корабля
COMMAND RATING	квалификационная отметка командира корабля
COMMAND RECEIVER	приемник командных сигналов, командный приемник
COMMENSURATE ORBITS	соизмеримые орбиты
COMMERCIAL AGENCY	коммерческое агентство; коммерческая служба
COMMERCIAL AIR CARRIER	коммерческий авиаперевозчик
COMMERCIAL AIRCRAFT	коммерческое воздушное судно; коммерческий самолет
COMMERCIAL AIRPORT	аэропорт коммерческих перевозок
COMMERCIAL AIR TRANSPORT(ATION)	коммерческий воздушный транспорт; коммерческая воздушная перевозка
COMMERCIAL AIR TRANSPORT OPERATIONS	коммерческие воздушные перевозки
COMMERCIAL AVIATION	коммерческая авиация
COMMERCIAL DIRECTOR	коммерческий директор
COMMERCIAL FLIGHT	коммерческий рейс
COMMERCIALIZATION	коммерциализация
COMMERCIAL JET AIRCRAFT	коммерческий реактивный самолет; коммерческое реактивное воздушное судно
COMMERCIAL LICENSE	лицензия на коммерческие перевозки
COMMERCIAL LOAD	коммерческий груз
COMMERCIAL OPERATION	коммерческий полет
COMMERCIAL PILOT	летчик [пилот] коммерческой авиации
COMMERCIAL PILOT LICENSE	свидетельство летчика [пилота] коммерческой авиации
COMMERCIAL PLANE	коммерческое воздушное судно; коммерческий самолет
COMMIT POINT	момент принятия решения
COMMODITY	груз; товар; продукт; изделие массового спроса
COMMODITY RATE	тариф на перевозку товаров
COMMON CALLING CHANNEL	общий канал вызова (на связь)
COMMON CARRIAGE	общественный перевозчик

COMMON CARRIER	общая несущая (частота); общественный перевозчик
COMMON CARRIER CHANNEL	канал с общей несущей (частотой)
COMMON MANIFOLD	общий коллекторный трубопровод
COMMON MODE VOLTAGE	напряжение синфазного сигнала, синфазное напряжение
COMMON RECEIVING CHANNEL	общий канал приема
COMMON WIRE	общий провод; нейтральный провод
COMMUNICATION	связь; система связи; сообщение
COMMUNICATION CHECK POINT	контрольный пункт связи (самолета с наземной станцией)
COMMUNICATION FAILURE PROCEDURE	порядок действий при отказе средств связи
COMMUNICATION RECEIVER	приемник системы связи
COMMUNICATION SATELLITE	спутник связи
COMMUNICATIONS LINK	линия связи; канал связи
COMMUNICATIONS NETWORK	сеть связи; сеть передачи данных
COMMUNICATIONS REPEATER	повторитель (сигналов) системы связи
COMMUNICATION TRANSCEIVER	приемопередатчик системы связи
COMMUNICATOR	оператор связи
COMMUNITY NOISE LEVEL	уровень шума в населенном районе
COMMUTATE (to)	коммутировать; переключать; изменять направление тока
COMMUTATION	коммутация, коммутирование; переключение; изменение направления тока
COMMUTATOR	переключатель; коммутатор; коллектор (электрической машины)
COMMUTATOR BAR	коллекторная пластина
COMMUTATOR RING	стяжное кольцо коллектора
COMMUTE (to)	ездить на работу из пригорода; пользоваться вспомогательным транспортом
COMMUTER	пассажир, пользующийся вспомогательным авиатранспортом; аэродромный; расположенный в районе аэродрома
COMMUTER AIR CARRIER	авиаперевозчик на короткие расстояния
COMMUTER AIRCRAFT	самолет местных воздушных линий
COMMUTER AIRLINE	авиакомпания перевозок на короткие расстояния; местная авиалиния

COMMUTER AIRLINER — авиалайнер местных воздушных линий
COMMUTER TRANSPORT AIRCRAFT — транспортный самолет местных воздушных линий
COMPANION FLANGE — сболчиваемое фланцевое соединение (из двух половин)
COMPANY — компания; фирма; общество; товарищество; экипаж
COMPARATOR — компаратор, сравнивающее устройство; схема сравнения
COMPARATOR AMPLIFIER — усилитель-компаратор
COMPARE (to) — сравнивать; сличать
COMPARISON UNIT — блок сравнения
COMPARISON WARNING UNIT — табло сигнализации отказа системы сравнения (навигационных приборов)
COMPARTMENT — отсек; отделение; кабина; салон
COMPARTMENT CAPACITY — вместимость отсека; объем отсека
COMPARTMENT SURFACE HEATER — обогреватель салона; обогреватель кабины
COMPASS — компас; компасный
COMPASS ADJUSTMENT — списание девиации компаса
COMPASS BASE — площадка для списания девиации компаса
COMPASS BEARING — компасный пеленг
COMPASS BOWL — чашка компаса
COMPASS CALIBRATION — списание девиации компаса; калибровка компаса
COMPASS CARD — шкала текущего курса (на навигационном приборе)
COMPASS CIRCLE — компасная шкала, компасный лимб
COMPASS COMPENSATION — устранение девиации компаса
COMPASS COMPENSATOR — компенсатор девиации компаса
COMPASS CORRECTION CARD — таблица списания девиации компаса; таблица поправок (к показаниям) компаса
COMPASS COUPLER — преобразователь сигналов (радио)компаса; блок связи с компасом
COMPASS COURSE — компасный курс
COMPASS DEVIATION (CD) — девиация (авиа)компаса
COMPASS DIAL — диск картушки компаса
COMPASS ERROR (CE) — погрешность компаса
COMPASS HEADING — компасный курс; пеленг

COMPASS LOCATOR	приводная радиостанция; радиокомпас
COMPASS POINTS	главные румбы компаса
COMPASS REPEATER INDICATOR	компасный повторитель курса
COMPASS RHUMB CARD	картушка компаса
COMPASS ROSE	девиационный круг компаса; лимб картушки компаса
COMPASS SWINGING	списание девиации компаса (разворачиванием самолета на различные румбы)
COMPASS SYNCHRONIZER MOTOR	сельсин компаса
COMPASS SYSTEM	курсовая система
COMPASS VARIATION	магнитное склонение
COMPATIBILITY	совместимость
COMPEL TO LAND (to)	вынуждать к посадке
COMPENSATE (to)	компенсировать; корректировать
COMPENSATED PITOT-STATIC PRESSURE PROBE	приемник воздушного давления [ПВД] с компенсацией статического давления
COMPENSATING ARM	рычаг балансира
COMPENSATING CHAMBER	компенсационная камера
COMPENSATING MAGNET	компенсирующий магнит
COMPENSATING VALVE	уравнительный клапан; клапан выравнивания давлений
COMPENSATION CHAMBER	компенсационная камера
COMPENSATION WEIGHT	противовес; балансир
COMPENSATOR	компенсатор
COMPENSATOR UNIT	компенсационный блок
COMPETENCY CHECK	проверка уровня (летной) квалификации
COMPETING AIRLINES	конкурирующие авиакомпании
COMPILER	компилятор, компилирующая программа
COMPLAINT	рекламация; иск; исковое заявление; жалоба; претензия
COMPLAINTS DEPARTMENT	отдел рекламаций
COMPLETE (to)	заканчивать, завершать; укомплектовать
COMPLETE A TICKET (to)	заполнять билет
COMPLETE COMBUSTION	полное сгорание
COMPLETE CONTACT	полный контакт
COMPLETE OVERHAUL	общий ремонт
COMPLIANCE	подтверждение; соответствие

COMPLIANCE WITH AIRWORTHINESS STANDARDS .... соответствие нормам летной годности, соответствие НЛГ

COMPONENT .... компонент, составная часть; элемент; составляющая; агрегат; узел; блок

COMPONENT ERROR .... частичная погрешность

COMPONENT PARTS .... составные части, компоненты; агрегаты; узлы; блоки

COMPOSITE .... композиционный материал, КМ; композиция, композит, смесь; комбинированный сигнал; композиционный, составной, сложный

COMPOSITE AIRCRAFT .... летательный аппарат из композиционных материалов, ЛА из КМ

COMPOSITE ENGINE .... двигатель из композиционных материалов; двигатель комбинированного цикла

COMPOSITE MATERIALS .... композиционные материалы, КМ

COMPOSITE NOISE RATING .... комплексный показатель уровня шума

COMPOSITE PAVEMENT .... композиционное покрытие

COMPOSITE PROGNOSTIC CHART .... общая карта (метеорологических) прогнозов

COMPOSITE PROPELLANT .... смесевое ракетное топливо

COMPOSITE SEPARATION .... комбинированное эшелонирование

COMPOSITE SIGNAL .... полный сигнал; сигнал сложной формы

COMPOSITE TRACK .... комбинированный маршрут

COMPOSITION OF A CREW .... состав экипажа

COMPOUND .... состав; смесь; (химическое) соединение; компаунд; составной; смешанный; сложный

COMPOUND AIRCRAFT .... комбинированный летательный аппарат, комбинированный ЛА

COMPOUND COMPRESSOR .... комбинированный компрессор

COMPOUND GAUGE .... мановакуумметр

COMPOUND HELICOPTER .... комбинированный вертолет

COMPOUND MOTOR .... двигатель комбинированного цикла

COMPREHENSIVE CHART .... подробная карта (полетов)

COMPRESS (to) .... сжимать, подвергать сжатию

COMPRESSED AIR .... сжатый воздух; воздух под давлением

COMPRESSED POSITION .... сжатое состояние; наддув

COMPRESSIBILITY .... сжимаемость

COMPRESSIBILITY BUFFET .... волновая тряска, бафтинг

COMPRESSIBILITY DRAG	сопротивление сжимаемости
COMPRESSIBILITY STALL	волновой срыв
COMPRESSIBLE BOUNDARY LAYER	сжимаемый пограничный слой
COMPRESSIBLE FLOW	течение сжимаемого газа
COMPRESSION	сжатие
COMPRESSION CHAMBER	камера сжатия
COMPRESSION GA(U)GE	компрессиметр
COMPRESSION IGNITION ENGINE	двигатель с воспламенением от сжатия
COMPRESSION LEG	амортизационная опора, амортстойка (шасси); амортизирующий подкос, амортизатор (шасси)
COMPRESSION RATIO	степень сжатия; коэффициент сжатия
COMPRESSION RIB	нервюра, работающая на сжатие
COMPRESSION RING	компрессионное [газоуплотнительное] кольцо (поршня)
COMPRESSION SPRING	пружина сжатия
COMPRESSION STROKE	такт сжатия
COMPRESSION WAVE	волна сжатия
COMPRESSIVE STRAIN	деформация сжатия; относительное сжатие
COMPRESSIVE STRENGTH (resistance)	прочность на сжатие; сопротивление сжатию
COMPRESSIVE STRESS	напряжение при сжатии; сжимающее усилие
COMPRESSOR	компрессор
COMPRESSOR AIR FLOW DUCT	проточный тракт компрессора
COMPRESSOR-BLEED AIR	воздух, отбираемый от компрессора
COMPRESSOR BLEED SYSTEM	система отбора воздуха от компрессора
COMPRESSOR BLEED VALVE	клапан перепуска воздуха от компрессора
COMPRESSOR CASE (casing)	корпус компрессора
COMPRESSOR DELIVERY PRESSURE	давление за компрессором
COMPRESSOR DISCHARGE PRESSURE (CDP)	давление на выходе компрессора
COMPRESSOR DRIVE SHAFT	главный вал компрессора
COMPRESSOR INLET CASING	обтекатель передней опоры компрессора

COMPRESSOR INLET GUIDE VANE .... входной направляющий аппарат компрессора
COMPRESSOR INLET TEMPERATURE .... температура на входе в компрессор
COMPRESSOR INTERSTAGE CASING .... разделительный корпус компрессора
COMPRESSOR OUTLET CASING ....обтекатель выхлопного отверстия компрессора
COMPRESSOR OUTPUT .... мощность компрессора
COMPRESSOR PRESSURE RATIO .... степень повышения давления компрессором
COMPRESSOR REAR FRAME .... задняя часть конструкции компрессора
COMPRESSOR ROTOR ....ротор компрессора
COMPRESSOR SECTION .... узел компрессора
COMPRESSOR STAGE ....ступень компрессора
COMPRESSOR STALL (surge) .... срыв потока с лопаток компрессора
COMPRESSOR STATOR CASE .... обтекатель неподвижного направляющего аппарата компрессора
COMPRESSOR SURGE BLEED VALVE .... клапан перепуска воздуха из компрессора
COMPRESSOR-TURBINE ASSEMBLY .... сборка компрессора с турбиной
COMPRESS THE SPRING (to) .... сжимать пружину
COMPRISE (to) ....включать, заключать в себе, составлять; охватывать; состоять из; входить в состав
COMPULSORY IFR FLIGHT ....полет по приборам, обязательный для данной зоны
COMPULSORY LANDING .... вынужденная посадка; обязательная посадка
COMPULSORY REPORTING POINT .... пункт обязательных донесений
COMPUTATION .... вычисление; расчет; счет; подсчет; исчисление
COMPUTE (to) .... вычислять; рассчитывать; считать, подсчитывать
COMPUTED AIRSPEED .... расчетная воздушная скорость
COMPUTED SPEED ....расчетная скорость
COMPUTER .... вычислительная машина, компьютер; вычислительное устройство, вычислитель

COMPUTER AIDED DESIGN (CAD) .... автоматизированное проектирование
COMPUTER AIDED DESIGN AND MANUFACTURING (CAD/CAM) .... автоматизированное проектирование и производство
COMPUTER AIDED MANUFACTURING (CAM) .... автоматизированное производство
COMPUTER-ASSISTED .... автоматизированный
COMPUTER CENTRE (center) .... вычислительный центр
COMPUTER-CONTROLLED .... с автоматизированным управлением
COMPUTER-DIRECTED FLIGHT .... автоматический полет
COMPUTER DISPLAY SYSTEM .... система отображения данных компьютера
COMPUTER ENGINEER .... инженер по вычислительной технике
COMPUTER FLIGHT PLANING .... компьютерное планирование полета
COMPUTER INTERFACES .... интерфейс компьютера [вычислительной машины]
COMPUTERIZE (to) .... автоматизировать вычисления, [обработку данных]; применять вычислительную технику; применять машинные методы вычислений
COMPUTERIZED .... автоматизированный
COMPUTERIZED RESERVATIONS SYSTEM .... автоматизированная система бронирования (мест)
COMPUTER MANAGED TRAINING (CMT) .... подготовка на электронном тренажере
COMPUTER MEMORY .. память компьютера [вычислительной машины]
COMPUTER NETWORK .... компьютерная сеть
COMPUTER ROOM .... машинный зал
COMPUTER TERMINAL .... компьютерный терминал
COMPUTING .... вычисление; вычисления; расчет; счет; обработка данных; вычислительный; счетный
COMPUTING CHAIN .... последовательность расчета
CONCAVE AIRFOIL .... вогнутый аэродинамический профиль
CONCEALED LIGHTING .... скрытое освещение
CONCENTRATED NITRIC ACID .... концентрированная азотная кислота
CONCENTRATOR .... накопитель (пассажиров, багажа или грузов)
CONCENTRICITY CHECK .... проверка соосности
CONCENTRIC ORBITS .... концентрические орбиты

CONCOURSE	зал ожидания (в аэропорту)
CONCOURSE CHECK	регистрация (пассажиров) в зале ожидания
CONCRETE	бетон
CONCRETE PAVEMENT	бетонное покрытие
CONCRETE RUNWAY	бетонная взлетно-посадочная полоса, бетонная ВПП
CONCRETE-SURFACED AERODROME	аэродром с бетонным покрытием
CONDENSER	конденсатор; холодильник
CONDENSER BOX	магазин емкостей
CONDENSER LOAD	емкостная нагрузка
CONDENSER PLATE	обкладка конденсатора
CONDENSER TESTER	измеритель емкости
CONDITION	условие; состояние; режим; обстановка
CONDITION ANALYSIS REMOVAL	снятие с эксплуатации для анализа состояния (летной годности)
CONDITIONED AIR EMERGENCY VALVE	аварийный клапан сброса давления в системе кондиционирования
CONDITIONED AIR INLET VALVE	входной клапан системы кондиционирования
CONDITIONER	кондиционер
CONDITIONING	кондиционирование
CONDITIONING/PRESSURIZATION SYSTEM	система кондиционирования и наддува (гермокабины)
CONDITIONING PACK	блок кондиционеров
CONDITION MONITORED MAINTENANCE	техническое обслуживание по результатам контроля состояния (летной годности)
CONDITION MONITORING	контроль состояния (летной годности)
CONDITION OF INSULATOR	рабочее состояние теплоизоляции
CONDITION OF PART	рабочее состояние узла
CONDITIONS BEYOND THE EXPERIENCE	условия (полета), превосходящие по сложности квалификацию летчика

CONDITIONS OF CARRIAGE	условия перевозки
CONDITIONS ON THE ROUTE	условия (полета) по заданному маршруту
CONDUCT (to)	проводить (напр. тепло)
CONDUCTANCE	(активная) проводимость; теплопроводность
CONDUCTION	электропроводность, электрическая проводимость; теплопроводность
CONDUCTIVE COATING	проводящее покрытие
CONDUCTIVE FILM	проводящая пленка
CONDUCTIVE LAYER	проводящий слой
CONDUCTIVE PAINT	проводящая краска
CONDUCTIVE STRIPS	соединительный печатный проводник
CONDUCTIVITY	проводимость; удельная проводимость; удельная электропроводность
CONDUCTOR	проводник; провод; кабель; жила (кабеля)
CONDUIT	изоляционная трубка, изоляционный шланг; трубопровод
CONDUIT CONNECTOR	соединение трубопровода
CONDUIT PIPE	трубопровод
CONDULET	комплект жестких металлических трубок (для электропроводки); соединительная коробка (электропроводки); штепсельный разъем
CONDULET REDUCER	соединение жестких металлических трубок с электропроводкой
CONE (to)	обнаруживать (самолет) прожекторами; придавать конусообразную форму
CONE BOLT	болт с конической головкой
CONE CLUTCH	коническая муфта
CONE EFFECT AREA	зона конусного эффекта (в радиосвязи)
CONE FITTING	конический штуцер; конический патрубок
CONE INDICATOR	указатель конусности
CONE OF SILENCE	мертвая зона (радиосвязи)
CONE PULLEY	ступенчатый шкив
CONE-SHAPED STRUCTURE	конусообразная конструкция
CONE WHEEL	конический (шлифовальный) круг
CONFERENCE CALL	групповой вызов (воздушных судов и наземных станций)

CONFIDENCE LIMIT .... степень секретности;
уровень конфиденциальности
(напр. сообщения)
CONFIGURATED CONTROL VEHICLE (CCV) .... летательный аппарат
с конфигурацией, определяемой
системой управления
CONFIGURATION .... конфигурация; форма; вид
CONFIRMED REMOVAL .... подтвержденное снятие с эксплуатации
CONFIRMED RESERVED SPACE .... подтвержденное
забронированное место
CONFLICT ALERT SYSTEM .... система предупреждения
конфликтных ситуаций (в полете)
CONFLICTING FLIGHT PATH .... траектория полета
с предпосылкой к конфликтной ситуации
CONGESTED AIRWAY .... авиалиния с интенсивным
воздушным движением;
перегруженная авиатрасса
CONGESTED AREA .... зона интенсивного воздушного движения
CONICAL FLOW .... коническое течение
CONICAL STREAMER .... конусообразная струя
CONJUNCTION (in) .... в соединении; в стыке; в связи
CONJUNCTION TICKET .... составной билет
(для нескольких маршрутов)
CONNECT (to) .... соединять;
присоединять; включать; подключать
CONNECTED .... соединенный; включенный; связанный
CONNECTED IN PARALLEL .... соединенный параллельно
CONNECTED IN SERIES .... соединенный последовательно
CONNECTING .... соединительный; связующий
CONNECTING BAGGAGE .... багаж стыковочного рейса;
багаж транзитного пассажира
CONNECTING BAR .... соединительная тяга
CONNECTING BLOCK .... соединительный узел
CONNECTING CABLE .... соединительный кабель
CONNECTING CARRIER ...... авиакомпания, выполняющая стыковочный
[транзитный] рейс
CONNECTING FLIGHT .... стыковочный [транзитный] рейс
CONNECTING GEAR .... муфта сцепления
CONNECTING PASSENGER .... транзитный пассажир
CONNECTING PLUG .... соединительный разъем

CONNECTING ROD .... шатун
CONNECTING SERVICES .... авиаперевозки с пересадками, транзитные авиаперевозки
CONNECTING SLEEVE .... соединительная муфта
CONNECTING STRAP (strip) ....перемычка; соединительная колодка
CONNECTING TAXIWAY ....соединительная рулежная дорожка
CONNECTING TERMINAL .... соединительный зажим; соединительная клемма
CONNECTING TIME ....время стыковки (рейсов)
CONNECTION ....соединение; сочленение; присоединение; сцепление; связь; включение; подключение; контакт; штуцер; стыковка (рейсов)
CONNECTION BOX ....соединительная коробка
CONNECTION DIAGRAM... схема соединений
CONNECTION LEAD .... соединительный провод
CONNECTOR.. разъем; соединитель; соединительная муфта; клемма; зажим; соединительный кабель
CONNECTOR PIN .... соединительный болт
CONNECTOR PLUG .... штепсель; штепсельная вилка; штекер
CONSERVATION OF ENERGY .... сохранение энергии; экономия энергии
CONSIGN (to).............................. отправлять, посылать; передавать
CONSIGNEE.. грузополучатель
CONSIGNER .... грузоотправитель
CONSIGNMENT .... грузовая накладная; коносамент; грузовая отправка, партия груза
CONSIGNOR .... грузоотправитель
CONSOLE .... пульт; панель; приборная доска; консоль; кронштейн
CONSPICUITY..четкость (видимости)
CONSTANT ALTITUDE CONTROL ..... выдерживание постоянной высоты
CONSTANT BEARING .... постоянный пеленг (линия равных азимутов)
CONSTANT CLIMB ....установившийся режим набора высоты
CONSTANT CLIMB ANGLE .... угол (наклона траектории) установившегося режима набора высоты
CONSTANT DELIVERY PUMP............................... нагнетающий насос с постоянным напором

CONSTANT FAILURE RATE PERIOD	период постоянной интенсивности отказов
CONSTANT-LEVEL CHART	карта постоянных эшелонов
CONSTANT-PITCH PROPELLER	воздушный винт фиксированного шага, ВФШ
CONSTANT PRESSURE	постоянное давление
CONSTANT PRESSURE CHART	(метеорологическая) карта постоянного давления (воздуха)
CONSTANT RATING	постоянный режим работы
CONSTANT RPM	постоянное число оборотов в минуту
CONSTANT SPEED (CS)	постоянная скорость; постоянные обороты (воздушного винта)
CONSTANT SPEED DRIVE (CSD)	привод постоянных оборотов
CONSTANT-SPEED PROPELLER	воздушный винт постоянного числа оборотов
CONSTANT-SPEED UNIT	регулятор постоянных оборотов (воздушного винта)
CONSTRAINS	ограничения
CONSTRICTION	сжатие; сужение; стягивание
CONSULTANT	консультант
CONSUMABLES	расходуемые материалы; потребляемые вещества
CONSUMER	потребитель (напр. энергии)
CONSUMPTION	расход, потребление; износ
CONSUMPTION INDICATOR	указатель расхода (топлива)
CONTACT	контакт; обнаружение, захват (цели)
CONTACT (to)	контактировать; обнаруживать (цель); захватывать (цель)
CONTACT APPROACH	визуальный заход на посадку
CONTACT-BREAKER	прерыватель контактов; рубильник
CONTACT-BREAKING CAM	кулачок прерывателя контактов
CONTACT BRUSH	контактная щетка
CONTACT CLOSES	замкнутые контакты
CONTACT FACE	поверхность контакта
CONTACT FLIGHT RULES (CFR)	правила визуального полета
CONTACT FLYING	визуальные полеты, полеты с визуальной ориентировкой
CONTACT FLYING RULES (CFR)	правила визуальных полетов
CONTACTING ALTIMETER	высотомер с сигнализатором
CONTACTING SURFACES	контактные поверхности

CONTACT LANDING	посадка с визуальной ориентировкой (по наземным ориентирам)
CONTACTLESS	бесконтактный
CONTACTLESS RELAY	бесконтактное реле
CONTACT LIGHTS	огни маркировки зоны касания
CONTACT OF BRUSHES	щёточный контакт
CONTACT OPENING	зазор между контактами
CONTACTOR	контактор, замыкатель; контактный фильтр
CONTACT PIN	контактный штырь
CONTACT PLATE	контактная пластина
CONTACT PLOT	схема контакта
CONTACT POINT	точка контакта; измерительный наконечник; контакт-деталь (электрического реле)
CONTACT SURFACES	контактные поверхности
CONTACT SWITCH	контактный переключатель
CONTAIN (to)	содержать (в себе), вмещать; удерживать
CONTAINER	контейнер; гондола; резервуар; бак; отсек; тара
CONTAINER/PALLET LOADER	автопогрузчик контейнеров и поддонов
CONTAINER CHARGE	сбор за контейнерную перевозку
CONTAINERIZE (to)	упаковывать (груз) в контейнер
CONTAINERIZED FREIGHT	контейнерный груз, груз в контейнере
CONTAINMENT SYSTEM	система герметизации (фюзеляжа)
CONTAMINANT	загрязняющее вещество; (загрязняющая) примесь
CONTAMINATED FILTER	загрязнённый фильтр
CONTAMINATION	загрязнение
CONTAMINATION AREAS	зоны загрязнения
CONTAMINATION-FREE	стерильный; чистый
CONTAMINATION OF THE OIL SYSTEM	загрязнение маслопровода
CONTENT	содержание; содержимое; объём
CONTIGUOUS PULSES	смежные импульсы; последовательные импульсы
CONTINENTAL ANTICYCLONE	континентальный антициклон
CONTINGENCY	нештатная ситуация; аварийная ситуация; контингенция, сопряжённость признаков

CONTINGENCY POWER .... мощность в нештатном режиме
CONTINGENCY RATING .... нештатный режим работы (двигателя)
CONTINUANCE OF FLIGHT .... продолжение полета
CONTINUED TAKEOFF DISTANCE .... дистанция продолженного взлета (при отказе одного из двигателей)
CONTINUITY .... неразрывность; непрерывность; связность (цепи)
CONTINUITY EQUATION .... уравнение неразрывности
CONTINUITY OF GUIDANCE .... непрерывность наведения (самолета в заданную точку)
CONTINUITY TEST .... проверка связности (электрической цепи)
CONTINUITY TESTER .... прибор для проверки связности (электрической цепи)
CONTINUOUS AILERON .... неразрезной элерон (состоящий из одной секции)
CONTINUOUS BEAD .... непрерывная полоса материала
CONTINUOUS DESCENT APPROACH .... заход на посадку с непрерывным снижением
CONTINUOUS FLIGHT .... беспосадочный полет
CONTINUOUS FLOW .... непрерывный поток; безразрывное течение
CONTINUOUS FLOW CONTROL UNIT .... регулятор непрерывного потока
CONTINUOUS FUNCTIONING .... работа в постоянном [непрерывном] режиме
CONTINUOUS LISTENING WATCH .... непрерывное прослушивание (радиосвязи)
CONTINUOUS OSCILLATIONS .... непрерывные колебания
CONTINUOUS PATH CONTROL .... непрерывное управление траекторией (полета)
CONTINUOUS PERCEIVED NOISE LEVEL .... уровень непрерывно воспринимаемого шума (летчиком)
CONTINUOUS RATING .... постоянный [непрерывный] режим работы
CONTINUOUS RUNNING .... работа в непрерывном режиме
CONTINUOUS SPAR .... неразрезной лонжерон
CONTINUOUS VOLTAGE .... постоянное напряжение
CONTINUOUS WATCH .... непрерывный контроль (полета)
CONTINUOUS WAVE .... незатухающая волна
CONTINUOUS WING BEAM .... неразрезной лонжерон крыла

CONTINUOUS WIRE LOOP DETECTION SYSTEM .... рамочная антенная система непрерывного пеленгования
CONTINUUM FLOW .... течение сплошной среды
CONTOUR .... контур; профиль
CONTOUR ANGLE .... контурный угольник
CONTOUR CHART .... контурная карта
CONTOURED BEAM ANTENNA .... антенна с профилированной диаграммой направленности
CONTOUR FLIGHT .... бреющий полет
CONTOURING .... профилирование; контурная обработка; оконтуривание, подчеркивание контуров
CONTOUR LINE .... контурная линия
CONTOUR MAPPING .... топографическая съемка
CONTRACT .... контракт
CONTRACT CARRIER .... (авиа)перевозчик на договорных условиях
CONTRACT CONDITIONS .... условия контракта
CONTRACTION .... сжатие; стягивание; усадка; относительное сужение (при разрыве)
CONTRACT RATE .... тариф по контракту
CONTRACTUAL DATE .... срок, оговоренный в контракте
CONTRAIL .... конденсационный [инверсионный] след
CONTRA-ROTATING PROPELLERS .... соосные воздушные винты противоположного вращения
CONTRAST .... контраст; контрастность; коэффициент контрастности
CONTROL .... управление; регулирование; регулировка; контроль; проверка; диспетчерское управление; диспетчерское обслуживание; орган управления; орган регулировки; система управления; блок
CONTROL (to) .... управлять; регулировать; задавать; контролировать; проверять
CONTROL(LER) UNIT .... пункт управления; диспетчерский пункт; устройство управления; блок управления
CONTROL ACTUATOR .... исполнительный механизм (системы) управления
CONTROL AND DISPLAY UNIT (CDU) ...... блок управления и индикации

CONTROL APPARATUS	аппаратура управления; аппаратура для регулировки
CONTROL AREA	зона управления (воздушным движением)
CONTROL BOARD	пульт управления
CONTROL BOX	пульт управления
CONTROL BUS	управляющая шина
CONTROL CABIN	кабина управления
CONTROL CABLE	трос управления
CONTROL CENTER	диспетчерский центр (управления воздушным движением); центр управления полетом, ЦУП
CONTROL CHARACTERISTIC	характеристика управляемости (летательного аппарата)
CONTROL CIRCUIT	схема управления; цепь управления
CONTROL COLUMN	штурвальная колонка, штурвал
CONTROL COLUMN FORCE	усилие на штурвале
CONTROL CONFIGURED VEHICLE (CCV)	летательный аппарат [ЛА] с конфигурацией, определяемой системой управления
CONTROL CONSOLE	пульт управления
CONTROL DAMPER	демпфер системы управления
CONTROL DESK	пульт управления
CONTROL DISPLAY UNIT (CDU)	блок управления и индикации; устройство ввода и индикации (инерциальной навигационной системы)
CONTROL DRUM	распределительный барабан
CONTROL FORCE	усилие в системе управления; усилие на ручке управления; управляющая сила; сила, воздействующая на поверхность управления
CONTROL GEAR	система тяг и рычагов управления; аппаратура управления
CONTROL HANDLE	ручка управления
CONTROL KNOB	кнопка управления
CONTROLLABILITY	управляемость
CONTROLLABLE	регулируемый; управляемый
CONTROLLABLE (PITCH) PROPELLER	воздушный винт изменяемого шага, ВИШ
CONTROLLABLE PITCH	изменяемый шаг (несущего винта)
CONTROLLABLE TAB	управляемый щиток; управляемый сервокомпенсатор; триммер

CONTROLLED AERODROME .... аэродром с командно-диспетчерской службой
CONTROLLED AIRSPACE ... контролируемое воздушное пространство, воздушное пространство с диспетчерским обслуживанием
CONTROLLED ATMOSPHERE .... регулируемый состав атмосферы
CONTROLLED CONFIGURATION VEHICLE (CCV) .... летательный аппарат [ЛА] с конфигурацией, определяемой системой управления
CONTROLLED FLIGHT .... контролируемый (диспетчерской службой) полет
CONTROLLED PRESSURE .... регулируемое давление
CONTROLLED PUMP .... регулируемый насос
CONTROLLED SPIN .... управляемый штопор
CONTROLLED TAB .... управляемый щиток; управляемый сервокомпенсатор; триммер
CONTROLLER .... диспетчер; оператор; управляющее устройство; автоматический регулятор; пульт управления
CONTROL LEVER .... рычаг управления
CONTROLLING .... регулировка; управление
CONTROLLING BEAM .... управляющий луч
CONTROL LINKAGE .... рычажный механизм управления; система тяг и рычагов управления
CONTROL OF AN INVESTIGATION .... контроль за ходом расследования (напр. авиационного происшествия)
CONTROL PANEL .... пульт управления
CONTROL PEDESTAL .... пульт управления; колонка управления
CONTROL POSITION INDICATOR .... указатель положения рулей
CONTROL ROD .... тяга (путевого) управления; ручка управления
CONTROL ROOM .... пункт управления; диспетчерский пункт
CONTROL SECTOR .... управляющий сектор; сектор управления
CONTROL-SERVO .... сервоуправление
CONTROL SIGNAL .... управляющий сигнал
CONTROL SLOT .... щель управления (пограничным слоем)
CONTROL SPEED .... эволютивная скорость (минимально допустимая скорость при сохранении управляемости)
CONTROLS SETTING .... регулировка команд (управления); отработка команд

CONTROL STAND .... стенд управления; стойка аппаратуры управления
CONTROL STATION .... станция управления
CONTROL STICK .... ручка управления
CONTROL SURFACE .... поверхность управления; руль, рулевая поверхность
CONTROL SURFACE BALANCE .. аэродинамическая компенсация руля; весовая балансировка руля; компенсатор руля
CONTROL SURFACE CHORD .... хорда руля; хорда поверхности управления
CONTROL SURFACE DISPLACEMENT .... отклонение поверхности управления; отклонение руля
CONTROL SURFACE PIVOT .... ось руля, ось поверхности управления
CONTROL SURFACE REBALANCING .... повторная балансировка руля
CONTROL SWITCH .... переключатель системы управления; контрольный переключатель; управляющий переключатель
CONTROL SWITCHING .... переключение органов управления; переключение системы управления
CONTROL SYSTEM .... система управления
CONTROL TAB .... триммер руля; серворуль
CONTROL-TO-SURFACE GEAR RATIO .... передаточное число системы управления рулем
CONTROL TOWER .... командно-диспетчерский пункт, КДП; пункт управления (полетами)
CONTROL TRANSFER POINT .... рубеж передачи управления (воздушным движением другому диспетчерскому пункту)
CONTROL UNIT .... командный прибор; блок управления
CONTROL VALVE .... управляющий клапан, клапан управления; золотниковый распределитель
CONTROL WHEEL .... штурвал управления
CONTROL WHEEL RIM .... колесо штурвала управления
CONTROL WHEEL STEERING .... совмещенное управление (вручную без отключения автопилота)
CONTROL WIRE .... трос управления; провод управления; кабель управления

CONTROL ZONE .... зона управления (полетами)
CONVECTION .... конвекция; конвективный; конвекционный
CONVECTION COOLING .... конвективное охлаждение
CONVECTIVE HEATING .... конвективный нагрев
CONVECTIVE HEAT TRANSFER .... конвективная теплопередача
CONVENIENCE .... удобства, комфорт
CONVENTIONAL .... обычный, классический
CONVENTIONAL AIRCRAFT .... самолет обычной [классической] схемы
CONVENTIONAL FLIGHT .... полет с обычными взлетом и посадкой; полет "по-самолетному" (напр. вертолета с разбегом перед набором высоты)
CONVENTIONAL MILLING .... встречное фрезерование, фрезерование против подачи
CONVERGE (to) .... сходиться (о маршрутах полета); приближаться к пределу; сужаться
CONVERGENCE ANGLE .... угол схождения (курсов); угол сужения (сопла); угол сведения (лучей)
CONVERGENT-DIVERGENT EXHAUST NOZZLE (C-D nozzle) .... сверхзвуковое сопло
CONVERGENT-DIVERGENT DIFFUSER .... сверхзвуковой диффузор
CONVERGENT DUCT .... суживающийся канал
CONVERGENT JET NOZZLE .... суживающееся реактивное сопло
CONVERGING .... суживающийся; сходящийся
CONVERSATIONAL MODE .... диалоговый режим
CONVERSE .... обратный; противоположный
CONVERSION .... превращение; преобразование; модернизация; переоборудование; конверсия
CONVERSION CYCLE .... период конверсии; период переоборудования
CONVERSION FACTORS .... переводные коэффициенты; коэффициенты пересчета
CONVERSION RATE .... темп конверсии; скорость преобразования
CONVERSION TABLE (scale) .... таблица преобразования; переводная таблица; таблица пересчета
CONVERSION TRANSIT .... переподготовка

CONVERT (to) .... преобразовывать; переоборудовать; превращать; преобразовывать частоту; конвертировать, транспортировать; переходить от вертикального полета к горизонтальному

CONVERTER (convertor) .... (электромашинный) преобразователь; преобразователь частоты

CONVERTER (CONVERTOR) .... преобразователь

CONVERTER PLUG-IN .... сменный блок преобразователя

CONVERTIBLE .... легкопереоборудуемый; преобразуемый

CONVERTIBLE AIRCRAFT .... преобразуемый летательный аппарат; конвертоплан; грузопассажирский самолет

CONVERTIBLE VERSION .... конвертируемый вариант (компоновки)

CONVERTIPLANE .... преобразуемый летательный аппарат; конвертоплан; грузопассажирский самолет

CONVEX .... выпуклый

CONVEY (to) .... перемещать, транспортировать; передавать; проводить

CONVEYANCE .... транспортное средство; перевозка; доставка

CONVEYANCE CHARGE .... сбор за (авиа)перевозку

CONVEYANCE RATE .... тариф за перевозку

CONVEYER .... (грузовой) транспортер; (багажный) конвейер

CONVEYING .... конвейерная доставка, конвейерный транспорт

CONVEYOR .... (грузовой) транспортер; (багажный) конвейер

CONVEYOR BELTS .... приводные ремни конвейера

COOL (to) .... охлаждать(ся); выхолаживать

COOLANT .... хладоноситель, теплоноситель с низкой температурой; хладагент; охладитель, охлаждающее средство

COOLED BLADE .... охлаждаемая лопатка

COOLER .... радиатор, теплообменник; хладагент; холодильник; воздушный кондиционер

COOLER BOX .... холодильный шкаф; холодильник

COOLING .... охлаждение; выхолаживание

COOLING AGENT .... холодный агент, хладагент; охладитель, охлаждающее средство

COOLING AIR .... охлаждающий воздух

COOLING AIR OUTLET TUBE	патрубок отвода охлаждающего воздуха
COOLING AIR SUPPLY	подача [подвод] охлаждающего воздуха
COOLING BLOWER	вентилятор
COOLING BLOWER SCREENS	фильтры вентиляционной системы
COOLING DOOR	створка системы охлаждения
COOLING FAN	охлаждающий вентилятор
COOLING FIN (flange)	охлаждающее ребро, ребро охлаждения
COOLING FLAP	створка системы охлаждения
COOLING FLUID	жидкий хладагент; охлаждающая жидкость
COOLING PACK	холодильный агрегат; устройство охлаждения
COOLING PASSAGE	канал охлаждения
COOLING RIB	охлаждающее ребро, ребро охлаждения
COOLING SYSTEM	система охлаждения
COOLING TURBINE	турбохолодильная установка, турбохолодильник
COOLING UNIT	холодильный агрегат; устройство охлаждения
COOL PLACE	холодильник
COORDINATED TURN	координированный разворот
COORDINATES	координаты; оси координат, координатные оси
COORDINATION PROCEDURE	порядок взаимодействия
COPHASAL	синфазный
COPIER	копировальный аппарат; копировально-множительная машина
CO-PILOT (second pilot)	второй пилот [летчик]
CO-PILOT'S INSTRUMENT PANEL	приборная доска второго пилота
CO-PILOT'S SEAT	кресло второго пилота
COPLANARITY	компланарность (орбиты)
COPLANAR ORBITS	компланарные [совмещенные] орбиты
COPPER	медь
COPPER-ASBESTOS GASKET	медно-асбестовая прокладка
COPPER BUS	медная шина
COPPER DEPOSIT	осаждение меди
COPPER PLATE (to)	меднить, наносить медное покрытие
COPPER PLATING	меднение; электроосаждение меди

COPPER WIRE .... медный провод
CO-PRODUCTION PROGRAM ....программа выпуска побочной продукции; программа совместного производства (двух фирм)
COPTER ....вертолет
COPYING LATHE .... копировально-токарный станок
COPYING MACHINE .... копировальный станок
COPY MILLING ....фрезерование по копиру
COPY-MILLING MACHINE ...... копировально-фрезерный станок
CORD .... трос; провод; шнур; стропа; корд
CORE ....внутренний контур (двигателя); сердцевина; сердечник; основная часть; ядро; основная ступень (ракеты-носителя); основной ракетный блок
CORE ENGINE .... внутренний контур двигателя
CORE EXHAUST .... выхлоп(ные газы) внутреннего контура двигателя; истекающие продукты сгорания основного ракетного блока
CORE FLOW .... поток внутреннего контура
CORE MEMORY ....память на (магнитных) сердечниках; запоминающее устройство [ЗУ] на (магнитных) сердечниках
CORE STORAGE .... запоминающее устройство [ЗУ] на (магнитных) сердечниках
CORE-TYPE TRANSFORMER .... стержневой трансформатор
CORIOLIS EFFECT .... кориолисово ускорение
CORK .... пробка
CORNER .... угол, уголок; вершина (режущего инструмента); угловая точка (кривой)
CORNERING SLIP ....угловое скольжение
CORNER LOCATION ....угловое расположение
CORONA .... корона, коронный разряд; коронирование; солнечная корона
CORONA EFFECT .... коронный разряд
CORPORATE AIRCRAFT (airplane) .... служебный самолет
CORRECT (to) .... исправлять (ошибки); корректировать; вносить поправку
CORRECTED AIRSPEED .... исправленная воздушная скорость
CORRECTED ALTITUDE ....откорректированная высота
CORRECTED BEARING .... исправленный пеленг

CORRECTED POSITION	уточненное местоположение
CORRECTED SPEED	уточненная скорость
CORRECTED TAKEOFF DISTANCE	уточненная взлетная дистанция
CORRECTED TRUE AIRSPEED	уточненная истинная воздушная скорость
CORRECTED VALUE	значение с учетом поправки; исправленное значение
CORRECTED WEIGHT	уточненный вес; уточненная масса
CORRECTION	коррекция; введение поправки; поправка
CORRECTION ACTION	коррекция; введение поправки
CORRECTION ANGLE	угол сноса; угол поправки курса
CORRECTION CHART	таблица поправок
CORRECTION FACTOR	поправочный коэффициент
CORRECTION MANEUVER	маневр коррекции
CORRECTION VALUE	величина поправки; поправка
CORRECT LANDING	точная посадка
CORRECT OPERATION	точное действие
CORRECTOR	корректор, корректирующее устройство; схема коррекции; регулятор
CORRECT SEATING (position)	оптимальная компоновка кресел (на воздушном судне)
CORRECT SETTING	точная настройка; точная регулировка
CORRECT TIME	точное время
CORRELATION	корреляция; соответствие; сопоставление; соотношение; корреляционная функция
CORRELATOR	коррелятор, корреляционное устройство; корреляционная функция
CORRIDOR	коридор, проход
CORRODE (to)	корродировать, разрушать; подвергаться действию коррозии
CORROSION	коррозия, разрушение
CORROSION INHIBITING OIL	антикоррозионное масло
CORROSION INHIBITING PRIMER	антикоррозионная грунтовка
CORROSION INHIBITOR	ингибитор коррозии
CORROSION PIT	очаг коррозии
CORROSION PITTING	образование (поверхностной) коррозии
CORROSION PREVENTION	защита от коррозии

CORROSION PREVENTIVE COMPOUND	антикоррозионная мастика
CORROSION PROTECTIVE FINISH	обработка для защиты от коррозии
CORROSION REMOVAL	очистка от коррозии
CORROSION REMOVER	скребок для очистки от коррозии; растворитель для снятия коррозии
CORROSION-RESISTANT	коррозионно-стойкий, коррозионно-устойчивый
CORROSION RESISTANT STEEL (CRES)	коррозионно-стойкая сталь
CORROSION-RESISTANT COATING	коррозионно-стойкое покрытие
CORROSION SEAT	очаг коррозии
CORROSIVE	корродирующее вещество; коррозионный, агрессивный
CORROSIVE-RESISTANT COMPOUND	антикоррозионный состав
CORRUGATE (to)	гофрировать; изгибать
CORRUGATED	гофрированный; волнистый; рифленый; желобчатый
CORRUGATED SHEET	гофрированный лист
CORRUGATING	гофрирование; рифление; гофрированный; рифленый; волнистый
CORRUGATION	рифление; волнистость; гофрировка; гофр жесткости
COSMIC RADIATION	космическое излучение
COSMIC RAY(S)	космические лучи
COSMIC VEHICLE	космический аппарат, КА
COSMIC VELOCITY	космическая скорость
COSMOCHRONOLOGY	космохронология
COSMOGENEOUS	космогенный
COSMOGONY	космогония
COSMOLOGICAL DISTANCE	космологическая дальность
COSMOLOGY	космология
COSMONAUT	космонавт
COSMONAUTICS	космонавтика
COSMOPHYSICS	космофизика
COSPECTRUM	взаимный спектр
COST-BENEFIT RATIO	степень рентабельности

COST-EFFECTIVE	рентабельный
COST-EFFECTIVENESS	рентабельность
COST-EFFECTIVE RATIO	показатель "стоимость - эффективность", степень рентабельности
COST PRICE	себестоимость
COTTER	клин; шплинт; чека
COTTER (to)	заклинивать; зажимать клином; ставить шплинт, шплинтовать; ставить чеку
COTTER-DRIVER	выколотка; молоток
COTTERING	клиновое крепление; установка чеки
COTTER PIN (split pin)	шплинт; разводная чека
COTTER PIN PUNCH	пробойник для шплинтов
COTTER PIN TOOL	инструмент для установки чеки
COTTER SLOT	паз для чеки
COUCH	кушетка; диван
COUNTDOWN	предстартовый отсчет времени
COUNTER	счетчик; стойка
COUNTERACT (to)	противодействовать, оказывать противодействие; уравновешивать; нейтрализовать; парировать (напр. крен)
COUNTERACTING FORCE	противодействующая сила; парирующее усилие
COUNTERACTION	противодействие
COUNTERBALANCE (to)	уравновешивать
COUNTERBALANCE FORCE	уравновешивающая сила
COUNTERBALANCE SPRING CARTRIDGE	уравновешивающий пружинный блок
COUNTERBALANCE VALVE	разгруженный клапан
COUNTERBORE	расточенное отверстие, расточка; цилиндрическая зенковка; цековка
COUNTERBORE (to)	цековать; рассверливать; растачивать
COUNTERBORING	цилиндрическое зенкование; цекование; рассверливание; растачивание; подрезка торца
COUNTER-CASING	противоположная часть (разъемного) корпуса
COUNTER-CENTRE	противоположное центровое отверстие
COUNTERCLOCKWISE	против часовой стрелки
COUNTERCLOCKWISE READING	обратный отсчет (против часовой стрелки)

COUNTER-DRILL (to)	сверлить в обратном направлении
COUNTER-ELECTRODE	противоэлектрод
COUNTER-ELECTROMOTIVE	
COUNTERFLOW	противоток; противоточный
COUNTERFLOW COOLING	охлаждение противотоком
COUNTERFORCE	противодействующая сила
COUNTERMEASURE	противодействие, меры [средства] противодействия; создание [постановка] помех; радиоэлектронное подавление, РЭП
COUNTERMISSILE	противоракета
COUNTERPART	контршаблон; профиль, входящий в другой без зазора
COUNTERPOISE	противовес; контргруз; уравновешивающая сила; равновесие
COUNTERPOISE (to)	уравновешивать; сохранять равновесие
COUNTERPRESSURE	противодавление
COUNTERRESPONSE	реакция противодействия
COUNTER-ROTATING	противоположное вращение
COUNTER-ROTATING FREE TURBINE	силовая турбина с противоположным вращением
COUNTER-ROTATING PROPELLERS	(соосные) винты противоположного вращения
COUNTER-ROTATING ROTORS	(соосные) винты противоположного вращения
COUNTER SCREW	винт с обратной резьбой
COUNTERSHAFT	промежуточный вал; контрпривод
COUNTERSINK (to)	зенковать коническое отверстие
COUNTERSPACE	противокосмическая оборона, ПКО
COUNTERSTRIKE	контрудар, ответный удар
COUNTERSUNK HEAD SCREW	винт с потайной головкой
COUNTERSUNK WASHER	потайная шайба
COUNTERWEIGHT	центровочный груз, балансировочный груз; контргруз; противовес
COUNTRY OF ARRIVAL	страна прилета
COUNTRY OF ORIGIN	страна вылета
COUPLE (to)	соединять; сцеплять; спаривать
COUPLED	соединенный

COUPLED APPROACH	заход на посадку с использованием бортовых и наземных средств
COUPLER	муфта; соединитель; ответвитель; соединительный патрубок; блок (электро)связи; преобразователь сигналов; устройство сопряжения
COUPLING	связь; взаимосвязь; соединение; штуцер; муфта
COUPLING CIRCUIT	(электро)цепь связи
COUPLING FLANGE	соединительный фланец
COUPLING LOOP	петля связи
COUPLING NUT	соединительная гайка
COUPLING SHAFT	промежуточный карданный вал
COUPLING SLEEVE	соединительная муфта; соединительная втулка
COUPLING UNIT	блок связи
COUPON	купон
COUPON DESTINATION	пункт назначения, указанный в купоне авиабилета
COURSE	курс; маршрут; трасса; заданный путевой угол; курс (обучения); пласт, слой ; подушка
COURSE/BEARING INDICATOR	указатель курса и азимута
COURSE/DRIFT INDICATOR	указатель курса и сноса
COURSE/HEADING INDICATOR	указатель штурмана, указатель курсовых углов
COURSE ALIGNMENT	выравнивание курса; вывод на курс
COURSE ALIGNMENT ACCURACY	точность вывода на курс
COURSE ANGLE	путевой угол (угол между направлением, принятым за начало отсчета, и линией пути полета)
COURSE BAR	планка (положения) курса (на шкале)
COURSE BEACON	курсовой (радио)маяк
COURSE BEARING	курсовой пеленг
COURSE CALCULATOR	вычислитель курса
COURSE CHANGE	изменение курса
COURSE CHANNEL	канал курса, курсовой канал
COURSE CURVATURE	линия отклонения от курса
COURSE DEVIATION	курсовая девиация
COURSE DEVIATION BAR	планка (положения) курса (на шкале)

COURSE DEVIATION INDICATOR (CDI) ....указатель отклонения от курса
COURSE DIRECTION INDICATOR .... указатель курса
COURSE DISPLACEMENT ....отклонение от курса, смещение по курсу
COURSE DISPLAY .... индикатор курса
COURSE INDICATOR .... указатель курса
COURSE KEEPING ABILITY ....устойчивость на курсе
COURSE LIGHTS ....трассовые огни
COURSE LINE .... линия курса, линия заданного пути (проекция заданной траектории полета на поверхность Земли)
COURSE LINE COMPUTER (CLC) .... вычислитель линии курса, вычислитель заданного пути
COURSE OF TRAINING ....курс подготовки, курс обучения
COURSE SECTOR ....сектор курса (полета); участок курса (полета)
COURSE SELECTOR ....задатчик курса
COURSE SELECTOR INDICATOR .... указатель задатчика курса
COURSE SENSITIVITY .... чувствительность по курсу
COURSE SETTING COMPASS .... штурманский навигационный компас
COURSE SPEED ....крейсерская скорость
COURSE SPEED AT SL (Sea level) .... крейсерская скорость на уровне моря
COURSE SURFACE ....плоскость курса взлетно-посадочной полосы, плоскость курса ВПП
COURSE WINDOW .... окно отсчета курса следования
COVE .... свод, выкружка
COVE LIGHT(S) .... скрытое освещение
COVE LIP DOOR .... обтекаемая створка
COVER .... оболочка; обшивка; чехол; крышка; покров; щиток; створка; прикрытие; защитный слой
COVER (to) ....закрывать; покрывать, наносить покрытие; укрывать; прятать
COVERAGE .... охват; обзор; зона действия; зона покрытия; прикрытие; перекрытие (напр. зон действия)

COVERAGE FROM GEO	охват (земной поверхности) с геостационарной орбиты
COVERAGE FROM LEO	охват (земной поверхности) с низкой околоземной орбиты
COVERAGE LIMIT	зона действия (радиолокатора)
COVERAGE SECTOR	сектор зоны действия (напр. радиолокатора)
COVERED WIRE	изолированный провод
COVERING	оболочка; крышка; чехол; покров; обшивка; прикрытие; покрытие; защитный слой
COVER PLATE	дефлектор диска турбины
COVERPLATE (cover plate)	крышка; обшивочный лист; (вращающийся) дефлектор (диска турбины)
COVER PLUG	заглушка; защитный колпачок
COVER STRIP	нащельник
COWL	капот (двигателя); обтекатель; зализ
COWLED	закапотированный
COWL FASTENER	замок капота (двигателя)
COWL FLAP	створка капота (двигателя)
COWL FLAP ACTUATING ASSEMBLY	блок управления створками капота (двигателя)
COWLING	капот (двигателя); обтекатель; зализ
COWLING FASTENER	замок капота (двигателя)
COWL PANEL	капот (двигателя); обтекатель; зализ
COWL RING	кольцевой капот (двигателя)
COWL SIDE PANEL	боковая крышка капота (двигателя)
CRAB	снос (самолета); уход (с линии курса); рыскание (по курсу)
CRAB (to)	лететь со сносом; уходить (с линии курса); рыскать (по курсу)
CRAB ANGLE	угол сноса; угол рыскания
CRABBING	снос; рыскание
CRABBING FLIGHT	полет с парированием сноса
CRAB CLUTCH	кулачковая муфта
CRAB INTO WIND (to)	парировать снос
CRABWISE	с углом сноса
CRACK	трещина; щель; разрыв; удар; треск
CRACK (to)	трескаться; растрескиваться; разрываться; раскалываться
CRACK DETECTION	обнаружение трещины

CRACKED FINISH	растрескавшаяся поверхность; растрескавшееся отделочное покрытие
CRACKED PART	треснувшая деталь
CRACK-FREE HOLE	отверстие без трещин
CRACK GROWTH	распространение трещины, рост трещины
CRACKING	образование трещин; растрескивание; звуковые хлопки (двигателя)
CRACKING PRESSURE	давление открытия клапана; разрывное давление
CRACKLE (to)	потрескивать
CRACK LENGTH	длина трещины
CRACKLE PAINT	краска кракле (с декоративной сеткой трещин)
CRACKLING	потрескивание (вид шумов в канале)
CRACK OPEN PRESSURE	давление открытия клапана; разрывное давление
CRACK ORIGINATING	образование трещины; зарождение трещины
CRACK PROPAGATION	развитие трещины
CRACK RESISTANCE	трещиностойкость
CRACKS ADJACENT TO RIVETS	трещины в зоне установки заклепок
CRACK STARTING	образование трещины
CRACK TEST (to)	испытывать на трещиностойкость
CRACK TEST(ING)	испытание на трещиностойкость
CRADLE	ложемент; опора; опорная рама
CRAFT	аппарат; летательный аппарат, ЛА
CRAMP	зажим; скоба; хомут; струбцина
CRAMP (to)	зажимать; закреплять; скреплять скобой
CRANE	подъемный кран; кран-балка
CRANE-TYPE HELICOPTER	вертолет-кран
CRANK	кривошип; коленчатый рычаг; (угловая) рукоятка; заводная [пусковая] рукоятка; кулиса
CRANKARM	плечо рычага; угловая рукоятка
CRANKCASE	картер (двигателя); кривошипная камера; блок цилиндров
CRANKCASE SUMP	поддон картера
CRANKCHEEK	щека коленвала
CRANKED	угловой; коленчатый; изогнутый

CRANK-HEAD .... головка кривошипа; передняя часть заводной [пусковой] рукоятки
CRANKING .... раскрутка (ротора) двигателя; запуск (двигателя) рукояткой, проворачивание коленчатого вала (двигателя)
CRANKING SELECTOR SWITCH .... переключатель холодной прокрутки (двигателя)
CRANK LEVER .... коленчатый рычаг
CRANKPIN .... шатунная шейка; палец кривошипа; палец кулисы
CRANKSHAFT .... коленчатый вал, коленвал (двигателя)
CRANKSHAFT CLAMP .... проушина коленвала
CRANK-TYPE .... кривошипный; кривошипного типа
CRANKY .... расшатанный; разболтанный (о механизме)
CRASH .... авария; повреждение; разрушение
CRASH (to) .... терпеть аварию; повреждать(ся); разрушать(ся)
CRASH AXE .... аварийный топор (для вырубания обшивки фюзеляжа)
CRASH BOAT .... спасательная лодка (на борту воздушного судна)
CRASH-DAMAGED .... поврежденный при аварии; разрушенный; сминаемый
CRASH FIRE INERTING SYSTEM .... (бортовая) система пожаротушения инертным газом
CRASH-LANDED AIRCRAFT .... летательный аппарат [ЛА], совершивший вынужденную посадку
CRASH LANDING .... аварийная посадка
CRASH LANDING STRIP .... аварийная посадочная полоса
CRASH PROOF (crashproof) .... ударопрочный
CRASH RECORDER .... аварийный самописец; аварийный регистратор
CRASH RESISTANCE .... ударостойкий
CRASHWORTHINESS .... стойкость к ударным нагрузкам
CRATE .... упаковочный ящик (для багажа); решетчатая тара; обрешетка; контейнер с ячейками
CRATER .... лунка (износа); воронка; кратер
CRAZE .... микротрещина; волосная трещина, волосовина
CRAZE (to) .... покрываться волосными трещинами; покрываться микротрещинами

CRAZING	образование микротрещин; образование сетки волосных трещин; волосные трещины
CREATE (to)	создавать; образовывать; формировать
CREATIVE FARE	льготный целевой тариф
CREDIBILITY	достоверность, степень достоверности; правдоподобие
CREDIT CARD	кредитная карточка
CREEP(ING)	ползучесть; пластическая деформация; сползание; текучесть; увод (штурвала)
CREEP (to)	ползти; медленно двигаться; проскальзывать
CREEPAGE DISTANCE	длина пути (тока) утечки
CREEP FATIGUE	усталостная деформация
CREEP RESISTANCE (strength)	сопротивление ползучести; предел ползучести
CREEP TESTING	испытание на ползучесть
CREPE PAPER	крепированная бумага
CRES (corrosion resistant steel)	коррозионно-стойкая сталь
CRESCENT-SHAPED TERMINAL	аэровокзал в форме полумесяца
CRESCENT WING	крыло в форме полумесяца
CREST FACTOR	коэффициент пика нагрузки
CREVICE	трещина; щель
CREW	экипаж; расчет; бригада; группа
CREW'S REST COMPARTMENT	зал отдыха экипажей
CREW/FLIGHT CONTROL PERSONNEL TRAINING	тренировка экипажей и персонала центра управления полетом [ЦУП]
CREW BAGGAGE DECLARATION	декларация экипажа на провоз багажа
CREW BASE	база приписки [прикомандирования] экипажей
CREW CABIN	кабина экипажа
CREW CABIN FLOOR	пол кабины экипажа
CREW CARS	автомобили для доставки экипажей
CREW COMPARTMENT	кабина экипажа
CREW DOOR	дверь в кабину экипажа
CREW EMERGENCY DUTY	обязанности экипажа в аварийной обстановке

CREW MEMBER CERTIFICATE	свидетельство члена экипажа
CREWMEMBERS	члены экипажа
CREW OPERATING PROCEDURE	порядок действий экипажа
CREW OXYGEN CYLINDER	кислородный баллон в кабине экипажа
CREW OXYGEN MASK	кислородная маска члена экипажа
CREW PHYSICAL CONDITION	физическое состояние экипажа
CREW REGULAR DUTY	прямые обязанности экипажа
CREW REST AREA (compartment, station)	место отдыха экипажа
CREW ROSTERING	планирование полетов экипажей; смена экипажей; списочный состав экипажей
CREW SCHEDULING	планирование полетов экипажей
CREW SIZE	количественный состав экипажа
CREW STATION	рабочее место члена экипажа
CREW TRAINING	подготовка экипажей
CRIB	клеть; каркас; рама
CRIB (to)	подпирать; поддерживать; крепить
CRIBBING	материал для крепления
CRIMP (to)	гнуть; изгибать; отгибать кромку; отбортовывать; гофрировать; профилировать
CRIMPED	отогнутый; отбортованный; гофрированный
CRIMPED PIN	отогнутый штифт; изогнутый стержень
CRIMPED WIRE	провод с заделкой на конце; изогнутый провод
CRIMPING	гофрирование; обжатие, опрессовка
CRIMPING LUG	кабельный наконечник
CRIMP SEAL	обжимная пломба
CRIPPLED AIRCRAFT	поврежденное воздушное судно
CRISSCROSS PATTERN	крестообразная диаграмма
CRITERION	критерий; условие; признак
CRITICAL ALTITUDE	критическая высота (полета)
CRITICAL ANGLE OF ATTACK	критический угол атаки
CRITICAL DESIGN PARAMETER	критический расчетный параметр
CRITICAL ENGINE	критический двигатель
CRITICAL ENGINE FAILURE SPEED	скорость при отказе критического двигателя
CRITICAL FLIGHT PHASE	критический участок полета
CRITICAL FLOW SPEED	критическая скорость течения
CRITICAL FLUTTER SPEED	критическая скорость флаттера

CRITICAL HEIGHT	критическая высота (полета)
CRITICALITY ANALYSIS	критический анализ (концепции)
CRITICAL MACH NUMBER	критическое число М
CRITICAL ORBIT	критическая орбита
CRITICAL POINT	рубеж возврата (на аэродром вылета)
CRITICAL POINT FUEL	запас топлива на рубеже возврата (на аэродром вылета)
CRITICAL RATE (speed, velocity)	критическая скорость
CROP DUSTING AIRCRAFT	самолет для опыления сельскохозяйственных культур
CROPPED FAN	вентилятор с укороченными лопастями; закапотированный вентилятор
CROPPED-FAN ENGINE	турбовинтовентиляторный двигатель [ТВВД] с закапотированным вентилятором
CROP SPRAYING	опыление сельскохозяйственных культур
CROSS (to)	пересекать(ся); перехлестывать(ся)
CROSS ARM	траверса (опоры шасси)
CROSSBAR	световой горизонт (системы посадочных огней); поперечная балка; поперечина; траверса
CROSSBAR APPROACH LIGHTING SYSTEM	система световых горизонтов огней подхода (к ВПП)
CROSSBAR LIGHTS	огни светового горизонта
CROSSBAR SWITCH	коммутирующее устройство светового горизонта (системы посадочных огней)
CROSS-BEAM	поперечная балка; поперечина; траверса
CROSS-BEARING	перекрестный пеленг, засечка
CROSS-BEARING	перекрестный пеленг
CROSS-BLEED VALVE	соединительный клапан
CROSS-BRACE	поперечная растяжка; расчалка
CROSS-BRACED	растянутый; расчаленный
CROSS-BRACING	растяжка; расчаливание
CROSSCHECK	перекрестная проверка; вспомогательные навигационные радиосредства
CROSS-COAT(ING)	перекрестное нанесение (многослойного) покрытия
CROSS-CORRELATION	взаимная корреляция, кросскорреляция

CROSS-COUNTRY FLIGHT ....полет через территорию страны
CROSSED THREADS ....свинченная резьба; перекошенная резьба
CROSSFEED (cross feed) ....кольцевание (напр. топливных баков); перекрестное (электро)питание
CROSSFEED LINE ....линия кольцевания (системы подачи топлива)
CROSSFEED MANIFOLD................трубопровод системы кольцевания
CROSSFEED PIPE ....трубопровод системы кольцевания; труба кольцевания
CROSSFEED SIGNAL ....перекрестный сигнал
CROSSFEED SYSTEM ....система кольцевания
CROSSFEED VALVE .... кран кольцевания (топливной системы)
CROSS-FERTILIZATION .... взаимное развитие
CROSS-FIRE TUBE............................патрубок переброса пламени (в жаровых трубах)
CROSS-FITTING ....арматура крестового типа; крестообразный фитинг
CROSSFLOW ....поперечный поток
CROSS-HATCHED .... сетчатое поле, сетка; сетчатая штриховка
CROSS-HATCHING .... нанесение координатной сетки (на экран дисплея)
CROSSHEAD (cross-head) ....ползун; головка шатуна; поперечина; траверса
CROSS-HEAD SCREW ....винт с головкой под крестообразный шлиц
CROSSING..................................пересечение (напр. маршрутов)
CROSSING RUNWAYS ....пересекающиеся взлетно-посадочные полосы, пересекающиеся ВПП
CROSS-LAPPED COAT .... перекрестное нанесение (многослойного) покрытия
CROSS-LOOP ANTENNA................................... (радиопеленгаторная) антенна в виде двух скрещенных рамок
CROSS-MEMBER.. крестовина; траверса
CROSS-MODULATION .... перекрестная модуляция, кроссмодуляция
CROSSOVER............................пролет контрольной точки (маршрута)
CROSS-OVER FREQUENCY ....частота перехода; частота разделения каналов
CROSS-OVER TAXIWAY ....соединительная рулежная дорожка
CROSSOVER TEE .... Т-образное сочленение; тройник
CROSSOVER TUBE................................ соединительный патрубок

CROSSOVER VALVE	перепускной клапан
CROSSPIECE	крестовина; траверса
CROSSPIN	поперечный штифт
CROSS-POINTER INDICATOR	указатель с перекрещивающимися стрелками
CROSS-POINTERS	перекрещивающиеся стрелки (указателя)
CROSS PROFILE	профиль поперечного сечения
CROSSRANGE	боковая дальность; боковое отклонение; отклонение плоскости орбиты от места посадки (орбитального самолёта); боковой манёвр; поперечный
CROSS-RIVETING	шахматная клёпка
CROSS-SECTION	(поперечное) сечение; площадь (поперечного) сечения; эффективная поверхность рассеяния, ЭПР; эффективная отражающая поверхность, ЭОП
CROSS-SERVICING	взаимное техническое обслуживание
CROSS-SHAFT	поперечная тяга; поперечный вал
CROSS-SHAPED TAIL UNIT	крестообразное хвостовое оперение
CROSS-SLOPED RUNWAY	взлётно-посадочная полоса [ВПП] с поперечным уклоном
CROSS-SLOT SCREW	винт с головкой под крестообразный шлиц
CROSS-TALK (crosstalk)	перекрёстные помехи; перекрёстные искажения; перекрёстное затухание; переходный разговор
CROSS-THREADING	свинчивание резьбы
CROSSTRACK (error)	отклонение от (заданного) курса
CROSSTRACK DISTANCE	величина бокового отклонения от (заданного) курса
CROSSTRACK DISTANCE CHANGE RATE	скорость изменения бокового отклонения
CROSS UNION	крестообразное соединение; крестообразная муфта
CROSSWHEEL	направляющий ролик системы управления
CROSSWIND (cross wind)	боковой ветер
CROSSWIND APPROACH	заход на посадку при боковом ветре
CROSSWIND COMPONENT	поперечная [боковая] составляющая ветра

CROSSWIND CORRECTION	поправка на снос ветром, поправка на угол сноса ветром
CROSSWIND FLIGHT	полет при боковом ветре
CROSSWIND FORCE	сила бокового ветра
CROSSWIND LANDING	посадка при боковом ветре
CROSSWIND LEG	участок маршрута между первым и вторым разворотами; участок маршрута при воздействии бокового ветра
CROSSWIND LIMIT	ограничение по боковому ветру
CROSSWIND SPEED	скорость бокового ветра
CROSSWIND TAKEOFF	взлет при боковом ветре
CROWBAR	закорачивающая перемычка; заземляющая перемычка; рычаг; рукоятка
CROWDED	переполненный; перенасыщенный
CROWDED AIRSPACE	перенасыщенное воздушное пространство
CROWFOOT RING SPANNER	разводной гаечный ключ
CROWFOOT WRENCH	разводной ключ
CROWN	наивысшая точка; вершина; полюсная часть купола (парашюта); обод (шкива)
CROWN CORPORATION	государственная корпорация, государственное объединение; национальная корпорация
CROWNED	закругленный; вздутый; выпуклый; бочкообразной формы; укупоренный кронштатным колпачком
CROWNING	вздутие, выпуклость, утолщение; образование выпуклостей
CROWN WHEEL	зубчатое колесо; шестерня
CRT DISPLAY (cathode-ray tube)	дисплей на электронно-лучевой трубке, дисплей на ЭЛТ
CRT INSTRUMENTS	указатели на электронно-лучевых трубках, указатели на ЭЛТ
CRUCIBLE PLIERS	плоскогубцы
CRUDE	сырой; неочищенный; необработанный; непереработанный
CRUDE OIL	сырая нефть
CRUISE	крейсерский полет, полет на крейсерском режиме

CRUISE (to)	летать на крейсерском режиме
CRUISE CEILING	максимальная крейсерская высота
CRUISE CLIMB	набор высоты в крейсерском режиме
CRUISE CONSUMPTION	расход топлива на крейсерском режиме
CRUISE CONTROL	управление в крейсерском режиме
CRUISE DATA	характеристики крейсерского режима (полета)
CRUISE DESCENT	снижение на крейсерском режиме
CRUISE INFORMATION FORM	бланк крейсерских параметров
CRUISE MISSILE	крылатая ракета, КР
CRUISER	боевой космический аппарат, боевой КА; боевой космический самолет
CRUISE RATING	крейсерский режим
CRUISE SPEED	крейсерская скорость, скорость (полета) на крейсерском режиме
CRUISING	крейсерский полет, полет на крейсерском режиме
CRUISING ALTITUDE	крейсерская высота, высота (полета) на крейсерском режиме
CRUISING FLIGHT	крейсерский полет, полет на крейсерском режиме
CRUISING LEVEL	крейсерская высота, высота (полета) на крейсерском режиме
CRUISING POWER	крейсерская мощность; тяга на крейсерском режиме (полета)
CRUISING RADIUS	радиус действия на крейсерском режиме полета; радиус полета на крейсерском режиме
CRUISING RANGE	крейсерская дальность, дальность (полета) на крейсерском режиме
CRUISING SEGMENT	участок крейсерского полета
CRUISING SPEED	крейсерская скорость, скорость (полета) на крейсерском режиме
CRUMBLE (to)	измельчать; рассыпать(ся); распылять(ся)
CRUSH (to)	дробить; измельчать; раздавливать
CRUSHED ICE	раздробленный лед; измельченный лед
CRUSHER	измельчитель, машина для измельчения; дробилка, дробильная установка
CRUSHING MILL	мельница грубого помола

CRUSHING STRENGTH	прочность на раздавливание; сопротивление раздавливанию
CRYOGEN	криогенное вещество
CRYOGENIC	криогенный; низкотемпературный; сверхнизкотемпературный
CRYOGENIC PROPELLANTS	криогенные компоненты топлива
CRYOGENIC PROPULSION	криогенный жидкостный ракетный двигатель, криогенный ЖРД; криогенная двигательная установка
CRYOGENICS	криогеника; криогенные [низкокипящие] компоненты (ракетного топлива)
CRYOGENIC STAGE	криогенная (ракетная) ступень; криогенный ракетный блок
CRYOGENIC TANK	криогенный топливный бак
CRYOGENIC TEMPERATURE	криогенная температура
CRYOPUMP	криогенный насос, насос для подачи криогенных компонентов топлива
CRYOPUMPING	насосная подача криогенных компонентов топлива
CRYOSTAT	криостат
CRYOTRONICS	криотроника, электроника криогенных устройств
CRYOTURBOGENERATOR	криотурбогенератор
CRYPTOPHONICS	криптофония
CRYSTAL	кристалл
CRYSTAL(-CONTROLLED) OSCILLATOR	кварцевый генератор, генератор с кварцевой стабилизацией частоты
CRYSTAL FILTER	кварцевый фильтр
CRYSTAL LIQUID CONTROL DISPLAY	жидкокристаллический индикатор; дисплей на жидких кристаллах
CRYSTAL RESONATOR	пьезоэлектрический резонатор
CSK HEAD SCREW	винт с потайной головкой
CUBAN EIGHT	кубинская вертикальная восьмерка
CUBIC CAPACITY	рабочий объем (двигателя)
CUBIC METER (Cu.m.)	кубический метр
CUE	признак; ориентир; метка
CUFF	обтекатель; зализ
CUMULATIVE PROCESS	кумулятивный процесс
CUMULIFORM	кучеобразный
CUMULO-NIMBUS (cumulonimbus)	кучево-дождевые облака

CUMULO-STRATUS (cumulostratus) слоисто-кучевые облака
CUMULUS кучевые облака
CUP чашка; колпачок; манжета; уплотнительное кольцо; наружное кольцо (подшипника)
CUP-AND-BALL JOINT шарнирное соединение
CUP ANEMOMETER чашечный анемометр
CUP DISPENSER автомат выдачи стаканов
CUPEL купель; тигель
CUP HEAD SCREW винт с полукруглой головкой
CUP-HOLDER чашкодержатель
CUP LOCKWASHER тарельчатая пружина
CUPOLA купол
CUPPED WASHER тарельчатая пружина
CUP SPRING пружина (установочной) чашки (станочного приспособления)
CUP VALVE тарельчатый клапан
CUP WASHER (cupwasher) тарельчатая пружина
CUP WHEEL чашеобразный круг
CURE (to) отверждать(ся); вулканизировать(ся); сушить; выдерживать
CURE DATE время вулканизации
CURFEW запрет полетов
CURING отверждение; вулканизация; структурирование; термоотверждение; отжиг
CURING AGENT отвердитель; вулканизирующее вещество
CURING DATE время вулканизации
CURING TIME продолжительность вулканизации
CURL вихрь; завихрение; спираль; закручивание; скручивание
CURRENCIES DECLARATION валютная декларация
CURRENCY ADJUSTMENT FACTOR коэффициент валютного регулирования (при построении тарифов)
CURRENT ток; сила тока; течение; поток
CURRENT-CARRYING токонесущий
CURRENT FLIGHT PLAN текущий план полета
CURRENT FLOW электрический ток
CURRENT LEG текущий участок маршрута
CURRENTOMETER амперметр, измеритель силы тока

CURRENT POSITION .... текущее географическое (место)положение (воздушного судна)
CURRENT RATING .... действующая квалификационная отметка
CURRENT REGULATOR .... стабилизатор тока
CURRENT RELAY .... реле тока
CURRENT SOURCE .... источник тока
CURRENT TERMINAL .... токосъем
CURRENT TRANSFORMER .... измерительный трансформатор тока
CURRICULUM .... курс обучения; учебная программа
CURSOR .... стрелка; указатель (прибора); курсор; метка; марка; визир(ная линия)
CURTAIN .... защитный экран; отражатель; полотно (антенны); шторка; завеса
CURTAIN TRACK .... направляющая шторки
CURVATURE .... кривизна; искривление, изгиб; кривая; линия отклонения (от курса)
CURVE .... кривая; характеристика; график
CURVED .... искривленный; изогнутый
CURVED APPROACH .... заход на посадку по криволинейной траектории
CURVED LINE .... кривая; линия отклонения (от курса)
CURVED PANEL (sheet) .... изогнутая панель, панель с криволинейным профилем
CURVED PART .... фасонная деталь; деталь с криволинейным профилем
CURVIC COUPLING .... торцовая муфта с круговыми зубьями
CUSHION .... (воздушная) подушка; подкладка; прокладка; подстилающий слой; амортизатор
CUSHION (to) .... смягчать (вибрацию); образовывать воздушную подушку
CUSHIONCRAFT .... аппарат на воздушной подушке, аппарат с динамическим принципом поддержания
CUSHIONING .... упругое сжатие; амортизация; пружинящее действие; торможение в конце хода (рабочего органа)
CUSTOM .... клиентура; покупатели; заказы; закупки
CUSTOM-DESIGNED .... изготовленный по (особому) заказу, заказной
CUSTOMER .... заказчик; клиент; покупатель; абонент
CUSTOMER AIRLINE .... авиакомпания-заказчик

CUSTOMER SERVICE .... послепродажное обслуживание
CUSTOMIZATION (customisation) .... удовлетворение требованиям заказчика; изготовление на заказ
CUSTOMIZE (to) .... изготавливать по специальным (техническим) требованиям заказчика; изготавливать на заказ; удовлетворять требованиям заказчика
CUSTOM-MADE .... изготовленный по (особому) заказу, заказной
CUSTOMS .... таможенная служба; таможенный контроль
CUSTOMS ACCELERATED PASSENGER INSPECTION SYSTEM .... система ускоренного таможенного досмотра пассажиров
CUSTOMS AIRPORT .... аэропорт с таможенной службой
CUSTOMS BOARD .... таможенное управление
CUSTOMS CLEARANCE .... таможенный досмотр
CUSTOMS CONCESSION .... таможенная привилегия
CUSTOMS CONTROL .... таможенный досмотр
CUSTOMS DECLARATION .... таможенная декларация
CUSTOMS DUTY .... таможенная пошлина
CUSTOMS FORMALITIES CLEARANCE .... освобождение от таможенных формальностей
CUSTOMS-FREE .... беспошлинный (о грузе)
CUSTOMS-FREE AIRPORT .... аэропорт без таможенного досмотра, открытый аэропорт
CUSTOMS OFFICER .... таможенник
CUSTOMS PROCEDURE .... порядок таможенного досмотра (пассажиров); таможенная процедура
CUSTOMS REGULATIONS .... таможенные инструкции
CUSTOMS TRANSIT .... таможенный транзит
CUT .... разрез; надрез; срез; прорез; пропил; резание; обработка резанием; проход (при обработке резанием); отрезка; насечка
CUT (to) .... разрезать; надрезать; срезать; перерезать; прорезать; отсекать; выключать, отключать
CUTAWAY .... разрез, вид в разрезе
CUTBACK .... дросселирование (подачи топлива)
CUT BACK (to) .... дросселировать (подачу топлива); убирать ручку управления двигателем, убирать РУД

CUTDOWN .... снижение (режима работы двигателя); сокращение расходов (на воздушные перевозки)
CUT EDGE .... режущая кромка
CUT-IN .... включение; начало работы; запуск (двигателя)
CUT-IN (to) .... включать (напр. электроцепь); запускать (напр. двигатель)
CUT-IN ANGLE .... угол отсечки (глиссадного луча)
CUT-IN DIAL .... шкала с вырезами
CUT-IN RELAY .... включающее реле
CUT-IN SPEED .... быстродействие в режиме включения
CUT-IN VALVE .... кран включения
CUT-IN VOLTAGE .... напряжение включения
CUT-OFF .... выключение, прекращение работы, отсечка; напряжение отсечки; режим запирания; порог; граница; предельная [граничная] частота; нарушение, прерывание (радиосвязи)
CUT-OFF (to) .... отключать (напр. электроцепь); останавливать (напр. двигатель); отсекать (световой пучок); прерывать (радиосвязь)
CUT-OFF BIAS .... напряжение отсечки
CUT-OFF FREQUENCY .... предельная частота; граничная частота; критическая частота; частота среза (фильтра); частота отсечки
CUT-OFF LINE .... рубеж пропадания сигнала
CUT-OFF POSITION .... выключенное положение, положение "выключено"
CUT-OFF RELAY .... размыкающее реле, реле отсечки
CUT-OFF TAXIWAY .... соединительная рулежная дорожка
CUT OFF THE ENGINE (to) .... останавливать [выключать] двигатель
CUTOFF VALVE .... отсечной клапан
CUTOFF VOLTAGE .... напряжение отсечки; запирающее напряжение
CUTOUT (cut-out) .... срезка (подачи топлива); отключение (напр. электроцепи); вырез (напр. в обшивке); предохранитель
CUT-OUT (to) .... срезать (подачу топлива); отключать (напр. электроцепь); вырезать (напр. обшивку)
CUTOUT PRESSURE SWITCH .... мембранный выключатель; выключающее реле давления

CUTOUT RELAY (cut-out relay)	размыкающее реле, реле отсечки
CUTOUT SPEED	быстродействие в режиме выключения
CUTOUT SWITCH	выключатель
CUT-OUT VOLTAGE	напряжение отсечки; запирающее напряжение
CUT SHORT (to)	выбирать кратчайший путь (полета); сокращать маршрут (воздушной перевозки)
CUTTER	резак; режущий инструмент; резец; фреза
CUTTER PLIER	кусачки; острогубцы
CUTTING	резание; обработка резанием; резка; отрезка
CUTTING CHIP	стружка
CUTTING EDGE	режущая кромка
CUTTING FLUID	смазочно-охлаждающая жидкость, СОЖ; режущая струя
CUTTING NIPPERS	кусачки; острогубцы
CUTTING-OFF	разрезание; отрезка; резка; отсечка
CUTTING-OFF MACHINE	отрезной станок
CUTTING-OFF TOOL	режущий инструмент; резец
CUTTING OIL	смазочно-охлаждающая жидкость, СОЖ
CUTTING-OUT	вырезание, вырезка
CUTTING SPEED (cutting rate)	скорость резания
CUTTING TOOLS	режущий инструмент
CUT UP (to)	разрезать
CUT-VIEW	сечение
CYANIDE SALT	цианид, соль цианисто-водородной кислоты
CYANIDING	цианирование
CYBERNETICS	кибернетика
CYCLE	цикл; циклический прогресс; такт (хода поршня); период (колебания); скважность, периодичность (сигналов)
CYCLE (to)	совершать цикл; циклически повторять(ся); работать циклами
CYCLE CLOSED	замкнутый цикл
CYCLIC LOADS	циклические нагрузки
CYCLIC PITCH	циклический шаг (несущего винта)
CYCLIC PITCH CONTROL	управление циклическим шагом (несущего винта)
CYCLIC PITCH CONTROL ROD	тяга управления циклическим шагом (несущего винта)

CYCLIC PITCH CONTROL SYSTEM .... система управления циклическим шагом (несущего винта)
CYCLIC PRESSURE .... циклическое давление
CYCLIC SWASHPLATE .... торцовый кулак; наклонная шайба, наклонный диск; тарелка [кольцо] автомата перекоса (несущего винта вертолета)
CYCLING .... циклическое [периодическое] изменение; циклическое [периодическое] повторение; циклическая работа; цикличность; циклические испытания
CYCLONE .... циклон
CYCLONE BELT .... зона циклонов
CYLINDER .... цилиндр; барабан; баллон
CYLINDER BARREL .... блок цилиндров; ротор (насоса)
CYLINDER BLOCK .... блок цилиндров
CYLINDER CAPACITY .... рабочий объем цилиндра
CYLINDER FIN .... охлаждающее ребро цилиндра (двигателя)
CYLINDER HEAD .... головка цилиндра; крышка цилиндра
CYLINDER-HEAD WASHER .... прокладка головки цилиндра
CYLINDER JACKET .... водяная рубашка (системы охлаждения)
CYLINDER LINER .... гильза цилиндра
CYLINDER-OPERATED .... приводимый в действие силовым приводом
CYLINDER SHAFT .... шток цилиндра
CYLINDER WALL .... стенка цилиндра
CYLINDRICAL NUT .... цилиндрическая гайка
CYLINDRICAL PIN .... цилиндрический штифт

D

D-HEADED BOLT	болт с Д-образной головкой
D-RING	соединительное кольцо с Д-образным профилем
DADO	фальшборт (кабины); облицовочная панель; прямоугольный соединительный паз
DADO (to)	обшивать панелями
DADO PANELS	облицовочные панели
DAILY	ежедневный
DAILY FLIGHT	ежедневный рейс
DAILY INSPECTION	ежедневная проверка
DAILY MAINTEANCE	ежедневное техническое обслуживание
DAIS	возвышение
DAISY CHAIN	последовательное подключение; шлейфовое подключение
DAM	перемычка; стальная накладка; кромка; буртик; фланец; выступ; гребень
DAMAGE	повреждение; разрушение; дефект
DAMAGE (to)	повреждать; разрушать; наносить ущерб
DAMAGE AREA	зона повреждения
DAMAGE EVALUATION	оценка повреждения
DAMAGED AIRCRAFT	поврежденный летательный аппарат [ЛА]; поврежденное воздушное судно
DAMAGED PART	поврежденный узел; поврежденная деталь
DAMAGE-TOLERANT	безопасно повреждаемый, работоспособный при повреждениях
DAMP	влага; влажность; влажный; сырой
DAMP (to)	увлажнять; смачивать; затухать; ослаблять; демпфировать; амортизировать
DAMP AIR	влажный воздух, увлажненный воздух
DAMP ATMOSPHERE	влажная атмосфера
DAMP CLOTH	отсыревшая ткань; отсыревшее полотно
DAMP HAZE	влажная дымка
DAMP OUT (to)	задемпфировать (колебания)
DAMP OUT PRESSURE SURGE (to)	демпфировать скачки давления
DUMP RUNWAY	влажная взлетно-посадочная полоса, влажная ВПП
DAMPED OSCILLATIONS	затухающие колебания

DAMPED SPACECRAFT .... задемпфированный космический аппарат [КА]
DAMPED WAVE .... затухающая волна
DAMPEN (to) .... демпфировать; гасить (колебания)
DAMPENED WITH SOLVENT .... смоченный растворителем
DAMPER .... демпфер, демпфирующее устройство; амортизатор; гаситель (колебаний)
DAMPING .... демпфирование; амортизация; гашение (колебаний); затухание; ослабление; увлажнение, смачивание
DAMPING FACTOR .... коэффициент демпфирования
DAMPING POT .... демпфирующий цилиндр
DAMP-PROOF .... влагоустойчивый, влагонепроницаемый
DANGER AREA (danger zone) .... опасная зона
DANGER IF NET .... "опасно при соприкосновении с водой" (надпись на грузе)
DANGER OF COLLISION ....опасность столкновения (воздушных судов)
DARK .... темнота; темное время суток
DARKEN (to) .... затенять; воронить; чернить
DARKENED PORTION .... затемненная часть
DART (to) .... резкое движение; резкое отклонение (от курса); скачок; стреловидный поражающий элемент; авиационная неуправляемая ракета
DASH BOARD .... щиток; приборная доска (кабины экипажа)
DASH NUMBER .... индекс; коэффициент
DASH-POT .... гаситель гидроудара; дроссель
DASH SPEED .... (кратковременно развиваемая) максимальная скорость
DASHED CURVE .... пунктирная кривая
DATA .... данные; сведения; информация; характеристики; параметры; координаты
DATA ACQUISITION .... сбор данных; прием и регистрация данных
DATA ACQUISITION INSTRUMENTS .... приборы приема и регистрации данных
DATA ACQUISITION SYSTEM .... система сбора данных; система приема и регистрации данных
DATA BANK .... банк данных
DATA BASE .... база данных
DATA BUS .... шина данных

DATA COLLECTION	сбор данных
DATA COMMUNICATIONS SYSTEM	система передачи данных
DATA CONVERTER	преобразователь данных
DATA DISPLAY	индикатор данных
DATA ENTRY KEYBOARD (unit)	клавиатура ввода данных
DATA EXTRACTOR	устройство извлечения данных
DATA INTERCHANGE SERVICE	служба обмена данными
DATA LINK	линия передачи данных
DATA LINK CONTROL (DLC)	управление линией передачи данных
DATA MANAGEMENT STATION	станция управления данными
DATA OUTPUT	вывод данных; выходные данные
DATA PROCESSING	обработка данных
DATA PROCESSING DISPLAY	индикатор результатов обработки данных
DATA PROCESSING SECTION	отдел обработки информации, информационный отдел
DATA PROCESSOR	процессор данных
DATA RATE	темп съема данных
DATA RECORDING	регистрация данных
DATA SELECTOR	селектор данных
DATA SERVICE	информационное обслуживание
DATA SHEET	листок технических данных; информационный листок
DATA SIGNAL	сигнал данных
DATA SINK	приемник данных
DATA TRANSFER	передача данных
DATA TRANSMISSION	передача данных
DATA TERMINAL	оконечное устройство преобразования данных
DATE OF ISSUE	дата выпуска
DATUM	начало [точка] отсчета; база; базовая линия; заданная [исходная] величина; исходное положение
DATUM FACE	базовая поверхность
DATUM LINE	линия начала отсчета
DATUM MARK	репер; реперная отметка
DATUM POINT	точка начала отсчета
DATUM SURFACE	базовая поверхность

DAY FLIGHT	дневной полет, полет в светлое время суток
DAY LANDING	посадка в светлое время суток
DAY MARKING	оборудование системы дневного наведения
DAY-NIGHT NOISE LEVEL	среднесуточный уровень шума
DAY SMOKE SIGNAL	дневной дымовой сигнал
DAYLIGHT	дневной свет, естественное освещение
DAZZLE	ослепление; ослепляющее действие; защитная окраска
DAZZLE (to)	ослеплять; применять защитную окраску
DAZZLING	ослепляющее действие; ослепление
DC (direct current)	постоянный ток
DC GENERATOR	генератор постоянного тока
DC DRIVE MOTOR	приводной электродвигатель постоянного тока
DC MOTOR	(электро)двигатель постоянного тока
DC VOLTS	постоянное напряжение
DEACTIVATE (to)	отключать; разъединять; прекращать работу
DEAD AIRSCREW	остановленный [застопоренный] воздушный винт
DEAD AREA	мертвая зона (действия радиолокатора)
DEAD BEAT DISCHARGE	апериодический разряд
DEAD BOTTOM CENTER	нижняя мертвая точка, НМТ (хода поршня двигателя)
DEAD CALM	полный штиль
DEAD CENTER (dead centre)	неподвижный центр
DEAD-ENGINE LANDING	посадка с отказавшим двигателем
DEAD LEAF DIVE	пикирование по траектории падающего листа; пикирование по спирали
DEAD PROPELLER	остановленный [застопоренный] воздушный винт
DEAD RECKONING	счисление пути
DEAD RECKONING NAVIGATION	(аэро)навигация методом счисления пути
DEAD RISE	демпфирование; затухание; ослабление; амортизация
DEAD SOFT STEEL	особо мягкая (нелегированная) сталь
DEAD SPOT	мертвая точка
DEAD STICK LANDING	посадка с неработающим воздушным винтом

DEAD STOP	жесткий упор
DEAD TIME	время задержки; время запаздывания; бестоковая пауза; время нечувствительности; мертвое время
DEAD TOP CENTER	верхняя мертвая точка, ВМТ (хода поршня двигателя)
DEADEN (to)	амортизировать; ослаблять; поглощать
DEADHEAD	пассажир с правом бесплатного проезда
DEADHEAD FLIGHT	доводочный полет
DEADHEADING	установка; монтаж
DEADLINE	неисправная линия; обесточенная [отключенная] линия; (предельный) срок исполнения (заказа)
DEADLOAD	масса конструкции (летательного аппарата)
DEADLOAD CAPACITY	максимальная нагрузка; грузоподъемность; вместимость отсека
DEADLOCK	блокировка; мертвая точка (подвижной механической системы)
DEAERATOR	деаэратор; воздухоотделитель (маслосистемы)
DEAERATOR TRAY	поддон воздухоотделителя (маслосистемы)
DEALER	дилер, агент по продаже; торговый посредник
DEBARKATION	выгрузка (груза); высадка (пассажиров)
DEBARKATION AERODROME	аэродром назначения
DEBOND	разрушение клеевого соединения (конструкции)
DEBOOST VALVE	регулятор давления; редукционный клапан
DEBOOSTER	ограничитель наддува; ограничитель напряжения; дебустер (системы управления)
DEBRIEFING	разбор полета
DEBRIS	обломки; осколки; твердые частицы
DEBUG (to)	отлаживать (программу); налаживать; устранять неполадки [неисправности]
DEBUGGING	отладка (программы); наладка; устранение неполадок [неисправностей]
DEBURR (to)	снимать заусенцы
DEBURRER	станок для снятия заусенцев
DEBURRING	снятие заусенцев; зубозакругление

DECADE COUNTER	десятичный счетчик
DECADIC FREQUENCY SWITCH	декадный переключатель частоты
DECAL	бирка; ярлык; клеймо; деколь, переводной рисунок; декалькомания
DECALCOMANIA	декалькомания
DECANT (to)	декантировать, сцеживать, сливать с осадка; фильтровать
DECARBONIZE (to)	обезуглероживать; удалять нагар (с деталей двигателя)
DECAY	затухание; ослабление; падение
DECAY (to)	спадать; затухать; ослаблять(ся); снижать(ся)
DECAYED SPACECRAFT	космический аппарат [КА], прекративший существование на орбите
DECCA FLIGHT LOG	курсопрокладчик радионавигационной системы "Декка"
DECELERATE (to)	замедлять, тормозить
DECELERATED APPROACH	заход на посадку с уменьшенной скоростью
DECELERATING FLIGHT	полет с уменьшением скорости
DECELERATION	уменьшение скорости, замедление; торможение; отрицательное ускорение
DECELERATION AREA	зона торможения
DECELERATION DUE TO DRAG	уменьшение скорости (полета) за счет лобового сопротивления
DECELERATION VALVE	тормозной клапан
DECELERATIVE FORCE	тормозящая сила; сила торможения, сила замедления
DECELERATOR	тормозное устройство
DECELEROMETER	деселерометр
DECIBEL	децибел, дБ
DECIMAL NUMBER (digit)	десятичное число; десятичная дробь
DECIMAL POINT	десятичная запятая [точка]
DECIMETER WAVES	дециметровые волны, ДМВ
DECISION HEIGHT	высота принятия решения
DECISION POINT	точка принятия решения
DECISION SPEED	скорость принятия решения (летчиком)
DECISION TO LAND	решение выполнить посадку
DECK	пол (кабины); палуба (фюзеляжа); панель; доска; площадка
DECK-LAND (to)	садиться на палубу (корабля)

DECK LANDING	посадка на палубу (корабля)
DECKING	настил; палубное покрытие; палубный настил
DECLARED COURSE	объявленный маршрут следования
DECLINATION	склонение (светила); отклонение; падение, снижение; спад
DECLINATION CIRCLE	круг склонения
DECLUTCH (to)	расцеплять, разъединять; выключать сцепление
DECODER	декодер; дешифратор; демодулятор; преобразователь кода
DECODING	декодирование; дешифрирование; демодуляция; преобразование кода
DECODING UNIT	декодирующее устройство, декодер
DECOMPRESS (to)	разгерметизировать(ся); терять давление
DECOMPRESSION	снижение давления; декомпрессия; разгерметизация (кабины)
DECOMPRESSION PANEL	табло разгерметизации
DECOMPRESSION VALVE	разгрузочный клапан
DECORATIVE FINISH	декоративная отделка
DECORATIVE LINING	декоративный облицовочный материал
DECORATIVE PAINT	декоративная краска
DECOUPLING CAPACITOR	развязывающий конденсатор
DECOUPLING DIODE	развязывающий диод
DECOUPLING TRANSFORMER	развязывающий трансформатор
DECRAB (to)	парировать снос (воздушного судна)
DECRABBING	парирование сноса (воздушного судна)
DECREASE (to)	уменьшать(ся); снижать(ся); понижать(ся); падать, убывать
DECREASE PITCH	уменьшение угла тангажа; уменьшение шага (воздушного винта)
DECREASING SPEED	скорость замедления; скорость торможения
DEDICATE (to)	специализировать(ся)
DEDICATED	(узко)специализированный; специальный; одноцелевой
DE-DUST (to)	отсасывать пыль; отделять пыль
DEDUSTER	пылеуловитель; пылеотделитель
DE-EMBRITTLE (to)	удалять воздушные пробки; устранять хрупкость

DE-EMBRITTLEMENT .... устранение хрупкости; удаление воздушных пробок; воздухоотделение; газоотделение; дегазация
DE-ENERGIZE (to) .... отключать напряжение; обесточивать; выключать [отключать] питание; снимать возбуждение
DEEP .... глубокий; дальний
DEEP ANODIZING .... глубокое анодирование
DEEP DRILLING ....глубокое сверление; прошивка глубоких отверстий
DEEP SOCKET .... глубокое гнездо
DEEP SPACE .... дальний космос
DEEP SPACE MISSION .... полет в дальнее космическое пространство
DEEP SPACE PROBE .... космическая станция для исследования дальнего космоса
DEEP SPACE TRANSPONDER ....приемоответчик для работы в дальнем космосе
DEEP STALL .... глубокий срыв
DEEPENED LIGHTS .... утопленные огни, углубленные огни
DEEPLY SCORED .... с глубокими зазубринами
DEFECT .... дефект; несовершенство; неисправность; повреждение
DEFECTIVE ....с изъяном; дефектный; бракованный; неисправный; поврежденный
DEFECTIVE BUSHING ....дефектная втулка; дефектный вкладыш (подшипника)
DEFECTIVE PART .... бракованная деталь; дефектное изделие
DEFECTIVE SEAL ....дефектное уплотнение
DEFECTIVE WORKMANSHIP ....низкое качество изготовления (изделия)
DEFECTOSCOPE ....дефектоскоп
DEFENCE, DEFENSE ....оборона; защита
DEFERRED .... отсроченный; отложенный; пониженный; взимаемый при задержке доставки; запланированный на будущее
DEFERRED MAINTENANCE...................................... отсроченное техническое обслуживание
DEFERRED SUSPECT REMOVAL ....отсроченное снятие с эксплуатации (воздушного судна)

DEFINITE LANDMARK .... четкий [ясный] наземный ориентир
DEFLAGRATION .... мгновенное сгорание; быстрое горение; вспышка; воспламенение
DEFLATE (to) .... выкачивать, выпускать (воздух)
DEFLATED TYRE .... спущенный пневматик
DEFLATION .... выкачивание, выпускание (воздуха)
DEFLECT (to) .... смещать; перемещать; отклонять(ся); изменять направление; отражать (поток воздуха); прогибать(ся); выгибать(ся); провисать
DEFLECTED DOWN .... отклоненный вниз (напр. закрылок)
DEFLECTION .... смещение; перемещение; отклонение; изменение направления; отражение (потока воздуха); стрела прогиба (консоли руля); расход (рулей)
DEFLECTION CHECK .... контроль отклонения
DEFLECTION PLATE .... отражательная пластина; отклоняющий электрод
DEFLECTION TEST .... проверка отклонения рулей
DEFLECTION TRAVEL .... отклонение; угол отклонения; ход; максимальное отклонение
DEFLECTOR .... отражатель, дефлектор; отклоняющее устройство
DEFLECTOR DOOR .... отклоняющая створка, створка дефлектора
DEFOCUSING .... расфокусировка
DEFOGGER .... туманорассеивающая система
DEFOGGING (de-fogging) .... предотвращение запотевания (стекол кабины)
DEFORMED .... деформированный
DEFROSTER .... антиобледенитель; дефлектор системы отопления; обогреватель; установка для размораживания, дефростер
DEFROSTING .... размораживание; оттаивание, удаление инея
DEFRUITER .... устройство подавления импульсных несинхронных помех
DEFRUITING .... подавление импульсных несинхронных помех
DEFUEL (to) .... откачивать топливо; принудительно сливать топливо

DEFUEL VALVE	клапан для принудительного слива топлива
DEFUELING	откачка топлива, принудительный слив топлива
DEFUELING PUMP	насос системы принудительного слива топлива
DEFUELING VALVE	клапан для принудительного слива топлива
DEGARBLING	устранение искажений
DEGAS (to)	дегазировать
DEGASSING	дегазация, дегазирование; вакуумирование, обезгаживание
DEGAUSS (to)	размагничивать; стирать (магнитную запись)
DEGENERATION SPEED	скорость затухания (звукового удара)
DEGRADATION	деградация, ухудшение, снижение (параметров); разрушение; разложение
DEGREASE (to)	обезжиривать; удалять смазку
DEGREASING	обезжиривание; удаление смазки
DEGREE	степень; градус; порядок
DEGREE-OF-FREEDOM	степень свободы
DEHUMIDIFY (to)	осушать, сушить
DE-ICE (to)	устранять обледенение
DE-ICER	противообледенитель, противообледенительное устройство
DE-ICER BOOT	пневматический противообледенитель
DE-ICER VALVE	клапан противообледенителя
DE-ICING	удаление льда; противообледенительная защита
DE-ICING DUCT	трубопровод противообледенителя
DE-ICING FLUID	противообледенительная жидкость
DE-ICING HOT AIR	горячий воздух воздушно-теплового противообледенителя
DE-ICING OVERSHOE	надувной протектор механического [пневматического] противообледенителя
DE-ICING SLIPRINGS	токособирательные (контактные) кольца электрического противообледенителя
DE-IONIZED WATER	деионизированная вода
DELAMINATE (to)	расслаиваться
DELAMINATION	расслоение, расслаивание
DELAMINATION LIMITS	границы расслоения
DELAY	задержка; запаздывание; время задержки; время запаздывания; простой
DELAY (to)	задерживать; запаздывать; простаивать

DELAY COUNTER	счётчик интервалов задержки
DELAY DEVICE	устройство замедления, замедлитель
DELAY EN-ROUTE	задержка на маршруте
DELAY LINE	линия задержки, ЛЗ
DELAY RELAY	реле выдержки времени, замедленное реле
DELAY SWITCH	выключатель с выдержкой времени
DELAY TIMER	реле времени
DELAY TIMING	синхронизация времени; установка времени выдержки (в реле)
DELAYED ARRIVAL	задержанный прилёт
DELAYED DEPARTURE	задержанный вылет
DELAYED FLAPS APPROACH (DFA)	заход на посадку с замедленным выпуском закрылков
DELAYED FLIGHT	задержанный рейс
DELAYED FRACTURE	замедленное разрушение
DELAYED SWITCHING	переключение с задержкой
DELETE (to)	исключать; уничтожать; удалять; вычёркивать; стирать (запись)
DELETED	изъятый (напр. из технической документации)
DELICATE	малоинерционный; чувствительный
DELIMIT (to)	ограничивать; разграничивать
DELIVER (to)	выпускать (продукцию); поставлять; доставлять; снабжать; подавать; питать; нагнетать
DELIVERY	поставка; доставка; выпуск (продукции); транспортировка (к месту назначения); подача; питание; снабжение
DELIVERY CONTROL	регулирование подачи; регулирование снабжения; контроль поставок
DELIVERY DATE (time)	срок поставки (изделия)
DELIVERY FLIGHT	перегоночный полёт
DELIVERY LINE	нагнетающий трубопровод
DELIVERY ORDER	заказ на изготовление (изделия)
DELIVERY POINT	пункт доставки (багажа); точка доставки боеприпаса
DELIVERY POWER	подводимая мощность
DELIVERY PRESSURE	давление подачи; давление в нагнетающей магистрали
DELIVERY RATE	секундный расход при подаче (топлива); скорость подачи; частота выведения полезных грузов (на орбиту)

DELTA BEAM	балка треугольного сечения; лонжерон треугольного крыла
DELTA CONNECTION	треугольное соединение
DELTA FITTING	сборка в треугольную схему
DELTA METAL	дельта-металл; антифрикционный сплав
DELTA WING	треугольное крыло
DELTA WING AIRCRAFT	самолет с треугольным крылом
DE LUXE SERVICE	обслуживание по классу "люкс"
DEMAGNETIZATION	размагничивание
DEMAGNETIZE (to) (de-magnetise)	размагничивать
DEMAGNETIZER (demagnetiser)	устройство размагничивания; размагничивающий дроссель
DEMAND	спрос; потребность; требование; потребление; расход; запрос
DEMAND SIGNAL	сигнал запроса
DEMINERALIZE (to)	обессоливать; деминерализовывать
DEMINERALIZED WATER	деминерализованная вода
DE-MIST (to)	предотвращать запотевание (стекол)
DE-MISTER	устройство для предотвращения запотевания (стекол); туманоуловитель
DE-MISTING	предотвращение запотевания (стекол)
DE-MISTING FAN	вентилятор системы предотвращения запотевания (стекол)
DE-MISTING PANEL	незапотевающая панель
DEMODULATE (to)	демодулировать; детектировать
DEMODULATOR	демодулятор; детектор
DEMONSTRATED SPEED	фактическая скорость
DEMONSTRATION FLIGHT	демонстрационный полет
DEMOULD (to)	вынимать из формы (отливку)
DE-MOUNT (to)	демонтировать; разбирать (конструкцию); разгружать
DEMULSIBILITY	способность к деэмульгированию; способность отделяться от воды
DEMULTIPLEXER	демультиплексор; устройство разделения (каналов); устройство разуплотнения (каналов)
DEMULTIPLEXING FILTER	фильтр демультиплексора
DEMURRAGE	простой (воздушного судна); демерредж (плата за простой); штрафная неустойка (за хранение груза сверх срока)

DENATURED ALCOHOL .... денатурированный спирт
DENIAL OF CARRIAGE .... отказ в перевозке
DENOMINATOR .... знаменатель
DENOTING THE OBSTACLE .... обозначение препятствия
(на аэродроме)
DENSE FOG .... плотный туман
DENSE TRAFFIC .... интенсивные воздушные перевозки
DENSITOMETER .... денситометр (прибор для измерения
оптической плотности); денсиметр, плотномер
DENSITY .... плотность; концентрация;
оптическая плотность; интенсивность
DENSITY ALTITUDE .... высота (полета) в атмосфере
высокой плотности;
высота по плотности
DENSITY ALTITUDE DISPLAY .... индикатор барометрической высоты
DENSITY HEIGHT .... высота (полета) в атмосфере
высокой плотности; высота по плотности
DENT .... выбоина; впадина; вмятина; след
DENT (to) .... оставлять след;
делать вмятину; делать выбоину; насекать
DENT IN SURFACE .... вмятина на обшивке
DENTED AREA .... площадь вмятины; площадь выбоины
DE-OIL (to) .... обезмасливать; обезжиривать
DEORBIT .... сход с орбиты; отработка тормозного импульса
DEORBIT (to) .... сходить с орбиты;
отрабатывать тормозной импульс
DEORBIT DECISION .... решение о сходе с орбиты
(и возвращении на Землю)
DEOXIDIZE (to) .... восстанавливать; раскислять
DEPART (to) .... вылетать, отправляться в рейс;
отклоняться (от заданных параметров)
DEPARTING AIRCRAFT .... вылетающее воздушное судно
DEPARTING PASSENGERS .... вылетающие пассажиры
DEPARTING PLANE .... вылетающее воздушное судно
DEPARTMENT .... министерство; управление; отдел;
отделение; бюро; факультет; цех; мастерская
DEPARTURE .... вылет, отправление в рейс;
отклонение (от заданных параметров)
DEPARTURE ANNOUNCEMENT .... объявление о вылете

DEPARTURE BOARD	доска информации о вылете (из аэропорта)
DEPARTURE FLIGHT LEVEL	эшелон выхода (из зоны аэродрома)
DEPARTURE GATE	выход на посадку
DEPARTURE LOUNGE	зал вылета
DEPARTURE NOISE LEVEL	уровень шума при взлете
DEPARTURE OF FLIGHT	отправление рейса
DEPARTURE ORBIT	орбита отправления
DEPARTURE PLACE (point)	пункт вылета
DEPARTURE ROUTING	маршрут вылета
DEPENDABILITY	надежность
DEPENDABLE	надежный
DEPENDENT FAILURE	зависимый отказ
DEPHASE (to)	нарушать фазирование, дефазировать, смещать по фазе
DEPLANE (to)	производить высадку (из воздушного судна)
DEPLANEMENT	высадка пассажиров (из воздушного судна)
DEPLETE (to)	израсходовать(ся); уменьшать(ся); истощать(ся)
DEPLETION SENSOR	уровнемер
DEPLOY SPOILERS	ввод в действие интерцепторов
DEPLOYMENT	развертывание; ввод в действие; извлечение (полезного груза); разматывание (троса привязного спутника)
DEPOLARIZE (to)	деполяризовать
DEPORTED PASSENGER	депортированный пассажир; задержанный пассажир
DEPOSIT	отложение; осаждение; осадок; нагар
DEPOT AERODROME	базовый аэродром
DEPRESERVATION	расконсервация (напр. двигателя)
DEPRESERVE (to)	расконсервировать (напр. двигатель)
DEPRESS (to)	понижать давление; нажимать (на педаль); подавлять; ослаблять
DEPRESS A BUTTON (to)	нажимать на кнопку
DEPRESS KNOB (to)	нажимать на кнопку
DEPRESS SPRING (to)	ослаблять пружину
DEPRESSED AREA	область пониженного давления
DEPRESSION	наклонение (видимого горизонта); угол склонения; уменьшение; снижение; циклон, зона низкого давления

DEPRESSION SEAL	герметичное уплотнение, гермоуплотнение
DEPRESSURIZATION	разгерметизация (фюзеляжа); сброс давления
DEPRESSURIZATION VALVE	клапан сброса давления
DEPRESSURIZE (to)	разгерметизировать (напр. фюзеляж); сбрасывать давление
DEPRESSURIZING VALVE	клапан сброса давления
DEPTH	толщина; высота; глубина; насыщенность (цвета)
DEPTH GAUGE	глубиномер
DEPTH GREATER THAN	толщина больше, чем...
DEPTH MICROMETER	микрометр-глубиномер
DEPUTY CHAIRMAN	вице-президент; заместитель председателя
DEPUTY LEADER	командир звена
DEPUTY MANAGING DIRECTOR	заместитель генерального директора
DERATED (de-rated)	с пониженной мощностью; со сниженной тягой; дефорсированный
DERATING	снижение номинальных значений; дефорсирование
DEREGULATION	снятие законодательных ограничений; дерегламентация; дерегулирование
DERIVATION OF OPERATING DATA	расчет эксплуатационных параметров
DERIVE	ответвлять; шунтировать; отводить (напр. гидросмесь)
DERIVED AIRCRAFT	модифицированный летательный аппарат [ЛА]; модифицированное воздушное судно
DERRICK	подъемная стрела; мачтовый кран
DE-RUST (to)	удалять ржавчину
DERUSTER	состав для удаления ржавчины
DE-RUSTING	удаление ржавчины
DE-RUSTING SCRAPER	шабер для удаления ржавчины
DESCALER	окалиноломатель, устройство для удаления окалины
DESCALING (de-scaling)	удаление окалины
DESCEND (to)	спускать(ся); снижать(ся); склонять(ся) к горизонту

DESCEND THROUGH CLOUDS (to)	пробивать облачность
DESCENDING	снижение (воздушного судна); снижающийся
DESCENDING CURRENT	нисходящий поток
DESCENDING FLIGHT	полет со снижением
DESCENSIONAL POWER	отрицательная подъемная сила
DESCENT	спуск; снижение; склонение к горизонту
DESCENT IN TURBULENCE	спуск в условиях турбулентности
DESCENT ORBIT	орбита спуска
DESCENT RATE	вертикальная скорость спуска
DESCENT WITHOUT POWER	спуск с неработающим двигателем
DESCRIPTION	описание; обозначение
DESHYDRATOR	влагоотделитель, осушитель, осушительный патрон
DESICCANT	десикант, влагопоглотитель
DESICCANT BAG	пакет с осушителем
DESICCATE (to)	сушить; обезвоживать
DESICCATION	высыхание; высушивание; обезвоживание
DESIGN	конструирование; разработка; проектирование; конструкция; конструктивное решение; проект; схема; схемное решение; чертеж; расчет; расчетный; проектный
DESIGN (to)	проектировать; разрабатывать; конструировать
DESIGN AIRSPEED	расчетная воздушная скорость
DESIGN CEILING	расчетный потолок
DESIGN CHANGE	модификация; запланированное усовершенствование
DESIGN CRUISING SPEED	расчетная крейсерская скорость
DESIGN DATA	расчетные данные
DESIGN DEPARTMENT	конструкторское бюро, КБ; проектно-конструкторское бюро
DESIGN DIMENSIONS	расчетные габариты
DESIGN DIVING SPEED	расчетная скорость пикирования
DESIGN LANDING WEIGHT	расчетная посадочная масса
DESIGN LIMITS	расчетные пределы; производственные допуски
DESIGN LOAD	расчетная нагрузка
DESIGN MANOEUVERING SPEED	расчетная скорость маневрирования
DESIGN MAXIMUM WEIGHT	расчетная максимальная масса
DESIGN NOISE LEVEL	расчетный уровень шума

DESIGN OFFICE .... конструкторское бюро, КБ; проектно-конструкторское бюро
DESIGN POWER .... расчетная мощность
DESIGN ROUGH AIR SPEED .... расчетная скорость полета в турбулентной атмосфере
DESIGN SPEED .... расчетная скорость
DESIGN TAKE-OFF WEIGHT .... расчетная взлетная масса
DESIGN TAXIING WEIGHT .... расчетная масса (самолета) на рулении
DESIGN-TO-COST .... принцип проектирования с учетом заданной стоимости изделия; принцип проектирования при оптимальной стоимости (изделия)
DESIGN-TO-LIFE-CYCLE-COST .... принцип проектирования с учетом заданной стоимости изделия в течение жизненного цикла
DESIGN WEIGHT .... расчетный вес; расчетная масса
DESIGN WING AREA .... расчетная площадь крыла
DESIGNATED .... обозначенный; указанный; намеченный
DESIGNATED AIRSPACE .... обозначенное [установленное] воздушное пространство
DESIGNATED CONTROL POINT .... установленный пункт управления (полетом)
DESIGNATED REPORTING POINT .... установленный пункт (обязательных) донесений
DESIGNATED ROUTE .... заданный маршрут
DESIGNATION .... целеуказание
DESIGNATOR .... указатель; индекс; целеуказатель
DESIGNED .... расчетный; проектный
DESIGNED SPEED .... расчетная скорость
DESIGNER .... конструктор; проектировщик; разработчик
DESIGNING .... конструирование; проектирование; разработка; расчет
DESIRED COURSE (track) .... заданный курс; заданный маршрут; запрашиваемый курс
DESIRED ORBIT .... заданная [требуемая] орбита
DESIRED TRACK ANGLE .... заданный путевой угол
DESIRED TRACK FLIGHT .... полет по заданному маршруту
DESPIN (to) .... прекращать вращение; замедлять вращение

DESPUN ANTENNA .... (спутниковая) антенна с парированием вращения космического аппарата
DESTINATION .... пункт назначения; место назначения; конечная остановка (маршрута)
DESTINATION ADDRESS .... адрес назначения (рейса)
DESTINATION AERODROME .... аэродром назначения, аэродром намеченной посадки
DESTINATION AIRPORT .... аэропорт назначения
DESTINATION STATION .... станция назначения
DESTROY (to) .... поражать; уничтожать; разрушать
DESTRUCTIVE POWER .... поражающее действие; энергия разрушения; разрушительная мощь
DESTRUCTIVE TEST(ing) .... испытание с разрушением опытного образца
DESYNCHRONIZATION INDICATOR .... индикатор рассогласования
DETACH (to) .... передавать (воздушное судно другой авиакомпании); отсоединять, снимать, отстыковывать
DETACHABLE .... съемный; разъемный; отъемный
DETACHING .... передача (воздушного судна другой авиакомпании); отсоединение, съем, отстыковка
DETAIL .... деталь; элемент; часть (конструкции); узел; деталированный [детальный] чертеж
DETAIL DRAWING .... деталированный [детальный] чертеж
DETAIL OF JOINT .... элемент соединения; деталь сочленения
DETAIL PART .... узел конструкции
DETAILED EXAMINATION .... тщательный осмотр; детальный анализ
DETECT (to) .... обнаруживать; выпрямлять; детектировать; демодулировать
DETECTION LOOP .... рамочная антенна системы обнаружения
DETECTOR .... сигнализатор; индикатор; детектор; демодулятор; чувствительный элемент; датчик
DETECTOR CIRCUIT .... схема детектирования
DETENT .... защелка; фиксатор; упор; упорный рычаг; стопор; останов; арретир; кулачок
DETENT ARC .... зубчатый сектор фиксатора
DETENT QUADRANT .... (зубчатый) сектор фиксатора
DETERGENT .... детергент, моющее средство; присадка, предотвращающая образование осадка

DETERIORATE (to)	ухудшаться; повреждаться; разрушаться; изнашиваться; портиться; стареть
DETERIORATED SEAL	изношенное уплотнение
DETERIORATION	повреждение; ухудшение (напр. условий полета)
DETERIORATION IN PERFORMANCE	ухудшение характеристик
DETERMINATION	определение; измерение; вычисление
DETERMINATION OF CAUSE	установление причины (напр. отказа)
DETERMINE (to)	определять, (точно) измерять; вычислять
DETERRENCE	устрашение; средство устрашения; удержание
DETERRENT	флегматизатор
DETONATE (to)	детонировать; вызывать детонацию; подрывать (боевую часть)
DETONATION	детонация; детонационные волны
DETONATION HAZARD	опасность детонации
DETRIMENTAL DEFORMATION	опасная деформация
DETUNE (to)	нарушать настройку (прибора)
DEVELOP (to)	разрабатывать; проектировать; создавать; развертывать; обрабатывать
DEVELOPED LENGTH	осевая длина
DEVELOPER	разработчик; проектант; проявитель; проявляющий раствор
DEVELOPMENT	разработка; проектирование; опытно-конструкторские работы, ОКР; проектно-конструкторские работы; конструирование; развитие, совершенствование, доводка, отладка
DEVELOPMENT AIRCRAFT	опытный летательный аппарат; ЛА для летных испытаний (и доводки)
DEVELOPMENT COSTS	расходы на модернизацию
DEVELOPMENT DESIGN OFFICE	опытно-конструкторское бюро, ОКБ
DEVELOPMENT FLYING	доводочные полеты; испытательные полеты; полеты по программе заводских летных испытаний
DEVELOPMENT LABORATORY	опытная лаборатория; исследовательская лаборатория
DEVELOPMENT OF THE STALL	процесс сваливания (на крыло)
DEVELOPMENT TESTING	летно-конструкторские испытания

DEVIATE (to) .... отклоняться от курса (полета); уклоняться (от препятствия в полете)
DEVIATION .... отклонение от курса (полета); уклонение (от препятствия в полете); девиация
DEVIATION ANGLE .... угол отклонения
DEVIATION FROM THE COURSE (heading) .... отклонение от заданного курса
DEVIATION FROM THE LEVEL FLIGHT .... отклонение от линии горизонтального полета
DEVIATION INDICATOR .... индикатор отклонения
DEVIATION METER .... указатель отклонения
DEVIATION RATE .... величина отклонения (от курса полета)
DEVICE .... устройство; установка; агрегат; механизм; прибор; оборудование
DEVIOMETER .... указатель отклонения (от курса полета), девиометр
DE-WATER (to) .... обезвоживать; осушать
DEWATERING OIL .... смазка; солидол
DE-WATERING UNIT .... обезвоживающее устройство; осушитель
DEW POINT .... точка выпадения росы
DEW-POINT HYGROMETER .... гигрометр по точке росы, конденсационный гигрометр
DEWAXING .... выплавление восковой модели из оболочковой формы; депарафинизация
DIAGONAL BRACE .... раскос
DIAGONAL TRUSS MEMBER (main L/G) .... боковой подкос (основного шасси)
DIAGRAM .... диаграмма; график; схема; чертеж
DIAGRAMMATIC .... схематический
DIAL .... (круговая) шкала; циферблат; лимб; диск; номерной диск
DIAL (to) .... измерять по круговой шкале; набирать номер
DIAL CALIBRATION .... градуировка шкалы
DIAL CALIPER .... индикаторный толщиномер
DIAL GA(U)GE .... прибор с круговой шкалой; циферблатный индикатор
DIAL INDICATOR .... циферблатный индикатор
DIAL POINTER .... стрелка указателя; стрелка индикатора

DIAL PULSE .... импульс набора номера
DIAL TEST INDICATOR .... индикатор с круговой шкалой; циферблатный индикатор
DIAL TESTER .... контрольно-измерительный прибор с круговой шкалой
DIAL TYPE .... циферблатного типа; с круговой шкалой
DIAL UP (to) .... настраивать (на)
DIAMETER .... диаметр
DIAMETRAL PITCH .... диаметральный питч (отношение числа зубьев к диаметру зубчатого колеса в дюймах)
DIAMETRICALLY OPPOSITE .... диаметрально противоположный
DIAMOND GRINDING WHEEL .... алмазный шлифовальный круг
DIAMOND INDENTER .... алмазный индентор; алмазный пенетрометр
DIAMOND POINT CHISEL .... алмазный резец
DIAMOND POWDER .... алмазный порошок
DIAMOND TIPPED TOOL .... алмазный резец
DIAMOND TOOL .... алмазный инструмент; алмазный резец
DIAMOND WING .... алмазное лезвие
DIAPHRAGM .... диафрагма, мембрана; перегородка
DIAPHRAGM PUMP .... диафрагменный насос
DIBORANE .... диборан (горючее)
DICHROMATE .... дихромат, бихромат, соль двухромовой кислоты
DICHROMATE TREATMENT .... травление дихроматом [бихроматом], протравливание
DIE .... штамп; пуансон; матрица; пресс-форма; кокиль; фильера; винторезная головка; плашка; лерка
DIE-BAR .... оправка, обжимка
DIE CAST(ING) .... литье под давлением; отливка, полученная литьем под давлением; литье в кокиль, кокильное литье; кокильная отливка
DIE FORGING .... объемная штамповка; штампованная поковка
DIE NUT .... лерка, калибровочная плашка
DIE PRESS .... пресс для обжимки
DIE STOCK (die wrench) .... клупп с плашками
DIELECTRIC .... диэлектрик; диэлектрический
DIELECTRIC BREAKDOWN .... пробой диэлектрика

DIELECTRIC BREAKDOWN TEST	испытания диэлектрика на электрическую прочность
DIELECTRIC CONSTANT	диэлектрическая постоянная
DIELECTRIC STRENGTH	электрическая прочность диэлектрика
DIELECTRIC TESTER	прибор для измерения параметров диэлектрика
DIESEL	дизель, дизельный двигатель; дизельный
DIESEL ENGINE	дизельный двигатель
DIESEL OIL	дизельное топливо
DIFFERENCE	разница, различие; разность; перепад
DIFFERENCE OF POTENTIAL	разность потенциалов
DIFFERENTIAL	дифференциальный
DIFFERENTIAL ACTION	дифференциальное действие; управление по производной (функции)
DIFFERENTIAL AILERON CONTROL	дифференциальное управление элеронами
DIFFERENTIAL AIR PRESSURE REGULATOR	регулятор перепада давлений
DIFFERENTIAL AMPLIFIER	дифференциальный усилитель
DIFFERENTIAL BRAKING	дифференциальное торможение
DIFFERENTIAL CONTROL	дифференциальное управление
DIFFERENTIAL CONTROL REGULATOR	регулятор перепада давлений
DIFFERENTIAL CONTROL VALVE	клапан управления перепадом давлений
DIFFERENTIAL EQUATION	дифференциальное уравнение
DIFFERENTIAL GEAR	дифференциальный механизм
DIFFERENTIAL PLANETARY GEAR	дифференциально-планетарный механизм
DIFFERENTIAL PRESSURE	избыточное давление; перепад давления
DIFFERENTIAL PRESSURE INDICATOR	указатель высоты перепада давления в кабине
DIFFERENTIAL PRESSURE SWITCH	сигнализатор перепада давлений
DIFFERENTIAL PUMP	дифференциальный насос
DIFFERENTIAL RATE	дифференцированный тариф (по участкам полёта)
DIFFERENTIAL RELAY	дифференциальное реле

DIFFERENTIAL SECTOR .... кулиса дифференциального механизма
DIFFERENTIAL THRUST .... разность тяг
DIFFERENTIALLY-CONTROLLABLE ELEVONS .... дифференциально отклоняемые элевоны
DIFFERENTIALLY-DEFLECTED ELEVONS .... дифференциально отклоняемые элевоны
DIFFERENTIALLY OPERATED FLAP .... дифференциально управляемый закрылок
DIFFRACTED .... дифрагированный
DIFFUSE (to) .... диффундировать; размываться, расплываться; рассеивать(ся); распылять(ся)
DIFFUSE FIELD .... диффузное [рассеянное] поле
DIFFUSER .... диффузор
DIFFUSER CASE .... корпус диффузора
DIFFUSER HOLDER PLATE .... держатель диффузора
DIFFUSER RING .... кольцо диффузора
DIFFUSER SECTION .... диффузор
DIFFUSER TAKE OFF .... отклонение диффузора
DIFFUSER VANE .... диффузорная лопатка
DIFFUSION BRAZING (bonding, welding) .... диффузионная пайка (соединение, сварка)
DIFFUSOR .... диффузор
DIG (to) .... заедать (о режущем инструменте)
DIGEST .... дайджест; сборник
DIGIBUS .... шина цифровых данных
DIGIBUS BAR .... шина цифровых данных
DIGIT .... цифра; символ; знак; разряд; одноразрядное число
DIGITAL .... цифровой
DIGITAL-ANALOG CONVERTER (DAC) .... аналого-цифровой преобразователь
DIGITAL AUTOPILOT .... цифровой автопилот
DIGITAL AVIONICS .... цифровое бортовое радиоэлектронное оборудование, цифровое БРЭО
DIGITAL CALIPER .... цифровой штангенциркуль; цифровой толщиномер
DIGITAL CLOCK .... цифровые часы
DIGITAL COMPUTER .... бортовая цифровая вычислительная машина, БЦВМ; цифровая вычислительная машина, ЦВМ

DIGITAL CONTROL	цифровое управление; цифровой регулятор
DIGITAL DATA	цифровые данные
DIGITAL DATA COMPUTER	бортовая цифровая вычислительная машина, БЦВМ; цифровая вычислительная машина, ЦВМ
DIGITAL DISPLAY	цифровое табло
DIGITAL ELECTRONICS	цифровая электроника
DIGITAL ENGINE CONTROL	цифровой электронный регулятор режимов работы двигателя
DIGITAL FLIGHT CONTROLS	органы цифрового управления полетом
DIGITAL FLIGHT DATA RECORDER (DFDR)	цифровой регистратор полетных данных
DIGITAL FUEL MANAGEMENT SYSTEM	цифровая система регулирования расхода топлива
DIGITAL INDICATOR	цифровой индикатор
DIGITAL MULTIMETER	цифровой универсальный электроизмерительный прибор, цифровой мультиметр
DIGITAL OHMMETER	цифровой омметр
DIGITAL RADAR ALTIMETER	радиолокационный высотомер с цифровым отсчетом
DIGITAL RECORDER	цифровой регистратор
DIGITAL SENSOR	цифровой датчик
DIGITAL SIGNAL	цифровой сигнал
DIGITAL SIGNAL PROCESSING	обработка цифровых сигналов
DIGITAL VOLTMETER	цифровой вольтметр
DIGITALLY CONTROLLED	с цифровым управлением
DIGITIZED	в цифровой форме; числовой
DIGITIZED RADAR	цифровая радиолокационная станция, цифровая РЛС
DIGITIZER	цифровой преобразователь; цифровой датчик; цифратор
DIHEDRAL	поперечное "V" (крыла); угол между двумя аэродинамическими поверхностями
DILATATION	расширение; (относительное) объемное расширение
DILUTE (to)	разжижать (напр. масло); растворять; разбавлять; разрежать
DILUTION ZONE	зона разрежения; зона растворения

DIM

DIM	тусклый; неяркий; слабый (о свете); трудноразличимый
DIM (to)	затуманивать; лишать яркости; тускнеть, затуманиваться; затягиваться дымкой
DIMENSION	размер, габарит; размерность; измерение; координата положения
DIMENSIONAL CHECK	контроль размеров; размерный контроль
DIMENSIONED SKETCH	эскиз с размерами
DIMINISH (to)	уменьшать, убавлять, сокращать, ослаблять
DIMINUTION	снижение
DIMMER	регулятор света [освещенности]
DIMMER CAP	колпачок регулятора света
DIMMER RELAY	реле регулятора света
DIMMER SWITCH	переключатель света
DIMMING	уменьшение [ослабление] силы света
DIMPLE (to)	углублять; выдавливать; удалять дефекты (с поверхности)
DIMPLE	углубление; вмятина; впадина; коническая лунка
DIMPLED HOLE	углубленное отверстие
DIMPLING	выдавливание лунки; удаление язвин с поверхности
DINGHY	надувная спасательная шлюпка
DIODE	диод
DIODE RECTIFIER	диодный выпрямитель
DIOXIDE	двуокись
DIP (to)	опускать(ся); погружать(ся) (в атмосферу)
DIP	наклонение видимого горизонта; резкое падение высоты (полета); (магнитное) склонение
DIP THE NOSE (to)	опускать носок (самолета)
DIP DOWN (to)	резко снижаться
DIPLEXER	диплексер
DIPLOMATIC POUCH	дипломатическая почта
DIPOLAR	биполярный
DIPOLE ANTENNA (aerial)	дипольная [двухполюсная] антенна
DIPPING	погружение (в атмосферу)
DIPPING INTO ATMOSPHERE	погружение в атмосферу
DIPPING OUT OF ORBIT	погружение (в атмосферу) при сходе с орбиты

DIP-ROD .... измерительная рейка (в резервуаре)
DIPSTICK .... мерная линейка, щуп для измерения уровня (напр. масла)
DIRECT ACCESS .... прямой [непосредственный] доступ
DIRECT-ADDRESS TRANSPONDER .... приемоответчик прямого адресования
DIRECT APPROACH .... заход на посадку с прямой, заход на посадку с курса полета
DIRECT-BROADCAST TV SATELLITE .... спутник прямого телевизионного вещания
DIRECT CONTROL .... прямое управление; непосредственное управление; непосредственный контроль
DIRECT CURRENT (DC) .... постоянный ток
DIRECT-CURRENT DRIVE MOTOR .... приводной электродвигатель постоянного тока
DIRECT-CURRENT GENERATOR (DC Generator) .... генератор постоянного тока
DIRECT-CURRENT POWER DISTRIBUTION .... распределение мощности постоянного тока
DIRECT-CURRENT POWER SUPPLY .... источник постоянного тока
DIRECT-CURRENT VOLTAGE .... напряжение постоянного тока
DIRECT DRIVE .... безредукторный привод
DIRECT DRIVE PROPELLER .... воздушный винт прямой тяги, безредукторный воздушный винт
DIRECT-DRIVE TORQUE MOTOR .... безредукторный моментный двигатель (гироскопа)
DIRECT ELECTRIC POWER .... постоянная электрическая мощность
DIRECT FLIGHT .... прямой рейс (без промежуточных посадок)
DIRECT FLOW .... прямое течение; прямой поток
DIRECT HIT .... прямое попадание; прямое соударение
DIRECT LIFT CONTROL .... непосредственное управление подъемной силой
DIRECT MAINTENANCE COSTS .... прямые расходы на техническое обслуживание
DIRECT OBSERVATION .... визуальное [непосредственное] наблюдение
DIRECT OPERATIONAL COST (DOC) .... прямые эксплуатационные расходы

DIRECT ORBIT	орбита прямого движения
DIRECT POINT-TO-POINT CONNECTION	прямая связь между пунктами (полета)
DIRECT READING	непосредственный отсчет
DIRECT READING GAUGE	прибор с непосредственным отсчетом
DIRECT READING PRESSURE GAGE	манометр с непосредственным отсчетом
DIRECT ROUTE	прямой маршрут
DIRECT ROUTE FARE	тариф прямого маршрута
DIRECT SERVICE	прямой рейс
DIRECT SIDEFORCE CONTROL	прямое поперечное управление
DIRECT TRANSIT AGREEMENT	соглашение о прямом транзите
DIRECT TRANSIT AREA	зона прямого транзита (пассажиров)
DIRECT TV SATELLITE	спутник прямого телевизионного вещания
DIRECT VISION WINDOW	форточка кабины экипажа
DIRECTED REFERENCE FLIGHT	полет по сигналам [командам] с земли
DIRECTED WAVE	направленная волна
DIRECTING STATION	пеленгаторная станция
DIRECTION	направление, курс; руководство; инструкция; указание; управление
DIRECTION-FINDER (DF)	(радио)пеленгатор
DIRECTION-FINDING (DF)	(радио)пеленгация
DIRECTION-FINDING STATION	(радио)пеленгаторная станция
DIRECTION INDICATOR	указатель курса
DIRECTION PANEL	курсовая панель (автопилота)
DIRECTIONAL ACTUATOR	механизм продольного [путевого] управления
DIRECTIONAL AERIAL (antenna)	направленная антенна
DIRECTIONAL CONTROL	путевое управление, управление по курсу
DIRECTIONAL CONTROL "Q" SPRING ASSY	автомат усилий по скоростному напору канала путевого управления
DIRECTIONAL CONTROL VALVE	направляющий гидро- или пневмораспределитель

DIRECTIONAL COUPLER .... блок связи канала путевого управления
DIRECTIONAL GYRO STABILIZATION .... стабилизация курсовым гироскопом; путевая гироскопическая стабилизация
DIRECTIONAL GYROSCOPE .... курсовой гироскоп
DIRECTIONAL INDICATOR .... индикатор курса
DIRECTIONAL LOCALIZER .... курсовой (радио)маяк
DIRECTIONAL LOOP .... рамочная антенна радиопеленгатора
DIRECTIONAL RADIO TRANSMISSION .... направленная радиопередача
DIRECTIONAL RATE .... тариф в одном направлении
DIRECTIONAL RELAY .... направленное реле
DIRECTIONAL STABILITY .... продольная [путевая, курсовая] устойчивость
DIRECTIONAL STATION .... (радио)станция направленного действия
DIRECTIONAL TRIM(MING) ACTUATOR .... загрузочный механизм продольного [путевого] управления
DIRECTIONAL VALVE .... направляющий клапан; клапан-распределитель
DIRECTOR .... командный прибор; блок управления; направляющее устройство
DIRECTOR CONTROL .... директорное управление
DIRECTORY .... справочник; сборник
DIRIGIBLE .... дирижабль
DIRT .... загрязнение; примеси
DIRT SEAL .... уплотнение для защиты от (проникновения) грязи
DIRTPROOF .... защищенный от (проникновения) грязи
DIRTY (to) .... загрязнять
DIRTY AIRCRAFT .... самолет с выпущенными шасси и механизацией (крыла)
DIRTY CONFIGURATION .... (посадочная) конфигурация с выпущенными шасси и механизацией (крыла)
DIRTY FILTER .... загрязненный фильтр
DISABLE (to) .... выводить из строя, повреждать; блокировать; отключать; запирать
DISABLED .... в нерабочем состоянии; неисправный; потерявший управление (самолет)

DISABLED AIRCRAFT .... воздушное судно, выведенное из строя; потерявший управление летательный аппарат [ЛА]
DISABLED SPACECRAFT .... потерявший управление космический аппарат [КА]
DISABLED PASSENGER .... пассажир, попавший в авиационное происшествие
DISABLED PILOT .... не способный к действиям летчик
DISAGREEMENT LIGHT .... рассеянный свет
DISARM (to) .... разоружать(ся), обезоруживать; обезвреживать
DISASSEMBLING .... разборка, демонтаж
DISASSEMBLY .... разборка, демонтаж
DISASSEMBLY PROCEDURE .... операция разборки; порядок демонтажа
DISC .... диск; диафрагма; мембрана
DISC BRAKES .... дисковые тормоза
DISC CLUTCH .... дисковая муфта
DISC LOADING .... нагрузка на диск
DISC-TYPE GATE .... дроссельная заслонка
DISCARD (to) .... списывать, снимать (с эксплуатации); браковать, отбраковывать
DISCARD USED O-RINGS (to) .... снимать уплотнительные кольца
DISCARDED PART .... (от)бракованная деталь
DISCARDING .... списание, снятие (с эксплуатации)
DISCHARGE .... выгрузка, разгрузка; отвод; выхлоп; сброс; выпуск; утечка (напр. гидросмеси); разряд
DISCHARGE (to) .... выгружать; разгружать; отводить; сбрасывать; выпускать
DISCHARGE ACCUMULATOR (to) .... разряжать аккумулятор
DISCHARGE BUTTON .... кнопка сброса
DISCHARGE CURRENT .... разрядный ток
DISCHARGE DISC .... выпускной [разгрузочный] мембранный клапан
DISCHARGE INDICATOR .... сигнализатор разрядки
DISCHARGE LINE .... нагнетательный трубопровод; напорный трубопровод
DISCHARGE NOZZLE .... выхлопное сопло; форсунка; жиклер

DISCHARGE PIPE	нагнетательный трубопровод; напорный трубопровод
DISCHARGE PORT	выходное отверстие; сопловое отверстие
DISCHARGE PRESSURE	давление на выходе (сопла); давление подачи (топлива)
DISCHARGE TUBE	патрубок отвода; выпускная труба
DISCHARGE VALVE	разгрузочный клапан
DISCHARGE WICK	фитильный разрядник
DISCHARGER	разрядник
DISCHARGING	выгрузка, разгрузка; разрядка (напр. аккумулятора)
DISCOLORATION	изменение цвета; обесцвечивание; выцветание
DISCOLORED PAINT	выцветшая краска
DISCOLOURATION	изменение цвета; обесцвечивание; выцветание
DISCONCERTING DAZZLE	препятствующее (управлению полетом) ослепление (пилота)
DISCONNECT (to)	разъединять; расстыковывать
DISCONNECT CLUTCH	муфта расцепления, расцепная муфта
DISCONNECT DEVICE	разъединитель; разъемное устройство; устройство расстыковки
DISCONNECTED	разъединенный; расстыкованный
DISCONNECTED APPROACH	прерванный заход на посадку
DISCONNECTING	разъединение; расцепление; выключение; отключение; разрыв; обрыв (цепи); расстыковка
DISCONTINUED APPROACH	прерванный заход на посадку
DISCOUNT	скидка (напр. с тарифа)
DISCOUNT(ED) FARE	льготный тариф, тариф со скидкой
DISCOUNT(ED) RATE	льготный тариф, тариф со скидкой
DISCOUNTING	предоставление скидки (напр. с тарифа)
DISCREPANCY	несоответствие; расхождение; рассогласование; отклонение
DISCRETE ADDRESS BEACON SYSTEM	система маяков дискретного адресования
DISCRETE COMMUNICATIONS SYSTEM	дискретная система связи
DISCRETE TRACK	составной маршрут
DISEMBARK (to)	выгружаться; высаживаться

DISEMBARKATION CARD	карточка (сведений) о пассажире при прилете
DISENGAGE (to)	отключать; расцеплять, отсоединять
DISENGAGEMENT	отключение; расцепление, отсоединение
DISENGAGING CLUTCH	муфта расцепления
DISH ANTENNA	параболическая антенна, антенна с параболическим отражателем
DISH WHEEL	тарельчатый (шлифовальный) круг
DISHED	тарельчатый; полусферический; вогнутый; чашевидный
DISHED GRINDING WHEEL	тарельчатый шлифовальный круг
DISHED PLATE (sheet)	вогнутый лист
DISHED WASHER	тарельчатая пружина
DISHED WHEEL	тарельчатый (шлифовальный) круг
DISINFECT (to)	дезинфецировать, обеззараживать
DISINFECTING	дезинфекция, обеззараживание
DISJUNCTOR	разъединитель; разъемное соединение
DISK	диск; диафрагма; мембрана
DISK FILE	дисковый файл, файл на диске
DISK GRINDING WHEEL	дисковый шлифовальный круг
DISK KEY	замок диска
DISK OPERATING SYSTEM (DOS)	дисковая операционная система
DISLOCATE (to)	перемещать; вызывать отклонение от заданного курса
DISLODGE (to)	смещать
DISMANTLE (to)	разбирать, демонтировать
DISMANTLING	разборка, демонтаж
DISMANTLING STAND	стенд для демонтажа
DISMISS (to)	увольнять, освобождать от работы; отпускать; распускать
DISMISSAL	увольнение, освобождение от работы
DISORIENTATION	потеря ориентации (напр. в полете)
DISPATCH(ing)	отправка, отправление (груза, почты)
DISPATCH AN AIRCRAFT (to)	обеспечивать диспетчерское обслуживание воздушного судна
DISPATCH CENTER	диспетчерский центр (управления воздушным движением)
DISPATCH INOPERATIVE EQUIPMENT LIST	рассылочный перечень неработающего оборудования
DISPATCH RELEASE	диспетчерское разрешение

DISPATCHER .... диспетчер
DISPATCHING .... диспетчерское управление;
диспетчерское обслуживание
DISPENSER .... автомат сбрасывания
(средств радиоэлектронного подавления, РЭП);
кассета (суббоеприпасов); разбрасыватель;
распределительное устройство; заправочная колонка
DISPERSION DEVICE .... устройство для распыления
DISPLACE (to) .... перемещать; смещать;
отклонять; вытеснять (жидкость)
DISPLACED THRESHOLD .... смещенный порог, смещенный торец
(взлетно-посадочной полосы)
DISPLACEMENT .... смещение; отклонение
DISPLACEMENT GYRO(SCOPE) .... свободный гироскоп,
трехстепенной гироскоп,
гироскоп с тремя степенями свободы
DISPLAY .... дисплей; экран; индикатор; индикация;
отображение (информации);
устройство отображения (информации);
транспарант; табло
DISPLAY (to) .... воспроизводить; отображать; изображать
DISPLAY BOARD .... информационное табло
DISPLAY DEVICE .... дисплей
DISPLAY STAND .... выставочный стенд;
витрина; рекламная стойка
DISPLAY STORAGE .... индикаторная запоминающая
электронно-лучевая трубка [ЭЛТ]
DISPLAY SYSTEMS .... системы визуализации
DISPLAY TUBE .... индикаторная запоминающая
электронно-лучевая трубка [ЭЛТ]
DISPLAY UNIT .... блок индикации; устройство отображения
DISPOSABLE .... одноразовый; свободный, доступный;
могущий быть использованным
DISPOSABLE LOAD .... полезная нагрузка
DISPOSABLE WRAPPING .... свободная укладка;
одноразовое защитное покрытие
DISPOSAL .... списание, изъятие из эксплуатации;
размещение, расположение, компоновка
DISPOSAL CABINET .... снятая стойка с оборудованием
DISPOSAL TANK .... бак для использованной воды

DISRUPT (to)	разрушать; разрывать; пробивать (изоляцию)
DISRUPTION	разрушение; разрыв; пробой (изоляции)
DISRUPTIVE DISCHARGE	(электрический) пробой
DISRUPTIVE ELECTRIC STRENGTH	пробивная напряженность электрического поля
DISRUPTIVE VOLTAGE	напряжение пробоя
DISSIPATE (to)	рассеивать; сбрасывать давление (в гидросистеме)
DISSIPATION	отвод; утечка; потеря; рассеивание; сброс (давления)
DISSIPATION TRAIL	след рассеивания; диссипационный след
DISSOLVE (to)	растворять(ся); разжижать(ся); разлагать(ся)
DISSYMMETRICAL	несимметричный, асимметричный; зеркально симметричный
DISSYMMETRY	асимметрия, несимметричность; зеркальная симметрия
DISTANCE	расстояние; дистанция; дальность, удаление; интервал, отрезок
DISTANCE ACCURACY	точность измерения дальности
DISTANCE CONTROL	дистанционное управление
DISTANCE FLIGHT	полет на дальность
DISTANCE FLOWN COUNTER	счетчик дальности полета; счетчик пройденного пути
DISTANCE FLOWN INDICATOR	указатель пройденного пути
DISTANCE INDICATOR	указатель дальности
DISTANCE CIRCLE	дальномерный лимб
DISTANCE-MARKING LIGHTS	пограничные огни (взлетно-посадочной полосы, ВПП); огни дальности; огни выравнивания (при посадке)
DISTANCE MEASURING EQUIPMENT (DME)	дальномерное оборудование, аппаратура для измерения дальности
DISTANCE PIECE	раскос; расчалка; распорка; стойка
DISTANCE SCALE	шкала дальности
DISTANCE SLEEVE (piece)	распорная втулка
DISTANCE-TO-GO INDICATOR	указатель оставшегося пути
DISTANT ORBIT	отдаленная орбита
DISTANT CONTROL	дистанционное управление
DISTILLED WATER	дистиллированная вода

DISTORT (to)	деформировать(ся); искривлять(ся); перекашивать(ся); искажать(ся)
DISTORTED BLADES	изогнутая лопатка
DISTORTION	деформация; искривление; искажение; возмущение
DISTORTION ANALYZER	анализатор искажений
DISTORTION MEASURE	измерение искажений; измерение деформаций
DISTORTION MEASURING SET	измеритель нелинейных искажений
DISTORTION METER	измеритель нелинейных искажений
DISTRAIL	спутная струя
DISTRESS	бедствие
DISTRESS CALL	аварийный вызов; сигнал бедствия
DISTRESS LANDING	аварийная посадка
DISTRESS MESSAGE	сообщение о бедствии, сообщение об аварийной ситуации
DISTRESS SIGNAL	сигнал бедствия, сигнал аварийной ситуации
DISTRESSED AIRCRAFT	потерпевший бедствие летательный аппарат [ЛА]
DISTRIBUTE (to)	распределять; размещать; распространять
DISTRIBUTION	распределение; разводка магистралей
DISTRIBUTION BUS	распределительная шина
DISTRIBUTION DUCT	распределительный трубопровод
DISTRIBUTION SLIDE	распределительный клапан
DISTRIBUTION SYSTEM	распределительная система
DISTRIBUTOR	распределитель, распределительное устройство
DISTRIBUTOR AND DUMP VALVE	распределительно-сливной клапан
DISTRIBUTOR VALVE	распределительный клапан
DISTURB (to)	расстраивать; нарушать; сбивать настройку; возмущать; создавать помехи
DISTURBANCE	возмущение; нарушение; неисправность; повреждение; помехи
DISTURBED FLOW	возмущенный поток
DISTURBED ORBIT	возмущенная орбита (с изменяющимися элементами)
DISUSED RUNWAY	вышедшая из строя взлетно-посадочная полоса [ВПП]

DITCHING	вынужденная посадка; аварийное приводнение
DITCHING LIGHTS	огни вынужденной [аварийной] посадки
DIVE	пикирование
DIVE (to)	пикировать
DIVE BOMBER	пикирующий бомбардировщик
DIVE BOMBING	бомбометание с пикирования
DIVE BRAKE	аэродинамический [воздушный] тормоз
DIVE FLAP	тормозной щиток
DIVE RECOVERY FLAP	щиток вывода из пикирования
DIVE SPEED	скорость пикирования
DIVERGENCE	дивергенция; расходимость; расхождение
DIVERGENCE SPEED	скорость дивергенции
DIVERGENCY	дивергенция; расходимость; расхождение
DIVERGENT DUCT	расширяющийся канал
DIVERGENT SECTION	диффузор; расширяющаяся часть сопла; камера расширения
DIVERGENT STREAM	расширяющаяся струя
DIVERSION	захват (воздушного судна); принудительное изменение маршрута (полета); принудительное отклонение (от курса полета); отвод; ответвление
DIVERSIONARY ROUTE	обходной маршрут
DIVERT (to)	отклонять; отводить; изменять маршрут
DIVERTED AIRCRAFT	самолет, направленный на другой аэродром; воздушное судно, отклонившееся от намеченного маршрута, самолет, изменивший маршрут
DIVERTER VALVE	газораспределительный клапан
DIVIDE (to)	делить(ся); разделять
DIVIDER	делитель; разделитель; перегородка (в кабине); сепаратор
DIVIDING HEAD	делительная головка
DIVIDING VALVE	разделительный клапан
DIVING BRAKE	аэродинамический [воздушный] тормоз
DIVING FIGHTER	пикирующий истребитель
DIVING MOMENT	момент на пикирование
DIVING SPEED	скорость пикирования
DME FIX	контрольная точка для дальномерного оборудования

DME HOLDING	выдерживание (самолета) по данным дальномерного оборудования
DME INTERROGATOR	запросчик радиодальномерного оборудования
DMM (digital multimeter)	цифровой универсальный измерительный прибор, цифровой мультиметр
DOCK	ангар; эллинг; док; помост (для технического обслуживания)
DOCKED OPERATION	полет в состыкованном положении
DOCKING	стыковка (космических аппаратов); установка (самолета) на место стоянки
DOCKING ASSEMBLY	стыковочное устройство; стыковочный узел; стыковочный агрегат
DOCKING DEVICE	стыковочное устройство; стыковочный узел; стыковочный агрегат
DOCKING LIGHT	прожектор для обеспечения стыковки (космических аппаратов)
DOCKING OPERATIONS	операции по стыковке (на орбите)
DOCKING ORBIT	орбита стыковки
DOCKING PORT	приемный конус стыковочного узла; люк стыковочного механизма
DOCKING RING	стыковочный шпангоут
DOCKING RING LOCK	замок стыковочного шпангоута
DOCKING UNIT	стыковочное устройство; стыковочный узел
DOG	скоба; захват; зажим; поводок; хомутик; упор; упорный кулачок; собачка; зажимные клещи
DOG CLUTCH	кулачковая муфта
DOG COUPLING	кулачковая муфта
DOG TOOTH CLUTCH	зубчатая кулачковая муфта; зубчатое зацепление
DOG TYPE JAW TEETH	кулачок муфты сцепления
DOGFIGHT (dog fight)	ближний воздушный бой; групповой воздушный бой
DOGGING FIXTURE	зажимное приспособление
DOGLEG	ломаный (маршрут полета); изменение угла наклона орбиты
DOGLEG COURSE	ломаный маршрут (полета); ломаный курс (следования)
DOGLEG ROUTE PATTERN	схема полета по ломаному маршруту

DOLLY .... монтажная тележка; транспортировочная тележка; разгонная тележка
DOLLY BLOCK .... упорная колодка монтажной тележки
DOM (digital ohmmeter) .... цифровой омметр
DOME .... обтекатель; купол; полусферическое днище (бака); колпак; ниша
DOME HEAD .... головная часть (ракеты) под обтекателем; задающая камера регулирующего клапана
DOME LIGHT .... плафон
DOMED .... закрытый обтекателем; куполообразный; выпуклый, бочкообразный
DOMED NUT .... колпачковая гайка
DOMESTIC .... внутренний; местный
DOMESTIC ACCIDENT .... происшествие на территории государства регистрации воздушного судна
DOMESTIC AIR SERVICE .... воздушные перевозки на внутренних авиалиниях; местные воздушные перевозки
DOMESTIC AIRLINE .... авиакомпания внутренних перевозок; местная авиалиния
DOMESTIC AIRPORT .... аэродром местных воздушных линий
DOMESTIC FARE .... внутренний тариф (в пределах одной страны)
DOMESTIC FLIGHT .... внутренний рейс, рейс внутри страны
DOMESTIC OPERATIONS .... внутренние [местные] перевозки
DOMESTIC SERVICE .... местное (воздушное) сообщение; внутренние (авиа)перевозки
DOMESTIC TRUNK LINE .... местная магистральная авиалиния
DOMINANT OBSTACLE ALLOWANCE (DOA) .... допуск на максимальную высоту препятствий
DOMING .... куполообразный; выпуклый, бочкообразный
DOOR .... люк; крышка люка; дверь; створка; заслонка
DOOR ADJUSTMENT .... регулировка крышки люка
DOOR CLOSE PRESSURE .... давление прижатия двери
DOOR CLOSED POSITION .... закрытое положение двери
DOOR CONTROL VALVE .... управляющий клапан системы закрытия створок
DOOR COVERING .... обшивка двери
DOOR DOWNLOCK .... замок двери
DOOR FLAP .... створка люка
DOOR FRAME .... рама двери

DOOR GROUND RELEASE HANDLE	рукоятка открывания двери на земле
DOOR HANDLE	ручка двери
DOOR HINGE	шарнирный замок двери
DOOR IN-TRANSIT LIGHT	сигнальная лампа положения двери
DOOR JAMB	ограничитель открывания двери
DOOR LATCH	защелка двери; защелка створки; защелка крышки люка
DOOR LINING	облицовка двери
DOOR LOCK	замок двери; замок крышки люка
DOOR LOCK MECHANISM	механизм закрывания двери
DOOR LOCK SWITCH	сигнализатор закрывания двери
DOOR LOCK WARNING	сигнализация закрывания двери
DOOR-LOCKED POSITION	закрытое положение двери
DOOR LOCKS	замки двери
DOOR MOUNTED INFLATABLE ESCAPE SLIDE	дверной надувной спасательный трап
DOOR OPEN PRESSURE	открытое положение двери
DOOR OPEN WARNING LIGHT SWITCH	сигнализатор (самопроизвольного) открытия замка створки
DOOR OPERATION	процесс открытия и закрытия створки
DOOR PATH	траектория открытия и закрытия створки
DOOR RELEASE CABLE	трос механизма открытия створки
DOOR SEAL	уплотнение двери
DOOR SILL	дверной порог
DOOR STOP (doorstop)	ограничитель открывания двери
DOOR STRUCTURE	конструкция двери
DOOR UNLATCH(ing)	отпирание замка двери
DOOR WARNING	сигнализация положения двери
DOOR WARNING ANNUNCIATOR PANEL	сигнализатор положения замка створки
DOPE	эмалит; аэролак; добавка; присадка; легирующая примесь; диффузант
DOPE (to)	вводить добавку; добавлять присадку; легировать
DOPING	добавление присадок; введение добавок; легирование
DOPPLER BEAM SHARPENING	сужение луча доплеровской радиолокационной станции [РЛС]
DOPPLER COMPUTER	доплеровский вычислитель скорости
DOPPLER DRIFT	доплеровский сдвиг (частоты)

DOPPLER EFFECT .... эффект Доплера, доплеровский эффект
DOPPLER-INERTIAL LOOP .... контур инерциально-доплеровской (навигационной) системы
DOPPLER NAVIGATION .... доплеровская навигация
DOPPLER NAVIGATION COMPUTER .... навигационный
DOPPLER PROCESSING .... обработка доплеровских сигналов
DOPPLER RADAR .... доплеровская радиолокационная станция, доплеровская РЛС
DOPPLER SHIFT .... доплеровский сдвиг (частоты)
DOPPLER SYSTEM .... доплеровская радиолокационная станция, доплеровская РЛС
DORSAL FIN .... форкиль, надфюзеляжный гребень
DORSAL LINE .... верхний обвод (фюзеляжа)
DORSAL SPINE .... надфюзеляжный гаргрот
DOT .... (радиолокационная) отметка цели; точка; точка растра; элемент изображения; элемент матрицы
DOT MATRIX .... матрица точек; точечная матрица
DOTTED .... пунктирный
DOTTED LINE .... пунктирная линия
DOUBLE .... двойное количество; сдвоенное сиденье; двойной; дублирующий
DOUBLE-ACTING .... двойного действия
DOUBLE-ACTING COMPRESSOR .... компрессор двойного действия
DOUBLE-ACTING CYLINDER .... цилиндр двухстороннего действия
DOUBLE-ACTING PISTON .... поршень двухстороннего действия
DOUBLE-ARM LEVER .... двуплечий рычаг; двуплечая качалка
DOUBLE-BACK(ED) ADHESIVE TAPE .... двухсторонняя клеящая [липкая] лента
DOUBLE BANG .... двойной удар
DOUBLE BOLT .... шпилька (резьбовая)
DOUBLE-BUBBLE FUSELAGE .... фюзеляж с двойным каплевидным поперечным сечением
DOUBLE CHANNEL DUPLEX .... двухканальная дуплексная (радио)связь
DOUBLE DECK(ER) AIRPLANE .... двухпалубный пассажирский самолет
DOUBLE-DELTA WING .... треугольное крыло двойной стреловидности
DOUBLE-DELTA WING AIRCRAFT .... самолет с треугольным крылом двойной стреловидности

DOUBLE-ENTRY COMPRESSOR	компрессор с двухсторонним входом, двухсторонний компрессор
DOUBLE-FACE IMPELLER	двухсторонняя крыльчатка
DOUBLE-FACE JOINING TAPE	двухсторонняя лента для перекрытия стыков между облицовочными листами
DOUBLE GRID VALVE	двухсеточная лампа
DOUBLE HEXAGON NUT	двенадцатишлицевая гайка
DOUBLE IGNITION COIL	двойная катушка зажигания
DOUBLE ORIFICE NOZZLE	двухканальная форсунка
DOUBLE POLE CHANGE OVER SWITCH	двухполюсный переключатель
DOUBLE POLE ISOLATING SWITCH	двухполюсный разъединитель
DOUBLE-POLE SWITCH	двухполюсный переключатель
DOUBLE REFRACTION	двойное лучепреломление, дву(луче)преломление
DOUBLE ROTARY SWITCH	двухпозиционный поворотный переключатель
DOUBLE-ROW BALL BEARING	двухрядный шарикоподшипник
DOUBLE SCHEAVE PULLEY	спаренный приводной шкив
DOUBLE SIDED ADHESIVE TAPE	двухсторонняя клеящая [липкая] лента
DOUBLE-SLOTTED FLAPS	двухщелевой закрылок
DOUBLE TAB WASHER	стопорная шайба с наружными и внутренними зубьями
DOUBLE TAIL FIN	спаренный хвостовой стабилизатор
DOUBLE THROW SWITCH	двухпозиционный переключатель
DOUBLE TRACK	дорожка удвоенной звукозаписи
DOUBLE TWIST METHOD	метод двойной крутки
DOUBLE WALL	двойная стенка
DOUBLE-WEDGED AIRFOIL	аэродинамическая поверхность ромбовидного профиля
DOUBLE WIRE CIRCUIT	двухпроводная линия
DOUBLER	удвоитель, схема удвоения
DOUGHNUT COIL	кольцевая катушка
DOVETAIL	пазовый замок (лопатки); "ласточкин хвост" (тип соединения)
DOVETAIL SERRATION	соединение типа "ласточкин хвост"; мелкомодульное зубчатое соединение
DOVETAILED JOINT	соединение типа "ласточкин хвост"
DOWEL	нагель; штырь; штифт; шип; шпонка

DOWEL (hollow)	центрирующее кольцо; центрирующая втулка
DOWEL LOCATING HOLE	отверстие под установочный штифт
DOWEL PIN	контрольный штифт; установочный штифт; установочный палец
DOWN	простой (оборудования); отказ, нарушение работоспособности
DOWNBURST	мощный нисходящий поток
DOWN-DRAUGHT (downdraught, downdraft)	(аэродинамическая) сила, направленная вниз
DOWN-DRAUGHT CARBURETTOR	карбюратор с падающим [нисходящим] потоком (воздуха)
DOWN GUST	нисходящий порыв (ветра)
DOWNLEG	нисходящий участок траектории
DOWNLINK	связь "борт - земля"
DOWN-LOCK LIMIT SWITCH	концевой выключатель замка выпущенного положения (шасси)
DOWN LOCK ROLLER	ролик замка выпущенного положения (шасси)
DOWN POSITION	выпущенное положение (шасси)
DOWN RANGE STATION	станция (слежения) на трассе ракетного полигона
DOWN TIME	простой, время простоя (воздушного судна)
DOWN WASH	скос потока вниз (при обтекании профиля)
DOWN WIND	подветренный; по ветру; в направлении ветра (о полете)
DOWNBURST	нисходящий порыв (ветра)
DOWNGRADE (to)	снижать; понижать
DOWNGRADING	снижение; понижение
DOWNHILL RUNWAY	покатая взлетно-посадочная полоса, покатая ВПП
DOWNLATCH	защелка замка выпущенного положения (шасси)
DOWNLINK	канал связи "воздух - земля"
DOWNLOCK LATCH	защелка замка выпущенного положения (шасси)
DOWNSLOPE DIRECTION	направление в сторону уклона
DOWNSTOP	концевой упор; концевой ограничитель
DOWNSTREAM	ниже по течению; находящийся ниже по течению
DOWNSTREAM PRESSURE	давление ниже по течению

DOWNSTROKE	ход вниз; движение вниз
DOWNTIME	простой, время простоя (воздушного судна)
DOWNWARD CURRENT	нисходящий поток
DOWNWARD AIRCRAFT	полет со снижением
DOWNWARD DIHEDRAL	отрицательное поперечное "V" (крыла)
DOWNWARD SLIP	скольжение на хвост
DOWNWARD VISIBILITY	обзор в нижней полусфере; видимость в нижней полусфере
DOWNWASH	скос потока вниз (при обтекании профиля)
DOWNWIND	подветренный; по ветру; в направлении ветра
DOWNWIND LANDING	посадка по ветру
DOWNWIND LIGHTS	ближние огни (глиссадной системы)
DRAFT (draught)	тяга; натяжение; обжатие; снижение (давления); вытяжной шкаф; (воздушный) поток
DRAFTING ROOM	конструкторское бюро, КБ
DRAFTSMAN	чертежник
DRAG (D)	(лобовое) сопротивление; сила лобового сопротивления; аэродинамическое сопротивление; торможение
DRAG (to)	тормозить
DRAG AREA	площадь лобового сопротивления
DRAG AXIS	ось лобового сопротивления
DRAG BRACE	задний подкос
DRAG BRAKE	аэродинамический [воздушный] тормоз
DRAG BRAKING	аэродинамическое торможение
DRAG CHUTE	тормозной парашют
DRAG CHUTE (to)	раскрывать тормозной парашют
DRAG COEFFICIENT (CD)	коэффициент лобового сопротивления
DRAG COMPONENT	составляющая силы лобового сопротивления
DRAG FLAP	тормозной щиток
DRAG FORCE	сила лобового сопротивления
DRAG LINK	направляющая штанга (опоры шасси)
DRAG LOAD	нагрузка от (сил) лобового сопротивления
DRAG MOMENT	момент силы лобового сопротивления
DRAG PARACHUTE RELEASE	сброс [отцепка] тормозного парашюта
DRAG REDUCTION	снижение лобового сопротивления
DRAG RISE	увеличение лобового сопротивления

DRAG RUN	аэродинамическое лобовое сопротивление
DRAG SCREW	установочный винт
DRAG STRUT	диагональный подкос
DRAG WIRE	диагональная расчалка
DRAIN	дренаж; слив, спуск, опорожнение; сливная труба
DRAIN (to)	дренировать; сливать; продувать
DRAIN BOX	отстойник; сливной бачок
DRAIN COCK	сливной кран
DRAIN HOLE	дренажное отверстие
DRAIN LINE	линия дренажа
DRAIN MAST	стойка дренажной системы
DRAIN OFF (to)	сливать (напр. топливо); опорожнять; вырабатывать (напр. топливо)
DRAIN OVERBOARD (to)	сливать за борт (напр. топливо)
DRAIN PAN	поддон
DRAIN PLUG	сливная пробка, пробка сливного отверстия
DRAIN PORT	отверстие для слива (напр. топлива)
DRAIN TANK	дренажный бачок
DRAIN TANK OVERBOARD DRAIN	слив за борт из дренажного бачка
DRAIN TUBE	дренажный трубопровод; сливной шланг
DRAIN VALVE	сливной клапан
DRAINABLE	дренируемый; сливаемый; продуваемый
DRAINAGE PLUG	сливная пробка, пробка сливного отверстия
DRAINAGE SYSTEM	дренажная система, система слива
DRAINAGE VALVE	дренажный клапан
DRAINING	дренаж; слив; продувка
DRAUGHTSMAN	конструктор; чертёжник
DRAW	тяга; вытягивание; раскатка; протяжка; вытяжка
DRAW (to)	чертить; делать эскизы; создавать тягу; вытягивать(ся); волочить; всасывать; втягивать
DRAW BAR	стержень оправки; подъёмно-опускная тяга (затвора)
DRAW BENCH	волочильный станок
DRAW HOLE	фильера
DRAW OUT (to)	вытягивать; выдвигать; протягивать (через фильеру), волочить
DRAWER	выдвижной ящик; чертёжник

DRAWING (DWG)............... чертеж; эскиз; подготовка документации; подготовка заключения; волочение; протяжка; вытяжка
DRAWING BAR .... тяга; стяжка; затяжной болт; затяжная штанга
DRAWING BOARD .... чертежная доска
DRAWING CHANGE NOTICE (DCN)....................................... извещение о внесении изменений (в чертеж)
DRAWING FILE .... массив данных на чертеж (разработанный с помощью системы автоматизированного проектирования, САПР)
DRAWING MACHINE .... графопостроитель
DRAWING TUBE.. тяговая труба
DRAWING MILL .... волочильный станок
DRAWING PRESS .... вытяжной пресс
DRAWING TEMPLATE .... чертежное лекало; шаблон
DRAWN STEEL.. тянутая сталь
DRESS (to) .... править (шлифовальный круг); заправлять (инструмент)
DRESS NUT .... колпачковая гайка
DRIFT (to)............................... подвергаться сносу; дрейфовать; совершать нестабилизированное вращение; смещаться
DRIFT................................... дрейф; нестабилизированное вращение; боковое отклонение; уход; смещение; снос
DRIFT ANGLE... угол сноса
DRIFT ANGLE CONTROL................................... управление углом сноса
DRIFT ANGLE INDICATOR .... указатель угла сноса
DRIFT AWAY (to) .... относить (ветром)
DRIFT COMPUTER .... вычислитель (угла) сноса
DRIFT DOWN (to) .... снижаться (на крейсерском режиме)
DRIFT-DOWN SPEED .... (крейсерская) скорость снижения
DRIFT ERROR .... уход (напр. гироскопа); снос (воздушного судна)
DRIFT FLIGHT.. полет со сносом
DRIFT INDICATOR (meter) .... указатель (угла) сноса
DRIFT LANDING................................ посадка с боковым отклонением
DRIFT OF RAIN .... (быстро проносящийся) ливень
DRIFT ORBIT .... нестационарная орбита, орбита дрейфующего космического аппарата [КА]
DRIFT RATE.. скорость сноса (ветра)
DRIFT SCALE... шкала (углов) сноса
DRIFT SIGHT .... визир для определения сноса (в полете)

DRIFT/SPEED INDICATOR	указатель сноса и скорости
DRIFT WIRE	диагональная расчалка
DRIFTING BUOY	дрейфующий буй
DRIFTING FLIGHT	полет со сносом
DRIFTING FOG	дрейфующий туман
DRIFTMETER	дрейфомер
DRIFTMETER COMPENSATOR	компенсатор дрейфомера
DRIFTMETER SIGHT	визир дрейфомера
DRILL	тренировка (летчиков); опробование (системы); сверло; сверлильный станок; сверлильная головка; дрель; сверление
DRILL (to)	тренировать; опробовать; сверлить; высверливать
DRILL-BACK (to)	высверливать в обратном направлении
DRILL BIT	сверло; перовое сверло
DRILL BUSH	кондукторная втулка для сверления
DRILL DEPTH	глубина сверления
DRILL GUIDE	кондукторная втулка для сверления
DRILL MARK (to)	ориентировать; отмечать
DRILL OUT (to)	рассверливать; высверливать
DRILL SET	комплект инструментов для сверления
DRILL TEMPLATE	сверлильный кондуктор; шаблон для сверления
DRILLED PASSAGE	просверленное отверстие
DRILLING	сверление; сверлильная стружка
DRILLING JIG	сверлильный кондуктор; шаблон для сверления
DRILLING MACHINE	сверлильный станок
DRINKING FAUCET	водопроводный кран; вентиль
DRIP (to)	капать
DRIP FEED	капельная подача
DRIP(PING) PAN	поддон; водосборник
DRIPSTICK (drip stick)	ручной уровнемер
DRIVE	привод; механизм включения; передача
DRIVE (to)	вести, управлять; приводить в движение; возбуждать; запускать
DRIVE ACCESSORIES (to)	приводить агрегаты двигателя
DRIVE BELT	приводной ремень; ведущий ремень
DRIVE CALL	задающий сигнал
DRIVE CONNECTION	ведущий механизм, привод

DRIVE GEAR	ведущий механизм, привод; ведущее зубчатое колесо
DRIVE OUT (to)	выбивать; выталкивать; выделять; подавлять (генерацию)
DRIVE PAWL JAW	храповик стартера
DRIVE PICK-UP	ведущий механизм, привод
DRIVE PIN	ведущий палец; пробойник
DRIVE PULLEY	приводной шкив; ведущий шкив
DRIVE SHAFT	вал трансмиссии
DRIVE SHAFT COUPLING	муфта вала трансмиссии (вертолета)
DRIVE SPINDLE	шпиндель; ведущий палец; вращающийся центр
DRIVE SQUARE	внутренний четырехгранник под ключ
DRIVE TANG	зубец вилки; лапка сверла; бугель
DRIVE TOWARD (to)	управлять в направлении к...; вести к...
DRIVE WHEEL	ведущее колесо; приводное колесо; ведущий шкив; приводной шкив
DRIVEN	управляемый; приводимый в движение; возбужденный; запущенный
DRIVEN GEAR	ведомая шестерня
DRIVER	приводное устройство; привод; ведущий элемент (передачи); поводок; патрон для вращающегося инструмента; оператор
DRIVER BIT	муфта привода
DRIVER GEAR	ведущее зубчатое колесо
DRIVING	приведение в действие; возбуждение; запуск; управление
DRIVING FORCE	движущая сила; тяговое усилие
DRIVING GEAR	ведущая шестерня
DRIVING MOTOR	приводной двигатель
DRIVING PIN	палец эксцентрика; поводковый палец, палец поводкового патрона
DRIVING POWER	мощность возбуждения
DRIVING PRESSURE	рабочее давление; давление запуска
DRIVING PULLEY	ведущий шкив; приводной шкив
DRIVING SHAFT	рессора привода; вал трансмиссии (вертолета)
DRIVING SOURCE	источник возбуждения
DRIVING WHEEL	ведущее колесо; приводное колесо; ведущий шкив; приводной шкив

DRIZZLE	морось; мелкий дождь
DROGUE PARACHUTE	тормозной парашют
DROGUE TARGET	буксируемая мишень
DRONE	беспилотный летательный аппарат, БЛА
DRONE OF THE ENGINE	отдаленный гул двигателей (летательного аппарата)
DRONE TARGET	беспилотная мишень
DROOP (to)	зависать, свисать
DROOP NOSE	отклоняемый носок (крыла)
DROOP STOP (restrainer)	ограничитель отклоняемого носка (крыла)
DROOPABLE NOSE	отклоняемый носок (крыла)
DROOPING LEADING EDGE	отклоняемый носок крыла
DROP	падение; сброс; сбрасывание (груза); десантирование
DROP (to)	сбрасывать; падать, уменьшаться; опускать; выпускать (шасси)
DROP BOMBS (to)	сброс бомб
DROP-FEED LUBRICATION	капельная смазка
DROP-FORGED PART	объемно-штампованная деталь
DROP-FORGED STEEL	кованая сталь; стальная поковка
DROP FORGING	объемная штамповка на падающем молоте
DROP FORGING PRESS	кузнечный пресс, ковочный пресс
DROP-HAMMER	падающий (кузнечный) молот
DROP IN PRESSURE	падение давления
DROP-OUT CURRENT	минимальный ток отключения
DROP PER MINUTE	падение давления в минуту
DROP TANK	сбрасываемый топливный бак
DROP TO ZERO (to)	падать до нуля (о давлении)
DROP TUBE	патрубок сброса давления
DROP VALVE	клапан сброса давления
DROP ZONE	зона десантирования; зона приземления (парашютиста)
DROPLET	капля; вкрапление
DROPPABLE	сбрасываемый
DROPPABLE TANK	сбрасываемый топливный бак
DROPPING	сбрасывание
DROPPING HEIGHT	высота сбрасывания (груза; бомбы)
DROSS	шлаковая пленка; ржавчина; окалина; шлак
DRUM	барабан

DRUM AND POINTER ALTIMETER .... высотомер с барабанно-стрелочным отсчетом
DRUM BRAKE .... колодочный тормоз; барабанный тормоз
DRUM SWITCH .... барабанный переключатель
DRY .... высыхание; сухой
DRY (to) .... сохнуть; высыхать; сушить; высушивать
DRY AIR .... сухой воздух
DRY ABRASIVE BLAST CLEANING .... сухая абразивная обработка; пескоструйная обработка
DRY BATTERY .... сухозарядная батарея
DRY BAY .... сухой отсек
DRY BLASTING .... абразивная обработка
DRY BULB TEMPERATURE .... температура шарика сухого термометра
DRY BULB THERMOMETER .... сухой термометр
DRY CELL .... сухая батарея
DRY-CHEMICAL TYPE FIRE EXTINGUISHER .... порошковый огнетушитель
DRY ENGINE .... двигатель без топлива, масла и гидросмеси, сухой двигатель; двигатель без системы впрыска воды
DRY FIELD .... сухое летное поле
DRY ICE (carbonic ice) .... сухой лед, твердая углекислота
DRY IN WARM AIR (to) .... сушить в потоке нагретого воздуха
DRY LEASE .... аренда (воздушного судна) без экипажа
DRY LOAD .... балласт, балластная нагрузка
DRY LUBRICANT (solid film) .... консистентная смазка; пленочно-ингибирующий состав (консервационное покрытие)
DRY POWER .... мощность без впрыска; бесфорсажная тяга
DRY RUNWAY .... сухая взлетно-посадочная полоса, сухая ВПП
DRY SANDING .... пескоструйная очистка; зачистка шкуркой
DRY STORAGE BATTERY .... сухозарядная батарея
DRY SUMP .... сухой картер
DRY SUMP LUBRICATION .... смазка сухого картера
DRY TAKE-OFF .... взлет без впрыска воды (в двигатель); взлет на режиме бесфорсажной тяги
DRY THRUST .... бесфорсажная тяга; тяга без впрыска (воды)
DRY WEIGHT .... сухой вес; сухая масса
DRY WITH BLASTED AIR (to) .... сушить сжатым воздухом

DRYER	сушильная камера, сушильный шкаф; сушильная печь; влагоотделитель
DRYING	сушка; высушивание; просушивание; обезвоживание; высыхание
DRYING TIME	период сушки
DRYING WITH COMPRESSED AIR	сушка сжатым воздухом
DUAL	двойной; спаренный
DUAL ACTING PISTON	поршень двухстороннего действия
DUAL-ANTENNA RADAR	радиолокационная станция [РЛС] с двухлучевой антенной
DUAL AUTOLAND SYSTEM	дублированная система автоматического управления посадкой
DUAL AXIAL COMPRESSOR (split compressor)	двухосевой компрессор
DUAL-CHANNEL SYSTEM	двухпоточная система (оформления пассажиров); двухканальная система
DUAL CONTROL	спаренное управление, двойное управление
DUAL DRIVE	спаренный привод
DUAL FLIGHT	полет (с инструктором) на самолете с двойным управлением
DUAL FLOW	двойной поток; двойное течение
DUAL IGNITION	система двойного зажигания (топлива в двигателе)
DUAL INSTRUCTION	полет (с инструктором) на самолете с двойным управлением
DUAL ORIFICE	двойной насадок
DUAL POSITION INDICATOR	двухпозиционный индикатор
DUAL ROTORS	сдвоенные [спаренные] винты
DUAL-TANDEM GEAR	многоопорное шасси; многоколесная тележка (шасси)
DUAL TONE HORN	двухтональная звуковая сирена
DUAL TRAINING	летная подготовка с инструктором
DUAL TYRES	спаренные пневматики
DUAL WHEEL GEAR	двухколесное шасси
DUAL WHEELS	спаренные колеса
DUBIOUS CRACK	подозрительная трещина, внушающая опасения трещина
DUCK (to)	резко отклоняться (в полете)

DUCT (ducting)	канал; туннель; патрубок; тракт; контур (двигателя); прямоточный двигатель
DUCT (to)	канализировать
DUCT CLAMP	зажим патрубка
DUCT-BURNING CONFIGURATION	конфигурация распределения газового потока с дожиганием (топлива) во втором контуре
DUCT OVERHEAT SWITCH	термореле в контуре (двигателя)
DUCT TAIL ROTOR	хвостовой [рулевой] винт в кольцевом обтекателе
DUCT TEMPERATURE PROBE (sensor)	термодатчик в контуре (двигателя)
DUCTED	туннельный; закапотированный
DUCTED FAN	вентилятор в кольцевом обтекателе, закапотированный вентилятор; туннельный вентилятор; вентилятор в кольцевом тракте
DUCTED-FAN ENGINE	турбовинтовентиляторный двигатель [ТВВД] с закапотированным вентилятором; (комбинированный) двигатель с туннельным вентилятором
DUCTED PROPELLER	туннельный воздушный винт
DUCTILE	пластичный
DUCTILITY	пластичность
DUE TIME	время по расписанию
DULL	тупой; затупленный (инструмент); глухой (звук); тусклый; матовый; засалившийся (шлифовальный круг)
DULL SOUND	глухой звук
DUMBBELL	несущая надфюзеляжная рама крепления двигателей
DUMB-WAITER	стойка с (вращающимися) полками для закусок; кухонный лифт
DUMMY	макет; модель
DUMMY AERIAL (antenna)	дублирующая антенна
DUMMY LANDING GEAR	макетное шасси
DUMMY LOAD	балластная нагрузка; инертное снаряжение; эквивалент нагрузки, поглощающая нагрузка
DUMMY PART	черновая заготовка (под штамповку)
DUMMY PLUG	защитная пробка

DUMMY RUN .... ложный маневр; пробный заход; тренировочный заход; холостой пробег; имитирование применения оружия

DUMMY TELEMETRY .... ложная телеметрия

DUMP .... разгрузка (памяти); вывод (файлов) на печать, распечатка (файлов); выдача (данных); снятие, отключение (напряжения)

DUMP (to) .... аварийно сливать (напр. топливо); снимать, отключать (напряжение); разгружать (память); распечатывать, сбрасывать (содержимое памяти)

DUMP CHUTE (fuel) .... сливная труба, сливной трубопровод; трубопровод аварийного слива (топлива)

DUMP COCK .... сливной кран

DUMP TANK .... сливной бачок

DUMP VALVE .... сливной клапан

DUMPER .... гаситель (колебаний); глушитель (напр. шума)

DUMPING .... аварийный слив

DUPLEX .... дуплексная (радио)связь; двухсторонний

DUPLEX BEARING .... сдвоенный подшипник

DUPLEX BURNER .... двухканальная форсунка

DUPLEX CABLE .... двухжильный кабель

DUPLEX CARBURETTER .... двухкамерный карбюратор

DUPLEX SPRAY NOZZLE .... двухступенчатая форсунка; двухкомпонентная форсунка

DUPLEXER .... антенный переключатель, дуплексер; общая антенна для передачи и приема, дуплексная антенна

DUPLEXING .... дуплексный [двусторонний] режим; дуплексная [одновременная двусторонняя] передача

DUPLICATE (to) .... снимать копию, копировать; удваивать, увеличивать вдвое

DUPLICATE THROTTLE .... сектор газа (двигателя) с дублированным контролем; сдвоенная дроссельная заслонка

DUPLICATED .... запасной, резервный; удвоенный; спаренный

DUPLICATED AUTOPILOT .... автопилот с дублированным контролем

DUPLICATING MACHINE	копировально-множительная машина; копировальный аппарат
DURABILITY	долговечность; выносливость; срок службы; ресурс
DURALUMIN	дюралюминий, дюраль
DURATION	длительность, продолжительность
DURATION FLIGHT	длительный полет
DUST	пыль; порошок; пудра
DUST (to)	очищать от пыли, удалять пыль
DUST CAP	пылезащитный колпачок; колпачок вентиля (пневматика)
DUST-BIN	бункер для уловленной пыли
DUST BRUSH	кисть для удаления пыли
DUST COVER	пылезащитный чехол
DUST DEVIL (whirl)	пыльные вихри; пыльные бури
DUST-LADEN	запыленный
DUST PARTICLES	частицы пыли
DUST PROOF (dustproof)	пыленепроницаемый
DUST PROOF BAG	пыленепроницаемый мешок; пылесборник
DUST PROTECTION	пылезащитное устройство, ПЗУ
DUST SEAL	пылезащитное уплотнение
DUSTING	образование пыли, пылеобразование; удаление пыли
DUSTSTORM	пыльная буря
DUST TIGHT	пыленепроницаемый
DUTCH ROLL	колебания типа "голландский шаг", связанные колебания крена и рыскания
DUTY	обязанность; пошлина; налог; рабочий цикл; режим (работы); производительность; мощность
DUTY CHART	рабочий график
DUTY CYCLE	рабочий цикл; относительная длительность включения (двигателя)
DUTY-FREE	беспошлинный, не подлежащий обложению (таможенной) пошлиной
DUTY-FREE SHOP	магазин беспошлинной торговли
DUTY PILOT	дежурный летчик; летчик, пилотирующий летательный аппарат
DUTY RUNWAY	действующая взлетно-посадочная полоса, действующая ВПП

DUTY STATION	рабочее место (экипажа)
DUTY TIME	рабочий цикл; рабочее время
DWELL METER	измеритель продолжительности замкнутого состояния контактов прерывателя
DWELL-TIME	время задержки (срабатывания механизма)
DYE	краситель, красящее вещество; краска; цвет, окраска
DYE CHECK	контроль окраски; посечка лакокрасочного покрытия
DYE CHECK (to)	контролировать окраску
DYE PENETRANT METHOD (DPM)	цветной метод контроля (с использованием жидкости с красителем)
DYE VISUALIZATION	визуализация красителями
DYNAMIC AIR INTAKE	воздухозаборник
DYNAMIC BALANCING	динамическая балансировка; равновесие (сил и моментов) в полете
DYNAMIC LOAD	динамическая нагрузка
DYNAMIC PRESSURE	скоростной напор; динамическое давление
DYNAMIC SEAL	динамическое уплотнение; уплотнение подвижного соединения
DYNAMIC STABILITY	динамическая устойчивость
DYNAMIC TESTS	динамические испытания
DYNAMIC VISCOSITY	динамическая вязкость
DYNAMIC WEATHER CONDITIONS	сложные метеоусловия
DYNAMICALLY STABLE	динамически устойчивый
DYNAMICALLY UNSTABLE	динамически неустойчивый
DYNAMICS	динамика; динамические характеристики
DYNAMO	генератор постоянного тока
DYNAMOELECTRIC	электродинамический; электромеханический
DYNAMOMETER	динамометр; инерционный стенд для испытаний тормозов и муфт
DYNAMOMETER TEST STAND	динамометрический испытательный стенд
DYNAMOTOR	двигатель-генератор
DYNE	дина, дин (внесистемная единица силы)
DZUS FASTENER	винтовой (быстродействующий) замок (люка, капота)

E

EARLY ARRIVAL .... прибытие с опережением расписания
EARLY DUTY .... утренняя смена
EARLY WARNING .... дальнее обнаружение
EARLY WARNING COVERAGE .... зона дальнего
(радиолокационного) обнаружения
EARLY WARNING SATELLITE .... спутник (системы) дальнего обнаружения
EARLY WARNING SYSTEM .... система дальнего обнаружения
EARMUFFS .... защитные резиновые кольца
(головного телефона)
EARNING .... заработок; заработанные деньги;
доход, прибыль; поступления
EARPHONE .... головной телефон, наушники; гарнитура
EARPHONE-HEADSET .... шлемофон
EARTH (to) .... заземлять
EARTH (electrical ground) .... заземление, "земля";
замыкание на землю
EARTH BONDING PLATE .... металлическая пластина заземления
EARTH-CENTERED SATELLITE ...... спутник на геоцентрической орбите
EARTH CONNECTOR (earth connection) ..... заземляющий соединитель
EARTHED .... заземленный
EARTHED CONDUCTOR ...... заземленный провод; заземленный кабель
EARTHED WIRE .... заземленный провод
EARTH ELECTRODE .... заземлитель, заземляющий электрод
EARTH GROUND STATION ... наземная станция (обеспечения полетов);
земная станция (спутниковой связи)
EARTH IMAGING SATELLITE .... спутник видовой разведки
EARTH INDUCTOR .... заземляющая катушка индуктивности
EARTHING .... заземление, "земля"
EARTHING LEAD .... заземляющий провод, заземлитель
EARTHING TERMINAL .... зажим заземления
EARTH OBSERVATION SATELLITE .... спутник наблюдения
за земной поверхностью
EARTH-ORBITING MISSION .... полет по околоземной орбите
EARTH-RESOURCES RESEARCH AIRCRAFT .... самолет
для исследования
природных ресурсов Земли

EARTH'S ATMOSPHERE	земная атмосфера
EARTH'S AXIS	земная ось
EARTH'S MAGNETIC FIELD	магнитное поле Земли
EARTH'S SURFACE	земная поверхность, поверхность Земли
EARTH SATELLITE	искусственный спутник Земли, ИСЗ; спутник на околоземной орбите
EARTH SHINE	земное свечение
EARTHSHINE	земное свечение
EARTH-STABILIZED SATELLITE	спутник со стабилизацией относительно Земли
EARTH STATION	наземная станция (обеспечения полетов)
EARTH SYNCHRONOUS SATELLITE	геосинхронный спутник; геостационарный спутник
EARTH TESTER	прибор для измерения сопротивления заземления
EARTH-TO-ORBIT SHUTTLE	многоразовый транспортный космический корабль, МТКК; многоразовый воздушно-космический аппарат, МВКА
EARTH WARNING STATION	станция дальнего обнаружения
EARTH WIRE	заземляющий провод
EAS (equivalent airspeed)	эквивалентная [индикаторная] воздушная скорость
EASE	легкость, удобство (в работе)
EASE OF MAINTENANCE	удобство обслуживания
EASIER ACCESS	удобный доступ; удобное обращение (к базе данных)
EASTBOUND AIRCRAFT	воздушное судно, летящее курсом на восток
EASTBOUND FLIGHT	полет в восточном направлении
EAST VARIATION	восточное склонение
EASY MAINTENANCE	непродолжительное обслуживание
EASY-TO-OPERATE CONTROL	"легкое" управление (летательным аппаратом)
EBONITE	эбонит
ECCENTRIC	эксцентрик; эксцентриковый; эксцентрический; внецентровый
ECCENTRIC ORBIT	орбита с эксцентриситетом
ECHO ALTIMETER	эхолот

ECHO BOX	эхо-резонатор
ECHOING AREA	эффективная поверхность рассеяния, ЭПР
ECHOMETER	эхолот
ECHO-SOUNDER	эхолот
ECHO SUPPRESSOR	эхоподавитель, эхозаградитель
ECLIPTIC	эклиптика; эклиптический
ECM POD	контейнер с аппаратурой радиоэлектронного подавления, контейнер РЭП
ECONOMICAL	экономичный; экономический
ECONOMICAL CRUISE	крейсерский полет с минимальным расходом топлива
ECONOMICAL SPEED	экономичная скорость, скорость при минимальном расходе топлива
ECONOMIC CLIMB	набор высоты с минимальным расходом топлива
ECONOMIC PATTERN	схема полета с минимальным расходом топлива
ECONOMY	экономический
ECONOMY CABIN	салон туристического класса
ECONOMY CLASS	туристический класс
ECONOMY FARE	тариф туристического класса
ECONOMY SEAT	место в туристическом классе
EDDY	вихрь; завихрение, вихревое движение; турбулентность
EDDY-CURRENT INSPECTION	дефектоскопия методом вихревых токов
EDDY FLOW	вихревое течение; турбулентное течение
EDGE	кромка; ребро; край; граница; гребень; бровка
EDGE (to)	заострять; окантовывать; окаймлять; отделывать кромку; снимать фаску
EDGE BOLT	стыковой болт
EDGE CHAMFER	фаска
EDGE CHISEL	зубило
EDGED	кромочный; граничный; острый; заточенный; режущий
EDGE DISTANCE	расстояние до кромки
EDGE EFFECT	граничный эффект; влияние кромки (на обтекание профиля)
EDGE LIGHTING	периферийное освещение
EDGE-TO-EDGE	состыкованный

EDGING	облицовка; обработка кромки; загиб кромки; окантовка
EFFECT	влияние; эффект
EFFECT (to)	влиять; воздействовать; исполнять; совершать
EFFECTIVE	эффективный
EFFECTIVE AIR PATH	действующая воздушная трасса
EFFECTIVE AREA	эффективная поверхность рассеяния, ЭПР; эффективная поверхность
EFFECTIVE ASPECT-RATIO	эффективное удлинение
EFFECTIVE BRAKING	эффективное торможение
EFFECTIVE CURRENT	действующее значение переменного тока
EFFECTIVE ECHOING AREA	эффективная поверхность рассеяния, ЭПР; эффективная поверхность
EFFECTIVE LIFT	эффективная подъемная сила
EFFECTIVENESS	эффективность
EFFECTIVE PAGE	действующая страница (в памяти)
EFFECTIVE PITCH	эффективный шаг (воздушного винта)
EFFECTIVE POWER (EHP)	эффективная мощность; используемая мощность
EFFECTIVE RUNWAY LENGTH	эффективная длина взлетно-посадочной полосы
EFFECTIVE THRUST	эффективная тяга; действующая тяга
EFFECTIVE VALUE	эффективное [действующее] значение
EFFECTIVE VISUAL RANGE	эффективная дальность видимости
EFFECTIVE WORK	полезная работа
EFFECTIVITY	эффективность
EFFICIENCY	эффективность; производительность; отдача; коэффициент полезного действия, кпд
EFFICIENCY OF WING	аэродинамическое качество крыла
EFFICIENT	эффективный
EFFICIENT BRAKING	эффективное торможение
EFFLUX	реактивная газовая струя; истечение газов
EGG INSULATOR	орешковый изолятор
EGG-SHAPED	оживальной формы, оживальный
EGRESS SYSTEM	приспособление для эвакуации людей (из самолета)

EIFFEL TYPE WIND-TUNNEL	сужающаяся аэродинамическая труба
EIGHT-BLADED PROP-FAN	восьмилопастный турбовинтовентиляторный двигатель, восьмилопастный ТВВД
EIGHT-CYLINDER RADIAL ENGINE	восьмицилиндровый звездообразный двигатель
EJECT (to)	выбрасывать; катапультировать(ся); отбрасывать; испускать (частицы)
EJECTION SEAT	катапультируемое кресло
EJECTOR	эжектор, выталкиватель; струйный насос; отражатель; катапульта
EJECTOR NOZZLE	эжекторное сопло
ELAPSED	истекший; прошедший
ELAPSED TIME	истекшее время (полета); время наработки, наработка
ELAPSED TIME CODE	код истекшего времени (полета)
ELAPSED TIME COUNTER	счетчик наработки (агрегата)
ELAPSED TIME INDICATOR	указатель времени наработки (напр. двигателя)
ELASTIC	эластичный, упругий; гибкий
ELASTICITY	упругость, эластичность
ELASTIC LIMIT	предел упругости
ELASTIC STOP	упругий упор
ELASTIC WHEEL (elastic grinding wheel)	гибкий шлифовальный круг
ELASTOMER	эластомер
ELASTOMER GASKET	упругая прокладка
ELASTOMERIC BEARING	упругая опора; гибкая опора
ELASTOMERIC ROTOR	гибкий ротор
ELBOW	угольник; колено
ELBOW FITTING	коленчатый патрубок; колено
ELBOW UNION (connection)	коленчатая соединительная муфта
ELECTRIC	электрический; электротехнический
ELECTRIC ACTUATOR	электрический силовой привод; электрическая рулевая машина
ELECTRICAL	электрический; электротехнический
ELECTRICAL/ELECTRONIC MODULE	модуль электрического и электронного оборудования

ELECTRICAL ACCUMULATOR (battery) .... аккумуляторная батарея
ELECTRICAL BONDING .... заземляющая перемычка; электросварка
ELECTRICAL COMPONENT .... электрическая составляющая (поля); электрический узел (оборудования)
ELECTRICAL CONNECTION .... электрическое соединение, электросоединение
ELECTRICAL CONNECTOR ....электросоединитель; электрический разъем
ELECTRICAL CONTACT .... электрический контакт
ELECTRICAL CONTINUITY .... неразрывность электроцепи
ELECTRICAL CONTROL PANEL .... щиток управления электрической системой
ELECTRICAL CURRENT .... электрический ток
ELECTRICAL DIAGRAM .... электрическая схема
ELECTRICAL DISCHARGE ....электрический разряд
ELECTRICAL DRILL .... электрическая дрель, электродрель
ELECTRICAL ENERGY .... электрическая энергия, электроэнергия
ELECTRICAL ENGINEER .... инженер-электрик
ELECTRICAL EQUIPMENT ....электрооборудование
ELECTRICAL EQUIPMENT RACK ....стойка электрооборудования
ELECTRICAL FAILURE................ повреждение электрооборудования; отказ электрооборудования; повреждение электрической цепи
ELECTRICAL GENERATING SYSTEM .... система электроснабжения
ELECTRICAL GROUNDING.......................... электрическое заземление
ELECTRICAL GROUND POWER UNIT .... аэродромный пусковой электроагрегат
ELECTRICAL GYRO HORIZON .... электрический авиагоризонт
ELECTRICAL HARNESS .... электрожгут; электроколлектор
ELECTRICAL HEATING .... электрический нагрев, электронагрев
ELECTRICAL INTERLOCK ....электрическая блокировка
ELECTRICAL LEAD ....электрический вывод
ELECTRICAL LOAD.................................... электрическая нагрузка
ELECTRICALLY DRIVEN ....с электроприводом
ELECTRICALLY DRIVEN PUMP .... насос с электроприводом

ELECTRICALLY ENERGIZED .... подключенный к источнику электропитания
ELECTRICALLY OPERATED .... электроуправляемый; с электроприводом
ELECTRICALLY OPERATED CLUTCH .... электрическая муфта
ELECTRICAL OVERRIDE .... пересиливать вручную усилие электрических рулевых машинок; управление с электрической блокировкой
ELECTRICAL PANEL .... электрощиток
ELECTRICAL PLUG .... электрическая свеча
ELECTRICAL POWER .... электрическая мощность; электрическая энергия, электроэнергия
ELECTRICAL POWER SOURCE .... источник электропитания
ELECTRICAL POWER SUPPLY .... источник электропитания
ELECTRICAL POWER UNIT .... источник электропитания
ELECTRICAL PUMP .... электрический насос, электронасос
ELECTRICAL RECEPTACLE .... электрический соединитель; электрический разъем
ELECTRICAL SERVOSYSTEM .... электрическая сервосистема
ELECTRICAL SHOCK .... электрический удар, поражение электрическим током
ELECTRICAL SIGNAL .... электрический сигнал
ELECTRICAL SYSTEM .... электрическая цепь; электрическая система
ELECTRICAL TESTING .... электрические испытания
ELECTRICAL WIRE .... электрическая проводка, электропроводка
ELECTRICAL WIRE BUNDLE .... жгут электропроводов
ELECTRICAL WIRING .... электрическая проводка, электропроводка
ELECTRIC ARC .... электрическая дуга
ELECTRIC BALANCE .... токовые весы, ампер-весы; электрические весы; электрометр; мост Уитстона
ELECTRIC BONDING .... заземляющая перемычка; электросварка
ELECTRIC CHARGE .... электрический заряд
ELECTRIC CONTACT .... электрический контакт
ELECTRIC CONTINUITY .... электропроводность цепи
ELECTRIC CURRENT .... электрический ток
ELECTRIC DISCHARGE .... электрический разряд
ELECTRIC DRILL .... электродрель

ELECTRIC DRIVE	электропривод
ELECTRIC EQUIPMENT	электрооборудование
ELECTRIC EYE	электронный индикатор настройки; фотоэлемент
ELECTRIC FIELD	электрическое поле
ELECTRIC FLUX	поток электрической индукции; электрические силовые линии
ELECTRIC FURNACE	электрическая печь, электропечь
ELECTRIC HEATER	электронагреватель
ELECTRICIAN	электрик
ELECTRICITY	электричество
ELECTRIC MOTOR	электродвигатель
ELECTRIC MOTOR DRIVEN PUMP	насос с электроприводом, электронасос
ELECTRIC MOTOR OPERATED	с приводом от электродвигателя
ELECTRIC PEN	электрическое перо (самописца); электрическая перемычка; электрод
ELECTRIC POWER	электрическая мощность; электрическая энергия, электроэнергия
ELECTRIC PROPELLER PITCH CONTROL	электрическое управление шагом воздушного винта
ELECTRIC PROPULSION	электрический двигатель, электродвигатель
ELECTRIC PULSE	электрический импульс, электроимпульс
ELECTRIC PUMP (unit)	электрический насос, электронасос
ELECTRIC SCRIBER	электрическое перо (самописца); электрический разметочный инструмент
ELECTRIC SHUT-OFF COCK	электрический запорный вентиль
ELECTRIC SIGNAL	электрический сигнал
ELECTRIC SIGNALLING	электрическая сигнализация; передача электрических сигналов
ELECTRIC SOLDERING IRON	электрический паяльник, электропаяльник
ELECTRIC STARTER	электрический стартер, электростартер
ELECTRIC TIMER	электрическое реле времени
ELECTRIC TRANSFORMER	электрический трансформатор, электротрансформатор

ELECTRIC VACEWAY	желоб для электропроводки; каблепровод
ELECTRIC VALVE	электрический клапан, электроклапан
ELECTRIC WELDING	электрическая сварка, электросварка
ELECTRIC WIRING	электрическая проводка, электропроводка
ELECTROCHEMICAL CLEANING	электрохимическая очистка
ELECTROCHEMICAL ENERGY	электрохимическая энергия
ELECTROCHEMICAL ETCHING	электрохимическое травление
ELECTRO-CHEMICAL MACHINING	электрохимическая обработка
ELECTROCHEMICAL MILLING (machining)	электрохимическое фрезерование
ELECTROCHEMICAL PLATING	нанесение электрохимического покрытия
ELECTRO-CHEMISTRY	электрохимический
ELECTROCHEMISTRY	электрохимия
ELECTRODE	электрод
ELECTRODE EROSION	эрозия электрода
ELECTRODE GAP	расстояние между электродами, межэлектродное расстояние, межэлектродный зазор
ELECTRODEPOSITED NICKEL PLATING	электроосаждение никеля, никелирование
ELECTRODEPOSITED PLATING	электроосаждение; нанесение электролитического [гальванического] покрытия
ELECTRODEPOSITION	электроосаждение, электролитическое осаждение; нанесение покрытия методом электроосаждения
ELECTRO-DISCHARGE MACHINING (EDM)	электроэрозионный станок
ELECTRODYNAMIC	электродинамический
ELECTRO-ENGRAVING	электрогравирование
ELECTRO-ETCHING	электролитическое травление
ELECTRO-FORMING	гальванопластика; электролитическое формование
ELECTROFORMING	гальванопластика; электролитическое формование
ELECTROHYDRAULIC ACTUATION	электрогидравлическое управление; электрогидравлический привод

ELECTRO-HYDRAULIC ACTUATOR	электрогидравлический привод
ELECTROLESS NICKEL PLATING	никелирование методом химического восстановления
ELECTROLUMINESCENT PANEL	электролюминесцентный дисплей; электролюминесцентное табло
ELECTROLYSIS	электролиз
ELECTROLYSIS PLANT	установка для электролиза
ELECTROLYTE	электролит
ELECTROLYTIC CLEANING	электролитическая очистка, электроочистка
ELECTROLYTIC COATING	электролитическое [гальваническое, электроосажденное] покрытие
ELECTROLYTIC CONDENSER (capacitor)	электролитический конденсатор
ELECTROLYTIC DISPLAY	электролитический индикатор
ELECTROLYTIC ETCHING	электролитическое травление
ELECTROLYTIC PLATING	нанесение электролитического покрытия
ELECTROLYTIC SOLUTION	электролит
ELECTROLYTIC STRIPPING	электрохимическое растворение
ELECTROMAGNET	электромагнит
ELECTROMAGNET COIL (winding)	электромагнитная катушка
ELECTROMAGNETIC INTERFERENCE (EMI)	электромагнитные помехи
ELECTROMAGNETIC BRAKE	электромагнитный тормоз
ELECTRO-MAGNETIC CRACK DETECTION	электромагнитное обнаружение трещин
ELECTROMAGNETIC GUN SATELLITE	спутник с электромагнитной пушкой
ELECTROMAGNETIC INDUCTION	электромагнитная индукция
ELECTROMAGNETIC RADIATION	электромагнитное излучение
ELECTROMAGNETIC RESISTANT SATELLITE	спутник, защищенный от электромагнитного излучения
ELECTROMAGNETIC SHIELDING ENCLOSURE	экранирующий кожух
ELECTRO-MECHANICAL	электромеханический
ELECTROMECHANICAL	электромеханический
ELECTROMECHANICAL DRIVE	электромеханический привод
ELECTRO-METALLURGY	электрометаллургия
ELECTROMETER	электрометр

ELECTRO-MOTIVE FORCE (emf)	электродвижущая сила, эдс
ELECTROMOTIVE FORCE (EMF)	электродвижущая сила, эдс
ELECTRON	электрон
ELECTRON BEAM	электронный пучок
ELECTRON BEAM MICROSCOPE	электронный микроскоп
ELECTRON BEAM WELDING	электронно-лучевая сварка
ELECTRON COUPLED OSCILLATOR (ECO)	генератор с электронной связью
ELECTRON FLOW	поток электронов
ELECTRON GUN	электронная пушка
ELECTRONIC	электронный
ELECTRONIC ACCESS DOOR	лючок для доступа в приборный отсек
ELECTRONIC BALANCE	электронные весы
ELECTRONIC CLOCK	электронные часы
ELECTRONIC COMPARTMENT	отсек бортового радиоэлектронного оборудования, отсек БРЭО
ELECTRONIC COMPONENTS	электронные узлы
ELECTRONIC COMPUTER	электронная вычислительная машина, ЭВМ; электронный вычислитель
ELECTRONIC CONTROL PANEL	электронный пульт управления
ELECTRONIC CONTROL UNIT	электронный блок управления
ELECTRONIC COUNTER	электронный счетчик
ELECTRONIC COUNTERMEASURES (ECM)	радиоэлектронное подавление, РЭП
ELECTRONIC CURRENT	электронный ток
ELECTRONIC DATA PROCESSING (EDP)	электронная обработка данных, обработка данных на компьютере
ELECTRONIC ENGINE CONTROL SYSTEM	электронная система управления двигателем
ELECTRONIC ENGINEER	инженер-электроник
ELECTRONIC FERRET SATELLITE	спутник радиотехнической разведки
ELECTRONIC FILTER	электронный фильтр
ELECTRONIC FUEL CONTROL	электронное регулирование расхода топлива
ELECTRONIC GENERATOR	электронный генератор
ELECTRONIC INSTRUMENTS	электронные приборы
ELECTRONIC INTELLIGENCE	разведка радиоэлектронных средств, РРЭС; радиоэлектронная разведка, РЭР; радиотехническая разведка, РТР

ELECTRONIC INTERFACE UNIT .... электронный интерфейс, электронный блок сопряжения
ELECTRONIC LANDING AIDS SYSTEM .... радиоэлектронная система посадочных средств
ELECTRONIC RECONNAISSANCE SATELLITE .... спутник радиотехнической разведки, спутник РТР
ELECTRONICS .... электроника; электронная аппаратура; электронные схемы; радиоэлектроника; радиоэлектронная аппаратура
ELECTRONICS COMPARTMENT .... отсек электронной аппаратуры; отсек бортовой радиоэлектронной аппаратуры, отсек БРЭО
ELECTRONICS ENGINEER .... инженер-электроник
ELECTRONIC STORAGE DEVICE .... электронное запоминающее устройство, электронное ЗУ
ELECTRONIC STORE электронная память; электронное запоминающее устройство, электронное ЗУ
ELECTRONIC TIMER .... электронные часы; электронный таймер; электронный счетчик времени
ELECTRONIC VALVE (tube) .. электронная лампа; электронный прибор; электровакуумный прибор
ELECTRONIC WARFARE (EW) .... радиоэлектронная борьба, РЭБ
ELECTRONIC WEIGHTING UNIT .... электронные весы
ELECTRON MICROSCOPE .... электронный микроскоп
ELECTRON SWITCH .... электронный переключатель
ELECTRON TUBE .... электронная лампа; электронная трубка
ELECTRO-OPTIC .... электрооптический; оптико-электронный
ELECTRO-OPTICALLY GUIDED .... с электрооптическим наведением
ELECTRO-OPTICAL SPY SATELLITE ...... спутник с оптико-электронной разведывательной аппаратурой
ELECTRO-OPTICAL-TRACKED SATELLITE ... спутник, сопровождаемый оптико-электронными средствами
ELECTRO-OPTICS .... электрооптика; оптико-электронная аппаратура
ELECTROPLATED STEEL .... сталь с гальванопокрытием
ELECTROPLATING (electro-plating) .... гальваностегия, нанесение покрытия методом электроосаждения, нанесение гальванического покрытия

ELECTRO-PLATING BATH.................................гальваническая ванна, ванна для нанесения гальванического покрытия
ELECTRO-PNEUMATIC CLUTCH .... электропневматическая муфта
ELECTROPOLISHING (blade) .... электрополирование, электрополировка, электролитическое [электрохимическое] полирование
ELECTROSPARK MACHINING...................электроэрозионная обработка
ELECTROSTATIC CAPACITY .... электростатическая емкость
ELECTROSTATIC CHARGE............................. электростатический заряд
ELECTROSTATIC SHIELDING........ электростатическое экранирование
ELECTROSTATIC SPRAY GUN .... пистолет для нанесения порошкового покрытия в электростатическом поле
ELECTROTHERMAL .... электротермический
ELECTROTHERMAL ANTIICER .... электротермическое противообледенительное устройство
ELECTRO-THERMY .... электротермия
ELECTRO-VALVE .... электрический клапан, электроклапан
ELECTRO-WELDING ....электросварка
ELEMENT ....элемент; компонент; деталь; устройство; узел; блок
ELEVATED LIGHT .... огонь наземного типа (на аэродроме)
ELEVATED TEMPERATURE............................... повышенная температура
ELEVATING... подъем
ELEVATION....................................... превышение; возвышение; высота (над уровнем моря); угол превышения; угол места; угол подъема; профиль (местности)
ELEVATION ANGLE ....угол превышения; угол места; угол подъема
ELEVATION CHANNEL .... угломестный канал (навигационной системы)
ELEVATION ERROR........................... погрешность отсчета по углу места
ELEVATION GUIDANCE .... наведение по углу места
ELEVATION OF STRIP.......................................превышение летной полосы
ELEVATION RADAR............углометная радиолокационная станция, угломестная РЛС
ELEVATOR.. руль высоты; подъемник; лифт
ELEVATOR ANTIBALANCE TAB .... антикомпенсатор руля высоты
ELEVATOR BOOSTER .... бустер [гидроусилитель] руля высоты
ELEVATOR CONTROL...управление рулем высоты
ELEVATOR CONTROL STAND .... колонка руля высоты
ELEVATOR CONTROL TAB .... триммер руля высоты
ELEVATOR GUST LOCK .... стопор руля высоты

ELEVATOR HINGE FITTING	навеска руля высоты
ELEVATOR POWER CONTROL UNIT	блок управления бустером [гидроусилителем] руля высоты
ELEVATOR QUADRANT	секторная качалка руля высоты
ELEVATOR SERVO	сервопривод руля высоты
ELEVATOR TAB	триммер руля высоты
ELEVATOR TRIM	триммирование; снятие усилия с рулей (отклонением триммера)
ELEVATOR TRIM TAB	триммер руля высоты
ELEVON	элевон
ELIMINATE (to)	удалять, устранять; исключать
ELIMINATE ERROR (to)	устранять погрешность (прибора)
ELL (elbow)	колено (трубопровода)
ELLIPTIC(AL) ORBIT	эллиптическая орбита
ELLIPTICAL FUSELAGE	фюзеляж с элипсообразным сечением
ELLIPTIC WING	эллиптическое крыло
ELONGATED	удлиненный; растянутый; вытянутый; с большим относительным удлинением
ELONGATED HOLE	развальцованное отверстие
ELONGATED NOSE	удлиненный носок
ELONGATION	удлинение; относительное удлинение
EMBARK (to)	улетать, отправляться (в рейс); производить посадку; производить погрузку
EMBARKATION	отправление (в рейс); посадка (пассажиров); погрузка
EMBARKATION AERODROME	аэродром погрузки
EMBARKATION CARD	посадочный талон
EMBARKED	отправленный (рейс); на борту; погруженный на борт
EMBED (to)	входить (в слой облаков)
EMBEDDED	заделанный; вмонтированный; вставленный; встроенный; заглубленный
EMBODIED	доработанный; модифицированный
EMBOSS (to)	чеканить; штамповать; выдавливать тиснение; гофрировать
EMBOSSING (embossment)	чеканка; выдавливание рельефа; тиснение; гофрировка
EMBOSSMENT-MAP	рельефная карта
EMBRITTLE (to)	делать(ся) хрупким; охрупчивать(ся)
EMBRITTLEMENT	охрупчивание; хрупкость

EMERGENCE ESCAPE EQUIPMENT .... аварийно-спасательное оборудование
EMERGENCY .... аварийная ситуация, аварийная обстановка; критические условия; запасный; вспомогательный
EMERGENCY AERODROME .... аэродром вынужденной посадки; вспомогательный аэродром
EMERGENCY AIRCRAFT .... самолет в аварийной ситуации
EMERGENCY ALIGHTING .... аварийная посадка, вынужденная посадка
EMERGENCY BEACON .... аварийный (радио)маяк
EMERGENCY BRAKE SYSTEM .... система аварийного торможения
EMERGENCY BUS .... шина аварийного электропитания, аварийная (электро)шина
EMERGENCY CHECK-LIST .... контрольный перечень проверок в аварийной ситуации
EMERGENCY CONTROL .... аварийное управление; запасное управление
EMERGENCY DEPRESSURIZATION SWITCH .... выключатель аварийной разгерметизации
EMERGENCY DESCENT .... аварийное снижение; экстренное снижение
EMERGENCY DESCENT SPEED .... скорость при аварийном [экстренном] снижении
EMERGENCY DITCHING EVACUATION ..... покидание воздушного судна при аварийной посадке на воду
EMERGENCY DRILL .... отработка действий в аварийной обстановке
EMERGENCY DRIVE GEARBOX .... запасная коробка передач
EMERGENCY ENVIRONMENTS .... аварийные условия
EMERGENCY EQUIPMENT .... аварийное оборудование
EMERGENCY ESCAPE (egress) .... аварийное покидание (воздушного судна)
EMERGENCY ESCAPE HATCH DOOR .... створка люка для аварийного покидания (воздушного судна)
EMERGENCY ESCAPE SLIDE LIGHT BATTERY PACK .... контейнер аккумуляторной батареи для развертывания аварийного трапа
EMERGENCY EVACUATION DIAGRAM ...... схема аварийной эвакуации (воздушного судна)

EMERGENCY EVACUATION SYSTEM .... система аварийной эвакуации (пассажиров)
EMERGENCY EXHAUST SELECTOR VALVE .... предохранительный выпускной селекторный клапан
EMERGENCY EXIT .... аварийный выход
EMERGENCY EXIT DOOR .... дверь аварийного выхода; крышка люка аварийного покидания
EMERGENCY EXIT HATCH .... люк для аварийного выхода; запасной люк для выхода
EMERGENCY EXIT LIGHT .... освещение аварийного выхода
EMERGENCY EXIT OVERWING LIGHTS .... огни на крыле для освещения аварийного выхода
EMERGENCY EXIT WINDOW .... иллюминатор аварийного выхода
EMERGENCY EXTENSION .... выдвижение аварийного трапа
EMERGENCY FLAP MODULE .... вспомогательный щиток
EMERGENCY FLAP UP POSITION .... убранное положение закрылков в аварийной ситуации
EMERGENCY FLIGHT .... экстренный рейс (в аварийной ситуации)
EMERGENCY FREQUENCY .... аварийная частота радиосвязи
EMERGENCY FUEL SHUT OFF VALVE .... аварийный отсечный [перекрывной] топливный клапан
EMERGENCY HANDLE .... рукоятка аварийной системы; вспомогательная ручка
EMERGENCY HATCH .... запасной люк; аварийный люк
EMERGENCY HYDRAULIC SYSTEM .... аварийная гидравлическая система
EMERGENCY INSTRUCTIONS .... инструкции по действию в аварийной обстановке
EMERGENCY LANDING .... аварийная посадка
EMERGENCY LANDING GEAR EXTENSION .... выпуск аварийного шасси
EMERGENCY LIFE RACK .... аварийно-спасательный плот
EMERGENCY LIGHT .... лампа аварийной сигнализации
EMERGENCY LIGHTING (lights) .... аварийное освещение
EMERGENCY LOCATION BEACON ... аварийный приводной (радио)маяк
EMERGENCY LOCATOR TRANSMITTER .... аварийный приводной передатчик
EMERGENCY MAINTENANCE .... аварийный ремонт; срочный текущий ремонт
EMERGENCY MODE .... аварийный режим

EMERGENCY POWER RATING	аварийный режим работы; уровень тяги в аварийном режиме
EMERGENCY POWER UNIT (EPU)	блок аварийного энергопитания
EMERGENCY PUMP	аварийный насос
EMERGENCY RADIO CHANNEL	запасной [аварийный] канал радиосвязи
EMERGENCY RELEASE SWITCH	выключатель аварийного сброса (груза)
EMERGENCY REPAIR	аварийный ремонт
EMERGENCY SAFE ALTITUDE	минимальная безопасная высота полета
EMERGENCY SATELLITE	экстренно выводимый спутник (в кризисной обстановке)
EMERGENCY SET	аварийный комплект
EMERGENCY SHUTDOWN	система аварийного останова (двигателя)
EMERGENCY SHUTOFF VALVE	аварийный отсечный [перекрывной] клапан
EMERGENCY SLIDE	аварийный трап, спасательный трап
EMERGENCY STAGE	аварийная стадия (полета)
EMERGENCY SYSTEM	аварийная система (для применения при отказе основной)
EMERGENCY UPLOCK RELEASE SYSTEM	система аварийного открытия замков убранного положения (шасси)
EMERGENCY VALVE	аварийный клапан
EMERGENCY WARNING SYSTEM	система аварийной сигнализации
EMERY BELT	наждачная лента; абразивная лента
EMERY CLOTH	наждачная шкурка; наждачное полотно
EMERY PAPER	наждачная бумага
EMERY PASTE	наждачная паста; абразивная паста
EMERY POWDER	наждачный порошок
EMERY STRING	наждачная лента
EMERY WHEEL	наждачный шлифовальный круг
EMIGRANT FARE	тариф для эмигрантов
EMISSIVE POWER	мощность излучения; излучательная способность
EMISSIVITY	излучательная способность; коэффициент излучения; коэффициент черноты

EMITTANCE	эмиттанс, величина фазового объема (пучка); плотность излучения; энергетическая светимость
EMITTER	эмиттер; излучатель, источник излучения; радиолокационная станция, РЛС
EMITTER COUPLED LOGIC (ECL)	логика с эмиттерными связями
EMPENNAGE	хвостовое оперение
EMPENNAGE ANTIICING SYSTEM	противообледенительная система хвостового оперения
EMPHASIS	предыскажение
EMPIRICAL DATA	эмпирические данные
EMPLANE (to)	производить посадку в самолет
EMPLOY (to)	предоставлять работу; нанимать; держать на службе; эксплуатировать
EMPLOYMENT	эксплуатация; работа (по найму), служба; профессия; занятость (рабочей силы)
EMPTY	порожний, пустой, незаполненный
EMPTY FLIGHT	порожний рейс
EMPTYING	слив (топлива); выпуск (газа)
EMPTY WEIGHT	масса пустого воздушного судна, сухой вес
EMULGATOR	эмульгатор
EMULSIFIED	эмульгированный, превращенный в эмульсию
EMULSIFY (to)	эмульгировать, превращать в эмульсию
EMULSION	эмульсия; светочувствительный слой
EMULSION CLEANING	очистка эмульсией растворителя
ENAMEL	эмаль; лаковая эмаль, эмалевая краска; глазурь
ENAMEL (to)	эмалировать; глазуровать
ENAMELLED	эмалированный; глазурованный
ENAMELLING	эмалирование; глазурование
ENAMEL VARNISH	лаковая эмаль, эмалевая краска
ENCAPSULANT	герметизирующее вещество, герметик
ENCIPHER (to)	шифровать
ENCIRCLE (to)	обращаться (напр. вокруг планеты)
ENCLOSE (to)	ограждать; загораживать; защищать; помещать в корпус; вмещать
ENCLOSED BEARING	подшипник закрытого типа
ENCLOSURE	оболочка
ENCODER	кодирующее устройство; шифратор; шифровальщик
ENCODING ALTIMETER	высотомер с кодирующим устройством

ENCOMPASS (to)	обращаться (вокруг чего-либо); окружать
ENCROACH (to)	вторгаться; захватывать
ENCUMBER (to)	затруднять, препятствовать; мешать; загромождать, заваливать
END	конец; кромка; торец; днище; хвостовая часть
END (to)	кончать(ся); заканчивать(ся); завершать(ся); устанавливать крышку
END AN APPROACH (to)	заканчивать этап захода на посадку
END CAP	колпачок; заглушка; наконечник
END CUTTER	торцевая фреза
END-CUTTING PLIERS	кусачки
END FITTING	концевое соединение трубопроводов
END FLOAT	осевой зазор; осевой люфт
ENDLESS	без насадка; без наконечника
ENDLESS SCREW	шнек; червяк; винтовой конвейер
END LIGHTS	концевые огни (взлетно-посадочной полосы, ВПП)
END LUG	наконечник
END OF CRACK	край трещины, оконечность трещины
END OF RUNWAY	начало взлетно-посадочной полосы, начало ВПП; передняя кромка ВПП
END OF TRAVEL	окончание путешествия
ENDOSCOPE	интроскоп
END PIECE	насадок; наконечник
END PLATE	концевой стекатель (поршневого двигателя)
END PLAY	осевой зазор; осевой люфт
END PRODUCT	готовое изделие; конечный продукт
END RIB	торцевая нервюра
END-TO-END CONNECTION	стыковка рейсов на полный маршрут; сквозное соединение
ENDURANCE	продолжительность (полета); долговечность; срок службы; (рабочий) ресурс; срок службы; стойкость, усталостная прочность
ENDURANCE BLOCK TESTS	поэтапные ресурсные испытания
ENDURANCE FLIGHT	полет на продолжительность
ENDURANCE RECORD	рекорд продолжительности полета
ENDURANCE TESTING (trial)	ресурсные испытания; испытания на выносливость
ENERGETIC EFFICIENCY	энергетический коэффициент полезного действия, энергетический кпд

ENERGISE, ENERGIZE (to) ..... подавать питание; включать напряжение; присоединять к источнику питания; возбуждать

ENERGIZED .... под напряжением; присоединенный к источнику питания

ENERGIZED BUS .... (электро)шина под напряжением

ENERGIZING CIRCUIT .... питающая схема, схема подачи питания; цепь подачи напряжения; схема накачки

ENERGIZING CURRENT .... ток возбуждения

ENERGY .... энергия

ENERGY ABSORBER CARTRIDGE .... цилиндр амортизатора; цилиндр энергопоглощающего устройства

ENERGY ABSORBING DEVICE .... амортизирующее [энергопоглощающее] устройство

ENERGY CONSERVATION .... сохранение энергии

ENERGY CONSUMPTION .... расход [потребление] энергии, энергопотребление; потребляемая энергия

ENERGY CRUNCH .... энергетический кризис

ENERGY EFFICIENT ENGINE (EEE) .... двигатель с высоким энергетическим кпд

ENERGY RANGE .... область энергий, энергетическая область

ENERGY RATE INDICATOR .... индикатор энергетического ресурса

ENERGY SOURCE .... источник энергии; источник энергоснабжения

ENERGY SPECTRUM .... энергетический спектр

ENGAGE (to) .... включать(ся); вводить в зацепление, зацеплять(ся); входить в соприкосновение; перехватывать (цель); поражать (цель)

ENGAGED STOP .... концевой упор; концевой ограничитель

ENGAGEMENT .... включение (муфты сцепления); зацепление (шестерен); перехват (цели)

ENGINE .... двигатель; мотор

ENGINE ACOUSTIC PERFORMANCE .... акустическая характеристика двигателя

ENGINE AFT MOUNTS .... задние узлы крепления двигателя

ENGINE AIR BLEED .... отбор воздуха от компрессора двигателя

ENGINE AIR INTAKE (inlet) .... воздухозаборник двигателя

ENGINE ALTITUDE PERFORMANCES .... высотные характеристики двигателя

ENGINE ANTI-ICER .... противообледенительное устройство двигателя

ENGINE ANTI-ICE VALVE .... клапан противообледенительного устройства двигателя
ENGINE ANTI-ICING SYSTEM .... противообледенительная система двигателя
ENGINE ATTACH FITTING .... узел подвески двигателя
ENGINE ATTACHMENT PIVOT .... шкворень крепления двигателя
ENGINE ATTACHMENTS .... узлы крепления двигателя
ENGINE BAY .... двигательный отсек, отсек двигателя
ENGINE BEARER .... рама крепления двигателя; подмоторная рама
ENGINE BED .... стенд для испытаний двигателей
ENGINE BELLCRANK .... качалка системы управления двигателем
ENGINE BLEED AIR .... отбираемый от двигателя воздух
ENGINE BLEED VALVE .... клапан отбора воздуха от двигателя
ENGINE BLOWOUT .... срыв пламени в камере сгорания двигателя; заглохание двигателя
ENGINE BREATHER SYSTEM .... система суфлирования двигателя
ENGINE BURIED .... утопленный (в конструкцию) двигатель; конформный двигатель
ENGINE BYPASS AIR .... воздух второго контура двигателя
ENGINE CHANGE .... замена двигателя
ENGINE CHECK PAD .... отбойный щит (на площадке) для опробования двигателей
ENGINE CONTROL CABLE .... кабель дистанционного управления двигателем
ENGINE CONTROL PARAMETERS .... регулируемые параметры двигателя
ENGINE CONTROLS .... органы управления двигателем
ENGINE CONTROL STAND .... пульт управления двигателем
ENGINE CONTROL SYSTEM .... система управления двигателем
ENGINE COOLING .... охлаждение двигателя
ENGINE COWL .... капот двигателя
ENGINE COWL FLAP .... створка капота двигателя
ENGINE CRADLE .... (наземный) ложемент для двигателя
ENGINE CUT-OFF .... выключение двигателя; останов двигателя
ENGINE CYCLE LIFE .... рабочий ресурс двигателя
ENGINE DATA PLATE .... табличка технических данных двигателя
ENGINE DE-ICING .... борьба с обледенением двигателя

ENGINE DE-ICING SYSTEM	противообледенительная система двигателя
ENGINE DRAIN VENT	дренажное отверстие двигателя
ENGINE-DRIVEN GEARBOX	редуктор с приводом от двигателя
ENGINE-DRIVEN GENERATOR	(авиационный) генератор с приводом от двигателя
ENGINE-DRIVEN PUMP	насос с приводом от двигателя
ENGINE DUCT TREATMENT	облицовка канала двигателя
ENGINE EFFICIENCY	коэффициент полезного действия двигателя, кпд двигателя
ENGINE EMISSION	эмиссия от двигателя, выброс газов двигателем
ENGINE ENTRY PLUG	конус воздухозаборника двигателя
ENGINEER	инженер; конструктор; инженер-механик
ENGINEER'S EXAMINATION REMOVAL	снятие (с борта) для технического анализа
ENGINEER'S PANEL	приборная доска бортинженера
ENGINEERING	техника; проектирование; проектирование и строительство; технический; инженерный
ENGINEERING ASSESSMENT	техническая оценка
ENGINEERING DRAWING	технический чертеж
ENGINEERING MODEL	техническая модель
ENGINEERING OFFICE	технический отдел; техническое бюро
ENGINE FAILURE	отказ двигателя
ENGINE FAILURE POINT	точка отказа двигателя
ENGINE FIRE	пожар в двигателе
ENGINE FIRE DETECTION SYSTEM	система обнаружения пожара в двигателе
ENGINE FIRE EXTINGUISHER SYSTEM	система тушения пожара в двигателе
ENGINE FIRE SHUTOFF HANDLE	рукоятка выключения двигателя при пожаре
ENGINE FIRE SWITCH	тумблер включения противопожарной системы двигателя
ENGINE FIRE WARNING LIGHT	табло сигнализации пожара в двигателе
ENGINE FLAME-OUT	срыв пламени в камере сгорания двигателя

ENGINE FORWARD MOUNTS	передние узлы крепления двигателя
ENGINE FRAME	рама крепления двигателя; шпангоут крепления двигателя
ENGINE FUEL FEED	подача топлива в двигатель
ENGINE FUEL PUMP	топливный насос двигателя
ENGINE FUEL SUPPLY	подача топлива в двигатель
ENGINE FUEL SYSTEM	топливная система двигателя
ENGINE GENERATOR COOLING	обдув генератора двигателя
ENGINE GROUND RUN	наземная "гонка" двигателя, опробование двигателя на земле
ENGINE GROUND TEST TIME	время наземной "гонки" двигателя, время опробования двигателя на земле
ENGINE HUNTING	неравномерная работа двигателя; помпаж двигателя
ENGINE ICE PROTECTION	защита двигателя от обледенения
ENGINE IDLING	режим малого газа двигателя; работа двигателя на холостом ходу
ENGINE IGNITION	запуск двигателя
ENGINE INCIDENT	отказ двигателя
ENGINE-INDICATING AND CREW-ALERTING SYSTEM	система индикации рабочих параметров двигателя и предупреждения экипажа
ENGINE INLET DOORS	створки воздухозаборника двигателя
ENGINE IN-POD (engine in-strut)	двигатель в гондоле
ENGINE INSTRUMENT PANEL	приборная доска системы управления двигателем
ENGINE INSTRUMENTS	приборы для контроля двигателя
ENGINE LIFTING BEAM	траверса для подъема двигателя
ENGINE LIFTING DEVICE	приспособление для подъема двигателя
ENGINE LOG BOOK	формуляр реактивного двигателя
ENGINE MALFUNCTION	отказ двигателя
ENGINE MANUFACTURER	двигателестроительная фирма
ENGINE MECHANIC	механик по двигателям
ENGINE MODULE CONSTRUCTION	модульная конструкция двигателя
ENGINE MONITORING	контроль технического состояния двигателя

ENGINE MOTORING RUN	прокручивание двигателя
ENGINE MOUNT	рама крепления двигателя, подмоторная рама
ENGINE MOUNT BEAM	балка крепления двигателя
ENGINE-MOUNTED	установленный на двигателе (об агрегате)
ENGINE MOUNT FITTING	узел крепления двигателя
ENGINE MOUNTING	крепление двигателя
ENGINE MOUNTING RAILS	рельсы закатки двигателя (при установке на воздушное судно)
ENGINE MOUNTINGS	узлы крепления двигателя
ENGINE NACELLE	гондола двигателя
ENGINE NOSE DOME	носовой обтекатель двигателя
ENGINE OFF	выключенный двигатель
ENGINE-OFF FLIGHT	полет с выключенным двигателем
ENGINE-OFF LANDING	посадка с выключенным двигателем
ENGINE OIL	моторное масло; масло для двигателя
ENGINE OIL TANK	масляный бак двигателя
ENGINE-ON	работающий двигатель
ENGINE-ON FLIGHT	полет с работающим двигателем
ENGINE-ON LANDING	посадка с работающим двигателем
ENGINE OPERATING CYCLE	рабочий цикл двигателя
ENGINE OPERATING TIME	наработка двигателя
ENGINE OUT	отказавший двигатель
ENGINE-OUT LANDING	посадка с отказавшим двигателем
ENGINE OUT PROCEDURE	порядок снятия двигателя (с воздушного судна)
ENGINE OVERSPEED	заброс оборотов двигателя
ENGINE PAD	площадка для опробования двигателей
ENGINE PERFORMANCES	характеристики двигателя
ENGINE POD	гондола двигателя
ENGINE POSITION 1 (engine N 1)	местоположение двигателя N 1
ENGINE POWER	тяга двигателя; мощность двигателя
ENGINE POWER CONTROL SYSTEM	система регулирования тяги двигателя
ENGINE PRESERVATION	консервация двигателя
ENGINE PRESSURE RATIO (EPR)	степень повышения давления в двигателе

ENGINE PRESSURE RATIO INDICATOR ....указатель степени повышения давления в двигателе
ENGINE PRESSURE RATIO TRANSMITTER.................. датчик степени повышения давления в двигателе
ENGINE PRIMING SYSTEM .... система впрыска (топлива) в двигатель
ENGINE-PROPELLER UNIT ....винтомоторный блок
ENGINE PYLON .... пилон двигателя
ENGINE RATINGS............................ рабочие характеристики двигателя
ENGINE REMOVAL .... снятие двигателя
ENGINE ROLL-IN FITTING........................... узел закатки двигателя (для установки в фюзеляж)
ENGINE RUN-IN ....обкатка двигателя
ENGINE RUN-IN TIME................................. время обкатки двигателя
ENGINE RUNNING ....работа двигателя
ENGINE RUN-UP (engine run)........................... опробование двигателя
ENGINE SHROUD .... гондола двигателя
ENGINE SHUTDOWN ....выключение двигателя; отсечка тяги двигателя
ENGINE SHUTDOWN (to)... выключать двигатель; производить отсечку тяги двигателя
ENGINE SPEED .... число оборотов двигателя
ENGINE SPEED INDICATOR .... указатель числа оборотов двигателя, тахометр двигателя
ENGINE STALL..помпаж двигателя
ENGINE START(ing) .... запуск двигателя
ENGINE START(ing) SYSTEM .... система запуска двигателей
ENGINE STARTER BUTTON ....кнопка запуска двигателя
ENGINE START LINKAGE .... проводка системы запуска двигателя
ENGINE START VALVE............... (воздушный) клапан запуска двигателя
ENGINE STOPPAGE ....остановка двигателя
ENGINE STRUT .... пилон двигателя
ENGINE STUB STRUCTURE .... конструкция стойки двигателя
ENGINE SUPERCHARGER .... нагнетатель (поршневого двигателя)
ENGINE SURGING ....помпаж двигателя
ENGINE TACHOMETER .... тахометр двигателя, указатель оборотов двигателя
ENGINE TACHOMETER GENERATOR .... тахогенератор двигателя

ENGINE TACHOMETER INDICATOR .... тахометр двигателя, указатель оборотов двигателя
ENGINE TEST BASE .... испытательная станция (авиационных) двигателей
ENGINE TEST BENCH (stand) .... стенд для испытаний двигателей
ENGINE THROTTLE INTERLOCK SYSTEM .... система блокировки дросселирования двигателя
ENGINE THRUST .... тяга двигателя
ENGINE THRUST MARGIN .... избыток тяги двигателя
ENGINE TORQUE .... крутящий момент (на валу) двигателя
ENGINE TRIMMING .... регулировка двигателя
ENGINE TROLLEY .... тележка для перевозки двигателя
ENGINE TROUBLE .... перебои в работе двигателя
ENGINE UNIT .... силовая установка
ENGINE VENT LINE .... дренажная магистраль двигателя
ENGINE VIBRATION INDICATING SYSTEM .... система индикации виброперегрузок двигателя
ENGINE VIBRATION INDICATOR .... указатель виброперегрузок двигателя
ENGINE VIBRATION MONITORING (EVM) .... вибрационный контроль двигателя
ENGINE VIBRATION PICK-UP .... вибродатчик на двигателе
ENGINE WEIGHT .... масса двигателя
ENGLISH SIZE (units) .... размер в неметрических единицах, применяемых в Великобритании
ENGRAVE (to) .... гравировать; вырезать
ENGRAVER .... гравировальный инструмент; гравер
ENGRAVING .... гравирование
ENLARGE (to) .... расширять; увеличивать
ENLARGED VIEW .... увеличенное изображение
ENLARGED WING .... крыло увеличенной площади
ENLARGING FASTENER HOLE .... расширенное отверстие под крепёжную деталь
ENPLANE (to) .... сажать в самолёт; производить погрузку в самолёт
ENQUIRY DESK .... справочное бюро
ENRICHMENT .... обогащение (топливной смеси)
EN-ROUTE .... (в полете) по маршруту; на маршруте, вдоль линии маршрута; на трассе
EN-ROUTE AIR NAVIGATION .... маршрутная (аэро)навигация

EN-ROUTE BEACON .... трассовый маяк
EN-ROUTE CHANGE OF LEVEL .... изменение эшелона на маршруте полета
EN-ROUTE CHARTS .... маршрутная карта
EN-ROUTE CLEARANCE .... (диспетчерское) разрешение в процессе полета по маршруту
EN-ROUTE CLIMB PERFORMANCE .... характеристика набора высоты при полете по маршруту
EN-ROUTE CONFIGURATION .... конфигурация (воздушного судна) при полете на маршруте
EN-ROUTE ENVIRONMENT .... условия (полета) на маршруте
EN-ROUTE FEE .... маршрутный сбор
EN-ROUTE FIX .... контрольная точка на маршруте
EN-ROUTE FLIGHT .... полет по маршруту
EN-ROUTE FLIGHT PATH .... траектория полета по маршруту
EN-ROUTE FLIGHT PHASE .... этап полета по маршруту
EN-ROUTE FLIGHT PLANNING .... маршрутное планирование полетов
EN-ROUTE FREQUENCY .... частота радиосвязи на маршруте полета
EN-ROUTE OPERATION .... полет по маршруту
EN-ROUTE PROGRESS REPORT .... сообщение о ходе полета по маршруту
EN-ROUTE RADIO FIX .... радиопеленг на маршруте; контрольная радиоточка на маршруте
EN-ROUTE RELIABILITY .... надежность в полете по маршруту
EN-ROUTE STOP (station) .... остановка на маршруте полета
EN-ROUTE TIME .... время полета по маршруту
EN-ROUTE TRAFFIC .... движение по маршруту
ENSIGN PLATE .... эмблема (на борту воздушного судна)
ENSURE (to) .... обеспечивать; гарантировать; страховать
ENTANGLE (to) .... запутывать, спутывать; захлестывать (напр. стропы парашюта)
ENTER (to) .... входить; вводить (данные)
ENTERING EDGE .... входная кромка; передняя кромка
ENTER SERVICE (to) .... вводить в эксплуатацию; принимать на вооружение
ENTHALPIC COMBUSTION EFFICIENCY .... полезная теплота сгорания
ENTHALPY .... энтальпия, теплосодержание

ENTIRE FLIGHT	полет по полному маршруту
ENTIRE LENGTH	полная длина
ENTITLEMENT	право; разрешение, допуск (на полеты)
ENTRANCE	вход; входное сечение; входной
ENTRANCE DOOR	входная дверь (фюзеляжа)
ENTRANCE OF AIR	входное отверстие для воздуха, воздухозаборник
ENTRANCE STEP	входной трап
ENTRANCE TAXIWAY	входная рулежная дорожка (для выруливания на ВПП)
ENTRAPMENT OF AIR POCKETS	попадание воздушных пробок (в магистраль)
ENTRAPMENT POCKETS	воздушные пробки в трубопроводе
ENTRAPPED AIR	захваченный воздух; втянутый воздух
ENTROPY	энтропия
ENTRY	вход в атмосферу; возвращение в атмосферу; спуск в атмосфере; вход (в зону); запись (в формуляре); заборник (воздуха)
ENTRY CLEARANCE	разрешение на вход в зону
ENTRY CURVE	кривая входа (в заданную зону)
ENTRY DOCUMENTS	въездные документы (пассажира)
ENTRY DOOR	входная дверь (фюзеляжа)
ENTRY EDGE	входная кромка; передняя кромка
ENTRY FIX	контрольная точка входа (в заданную зону)
ENTRY FROM DEEP SPACE	вход в атмосферу из дальнего космоса
ENTRY FROM LOW ORBITAL ALTITUDE	вход в атмосферу с низких высот
ENTRY INTO SERVICE	ввод в эксплуатацию; поступление на вооружение
ENTRY INTO THE AERODROME ZONE	вход в зону аэродрома
ENTRY POINT	входная точка; точка входа (в заданную зону)
ENTRY TEMPERATURE (turbine)	температура на входе (турбины)
ENTRY TO THE LANDING AREA	вход в район посадки
ENTRY VISA	въездная виза
ENTRY WHEEL	ведущее колесо; ведущая шестерня
ENVELOPE CURVE	огибающая кривая
ENVIRONMENTAL CHAMBER	термобарокамера
ENVIRONMENTAL CONDITIONS	окружающая обстановка

ENVIRONMENTAL CONTROL	контроль параметров окружающей среды; жизнеобеспечение (воздушного судна)
ENVIRONMENTAL CONTROL SYSTEM EQUIPMENT	оборудование системы контроля параметров окружающей среды
ENVIRONMENT-FREE	неподверженный влиянию окружающей среды
EPICYCLIC GEAR	планетарная передача; планетарный редуктор
EPICYCLIC REDUCING GEAR TRAIN	планетарная понижающая передача
EPICYCLIC REDUCTION GEAR	планетарная понижающая передача
EPICYCLIC TRAIN	планетарная передача
EPOXIDE RESINE	эпоксидная смола
EPOXY PAINT	эпоксидная краска
EPOXY PRIMER	эпоксидная грунтовка
EPOXY RESIN	эпоксидная смола
EPR	степень повышения давления в двигателе
EPR TRANSMITTER	датчик степени повышения давления в двигателе
EQUAL	равный
EQUALIZATION	коррекция; компенсация; выравнивание; уравнивание
EQUALIZE (to)	корректировать; компенсировать; выравнивать; уравнивать
EQUALIZER	компенсатор; уравнитель; синхронизатор
EQUALIZER ROD	компенсирующая тяга
EQUALIZE STRAIN (to)	компенсировать напряжение; компенсировать деформацию
EQUALIZING	коррекция; компенсация; выравнивание; уравнивание
EQUALLY CENTERED	сцентрированный
EQUALLY SPACED	равномерно расположенные (напр. отверстия)
EQUAL NOISE CONTOUR	контур равного уровня шума
EQUAL-PART MIXTURE	равномерная смесь
EQUAL TIME POINT	точка равного удаления по времени полёта (между двумя пунктами)

EQUATORIAL ORBIT	экваториальная орбита
EQUILIBRIUM CONDITION	равновесное состояние
EQUILIBRIUM TEMPERATURE	температура равновесия (состояния воздушной массы)
EQUIP (to)	оборудовать; оснащать; снаряжать
EQUIPMENT	оборудование; аппаратура; техника
EQUIPOTENTIAL	эквипотенциальный
EQUIPPED	оборудованный; оснащенный; снаряженный
EQUIPPED ENGINE	полностью собранный двигатель
EQUIPPED LATCH	снаряженный (пиро)замок
EQUIPPED VERSION	оборудованный вариант (летательного аппарата)
EQUISIGNAL GLIDE PATH	равносигнальная линия глиссады
EQUISIGNAL RADIO BEACON	равносигнальный радиомаяк
EQUISIGNAL STATION	равносигнальная радиостанция
EQUISPACED	равномерно расположенные (напр. отверстия)
EQUIVALENT AIRSPEED (EAS)	эквивалентная [индикаторная] воздушная скорость
EQUIVALENT HEADWIND	эквивалентный [равный по величине] встречный ветер
EQUIVALENT PIN	равноценный штифт
EQUIVALENT SHAFT HORSEPOWER (ESHP)	эквивалентная мощность на валу
EQUIVALENT SHAFT POWER	эквивалентная мощность на валу
ERASABLE	стираемый, допускающий стирание
ERASABLE PROGRAMMABLE ROM (EPROM)	стираемая программируемая постоянная память, стираемое программируемое постоянное запоминающее устройство, СППЗУ
ERASE (to)	стирать (магнитную запись)
ERASE BUTTON (pushbutton)	кнопка стирания (записи)
ERASER	стирающее устройство
ERASE RATE	скорость стирания (записи)
ERASE TIME	время стирания (записи)
ERASURE	стирание (магнитной записи)
ERASURE CURRENT	ток стирания
ERECT (to)	собирать; монтировать; устанавливать; восстанавливать (гироскоп)

ERECTION	восстановление
ERECTION DIAGRAM	схема монтажа, монтажная схема; сборочный чертёж
ERGONOMETRIC STUDY	эргономическое исследование, изучение эргономики (изделия)
ERGONOMICS	эргономика
ERK	авиамеханик
ERODE (to)	эродировать, размывать; разъедать; корродировать
ERODED AREA	корродирующая зона
ERODED ELECTRODE	эродирующий электрод
EROSION	эрозия; эрозионное изнашивание; размыв; износ лакокрасочного покрытия
EROSION ENGINE	эрозионный (магнитоплазмодинамический) ракетный двигатель
EROSION RESISTANT LACQUER	износостойкий лак
ERRATIC	неравномерный, изменчивый, непостоянный (о ценах); неравномерный, неритмичный
ERRATIC FIRING	неравномерное зажигание
ERROR	ошибка; погрешность
ERROR ANGLE	угловая ошибка; угол рассогласования
ERROR BUDGETING	расчёт погрешности; определение рассогласования
ERROR CORRECTION	поправка; списание (радио)девиации
ERROR CORRECTION TABLE	таблица поправок
ERROR DETECTOR	обнаружитель ошибки; детектор рассогласования
ERROR-FREE	безошибочный (напр. о технике пилотирования)
ERROR INTEGRATOR	указатель отклонения; указатель ошибки
ERROR OF THE COMPASS	девиация компаса
ERROR RATE	величина ошибки; величина погрешности
ERROR VOLTAGE	напряжение сигнала рассогласования
ESCALATOR	эскалатор
ESCAPE	люк для выхода (из кабины); покидание (воздушного судна); утечка, течь; спасательный
ESCAPE (to)	покидать; избегать опасности (в полёте)
ESCAPE CHUTE	аварийный трап, спасательный трап

ESCAPE HATCH	люк для аварийного покидания (воздушного судна)
ESCAPE MANEUVER	маневр ухода (из зоны); маневр выхода
ESCAPE ROPE	канат аварийного покидания (воздушного судна)
ESCAPE SLIDE	аварийный трап, спасательный трап
ESCAPE STRAP (tape)	канат аварийного покидания (воздушного судна)
ESCAPE VALVE	выпускной [выхлопной] клапан
ESCAPE VELOCITY	вторая космическая скорость
ESCORT AIRCRAFT	самолет сопровождения
ESCORT SATELLITE	спутник сопровождения
ESCUTCHEON	накладка дверного замка; маскирующий фланец трубы
ESPIONAGE SATELLITE	разведывательный спутник
ESSENTIAL (SERVICE) BUS	электрошина питания основных потребителей
ESSENTIAL POWER SELECTOR SWITCH	переключатель электропитания основных потребителей
ESTABLISHED TARIFF	установленная тарифная ставка
ESTIMATED ELAPSED TIME (EET)	расчетное время (полета) до назначенной точки
ESTIMATED HEADING	расчетный курс (полета)
ESTIMATED OFF-BLOCKS TIME (EOBT)	расчетное время начала руления
ESTIMATED POSITION	расчетное (место)положение
ESTIMATED TAKE-OFF WEIGHT	расчетный взлетный вес, расчетная взлетная масса; расчетная стартовая масса
ESTIMATED TIME EN-ROUTE	расчетное время в пути
ESTIMATED TIME OF ARRIVAL (ETA)	расчетное время прибытия
ESTIMATED TIME OF CHECKPOINT	расчетное время (пролета) контрольной точки (маршрута)
ESTIMATED TIME OF DEPARTURE (ETD)	расчетное время вылета
ESTIMATED TIME OF FLIGHT	расчетное время полета
ESTIMATED TIME OVER SIGNIFICANT POINT	расчетное время пролета определенной точки (маршрута)
ESTIMATED ZERO FUEL WEIGHT	расчетная сухая масса
ETCH (to)	травить, протравливать

ETCHED CIRCUIT	печатная схема, изготовленная методом травления
ETCHING	травление, протравливание; гравирование
ETCHING PENCIL	гравировальный карандаш
ETCHING SOLUTION	раствор для травления
ETHANOL	этанол
ETHER	эфир
ETHYL	этил
ETHYL ALCOHOL	этиловый спирт
ETHYLENE	этилен
EUROPEAN SPACE AGENCY (ESA)	Европейское космическое агентство, ЕКА
EUTECTIC ALLOY	эвтектический сплав
EVACUATE (to)	откачивать (газ); эвакуировать (напр. пассажиров), покидать (воздушное судно)
EVACUATED BELLOWS	сильфон-анероид, анероидная мембранная коробка
EVACUATED TUBE	электронный электровакуумный прибор; электролампа
EVACUATION	эвакуация (пассажиров); покидание (воздушного судна)
EVACUATION IN CRASH LANDING	покидание (воздушного судна) после аварийной посадки
EVACUATION IN DITCHING	покидание (воздушного судна) при (аварийной) посадке на воду
EVACUATION SLIDE	трап для эвакуации пассажиров (с воздушного судна)
EVADING SATELLITE	спутник, выполняющий маневр уклонения
EVALUATE (to)	оценивать; находить численное значение, вычислять
EVALUATION FLIGHT	испытательный полет
EVAPORATE (to)	испарять(ся); выпаривать; напылять, испарять в вакууме
EVAPORATION	испарение; выпаривание; парообразование; напыление, термовакуумное испарение
EVA-REPAIRED SATELLITE	спутник, ремонтируемый (космонавтом) за бортом космического аппарата
EVASIVE MANEUVER	маневр уклонения

EVASIVE MANEUVERING SATELLITE	спутник, выполняющий маневр уклонения
EVA SPACEWALK	передвижение при работе в открытом космосе
EVEN	ровный, равномерный; равный, одинаковый
EVENNESS	ровность, гладкость; равномерность
EVEN NUMBER	четное число
EVEN PARITY	проверка на четность
EVIDENCE	данные; признаки
EVIDENCE OF LEAKAGE	признаки утечки
EVIDENCE OF OVERHEATING	признаки перегрева
EW SATELLITE	спутник радиоэлектронной борьбы, спутник РЭБ
EXAMINATION	исследование; испытание; анализ; осмотр; проверка
EXAMINE (to)	исследовать; испытывать; анализировать; проверять; осматривать
EXAMPLE	пример; образец
EXCEED (to)	превышать; выходить за пределы допустимого
EXCEEDING THE STALLING ANGLE	выход на закритический угол атаки
EXCEPT	исключение, исключительный случай, особая ситуация
EXCESS	избыток, излишек; остаток
EXCESS ADHESIVE	избыток клея
EXCESS BAGGAGE (luggage)	багаж сверх установленной нормы провоза
EXCESS BAGGAGE RATE	тариф за багаж сверх нормы (бесплатного провоза)
EXCESS BAGGAGE TICKET	квитанция на платный багаж сверх установленной нормы
EXCESSIVE	чрезмерный; излишний
EXCESSIVE PLAY (clearance)	чрезмерный зазор
EXCESSIVE PRESSURE	избыточное давление
EXCESSIVE PRESSURE DROP	падение избыточного давления (в гермокабине)
EXCESSIVE SINK RATE	чрезмерно высокая вертикальная скорость снижения
EXCESSIVE TIGHTENING	чрезмерная затяжка (соединения)

EXCESS MILEAGE TABLE	таблица мильных надбавок (на тариф)
EXCESS OIL	избыток масла
EXCESS OPERATIONS	прибыльные перевозки
EXCESS POWER	избыточная мощность
EXCESS THRUST	избыточная тяга
EXCESS WEIGHT	избыточная масса; вес (багажа) сверх установленной нормы
EXCHANGE	обмен; передача; смена; замена; перестановка
EXCHANGE DEVICE	устройство обмена (информацией)
EXCHANGE OFFICE	обменный пункт (валюты)
EXCHANGER	теплообменник
EXCITATION	возбуждение; питание; намагничивание током
EXCITER	возбудитель; задающий генератор, ЗГ; задающий контур; задающий резонатор; облучатель
EXCITER BOX	блок задающего генератора
EXCITER FIELD	поле задающего генератора
EXCITER FIELD CURRENT	ток возбуждения; ток намагничивания
EXCITER UNIT	блок задающего генератора
EXCITING BATTERY	блок питания задающего генератора
EXCITING COIL	катушка возбуждения; обмотка возбуждения; задающий контур
EXCITING CURRENT	ток возбуждения; ток намагничивания
EXCITING VOLTAGE	напряжение возбуждения
EXCLUDED	исключенный; снятый с рассмотрения
EXCLUDER	чехол; экран
EXCLUSIVE BAND	особый диапазон (частот)
EXCURSION	экскурсия; (туристическая) поездка; отклонение, сдвиг; ход; диапазон; размах, двойная амплитуда (колебаний); уход
EXCURSION FARE	экскурсионный тариф
EXDUCER	входной направляющий аппарат (компрессора)
EXECUTE (to)	исполнять, выполнять (программу)
EXECUTIVE	диспетчер; организующая программа; управляющая программа; операционная система; управляющий; руководящий работник; администратор

EXECUTIVE AIRCRAFT (airplane) ....административное воздушное судно; административный самолет
EXECUTIVE AVIATION ....административная авиация
EXECUTIVE CLASS .... административный класс
EXECUTIVE HELICOPTER .... административный вертолет
EXECUTIVE JET .... административный реактивный самолет
EXECUTIVE TERMINAL .... служебный аэровокзал
EXFOLIATION CORROSION .... коррозионное шелушение, коррозионное расслаивание
EXHAUST .... истечение (продуктов сгорания); выхлоп (газов)
EXHAUST AIR DUCT ....выходной тракт (двигателя)
EXHAUST CASE .... выхлопной коллектор
EXHAUST CHAMBER .... реактивное сопло
EXHAUST COLLECTOR .... выхлопной коллектор
EXHAUST CONE ....стекатель газов; конус (реактивного) сопла
EXHAUST DIFFUSER ....выходной [выхлопной] диффузор
EXHAUST DUCT ....выходной тракт (двигателя)
EXHAUST FAIRING .... стекатель выходящих газов
EXHAUST GAS .... отработанный газ, (истекающие) продукты сгорания; выхлопной газ
EXHAUST GAS DEFLECTOR ....дефлектор выхлопных газов; дефлектор истекающих продуктов сгорания
EXHAUST GASES DISCHARGE ....отвод выхлопных газов; отвод истекающих продуктов сгорания
EXHAUST GAS FLOW .... струя выходящих газов (двигателя); струя истекающих продуктов сгорания
EXHAUST GAS SENSING PROBE .... датчик для измерения температуры выхлопных газов
EXHAUST GAS TEMPERATURE (EGT) .... температура выхлопных газов (двигателя); температура истекающих продуктов сгорания
EXHAUST GAS TEMPERATURE INDICATOR .... указатель температуры выхлопных газов (двигателя); указатель температуры истекающих продуктов сгорания
EXHAUST HOUSING .... выхлопной коллектор

EXHAUSTION .... выхлоп; выпуск; откачка; разрежение; полная выработка (напр. топлива); полное падение давления (в системе)

EXHAUST JET NOZZLE .... реактивный насадок (напр. для пожаротушения)

EXHAUST LINE .... выхлопной тракт

EXHAUST MANIFOLD .... коллектор выхлопной системы (двигателя)

EXHAUST MUFFLER .... глушитель выхлопного шума

EXHAUST NOISE .... выхлопной шум

EXHAUST NOZZLE .... выхлопное сопло

EXHAUST NOZZLE EJECTOR .... эжектор выхлопного сопла

EXHAUST NOZZLE EXIT .... выходной срез сопла

EXHAUST OUTLET .... выхлопное отверстие

EXHAUST PIPE .... выхлопной патрубок; выпускной патрубок

EXHAUST PLUG .... центральное тело сопла

EXHAUST PORT .... выхлопное отверстие

EXHAUST PRESSURE .... давление выхлопных газов; давление истекающих продуктов сгорания

EXHAUST SECTION .... сопло; выхлопной патрубок

EXHAUST SILENCER .... глушитель выхлопного шума

EXHAUST STACK .... выхлопной патрубок

EXHAUST STREAM .... реактивная струя выхлопных газов

EXHAUST STROKE .... такт выпуска, такт выхлопа

EXHAUST SYSTEM .... выхлопная система (двигателя)

EXHAUST VALVE .... выпускной [выхлопной] клапан

EXHAUST VELOCITY .... скорость истечения (продуктов сгорания)

EXHIBITOR .... экспонент

EXIT .... выход; выходной

EXIT DESIGN SPEED .... расчётная скорость схода (с ВПП)

EXIT DOCUMENTS .... выездные документы (пассажира)

EXIT FIX .... контрольная точка выхода (из заданной зоны)

EXIT LIGHTS .... сигнальные огни выходной кромки (ВПП); освещение выхода

EXIT NOZZLE .... выхлопное сопло

EXIT POINT .... выходная точка; точка выхода (из заданной зоны)

EXIT POINT OF RUNWAY .... точка схода с взлётно-посадочной полосы [ВПП]

EXIT TAXIWAY	выходная рулежная дорожка (для руления с ВПП)
EXIT TEMPERATURE	температура выхлопных газов (двигателя); температура истекающих продуктов сгорания
EXIT VISA	выездная виза
EXPAND (to)	расширять(ся); увеличивать(ся) в объеме; растягивать(ся)
EXPANDABLE	расширенный; увеличенный; развальцованный
EXPANDABLE BUSHING	развальцованная втулка
EXPANDABLE MEMORY	расширенная память
EXPANDED LOCALIZER	курсовой (радио)маяк с расширенной зоной действия
EXPANDER	приспособление для развальцовки; пружина-расширитель, экспандер (поршневого кольца)
EXPANDER RING	разжимное кольцо
EXPANDING	расширение; растягивание; увеличение; экспандирование
EXPANSION	расширение; растяжение; растягивание
EXPANSION BELLOWS	компенсационный сильфон
EXPANSION CHAMBER	горловина камеры сгорания
EXPANSION COOLING	охлаждение расширением объема (газа)
EXPANSION JOINT	термокомпенсационный шов; термокомпенсационное соединение
EXPANSION RATIO	коэффициент расширения; степень уширения (сопла)
EXPANSION RING	пружинное кольцо
EXPANSION TANK	расширительный бачок
EXPANSION TURBINE	турбохолодильник
EXPANSION VALVE	расширительный клапан; регулирующий вентиль
EXPANSION WAVE	волна расширения; волна разрежения
EXPECT (to)	ожидать, ждать
EXPECTED APPROACH TIME	предполагаемое время захода на посадку
EXPECTED ARRIVAL TIME	предполагаемое время прилета
EXPECTED CONDITIONS	ожидаемые условия
EXPECT FURTHER INSTRUCTIONS	ожидание дальнейших инструкций

EXPEDITE AN ORDER (to) .... быстро выполнить заказ
EXPEDITE CLEARANCE OF THE RUNWAY (to) ....быстро освобождать взлетно-посадочную полосу [ВПП]
EXPEDITE TAXIING (to) .... ускорять руление
EXPEDITE THROUGH A FLIGHT LEVEL (to) .... ускорять выход на заданный эшелон полета
EXPEL (to) .... вытеснять (избыточным давлением)
EXPEND (to) .... расходовать
EXPENDABLE ....одноразового применения, одноразового использования, неспасаемый, несохраняемый
EXPENDABLE ITEM .... одноразовое изделие
EXPENDABLES ....расходуемые и несохраняемые части и материалы; носители одноразового применения; неспасаемые космические аппараты
EXPENSES ....расходы
EXPERIMENT ....эксперимент, опыт; испытание; экспериментальная аппаратура
EXPERIMENT (to) ....экспериментировать; испытывать
EXPERIMENTAL .... экспериментальный; опытный
EXPERIMENTAL AIRCRAFT .... опытный летательный аппарат, опытный ЛА; экспериментальный ЛА
EXPERIMENTAL FLIGHT .... экспериментальный [опытный] полет; полет экспериментального [опытного] летательного аппарата
EXPERIMENTAL MEAN PITCH .... экспериментальный средний шаг (воздушного винта)
EXPERIMENTAL OPERATION .... экспериментальный полет; полет опытного летательного аппарата
EXPIRY DATE ....дата окончания срока (напр. контракта)
EXPIRY-TYPE RATING ....квалификационная отметка с ограниченным сроком действия
EXPLAIN (to) ....объяснять; разъяснять
EXPLANATION ....объяснение; разъяснение
EXPLODE (to) .... взрывать(ся); лопаться
EXPLODED VIEW .... трехмерное [стереоскопическое] изображение
EXPLOSION .... взрыв; вспышка; внутреннее горение
EXPLOSION ENGINE ....двигатель внутреннего сгорания
EXPLOSION HAZARD ....опасность взрыва; угроза взрыва
EXPLOSION PROOF .... взрывобезопасный
EXPLOSIVE BOLT .... пироболт

EXPLOSIVE CHAIN	взрывная цепь, детонационная цепь
EXPLOSIVE LOAD	заряд взрывчатого вещества
EXPLOSIVE MIXTURE	взрывчатая смесь
EXPLOSIVE RIVET	взрывная заклепка
EXPLOSIVES	взрывчатые вещества
EXPLOSIVES DETECTING DEVICE	устройство обнаружения взрывчатых веществ (при проверке пассажиров)
EXPLOSIVES DETECTOR	устройство обнаружения взрывчатых веществ (при проверке пассажиров)
EXPORT	экспорт
EXPORT (to)	экспортировать
EXPORT CLEARANCE	оформление экспортируемых грузов, экспортное разрешение
EXPORTER	грузоотправитель, экспортер
EXPORT ORDERS	экспортные заказы
EXPOSE (to)	экспонировать; облучать; воздействовать, подвергать воздействию
EXPOSED SURFACE	омываемая (потоком) поверхность
EXPOSURE	демонстрация (напр. авиационной техники); местоположение (воздушного судна); метеосводка; воздействие (внешних факторов); облучение
EXPOSURE METER	экспонометр
EXPOSURE SUIT	защитный костюм
EXPOSURE TIME	время экспонирования; выдержка
EXPRESS	срочная отправка (багажа, груза)
EXPULSE (to)	вытеснять, выталкивать
EXPULSION	выхлоп (газов); продувка (двигателя); удаление; уход
EXTEND (to)	выдвигать (в поток); выпускать (шасси); отклонять (закрылки); растягивать(ся); удлинять(ся); вытягивать(ся); расширять
EXTENDED CENTERLINE LIGHTS	огни продолжения осевой линии (взлетно-посадочной полосы, ВПП)
EXTENDED FLAP	выпущенный закрылок
EXTENDED LENGTH	увеличенная длина
EXTENDED POSITION	выпущенное положение (напр. шасси)
EXTENDER	удлинитель; наполнитель (пластмасс); расширитель

EXTENSION .... расширение; удлинение; насадок (сопла); наплыв (крыла); надставка; выпуск (напр. механизации крыла); продление (срока действия)
EXTENSION BAR .... переходник; удлинитель
EXTENSION CABLE (lead) .... кабель-удлинитель
EXTENSION FLAP .... выдвижной закрылок
EXTENSION LIGHT .... переносная лампа, "переноска"
EXTENSION OF TICKET VALIDITY .... продление срока годности билета
EXTENSION PATH .... траектория движения (стойки шасси) при выпуске
EXTENSION PIPE .... удлинительная труба (реактивного насадка двигателя)
EXTENSION SPANNER .... разводной гаечный ключ
EXTENSION SPRING .... пружина растяжения
EXTENSION STEM .... выдвижная стойка
EXTENSION WORK .... удлинение взлетно-посадочной полосы, удлинение ВПП
EXTENSION WRENCH .... разводной ключ
EXTENT .... степень; мера; протяженность; распространение
EXTENT OF DAMAGE .... степень повреждения
EXTERIOR LIGHTING MODULE .... модуль системы наружного освещения
EXTERIOR LIGHTS .... внешние бортовые огни
EXTERNAL .... внешний; наружный
EXTERNAL AIR SOURCE .... штуцер пускового сжатого воздуха
EXTERNAL BLOWN FLAP .... закрылок с внешним обдувом
EXTERNAL COMBUSTION .... внешнее горение; внешнее сгорание
EXTERNAL COMPRESSION INLET .... воздухозаборник внешнего сжатия потока
EXTERNAL CONNECTION .... бортовое (электрическое) соединение
EXTERNAL COOLING .... наружное охлаждение
EXTERNAL DIAMETER .... наружний диаметр
EXTERNAL ELECTRIC(AL) POWER .... аэродромное электропитание; наземное электропитание
EXTERNAL EQUIPMENT .... аэродромное оборудование
EXTERNAL FUEL TANK .... подвесной топливный бак
EXTERNAL HYDRAULIC POWER .... наземный гидропривод

EXTERNAL LEAKAGE	утечка наружу
EXTERNAL LOAD	внешняя подвеска груза; внешняя нагрузка
EXTERNALLY BLOWN FLAP (EBF)	закрылок с внешним обдувом
EXTERNAL POWER	внешний источник питания; аэродромное питание
EXTERNAL POWER BUS	шина внешнего источника питания; шина аэродромного питания
EXTERNAL POWER RECEPTACLE	разъем аэродромного питания
EXTERNAL REFERENCE POINT	внешняя контрольная точка; внешний контрольный ориентир
EXTERNAL SURFACE	внешняя поверхность; омываемая (потоком) поверхность
EXTERNAL TANK	подвесной (топливный) бак
EXTERNAL THREAD	беговая дорожка пневматика
EXTERNAL TRIGGER	наружный выключатель; аэродромное выключающее устройство
EXTINGUISH (to)	тушить (пожар)
EXTINGUISHANT	огнегасящий состав
EXTINGUISHED	потушенный пожар
EXTINGUISHER	огнегасящий состав; огнетушитель
EXTINGUISHER CYLINDER	корпус огнетушителя
EXTINGUISHER MANIFOLD	патрубок огнетушителя
EXTINGUISHING AGENT	огнегасящий состав
EXTRA	дополнительный; дополнительная работа, не предусмотренная контрактом
EXTRACT (to)	экстрагировать, извлекать; выделять; выбирать
EXTRACTING SCREW (screw extractor)	винтовой съемник
EXTRACTING TOOL	инструмент для извлечения (контактов)
EXTRACTION FORCE	сила извлечения (заготовки из зажимного приспособления)
EXTRACTOR	съемник; извлекающее устройство
EXTRACTOR CHUCK	патрон извлекающего устройства
EXTRADOS	верхняя поверхность (напр. крыла); спинка; верхняя дуга (профиля)
EXTRA FARE	дополнительный тариф
EXTRA FLIGHT	дополнительный рейс
EXTRA-SECTION	дополнительный отсек; дополнительный маршрут

EXTRA SECTION FLIGHT	полет по дополнительному маршруту
EXTRA-SENSITIVE	сверхчувствительный
EXTRA-TANK	дополнительный бак
EXTRATERRESTRIAL LIFE	внеземная жизнь
EXTREME AFT CENTER-OF-GRAVITY	предельная задняя центровка
EXTREME FORWARD CENTER-OF-GRAVITY	предельная передняя центровка
EXTREMELY LOW ORBIT	предельно низкая орбита
EXTREME RANGE	максимальная дальность (полета)
EXTREMITY	концевая часть; конец; чрезвычайные меры
EXTRICATE (to)	эвакуировать (пассажиров с места происшествия)
EXTRICATION	эвакуация (пассажиров с места происшествия)
EXTRUDE (to)	выдавливать; выталкивать; вытеснять; снимать
EXTRUDED	выдавленный, полученный выдавливанием
EXTRUDED SECTION (extruded shape)	выдавленный профиль
EXTRUDED STRINGER	стрингер, изготовленный выдавливанием
EXTRUDING PRESS	пресс для выдавливания, экструзионный пресс, экструдер
EXTRUSION	выталкивание; вытеснение; экструзия; выдавливание; изделие, полученное выдавливанием; выдавленный профиль
EXTRUSION GUN	пистолет для смазки
EXTRUSION PRESS	пресс для выдавливания, экструзионный пресс, экструдер
EYE	глазок; ушко; проушина; серьга; петля, рым, коуш; визир, визирное устройство; видоискатель
EYE BALL NOZZLE	воздушное сопло (вентилятора)
EYE BEARING	пятно контакта; рабочая часть зуба
EYE BOLT	болт с проушиной; откидной болт
EYE CASING	улитка (центробежного насоса)
EYE END	проушина
EYE END FITTING	крепление серьги; крепление проушины
EYELET	монтажная петелька (на конце провода); (монтажный) пистон
EYE LEVEL	уровень глаз (летчика)
EYE LEVEL PATH	линия уровня глаз (летчика)

EYELID	створка (сопла, орбтекателя)
EYE LOCATOR	метка видоискателя
EYE LUG	проушина; ухо (тяги)
EYE OF DOME	отверстие в верхней части купола (парашюта)
EYEPIECE (eye-piece)	окуляр
EYE TERMINAL	кабельный наконечник; коуш

F

FAA (federal aviation administration) .... Федеральное управление гражданской авиации (США)
FABRIC .... ткань; полотно; оболочка
FABRICATE (to) .... производить; изготавливать; строить; собирать, монтировать
FABRICATION .... производство; изготовление; строительство; сборка, монтаж; изделие
FABRIC-COVERED .... обтянутый тканью, с тканевым покрытием; обтянутый полотном
FABRIC-COVERED WING .... крыло с полотняной обшивкой
FABRIC COVERING .... полотняная обшивка; обтяжка полотном
FACED NOMEX (balsa) .... многослойная панель из волокна номекс
FACED SURFACE .... обточенная (торцевая) поверхность
FACE MILLING .... торцевое фрезерование; фрезерование торцевой фрезой
FACE MILLING CUTTER .... торцевая фреза; зуборезная головка
FACEPIECE .... кислородный прибор; респиратор
FACE PLATE .... лицевая панель прибора; щиток; планшайба; опорная плита
FACE SHIELD .... сварочный щиток; защитная маска
FACILITATION .... упрощение формальностей (при оформлении пассажиров); уменьшение ограничений (в воздушных перевозках)
FACILITIES .... средства; оборудование
FACING .... защитный слой; наружное покрытие; внешний слой; облицовка; обточка торца
FACING MACHINE .... подрезной станок; станок для обработки торцов
FACING SURFACE .... обтачиваемая (торцевая) поверхность
FACING TOOL .... подрезной резец
FACTOR .... коэффициент; фактор; уровень
FACTOR OF SAFETY .... коэффициент безопасности; уровень безопасности
FACTORY .... завод
FACTORY ADJUSTMENT .... заводская регулировка
FACTORY AERODROME .... заводской аэродром

FACTORY TESTS	заводские испытания
FADING	плавное появление изображения; плавное увеличение уровня сигнала, микширование наплывом
FAHRENHEIT SCALE	шкала Фаренгейта
FAIL (to)	отказывать, выходить из строя; разрушаться; оказываться безрезультатным
FAIL-SAFE	надежный, безотказный; безопасный; безопасно повреждаемый (о конструкции); отказобезопасный (о системе)
FAIL-SAFE CREW	экипаж с безаварийным налетом
FAIL-SAFE DESIGN	надежная конструкция
FAIL-SAFE FEATURE	характеристика надежности
FAIL-SAFE LINK	надежный канал (связи)
FAIL-SAFE LOAD	безопасная нагрузка
FAIL-SAFE STRENGTH	запас прочности
FAIL-SOFT	низкой надежности; отказобезопасный, с "мягким отказом", одноотказный (о резервированной системе)
FAILURE	выход из строя; отказ; разрушение; поломка
FAILURE DETECTION CIRCUIT	(электро)цепь обнаружения отказа
FAILURE DUE TO...	отказ вследствие...
FAILURE FLAG	бленкер сигнализации отказа
FAILURE FOLLOWING RESONANCE	разрушение (летательного аппарата) вследствие резонанса
FAILURE-FREE	безотказность; безотказный
FAILURE LIGHT	бленкер сигнализации отказа
FAILURE LOAD	разрушающая нагрузка
FAILURE RATE	степень надежности
FAILURE REPORT	заключение о причинах отказа
FAILURE WARNING CIRCUIT	цепь сигнализации отказа
FAILURE WARNING LIGHT	табло сигнализации отказа
FAILURE WARNING PANEL	щиток сигнализации об отказе
FAINT OBJECTS CAMERA (FOC)	камера обнаружения слабоконтрастных объектов
FAIR (to)	придавать обтекаемую форму
FAIRED AIRSCREW	воздушный винт с обтекателем втулки; воздушный винт в кольцевом обтекателе, туннельный воздушный винт

FAIRED ANTI-TORQUE ROTOR	хвостовой винт в кольцевом обтекателе, туннельный рулевой винт
FAIRED LANDING GEAR	обтекаемое посадочное шасси
FAIRED POSITION	обтекаемое положение
FAIRING	зализ, обтекатель; стекатель (газов); сглаживание; уменьшение лобового сопротивления
FAIRING FASTENER	обтекаемая крепёжная деталь
FAIRING PANEL	обтекаемая панель; панель обтекателя
FAIRLEAD	(аэродинамически) обтекаемый вывод; направляющее (механическое) устройство
FAIR LINES	обтекаемые обводы
FAIR-SHAPED	обтекаемой формы; удобообтекаемый
FAIR WEATHER	ясная погода
FAIR WIND	попутный ветер, ветер по курсу полёта
FAIR WITH (to)	плавно сопрягать с...
FALL	снижение; падение; проваливание (в воздушную яму)
FALL (to)	проваливаться; падать
FALLING	снижение; падение; проваливание (в воздушную яму)
FALLING LEAF	траектория падающего листа
FALLOFF	резкое снижение; падение давления (в системе)
FALL WIND	нисходящий воздушный поток
FALSE ALARM	сигнал ложной тревоги
FALSE CONES	конусы молчания (антенны)
FALSE FRAME	опалубка; подмостки
FALSE GLIDE PATH	ложная глиссада
FALSE INDICATION	ложное показание; ложная сигнализация
FALSE RIB	ложная нервюра, вспомогательная нервюра
FALSE SPAR	ложный лонжерон, вспомогательный лонжерон
FALSE START	ложный запуск (двигателя)
FALSE WARNING	ложная сигнализация; ложное срабатывание сигнализации
FAMILIAR AERODROME	облётанный аэродром
FAMILIARIZATION FLIGHT	ознакомительный полёт
FAMILY FARE	семейный тариф
FAMILY OF HELICOPTERS	семейство вертолётов
FAN	вентилятор; воздушный винт
FAN AIR EXHAUST CASE	выходной патрубок вентилятора

FAN BEAM	луч веерного типа
FAN BELT	ремень вентилятора
FAN BLADE	лопасть вентилятора
FAN BLEED	отбор воздуха от вентилятора
FAN CASCADE VANES	направляющие лопатки решетки (реверса тяги) вентилятора
FAN COOLED	охлаждаемый вентилятором, с вентиляционным охлаждением
FAN DISCHARGE DUCT	выходной канал вентилятора
FAN DUCT	вентиляторный контур; канал вентилятора
FAN ENGINE	турбовентиляторный двигатель, турбореактивный двухконтурный двигатель, ТРДД
FAN FLOW	поток в вентиляторе, поток в вентиляторном контуре
FAN FRAME (FF)	корпус вентилятора
FAN FRAME CASE	корпус вентилятора
FAN FRAME SMU	модульный отсек вентилятора
FAN-IN	нагрузочная способность по входу
FAN JET	турбовентиляторный двигатель, турбореактивный двухконтурный двигатель, ТРДД; самолет с ТРДД
FAN JET ENGINE	турбовентиляторный двигатель, турбореактивный двухконтурный двигатель, ТРДД
FAN LINER	авиалайнер с турбореактивным двухконтурным двигателем, авиалайнер с ТРДД
FAN MARKER	веерный маркер
FAN MARKER BEACON	веерный маркерный (радио)маяк
FAN-OUT	нагрузочная способность по выходу
FAN REVERSER DOOR	створка (решетки) реверса тяги вентилятора
FAN ROTOR HMU	модульный вентиляторный ротор
FAN SECTION	узел вентилятора
FAN SECTION ANTIICING AIR SUPPLY LINE	воздушная магистраль противообледенителя вентиляторного узла
FAN STATOR CASE	статор вентилятора
FAN TIP SPEED	окружная скорость лопатки вентилятора
FAN TRAINER	учебный самолет с турбовинтовентиляторным двигателем [ТВД]
FARAD	фарада, Ф (единица электрической емкости)
FARADAY'S CAGE	клетка Фарадея

FARE	(пассажирский) тариф, стоимость перевозки (пассажира)
FAR END	выходная кромка взлетно-посадочной полосы [ВПП]
FARE-PAYING PASSENGER (revenue passenger)	коммерческий пассажир
FARES AND RATES AGREEMENT	соглашение по пассажирским и грузовым тарифам
FARE-SETTING	введение (пассажирских) тарифов
FASHION (to)	моделировать; придавать форму
FAST	прочный; крепкий; твердый; стойкий; быстродействующий; быстрый
FAST APPROACH	быстрое сближение; заход на посадку по укороченной схеме
FAST CRUISE	крейсерский полет с высокой скоростью
FASTEN (to)	скреплять; прикреплять; крепить; закреплять
FASTENER	крепежная деталь; зажим; замок; скоба
FASTENER CORROSION	коррозия крепежной детали
FASTEN SEAT BELTS (to)	пристегивать привязные ремни
FAST FEED	быстрая подача (напр. топлива)
FAST SPEED	высокая скорость
FATAL FLIGHT ACCIDENT	авиационное происшествие со смертельным исходом, авиационная катастрофа
FATALITY RATE	уровень аварийности полетов
FATHOM	фатом, морская сажень
FATIGUE CRACK(ING)	усталостная трещина
FATIGUE FAILURE	усталостное разрушение
FATIGUE FAILURE LOAD	нагружение до усталостного разрушения
FATIGUE FRACTURE	усталостная трещина
FATIGUE LIFE	усталостный ресурс
FATIGUE LOAD	усталостная нагрузка
FATIGUE RESISTANCE	усталостная прочность
FATIGUE STRENGTH	усталостная прочность
FATIGUE TESTING (tests)	испытания на усталостное разрушение, усталостные испытания
FATIGUE TEST PROGRAM	программа испытаний на усталостное разрушение, программа усталостных испытаний
FAUCET	вентиль; короткая муфта

FAULT .... отказ; неисправность; ошибка; повреждение; авария; дефект
FAULT DETECTION .... обнаружение отказа
FAULT-FINDING .... обнаружение неисправности
FAULT LIGHT .... табло сигнализации отказа
FAULT RELAY .... реле цепи сигнализации отказа
FAULTY .... повреждённый; неисправный, в неисправном состоянии
FAULTY AIRCRAFT .... неисправный летательный аппарат, ЛА в неисправном состоянии
FAULTY INSULATION .... повреждённая изоляция
FAULTY O-RING .... повреждённое кольцевое соединение
FAULTY WIRING .... повреждённая электропроводка
FAVORABLE WIND .... попутный ветер, ветер по курсу полёта
FAYING SURFACES .... панели обшивки; контактные поверхности; опорные поверхности
FAYING SURFACE SEAL .... герметизация панелей обшивки
FEATHER .... флюгерное положение, флюгер (воздушного винта)
FEATHER (to) .... ставить во флюгерное положение
FEATHERED PROPELLER .... воздушный винт во флюгерном положении, зафлюгированный воздушный винт
FEATHERING .... установка во флюгерное положение, флюгирование (воздушного винта)
FEATHERING/UNFEATHERING SWITCH .... переключатель флюгерного и обычного режимов работы воздушного винта
FEATHERING ARMING LIGHT .... лампа готовности системы (автоматического) флюгирования (воздушного винта)
FEATHERING CONTACTORS .... контактные датчики флюгерного насоса
FEATHERING PITCH .... шаг воздушного винта во флюгерном положении
FEATHERING PUMP .... флюгерный насос, насос флюгирования
FEATHER POSITION .... флюгерное положение (воздушного винта)
FEATHER PUMP .... флюгерный насос, насос флюгирования
FEATHER THE PROPELLER (to) .... ставить воздушный винт во флюгерное положение

FEATURE	деталь, элемент (изображения); характерный [отличительный] признак, свойство, отличительная особенность; демаскирующий признак
FEDERAL AVIATION ADMINISTRATION (FAA)	Федеральное управление гражданской авиации (США)
FEED	подвод, подача (напр. топлива)
FEED (to)	подводить, подавать (напр. топливо)
FEEDBACK	обратная связь
FEEDBACK (to)	вводить обратно; ввозить обратно
FEEDBACK AMPLIFIER	усилитель обратной связи
FEEDBACK ARM	рычаг обратной связи
FEEDBACK CABLE	кабель цепи обратной связи
FEEDBACK SIGNAL	сигнал в цепи обратной связи
FEEDBACK VOLTAGE	напряжение в цепи обратной связи
FEED CONTROL	регулирование подачи (напр. топлива)
FEEDER	загрузочное устройство; подающий механизм; устройство питания; местная авиалиния; вспомогательная авиалиния
FEEDER AIRCRAFT	воздушное судно вспомогательной авиалинии
FEEDER AIRLINE	вспомогательная авиакомпания; вспомогательная авиалиния
FEEDER CABLE	питающий кабель, энергокабель; магистральный кабель; фидер
FEEDERJET	реактивное воздушное судно для обслуживания местных авиалиний
FEEDER-LINE (ROUTE)	вспомогательная авиалиния
FEEDER LINER	вспомогательная авиалиния
FEEDERLINER	воздушное судно для обслуживания местных авиалиний
FEEDER ROUTE	вспомогательная авиалиния
FEEDER TANK	расходный бак
FEEDER TUBE	питающий трубопровод; линия нагнетания
FEEDING	подача; питание; снабжение; нагнетание; подвод
FEEDING SYSTEM	система подачи; система питания
FEEDING UP	наддув
FEED LINE (tube)	питающий трубопровод; линия нагнетания

FEED LINE .... линия передачи, фидер;
антенная линия передачи, антенный фидер
FEED OIL .... масло линии нагнетания
FEED PIPE .... питающий трубопровод; линия нагнетания
FEED PUMP .... насос топливной магистрали
FEED RATE .... скорость подачи (напр. топлива);
интенсивность питания
FEED TANK .... расходный бак
FEED TRANSFORMER .... питающий трансформатор
FEED WATER HEATER ....нагреватель питательной воды
FEED WIRE .... питающий провод
FEE FOR EACH EXCEEDING TON .... сбор за каждую
дополнительную тонну (груза)
FEEL .... чувство (управления); ощущение
FEEL COMPUTER .... вычислитель автомата загрузки
(бустерного управления)
FEEL CONTROL UNIT .... блок управления автоматом загрузки
FEELER .... щуп; контактный датчик;
толщиномер, калибр толщины
FEELER GA(U)GE .... контактный датчик
FEEL MECHANISM .... автомат загрузки
(бустерного управления)
FEEL SIMULATOR CONTROL .... автомат усилий;
(в системе управления ЛА);
загрузочный механизм
(системы управления ЛА)
FEEL SIMULATOR JACK .... силовой цилиндр автомата
загрузки (бустерного управления)
FEEL SPRING .... пружина автомата загрузки
(бустерного управления)
FEEL TRIM ACTUATOR ....загрузочный механизм
(системы) управления триммером
FEE PER LANDING .... сбор за посадку
FELT .... войлок; фетр
FELT PAD .... войлочная прокладка;
фетровый прижимной полосок
FELT SEAL .... войлочное уплотнение
FELT STRIP .... фетровый прижимной полосок; фетровая лента
FELT WIPER ....фетровый протир
FEMALE ELBOW .... охватывающий патрубок

FEMALE EXTENSION	наружный переходник
FEMALE SCREW	внутренняя резьба; гайка
FEMALE THREAD	внутренняя резьба
FENCE	(аэродинамический) гребень; (аэродинамическая) решетка
FENCE RECESS	углубление под (аэродинамическую) решетку
FERRIC CHLORIDE	хлорид железа
FERROMAGNETIC ALLOY	ферромагнитный сплав
FERROMAGNETIC MATERIAL (ferromagnetic)	ферромагнетик
FERROMAGNETIC PARTICLES	ферромагнитные частицы
FERROMAGNETIC VOLTMETER	ферромагнитный вольтметр
FERROMAGNETISM	ферромагнетизм
FERROUS	железо
FERROUS ALLOY	сплав на основе железа
FERROUS DEPOSIT	отложение железа
FERROUS METAL	черный металл; сплав на основе железа
FERRULE	наконечник; штуцер; втулка; муфта; патрубок
FERRY	перегонка, перебазирование (воздушного судна)
FERRY BOAT	металлический трос
FERRY FLIGHT	перегоночный полет
FERRYING	перегонка, перебазирование (воздушного судна)
FERRY MISSION	перегоночный полет
FERRY RANGE	дальность перегоночного полета
FETTLING (operation)	ремонт; наладка (оборудования)
FIBER	волокно; нить; фибра, фибровая ткань
FIBER/EPOXY MATERIAL	эпоксипласт
FIBER COMPOSITE MATERIAL	композиционный волокнистый материал, волокнит
FIBERGLASS (material)	стекловолокно, фиберглас; стеклопластик
FIBERGLASS BLANKET	прокладка из стекловолокна
FIBERGLASS CLOTH	стеклоткань
FIBERGLASS FIBER FABRIC	стеклоткань
FIBERGLASS HONEYCOMB PANEL	панель сотового заполнителя из стеклопластика
FIBERSCOPE	волоконный эндоскоп
FIBRE	волокно; нить; фибра, фибровая ткань
FIBRE-REINFORCED COMPOSITE	композиционный материал, армированный волокном

FICTITIOUS VELOCITY	фиктивная скорость
FIELD	(посадочная) площадка; поле; область; зона; обмотка возбуждения; карта местности (на экране индикатора)
FIELD ANTENNA	антенна-возбудитель; полевая антенна
FIELD BREAKER	выключатель поля возбуждения
FIELD CIRCUIT	цепь возбуждения
FIELD COIL	обмотка возбуждения
FIELD CURRENT	ток возбуждения
FIELD EFFECT TRANSISTOR	полевой транзистор
FIELD ELEVATION	высота над уровнем моря; превышение (посадочной) площадки
FIELD EXCITATION	возбуждение поля
FIELD INDICATOR	индикатор подмагничивания
FIELD IN SIGHT	поле зрения; зона обзора
FIELD LENGTH REQUIRED	требуемая длина посадочной полосы
FIELD LEVEL	высота над уровнем моря; уровень (посадочной) площадки
FIELD MAGNET	возбуждающий электромагнит, индуктор
FIELD-MAGNET COIL	обмотка возбуждающего магнита, обмотка индуктора
FIELD MAINTENANCE	техническое обслуживание в полевых условиях
FIELD MEASURING INSTRUMENT	прибор для эксплуатационных измерений
FIELD OF AIRFLOW	поле течения, спектр обтекания
FIELD OF COVERAGE	зона действия
FIELD OF GRAVITY	гравитационное поле, поле тяготения
FIELD OF VIEW	поле зрения; зона обзора
FIELD OF VISION	зона обзора
FIELD POLE	полюс возбуждения (электрического двигателя)
FIELD RELAY	реле подачи возбуждения
FIELD SCANNING	полевая развертка
FIELD SERVICE	эксплуатационное обслуживание
FIELD SUPPORT CREW	бригада аэродромного обслуживания
FIELD SUPPORT EQUIPMENT	оборудование аэродромного обслуживания
FIELD WINDING	обмотка подмагничивания; обмотка возбуждения

FIGHT	воздушный бой
FIGHT (to)	вести воздушный бой
FIGHTER	истребитель
FIGHTER-BOMBER	истребитель-бомбардировщик
FIGHTER-BOMBER SQUADRON	эскадрилья истребителей-бомбардировщиков
FIGHTER COMMAND	истребительное авиационное командование
FIGHTER-INTERCEPTOR	истребитель-перехватчик
FIGHTER WING	истребительное авиакрыло
FILAMENT	нить; волокно; нить накала
FILAMENT LAMP	лампа накаливания
FILE	файл; дело; журнал; список; напильник; надфиль
FILE (to)	формировать файл, организовать файл; заносить в файл; хранить в файле; вести журнал; составлять список
FILE A FLIGHT PLAN (to)	составлять план полета
FILED FLIGHT PLAN	представленный план полета
FILE HOLDER	ручка напильника
FILE MANAGEMENT SYSTEM	система управления файлами
FILE SEPARATOR	разделитель файлов
FILING	регистрация; занесение в файл; представление данных
FILING(s)	металлические опилки
FILING INSTRUCTIONS (manuals)	правила регистрации; порядок представления данных (по запросу)
FILL (to)	заполнять; заправлять; наливать; расписывать (память); закрашивать
FILLED CORE	наполнитель; заполнитель
FILLER	заправочная горловина; заправочный штуцер; наполнитель; заполнитель
FILLER ADAPTOR (ADAPTER)	переходник заправочной горловины
FILLER CAP	колпачок заправочной горловины
FILLER CEMENT	замазка; наполнитель; заполнитель
FILLER CONNECTOR	заправочный штуцер
FILLER METAL	металл заполнителя
FILLER NECK	заливная горловина, заправочная горловина
FILLER NECK SCREEN	сетка заливной горловины (топливного бака)
FILLER PLATE	шайба заправочного штуцера

FIL — 328 —

FILLER PLUG	заглушка зарядного штуцера
FILLER PORT	заправочное отверстие
FILLER ROD	заправочный штуцер
FILLER VALVE	заправочный клапан
FILLER WELL	заправочная горловина
FILLER WIRE	сетка заливной горловины (топливного бака)
FILLET	зализ, обтекатель; галтель; кромка
FILLET FAIRING	обтекатель, зализ
FILLET FLAP	обтекаемый закрылок; щиток обтекателя
FILLET FLAP DRIVE SHAFT	вал трансмиссии привода механизма обтекаемых закрылков
FILLET FLAP FENCE	перегородка обтекаемого закрылка
FILLET GUN	шприц для нанесения герметика
FILLET RADIUS	радиус зализа
FILLET SEAL	уплотнение зализа
FILLET WELD	сварной зализ
FILL IN A FORM (to)	заполнять формуляр
FILLING	заполнение, наполнение; заправка; зарядка; заряд (топлива)
FILLING COMPOUND	наполнитель; заполнитель
FILLING ORIFICE	заправочное отверстие
FILLING RATIO	степень наполнения (топливного бака)
FILLING STATION	заправочная станция
FILLING UP	заливка; дозаправка (бака)
FILLISTER HEAD SCREW	винт с плоской цилиндрической головкой
FILL OUT (to)	наполнять; накачивать
FILL UP (to)	доливать, дозаправлять; заряжать (твердым топливом)
FILL-UP TRAFFIC	дополнительные (воздушные) перевозки
FILM	пленка; тонкий слой; фольга; фото(кино)пленка
FILM COOLING	пленочное охлаждение
FILM RECORDER	устройство записи на (фото)пленку
FILM TRANSDUCER	пленочный датчик
FILTER	фильтр
FILTER AMPLIFIER	полосовой усилитель
FILTER BLOCKAGE	забивание [закупоривание] фильтра
FILTER BOWL	корпус фильтра
FILTER BYPASS LIGHT	сигнализатор забивания фильтра

FILTER CARD	печатная плата со схемой фильтра
FILTER CARTRIDGE	фильтрующий элемент
FILTER CASE (body)	корпус фильтра
FILTER CIRCUIT	схема фильтра
FILTER CLOGGING	забивание [закупоривание] фильтра
FILTERED AIR	отфильтрованный воздух
FILTER ELEMENT	фильтрующий элемент
FILTER HEAD	головка фильтра; корпус фильтра
FILTERING ELEMENT	фильтрующий элемент
FILTER PAPER	фильтровальная бумага
FILTER SELECTOR	переключатель фильтра
FILTRATION	фильтрация
FIN	стабилизатор; киль; перо стабилизатора; руль
FINAL AERODROME	конечный аэродром
FINAL APPROACH	конечный этап захода на посадку
FINAL APPROACH ALTITUDE	высота разворота на посадочную глиссаду
FINAL APPROACH COURSE	курс захода на посадку
FINAL APPROACH FIX (point)	контрольная точка конечного этапа захода на посадку
FINAL APPROACH PATH	траектория конечного этапа захода на посадку
FINAL APPROACH SPEED	скорость при заходе на посадку
FINAL ASSEMBLY	окончательная сборка
FINAL ASSEMBLY LINE	линия окончательной сборки
FINAL DELIVERY	поставка готовой продукции; поставка готового изделия
FINAL LEG	конечная прямая (при заходе на посадку)
FINAL PHASE	конечный этап (полета)
FINAL REAMING	чистовая развертка
FINAL TEST	окончательное испытание
FINANCE DIVISION	финансовый отдел
FIND (to)	находить; обнаруживать
FINDER	(радио)пеленгатор
FIND ONE'S BEARING (to)	брать пеленг
FINE	тонкий; мелкозернистый; чистый; очищенный
FINE ADJUSTMENT	точная настройка; тонкая регулировка
FINE BORING	чистовое растачивание; точное растачивание
FINE CRACK	тонкая трещина

FINE EMERY CLOTH	мелкое наждачное полотно
FINE GRAIN RADAR	радиолокационная станция [РЛС] с высокой разрешающей способностью
FINE GRIT	мелкое зерно
FINENESS RATIO	относительное удлинение; аэродинамическое качество
FINE OFF (to)	уменьшать; утончать
FINE PITCH	малый шаг
FINE PITCH STOP	упор малого шага (лопасти воздушного винта)
FINE SANDPAPER	мелкая наждачная бумага
FINE STONE	мелкий абразивный брусок
FINE SURFACE FINISH	чистовая [финишная] обработка поверхности; чистовая отделка поверхности
FINE THREAD	мелкая резьба
FIN FRONT SPAR	передний лонжерон киля
FINGER	галерея (для прохода пассажиров на посадку); штырь; штифт; палец; стрелка (прибора)
FINGER STRAINER	металлический сетчатый фильтр
FINGER-TIGHT BOLT	болт, завернутый рукой
FINISH	чистовая [финишная] обработка; отделка; доводка; чистота обработки; шероховатость (поверхности)
FINISH (to)	обрабатывать начисто; отделывать; доводить
FINISH DIAMETER	диаметр после чистовой обработки
FINISHED PRODUCT	готовый продукт; готовая продукция; готовое изделие
FINISHING	чистовая [финишная, окончательная] обработка; отделка; доводка
FINISHING CUT	чистовой резец; чистовая фреза
FINISHING REAMER	чистовая развертка
FINISH MACHINING	чистовая [финишная, окончательная] обработка; отделка; доводка
FINISH SIZE	размер после чистовой обработки
FINITE ELEMENTS METHOD	метод конечных элементов
FINNED	оребренный; оперенный, снабженный оперением
FINNED TUBE	оребренный трубопровод
FIN TIP	концевой обтекатель киля
FIR (flight information region)	район полетной информации, РПИ

FIR	пихта; ель; "елочный" (напр. замок)
FIRE	огонь; пожар
FIRE (to)	загораться; воспламенять(ся); поджигать
FIRE-ALARM	сигнал оповещения о пожаре
FIRE AND FORGET MISSILE	управляемая ракета с автономной системой управления
FIRE AXE	пожарный топор
FIRE BOTTLE	баллон огнетушителя
FIRE-BULKHEAD	противопожарная перегородка
FIRE BUTTON	кнопка включения системы пожаротушения; гашетка, боевая кнопка
FIRE CONTROL COMPUTER	вычислитель системы управления огнем
FIRE-CONTROL RADAR	радиолокационная станция [РЛС] управления огнем
FIRE DETECTION (SENSING) LOOP	цепь обнаружения пожара
FIRE DETECTION HARNESS	проводка сигнализаторов пожара
FIRE DETECTION SYSTEM	система обнаружения и сигнализации пожара
FIRE DETECTOR	сигнализатор пожара; термосигнализатор
FIRE DETECTOR ELEMENT	сигнализатор пожара; термосигнализатор
FIRE DETECTOR LOOP	цепь обнаружения пожара
FIRE EXTINGUISHANT	огнегасящий состав
FIRE EXTINGUISHER	огнетушитель
FIRE EXTINGUISHER BOTTLE	баллон огнетушителя
FIRE EXTINGUISHER CARTRIDGE	головка огнетушителя
FIRE EXTINGUISHER SWITCH	тумблер ввода в действие системы пожаротушения
FIRE EXTINGUISHER TEST SWITCH	тумблер проверки системы пожаротушения
FIRE EXTINGUISHING JET	противопожарная форсунка; противопожарный насадок
FIRE EXTINGUISHING RING	кольцевой коллектор противопожарной системы
FIRE EXTINGUISHING SYSTEM	система пожаротушения, противопожарная система
FIRE EXTINGUISHING SYSTEM INDICATOR DISC	индикаторный диск противопожарной системы

FIRE FIGHTING	борьба с пожаром; противопожарная защита
FIRE FIGHTING ACCESS DOOR	противопожарный люк; лючок для доступа к противопожарной системе
FIRE FIGHTING TEAM	противопожарный расчет
FIRE FIGHTING VARIANT	противопожарный вариант
FIRE HANDLE	рукоятка выстрела (катапультного кресла)
FIRE HAZARD	опасность возгорания, опасность возникновения пожара
FIRE-HYDRANT PLUG	пожарный гидрант
FIRE LOOP	контур системы управления огнем
FIRE OUTBREAK	начало пожара, возгорание
FIRE POINT	температура воспламенения; место возгорания
FIRE POWER	огневая мощь; огневые средства; сила огня; огнестрельность
FIREPROOF	огнестойкий, огнеупорный; термостойкий; противопожарный
FIREPROOF BULKHEAD	противопожарная перегородка
FIRE PROOFED	огнестойкий, огнеупорный; термостойкий
FIREPROOF MATERIAL	огнестойкий материал
FIREPROOF SHROUD	огнестойкий обтекатель
FIRE PROTECTION MATERIAL	огнезащитный материал
FIRE PROTECTION SYSTEM	противопожарная система
FIRE-RESISTANT	огнестойкий, огнеупорный; термостойкий
FIRE-RESISTANT HYDRAULIC FLUID	огнестойкая гидросмесь
FIRE-RESISTANT PANEL	огнестойкая панель
FIRE-RESISTANT SYNTHETIC LIQUID	огнестойкая жидкость
FIRE-SAFE CONDITION	условие пожаробезопасности
FIRE SEAL (fireseal)	огнестойкий герметик
FIRE SHIELD	огнестойкий экран; отражатель пламени
FIRE SHUTOFF HANDLE (level)	рукоятка перекрытия противопожарной системы
FIRE SHUTOFF VALVE	перекрывной пожарный клапан
FIRE STATION	пожарная станция; пожарный пост
FIRE-SUPPRESSION MATERIAL	огнегасящий материал
FIRE SWITCH	сигнализатор пожара; тумблер противопожарной системы
FIRE SWITCH HANDLE	рукоятка противопожарной системы

FIRE TRUCK	пожарная машина
FIRE VEHICLE	пожарная машина
FIREWALL (fire wall)	противопожарная перегородка
FIREWALL SHUTOFF VALVE	перекрывной клапан противопожарной системы
FIREWALL WEB	противопожарная перегородка
FIRE WARNING BELL	звуковой сигнализатор о пожаре
FIRE WARNING HORN	звуковая сирена сигнализации об отказе
FIRE WARNING LIGHT	табло сигнализации пожара
FIRE WARNING SYSTEM	система пожарной сигнализации
FIRE WARNING TEST	испытание сигнализации о пожаре
FIRE WIRE	проводка сигнализаторов о пожаре
FIRING	стрельба; пуск; запуск; воспламенение (топлива); горение
FIRING ANGLE	угол пуска; угол стрельбы
FIRING BACK	обратный выхлоп
FIRING CENTRE	центр управления пуском
FIRING CIRCUIT	цепь выстрела (катапультного кресла); цепь зажигания, цепь запуска; электрическая цепь (детонатора)
FIRING IMPLEMENTATION BOX	контейнер с приборами пуска (ракеты)
FIRING ORDER	команда "пуск"
FIRING POWER	огневая мощь; огневые средства; сила огня; огнестрельность
FIRING ROOM	пункт управления пуском (ракет)
FIRING SEQUENCE	последовательность пусковых операций
FIRING SIGHT	оптический прицел
FIRING WINDOW	стартовое окно
FIRM ORDER	твердый заказ
FIRST AID BOX (kit)	комплект бортовой аптечки первой помощи
FIRST CLASS	первый класс
FIRST-CLASS FARE	тариф первого класса
FIRST FLIGHT	первый полет
FIRST FLY (to)	выполнять первый полет
FIRST GENERATION AIRCRAFT	воздушное судно первого поколения
FIRST-LEVEL CARRIER	основной авиаперевозчик
FIRST MODEL	опытный образец; первая модель
FIRST OBSERVER	первый оператор

FIRST OFFICER .... второй летчик
FIRST OFFICER'S PANEL .... приборная панель второго летчика
FIRST PILOT .... первый летчик
FIRST POINT OF ARIES .... точка весеннего равноденствия
FIRST PRODUCTION AIRCRAFT .... первый серийный самолет
FIRST PRODUCTION LINE .... первая сборочная линия
FIRST ROLL OUT .... выкатка (самолета)
FIRST STAGE NOZZLE .... сопло двигателя
первой ступени (ракеты)
FIR-TREE BLADE ATTACHMENT .... замок елочного
типа лопатки (двигателя)
FIR-TREE ROOT .... замок елочного типа,
"елочный" замок (турбинной лопатки)
FIR-TREE SERRATIONS .... мелкомодульное
"елочное" соединение
FISHBONE AERIAL .... елочная антенна; антенна бегущей волны
с симметричными вибраторами
FISHMOUTH SEAL .... U-образное уплотнение
FISH-PLATE .... стыковая накладка
FISHTAIL .... переходный отсек
FISHTAIL (to) .... рыскать, заносить (самолет) из стороны в сторону
(при торможении на пробеге); двигаться "змейкой"
FISHTAIL LANDING .... посадка "змейкой" (для гашения скорости)
FISSURE .... трещина
FIT .... посадка; подгонка, пригонка
FIT (to) .... входить без зазора, плотно прилегать; подгонять,
пригонять; собирать; устанавливать; монтировать
FIT IN (to) .... пригонять внутрь
FIT IN BETWEEN (to) ....пригонять между
FITMENT .... оборудование; арматура
FIT ON (to) .... пригонять снаружи; насаживать
FIT-OUT ....оборудование, снаряжение; оснащение;
(техническая) подготовка производства;
сборка; монтаж
FIT OUT (to) .... оборудовать; снаряжать; оснащать
FITS AND CLEARANCES TABLE .... таблица допусков и посадок
FITTED .... собранный; установленный; подогнанный
FITTED BETWEEN .... вставленный
FITTED WITH TWO PROPELLERS .... оснащенный двумя
(соосными) воздушными винтами

FITTER	слесарь-сборщик
FITTING	сборка; установка; монтаж; подгонка; пригонка; патрубок; штуцер; фитинг
FITTING SHOP	сборочный цех
FITTING TOOL	оборудование для сборки
FIT UP (to)	снабжать, оснащать; оборудовать; обставлять
FIVE-ENGINED PLANE	самолет с пятью двигателями
FIX	местоположение, местонахождение; пеленг; координаты; контрольная точка; контрольный ориентир; засечка, засветка (на экране локатора); фиксация; крепление
FIX (to)	определять местоположение; пеленговать; фиксировать; крепить
FIXATION	фиксация; фиксирование; связывание
FIXED (LANDING) GEAR	неубирающееся шасси
FIXED AREA	нерегулируемая площадь сечения
FIXED-BASE SIMULATOR	пилотажный тренажер с неподвижной кабиной
FIXED BLADE	неподвижная лопатка
FIXED COWL	закрепленный капот; установленный кожух
FIXED DELIVERY	фиксированная подача (напр. топлива)
FIXED DISTANCE LIGHTS	огни фиксированного расстояния (для оценки дальности видимости на ВПП)
FIXED EQUIPMENT	несъемное [стационарное] оборудование
FIXED EXHAUST NOZZLE AREA	нерегулируемая площадь выходного сечения сопла
FIXED LIGHT	огонь постоянного свечения
FIXED ORIFICE	нерегулируемое отверстие
FIXED-PITCH PROPELLER	воздушный винт фиксированного шага, ВФШ
FIXED PLUG	нерегулируемый конус (воздухозаборника)
FIXED SCALE	неподвижная шкала
FIXED TAIL SKID	неподвижная хвостовая опора, неподвижная хвостовая пята
FIXED TIME PROGNOSTIC CHART	карта прогнозов на заданное время
FIXED-TYPE TURBINE	связанная [несвободная] турбина
FIXED WEIGHT	масса конструкции; масса несъемной нагрузки
FIXED WINDOW	неоткрывающийся иллюминатор

FIXED WING .... крыло неизменяемой геометрии; неподвижное крыло
FIXED-WING AIRCRAFT .... самолет с крылом неизменяемой геометрии
FIX END .... торцевая стенка; закрепленный наконечник
FIXING .... крепление; фиксация; определение местоположения
FIXING AIDS .... средства определения местоположения
FIX-TO-FIX FLYING .... полеты по контрольным точкам (маршрута)
FIXTURE .... зажимное приспособление; зажим; хомут; обойма; оправка; стапель; арматура
FIX UP (to) .... устанавливать; обеспечивать
FLAG .... бленкер, сигнальный флажок; флаг, флажок; разделитель кадров; флажковый указатель, флажковый индикатор
FLAG AIR CARRIER .... главный авиаперевозчик; национальный авиаперевозчик
FLAG AIRLINE .... главная авиакомпания; национальная авиакомпания
FLAG MARKER .... флажковый указатель
FLAG SHAFT .... ось флажкового указателя
FLAG-STOP .... вынужденная посадка по техническим причинам
FLAKE .... чешуйка; пластинка
FLAKED [FLAKING] PAINT ...... отслаивающаяся [шелушащаяся] краска
FLAME .... пламя; факел
FLAME ARRESTER .... пламегаситель
FLAME CUT (to) .... гасить пламя
FLAME DAMPER .... пламегаситель
FLAME DETECTOR .... пожарный извещатель
FLAME EXTINCTION .... затухание пламени; пламегашение
FLAME HARDEN (to) .... закаливать в пламени, осуществлять пламенную закалку
FLAME HARDENING .... пламенная закалка
FLAMEHOLDER .... стабилизатор пламени
FLAMEHOLDER RING ..... кольцевой коллектор стабилизатора пламени
FLAME-OUT (flameout) .... срыв пламени
FLAME-PROOF .... невоспламеняющийся; огнестойкий; взрывобезопасный
FLAME RESISTANT .... пламестойкий, не поддерживающий горения

FLAME SPRAY	газопламенное напыление
FLAME SPRAY GUN	пистолет для газопламенного напыления
FLAME SPRAYING	газопламенное напыление
FLAME TRAP	пламеуловитель
FLAME TUBE	жаровая труба; трубчатая камера сгорания
FLAMING	воспламенение; образование пламени
FLAMMABILITY SPECIFICATIONS	характеристики воспламеняемости
FLAMMABLE	(легко)воспламеняющийся; огнеопасный
FLAMMABLE LIQUID	(легко)воспламеняющаяся жидкость
FLANGE	выступ; заплечик; буртик; закраина; утолщенный борт; отбортованный край; фланец; полка
FLANGE (to)	загибать кромку; отбортовывать
FLANGE ADAPTOR	фланец; заплечик
FLANGE COUPLING	фланцевое соединение; фланцевая муфта
FLANGED	фланцевый; отбортованный; с загнутой кромкой
FLANGED BEARING	фланцевый подшипник
FLANGED BUSH(ING)	втулка с фланцем
FLANGED COUPLING	фланцевое соединение; фланцевая муфта
FLANGED EDGE	отбортованная кромка
FLANGED END	отбортованная кромка
FLANGED GEAR	насадное зубчатое колесо; зубчатый венец
FLANGED HOLE	фланцевое отверстие
FLANGED NUT	гайка с буртиком; гайка с фланцем
FLANGED PIPE	трубопровод с фланцевым креплением
FLANGED PLATE	лист с отогнутой кромкой
FLANGED SHAFT	вал с фланцевым креплением
FLANGED SLEEVE	втулка с фланцем
FLANGE MOUNTING	фланцевое соединение
FLANK	торец; бок; профиль
FLANK DRIVE WRENCH	многогранный накидной гаечный ключ
FLANK OF TOOTH (shape)	боковая поверхность зуба
FLAP	закрылок; щиток; створка; заслонка
FLAP (to)	приводить в действие закрылки
FLAP ACTUATOR	силовой привод закрылков
FLAP ANGLE	угол отклонения закрылка
FLAP AREA	площадь закрылка
FLAP ASYMMETRY LANDING	посадка с несимметрично выпущенными закрылками

FLAP BYPASS VALVE	пластинчатый перепускной клапан
FLAP CANOE	направляющая закрылка
FLAP CARRIAGE	каретка закрылка
FLAP CONTROL HANDLE	рукоятка управления закрылками
FLAP CONTROL VALVE	пластинчатый управляющий клапан
FLAP DEFLECTION	отклонение закрылка; отклонение створки
FLAP DEPLOYMENT	выпуск закрылков
FLAP DOWN	"закрылки выпустить" (команда в полете)
FLAP DRIVE MECHANISM	механизм привода закрылков
FLAP DRIVE POWER UNIT	силовой привод закрылков
FLAP EXTENSION	выпуск закрылков
FLAP GUIDE RAIL	направляющая закрылка
FLAP LANDING	посадка с выпущенными закрылками
FLAPLESS LANDING	посадка с убранными закрылками
FLAP LEVER (handle)	рукоятка управления закрылками
FLAP LOAD LIMITER	ограничитель нагрузки на закрылки
FLAP LOAD RELIEF	разгрузка закрылков
FLAP OVERRIDE SWITCH	переключатель на ручное управление закрылками
FLAPPER	клапан; заслонка; щиток
FLAPPER VALVE	пластинчатый клапан
FLAPPING	маховое движение; биение (воздушного винта)
FLAPPING BLADE	машущая лопасть, лопасть в маховом движении
FLAPPING STOP	ограничитель взмаха (лопасти несущего винта)
FLAPPING WING	машущее крыло
FLAP POSITION INDICATOR (transmitter)	указатель положения закрылков
FLAP POWER UNIT	силовой привод закрылков
FLAP RETRACTION	уборка закрылков
FLAPS ARE FULLY UP	закрылки полностью убраны
FLAPS DOWN (extended, lowered)	"выпустить закрылки" (команда в полете)
FLAP SEAT	откидное сиденье
FLAP SETTING	положение закрылков; установка закрылков
FLAP SLOT STRIP	зашивка закрылочной щели
FLAP SPINDLE	винтовой подъемник закрылков
FLAPS UP	"убрать закрылки" (команда в полете)
FLAP TRACK (rib)	направляющая закрылка

FLAP TRUCK	каретка закрылка
FLAP-TYPE NOZZLE	сопло-заслонка; сопло створчатого типа
FLAP VALVE	пластинчатый клапан
FLAP WHEEL	лепестковый круг
FLARE	расширяющаяся хвостовая часть (корпуса); юбка; стабилизирующий конический насадок; выравнивание (перед посадкой); засветка; блик; факел; размытие отметки цели на экране локатора
FLARE (to)	выравнивать; запускать инфракрасную ловушку; запускать сигнальную ракету
FLARE AND TOUCHDOWN	выравнивание и посадка
FLARE DROPPING	сбрасывание хвостовой юбки; сбрасывание инфракрасных ловушек
FLARED TUBE	труба с развальцовкой
FLARED TUBE FITTING	соединение развальцованной трубы
FLARE FITTING CONNECTION	соединение раструба
FLARE JOINT	соединение хвостовой юбки
FLARE LANDING	посадка с выравниванием
FLARELESS ASSEMBLY	соединение без развальцовки
FLARELESS ELBOW FITTING	коленчатый патрубок без развальцовки
FLARELESS FITTING	фитинг без развальцовки
FLARELESS TUBE	труба без развальцовки
FLARE NUT WRENCH	накидной гаечный ключ
FLARE-OUT	выравнивание (самолета перед посадкой)
FLARE-OUT (to)	выравнивать (самолет перед посадкой)
FLARE PATH	участок выравнивания (перед посадкой)
FLARE PISTOL	ракетница
FLARE POT	сигнальная ракета
FLARING	расширение, раструб; развальцовка; раскатывание
FLARING TOOLS	инструмент для развальцовки
FLASH	засветка, засечка (на экране локатора); импульс; проблеск, вспышка
FLASH (to)	блестеть; вспыхивать; воспламенять(ся)
FLASH BACK	проскок пламени; обратное зажигание
FLASH CONCEALER (eliminator)	пламегаситель
FLASHER	импульсная лампа; проблесковый маяк
FLASHING INDICATOR LIGHT	импульсный световой сигнализатор

FLASHING LIGHT	импульсный маяк, проблесковый огонь
FLASH-LIGHT (flashlight)	импульсный маяк; проблесковый огонь
FLASH OF LIGHTNING	вспышка молнии
FLASH OVER (to)	вспыхивать
FLASH POINT	температура вспышки
FLASH-RESISTANT	пламестойкий; огнестойкий
FLASH SUPPRESSOR	пламегаситель
FLASH TEST	испытание на электрическую прочность
FLASH TESTER	прибор для испытания на электрическую прочность
FLASH WARNING LIGHT	импульсная лампа аварийной сигнализации
FLASH WELDING	стыковая сварка оплавлением
FLASK	баллон (для сжатого газа)
FLAT	плоская поверхность; плоский; спущенный, ненадутый, ненаполненный
FLAT BAR	планка (искусственного) горизонта (пилотажного командного прибора); плоская заготовка; плоский брусок
FLAT BLADE ANGLE	нулевой угол установки лопасти
FLAT CHISEL	широкое слесарное зубило
FLAT HEAD PIN	болт с плоской головкой
FLAT MOUNTING	монтаж на панели
FLATNESS	планшетность, плоскостность; плоскопараллельность
FLAT-NOSE(D) PLIER	плоскогубцы
FLAT PATTERN	шаблон
FLAT PLATE ANTENNA	плоскопластинчатая антенна
FLAT RATE	единый тариф
FLAT RATED ENGINE	двигатель со слабой зависимостью тяги от внешних условий
FLAT RESPONSE	горизонтальная динамическая характеристика
FLAT SCREW	винт с плоской головкой; винт с потайной головкой
FLAT SPANNER	накидной гаечный ключ
FLAT SPIN	плоский штопор
FLAT SURFACE	плоская поверхность
FLATTEN (to)	сглаживать; выравнивать(ся); выпрямлять(ся); рихтовать; грунтовать (при окраске)

FLATTENED END	выпрямленный край (листа)
FLATTENING	выравнивание; рихтовка; правка (листа); рихтование; грунтовка (при окраске)
FLATTENING OUT	выравнивание
FLATTENING TOOL	инструмент для рихтовки
FLATTEN OUT (to)	выравнивать(ся), переводить в горизонтальный полет; править (лист)
FLAT TUNING	грубая настройка
FLAT TURN	плоский разворот
FLAT WASHER	плоская шайба
FLAW	трещина; дефект, изъян; раковина
FLAW DETECTION	обнаружение трещин; обнаружение дефектов
FLAX	лен
FLECK	частица
FLEET	парк (воздушных судов); флот
FLEET (to)	быстро протекать; скользить, плыть по поверхности; менять положение, передвигать
FLEET AIR ARM	авиация военно-морских сил, авиация ВМС, морская авиация
FLEET COMMONALITY	унификация парка (воздушных судов)
FLEET STATUS	состояние парка (воздушных судов)
FLETTNER	флетнер; серворуль; сервотриммер
FLEX	гибкий шнур; гибкая проволока
FLEX-HEAD WRENCH	разводной ключ
FLEXIBILITY	гибкость; упругость; универсальность применения; трансформируемость; маневренность
FLEXIBLE	гибкий; упругий
FLEXIBLE BLADE	гибкая лопасть
FLEXIBLE CABLE	гибкий шнур
FLEXIBLE CAGE	упругий кожух
FLEXIBLE COUPLING	шарнирное соединение; упругая муфта
FLEXIBLE DRIVE	эластичный привод, гибкий вал
FLEXIBLE DRIVE SHAFT	гибкий приводной вал
FLEXIBLE DUCT	гибкий трубопровод
FLEXIBLE HOSE (LINE)	гибкий шланг
FLEXIBLE JOINT	шарнирное соединение; упругая муфта
FLEXIBLE MOUNT	упругая державка; упругая подвеска
FLEXIBLE SHAFT	гибкий вал

FLEXIBLE SOCKET	гибкий патрубок; упругая втулка
FLEXIBLE TAKE-OFF	взлет при пониженном уровне тяги
FLEXJOINT	гибкое соединение
FLEX LINE	гибкий трубопровод
FLEX SOCKET	гибкий патрубок; упругая втулка
FLEX WING	гибкое [упругое] крыло; складывающееся крыло
FLICK ROLL	штопорная бочка; быстрая бочка
FLIGHT	полет; полетный; рейс; рейсовый; режим полета; перелет; бортовой
FLIGHT ACCEPTANCE TEST	контрольный полет перед приемкой
FLIGHT ACCIDENT	авиационное происшествие
FLIGHT ALTITUDE	высота полета
FLIGHT ANALYZER	(бортовой) анализатор полетных данных
FLIGHT ATTENDANT'S STATION	рабочее место бортпроводника
FLIGHT ATTENDANTS	бортпроводники
FLIGHT ATTITUDE	положение в полете
FLIGHT BACK	полет в обратном направлении
FLIGHT BENCH	самолет-лаборатория
FLIGHT CANCELLATION	отмена рейса
FLIGHT CENTER	летно-испытательный центр, ЛИЦ; летно-испытательная станция, ЛИС
FLIGHT CERTIFICATION TEST	летное сертификационное испытание
FLIGHT CLEARANCE	разрешение на полет
FLIGHT CLOSED	заполненный рейс
FLIGHT COMMAND	командное управление полетом; команда на выполнение полета
FLIGHT COMPARTMENT	кабина экипажа
FLIGHT COMPUTER	бортовой вычислитель
FLIGHT CONDITIONS	условия полета
FLIGHT CONTROL	управление полетом
FLIGHT CONTROLLER	диспетчер полета; автопилот; программный механизм
FLIGHT CONTROL PLATFORM	пункт управления полетом
FLIGHT CONTROLS	органы управления полетом
FLIGHT CONTROL SURFACE	руль управления полетом
FLIGHT COURSE	курс полета
FLIGHT CREW (flightcrew)	летный экипаж
FLIGHT CREW DUTY	обязанности членов экипажа
FLIGHT DATA	полетные данные

FLIGHT DATA ACQUISITION UNIT (FDAU) ... блок сбора полетной информации

FLIGHT DATA AND VOICE RECORDER ... бортовой регистратор параметров полета и речевой магнитофон

FLIGHT DATA RECORDER (FDR) ... бортовой регистратор параметров полета

FLIGHT DATA SYSTEM ... система полетных данных

FLIGHT DECK ... кабина экипажа

FLIGHT DEMONSTRATION ... демонстрационный полет

FLIGHT DESIGNATOR ... номер рейса

FLIGHT DETERIORATION ... (резкое) ухудшение полетной обстановки

FLIGHT DEVELOPMENT TESTS ... летно-конструкторские испытания

FLIGHT DIRECTOR ... пилотажный командный прибор

FLIGHT DIRECTOR COURSE INDICATOR ... указатель планового навигационного прибора, плановый навигационный прибор, ПНП

FLIGHT DIRECTOR MODE LIGHT ... лампа освещения пилотажного командного прибора

FLIGHT DISPATCH ... диспетчерское обслуживание полетов

FLIGHT DISPATCH CENTRE ... диспетчерский центр управления полетами

FLIGHT DISPATCHER ... диспетчер воздушного движения

FLIGHT DIVERSION ... изменение маршрута полета; отклонение от маршрута полета

FLIGHT DOCUMENTS ... полетная документация

FLIGHT DURATION ... продолжительность полета

FLIGHT DUTY PERIOD LIMITATION ... ограничение времени налета (летчика)

FLIGHT DYNAMICS ... механика полета

FLIGHT EFFICIENCY ... полетный коэффициент полезного действия, полетный кпд

FLIGHT ENDURANCE ... продолжительность полета; срок службы в летных часах; выносливость в летной эксплуатации

FLIGHT ENGINEER ... бортинженер

FLIGHT ENGINEER'S PANEL ... приборная панель бортинженера

FLIGHT ENGINEER'S SEAT ... кресло бортинженера

FLIGHT ENVELOPE ... область полетных режимов

FLIGHT EVASIVE ACTION	маневр уклонения (от препятствия)
FLIGHT FINE PITCH	полетный малый шаг (лопасти воздушного винта)
FLIGHT FINE PITCH LOCK	
FLIGHT FINE PITCH STOP (FFPS)	упор полетного малого шага (лопасти воздушного винта)
FLIGHT FITNESS	пригодность к полетам (летного состава)
FLIGHT FOLLOWING	слежение за полетом, сопровождение полета
FLIGHT FORECAST	прогноз (погоды) на полет
FLIGHT FORMATION	полетный строй, боевой порядок самолетов в полете
FLIGHT FREQUENCY	частота полетов; частота радиосвязи в полете
FLIGHT HOSTESS	стюардесса
FLIGHT HOUR	летный час; часы налета
FLIGHT IDLE LIMIT SWITCH	переключатель упора полетного малого газа
FLIGHT IDLE SPEED	скорость полета на малом газе; число оборотов (двигателя) при полете на малом газе
FLIGHT IDLE STOP	упор полетного малого газа
FLIGHT INDICATOR	авиагоризонт
FLIGHT INFORMATION	полетная информация
FLIGHT INFORMATION BOARD	табло информации о рейсах
FLIGHT INFORMATION CENTER (FIC)	центр полетной информации
FLIGHT INFORMATION DISPLAY	табло информации о рейсах
FLIGHT INFORMATION REGION (FIR)	район полетной информации, РПИ
FLIGHT INFORMATION SERVICE	служба полетной информации; полетно-информационное обслуживание
FLIGHT INSTRUCTION	летная подготовка, летное обучение; полетный инструктаж
FLIGHT INSTRUCTOR	летчик-инструктор, пилот-инструктор
FLIGHT INSTRUMENTATION (instruments)	пилотажные приборы
FLIGHT INSTRUMENTS PANEL	панель пилотажных приборов
FLIGHT INTERPHONE (intercom)	самолетное переговорное устройство, СПУ
FLIGHT LEG	участок маршрута полета
FLIGHT LEVEL	эшелон полета

FLIGHT LEVEL LIMITATION ограничение эшелона полета
FLIGHT LEVEL TABLE таблица эшелонов полета
FLIGHT LINE (flightline) линия полета, траектория полета
FLIGHT LOAD нагрузка в полете, полетная нагрузка
FLIGHT LOG бортовой журнал, бортжурнал
FLIGHT MANAGEMENT COMPUTER (FMC) бортовая цифровая вычислительная машина [БЦВМ] системы управления полетом
FLIGHT MANAGEMENT SYSTEM (FMS) система управления полетом
FLIGHT MANEUVER маневр в полете; фигура пилотажа
FLIGHT MANUAL руководство по летной эксплуатации; инструкция летчику
FLIGHT MECHANIC бортмеханик
FLIGHT MECHANICS механика полета
FLIGHT MODE режим полета
FLIGHT NAVIGATION аэронавигация, самолетовождение
FLIGHT NAVIGATION INSTRUMENT пилотажно-навигационный прибор
FLIGHT NAVIGATOR (авиационный) штурман
FLIGHT NUMBER номер рейса
FLIGHT OF AIRCRAFTS групповой полет нескольких самолетов
FLIGHT OFFICERS летно-технический состав
FLIGHT OPEN разрешенный полет
FLIGHT OPERATING COSTS стоимость летной эксплуатации
FLIGHT OPERATION выполнение полетов; летная эксплуатация
FLIGHT OPERATIONAL REPORT (FOR) донесение о ходе полета; полетный лист
FLIGHT OPERATIONS DIRECTOR руководитель полетов
FLIGHT OPERATIONS OFFICER диспетчер
FLIGHT OPERATOR летчик, пилот
FLIGHT OUT начавшийся полет
FLIGHT PATH траектория полета
FLIGHT PATH ANALYSIS анализ траектории полета
FLIGHT PATH ANGLE угол наклона траектории полета
FLIGHT-PATH AXIS SYSTEM траекторная система координат

FLIGHT PATH COMPUTER	вычислитель параметров траектории полета
FLIGHT-PATH SPEED (velocity)	земная скорость
FLIGHT PERFORMANCE RANGE	диапазон летных характеристик
FLIGHT PERSONNEL	летный состав
FLIGHT PER WEEK	еженедельное число полетов
FLIGHT PHASES	этапы полета
FLIGHT PLAN	план полета, флайт-план
FLIGHT PLAN CLEARANCE	разрешение на выполнение плана полета
FLIGHT PLAN FILING	регистрация плана полета
FLIGHT PLAN MESSAGE	сообщение о плане полета
FLIGHT PLANNED ROUTE	запланированный маршрут полета
FLIGHT PLANNING	планирование полетов
FLIGHT PLANNING FORM	бланк плана полета
FLIGHT PLANNING STATION	пункт планирования полетов
FLIGHT PLANNING TABLE (chart)	таблица запланированных полетов
FLIGHT PLAN ROUTE	маршрут по плану полета
FLIGHT PLAN UPDATING	изменение плана полета
FLIGHT PLOTTER	курсограф траектории полета
FLIGHT POLAR CURVE	поляра, снятая в полете
FLIGHT PREPARATION	предполетная подготовка
FLIGHT PREPARATION FORM	анкета предполетной подготовки
FLIGHT PRESENTATION OFFICE	отдел демонстрационных полетов (на авиационной выставке)
FLIGHT PROCEDURES TRAINER	учебно-тренировочный самолет, УТС; пилотажный тренажер
FLIGHT PROFILE	профиль полета
FLIGHT PROGRESS	ход полета
FLIGHT PROGRESS CHART (board)	планшет хода полета
FLIGHT PROGRESS DISPLAY	индикатор хода полета
FLIGHT PROGRESS STRIP	полетный лист, лента записи хода полета
FLIGHT-QUALIFIED	получивший сертификат летной годности
FLIGHT RADIO OPERATOR	бортрадист
FLIGHT RANGE	дальность полета
FLIGHT RECORDER	бортовой регистратор
FLIGHT REFUELLING BOOM (probe)	топливозаправочная штанга
FLIGHT REGIME	режим полета, полетный режим

FLIGHT REGULARITY	регулярность полетов
FLIGHT REGULATIONS	организация полетов
FLIGHT RELIABILITY	надежность в полете
FLIGHT REPORT	донесение о ходе полета; полетный лист
FLIGHT REQUEST	заявка на полет
FLIGHT RESTRICTIONS	полетные ограничения
FLIGHT ROUTE	маршрут полета
FLIGHT SAFETY	безопасность полета
FLIGHT SAFETY STOP	остановка на маршруте с целью обеспечения безопасности полета
FLIGHT SCHEDULING	планирование полетов
FLIGHT SEGMENT	участок траектории полета
FLIGHT SEQUENCE	очередность полетов
FLIGHT SERVICE DIRECTOR	руководитель службы обеспечения полетов
FLIGHT SERVICE RANGE	эксплуатационная дальность полета
FLIGHT SERVICE STATION (FSS)	станция службы обеспечения полетов
FLIGHT SIMULATION	моделирование условий полета
FLIGHT SIMULATOR	пилотажный тренажер; имитатор условий полета
FLIGHT SPEED	скорость полета
FLIGHT SPOILER	полетный интерцептор
FLIGHT STAGE	этап полета
FLIGHT STANDARDS	летные нормы
FLIGHT START	начало полета
FLIGHT STATION	кабина экипажа; рабочее место (члена экипажа) в полете
FLIGHT STATION ENTRY DOOR	дверь в кабину экипажа
FLIGHT STATION LIGHTING	светосигнальное оборудование кабины экипажа
FLIGHT STATION OVERHEAD ESCAPE HATCH	верхний[потолочный] люк для покидания кабины экипажа
FLIGHT STRESS MEASUREMENT TESTS	испытания по замеру нагрузок в полете (на отдельные узлы)
FLIGHT STRIP	взлетно-посадочная полоса, ВПП
FLIGHT SUIT	летный костюм
FLIGHT TEST CENTER	летно-испытательный центр, ЛИЦ; летно-испытательная станция, ЛИС

FLIGHT TESTING	летные испытания
FLIGHT TEST PROGRAM	программа летных испытаний
FLIGHT TESTS	летные испытания
FLIGHT TICKET	билет на самолет
FLIGHT TIME	полетное время, время полета
FLIGHT TRACK	линия пути полета; маршрут полета
FLIGHT TRAINER	пилотажный тренажер
FLIGHT TRAINING	летная подготовка
FLIGHT TRAINING CENTRE	центр летной подготовки
FLIGHT TRIALS	летные испытания
FLIGHT VISIBILITY	видимость в полете; дальность видимости в полете
FLIGHT VISUAL RANGE	дальность видимости в полете
FLIGHTWORTHINESS	летная годность
FLINGE	полоса; (расплывчатая) граница
FLIP	переворот через крыло; полет на короткое расстояние
FLIPBOARD	табло кратковременной информации (о рейсах)
FLIP-FLOP	триггер, триггерная схема; бистабильный мультивибратор
FLIP-FLOP SWITCHING	переключение триггерной схемой
FLIPPED SIDE	отогнутый фланец; буртик; отбортованная кромка, отбортовка
FLOAT	поплавок; буй; выдерживание самолета (перед приземлением)
FLOAT (to)	всплывать; держаться на воде; спускать на воду; плыть; препятствовать приземлению (самолета)
FLOAT-CHAMBER	поплавковая камера
FLOATED GYRO	поплавковый гироскоп
FLOATING	движение без ускорения; плавание; плавающий; самоустанавливающийся; незакрепленный; свободный
FLOATING BEARING	подшипник с плавающей втулкой
FLOATING HEAD	плавающая головка
FLOATING INPUT	незаземленный вход
FLOATING NUT	плавающая гайка
FLOATING PISTON	плавающий поршень
FLOATING POINT	плавающая запятая; плавающая точка

FLOAT NEEDLE	плавающая стрелка
FLOATPLANE	гидросамолет
FLOAT SEAPLANE (float plane)	гидросамолет
FLOAT SWITCH	поплавковый переключатель
FLOAT-TYPE	поплавкового типа
FLOAT-TYPE ALIGHTING GEAR	поплавковое шасси
FLOAT-TYPE CARBURETTOR	поплавковый карбюратор
FLOAT-TYPE FUELING VALVE	поплавковый клапан заправки топливом
FLOAT VALVE	поплавковый клапан
FLOOD (to)	погружать; заливать; наводнять; переливать (топливо); облучать антенной с широкой диаграммой направленности; создавать помехи в широком диапазоне частот
FLOODED PORT	залитое отверстие
FLOODED RUNWAY	залитая водой взлетно-посадочная полоса, залитая ВПП
FLOODING	заполнение; наполнение; затопление; расслаивание разнородных пигментов (в краске)
FLOODLIGHT (flood lights)	(мощный) направленный свет; прожекторное освещение; прожектор заливающего света
FLOOR	пол; настил
FLOOR BEAM	балка (крепления) пола
FLOOR COVERING	покрытие пола
FLOOR PANEL	панель покрытия пола
FLOOR TRACK	направляющая пола; направляющая на полу
FLOOR WELL DOOR	люк ниши в полу
FLOPPY-DISK	гибкий диск
FLOTATION	всплывание; плавание; поплавковая подвеска (ротора гироскопа)
FLOW	поток, течение; обтекание; расход (напр. воздуха); поток (пассажиров)
FLOW (to)	течь, протекать; вытекать; обтекать; литься; струиться; растекаться; расплываться
FLOW BREAKAWAY	отрыв потока, нарушение безотрывности обтекания
FLOW BY GRAVITY (to)	подаваться самотеком (о топливе)

FLOW-CHART (flowchart)	технологическая схема; схема последовательности операций; график течения
FLOW CONTROL	управление потоком (воздушного движения); регулирование расхода (напр. топлива)
FLOW CONTROLLER	регулятор расхода (напр. топлива)
FLOW CONTROL UNIT (FCU)	регулятор расхода (напр. топлива)
FLOW CONTROL VALVE	клапан регулирования расхода
FLOW DIAGRAM	расходная характеристика; схема коммуникаций; технологическая схема (производства)
FLOW DIRECTION	направление течения; направление потока (пассажиров)
FLOW DIVERTER	устройство отклонения потока
FLOW DIVIDER VALVE	распределительный клапан
FLOW FENCE	(аэродинамический) гребень; (аэродинамическая) решётка
FLOW FIELD (flowfield)	поле течения; поле обтекания
FLOW FORMING	формирование течения
FLOW GUN	пистолет для нанесения герметика
FLOW INDICATOR	указатель расхода (топлива)
FLOWING OUT	перелив, переливание; переход за (допустимый) предел
FLOW LIMITER	ограничитель расхода (топлива)
FLOW LIMITING VALVE	клапан ограничителя расхода (топлива)
FLOW LINE	линия обтекания; нагнетательный трубопровод
FLOWMETER	указатель расхода (топлива), расходомер
FLOWMETER INDICATOR	указатель расходомера топлива
FLOW-METERING	регулирование расхода (топлива)
FLOWMETER TRANSMITTER	датчик расходомера топлива
FLOWMETRY	расходометрия
FLOW MULTIPLIER	нагнетатель потока
FLOW MULTIPLIER BYPASS VALVE	перепускной клапан нагнетателя потока
FLOW MULTIPLIER CHECK VALVE	обратный клапан нагнетателя потока
FLOW OF A CURRENT	электрический ток
FLOW OF AIR	воздушный поток
FLOW OF TRAFFIC	поток воздушного движения

FLOW ORIFICE PLATE	шайба ограничения расхода (топлива)
FLOW OUT (to)	вытекать
FLOW PATTERN	спектр обтекания
FLOW RATE	расход (топлива); производительность (насоса); скорость потока
FLOW REDUCER	устройство снижения расхода (напр. топлива)
FLOW REGULATING VALVE	клапан регулирования расхода (топлива)
FLOW REGULATOR	регулятор расхода (топлива)
FLOW RESTRICTION	ограничение потока воздушного движения; дросселирование потока
FLOWSPINNING	спинингование (комбинация давильной операции и холодной прокатки)
FLOW STRAIGHTENER AND MUFFLER	направляющее устройство для стабилизации газового потока и шумоглушения
FLOW TEST	гидравлическое испытание; холодная проливка двигателя
FLOW TRANSMITTER	датчик расхода (напр. топлива)
FLOW TUBE	трубка Вентури; расходомер Вентури
FLOW TURNING	спинингование (комбинация давильной операции и холодной прокатки)
FLOW VELOCITY	скорость потока, скорость течения
FLUCTUATE (to)	флуктуировать; колебаться; пульсировать; отклоняться
FLUCTUATING RESISTANCE	переменное сопротивление
FLUCTUATION	флуктуация; пульсация; колебание
FLUE	воздухопровод; воздуховод
FLUID	жидкость; жидкий; текучий; текучая среда; газ; газообразный
FLUID DYNAMICS	динамика жидкости
FLUID FLOW	течение жидкости; расход жидкости; течение газа
FLUIDICS	струйная техника
FLUIDITY	жидкое состояние; газообразное состояние; текучесть; жидкотекучесть; подвижность; изменчивость
FLUID LEAKAGE	утечка жидкости; утечка газа
FLUID LEVEL	уровень жидкости

FLUID LOGIC SYSTEM......................струйная логическая система
FLUID MECHANICS...................... механика жидкости и газа; гидромеханика
FLUID MECHANICS INSTITUTE...................... институт гидромеханики
FLUID MOTOR ....гидравлический двигатель, гидродвигатель, гидромотор; гидравлический привод, гидропривод
FLUID QUANTITY TRANSMITTER .... датчик уровнемера
FLUID-TIGHT......................герметичный; водонепроницаемый
FLUID-TIGHT RIVET...................... герметичная заклепка
FLUOBORIC ACID .... борфтористоводородная кислота, тетрафторборкислота
FLUO-LIGHT......................люминесцентное излучение
FLUORESCENCE...................... флуоресценция
FLUORESCENT DYE .... флуоресцентный краситель, люминофор
FLUORESCENT DYE CRACK DETECTION .... обнаружение трещин жидкостью с люминофором
FLUORESCENT INK .... люминесцентная печатная краска
FLUORESCENT INTENSITY.......... яркость люминесцентного излучения
FLUORESCENT LAMP .... люминесцентная лампа; лампа дневного света
FLUORESCENT LIGHT ....люминесцентное излучение
FLUORESCENT PENETRANT ....жидкость с люминофором
FLUORESCENT PENETRANT CHECK .... люминесцентный анализ с применением жидкости с люминофором
FLUORESCENT PENETRANT DEVELOPER...................... проявитель с люминофором
FLUORESCENT PENETRANT EXAMINATION...............люминесцентный анализ с применением жидкости с люминофором
FLUORESCENT PENETRANT REMOVER EMULSIFIER.......... эмульгатор состава для удаления жидкости с люминофором
FLUORIDE ATMOSPHERE .... среда фтора, атмосфера фтора
FLUORINATED PRODUCT...................... фторированное вещество
FLUOROSCOPIC INSPECTION .... люминесцентная дефектоскопия
FLUSH......................струя (жидкости); промывка струей жидкости; конформный; заподлицо, вровень, без выступов впотай; утопленный заподлицо

FLUSH (to)	промывать струей жидкости
FLUSH ANTENNA	конформная антенна; утопленная антенна
FLUSH CUT(TING)	абразивно-струйная резка
FLUSH CUTTER PLIER	кусачки; абразивно-струйный резак
FLUSH HEAD	потайная головка
FLUSH HEAD SCREW (to)	ввинчивать потайную головку
FLUSHING	смывание; промывка; промывочный; сброс (жидкости); спуск (жидкости)
FLUSH MARKER LIGHT	огонь невыступающих [утопленных] маркеров
FLUSH MOTOR	конформно установленный двигатель
FLUSH MOUNTING	скрытый монтаж; утопленный монтаж; скрытая проводка
FLUSHNESS	выравнивание (поверхности)
FLUSH PLUG (to)	заделывать заподлицо; закупоривать
FLUSH RIVET	заклепка с потайной головкой
FLUSH SCOOP	конформный воздухозаборник; утопленный воздухозаборник
FLUSH SCREW	винт с потайной головкой
FLUSH SKIN	обшивка с потайными заклепками
FLUSH SYSTEM	промывочная система
FLUSH WITH (to be)	заподлицо с...
FLUTE	гофр; выемка; канавка; паз; бороздка; желобок
FLUTED REAMER	развертка с канавкой
FLUTTER	флаттер; неустановившееся колебание; дрожание; пульсация
FLUTTER (to)	дрожать; пульсировать
FLUTTER DAMPER	гаситель колебаний; амортизатор; демпфер
FLUTTER FAILURE	разрушение вследствие флаттера
FLUTTERING	возникновение флаттера
FLUTTER-PREVENTIVE WEIGHT	противофлаттерный груз
FLUTTER TRANSDUCER	датчик флаттерных колебаний
FLUTTER TRIALS	испытания на флаттер
FLUTTER TROUBLE	повреждение при возникновении флаттера
FLUX	поток; плотность потока; флюс; расплав
FLUX (to)	свободно течь; вводить флюс, флюсовать; обрабатывать флюсом; разжижать(ся); плавить(ся); расплавляться
FLUX GATE DETECTOR	индукционный датчик (компаса)
FLUXMETER	флюксметр, веберметр

FLUX VALVE	индукционный магнитный датчик (компаса)
FLY (to)	летать, выполнять полет; пилотировать
FLYABLE	готовый [пригодный] к выполнению полетов
FLY ABREAST (to)	лететь строем "фронт"
FLY AN AIRCRAFT (to)	пилотировать летательный аппарат, пилотировать ЛА
FLY AWAY (to)	улетать
FLYAWAY COST	стоимость изделия в комплекте
FLYAWAY KIT	возимый (ремонтный) комплект; эксплуатационный комплект летательного аппарата
FLYBACK	обратный рейс; возвращение к месту старта; обратный ход (луча)
FLYBY	облет (препятствия)
FLY-BY-LIGHT	волоконно-оптический; светодистанционный
FLY-BY-WIRE (FBW)	электродистанционный
FLY-BY-WIRE CONTROLS	электродистанционная система управления, ЭДСУ
FLY CRABWISE (to)	лететь с углом упреждения сноса
FLY CROSSWIND (to)	лететь при боковом ветре
FLY DRILLS	маневры в полете
"FLY-DOWN" LIGHT	световой сигнал "лети ниже" (при заходе на посадку по глиссаде)
FLYER	участник полета
FLY GROUND	аэродром; летное поле
FLY HEADWIND (to)	лететь при встречном ветре
FLYING	выполнение полетов; полет(ы); облет(ы); пилотирование; летный; летающий
FLYING AIDS	средства обеспечения полета
FLYING-BOAT	летающая лодка; гидросамолет
FLYING BY NUMBERS (flying the needles)	пилотирование по приборам
FLYING BY OBSERVATION	визуальный полет; визуальное пилотирование
FLYING CENTRE	летный центр
FLYING CLUB	аэроклуб
FLYING CONTROLS	органы пилотирования
FLYING CRANE	"летающий кран", вертолет большой грузоподъемности
FLYING DEMONSTRATION	демонстрация в полете; летный показ (авиационной техники)

FLYING DISPLAY	демонстрация в полете, летный показ (авиационной техники); индикация пилотажных данных
FLYING DUAL INSTRUCTION TIME	время налета с инструктором
FLYING DUTY TIME	время налета (летчика)
FLYING HOUR	летный час; часы налета
FLYING OFFICER	офицер летного состава; лейтенант авиации
FLYING-OFF PLATFORM	летающая платформа; самолет-носитель
FLYING QUALITIES	летные качества
FLYING RANGE	дальность полета
FLYING SCHOOL	летное училище; летная школа
FLYING SCHOOL AIRFIELD	аэродром летного училища
FLYING SICKNESS	воздушная болезнь
FLYING SQUAD	летный состав
FLYING TEST-BED (bench)	самолет-лаборатория
FLYING TEST CENTER	летно-испытательный центр, ЛИЦ
FLYING THE NEEDLES	пилотирование по приборам
FLYING TIME	время налета
FLYING TRAINING	летная подготовка
FLYING TRAINING CENTER	центр летной подготовки
FLYING WEIGHT	полетная масса
FLYING WING	летающее крыло (аэродинамическая схема)
FLY IN SUPPLIES (to)	доставлять по воздуху (запасные части)
FLY LEVEL (to)	лететь на эшелоне
FLY LINE ASTERN (to)	лететь сзади
FLY-NUT	гайка-барашек
FLY ON INSTRUMENTS (to)	лететь по приборам
FLY OUT (to)	вылетать (из зоны)
FLY OVER (to)	пролетать над (пунктом маршрута)
FLYOVER	пролет (территории)
FLYOVER (to)	пролетать
FLYOVER NOISE TEST	испытание на шум при пролете (над местностью)
FLYOVER TIME	время пролета (точки маршрута)
FLY-PAST	воздушный парад; пролет (мимо цели)
"FLY-UP" LIGHT	световой сигнал "лети выше" (при заходе на посадку по глиссаде)
FLY UP-WIND (to)	лететь против ветра

FLYWEIGHT ASSY	сборка центробежного грузика
FLYWEIGHT GOVERNOR	регулятор центробежного грузика
FLYWEIGHTS	центробежные грузики
FLY WHEEL	маховик, маховое колесо
FLYWHEEL	маховик, маховое колесо
FLYWHEEL-INERTIA MECHANISM	механизм инерционного управления с использованием маховика
FOAM	пена; вспененный материал; пенопласт; поропласт; пенорезина
FOAM CARPET	покрытие из вспененного материала
FOAM COMPOUND	пенообразующий состав
FOAM ELEMENT	фильтрующий элемент
FOAM EXTINGUISHER	пенный огнетушитель
FOAM GENERATOR	пеногенератор
FOAMING	пенообразование; вспенивание; покрытие пеной; тушение пожара пеной
FOAMING AGENT	пенообразующее вещество, пенообразователь
FOAM METHOD	способ "пенолегковеса" (в производстве легких огнеупоров)
FOAM-RUBBER (MATERIAL)	пенорезина
FOAM THE RUNWAY (to)	покрывать посадочную полосу (огнегасящей) пеной
FOCAL DETECTOR	фокальный датчик
FOCAL LENGTH	фокусное расстояние
FOCAL PLANE	фокальная плоскость
FOCAL POINT	фокальная точка
FOCUS	фокус; фокусировка; фокусное расстояние
FOCUS (to)	фокусировать; наводить на резкость; сходиться в одной точке
FOCUSING	фокусировка; наводка на резкость
FOCUSING EFFECT	эффект фокусировки
FOCUSING ELECTRODE	фокусирующий электрод
FOCUSING MIRROR	фокусирующее зеркало
FOCUSING SCALE	шкала расстояний
FODDED ENGINE	загрязненный двигатель
FOEHN	фен, теплый и сухой ветер
FOG	туман
FOG BANK	туманная гряда
FOG CLEARANCE SYSTEM	система рассеивания тумана

English	Russian
FOG DISPERSAL	рассеивание тумана
FOG DISPERSAL SYSTEM	система рассеивания тумана
FOG DISSIPATION	рассеивание тумана
FOGGING	образование тумана
FOG HORN	туманный горн
FOG LIGHT (lamp)	противотуманная фара
FOG PATCH	клочок тумана; пятно тумана
FOG-PLAGUED AERODROME	аэродром, имеющий частые туманы
FOG-PRONE AREA	район скопления тумана
FOIL	пленка; фольга; подводное крыло
FOIL BEARING	податливая опора; гибкая опора
FOLD	закат (дефект проката); слой; сгиб; фальц
FOLD (to)	сгибать; фальцевать; складывать; загибать; перегибать
FOLDABLE	складываемый
FOLD BACK (to)	складываться назад, складываться по потоку
FOLDED WINGS	сложенные консоли крыла
FOLDER	гибочная машина; кромкогибочная машина
FOLDING	складывание; отбортовка; отгибка; фальцовка
FOLDING BLADE	складывающаяся лопасть
FOLDING HATRACK	откидная багажная полка
FOLDING MACHINE	кромкозагибочный станок; гибочная машина
FOLDING PRESS	кромкозагибочный пресс
FOLDING ROTOR	складывающийся несущий винт
FOLDING SEAT	откидное сиденье
FOLDING TRAY	складывающийся поддон; складываемая пусковая кассета
FOLDING UP (down)	загибание; сгибание; отгибание; складывание
FOLDING WING	складывающееся крыло
FOLDING WING AIRCRAFT	самолет со складывающимся крылом
FOLD LINE	линия сгиба; линия загиба; линия складывания
FOLIATED	расслоенный; расщепленный
FOLLOW (to)	следовать
FOLLOWED	сопровождаемый; отслеживаемый
FOLLOWING AIRCRAFT	воздушное судно, идущее следом (по курсу)
FOLLOWING WIND	попутный ветер, ветер по курсу полета

FOLLOW-ON ....последующая модель; модификация; усовершенствованный
FOLLOW-UP .... обратная связь; следящая система; синхронизирующее устройство
FOLLOW-UP ASSEMBLY .... блок согласования (компасов)
FOLLOW-UP CABLE ....трос следящей системы
FOLLOW-UP CONTROL CRANK .... качалка управления следящей системы
FOLLOW-UP CONTROLS .... органы управления следящей системы
FOLLOW-UP LEVER .... рычаг управления следящей системы
FOLLOW-UP LINKAGE .... проводка следящей системы
FOLLOW-UP PULLEY .... ролик следящей системы
FOLLOW-UP SYSTEM .... следящая система
FOOD SERVING CART .... сервировочная тележка
FOOD-TRAY ....поднос
FOOL PROOF (foolproof) .... защита от случайных ошибок; защищенный от неумелого обращения
FOOL PROOF DEVICE ....устройство защиты от случайных ошибок
FOOT ....нога; опора; стойка; основание; пята; фут
FOOT BRAKE ....ножной тормоз, педальный тормоз
FOOT-GRADUATED ALTIMETER .... футомер (высотомер, градуированный в футах)
FOOT PEDAL .... педаль ножного управления
FOOT PEDAL CONTROL ....ножное управление
FOOTPLATE ....педаль
FOOTREST .... подножка (сиденья пилота)
FOOTSTEP .... подножка; опора
FOOTSTOOL .... подножка (сиденья пилота)
FORBID (to) .... запрещать, не позволять; препятствовать
FORCE .... сила; усилие; воздействие
FORCE (to) .... прикладывать усилие; форсировать; вставлять с усилием, вдавливать; усиливать; ускорять; увеличивать
FORCE COEFFICIENT .... коэффициент силы
FORCED AIR COOLING .... принудительное воздушное охлаждение, принудительный обдув
FORCED CONVECTION (cooling) .... принудительное охлаждение
FORCED DESCENT .... вынужденная посадка
FORCED FEED LUBRICATION .... принудительная смазка

FORCED FLOW	вынужденное течение, принудительное течение
FORCED LANDING	вынужденная посадка
FORCE FIT	посадка с гарантированным натягом; глухая посадка
FORCE OF GRAVITY	сила тяжести
FORCE OF SPRING	жесткость пружины; сила сжатия пружины
FORCE OUT (to)	вытеснять; выкачивать
FORCE PUMP	нагнетательный насос
FORCE THE ENGINE (to)	форсировать двигатель
FORE	нос, носок, носовая часть; носовой, передний
FORE-AFT ACTUATOR	механизм продольно-поперечного управления (вертолетом)
FORE-AFT DIRECTION	направление вдоль оси (воздушного судна)
FORECAST	прогноз
FORECAST (to)	прогнозировать, предсказывать
FORECASTED WEATHER	прогнозируемые метеоусловия
FORECAST FOR UPPER AIR CHART	прогноз для верхнего воздушного пространства
FORECAST WIND	прогнозируемый (на полет) ветер
FORE FLAP	передняя секция закрылка
FOREGROUND	передний план
FOREIGN BODY	инородное тело
FOREIGN CARRIER	зарубежный авиаперевозчик; зарубежная авиакомпания
FOREIGN DEPOSIT	отложение загрязняющих веществ
FOREIGN FLAG CARRIER	главный зарубежный авиаперевозчик; национальная зарубежная авиакомпания
FOREIGN MATTER	загрязняющее вещество; инородное тело
FOREIGN OBJECT DAMAGE (FOD)	повреждение посторонним предметом [инородным телом]
FOREIGN OBJECT INGESTION	засасывание посторонних предметов [инородных тел]
FOREIGN OBJECTS	посторонние предметы, инородные тела
FOREMAN	мастер; бригадир
FORE PART	передняя часть; носовая часть
FOREPLANE	переднее горизонтальное оперение, ПГО
FORESEEABLE FAILURE	прогнозируемый отказ

FOREST PATROL AIRCRAFT .... самолет для патрулирования лесных массивов
FORGE (to) .... ковать; штамповать; проковывать
FORGEABLE .... ковкий, деформируемый при ковке
FORGED BEAM .... лонжерон, изготовленный объемной штамповкой
FORGED STEEL .... кованная сталь; стальная поковка
FORGE HAMMER .... кузнечный молот
FORGING .... ковка; горячая объемная штамповка
FORGING PRESS .... ковочно-штамповочный пресс
FORGING ROLLS .... ковочные вальцы
FORK .... вилка; вилочный захват; вилкообразная деталь
FORKED .... вилочный, вилкообразный
FORKED END .... вилочный [вилкообразный] конец
FORKED ROD .... вилочный шатун
FORK END .... вилочный [вилкообразный] конец
FORK JOINT .... вилкообразное соединение
FORK LIFT TRUCK .... автопогрузчик с вилочным захватом
FORM .... форма, вид; конфигурация; профиль
FORM (to) .... формировать, придавать форму; штамповать
FORMAT .... формат; форма; вид
FORMATION .... образование; построение; строй, боевой порядок (самолетов)
FORMATION FLYING (flight) .... (групповой) полет в строю
FORM CUTTER .... фасонный резец; фасонная [профильная] фреза
FORM DRAG .... профильное сопротивление
FORMED RIB .... штампованная нервюра
FORMED SECTION .... профилированная секция
FORMED SHEET .... штампованный лист
FORMER .... стрингер; шаблон; копир; оправка; фасонный резец
FORMER PLATE .... копир; шаблон
FORMIC ACID .... муравьиная кислота
FORMING .... формирование, образование; формование, формовка; штамповка; гибка; профилирование; фасонная правка, формовочный
FORMING FRAME .... нормальный шпангоут
FORMING RIB .... нормальная нервюра

FORMULA .... формула; аналитическое выражение; уравнение; состав; композиция
FORWARD ENGINE MOUNTS .... передние узлы крепления двигателя
FORWARD ENTRY DOOR .... передняя входная дверь (фюзеляжа)
FORWARD FACING CREW COCKPIT (FFCC) .. передняя кабина экипажа
FORWARD FACING SEAT .... кресло, расположенное по направлению полета
FORWARD FLIGHT .... (прямолинейный) горизонтальный полет
FORWARD GALLEY DOOR .... передняя дверь бортовой кухни
FORWARD IDLE THRUST .... прямая тяга на режиме малого газа
FORWARDING .... отправка (грузов); пересылка
FORWARD LAVATORY .... передний туалет
FORWARD-LOOKING ANTENNA .... антенна переднего обзора
FORWARD LOOKING INFRA-RED (FLIR) .... тепловизионная система переднего обзора
FORWARD LOWER CARGO .... передний нижний грузовой отсек (фюзеляжа)
FORWARD MOTION .... движение вперед; горизонтальный полет
FORWARD MOUNT .... передний узел крепления
FORWARDSLIP(PING) .... скольжение в направлении полета
FORWARD-SWEPT WING (FSW) ...... крыло обратной стреловидности, КОС
FORWARD THRUST .... прямая тяга
FORWARD THRUST LEVER .... рычаг управления двигателем, РУД, сектор газа
FORWARD THRUST REVERSER ACTUATOR .... передний привод механизма реверса тяги
FORWARD TRANSLATION .... перемещение вперед; горизонтальный полет
FORWARD VISIBILITY (vision) .... видимость в передней полусфере; передний обзор
FORWARD VOLTAGE .... прямое напряжение
FOSSIL FUEL .... органическое топливо
FOUL (to) .... загрязнять(ся); засорять(ся)
FOULED PLUG .... загрязнившаяся свеча
FOULING .... загрязнение; засорение; образование накипи [осадка]
FOUL WEATHER .... ухудшившиеся метеоусловия
FOUND (to) .... отливать в форму; формовать; основывать, закладывать; утверждать

FOUNDRY	литье; отливка; литейное производство; литейный цех; литейный участок
FOUR-BLADED PROPELLER	четырехлопастный воздушный винт
FOUR-BLADED ROTOR	четырехлопастный несущий винт
FOUR-CYCLE ENGINE	четырехтактный двигатель
FOUR-ENGINED	четырехдвигательный
FOUR-ENGINE TURBOPROP	четырехдвигательный турбовинтовой самолет
FOUR-ENGINE VERSION	четырехдвигательный самолет
FOURIER'S LAW	закон Фурье
FOUR-JET	четырехдвигательный реактивный самолет
FOUR-JET TRANSPORT	четырехдвигательный реактивный транспортный самолет
FOUR-POLE	четырехполюсник; четырехполюсный
FOUR-POLE TOGGLE SWITCH	четырехполюсный тумблер
FOUR STRIKE CYCLE (four-stroke cycle)	четырехтактный цикл
FOUR-STROKE ENGINE	четырехтактный двигатель
FOUR-WAY NUT WRENCH	крестообразный гаечный ключ
FOUR-WAY VALVE	четырехтактный клапан; четырехходовой клапан
FOUR-WIRE	четырехпроводный
FOWLER FLAP	выдвижной закрылок
FRACTOCUMULUS	разорванно-кучевые облака
FRACTOSTRATUS	разорванно-слоистые облака
FRACTURE MECHANICS	механика разрушения
FRACTURING	трещинообразование
FRAME	шпангоут (фюзеляжа)
FRAME ANTENNA	рамочная антенна
FRAME CAP	полка рамы
FRAME MEMBER	элемент силового набора; деталь каркаса
FRAME POST	стойка (фермы) силового набора
FRAME RING	кольцевой шпангоут
FRAMEWORK	каркас; силовой набор
FRAMEWORK FUSELAGE	ферменный фюзеляж
FRAMING ERROR	погрешность регулировки кадра; ошибка кадрирования
FRAMING PULSE	первый импульс в кодовой группе
FRANGIBILITY	ломкость; хрупкость
FRAY (to)	изнашиваться, истираться; расплетаться
FRAYED END	изношенная концевая часть

FREE .... свободный, независимый; невозмущенный; открытый
FREE (to) .... освобождать, высвобождать; деблокировать; отделять, выделять, испарять; очищать от примесей
FREE AIR .... атмосферный воздух; воздушное пространство, свободное для полетов; свободный поток воздуха
FREE AIRPORT .... открытый аэропорт
FREE AIRSTREAM .... свободный [невозмущенный] воздушный поток
FREE ATMOSPHERE .... свободная [невозмущенная] атмосфера
FREE BAGGAGE ALLOWANCE .... норма бесплатного провоза багажа
FREE BALLOON .... свободный [неуправляемый] аэростат
FREEDOM .... степень свободы
FREEDOM OF THE AIR .... степень "свободы воздуха" (уровень ограничений на воздушную перевозку)
FREE DROP TEST .... испытание на свободное падение
FREE FALL .... свободное падение
FREE FALL LANDING GEAR .... шасси, выпускающееся под действием собственной массы
FREE-FALL TOWER .... мачта для испытания на свободное падение
FREE FIELD .... невозмущенное поле (течения)
FREE FIT .... свободная посадка
FREE FLIER .... объект, совершающий свободный полет; нестабилизируемый полет; пассивно летящий объект (с неработающим двигателем); автономная космическая станция
FREE-FLIER OPERATION .... свободный полет; нестабилизированный полет; пассивный полет (с неработающим двигателем)
FREE FLIGHT TEST .... испытание в свободном полете
FREE FLOATING .... движение без ускорения; плавание; плавающий; самоустанавливающийся; незакрепленный; свободный
FREE FLOW .... свободный [невозмущенный] поток
FREE FLOWING DUCT .... канал для свободного [невозмущенного] течения
FREE FLYING OPERATION .... свободный полет; нестабилизированный полет; пассивный полет (с неработающим двигателем)
FREE LENGTH .... свободная длина (элемента); длина свободного пробега (частиц); длина в свободном состоянии

FREE ON BOARD (FOB)	франко-борт, фоб (условия при перевозке груза)
FREE POWER TURBINE	свободная силовая турбина (для привода несущего винта)
FREE RING	плавающее кольцо; плавающая втулка
FREE SEATED FLIGHT	рейс без бронирования мест
FREE SHAFT	самоцентрирующаяся ось
FREE STREAM	свободный [невозмущенный] поток
FREE TICKET	бесплатный билет
FREE TO TURN	свободный разворот
FREE TRAVEL	свободное перемещение; свободное распространение (волн)
FREE TURBINE	свободная турбина (для привода воздушного винта)
FREE TURBINE ENGINE	двигатель со свободной турбиной
FREE-VORTEX VANE	безвихревая лопатка турбины
FREE WHEELING AIRSCREW	авторотирующий воздушный винт
FREE WHEEL UNIT	муфта свободного хода, МСХ (вертолета)
FREEZE (to)	замерзать; замораживать
FREEZING	замораживание; замерзание
FREEZING CONDITIONS	условия замораживания; условия замерзания
FREEZING FOG	переохлажденный туман
FREEZING LEVEL	нижняя граница обледенения (в атмосфере)
FREEZING POINT	точка замерзания
FREEZING RAIN	переохлажденный дождь
FREE ZONE	открытая [беспошлинная] зона (в аэропорту); свободная зона (для полетов)
FREIGHT	груз; стоимость перевозки
FREIGHT (to)	грузить
FREIGHT AGENCY	транспортное агентство; служба грузовых перевозок
FREIGHT AIRCRAFT	грузовое воздушное судно; транспортный самолет
FREIGHT AIRPORT	грузовой аэропорт
FREIGHT CARRIER	грузовой (авиа)перевозчик
FREIGHT CLERK	представитель транспортного агентства; грузовой экспедитор
FREIGHT DOOR	дверь грузового отсека; грузовой люк

FREIGHT ELEVATOR	грузовой подъемник, грузовой лифт
FREIGHTER (freight plane, cargo plane)	грузовое воздушное судно, транспортный самолет
FREIGHTER (AIRCRAFT)	грузовое воздушное судно, транспортный самолет
FREIGHT FORWARDER	агентство по отправке грузов; отправитель груза; грузовой экспедитор
FREIGHT HATCH	дверь грузового отсека; грузовой люк
FREIGHT HOLD	грузовой отсек
FREIGHT LINER	транспортный самолет
FREIGHT RATE	грузовой тариф
FREON EXTINGUISHER	фреоновый огнетушитель
FREON GAS	фреон
FREQUENCY	частота; частотный
FREQUENCY BAND	полоса частот
FREQUENCY CHANNEL	(радио)частотный канал
FREQUENCY CONVERTER	преобразователь частоты
FREQUENCY COUNTER	частотомер
FREQUENCY COVERAGE	охват по частотам; перекрытие диапазона частот
FREQUENCY DEVIATION	изменение частоты; колебание частоты
FREQUENCY-DIVERSITY RADAR	радиолокационная станция [РЛС] с разнесенными частотами
FREQUENCY DRIFT	уход [сдвиг] частоты
FREQUENCY GENERATOR	генератор частоты
FREQUENCY INVERTER	преобразователь частоты
FREQUENCY METER	частотомер
FREQUENCY-MODULATED NOISE	частотно-модулированный шум
FREQUENCY MODULATION (FM)	частотная модуляция, ЧМ
FREQUENCY MULTIPLIER	умножитель частоты
FREQUENCY RANGE	частотный диапазон, диапазон (радио)частот
FREQUENCY SHIFT	уход [сдвиг] частоты
FREQUENCY SHIFT METER	измеритель ухода [сдвига] частоты
FREQUENCY SPECTRUM	частотный спектр
FREQUENCY STABILITY	стабильность частоты

FREQUENCY SWING	полоса качания частоты; мгновенная вариация частоты
FREQUENCY SYNTHESIZER	синтезатор частоты
FREQUENCY TRACKING	сопровождение по частоте
FREQUENCY WEIGHTING CURVE	кривая частоты нагрузки
FRETTAGE	фреттинг-коррозия, коррозия при трении; коррозионно-механическое изнашивание
FRETTED	корродированный; изношенный
FRETTING (CORROSION)	фреттинг-коррозия, коррозия при трении; коррозионно-механическое изнашивание
FRETTING WEAR	фреттинг-износ; поверхностный износ (детали)
FRICTION	трение; сила трения; фрикционная муфта
FRICTIONAL HEATING	нагревание от трения; аэродинамический нагрев
FRICTION BEARING	подшипник скольжения
FRICTION BRAKE	фрикционный тормоз
FRICTION CLUTCH	фрикционная муфта
FRICTION DISC	фрикционный диск
FRICTION DRAG	сопротивление трения
FRICTION FACTOR	коэффициент трения
FRICTION-FREE OPERATION	перемещение без трения
FRICTIONLESS BEARING	подшипник качения
FRICTION PAD	тормозная колодка; направляющая планка
FRICTION POINT	точка трения
FRICTION RING	кольцевая фрикционная прокладка
FRICTION STOP	торможение трением; остановка с помощью тормозов
FRICTION STRIP	тормозная лента
FRICTION TEST	испытание по замеру сцепления (на поверхности ВПП)
FRICTION TORQUE	момент трения
FRICTION TYPE BEARING	подшипник скольжения
FRICTION VALUE	степень сцепления
FRICTION WASHER	кольцевая фрикционная прокладка
FRINGE	полоса; граница; край
FRINGE EFFECT	краевой эффект; окантовка
FRONT	фронт; лицевая сторона
FRONTAL	фронтальный; лобовой; миделевый (о сечении)

FRONTAL AREA	площадь миделевого сечения, мидель; лобовая площадь
FRONT BEAM FLYING	полеты по прямому лучу маяка
FRONT COURSE APPROACH	заход на посадку по прямому курсу
FRONT EXTRUSION	выдавливание лицевой панели
FRONT FACE	передняя поверхность; лицевая сторона
FRONT LAVATORY	передний туалет
FRONT PANEL	лицевая панель; передняя панель
FRONT SEAT	переднее кресло
FRONT SPAR	передний лонжерон
FRONT SPAR FRAME	шпангоут крепления переднего лонжерона
FRONT SUSPENSION	передняя подвеска
FRONT VIEW	вид спереди; фронтальная проекция
FRONT WHEEL	переднее [носовое] колесо
FRONT WIND	встречный ветер
FROST	мороз; заморозки; иней
FROSTED	покрытый инеем, заиндевевший (о стекле); матированный, матовый
FROSTED GLASS	заиндевевшее стекло; матовое стекло
FROSTING	обмерзание (стекол); покрытие инеем
FROSTY	морозный; заиндевелый, покрытый инеем
FROUD NUMBER	число Фруда
FROUD WATER BRAKE	водяной тормоз Фруда
FROZEN EXPANSION	расширение под действием замораживания
FRUITSTONE BLASTING	дробеструйная очистка
FRUSTUM OF A CONE	усеченный конус; конический слой
FRYING	спекание; обжиг
FUEL	топливо; горючее
FUEL (to)	заправлять топливом; заправлять горючим
FUEL/AIR RATIO	качество топливовоздушной смеси, состав горючей смеси, соотношение горючего и воздуха в топливовоздушной смеси
FUEL-AIR MIXTURE	топливовоздушная смесь
FUEL ATOMIZER	форсунка горючего; топливная форсунка
FUEL BACKUP PUMP	топливный насос низкого давления
FUEL BOOST(ER) PUMP	насос подкачки топлива
FUEL BURNER	топливная форсунка; форсунка горючего
FUEL BURN OFF	сгорание топлива

FUEL CAPACITY	запас топлива
FUEL CELL	топливный отсек
FUEL CHECK	проверка топлива
FUEL COCK	топливный кран
FUEL CONSUMPTION	расход топлива
FUEL CONSUMPTION RATE	уровень расхода топлива
FUEL CONTROL	регулирование расхода топлива
FUEL CONTROL SYSTEM	система регулирования расхода топлива
FUEL CONTROL UNIT (FCU)	командно-топливный агрегат
FUEL COST	стоимость топлива
FUEL COST INCREASE (rise)	повышение стоимости топлива
FUEL CROSSFEED LINE	магистраль кольцевания топливных баков
FUEL CUT-OUT	топливный кран
FUEL DEICING HEATER	подогреватель топлива
FUEL DETONATION	детонация топлива
FUEL DISCHARGE	слив топлива
FUEL DUMP	аварийный слив топлива
FUEL DUMP CHUTE	трубопровод аварийного слива топлива
FUEL DUMPING RATE	скорость аварийного слива топлива
FUEL DUMPING SYSTEM	система аварийного слива топлива
FUEL DUMP NOZZLE VALVE	форсуночный клапан аварийного слива топлива
FUEL DUMP SYSTEM	система аварийного слива топлива
FUEL DUMP VALVE	клапан ускоренного слива топлива
FUEL-EFFICIENT AIRCRAFT	самолет с оптимальным расходом топлива
FUEL-EFFICIENT ALTITUDE	высота оптимального расхода топлива
FUEL-EFFICIENT ENGINE	двигатель с оптимальным расходом топлива, экономичный двигатель
FUEL ENDURANCE	продолжительность полета по запасу топлива; время полной выработки топлива
FUELER	топливозаправщик
FUEL FARM	топливохранилище, топливный склад
FUEL FEEDLINE SHROUD	обтекатель топливопровода
FUEL FEED SYSTEM	система подачи топлива
FUEL FILTER	топливный фильтр

FUEL FIRE SHUTOFF VALVE	отсечный [перекрывной] пожарный кран топлива
FUEL FLOW	расход горючего; расход топлива
FUEL FLOW CONTROL UNIT	командно-топливный агрегат
FUEL FLOW GA(U)GE	топливный расходомер; расходомер горючего
FUEL FLOW INDICATOR	указатель мгновенного расхода топлива
FUEL FLOWMETER	топливный расходомер; расходомер горючего
FUEL FLOWMETER INDICATOR	указатель топливного расходомера; указатель расходомера горючего
FUEL FLOW RATE	секундный расход горючего; уровень расхода топлива
FUEL FLOW SYSTEM	топливная система; система подачи горючего
FUEL FLOW TRANSMITTER	датчик расхода топлива; датчик расхода горючего
FUEL FLUSH POINT	температура вспышки топлива
FUEL GA(U)GE	датчик топливомера; датчик системы подачи горючего
FUEL GA(U)GE INDICATOR	указатель топливомера; указатель системы подачи горючего
FUEL GAUGING SYSTEM	топливомер
FUEL GOVERNING	регулирование расхода топлива [горючего]
FUEL GOVERNOR	регулятор расхода топлива [горючего]
FUEL GRADE	сорт топлива; сорт горючего
FUEL GRAVITY TRANSFER TUBE	труба перелива топлива
FUEL HEATER	подогреватель топлива
FUEL HEAT VALVE	терморегулирующий клапан топливной системы
FUEL HYDRANT	(аэродромный) топливозаправочный гидрант
FUELING (fuelling)	заправка топливом
FUELING ADAPTER	переходник для заправки топливом
FUELING HYDRANT	(аэродромный) топливозаправочный гидрант
FUELING LEVEL CONTROL PILOT VALVE	поплавковый клапан регулирования подачи топлива

FUELING LEVEL CONTROL SHUTOFF VALVE .... отсечный [перекрывной] клапан системы регулирования подачи топлива
FUELING NOSE UNIT .... пистолет заправки топливом
FUELING OPERATION .... операция по заправке топливом
FUELING OVERWING PORT .... заливочное [наливное] отверстие
FUELING PORT .... заливочное [наливное] отверстие
FUELING QUANTITY INDICATOR .... указатель количества топлива
FUELING RECEPTACLE .... разъем системы заправки топливом
FUELING STATION (point) .... пункт заправки топливом
FUELING SWITCH .... тумблер отсечки топлива при заправке
FUELING SYSTEM .... система заправки топливом
FUELING TIME .... время заправки топливом
FUELING TRUCK .... топливозаправщик
FUELING VALVE .... кран заправки топливом
FUEL-INJECTED ENGINE .... двигатель с непосредственным впрыском топлива
FUEL INJECTION .... впрыск топлива; впрыск горючего
FUEL INJECTOR .... топливная форсунка
FUEL INLET .... патрубок подвода горючего
FUEL JETTISON ....слив топлива
FUELLER .... топливозаправщик
FUELLESS FLIGHT .... полет без использования топлива
FUEL LEVEL CONTROL SHUTOFF VALVE .... перекрывной [отсечный] клапан системы управления подачей топлива
FUEL LEVEL GA(U)GE .... топливомер
FUEL LINE .... топливопровод, топливная магистраль; магистраль подачи горючего
FUEL LOG .... диаграмма расхода топлива; топливный формуляр
FUEL LOW PRESSURE SWITCH .... контактный датчик падения давления топлива
FUEL MANAGEMENT COMPUTER .... вычислитель системы управления расходом топлива
FUEL MANAGEMENT SCHEDULE .... порядок выработки топлива (из топливных баков)
FUEL MANIFOLD .... топливный коллектор
FUEL METERING VALVE .... клапан дозировки топлива

FUEL MISER	регулятор подачи топлива; регулятор подачи горючего
FUEL MIXTURE INDICATOR	указатель качества топливной смеси
FUEL NOZZLE	топливная форсунка; форсунка горючего
FUEL NOZZLE FERRULE	втулка для установки форсунки (двигателя)
FUEL OFF-LOADING RATE	скорость слива топлива
FUEL-OIL	дизельное топливо
FUEL-OIL COOLER	топливомасляный радиатор
FUEL-OIL HEAT EXCHANGER	топливомасляный теплообменник
FUEL OVER DESTINATION (FOD)	место заправки топливом
FUEL-OXIDIZER MIXTURE RATIO	соотношение горючего и окислителя, стехиометрическое соотношение компонентов топлива
FUEL PRESSURE INDICATOR	указатель давления в магистрали горючего; указатель давления топлива
FUEL PRESSURE TRANSMITTER	датчик давления в магистрали горючего; датчик давления топлива
FUEL PRESSURE WARNING LIGHT	сигнальная лампочка давления топлива
FUEL PRESSURIZING AND DUMP VALVE	клапан вытеснительной системы подачи и слива топлива
FUEL PUMP	топливный насос
FUEL PUMP FILTER	фильтр насоса горючего; фильтр топливного насоса
FUEL QUANTITY GA(U)GE	датчик количества топлива, датчик топливомера
FUEL QUANTITY INDICATOR	указатель количества топлива, указатель топливомера
FUEL QUANTITY TOTALIZER	суммирующий расходомер топлива
FUEL QUANTITY TRANSMITTER	датчик топливомера
FUEL RANGE	запас топлива
FUEL REGULATING VALVE	редукционный клапан топливной магистрали
FUEL REMAINING INDICATOR	указатель остатка топлива (в баках)
FUEL RESERVE	запас топлива
FUEL SAVING	экономия топлива

FUEL SAVING ENGINE	двигатель с уменьшенным расходом топлива
FUEL SERVICING POINT	пункт заправки топливом
FUEL SERVICING TRUCK	топливозаправщик
FUEL SHUTOFF LEVER	рычаг отсечки топлива, рычаг останова двигателя
FUEL SHUTOFF VALVE	клапан отсечки топлива
FUEL SPRAYER	форсунка подачи топлива
FUEL STOP	прекращение подачи топлива, отсечка топлива
FUEL STRAINER	топливный фильтр
FUEL SUPPLY LINE	топливопровод, топливная магистраль; магистраль подачи горючего
FUEL SUPPLY SYSTEM	система подачи топлива
FUEL SYSTEM	топливная система
FUEL TANK	топливный бак
FUEL TANKER TRUCK	топливозаправщик
FUEL TANK FILLING RATE	скорость заправки топливных баков
FUEL TEMPERATURE BULB (probe)	термодатчик топливной системы
FUEL TEMPERATURE INDICATING SYSTEM	указатель температуры топлива
FUEL TENDER	топливозаправщик
FUEL-TIGHT JOINT	топливонепроницаемое соединение
FUEL-TO-AIR RATIO	состав топливовоздушной смеси, состав горючей смеси, отношение топлива к воздуху
FUEL TOTALIZER INDICATOR	указатель количества топлива, указатель топливомера
FUEL TRANSFER	перекачка топлива; откачка топлива
FUEL TRANSFER PUMP	насос перекачки топлива
FUEL TRANSFER SYSTEM	система перекачки топлива
FUEL TRIMMER	механизм балансировки топлива
FUEL TRIMMING	балансировка выработкой топлива
FUEL TRUCK	топливозаправщик
FUEL TRUCK DEFUELING PUMP	насос топливозаправщика для принудительного слива топлива
FUEL USED (indicator)	указатель израсходованного топлива
FUEL VENT	дренаж топливной системы

FUEL WEIGHT	масса топлива
FULCRUM	ось (вращения); центр (напр. шарнира); точка опоры; траверса
FULCRUM PIN	ось вращения; центр шарнира
FULCRUM SCREW	центровочный винт
FULL ACCELERATION	полная приемистость
FULL-DISTANCE TEST	испытание на максимальную дальность полета
FULL-DOWN	полностью выпущенное положение (шасси)
FULL FARE TRAVEL	путешествие по тарифу за полное обслуживание
FULL FLOW	полный расход (газа, жидкости)
FULL FORWARD THRUST	полная прямая тяга
FULL INSPECTION	полная проверка
FULL LOAD	полная загрузка; полная нагрузка
FULL-LOAD RANGE	дальность полета с максимальной загрузкой
FULL NOSE DOWN POSITION	полностью опущенное положение носка фюзеляжа
FULL NOSE UP POSITION	полностью поднятое положение носка фюзеляжа
FULL-OUT	полностью выпущенное [выдвинутое] (положение)
FULL POWER	полная мощность; максимальная тяга; полный газ
FULL REVERSE THRUST	полная реверсивная тяга
FULL ROUND ANTENNA	круговая антенна
FULL-SCALE	натурный; полномасштабный
FULL-SCALE AIRCRAFT	натурная модель летательного аппарата
FULL-SCALE FLIGHT	имитация полета в натурных условиях
FULL-SCALE MOCKUP	натурный макет
FULL-SCALE TESTS	испытания по полной программе; натурные испытания
FULL-SIZE	натурный, полноразмерный
FULL-SPAN FLAP	закрылок по всему размаху (крыла)
FULL-TANKS RANGE	дальность полета при полной заправке
FULL THROTTLE	полный газ (двигателя), максимальный взлетный режим; режим максимального дросселирования двигателя

FULL THROTTLE (at)	на максимальном газе
FULL THROTTLE FLIGHT	полет при работе двигателей на полном газе
FULL THROTTLE SPEED	скорость (полета) на максимальном газе; число оборотов (двигателя) при полете на максимальном газе
FULL THROTTLE STOP	упор максимального газа
FULL THROTTLE THRUST	тяга на режиме максимального газа
FULL-THRUST DURATION	продолжительность работы двигателя на взлетном режиме
FULL-THRUST TAKE-OFF	взлет на режиме полной тяги, взлетный режим
FULL TRAVEL	полный ход; полное перемещение
FULL-UP	полностью убранное положение
FULL-WAVE	полное колебание; полный период
FULL-WAVE DIODE	двухполупериодный диод
FULL WAVE RECTIFIER	двухполупериодный выпрямитель
FULLY AUTOMATIC	полностью автоматический
FULLY BOOKED	полностью забронированный (рейс)
FULLY CLOSED	полностью закрытый
FULLY COMPRESSED	полностью сжатый
FULLY DISCHARGED	полностью разгруженный; полностью разряженный
FULLY EQUIPPED	полностью оборудованный; полностью оснащенный
FULLY EXTENDED	полностью выдвинутый
FULLY FUELED	полностью заправленный
FULLY OPENED	полностью открытый
FULLY POSITION (in)	крайнее положение
FULLY-RETRACTABLE GEAR	полностью убирающееся шасси
FULLY SWEPT WING	убранное крыло
FULLY UP	полностью убранный
FUME	дым, газ; отходящие газы; испарения
FUMEPROOF	дымонепроницаемый
FUNCTION	функция
FUNCTIONAL CHECK	функциональная проверка; испытания на соответствие заданным техническим условиям
FUNCTIONAL DIAGRAM	функциональная диаграмма

FUNCTIONAL TESTS .... функциональные испытания; испытания на соответствие заданным техническим условиям
FUNCTION GENERATOR .... генератор функций, функциональный преобразователь
FUNCTIONING .... функционирование; срабатывание
FUNCTION SWITCH (selector) .... переключатель режимов; переключатель функций; функциональный переключатель
FUND (to) .... финансировать
FUNDAMENTAL AERODYNAMICS .... основы аэродинамики
FUNDING .... финансирование; ассигнования
FUNGICIDE PAINT .... фунгицидная краска
FUNNEL .... воронка; конус; писсуар (на борту воздушного судна)
FUNNEL CLOUD .... воронкообразное облако
FURNACE .... печь; котел; тепловой узел; термостат
FURNISH (to) .... загружать, заряжать; заполнять; поставлять, снабжать
FURNISHING .... загрузка, зарядка; поставка, снабжение
FUSE .... плавкая вставка; плавкий предохранитель; детонатор; запал, огнепроводный шнур
FUSE (to) .... плавить(ся); расплавлять(ся)
FUSE BASE PLATE .... основание плавкого предохранителя
FUSE BOLT .... взрывной [разрывной] болт, пироболт; пиропатрон
FUSE BOX .... блок плавких предохранителей
FUSE CAP .... плавкий наконечник
FUSE CORD .... запал, огнепроводный шнур
FUSE COUPLING .... плавкое соединение
FUSE CUT-OUT .... плавкий предохранитель
FUSE-DISCONNECTOR .... предохранитель-разъединитель
FUSE FLOW (to) .... плавить; растапливать
FUSE HOLDER .... держатель [патрон] плавкого предохранителя
FUSELAGE .... фюзеляж
FUSELAGE ASSEMBLY .... сборка фюзеляжа
FUSELAGE AXIS SYSTEM .... система координат фюзеляжа
FUSELAGE BRAKE LINE .... эксплуатационный [технологический] разъем фюзеляжа

FUSELAGE EQUIVALENT DIAMETER	эквивалентный диаметр фюзеляжа
FUSELAGE FAIRING	гаргот
FUSELAGE FINENESS RATIO	удлинение фюзеляжа
FUSELAGE FRAME	силовой набор фюзеляжа; шпангоут фюзеляжа
FUSELAGE LENGTH	длина фюзеляжа
FUSELAGE LONGERON	лонжерон фюзеляжа
FUSELAGE NOSE	носок фюзеляжа, носовая часть фюзеляжа
FUSELAGE REFERENCE PLANE	базовая плоскость фюзеляжа
FUSELAGE SETTING	положение фюзеляжа
FUSELAGE SKIN	обшивка фюзеляжа
FUSELAGE SPINE FAIRING	гаргот
FUSELAGE STRINGER	стрингер (силового набора) фюзеляжа
FUSELAGE TAIL SECTION	хвостовой отсек фюзеляжа
FUSELAGE TANK	бак фюзеляжа
FUSELAGE WATER LINE	строительная горизонталь фюзеляжа
FUSE PLUG	пробковый предохранитель
FUSE RIVET	плавкая заклепка
FUSE WIRE	запал, огнепроводный шнур
FUSIBILITY	плавкость
FUSIBLE INSERT	плавкая вставка
FUSIBLE PLUG	пробковый предохранитель
FUSION	слияние, синтез; (термо)ядерный синтез; плавка; плавление; сплавление; расплавление; оплавление; таяние
FUSION WELDING	сварка плавлением
FUTURE GENERATION AIRCRAFT	летательный аппарат следующего поколения
FUTURE USE	перспективное использование
FUZE	взрыватель; датчик цели; воспламенитель; запал
FUZZING-OUT	расплывание; дефокусировка, расфокусировка
FUZZY	нечеткий, нерезкий; размытый

G

GADGET .... радиолокационное оборудование
GAGE .... контрольно-измерительный прибор; датчик; манометр; калибр; эталон
GAGE (to) .... измерять; калибровать; градуировать; эталонировать
GAGE TESTING SWITCH .... блок переключателей системы контроля; галетный переключатель системы контроля
GAIN .... увеличение; усиление; прирост; приращение
GAIN (to) .... увеличивать(ся); усиливать(ся); расти
GAIN CONTROL .... регулировка усиления; регулятор усиления
GAIN FACTOR .... коэффициент усиления
GAIN MARGIN .... предел усиления (сигнала)
GAIN OF HEIGHT FLIGHT .... полет с превышением по высоте
GAIN POTENTIOMETER .... потенциометр для регулировки усиления
GAIN REDUCTION .... снижение прироста; уменьшение коэффициента усиления
GAIN-TIME CONTROL .... селективная регулировка усиления
GALACTIC .... галактический
GALACTIC ASTRONOMY .... галактическая астрономия
GALACTIC CLOUD .... галактическое облако
GALACTIC DISTANCE .... галактическое расстояние
GALE .... штормовой ветер; буря; вспышка; взрыв
GALENA .... галенит, свинцовый блеск
GALL .... истирание (поверхности); фреттинг-коррозия, коррозионное истирание
GALL (to) .... истирать (поверхность); заедать
GALLED BEARING .... истершийся подшипник
GALLEY .... (бортовая) кухня
GALLEY DOOR .... дверь (бортовой) кухни
GALLEY UNIT .... кухня-буфет
GALLING .... истирание (поверхности); заедание; фреттинг-коррозия, коррозионное истирание
GALLON .... галлон (англ. 4,546 л, амер. 3,785 л)
GALVANIC .... гальванический, электрохимический
GALVANIC CORROSION .... электрохимическая коррозия

GALVANIZATION	гальваностегия; оцинковывание, цинкование
GALVANIZE (to)	гальванизировать; оцинковывать
GALVANIZED (steel)	оцинкованная (сталь)
GALVANIZED STEEL SHEET	оцинкованный стальной лист
GALVANOMETER	гальванометр
GALVANOMETRIC INSTRUMENTS	гальванометрическое оборудование
GALVANOPLASTY	гальванопластика
GAMMA RADIOGRAPHY	гаммаграфия
GAMMA-RAYS	гамма-излучение, гамма-лучи
GANG	комплект; набор; блок; механическое соединение; сопряжение
GANG BAR	блок переключателей
GANGED	механически соединенный; сопряженный
GANGER CONTROL	групповое управление
GANGWAY	конвейер; движущаяся дорожка
GAP	зазор; просвет; промежуток; щель; интервал; разрыв; люфт
GAP ADJUSTMENT	регулирование зазора
GAP-TYPE LIMIT GA(U)GE	калибр-скоба
GARBAGE CAN	контейнер для пищевых отходов
GARBLING	искажение (информации)
GAS	газ
GAS BALLOON	аэростат; газовая оболочка
GAS-BURNER	газовая горелка
GAS CONSTANT	газовая постоянная
GAS-CORE NUCLEAR ROCKET ENGINE	газофазный ядерный ракетный двигатель, ЯРД с газофазным реактором деления
GAS CYANIDING	цианирование в газовой среде
GAS DEFLECTOR	газовый руль; газоотражатель; газоотводный канал
GAS-DISCHARGE IONIZATOR ELECTROSTATIC ENGINE	электростатический ракетный двигатель с газоразрядным ионизатором
GASDYNAMIC	газодинамика
GAS ENGINE	двигатель на газообразном топливе, газовый двигатель
GASEOUS	газообразный, газовый

GASEOUS ENVELOPE	газовая [газообразная] оболочка
GASEOUS OXYGEN	газообразный кислород
GASEOUS RELEASE	газовыделение
GASEOUS STATE	газообразное состояние
GAS EXHAUST	выпуск газа, выхлоп газов
GAS EXPELLING SYSTEM	система отвода газов; вытеснительная система (подачи топлива)
GAS FLOW	поток газа; расход газа
GAS GENERATOR	газогенератор, ГГ; турбокомпрессор
GASH	надрез; запил
GAS HOLDER	газгольдер
GASKET	прокладка
GAS LEAK	утечка газа
GAS METER	газовый счетчик, газомер
GASOIL	газойль
GASOLINE	бензин; бензиновый
GASOLINE ENGINE	бензиновый двигатель
GASOLINE INLET	патрубок подвода бензина
GASOLINE MOTOR	бензиновый двигатель
GASPER	патрубок индивидуальной системы вентиляции
GASPER FAN	индивидуальный вентилятор
GAS-PERMEABLE	газопроницаемый
GAS STARTER	газовый стартер
GAS STREAM	поток газа
GAS TEMPERATURE	температура газа
GAS TUNGSTEN ARC WELDING	газоэлектрическая сварка вольфрамовым электродом
GAS TURBINE	газовая турбина; газотурбинный
GAS TURBINE ENGINE	газотурбинный двигатель, ГТД
GAS TURBINE STARTER	газотурбинный стартер
GAS VELOCITY	скорость (течения) газа
GATE	выход на посадку (из аэровокзала); район входа (в заданную зону полета); управляющий импульс
GATED MODE	ждущий режим
GATE NUMBER	номер выхода на посадку
GATE VALVE	запорный клапан; клапан с задвижкой; заслонка; вакуумный затвор

GATEWAY	место стыковки (внутренних и международных) перевозок; район входа (в заданную зону полета); аэропорты США, обслуживающие полеты через Атлантику
GATHER (to)	собирать (информацию); накапливать (данные)
GAUGE	контрольно-измерительный прибор; датчик; манометр; калибр; эталон
GAUGE (to)	измерять; калибровать; градуировать; эталонировать
GAUGE COCK (valve)	кран для измерения уровня жидкости; пробоотборный кран; контрольный кран
GAUGE LINE	мерная лента с грузилом (для измерения уровня в резервуаре); замерная труба; гидрометрический створ
GAUGE PRESSURE	манометрическое давление
GAUGING SYSTEM	система калибровки; контрольно-измерительная система
GAUSS	гаусс, Гс
GAUSSMETER	измеритель магнитной индукции; гауссметр; магнитометр
GAUZE	сетка (для фильтрования жидкости); защитная сетка; легкая дымка
GAUZE FILTER	сетчатый фильтр
GAUZE WIRE	защитная сетка
GEAR	шасси; шестерня; зубчатое колесо; зубчатая передача; передаточный механизм; редуктор
GEAR (to)	входить в зацепление; вводить в зацепление
GEAR BOX (gearbox)	коробка передач, коробка скоростей; редуктор
GEARBOX CASING	кожух редуктора; коробка приводов агрегатов
GEARBOX SUMP	картер редуктора
GEAR CASE	коробка передач, коробка скоростей; редуктор; ниша шасси
GEAR CHANGE LEVER	рычаг управления коробкой передач
GEAR COLLAPSED	поломанное шасси
GEAR CUTTER	зуборезный станок; зуборезная фреза; зуборезная головка
GEAR CUTTING	зубонарезание; нарезание зубчатых колес

GEAR CUTTING MACHINE	зуборезный станок; зуборезная фреза; зуборезная головка
GEAR DOOR	створка шасси
GEAR DOWN	шасси выпущено
GEAR DOWN (to)	выпускать шасси
GEAR DOWN AND LOCKED	шасси выпущено и установлено на замки
GEAR DOWN LOCK	замок выпущенного положения шасси
GEARED DOWN	пониженная скорость вращения с помощью зубчатой передачи; выпущенное шасси
GEARED ENGINE	двигатель с редуктором
GEARED PUMP	шестеренчатый насос
GEARED TAB	сервокомпенсатор
GEARED UP	повышенная скорость вращения с помощью зубчатой передачи
GEAR EXTENDED	шасси выпущено
GEAR EXTENSION	выпуск шасси
GEAR FOLLOW-UP LINKAGE	проводка [рычажный механизм] управления шасси
GEAR HANDLE	рычаг управления шасси
GEAR HOBBING	нарезание червячной фрезой; зубофрезерование
GEARING	передача; зубчатое зацепление; зубчатая передача; редуктор
GEAR LEG	стойка шасси
GEARLESS	без шасси; с убранным шасси
GEAR LEVEL	рычаг управления шасси
GEAR LOCKS	замки шасси
GEAR PULLER	выталкиватель шасси
GEAR PUMP	шестеренчатый насос
GEAR RATIO	передаточное отношение; коэффициент передачи; степень редукции
GEAR RETRACTION	уборка шасси
GEAR SECTOR	зубчатый сектор
GEAR SHAFT	вал-шестерня
GEARSHIFT	переключение передачи
GEAR SNUBBER	амортизатор шасси
GEAR SPIN-UP	раскрутка колеса шасси
GEAR TAB	сервокомпенсатор
GEAR TEETH	зубья зубчатого колеса

GEAR TRAIN	зубчатая передача; сложный зубчатый механизм
GEAR TRUCK	тележка шасси
GEAR-TYPE OIL PUMP	шестеренчатый маслонасос
GEAR UNSAFE LIGHT	лампа сигнализации о невыпущенном положении шасси
GEAR UP	шасси убрано
GEAR UP LOCK	замок убранного положения шасси
GEAR WHEEL	колесо шасси
GEAR WITHDRAWER	зубчатый съемный механизм
GEAR WORK	зубчатая передача; зубчатое зацепление; редуктор
GEL (to)	застудневать; желатинизировать
GENERAL ALARM SYSTEM	система общей аварийной сигнализации
GENERAL AVIATION	авиация общего назначения
GENERAL AVIATION OPERATIONS	полеты авиации общего назначения
GENERAL CARGO RATE	основной грузовой тариф
GENERAL CONDITIONS	общие условия; основные условия
GENERAL CONDITIONS OF CARRIAGE	основные условия перевозки
GENERALLY LIMITED	ограниченный по универсальности применения
GENERAL MANAGEMENT	общее управление
GENERAL OVERHAUL	капитальный ремонт
GENERAL-PURPOSE AIRCRAFT	воздушное судно общего назначения
GENERAL-PURPOSE DOLLY	универсальная тележка
GENERAL SERVICING	текущий ремонт
GENERAL TRAFFIC	общий поток воздушных перевозок
GENERATE (to)	производить, создавать, образовывать; вырабатывать; формировать; генерировать
GENERATING SET (unit)	турбогенератор; гидроагрегат
GENERATOR	генератор; источник энергии; возбудитель
GENERATOR ARMATURE	якорь электрогенератора
GENERATOR BAR	шина генератора
GENERATOR BREAKER	реле генератора
GENERATOR BUS	шина генератора
GENERATOR CONTROL UNIT	блок управления генератором

GENERATOR COOLING	охлаждение генератора
GENERATOR DRIVE	привод генератора
GENERATOR DRIVE INTEGRAL OIL FILTER	встроенный масляный фильтр привода генератора
GENERATOR DRIVE LINE OIL FILTER	масляный фильтр в приводе генератора
GENERATOR DRIVE OIL COOLER	масляный радиатор привода генератора
GENERATOR GROUND LEAD	заземляющий провод генератора
GENERATOR IMPEDANCE	полное сопротивление [импеданс] генератора
GENERATOR STARTER	пусковое устройство генератора
GENERATRIX	генератриса, производящая функция
GEOGRAPHICAL CHART	географическая карта
GEOMAGNETISM	земной магнетизм, геомагнетизм
GEOMETRICAL PITCH	геометрический шаг
GEOMETRIC ASPECT-RATIO	геометрическое удлинение
GEOMETRIC CENTER	геометрический центр
GEOMETRIC FIGURE	геометрическая фигура
GEOMETRIC MEASUREMENTS	геометрические измерения; геометрические характеристики
GEOMETRY	геометрия; контуры
GEOPHYSICAL SATELLITE	геофизический спутник
GEOSTATIONARY ORBIT	геостационарная орбита
GEOSTATIONARY SATELLITE	геостационарный спутник
GEOSTROPHIC WIND	геострофический ветер
GEOSYNCHRONOUS ORBIT	геосинхронная орбита
GEOSYNCHRONOUS SATELLITE	геосинхронный спутник
GERMAN SILVER	нейзильбер
GET (to)	получать; извлекать; прочитать (запись из файла)
GET AWAY SPEED	скорость отрыва, взлетная скорость; стартовая скорость
GET OFF (to)	взлетать, отрываться от земли; стартовать
GET OFF THE PLANE (to)	высаживать пассажиров
GET ON BOARD (to)	производить посадку (пассажиров)
G-FORCE	ускорение силы тяжести; перегрузка
GIB	прижимная планка; стыковочная скоба; клин; чека; шпилька
GIB-HEAD KEY	клиновая шпонка с головкой
GILL	пластина, ребро (радиатора); жалюзи

GIMBAL	карданный подвес; универсальный шарнир; подвес гироскопа; рамка подвеса гироскопа
GIMBAL (to)	устанавливать в карданном подвесе
GIMBAL ASSEMBLY	карданный подвес
GIMBAL JOINT	карданный шарнир
GIMBALLED GUIDANCE UNIT	блок наведения в карданном подвесе
GIMBAL RING	рамка карданного подвеса
GIMBAL SHAFT	ось карданного подвеса
GIMLET	плотницкий бурав
GIRDER	ригель; балка; (балочная) ферма
GIRT PAD	щиток
GIVE (to)	показывать (о приборах); давать результаты; проявлять (качества, свойства); подаваться
GIVE A TEST RUN (to)	давать результаты испытаний; передавать на испытания
GIVEN POSITION	текущее положение; заданное положение
GIVEN POSITIONS OF FLIGHT	заданные условия полета
GLAND	уплотнение, уплотнитель; набивка; сальник; (гидро)шарнир
GLAND NUT	поджимная гайка набивного сальника
GLAND NUT SOCKET	муфта поджимной гайки набивного сальника
GLAND OIL	охлаждающее масло сальника
GLAND SEAL	сальниковое уплотнение, сальник
GLARE	ослепительный блеск; яркий свет; гладкая блестящая поверхность
GLARE SHIELD	козырек; шторка; противобликовый экран
GLARESHIELD PANEL	противобликовый экран
GLASS	стекло
GLASS BEAD	полоска стекла; стеклянный шарик; пузырек (воздуха) в стекле
GLASS BEAD BLASTING	обдув стекла
GLASS CLOTH	стеклоткань
GLASS DOOR	стеклянная дверь
GLASS FABRIC	стеклоткань
GLASS FIBER (glassfibre)	стекловолокно
GLASS PANE	оконное стекло
GLASS PAPER	бумага из стекловолокна; стеклянная шкурка

GLASS PLY	стеклянная нить
GLASS SPHERICAL BEADS	стеклянные шарики
GLASS TANK	ванная стекловаренная печь
GLASS WOOL	стекловата
GLAZE(D) FROST	гололед
GLAZING	глазурование; полирование; шлифование; лакирование; остекление; засаливание
GLIDE (gliding)	планирование, планирующий спуск; скольжение
GLIDE (to)	планировать; скользить
GLIDE ANGLE	угол планирования
GLIDE ANTENNA	глиссадная антенна
GLIDE CAPTURE PHASE	этап входа в глиссаду
GLIDED APPROACH	заход на посадку с планирования
GLIDE DESCENT	скользящий спуск; скольжение по глиссаде
GLIDE DOWN (to)	спускаться в планирующем режиме
GLIDE-IN APPROACH	заход на посадку с планирования
GLIDE-PATH (GP)	траектория планирования; глиссада
GLIDE-PATH AERIAL	глиссадная антенна
GLIDE-PATH CAPTURE	выход на глиссаду
GLIDE-PATH INDICATOR	указатель глиссады
GLIDE-PATH LOCALIZER	курсовой радиомаяк для вывода на глиссаду
GLIDE-PATH RECEIVER	глиссадный приемник
GLIDE-PATH TRACKING	выдерживание глиссады
GLIDE-PATH TRANSMITTER	глиссадный передатчик
GLIDER	планер
GLIDE RATIO	качество планирования, относительная дальность планирования
GLIDER PILOT	пилот-планерист
GLIDESLOPE ANNUNCIATOR	табло глиссадного канала
GLIDESLOPE-AUTOMATIC	автоматический выход на глиссаду
GLIDESLOPE BEAM	глиссадный луч, луч глиссадного радиомаяка
GLIDESLOPE CAPTURE	захват глиссадного луча, вход в глиссаду
GLIDESLOPE ERROR SIGNAL	сигнал отклонения от глиссады
GLIDESLOPE FLAG	сигнальный флажок глиссадного канала
GLIDESLOPE, G/S	глиссада; наклон глиссады

GLIDESLOPE GUIDANCE	наведение по глиссаде
GLIDESLOPE PRESENTATION	индикация глиссады
GLIDESLOPE RECEIVER	глиссадный приемник
GLIDESLOPE TRACKING	отслеживание глиссады, автоматический полет по глиссадному лучу
GLIDESLOPE TRANSMITTER	глиссадный передатчик
GLIDING	планирование, планирующий спуск; скольжение
GLIDING ANGLE	угол скольжения
GLIDING DESCENT	планирующий спуск
GLIDING FLIGHT	планирующий полет
GLIDING PERFORMANCE	характеристика планирования
GLIDING RATIO	качество планирования, относительная дальность планирования
GLIDING SPEED	скорость планирования
GLITCH	пичок; выброс; шумовой всплеск; неточность (в задании на составление программы)
G-LOAD FACTOR	коэффициент перегрузки
GLOBE VALVE	шаровой клапан
GLOOMY	сумрачная погода, сумрак
GLOSS (to)	глянцевать
GLOSS ENAMEL	глянцевая эмаль
GLOSSING	лощение (ткани); наведение глянца
GLOSSY	глянцевый; лощеный
GLOSSY FINISH	отделка до блеска
GLOVE	наплыв; перчатка
GLOVES	перчатки
GLOWING	прокалка; накаливание; свечение
GLOW PLUG	свеча подогрева
GLOW TUBE	впускной патрубок (со спиралью пускового подогрева воздуха)
GLUE	клей
GLUE (to)	клеить; наносить клей; приклеивать; наклеивать; склеивать(ся)
GLUING	нанесение клея; склеивание; приклеивание; наклеивание
G-METER	указатель перегрузки; акселерометр
GNOMONIC PROJECTION	геодезическая проекция; ортодромическая проекция
GO ABOARD (to)	подниматься на борт (воздушного судна)
GO AHEAD	разрешение

GOAL FLIGHT	полет к месту назначения; полет к цели
GO-AROUND (GA)	уход на второй круг
GO-AROUND FLIGHT MANOEUVRE	уход на второй круг
GO-AROUND OPERATIONS	действия (экипажа) при уходе на второй круг
GO CONDITION	рабочее состояние
GO GA(U)GE	проходной калибр
GOGGLES	очки
GOLD	золото
GOLDBEATER'S SKIN	обшивка воздушного шара
GOLD PLATING	электроосаждение золота, золотоосаждение
GONDOLA	гондола
GONIOMETER	гониометр
GO-NO-GO GA(U)GE	предельный калибр
GOOD CONDITION	рабочее состояние
GOODS	товары; изделия; груз; материалы
GOODS TO DECLARE	товары, подлежащие предъявлению (таможенной службе)
GOOSE NECK	трубный компенсатор; закругление лестничных перил (на конце); S-образное колено (трубопровода)
GORGE	канавка (шкива); выемка поверхности вершин зубьев колеса
GO-SHOW	авиапассажир без предварительного бронирования места
GOUGE	канавка; выемка
GOVERN (to)	регулировать; управлять
GOVERNED SPEED	регулируемая скорость
GOVERNOR (ASSEMBLY)	регулятор
GRABBING	захватывание; заклинивание
GRADE	сорт; тип; качество
GRADE OF SERVICE	категория обслуживания
GRADE OF THE PILOT LICENCE	класс пилотского удостоверения
GRADIENT	градиент; тангенс угла набора высоты; уклон
GRADIENT INDICATOR (meter)	уклономер
GRADIENT OF CLIMB	градиент набора высоты
GRADING	градуирование, градуировка; профилирование; выравнивание

GRADING OF RUNWAY ...нивелирование взлетно-посадочной полосы, нивелирование ВПП
GRADUAL .... постепенный; последовательный
GRADUALLY .... постепенно; последовательно
GRADUATE (to) .... градуировать; калибровать
GRADUATED DIAL .... шкала с делениями, градуированная шкала
GRADUATED DIPSTICK .... градуированный щуп для измерения уровня (масла)
GRADUATED ENGINEER .... дипломированный инженер
GRADUATED PIPETTE .... градуированная пипетка
GRAIN .... зерно; кристалл; гранула; крупинка
GRAIN FLOW .... направление волокон материала
GRAIN STRUCTURE .... грануляция; зернение; дробление; гранулометрический состав
GRAIN TEXTURE .... гранулометрический состав
GRANULARITY .... гранулярность; зернистость; неоднородность; неравномерность
GRANULATE (to) .... гранулировать; дробить; зернить
GRANULATED .... гранулированный; зернистый
GRAPH .... график; диаграмма; номограмма; кривая
GRAPHICAL NAVIGATION (G-Nav) .... графическая навигационная система
GRAPHITE .... графит
GRAPHITED OIL .... графитированное масло
GRAPHITE-EPOXY .... графитоэпоксидный
GRAPHITE GREASE .... графитовая консистентная смазка
GRAPH PAPER .... диаграммная бумага; миллиметровая бумага, миллиметровка
GRASP (to) .... захватывать; зажимать
GRASS .... шумовая дорожка (на экране индикатора)
GRASS AERODROME .... аэродром с травяным покрытием
GRASS STRIP .... взлетно-посадочная полоса с травяным покрытием, дерновая ВПП
GRATICULE .... сетка; окулярная сетка; координатная сетка; картографическая сетка
GRAVEL .... гравий; галька; крупный песок
GRAVEL RUNWAY .... гравийная взлетно-посадочная полоса, гравийная ВПП
GRAVIMETRIC ANALYSIS .... гравиметрический анализ

GRAVITATION	гравитация, тяготение, гравитационное взаимодействие
GRAVITATIONAL ACCELERATION (g)	гравитационное ускорение, ускорение силы тяжести
GRAVITATIONAL CONCENTRATION	гравитационное обогащение; гравитационная концентрация
GRAVITATIONAL FIELD	гравитационное поле, поле тяготения
GRAVITATIONAL FORCE	гравитационная сила, сила тяготения
GRAVITY	сила тяжести; притяжение; гравитация
GRAVITY ACCELERATION	гравитационное ускорение, ускорение силы тяжести
GRAVITY FEED	подача самотеком, гравитационная подача
GRAVITY FIELD	гравитационное поле, поле тяготения
GRAVITY FILLING (refueling)	заправка самотеком, заливка
GRAVITY FLOW	гравитационное течение, самотек; подача (топлива) самотеком
GRAVITY TANK	напорный бак
GRAZE	задевание; касание; потертость; клевок
GRAZING INCIDENCE	угол наклона настильной траектории
GREASE	смазочный материал; консистентная смазка, густая смазка
GREASE FITTING	пресс-масленка; тавотница
GREASE GUN	шприц для пластичной смазки
GREASE HOLE	отверстие для ввода консистентной смазки
GREASE NIPPLE	штуцер нагнетателя для пластичной смазки
GREASE PACKING GLAND	масленка; сальник, сальниковое уплотнение
GREASE PROOF PAPER (greaseproof paper)	жиронепроницаемая [жиростойкая] бумага
GREASE RESISTANT PAPER (grease-resisting paper)	жиронепроницаемая [жиростойкая] бумага
GREASING	смазывание консистентной смазкой
GREASY	сальный, засаленный, жирный; скользкий; смазанный
GREASY MATTER	состав консистентной смазки
GREAT-CIRCLE BEARING	ортодромический пеленг
GREAT CIRCLE ROUTE (track)	ортодромическая линия пути, ортодромия
GREEN	зелень, зеленая краска; зеленый; невулканизированный

GREEN LIGHT	зеленый бортовой аэронавигационный огонь
GREENWICH	Гринвич, гринвичский меридиан
GREENWICH APPARENT TIME	истинное время по Гринвичу
GREENWICH MEAN TIME (GMT)	среднее гринвичское время, среднее время по Гринвичу
GREENWICH SIDERAL TIME	звездное время по гринвичскому меридиану
GREY	серая краска; серый
GRID	(координатная) сетка; шкала (на графике)
GRID (to)	наносить [строить] координатную сетку
GRID BACKLASH POTENTIAL	обратное сеточное напряжение
GRID BEARING	пеленг по координатной сетке
GRID BIAS	напряжение смещения на сетке, сеточное напряжение
GRID CURRENT	сеточный ток
GRID-ELECTRODE ION ROCKET ENGINE	ионный ракетный двигатель с сеточными электродами
GRID FLIGHT	полет по условным меридианам
GRID MAP	карта с навигационной сеткой
GRID MESH	координатная сетка
GRID NAVIGATION	навигация по карте с прямоугольной координатной сеткой
GRID-POINT DATA	данные в узлах координатной сетки
GRID REFERENCE	узлы координатной сетки
GRID SIZE	шаг (координатной) сетки
GRID TRACK	линия пути относительно координатной сетки
GRID VARIATION	условное магнитное склонение
GRILLE	решетка
GRIND	измельчение, размалывание; растирание (в порошок); мелкое дробление
GRIND (to)	измельчать, размалывать, молоть; растирать; мелко дробить
GRINDER	шлифовальный станок; шлифовальный круг; точильный камень; заточный станок; дробилка; атмосферные помехи; потрескивание (от атмосферных помех)
GRIND FLUSH (to)	сглаживать; выравнивать
GRINDING	измельчение, размол, размалывание; растирание; мелкое дробление; диспергирование; шлифование

GRINDING COMPOUND	паста для шлифования
GRINDING MACHINE	шлифовальный станок; заточный станок
GRINDING PASTE	паста для шлифования
GRINDING WHEEL	шлифовальный круг
GRINDSTONE	шлифовальный круг; точильный камень
GRIP	рукоятка; ручка; зажимной патрон; зажим; захват, захватное устройство; цанга; разрезной зажимной патрон
GRIP (to)	захватывать; зажимать; схватывать
GRIP HANDLE	рукоятка; ручка
GRIP LENGTH	длина стержня (заклепки); защемленная длина
GRIPPER CUTTER PLIER	кусачки; острогубцы
GRIPPING PLIER	обжимные щипцы
GRIP SPANNER (grip wrench)	разводной гаечный ключ
GRIT	абразив; абразивный материал; металлические опилки; мелкая стружка; зерно; зернистость
GRIT BLAST (to)	производить пескоструйную обработку
GRIT SIZE	зернистость
GRIVATION	условное магнитное склонение
GROMMET	уплотняющее кольцо; резиновая втулка; прокладка, прокладочное кольцо; уплотняющее кольцо; изоляционная втулка
GROMMET FOLLOWER	фланец изоляционной втулки; уплотняющее кольцо
GROOVE	канавка; бороздка; выемка; паз; проточка
GROOVE (to)	нарезать [протачивать] канавки; делать выемки; нарезать [прорезать] пазы
GROOVED BEARING	подшипник с канавками для смазки
GROOVED PIN	стержень с нарезной канавкой; шлицевой штифт
GROOVED SHAFT	шлицевой вал
GROOVING TOOL	канавочный резец
GROSS LOAD	максимальная нагрузка; максимальная масса
GROSS TAKE-OFF WEIGHT (GTOW)	взлетная масса; стартовая масса
GROSS TARE WEIGHT	масса снаряженного летательного аппарата
GROSS THRUST	полная тяга; тяга на валу воздушного винта

GROSS WEIGHT (all-up weight) .... общая масса; взлетная масса; стартовая масса
GROSS WING AREA .... полная площадь крыла
GROUND .... земля; грунт; земная поверхность; площадка, участок; полигон; заземление; земной; наземный
GROUND (to) .... запрещать полеты; отстранять от полетов; заземлять
GROUND AIDS .... наземные средства
GROUND-AIR .... земля - воздух
GROUND AIR CONDITIONING ACCESS DOOR .... лючок для доступа к разъему наземной системы кондиционирования
GROUND AIR SOURCE .... аэродромная пневмосистема; аэродромный пневмоагрегат
GROUND ATTACK .... атака наземной цели; удар по наземной цели
GROUND ATTACK AIRCRAFT .... ударный самолет, штурмовик
GROUNDBORNE .... находящийся на земле (о воздушном судне)
GROUND BRAKING .... торможение на пробеге
GROUND CART CONNECTION .... розетка аэродромной тележки (с источником питания)
GROUND CONDITIONS .... наземные условия
GROUND CONTACT POINT .... точка установления связи с диспетчерской службой
GROUND CONTROL(LED) APPROACH .... (радиолокационная) система захода на посадку по командам с земли
GROUND CREW .... бригада наземного обслуживания
GROUND DOOR OPEN LOCK .... стопор открытого положения двери на стоянке
GROUNDED .... заземленный
GROUND EFFECT .... влияние земли
GROUND EFFECT TAKE-OFF .... взлет с использованием влияния земли
GROUND EFFECT VEHICLE (hovercraft) .... аппарат с динамическим принципом поддержания; корабль на воздушной подушке, КВП

GROUND ELECTRICAL POWER .... аэродромная установка энергоснабжения
GROUND ELECTRODE .... заземляющий электрод
GROUND ELEVATION .... профиль местности; высота над поверхностью земли
GROUND ENGINEER .... инженер по техническому обслуживанию
GROUND EQUIPMENT .... наземное оборудование
GROUND FACILITIES .... наземные установки
GROUND FINE PITCH .... наземный малый шаг (воздушного винта)
GROUND FINE PITCH STOP .... упор наземного малого шага (воздушного винта)
GROUND FLOODLIGHT .... наземное прожекторное освещение; наземный прожектор заливающего света
GROUND FOLLOWING (followance) .... наземное сопровождение (полета)
GROUND-GROUND .... земля - земля
GROUND GUIDANCE SYSTEM .... наземная система наведения
GROUND HANDLING (OPERATIONS) .... наземное обслуживание рейсов; наземная обработка грузов
GROUND HIGH PRESSURE AIR SOURCE .... аэродромный компрессор высокого давления
GROUND HIGH PRESSURE AIR SUPPLY UNIT .... аэродромный компрессор высокого давления
GROUND HOSTESS .... дежурная по аэровокзалу; дежурная по посадке
GROUND IDLE .... режим земного малого газа
GROUND IDLE RPM .... число оборотов в минуту на режиме земного малого газа
GROUND IDLE STOP .... упор земного малого газа
GROUND IDLING .... режим земного малого газа; наземный холостой ход
GROUNDING .... заземление (воздушного судна)
GROUNDING LEAD .... заземляющий провод, заземлитель
GROUNDING PIGTAIL .... гибкий заземляющий провод
GROUNDING STRIP .... заземляющая перемычка
GROUNDING TERMINAL .... зажим заземления
GROUNDING TIME .... время заземления (воздушного судна)

GROUND INTERCONNECT VALVE	соединительный клапан аэродромной установки
GROUND LEAD	заземляющий провод, заземлитель
GROUND LEVEL	уровень земли
GROUND LIGHT	наземный огонь
GROUND LIGHTING	наземная система освещения
GROUND LINE	наземный трубопровод; наземный кабель
GROUND LOAD	нагрузка при стоянке на земле; воздействие земли (при полете на малой высоте)
GROUND LOCK	стопор (рулей)
GROUND LOCKING PIN	штырь фиксации (шасси) на земле (от случайной уборки)
GROUND LOOP	резкий разворот на земле
GROUND LOW PRESSURE AIR SUPPLY UNIT	аэродромный компрессор низкого давления
GROUND MAINTENANCE	наземное техническое обслуживание
GROUND MANOEUVRABILITY (maneuver)	развороты на земле
GROUND MAPPING	наземная съемка; картография
GROUND MARK	наземный ориентир
GROUND MARKING	наземная маркировка
GROUND MODE	наземный режим
GROUND MONITORING EQUIPMENT	наземное контрольно-проверочное оборудование
GROUND MOVEMENTS	наземное движение (на аэродроме)
GROUND OPERATING TIME	наработка (двигателя) на земле
GROUND OPERATIONS	наземная эксплуатация; руление по аэродрому
GROUND PERSONNEL (staff)	наземный персонал
GROUND PNEUMATIC CART	аэродромная тележка с пусковым агрегатом
GROUND PNEUMATIC START UNIT	аэродромная установка для запуска (двигателей) сжатым воздухом
GROUND POSITION INDICATOR	навигационный индикатор, автоштурман; указатель местоположения (воздушного судна)
GROUND POWER	аэродромное питание, аэродромное энергоснабжение

GROUND POWER RECEPTACLE	розетка аэродромного питания
GROUND POWER SUPPLY	аэродромное питание, аэродромное энергоснабжение
GROUND POWER UNIT (GPU)	аэродромный пусковой агрегат, АПА
GROUND PROXIMITY WARNING SYSTEM (GPWS)	система предупреждения опасного сближения с землей
GROUND RADAR	наземная радиолокационная станция, наземная РЛС
GROUND RADIO OPERATOR	наземный радиодиспетчер
GROUND-REFERENCED NAVIGATION SYSTEM	система навигации по наземным ориентирам
GROUND REFLECTED WAVE	(радио)волна, отраженная от земной поверхности
GROUND RETURN	отражения от земной поверхности
GROUND ROLL (run)	пробег по земле; разбег по земле; руление
GROUND RUN(NING)	пробег по земле; разбег по земле; наземная гонка (двигателя); режим работы на месте (воздушного винта)
GROUND RUNNING OPERATION	режим работы на месте (воздушного винта); наземная гонка (двигателя)
GROUND SERVICE	наземная служба
GROUND SERVICE CONDITIONED AIR CHECK VALVE	обратный клапан аэродромной системы кондиционирования
GROUND SERVICE ELECTRICAL POWER UNIT	аэродромная установка энергоснабжения
GROUND SERVICE UNIT	аэродромная установка
GROUND SERVICING	наземное обслуживание
GROUND SHIFT SYSTEM	система блокировки при обжатии опор (шасси)
GROUND SHUTDOWN	останов двигателя на земле
GROUND SIGNALMAN	сигнальщик на аэродроме
GROUND SPEED (G/S)	путевая скорость
GROUND SPEED INDICATOR	указатель путевой скорости

GROUND SPOILERS	наземные интерцепторы (используемые на пробеге)
GROUND STAFF	наземный персонал
GROUND START(ING)	наземный запуск (двигателя)
GROUND STARTING UNIT	наземная установка для запуска (двигателя)
GROUND START SELECTOR SWITCH	селекторный переключатель системы наземного запуска (двигателя)
GROUND STATION	наземная станция
GROUND SUPPORT AIRCRAFT	самолет поддержки сухопутных войск, штурмовик
GROUND SUPPORT EQUIPMENT (GSE)	наземное вспомогательное оборудование
GROUND TAXI FROM LANDING OPERATION	руление после посадки
GROUND TAXI OPERATION	руление по аэродрому
GROUND TERMINAL	наземная станция (спутниковой связи); зажим заземления
GROUND TEST	наземное испытание
GROUND TEST EQUIPMENT	оборудование для наземных испытаний
GROUND THE AIRPLANE (to)	заземлять воздушное судно; запрещать полеты воздушных судов
GROUND THREAD	беговая дорожка (пневматика)
GROUND TIME	время простоя на земле
GROUND TRACKING	наземное сопровождение (полета)
GROUND TRAFFIC	движение по аэродрому
GROUND TRANSFER SERVICE	наземная служба по доставке (грузов к воздушным судам)
GROUND TRANSPORTATION	наземные перевозки; перевозка по аэродрому
GROUND TURNAROUND TIME	время межполетной подготовки; время полного обслуживания и загрузки (воздушного судна)
GROUND VIBRATION TEST	наземное вибрационное испытание
GROUND VISIBILITY	видимость у земли; видимость на земле
GROUND WAVE	земная радиоволна
GROUND WEATHER REPORT	сводка погоды на земле

GROUND WIND INDICATOR	наземный указатель направления ветра
GROUND WIRE	заземляющий провод, заземлитель
GROUPING	группировка; группирование; монтаж; сборка
GROUP TRAVEL	групповая поездка
GROWLER	прибор для проверки обмотки стартера и генератора
GROWTH	увеличение; рост; прирост; наращивание
GROWTH OF TRAFFIC	рост объема перевозок
GROWTH PERIOD	период роста
GROWTH RATE	темп роста
GROWTH VERSION	увеличенный вариант, вариант увеличенной вместимости
GRUB-SCREW (setscrew)	установочный винт с плоским концом и шлицем под отвертку; установочный винт с плоским концом и шестигранным углублением под ключ
G-SENSITIVE DRIFT	уход за счет перегрузки; нарушение равновесия
G-SUIT	противоперегрузочный костюм
GUARANTEE	гарантия
GUARANTEED	гарантированный
GUARANTEE PERIOD	гарантийный период, гарантийный срок
GUARD	защита; предохранение
GUARD (to)	защищать; предохранять
GUARDED SWITCH	переключатель с предохранителем
GUARDING	нахождение в дежурном режиме в эфире; защита информации
GUDGEON	цапфа; шейка
GUDGEON PIN	поршневой палец
GUIDANCE	наведение; управление (полетом)
GUIDANCE ANTENNA	антенна системы наведения
GUIDANCE SYSTEM	система наведения; система управления (полетом)
GUIDE	направляющее устройство; направляющая; световод; руководство
GUIDE (to)	направлять; руководить
GUIDE ARM	кронштейн с направляющей; направляющая
GUIDE BEAM SYSTEM	система наведения по лучу

GUIDE BUSH	направляющая втулка
GUIDED FLIGHT	управляемый полет
GUIDELINE	линия руления
GUIDE NUT	направляющая гайка
GUIDE PEG	направляющий штифт
GUIDE PIN	направляющий штифт; направляющий палец; направляющий элемент
GUIDE RAIL (track)	направляющая
GUIDE VANE (GV)	направляющая лопатка
GUIDE VANES CASING	блок с направляющими лопатками
GUIDING	наведение
GUILLOTINE SHEARING MACHINE	листорезный станок; механические ножницы
GULL WING	крыло типа "чайка"
GULLY	водосток; ливневый спуск
GUM	смола; растительный клей; декстриновый клей, декстрин
GUM-LAC	природная смола; лак из природной смолы
GUMMY	клейкий; липкий; смолистый
GUN	шприц, нагнетатель; форсунка; металлизатор, металлизационный пистолет; сварочный пистолет; пушка; трубчатая пусковая направляющая
GUNFIRING TEST	огневое испытание пушки
GUNNER	(воздушный) стрелок
GUNNERY EXERCISES	огневые испытания
GUN POD	контейнер с пушкой, пушечный контейнер
GUN-RIVET	клепальный молоток; клепальный автомат
GUNSIGHT (gun-sight)	стрелковый прицел; пушечный прицел
GUNSIGHT HEAD	прицельная головка, головка прицела
GUSSET (PLATE)	косынка из листового металла; накладной лист
GUST	порыв ветра; шквал; ливень
GUST DAMPER	гаситель атмосферных возмущений
GUSTINESS	неустойчивость, порывистость (воздушной массы)
GUSTING	порывы ветра
GUST INTENSITY	интенсивность порывов ветра
GUST LOAD	энергия порыва воздушной массы; нагрузка от порыва ветра

GUST LOAD LIMIT	предел нагрузки от порыва ветра
GUST LOCK	механизм стопорения (рулей)
GUST LOCK PIN	штырь стопора рулей (от ветра)
GUST LOCK SWITCH	выключатель замка стопорения рулей (от ветра)
GUST OF WIND	порыв ветра
GUST PEAK SPEED	максимальная скорость порыва ветра
GUST TUNNEL	аэродинамическая труба, АДТ
GUSTY WIND	порывистый ветер
GUTTER	водосточный желоб; ливнесток; желоб; выемка; паз; водоотвод
GUY	растяжка, расчалка
GUY WIRE	тросовая ванта
GYRATE (to)	вращать
GYRATION	вращение; радиус вращения
GYRO	гироскоп; гирокомпас; гиродатчик; авиагоризонт
GYRO AMPLIFIER	усилитель гироскопа
GYRO ATTITUDE INDICATOR	указатель гирокомпаса
GYRO CAGING	арретирование гироскопа
GYRO-COMPASS (gyrocompass)	гирокомпас
GYRO DRIFT RATE	скорость ухода гироскопа
GYRO ERECTION TIME	время восстановления гироскопа
GYRO FREEDOM ANGLES	угловые перемещения свободного гироскопа
GYRO FREQUENCY	гиромагнитная частота
GYRO GIMBAL	рамка гироскопа
GYRO-HORIZON	авиагоризонт
GYRO HOUSING	корпус гироскопа
GYRO INSTRUMENT	гироскопический прибор
GYRO MAGNETIC COMPASS	гиромагнитный компас
GYRO-MAGNETIC COMPASS SYSTEM	гиромагнитная курсовая система
GYROMETER	гирометр
GYRO MOTOR	гиромотор, мотор гироскопа
GYRO PILOT SYSTEM (automatic pilot)	автопилот
GYROPLANE	автожир
GYRO-PLATFORM	гироплатформа
GYRO PRECESSION	гироскопическая прецессия, прецессия гироскопа

GYRORATE SENSOR	гироскопический датчик, гиродатчик
GYROSCOPE	гироскоп; гирокомпас; гиродатчик; авиагоризонт
GYROSCOPIC COLLIMATOR	гироскопический коллиматор
GYROSCOPIC COMPASS	гирокомпас
GYROSCOPIC DIRECTION INDICATOR	указатель гирокомпаса
GYROSCOPIC EFFECT	гироскопический эффект
GYROSCOPIC HORIZON	авиагоризонт
GYROSCOPIC INSTRUMENTS	гироскопические приборы
GYROSCOPIC LOAD	гироскопическая нагрузка
GYROSCOPIC PRECESSION	гироскопическая прецессия, прецессия гироскопа
GYROSCOPICS	гироскопический
GYROSCOPIC STABILIZER	гироскопический стабилизатор
GYROSCOPIC TORQUE	гироскопический момент
GYRO-SIGNAL	сигнал гиродатчика
GYRO-STABILIZED	гиростабилизированный
GYRO-STABILIZED GUNSIGHT (sight)	гиростабилизированный прицел
GYRO-STABILIZED PLATFORM	гиростабилизированная платформа
GYROSTABILIZED SIGHT	гиростабилизированный прицел
GYROSTABILIZER	гиростабилизатор
GYROSYN COMPASS	дистанционный гиромагнитный компас
GYRO SYSTEM	гироскопическая система, гиросистема
GYRO TORQUER	механизм коррекции гироскопа
GYRO TORQUING	приложение момента к рамкам гироузла
GYRO UNIT	гироагрегат, гироблок (курсовой системы)
GYROUNIT	гироагрегат
GYRO WHEEL	ротор гироскопа

H

HACHURE (to) .... штриховать
HACK .... надрез; зазубрина; зарубка; насечка
HACK-SAW (hacksaw) .... ножовочный станок; ножовочная пила; ножовка; ножовочное полотно
HACK-SAW FRAME .... пильная рама ножовочного станка
HAFT .... ручка; рукоятка
HAFT (to) .... приделывать рукоятку, приделывать ручку
HAIL .... град
HAIL (to) .... сыпаться градом; осыпать градом
HAIL GUARD .... противоградовая защита
HAILSTONE .... градина
HAILSTORM .... гроза с градом; ливень с градом
HAIR .... волосок, нить
HAIRLINE CRACK .... волосяная трещина, волосовина
HAIR SPRING (hairspring) .... тонкая пружина
HALF .... половина; полу-
HALF-BALL VALVE .... полушаровой клапан
HALF-BEARING .... полуподшипник; разъемный подшипник с сегментным вкладышем
HALF CASE .... половина (разъемного) картера
HALF-CLAMP .... хомут; скоба; губка тисков
HALF COURSE SECTOR .... полусектор курса (полета)
HALF-CYCLE (half-period) .... полупериод
HALF-DOOR .... створка (ниши шасси)
HALF FARE .... половинный тариф
HALF FLANGE .... полуфланец
HALF FLICK ROLL .... штопорная полубочка, быстрый одинарный переворот через крыло
HALF-MOON WRENCH .... изогнутый гаечный ключ
HALF-ROLL .... полубочка, одинарный переворот; выполнять полубочку
HALF SHELL .... полусфера
HALF TURN .... полуоборот; половина витка
HALF-WAVE .... полуволна; полупериод
HALF-WAVE RECTIFIER .... однополупериодный выпрямитель
HALF-WAY .... половина маршрута (полета); половина пути
HALL .... зал

HALL EFFECT KEY	переключатель на эффекте Холла
HALOGEN ATMOSPHERE	галогенная атмосфера
HALOGEN LEAK DETECTOR	индикатор утечки галогенов
HALVE (to)	делить пополам; уменьшать наполовину
HALYARD	фал
HAMMER	молот; кувалда; молоток
HAMMERED	наклепанный, нагартованный; упрочненный деформацией
HAMMER-HARDEN (to)	наклепывать, нагартовывать; упрочнять деформацией
HAND	(механическая) рука; захватное устройство
HAND-ACTUATED	с ручным приводом
HAND BAGGAGE	ручная кладь
HANDBOOK	справочник
HAND BRAKE LEVER	ручной тормоз
HAND CLEANING	ручная очистка
HAND CONTROL	ручное управление, штурвальное управление
HANDCRANK	заводная рукоятка, пусковая рукоятка
HAND DRILL	ручная дрель
HAND-FLOWN	пилотируемый вручную; с ручным управлением
HANDGRIP	рукоятка ручки управления
HAND-HELD DEVICE	ручной привод
HANDINESS	управляемость
HAND LAMP	переносная лампа
HANDLE	ручка управления; рукоятка
HANDLE (to)	управлять, пилотировать; оформлять; обрабатывать; обслуживать
HAND LEVER	ручной нивелир
HANDLING	управление, пилотирование; оформление; обработка; обслуживание
HANDLING CHARACTERISTICS	пилотажные характеристики
HANDLING COUNTER	стойка оформления багажа
HANDLING DAMAGE	повреждение при транспортировке
HANDLING MARK	вмятина; забоина
HANDLING OF THE AIRCRAFT	управляемость летательного аппарата
HANDLING PROCEDURE	порядок обработки груза
HANDLING QUALITIES	пилотажные характеристики

HANDLING TROLLEY	транспортировочная тележка; погрузочно-разгрузочное средство
HAND LOCK	вытяжное кольцо; ручной фиксатор
HAND MICROPHONE	ручной микрофон
HAND MIKE	ручной микрофон
HAND-OFF	передача управления (воздушным судном); с брошенным управлением
HANDOFF	без участия летчика, с брошенным управлением
HAND-OPERATED	с ручным управлением
HAND-OPERATED BRAKE	ручной тормоз
HAND OVER (to)	переключать; переходить; затягивать (сигнал)
HAND POLISHING	ручное полирование
HAND PUMP	ручной насос
HAND RAIL	поручень; перила
HANDRAIL	ограждение; поручень; перила
HAND REAMER	ручная развертка
HAND SANDING	ручная зачистка (шкуркой)
HANDSET (hand-set)	микротелефонная трубка
HAND SWITCH	ручной переключатель, тумблер
HAND TAP	ручной метчик
HAND TIGHTENING	ручная затяжка
HAND WASHING	ручная промывка
HAND WHEEL	штурвал; штурвальчик; маховик
HANDWHEEL	штурвал, колесо управления; штурвальчик
HANDWORK	ручная работа
HANDY AIRCRAFT	легкоуправляемый летательный аппарат
HANG (to)	подвешивать; удерживать(ся)
HANGAR	ангар
HANGAR APRON	приангарная площадка
HANGAR FEES	сбор за хранение в ангаре
HANGER	крюк; серьга; подвес; подвеска; хомут; подвесной кронштейн
HANG-GLIDER	дельтаплан
HANG-GLIDING	полет на дельтаплане; свободный полет
HAPPEN (to)	случаться; происходить
HARBOUR	порт
HARD ANODIZING	твердое анодирование
HARD BRAKING	сильное торможение; резкое торможение

HARD CHROME PLATING	твердое хромирование
HARD COPY	технологическая карта; документ с технологическими данными; распечатка; машинописная копия
HARD-CORE AREA	зона высокой интенсивности (воздушного движения)
HARDEN (to)	закаливать(ся); упрочнять(ся); твердеть
HARDENED	закаленный; упрочненный; отвержденный
HARDENER	упрочнитель; отвердитель, отверждающий агент; легирующая добавка
HARDENING	закалка; повышение твердости; упрочнение; твердение; отверждение
HARD LANDING	грубая посадка; жесткая посадка
HARDNESS	прочность; твердость; жесткость; стойкость
HARDNESS CHECK	проверка прочности; контроль твердости
HARDNESS NUMBER	число твердости, твердость
HARDNESS TEST(ING)	испытание на твердость
HARDNESS TESTER	прибор для определения твердости
HARDOVER	заброс (регулируемого параметра); резкий отказ
HARD POINT	подкрепление корпуса (летательного аппарата)
HARD SOLDER	твердый припой
HARD SPOT	твердое место, твердое включение (в отливке)
HARDSTAND	место стоянки с твердым покрытием
HARD TEMPER	лист из малоуглеродистой стали максимальной твердости
HARD TIME MAINTENANCE	плановое техническое обслуживание
HARDWARE	аппаратные средства; технические средства
HARD-WIRED	жестко смонтированный; реализованный аппаратно (об алгоритме)
HARDWOOD	твердая древесина
HARDWOOD SCRAPER	скребок из твердой древесины
H-ARMATURE	якорь электромагнита
HARMFUL	опасный; вредный, пагубный
HARMONIC	гармоника; гармонический
HARMONIC DISTORTION	нелинейные искажения; гармонические искажения
HARMONIC FILTER	фильтр подавления гармоник
HARMONIC FREQUENCY	частота гармоники

HARMONIC GENERATOR	генератор гармоник
HARMONIC VIBRATION	гармонические колебания
HARNESS	(предохранительный) ремень; жгут; бандаж
HARSH	грубый; жесткий; шероховатый; резкий
HARSHNESS	низкочастотная вибрация
HASH	радиопомехи; шумовая дорожка (на экране индикатора)
HAT(-SHAPED) SECTION	омегообразный профиль
HATCH	люк; лючок
HATCH (to)	штриховать; гравировать
HAT-RACK	багажная полка; багажное отделение
HATRACK	багажная полка; багажное отделение
HATRACK LATCH ASSY	замок багажной полки
HAUL	рейс; перевозка; пройденное расстояние, протяженность пути
HAUL (to)	перевозить
HAZARD	опасность; опасная ситуация; препятствие
HAZARD BEACON	заградительный (световой) маяк
HAZARD INFORMATION SYSTEM	система информации об опасности
HAZARDOUS LIQUID	опасная жидкость
HAZARD RATE	частота отказов
HAZE	мгла, дымка
HAZY	туманный; подернутый дымкой, неясный
HEAD	головка (цилиндра); насадок; фронтовое устройство (камеры сгорания); напор, давление
HEAD AMPLIFIER	предварительный усилитель
HEAD-DOWN	расположенный на уровне приборной доски
HEAD-DOWN DISPLAY (HDD)	индикатор на приборной доске; приборная индикация
HEAD-DOWN FLIGHT	полет по приборам, "слепой" полет
HEAD-DOWN SIGHT	индикатор на приборной доске
HEADER	напорный бак; коллектор
HEADER TANK	верхний бачок системы охлаждения
HEADING	курс (полета); направление; пеленг (радиостанции)
HEADING ALTERATION	изменение курса (полета); изменение пеленга (радиостанции)
HEADING AND ATTITUDE SENSOR (HAS)	датчик определения курса, тангажа и крена

HEADING AND VERTICAL REFERENCE SYSTEM	курсовертикаль
HEADING ANGLE	курсовой угол
HEADING BUG	схема курсов (подхода к зоне аэродрома)
HEADING CONTROL	управление по курсу; стабилизация курса
HEADING CURSOR	указатель курса
HEADING DRIFT	отклонение от курса
HEADING FOR	направление на...
HEADING GYROSCOPE	курсовой гироскоп; гирокомпас
HEADING HOLD	стабилизация курса
HEADING HOLD MODE	режим стабилизации курса
HEADING INDICATOR	указатель курса
HEADING INSTRUCTION	указание о курсе (полета)
HEADING MARKER	указатель (заданного) курса
HEADING REFERENCE	начало отсчета курса
HEADING REFERENCE UNIT	централь курса, центральный датчик курса
HEADING REPEATER	курсовой повторитель
HEADING SELECTOR	задатчик курса
HEADING SENSOR	датчик курса
HEADING SYNCHRONIZER	курсовой синхронизатор
HEADING WARNING FLAG	бленкер отказа курсовой системы
HEAD INTO WIND (to)	разворачиваться против ветра
HEADLAMP	фара
HEADLESS	без головной части
HEADLIGHT	фара
HEAD LOSS	падение давления
HEAD-METAL	прибыль (слитка)
HEAD-MOUNTED SIGHT	нашлемный прицел
HEAD OFFICE	штаб-квартира, резиденция (фирмы)
HEAD-ON	встречный курс (полета)
HEAD-ON APPROACH	сближение на встречных курсах
HEAD-ON COLLISION	столкновение на встречных курсах
HEAD-ON VIEW	вид спереди
HEADPHONE	головной телефон; pl наушники
HEAD PRESSURE	давление напора; нагрузка
HEADQUARTER	штаб; штаб-квартира; главное управление
HEAD RESISTANCE	лобовое сопротивление
HEADREST (HEAD-REST)	подголовник (кресла)

HEADROOM	внутренняя высота кабина; пространство над головой (в кабине)
HEADSET	гарнитура (для пилота); шлемофон
HEADSET WITH MICROPHONE	головной телефон с ларингофоном
HEAD SHOCK WAVE	головной скачок уплотнения; головная ударная волна
HEADSTOCK	буферный брус; концевой брус; торцевая балка
HEAD-UP	расположенный на уровне лобового стекла; относящийся к индикации на лобовом стекле; пилотажно-проекционный; коллиматорный (об индикаторе)
HEAD-UP DISPLAY (HUD)	коллиматорный индикатор (на лобовом стекле)
HEAD-UP FLIGHT	полет по индикации на лобовом стекле
HEAD-UP SIGHT	коллиматорный прицел (на лобовом стекле); пилотажно-проекционный индикатор
HEAD WIND	встречный ветер
HEADWIND	встречный ветер
HEAD-WIND FLIGHT	полет со встречным ветром
HEALTH CONTROL	медицинский контроль
HEARING	слушание
HEAT	тепло; теплота; тепловой эффект; нагрев; степень нагрева
HEAT (to)	обогревать; нагревать(ся); накаливать
HEAT BARRIER	тепловой барьер
HEAT DISSIPATION	рассеивание тепла
HEAT DISSIPATOR	радиатор
HEAT EFFICIENCY	тепловой кпд
HEAT ENERGY	тепловая энергия
HEAT-ENGINE	тепловой двигатель
HEATER	обогреватель; радиатор; калорифер
HEATER CART	тележка с обогревателем; тележка с воздухонагревателем
HEATER-STATIC PORT	обогреватель приемника статического давления
HEAT EXCHANGER	теплообменник
HEAT FLOW METER	индикатор теплового потока
HEAT FLOW RATE	удельный тепловой поток

HEAT FLUX	(удельный) тепловой поток; плотность теплового потока
HEATING	обогрев; нагрев
HEATING ELEMENT	нагревающий элемент; обогреватель
HEATING POWER	тепловая мощность
HEATING RESISTOR	терморезистор
HEATING SET (unit)	нагревательный элемент
HEATING UP	обогрев; подогрев; подогревание; нагревание
HEATING VALUE	теплотворность, теплотворная способность; теплота сгорания (топлива)
HEAT INSULATION	теплоизоляция; теплозащита
HEAT-PIPE PANEL	панель с теплоотводящими трубками
HEAT PROOF	теплоизоляция
HEAT-PUMP	тепловой насос; охладитель
HEAT RESISTANT GLASS	жаропрочное стекло
HEAT RESISTANT STEEL	жаропрочная сталь
HEAT RESISTING	теплостойкость; жаростойкость; тепловое сопротивление
HEAT SCREEN	тепловой экран
HEAT SEAL (to)	теплоизолировать
HEAT SEALING	теплоизоляция; термосваривание; термоклеивание
HEAT SEEKER	тепловая головка самонаведения, тепловая ГСН, инфракрасная ГСН, ИК ГСН
HEAT-SEEKING	наведение на тепловое излучение
HEAT SHIELD	тепловой экран
HEAT SHRINKAGE	тепловая усадка
HEAT SINK	сток теплоты; тепловая нагрузка; радиатор; теплоотвод
HEAT-STROKE	тепловой цикл
HEAT TRANSFER	теплопередача
HEAT TRANSFER COEFFICIENT	коэффициент теплопередачи
HEAT TREATED	термообработанный, подвергнутый термообработке
HEAT TREATMENT	термообработка
HEAT VALUE	теплотворность, теплотворная способность; теплота сгорания (топлива)
HEAT-WAVE	тепловая волна
HEAVE (to)	поднимать; тянуть, тащить; изгибать(ся)

HEAVENTLY BODY	небесное тело; светило
HEAVIER-THAN-AIR AIRCRAFT	летательный аппарат тяжелее воздуха
HEAVY	тяжелый; с большой грузоподъемностью; крупнокалиберный
HEAVY AIRCRAFT	транспортный самолет
HEAVY BOMBER	тяжелый бомбардировщик
HEAVY-DUTY	тяжелого типа; сверхмощный
HEAVY-DUTY CONNECTOR	соединитель для тяжелых условий работы
HEAVY FOG (thick fog)	сильный туман
HEAVY-GAUGE SHEET METAL	толстая жесть
HEAVY GAUGE WIRE	провод большого диаметра
HEAVY INDUSTRY	тяжелая промышленность
HEAVY LANDING	грубая посадка; жесткая посадка
HEAVY LAUNCH VEHICLE	тяжелая ракета-носитель, ракета-носитель большой грузоподъемности
HEAVY-LIFT AIRSHIP	тяжелый дирижабль, дирижабль большой грузоподъемности
HEAVY LIFT HELICOPTER	тяжелый вертолет, вертолет большой грузоподъемности
HEAVY-LIFT LAUNCH VEHICLE	тяжелая ракета-носитель, ракета-носитель большой грузоподъемности
HEAVY LOAD	большая нагрузка; тяжелый груз
HEAVY-OIL	тяжелое дизельное топливо; тяжелое масло
HEAVY RAIN	сильный дождь
HEAVY SHOWER	сильный ливень
HEAVY SKY	сплошная облачность
HEAVY SNOW SHOWER	сильный снегопад
HEAVY TRAFFIC	интенсивное воздушное движение; интенсивные перевозки
HEAVY VAPOR	сильный пар; насыщенный пар
HEAVY WEATHER FLIGHT	полет в сложных метеоусловиях
HEAVY WEIGHT	тяжелый вес; тяжелый груз
HEDGE-HOPPING	бреющий полет, полет на предельно малой высоте
HEEL	нижняя часть; опорный участок (конструкции); задняя часть; выступ; буртик; закраина; крен
HEELING ANGLE	угол крена

HEEL LINE	обвод нижней части (конструкции)
HEEL REST PANEL	подножка
HEIGHT	высота
HEIGHT ABOVE AIRPORT	высота относительно аэропорта
HEIGHT FINDER	высотомер
HEIGHT FORECAST	прогноз погоды по высоте
HEIGHT GAUGE	указатель высоты
HEIGHT-LOCK MODE	режим стабилизации (полета) на заданной высоте
HEIGHT OF CAMBER	прогиб; кривизна, вогнутость (профиля)
HEIGHT POWER FACTOR	коэффициент мощности в зависимости от высоты
HELIBORNE	на борту вертолета
HELICAL	винтовое зубчатое колесо
HELICAL GEAR	косозубое цилиндрическое зубчатое колесо
HELICAL LOCKWASHER	пружинная шайба, шайба Гровера
HELICALLY COILED INSERT	проволочный вкладыш
HELICAL SHAFT	цилиндрический винтовой вал
HELICAL SPLINE	винтовой паз
HELICAL SPRING	цилиндрическая (винтовая) пружина
HELICAL TEETH	зуб винтового механизма
HELICOID	геликоид
HELICOIL GROOVE	винтовая канавка; винтовой паз
HELICOIL SLEEVE	винтовая втулка
HELICOPTER	вертолет
HELICOPTER APPROACH HEIGHT	высота полета вертолета при заходе на посадку
HELICOPTER-CARRIER	вертолетоносец
HELICOPTER LAUNCHED	запущенный с вертолета (о ракете)
HELICOPTER MANUFACTURER	вертолетостроительная фирма
HELICOPTER OVERFLIGHT HEIGHT	высота пролета вертолета (над препятствием)
HELICOPTER SCREW	несущий винт
HELIDECK	площадка для вертолетов; вертолетная палуба
HELIOCENTRIC ORBIT	гелиоцентрическая орбита
HELIOSTAT	гелиостат
HELIOSYNCHRONOUS ORBIT	гелиосинхронная орбита
HELIPAD	вертолетная площадка

HELIPORT	вертолетная станция, вертодром; вертолетная площадка
HELIPORT DECK	площадка вертолетной станции
HELISTOP	винтовой упор
HELITRAINER	тренажер для летчиков вертолетов
HELIUM	гелий
HELIUM FILLED	наполненный гелием
HELIUM VOLUME AT SEA LEVEL	объем гелия на уровне моря
HELIX	спираль; винтовая линия
HELMET	шлем; шлемофон
HELMET SIGHT	нашлемный прицел
HEMISPHERICAL NOSE DOME	полусферический носовой обтекатель
HEMP	пенька; пакля
HENRY	генри, Гн (единица индуктивности)
HERMETIC	герметизирующий состав, герметик; герметичный
HERMETICALLY	герметичный
HERRINGBONE	елочный профиль; шевронный профиль; елочный; шевронный
HERTZ	герц, Гц
HERTZIAN WAVES	радиоволны
HETERODYNE	гетеродинирование
HETERODYNE (to)	гетеродинировать
HETEROSPHERE	гетеросфера
HEXAGONAL BAR	шестигранный пруток
HEXAGONAL BOSS	выступ с отверстием под шестигранный болт
HEXAGONAL NUT	шестигранная гайка
HEXAGONAL SOCKET HEAD SCREW	винт с шестигранной головкой под торцевой ключ
HEXAGONAL WRENCH	торцевой гаечный ключ
HEXAGON HEAD	шестигранная головка
HEXAGON-HEADED SCREW	винт с шестигранной головкой
HEX BOLT	болт с шестигранной головкой
HEX HEAD SCREW	винт с шестигранной головкой
HEX WRENCH (L-shaped)	торцевой гаечный ключ
HF (high frequency)	высокая частота, ВЧ
HF COMMUNICATION SYSTEM	система связи на высоких частотах
HF GENERATOR	генератор высокой частоты

HF LINEAR AMPLIFIER	линейный усилитель высокой частоты
HF TRANSCEIVER	приемопередатчик ВЧ-диапазона, высокочастотный передатчик
HF TRANSMITTER	передатчик ВЧ-диапазона, высокочастотный передатчик
HI CHIME	громкая звуковая сигнализация
HIDDEN FLIGHT HAZARD	неожиданное препятствие в полете
HIGH	антициклон, область повышенного давления
HIGH ACCURACY	высокая точность
HIGH AIRFIELD	высокогорная посадочная площадка
HIGH ALLOY STEEL	высоколегированная сталь
HIGH ALTITUDE FLIGHT	высотный полет
HIGH ANGLE OF ATTACK	большой угол атаки
HIGH APOGEE ORBIT	орбита с высоким апогеем
HIGH BYPASS ENGINE	двигатель с большой степенью двухконтурности
HIGH BYPASS RATIO	большая степень двухконтурности
HIGH-BYPASS RATIO JET ENGINE	турбореактивный двигатель с большой степенью двухконтурности
HIGH CAPACITY AIRCRAFT	самолет большой вместимости
HIGH COMBUSTION ENGINE	двигатель с пересжатием
HIGH COMPRESSOR	компрессор высокого давления, КВД
HIGH DENSITY AIRPORT	аэропорт высокой плотности воздушного движения
HIGH DENSITY CONFIGURATION	экономичная компоновка; высокоплотная компоновка
HIGH-DENSITY SEATING	компоновка кресел с минимальным шагом
HIGH DENSITY TRAFFIC	интенсивное (воздушное) движение
HIGH-DRAG BODY	тело с большим (аэродинамическим) сопротивлением
HIGH DUTY ENGINE	двигатель с большой тягой
HIGH EFFICIENCY ENGINE	двигатель с высокими характеристиками; двигатель с высоким кпд
HIGH ENERGY IGNITION	зажигание с мощным разрядом
HIGH ENERGY IGNITION LEAD	провод системы зажигания с мощным разрядом; соединительный провод для высоких напряжений

HIGH ENERGY ORBIT	орбита с большой затратой энергии, неоптимальная орбита
HIGH ENERGY STOP	упор для демпфирования большого количества энергии
HIGH ENERGY UNIT	генератор высокого напряжения
HIGHER COCKPIT	высокорасположенная кабина летчика
HIGHER INTERMEDIATE FARE	верхний предел тарифа промежуточного класса
HIGHER THRUST	прирост тяги
HIGH-FINENESS BODY	тело с большим относительным удлинением
HIGH FREQUENCY (HF)	высокая частота, ВЧ
HIGH FREQUENCY NOISE	высокочастотный шум, ВЧ-шум
HIGH-GAIN ANTENNA	антенна с большим коэффициентом усиления
HIGH-GRADE	большое процентное содержание
HIGH-INCLINATION ORBIT	орбита с большим наклонением
HIGH-INTENSITY LIGHTING SYSTEM	система огней высокой интенсивности
HIGH LEVEL AIRWAY	авиатрасса верхнего воздушного пространства
HIGH LEVEL OPERATIONS	полеты на высоких эшелонах
HIGH LEVEL RESEARCH	исследование верхних слоев атмосферы; исследование на больших высотах
HIGH LIFT	большая подъемная сила
HIGH LIFT DEVICES	механизация крыла
HIGH-LIFT FLAPS	закрылки для увеличения подъемной силы крыла
HIGH LIFT WING	крыло с высокими несущими свойствами; высокомеханизированное крыло
HIGH LIFT WING DEVICES	высокоэффективная механизация крыла
HIGHLIGHTS	особенности (конструкции)
HIGHLY ECCENTRIC ORBIT	орбита с большим эксцентриситетом
HIGHLY ELLIPTICAL ORBIT	сильно вытянутая эллиптическая орбита
HIGHLY-INCLINED ORBIT	орбита с большим наклонением
HIGHLY QUALIFIED (skilled)	высококвалифицированный
HIGH-MACH FLIGHT	полет на больших числах М
HIGH-NICKEL ALLOY	сплав с высоким содержанием никеля

HIGH-PASS FILTER	фильтр верхних частот
HIGH PERFORMANCE AIRCRAFT	летательный аппарат с высокими летно-техническими характеристиками, ЛА с высокими ЛТХ
HIGH PITCH	большой шаг (винта)
HIGH POTENTIAL CURRENT	ток в цепи высокого напряжения
HIGH POWER TRANSMITTER	передатчик большой мощности
HIGH PRECISION	высокая точность, прецизионность
HIGH PRESSURE (HP)	высокое давление, ВД
HIGH-PRESSURE AREA	область высокого давления
HIGH PRESSURE COMPRESSOR	компрессор высокого давления, КВД
HIGH PRESSURE EXHAUST GASES	истекающие продукты сгорания высокого давления; выхлопные газы высокого давления
HIGH-PRESSURE FUEL SYSTEM	топливная система высокого давления
HIGH PRESSURE GAGE	манометр высокого давления
HIGH PRESSURE GEAR	шасси с пневматиками высокого давления
HIGH PRESSURE MODULATING VALVE	клапан высокого давления с плавной характеристикой
HIGH PRESSURE PUMP	насос высокого давления
HIGH PRESSURE RATIO	высокая степень сжатия; высокий перепад давления
HIGH PRESSURE REGULATOR	регулятор высокого давления
HIGH PRESSURE RELIEF VALVE	предохранительный клапан высокого давления
HIGH PRESSURE WATER WASHING	промывка под большим давлением
HIGH RATING	форсированный режим работы; высокая оценка (технического состояния)
HIGH RELIABILITY	высокая надежность
HIGH RESOLUTION	высокая разрешающая способность
HIGH SENSITIVITY	высокая чувствительность
HIGH SENSITIVITY PENETRANT	высокочувствительная проникающая жидкость
HIGH SINK RATE	большая скорость снижения, большая вертикальная скорость спуска
HIGH SPEED ADHESIVE	быстросохнущий клей

HIGH-SPEED AIRCRAFT	высокоскоростной самолет
HIGH SPEED BEARING	высокоскоростной шарикоподшипник
HIGH SPEED CLIMB	быстрый набор высоты
HIGH SPEED CRUISE	скоростной крейсерский [маршевый] полет
HIGH SPEED FLIGHT	скоростной полет
HIGH SPEED PINION	скоростная шестерня
HIGH SPEED RANGE	диапазон больших скоростей
HIGH SPEED STEEL (HSS)	быстрорежущая сталь
HIGH SPEED STREAM	высокоскоростное течение
HIGH STRENGTH STEEL (HSS)	высокопрочная сталь
HIGH TECHNOLOGICAL LEVEL	высокий технологический уровень
HIGH TEMPERATURE RESISTING ENAMEL	термостойкая эмаль
HIGH TENSILE STEEL	высокопрочная сталь
HIGH TENSION CURRENT	ток в цепи высокого напряжения
HIGH TENSION LEAD	провод высокого напряжения
HIGH TENSION TRANSFORMER	трансформатор высокого напряжения
HIGH TRAFFIC PERIOD	период интенсивного (воздушного) движения
HIGH VACUUM	высокий вакуум
HIGH VACUUM RECTIFIER VALVE	кенотрон
HIGH VOLTAGE LEAD	провод высокого напряжения
HIGH VOLTAGE POWER	высокое напряжение
HIGH VOLTAGE RECTIFIER	высоковольтный выпрямитель
HIGH VOLTAGE TEST	испытание высоким напряжением; испытание на электрическую прочность
HIGHWAY	магистральная воздушная линия
HIGH WIND	сильный ветер
HIGH WING	высокорасположенное крыло
HIGH-WINGED AIRCRAFT	самолет с высокорасположенным крылом, высокоплан
HIGH-g	большая перегрузка
HIGH-g MANEUVER	маневр с большой перегрузкой
HIJACK ALARM SYSTEM	противоугонная сигнализация
HIJACKING	угон воздушного судна; воздушное пиратство
HIJACK SITUATION	случай захвата воздушного судна
HINGE	шарнир
HINGE (to)	прикреплять шарнирно; опирать шарнирно

HINGE ARM	манипулятор; шарнирно закрепленный рычаг
HINGE AXIS	(геометрическая) ось
HINGE BEARING	шарнирная опора
HINGE BOLT	шарнирный болт
HINGED	шарнирно закрепленный, с шарнирным креплением
HINGED JOINT	шарнирное соединение
HINGE DOWN (to)	отгибать; откидывать назад
HINGED PANEL	откидная панель
HINGED RECTANGULAR MIRROR	поворотное зеркало
HINGE FITTING	шарнирная подвеска; шарнирное крепление
HINGE HALF	полушарнир; полупетля
HINGE HOUSING	корпус шарнира
HINGE LINE	ось шарнира
HINGE MOMENT	шарнирный момент
HINGE PIN	шарнирный палец; ось шарнира; шарнирный болт
HINGE POINT	шарнирная точка (крепления)
HINGE YOKE	откидная скоба
HI-SHEAR	острое лезвие (ножниц)
HI-SPEED LACQUER	быстросохнущий лак
HISS(ING)	шипение
HIT (to)	ударять(ся); соударять(ся); сталкивать(ся)
HIT	попадание (в цель); поражение (цели)
HITCH	рывок; резкая остановка
HIT THE GROUND (to)	ударяться о землю (при посадке)
HOAR-FROST	иней
HOHMANN ORBIT	орбита Гомана
HOHMANN TRANSFER	перелет Гомана
HOICK (to)	круто набирать высоту
HOIST	подъем; подъемник, подъемный механизм; таль; лебедка
HOIST (to)	поднимать(ся)
HOIST ARM	подъемный рычаг; плечо подъемного рычага
HOIST EYE	подъемное кольцо, подъемное ушко
HOIST FITTING	такелажный узел
HOISTING	подъем
HOISTING BLOCK	подвижный блок; подъемный блок

HOISTING DEVICE	подъемное устройство, подъемник; домкрат
HOISTING EYE	подъемное кольцо, подъемное ушко
HOISTING POINT	такелажный узел
HOISTING RING	подъемное кольцо, подъемное ушко
HOISTING SLING	подъемный трос
HOLD	выдерживание; стабилизация; крепежная деталь; захват; держатель
HOLD (to)	выдерживать; держать(ся); удерживать(ся); задерживать(ся); опирать(ся); поддерживать
HOLD A FLIGHT (to)	задерживать вылет рейса
HOLD A RECORD (to)	удерживать рекорд
HOLDBACK	удерживающий механизм, замок; замково-стопорное устройство
HOLDBACK SYSTEM	замково-стопорная система
HOLD BAGGAGE	ожидаемый багаж
HOLDDOWN	стендовое испытание (ракеты)
HOLD-DOWN BOLT	анкерный болт
HOLDER	держатель; ручка; подставка, опора; кронштейн
HOLD-IN COIL	удерживающая катушка
HOLDING	полет в зоне ожидания; выдерживание заданных режимов (работы); ожидание команды (диспетчера)
HOLDING AIRCRAFT	воздушное судно в зоне ожидания
HOLDING ALTITUDE	высота полета в зоне ожидания
HOLDING APRON	площадка для ожидания (воздушного судна при выруливании)
HOLDING AREA	зона ожидания
HOLDING CLEARANCE	разрешение на полет в зоне ожидания
HOLDING COURSE	курс полета в зоне ожидания
HOLDING DELAY	задержка в зоне ожидания; ожидание команды (диспетчера)
HOLDING EN-ROUTE OPERATION	полет в режиме ожидания на маршруте
HOLDING ENTRY PROCEDURE	схема входа в зону ожидания
HOLDING FIX	контрольный ориентир схемы ожидания
HOLDING FIXTURE	приспособление для фиксации; стапель
HOLDING FLIGHT	полет в зоне ожидания
HOLDING FLIGHT LEVEL	высота полета в зоне ожидания
HOLDING FORCE	удерживающее усилие

HOLDING FRAME	стапель
HOLDING INSTRUCTION	указание по порядку ожидания (в зоне)
HOLDING MODE	режим ожидания (в полете)
HOLDING-OFF	выдерживание (воздушного судна) перед приземлением
HOLDING-OFF SPEED	скорость выравнивания (перед приземлением)
HOLDING OPERATION	полет в режиме ожидания
HOLDING PATH	траектория полета в зоне ожидания
HOLDING PATTERN	схема полета в зоне ожидания
HOLDING POINT	пункт ожидания (в полете); линия "стоп" (на аэродроме)
HOLDING POSITION	предварительный старт; место ожидания (при рулении)
HOLDING PROCEDURE	схема полета в зоне ожидания
HOLDING RELAY	реле выдержки времени
HOLDING SCREW	фиксирующий винт
HOLDING STACK(ING)	блок реле выдержки времени; цепь задержки
HOLDING TOOL	фиксирующее приспособление
HOLDING TRACK	маршрут полета в зоне ожидания
HOLD IN PLACE (to)	удерживать на месте
HOLD IN POWER	поддерживаемая мощность
HOLD OFF (to)	выдерживать (самолет при посадке); выходить из синхронизма
HOLD-OFF DISTANCE	дистанция выдерживания (при посадке)
HOLD ON (to)	задерживать (пуск); оставлять во включенном состоянии
HOLD OPEN (to)	оставлять в открытом положении
HOLD UP	зависание оборотов (двигателя); остановка, задержка (в движении)
HOLD UP (to)	блокировать; стопорить; тормозить
HOLD VOLUME	объем отсека
HOLE	окно (в облачности); (воздушная) яма; отверстие; окно
HOLE ELONGATION	овализация (отверстия)
HOLE LOCATION	расположение отверстия
HOLE SPOTFACING	цекование отверстий

HOLLOW .... полость; выемка; углубление; впадина; вмятина; полый; пустой; пустотелый
HOLLOW DIP STICK .... топливомерный щуп
HOLLOW DOWEL .... пустотелый штифт
HOLLOW HEAD WRENCH .... торцевой гаечный ключ
HOLLOWNESS .... пустота
HOLLOW PUNCH .... штамп; пробойник; перфоратор
HOLLOW RIVET .... пустотелая заклепка
HOLLOW SHAFT .... полый вал
HOLLOW SPACE .... выемка; углубление; впадина
HOLLOW SPAR .... коробчатый лонжерон
HOLOGRAPHY .... голография; голографирование, получение голограмм
HOME .... место базирования (воздушного судна)
HOME (to) .... возвращаться на базу; лететь на приводную радиостанцию; указывать направление
HOME BASE .... основное место базирования; база приписки (воздушных судов)
HOMER .... радиопеленгаторная станция
HOMING .... самонаведение; привод (на радиостанцию); полет к приводной радиостанции; наведение (по лучу)
HOMING AID .... приводное средство, приводная радиостанция
HOMING BOMBING SYSTEM (HOBOS) .... самонаводящаяся бомба
HOMING DEVICE .... следящее устройство
HOMING HEAD .... головка самонаведения, ГСН
HOMING MISSILE .... самонаводящаяся ракета, ракета с ГСН
HOMING RECEIVER .... приемник системы (само)наведения
HOMING SIGNAL .... приводной сигнал
HOMING STABILIZER .... автомат курса летательного аппарата
HOMOGENEOUS .... гомогенный, однородный
HOMOLOGATED .... подтвержденный; утвержденный; сертифицированный; признанный
HOMOSPHERE .... гомосфера
HONE .... хон; абразивный брусок
HONE (to) .... хонинговать; обрабатывать абразивным бруском
HONED TOOL .... инструмент, обработанный абразивным бруском
HONER .... хонинговальный станок

HONEYCOMB	сотовый заполнитель; сотовый, ячеистый
HONEYCOMB CELL	ячейка сотового заполнителя
HONEYCOMB CORE	сотовый заполнитель
HONEYCOMB PANEL	панель сотового заполнителя
HONEYCOMB SANDWICH	слоистая конструкция с сотовым заполнителем
HONING	хонингование; обработка абразивным бруском
HONING-MACHINE	хонинговальный станок
HONING STICK	правящий брусок; правящий оселок
HONING TOOL	хон, инструмент для чистовой обработки
HOOD	капот; фонарь (кабины)
HOOK	крюк; гак; захват
HOOK OF HOIST	крюк подъемника
HOOK SPANNER	ключ для круглых гаек
HOOK UP (to)	контактировать (при дозаправке топливом); подключать
HOOP	подвесной обруч, строповое кольцо
HOOTER	гудок; сирена; сигнальный свисток
HOP	короткий полет, перелет на небольшое расстояние; транзитный участок полета
HOP DAMPER	демпфер тангажа
HOP-OFF	взлет
HOPPER	циркуляционный отсек (маслобака); бункер; заправочный фильтр; приемная воронка
HORIZON	горизонт
HORIZON AND DIRECTION INDICATOR (HDI)	комплексный индикатор навигационной обстановки
HORIZON BAR	планка (искусственного) горизонта (пилотажно-командного прибора)
HORIZON COMPARATOR INDICATOR	указатель компаратора планового навигационного прибора
HORIZON GLOW	свечение горизонта
HORIZON INDICATOR	авиагоризонт
HORIZON SCANNER	датчик горизонта; устройство сканирования горизонта
HORIZONTAL FLANGE	горизонтальный выступ; горизонтальная кромка
HORIZONTAL MILLING MACHINE	горизонтально-фрезерный станок
HORIZONTAL RANGE	дальность горизонтального полета

HORIZONTAL SEPARATION	горизонтальное эшелонирование
HORIZONTAL SITUATION INDICATOR (HSI)	плановый навигационный прибор, ПНП; авиагоризонт
HORIZONTAL SPEED	горизонтальная скорость
HORIZONTAL STABILIZER	горизонтальный стабилизатор; горизонтальное оперение
HORIZONTAL SWEEP	строчная развертка; горизонтальная развертка
HORIZONTAL TAIL	горизонтальное хвостовое оперение
HORIZONTAL TRUSS MEMBER	элемент продольного набора; продольный элемент (конструкции)
HORIZONTAL WIND SHEAR	горизонтальный градиент ветра
HORN	рог, выступ; рычаг; роговой компенсатор; рупор; рупорная антенна; рупорный излучатель; звуковая сирена
HORN ANTENNA	рупорная антенна
HORN BALANCE	роговая (аэродинамическая) компенсация
HORN CUT-OUT HANDLE	рукоятка выключения сирены
HORN WARNING	звуковая сигнализация
HORSE	одна лошадиная сила
HORSEPOWER (HP)	мощность
HORSE-SHOE MAGNET	подковообразный магнит
HOSE	шланг; рукав; дюрит
HOSE CLAMP	зажим для шланга; хомут для крепления шланга
HOSE COUPLING	дюритовое соединение
HOSE-PIPE	гибкий трубопровод
HOSPITAL AIRCRAFT	санитарное воздушное судно
HOSTAGE	заложник
HOST COMPUTER	основной бортовой вычислитель
HOSTESS	стюардесса
HOSTESS SEAT	место стюардессы
HOT	находящийся под током, включенный, в рабочем состоянии; горячий; жаркий
HOT AIR BALLOON	монгольфьер, аэростат Монгольфье
HOT AIR BLEED VALVE	клапан отбора горячего воздуха (от двигателя)
HOT AIR CONTROL VALVE	заслонка горячего воздуха
HOT AIR DRYING	сушка горячим воздухом

HOT AIR VALVE	заслонка горячего воздуха
HOT FORGING	горячая ковка; горячая штамповка
HOT FORMING	горячая штамповка
HOT JUG	цилиндр двигателя
HOT PRESSURE BONDING	соединение горячим прессованием
HOT SECTION INSPECTION	проверка термонапряженного участка (конструкции)
HOT SECTION PART	деталь термонапряженного участка (конструкции)
HOT SHRINK FIT	горячая посадка
HOT SPOT	перегретое место (камеры двигателя); электровоспламенитель (ЖРД); площадка для гонки двигателей
HOT START	запуск с превышением допустимых рабочих температур
HOT STREAK	прогар двигателя; перегретый участок камеры; тепловой удар
HOTTED-UP ENGINE	форсированный двигатель
HOT TEST	огневое испытание; испытание под нагрузкой
HOT WEATHER TESTS	испытания в теплых погодных условиях
HOT WIRE	провод под напряжением
HOT-WIRE ANEMOMETER	проволочный термоанемометр
HOT WIRE PROBE	проволочный термозонд
HOT WIRE VOLTMETER	тепловой вольтметр
HOUR ANGLE	часовой угол
HOUR COUNTER	счетчик часов наработки двигателя
HOURGLASS	песочные часы
HOURLY CONSUMPTION	часовой расход (топлива)
HOURMETER	счетчик часов наработки двигателя
HOUSE (to)	размещать; помещать; заключать
HOUSEKEEPING	проверка бортовых систем; внутренний быт космического корабля; служебные действия; контрольно-диспетчерские функции
HOUSEKEEPING TELEMETRY	телеметрия бортовых систем (спутника)
HOUSING	корпус; кожух; оболочка
HOVER (to)	висеть, зависать; парить; делать круги над объектом
HOVER CEILING	статический потолок (вертолета)

HOVER COUPLER	блок стабилизации (вертолета) на режиме висения; вычислитель канала стабилизации висения
HOVERCRAFT	судно на воздушной подушке; корабль на воздушной подушке, КВП
HOVER FLIGHT CEILING	потолок полета вертолета в режиме висения
HOVERING	висение, зависание; парение
HOVERING CEILING	потолок полета вертолета в режиме висения
HOVERING FLIGHT	висение (вертолета), полет в режиме висения
HOVERING HELICOPTER	вертолет в режиме висения
HOVERING INDICATOR	индикатор полета на режиме висения
HOVERING TURN	разворот (вертолета) в режиме висения
HOVERPLANE	вертолет
HOVERTRAIN	поезд на воздушной подушке
HOVERWAY	площадка для взлета вертолета "по-самолетному"
HP COMPRESSOR	компрессор высокого давления
HP TURBINE	турбина высокого давления
HUB	втулка; ступица
HUB AIRPORT	узловой аэропорт
HUB AND SPOKE NETWORK	звездообразная сеть
HUB CAP	колпак ступицы (колеса)
HUB CONTACT SWITCH	контактный переключатель
HUB COVER PLATE	колпак ступицы (колеса)
HUB FLANGE	фланец втулки (воздушного винта)
HUB PULLER	съемник втулки
HUB SHELL	корпус втулки
HUB SPINDLE	ось втулки
HUCK	заклепка для односторонней постановки
HUFF-DUFF (high frequency direction finding)	высокочастотная радиопеленгация
HULL	фюзеляж; поплавок (гидросамолета); воздушное судно; корпус; каркас
HUM	характерный шум (при работе двигателя)
HUMAN-ENGINEERED DESIGN	концепция; эргономическая компоновка

HUMAN ENGINEERING	эргономика
HUMID	влажный; отсыревший
HUMIDIFIER	увлажнитель
HUMIDITY	влажность, влагосодержание
HUMIDITY INDICATOR	гигрометр
HUMMING	характерный шум (при работе двигателя)
HUMP	точка выхода (гидросамолета) на редан; выступ
HUMP SPEED	скорость выхода (гидросамолета) на редан
HUNG START	запуск с превышением рабочей температуры, горячий запуск
HUNT (to)	раскачиваться, колебаться; рыскать (по курсу); качаться
HUNTING	рыскание по курсу; колебание (стрелки прибора)
HURRICANE	ураган
HURT (to)	повреждать; ранить; ушибить
HUSH KIT	оборудование для снижения шума
HYBRID ANALOG/DIGITAL AUTOPILOT	комплексный аналого-цифровой автопилот
HYBRID COMPUTER	гибридный [аналого-цифровой] вычислитель
HYBRID INTEGRATED CIRCUIT	гибридная интегральная схема
HYBRID INTERFACE	гибридное [аналого-цифровое] сопряжение
HYBRID NAVIGATION COMPUTER	гибридный [аналого-цифровой] навигационный вычислитель
HYBRID NAVIGATION SYSTEM	гибридная [аналого-цифровая] навигационная система
HYBRID PROPELLANT	гибридное ракетное топливо, твердо-жидкое ракетное топливо
HYBRID ROCKET	комбинированный ракетный двигатель; ракетный двигатель на гибридном [твердо-жидком] топливе
HYBRID SYSTEM	комбинированная система
HYDRANT	гидрант

HYDRANT CART	насосная тележка (для заправки воздушного судна)
HYDRANT PITS	(топливо)заправочный колодец
HYDRANT REFUELLING POINT	пункт централизованной заправки топливом
HYDRATE	гидрат, гидроокись
HYDRAULIC	гидравлический
HYDRAULIC(ALLY) POWERED CONTROL	гидравлическое управление, управление с помощью гидроприводов; бустерное управление
HYDRAULIC ACCUMULATOR	гидравлический аккумулятор
HYDRAULICALLY CONTROLLED	с гидравлическим управлением
HYDRAULICALLY POWERED	с гидравлическим приводом
HYDRAULIC BOOST SYSTEM	гидроусилитель, бустер
HYDRAULIC BRAKING SYSTEM	гидравлическая система торможения
HYDRAULIC CART FOR SKYDROL	тележка с гидронасосом для заправки скайдролом (огнестойкой гидросмесью)
HYDRAULIC COMPONENT	гидроагрегат
HYDRAULIC CONTROL	гидравлическое управление; бустерное управление
HYDRAULIC CONTROL BOOST SYSTEM	гидравлическая бустерная система управления
HYDRAULIC CUSHION	гидравлический амортизатор, гидроамортизатор
HYDRAULIC CYLINDER	гидравлический цилиндр
HYDRAULIC DAMPER	гидравлический амортизатор, гидроамортизатор
HYDRAULIC DELIVERY LINE	нагнетающий трубопровод гидравлической системы
HYDRAULIC DRIVE	гидравлический привод, гидропривод
HYDRAULIC EFFICIENCY	гидравлический кпд
HYDRAULIC ENERGY	гидравлическая энергия
HYDRAULIC EQUIPMENT	гидравлическое оборудование
HYDRAULIC FAILURE	отказ гидросистемы
HYDRAULIC FITTING	арматура гидросистемы
HYDRAULIC FLUID	гидравлическая жидкость, гидросмесь

HYDRAULIC GENERATOR	гидравлический генератор
HYDRAULIC JACK	гидроподъемник
HYDRAULIC LEAKAGE	утечка гидросмеси
HYDRAULIC LINE	трубопровод гидравлической системы
HYDRAULIC LOCK(ING)	гидравлический замок; гидрозатвор; гидравлическая пробка
HYDRAULIC LOW PRESSURE WARNING SWITCH	сигнализатор падения давления в гидравлической системе
HYDRAULIC LOW PRESSURE WARNING SYSTEM	система сигнализации падения давления в гидравлической системе
HYDRAULIC MOTOR	гидравлический двигатель, гидромотор
HYDRAULIC OIL	гидросмесь
HYDRAULIC PITCH LOCK	гидравлический упор шага (лопасти)
HYDRAULIC POWER	гидравлическая энергия; гидравлический генератор, гидрогенератор
HYDRAULIC-POWERED ELEVATOR	гидроподъемник
HYDRAULIC POWER SOURCE	гидравлический генератор, гидрогенератор
HYDRAULIC POWER SYSTEM	гидроэнергетическая система
HYDRAULIC POWER UNIT	гидравлический силовой блок
HYDRAULIC PRESS	гидравлический пресс
HYDRAULIC PRESSURE	гидравлическое давление, давление в гидросистеме
HYDRAULIC PRESSURE SOURCE	источник гидравлического давления
HYDRAULIC PROPELLER	воздушный винт с гидравлическим управлением шага
HYDRAULIC PROPELLER PITCH CONTROL	гидравлическое управление шагом воздушного винта
HYDRAULIC PUMP	гидравлический насос
HYDRAULIC QUANTITY INDICATOR	уровнемер гидробачка
HYDRAULIC RAM	силовой цилиндр гидроподъемника
HYDRAULIC RESERVOIR	гидробачок; бак гидравлической системы

HYDRAULIC RESERVOIR PRESSURIZATION	наддув гидробачка; наддув бака гидравлической системы
HYDRAULIC RETURN LINE	отводящий трубопровод гидравлической системы
HYDRAULICS	гидравлика; гидравлическая система; гидроагрегаты
HYDRAULIC SERVICE	бортовая гидросистема
HYDRAULIC SERVICE CART	аэродромная установка для заправки гидросмесью
HYDRAULIC SERVO CONTROL	гидравлический сервопривод, гидроусилитель, бустер
HYDRAULIC SHUT-OFF VALVE	гидравлический запорный кран
HYDRAULIC SLAT	предкрылок с гидроприводом
HYDRAULIC STANDBY SYSTEM	резервная гидравлическая система
HYDRAULIC STARTING SYSTEM	гидравлическая пусковая система (двигателя)
HYDRAULIC SUPPLY SHUTOFF VALVE	противопожарный кран с гидравлической системой управления
HYDRAULIC SYSTEM	гидравлическая система, гидросистема
HYDRAULIC TANK	гидробачок; бак гидравлической системы
HYDRAULIC TEST BENCH	гидравлический стенд; стенд для испытания гидросистем
HYDRAULIC TEST RIG (stand)	стенд для испытания гидросистем
HYDRAULIC TUBING	система гидравлических трубопроводов
HYDRAULIC UNIT	гидроагрегат, гидроблок; панель гидроагрегатов
HYDRAZINE	гидразин
HYDRAZINE PROPULSION SYSTEM	гидразиновый ракетный двигатель
HYDROACOUSTICS	гидроакустика
HYDROCARBON	углеводород; углеводородный
HYDROCHLORIC ACID	хлористоводородная кислота, соляная кислота
HYDROCLAVE	гидроклав
HYDRODYNAMIC LUBRICATION	гидродинамическая смазка
HYDRODYNAMICS	гидродинамика
HYDROFLUORIC ACID	фтористоводородная кислота, плавиковая кислота

HYDROFOIL	подводное крыло; корабль на подводных крыльях
HYDROFOIL CRAFT	корабль на подводных крыльях
HYDROFORMING	гидроформинг
HYDROGEN EMBRITTLEMENT	водородное охрупчивание; водородная хрупкость
HYDROGENIC	водородный
HYDROGEN ION	ион водорода
HYDROGEN PEROXYDE	перекись водорода
HYDROGEN-POWERED AIRCRAFT	самолет на водородном топливе
HYDROGEN TANK	бак (жидкого) водорода
HYDROGLIDER	глиссирующий катер, глиссер
HYDROJET	водометный реактивный двигатель
HYDROMAGNETICS	магнитная гидродинамика, МГД
HYDROMATIC PROPELLER	гидравлический винт-автомат
HYDROMECHANICAL	гидромеханический
HYDROMECHANICAL CONTROL	гидромеханическое управление
HYDROMECHANICAL CONTROL UNIT	гидромеханическое устройство управления
HYDROMETER	ареометр; плотномер
HYDROPHILICITY	гидрофильность
HYDROPHOBICITY	гидрофобность
HYDROPLANE	гидросамолет
HYDROPLANING	гидропланирование
HYDROPNEUMATIC	гидропневматический
HYDROPRESSED RIBS	нервюры, изготовленные гидравлическим прессованием
HYDROPTER	катер на подводных крыльях
HYDROSPINNING	обработка на гидрофицированном токарно-давильном станке
HYDROSTATIC	гидростатический
HYDROTEST	гидравлическое испытание
HYDROVALVE	гидроклапан; задвижка; затвор
HYGROMETER	гигрометр
HYGROMETRIC(AL) DEGREE	степень гигроскопичности
HYGROMETRY	гигрометрия
HYGROSCOPIC(AL)	гигроскопичный
HYPERBALLISTIC	гипербаллистика

HYPERBOLIC ORBIT	гиперболическая орбита
HYPERGOL	самовоспламеняющийся; гипергольное ракетное топливо
HYPERSONIC AIRCRAFT	гиперзвуковой самолет
HYPERSONIC FLIGHT	гиперзвуковой полет
HYPERVELOCITY MISSILE (HVM)	ракета с большой гиперзвуковой скоростью полета
HYPOID GEAR	гипоидная зубчатая передача; гипоидное зубчатое колесо
HYSTERESIS	гистерезис; запаздывание; жесткий режим возбуждения генератора
HYSTERESIS ERROR	ошибка, обусловленная гистерезисом
HYSTERESIS MOTOR	гистерезисный (электро)двигатель
HYTENS	высокое напряжение

I

IAS (indicated airspeed)	приборная воздушная скорость
IATA (International Air Transport Association)	Международная ассоциация воздушного транспорта, ИАТА
I BEAM	двутавровая балка
ICAO (International Civil Aviation Organization)	Международная организация гражданской авиации, ИКАО
ICAO NORMS	нормы ИКАО
ICE	лед
ICE (to)	покрываться льдом, обледеневать
ICE ACCRETION	обледенение, нарастание льда
ICE CHUNK	большой кусок льда
ICE COATING	слой льда
ICE DETECTOR	сигнализатор обледенения
ICE FOG	ледяной туман
ICE FORMATION	обледенение, нарастание льда
ICE GUARD	противообледенительная решетка
ICE PELLETS	ледяная крупа, ледяной дождь
ICE SWEEPER	машина для уборки льда на ВПП
ICE-WARNING INDICATOR	сигнализатор опасности обледенения
ICING	обледенение, нарастание льда
ICING INDICATOR	сигнализатор обледенения
ICING RATE INDICATOR	указатель интенсивности обледенения
ICY RUNWAY	обледеневшая взлетно-посадочная полоса, обледеневшая ВПП
IDENT (to)	опознавать
IDENT BUTTON	опознавательная кнопка
IDENTIFICATION	опознавание; распознавание
IDENTIFICATION LABEL	опознавательная бирка (на багаж)
IDENTIFICATION LIGHT	опознавательный огонь
IDENTIFICATION MARKING	нанесение идентификационных знаков
IDENTIFICATION PLATE	табличка с паспортными данными
IDENTIFICATION TAG	маркировочная этикетка; маркировочная бирка; опознавательная бирка (на багаж)

IDENTIFY (to)	опознавать; распознавать
IDLE	режим малого газа; холостой ход; неэксплуатируемый; снятый с эксплуатации
IDLE DETENT	упор малого газа
IDLE-FITTED	установленный в режим малого газа
IDLE FLIGHT	полет на режиме малого газа
IDLE JET	жиклер малого газа; жиклер холостого хода
IDLE OVER (to)	переводить в режим малого газа
IDLE PINION	промежуточная шестерня
IDLE POSITION	режим малого газа; положение РУД в режиме малого газа
IDLE POWER	мощность на режиме малого газа; тяга на режиме малого газа
IDLE PULLEY	холостой шкив; направляющий шкив, натяжной шкив; натяжной блок
IDLER	промежуточное зубчатое колесо; промежуточная шестерня; холостой шкив; натяжной ролик
IDLER CABLE	натяжной трос
IDLER GEAR (wheel)	промежуточная шестерня; холостой шкив; натяжной шкив
IDLE RPM	число оборотов в минуту на режиме малого газа
IDLE SPEED TRIMMER	регулировочный винт режима малого газа
IDLE STOP	упор малого газа
IDLE THRUST	тяга на режиме малого газа
IDLE VALVE	заслонка для режима малого газа
IDLE WHEEL	промежуточная шестерня; холостой шкив; натяжной шкив
IDLING ADJUSTMENT NEEDLE	регулировочная игла режима малого газа
IDLING NOZZLE	жиклер малого газа; жиклер холостого хода
IDLING POWER	мощность на режиме малого газа
IDLING SPEED	число оборотов на режиме малого газа
IFR FLIGHT	полет по приборам
IFR NAVIGATION	навигация по приборам
IGLOO	защитный купол, защитный колпак

IGNITE (to)	воспламенять; зажигать, поджигать
IGNITED	воспламененный; зажженный
IGNITER	воспламенитель; запальное устройство; запальная свеча
IGNITER CABLE	кабель цепи зажигания (двигателя)
IGNITER COIL	катушка зажигания
IGNITER PLUG	запальная свеча
IGNITION	воспламенение; зажигание; вспышка; включение двигателя; инициирование (реакции)
IGNITION ADVANCE	опережение зажигания
IGNITION BOOSTER	воспламенитель системы зажигания
IGNITION BOX	коробка зажигания
IGNITION CABLE	кабель цепи зажигания двигателя; кабель цепи запуска
IGNITION CIRCUIT	цепь зажигания
IGNITION COIL	катушка зажигания
IGNITION CONTROL	управление системой зажигания; управление системой запуска
IGNITION EXCITER BOX	коробка зажигания
IGNITION HARNESS	проводка зажигания
IGNITION KEY	ключ зажигания
IGNITION LEAD	проводка зажигания
IGNITION MANIFOLD	коллектор системы зажигания
IGNITION PLUG	свеча зажигания
IGNITION SEQUENCE	последовательность зажигания; последовательность запуска
IGNITION SPARK	искра зажигания; запальная искра
IGNITION SWITCH ACTUATING CAM	поводковый кулачок распределителя зажигания
IGNITION SYSTEM	система зажигания
IGNITION TEST	испытание системы зажигания; испытание на воспламеняемость
IGNITION TEST SWITCH	переключатель системы испытания на воспламеняемость
IGNITION TIMING	фазы зажигания
IGNITION WIPER	кулачок зажигания
IGNITOR	игнайтер, поджигающий электрод; электровоспламенитель
IGV (inlet guide vanes)	входной направляющий аппарат

ILLUMINATE (to)	освещать; возбуждать (антенну); распределять (электромагнитное поле по апертуре); осуществлять подсветку (цели); облучать
ILLUMINATED	освещенный; подсвеченный; облученный
ILLUMINATED PANEL	подсвеченная приборная доска
ILLUMINATE PUSHBUTTON	кнопка подсветки
ILLUMINATION	освещение; облучение; освещенность; яркость; подсвет(ка)
ILLUSTRATED PARTS CATALOG (IPC)	иллюстрированная схема детального устройства агрегата
ILLUSTRATED PARTS LIST (IPL)	иллюстрированный перечень деталей
ILLUSTRATED TOOL CATALOG (ITC)	иллюстрированный каталог оборудования
ILS (instrument landing system)	система посадки по приборам
ILS APPROACH	заход на посадку по приборам, инструментальный заход на посадку
ILS BEAM	луч системы посадки по приборам
ILS DEVIATION DETECTOR	датчик отклонения системы посадки по приборам
ILS GLIDE PATH	глиссада, выдерживаемая системой посадки по приборам
ILS RECEIVER	приемник системы посадки по приборам
IMAGERY	формирование изображения
IMBEDDED (wire)	экранированный (провод); изолированный (провод)
IMBIBE (to)	впитывать, всасывать, поглощать
IMMERSE (to)	погружать
IMMERSION CLEANING	очистка погружением
IMMERSION TEST	испытание на герметичность погружением
IMMIGRATION	иммиграционный контроль (пассажиров)
IMMIGRATION OFFICER	сотрудник иммиграционной службы
IMPACT	удар; соударение; толчок; падение; влияние; воздействие
IMPACT AIR PRESSURE	скоростной напор
IMPACT DRIVER	силовой привод; копер
IMPACTING	соударение
IMPACT PRESSURE	скоростной напор
IMPACT RESISTANCE	ударопрочность; ударная вязкость

IMPACT SCREWDRIVER	пневматический ударный гайковерт; ударный ручной гайковерт
IMPACT TEST	испытание на ударную нагрузку
IMPACT TESTING MACHINE	установка для ударных испытаний; копер
IMPACT WAVE	ударная волна; скачок уплотнения
IMPACT WRENCH	ударный ручной гайковерт
IMPAIRMENT VOLTAGE	паразитное напряжение
IMPEDANCE	полное (электрическое) сопротивление, импеданс
IMPEDANCE BRIDGE	мост для измерения полного сопротивления
IMPEDANCE COIL	электрический дроссель
IMPEDANCE MATCHING	согласование полного сопротивления
IMPEL (to)	приводить в движение; принуждать
IMPELLER	рабочее колесо; крыльчатка
IMPERFECT	дефект; недостаток; несовершенство
IMPETUS	толчок; импульс
IMPINGE (to)	сталкиваться; соударяться
IMPINGEMENT	падение (на поверхность); удар; столкновение
IMPINGEMENT CONE	конус рассеивания (при столкновении)
IMPINGEMENT COOLING	инжекционное охлаждение
IMPINGEMENT STARTER	воздушный турбостартер
IMPINGEMENT STARTING	запуск турбостартером
IMPLEMENT (to)	реализовать; внедрять; вводить в эксплуатацию; дополнять
IMPLEMENTATION	реализация; ввод в эксплуатацию; внедрение
IMPORT	импорт
IMPREGNATION	пропитка; насыщение; импрегнирование
IMPRESSION	штампование; выдавливание; вдавливание
IMPRINT (to)	клеймить; отпечатывать, делать оттиск
IMPROPERLY ADJUSTED	неотрегулированный; ненастроенный; неотъюстированный
IMPROPERLY LOADED AIRCRAFT	воздушное судно, загруженное не по установленной схеме
IMPROVE (to)	улучшать; модифицировать
IMPROVED FINISH	усовершенствованная чистовая обработка; улучшенная отделка

IMPROVED VERSION	усовершенствованный вариант
IMPROVEMENT	улучшение; усовершенствование; модернизация; реконструкция
IMPROVEMENT FACTOR (ratio)	выигрыш в соотношении "сигнал - шум"; показатель усовершенствования
IMPULSE	импульс; толчок; удар
IMPULSE COUNTER	счетчик импульсов
IMPULSE GENERATOR	генератор импульсов
IMPULSE TURBINE	активная турбина
IMPULSION	генерирование импульсов; ударное возбуждение
IMPULSIVE BAND	диапазон ударных возбуждений
IMPURITY	примесь, постороннее включение; загрязнение; грязь
IN ACCORDANCE (with)	в соответствии с...
INACCURACY	погрешность; неточность
INACCURATE	неточный, неправильный, неверный, ошибочный
INADVERTENT	небрежный; неосторожный; невнимательный; случайный
INAUGURAL FARE	первоначальный тариф (при открытии авиалинии)
INAUGURAL FLIGHT	полет, открывающий воздушное сообщение
INBALANCE	разбалансировка; нарушение центровки
INBOARD	бортовой, внутрифюзеляжный
INBOARD ACTING FORCE	внутренняя сила
INBOARD AILERON	элерон корневой части крыла; внутренняя секция элерона
INBOARD ENGINE	внутренний двигатель
INBOARD FLAP	внутренний закрылок
INBOARD FLAP CARRIAGE ASSEMBLY	каретка механизма выпуска внутреннего закрылка
INBOUND	прибывающий; прилетающий; направленный на радиостанцию
INBOUND AIRCRAFT	прибывающее воздушное судно
INBOUND HEADING	курс на выбранный ориентир
INBOUND TRACK	линия пути приближения; маршрут подхода (к зоне аэродрома)

INBULK	навалом; насыпью
INCANDESCENT LIGHT	лампа накаливания
INCENTIVE FARE	поощрительный тариф
INCH	дюйм (25,4 мм)
IN-CHARGE FLIGHT ATTENDANT	бортпроводник
INCHING	медленное перемещение; толчковая подача; толчковый режим электродвигателя
INCIDENCE	угол атаки; угол установки (лопасти)
INCIDENCE ANGLE	угол атаки
INCIDENCE CHANGE CONTROL	управление углом атаки; управление углом установки (лопасти)
INCIDENCE PROBE	датчик угла атаки
INCIDENCE ROOT	угол установки лопасти (винта)
INCIDENT	непредвиденный отказ техники; предпосылка к (авиационному) происшествию; инцидент (в полете)
INCIPIENT CRACK	начальная трещина; зарождающаяся трещина
INCIPIENT FAILURE	начальный отказ
INCLINATION	наклон; уклон; наклонение; угол наклона; склонение магнитной стрелки
INCLINATION INDICATOR	индикатор угла наклона
INCLINE (to)	наклонять
INCLINED ORBIT	наклонная орбита
INCLINED PLANE	наклонная плоскость
INCLINOMETER	инклинометр; уклономер; креномер
INCLUSION	включение; вкрапление; импликация
INCLUSIVE TOUR	туристический рейс типа "инклюзив тур" (полное обслуживание поездки с предварительной оплатой всех услуг)
INCOMING (air)	набегающий (воздушный поток)
INCOMING AIRCRAFT	воздушное судно на подходе (к аэродрому)
INCOMING CIRCUIT	входящая цепь
INCOMING CREW	экипаж прибывающего воздушного судна
INCOMING TRAFFIC	частота прибытия воздушных судов (в аэропорт)
INCOMPRESSIBLE FLOW	несжимаемое течение
INCONTROLLABLE	плохо управляемый; неуправляемый

INCORRECT ADJUSTMENT	неточная юстировка; неточная коррекция
INCREASE	возрастание; увеличение; прирост
INCREASE (to)	возрастать; увеличивать(ся)
INCREASE POWER (to)	повышать тягу; повышать мощность
INCREASE PRESSURE (to)	повышать давление
INCREASE PRESSURE AND VELOCITY (to)	повышать давление и скорость
INCREASING	возрастание; увеличение
INCREMENT	прирост, приращение; увеличение
INDELIBLE	несмываемый; нестираемый
INDENT	зазубрина; надрез; углубление; вмятина; лунка
INDENT (to)	зазубривать; вырезать; высекать; образовывать вмятину
INDENTATIONS	вмятины; отпечатки; следы
INDENTER	интентор; пенетратор
INDEX	индекс; показатель; коэффициент; указатель; стрелка
INDEXING TABLE	делительно-поворотный стол
INDEX MARK(ER)	отметка; метка; указатель
INDEX NUMBER	показатель; коэффициент
INDEX PIN	ось стрелки
INDEX POINT	индексная точка; индексная позиция
INDEX REGISTER	индексный регистр, индекс-регистр
INDIAN INK	тушь
INDICATE (to)	указывать; показывать; обозначать; измерять индикатором
INDICATED AIRSPEED (IAS)	приборная воздушная скорость
INDICATED COURSE LINE	приборная линия курса
INDICATED FLIGHT PATH	приборная траектория полета
INDICATED HORSE-POWER (IHP)	индикаторная мощность
INDICATED ILS GLIDE PATH	приборная глиссада
INDICATED MACH NUMBER	число М по прибору, приборное число М
INDICATED POWER	индикаторная мощность
INDICATING LIGHT	световой сигнализатор
INDICATING PANEL	световое табло
INDICATING SYSTEM	индикаторная система

INDICATION .... показание, отсчет (прибора); индикация, обозначение; сигнализация
INDICATOR .... прибор; указатель; индикатор
INDICATOR LAMP .... индикаторная лампа
INDICATOR LIGHT .... сигнальный огонь; индикаторная лампа; огни индикации
INDICATOR PAPER .... индикаторная бумага
INDICATOR POINTER .... стрелка указателя
INDICATOR SCREEN .... экран индикатора
INDIRECT MAINTENANCE COST (IMC) .... косвенные расходы на техническое обслуживание
INDIUM .... индий
INDIVIDUAL AIR DISTRIBUTION SYSTEM .... система индивидуальной вентиляции
INDIVIDUAL AIR FLOW CONTROLLER .... регулятор индивидуальной вентиляции
INDIVIDUAL AIR OUTLET .... насадок индивидуальной вентиляции
INDRAFT .... всасывание; приток (воздуха)
INDUCE (to) .... эжектировать; индуцировать, наводить; возбуждать
INDUCED .... эжектированный; индуцированный, наведенный; возбужденный
INDUCED AIR .... эжектированный воздух; всасываемый воздух
INDUCED COIL .... катушка индуктивности
INDUCED CURRENT .... наведенный ток, индуцированный ток
INDUCED DRAFT .... всасываемый поток воздуха; принудительная тяга; вытяжная вентиляция
INDUCED DRAG .... индуктивное сопротивление
INDUCED VOLTAGE .... наведенное напряжение
INDUCER .... индуктор; устройство для подачи жидкости под давлением
INDUCING AIR .... эжектируемый воздух; всасываемый воздух
INDUCING CURRENT .... наведенный ток, индуцированный ток
INDUCING LOAD .... индуктивная нагрузка
INDUCTANCE .... индуктивность; самоиндукция; катушка индуктивности
INDUCTANCE COIL .... катушка индуктивности

INDUCTION .... индукция, наведение, индуцирование; электростатическая индукция; магнитная индукция; впуск; всасывание
INDUCTION COIL .... индукционная катушка, катушка зажигания; индуктор
INDUCTION FIELD .... поле электромагнитной индукции
INDUCTION HARDENING ....индукционная закалка
INDUCTION HEATING .... индукционный нагрев
INDUCTION LINE... впускной трубопровод; всасывающий коллектор
INDUCTION MOTOR .... асинхронный двигатель
INDUCTION PIPE... впускной трубопровод; всасывающий коллектор
INDUCTION PRESSURE............................давление подсоса
INDUCTIVE LOAD .... индуктивная нагрузка
INDUCTIVE REACTANCE........................... индуктивное сопротивление
INDUCTOR.. катушка индуктивности; индуктор, индукционная катушка; дроссель
INDURATE (to)............................ делаться твердым; затвердевать
INDUSTRIAL COMPANY .... промышленная фирма
INDUSTRIAL TURBINE .... промышленная турбина
INDUSTRY.................. промышленность; отрасль промышленности; фирма; предприятие
INEFFECTIVE ....неэффективность; недостаточность; неспособность; несостоятельность
INERT GAS................................. инертный газ, нейтральный газ
INERT GAS WELDING .... сварка в среде инертного газа
INERTIA.. инерция; сила инерции
INERTIA FORCE ....сила инерции
INERTIAL .... инерциальный
INERTIAL ACCELEROMETER ....инерциальный акселерометр
INERTIAL FORCE .... инерциальная сила
INERTIAL GUIDANCE ....инерциальное наведение
INERTIAL MEASURING UNIT (IMU) .... инерциальный измерительный блок
INERTIAL NAVIGATION ....инерциальная (аэро)навигация
INERTIAL NAVIGATION SYSTEM (INS) .... инерциальная навигационная система, ИНС
INERTIAL NAVIGATION UNIT (INU) .... инерциальный навигационный блок

INERTIAL NAVIGATOR	инерциальная навигационная система, ИНС
INERTIA LOADING	инерционная нагрузка
INERTIAL PLATFORM	инерциальная платформа
INERTIAL REEL	инерционный замок (привязных ремней)
INERTIAL REFERENCE SYSTEM (IRS)	опорная инерциальная система
INERTIAL REFERENCE UNIT (IRU)	опорный инерциальный блок
INERTIAL SENSOR	датчик инерциальной системы; инерционный датчик
INERTIAL SYSTEM	инерциальная система
INERTIA REELING DRUM	инерционный замок (привязных ремней)
INERTIA STARTER	инерционный стартер
INFEED	врезная подача; поперечная подача; механизм подачи; подпитка (током); электропитание
INFLAMMABLE	огнеопасный; легковоспламеняющийся; горючий
INFLATABLE	надувной
INFLATABLE ESCAPE SLIDE	надувной спасательный желоб
INFLATABLE RAFT	надувной спасательный плот
INFLATE (to)	надувать, накачивать (газом); наполнять; заряжать; обеспечивать наддув (кабины)
INFLATION	зарядка; наполнение; наддув (кабины)
INFLECT (to)	изгибать; перегибать
IN-FLIGHT AIRCRAFT	воздушное судно в полете
IN-FLIGHT ANNOUNCEMENT	объявление в полете
IN-FLIGHT ARMING	снятие с предохранителя в полете [на траектории]
IN-FLIGHT FUEL TO DESTINATION TABLE	таблица расхода топлива до пункта назначения
IN-FLIGHT REFUELING BOOM	топливоприемная штанга; топливозаправочная штанга
IN-FLIGHT REFUELING EXERCISE	отработка заправки топливом в полете
IN-FLIGHT SALES	продажа (товаров) в полете
IN-FLIGHT SERVICE	обслуживание в полете

IN-FLIGHT SHUTDOWN	выключение двигателя в полете
IN-FLIGHT SUPPLY	заправка топливом в полете
IN-FLIGHT THRUST VECTORING	управление вектором тяги в полете
INFLOW	приток; впуск; подсасывание (воздуха)
INFLOW DUCT	впускной канал; всасывающий трубопровод
INFLUX	приток; засасывание воздуха
INFORMATION	информация; данные; сведения
INFORMATION COUNTER (desk, kiosk)	информационная стойка; информационное табло
INFORMATION ON FAULTS	информация об отказах
INFRARED	инфракрасный, ИК, тепловой; ИК область спектра; ИК излучение
INFRARED EMITTING DIODE	инфракрасный (свето)диод, (свето)диод ИК области спектра
INFRARED FORWARD LOOKING	тепловизионная система переднего обзора
INFRARED-GUIDE MISSILE	управляемая ракета с инфракрасной системой наведения
INFRARED HOMING HEAD	инфракрасная головка самонаведения, ИК ГСН
INFRARED IMAGING SEEKER	тепловизионная головка самонаведения
INFRARED RADIOMETER	инфракрасный радиометр
INFRARED SEARCH AND TRACK SYSTEM	инфракрасная поисково-следящая система
INFRARED SEEKER	инфракрасная головка самонаведения, ИК ГСН
INFRARED SENSOR	инфракрасный датчик
INFRARED SIGHT SYSTEM	инфракрасная прицельная система
INFRASTRUCTURE	инфраструктура
IN GEAR	(шасси) на замках
INGEST (to)	всасывать, засасывать
INGESTION	засасывание, всасывание
INGESTION DAMAGE	повреждение при засасывании посторонних предметов (в тракт двигателя)
INGESTION TEST	испытание (лопаток вентилятора) на воздействие всасываемыми предметами
INGOT	слиток; болванка; чушка

INGREDIENT	ингредиент, составная часть, составляющая, компонент; наполнитель
INGRESS	попадание; проникновение
IN GROUND EFFECT	при наличии влияния земли
INHERENT INSTABILITY	собственная неустойчивость
INHERENT STABILITY	собственная устойчивость
INHIBIT (to)	ингибировать, тормозить, подавлять, замедлять; задерживать; запрещать
INHIBITING	ингибирование, торможение, подавление, замедление; задержка; добавка ингибиторов
INHIBITING FLUID	антикоррозионное масло
INHIBITOR	ингибитор, замедлитель, тормозящий агент; (химический) стабилизатор
INITIAL APPROACH	начальный этап захода на посадку
INITIAL CRUISE ALTITUDE	начальная крейсерская высота
INITIAL HEADING	начальный курс
INITIAL PROVISIONING	начальный запас продовольствия
INITIAL VELOCITY	начальная скорость
INITIATE (to)	возбуждать; инициировать; зарождаться
INITIATOR	инициатор; возбудитель; инициирующий заряд, детонатор
INJECT (to)	впрыскивать; инжектировать; вдувать; нагнетать; подпитывать (током)
INJECTION	инжекция, впрыск; введение; вдув (газа); ввод (данных); подача (сигнала)
INJECTION ENGINE	двигатель с непосредственным впрыском, бескарбюраторный двигатель
INJECTION NOZZLE	сопло системы впрыска; сопловое отверстие форсунки; форсунка
INJECTION RING	кольцо форсунок
INJECTION WHEEL	распылительная головка
INJECTOR	инжектор; струйный насос; форсунка; распылительная головка (ЖРД)
INJURE (to)	травмировать; наносить ущерб; вызывать повреждение
INJURY	вред, ущерб; повреждение; порча; увечье; травма; травматизм
INK	чернила; тушь; печатная краска; паста для маркировки, маркировочный состав

INLAY (to)	выполнять мозаику; инкрустировать
INLET	вход; впуск; входное отверстие; воздухозаборник; впускной клапан
INLET CASE	корпус воздухозаборника
INLET CONE	входной конус; конус воздухозаборника
INLET DOOR	впускная створка
INLET FAIRING	обтекатель воздухозаборника
INLET GUIDE VANE (IGV)	входной направляющий аппарат
INLET LINE	входной тракт; тракт воздухозаборника
INLET MANIFOLD	входной коллектор
INLET NOZZLE	сопло с подводом воздуха
INLET PORT	входное отверстие; впускное отверстие
INLET PRESSURE	полное давление на входе; напор
INLET SCOOP	ковшовый воздухозаборник
INLET SCREEN	(предохранительная) сетка воздухозаборника
INLET VALVE	впускной клапан
IN-LINE	расположенный на одной линии; рядный
IN-LINE ENGINE	рядный двигатель
IN-LINE TRANSFER	прямой перелёт; прямая перекачка (топлива)
INNER	вкладыш
INNER APPROACH LIGHTING	светосигнальное оборудование ближней зоны приближения (к ВПП)
INNER DIAMETER (ID)	внутренний диаметр
INNER FLAP	внутренний закрылок
INNER MARKER (IM)	ближний маркер
INNER MARKER BEACON	ближний (приводной) радиомаяк
INNER PANEL	внутренняя панель
INNER RACE	внутреннее кольцо (подшипника качения); внутренняя дорожка (шарикоподшипника)
INNER SHAFT	внутренний соосный вал
INNER TUBE	камера шины
INOPERATIVE	неисправный, неработающий, неработоспособный; холостой
INOPERATIVE ENGINE	неисправный двигатель
IN-ORBIT	орбитальный; на орбите
INORGANIC COATING	неорганическое покрытие
INORGANIC STRIPPER	неорганический раствор
INOXIDIZABILITY	неокисляемость; коррозионная стойкость
INPHASE	в фазе, совпадающий по фазе, синфазный

INPLANE	в плоскости
INPUT	передаваемая мощность; ввод (данных)
INPUT AMPLIFIER	входной усилитель
INPUT DRIVE SHAFT	входной ведущий вал
INPUT GEAR	ведущая шестерня
INPUT IMPEDANCE	полное входное сопротивление
INPUT PORT	входное отверстие; впускное отверстие
INPUT SHAFT	входной вал
INPUT SIGNAL	входной сигнал
INPUT VOLTAGE	входное напряжение
INQUIRE (to)	запрашивать; опрашивать
INQUIRY	запрос; опрос
INRUSH	пусковая мощность; (пусковой) бросок тока; пусковое усилие
INS DRIFT	уход инерциальной навигационной системы, уход ИНС
INSECURED	небезопасный; ненадёжный; непрочный
INSERT	вставка; вкладыш; прокладка; втулка
INSERT (to)	вводить (данные); вставлять; вкладывать; запрессовывать деталь
INSERT BLADE	вставная лопатка
INSERTING	ввод; вставка
INSERTION GAIN	вносимое усиление
IN-SERVICE	в процессе обслуживания; в эксплуатации
IN-SERVICE AIRCRAFT	эксплуатируемое воздушное судно
IN-SERVICE DATE	срок ввода в эксплуатацию
INSET LIGHT	невыступающий огонь, утопленный огонь
INSIDE DIAMETER (ID)	внутренний диаметр
INSIDE MICROMETER	микрометр для измерения внутренних диаметров
INSIGNIA	опознавательный знак
INSPAR	междулонжеронный
INSPAR RIB	междулонжеронная нервюра; промежуточная нервюра
INSPECT (to)	контролировать; проверять, осматривать; инспектировать
INSPECTION (inspecting)	осмотр, проверка состояния; наблюдение (с воздуха); контроль (качества); дефектация (деталей); расследование (происшествия); досмотр (пассажиров)

INSPECTION DOOR	смотровой лючок
INSPECTION HOLE	смотровое отверстие
INSPECTION LIGHT	переносная электрическая лампа, "переноска"
INSPECTION MIRROR	зеркало системы контроля
INSPECTION PANEL (door)	смотровая панель
INSPECTION PERIOD	период осмотра, период проверки
INSPECTION PORT	смотровое окно
INSPECTION TABLE	инспекторский стеллаж; смотровой щит
INSPECTION WINDOW	смотровое окно
INSTABILITY	неустойчивость
INSTALL (to)	устанавливать; монтировать
INSTALLATION	комплект оборудования, установка; монтаж, установка, сборка
INSTALLATION DIAGRAM	схема установки
INSTALLATION EQUIPMENT	оборудование для монтажа
INSTALLATION TOOL	монтажный инструмент; монтажное приспособление
INSTALL COTTER PIN (to)	шплинтовать; скреплять шпильками [штифтами, болтами]
INSTALLED	установленный
INSTALLED POSITION	установленное положение
INSTALLED WEIGHT	масса смонтированной установки
INSTALL RIVETS (to)	клепать; устанавливать заклепки
INSTANT ACTION	мгновенное действие
INSTANTANEOUS FUEL FLOW	текущий расход горючего
INSTANTANEOUS VELOCITY VERTICAL CONTROL (IVVC)	вычис- литель мгновенной вертикальной скорости
INSTANTANEOUS VERTICAL SPEED INDICATOR (IVSI)	указатель мгновенной вертикальной скорости
INSTRUCTION	обучение, подготовка; условие, требование; инструктаж; указание; инструкция; команда
INSTRUCTIONAL FLIGHT	учебный проверочный полет
INSTRUCTION BOOK	руководство по эксплуатации
INSTRUCTION MANUAL	руководство по эксплуатации
INSTRUCTION PLATE	трафарет с инструкцией по применению

INSTRUCTOR	инструктор; советник
INSTRUCTOR PILOT	пилот-инструктор
INSTRUMENT	прибор; датчик; инструмент
INSTRUMENT APPROACH	заход на посадку по приборам
INSTRUMENT APPROACH CHART	схема захода на посадку по приборам
INSTRUMENT APPROACH FIX	контрольная точка начального этапа захода на посадку по приборам
INSTRUMENTATION (instruments)	приборы; приборно-измерительное оборудование
INSTRUMENT BOARD	приборная доска
INSTRUMENT COMPARISON MONITOR (comparator)	устройство сравнения показаний приборов
INSTRUMENT DISPLAY	приборная доска
INSTRUMENT FAILURE WARNING SYSTEM	система сигнализации отказа приборов
INSTRUMENT FLIGHT	полет по приборам, "слепой" полет
INSTRUMENT FLIGHT PLAN	план полета по приборам
INSTRUMENT FLIGHT RATING	свидетельство на право полетов по приборам; квалификация для полетов по прибрам
INSTRUMENT FLIGHT RULES (IFR)	правила полетов по приборам
INSTRUMENT FLYING	полеты по приборам
INSTRUMENT GUIDANCE SYSTEM	система наведения по приборам
INSTRUMENT LANDING	посадка по приборам
INSTRUMENT LANDING SYSTEM (ILS)	система посадки по приборам, система "слепой" посадки
INSTRUMENT LIGHTING	подсвет приборной доски
INSTRUMENT METEOROLOGICAL CONDITIONS (IMC)	сложные метеоусловия, требующие пилотирования по приборам
INSTRUMENT PANEL	приборная доска
INSTRUMENT PANEL LIGHT	лампа подсвета приборной доски
INSTRUMENT RATED	имеющий свидетельство на право полетов по приборам

INSTRUMENT RATING	свидетельство на право полетов по приборам; квалификация для полетов по приборам
INSTRUMENT READING	показание прибора; отсчет показаний прибора
INSTRUMENT TIME	налет по приборам
INSULATE (to)	изолировать; наносить теплозащитное покрытие; теплоизолировать
INSULATED	изолированный; с теплозащитным покрытием; теплоизолированный
INSULATING	изоляция; изоляционный материал
INSULATING MATERIAL	изоляционный материал
INSULATING PLATE	изоляционная пластина; обкладка (конденсатора)
INSULATING RESISTANCE	сопротивление изоляции
INSULATING SLEEVE	трубчатая изоляция (провода)
INSULATING TAPE	изоляционная лента
INSULATION	изоляция; изоляционный материал
INSULATION BLANKET	(тепло)изоляционная панель
INSULATION BREAKDOWN	пробой изоляции
INSULATION BREAKDOWN TEST	испытания на пробой изоляции
INSULATION METER (megger)	мегаомметр
INSULATION PANEL	(тепло)изоляционная панель
INSULATION RESISTANCE	сопротивление изоляции
INSULATION TAPE	изоляционная лента
INSULATION TESTER	мегаомметр
INSULATOR	изолятор; изоляционный материал
INSURANCE	страхование
INSURANCE ITEM	статья страхового договора
INTAKE (air intake)	входное устройство; воздухозаборник; входной канал; вход; впуск
INTAKE DUCT (air)	воздуховод воздухозаборника; входной канал
INTAKE GUIDE VANE	лопатка входного направляющего аппарата; входной направляющий аппарат
INTAKE PORT	входное отверстие
INTAKE SCREEN	предохранительная сетка воздухозаборника
INTAKE VALVE	клапан впуска (воздуха в цилиндр двигателя)

INTEGRAL	интеграл; интегральный; встроенный, объединенный; неотъемлемый, неразъемный
INTEGRAL FUEL TANK	несущий топливный бак
INTEGRAL LUG	интегральный фланец; встроенное ушко
INTEGRAL PANEL	интегральная панель
INTEGRAL RECHARGER	встроенное перезаряжающее устройство
INTEGRAL RIGID HUB	встроенная жесткая втулка
INTEGRAL STAIRS	встроенный трап
INTEGRAL TANK	несущий топливный бак
INTEGRAL TEST	встроенный контроль
INTEGRATED	интегральный; встроенный, объединенный; комплексный
INTEGRATED CIRCUIT	интегральная схема, ИС
INTEGRATED COMMUNICATION SYSTEM	комплексная система связи
INTEGRATED CONTROL SYSTEM	встроенная система контроля
INTEGRATED DISPLAY	комбинированный дисплей
INTEGRATED FLIGHT CONTROL SYSTEM	комплексная система управления полетом
INTEGRATED FLIGHT DATA SYSTEM	комплексная система обработки полетных данных
INTEGRATED FLIGHT SYSTEM (IFS)	комплексная система управления полетом
INTEGRATING CIRCUIT	интегральная схема, ИС
INTEGRATING FLOWMETER	встроенный расходомер
INTEGRATING GYROSCOPE	интегральный гироскоп
INTEGRATING METER	интегрирующий измерительный прибор
INTEGRATOR AMPLIFIER	усилитель-интегратор, интегрирующий усилитель
INTEGRITY TEST	комплексное испытание
INTENDED FLIGHT	планируемый полет
INTENDED TRACK	заданная линия пути
INTENSIFIER	усилитель; электронно-оптический преобразователь, ЭОП
INTENSITY	интенсивность; сила; энергия; яркость
INTENTIONAL OCCURRENCE	происшествие вследствие ошибочных действий (экипажа)
INTERACTION	взаимодействие

INTERACTIVE TRIDIMENSIONAL AIDED DESIGN	система трехмерного автоматизированного проектирования в интерактивном режиме
INTERCELL	ребристая перегородка; отражательная перегородка; дефлектор
INTERCEPTION	перехват; встреча; пересечение
INTERCEPTION MISSILE	ракета-перехватчик; противоракета
INTERCEPTION MISSION	операция по перехвату; вылет на перехват
INTERCEPTOR	ракета-перехватчик; противоракета; интерцептор; прерыватель потока
INTERCEPTOR-FIGHTER	истребитель-перехватчик
INTERCEPTOR MISSILE	ракета-перехватчик; противоракета
INTERCHANGE	взаимный обмен
INTERCHANGEABILITY	взаимозаменяемость
INTERCHANGEABLE	взаимозаменяемый; сменный
INTERCHANGED AIRCRAFT	воздушное судно по обмену
INTERCOM	самолетное переговорное устройство, СПУ
INTERCOMMUNICATION SYSTEM	переговорное устройство
INTERCONNECT (to)	взаимосвязывать; объединять; соединять
INTERCONNECTED	взаимосвязанный
INTERCONNECTION	взаимосвязь; разводка; связь; соединение
INTERCONNECTION BOARD	соединительная плата
INTERCONNECTOR	соединительное устройство
INTERCONNECT VALVE	соединительный клапан
INTERCONTINENTAL BALLISTIC MISSILE (ICBM)	межконтинентальная баллистическая ракета, МБР
INTERCOOLER	промежуточный радиатор; устройство внутреннего охлаждения
INTERCOSTAL PANEL	межреберная перегородка
INTERFACE	взаимосвязь; взаимодействие; согласование; интерфейс; сопряжение; согласующее устройство; стык; граница раздела; область взаимодействия

INTERFACE CIRCUITRY .... схемы сопряжения, схемы интерфейса
INTERFACE ELECTRONICS .... электронные схемы сопряжения
INTERFACE TESTER .... прибор для проверки сопряжения
INTERFACE UNIT .... интерфейсный блок; устройство сопряжения
INTERFERENCE .... помехи; интерференция
INTERFERENCE DRAG .... интерференционное сопротивление
INTERFERENCE FIT .... посадка с натягом; неподвижная посадка
INTERFEROMETER .... интерферометр
INTERGRANULAR CORROSION .... межкристаллитная коррозия
INTERIOR SURFACE .... внутренняя поверхность
INTERLACE .... перемежение; чередование; чересстрочная развертка; скачковая развертка; уплотнение импульсных сигналов
INTERLACED SCANNING .... чересстрочная развертка
INTERLACE WIRES (to) .... переплетать провода
INTERLAYER .... промежуточный слой
INTERLINE .... общая авиалиния (для нескольких авиакомпаний)
INTERLINE TRANSFER .... передача (груза) в пункте стыковки авиарейсов
INTERLINE TRANSPORTATION .... совместная перевозка нескольких авиакомпаний
INTERLINING .... стыковка авиалиний; сотрудничество авиакомпаний
INTERLINKED .... соединенный
INTERLOCK .... замок; фиксатор; предохранитель; блокировка, блокирование; блокировочное устройство
INTERLOCK BELLCRANK ..... коленчатый рычаг внутренней блокировки
INTERLOCK CIRCUIT .... схема блокировки; цепь блокировки
INTERLOCKING .... (внутренняя) блокировка
INTERLOCKING CIRCUIT .... схема блокировки; цепь блокировки
INTERLOCKING MECHANISM .... стопорный механизм; механизм блокировки
INTERLOCKING PLIERS .... плоскогубцы со стопорным механизмом

INTERLOCKING SLIDE FASTENER	замок с блокирующим устройством
INTERLOCK MECHANISM	замок; предохранительный механизм
INTERLOCK RELAY	спаренное реле с взаимной блокировкой
INTERMEDIATE APPROACH	промежуточный этап захода на посадку
INTERMEDIATE CASE (casing)	промежуточный картер
INTERMEDIATE GEARBOX	промежуточный редуктор
INTERMEDIATE LANDING	посадка на маршруте полета, промежуточная посадка
INTERMEDIATE LAYOVER (IL)	задержка вылета на маршруте полета для стыковки (с другим рейсом)
INTERMEDIATE PRESSURE (IP)	промежуточное давление
INTERMEDIATE PRESSURE COMPRESSOR	компрессор промежуточной ступени
INTERMEDIATE RANGE BALLISTIC MISSILE (IRBM)	баллистическая ракета средней дальности, БРСД
INTERMEDIATE STOP (station)	промежуточная посадка
INTERMITTENT	механизм прерывистого движения
INTERMITTENT BEEPER	генератор зуммерных сигналов; устройство звуковой сигнализации
INTERMITTENT HORN SOUNDING	прерывистый звуковой сигнал
INTERNAL-COMBUSTION ENGINE	двигатель внутреннего сгорания
INTERNAL-COMPRESSION INLET	входное устройство со сжатием воздуха на входе
INTERNAL DIAMETER	внутренний диаметр
INTERNAL DRAIN	внутренний дренаж
INTERNAL ENERGY	внутренняя энергия
INTERNAL LEAKAGE	внутренние утечки
INTERNAL PIPE THREAD ELBOW	коленчатый патрубок внутреннего трубопровода
INTERNAL RESISTANCE	внутреннее сопротивление
INTERNAL SPLINE	внутренняя шлица
INTERNAL SURFACE	внутренняя поверхность
INTERNAL THREAD	внутренняя резьба
INTERNAL WRENCHING BOLT	болт с полой шлицевой головкой

INTERNATIONAL AERONAUTICAL FEDERATION .... Международная авиационная федерация, ФАИ

INTERNATIONAL AIR SERVICE (transport) .... международное воздушное сообщение

INTERNATIONAL AIRPORT .... международный аэропорт

INTERNATIONAL AIR ROUTE .... международная авиалиния

INTERNATIONAL AIR TRAFFIC .... международные воздушные перевозки

INTERNATIONAL PASSENGERS .... пассажиры международных авиалиний

INTERNATIONAL ROUTES .... международные авиалинии

INTERNATIONAL STANDARD ATMOSPHERE (ISA) .... Международная стандартная атмосфера, МСА

INTERPHONE .... самолетное переговорное устройство, СПУ

INTERPHONE AMPLIFIER .... усилитель самолетного переговорного устройства

INTERPHONE CONNECTOR .... соединитель самолетного переговорного устройства

INTERPHONE HANDSET .... микротелефонная трубка самолетного переговорного устройства

INTERPHONE JACK .... штекерный разъем самолетного переговорного устройства

INTERPHONE SELECTOR .... переключатель самолетного переговорного устройства

INTERPLANETARY FLIGHT .... межпланетный полет

INTERPLANETARY PROBE .... космический аппарат для межпланетных экспедиций

INTERROGATION RATE .... частота запросов

INTERROGATION SIGNAL .... сигнал запроса

INTERROGATOR .... запросчик

INTERROGATOR MODE .... режим запроса (бортового ответчика)

INTERRUPT (to) .... прерывать; прекращать

INTERRUPTED TAKE-OFF .... прерванный взлет

INTERRUPTER .... прерыватель

INTERRUPTION .... прерывание; разъединение

INTERRUPT POWER (to) .... прекращать подачу энергии

INTERSECT (to)	перекрещивать(ся); скрещивать(ся)
INTERSECTING POINT	точка пересечения
INTERSPAR	междулонжеронный
INTERSPAR SKIN	междулонжеронная обшивка
INTERSTAGE	промежуточный отсек между ступенями (ракеты)
INTERSTELLAR	межзвездный
INTERSTELLAR PROBE	космический аппарат для межзвездных экспедиций
INTER-TANK TRANSFER	перекачка топлива на борту
INTERTANK VALVE	клапан соединения топливных баков
INTERVAL	интервал, промежуток
INTERVAL TIMER	интервальный таймер; реле выдержки времени; счетчик-таймер
INTO WIND	(строго) против ветра
INTRADOS	внутренняя поверхность свода
IN TRANSIT	переходный; перемещающийся
IN TRIM	сбалансированный; в режиме балансировки
INTRINSIC NOISE	собственный шум
INTROSCOPE PROBE	интроскоп, зонд для внутреннего осмотра
INTRUDING AIRCRAFT	воздушное судно, создающее опасность столкновения (в полете)
INTRUSION	нарушение (воздушного пространства); проникновение; внедрение; интрузия
INTUMESCENT PAINT	вспучившаяся краска
INVENTORY	материально-производственные запасы; инвентаризация; запас материалов
INVERSE FLOW	поперечный поток
INVERT (to)	преобразовывать; инвертировать
INVERTED FLIGHT	перевернутый полет, полет на "спине"
INVERTED GULL WING	крыло в форме перевернутой "чайки"
INVERTED LOOP	петля из перевернутого положения
INVERTED POSITION	перевернутое положение
INVERTED SPIN	перевернутый штопор
INVERTED TURN	перевернутый вираж, разворот с отрицательной перегрузкой

INVERTED-V ENGINE	перевернутый V-образный двигатель
INVERTER	инвертор; преобразователь; инвертирующий усилитель, усилитель-инвертор
INVERTING AMPLIFIER	инвертирующий усилитель, усилитель-инвертор
INVERTOR	преобразователь
INVESTIGATION	расследование (происшествия); исследование
INVESTIGATION BOARD	комиссия по расследованию (происшествия)
INVESTIGATOR-IN-CHARGE	уполномоченный по расследованию (авиационного происшествия)
INVESTMENT	огнеупорная смесь; капиталовложения
INVOICE	счет; фактура
INWARD	внутренний
INWARD AIRCRAFT	прибывающее воздушное судно
INWARD FLOW TURBINE	центростремительная турбина
IODINE NUMBER	йодное число
ION	ион
IONIC PROPELLANT	ионное топливо, топливо для ионного двигателя
IONIZATION	ионизация
IONIZED SULFUR (sulphur)	ионизированная сера
IONOSPHERE	ионосфера
IONOSPHERIC WAVE	ионосферная волна
IR (intrared)	инфракрасный, ИК
IRIDIUM	иридий
IRON	железо; чугун; сталь
IRON BAR	железный стержень; стальная балка
IRON OXIDE	окись железа
IRON WIRE	металлический кабель
IRRADIATION	облучение; освещение
IRREPAIRABLE AIRCRAFT	неремонтопригодное воздушное судно
IRREPAIRABLE PART	неремонтопригодный узел
IRREVERSIBLE CONTROL SYSTEM	необратимая (бустерная) система управления

ISA CONDITIONS	условия по Международной стандартной атмосфере
ISALLOBAR	изаллобара
ISENTROPIC COMPRESSION	изэнтропическое сжатие
ISENTROPIC EFFICIENCY	изэнтропический кпд
ISOBAR	изобара
ISOBARIC	изобарический
ISOBARIC BELLOWS	сильфон, мембранная коробка
ISOBARIC CURVE (isobar)	изобара
ISOBARIC REGULATION	регулирование изобарического процесса
ISOCHORE	изохора, линия равных объемов
ISOCLINIC LINE	изоклина, линия магнитного наклонения
ISOGONIC LINE	изогона, линия магнитного склонения
ISOGRID	изогрида
ISOLATE (to)	изолировать; отключать
ISOLATED	отдельный; изолированный; отключенный
ISOLATING RELAY	отключающее реле
ISOLATING VALVE	стопорный клапан; запорный клапан
ISOMETRIC PROJECTION	изометрическая проекция
ISOPROPYL ALCOHOL	изопропиловый спирт, изопропанол, диметилкарбинол
ISOPROPYLIC NITRATE STARTER	газотурбинный стартер на изопропилнитрате
ISOSCALES TRIANGLE	равнобедренный треугольник
ISOSTATICALLY PRESSED CASTING	отливка, полученная изостатическим прессованием
ISOTHERM	изотерма
ISOTHERMAL	изотермический
ISOTHERMAL COMPRESSION	изотермическое сжатие
ISOTHERMAL FORGING	изотермическая штамповка
ISOTHERMAL LINE	изотерма
ISOTHERMAL POWER	изотермический источник энергии
ISOTHERMIC	изотермический
ISOTHERMIC CALORIMETRY	изотермическая калориметрия
ISOTHERMOUS	изотермический
ISOTROPIC CONDUCTIVITY	изотропическая проводимость

ISSUE .... выпуск; издание; номер; экземпляр
ISSUE (to) .... выпускать; издавать; обеспечивать; снабжать
ISSUE INDEX .... порядковый номер модификации (изделия)
ITEM .... пункт (документа); часть, деталь
ITERATIVE GUIDANCE .... итерационное наведение
ITINERANT AIRCRAFT .... самолет, совершающий полет по маршруту
ITINERARY .... путевой; дорожный

J

JAB	толчок; внезапный удар
JAB SAW	ножовка для металла
JACK	подъемник, домкрат; штекерный разъем; силовой цилиндр
JACK (to)	поднимать домкратом
JACK BOX	штекерная коробка; клеммная коробка; соединительная коробка; блок разъемов
JACK CLUTCH	соединительная муфта
JACKET	кожух; оболочка; защитное покрытие
JACKING	подъем (гидроподъемником)
JACKING DOME	сферическая головка крепежного винта
JACKING POINT	место установки подъемника
JACK OUTLET	штепсельная розетка
JACK PAD	упор для установки подъемника
JACK PANEL	гнездовая панель
JACK PLUG	соединительный штекер
JACK SCREW	винтовой домкрат; винт домкрата
JACKSCREW ACTUATOR	винтовой домкрат
JACKSCREW BALL NUT	шариковая гайка винтового домкрата
JACK-SHAFT	приводной вал
JACK UP (to)	поднимать домкратом
JAGGED EDGE OF HOLE	зазубренный край отверстия
JAM (to)	создавать помехи, заглушать (радиопередачу); забивать (связь); заклинивать, заедать
JAMMED	заглушенный; подавленный преднамеренными помехами; заблокированный
JAMMED GEAR	заклинившее шасси
JAMMER	передатчик (преднамеренных) помех; средство радиоэлектронного подавления [РЭП]; постановщик помех
JAMMING	создание (преднамеренных) помех; радиоэлектронное подавление, РЭП; заедание, заклинивание, защемление
JAMMING RESISTANCE	помехозащищенность; помехоустойчивость

JAMMING STATION .... передатчик (преднамеренных) помех; средство радиоэлектронного подавления [РЭП]; постановщик помех

JAMMING SYSTEM .... система постановки (преднамеренных) помех; система радиоэлектронного подавления [РЭП]

JAMMING TRANSMITTER .... передатчик (преднамеренных) помех

JAMNUT (jam nut) .... зажимная гайка; стопорная гайка

JAM ON THE BRAKES (to) .... тормозить, нажимать на тормоза

JAMPROOF ALTIMETER .... помехозащищенный высотомер

JAM THE RADARS (to) ...... ставить помехи радиолокационной станции, подавлять РЛС помехами

JAM UP (to) .... ставить помехи

JAPAN .... (черный) лак, шеллак

JAR .... корпус (батареи, аккумулятора) толчок; сотрясение; вибрация

JAR (to) .... вибрировать

JAR THE GEAR DOWN (to) .... разблокировать выпуск шасси

JAW .... замкнутый круг (полетов); щека (замка шасси); храповик

JAW CHUCK .... кулачковый патрон

JAW CLUTCH .... кулачковая муфта

JAW PULLER .... кулачковый патрон

JAW SCREW-TYPE GEAR PULLER .... винтовой кулачковый съемник

JAW TEETH .... зуб храповика

JELLY .... студень, гель, желе

JELLY-BELLY PACK .... грузовой контейнер

JEOPARDIZE (to) .... подвергать опасности, рисковать

JERK .... резкое движение (рулями); рывок; толчок; темп; изменение ускорения

JERK (to) .... дергать, толкать, двигаться резкими толчками

JERKY RUNNING .... движение рывками

JERKY SPIN .... неравномерная раскрутка (ротора)

JERRICAN .... металлическая канистра

JET .... реактивный самолет; реактивная струя; форсунка; жиклер

JET (to) .... двигаться под действием реактивной тяги

JET AIRLINER (aircraft, plane) .... реактивный самолет;
реактивное воздушное судно
JET ASSISTED TAKE-OFF (JATO) ....взлет с помощью
реактивного ускорителя;
стартовый реактивный ускоритель
JET BLAST .... реактивная струя;
ударная волна от реактивной струи
JET BLAST APPLICATOR .... установка для воздушного дутья;
устройство
жидкостно-абразивной обработки
JET DEFLECTOR (deviator) .... отражатель реактивной струи
JET ENGINE .... реактивный двигатель
JET EXHAUST ....выхлоп реактивного двигателя
JET-FIGHTER AIRCRAFT .... реактивный истребитель
JET FLAP ....реактивный закрылок
JET FLAPPED ROTOR .... несущий винт с реактивными закрылками
(на лопастях)
JET GAS STREAM.. струя выхлопных газов
реактивного двигателя
JET GAUGES ....датчики реактивного двигателя
JET-HOLDER .... державка форсунки
JET HOLE.. отверстие форсунки
JETLINER ....реактивное воздушное судно
JET LUBRICATION..смазка разбрызгиванием
JET NOZZLE .... реактивное сопло
JET PIPE .... реактивное сопло
JET PIPE TEMPERATURE (JPT)............ температура газов за турбиной
JET PLANE.. реактивный самолет;
реактивное воздушное судно
JET PLUG .... пробка форсунки
JET POD .... гондола с реактивным двигателем
JET-POWERED .... оснащенный реактивным двигателем
JET-POWERED AIRCRAFT..................................... реактивный самолет;
реактивное воздушное судно
JETPROP (propjet)..турбовинтовой
реактивный двигатель, ТВД
JET PROPELLED AIRPLANE (aircraft) .... реактивный самолет;
реактивное воздушное судно
JET-PROP ENGINE (jetprop engine)..............................турбовинтовой
двигатель, ТВД

JET PROPULSION	реактивная силовая установка; реактивный двигатель
JET PUMP	эжектор, струйный насос
JET PUMP HP SENSING LINE TAKE-OFF	отбор мощности от трубопровода высокого давления струйного насоса
JET PUMP HP SUPPLY LINE	трубопровод подачи высокого давления струйного насоса
JET STREAM	реактивная струя
JET SUBMERGENCE	затопление струи
JET THRUST	реактивная тяга
JETTISON (to)	принудительный сброс [сбрасывание]; (аварийный) слив топлива; отстреливание
JETTISONABLE	сбрасываемый; отделяемый; (аварийно) сливаемый; отстреливаемый
JETTISON IN FLIGHT (to)	сбрасывать в полете
JETTISONING	аварийный слив (топлива)
JETTISON TANK	сбрасываемый топливный бак
JETTISON VALVE	клапан аварийного слива
JET TURBINE ENGINE	турбореактивный двигатель
JETTY	посадочная галерея для пассажиров
JET VELOCITY	скорость истечения струи
JETWAY	посадочная галерея для пассажиров
JEWEL BEARING	опорная подушка из полудрагоценных камней
JIFFY DRAIN	пробка для быстрого слива (топлива)
JIG	оправка; колодка; стенд; стойка; зажимное приспособление
JIG BORING MACHINE	координатно-расточный станок; координатно-сверлильный станок
JIGGER	трансформатор затухающих колебаний; прорезная пила; вибратор
JIG SUPPORT	технологическая оснастка к станкам
JITTER	дрожание; вибрация; шум мерцания, фликкер-шум; случайные искажения
JITTER MEASUREMENT	измерение вибрации
JOB	работа (по специальности)
JOB CARD	рабочая карточка
JOBLESS	безработный

JO-BOLT	болт для соединения стыков
JOB ORDER	производственный заказ; наряд на выполнение работы
JOB PRODUCTION	единичное производство; мелкосерийное производство
JOGGING	толчковая подача; толчковое перемещение
JOGGLE	толчок; встряхивание; соединение на шипах; шпунт; паз
JOGGLE (to)	толкать; трясти; встряхивать
JOGGLE WEB	стенка лонжерона с отбортовкой
JOGGLING	фланжировка; отгибание кромок
JOIN (to)	соединять; присоединять
JOINER	строгальный станок; столяр; плотник
JOINERY	столярное дело, столярные работы; соединение деревянных элементов
JOINING	соединение; сборка
JOINING LINE	стык; соединение; сопряжение
JOINING POINT	точка соединения; точка сопряжения; точка стыка
JOINING TURN	разворот на курс полета
JOINT	стык; шов; соединение; узел; разъем
JOINT (to)	соединять; сопрягать
JOINT COVER	защитное покрытие шва
JOINT FACE	поверхность соединения
JOINT FORK	соединитель с вилочными контактами
JOINTING COMPOUND	герметик, гермомастика
JOINT NUT	соединительная гайка
JOINT RING	соединительное кольцо; стыковой шпангоут
JOIN-UP	присоединенный
JOLT	толчок (при раскрытии парашюта)
JOULE'S HEAT LOSS	тепловые джоулевы потери
JOURNAL	ступица; цапфа; шейка (вала)
JOURNAL BEARING	опорный подшипник; радиальный подшипник; подшипник скольжения
JOURNAL DIAMETER	диаметр шейки (вала); диаметр ступицы
JOURNEY	полет; рейс
JOURNEY LOG-BOOK	бортовой журнал
JOY RIDING	развлекательный полет

JOY STICK	ручка управления
JUDDER	интенсивная вибрация
JUMBO JET	широкофюзеляжное реактивное воздушное судно
JUMP (to)	прыгать (с парашютом); откидывать; переходить, выполнять переход; передавать управление
JUMPER	(навесная) перемычка; соединительный провод
JUMPER STRAP	навесная перемычка
JUMPING	прыжки (с парашютом); биение; соскакивание (ремня со шкива); скачкообразное движение; подергивание (изображения); расклепывание; высаживание
JUMPING AREA	зона прыжков с парашютом
JUMP SEAT	откидное сиденье
JUMP-WELD	расклепанный сварной шов
JUNCTION	место примыкания (рулежной дорожки к ВПП); соединение (деталей)
JUNCTION BOX	распределительная коробка; соединительная коробка
JUNCTION PANEL	соединительная панель; гнездовая панель
JUNCTION PLATE	соединительная пластина
JURY STRUT (link)	вспомогательный подкос; промежуточный подкос; межподкосная распорка
JUSTIFIED REMOVAL	обоснованное снятие с эксплуатации

K

KATABATIC WIND ....стоковый ветер, катабатический ветер
KEEL .... киль; продольная нижняя балка
KEEL ANGLE .... угол наклона киля
KEEL BEAM .... продольная нижняя балка (фюзеляжа)
KEEP (to) .... держать; иметь; хранить
KEEPER .... переходное кольцо (парашютной системы); запорная планка (замка); скоба задвижки; контргайка; стопорная гайка
KEEPING ....сохранение; удержание; отслеживание, отсчет; выдерживание
KEEPOUT .... зона обзора
KELVIN DEGREE .... градусы Кельвина, К
KELVIN TEMPERATURE ....температура в градусах Кельвина
KEPLERIAN ORBIT .... кеплеровская орбита
KEROSENE .... керосин
KEY ....кнопка-клавиша; ключ; чека, шпилька; группа символов; шифр; код
KEY (to) .... переключать, работать ключом, коммутировать; набирать на клавиатуре
KEYBOARD .... коммутационная панель; клавишный пульт; клавиатура, клавишная панель
KEYBOARD-SELECTED .... выбираемый с помощью клавиатуры
KEY BOLT .... шпоночный болт; болт с головкой под чеку
KEYBOX ....клавишный коммутатор; ключевой коммутатор
KEY DRIFT .... смещение шпонки; срезка чеки
KEYED .... клавишный; ключевой; закрепленный шпонкой
KEY GROOVE .... шпоночная канавка; шпоночный паз
KEYHOLE............................... шпоночная канавка; шпоночный паз; отверстие под ключ
KEYHOLE SAW .... узкая ножовка
KEY-IN ....ввод с клавиатуры
KEYING ....посадка на шпонку; закрепление шпонкой; ввод данных с помощью клавиатуры; работа на клавиатуре; работа с телеграфным ключом; (телеграфная) манипуляция
KEYING PIN .... соединительный болт с фиксацией шплинтом

KEYING PLUG	заглушка с фиксацией шплинтом
KEYLOCK	замок; запор; зажим; зажимное устройство; фиксатор; стопор
KEYPAD	клавиатура; вспомогательный клавишный пульт
KEY PUNCHED CARD	перфокарта
KEY PUNCH OPERATOR	перфоратор
KEY SEAT (slot)	шпоночная канавка; шпоночный паз
KEYSLOT	шпоночная канавка; шпоночный паз
KEY-SLOTTED	со шпоночной канавкой; со шпоночным пазом
KEYSWITCH	клавишный переключатель
KEYWASHER	шайба со шпоночной канавкой
KEYWAY (key-slot)	шпоночная канавка; шпоночный паз
KEYWORD	ключевое слово
KEYWORDS INDEX	указатель ключевых слов
KICK	резкое отклонение (руля); удар; толчок
KICK (to)	вводить в разворот
KICK BOARD	плинтус
KICK FUSE	инерционный плавкий предохранитель
KICKING	тряска
KICK-OFF	доворот на взлетно-посадочную полосу, доворот на ВПП
KIFIS SYSTEM (Kollsman integrated flight instrument system)	комплексная система пилотажных приборов фирмы "Коллсмен"
KILL	уничтожение (цели); поражение (цели); попадание (в цель)
KILL (to)	аннулировать, уничтожать; поражать; разрушать
KILLABILITY	поражающая способность
KILLED STEEL	спокойная сталь; раскисленная сталь
KILLER	аппарат-перехватчик; спутник-перехватчик; средство поражения; подавитель пучка
KILL-PER-TIME	темп поражения
KILN	обжиговая печь; сушильная печь
KILN DRY (to)	обжигать; сушить; прокаливать
KILOGRAM	килограмм
KILOMETER	километр
KILOVOLT-AMPERE (KVA)	киловольт-ампер, кВхА
KIND	сорт; разновидность; класс

KINEMATIC	кинематический
KINEMATIC CHAIN (linkage, mechanism)	кинематическая цепь
KINEMATICS	кинематика
KINEMATIC VISCOSITY	кинематическая вязкость
KINETIC	кинетический
KINETIC ENERGY	кинетическая энергия
KINETIC ENERGY WEAPON	оружие кинетической энергии, кинетическое оружие
KINETIC HEATING	кинетический нагрев
KINETIC HEAT TEST	испытание на воздействие кинетического нагрева
KINGBOLT	поворотный болт; поворотный шкворень
KINGPIN	поворотный шкворень
KINK	изгиб; уступ; перегиб; точка излома; излом; петля
KINK (to)	перекручивать
KISS LANDING	мягкая посадка
KIT	набор инструментов; комплект приборов
KIT BAG	сумка с инструментами
KIT-BUILT	построенный из готовых деталей
KITE	змейковый аэростат
KITE BALLOON	змейковый аэростат
KIT-OFF (to)	подскакивать при посадке; рикошетировать
KIT ON BOARD	бортовой комплект инструментов
KLIRR FACTOR	коэффициент нелинейных искажений
KLYSTRON	клистрон
KNEE	колено (трубы); угольник; подкос; полураскос; изгиб (кривой)
KNEEBOARD	наколенный планшет
KNEE-JOINT	изогнутое соединение (трубы)
KNEE-LEVER	коленчатый рычаг
KNEE-LEVER MECHANISM	коленчатый механизм
KNEELING	укорачивание стоек шасси (для опускания самолета при погрузке и разгрузке)
KNEE-TYPE	консольный
KNIFE	нож; резец; скребок
KNIFE SWITCH	рубильник

KNITTED	связанный
KNOB	круглая поворотная ручка
KNOCK DOWN (to)	сбивать
KNOCK OFF (to)	уничтожать; сбивать с курса
KNOCK OUT (to)	уничтожать; сбивать с курса; разрушать, выводить из строя
KNOT	узел (морская миля в час)
KNOTTED	измеренный в морских милях
KNOW-HOW	ноу-хау
KNUCKLE	шарнир; кулак; цапфа; палец
KNUCKLE JOINT	шарнирное соединение
KNURL (to)	накатывать
KNURLED KNOB	кнопка с накаткой
KNURLED NUT	гайка с накаткой
KNURLING	накатка; насечка
KRAFT PAPER	крафт-бумага
KRUEGER FLAP	носовой щиток Крюгера
KSI	тысяч фунтов на квадратный дюйм (70,3 кгс/кв.см)
KYTOON	привязной аэростат

L

LABEL	бирка; ярлык; этикетка; наклейка; марка
LABEL (to)	метить биркой; наклеивать этикетку; маркировать
LABORATORY	лаборатория
LABOUR	труд; работа; задание, задача; рабочие
LABYRINTH	лабиринт
LABYRINTH SEAL	лабиринтное уплотнение
LACE	шнур(ок); тесьма
LACING	решетка; распределительная арматура; затяжка
LACING CORD	кордный шнур; соединительный шнур
LACK	недостаток; отсутствие; дефицит
LACK OF CLEARANCE	недостаточный допуск на зазор; недостаточность запаса высоты
LACK OF IN-FLIGHT ACTIONS	недостаточность мер, принятых в полете
LACK OF OIL	отсутствие масла
LACK OF POWER	недостаток мощности
LACQUER	лак
LACQUERED	(от)лакированный
LADDER	лестница; (складная) стремянка
LADEN AIRCRAFT	загруженное воздушное судно
LADEN WEIGHT	масса груза; загруженная масса
LADING	загрузка (воздушного судна)
LAG	запаздывание, отставание; обшивка; облицовка
LAG (to)	запаздывать; отставать; задерживаться; облицовывать
LAG ANGLE	угол отставания (лопасти); угол запаздывания; фазовый угол
LAGGING	отставание, запаздывание; теплоизоляция, утеплитель; обшивка; облицовка; сдвиг фаз
LAGGING HINGE	вертикальный шарнир
LAG-SCREW	шуруп с квадратной головкой
LAMINAR	ламинарный
LAMINAR FLOW (laminar air flow)	ламинарное течение
LAMINAR FLOW AEROFOIL	аэродинамическая поверхность с ламинарным обтеканием

LAMINAR FLOW CONTROL	система ламинаризации обтекания
LAMINARITY	ламинарность
LAMINAR-TO-TURBULENT TRANSITION	турбулизация пограничного слоя
LAMINATE	слоистый материал; слоистый пластик
LAMINATE (to)	изготовлять слоистый материал; разрезать на тонкие листы
LAMINATED	многослойный, слоистый
LAMINATED ALUMINIUM WING	многослойное алюминиевое крыло
LAMINATED FIBERGLASS	многослойное стекловолокно; слоистый стеклопластик
LAMINATED GLASS	слоистое стекло, триплекс
LAMINATED PANEL	слоистая панель
LAMINATED PLY	слой многослойного материала
LAMINATED SHIM	многослойная прокладка
LAMINATED WASHER	многослойная шайба; многослойная кольцевая прокладка
LAMINATION	слой; слоистая конструкция
LAMP	светильник; прожектор; фонарь; лампа
LAMP DIMMER	регулятор светильника
LAMP HOLDER	держатель светильника
LAMP SOCKET	ламповый патрон
LAMP TEST SWITCH	переключатель для проверки ламп
LAMP-VOLTMETER	ламповый вольтметр
LAND	земля, суша; сухопутный; наземный
LAND (to)	приземляться; производить посадку; совершать посадку
LAND AGAINST THE WIND (to)	совершать посадку против ветра
LAND AIRCRAFT	сухопутное воздушное судно
LAND BASE	наземная база
LAND-BASED	наземного базирования
LAND-BASED AIRCRAFT	сухопутное воздушное судно
LAND-BASED VERSION	вариант наземного базирования
LAND-BASED WEAPON	оружие наземного базирования
LANDER	самолет, производящий посадку; посадочная ступень; спускаемый аппарат, СА
LANDING	посадка; приземление

LANDING AIDS	посадочные средства, средства обеспечения посадки; механизация крыла
LANDING AND TAXI LIGHTS	посадочные и рулежные фары; посадочные и рулежные огни
LANDING APPROACH	заход на посадку
LANDING APPROACH SPEED	скорость захода на посадку
LANDING AREA	место посадки; посадочная площадка; зона приземления
LANDING ATTITUDE	посадочное положение; угол тангажа при посадке
LANDING BEAM BEACON	посадочный радиомаяк
LANDING CAPSULE	спускаемый аппарат, СА
LANDING CHARGE	сбор за посадку
LANDING CLEARANCE	разрешение на посадку
LANDING DISTANCE AVAILABLE (LDA)	располагаемая посадочная дистанция
LANDING DUTY	сбор за посадку
LANDING FIELD	посадочная площадка
LANDING FIELD LENGTH REQUIRED	необходимая длина посадочной площадки
LANDING FLARE	выравнивание при посадке
LANDING GEAR (L/G)	посадочное шасси
LANDING GEAR AXLE	ось посадочного шасси
LANDING GEAR CONTROL HANDLE (lever)	ручка управления шасси
LANDING GEAR DOOR	створка шасси
LANDING GEAR DOOR WARNING SYSTEM	система индикации положения створок шасси
LANDING GEAR DOWN LOCKPIN	замок запирания шасси в выпущенном положении
LANDING GEAR EMERGENCY EXTENSION SYSTEM	система аварийного выпуска шасси
LANDING GEAR EXTENSION	выпуск шасси
LANDING GEAR LEG	стойка шасси
LANDING GEAR LEVER (handle)	ручка управления шасси
LANDING GEAR MANUAL EXTENSION	ручной выпуск шасси
LANDING GEAR OVERRIDE TRIGGER	кнопка ручного управления шасси в обход автоматики
LANDING GEAR POSITION INDICATOR	указатель положения шасси
LANDING GEAR SUPPORT BEAM	опорная балка шасси

LANDING GEAR UNSAFE LIGHT	лампа сигнализации о невыпущенном положении шасси
LANDING GEAR WARNING HORN SWITCH	выключатель сигнальной сирены шасси
LANDING GEAR WARNING SYSTEM	система индикации положения шасси
LANDING GEAR WELL	ниша шасси
LANDING GROUND	посадочная площадка
LANDING HEADLIGHT	посадочная фара
LANDING IMPACT	посадочный удар
LANDING LIGHTS	посадочные огни; посадочные фары
LANDING RATE	частота посадок, интервалы между посадками
LANDING REFERENCE SPEED	расчетная посадочная скорость
LANDING RIGHT	право на посадку
LANDING ROLL (run)	пробег при посадке; длина пробега
LANDING SEQUENCE	очередность посадки
LANDING SINK RATE	вертикальная скорость снижения при посадке
LANDING SKID	скольжение при посадке
LANDING STRIP	посадочная полоса
LANDING TOUCHDOWN	касание взлетно-посадочной полосы [ВПП] при посадке
LANDING WEIGHT	посадочная масса
LAND LINE	наземный профиль
LANDLINE CIRCUIT	система наземных линий связи
LANDMARK	наземный ориентир
LANDMARK BEACON	ориентировочный (свето)маяк
LAND NAVIGATION	(визуальная) навигация по наземным ориентирам
LAND OPERATIONS	наземные операции
LANDPLANE	сухопутный самолет; самолет с сухопутным шасси
LAND STATION	наземная (радио)станция
LAND VEHICLE	наземное транспортное средство
LANOLIN(E)	ланолин
LANYARD	соединительная стропа, фал
LAP	напуск; перекрытие; нахлестка
LAP (to)	перекрывать; соединять внахлестку

LAP BELT	поясной ремень безопасности
LAP JOINT	соединение внахлестку
LAPPED SKINS	листы обшивки, соединенные внахлестку
LAPPED THREADS	притертая резьба; нити, соединенные внахлестку
LAPPING	нахлестка; соединение внахлестку; соединение внакрой; притирка; наложение изоляции; прокладывание нити
LAPPING COMPOUND (paste)	притирочная пасата
LAPPING MACHINE	притирочный станок
LAPSE	ошибка, погрешность; убывание
LAP-SEAM	шов внахлестку, шов внакрой; фальц; накладной шов
LAP SPLICE	соединение внахлестку; сращивание; стык
LAP WELD(ing)	нахлесточный сварной шов
LARGE CAPACITY AIRCRAFT (large aircraft)	крупноразмерный самолет, тяжелый самолет, самолет большой грузоподъемности
LARGE SECONDARY AIR INLET DOOR	крупногабаритная створка подачи дополнительного воздуха (на взлете)
LARGE SUBSONIC JETS	дозвуковой реактивный самолет большой грузоподъемности
LARGE-VOLUME PUMP	высокопроизводительный насос
LARGE WASHER	крупногабаритный омыватель (лобового стекла)
LASER AIR-JET ENGINE	лазерный воздушно-реактивный двигатель, лазерный ВРД
LASER ANEMOMETRY	лазерная анемометрия
LASER BEAM	лазерный пучок
LASER DESIGNATOR	лазерный целеуказатель
LASER DIODE	лазерный диод
LASER-DRIVEN ROCKET ENGINE	лазерный ракетный двигатель
LASER FUSION MICROEXPLOSIONS PROPULSION	лазернщ-термоядерный ракетный двигатель на микровзрывах
LASER GUIDANCE	лазерное наведение, наведение по лазерному пучку

LASER GUIDED BOMB	бомба с лазерной системой наведения
LASER GYRO	лазерный гироскоп
LASER-HEATED ROCKET ENGINE	лазерный ракетный двигатель
LASER PROPULSION	лазерный двигатель
LASER RANGEFINDER	лазерный дальномер
LASER RANGING	лазерная дальнометрия, определение дальности с помощью лазерных средств
LASER-SUPPORTED ROCKET PROPULSION	лазерный ракетный двигатель
LASER TRANSMITTER	лазерный передатчик
LASER VELOCIMETER	лазерный измеритель скорости
LASER WELDING	сварка лазерным пучком
LASH (side lash)	зазор (боковой зазор)
LASH (to)	связывать; привязывать; крепить (груз)
LASHING	связывание; привязывание; крепление (груза)
LASTCHANCE FILTER	конечный фильтр
LATCH	задвижка; замок; стопор
LATCH (to)	запирать
LATCHED POSITION	застопоренное положение; зафиксированное положение
LATCH HANDLE	рукоятка замка; рукоятка стопора
LATCHING	защелкивание; фиксация (состояния); крепление; сцепка (космических аппаратов)
LATCHING CRANK	стопорный кривошип
LATCHING MECHANISM	стопорный механизм
LATCHING STOP	стопорный винт; ограничитель; упор
LATCH LEVER	рычаг замка; рычаг стопора
LATCH MECHANISM	замковый механизм; стопорный механизм
LATCH PIN	стопорный штифт
LATE ARRIVAL	прилет с опозданием
LATE DUTY	вечерняя смена
LATENT HEAT	скрытая теплота; удельная теплота
LATERAL	боковой; поперечный; горизонтальный (о полете)
LATERAL AXIS	поперечная ось
LATERAL CONTROL	поперечное управление
LATERAL CONTROL SPOILER	интерцептор (системы) поперечного управления
LATERAL DRIFT LANDING	посадка с боковым сносом

LATERAL GUSTS	боковые порывы ветра
LATERAL MOMENT	поперечный момент, момент крена
LATERAL NAVIGATION	навигация в горизонтальной плоскости
LATERAL PLAY	боковой зазо; боковой люфт
LATERAL STABILITY	поперечная устойчивость
LATERAL TRANSLATION	боковое перемещение без изменения курса
LATERAL TRIM	поперечная балансировка
LATER INSTALLATION	последующая установка; последующий монтаж
LATHE	токарный станок
LATHE BED	станина токарного станка
LATHE-CENTRE	центровой токарный станок
LATHE CHUCK	токарный патрон
LATHE-HEAD	шпиндельная головка токарного станка
LATHER	мыльная пена
LATITUDE	широта
LATTICE	решетка
LATTICE (to)	образовывать решетку
LATTICE GIRDER	решетчатая балка; ферма
LATTICE STRUCTURE	ферменная конструкция
LAUNCH(ING)	пуск; запуск; старт; взлет
LAUNCH (to)	стартовать; взлетать
LAUNCH A GLIDER (to)	запускать планер
LAUNCH DATE	дата пуска; дата старта
LAUNCHER	пусковая установка; стартовое сооружение; стартовая позиция; стартовая шахта; ракета-носитель, РН
LAUNCHER-ROCKET	ракета-носитель, РН
LAUNCH GUIDANCE	наведение на стартовом участке траектории
LAUNCHING AIRCRAFT	самолет-носитель; самолет, производящий пуск
LAUNCHING AREA	район пуска; район старта
LAUNCHING BASE	стартовая позиция; ракетная база со стартовыми позициями
LAUNCHING PAD	стартовая площадка; стартовая платформа
LAUNCHING PROGRAM	программа пуска

LAUNCHING RAIL	рельсовая направляющая пусковой установки
LAUNCHING RAMP	наклонная пусковая установка
LAUNCHING RAMP SHELTER	наклонный пусковой контейнер
LAUNCHING TIMETABLE	график пусков
LAUNCH PAD	стартовая площадка; стартовая платформа
LAUNCH RAIL	рельсовая направляющая пусковой установки
LAUNCH SITE	стартовая позиция; стартовая площадка
LAUNCH TOWER	пусковая вышка
LAUNCH VEHICLE	ракета-носитель, РН
LAVATORY	туалет
LAVATORY COMPARTMENT	туалетная комната
LAVATORY SERVICE UNIT	туалетное отделение; туалетный отсек
LAY (to)	располагать, размещать; класть, укладывать; прокладывать; раскладывать; наносить; покрывать; скручивать
LAY DOWN (to)	класть; укладывать; устанавливать, утверждать; закладывать; составлять
LAYER	слой; прослойка; прокладка
LAYER OF GREASE	слой смазки
LAYOUT	расположение; компоновка; (аэродинамическая) схема
LAYOVER	задержка вылета с целью стыковки
LAYOVER TIME	время задержки вылета с целью стыковки
LAYSHAFT	промежуточный вал (коробки передач)
LAY UP (to)	временно выводить из строя; аккумулировать; запасать, откладывать
LAZY EIGHT	"ленивая восьмерка", горизонтальная восьмерка с попеременными наборами и снижениями
LEACH (to)	выщелачивать
LEAD	опережение; упреждение; ввод; подводящий провод; ведущий (самолет); свинец
LEAD (to)	упреждать; опережать
LEAD/ACID BATTERY	свинцово-кислотная батарея
LEADED BRONZE	свинцовистая бронза

LEADED FUEL	этилированное топливо
LEADER	ведущий
LEADER NAVIGATOR	ведущий штурман
LEADER PILOT	ведущий летчик
LEADERSHIP	фирма-разработчик
LEAD-FREE FUEL	неэтилированное топливо
LEADING	опережение
LEADING EDGE	передняя кромка, носок (крыла)
LEADING EDGE FLAP	отклоняемый носок (крыла); предкрылок
LEADING EDGE SLAT	отклоняемый предкрылок
LEADING PARTICULARS	основные параметры
LEADING PHASE	опережающая фаза
LEAD-IN LIGHTS	огни приближения; огни линии заруливания (на стоянку)
LEAD-IN LINE	линия заруливания (на стоянку)
LEAD-LAG MOTION	опережающе-запаздывающее движение
LEAD MECHANIC	главный механик
LEAD-OUT LINE	линия выруливания (со стоянки)
LEAD-OXIDE BATTERY	свинцовый аккумулятор
LEAD PLATING	электроосаждение свинца, свинцевание
LEAD PLUG	входной штуцер; заправочная горловина; воздухозаборник
LEAD SCREW	ходовой винт; винт подачи
LEAD SEAL	запайка ввода
LEAD SEALING PLIERS	обжимные щипцы
LEAD SEAL WIRE	проволочный вывод (прибора)
LEAD TIME	срок разработки
LEAF	лист; створка
LEAF SPRING	пластинчатая пружина; листовая рессора
LEAK	утечка; течь; просачивание
LEAK (to)	протекать, просачиваться
LEAKAGE	утечка; течь; просачивание
LEAKAGE CURRENT	ток утечки
LEAKAGE DETECTION	обнаружение утечки
LEAKAGE RATE	скорость утечки; интенсивность утечки
LEAKAGE RESISTANCE	сопротивление утечки
LEAKAGE TEST	испытание на герметичность
LEAKANCE	проводимость изоляции
LEAKING RIVET	негерметичная заклепка

LEAK PROOF (leakproof)	герметичный
LEAK STOPPER	герметичная заглушка
LEAK TEST	испытание на герметичность
LEAK TIGHT BOX	герметичный корпус
LEAKY LINE	плохо изолированный трубопровод
LEAN	бедный (о горючей смеси)
LEAN (to)	обеднять (горючую смесь)
LEANING	обеднение (горючей смеси)
LEAN MIXTURE	обедненная смесь
LEASED AIRCRAFT	арендованное воздушное судно
LEASING	аренда, лизинг
LEASING IN (out)	фрахтование (воздушного судна)
LEAST TIME TRACK	кратчайший маршрут
LEATHER	прокладка (насоса); кожа
LEATHER BOOT	чехол прокладки; кожаный чехол
LEATHER CASE	кожаный чехол
LEATHERETTE	ледерин; искусственная кожа
LEAVE (to)	направляться, уезжать
LEAVING POINT	точка выхода (из заданной зоны)
LEDGE	выступ; борт; буртик; край; полка; пояс; уступ
LEE WAVE ROTOR	турбулентность на подветренной поверхности
LEEWAY	снос
LEFT HANDED SCREW	винт с левой резьбой
LEFT HAND THREAD	левая резьба
LEFT-HAND TRAFFIC	движение над аэродромом с левым кругом
LEFT HAND WING	левая консоль крыла
LEFT SIDE VIEW	левосторонний обзор
LEG	участок маршрута; опора (шасси); равносигнальная зона (радиомаяк)
LEGIBILITY	удобочитаемость (шрифта)
LENGTH	длина; расстояние; протяженность; участок; отрезок
LENGTHEN (to)	увеличивать длину
LENGTH OF CHORD	длина хорды (профиля)
LENGTH OF CRACK	длина трещины
LENGTHWISE	продольный, направленный по длине
LENGTHWISE STATIONS	продольные точки измерения
LENS	линза; объектив; окуляр; линзовая антенна

LET-DOWN (letdown)	снижение (летательного аппарата)
LET DOWN (to)	снижаться
LET DOWN PLATE	схема пробивания облаков и захода на посадку
LETTERING	надпись; подпись; шрифт для надписей
LETTING DOWN	снижение (летательного аппарата)
LEVEL	горизонтальный полет; нивелир; эшелон (полета); высота; уровень
LEVEL (to)	выравнивать (положение летательного аппарата); нивелировать
LEVEL ATTITUDE	высота горизонтального полета; неизменяемая высота
LEVEL CONTROL	управление эшелонированием
LEVEL DROP	снижение высоты (полета)
LEVEL FLIGHT	горизонтальный полет; полет на заданном эшелоне
LEVEL FLIGHT POSITION	положение в горизонтальном полете
LEVEL FLIGHT TURN	горизонтальный разворот
LEVEL GENERATOR	генератор горизонта
LEVEL INDICATOR	уровнемер, указатель уровня; топливомер
LEVEL LANDING	посадка на две точки
LEVELLING (leveling)	нивелировка, нивелирование, горизонтирование; рихтовка; правка
LEVELLING CYLINDER	цилиндрическая выравнивающая оправка
LEVELLING UNIT	нивелир, горизонтирующее устройство; устройство для рихтовки
LEVELNESS	горизонтальное расположение
LEVEL OFF (to)	выравнивать(ся), выводить (самолет) в горизонтальный полет
LEVEL OUT (to)	выводить из крена; выравнивать
LEVEL PLUG	заглушка топливомера
LEVEL SPEED	скорость горизонтального полета; скорость полета на эшелоне
LEVEL SWITCH	сигнализатор уровня (топлива); реле уровня
LEVEL TURN	горизонтальный разворот
LEVEL UNIT	нивелир
LEVER	рычаг; рукоятка; балансир; коромысло

LEVER-LOCK SWITCH	рычажный выключатель замка
LH$_2$ - FUELLED AIRCRAFT	самолет на жидком водороде
LIAISON AIRCRAFT	связной самолет
LICENCE (license)	свидетельство; допуск; разрешение; лицензия
LICENCE-BUILT	построенный по лицензии
LICENCE-MANUFACTURE	производство по лицензии
LICENSED AIRCRAFT	лицензированное воздушное судно
LICENSED PILOT	аттестованный пилот; пилот, имеющий свидетельство
LID	крышка; колпак; колпачок
LIE	положение; расположение; направление
LIFE	срок службы; долговечность; ресурс; наработка (на отказ)
LIFE-BELT	спасательный пояс
LIFE-BOAT	(надувная) спасательная лодка
LIFE BUOY	спасательный буй
LIFE-CYCLE COST (LCC)	стоимость жизненного цикла, СЖЦ
LIFE INSURANCE	страхование жизни
LIFE JACKET (vest, preserver)	(надувной) спасательный жилет
LIFE LIMIT	предельный срок службы; предельная наработка (на отказ)
LIFE LIMITATION	ограничение ресурса; ограничение срока службы
LIFE LIMITED	с ограниченным ресурсом; с ограниченным сроком службы
LIFE LIMITED REMOVAL	снятие с эксплуатации изделия с ограниченным сроком службы
LIFE MARK (to)	регистрировать наработку (изделия)
LIFE POTENTIAL	потенциальный срок службы; потенциальный ресурс
LIFE PRESERVER	спасательный надувной жилет
LIFE RAFT	надувной спасательный плот
LIFE RAFT COMPARTMENT (stowage)	отсек для спасательного плота
LIFE SUPPORT EQUIPMENT	оборудование системы жизнеобеспечения
LIFETIME (life time)	срок службы; ресурс

LIFT	подъемная сила; воздушная перевозка; объем перевозки за один рейс; подъемное устройство
LIFT (to)	поднимать(ся)
LIFT AUGMENTATION	увеличение подъемной силы
LIFT AUGMENTOR	средство увеличения подъемной силы
LIFT BLOWER	вентилятор для увеличения подъемной силы
LIFT CAPABILITY	грузоподъемность
LIFT COEFFICIENT	коэффициент подъемной силы
LIFT DEVICE	устройство создания подъемной силы; механизация крыла
LIFT-DRAG RATIO	аэродинамическое качество
LIFT-DUMPER	гаситель подъемной силы
LIFT ENGINE	подъемный двигатель
LIFTER	подъемник; транспортный летательный аппарат
LIFT FORCE	подъемная сила
LIFT-FUSELAGE AIRCRAFT	самолет с несущим фюзеляжем
LIFTING	подъем
LIFTING BODY	тело с несущим корпусом
LIFTING EYE	подъемная петля
LIFTING FORCE	подъемная сила
LIFTING - HOOK	подъемный крюк
LIFTING - JACK	подъемный домкрат
LIFTING LUG	монтажная проушина; монтажная петля; подъемная скоба
LIFTING MAGNET	подъемный электромагнит
LIFTING POWER	подъемная сила
LIFTING RING	подъемное кольцо
LIFTING ROTOR	подъемный винт, несущий винт
LIFTING SLING	подъемная стропа; такелажная цепь
LIFTING SURFACE	(аэродинамическая) несущая поверхность
LIFTING TACKLE	грузоподъемное устройство
LIFTING-TYPE TAILPLANE	несущий стабилизатор
LIFT OFF	отрыв от земли при взлете; старт (ракеты); пуск
LIFT-OFF (to)	взлетать, отрываться от земли; поднимать, отрывать (колесо)
LIFT-OFF SPEED	скорость отрыва (при взлете)
LIFT-OFF WEIGHT	стартовый вес

LIFT OVER DRAG	аэродинамическое качество
LIFT PER UNIT OF AREA	удельная подъемная сила
LIFT ROTOR	подъемный винт, несущий винт
LIFT THRUST	тяга подъемного двигателя
LIFT TRAILER	автопогрузчик
LIFT TRUCK	автопогрузчик
LIGHT	(аэронавигационный) огонь; свет; световое излучение; источник света; фонарь; фара; светильник; легкий
LIGHT (to)	светить; освещать
LIGHT AIRCRAFT (airplane)	воздушное судно небольшой массы
LIGHT ALLOY	легкий сплав
LIGHT AVIATION	легкая авиация
LIGHT BEACON	световой маяк, светомаяк
LIGHT BEAM	световой пучок
LIGHT BOMBER	легкий бомбардировщик
LIGHT BULB	лампа накаливания
LIGHT COMBAT WING	авиакрыло легких боевых самолетов
LIGHT DAMAGE	незначительное повреждение
LIGHT DUTY	облегченный режим работы
LIGHTED AREA	освещенный участок
LIGHT-EMITTING DIODE (LED)	светоизлучающий диод
LIGHTEN (to)	освещать; делать светлее (краску)
LIGHTENING	облегчение; уменьшение веса; разгрузка; сбрасывание балласта (с аэростата)
LIGHTENING HOLE	отверстие облегчения
LIGHTER	более легкий; запал; зажигалка
LIGHTER AND HEAVIER THAN AIR	легче и тяжелее воздуха
LIGHTER-THAN-AIR AIRCRAFT	летательный аппарат легче воздуха
LIGHT FILM OF GREASE	тонкая пленка смазки
LIGHT FLARE	осветительная ракета
LIGHT FLASHER	проблесковый огонь
LIGHT GUN	прожектор
LIGHTING	освещение; подсветка; зажигание; воспламенение; светосигнальное оборудование; система (аэронавигационных) огней; воспламенение топлива; запуск (ракетного двигателя)

LIGHTING CIRCUIT .... цепь освещения; цепь зажигания; цепь воспламенения
LIGHTING CONTROL PANEL .... освещенный пульт управления, пульт управления с подсветкой
LIGHTING MODULE .... модуль светосигнального оборудования
LIGHTING PANEL .... освещенная панель управления, панель управления с подсветкой
LIGHTING SYSTEM .... система освещения
LIGHTING UP .... зажигание; воспламенение; включение; запуск (двигателя)
LIGHT-INTENSIFYING GOGGLES .... очки с усилением освещения (цели)
LIGHTLY .... легко; слегка
LIGHTLY LOADED .... слегка нагруженный
LIGHTLY LUBRICATED (with grease) .... слегка смазанный
LIGHT METER
(foot candle, lux) .... люксметр; фотометр; экспонометр
LIGHTNESS .... легкость
LIGHTNING .... молния, грозовой разряд
LIGHTNING ARRESTER .... молниеотвод; грозозащитный разрядник
LIGHTNING PROTECTION .... молниезащита
LIGHTNING STRIKE .... разряд молнии
LIGHTNING STRIKE DAMAGE .... повреждение разрядом молнии
LIGHT OFF (to) .... выключать
LIGHT OIL .... светлый нефтепродукт
LIGHT OVERHAUL .... профилактический ремонт
LIGHT OVERRIDE SWITCH .... переключатель на ручное управление
LIGHT PEN .... световое перо
LIGHT PLATE .... тонколистовая сталь; тонкая жесть
LIGHT RADIATION .... световое излучение
LIGHT-SENSITIVE CELL .... фотоприемник, фотодетектор
LIGHT SHIELD .... световое табло, световой экран
LIGHTSHIELD (light shield) .... световой экран, световое табло
LIGHT SIGNAL .... световой сигнал
LIGHT SOURCE .... источник света
LIGHT-SPOT .... световое пятно
LIGHT STRIP .... световая дорожка
LIGHT SWITCH .... выключатель света

LIGHT TRANSPORT HELICOPTER (LTH)	легкий транспортный вертолет
LIGHT UP	запуск, включение
LIGHT UP (to)	запускать, включать
LIGHTWEIGHT	легкий (летательный аппарат)
LIGHTWEIGHT FIGHTER	легкий истребитель
LIGHTWEIGHT GEAR	легкое шасси
LIGHTWEIGHT MATERIAL	легкий конструкционный материал
LIGHT-YEAR	световой год
LIGIBILITY	чистота; ясность, определенность, четкость
LIME	известь
LIMINOUS	светящийся; световой; блестящий
LIMIT	предел; граница; порог; габарит; допуск
LIMITATION	ограничение; предел; ограниченность; недостаток
LIMITED LIFE	ограниченный жизненный цикл (изделия); ограниченный ресурс
LIMITED USE	ограниченное применение
LIMITER	ограничитель
LIMITER AMPLIFIER	ограничивающий усилитель, усилитель-ограничитель
LIMITING RUNWAY	взлетно-посадочная полоса ограниченной длины
LIMIT-LIFE	жизненный цикл; ресурс
LIMIT LOAD	предельная нагрузка
LIMIT STOP	упор; стопор; концевой выключатель
LIMIT SWITCH	концевой выключатель
LIMIT SWITCH ADJUSTING SCREW	регулировочный винт концевого выключателя
LINE	линия; магистраль; трубопровод; провод; контур; направление движения, курс; очертание; кривая (на графике)
LINE (to)	проводить линии; штриховать; располагать в одну линию; устанавливать соосно
LINE AIRCRAFT	пассажирский самолет, авиалайнер
LINE AMPLIFIER	линейный усилитель
LINEAR ACCELERATION	линейное ускорение
LINEAR ACTUATOR	силовой привод с линейной характеристикой
LINEAR AMPLIFIER	линейный усилитель

LINEAR DIMENSION	линейные размер
LINEAR INDUCTIVE POTENTIOMETER	индуктивный потенциометр с линейной характеристикой
LINEARITY	линейность; нелинейность; отклонение от прямой
LINEAR MOTOR	линейный (электро)двигатель
LINEAR POLARIZATION	линейная поляризация
LINEAR POTENTIOMETER	потенциометр с линейной характеристикой
LINE CHECK	проверка электроцепи; текущая проверка; проверка на стоянке
LINE CIRCUIT SYSTEM	электроцепь
LINE CURRENT	линейный ток; ток линии
LINE ITEMS	серийные образцы
LINE MAINTENANCE	техническое обслуживание на стоянке; текущее техническое обслуживание
LINE MAINTENANCE ITEM	вид текущего технического обслуживания
LINEN	льняное полотно; льняная пряжа
LINE OF FLIGHT	траектория полета
LINE OF FLOW	линия течения
LINE OF FORCE	силовая линия (магнитного поля)
LINE OF SIGHT	линия визирования; линия прямой видимости
LINE OF SIGHT WAVE	линия распространения направленной электромагнитной волны
LINE OPERATIONS	полеты по авиалиниям
LINE PRINTER	построчно печатающее устройство
LINER	вкладыш; втулка; гильза; прокладка; внутренняя облицовка
LINE REAM (to)	развертывать линейно
LINE REPLACEABLE UNIT (LRU)	быстросменный блок
LINER MATERIAL EXTRUDING	линейное выдавливание материала
LINE SCANNING	строчная развертка
LINESCAN SYSTEM	система строчной развертки
LINE SCRATCHES	линейные шумы
LINE SQUALL	фронтальный шквал
LINE STATION	промежуточный пункт посадки; промежуточный аэродром
LINE TRANSFER MACHINE	автоматическая сборочная линия; автоматическая станочная линия

LINE UP	вход в створ взлетно-посадочной полосы; установка самолета вдоль оси ВПП (для взлета)
LINE UP (to)	располагать(ся) на одной линии; настраивать; регулировать
LINE VOLTAGE	линейное напряжение
LINE VORTEX	линейный вихрь
LINING	облицовка; гильза; вкладыш; грунтовое покрытие; теплопоглощающее покрытие; звукопоглощающее покрытие
LINK	звено (цепи); связь, соединение; линия связи; канал передачи данных
LINK (to)	связывать; соединять
LINKAGE	связь; соединение; сцепление; мостик
LINKAGE-AILERON CONTROL	проводка управления элеронами
LINKAGE ASSEMBLY	система тяг и рычагов управления; проводка управления
LINKAGE ROD	соединительная тяга
LINK ARM	ответвление линии связи
LINK BOLT	откидной болт; соединительный болт
LINK PLATE	соединительная пластина
LINK TRAINER	пилотажный тренжер фирмы "Линк"
LINSEED OIL	льняное масло
LINT	пух; линт, хлопковый пух
LINT-FREE CLOTH	безлинтовая ткань
LINTLESS CLOTH (rag)	безлинтовая ткань
LIP	губа, скос; кромка; край; фланец; выступ; режущая кромка
LIPOPHILIC	жировая эмульсия
LIPSEAL (lip seal)	манжетное уплотнение
LIP WELDING	сварка по фланцу; сварка кромок
LIQUID	жидкость; жидкое ракетное топливо; жидкий
LIQUID AIR CYCLE ENGINE	(ракетно-турбинный) двигатель с ожижением атмосферного воздуха
LIQUID CONTENT GAGE	топливомер; уровнемер
LIQUID CRYSTAL	жидкий кристалл
LIQUID CRYSTAL DISPLAY	жидкокристаллический дисплей
LIQUID HYDROGEN	жидкий водород, ЖВ
LIQUID LEVEL GAGE (gauge)	топливомер; уровнемер

LIQUID NITROGEN	жидкий азот
LIQUIDOMETER	топливомер; уровнемер
LIQUID PARAFFIN	вазелиновое масло
LIQUID PROPELLANT	жидкое ракетное топливо
LIQUID PROPELLANT ROCKET	жидкостный ракетный двигатель, ЖРД
LIQUID QUANTITY INDICATOR	топливомер; уровнемер
LIQUID SOAP DISPENSER	дозатор жидкого мыла
LIST	список; перечень; ведомость
LIST (to)	вносить в список; вносить в ведомость
LIST ANGLE	угол крена
LISTED BELOW	нижеупомянутый; перечисленные ниже
LISTEN (to)	слушать; прослушивать
LISTENER	(радио)слушатель; приемник (в канале связи)
LISTEN IN (to)	подключаться
LISTENING	слушание; прослушивание; подслушивание; перехват
LISTENING FREQUENCY	частота прослушивания; частота радионаблюдения
LISTENING-IN STATION	станция (радио)перехвата
LISTENING SENSITIVITY	чувствительность радионаблюдения
LISTENING WATCH	радионаблюдение, дежурство в эфире
LISTING	распечатка, листинг
LIST OF PARTS	комплектовочная ведомость
LITHERGOL	гибридное ракетное топливо, твердо-жидкое ракетное топливо
LIVE LOAD	полезная нагрузка, ПН
LIVE RUNWAY	действующая взлетно-посадочная полоса
LIVE TRAFFIC	реальный объем перевозок
LIVE-WEIGHT	полезная нагрузка, ПН
LIVE WIRE	провод под напряжением
LOAD	груз; нагрузка; подвеска (груза)
LOAD (to)	грузить, загружать; подвешивать (груз)
LOAD AND BALANCE SHEET (load and trim sheet)	график загрузки и центровки, центровочный график
LOAD-BEARING	несущий нагрузку

LOAD CELL .... тензометрический датчик нагрузки; грузовой отсек
LOAD COEFFICIENT .... коэффициент нагрузки; коэффициент (коммерческой) загрузки
LOAD CONTROLLER .... диспетчер по загрузке
LOAD CONVEYOR .... транспортный конвейер
LOAD CURRENT .... ток нагрузки
LOAD CURVE .... нагрузочная характеристика
LOAD DISTRIBUTION (dispatch) .... распределение нагрузки, центровка
LOAD DIVISION .... служба грузоперевозок
LOADED .... загруженный; нагруженный
LOADED WEIGHT .... вес с (полной) нагрузкой; вес с топливом; вес в снаряженном состоянии
LOADER .... (авто)погрузчик; загрузчик, программа загрузки
LOADER CLUTCH .... захват (авто)погрузчика
LOADER LIFT FRAME .... подъемная рампа (авто)погрузчика
LOADER LIFT FRAME LATCH SWITCH .... контактный переключатель подъемной рампы (авто)погрузчика
LOADER LOCKOUT LATCH .... замок (авто)погрузчика
LOADER MOTOR-BRAKE .... тормоз (авто)погрузчика
LOAD FACTOR .... коэффициент нагрузки; коэффициент (коммерческой) загрузки; степень перегрузки (воздушного судна)
LOAD-FEEL .... загрузочный механизм, механизм загрузки
LOAD-FEEL SPRING .... пружина автомата загрузки; пружинный механизм загрузки
LOAD GRIP SYSTEM .... система захвата груза
LOADING .... нагружение, приложение нагрузки; нагрузка; усилие; погрузка; загрузка; зарядка; заряжание
LOADING AND WEIGHT DISTRIBUTION .... распределение нагрузки и веса
LOADING BRIDGE .... загрузочный трап
LOADING CHART .... схема загрузки
LOADING CHECK .... проверка загрузки (воздушного судна)
LOADING COIL .... индуктор электронагревателя
LOADING CYLINDER .... силовой цилиндр
LOADING DOCK .... грузовой помост

LOADING GATE	выход на посадку
LOADING RACK	грузовой трап; место для загрузки воздушных судов
LOADING RAMP	грузовой трап; люк-трап; место для загрузки воздушных судов
LOADING SYSTEM	система загрузки
LOAD LIMITER	ограничитель нагрузки
LOAD LINE (loadline)	нагрузочная линия
LOAD LOSS	потери нагрузки
LOADMETER	измеритель нагрузки
LOAD REGULATOR	регулятор нагрузки
LOAD RESISTANCE	сопротивление нагрузки
LOAD SCALE	весы
LOAD SHARING	распределение нагрузки
LOAD SHEDDER RELAY	реле, срабатывающее при изменении нагрузки
LOAD SHEDDING	сброс нагрузки; отключение нагрузки
LOAD SHEET (loadsheet)	график загрузки и центровки (воздушного судна), центровочный график
LOADSHEET	график загрузки
LOAD STONE	магнит
LOAD TEST	испытание под нагрузкой; прочностное испытание
LOAD TORQUE	крутящий момент нагрузки, нагружающий момент
LOAD VERIFICATION SHEET	перечень груза
LOAD YIELD	предельная нагрузка
LOAN	заем; ссуда
LOBBY (US)	зал ожидания
LOBE	лепесток (диаграммы направленности антенны); лопасть
LOCAL	местная авиалиния
LOCAL FLIGHT	аэродромный полет, полет в зоне аэродрома; полет по местной авиалинии
LOCALIZER (LOC)	курсовой (радио)маяк
LOCALIZER APPROACH TRACK	траектория захода на посадку по лучу курсового маяка
LOCALIZER BEACON	курсовой (радио)маяк
LOCALIZER BEAM	луч курсового (радио)маяка

LOCALIZER CAPTURE	захват луча курсового (радио)маяка
LOCALIZER COURSE (path)	курс по (радио)маяку
LOCALIZER INTERCEPT ANGLE	угол входа в луч курсового радиомаяка
LOCALIZER LIGHT (LOC light)	огонь курсового маяка
LOCALIZER RECEIVER	приемник курсового (радио)маяка
LOCALIZER TRACK	траектория по лучу курсового (радио)маяка
LOCALIZER TRANSMITTER	передатчик курсового (радио)маяка
LOCAL MEAN TIME (LMT)	среднее местное время
LOCAL REWORK	доводка на месте
LOCAL SERVICE	местная авиалиния
LOCAL SIDEREAL TIME (LST)	местное звездное время
LOCAL SOLAR TIME	местное солнечное время
LOCAL STAFF	персонал аэропорта местных воздушных линий
LOCAL TIME	местное время
LOCAL TOUCH-UP	доводка в аэропорту местных воздушных линий
LOCATE (to)	находить, определять местоположение; пеленговать; обнаруживать; закреплять, крепить; фиксировать
LOCATING	определение местоположения; пеленгация; обнаружение
LOCATING ANGLE	угол пеленга
LOCATING BEACON	приводной (радио)маяк
LOCATING DOWEL	реперный штифт
LOCATING HOLE	установочное отверстие
LOCATING PEG	реперный штифт
LOCATING PIN	установочный штифт
LOCATING SCREW	установочный винт
LOCATING SPIGOT	центрирующий выступ; центрирующий буртик
LOCATING TAB	крепежная лапка
LOCATING VANE	установочная канавка
LOCATION	местоположение; расположение; определение местоположения
LOCATION OF CRACK	местонахождение трещины

LOCATOR	приводная радиостанция; локатор; пеленгатор
LOCATOR BEACON	приводная радиостанция
LOCK	замок; затвор; запор, запорный механизм; фиксатор; стопор; защелка; фиксация; блокировка
LOCK (to)	замыкать; запирать; фиксировать; стопорить; защелкивать; блокировать
LOCKABLE	с возможностью блокировки, блокируемый; доступный для установки (блокировочных) замков
LOCK ACTUATING ROD	приводная тяга замка
LOCK ACTUATOR	запирающий подъемник; цилиндр запирания замка
LOCK ARM	запорное устройство
LOCK BOLT	зажимной болт; стопорный болт
LOCKBOLT	зажимной болт; стопорный болт
LOCK BUNGEE	стопорная пружина; пружина фиксатора
LOCK BUSHING	стопорная резьбовая втулка
LOCK CRANK	рукоятка стопорного устройства
LOCK DOWN (to)	ставить (шасси) на замок выпущенного положения
LOCKED	"застопорено"; заблокированный, застопоренный
LOCKED DOOR	заблокированная створка, створка на замке
LOCKED DOWN	поставленное на замок в выпущенном положении (о шасси)
LOCKED POSITION	заблокированное положение
LOCKED UP	поставленное на замок в убранном положении (о шасси)
LOCKER (baggage)	камера хранения багажа
LOCK HOOK	замок; стопор; запирающий крюк
LOCKING	запирание, блокирование, блокировка; установка (блокировочных) замков; крепление, фиксация; стопорение; запирающий, блокирующий
LOCKING CLIP	фиксатор; замок; зажим
LOCKING DETENT	фиксатор; защелка; упор; стопор
LOCKING DEVICE	стопорное устройство; блокировочное устройство; замковое устройство

LOCKING DISC	стопорный диск
LOCKING HANDLE	блокирующая рукоятка
LOCKING LEVER	стопорный рычаг, блокирующий рычаг; фиксирующая [зажимная, стопорная, запирающая] рукоятка
LOCKING PIN	стопорный штифт; шплинт
LOCKING PLATE	установочная плита; опорная плита; стопорная планка; упор; запирающая планка
LOCKING PLIERS	клещи для снятия и установки стопорных устройств
LOCKING PLUNGER	стопорный штифт
LOCKING RING	стопорное кольцо
LOCKING ROLLER	стопорный ролик
LOCKING SCREW	стопорный винт; запорный винт; контрящий винт
LOCKING SLOT	паз стопорного устройства
LOCKING STOP	упор; стопор; ограничитель; стопорный винт
LOCKING STUD	стопорный штифт
LOCKING VALVE	стопорный клапан; запорный клапан
LOCKING WIRE	контровочная проволока
LOCK KEY	ключ с арретиром
LOCK MECHANISM	стопорный механизм; блокирующее устройство
LOCK NUT	стопорная гайка; контргайка
LOCKNUT (lock nut)	стопорная гайка; контргайка
LOCK ON WRENCH	разводной гаечный ключ
LOCKOUT CYLINDER	цилиндр блокирующего устройства
LOCKOUT-DEBOOST VALVE	запорный клапан для ограничения наддува
LOCKOUT MECHANISM	стопорный механизм; блокирующий механизм
LOCKOUT RELAY	реле блокировки; запирающее реле, стопорное реле
LOCK PIN (lockpin)	стопорный штифт; шплинт
LOCKPIN	стопорный штифт; шплинт
LOCK PLATE	установочная плита; опорная плита; стопорная планка; упор; запирающая планка
LOCKPLATE	установочная плита; опорная плита; стопорная планка; упор; запирающая планка

LOCK RELEASE .... снятие блокировки, деблокировка, разблокировка
LOCK RING .... стопорное кольцо; запирающее кольцо
LOCK RING PLIER .... клещи для снятия и установки стопорных колец
LOCK SCREW .... стопорный винт; запорный винт; контрящий винт
LOCK SOLENOID .... электромагнитное блокирующее устройство
LOCK SWITCH .... блокировочный переключатель
LOCKTAB .... шплинт
LOCK UP (to) .... ставить (шасси) на замок убранного положения
LOCKUP .... запирающий клапан; тупик; блокировка
LOCK WASHER
(lockwasher, spring washer) .... пружинная шайба, шайба Гровера
LOCKWASHER
(lock washer, spring washer) .... пружинная шайба, шайба Гровера
LOCKWASHER TOOTH .... зубец пружинной шайбы
LOCKWIRE .... контровочная проволока, стопорная проволока
LOCKWIRE (to) ....стопорить, контрить
LOCK WRENCH ....стопорный ключ
LOCUS .... местоположение; траектория; геометрическое место точек; годограф
LOC-VOR RECEIVER .... приемник курсового всенаправленного управляемого радиомаяка
LODGE (to) .... размещать; помещать; складировать
LOFT ....плаз
LOFT (to) .... вычерчивать плазы
LOG .... бортовой журнал; формуляр; паспорт (машины); регистрация, запись (информации); бортжурнале; курсограф; лаг
LOG (to) ....делать записи в бортжурнале; вносить данные в формуляр; регистрировать, записывать (информацию), протоколировать
LOG AMPLIFIER .... логарифмический усилитель
LOGARITHMIC ....логарифмический
LOG-BOOK ....формуляр (самолета); бортжурнал
LOG BOOK STOWAGE CABINET .... отсек для хранения бортжурнала

LOG-ENTRY (log report)	отметка, запись (в формуляре)
LOGGED DATA	регистрируемые данные
LOGGER	регистратор, регистрирующее устройство; самописец; регистрирующая программа
LOGGING	регистрация, запись (информации)
LOGICAL DESIGN	логическое проектирование; логический синтез; логическая схема; логическая структура
LOGICAL INTERFACE CIRCUITS	логические схемы сопряжения [интерфейса]
LOGIC ANALYSER	логический анализатор, анализатор логических состояний
LOGISTICAL SUPPORT (logistic support)	материально-технические обеспечение
LOGISTICS SYSTEM	система материально-технического обеспечения
LOGISTIC TRANSPORT	военно-транспортный самолет
LOITERING	барражирование; патрулирование; ожидание (посадки)
LOITERING SPEED	скорость патрулирования
LONG-BODIED AIRCRAFT	длиннофюзеляжный самолет
LONG-DISTANCE AIRCRAFT	магистральное воздушное судно
LONG DISTANCE FLIGHT	магистральный полет
LONGERON	лонжерон
LONG HAUL	(дальне)магистральный; дальняя перевозка
LONG-HAUL AIRCRAFT	магистральное воздушное судно
LONG-HAUL SERVICE	воздушные перевозки большой протяженности
LONGITUDE	географическая долгота
LONGITUDINAL AXIS	продольная ось; канал продольного управления
LONGITUDINAL BEAM	продольная балка; лонжерон (фюзеляжа)
LONGITUDINAL CONTROL	продольное управление, управление по тангажу
LONGITUDINAL MOMENT	продольный момент, момент тангажа
LONGITUDINAL SECTION	продольное сечение

LONGITUDINAL SKIN JOINT	продольное соединение обшивки
LONGITUDINAL SLOPE	продольный уклон
LONGITUDINAL STABILITY (fore-and-aft)	продольная устойчивость
LONGITUDINAL TRIM	продольная балансировка
LONG NOSE PLIERS	острогубцы
LONG RANGE	дальний, дальнего действия, большой дальности
LONG-RANGE FLIGHT	магистральное воздушное судно
LONG RANGE JET	магистральное реактивное воздушное судно
LONG RANGE NAVIGATION SYSTEM	навигационная система дальнего действия
LONG-RANGE PLANNING	долгосрочное планирование
LONG-TERM PROGRAM	долгосрочная программа
LONG WAVES (LW)	длинные волны
LOOK	вид; облик; обзор
LOOK (to)	смотреть; осматривать; вести обзор
LOOKDOWN	обзор нижней полусферы
LOOK-THROUGHT	просматривать; перехватывать
LOOKUP	обзор верхней полусферы
LOOM	гибкая изоляционная трубка; оплётка
LOOP	петля; рамочная антенна; рамка; контур; цепь; виток; резкий разворот
LOOP ADF ANTENNA	рамочная антенна автоматического радиопеленгатора
LOOP ANTENNA (aerial)	рамочная антенна
LOOP ANTENNA CABLE	кабель рамочной антенны
LOOP BEACON	(радио)маяк с рамочной антенной
LOOP BEARING	пеленг с помощью рамочной антены
LOOP CIRCUIT	кольцевая электрическая цепь
LOOP GALVANOMETER	рамочный гальванометр
LOOPING	выполнение петель; петлевание; устройство параллельных цепей
LOOSE	свободный выход; свободный; несвязанный; неупакованный; незакреплённый; незатянутый
LOOSE (to)	освобождать; откреплять; ослаблять; отпускать
LOOSE ATTACHING BOLT	незатянутый соединительный болт
LOOSE BOND	отклеивание, отслаивание

LOOSE CONNECTION	незакрепленное соединение
LOOSE EQUIPMENT KIT	бортовой комплект инструментов
LOOSE FASTENER	незатянутая крепежная деталь
LOOSE FIT	свободная посадка, посадка с зазором
LOOSE FIT (to)	осуществлять свободную посадку (детали)
LOOSE MOUNTED	установленный с зазором
LOOSEN (to)	освобождать; откреплять; ослаблять; отпускать; разрыхлять
LOOSENESS	рыхлость; сыпучесть; внутренняя пористость; расшатанность; разболтанность
LOOSE PAINT	шелушащаяся краска
LOOSE RIVETS	расшатавшиеся заклепки
LOOSE SNOW	рыхлый снег
LORAN CHAIN	цепь станций радионавигационной системы дальнего действия "Лоран"
LOSE (to)	терять, лишаться, утрачивать (свойство, качество)
LOSE POWER (to)	терять тягу; терять мощность
LOSE SPEED (to)	терять скорость
LOSS	потеря; затухание, ослабление; срыв (сопровождения); ущерб; убыток
LOSS FACTOR	коэффициент потерь
LOSS OF AIRSPEED	потеря воздушной скорости
LOSS OF CROSS-SECTIONAL AREA	уменьшение поперечного сечения
LOSS OF ENGINE POWER	уменьшение тяги двигателя
LOSS OF HEAD	потеря напора
LOSS OF POWER	потеря мощности
LOSS OF PRESSURE	потеря давления
LOSS OF SECTION	уменьшение сечения
LOSS OF SPEED	потеря скорости
LOSS OF THRUST	потеря тяги
LOSS OF TIME	потеря времени
LOUDNESS	громкость
LOUDSPEAKER	громкоговоритель; акустическая система
LOUNGE	зал; небольшой салон
LOUVER (louvre)	жалюзи; вентиляционная решетка
LOUVERED OPENING	входное отверстие; входное сопло

LOW	циклон; область пониженного атмосферного давления; ложбина; на малой высоте
LOW ALLOY STEEL	низколегированная сталь
LOW ALTITUDE AIRWAY	авиатрасса нижнего воздушного пространства
LOW-ALTITUDE BOMBING (LAB)	бомбометание с низких высот
LOW-ALTITUDE EN-ROUTE CHART	маршрутная карта полетов на малых высотах
LOW ALTITUDE FLIGHT	полет на малых высотах
LOW-ALTITUDE RADAR COVERAGE	дальность действия бортовой радиолокационной станции на малых высотах; дальность радиолокационного обнаружения низколетящих целей
LOW APPROACH	заход на посадку с малой высоты
LOW BYPASS TURBOFAN	турбореактивный двигатель с низкой степенью двухконтурности
LOW CEILING	небольшая высота, низкий потолок
LOW COMPRESSOR	компрессор низкого давления
LOW COMPRESSOR SHAFT	вал компрессора низкого давления
LOW COST	небольшая стоимость
LOW-COST CARRIER	дешевый авиаперевозчик
LOW DRAG	небольшое лобовое сопротивление
LOW EARTH ORBIT	низковысотная орбита
LOWER	низший; нижний
LOWER (to)	спускать; опускать; снижать; уменьшать; понижать; уменьшать высоту; ослаблять
LOWER CHORD	нижняя хорда (крыла)
LOWER DECK	нижняя палуба
LOWERED CEILING PANEL	опущенная потолочная панель
LOWER FARES	более льготный тариф
LOWER FLIGHT LEVEL	нижний эшелон полета
LOWERING	понижение, снижение; опускание; выпуск (шасси); пасмурный
LOWER RUDDER	низкорасположенный руль направления
LOWER SIDE STRUT	нижний боковой подкос
LOWER SPAR	нижний лонжерон
LOWER SURFACE	нижняя поверхность
LOWER THE FLAPS (to)	опускать закрылки

LOWEST USABLE FLIGHT LEVEL .... предельно низкий используемый эшелон полета
LOW FARE .... льготный тариф, тариф со скидкой
LOW-FLIER .... низколетающий летательный аппарат
LOW-FLOAT SWITCH .... поплавковый сигнализатор остатка (топлива)
LOW FLOW .... небольшой расход; низкоскоростное течение
LOW-FLYING TARGET .... низколетящая цель, НЛЦ
LOW FLY-PASS (low fly-by) .... пролет на малой высоте
LOW FREQUENCY (LF) .... низкая частота
LOW FREQUENCY BEACON .... низкочастотный приводной (радио)маяк
LOW FREQUENCY GENERATOR ....низкочастотный генератор
LOW HYDROGEN EMBRITTLEMENT CADMIUM PLATING .... кадмирование с небольшим водородным охрупчиванием
LOW-I ENGINE .... (ракетный) двигатель с небольшим удельным импульсом
LOW-KEY POINT .... нижняя точка расчета на посадку, точка окончательного расчета на посадку
LOW-LEVEL ....низколетающий; маловысотный
LOW LEVEL AIRSPACE (LLA) .... маловысотное воздушное пространство
LOW LEVEL ENROUTE CHART .... маршрутная карта полетов на малых высотах
LOW LEVEL FLIGHT ....бреющий полет
LOW LEVEL INDICATOR .... индикатор малой высоты полета
LOW LEVEL VECTORING .... управление вектором тяги на малых высотах
LOW LEVEL WIND .... ветер на малых высотах
LOW LEVEL WIND-SHEAR ALERT SYSTEM .... система предупреждения о сдвиге ветра на малых высотах
LOW MAINTENANCE COST .... небольшая стоимость технического обслуживания
LOW MIDWING .... среднерасположенное крыло
LOW-MOUNTED .... низкорасположенный
LOW NOISE AMPLIFIER .... малошумящий усилитель
LOW NOISE ENGINE ....двигатель с низким уровнем шума, малошумный двигатель

LOW NOISE LEVEL .... низкий уровень шума
LOW-OBSERVABLE .... малозаметный, с небольшими демаскирующими признаками; средства обеспечения малозаметности
LOW OIL PRESSURE .... низкое давление в маслопроводе
LOW OIL PRESSURE SWITCH .... сигнализатор низкого давления в маслопроводе
LOW-PASS .... пролет на малой высоте
LOW PASS FILTER .... фильтр низких частот, ФНЧ
LOW PITCH .... небольшой угол тангажа; небольшой шаг (воздушного винта)
LOW POWER .... небольшая тяга; небольшая мощность
LOW PRESSURE .... низкое давление
LOW PRESSURE AIR STARTER .... пневматический турбостартер низкого давления
LOW PRESSURE AREA .... область низкого давления
LOW PRESSURE FILTER .... фильтр низкого давления
LOW PRESSURE GAGE .... датчик низкого давления
LOW PRESSURE REGULATOR .... регулятор низкого давления
LOW PRESSURE SWITCH .... сигнализатор низкого давления
LOW PRESSURE TURBINE .... турбина низкого давления
LOW PRESSURE TURBINE STATOR .. статор турбины низкого давления
LOW PRESSURE WARNING SWITCH .... сигнализатор низкого давления
LOW-PROFILE .... низкопрофильный; визуально малозаметный
LOW QUANTITY INDICATOR .... указатель остатка топлива
LOW RATE .... небольшой расход
LOW-SET .... низкорасположенный
LOW-SIGNATURE .... малозаметный, с небольшими демаскирующими признаками
LOW SPEED .... малоскоростной
LOW SPEED RANGE .... диапазон небольших скоростей
LOW SPEED TURN .... разворот на небольшой скорости
LOW-STOP FILTER .... фильтр верхних частот, ФВЧ
LOW TEMPERATURE .... низкая температура
LOW TENSION (LT) .... низкое напряжение
LOW VISIBILITY .... плохая видимость
LOW VISIBILITY LANDING .... посадка в условиях плохой видимости
LOW WEIGHT .... небольшой вес, небольшая масса

LOW WING	низкорасположенное крыло
LOX/HC ENGINE	кислородно-углеводородный жидкостный ракетный двигатель
LOX/LH ENGINE	кислородно-водородный жидкостный ракетный двигатель
LOXODROMIC	локсодромический
LOXODROMIC CURVE	локсодрома (линия на сфере, пересекающая все меридианы под постоянным углом)
LOXODROMICS	локсодромия
LP (low pressure)	низкое давление
LP TURBINE	турбина низкого давления
L-SECTIONED	с L-образным профилем
LUBBER LINE (lubber's line)	курсовая линия (на лобовом стекле или корпусе компаса)
LUBE FITTING	заглушка отверстия для смазки
LUBE LUBRICANT	смазочное масло
LUBE SYSTEM	система смазки
LUBRICANT	смазка, смазочный материал; смазочное масло; замасливатель (волокна)
LUBRICATE (to)	смазывать
LUBRICATE BEARINGS (to)	смазывать подшипники
LUBRICATING CUP	заглушка отверстия для смазки
LUBRICATING OIL	смазка, смазочное масло
LUBRICATING RING	смазочное кольцо
LUBRICATING SYSTEM	система смазки
LUBRICATION	смазывание, смазка
LUBRICATION CHART	схема смазки
LUBRICATION FITTING	маслёнка; тавотница
LUBRICATION JET	масляная форсунка
LUBRICATION PUMP	масляной насос
LUBRICATION SYSTEM	система смазки
LUBRICATOR	маслёнка; маслораспылитель; тавотница
LUBRICATOR FITTING	маслёнка; тавотница
LUBRICITY	смазывающая способность; маслянистость
LUG	выступ; прилив; утолщение; бобышка; кронштейн; ручка; опора; ушко; проушина; наконечник (кабеля); монтажный лепесток
LUGGAGE	багаж

LUGGAGE	багаж
LUGGAGE BAY	багажный отсек
LUGGAGE CLAIM	требование на багаж; иск на потерянный багаж
LUGGAGE COMPARTMENT	багажный отсек
LUGGAGE HOLD	багажный отсек
LUGGAGE INSPECTION	проверка багажа
LUGGAGE RACK	багажная стойка; багажная полка
LUGGAGE TUG	буксировщик багажа
LUKEWARM WATER	теплая вода
LULL	временное затишье
LUMBER	пиломатериал прямоугольного сечения; деревянный каркас
LUMINANCE SIGNAL	световой сигнал
LUMP	глыба; ком; кусок
LUMPED CAPACITY	сконцентрированная мощность
LUMPED RESISTANCE	сосредоточенное сопротивление
LUNAR EXCURSION MODULE (LEM)	лунный экспедиционный модуль
LUNAR EXPLORATION	исследование Луны
LUNAR ORBIT	лунная орбита
LUNAR SOIL	лунный грунт
LUNAR TRAJECTORY	лунная траектория; селеноцентрическая траектория
LUNEBERG LENS	линза Люнеберга
LURCH	крен
LURCH (to)	крениться
LURCHING	кренение; поперечное раскачивание
LUSTRE	блеск; сияние; лоск; глянец; люстра
LUTE	замазка; обмазка; уплотнение
LUTE (to)	замазывать; обмазывать
LUTING	обмазка

M

MACH 2.2 PLUS COMBAT AIRCRAFT .... боевой самолет со скоростью полета свыше числа М=2,2
MACH/AIRSPEED INDICATOR .... указатель числа М и воздушной скорости
MACH COMPENSATOR .... автоматический регулятор (продольной) балансировки при изменении числа М
MACH FEEL .... автомат загрузки по числу М
MACH/IAS INDICATOR .... указатель числа М и приборной воздушной скорости
MACH INDICATOR .... махметр, указатель числа М
MACHINE .... машина; станок; механизм; устройство; установка; летательный аппарат, ЛА
MACHINE (to) .... производить обработку на станке
MACHINE-CUT (to) .... обрабатывать на металлорежущем станке
MACHINED FROM SOLID .... изготовленный на станке из заготовки
MACHINE-GUN .... пулемет; пулеметный
MACHINE PROCESSING .... машинная обработка
MACHINERY .... (машинное) оборудование; машины; механизмы
MACHINE SHOP .... механический цех
MACHINE-TOOL .... станочный; станкостроительный
MACHINE-TURNED .... обработанный на токарном станке
MACHINING .... (механическая) обработка, обработка резанием, обработка на металлорежущем станке
MACHINING FIXTURE .... зажимное приспособление для механической обработки
MACHINING SHOP .... механический цех
MACH LINE .... линия Маха, граница возмущений
MACHMETER .... указатель числа М
MACH NUMBER .... число М
MACH SPEED INDICATOR .... махметр, указатель числа М
MACH TRIM .... балансировка при изменении числа М

MACH TRIM COMPENSATOR .... автоматический регулятор (продольной) балансировки при изменении числа М
MACH TRIM COUPLER .... устройство сопряжения автоматического регулятора (продольной) балансировки при изменении числа М
MACH TRIM OVERRIDE .... управление вручную независимо от автоматического регулятора (продольной) балансировки при изменении числа М
MACROGRAPHY .... макроанализ; макро(фото)съемка
MAE VEST .... спасательный жилет
MAGAZINE .... магазин; приемник; накопитель, накопительное устройство; кассета; журнал
MAGAZINE RACK .... держатель кассеты; держатель накопителя
MAGIC-EYE .... индикатор настройки
MAGNESIUM .... магний
MAGNESIUM ALLOY .... магниевый сплав
MAGNESIUM PARTS .... детали из магниевого сплава
MAGNET .... магнит
MAGNET COIL .... магнитная катушка
MAGNET COMPASS .... магнитный компас
MAGNET CORE .... магнитный сердечник
MAGNETIC .... магнитный
MAGNETICALLY FLAW DETECT TEST .... магнитопорошковая дефектоскопия
MAGNETIC AMPLIFIER .... магнитный усилитель
MAGNETIC ANOMALY DETECTOR (MAD) .... детектор магнитных аномалий
MAGNETIC BASE .... магнитный держатель
MAGNETIC BEARING .... магнитный подшипник
MAGNETIC BRAKE .... электромагнитный тормоз
MAGNETIC CHIP .... магнитный кристалл; магнитный порошок
MAGNETIC CHIP DETECTOR .... магнитная пробка
MAGNETIC COMPASS .... магнитный компас
MAGNETIC COURSE .... магнитный курс
MAGNETIC DECLINATION .... магнитное склонение
MAGNETIC DEVIATION .... магнитная девиация
MAGNETIC DIP .... магнитное склонение

MAGNETIC FAULT INDICATOR	магнитный индикатор неисправности
MAGNETIC FIELD	магнитное поле
MAGNETIC FIELD INTENSITY	напряженность магнитного поля
MAGNETIC FILTER	магнитный фильтр
MAGNETIC FLOW (flux)	магнитный поток
MAGNETIC HEAD	магнитная головка
MAGNETIC HEADING (MH)	магнитный курс
MAGNETIC HOLDER	магнитный держатель
MAGNETIC INDICATING LIGHT	магнитный сигнализатор, магнитный бленкер
MAGNETIC INDICATOR	магнитный индикатор
MAGNETIC INK	магнитная суспензия; магнитная печатная краска; магнитные чернила
MAGNETIC LAG	магнитный гистерезис
MAGNETIC MOMENT	магнитный момент
MAGNETIC NEEDLE	магнитная стрелка
MAGNETIC NORTH	магнитный север
MAGNETIC PARTICLE INSPECTION CHECK	магнито-порошковая дефектоскопия
MAGNETIC PARTICLES	магнитный порошок
MAGNETIC PICK-UP TOOL	магнитный захват
MAGNETIC PLUG	магнитная пробка
MAGNETIC POLE	магнитный полюс
MAGNETIC SENSING	магнитное обнаружение; магнитное зондирование
MAGNETIC SOCKET	магнитная муфта
MAGNETIC STORM	магнитная буря
MAGNETIC SWITCH	магнитный переключатель
MAGNETIC TAPE	магнитная лента
MAGNETIC TAPE CONTROLLED	
MAGNETIC TAPE DATA STORAGE SYSTEM	система хранения данных на магнитной ленте
MAGNETIC TIP SCREWDRIVER	отвертка с магнитной головкой
MAGNETIC TRACK	магнитная дорожка
MAGNETIC TRACK ANGLE	угол магнитной дорожки
MAGNETIC VARIATION	магнитное склонение
MAGNETISM	магнетизм, магнитные явления; магнитные свойства

MAGNETIZE (to)	намагничивать
MAGNETO	магнето (двигателя)
MAGNETOHYDRODYNAMICS	магнитогидродинамика, МГД
MAGNETOMETER	магнитометр
MAGNETOPAUSE	магнитопауза
MAGNETOSCOPY	магнитоскопия
MAGNETOSPHERE	магнитосфера
MAGNET POLES	магнитные полюса
MAGNETRON	магнетрон
MAGNIFICATION LENS	увеличивающая линза
MAGNIFIER	увеличивающая линза; увеличитель; усилитель
MAGNIFY (to)	увеличивать; усиливать
MAGNIFYING	увеличение; усиление
MAGNIFYING LENS (glass)	увеличивающая линза
MAGNIFYING POWER	оптическое увеличение
MAGNITUDE	величина; значение; амплитуда; абсолютное значение, модуль (числа); размер, размерная характеристика; громкость (звука)
MAIDEN FLIGHT	первый полет (построенного самолета)
MAIL	почта
MAIL PLANE	почтовый самолет
MAIN	магистраль; система трубопроводов; питающая линия; шина; электрическая сеть; выключатель (сети); основной; главный
MAIN BANG	зондирующий радиолокационный сигнал
MAIN BATTERY	основная батарея
MAIN BUS BAR	основная электрическая шина
MAIN CABIN	пассажирский салон
MAIN CHARACTERISTICS	основные характеристики
MAIN CIRCUIT	основная цепь
MAIN CONTRACTOR	головная фирма-разработчик
MAIN DATA	основные характеристики
MAIN DC BUS	основная шина постоянного тока
MAIN DECK	основная палуба
MAIN DISTRIBUTION MANIFOLD RELIEF VALVE	предохранительный клапан магистрального трубопровода

MAIN ELECTRIC STABILIZER TRIM ACTUATOR	основной электропривод стабилизатора
MAIN ENGINE	основной двигатель
MAIN ENGINE CONTROL (M.E.C.)	система управления основным двигателем
MAIN FRAME	главный шпангоут; мидель-шпангоут
MAIN FUEL PUMP (M.F.P.)	основной топливный насос
MAIN GEAR	основное шасси
MAIN GEAR ACTUATOR WALKING BEAM	качающийся рычаг силового привода основного шасси
MAIN GEAR CENTRING CYLINDER	гидроцилиндр уборки - выпуска основного шасси
MAIN GEAR DOWNLOCK INSPECTION WINDOW	смотровое отверстие замка выпущенного положения основного шасси
MAIN GEAR DRAG STRUT	диагональный подкос основного шасси
MAIN GEAR LEG	стойка основного шасси
MAIN GEAR LOCK CRANK	качалка замка основного шасси
MAIN GEAR SHOCK STRUT	амортизационная стойка основного шасси
MAIN GEAR SIDE STRUT	боковая стойка основного шасси
MAIN GEAR SNUBBER	амортизатор основного шасси
MAIN GEAR TREAD	колея основного шасси
MAIN INSTRUMENT PANEL	основная приборная панель
MAIN KEEL BEAM	основная килевая балка, основной нижний лонжерон
MAIN LANDING GEAR (MLG)	основное шасси
MAIN LANDING GEAR SHOCK STRUT	амортизационная стойка основного шасси
MAIN POWER	основная мощность; мощность, потребляемая от сети
MAIN RESERVOIR	основной бак
MAIN RIB	главная нервюра; силовая нервюра
MAIN ROTOR	несущий винт (вертолета)
MAIN ROTOR DIAMETER	диаметр несущего винта (вертолета)
MAIN RUNWAY	основная взлетно-посадочная полоса

MAINS AERIAL .... силовая электросеть в качестве антенны
MAINS SUPPLY .... питание от сети переменного тока
MAINS VOLTAGE .... напряжение сети
MAIN SWITCH .... основной переключатель
MAINTAIN (to) .... выдерживать; сохранять; поддерживать; проводить техническое обслуживание
MAINTAINABILITY .... ремонтопригодность, ремонтная технологичность; эксплуатационная надёжность; восстанавливаемость; удобство обслуживания
MAINTAIN A PRESSURE (to) .... поддерживать давление
MAIN TANK .... основной бак
MAINTENANCE .... техническое обслуживание и ремонт; регламентные работы; поддержание; хранение
MAINTENANCE ANALYSIS .... анализ состояния при техническом обслуживании
MAINTENANCE BASE .... база технического обслуживания (и ремонта)
MAINTENANCE COST .... стоимость технического обслуживания
MAINTENANCE DOWNTIME .... время простоя при техническом обслуживании и ремонте
MAINTENANCE MANHOURS .... трудозатраты на техническое обслуживание и ремонт
MAINTENANCE MANUAL .... руководство по техническому обслуживанию и ремонту
MAINTENANCE PERSONNEL .... технический персонал; обслуживающий персонал
MAINTENANCE PRACTICE .... технология технического обслуживания
MAINTENANCE SCHEDULE .... график технического обслуживания и ремонта
MAINTENANCE SIGNIFICANT ITEM (MSI) .... наиболее важная технологическая операция при техническом обслуживании
MAIN UNDERCARRIAGE ....основное шасси
MAIN UNDERCARRIAGE UP-LOCK RAM .... цилиндр запирания замка основного шасси
MAJOR AIRLINE .... крупная авиакомпания

MAJORED	проверенный; отремонтированный; специализированный
MAJOR OVERHAUL	капитальный ремонт
MAKE	форма; модель; тип; объем производства; выход
MAKE (to)	делать; изготовлять(ся); производить; замыкать; включать
MAKE-AND-BREAK	переключение; включение и выключение; прерыватель
MAKE-AND-BREAK COIL	катушка прерывателя
MAKE OUT (to)	составлять; выписывать; разбирать; различать
MAKE PULSE	импульс замыкания (цепи)
MAKER	изготовитель; завод-изготовитель; фирма-изготовитель; поставщик
MAKER'S AIRFIELD	заводской аэродром
MAKESHIFT AIRFIELD	аэродром с полуподготовленной поверхностью; частично оборудованный аэродром
MAKE SURE (to)	убеждаться; удостоверяться; страховаться
MAKE-UP	состав (материала); составление; определение (состава); верстка; компоновка
MAKE-UP (to)	составлять; собирать
MAKING UP	подведение итога, подведение баланса
MALADJUSTMENT	несогласованность; неверная регулировка; неправильная установка; неточная настройка
MALE	входящий в другую деталь, охватываемый; мужчина, лицо мужского пола
MALE ELBOW	входящее колено
MALE EXTENSION	входящий удлинитель
MALE PLUG	штепсельная вилка
MALE SCREW	болт; шуруп; винт
MALFUNCTION	нарушение нормальной работы; сбой; неправильное действие; ложное срабатывание; неисправность
MALLEABILITY	способность деформироваться в холодном состоянии; ковкость
MALLEABLE IRON (casting)	ковкий чугун
MALLET	киянка, деревянный молоток

MANAGE (to) .... руководить; управлять; заведовать, стоять во главе

MANAGEMENT .... руководство, руководящий персонал; администрация; дирекция; менеджмент; управление; руководство; организация; координация

MANAGEMENT PERSONNEL .... руководящий персонал, руководство; администрация; дирекция

MANAGEMENT SYSTEM .... система управления; менеджмент

MANAGER (general) .... руководитель; управляющий; директор; заведующий; администратор

MANAGING DIRECTOR .... генеральный директор; управляющий директор

MANDATORY .... поверенный; доверенный, уполномоченный; обязательный, принудительный; императивный

MANDATORY DIRECTIVE REMOVAL .... обязательный демонтаж (изделия)

MANDATORY MODIFICATION .... обязательная модификация

MANDATORY REPLACEMENT ITEM .... перечень обязательных замен (неисправных блоков)

MANDREL .... оправка; пробойник; сердечник (для труб)

MANEUVER .... маневр

MANEUVER (to) .... маневрировать, выполнять маневр

MANEUVERABILITY .... маневренность

MANEUVERABLE ....маневренный

MANEUVERING ....маневрирование

MANEUVERING CONTROLLER .... система управления маневрированием

MANEUVERING REENTRY VEHICLE (MRV) .... маневрирующая головная часть

MANEUVERING SPEED .... скорость маневрирования

MANGANESE STEEL .... сталь, раскисленная марганцем

MAN HOLE .... люк; лаз; смотровое отверстие

MANHOLE .... люк; лаз; смотровое отверстие

MANHOUR .... человеко-час; трудозатраты в человеко-часах

MAN-HOURS .... человеко-час; трудозатраты в человеко-часах

MANHOURS PER FLYING HOUR .... трудозатраты на один час полета

MANIFEST .... манифест

MANIFOLD	коллектор; распределительный трубопровод; магистраль; патрубок
MANIFOLD PRESSURE	давление наддува; давление на входе, давление впуска
MANIPULATE (to)	управлять; манипулировать
MANIPULATOR	манипулятор
MAN-MACHINE INTERFACE	человеко-машинный интерфейс
MANNED	пилотируемый, с экипажем; с участием человека; обитаемый
MANNED FLIGHT	пилотируемый полет
MANNED LABORATORY	обитаемая лаборатория
MANNED SPACECRAFT	пилотируемый космический аппарат, пилотируемый КА
MANNED SPACEFLIGHT	пилотируемый космический полет
MANNED VEHICLE	пилотируемый летательный аппарат, пилотируемый ЛА
MANNER	способ; метод
MANOEUVERING	маневрирование
MANOEUVRABILITY	маневренность
MANOEUVRE (maneuver = US)	маневр
MANOEUVRE MARGIN	запас продольной устойчивости по перегрузке
MANOEUVRING LOAD	нагрузка при маневрировании
MANOMETER	манометр
MAN-PORTABLE	носимый, переносный
MANPOWER	рабочая сила
MAN-POWERED AERODYNE (pedal power)	летательный аппарат с мускульным приводом
MAN-POWERED FLIGHT	полет за счет мускульной энергии
MAN-TENDED MISSION	пилотируемый полет; полет с экспедицией посещения
MANUAL	руководство; наставление; инструкция; ручной, при ручном управлении
MANUAL ACTUATION	ручное управление
MANUAL BYPASS VALVE	клапан с ручным управлением
MANUAL CONROL	ручное управление
MANUAL CONTROL MECHANISM	механизм ручного управления
MANUAL CONTROL SWITCH	переключатель на ручное управление
MANUAL EXTENSION HAND CRANK	рукоятка аварийного выпуска шасси

MANUAL FEATHERING	флюгирование воздушного винта в ручном режиме
MANUAL FEED	ручная регулировка опережения зажигания; ручная подача
MANUAL FLIGHT CONTROL	управление полетом в ручном режиме
MANUAL GLIDE SLOPE	выдерживание посадочной глиссады в ручном режиме
MANUALLY	ручной, с ручным управлением
MANUALLY OPERATED	управляемый вручную, с ручным управлением
MANUALLY OPERATED BYPASS VALVE	перепускной клапан с ручным управлением
MANUALLY POSITION (to)	устанавливать вручную
MANUAL MODE	ручной режим
MANUAL OF OPERATIONS	инструкция по эксплуатации
MANUAL OVERRIDE CONTROL LEVER	система ручного управления в обход автоматики
MANUAL SELECTION	переход на ручное управление
MANUAL SHUTOFF VALVE	отсечный клапан с ручным управлением
MANUFACTORY	завод; мастерская
MANUFACTURABILITY	(производственная) технологичность
MANUFACTURE	производство; изготовление; обработка; изделие; продукция
MANUFACTURE COST	стоимость производства
MANUFACTURED	изготовленный; обработанный
MANUFACTURER	фирма-производитель
MANUFACTURER'S INSTRUCTIONS	производственные инструкции
MANUFACTURE WORKSHOP	производственный цех
MANUFACTURING WORKSHOP	производственный цех
MAN-UP	посадка экипажа, занятие своих мест экипажем
MAP	карта
MAP (to)	картографировать, составлять карту
MAP DISPLAY	индикатор движущейся карты
MAP-HOLDER	планшет
MAP LIGHT	лампа для чтения полетной карты
MAP-MAKER	картограф

MAP-MAKING	картография
MAP OUT (to)	составлять план, планировать; размечать
MAPPING	картографирование
MAPPING DATA	картографические данные
MAP READING LAMP	лампа для чтения полетной карты
MARBLE	мрамор
MARGIN	запас (по характеристикам)
MARGINAL	крайний; с минимальным запасом; на грани небезопасного, минимально безопасный
MARGINAL LAYER	пограничный слой
MARGIN OF SAFETY	запас прочности; запас (по) безопасности
MARITIME PATROL AIRCRAFT	морской патрульный [разведывательный] самолет
MARITIME SURVEILLANCE AIRCRAFT	морской патрульный [разведывательный] самолет
MARITIME SURVEILLANCE OPERATION	морская разведка
MARITIME SURVEY	морская разведка
MARK	указатель; ориентир; знак; метка; отметка; (бортовой) номер (воздушного судна); штрих (шкалы); марка; клеймо; штамп
MARK (to)	размечать; отмечать; маркировать; клеймить
MARKED LOCATION	отмеченное местоположение
MARKER	маркер; указатель; ориентир; сигнальный знак; маркерный радиомаяк; отметчик
MARKER ANTENNA	антенна маркерного радиомаяка
MARKER BEACON	маркерный радиомаяк
MARKER BEACON LIGHT	сигнальная лампа маркерного маяка
MARKER RECEIVER	приемник маркерного радиомаяка
MARKER UNIT	маркерный радиомаяк
MARKET	рынок; биржа; торговля
MARKET (to)	торговать; продавать; сбывать; находить рынок сбыта
MARKETABILITY	товарность; реализуемость; пригодность для продажи
MARKET ANALYSIS	анализ рынка

MARKETING	маркетинг
MARKETING BOARD	отдел маркетинга
MARKET RESEARCH (survey)	исследование рынка
MARKING	маркировка, обозначение, разметка; клеймение; метка; опознавательный знак; отсчет времени; разметочная схема; след (от инструмента)
MARKING GA(U)GE	рейсмус
MARKING INK	чернила для маркировального карандаша
MARKING-OUT	маркировка; разметка; клеймение
MARKING PLATE	разметочная плита
MARKING TOOL	разметочная чертилка
MARK LOCATION (to)	отмечать местонахождение
MARKPOINT	контрольный пункт маршрута
MARKS ALIGNED	точно выставленные риски, точные отметки
MARK UP (to)	делать отметки, делать пометки
MARSHAL	расчетная точка начала снижения на палубу (авианосца)
MARSHALLER	сигнальщик; диспетчер стояночной площадки
MARSHALLING	расположение в определенном порядке; сортировка
MARSHALLING SIGNALS	сигналы управления движением (воздушных судов на аэродроме)
MARTENSITIC STEEL	мартенситная сталь
MASER-PUSHED LIGHTSAIL MISSION	полет с солнечным парусом под давлением излучения лазера
MASK	маскировочное покрытие, маскирующий слой, маска; шаблон; фотошаблон; трафарет; противогаз
MASK (to)	маскировать; вуалировать; перекрывать
MASKING COVERING	нанесение маскирующего слоя, наложение маски, маскирование
MASKING TAPE	липкая лента для маскирования
MASK MICROPHONE	ларингофон
MASKMIKE	микромаска
MASS	масса; сосредоточение
MASS AIR FLOW	массовый расход воздушного потока
MASS BALANCE WEIGHT	груз для весовой балансировки

MASS FLOW (rate) .... массовый расход (потока); массовый расход (топлива)
MASS FLOWMETER .... массовый расходомер
MASS FUEL FLOW .... массовый расход топлива
MASS OF AIR .... воздушная масса
MASS OF FUEL .... масса топлива
MASS PRODUCED .... изготовленный серийно
MASS PRODUCTION .... массовое производство
MASS STORAGE .... массовое запоминающее устройство, запоминающее устройство большой емкости
MAST .... мачта; штанга; опора; мачтовая вышка
MASTER .... мастер; квалифицированный рабочий; контрольный калибр; эталонный фотошаблон; оригинал; эталон; станок особо высокой точности
MASTER COMPASS .... главный компас
MASTER CONTROL .... центральный пульт управления; задающее воздействие; эталонное управляющее воздействие
MASTER CROSS-SECTION .... мидель, миделевое сечение; мидель-шпангоут
MASTER ENGINE .... главный двигатель (для регулирования)
MASTER GA(U)GE BLOCK .... калиброванная прокладка; плоскопараллельная мера длины
MASTER OSCILLATOR (MO) .... задающий генератор, ЗГ
MASTER POWER SWITCH .... главное коммутационное устройство электросети
MASTER PRESSURE GA(U)GE .... эталонный манометр
MASTER ROD .... главный вал
MASTER SWITCH .... главное коммутационное устройство
MASTER TACHOMETER .... эталонный тахометр
MASTER WARNING LIGHT .... главное табло аварийной сигнализации; главная световая аварийная сигнализация
MASTIC .... мастика; замазка; вязкий клей; герметик
MAT .... мат; поверхностный слой; плита (аэродромного покрытия)
MAT(T) SURFACE .... поверхностный слой
MATCH (to) .... сравнивать; сопоставлять; подбирать; пригонять; выравнивать; уравнивать

MATCH(ING) HOLE	подогнанное отверстие; совпадающее отверстие
MATCHED CONICS TECHNIQUE	метод подгонки конических сечений
MATCHED NOZZLE	сопло, работающее в расчетном режиме
MATCHED UNITS	подогнанные детали
MATCHING	сравнение; сопоставление; подбор; пригонка; согласование; выравнивание
MATE (to)	сопрягать; стыковать
MATE FACE	стыковочная поверхность; сопрягаемая поверхность
MATE PINION	сателлит (в планетарной зубчатой передаче)
MATERIAL	материал; вещество; ткань; производственное оборудование; производственные инструменты
MATERIAL DAMAGE	разрушение материала
MATERIAL REMOVAL	съем материала
MATERIAL THICKNESS	толщина материала
MATHEMATICAL	математический
MATING	сопряжение; стыковка; пригонка; согласование; сопрягаемый; пригнанный; парный
MATING CONNECTOR	соединительная деталь
MATING DOCKING PARTS	ответная часть стыковочного устройства
MATING FACE	стыковочная поверхность; сопрягаемая поверхность
MATING OPERATION	сборочная операция
MATING PARTS	сопрягаемые детали; соприкасающиеся детали; контактирующие детали; стыкуемые детали
MATING SURFACE	сопрягаемые поверхности; соприкасающиеся поверхности; контактирующие поверхности; сопряженные поверхности
MATRICULATION	вступительный экзамен в высшее учебное заведение
MATRIX	матрица; форма; шаблон; матричный
MATT BLACK	черное матовое покрытие
MATTER	материя; вещество; материал

MATTRESS VALVE	отсечной клапан; запорный вентиль
MATURATION	доводка [отработка] в процессе эксплуатации, освоение
MATURE ENGINE	отработанный (в эксплуатации) двигатель
MATURITY OF TECHNOLOGY	отработанность технологии; освоенность технических решений; техническая доведенность
MAUL	киянка
MAUSER CANNON	пушка "Маузер"
MAX. CONTINUOUS	непрерывный максимум
MAX. EMPTY WEIGHT	максимальная масса пустого летательного аппарата
MAX. FUEL WEIGHT	максимальная масса топлива
MAX. LANDING WEIGHT	максимальная посадочная масса
MAX. RAMP WEIGHT	максимальная стояночная масса (воздушного судна)
MAX. TAKE-OFF WEIGHT	максимальная стартовая масса; максимальная взлетная масса
MAX. USEFUL LOAD	максимальная масса полезного груза
MAX. ZERO-FUEL WEIGHT	максимальная масса пустого летательного аппарата
MAXIMUM ALLOWABLE	максимально допустимый
MAXIMUM ALTITUDE	максимальная высота
MAXIMUM AUTHORIZED ALTITUDE	максимальная разрешенная высота полета
MAXIMUM CONTINGENCY	ограничение максимума; максимальное ограничение
MAXIMUM CONTINUOUS	непрерывный максимум
MAXIMUM CONTINUOUS POWER	номинальный режим работы
MAXIMUM CONTINUOUS THRUST	номинальная тяга
MAXIMUM CROSS-SECTION	максимальное поперечное сечение
MAXIMUM CRUISE (max-cruise)	номинальный крейсерский режим (полета)
MAXIMUM EMERGENCY RATING	максимальная тяга на чрезвычайном режиме
MAXIMUM EMPTY WEIGHT	максимальная масса пустого летательного аппарата

MAXIMUM FLAP EXTENDED SPEED .... максимальная безопасная скорость полета при выпуске закрылков
MAXIMUM FLYING HEIGHT .... максимальная высота полета
MAXIMUM FUEL CAPACITY .... максимальный запас топлива; максимальная топливовместимость
MAXIMUM GROSS WEIGHT .... максимальная взлетная масса; максимальная стартовая масса; масса с максимальной загрузкой
MAXIMUM LANDING GEAR EXTENDED SPEED .... максимальная безопасная скорость полета при выпуске шасси
MAXIMUM LANDING WEIGHT .... максимальная посадочная масса
MAXIMUM LOAD .... максимальная нагрузка
MAXIMUM PAYLOAD .... максимальная полезная нагрузка
MAXIMUM PERFORMANCE MANEUVERING .... маневрирование на предельных режимах
MAXIMUM PERMISSIBLE OPERATING SPEED .... максимально допустимая скорость при эксплуатации
MAXIMUM PERMISSIBLE WEIGHT .... максимально допустимая масса
MAXIMUM RAMP WEIGHT .... максимальная стояночная масса
MAXIMUM SPEED .... максимальная скорость
MAXIMUM SPEED WARNING .... сигнализация о приближении к максимальной скорости
MAXIMUM STRUCTURAL WEIGHT .... максимальная масса конструкции
MAXIMUM TAKE-OFF WEIGHT .... максимальная взлетная масса; максимальная стартовая масса
MAXIMUM THRESHOLD SPEED .... максимальная скорость над входной кромкой взлетно-посадочной полосы; пороговая скорость
MAXIMUM THRUST .... максимальная тяга
MAXIMUM WEIGHT .... максимальная масса, максимальный вес
MAXIMUM ZERO FUEL WEIGHT .... максимальная масса пустого летательного аппарата
MAXI TAKEOFF/LANDING WEIGHT .... максимальная взлетная и посадочная масса
MEAL TABLE .... обеденный столик

MEAN .... среднее значение; средняя величина; средний; средство; метод; способ; устройство; приспособление
MEAN AERODYNAMIC CENTRE .... аэродинамический фокус
MEAN AERODYNAMIC CHORD (MAC) .... средняя аэродинамическая хорда, САХ
MEAN AERODYNAMIC PRESSURE .... среднее аэродинамическое давление
MEAN CAMBER LINE .... средняя линия профиля
MEAN CHORD .... средняя хорда
MEAN DIAMETER .... средний диаметр
MEAN GEOMETRIC CHORD .... средняя геометрическая хорда
MEAN LENGTH OF CHORD .... средняя длина хорды
MEANS .... средства
MEANS (by) .... при помощи, посредством
MEAN SEA LEVEL (MSL) .... средний уровень моря
MEAN SOLAR TIME .... среднее солнечное время
MEAN TASK TIME .... среднее время выполнения задачи
MEAN TIME .... среднее время
MEAN TIME BETWEEN REMOVALS (MTBR) .... среднее время работы между ремонтами
MEAN TIME BETWEEN UNSCHEDULED REMOVALS (MTBUR) .... среднее время работы между неплановыми ремонтами
MEAN TIME TO MAINTENANCE .... средняя наработка до технического обслуживания
MEAN TIME TO REPAIR (MTTR) .... средняя наработка до ремонта
MEAN VALUE .... среднее значение; средняя величина
MEAN WING CHORD .... средняя хорда крыла
MEASURE .... мера; размер
MEASURED CEILING .... измеренная максимальная высота полета
MEASUREMENT .... измерение; контроль; замер; обмер; размер; система мер
MEASUREMENT SENSOR .... измерительный датчик
MEASURE TEST BENCH .... измерительный стенд
MEASURING APPARATUS .... измерительная аппаратура
MEASURING BRIDGE .... измерительный мост
MEASURING INSTRUMENTS .... измерительные инструменты

MEASURING POINTS	точки замеров; точки измерений
MEASURING RANGE	диапазон измерений
MEASURING ROD	промерная рейка
MEASURING STICK	топливомерный щуп
MEASURING TAPE	мерная лента
MEASURING UNIT	измерительное устройство
MECHANIC	механик; техник; слесарь
MECHANICAL	механический; машинный
MECHANICAL CONTROL (drive)	механическое управление; механический привод
MECHANICAL DELAY	механическая задержка
MECHANICAL DRIVING (drive)	механический привод
MECHANICAL EFFICIENCY	механический коэффициент полезного действия, механический кпд
MECHANICAL ENERGY	механическая энергия
MECHANICAL ENGINEER	инженер-механик
MECHANICAL ENGINEERING	машиностроение; технология машиностроения
MECHANICAL FAILURE	механический отказ
MECHANICAL INCIDENT	механический отказ
MECHANICAL LINKAGE	механическое соединение
MECHANICAL LOCK(ING)	механический замок; механический фиксатор
MECHANICALLY-OPERATED	механического действия (об изделии)
MECHANICAL OPERATED	механического действия (об изделии)
MECHANICAL PARTS	механические детали
MECHANICAL POSITION INDICATOR	механический указатель положения (шасси)
MECHANICAL PROPERTIES	механические характеристики
MECHANICAL SEAL	механическое уплотнение
MECHANICAL SPECIFICATIONS	конструкционные параметры; технологические данные на обработку детали
MECHANICAL STOP	механический цех; механическая мастерская
MECHANICAL WORK	механическое действие
MECHANIC POWER TAKE-OFF	механический отбор мощности

MECHANISM	механизм; механическое устройство; механизм действия
MECHANIZATION	механизация
MEDIAN LINE	медиана
MEDICAL KIT	медицинский комплект, аптечка для оказания первой помощи
MEDIUM	среднее число; среднее значение; средний; промежуточный; среда; вещество; материал; средство; способ; носитель (информации)
MEDIUM-ALTITUDE	средняя высота
MEDIUM HAUL	среднемагистральный; перевозка на средние расстояния
MEDIUM HAUL SERVICES	воздушные перевозки средней протяженности
MEDIUM-LONG RANGE	средняя дальность, средняя протяженность
MEDIUM MARKER	радиомаркерный маяк средней дальности
MEDIUM-RANGE	средняя дальность, средняя протяженность
MEDIUM RANGE LINER	среднемагистральный авиалайнер
MEDIUM SPEED	средняя скорость
MEDIUM WAVES	гектометровые волны
MEDIUM WEIGHT	средняя масса, средний вес
MEET (to)	удовлетворять, соответствовать (требованиям)
MEETING	встреча; совещание
MEGAPHONE	мегафон
MEGGER	мегаомметр
MEGOHM	мегаом
MEGOHMMETER	мегаомметр
MELT (to)	расплавлять(ся); плавить(ся); выплавлять(ся)
MELTING POINT	точка плавления
MELTING TEMPERATURE	температура плавления
MEMBER	функциональная единица, часть, звено (механизма); деталь (узла); элемент (конструкции); рабочий орган
MEMBER AIRLINE	дочерняя авиакомпания
MEMORIZED ITEM	хранимый элемент (данных); хранимое изделие
MEMORY	память; запоминающее устройство, ЗУ

MEMORY CIRCUIT	запоминающая схема; запоминающая ячейка
MEMORY STORAGE	запоминающее устройство, ЗУ
MEND (to)	ремонтировать; исправлять; совершенствовать, улучшать
MERCATOR PROJECTION	меркаторова проекция
MERCATOR'S CHART	меркаторова схема
MERCATOR'S PLOTTING CHART	меркаторова карта для прокладки маршрута
MERCATOR'S SAILING	навигация по ортодромии
MERCURY	ртуть
MERCURY COLUMN	ртутный столб
MERCURY GA(U)GE	ртутный манометр
MERCURY SWITCH	ртутный выключатель; ртутное реле
MERCURY THERMOMETER	ртутный термометр
MERCURY VAPOR	ртутные пары
MERCY MISSION	операция по оказанию помощи
MERGING	слияние, объединение
MERIDIAN	меридиан; меридианный; меридиональный
MESH	ячейка, отверстие; сетка; зацепление; сцепление; слияние; объединение
MESH (to)	зацепляться; входить в зацепление; сливать; объединять
MESH FILTER	сетчатый фильтр
MESH GEAR PUMP	шестеренчатый насос
MESOPAUSE	мезопауза
MESOSPHERE	мезосфера
MESSAGE SWITCHING SYSTEM	система обмена сообщениями
METAL	металл; металлический
METAL BACKING PLATE	опорная металлическая плита
METAL BOX	металлический контейнер; металлический корпус
METAL BRISTLES	металлические щетки
METAL CASE	металлический контейнер; металлический корпус
METAL CHIPS	металлическая стружка
METAL FILINGS	металлические опилки
METAL FORMING MACHINE	машина для обработки металлов давлением; высадочный пресс

METAL LABEL	металлическая бирка
METALLIC	металлический; металлизированный
METALLIC ELEMENT (filter)	фильтрующий металлический элемент
METALLIZED	металлизированный
METALLOGRAPHY	металлография
METALLOID	неметалл, металлоид
METALLURGICAL LABORATORY	металлургическая лаборатория
METALLURGIST	металлург
METALLURGY	металлургия; металловедение
METAL PART	металлическая деталь
METAL PARTICLES	металлические частицы; металлические опилки
METAL PICK-UP	металлический захват; металлическая щетка, металлический токосъемник
METAL-PLASTIC	металлопластический
METAL RECHARGING	подача металлической заготовки
METAL SHEATH	металлическая оболочка; металлический корпус
METAL SHEET	металлический лист
METAL SPRAY COATING	металлическое покрытие, наносимое опылением
METAL SPRAYING	напыление металла; металлизация напылением
METAL STRAP	металлическая пластина; металлическая лента
METAL STRIP	металлическая перемычка; металлическая накладка; металлическая лента
METAL-TO-METAL BONDING	сварка металла
METEOR	метеор
METEORIC	метеорный
METEORITE (meteoroid)	метеорит
METEOROGRAPH	метеорограф
METEOROLOGICAL BROADCAST	передача метеорологических данных
METEOROLOGICAL CHART	метеорологическая карта
METEOROLOGICAL CONDITIONS	метеорологические условия, метеоусловия

METEOROLOGICAL DATA .... метеорологические данные, метеоданные
METEOROLOGICAL INFORMATION .... метеорологическая информация; прогноз погоды
METEOROLOGICAL INSTRUMENTATION .... метеорологические приборы
METEOROLOGICAL OBSERVING STATION .... метеорологическая станция, метеостанция
METEOROLOGICAL OFFICE ...... бюро метеорологических оповещений; метеослужба контроля (аэродрома)
METEOROLOGICAL PARAMETERS .... метеорологические параметры
METEOROLOGICAL RECONNAISSANCE FLIGHT .... полет на разведку погоды
METEOROLOGICAL REPORT .... сводка погоды, метеосводка
METEOROLOGICAL SATELLITE .... метеорологический спутник, метеоспутник
METEOROLOGICAL STATION .... метеорологическая станция, метеостанция
METEOROLOGICAL WATCH .... служба погоды, метеорологическая служба
METEOROLOGIST .... синоптик, метеоролог
METEOROLOGY .... метеорология
METER .... метр; измерительный прибор; счетчик; дозатор
METER (to) .... измерять, мерить, замерять
METERED FUEL .... дозированный объем топлива
METERED ORIFICE .... калиброванный насадок
METERING .... выполнение измерений, измерения; снятие показаний измерительных приборов; дозиметрия
METERING HOLE .... калиброванное отверстие
METERING PIN (rod) .... стержень [игла] дозирующего клапана
METERING PISTON .... дозирующий поршень
METERING PUMP .... дозирующий насос
METERING UNIT .... дозирующее устройство, дозатор
METERING VALVE .... дозирующий клапан
METHANOL .... метанол; топливо на основе метилового спирта
METHOD .... метод; прием; способ; методика; технология

METHOD OFFICE	технологический отдел
METHYL	метил
METHYLATED SPIRIT (alcohol)	метиловый спирт
METHYLENE BLUE	метиленовый синий
METHYL-ETHYL-KETONE (MEK)	метилэтилкетон
METHYL-ISOBUTYL-KETONE (MIK)	метилизобутилкетон
METRIC SYSTEM	метрическая система
METRIC THREAD	метрическая резьба
METROLOGIST	метролог
METROLOGY LABORATORY	метрологическая лаборатория
MICA	слюда
MICROBURST	"микровзрыв", кратковременный мощный нисходящий воздушный поток
MICROCHANNEL	микроканал
MICROCOMPUTER (micro-computer)	микро-ЭВМ, микрокомпьютер
MICROELECTRONICS	микроэлектроника
MICROFILM	микропленка; микрофильм
MICROGRAVITY	микрогравитация
MICROLIGHT	сверхлегкий летательный аппарат, СЛА
MICROMETER	микрометр
MICROMETER SCREW	винт микрометра
MICROMINIATURIZATION	микроминиатюризация
MICROMINIATURIZED	микроминиатюризованный
MICRO-MOTOR (micromotor)	микро(электро)двигатель
MICRON(IC) FILTER	фильтр тонкой очистки
MICROPHONE	микрофон
MICROPHONE AMPLIFIER	микрофонный усилитель
MICROPHONE JACK	штекерный разъем микрофона
MICROPHONE SELECTOR BOX	селекторный переключатель микрофона
MICROPROCESSOR	микропроцессор
MICROPROCESSOR-BASED	микропроцессорный, на микропроцессорной базе, на основе микропроцессора
MICROPROCESSOR-CONTROLLED	с микропроцессорным управлением
MICROPROCESSOR TECHNOLOGY	микропроцессорная техника
MICRO-PUMP	микронасос
MICROROCKET	микроракетный двигатель
MICRO-SCREW	микровинт

MICROSWITCH	микропереключатель
MICROSWITCH BOX	коробка микропереключателя
MICROTHRUSTER	жидкостный ракетный двигатель малой тяги, ЖРДМТ
MICROVOLTMETER	микровольтметр
MICROWAVE	сантиметровые волны, микроволны; сверхвысокочастотный диапазон, СВЧ-диапазон
MICROWAVE AMPLIFICATOR	сверхвысокочастотный усилитель, СВЧ-усилитель
MICROWAVE BENCH	микроволновый стенд
MICROWAVE CHANNEL	СВЧ-канал
MICROWAVE FILTER	СВЧ-фильтр
MICROWAVE FURNACE	СВЧ-печь
MICROWAVE LANDING SYSTEM (MLS)	микроволновая посадочная система
MICROWAVE LINK	микроволновая линия связи
MICROWAVES	диапазон сверхвысоких частот, СВЧ-диапазон; микроволновый диапазон
MICROWAVE SCANNING BEAM	микроволновый сканирующий луч
MICROWAVE SENSOR	микроволновый датчик, СВЧ-датчик
MICROWAVE SWITCH	микроволновый переключатель
MICROWAVE TOWER	микроволновая антенная мачта
MID	средний
MID-AIR COLLISION	столкновение в воздухе
MIDDLE	мидель
MIDDLE MARKER (MM)	промежуточный маркерный радиомаяк
MID-FAIRING	промежуточный обтекатель
MIDFLAP	среднее звено (трехщелевого) закрылка
MID-FUSELAGE	средняя часть фюзеляжа
MIDGET RECEIVER	миниатюрный приемник
MID-POINT	середина, средняя точка
MID-SCALE	средняя шкала
MID-SHAFT	промежуточный вал
MID-STAGE	промежуточная ступень
MID-STROKE (midstroke)	середина такта
MID-TAXIWAY	средняя рулежная дорожка
MID-TRAVEL	среднее смещение
MID-WING	средняя часть крыла

MIKE	микрометр; микрофон
MILD	мягкий; умеренный; нерезкий; легкий
MILD BLAST	легкий выхлоп
MILD STEEL	мягкая (низкоуглеродистая) сталь
MILE	миля
MILEAGE	расстояние в милях
MILES PER HOUR (MPH)	миль в час (скорость)
MILITARY	военный
MILITARY ACTIVITY	военная деятельность; военные мероприятия
MILITARY AIRCRAFT (airplane)	боевой самолет; боевой летательный аппарат, боевой ЛА
MILITARY BASE	военная база
MILITARY CLIMB CORRIDOR	коридор набора высоты военных самолетов
MILITARY FLYING AREA	зона полетов военных самолетов
MILITARY OBSERVATION SATELLITE	военный спутник наблюдения
MILITARY PURPOSES	военные цели
MILITARY RESEARCH	военные исследования
MILITARY TRANSPORT AIRCRAFT	военный транспортный самолет
MILL	доробилка; измельчитель; фрезерный станок; прокатный цех; прокатный стан
MILL (to)	молоть; дробить; измельчать; прокатывать
MILLER	фрезерный станок; фреза
MILLIAMMETER	миллиамперметр
MILLIMETER-WAVE RADAR	радиолокационная станция [РЛС] миллиметрового диапазона
MILLING	фрезерование; прокатка
MILLING ARBOR	фрезерная оправка
MILLING CUTTER	фреза; фрезерная головка
MILLING MACHINE (Miller)	фрезерный станок
MILLING TABLE	стол фрезерного станка
MILLIVOLTMETER	милливольтметр
MILLIWATTMETER	милливаттметр
MINDER	робот с элементами искусственного интеллекта
MINE	мина
MINE-LAYING	постановка мин; минирование
MINE-LAYING AIRCRAFT (plane)	самолет-постановщик мин

MINERAL OIL .... нефть; нефтепродукт; минеральное масло; вазелиновое масло
MINIATURIZATION .... миниатюризация
MINICOMPUTER .... мини-ЭВМ, миникомпьютер
MINIMAL SAFE ALTITUDE .... минимальная безопасная высота
MINIMIZE (to) .... уменьшать до минимума
MINIMUM AIR CONTROL SPEED .... минимальная эволютивная воздушная скорость
MINIMUM APPROACH SPEED .... минимальная скорость захода на посадку
MINIMUM CONTROL SPEED .... минимальная эволютивная скорость
MINIMUM DESCENT ALTITUDE .... минимальная высота снижения
MINIMUM EN-ROUTE ALTITUDE .... минимальная высота полета по маршруту
MINIMUM FLIGHT ALTITUDE .... минимальная высота полета
MINIMUM GROUND SPEED .... минимальная путевая скорость
MINIMUM HOLDING ALTITUDE .... минимальная высота полета в зоне ожидания
MINIMUM OBSTRUCTION CLEARANCE ALTITUDE .... минимальная высота пролета препятствий
MINIMUM RECEPTION ALTITUDE (MRA) .... минимальная высота приема
MINIMUM SAFE ALTITUDE .... минимальная безопасная высота
MINIMUM SAFE FLIGHT LEVEL .... минимальный безопасный эшелон полета
MINIMUM TAKE-OFF SAFETY SPEED .... минимальная безопасная взлетная скорость
MINIMUM THRESHOLD SPEED .... минимально допустимая скорость прохождения порога взлетно-посадочной полосы
MINIMUM UNSTICK SPEED .... минимальная скорость отрыва
MINIMUM VALUE .... минимальное значение; минимальная величина
MINIMUM VECTORING ALTITUDE .... минимальная высота радиолокационного наведения (воздушного судна с земли)
MINI-RPV .... малоразмерный дистанционно-пилотируемый летательный аппарат, мини-ДПЛА

MINI-TARGET	малоразмерная воздушная цель
MINI-UAV	малоразмерный беспилотный летательный аппарат, мини-БЛА
MINOR	незначительный; второстепенный; мелкий; малый
MINOR DEFECT	незначительный дефект
MINOR MODIFICATION	небольшая доработка; небольшая модификация
MINOR OVERHAUL	мелкий ремонт
MINOR PARTICLES	мелкие частицы
MINOR REPAIR	мелкий ремонт
MIRROR	зеркало, отражатель, рефлектор; зеркальный
MISADJUSTMENT	неправильная установка; неправильная регулировка; неточная настройка; несогласованность
MISALIGNMENT	несоосность, отклонение от оси; неточное совмещение; смещение; несовпадение; разориентация; рассогласование; разрегулировка; расстройка; разъюстировка
MISCELLANEOUS	смешанный; неоднородный
MISFIRE (misfiring)	неудавшееся воспламенение, незапуск (двигателя); отказ пиротехнического устройства; пропуск импульсов (в магнетроне)
MISFIT	несоответствие; несовпадение; плохая пригонка (деталей)
MISHAP	происшествие
MISLANDING	уход на второй круг
MISLIGHT	незапуск; неправильное воспламенение [зажигание]
MISMATCH(ING)	рассогласование, несоответствие, расхождение
MISREADING	ошибочный отсчет; неправильное показание (прибора)
MISS	промах; пролет (заданной точки); пролет мимо цели; сближение (воздушных судов)
MISS (to)	пролетать; сбиваться с курса
MISSED APPROACH	уход на второй круг
MISSED APPROACH POINT	точка ухода на второй круг
MISSILE	управляемая ракета, УР
MISSILE FIRING	пуск ракеты

MISSILE GUIDANCE HEAD	головка наведения ракеты
MISSILE LAUNCHER	пусковая ракетная установка
MISSING AIRCRAFT	пропавший самолет
MISSING FASTENER	сорванное крепление
MISSION	полет; задача; цель; программа
MISSION-ADAPTIVE-WING AIRCRAFT	самолет с адаптивной механизацией крыла
MISSION-TAILORED	оптимизированный для выполнения основной задачи; отвечающий основному назначению летательного аппарата
MIST	туман; дымка; мгла
MISTAKE	ошибка
MISTRIM	неправильная балансировка; неправильное триммирование (руля)
MISTUNING	расстройка; неправильная настройка
MISTY	туманный; неясный
MIX (to)	смешивать; перемешивать
MIXABLE	поддающийся смешению, поддающийся смешиванию
MIXED CARGO AIRCRAFT	грузопассажирский самолет
MIXED CHARTER	смешанный чартер
MIXED CLASS CONFIGURATION	конфигурация (воздушного судна) в смешанном классе
MIXED FLOW TURBOFAN ENGINE	турбореактивный двухконтурный двигатель со смешением потоков (наружного и внутреннего контуров), ТРДД с общим соплом
MIXER	смеситель; перемешивающее устройство; мешалка; миксер
MIXER VALVE	заслонка смесителя; частотопреобразовательная лампа
MIXING	смесеобразование; смешение, смешивание
MIXING CHAMBER	смесительная камера; рабочая камера (ЖРД)
MIXING RATIO	коэффициент смешения; степень перемешивания
MIXING VALVE	заслонка смесителя
MIXTURE	смесь
MIXTURE CONTROL	регулирование состава смеси
MIXTURE RATIO	соотношение компонентов топлива, коэффициент состава топлива, соотношение окислителя и горючего

MOBILE CONVEYOR CRANE	передвижной транспортер
MOBILE LAND STATION	передвижная наземная станция
MOBILE LOUNGE	автобус для перевозки пассажиров по территории аэропорта
MOBILE POWER PLANT BUILD STAND	тележка для транспортировки двигателей
MOBILE POWER SOURCE	передвижной электрогенератор
MOBILE STATION	передвижная станция
MOBILE TARGET	подвижная цель
MOCK-UP ENGINE	макет(ный образец) двигателя
MOCK-UP MODEL (aircraft)	макет (летательного аппарата)
MODE	режим работы; метод, способ (действия)
MODE ANNUNCIATOR PANEL	блок световых табло
MODE CONTROL	управление рабочим режимом
MODEL	модель; образец
MODEL AIRCRAFT	модель летательного аппарата, модель ЛА
MODELLING CLAY	формовочная глина
MODERATE TURN	умеренный разворот
MODERATOR	глушитель; механизм замедления, замедлитель; регулятор
MODERNIZE (to)	модернизировать; усовершенствовать
MODE SELECTION	выбор рабочего режима; селекция мод
MODE SELECTOR (unit)	селектор мод; задатчик рабочего режима
MODE SETTING	задание режима, установка режима
MODIFICATION	модификация; модифицирование; вариант
MODIFIED AIRCRAFT	модифицированный летательный аппарат, модифицированный ЛА
MODIFIED VERSION	модифицированный вариант
MODIFIED WING	модифицированное крыло
MODIFIER	индексный регистр; модификатор; модифицирующее вещество; улучшитель
MODIFY (to)	модифицировать; видоизменять; корректировать
MODULAR	модульный
MODULAR CONCEPTION	модульная концепция
MODULAR DESIGN	модульная конструкция
MODULAR UNIT	модульный блок, модуль
MODULATE (to)	модулировать

MODULATED CONTINUOUS WAVE (MCW)	модулированные незатухающие (радио)волны; модулированные непрерывные колебания
MODULATED PULSE	модулированный импульс
MODULATING SIGNAL	модулирующий сигнал
MODULATION FREQUENCY	частота модуляции
MODULATOR	модулятор
MODULE	модуль; блок; узел; унифицированный элемент; отсек
MODULUS OF ELASTICITY	модуль упругости
MOIST	сырой; влажный; дождливый
MOISTEN (to)	увлажнять; смачивать
MOISTENED	увлажненный; смоченный
MOISTENING	увлажнение; смачивание
MOISTNESS	влажность; сырость
MOISTURE	влага; влажность; влагоемкость
MOISTURE-FREE AIR	осушенный воздух
MOISTUREPROOF	влагонепроницаемый; гидроизолированный
MOISTURE-RESISTANT	влагонепроницаемый
MOISTURE SEPARATOR	влагоотделитель
MOLD	форма; литейная форма; изложница; кокиль; пресс-форма; отливка; отлитая деталь; формованное изделие
MOLD (to)	формовать; отливать в форму; прессовать
MOLDING	формование, формовка; прессование; отливка; отлитая деталь; формовочный; формующий
MOLECULAR DISTILLATION	молекулярная дистилляция
MOLECULAR PHYSICS	молекулярная физика
MOLECULAR WEIGHT	молекулярная масса
MOLTEN	расплавленный, жидкий; литой
MOLTEN METAL SPRAYING	тигельная металлизация
MOLYBDENUM SPRAYING	металлизация молибденом
MOMENT	момент
MOMENT ARM	плечо момента
MOMENT OF INERTIA	момент инерции
MOMENT OF MOMENTUM	момент импульса, момент количества движения, кинетический момент
MOMENT OF ROLL	момент крена

MOMENT OF YAW	момент рыскания
MOMENTUM	количество движения, импульс
MONITOR	контрольное устройство; контрольно-измерительное устройство; видеоконтрольное устройство, видеомонитор; управляющая программа
MONITOR (to)	контролировать; управлять; прослушивать
MONITORED ILS APPROACH	контролируемый заход на посадку по приборам
MONITORING	(текущий) контроль; наблюдение; мониторинг; контрольная проверка; контрольное прослушивание; адаптивное управление
MONITORING CIRCUIT	схема контроля; контрольная цепь
MONITORING COMPUTER	вычислительная машина системы мониторинга
MONITORING EQUIPMENT	контрольная аппаратура; аппаратура мониторинга
MONITORING OF HIGH-ALTITUDE POLLUTION	мониторинг загрязнений на больших высотах
MONITORING SYSTEM	система мониторинга
MONITORING UNIT	устройство мониторинга
MONITOR SYSTEM	система (видео)контроля; система наблюдения
MONKEY WRENCH (spanner)	разводной (гаечный) ключ
MONOBLOC	моноблок
MONOCHROMATIC LIGHT SOURCE	источник монохроматического светового излучения
MONOCOQUE	монокок, балочно-обшивочный
MONOCOQUE FUSELAGE	монококовый фюзеляж, балочно-обшивочный фюзеляж
MONOLITHIC KEYBOARD	монолитная клавиатура
MONOLITHICS	монолитные материалы; монолитные интегральные схемы
MONOPLANE	моноплан
MONOPROPELLANT	однокомпонентное ракетное топливо, монотопливо, унитарное ракетное топливо
MONOPROPELLANT CARTRIDGE	пиропатрон

MONOPROPELLANT THRUSTER	жидкостный ракетный двигатель малой тяги [ЖРДМТ] на однокомпонентном топливе
MONOPULSE INTERROGATOR	моноимпульсный запросчик
MONOPULSE RADAR	моноимпульсная радиолокационная станция, моноимпульсная РЛС
MONORAIL	монорельсовый путь, монорельс; подвесная монорельсовая дорога
MONOSHELL	монокок, балочно-обшивочный
MONOSPAR	однолонжеронный
MONOTHERMIC	монотермический
MONSOON	муссон
MOON	Луна
MOOR (to)	стыковаться; причаливать, пришвартовываться
MOORING	стыковка; швартовка, причаливание
MOORING FITTING	стыковочный узел
MOORING RING	стыковочное кольцо
MORE POWERFUL ENGINE	более мощный двигатель
MORSE CODE	код Морзе
MORTAR	реактивная бомбометная установка
MORTISE	гнездо, паз (под шип)
MORTISE (to)	вырезать гнездо или паз (под шип); скреплять при помощи гнезда и паза
MORTISE GAUGE	рейсмус для пазов
MORTISING CHISEL	долото; стамеска
MORTISING MACHINE	долбежный станок
MOTHER AIRCRAFT	летательный аппарат-носитель, ЛА-носитель
MOTHERBOARD	объединительная (схемная) плата
MOTION	движение; перемещение; подача (рабочего органа)
MOTIVE ENERGY	кинетическая энергия
MOTIVE POWER	тяговая мощность
MOTOR	двигатель; электродвигатель
MOTOR (to)	приводить в движение; прокручивать двигатель
MOTOR-DRIVEN PUMP	насос с приводом от двигателя
MOTOR ENGINE (to)	запускать двигатель
MOTOR FRAME	рама крепления двигателя; шпангоут крепления двигателя

MOTOR-GLIDER	мотопланер, мотодельтаплан
MOTORING	прокрутка, прокручивание двигателя
MOTORING OVER	прокручивание ротора двигателя
MOTORING RUN (cycle)	рабочий цикл двигателя
MOTORIZATION	механизация; переход в двигательный режим (генератора); переход на электропривод
MOTORIZED	механизированный
MOTORIZED GLIDER	мотопланер, мотодельтаплан
MOTOR OVER (to)	прокручивать ротор двигателя
MOTOR PUMP	(топливный) насос двигателя
MOTOR VALVE	клапан двигателя
MOTOR WORK	работа двигателя, рабочий режим двигателя
MOULD	литейная форма, пресс-форма
MOULD (to)	формовать; прессовать; штамповать
MOULDED PARTS	штампованные детали
MOULDING	формовка; отливка; отлитая деталь; литьё; формованное изделие; формование; прессование
MOULDING PRESS	формовочный пресс; литьевой пресс
MOUNT	держатель; оправка; патрон; опора; стойка; основание; штатив; установка; сборка; монтаж; крепление
MOUNT (to)	устанавливать; собирать; монтировать; крепить
MOUNT BRACKET	крепежная скоба
MOUNTED IN LINE	собранный на конвейере
MOUNT FITTING	узел крепления; стыковочный узел
MOUNT HOIST POINT	узел крепления; узел подвески
MOUNTING	установка; сборка; монтаж; крепление; компоновка; держатель, оправка; патрон
MOUNTING BASE	установочная плита; монтажная плита; базовая плита
MOUNTING BOLT	монтажный болт
MOUNTING FLANGE	монтажный фланец; крепежный фланец
MOUNTING FOOT BOSS	бобышка монтажной плиты
MOUNTING FRAME	монтажная рама
MOUNTING LUG	монтажное ушко
MOUNTING NUT	крепежная гайка

MOUNTING PAD	монтажная площадка
MOUNTING PLATE	монтажная плита
MOUNTING POINT	монтажная позиция; установочная позиция; опорная точка
MOUNTING SCREW	крепежный винт
MOUNTING STRAP	крепежная скоба; крепежная пластина
MOUNTING STUD	крепежный винт; крепежный болт
MOUNTING SURFACES	монтажные поверхности; посадочные поверхности; опорные поверхности; несущие поверхности
MOUTHPIECE	наконечник; мундштук
MOVABLE	подвижный
MOVABLE CAM	следящий кулачок
MOVABLE FRAME	подвижная рама
MOVABLE STOP	подвижный упор
MOVABLE SURFACE(S)	подвижные поверхности; рулевые поверхности
MOVE (to)	перемещать; двигать(ся); передвигаться; манипулировать (рабочими органами)
MOVEMENT	движение; перемещение; подача (рабочего органа); ход (механизма)
MOVEMENT AREA	рабочая зона аэродрома
MOVEMENT RATE	частота перемещений (подвижных поверхностей)
MOVE OFF (to)	уходить; уезжать; отъезжать
MOVE OUT (to)	выдвигаться; выдвигать
MOVIE PROJECTOR	кинопроектор
MOVIE SCREEN	киноэкран
MOVING	движение; перемещение; движущийся; перемещающийся; подвижный
MOVING COMPONENTS	подвижные детали
MOVING-HEAD DISK	диск подвижной головки (самонаведения)
MOVING PARTS	подвижные детали
MOVING SLEEVE	пиноль
MOVING SURFACE	подвижная поверхность; рулевая поверхность
MOVING TARGET INDICATOR (MTI)	индикатор движущихся целей, ИДЦ
MUD	грязь, слякоть (на ВПП)

MUDGUARD	грязезащитный щиток
MU-FACTOR	статический коэффициент усиления
MUFF	втулка; муфта; гильза; цилиндр
MUFF COUPLING	втулочное соединение
MUFFED LANDING	уход на второй круг, прерванная посадка
MUFFLE	звукопоглощающее устройство
MUFFLER	шумоглушитель
MULE	электрокар
MULTIBAND	многодиапазонный; многополосный
MULTI-BAND ANTENNA	многодиапазонная антенна
MULTIBEAM ANTENNA	многолучевая антенна; антенна с многолучевой диаграммой направленности
MULTIBURN TRANSFER MISSION	многоимпульсный перелет
MULTI-CHANNEL	многоканальный
MULTICHANNEL RADIO-LINK	многоканальная радиолиния
MULTI-CONDUCTOR PLUG	многополюсная вилка
MULTICOUPLER	многоэлементное устройство связи
MULTICRYSTAL	многокристаллический
MULTI-DIRECTIONAL	многонаправленный
MULTI-DISC TYPE	многодискового типа
MULTI-ENGINE AIRCRAFT	летательный аппарат с несколькими двигателями, многодвигательный ЛА
MULTI-ENGINED	с несколькими двигателями, многодвигательный
MULTI-ENGINED AIRCRAFT	летательный аппарат с несколькими двигателями, многодвигательный ЛА
MULTI-FLAPS	многостворчатый; многосекционные закрылки
MULTI FLIGHT LEG (route)	составной маршрут полета
MULTIFORM	многообразный
MULTIFUNCTION DISPLAY	многофункциональный дисплей
MULTIFUNCTION RADAR	многофункциональная радиолокационная станция [РЛС]
MULTIGRID	многосеточный
MULTI-GRIP PLIERS	многозахватные плоскогубцы
MULTIHOLE PLATE	перфорированная плата

MULTILAYER	многослойный
MULTI-LOBE CAM	многолепестковый кулачок
MULTIMETER	универсальный измерительный прибор, мультметр
MULTIMICROPROCESSOR SYSTEM	мультимикропроцессорная система
MULTI-MISSION COMBAT AIRCRAFT	многоцелевой боевой самолет
MULTIMODE	многорежимный
MULTIMODE AIRCRAFT	многорежимный самолет
MULTIMODE DISPLAY	многофункциональный дисплей
MULTIPIN	многоштырьковый
MULTIPIN CONNECTOR	многоштырьковый соединитель
MULTI-PISTON PUMP	многопоршневой насос
MULTIPLANE	многоплан, самолет с числом несущих поверхностей больше двух
MULTI-PLATE CLUTCH	многодисковая муфта
MULTIPLE BEAM ANTENNA (multibeam)	многолепестковая антенна, антенна с многолепестковой диаграммой направленности
MULTIPLE CONNECTOR	многоштырьковый соединитель
MULTIPLE-DISK BRAKES	многодисковые тормоза
MULTIPLE SPAR	многолонжеронный
MULTIPLE-STAGE FLIGHT	многоэтапный полет
MULTIPLE-WIRE ANTENNA	многопроводная антенна
MULTIPLEX	уплотнение (каналов); объединение (сигналов); разделение (каналов); мультиплексная передача; мультиплексирование
MULTIPLEXED	мультиплексорный
MULTIPLEXED DATA BUS	мультиплексорная шина данных
MULTIPLEX EQUIPMENT (MUX)	аппаратура уплотнения каналов; мультиплексор
MULTIPLEXER	мультиплексор
MULTIPLEXING	мультиплексирование
MULTIPLEXING EQUIPMENT	аппаратура уплотнения каналов; мультиплексор
MULTIPLEX SYSTEM	система уплотнения каналов; мультиплексор
MULTIPLEX TRANSMISSION	передача с уплотнением каналов, мультиплексная передача

MULTIPLIED	усиленный; умноженный; размноженный
MULTIPLY (to)	умножать; усиливать; размножать
MULTIPLYING FACTOR	множитель (шкалы)
MULTIPOLAR	многополярный
MULTIPROCESSING	многопроцессорная обработка, мультипроцессорная обработка
MULTIPROCESSOR	многопроцессорная система, мультипроцессорная система, мультипроцессор
MULTI-PURPOSE	многоцелевой, универсальный
MULTI-PURPOSE AIRCRAFT	многоцелевой самолет
MULTI-PURPOSE INTERCEPTOR	многоцелевой перехватчик
MULTI-PURPOSE PLIER	универсальные кусачки
MULTI-PURPOSE WEAPON	многоцелевое оружие
MULTI-ROLE	многоцелевой; универсальный
MULTI-ROLE COMBAT AIRCRAFT (MRCA)	многоцелевой боевой самолет
MULTI-SEATED AIRCRAFT	многоместный самолет
MULTI-SLOTTED WING	многощелевое крыло
MULTI-SPAR	многолонжеронный
MULTISPECTRAL SCANNER	многоспектральное сканирующее устройство; многоканальный сканирующий радиометр
MULTI-SPINDLE	многошпиндельный
MULTISPLINE WRENCH	многошлицевый гайковерт
MULTI-STAGE COMPRESSOR	многоступенчатый компрессор
MULTISTAGE ROCKET	многоступенчатая ракета
MULTI-STAGE TURBINE	многоступенчатая турбина
MULTI-STOP FLIGHT	полет с несколькими посадками
MULTI-TOOTHED SCREW	многозаходный винт
MULTITRACK	многодорожечный
MULTITUBE NOZZLE	многосопловой насадок, сопло с несколькими выхлопными трубами
MULTIVALENT	многовалентный
MULTI-WEB BOX	многолонжеронный кессонный отсек
MULTI-WIRE CABLE	многожильный кабель
MUSH	потеря высоты, просадка, проваливание (воздушного судна в полете)
MUSHING	снижение эффективности рулей

MUSHROOMED ....расклепанный;
расплющенный в грибовидную форму прием
MUSHROOM VALVE .... тарельчатый клапан,
дисковый клапан
MUTE .... радиомолчание
MUTE (to) .... подавлять
MUZZLE VELOCITY .... дульная скорость;
начальная скорость

N

NACA AIRFOIL .... аэродинамический профиль NACA
NACELLE .... гондола (двигателя); ниша; отсек
NACELLE ANTI-ICING .... противообледенительная
система гондолы
NACELLE COOLING SYSTEM .... система вентиляции подкапотного
пространства (двигателя)
NACELLE FORWARD FAIRING .... передний обтекатель гондолы
NACELLE-MOUNTED .... установленный в гондоле (о двигателе)
NACELLE STRUT .... пилон гондолы
NAIL .... гвоздь; заусенец
NAIL (to) .... соединять на гвоздях,
прибивать гвоздями; ударять
NAKED FLAME .... открытое пламя
NAME .... наименование; название;
обозначение; имя, идентификатор
NAME-CODE .... код; шифр; кодированное название
NAMEPLATE .... паспортная табличка; пластинка с надписью,
шильдик; фирменный штемпель
NANOCIRCUIT .... интегральная схема
с наносекундным быстродействием
NANOCOMPUTER .... нанокомпьютер,
ЭВМ с наносекундным быстродействием;
микрокомпьютер, микро-ЭВМ
NANOSECOND .... наносекунда
NAPALM .... напалм
NAPALM BOMB .... напалмовая бомба
NAPHTA .... нафта; тяжелый бензин; лигроин;
бензинолигроиновая фракция
NAP-OF-THE-EARTH FLIGHT .... полет с обходом
препятствий (на малой высоте)
NARROW .... узкий; ограниченный
NARROW BAND .... узкая полоса частот; узкий диапазон
NARROW-BODY .... узкофюзеляжный
NARROW-BODY AIRCRAFT .... узкофюзеляжный самолет;
узкофюзеляжное воздушное судно

NASA (National Aeronautics and Space Administration) .... Национальное управление по аэронавтике и исследованию космического пространства, НАСА

NAS SCREW .... винт Национального авиационного стандарта

NATIONAL AIRSPACE SYSTEM ....национальная система организации воздушного пространства

NATIONAL SPACE AGENCY.. Национальное космическое агентство

NATURAL FREQUENCY ....собственная частота

NATURAL STONE .... природный камень

NAUTICAL MILE (NM) .... морская миля

NAVAID (navigation aid) .... навигационное средство

NAVAL.. морской; палубный

NAVAL AIR ARM.................................... авиация военно-морских сил, авиация ВМС

NAVAL AIR STATION .... морская авиационная станция

NAVAL BASE ....морская база; база военно-морских сил, база ВМС; морская станция

NAVALIZED VERSION.................................... морской вариант

NAV-ATTACK SYSTEM (navigation and attack system) .... навигационно-прицельная система

NAVIGABLE ....открытый для полетов (аэродром)

NAVIGABLE AIRSPACE.............................. открытое для полетов воздушное пространство

NAVIGATE (to) .... летать; управлять полетом

NAVIGATION............................(аэро)навигация, самолетовождение; (аэро)навигационное движение, полеты воздушных судов

NAVIGATIONAL AIDS (navaids) .... навигационные средства

NAVIGATIONAL INSTRUMENT................навигационное оборудование

NAVIGATIONAL PLOT....................................... навигационный планшет

NAVIGATION CHART .... аэронавигационная карта

NAVIGATION COMPUTER .... навигационный вычислитель

NAVIGATION COMPUTER UNIT (NCU) ....навигационный вычислительный блок

NAVIGATION CONTROL PANEL................................пульт управления навигационной системой

NAVIGATION FIX	определение местоположения по данным навигационной системы; навигационные координаты
NAVIGATION INSTRUMENT	навигационное оборудование
NAVIGATION LIGHTS	аэронавигационные огни
NAVIGATION-LOCALIZER MODE	режим наведения по лучу контрольного радиомаяка
NAVIGATION LOG	штурманский журнал
NAVIGATION RANGING UPDATE	коррекция навигационной системы по дальности
NAVIGATION RECEIVER	приемник навигационной системы
NAVIGATION SYSTEM	навигационная система
NAVIGATION TABLE	навигационная таблица; штурманский стол (в кабине воздушного судна)
NAVIGATOR	штурман; (бортовая) навигационная система
NAV-LIGHT	аэронавигационный огонь
NAVY	военно-морские силы, ВМС
NAVY FIGHTER PLANE	истребитель военно-морских сил, истребитель ВМС
NAVY PILOT	летчик военно-морских сил, летчик ВМС
NEAR	ближний, близкий; близлежащий
NEAR COLLISION	опасное сближение (воздушных судов)
NEAR-FIELD NOISE	шум в ближнем поле
NEARLY FIXED ORBIT	орбита с почти постоянными параметрами
NEARLY PARABOLIC ORBIT	почти параболическая орбита
NEAR MISS	опасное сближение (воздушных судов)
NEAR-POLAR ORBIT	околополярная орбита; квазиполярная орбита
NEBULOSITY	облачность, туманность
NEBULOUS	облачный, туманный
NECK	аппендикс (аэростата); шейка; поперечное сужение
NECKED ROD	пруток с суживающимся поперечным сечением
NECKING	поперечное сужение; уменьшение площади поперечного сечения; утонение
NEEDLE	стрелка (прибора)

NET

NEEDLE AND BALL INDICATOR	стрелочно-шариковый указатель
NEEDLE BEARING	игольчатый подшипник
NEEDLE JET	игольчатая реактивная струя; игольчатая форсунка
NEEDLE NOSE PLIERS	остроубцы
NEEDLE SCALER	стрелочный указатель
NEEDLE SEAT	опора стрелки
NEEDLE VALVE	игольчатый клапан; игольчатый вентиль; игольчатый затвор
NEGATIVE ELECTRODE	отрицательный электрод
NEGATIVE FEEDBACK	отрицательная обратная связь
NEGATIVE G	отрицательная перегрузка
NEGATIVE LIFT	отрицательная подъемная сила
NEGATIVE PITCH	отрицательный шаг (винта)
NEGATIVE POLARITY	отрицательная полярность
NEGATIVE POLE	отрицательный полюс
NEGATIVE PRESSURE	отрицательное давление
NEGATIVE PRESSURE RELIEF VALVE	клапан разгерметизации
NEGATIVE RELIEF VALVE	предохранительный клапан разгерметизации
NEGATIVE TERMINAL	отрицательный вывод (аккумулятора)
NEIGHBOURHOOD	окрестность
NEIGHBOURS OF THE AIRPORT	окрестности аэропорта
NEON BAR	линия поперечных неоновых огней
NEON LAMP	неоновая лампа
NEOPRENE PACKING	упаковка из неопренового каучука
NEOPRENE RUBBER	неопреновый каучук, хлоропреновый каучук
NEOPRENE RUB STRIP	прокладка из неопренового каучука
NEPHOSCOPE	нефоскоп
NEST	гнездо; ячейка; набор; комплект
NESTING	загрузка по ячейкам
NET	сеть; сетка; схема; чистый; эффективный; результирующий; располагаемый; омываемый потоком без учета подфюзеляжной части
NET LIFT	результирующая подъемная сила
NET PROFIT	чистая прибыль

NET THRUST	результирующая тяга
NET WING AREA	площадь крыла без подфюзеляжной части
NETWORK	сеть; энергосистема; схема; цепь; контур; сетевой график
NETWORK STATION	станция системы связи
NEUTRAL	нейтральный
NEUTRALIZATION	нейтрализация; размагничивание; усреднение
NEUTRALIZE (to)	нейтрализовать; размагничивать; усреднять
NEUTRALIZER	нейтрализующее вещество; нейтрализатор
NEUTRALIZING SOLUTION	нейтрализующий раствор
NEUTRAL POSITION	нейтральное положение
NEUTRAL-STABLE	нейтрально устойчивый, с нулевым запасом устойчивости
NEUTRON	нейтрон
NEVER EXCEED SPEED	непревышаемая скорость
NEWEL	опорная тумба
NEW GENERATION	новое поколение
NEXT GENERATION	следующее поколение
NIBBLE (to)	вырезать; вырубать
NIBBLING MACHINE	станок для вырезания (фасонных) заготовок из металла
NICK	шлиц; бороздка; прорезь; зарубка; забоина; вмятина
NICKED	с прорезанной шлицей; с прорезью; с вмятиной
NICKEL	никель; никелевое покрытие; никелирование
NICKEL-CADMIUM BATTERY (accumulator)	никель-кадмиевая батарея
NICKEL PLATED	никелированный
NICKEL PLATING	никелирование
NICKEL SILVER	нейзильбер
NICKEL STEEL	никелевая сталь
NIFE BATTERY	батарея железоникелевых аккумуляторов
NIGHT FLIGHT (night flying)	ночной полет
NIGHT LIGHT	ночное освещение
NIGHT STOP	ночная посадка
NIGHT VISION GOGGLES	очки ночного видения

NIL	"отсутствует", "сведений нет" (код радиообмена)
NIL VISIBILITY	нулевая видимость
NIMBOSTRATUS	слоисто-дождевые облака
NIMBUS	дождевое облако
NINETY-DEGREE APPROACH	заход на посадку с углом разворота 90 градусов
NIP	сжатие; зажим; захват; пережим
NIP (to)	сжимать, зажимать; нажимать; захватывать
NIPPERS	кусачки; острогубцы; ножницы для резки проволоки; тиски
NIPPING	сжатие; сдавливание; захватывание
NIPPING OF THE OIL SEAL	обжим масляного уплотнения
NIPPLE	ниппель; патрубок; соединительная трубка; штуцер; сопло
NITRALLOY	нитраллой (азотируемая сталь)
NITRIC ACID	азотная кислота
NITRIC-ACID SOLUTION	азотнокислый раствор
NITRIDED	нитрированный, азотированный
NITRIDING	нитрирование, нитрование, азотирование
NITROGEN	азот
NITROGEN HARDENING	азотирование
NITROGEN PEROXIDE	перекись азота
NITROGEN TETROXIDE/UNSYMMETRICAL DIMETHYLHYDRAZINE-FUELED ENGINE	жидкостный ракетный двигатель [ЖРД], работающий на четырехокиси азота и несимметричном диметилгидразине
NO. OF DEPARTURES	число вылетов, число отправлений (рейсов)
NO. OF FLIGHTS	частота полетов
NO. OF SEATS	число мест
NO-AIDS USED APPROACH	заход на посадку без использования навигационных средств
NO-COMPASS HOMING	наведение без использования компаса
NODE	узловой пункт (связи); узел
NODICAL	узловой
NODULE	отложение; нагар; нарост

NO-GAS GENERATOR ENGINE .... жидкостный ракетный двигатель без газогенератора, ЖРД без ГГ
NOISE .... шум; помехи
NOISE ABATEMENT .... уменьшение шума, шумоподавление
NOISE ABATEMENT PROCEDURES .... меры по шумоподавлению
NOISE ANNOYANCE RATING SYSTEM .... система оценки раздражающего воздействия шума
NOISE BARRIER .... шумовой барьер, шумозаградитель
NOISE CARPET .... шумопоглощающее покрытие; зона распространения шума (на местности от воздушного судна)
NOISE CERTIFICATED AIRCRAFT .... воздушное судно, сертифицированное по шуму
NOISE CERTIFICATION .... сертификация по шуму
NOISE CERTIFICATION APPROACH FLIGHT PATH .... траектория захода на посадку, сертифицированная по шуму
NOISE CERTIFICATION TAKE-OFF FLIGHT PATH .... траектория взлета, сертифицированная по шуму
NOISE CONTOUR .... контур распространения шума (на местности)
NOISE FILTER .... шумовой фильтр
NOISE FLECK .... шумовые помехи; радиопомехи
NOISE-FREE .... бесшумный; малошумный
NOISE GENERATOR .... генератор шума, шумовой генератор
NOISE INSULATION .... звуковая изоляция, звукоизоляция
NOISE INTERFERENCE .... шумовая помеха
NOISELESS .... бесшумный; малошумный
NOISELESS FLIGHT .... малошумный полет
NOISE LEVEL .... уровень шума
NOISE METER .... шумомер, измеритель уровня шума
NOISE MONITOR(ING) EQUIPMENT .... аппаратура контроля уровня шума
NOISE POLLUTION .... зашумленность
NOISE POWER .... мощность шума
NOISE POWER RATIO (NPR) .... коэффициент мощности шума
NOISE PREFERENTIAL ROUTE .... предпочтительный по уровню шума маршрут

NOISEPROOF	звуконепроницаемый
NOISE SENSITIVITY	чувствительность к шуму
NOISE SHIELD	шумовой экран
NOISE SPECK	шумовые помехи; радиопомехи
NOISE SUPPRESSION FILTER	шумоподавляющий фильтр; фильтр шумовых помех
NOISE SUPPRESSOR	схема бесшумной настройки, схема автоматической регулировки громкости для подавления взаимных радиопомех при настройке; схема подавления поверхностного шума
NOISE TEST	испытание на шумность
NOISEWORTHINESS	годность по уровню шума, соответствие требованиям по шуму
NOISY	шумный
NO-LIFE-LIMITED PARTS	детали без ограничения рабочего ресурса
NO-LIGHT	невключение, незапуск
NO-LOAD	нулевая нагрузка; холостой ход
NO-LOAD CURRENT	ток холостого хода (трансформатора)
NO-LOAD POWER	нулевая мощность
NO-LOAD RUNNING	холостой ход
NO-LOAD SPEED	скорость холостого хода, скорость оборотов на нулевом ходу; частота вращения холостого хода
NOMENCLATURE	номенклатура; система условных обозначений
NOMEX HONEYCOMB	сотовый заполнитель из волокна номекс
NOMINAL APPROACH PATH	номинальная траектория захода на посадку
NOMINAL DIAMETER	номинальный диаметр
NOMINAL LENGTH	номинальная длина
NOMINAL POWER	номинальная мощность
NOMINAL SIZE	номинальный размер; номинальный габарит
NOMINAL THICKNESS	номинальный габарит
NOMINAL THRUST	номинальная тяга
NOMINAL TRACK	номинальный маршрут

NOMINAL VALUE	номинальное значение; номинальная величина
NOMINAL VOLTAGE	номинальное напряжение
NON-ABSORBENT	непоглощающий материал; отражающий материал
NON-AFTERBURNING ENGINE	нефорсированный двигатель, бесфорсажный двигатель
NON-ALUMINISED	неалюминированный, неметаллизированный алюминием
NON-AUGMENTED	без использования системы улучшения устойчивости
NON-AVAILABILITY	отсутствие; пребывание в нерабочем состоянии; нерабочее состояние
NONCOINCIDENCE	рассогласование (показаний приборов)
NON COMPRESSIBLE FLUID	несжимаемая жидкость
NON-CONDUCTIVE	непроводящий
NONCOPLANAR ORBIT	некомпланарная орбита
NON-CORROSIVE	некоррозионный
NONDEDICATED	неспециализированный; многофункциональный, комбинированный
NON DESTRUCTIVE TEST(ING) (NDT)	неразрушающий контроль
NON-DIMMABLE	с нерегулируемой яркостью освещения
NON-DIRECTIONAL BEACON (NDB)	ненаправленный радиомаяк
NON-ENGAGEMENT	невключение, несрабатывание
NON-ESSENTIAL	второстепенный; второстепенные (бортовые) агрегаты
NONEXPENDABLE ENGINE	двигатель многоразового использования
NON-FERROUS	несодержащий двухвалентного железа
NON-INFLAMMABLE	невоспламеняемый, негорючий
NONINSTRUMENT	необорудованный для посадки по приборам
NONINSTRUMENT RUNWAY	взлетно-посадочная полоса [ВПП], необорудованная для посадки по приборам
NON-LINEAR	нелинейный
NON-LOADED	ненагруженный

NON-LUBRICATED .... несмазываемый, работающий без смазки
NON-MAGNETIC (nonmagnetic) .... немагнитный
NONMETALLIC .... неметаллический
NON-NORMAL .... нештатный
NON-OPERATED .... неработающий, недействующий
NON-PAINTED AREA .... неокрашенная поверхность
NONPRECISION APPROACH .... заход на посадку без применения средств точного захода
NONPRESSURIZED AREA .... негерметизированная зона
NON-RADAR ROUTE .... маршрут без радиолокационного обеспечения
NONRAMMING .... безнапорный, не использующий скоростной напор
NON-REACTIVE .... нереактивный
NON-RECEPTION .... неприем, отсутствие приема (сигналов)
NONRECOVERABLE .... неспасаемый; невозвращаемый
NONREFUELLING .... без дозаправки топливом
NON-REPAIRABLE .... неремонтопригодный
NONRESETTABLE .... невосстанавливаемый (в исходное состояние); невозвращаемый (в состояние готовности)
NON-RETRACTABLE .... неубирающийся
NONRETRIEVABLE .... неснимаемый с орбиты
NON-RETURN VALVE (NRV) .... обратный клапан
NONREUSABLE .... одноразового использования
NON-REVENUE-EARNING SERVICE .... некоммерческое обслуживание
NON-REVENUE FLIGHT .... некоммерческий рейс; рейс без таможенного досмотра
NON-REVENUE PASSENGER .... пассажир с бесплатным билетом
NON-REVERSIBLE .... необратимый; нереверсивный
NON-RIGID .... нежесткий; мягкий, мягкой конструкции
NON ROTATING .... невращающийся; фиксированный
NON-ROUTINE MAINTENANCE .... нерегламентное техническое обслуживание
NON-SCHEDULED AIR TRANSPORT .... нерегулярные воздушные перевозки

NON-SCHEDULED FLIGHT	полет вне расписания; нерегулярный рейс
NONSHROUDED ENGINE	двигатель без обтекателя; незакапотированный двигатель
NON SKID BRAKES	непроскальзывающие тормоза
NON SKID SURFACE	нескользящая поверхность
NONSLIP (non-slip)	нескользящий; непроскальзывающий; небуксующий
NONSLIP LOOP-TYPE KNOT	непроскальзывающая петля
NON-SMOKER	некурящий пассажир
NONSOLVENT	осадитель; нерастворитель; нерастворяющий
NON-SPARKING TOOLS	безискровые щетки; безискровой инструмент
NONSTEADY	неустановившийся (режим полета)
NONSTOP (non-stop)	беспосадочный
NONSTOP FLIGHT (non-stop flight)	беспосадочный полет
NONSTOP SERVICE	непрерывное обслуживание; обслуживание в беспосадочном полете
NONSTRAIGHT-IN APPROACH	заход на посадку не с прямой, заход на посадку не с курса полета
NONSTRUCTURAL	несиловой, ненесущий (элемент конструкции)
NONSWEPT	нестреловидный
NON-SYNCHRONOUS	асинхронный
NONTHREADED	безрезьбовой
NONTHROTTLEABLE	недросселируемый двигатель
NONTOXIC	нетоксичный
NON-TRAFFIC FLIGHT	служебный рейс
NON-TRAFFIC STOP	остановка с некоммерческими целями
NONTRANSFERABILITY	без права передачи
NONVISUAL FLIGHT	полет при отсутствии видимости
NOOSE	петля; затяжной узел; мертвая петля
NORMAL	нормальный; обычный; стандартный; штатный
NORMAL APPROACH	заход на посадку по обычной схеме
NORMAL CLIMB	штатный набор высоты
NORMAL CONFIGURATION	обычная аэродинамическая схема
NORMAL FARE	обычный тариф, тариф без скидок
NORMALIZED	стандартизованный; нормированный

NORMALIZING	стандартизация; нормирование
NORMALLY-CLOSED VALVE	нормально закрытый клапан
NORMAL MODE	штатный режим
NORMAL-MODE REJECTION RATIO	коэффициент подавления при штатном режиме работы
NORMAL OPERATING CONDITION	штатные эксплуатационные условия
NORMAL OPERATION	штатное функционирование, штатный рабочий режим
NORMAL SPEED	номинальная скорость; штатная скорость
NORMAL STARTING	штатный запуск (двигателя)
NORMAL VOLTAGE	номинальное напряжение
NORTH	север
NORTHBOUND	северное направление
NORTH LATITUDE	северная широта
NOSE	нос, носовая часть; носок; головная часть (ракеты)
NOSEBOOM	носовая штанга
NOSE BULLET	конический боек
NOSE CONE	носовая часть; носовой обтекатель; входной конус-обтекатель (двигателя)
NOSE COWL	носовой обтекатель
NOSE COWL ANTI-ICING	противообледенительная система носового обтекателя
NOSE-DIP	крутое пикирование
NOSE DIVE (to)	пикировать
NOSE DOME	носовой обтекатель
NOSE-DOWN	пикирование; с опущенным носком; с отрицательным углом тангажа
NOSE DOWN (to)	пикировать
NOSE DOWN ATTITUDE	высота пикирования
NOSE-DROOPED	с отклоненным вниз носком
NOSE-DROP	сваливание на нос
NOSE GEAR	передняя опора шасси
NOSE GEAR DOORS	створки ниши передней опоры шасси
NOSE GEAR DOWNLOCK INSPECTION WINDOW	смотровое окно замка выпущенного положения носовой опоры шасси

NOSE GEAR EXTENSION — выпуск передней опоры шасси
NOSE GEAR MANUAL EXTENSION — ручной выпуск передней опоры шасси
NOSE GEAR POSITION INDICATOR — указатель положения передней опоры шасси
NOSE GEAR RETRACTION — уборка передней опоры шасси
NOSE GEAR STEERING — управление колесом передней опоры шасси
NOSE GEAR STRUT — амортизационная стойка передней опоры шасси
NOSE GEAR WHEEL — колесо носовой опоры шасси
NOSE HEAVINESS — тенденция к пикированию; передняя центровка
NOSE-HEAVY — с тенденцией к пикированию; с передней центровкой
NOSE-HIGH — с поднятым носком; с положительным углом тангажа
NOSE-IN PARKING — стоянка (воздушного судна) носом к аэровокзалу
NOSE LANDING GEAR (N.L.G.) — передняя опора шасси
NOSE LANDING GEAR SHOCK STRUT — амортизатор передней опоры шасси
NOSELEG — передняя опора шасси
NOSE LIFT — кабрирование
NOSE LOADING ALL-CARGO AIRCRAFT — транспортный самолет, загружаемый через переднюю грузовую дверь
NOSE-LOW ATTITUDE — пикирование; с опущенным носком; с отрицательным углом тангажа
NOSEMOUNT — передняя опора шасси
NOSE OF THE AIRCRAFT — носовая часть летательного аппарата; носок ЛА
NOSE-OUT PARKING — стоянка (воздушного судна) хвостом к аэровокзалу
NOSEOVER — капотирование (самолета)
NOSEOVER (to) — капотировать, переворачиваться через носовую часть на спину
NOSE PROBE — носовая штанга
NOSE SECTION — носовой отсек
NOSE SPINNER — носовой обтекатель
NOSE STEERING WHEEL — управляемое носовое колесо

NOSE STRAKE	носовой наплыв
NOSE TIRE	пневматик переднего колеса
NOSE-UP	кабрирование; с поднятым носом; с положительным углом тангажа
NOSE UP ATTITUDE	высота кабрирования
NOSE WHEEL	носовое колесо, колесо передней стойки шасси
NOSE WHEEL BAY	ниша передней стойки шасси
NOSE WHEEL STEERING	управление разворотом колес передней стойки шасси
NOSE WHEEL STEERING FOLLOW-UP SYSTEM	система обратной связи управления разворотом колес передней стойки шасси
NOSE WHEEL UPLOCK	замок убранного положения носового колеса
NO-SHOW PASSENGER	пассажир, имеющий бронирование, но не явившийся к рейсу
NOSING-DOWN	пикирование
NOSING-OVER	капотирование
NOSING-UP	кабрирование
NO SMOKE ENGINE	недымящий двигатель
NO SMOKING	"не курить" (надпись на табло)
NO-SMOKING SECTION	отсек для некурящих
NO-SMOKING SIGN	надпись на табло "не курить"
NO-START	незапуск
NOTCH	зарубка; надрез; подпил; отметка; выемка; желобок; паз; вырез; прорезь
NOTCH (to)	зарубать; надрезать; вырезать
NOTCHED ANGLE	уголковый профиль с вырезом
NOTCHED NOZZLE	гофрированное сопло
NOTCHED WRENCH	разводной гаечный ключ
NOTCH FENCE	аэродинамический гребень с вырезом
NOTCHING MACHINE (press)	вырубной пресс
NOTE	сигнал для привлечения внимания (летчика); уведомительная сигнализация; уведомление
NOTHING ABNORMAL DETECTED (NAD)	отсутствие аномалий
NOTIFY (to)	извещать; уведомлять
NOT USED	неиспользуемый; снятый с эксплуатации
NOXIOUS FUMES	вредные пары

NOZZLE .... сопло; насадо; насадка; наконечник; патрубок; форсунка
NOZZLE AREA .... площадь поперечного сечения сопла
NOZZLE BOX .... сопловая коробка
NOZZLE CLUSTER .... сопловой блок
NOZZLE CONTROL SYSTEM .... система управления соплом
NOZZLE EFFICIENCY .... эффективность сопла
NOZZLE EXIT PRESSURE .... давление на выходе из сопла
NOZZLE GUIDE VANE (NGV) .... направляющая лопатка соплового аппарата турбины
NOZZLE RING .... сопловое кольцо
NOZZLE SWIVELLING ....поворот сопла, отклонение сопла
NOZZLE THROAT .... критическое сечение сопла
NOZZLE VANE .... направляющая лопатка соплового аппарата турбины
NOZZLING .... подготовка фильеры для холодного волочения
NUCLEAR ARSENAL .... арсенал ядерного оружия
NUCLEAR BOMB ....ядерная бомба
NUCLEAR BOMBER .... бомбардировщик-носитель ядерного оружия, ядерный бомбардировщик
NUCLEAR FUEL ....ядерное топливо
NUCLEAR ORBIT .... радиационно безопасная орбита
NUCLEAR PHYSICS .... ядерная физика
NUCLEAR PLANT .... ядерная силовая установка; атомная электростанция, АЭС; ядерная энергетическая установка
NUCLEAR-POWERED .... с ядерной силовой установкой; с ядерной энергетической установкой
NUCLEAR-POWERED ATTACK SUBMARINE .... атомная торпедная подводная лодка, торпедная ПЛ с ядерной силовой установкой
NUCLEAR RADIATION .... ионизирующее излучение; радиоактивное облучение; проникающая радиация; излучение ядерного взрыва
NUCLEAR REACTOR .... ядерный реактор
NUCLEAR RESEARCH ....исследования в области ядерной физики
NUCLEAR ROCKET ENGINE .... ядерный ракетный двигатель, ЯРД

NUCLEAR WAR (attack)	ядерный удар; нападение с применением ядерного оружия
NUCLEAR WARHEAD	ядерная боевая часть
NUCLEAR WEAPON	ядерное оружие
NUCLEUS	ядро; кольцо; центр кристаллизации
NULL POINT	нулевая точка, ноль
NULL POSITION	нулевое положение; нейтральное положение
NULL VOLTAGE	нулевое напряжение
NUMBER	число; количество; номер; цифра; показатель; индекс
NUMBERED	цифровой; нумерованный
NUMBER OF BLADES	количество лопаток; количество лопастей
NUMBER OF COATS	число слоев
NUMERICAL	цифровой; числовой
NUMERICAL CONTROL	цифровой контроль
NUMERICAL CONTROL MACHINE	станок с числовым программным управлением, станок с ЧПУ
NUMERICALLY CONTROLLED MACHINE-TOOL	станок с числовым программным управлением, станок с ЧПУ
NUMERICALLY CONTROLLED MILLING MACHINE	обрабатывающий станок с числовым программным управлением [ЧПУ]
NUMERICAL VALUE	численное значение
NUMERIC COMPUTER	цифровая вычислительная машина; цифровой компьютер
NUSSELT NUMBER	число Нуссельта
NUT	гайка; муфта
NUTATION (damper)	нутация
NUT DRIVER	гайковерт
NUT LOCKWASHER	пружинная шайба, шайба Гровера
NUTPLATE	плоскость гайки
NUT RETAINER	стопорная шайба
NUT RUNNER	гайковерт
NYLON	найлон
NYLON CORD	найлоновый шнур
NYLON FLIP-TYPE GROMMET	найлоновая изоляционная втулка
NYLON THREAD	найлоновая нить

O

OAK	древесина дуба
OAKUM	пакля
OBEY (to)	следовать; слушаться руля
OBJECT	объект; цель
OBJECT IN SPACE	космическая цель; космический объект
OBLIGATION	обязательство
OBLIQUE	перспективный аэроснимок; наклонный; косая черта
OBLIQUE LIGHTING	косой свет; наклонное освещение
OBLIQUE WING	асимметричное крыло, косое крыло, скользящее крыло
OBLIQUITY	отклонение от прямого пути (полета)
OBLITERATE (to)	стирать, уничтожать
OBLONG	продолговатый, удлиненный, вытянутый
OBLONG HOLE	удлиненное отверстие
OBSCURE	темный; слабо освещенный
OBSCURED	затемненный
OBSERVABILITY	заметность; удобство наблюдения
OBSERVABLES	демаскирующие признаки, параметры заметности (летательного аппарата)
OBSERVATION PLANE	разведывательный самолет; самолет наблюдения
OBSERVATION SATELLITE	спутник наблюдения
OBSERVATION STATION	станция наблюдения
OBSERVATORY	обсерватория
OBSERVE (to)	наблюдать
OBSERVED SPEED	выдерживаемая скорость
OBSERVER	наблюдатель
OBSERVER'S STATION	пост наблюдателя
OBSERVER SEAT	место наблюдателя
OBSOLETE	снятый с эксплуатации; не соответствующий требованиям (летной годности)
OBSTACLE	препятствие
OBSTACLE CLEARANCE	высота пролета препятствий

OBSTACLE CLEARANCE LIMIT (OCL)	минимально допустимая высота пролета препятствий
OBSTACLE FREE ZONE	зона, свободная от препятствий
OBSTACLE LIGHT	маркировочный огонь
OBSTRUCT (to)	преграждать; загромождать; создавать препятствия
OBSTRUCTED JET	закупоренная форсунка
OBSTRUCTION	препятствие; закупорка (трубопровода)
OBSTRUCTION CLEARANCE ALTITUDE	допускаемое расстояние до препятствия
OBSTRUCTION CLEARANCE LIMIT	минимально допустимое расстояние до препятствия
OBSTRUCTION LIGHT	заградительный огонь (на здании)
OBTAIN (to)	получать, доставать, приобретать
OBTURATE (to)	обтюрировать; уплотнять
OBTURATOR	обтюратор
OBVIOUS	ясный, очевидный
OCCLUSION	окклюзия; окклюдированный циклон
OCCULTING LIGHT	проблесковый огонь
OCCUPIED	заполненный; занятый
OCCUR (to)	встречаться; попадаться; происходить, случаться, иметь место
OCEANIC AREA	акватория океана; океанический район
OCEANIC CONTROL AREA (OCA)	наблюдаемая акватория океана; океанический диспетчерский район
OCHRE	охра
OCTAGON	восьмиугольник
OCTANE GRADE	октановое число
OCTANE NUMBER (rating)	октановое число
OCTAVE FILTER	октавный фильтр
OCULAR	окуляр
ODD	нечетный; непарный; разрозненный; избыточный; случайный; нерегулярный
ODD HOLES	нечетные отверстия
ODD NUMBERED	нечетные числа
ODOUR	запах, аромат; привкус

OFF	взлетевший; вылетевший; выключенный; удаленный
OFF-AERODROME	вне аэродрома
OFF-AIRWAY CLEARANCE	отклонение от воздушной трассы
OFF-AIRWAY FLIGHT	полет вне установленного маршрута
OFFAL	побочные продукты переработки
OFF-BALANCE	несбалансированный
OFF-CENTER (off-centre)	смещенный от центра
OFF-COURSE (DEVIATION)	отклонение от курса
OFF-DESIGN	нерасчетный
OFFER (to)	предлагать
OFFICE	офис; пункт; бюро
OFFICER	служащий, сотрудник; должностное лицо
OFF-LINE	автономный, независимо действующий; демонтированный, снятый
OFF-LINE AREA	зона автономного полета
OFF-LINE CHARTER FLIGHT	чартерный рейс при отсутствии регулярных полетов
OFF-LOAD	разгрузка; уменьшение нагрузки; уменьшение перегрузки
OFF-LOAD (to)	разгружать, выгружать (багаж); уменьшать нагрузку; уменьшать перегрузку
OFF-LOADABLES	сбрасываемые средства, средства одноразового применения
OFF-LOADED PASSENGER	прибывший пассажир
OFF-LOAD TEST	испытания по сливу топлива
OFF-LOAD VOLTAGE	напряжение при уменьшении нагрузки
OFF-NOMINAL	нерасчетный; отличающийся от номинального
OFF-PEAK HOURS	продолжительность налета во внесезонный период; продолжительность состояния "выключено"
OFF-PEAK PERIOD	период нерабочего состояния; внесезонный период; внепиковый период
OFF-POSITION	нерабочее положение; положение "выключено"
OFF-PUNCH	неверная пробивка
OFF-RANGE	отклонившийся от расчетной траектории
OFF-ROUTE CHARTER	внемаршрутный чартерный рейс

OFF-SEASON	внесезонный
OFFSET (off-set)	вынос; смещение; сдвиг; уход; отклонение; смещённый; несоосный
OFFSET (to)	компенсировать, возмещать
OFFSET APPROACH	заход на посадку под углом (к осевой линии ВПП)
OFFSET AREA	зона смещения; зона отклонения
OFFSET HOLE	смещённое отверстие
OFFSET PRINTING	офсетная печать
OFFSET RUNWAYS	разнесённые взлётно-посадочные полосы, разнесённые ВПП
OFFSET SCREWDRIVER	коленчатый гайковёрт
OFFSET WRENCH	коленчатый гаечный ключ
OFF-SHORE (offshore)	в открытом море; находящийся на некотором расстоянии от берега
OFF-SHORE INSTALLATION	(нефтяная) платформа в прибрежной зоне
OFF-SHORE MISSIONS (operations)	полёт в прибрежной зоне
OFF-SHORE PLATFORM	(нефтяная) платформа в прибрежной зоне
OFF-TAKE	отбор, отвод (мощности)
OFF-THE-AIRWAY	внетрассовый, вне воздушной трассы
OFF-THE-SHELF	готовый, имеющийся в наличии
OGEE DELTA WING	треугольное крыло с S-образной передней кромкой в плане
OGIVE	оживальный
OHMIC DROP	омические потери
OHMIC LOSS	омические потери
OHMIC RESISTANCE	омическое сопротивление
OHMMETER	омметр
OIL	масло; масляный
OIL (to)	смазывать маслом
OIL AND WATER TRAP	масло- и водоотделитель
OIL BATH	масляная ванна
OIL BATH LUBRICATION	смазка погружением; картерная смазка
OIL BREATHER	масляный клапан
OIL BUFFER	масляный накопитель
OIL CAN	ручная маслёнка
OIL CLEANER	маслоочиститель; масляный фильтр

OIL CLOTH	клеенка
OIL CONSUMPTION	расход масла
OIL COOLED	охлаждаемый маслом
OIL COOLER (air-oil, fuel-oil cooler)	маслоохладитель; масляный радиатор
OIL COOLER AIR INLET	вентиляционное отверстие масляного радиатора
OIL CUP	масленка для жидкой смазки; маслосборник
OIL DEPOSIT	масляный нагар
OIL DILUTION	разжижение масла
OIL DRAIN PLUG	контрольная пробка уровня масла (в баке)
OIL DRAINING (DRILLING)	сверление с масляным охлаждением
OIL DROPLET	капля масла
OIL DUCT	маслопровод; маслопроводная трубка
OILER	масленка
OIL FEED	подача масла
OIL FILL PLUG	заправочная пробка маслобака
OIL FILM	масляная пленка
OIL FILTER	масляный фильтр
OIL FOAMING	вспенивание масла; аэрация масла
OIL GAGE TRANSMITTER	датчик масляного манометра
OIL GA(U)GE	масляный щуп; масломерное стекло
OIL GROOVE	смазочная канавка
OIL GUN	масляный шприц
OIL HOLE	смазочное отверстие
OIL HYDRAULIC DRILL	гидравлический привод, гидропривод
OILING SYSTEM	маслосистема, система смазки
OIL JET	маслоразбрызгивающее сопло
OIL JOINT	маслонепроницаемая прокладка
OIL LEAK (leakage)	утечка масла
OIL LEVEL	уровень масла
OIL LEVEL DIPSTICK	щуп для измерения уровня масла
OIL LINE	маслопровод
OIL LOW PRESSURE SWITCH	датчик падения давления масла; масляный выключатель низкого давления
OIL MANIFOLD	маслоприемник
OIL MIST	масляный туман
OIL MIST LUBRICATION	смазка маслораспылителем
OIL NIPPLE	маслопроводная трубка
OIL PAINT	масляная краска

OIL PAN	масляный поддон; маслосборник; поддон картера
OIL PIPE	маслопровод
OIL PNEUMATIC	воздушно-масляный
OIL PRESSURE GA(U)GE	масляный манометр
OIL PRESSURE SWITCH	датчик давления масла
OIL PRESSURE TRANSMITTER (transducer)	датчик давления масла
OIL PRESSURE WARNING LIGHT	аварийная сигнализация падения давления масла
OIL PRESSURE WARNING SWITCH	выключатель аварийной сигнализации падения давления масла
OIL-PROOF	маслостойкий; маслонепроницаемый
OIL PUMP	масляный насос; смазочный насос
OIL QUANTITY INDICATOR	указатель уровня масла
OIL QUANTITY TRANSMITTER	датчик уровня масла
OIL QUENCHING	закалка в масле
OIL RECLAIMING	регенерация масла
OIL-REGULATED	с гидрораспределителем; с гидрорегулированием
OIL-RESISTANT	маслостойкий; маслонепроницаемый
OIL RETAINING RING	маслоудерживающее кольцо
OIL RIG	нефтяная буровая платформа
OIL RING	маслоудерживающее кольцо; маслосъемное кольцо; маслоразбрызгивающее кольцо; смазочное кольцо
OIL SCAVENGE PUMP	продувочный масляный насос
OIL SCAVENGING	очистка масла; откачка масла
OIL SCRAPER RING (oil scraping ring)	маслосъемное кольцо
OIL SCREEN	масляный фильтр
OIL SEAL	масляное уплотнение
OIL SEPARATOR	маслоотделитель; маслоочиститель
OIL SERVICING	заливка масла
OIL SLICK	масляное пятно
OIL SPECIFICATION	требование на масло
OIL SPILLAGE	утечка масла
OIL SPLASH	масляное пятно
OIL STONE	оселок (для заточки с маслом)
OILSTONE	оселок (для заточки с маслом)
OIL STORAGE TANK	маслобак
OIL STRAINER	масляный фильтр

OIL STRAINER BYPASS SWITCH	вспомогательный выключатель масляного фильтра
OIL SUMP	маслоотстойник; маслосборник; масляный поддон
OIL SYSTEM	система смазки
OIL SYSTEM CONTAMINATION	загрязнение системы смазки
OIL TANK	маслобак
OIL TANK HOPPER	приемный фильтр маслобака
OIL TEMPERATURE GA(U)GE/INDICATOR	термометр маслосистемы
OIL TEMPERATURE BULB	шарик термометра маслосистемы
OIL TEMPERATURE RISE	повышение температуры маслосистемы
OIL TEMPERING	отпуск в масляной ванне
OIL THROWER	маслоотражательное кольцо; маслоотражательная шайба
OIL TIGHTENING	уплотнение маслосистемы
OIL TRAP	маслоуловитель
OIL TUBE	маслопровод
OIL VARNISH	масляный лак
OIL VENT	отверстие в маслосистеме
OIL VISCOSITY	вязкость масла
OILWAY	смазочная канавка
OIL WEIR	слив масла
OIL WIPER RING	маслосъемное кольцо
OILY	масляный, маслянистый
OILY RESIDUE	остатки масла; мазут
OLD BEARING	подшипник с выработанным рабочим ресурсом
OLEO LEG	опора (шасси) с масляным амортизатором
OLEO-PNEUMATIC STRUT	азотно-масляный амортизатор шасси
OLEO STRUT	гидравлический амортизатор, гидроамортизатор
OLIGOCYCLIC FATIGUE	олигоциклическая усталость
OMISSIONS	невыполненные операции, упущения (экипажа)
OMIT (to)	упускать; пропускать, не включать
OMNI APPROACH	заход на посадку по сигналам всенаправленного радиомаяка

OMNIBEARING INDICATOR (OBI)	индикатор всенаправленного радиомаяка
OMNIBEARING SELECTOR (OBS)	датчик пеленга на всенаправленный радиомаяк
OMNIDIRECTIONAL ANTENNA	всенаправленная антенна
OMNIDIRECTIONAL RADIO BEACON	всенаправленный радиомаяк
OMNIRANGE	всенаправленный радиомаяк
OMNIRANGE INDICATOR (selector)	индикатор всенаправленного радиомаяка
OMS ENGINE	жидкостный ракетный двигатель системы орбитального маневрирования, ЖРД СОМ
ON	"включено"
ONBOARD	бортовой
ONBOARD COMPUTER	бортовая цифровая вычислительная машина, БЦВМ
ONBOARD INSTRUMENTATION	бортовое оборудование
ONBOARD SOFTWARE	бортовое программное обеспечение
ONBOARD SYSTEMS	бортовые системы
ON-CONDITION	в рабочем состоянии
ON-COURSE	на курсе, по курсу
ON-COURSE APPROACH	заход на посадку с прямой
ONDOMETER	частотомер; волномер
ON-DUTY	служебный
ONE-CLASS SERVICE	обслуживание по одному классу
ONE ENGINE APPROACH	заход на посадку при одном работающем двигателе
ONE-LINE	неавтономный; подключенный к бортовой сети; без монтажа; без съема (с ЛА)
ONE-PIECE	неразрезной, цельный; неразъемный
ONE-PLANE SERVICE	беспересадочные перевозки
ONE-SIDE	односторонний
ONE-SPAR	однолонжеронный
ONE-STOP	промежуточная остановка
ONE-STOP FLIGHT	полет с промежуточной остановкой
ONE-WAY	односторонний (маршрут); с постоянным направлением движения
ONE-WAY FARE	односторонний тариф
ONE-WAY FLIGHT	полет в одном направлении

ONE-WAY RESTRICTOR VALVE	однопутевой ограничительный клапан
ONE-WAY TICKET	билет для полета в одном направлении
ON-FINAL	конечный
ON-GOING PROGRAM	продолжающаяся программа
ON-LINE	взаимосвязанный; неавтономный; находящийся в составе системы; штатный
ON-LINE FLIGHT	чартерный рейс при наличии регулярных полетов
ON-LINE MONITORING	непрерывный мониторинг
ON-LINE PASSENGER	перевозимый пассажир
ON-LOAD	(находящийся) под нагрузкой; рабочий
ON-OFF	включение и выключение; "включено - выключено"
ON-OFF SWITCH	выключатель электропитания; двухпозиционный переключатель
ON-ON SWITCH	коммутатор; переключатель
ON-ORBIT	(находящийся) на орбите
ON-ORDER	заказанный
ON-PERIOD	период рабочего состояния; период состояния "включено"
ON-RECEIPT OF ORDER	прием заказа; получение заказа
ON-REQUEST	по запросу
ON-ROUTE FLIGHT	чартерный рейс по установленному маршруту
ON-SCHEDULE	точно по расписанию, вовремя
ON-SEASON FARE	сезонный тариф
ONSET	атака, нападение; начальный момент
ONSET OF COMPRESSIBILITY	проявление (эффекта) сжимаемости
ONSET OF STALL	начало сваливания
ON-SPEED	расчетная скорость
ON-THE-DECK RANGE	дальность полета на предельно малой высоте
ON-THE-SPOT	на поверхности
ON-THE-SPOT ASSISTANCE	обслуживание на месте
ON-TIME ARRIVAL	прибытие по графику
ON-TIME DELIVERY	своевременная поставка, поставка по графику
OOZE (to)	просачиваться; сочиться

OOZE OUT (to)	просачиваться наружу
OOZING	просачивание
OPCODE	код операции
OPEN (to)	открывать(ся); раскрывать(ся); обрывать; разрывать; размыкать; отключать
OPEN CIRCUIT	разомкнутая цепь; разомкнутый контур
OPEN CIRCUIT VOLTAGE	напряжение разомкнутой цепи; напряжение разомкнутого контура
OPEN COOLING SYSTEM	незамкнутая система охлаждения
OPEN CYCLE	незамкнутый цикл
OPEN-DATE TICKET	билет с открытой датой (полета)
OPEN-END SPANNER	гаечный ключ с открытым зевом
OPEN-END WRENCH	гаечный ключ с открытым зевом
OPEN FIRE	открытый пожар
OPEN FLIGHT	демонстрационный полет вне программы
OPENING	отверстие; просвет; проем; проход; внутренний габарит; пробоина; щель; открытие (воздушной навигации); горловина
OPENING GLASS PANEL	фонарь кабины летчика
OPENING HATCH	смотровой люк; смотровое отверстие
OPENING PRESSURE	давление открытия (клапана)
OPENING TIME	время открытия (клапана)
OPEN-JAW FARE	тариф на полет по незамкнутому круговому маршруту
OPEN-JET WIND TUNNEL	аэродинамическая труба с открытой рабочей частью
OPEN-LOOP	незамкнутый маршрут
OPEN-MARKET FARE	тариф при свободной продаже (билетов)
OPEN PORT	открытое отверстие
OPEN POSITION	открытое положение; отключенное положение
OPEN TICKET	открытый билет, билет с открытой датой (полета)
OPEN UP (to)	вскрывать; раскрывать(ся); обнаруживать; открывать огонь
OPEN WATER AREA	надводный район (полетов)
OPERABILITY	исправность; работоспособность; эксплуатационная годность

OPERABLE .... действующий, работающий; находящийся в исправном состоянии, исправный
OPERATE (to) .... действовать, работать; эксплуатировать; оперативно управлять; пилотировать; приводить в действие; воздействовать
OPERATE AN AIRLINE (to) .... эксплуатировать авиалинию
OPERATE AT IDLE POWER (to) .... работать на режиме малого газа
OPERATE IN COMPRESSION (to) .... работать под давлением; работать при сжатии
OPERATE IN TENSION .... работать под электрическим напряжением; работать под давлением
OPERATE ONE ENGINE (to) .... выполнять полет при одном работающем двигателе
OPERATING ALTITUDE .... рабочая высота
OPERATING BOX .... пульт управления
OPERATING CEILING .... рабочий потолок; боевой потолок; практический потолок
OPERATING COST .... стоимость эксплуатации
OPERATING CRUISE .... крейсерский полет на рабочей высоте
OPERATING CYCLE .... рабочий цикл
OPERATING ENGINE .... действующий двигатель, работающий двигатель
OPERATING EXPENSE .... расходы на техническое обслуживание
OPERATING HOUR .... час налета
OPERATING INSTRUCTIONS .... инструкции по эксплуатации; правила использования
OPERATING IN TENSION (compression) .... эксплуатация под напряжением (давлением)
OPERATING LEVER .... рабочая рукоятка
OPERATING LIFE .... продолжительность эксплуатации; жизненный цикл
OPERATING LIMIT .... максимально допустимое время работы
OPERATING LIMITATIONS .... эксплуатационные ограничения
OPERATING LINK .... действующая линия (связи)
OPERATING MANUAL .... руководство по эксплуатации
OPERATING MECHANISM .... действующий механизм

OPERATING PERFORMANCE	эксплуатационная характеристика
OPERATING PERMIT	разрешение на выполнение воздушных перевозок
OPERATING PIN	цапфа; шейка
OPERATING PISTON	работающий поршень
OPERATING POINT	рабочая точка
OPERATING POWER	рабочая мощность, эксплуатационная мощность
OPERATING PRESSURE	рабочее давление
OPERATING PROCEDURE	рабочий процесс; рабочий цикл
OPERATING RANGE	рабочий диапазон
OPERATING REVENUE	доход от эксплуатации
OPERATING RIGHTS	правила эксплуатации
OPERATING SPEED	рабочая скорость
OPERATING STAFF	рабочий персонал
OPERATING SYSTEM	действующая система; операционная система
OPERATING TEMPERATURE	рабочая температура
OPERATING TIME	рабочее время; время срабатывания; время выполнения операции; наработка
OPERATING VALVE	управляющий клапан
OPERATING VOLTAGE	рабочее напряжение
OPERATING WEIGHT	эксплуатационная масса
OPERATION	работа; операция; эксплуатация; полёты; перевозки
OPERATIONAL	исправный, действующий, находящийся в рабочем состоянии; штатный; готовый к применению
OPERATIONAL (ROCKET) ENGINE	штатный (ракетный) двигатель
OPERATIONAL CEILING	рабочий потолок; боевой потолок; практический потолок
OPERATIONAL CONTROL	управление полётами; оперативное управление
OPERATIONAL FLEXIBILITY	эксплуатационная гибкость; гибкость по последовательности (выполнения) технологических операций
OPERATIONAL FLIGHT	полёт по заданию; боевой вылет

OPERATIONAL FLIGHT PLAN .... план боевого вылета; план полета по заданию
OPERATIONAL LANDING WEIGHT ....эксплуатационная посадочная масса
OPERATIONAL MONITORING .... эксплуатационный мониторинг
OPERATIONAL ORBIT ....рабочая орбита
OPERATIONAL RUNWAY .... эксплуатируемая взлетно-посадочная полоса, открытая для полетов ВПП
OPERATIONAL SERVICE ....эксплуатационное обслуживание
OPERATIONAL STAND .... рабочая станция; рабочее место
OPERATIONAL TAKE-OFF WEIGHT ....эксплуатационная взлетная масса
OPERATIONAL TEST .... эксплуатационное испытание
OPERATIONAL ZERO FUEL WEIGHT ....эксплуатационная масса пустого летательного аппарата
OPERATION AREA ....зона полетов
OPERATION CENTER .... центр управления; центр обеспечения эксплуатации
OPERATION OF AIRCRAFT ....полет летательного аппарата; эксплуатация ЛА; воздушные перевозки
OPERATION OF FLIGHT .... выполнение полета
OPERATION PERSONNEL .... летный состав; рабочий персонал
OPERATION RANGE ....эксплуатационный диапазон; дальность действия; продолжительность эксплуатации
OPERATION SCHEDULE .... эксплуатационный график; режим эксплуатации
OPERATION SHEET ....операционная карта (технологического процесса)
OPERATIONS MANUAL ....руководство по эксплуатации; наставление по выполнению полетов
OPERATION TEST .... эксплуатационное испытание
OPERATIVE .... рабочий; действующий; функционирующий; оперативный
OPERATOR .... оператор; эксплуатант; авиатранспортная компания
OPINION .... мнение

OPPOSE (to)	противодействовать; препятствовать; противопоставлять
OPPOSED AIRSCREW	соосный воздушный винт
OPPOSED-CYLINDER ENGINE	двигатель с противолежащими цилиндрами
OPPOSED ENGINE	двигатель с противоположным расположением
OPPOSING SPRING	противодействующая пружина
OPPOSING TORQUE	противодействующий момент
OPPOSITE DIRECTION	противоположное направление
OPPOSITE END	противоположный конец
OPPOSITE TRAFFIC	встречные (воздушные) перевозки
OPTIC	оптический
OPTIC(AL) FIBER	оптическое волокно
OPTICAL ASSEMBLY	оптический блок
OPTICAL BUS SYSTEM	оптический канал передачи данных
OPTICAL CONNECTION	оптическое соединение
OPTICAL ENCODER	оптический кодер
OPTICAL FILTER	оптический фильтр
OPTICAL HEAD	оптическая головка
OPTICAL PICTURE	оптическое изображение
OPTICAL PYROMETER	оптический пирометр
OPTICAL RANGE	оптический диапазон
OPTICAL READER	оптическое считывающее устройство
OPTICAL RELAY	оптическое реле
OPTICAL RESOLUTION	оптическая разрешающая способность
OPTICAL SENSOR	оптический датчик
OPTICAL SIGHT	оптический прицел
OPTICAL TELESCOPE	оптический телескоп
OPTIC FIBER GYROSCOPE	волоконно-оптический гироскоп
OPTICS	оптика; оптическая система
OPTIMAL THRUST-TO-WEIGHT ENGINE	двигатель с оптимальным отношением тяги к массе
OPTIMIZATION	оптимизация
OPTIMIZE (to)	оптимизировать
OPTIMUM	оптимум, оптимальная величина
OPTIMUM SPEED	оптимальная скорость

OPTION .... выбор; предмет выбора; вариант; версия; параметр; опцион дополнительное требование (заказчика); варианты; намерения; возможности выбора
OPTIONAL .... устанавливаемый по требованию заказчика
OPTIONAL CLIMB .... набор высоты на произвольном режиме
OPTOACOUSTIC .... оптико-акустический
OPTOCOUPLER .... оптронная пара, оптопара, оптрон
OPTOELECTRONICS (opto-electronics) .... оптоэлектроника; оптоэлектронная техника
OPTO-ISOLATOR .... оптронная пара, оптопара, оптрон
OPTRONIC EQUIPMENT (system) .... оптоэлектронное оборудование
OPTRONIC FIRE CONTROL .... оптоэлектронная система управления огнем
OPTRONIC FIRE SUPPRESSION SYSTEM .... оптоэлектронная система подавления огня
OPTRONICS .... оптоэлектроника; оптоэлектронные схемы
OPTRONIC SIGHT .... оптоэлектронный прицел
ORBIT .... орбита; полет по орбите
ORBIT (to) .... двигаться по орбите; совершать полет по кругу; кружиться; выводить на орбиту; лететь по маршруту ожидания
ORBITAL ALTITUDE .... высота орбитального полета
ORBITAL FLEXIBILITY .... трансформируемость (конструкций) на орбите
ORBITAL FLIGHT .... орбитальный полет
ORBITAL INCLINATION CHANGING .... изменение наклонения орбиты
ORBITAL INSERTION ENGINE .... двигатель для выведения на орбиту
ORBITAL MANEUVERING SYSTEM (OMS) ENGINE .... жидкостный ракетный двигатель системы орбитального маневрирования, ЖРД СОМ
ORBITAL STATION .... орбитальная станция
ORBIT CONTROL .... управление параметрами орбиты; орбитальное управление
ORBIT DETERMINATION PLATFORM .... платформа для измерения параметров орбиты

ORBITER (orbiter vehicle-OV)	орбитальный летательный аппарат, орбитальный ЛА; орбитальный самолет, ОС; орбитальная ступень
ORBITING LABORATORY	орбитальная лаборатория
ORBITING STATION	орбитальная станция
ORBIT INJECTION	выведение на орбиту
ORBIT INSERTION	выведение на орбиту
ORBIT VEHICLE	орбитальный аппарат; космический аппарат, КА
ORDER	порядок, упорядоченность, последовательность; заказ; приказ; директива; степень; команда; разряд (числа)
ORDER (to)	упорядочивать
ORDER BOOK	регистрационный журнал
ORDERED	заказанный
ORDER FORM	бланк заказа
ORDER NUMBER	номер заказа
ORDER OF FIRING	команда "пуск"
ORDER STATUS	ход выполнения заказа
ORDINATE (y-axis)	ордината (ось Y)
ORGANIC MATTERS (material)	органический материал
ORGANIC PAINT	органическая краска
ORGANIZE (to)	организовывать, устраивать, налаживать
ORIENT (to)	ориентировать
ORIFICE	отверстие; выход; измерительная диафрагма; сопло; насадка; канал
ORIFICE PLATE	измерительная диафрагма
ORIFICE ROD	шток измерительной диафрагмы
ORIGINAL (DESIGN) DIMENSIONS	исходные габаритные размеры
ORIGINAL CONTOUR	исходный профиль; исходный контур
ORIGINAL DRAWING	эскиз; протягивание исходной заготовки
ORIGINAL LOCATION	первоначальное положение; первоначальное местоположение
ORIGINAL PART	исходная деталь; исходный компонент
ORIGINAL PATTERN	исходная схема; первоначальная диаграмма
ORIGINAL POSITION	первоначальное положение; первоначальное местоположение
ORIGINATE (to)	создавать; происходить, возникать
ORIGINATOR	автор; создатель; изобретатель

O-RING	тороидальное кольцевое уплотнение
O-RING GASKET	прокладка тороидального кольцевого уплотнения
O-RING GROOVE	паз тороидального кольцевого уплотнения
O-RING PACKING	сборка тороидального кольцевого уплотнения
OROGRAPHIC CLOUD	орографическое облако
ORTHODROMIC PROJECTION	ортодромическая проекция
ORTHODROMIC TRACK (route)	ортодромическая линия пути, ортодромия
ORTHODROMY	ортодромическая линия пути, ортодромия
OSCILLATE (to)	колебаться, осциллировать; вибрировать; генерировать
OSCILLATING COIL	колебательный контур; катушка обратной связи (автогенератора)
OSCILLATING CURRENT	колебательный ток
OSCILLATING LIGHT	переменное освещение
OSCILLATION	колебание; осцилляция; вибрация; генерация
OSCILLATOR	генератор; вибратор, элементарный излучатель; осциллятор
OSCILLATORY	генерация; вибрация; осцилляция
OSCILLOGRAPH	осциллограф
OSCILLOSCOPE	осциллограф, осциллоскоп
OSCILLOSCOPE TUBE	электронно-лучевая трубка, ЭЛТ
OSCULATING ORBIT	оскулирующая орбита
OUTAGE	простой, перерыв в работе; бездействие; выход из строя; отключение; длительность простоя
OUT-AND-RETURN FLIGHT	полёт "туда - обратно"
OUTBOARD (outer)	за бортом (летательного аппарата)
OUTBOARD AILERON	внешний элерон
OUTBOARD ENGINE	периферийный двигатель
OUTBOARD FLAP CARRIAGE ASSEMBLY	каретка внешнего закрылка
OUTBOUND	внешний контур (схемы ожидания на аэродроме); вылетающий (самолёт)
OUTBOUND CIRCUIT	выходная линия (радиосвязи)
OUTBOUND CLEARANCE	разрешение на вылет

OUTBOUND HEADING	курс ухода (из зоны аэродрома)
OUTBOUND LEG	участок маршрута ухода (из зоны аэродрома)
OUTBOUND TRACK	линия пути удаления; маршрут ухода (из зоны аэродрома)
OUTBOUND TRAFFIC	частота вылетов
OUTBREAK	вторжение (воздушной массы)
OUTCLIMB	выход из зоны с набором высоты
OUTER	крайний провод; транспортная тара; внешний, наружный
OUTER DIAMETER (OD)	наружный диаметр
OUTER ENGINE	периферийный двигатель
OUTER GUIDE VANE	лопатка направляющего аппарата
OUTER MARKER	дальний маркерный (радио)маяк, внешний маркерный (радио)маяк
OUTER MARKER BEAM	луч дальнего маркерного (радио)маяка
OUTER PANEL	внешняя панель
OUTER RACE	наружное кольцо (подшипника качения); наружная беговая дорожка (шарикоподшипника)
OUTER SPACE	дальний космос
OUTER TAXIWAY	внешняя рулежная дорожка
OUTFIT	оснащение; оборудование; снаряжение; установка; агрегат; комплект, набор (приборов)
OUTFIT (to)	оснащать; оборудовать
OUTFLOW	отток; истечение; выпуск; слив
OUTFLOW LINE	отводящий трубопровод
OUTFLOW TUBE	отводящий трубопровод
OUTFLOW VALVE	выпускной клапан
OUTGOING	истечение; отходящий; отработанный
OUTLET	вывод; выход; выпускное отверстие; насадок; штуцер
OUTLET LINE	отводящий трубопровод
OUTLET PORT	сливное отверстие
OUTLET PRESSURE	давление на выходе
OUTLET VELOCITY	скорость на выходе
OUTLINE	очертание, контур, обвод; схема
OUTLINE DIMENSION	наружный размер; габаритный размер
OUTLYING STATION	удаленная станция
OUT-OF-ADJUSTMENT	разрегулированный

OUT-OF-ALIGNMENT	неотъюстированный; несоосный; несовпадающий
OUT-OF-BALANCE	разбалансированный, несбалансированныйD
OUT-OF-BALANCE SHAFT	разбалансированный вал
OUT-OF-BLADE TRACK	нарушение соконусности лопастей
OUT-OF-DATE	устаревший
OUT-OF-GEAR	выключенный
OUT-OF-LINE	смещенный
OUT-OF-PARALLELISM	непараллельность
OUT-OF-PHASE	сдвинутый по фазе, не совпадающий по фазе
OUT-OF-PITCH	с неодинаковым шагом лопастей
OUT-OF-RANGE	вне досягаемости, за пределами зоны действия
OUT-OF-REPAIR	неремонтируемый, невосстанавливаемый
OUT-OF-ROUND	овальный, эксцентричный
OUT-OF-SERVICE	в нерабочем состоянии, неработающий; неисправный
OUT-OF-SERVICE HOURS	продолжительность нерабочего состояния
OUT-OF-THE-ENVELOPE	за пределами области безопасных режимов
OUT-OF-TOLERANCE	вне пределов допуска, за пределами допустимых значений, с превышением ограничений
OUT-OF-TRACK	с отклонением от заданного маршрута; вне заданного маршрута
OUT-OF-TRIM	разбалансировка; несбалансированный
OUT-OF-TRUE	плохо установленный; неточный
OUT-OF-USE	в нерабочем состоянии, неработающий; неисправный
OUTPUT	мощность; производительность; выходной сигнал; выходные данные
OUTPUT CAPACITY	отдаваемая мощность; нагрузочная способность
OUTPUT FACTOR	коэффициент отдачи
OUTPUT FLOW	выходной поток
OUTPUT IMPEDANCE	полное выходное сопротивление
OUTPUT POWER	выходная мощность

OUTPUT RATE	норма выработки; производительность
OUTPUT SHAFT	выходной вал
OUTPUT SIGNAL	выходной сигнал
OUTPUT TORQUE	выходной крутящий момент
OUTPUT VOLTAGE	выходное напряжение
OUTRIGGER	консольная балка; выносная стрела; консольная опора (шасси)
OUTSIDE	наружная сторона; внешняя поверхность; внешний; наружный
OUTSIDE AIR TEMPERATURE (OAT)	температура наружного воздуха
OUTSIDE DIAMETER	наружный диаметр
OUTSPREAD WINGS	развернутые консоли (складываемого) крыла
OUT-TO-DATE PASSPORT	просроченный паспорт
OUTWARD	внешний, наружный; направленный наружу; наружная поверхность; внешний облик
OUTWARD FLIGHT	уход из зоны аэродрома
OUTWARDLY-DIRECTED	отогнутый наружу, направленный от фюзеляжа
OUTWEAR (to)	изнашивать; устаревать
OVAL	овал, овальная кривая
OVALITY	овальность
OVALIZATION	овализация; потеря круглой формы
OVALIZED	овальный
OVAL-SECTION (fuselage)	секция (фюзеляжа) с овальным поперечным сечением
OVEN	сушильная печь; сушильный шкаф; термостат
OVEN DRY (to)	термостатировать; высушивать
OVER	верхний; вышестоящий; над; "прием", "перехожу на прием" (код радиообмена)
OVERALL (over-all)	полный, общий; всеобщий, всеобъемлющий, всеохватывающий
OVERALL CONDITION	общие условия (эксплуатации)
OVERALL DEVIATION	суммарное отклонение
OVERALL DIMENSIONS	габаритные размеры
OVERALL EFFICIENCY	общая эффективность
OVERALL LENGHT	общая длина
OVERALL WIDTH	общая ширина
OVERBANK (to)	вводить в крутой вираж

OVERBOARD DRAIN	отвод за борт, забортный дренаж
OVERBOARD LINE	дренажный трубопровод; магистраль для забортного дренажа
OVERBOOSTING	чрезмерная дача газа
OVERBURN	чрезмерно большой импульс двигательной установки; работа ракетного двигателя больше расчетного времени
OVERBURNED	проработавший больше расчетного времени
OVERCAPACITY	чрезмерная мощность
OVERCAST	сплошная облачность
OVERCHARGED	перегруженный; перезаряженный
OVERCOATING	облицовочное покрытие; наружное покрытие
OVERCURRENT	сверхток; максимальный ток; ток перегрузки; чрезмерный ток; перегрузка по току
OVERDUE	опаздывающий
OVER-ENGINED	с избыточной тягой силовой установки
OVER-EQUIPPED	переоснащенный, с избыточным оснащением
OVEREXCITED	перевозбужденный
OVERFEED (to)	обеспечивать форсированную подачу; наддувать
OVERFEEDING	наддув
OVERFILL (to)	переполнять(ся)
OVERFLIGHT (OVER-FLIGHT)	пролет сверху
OVERFLIGHT RIGHTS	правила пролета сверху
OVERFLOW	переливание, переполнение; избыточная информация
OVERFLOW (to)	переливать(ся), выливаться при переполнении
OVERFLOW DRAIN	слив топлива; дренаж со сливом
OVERFLOWING	переливание, выливание при переполнении
OVERFLOW PIPE	сливной трубопровод, дренажный трубопровод
OVERFLOW TRAFFIC	интенсивное воздушное движение
OVERFLOW VALVE	клапан сливного трубопровода
OVERFLY (to)	пролетать над
OVERFLYING	пролет над

OVERFLYING TRAFFIC	транзитное (воздушное) движение; пролетное (воздушное) движение
OVERFUELLED	заправленный топливом с избытком
OVERFUELLING	чрезмерная подача топлива
OVERHANG	свес; провисание; выступ
OVERHANG (to)	свисать; провисать; выступать
OVERHAUL	ремонт; переборка (двигателя)
OVERHAUL (WORK)SHOP	ремонтный цех
OVERHAULABILITY	ремонтопригодность; ремонтная технологичность
OVERHAULED ENGINE	двигатель, прошедший полную переборку
OVERHAULER	мастер по ремонту
OVERHAUL LIFE	срок службы до ремонта
OVERHAUL LINE	линия переборки двигателя
OVERHAUL MANUAL	руководство по ремонту; руководство по переборке двигателя
OVERHAUL PERIOD	межремонтный период
OVERHEAD	над облаками, выше облаков; в воздухе; воздушный; накладные расходы
OVERHEAD (to)	пролетать сверху
OVERHEAD APPROACH	заход на посадку с разворотом на 360 град. над точкой приземления
OVERHEAD CAM ENGINE	двигатель с верхнерасположенным кулачковым валом
OVERHEAD CAM SHAFT	верхнерасположенный кулачковый вал
OVERHEAD CLEARANCE	высота над облачностью
OVERHEAD COMPARTMENT	багажная полка
OVERHEAD CONVEYOR	подвесной конвейер; подвесной транспортер
OVERHEAD HOIST	подвесной подъемный механизм
OVERHEAD LIGHT	верхний свет; плафон
OVERHEAD LINE	авиалиния
OVERHEAD PANEL	верхнее табло; верхний пульт (кабины пилотов)
OVERHEAD RACK	багажная полка
OVERHEAD RAIL	подвесной рельс; подвесной путепровод
OVERHEAD STOWAGE BIN	багажная полка
OVERHEAD VALVE ENGINE	двигатель с верхним расположением клапанов, верхнеклапанный двигатель

OVERHEAT	перегрев(ание)
OVERHEAT DETECTION	обнаружение перегрева
OVERHEAT DETECTOR	сигнализатор перегрева; термосигнализатор
OVERHEATING	перегрев(ание)
OVERHEAT LIGHT	табло сигнализации перегрева
OVERHEAT PROBE	сигнализатор перегрева; термосигнализатор
OVERHEAT SWITCH	сигнализатор перегрева
OVERHEAT WARNING SWITCH	аварийный сигнализатор перегрева
OVERHEAT WARNING SYSTEM	система аварийной сигнализации о перегреве
OVERHUNG	консольный
OVERINFLATE (to)	наполнять газом [накачивать] с избытком
OVERINTENSITY	сверхинтенсивный
OVERLAND FLIGHT	трансконтинентальный полет
OVERLAP	перекрытие; соединение внахлестку
OVERLAP (to)	перекрывать
OVERLAPPING	перекрытие; соединение внахлестку
OVERLAY	покрытие; верхний слой; перекрытие; совмещение
OVERLAY (to)	покрывать; накладывать; перекрывать; совмещать
OVERLOAD	перегрузка
OVERLOAD OPERATION	эксплуатация с перегрузкой
OVERLOAD RELAY	реле максимального тока
OVER-MODULATION	перемодуляция
OVERPOWER (to)	пересиливать (автоматику); обеспечивать избыток мощности
OVERPRESSURE	избыточное давление
OVERPRESSURE SHUTOFF VALVE	отсечной клапан избыточного давления
OVERPRESSURE TEST	испытание на избыточное давление
OVERQUALIFIED	переквалифицированный
OVERRANGE	величина отклонения от номинала; выход за пределы диапазона
OVERRIDE (to)	блокировать автоматическую систему управления; пересиливать вручную действие рулевых машинок

OVERRIDE DEVICE	устройство блокирования автоматической системы управления
OVERRIDE HANDLE	ручка (аварийного) управления в обход автоматики
OVERRIDE MECHANISM	механизм ручного управления в обход автоматики
OVERRIDE PUMP	аварийный насос
OVERRIDE SWITCH	переключатель на ручное управление
OVERRIDE TRIGGER	кнопка переключения на ручное управление
OVERRUN (over-run)	концевая полоса безопасности; выкатывание за пределы ВПП; выход за установленные пределы
OVERRUN (to)	выкатываться на концевую полосу безопасности, выкатываться за пределы ВПП
OVERRUN AREA	зона выкатывания (за пределы ВПП)
OVERRUN ERROR	перерасход; превышение (стоимости)
OVERRUN SAFETY AREA	зона безопасности при выкатывании (за пределы ВПП)
OVERSEAS	заокеанский, заграничный; за границей
OVERSEAS FLIGHT PLAN	план полетов по международным авиалиниям
OVERSEAS LINK	связь с заграницей
OVERSEAS TRAVEL	заграничная поездка
OVERSHOOT	перелет; перерегулирование; проскакивание мимо цели; уход на второй круг
OVERSHOOT (to)	выходить за пределы; перелетать, садиться с перелетом; переходить за балансировочное положение; перерегулировать; проскакивать мимо цели; уходить на второй круг
OVERSHOOT(ING) LANDING	посадка с перелетом
OVERSHOOTING	перерегулирование
OVERSIZE	увеличенный размер; сверхгабаритный размер; припуск
OVERSIZED	с превышенным размером; со сверхгабаритным размером
OVERSIZED BUSHING	втулка с припуском
OVERSIZE DIMENSION	сверхгабаритный размер
OVERSOLD FLIGHT	перебронированный рейс

OVERSPEED(ING) .... скорость, превышающая допустимую; заброс оборотов (двигателя); раскрутка (турбины)
OVERSPEED CONTROL UNIT .... ограничитель скорости
OVERSPEED GOVERNOR .... ограничитель скорости
OVERSPEED LIMITER .... ограничитель скорости
OVERSPEED RELAY .... реле забросов оборота двигателя
OVERSPEED VALVE .... центробежный клапан
OVERSPEED WARNING .... сигнализация о превышении допустимой скорости; сигнализация о забросе оборотов (двигателя)
OVERSPILL LINE .... магистраль для перекачки топлива
OVERSPREAD (to) .... покрывать; разбрасывать, распространять
OVERSTRESS .... превышение допустимых напряжений (в конструкции)
OVERSTRESS (to) .... превышать допустимые напряжения (в конструкции)
OVERTAKE (to) .... догонять; обгонять
OVERTEMPERATURE .... температура, превышающая допустимую; перегрев(ание)
OVERTEMPERATURE LIMITER .... терморегулятор
OVERTEMPERATURE SWITCH .... термопереключатель
OVER-THE-HORIZON .... загоризонтный
OVER THE WEATHER .... над облачностью
OVERTHROW (to) .... опрокидывать; перебрасывать
OVERTIGHTEN WIRE .... чрезмерно натянутый провод
OVERTIME .... сверхурочное время; сверхурочный
OVERTONE .... обертон
OVERTORQUE .... чрезмерный крутящий момент
OVERTRAVEL .... дополнительное перемещение; дополнительный ход; переход за установленное предельное положение
OVERTURN (to) .... опрокидывать(ся)
OVERVALUE (to) .... переоценивать; давать слишком высокую оценку
OVERVOLTAGE .... электрическое перенапряжение
OVERVOLTAGE RELAY .... реле максимального напряжения
OVERWATER FLIGHT .... полет над водным пространством
OVERWATER ROUTES .... маршруты над водным пространством
OVERWEATHER FLIGHT .... полет над облаками

OVERWEIGHT	избыточная масса, избыточный вес
OVERWEIGHT LANDING	посадка при избыточной массе
OVERWHELM (to)	заливать; заваливать; преодолевать
OVERWING EXIT	люк аварийного выхода на крыло
OVERWING FILL(ER) PORT	заливочное отверстие на крыле
OVERWING WALKWAY AREA	место на крыле для выполнения технического обслуживания
OVERWING WINDOW EXIT	аварийный выход через окно на крыло
OVIFORM, OVOID	яйцевидный, овальный
OWN	собственный
OWN (to)	иметь, владеть, обладать
OWNERSHIP COST	цена собственности; стоимость владения
OXIDANT	окислитель
OXIDATION	окисление; оксидирование
OXIDE	окисел, окись; оксид
OXIDED	окисленный; оксидированный
OXIDIZATION (oxidizing)	окисление
OXIDIZE (to)	окислять; оксидировать
OXIDIZED	окисленный; оксидированный
OXIDIZER	окислитель
OXIDIZER-COOLED ENGINE	жидкостный ракетный двигатель [ЖРД], охлаждаемый окислителем
OXIDIZER-TO-FUEL MIXTURE RATIO	соотношение окислителя и горючего, коэффициент состава топлива, стехиометрическое соотношение
OXYACETYLENE	ацетиленокислородный
OXYACETYLENE WELDING	ацетиленокислородная сварка
OXYGEN	кислород
OXYGEN BOTTLE (cylinder)	кислородный баллон
OXYGEN BREATHING MASK	кислородная дыхательная маска
OXYGEN-COOLED ENGINE	жидкостный ракетный двигатель с охлаждением жидким кислородом, ЖРД с охлаждением ЖК
OXYGEN DISPENSER	кислородозаправщик
OXYGEN FLOW INDICATOR	указатель поступления кислорода
OXYGEN-HYDROGEN ROCKET ENGINE	кислородно-водородный жидкостный ракетный двигатель, кислородно-водородный ЖРД

OXYGEN-KEROSENE ENGINE .... кислородно-керосиновый жидкостный ракетный двигатель, кислородно-керосиновый ЖРД
OXYGEN MASK .... кислородная маска
OXYGEN PRESSURE INDICATOR .... индикатор давления кислорода
OXYGEN PRESSURE REGULATOR .... регулятор давления кислорода
OXYGEN REGULATOR .... регулятор подачи кислорода
OXYGEN SUPPLY .... подача кислорода
OXYWELDING .... кислородная сварка
OZONE .... озон
OZONE CONVERTER (catalytic) .... (каталитический) преобразователь озона
OZONE LAYER .... озоновый слой

P

PACE .... полетная дистанция; шаг (резьбы); скорость; темп
PACK .... агрегат; блок; ранец (парашюта)
PACK (to) .... упаковывать; укладывать (в контейнер); уплотнять; набивать сальник
PACKAGE .... упаковка, комплект, набор; контейнер; блок; узел; модуль; сборка
PACKAGED .... упакованный; собранный; помещенный в контейнер
PACKAGING .... упаковывание; упаковка; компоновка; монтаж; сборка
PACK AUTO/MANUAL SWITCH .... переключатель автоматического и ручного режимов работы блока аппаратуры
PACKBOARD .... сборочная плата
PACK CLOTH .... упаковочная ткань; полотно ранца (парашюта)
PACK COOLING FAN .... вентилятор системы охлаждения агрегата
PACKED .... упакованный; собранный; помещенный в контейнер
PACKER .... упаковщик; упаковочная машина; упаковочная фирма
PACKING .... упаковывание; упаковочный материал; упаковка; герметизирующий материал; набивочный материал; сжатие, уплотнение (данных)
PACKING BOLT .... стяжной болт; герметизирующий болт
PACKING CASE .... упаковочная тара
PACKING GLAND .... сальник; сальниковая коробка
PACKING GLAND FLANGE .... фланец сальника
PACKING GROOVE .... желобок для набивки сальника
PACKING LIST .... упаковочный лист
PACKING NUT .... уплотнительная гайка, герметизирующая гайка
PACKING O-RING .... тороидальное кольцевое уплотнение
PACKING RETAINER .... держатель упаковки
PACKING RING .... насадочное кольцо; уплотнительное кольцо, кольцевое уплотнение
PACKING SLIP (packing sheet) .... закладная рейка в упаковке
PACKING STRIP .... уплотнительная прокладка

PACKING WASHER	уплотнительная прокладка; уплотнительное кольцо
PACK WITH GREASE (to)	упаковывать со смазкой
PAD	подушка; основание; площадка; вкладыш (подшипника); втулка
PADDED	набитый; подложенный; наплавленный (о поверхности)
PADDED CRADLE	обитое основание
PADDER	подстраиваемый конденсатор
PADDING	мягкая обивка; амортизирующая прокладка; набивка, наполнение, заполнение
PADDLE	лопасть; (отклоняющая) створка; откидная панель
PADDLE SWITCH	рубильник
PADLOCK	висячий замок
PAGE	(высвечиваемая на дисплее) страница
PAGINATE (to)	нумеровать страницы; разбивать текст на страницы
PAGING	разбиение (памяти) на страницы; страничная организация (памяти); замещение страниц
PAIL	ведро
PAINT	краска
PAINT (to)	высвечивать (отметку цели)
PAINT BRUSH	малярная кисть
PAINTED	окрашенный, покрашенный
PAINTED AREA	покрашенный участок
PAINTER	маляр
PAINTING	малярные работы; покраска; окраска; окрашивание
PAINT LAYER	слой краски
PAINT REMOVER	смывка для краски
PAINT SHOP	малярный цех
PAINT-SPRAYER	краскораспылитель
PAINT STRIPPER	скребок для снятия краски
PAINT STRIPPING	снятие краски
PAIR	пара; двухпроводная линия
PAIRED	спаренный; скрученный парой (провод)
PALLET	грузовая платформа; грузовой поддон; палета; транспортный стеллаж

PALLETIZATION .... укладка грузов на поддоны, штабелирование грузов на поддонах; пакетирование грузов на поддонах
PALLETIZE (to) .... укладывать грузы на поддоны, штабелировать грузы на поддонах; складировать грузы на поддонах
PALLETIZED .... уложенный на поддонах груз, штабелированный на поддонах груз; пакетированный на поддонах груз
PALLET LOCK (brake) .... замок грузового поддона; фиксатор палеты
PALLET TRUCK .... транспортер грузовых поддонов
PAN .... поддон; лоток; чаша; ковш; совок
PANCAKE (to) .... парашютировать
PANCAKE LANDING .... посадка с парашютированием
PANCHROMATIC MODE .... панхроматический режим
PANE .... панель остекления
PANEL (instrument panel) .... приборная панель; пульт; табло; щиток
PANEL COMPASS .... компас на приборной панели
PANEL CUTTER .... устройство резки панелей
PANEL LAMP (illuminator) .... самолетный светильник, лампа бортового освещения
PANEL SCAN PATTERN .... схема обзора приборной доски (летчиком)
PANE RABBET .... паз для панели остекления
PAN HEAD SCREW .... винт с цилиндрической головкой с закругленным концом
PANIC .... паника
PANORAMIC PHOTOGRAPHY .... панорамная аэрофотосъемка
PANTRY (galley) .... буфет (на борту)
PAPER .... бумага; доклад; статья; документ
PAPER (to) .... обертывать бумагой; упаковывать в бумагу
PAPER CUP .... картонное уплотнительное кольцо
PAPER SEAL (gasket) .... картонное уплотнение
PAPER WASHER .... картонная кольцевая прокладка
PARABOLIC ANTENNA .... параболическая антенна
PARABOLIC DISH .... параболическое зеркало
PARABOLIC ORBIT .... параболическая орбита

PARABOLIC REFLECTOR	параболический отражатель
PARABOLOID	параболоид
PARABRAKE	тормозной парашют
PARACHUTE	парашют
PARACHUTE FLARE	парашютный осветительный трассер
PARACHUTE JUMP	прыжок с парашютом
PARACHUTE TOWER	парашютная вышка
PARACHUTING	прыжки с парашютом, парашютный спорт
PARACHUTING CHAMPIONSHIP	чемпионат по парашютному спорту
PARADROP AREA	зона парашютного десантирования; зона приземления парашютистов
PARADROPPING	парашютное десантирование
PARAFFIN	парафин; керосин
PARAFFIN OIL	парафиновое масло
PARAFOIL	парашют-крыло
PARALLAX ERROR	параллакс, смещение
PARALLEL	параллель
PARALLELED GENERATORS	параллельно включенные генераторы
PARALLELING BUS	шина параллельного питания
PARALLELISM	многоканальность; параллелизм (вычислительной системы)
PARALLEL MOUNTING (connection)	параллельное соединение
PARALLELOGRAM OF FORCES	параллелограмм сил
PARALLEL PLANES	параллельные плоскости
PARAMAGNETISM	парамагнетизм
PARAMETER	параметр
PARAPHASE AMPLIFIER	парафазный усилитель
PARASITE	паразитный сигнал; пассивный элемент антенны
PARASITE (PARASITIC) DRAG	паразитное сопротивление
PARASUIT	костюм парашютиста
PARATROOP-DROPPING	сброс парашютного десанта
PARATROOPS	парашютно-десантные войска
PARENT METAL	основной металл сплава
PARK (to)	заруливать на стоянку, ставить на стоянку
PARKED AIRCRAFT	самолет на стоянке
PARKERIZATION	паркеризация

PARKERIZE (to)	проводить паркеризацию
PARKER SCREW	самонарезающий винт
PARKING APRON	самолетная стоянка; место стоянки воздушных судов
PARKING AREA	самолетная стоянка; место стоянки воздушных судов
PARKING BRAKE	стояночный тормоз
PARKING BRAKE HANDLE	рукоятка стояночного тормоза
PARKING BRAKE LIGHT	стояночный огонь
PARKING CHARGE	сбор за стоянку (воздушного судна)
PARKING INTERVAL	расстояние между воздушными судами на стоянке
PARKING LIGHT	стояночный огонь
PARKING ORBIT	орбита ожидания, парковочная орбита
PARKING RAMP	площадка для длительной стоянки
PARSEC	парсек
PART	часть; деталь; узел
PART (to)	отделять(ся); разделять(ся); расчленять
PARTIAL FLAP LANDING	посадка с частично выпущенными закрылками
PARTIALLY DAMAGED	частично разрушенный; частично поврежденный
PARTIAL ORBIT	промежуточная орбита; неполный виток орбиты
PARTIAL OVERHAUL	частичная переборка двигателя; профилактический ремонт
PARTIAL POWER	дроссельный режим
PARTIAL REPAINTING	частичная подкраска (воздушного судна)
PARTICLE	частица
PARTICULAR	частичный; специальный
PARTING	разъем; расстыковка; разделительный состав
PARTING AGENT	компонент разделительного состава
PARTING LINE	линия разъема
PARTING-OFF	разделение на отрезки; съемный
PARTING-OFF BLADE	съемная лопасть
PARTING STRIP	разделяющая прокладка
PARTING TOOL	отрезной резец
PARTITION	перегородка; шпангоут; разделение; разветвление; разбиение; расчленение; распределение; секционирование

PARTITIONNED	разделенный; расчлененный; секционированный
PART LIST	спецификация деталей
PART MARKING	маркировка деталей
PARTNER	участник; партнер, компаньон; контрагент
PARTNERSHIP	участие; товарищество; компания
PART NUMBER (PN)	номер детали
PART OFF (to)	отрезать (резцом)
PART POWER	дроссельный режим
PART POWER TRIM STOP	регулировочный упор для работы на дроссельном режиме
PARTS CATALOG(UE)	каталог (комплектующих) деталей
PARTS LIST	спецификация деталей
PARTS POOL	накопитель деталей
PARTS PRICE LIST	прайс-лист комплектующих деталей
PARTS SHORTAGE REMOVAL	разукомплектование снятием дефицитных деталей
PARTS WEAR	износ деталей (узла)
PARTY	участник; сторона (в переговорах)
PARTY LINE	линия связи коллективного пользования
PASS	заход (самолета); проход, пролет; протяжка (ленты накопителя)
PASSAGE	канал; проход; пролет; протяжка (ленты накопителя)
PASSAGEWAY	канал подвода (топлива); перепускной канал; канал; проход; тракт; трап
PASS-BAND	полоса пропускания
PASSENGER	пассажир
PASSENGER/CARGO VERSION	грузопассажирский вариант (воздушного судна)
PASSENGER/FREIGHT VERSION	грузопассажирский вариант (воздушного судна)
PASSENGER ADDRESS AMPLIFIER	усилитель системы оповещения пассажиров
PASSENGER ADDRESS MODULE	модуль системы оповещения пассажиров
PASSENGER ADRESS SYSTEM	система оповещения пассажиров
PASSENGER AIRCRAFT	пассажирский самолет

PASSENGER BOARDING LIST	пассажирская ведомость, пассажирский манифест
PASSENGER BRIDGE	трап для посадки, пассажирский трап
PASSENGER BYPASS INSPECTION SYSTEM	упрощенная система проверки пассажиров (перед вылетом)
PASSENGER CABIN CLOSETS AND STOWAGE COMPARTMENT	багажный и туалетный отсеки в пассажирском салоне (воздушного судна)
PASSENGER CABIN EQUIPMENT	оборудование пассажирского салона
PASSENGER CABIN PARTITION	секционирование пассажирского салона
PASSENGER CABIN TEMPERATURE SENSOR	термодатчик пассажирского салона
PASSENGER CABIN WINDOW	иллюминатор пассажирского салона
PASSENGER CAPACITY	пассажировместимость (воздушного судна)
PASSENGER CHANNEL	пассажиропоток
PASSENGER COACH	пассажирский автобус
PASSENGER COMPARTMENT (cabin)	пассажирский салон
PASSENGER COMPLAINT	жалоба пассажира, претензия пассажира
PASSENGER DOOR	дверь пассажирского салона
PASSENGER GATE	выход пассажиров (на посадку)
PASSENGER-KILOMETER	пассажиро-километр
PASSENGER LOAD FACTOR	коэффициент занятости пассажирских кресел
PASSENGER LOADING DOOR	дверь для посадки пассажиров
PASSENGER MANIFEST (list)	пассажирский манифест, список пассажиров (на рейс)
PASSENGER-MILE	пассажиро-миля
PASSENGER NOTICE SYSTEM	система оповещения пассажиров
PASSENGER OXYGEN SYSTEM	система кислородного обеспечения пассажиров
PASSENGER RAMP	пассажирский трап
PASSENGER READING LIGHT	индивидуальное освещение пассажирских мест

PASSENGER SAFETY BELT	ремень безопасности пассажира
PASSENGERS CARRIAGE	(воздушная) перевозка пассажиров
PASSENGER SEAT	место пассажира
PASSENGER SERVICE UNIT (PSU)	бюро обслуживания пассажиров
PASSENGER SIGNS	указатели для пассажиров
PASSENGER STAIRWAY	пассажирский трап
PASSENGER STEPS	пассажирский трап
PASSENGER TERMINAL	пассажирский аэровокзал
PASSENGER TRAFFIC	пассажирские перевозки
PASSENGER TRANSPORT	пассажирский транспорт
PASSENGER WARNING SIGN	предупредительный указатель для пассажиров
PASSING	проход, пролет (над пунктом)
PASSING OVER THE RUNWAY	пролет над взлетно-посадочной полосой, пролет над ВПП
PASSIVATE (to)	пассивировать
PASSIVATING	пассивация, пассивирование
PASSIVATING SOLUTION	пассивирующий раствор
PASSIVATION	пассивация, пассивирование
PASSIVE CIRCUIT	неизлучающая цепь
PASSPORT	паспорт
PASS THROUGH (to)	пропускать; провозить, ввозить
PASTE	паста; мастика; замазка; густотертая краска
PASTE BRUSH	щетка для нанесения мастики
PATCH	накладка; замазка для заделки выбоин; перемычка; временное соединение; коммутация штепсельным соединителем
PATCH (to)	производить заделку выбоин; коммутировать штепсельным соединителем; склеивать
PATCHBOARD	коммутационная панель
PATCHING FABRIC	полотно для заплат; полотно для склейки
PATCHPLUG	коммутационный штепсель; коммутационный штекер
PATENT	патент
PATENT (to)	патентовать
PATENTEE	владелец патента
PATH	траектория; маршрут; трасса; курс; путь; ход (поршня)

PATH COURSE SIGNAL	сигнал полета по курсу; сигнал ухода из равносигнальной зоны (курсового маяка)
PATHFINDER	указатель посадочной глиссады; самолет наведения
PATROL	(воздушный) патруль
PATROL AIRCRAFT	патрульный самолет
PATTERN	схема; маршрут (полета); диаграмма; структура (потока); образец; модель; шаблон
PATTERN GENERATOR	генератор маршрута (полета)
PATTERN MAKER	модельщик
PATTERN MAKING	изготовление модели
PATTERN SHOP	модельная мастерская
PAULIN (tarpaulin)	брезент
PAVED RUNWAY	взлетно-посадочная полоса [ВПП] с твердым покрытием
PAVED SURFACE (paving, pavement)	твердая поверхность
PAVEMENT	аэродромное покрытие
PAWL	защелка; упор; зажимной кулачок
PAWL COUPLING	замковое соединение
PAWL SPRING	пружина защелки; пружина замкового соединения
PAX CABIN WINDOW	иллюминатор пассажирского салона
PAY	плата; выплата; заработная плата
PAYLOAD	полезный груз; полезная нагрузка; коммерческая загрузка; платная нагрузка
PAYLOAD AVAILABLE	полезная нагрузка, ПН
PAYLOAD BAY	отсек полезной нагрузки, ОПН
PAYLOAD CAPACITY	коммерческая загрузка
PAYMENT	уплата, оплата; платеж, плата
PAY OUT (to)	сматывать, травить (трос)
PEACEFUL RIDE	полет с низким уровнем шума
PEAK	пик, высшая точка; максимум; вершина; пиковый; максимальный
PEAK CLIPPING	ограничение по максимуму
PEAK CURRENT	максимальный ток
PEAK FARE	тариф сезона "пик"
PEAK HOURS	период наибольшей нагрузки
PEAK INDICATOR	индикатор пиковых значений
PEAK LOAD	максимальная нагрузка; пиковая нагрузка

PEAK NOISE	максимальный шум; максимальные шумовые помехи
PEAK POINT	точка пика; точка максимума
PEAK POWER	пиковая мощность; максимальная мощность
PEAK PRESSURE	пиковое давление
PEAK SPEED	максимальная скорость
PEAK TEMPERATURE	максимальная температура
PEAK-TO-PEAK DEFLECTION VOLTAGE	размах отклоняющего напряжения
PEAK-TO-VALLEY RATIO	отношение пикового тока к току впадины
PEAK TRANSMITTING POWER	максимальная мощность передачи
PEAK VALUE	максимальное значение, амплитуда
PEAK VOLTAGE	максимальное напряжение; импульсное напряжение
PEANUT FARE	льготный тариф
PEDAL	педаль; педали путевого управления
PEDAL SHAKER	автомат тряски педалей управления (летательного аппарата)
PEDAL STEERING SHIFT SYSTEM	система управления (рулением) от педалей управления рулем поворота
PEDESTAL	пульт; колонка
PEEL	отслаивание; лопатка; совок; корка; поверхностный слой
PEEL (to)	отслаиваться; обдирать; снимать поверхностный слой, зачищать
PEELING	отслаивание, отслоение
PEELING TOOL	обдирочный станок
PEEL SHIM	пластинчатая прокладка
PEEN	боек молотка
PEEN (to)	рихтовать; править; проковывать; нагартовывать; наклепывать
PEENING	насечка зубилом; проковка; нагартовка; наклеп
PEENING INTENSITY	плотность проковки; плотность нагартовки
PEEP HOLE (door)	смотровое окно; смотровое отверстие, глазок
PEG	штифт; штырь; нагель; деревянный гвоздь; шплинт; чека
PEG (to)	зависать (о показании прибора); фиксировать штифтом; соединять штифтами
PELLICLE	пленка; мембрана

PEN	укрытие (для самолета); ячейка, секция (ангара); пишущий элемент
PENCIL	пучок
PENCIL OF FLAME	факел (ракетного двигателя)
PENDULOUS	подвесной; висячий; маятниковый
PENDULOUS MOVEMENT	колебательное движение
PENDULUM	маятник; отвес
PENETRANT	проникающая жидкость; проникающий
PENETRANT DYE	проникающий краситель
PENETRANT INSPECTION	контроль (цветным методом) с помощью проникающего красителя
PENETRANT PROCESS	процесс контроля с помощью проникающего красителя
PENETRANT REMOVAL	удаление проникающего красителя
PENETRANT REMOVER	состав для удаления проникающего красителя
PENETRATE (to)	проникать; прорывать; вторгаться; вклиниваться; пробивать; входить (в зону ПВО)
PENETRATING LUBRICANT	проникающая связка; смазочное масло
PENETRATION	проникновение; пробивание (преграды); преодоление, прорыв (ПВО); вторжение; снижение в точку начала захода на посадку; вход в облака
PENETRATION SPEED	скорость прорыва (системы ПВО)
PENETRATOR	самолет вторжения, самолет глубокого проникновения
PENTABORANE	пентаборан
PENTAFLUORIDE	пентафторид
PERCEIVED NOISE LEVEL	воспринимаемый уровень шумов, ВУШ
PERCENTAGE	процент; процентное содержание; процентный состав
PERCENTILE	процентиль
PERCUSSION	удар; столкновение
PERCUSSION PRESS	чеканочный фрикционный пресс
PERFECT (to)	совершенствовать, улучшать; завершать, заканчивать, выполнять
PERFECT GAS EQUATION	уравнение идеального газа
PERFECT VACUUM	полный вакуум, абсолютный вакуум

PERFORATE (to)	перфорировать, пробивать отверстие
PERFORATED	перфорированный
PERFORATING MACHINE	перфоратор; перфорационный станок
PERFORATION	перфорация, перфорирование, пробивание отверстий; перфорационное отверстие; канал (в заряде твердого ракетного топлива)
PERFORATOR	перфоратор; перфорационный станок
PERFORM (to)	исполнять, выполнять; делать
PERFORMANCE	(летно-техническая) характеристика; летное качество; технологичность
PERFORMANCE ANALYSIS	анализ летно-технических характеристик [ЛТХ]; анализ характеристик
PERFORMANCE CURVE	рабочая характеристика
PERFORMANCE DATA	летно-технические характеристики, ЛТХ; рабочие характеристики
PERFORMANCE DATA COMPUTER SYSTEM (PDCS)	вычислительная система подготовки и представления данных
PERFORMANCE FLIGHT	полет для проверки летных характеристик
PERFORMANCE MANAGEMENT SYSTEM (PMS)	система измерения рабочих характеристик
PERFORMANCE TESTS	испытания по проверке летно-технических характеристик, испытания по проверке ЛТХ
PERFORM TEST (to)	проводить испытание, испытывать
PERIAPSIS	периапсида
PERIASTRON	периастрий
PERICENTER	перицентр
PERIFOCUS	перифокус
PERIGEE	перигей
PERIGEE BOOST MOTOR	двигатель для создания разгонного импульса тяги в перигее орбиты
PERIGEE MOTOR	перигейный двигатель, двигатель для создания импульса тяги в перигее орбиты
PERIHELION	перигелий
PERIOD	период; промежуток времени

PERIODICAL CHECK	периодический контроль; периодическая проверка
PERIODICALLY TENDED SPACE STATION	периодически посещаемая космонавтами орбитальная станция
PERIODIC INSPECTION	периодический контроль; периодическая проверка
PERIODIC ORBIT	периодическая орбита
PERIOD LIGHT	проблесковый огонь
PERIOD OF OSCILLATION	период колебания
PERIPHERAL SPEED	окружная скорость
PERIPHERAL STATION	периферийная станция
PERISCOPE	перископ; оптический визир
PERISCOPIC SEXTANT	перископический секстант
PERISHABLE AIR FREIGHT	скоропортящийся авиационный груз
PERMANENT DISTORSION	остаточная деформация
PERMANENT ECHO	эхосигнал от неподвижного предмета
PERMANENT LEAK	постоянная утечка
PERMANENT LOAD	постоянная нагрузка; длительная нагрузка, статическая нагрузка
PERMANENT MAGNET	постоянный магнит
PERMANENT POSITION	стационарное положение; фиксированное положение; долговременная позиция
PERMANENT REPAIR	длительный ремонт
PERMANENT SET	остаточная деформация
PERMANENT SPACE STATION	долговременная орбитальная станция, ДОС
PERMEABILITY	проницаемость; проникающая способность; водопроницаемость
PERMISSIBILITY	взрывозащищенность
PERMISSIBLE LIMIT	допустимый предел
PERMITTED	разрешенный (к применению)
PERMITTIVITY	диэлектрическая проницаемость
PEROXIDE	перекись
PERPENDICULAIRE	перпендикуляр
PERSONNEL (flying)	личный состав; персонал
PERSONNEL LICENSING	порядок выдачи свидетельств летному составу

PERSONNEL MANAGER	руководитель персонала
PERSPECTIVE VIEW	перспективный обзор, перспектива
PERSPEX	плексиглас
PERTURB (to)	возмущать; нарушать
PERTURBATION	возмущение; нарушение; помеха
PERTURBED ORBIT	возмущенная орбита
PERVIOUS	проницаемый
PETCOCK	краник
PETROL	бензин
PETROLATUM	петролатум; вазелин
PETROL CAN	канистра для бензина
PETROL ENGINE	бензиновый двигатель
PETROLEUM	нефть
PETROLEUM JELLY	петролатум
PETROLEUM SPIRIT	уайт-спирит
PETROL-LORRY	топливозаправщик
PETROL PUMP	бензиновый насос
PHASE	фаза; этап; стадия; участок
PHASE (to)	фазировать, синхронизировать по фазе
PHASE ADAPTER	преобразователь фазы
PHASE ANGLE	фазовый угол
PHASE-COMPENSATING CIRCUIT	схема фазовой компенсации, фазокомпенсатор; цепь фазовой компенсации
PHASED ARRAY	фазированная антенная решетка, ФАР
PHASE DIFFERENCE	фазовый угол, угол сдвига фаз; сдвиг фаз; разность фаз
PHASED IGNITION	синхронизированный запуск
PHASE DISCRIMINATOR	фазовый дискриминатор
PHASE DISTORTION	фазовое искажение
PHASE IN (to)	вводить в эксплуатацию; внедрять в производство
PHASE INVERTER	фазоинвертор
PHASE JITTER	флуктуации фазы
PHASE LAG	отставание по фазе
PHASE LEAD	опережение по фазе
PHASE METER	фазометр, измеритель фазового сдвига
PHASE MODULATION	фазовая модуляция
PHASE OUT (to)	снимать с эксплуатации; снимать с производства

PHO

PHASE SEQUENCE RELAY	реле последовательности фаз
PHASE SHIFT	сдвиг по фазе, фазовый сдвиг
PHASING ORBIT	орбита фазирования, орбита фазового согласования (движения космических аппаратов)
PHENOLIC RESIN	фенолоальдегидный полимер
PHENOMENON	явление; эффект
PHILLIPS SCREW	винт с крестообразным шлицем
PHILLIPS HEAD	головка винта с крестообразным шлицем
PHILLIPS-HEAD SCREWDRIVER	крестообразная отвертка
PHONE	телефон
PHONE BOX	телефонная кабина
PHONE CALL	телефонный звонок
PHOSPHATE (to)	фосфатировать
PHOSPHATE COATED	с фосфатным покрытием
PHOSPHATING	фосфатирование, нанесение фосфатного покрытия
PHOSPHATING TREATMENT	обработка фосфатированием
PHOSPHORIC ACID	(орто)фосфорная кислота
PHOSPHOROUS	фосфор
PHOTOCATHODE	фотокатод
PHOTOCELL	фотогальванический элемент; фотоэлемент; фотодиод; фоторезистор; фототранзистор
PHOTOCONDUCTIVITY	фотопроводимость
PHOTOCOPY	фотокопия; фотоотпечаток
PHOTODIODE	фотодиод
PHOTODIODE RECEIVER	фотоприемник
PHOTOELECTRIC CELL	фотогальванический элемент; фотоэлемент; фотодиод; фоторезистор; фототранзистор
PHOTOEMISSION	фотоэмиссия, внешний фотоэффект
PHOTOENGRAVING	фотогравирование; фотолитография
PHOTOGRAMMETRY	фотограмметрия
PHOTOGRAPH	фотоснимок, фотография; кадр
PHOTOGRAPHER	фотограф
PHOTOGRAPHIC RECORDER	оптический самописец; шлейфовый осциллограф
PHOTOGRAPHY	фотография; фотосъемка, фотографирование
PHOTOMETER	фотометр

PHOTOMETRIC SERVOCELL	приемник фотометрической системы
PHOTOMETRY	фотометрия
PHOTON	фотон
PHOTORECONNAISSANCE	фоторазведка
PHOTORESISTOR	фоторезистор
PHOTOSENSITIVITY	фоточувствительность
PHOTOSYNTHESIS	фотосинтез
PHOTOTRANSISTOR	фототранзистор
PHOTOTUBE	ионный фотоэлемент; газонаполненный фотоэлемент; электровакуумный фотоэлемент
PHOTOVOLTAIC GENERATOR	фотоэлектрический генератор, фотогальванический генератор
PHOTOVOLTAIC POWER GENERATION	производство электроэнергии фотоэлектрическими [фотогальваническими] установками
PH PAPER	светочувствительная бумага
PHYSICAL CONDITION	физическое состояние
PHYSICAL PROPERTY	физическое свойство
PHYSICAL TEST	механическое испытание
PHYSICIST	физик
PHYSICS	физика
PIANO-TYPE HINGE	рояльная петля
PIANO WIRE	рояльная проволока
PICK	резец
PICKAXE	кирка
PICKET	дозор; пикет
PICKETING	швартование, швартовка
PICKETING EYE	швартовочное ушко
PICKETING SHACKLE	серьга для швартовки (воздушного судна)
PICKET POINTS	швартовочные узлы (воздушного судна)
PICK-HAMMER	отбойный молоток; кирка
PICKING UP	зацепление; сцепление; сцепка
PICKLE	сброс (бомбы); отцепка
PICKLE (to)	сбрасывать
PICKLING	консервация (изделия)
PICK-OFF	датчик; измерительный элемент

PICK-UP	обнаружение; захват (цели); датчик; измерительный элемент; захватное устройство; считывание; съем (сигнала); токосъемник, щетка
PICK-UP (to)	подхватывать; спасать, поднимать на борт; принимать (радиосигналы); обнаруживать (цель)
PICK-UP, VIBRATION	вибрационный датчик, вибродатчик
PICK-UP COIL	измерительная катушка
PICK-UP GEAR	зубчатая передача; зубчатое зацепление
PICK-UP LEVER	рычаг захватного устройства
PICK-UP SELECTOR	искатель чувствительного элемента
PICK-UP SPEED (to)	увеличивать скорость, разгоняться
PICTOGRAPH	пиктограмма
PICTORIAL COMPUTER	панорамное вычислительное устройство
PICTORIAL DEVIATION INDICATOR	панорамный указатель отклонения от курса
PICTORIAL NAVIGATION INDICATOR	панорамный аэронавигационный указатель
PICTORIAL NAVIGATION SYSTEM	навигационная система с графическим отображением информации
PICTURE	изображение
PICTURE TUBE	дисплей
PIECE	обломок; осколок; изделие; деталь; заготовка
PIECE SYSTEM	система учета (багажа) по числу мест
PIERCE (to)	пробивать; прокалывать; просверливать; проникать; прошивать
PIERCING	прошивка; пробивка; продавливание (отверстия); запрессовка
PIEZOELECTRIC SENSOR	пьезоэлектрический датчик
PIG	чушка; болванка; чугун
PIG IRON	передельный чугун; чушковый чугун
PIGMENTED VARNISH	цветной лак
PIGTAIL	гибкий проводник, конец проволочного вывода
PILE	стопка; кипа; штабель; пакет; пачка
PILLAR	стойка; колонна; вертикальная станина; вертикальная опора; штанга; шток
PILLOW	подушка; подкладка; опора; (опорный) подшипник; корпус опорного подшипника

PILLOW BLOCK .... опора; опорная плита; опорный подшипник; корпус опорного подшипника

PILLOW-CASE .... наволочка; салфетка на подголовнике кресла (пассажира)

PILOT .... летчик; пилот; направляющее устройство; направляющий штифт; контрольный провод; контрольный сигнал, пилот-сигнал; контрольный, сигнальный; опытный, экспериментальный

PILOT (to) .... пилотировать; направлять

PILOT'S CHAIR .... кресло летчика; кресло пилота

PILOT'S COCKPIT .... кабина экипажа; кабина летчика

PILOT'S INSTRUMENT(ATION) PANEL .... приборная панель летчика

PILOT'S LICENSE .... пилотское свидетельство, летное свидетельство пилота

PILOT'S LIGHTSHELD .... противобликовый щиток приборной доски летчика

PILOT'S MAIN INSTRUMENT PANEL .... основная приборная доска летчика

PILOT'S PANEL .... приборная доска летчика

PILOT'S PERCEPTION .... восприятие летчиком (внешних воздействий)

PILOT'S SEAT .... кресло летчика; кресло пилота

PILOT'S SEAT HARNESS .... привязные ремни безопасности кресла летчика

PILOT'S STATION .... рабочее место летчика [пилота]

PILOT'S WELL .... фонарь кабины летчика

PILOTAGE .... самолетовождение; пилотирование; пилотаж

PILOT BUSHING .... направляющая втулка

PILOT-CAPTAIN .... командир корабля; старший пилот

PILOT COMMANDED .... задаваемый летчиком

PILOT CONTROLLED .... пилотируемый

PILOT-CONTROLLER SYSTEM .... система связи "пилот-диспетчер"

PILOTED .... пилотируемый

PILOTED DRILL .... направляющее сверло

PILOTED-FRIENDLY .... удобный для летчика

PILOT FACTORY .... опытный завод

PILOT FLAME .... лампа подсветки; контрольная лампа; сигнальная лампа

PILOT HOLE .... направляющее отверстие; базовое отверстие; установочное отверстие

PILOT-IN-COMMAND	командир корабля
PILOT INDUCED OSCILLATION (PIO)	раскачка самолета летчиком
PILOTING	самолетовождение; пилотирование; пилотаж
PILOTING AIDS	средства пилотирования
PILOTING CAPACITY	летная квалификация
PILOTING PERFORMANCE	пилотажные характеристики
PILOT INPUT PHASING	фазирование отклонений командных рычагов летчиком
PILOT-INSTRUCTOR	летчик-инструктор; пилот-инструктор
PILOT-INTEGRATED NAVIGATION SYSTEM	навигационная система со считыванием показаний летчиком
PILOT-INTERPRETED AIDS	средства обеспечения летчика информацией
PILOT-IN-THE-LOOP	летчик-оператор в контуре управления
PILOT JET	жиклер малого газа; жиклер холостого хода
PILOTLESS AIRCRAFT	беспилотный летательный аппарат, БЛА
PILOT LICENSING	порядок выдачи летного свидетельства
PILOT LIGHT	сигнальная лампа включения; контрольная лампа
PILOT LINE	гидролиния управления; пневмолиния управления
PILOT-NAVIGATOR	летчик-штурман; пилот-штурман
PILOT NEEDLE	указатель малого газа; указатель холостого хода
PILOT NIGHT VISION SYSTEM (PNVS)	система ночного видения летчика
PILOT-OPERATED	управляемый летчиком, пилотируемый; с ручным управлением
PILOT OVERHEAD PANEL	верхний пульт кабины летчика
PILOT PARACHUTE	вытяжной парашют
PILOT PISTON	поршень в гидролинии управления
PILOT PLANT	опытный завод
PILOT PRESSURE	давление в системе управления
PILOT RELAY	реле системы управления
PILOT SAFETY HARNESS	привязные ремни безопасности летчика
PILOT SKILL	летная квалификация
PILOT SPOOL	приемная катушка (магнитофона)
PILOT TRAINING	подготовка летчиков; подготовка пилотов

PILOT TRAINING FLIGHT	учебный полет; учебно-тренировочный полет
PILOT-UNDER-INSTRUCTION	обучаемый летчик, летчик-курсант
PILOT VALVE	управляющий клапан
PIN	шпилька; штифт; шплинт; стержень, ось (шарнира)
PIN (to)	заштифтовывать; зашплинтовывать
PINCERS	клещи; щипцы
PINCH (to)	сжимать; зажимать; сдавливать; обжимать
PINCHED SEAL	сжатый спай; уплотнение с зажимом
PINCHING	сжатие; сдавливание; обжим, обжатие
PINCH NUT	контргайка
PIN CONTACT	штырьковый контакт
PIN DRIFT	смещение оси; смещение штырькового контакта
PIN EXTRACTOR	съемник шплинтов
PIN GROOVE	проточка под шплинт
PIN GUDGEON	ось штифта
PIN HOLE	отверстие под штифт; перфорированное отверстие
PINHOLING	перфорирование, вырубка отверстий под штифты
PINION	шестерня
PINK (to)	протыкать; прокалывать; работать с детонацией, стучать (о двигателе)
PINKING	детонирование, стук (в двигателе)
PINNED NUT	закрученная гайка
PINPOINT	(точечный) ориентир (на местности)
PINPOINT (to)	определять местоположение (воздушного судна) по ориентиру
PINPOINT LANDING	высокоточная посадка
PIN PUNCH	перфоратор для пробивки отверстий под штифты
PIN SPANNER	ключ для круглых гаек с отверстиями (под штифт)
PINT	пинта (внесистемная единица объема)
PINTLE	ось; цапфа; шкворень; стержень
PINTLE HOOK	буксировочный замок
PIN VALVE	игольчатый клапан
PIN WRENCH	ключ для круглых гаек с отверстиями (под штифт)
PIP	выброс; импульс; пик; резкий перегиб (кривой)
PIPE	труба
PIPE CLAMP	трубный зажим; подвесной крюк для трубопровода
PIPE CUTTER	труборез
PIPE GRIPS	трубный ключ

PIPELINE	трубопровод
PIPE NOZZLE	трубчатое сопло; трубчатый насадок
PIPE PLIERS	трубчатые клещи
PIPE REDUCER	переходный патрубок трубопровода
PIPE UNION	соединение трубопровода; муфта трубопровода; муфтовая трубопроводная арматура
PIPE VICE	тиски для труб
PIPE WRENCH	трубный ключ
PIPING	прокладывание трубопроводов; система трубопроводов
PISTON	поршень; плунжер; поршневой; плунжерный
PISTON BODY	тело поршня
PISTON COMPRESSION	сжатие поршнем
PISTON CROWN	головка поршня
PISTON ENGINE	поршневой двигатель
PISTON-ENGINED AIRCRAFT	самолет с поршневым двигателем
PISTON HEAD	головка поршня
PISTON PACKING	уплотнение поршня
PISTON PIN	поршневой палец
PISTON RING	поршневое кольцо
PISTON RING GROOVE	канавка поршневого кольца
PISTON RING STICKING	закоксовывание поршневого кольца
PISTON ROD	поршневой шток; шток плунжера
PISTON SKIRT	юбка поршня
PISTON STOP	останов поршня; ограничитель хода поршня
PISTON STROKE	ход поршня
PISTON-TYPE ROTARY PUMP	поршневой роторный насос
PISTON VALVE	поршневой клапан
PIT	выемка; впадина; яма; поверхностная раковина (дефект отливки); кратер (дефект эмали)
PIT (to)	подвергаться коррозии; образовывать ямки травления
PITCH	шаг (воздушного винта); тангаж; угол тангажа; движение тангажа; угол установки лопасти; интервал [шаг] кресел
PITCH (to)	совершать движение тангажа
PITCH(ING)-UP	кабрирование; непроизвольное кабрирование
PITCH(ING)-UP ALTITUDE	высота кабрирования; высота непроизвольного кабрирования

PITCH/ROLL TRIM	триммирование по тангажу и крену
PITCH ANGLE INDICATOR	указатель угла тангажа
PITCH ATTITUDE	угол тангажа
PITCH AXIS	поперечная ось; канал тангажа, канал продольного управления
PITCH-CHANGE SYSTEM	система изменения шага винта
PITCH CHANNEL	канал управления по тангажу; канал продольного управления
PITCH CIRCLE	начальная окружность (зубчатого колеса)
PITCH CONTROL	управление по тангажу; органы продольного управления
PITCH CONTROL LEVER	ручка шага (несущего винта вертолета); ручка системы управления рулем высоты
PITCH CONTROL SYSTEM	система управления тангажом, система управления рулем высоты; система продольного управления
PITCH DAMPER	демпфер тангажа
PITCH DIAMETER	диаметр начальной окружности (зубчатого колеса)
PITCHDOWN	пикирование
PITCHDOWN ALTITUDE	высота пикирования
PITCH HOLD MODE	режим стабилизации по каналу тангажа
PITCH INCREASE	увеличение угла установки винта
PITCH INCREMENT	увеличение угла тангажа
PITCHING	движение тангажа; вращение вокруг поперечной оси; изменение угла тангажа
PITCHING MOMENT (M)	момент тангажа
PITCHING STABILITY	продольная устойчивость, устойчивость в движении тангажа
PITCH LIMIT SYSTEM	система ограничения шага (воздушного винта)
PITCH LOCK	фиксирование шага (воздушного винта); замок угла установки лопасти; фиксатор шага
PITCH MODE	режим продольного управления; режим продольной стабилизации
PITCH NOSE DOWN (to)	пикировать
PITCH NOSE UP (to)	кабрировать
PITCH OF SEATS	шаг кресел (в салоне воздушного судна)

PITCH Q-FEEL SYSTEM — система загрузки продольного управления по скоростному напору
PITCH RADIUS — радиус начальной поверхности (окружности)
PITCH RANGE — диапазон модулей (зубчатого колеса), диапазон шагов
PITCH RATE COMMAND SYSTEM — система управления по угловой скорости тангажа
PITCH RATE GYRO — гиродатчик угловой скорости тангажа
PITCH RATE OF CHANGE — угловое ускорение тангажа
PITCH REVERSING — реверсирование шага (воздушного винта), разворот лопасти на создание отрицательной тяги
PITCH ROTATION — движение тангажа
PITCH SCALE — шкала отсчета углов тангажа
PITCH SELECTOR SWITCH — выключатель коррекции по тангажу
PITCH SETTING — шаг (воздушного винта); регулировка шага
PITCH SHORT-PERIOD MODE — короткопериодические продольные колебания
PITCH STABILITY AUGMENTATION SYSTEM — автомат продольной устойчивости
PITCH TRIM — продольная балансировка, балансировка [триммирование] по тангажу
PITCH TRIM COMPENSATOR — орган продольной балансировки; триммер руля высоты
PITCH TRIM INDICATOR — указатель продольной балансировки
PITCH TRIM WHEEL — колесико триммирования по тангажу
PITCH VARIATION — изменение шага (воздушного винта)
PITCH WHEEL CONTROL — штурвальчик управления тангажом; штурвальчик управления шагом винта
PITOT(-STATIC) PROBE — приемник воздушного давления, ПВД
PITOT COVER — обтекатель приемника воздушного давления, обтекатель ПВД
PITOT DE-ICER — противообледенитель приемника воздушного давления [ПВД]
PITOT HEAD — приемник воздушного давления, ПВД
PITOT HEATER — обогреватель приемника воздушного давления [ПВД]
PITOT HEATING — обогрев приемника воздушного давления, обогрев ПВД

PITOT MAST	штанга приемника воздушного давления, штанга ПВД
PITOT-STATIC SYSTEM	система полного давления
PITOT-STATIC TUBE	приемник воздушного давления, ПВД
PITOT TUBE	приемник воздушного давления, ПВД
PITTED	разъеденный (коррозией)
PITTING	точечная коррозия
PIVOT	точка поворота; ось поворота; цапфа; шарнир
PIVOT FITTING	шарнирный узел
PIVOTING	вращение (вокруг заданной точки)
PIVOT PIN	цапфа подвески (стойки шасси); поворотный валик
PIVOT POINT	точка поворота; ось шарнира
PIVOT SHAFT	ось шарнира; ось поворота
PLACARD	трафарет; табличка; надпись
PLACARD (to)	снабжать пояснительной надписью
PLACE	место; пункт; пространство; участок; позиция
PLACE (to)	помещать; размещать; устанавливать; укладывать
PLAIN BEARING	подшипник скольжения
PLAIN BUSHING	незапирающая резьбовая втулка
PLAIN FLAP	посадочный щиток; плоский закрылок; бесщелевой закрылок
PLAIN PIPE	гладкая труба, труба без резьбы
PLAIN WASHER	шайба
PLAN	план; чертеж; схема; проект
PLAN (to)	составлять план, планировать; проектировать
PLANAR ANTENNA	плоская антенна
PLANAR ARRAY	плоская антенная решетка
PLANE	самолет; крыло; несущая поверхность; плоскость; плоский
PLANE (to)	планировать; глиссировать
PLANE DOWN (to)	спускаться планированием
PLANE LOAD CHARTER	чартерный рейс с полной загрузкой (воздушного судна)
PLANER	продольно-строгальный станок
PLANER TOOL	строгальный резец
PLANET	сателлит
PLANETARY	планетарный станок; планетарный; орбитальный
PLANETARY ASTRONOMY	астрономия планет

PLANETARY GEAR	планетарная (зубчатая) передача
PLANETARY ORBIT	орбита планеты
PLANET GEAR	планетарная (зубчатая) передача; сателлит (планетарной передачи)
PLANETOID	малая планета, планетоид, астероид
PLANET PINION (wheel)	шестерня планетарной (зубчатой) передачи
PLANET PINION CAGE	водило-шестерня планетарной (зубчатой) передачи
PLANFORM	форма в плане
PLANING	строгание; глиссирование; глиссирующий
PLANING MACHINE	продольно-строгальный станок
PLANISH (to)	выглаживать (листовой материал); шлихтовать; полировать
PLANISHING HAMMER	молоток для выглаживания (листового материала)
PLANISHING TOOL	инструмент для выглаживания (листового материала)
PLANK	доска
PLANNED	запланированный; запрограммированный
PLANNED ALTITUDE	расчетная высота; заданная высота
PLANNED ORBIT	расчетная орбита; заданная орбита
PLANNED REMOVAL	запланированное снятие с эксплуатации
PLANNED TIME	расчетное время
PLANNER	инженер-технолог; блок планирования, планировщик (программы)
PLANNING	планирование; проектирование; планировка; разработка технологии, технологическая подготовка (производства)
PLANNING OFFICE	проектный отдел; технологический отдел
PLAN POSITION INDICATOR (PPI)	индикатор кругового обзора, ИКО
PLANT	завод; установка; производственное оборудование
PLANT LAYOUT	схема расположения завода; схема размещения производственного оборудования
PLAN VIEW	вид сверху, вид в плане; горизонтальная проекция
PLASMA FLAME SPRAYING	газоплазменное напыление

PLASMA-ION ROCKET .... плазменно-ионный ракетный двигатель, ионный РД с объемной ионизацией рабочего тела
PLASMAJET .... плазменный ракетный двигатель, электромагнитный РД
PLASMAPAUSE .... плазмопауза
PLASMA PLUG .... плазменная свеча
PLASMA ROCKET .... плазменный ракетный двигатель, электромагнитный РД
PLASMASPHERE .... плазмосфера
PLASMA SPRAYER .... плазменная форсунка
PLASMA SPRAYING .... плазменное напыление
PLASMA TORCH .... горелка для плазменно-механической обработки
PLASMA WELDING .... плазменная сварка
PLASTER .... штукатурка; строительный гипс
PLASTIC .... пластик, пластмасса; пластмассовый, пластиковый; пластичный, пластический
PLASTIC BAG .... пластиковая сумка; пластиковый пакет
PLASTIC FABRIC COVER .... пластиковый чехол
PLASTIC MATERIAL .... пластмасса, пластик
PLASTIC ROTOR BLADE .... пластмассовая лопатка ротора
PLASTICS .... пластмасса, пластик
PLASTIC TIP HAMMER .... молоток с пластмассовым наконечником
PLATE .... плита; пластина; планка; тонкая листовая сталь; гальваническое покрытие
PLATE (to) .... обшивать металлическим листом; наносить гальваническое покрытие; осаждать; металлизировать; плакировать
PLATE-ARMOR .... броневая плита
PLATE CIRCUIT .... печатная схема
PLATE CLUTCH .... дисковая муфта; пластинчатая муфта; дисковое сцепление
PLATE CONDENSER .... пластинчатый конденсатор
PLATED CIRCUIT .... печатная схема, изготовленная методом электролитического осаждения
PLATED WIRE .... цилиндрическая магнитная пленка
PLATE HOLDERS .... держатель пластинок; кассета для пластинок
PLATE IRON .... листовое железо
PLATEN .... стол; опорная плита; плита-спутник; пластина

PLATE NUT	пластинчатая шайба
PLATE OF A LATHE	основание токарного станка
PLATE SPRING	пластинчатая пружина
PLATE VOLTAGE	анодное напряжение
PLATEWORK	производство листового железа
PLATFORM	платформа; летательный аппарат, ЛА; пологий участок траектории снижения при посадке на авианосец
PLATFORM STABILIZATION SYSTEM	система стабилизации (гиро-)платформы
PLATING	нанесение гальванического покрытия; металлизация; плакирование
PLATING SOLUTION	электролит для осаждения гальванических покрытий; раствор для нанесения покрытий
PLATING THICKNESS	толщина гальванического покрытия
PLATINUM	платина
PLATINUM STEEL	сталь, плакированная платиной
PLAY	зазор; люфт; свободный ход
PLAYBACK	воспроизведение записи; считывание
PLEASURE AIRCRAFT	самолет для прогулочных полетов
PLENUM	камера повышенного давления; вентиляционная камера; приточная вентиляция
PLENUM CHAMBER	напорная камера
PLENUM CHAMBER BURNING (PCB)	сжигание топлива во внешнем контуре (ТРДД)
PLEXIGLASS	плексиглас, органическое стекло
PLEXIGLASS PARTS	детали из плексигласа
PLIABLE	сгибаемый, гнущийся, гибкий; пластичный
PLIERS	клещи; кусачки; плоскогубцы
PLOT	график (полета); планшет; схема; план; радиолокационная отметка цели (на экране РЛС)
PLOT (to)	наносить на график; прокладывать курс; устанавливать (место)положение (на карте)
PLOTTER	курсограф, прокладчик курса (на планшете)
PLOTTING	прокладка курса; нанесение данных на карту полета
PLOTTING CHART	карта для прокладывания курса
PLOTTING TABLE	графопостроитель; стол-планшет
PLUCK(ING)	отрыв

PLUG	пробка; заглушка; втулка; вставка; оправка; тампон; свеча зажигания; вилка; штепсель; штекер; штырь; центральное тело, конус (воздухозаборника)
PLUG (to)	закупоривать; засорять(ся); тампонировать; затыкать пробкой; заглушать отверстие
PLUG ADAPTER	штепсель
PLUG BOARD (plugboard)	коммутационная панель; наборная панель; наборное поле; штекерная панель
PLUGBOARD	коммутационная панель; наборная панель; наборное поле; штекерная панель
PLUG BODY	корпус пробки
PLUG COCK	пробковый кран
PLUG CONNECTOR	штырь; вилка
PLUG ENGINE INLET (to)	регулировать площадь входного сечения воздухозаборника
PLUG FOULING	засорение запальной свечи
PLUGGABLE	сменный; быстросъемный; вставной
PLUG GAP	искровой промежуток запальной свечи
PLUG GA(U)GE	калибр-пробка
PLUGGED	закупоренный; перекрытый; задросселированный
PLUG HOLE	отверстие под пробку; штепсельное гнездо
PLUG-IN (to)	контактировать (с самолетом-заправщиком)
PLUG-IN BOARD	сменная плата; коммутационная панель; штекерная панель; штепсельная панель
PLUG-IN CARD	сменная плата
PLUG-IN CIRCUIT BOARD	сменная печатная плата
PLUG-IN CODER	сменный шифратор; модулятор со штырьковым разъемом
PLUG-IN MODULE	сменный модуль; быстросъемный модуль
PLUG-IN OSCILLOSCOPE	сменный осциллоскоп
PLUG-IN PANEL	плата со штырьковыми выводами
PLUG-IN RACK	сменная стойка; быстросъемный стеллаж
PLUG-IN RELAY	реле со штырьковыми выводами
PLUG-IN TYPE BASE	основание со штырьковыми выводами
PLUG-IN UNIT	сменный блок; быстросъемный блок

PLUG LINE (to)	перекрывать магистраль
PLUG NOZZLE	сопло с центральным телом
PLUG PIN	штепсель, штепсельная вилка; штекер
PLUG PORT (to)	перекрывать отверстие
PLUG SOCKET	штепсельная розетка; штепсельное гнездо
PLUG SQUIB	пирозапал; электровоспламенитель
PLUG SWITCH	выключатель со штыревым контактом; штепсельный выключатель
PLUG TERMINAL	штепсельная вилка
PLUG-TYPE DOOR	люк пробкового типа
PLUG VALVE	пробковый кран
PLUG WELD	пробочный сварной шов; (несквозная) электрозаклепка
PLUMB	отвес; грузик; отвесный; вертикальный
PLUMB BOB	свинцовая пломба
PLUMB BOB WIRE	проволока свинцовой пломбы
PLUMBER	водопроводчик; слесарь-сантехник
PLUMBING	трубопроводка, система трубопроводов
PLUMBING CLIP	скоба трубопроводки
PLUMBING CONNECTION	соединение трубопроводки
PLUMBING INSTALLATION	крепление трубопроводки
PLUMBING LINE	трубопроводка, система трубопроводов
PLUMB LINE	отвес
PLUNGE (to)	погружать; совершать поступательное движение "вверх - вниз"
PLUNGER	плунжер; поршень; пуансон; шток; стопорный штифт; сердечник (электромагнита)
PLUNGER TRAVEL	ход поршня
PLUNGER-TYPE PUMP	поршневой насос
PLUTONIUM	плутоний
PLY	слой (материала)
PLY TURNUP	загиб переднего конца прокатываемой полосы вверх
PLYWOOD	фанера
PLYWOOD VENEER	фанерная облицовка
PNEUDRAULIC	воздушно-гидравлический
PNEUMATIC	пневматический
PNEUMATIC ACCELEROMETER	манометрический акселерометр

PNEUMATIC ALTIMETER	барометрический высотомер; анероид
PNEUMATIC BLEED SYSTEM	система отбора сжатого воздуха от двигателя
PNEUMATIC BRAKE	пневматический тормоз
PNEUMATIC BRAKE BOTTLE	баллон со сжатым воздухом пневматического тормоза
PNEUMATIC CONTINUOUS FLOW CONTROL UNIT	регулятор расхода пневматической системы
PNEUMATIC CROSSFEED VALVE	пневмоклапан перекрестного питания
PNEUMATIC CUSHION	пневматический амортизатор; воздушная подушка
PNEUMATIC CYLINDER	пневмоцилиндр
PNEUMATIC DUCT	пневмопровод, трубопровод подачи воздуха
PNEUMATIC GROUND SERVICE CONNECTION	штуцер подключения аэродромного источника питания сжатым воздухом
PNEUMATIC IMPULSE ICE-PROTECTION SYSTEM	механическая противообледенительная система
PNEUMATIC JACK	пневмоцилиндр
PNEUMATIC MANIFOLD	пневмопровод, трубопровод подачи воздуха
PNEUMATIC POWER SUPPLY SYSTEM	система снабжения энергией сжатого воздуха
PNEUMATIC PUMP	пневматический насос
PNEUMATIC RAM	плунжер пневмоцилиндра; пневмоцилиндр; пневмоподъемник
PNEUMATIC RELAY	пневматическое реле
PNEUMATIC SHOCK-ABSORBER	пневматический амортизатор
PNEUMATIC STARTER	пневматический турбостартер
PNEUMATIC STARTER CAR	тележка с пневматическим турбостартером
PNEUMATIC SYSTEM	пневматическая система
POCKET	карман; гнездо; паз; выемка; углубление; ниша; полость; каверна; раковина
POCKET CALCULATOR	карманный калькулятор

POCKET VALVE	клапанная коробка
POD	(подвесной) контейнер; гондола
PODDED ENGINE	двигатель в гондоле; закапотированный двигатель
PODDED SYSTEM	контейнерная система, система в контейнерном исполнении
POD-MOUNTED SYSTEM	контейнерная система, система в подвесном контейнере
POINT	точка, пункт (маршрута); ориентир
POINT (to)	наводить; показывать; указывать
POINTED JAWS	щетки тисков
POINTER	указатель; стрелка
POINTER INDICATOR	стрелочный индикатор
POINTER INSTRUMENT	прибор со стрелочным указателем
POINTER KNOB	кнопка стрелочного указателя
POINTER ON ZERO	обнуление стрелки
POINT FORWARD (to)	наводить в переднюю полусферу; показывать курс
POINTING	прицеливание; наведение; наводка (оружия); целеуказание; ориентирование
POINTING MODE	режим наведения; режим прицеливания
POINT OF NO(N)-RETURN	рубеж возврата (на аэродром вылета)
POINT OF SAFE RETURN	рубеж возврата (на аэродром вылета)
POINT STAKING	обжимка заостренного наконечника
POINT-TO-POINT FLIGHT	полет по намеченному маршруту
POISE	равновесие; уравновешивание
POISE (to)	уравновешивать; балансировать; изготавливать(ся) к действию
POLAR (CURVE)	поляра
POLAR FLIGHT	полет по полярной орбите; полет в полярном районе
POLARITY	полярность
POLARITY INVERTER	инвертор полярности
POLARIZATION	поляризация
POLARIZE (to)	поляризовывать
POLARIZED WAVE	поляризованная волна
POLAROID ACTION	поляризующий эффект
POLAR ORBIT	полярная орбита
POLAR ORBITING	обращение по полярной орбите

POLAR PROJECTION	полярная проекция
POLAR ROUTE	полярный маршрут; полярная трасса
POLE	полюс; стойка; мачта; опора; электрод
POLE CORE	полюсный сердечник, сердечник полюса
POLE PIECE (pole face)	полюсный наконечник (магнита)
POLISH	полирование, полировка; шлифование, шлифовка; блеск; лоск; глянец
POLISH (to)	полировать; шлифовать
POLISHED	отполированный; отшлифованный
POLISHER	полировщик; шлифовщик; полировальный станок; шлифовальный станок
POLISHING	полирование, полировка; шлифование, шлифовка; блеск; лоск; глянец
POLISHING COMPOUND	полировальный состав
POLISHING MACHINE	полировальный станок
POLISHING TAPE	полировальная лента
POLISHING WHEEL	полировальный круг; шлифовальный круг
POLL (to)	опрашивать (экипажи)
POLLUTE (to)	загрязнять
POLLUTION	загрязнение
POLYAMIDE RESIN	полиамид
POLYESTER	сложный полиэфир
POLYMER	полимер
POLYMERIZATION	полимеризация
POLYMERIZER	полимеризатор; катализатор полимеризации
POLYPHASE	многофазный
POLYPHASE CURRENT	многофазный ток
POLYURETHANE COATING	полиуретановое покрытие
POLYURETHANE FOAM INSULATION	пенополиуретановая теплоизоляция
POLYVINYL CHLORIDE (PVC)	поливинилхлорид
PONDEROUS	тяжелый; массивный; трудный
PONTOON	понтон
POOL	пул (соглашение о совместной коммерческой деятельности); бюро; объединение
POOLED SERVICE	пульное [совместное] обслуживание (воздушных перевозок несколькими авиакомпаниями)

POOLING	совместная коммерческая деятельность (авиакомпаний), пульное сотрудничество
POOL REMOVAL	снятие накопителя; снятие магазина (с деталями)
POOR ADHESION	клей с плохими характеристиками
POOR COMPRESSION	недостаточное сжатие
POP OUT	образование раковин
POPPET	тарельчатый клапан
POPPET HEAD	тарелка (клапана)
POPPET-TYPE CONTROL VALVE	тарельчатый пневмораспределитель
POPPET VALVE	тарельчатый клапан
POPPING	резкая дача (руля)
POP RIVET	взрывная заклепка
POP-UP	подскок (вертолета из укрытия); внезапный старт и подъем (на орбиту)
POROSITY	пористость
POROUS SURFACE	пористая поверхность
POROUS THERMAL INSULATION	пористое теплозащитное покрытие
PORPOISING	длиннопериодическое колебательное движение, квазифугоидные колебания
PORT	левый борт (воздушного судна); аэропорт; отверстие; иллюминатор
PORTABLE	портативный; переносимый, переносной; мобильный; взаимозаменяемый
PORTABLE EQUIPMENT	переносная аппаратура
PORTABLE FIRE EXTINGUISHER	переносный огнетушитель
PORTABLE LAMP	переносная лампа
PORTABLE MISSILE	переносная управляемая ракета
PORTABLE OXYGEN BOTTLE	портативный кислородный баллон
PORTABLE OXYGEN SYSTEM	система обеспечения пассажиров кислородными приборами
PORTER	носильщик
PORTERAGE	служба носильщиков (в аэропорту)
PORTFOLIO	папка
PORT HOLE	смотровой люк; иллюминатор
PORT-HOLE SEAT	кресло рядом с иллюминатором
PORT WINDOWS	иллюминаторы с левого борта (воздушного судна)
PORT WING	левая консоль крыла

POSITION	(место)положение
POSITION (to)	определять местоположение
POSITIONAL CONTROL	позиционное управление, управление по углу места
POSITION AMPLIFIER	усилитель аэронавигационной системы
POSITION DETECTOR	датчик положения
POSITION ERROR-CORRECTION CURVE	кривая аэродинамических поправок
POSITION FINDING	определение (место)положения
POSITION INDICATING SYSTEM	система индикации (место)положения воздушного судна
POSITION INDICATOR (switch)	указатель (место)положения (воздушного судна); положения (органов управления)
POSITION INDICATOR SHAFT	ось указателя местоположения (воздушного судна); ось указателя положения (органов управления)
POSITIONING	установка в определенное положение; юстировка; определение (место)положения
POSITIONING FLIGHT	полет с целью перебазирования
POSITION LIGHT	аэронавигационный огонь
POSITION MARK	отметка (место)положения
POSITION TRANSMITTER	передатчик аэронавигационной системы
POSITIVE	положительный; абсолютный; верный; достоверный; позитивный; принудительный; движущийся по часовой стрелке
POSITIVE CONTROL AREA (PCA)	зона уверенного контроля
POSITIVE DISPLACEMENT PUMP	объемный насос; поршневой насос
POSITIVE PITCH	положительный угол (установки воздушного винта)
POSITIVE POLARITY	положительная полярность
POSITIVE POLE	положительный полюс
POSITIVE RATE-OF-CLIMB	положительная скороподъемность
POSITIVE SPACE	зарезервированное место
POSITIVE TERMINAL	положительная клемма; положительный вывод
POST	опора; мачта; столб; шест; стойка; пост; пункт; зажим; клемма

POST (to)	записывать единицу информации; регистрировать
POST-BOOST VEHICLE	разделяющаяся головная часть со ступенью разведения боевых блоков, РГЧ со ступенью разведения ББ
POSTBUCKLING	поведение (конструкции) после потери устойчивости
POST-EMULSIFIED	после эмульгирования, после превращения в эмульсию
POSTFLIGHT	послеполетная проверка; послеполетный
POST-FLIGHT INSPECTION	послеполетная проверка; послеполетный контроль
POSTMAINTENANCE CHECK FLIGHT	контрольный облет после технического обслуживания
POSTPONED	отложенный; отсроченный; перенесенный
POSTSTALL FLIGHT	полет на закритических углах атаки
POTABLE WATER	питьевая вода
POTABLE WATER SUPPLY TANK	бачок для питьевой воды
POTASSIUM CYANIDE	цианистый калий, цианид-калия
POTENTIAL	потенциал; (потенциальная) возможность; потенциальный; перспективный; возможный; безвихревой
POTENTIAL DIFFERENCE (PD)	разность потенциалов
POTENTIAL DROP	падение напряжения; разность потенциалов
POTENTIAL ENERGY	потенциальная энергия
POTENTIAL MARKET	потенциальный рынок
POTENTIOMETER	потенциометр
POTENTIOMETER WIPER	скользящий контакт потенциометра
POT LIFE	долговечность (материала) при хранении; срок годности при хранении; жизнеспособность
POTTED	герметизированный; залитый (компаундом); консервированный
POTTING	герметизация; заливка (компаундом); консервирование
POTTING COMPOUND	герметизирующий компаунд, герметик
POTTING MATERIAL	герметизирующий компаунд, герметик; консервант
POUND	фунт (453,6 г)
POUND-INCH	фунтов на дюйм

POUND SQUARE INCH (PSI) .... удельное давление в фунтах на квадратный дюйм (0,07 кг/кв.см)
POUR (to) .... лить; заливать; разливать; отливать
POUR IN (to) .... заливать в; разливать в
POURING .... разливка; заливка; слив; отливка
POWDER .... порошок; пыль; порох; взрывчатое вещество, ВВ; динамит
POWDER BOOSTER .... пороховой ускоритель
POWDER METALLURGY .... порошковая металлургия
POWER .... мощность; энергия; тяга; производительность; сила; степень; мощный; силовой
POWER (to) .... питать(ся); запитывать(ся); оснащать двигателем; создавать тягу
POWER AMPLIFIER .... сервомеханизм; бустер; сервоусилитель; усилитель мощности
POWER-ASSISTED CONTROL SYSTEM .... система управления с гидроусилителями, включенными по обратимой схеме, обратимая бустерная система управления
POWER-BOOSTED CONTROL SYSTEM .... система управления с гидроусилителями, включенными по обратимой схеме, обратимая бустерная система управления
POWER CONSUMPTION .... потребляемая мощность
POWER CONTROL CROSS-SHAFT .... система взаимосвязанных рулевых приводов
POWER-CONTROLLED SYSTEM .... система управления с гидроусилителями, включенными по необратимой схеме, необратимая бустерная система управления
POWER CONTROL LEVER .... рычаг управления двигателем, РУД
POWER CONTROL SHAFT .... вал рулевого агрегата
POWER CONTROL UNIT (PCU) .... рулевой агрегат; гидроусилитель
POWER CURRENT .... ток промышленной частоты
POWER CURVE .... кривая мощности
POWER CUT .... прекращение подачи энергии
POWER CYLINDER .... силовой цилиндр; домкрат
POWER DELIVERY ....энергоснабжение; отбор мощности (у двигателя)
POWER DIVE .... пикирование с работающими двигателями

POWER DOWN (to)	обесточивать, снимать напряжение, отключать электропитание
POWER DRIVE	силовой привод
POWER DRIVEN	с силовым приводом; оснащенный двигателем
POWERED AERODYNE	летательный аппарат тяжелее воздуха с двигателем
POWERED FLIGHT	полет с работающими двигателями
POWERED GLIDER	мотодельтаплан
POWERED LIFT AIRCRAFT	летательный аппарат с энергетической системой увеличения подъемной силы
POWERED LIFT SYSTEM	энергетическая система увеличения подъемной силы
POWERED-OFF APPROACH	заход на посадку с неработающим двигателем
POWERED-ON APPROACH	заход на посадку с работающим двигателем
POWERED STEERING	рулевой привод с усилителем
POWER FACTOR	коэффициент мощности
POWER FAILURE POINT	точка отказа двигателя (в полете)
POWER FLYING	полет с работающим двигателем
POWER GLIDER	мотодельтаплан
POWER GROUND	заземление, "земля"; замыкание на землю
POWER HAMMER	механический молот
POWER INDICATOR	указатель мощности (двигателя)
POWERING	энергоснабжение; электропитание
POWER JET	основная струя, создающая тягу; маршевый реактивный двигатель
POWER LEAD	вывод силового кабеля
POWER LEAKAGE	утечка мощности; рассеяние энергии
POWER LEVER	рычаг управления двигателем, РУД
POWER LINE	линия электроснабжения
POWER LOADING	нагрузка на единицу мощности
POWER LOSS	отказ электропитания
POWER LOST INDICATOR	сигнализатор отказа (электро)питания
POWER MAGNIFICATION	увеличение мощности
POWER MODULE	энергетический модуль; блок питания
POWER-OFF	с отключенным питанием; с неработающим двигателем; с убранным газом

POWER-OFF DESCENT	снижение с убранным газом
POWER-OFF FLIGHT	полет с выключенными двигателями
POWER-OFF LANDING	посадка с неработающим двигателем
POWER OFFTAKE PAD (shaft)	вал отбора мощности
POWER-ON	с включенным питанием; с работающим двигателем; с двигателем, работающим на режиме повышенного газа
POWER-ON FLIGHT	полет с работающими двигателями
POWER-ON LANDING	посадка с работающим двигателем
POWER-ON SHAFT	трансмиссионный вал, передающий вал
POWER OPERATED	с работающим двигателем
POWER OUTPUT	выработка электроэнергии; производимая мощность; выходная мощность; мощность на выходном валу двигателя; отдаваемая мощность
POWER PACKAGE (UNIT)	силовая установка, СУ; двигательная установка, ДУ; силовой привод; блок питания
POWER PLANE	самолет с двигателем
POWER PLANT (powerplant)	силовая установка, СУ; двигатель
POWERPLANT	силовая установка
POWERPLANT CONTROL	управление силовой установкой; регулирование СУ
POWER RATING	номинальная мощность; максимально допустимая мощность; номинальная нагрузочная способность
POWER RECEPTACLE	разъем системы электропитания
POWER RELAY	реле мощности
POWER SETTING	установленный режим работы двигателя; положение рычага управления двигателем [РУД]; величина мощности
POWER SHAFT	приводной вал; вал отбора мощности
POWER SOURCE	источник питания
POWER STAGE	ступень тяги (двигателя)
POWERSTAT	автотрансформатор
POWER STATION	электрическая станция, электростанция
POWER STEERING	рулевой привод с усилителем
POWER STROKE	рабочий ход, рабочий такт
POWER STRUT	подъемник; силовой цилиндр; домкрат

POWER SUPPLY	энергоснабжение
POWER SWITCH	выключатель электропитания
POWER SWITCHBOARD	силовой распределительный щит
POWER SYSTEM	электроэнергетическая система, энергосистема
POWER-TO-WEIGHT RATIO	энерговооруженность (самолета)
POWER TRANSFORMER	силовой трансформатор
POWER TRANSISTOR	мощный транзистор
POWER TRANSMISSION SHAFT	трансмиссионный вал
POWER UNIT	силовой привод; рулевой агрегат; рулевой привод; гидроусилитель; блок питания
POWER UP (to)	ставить под ток, включать, подавать электропитание
PPI APPROACH (plan position indicator)	заход на посадку с использованием индикатора кругового обзора
PRACTICE	технология; метод; способ; режим работы; тренировка
PRACTICE APPROACH	тренировочный заход на посадку
PRACTICE FLIGHT	тренировочный полет
PRANDTL NUMBER	число Прандтля
PREALLOYED	предварительно легированный
PREAMPLIFIER	предварительный усилитель, предусилитель
PREARRANGED FLIGHT	запланированный полет
PREASSEMBLY	предварительная сборка
PREBURNER	преднасос, бустерный насос
PRECAST	сборный; предварительно сваренный
PRECEDING STEP	предшествующая стадия; предшествующий этап
PRECESSION ANGLE	угол прецессии
PRECESSION FORCE	сила прецессии
PRECESSION SPEED (rate)	скорость прецессии
PRECHAMBER	предкамера, форкамера
PRECHARGER	аккумулятор
PRECHECK	предварительный контроль; предварительное измерение
PRECIPITATION HARDENING	дисперсионное твердение; упрочнение дисперсными частицами

PRECISION APPROACH	точный заход на посадку
PRECISION APPROACH PATH INDICATOR SYSTEM (PAPI)	высокоточная система (визуальной) индикации глиссады
PRECISION APPROACH RADAR (PAR)	посадочный радиолокатор
PRECISION FORGING	точная объемная штамповка
PRECISION GUIDANCE	высокоточное наведение
PRECISION-GUIDED MISSILE	управляемая ракета с высокоточным наведением
PRECISION LANDING	точная посадка
PRECISION MANOMETER	высокоточный манометр
PRECISION MECHANICS	высокоточная механика
PRECISION OHMMETER	высокоточный омметр
PRECOMBUSTION	предкамерное сгорание
PRECOMPUTED	предварительно вычисленный
PRECOOLER	устройство предварительного охлаждения
PREDETERMINED HEADING	выбранный курс
PREDICTED RELIABILITY	расчетная надежность
PREDICTIVE WINDSHEAR DETECTION SYSTEM	система заблаговременного предупреждения о сдвиге ветра
PREFABRICATE (to)	собирать; предварительно сваривать
PREFABRICATED	сборный; предварительно сваренный
PREFERRED REPAIR	первоочередной ремонт
PREFILL VALVE	топливозаправочный клапан; наполнительный клапан
PREFLARE	предварительное выравнивание
PREFLIGHT	предполетный
PREFLIGHT BRIEFING	предполетный инструктаж
PREFLIGHT CHECK (inspection)	предполетный контроль; предполетная проверка
PREHEAT (to)	подогревать; предварительно разогревать
PREHEATING	подогрев; предварительный разогрев
PREHEATING TUBE	подогревательная трубка; шланг подогревателя
PREIGNITION	предварительное зажигание; преждевременное зажигание

PREIMPREGNATED FABRIC .... предварительно пропитанная ткань
PRELIMINARY DESIGN PHASE ....этап предварительного [эскизного] проектирования
PRELIMINARY ORBIT .... предварительная орбита
PRELOAD .... предварительная нагрузка; натяг
PREMATURE REMOVAL ....снятие до выработки ресурса
PREPAID CHARGE .... предварительный сбор (за перевозку)
PREPARATION ....подготовка, приготовление; технологическая подготовка
PREPRODUCTION .... подготовка производства; малосерийное производство; производство головной серии
PREPRODUCTION AIRCRAFT .... летательный аппарат головной серии, предсерийный ЛА
PREPRODUCTION VERSION .... предсерийный вариант
PRERECORDING ....предварительная запись; предварительная регистрация
PRESELECTED .... предварительно отселектированный; предварительно выбранный; заданный
PRESELECTED HEADING .... заданный курс
PRESELECTED SPEED .... заданная скорость
PRESELECT HEADING .... заданный курс
PRESELECTION .... предварительная селекция; предварительная выборка
PRESELECTOR ....преселектор; задатчик
PRESERIE AIRCRAFT .... летательный аппарат головной серии, предсерийный ЛА
PRESERVATIVE OIL .... консервационное масло, защитное масло
PRESERVE (to) .... защищать, предохранять; консервировать
PRESET ....предварительная настройка; предварительная установка; предварительная наладка; заданный, установленный, введенный (параметр)
PRESET (to) ....предварительно настраивать; предварительно устанавливать; предварительно налаживать; инициализировать
PRESET GUIDANCE SYSTEM .... система программного наведения

PRESET HEADING CONTROL	программное управление по курсу
PRESETTING INDICATOR	индикатор предварительной настройки
PRESETTING POTENTIOMETER	потенциометр предварительной настройки
PRESS	пресс
PRESS (to)	прессовать; давить; нажимать; прижимать; выдавливать; штамповать
PRESS BEARING INTO (to)	запрессовывать подшипник в...
PRESS BREAKE	прессовый тормоз
PRESS-BUTTON (push-button)	нажимная кнопка
PRESS CUTTING	раскрой методом вырубания
PRESS DOWN (to)	придавливать; прижимать; нажимать
PRESS FIT	прессовая посадка
PRESS FITTED	запрессованный; установленный по прессовой посадке
PRESS FORGING	ковка на прессе; объемная штамповка на прессе; поковка на прессе
PRESSING TOOL	прессовый штамп; пресс-форма
PRESS INTO (to)	запрессовывать; вталкивать; проталкивать; всовывать
PRESS NUT	муфта втулки
PRESS OUT (to)	выпрессовывать; выжимать
PRESS OUT BEARING (to)	выпрессовывать подшипник
PRESSURE	давление; интенсивная эксплуатация
PRESSURE ADHESIVE TAPE	самоприклеивающаяся лента
PRESSURE ALTIMETER	барометрический высотомер
PRESSURE ALTITUDE (PA)	барометрическая высота
PRESSURE AMPLIFIER	усилитель с преобразованием давления
PRESSURE ANGLE	угол зацепления (зубчатого колеса); угол давления
PRESSURE BUILDING-UP (BUILD-UP)	увеличение давления
PRESSURE BULKHEAD	герметическая перегородка; гермошпангоут
PRESSURE BUMPS	перепады давления
PRESSURE CABIN	герметизированная кабина, гермокабина
PRESSURE CIRCULATING LUBRICATION SYSTEM	циркуляционная система смазки под давлением
PRESSURE COLUMN	напорный столб

PRESSURE COMPENSATING PUMP	нагнетательный насос с разгрузкой
PRESSURE COMPENSATOR	компенсатор давления
PRESSURE CONTOUR	эпюра давлений; изогипса
PRESSURE CONTROL	регулировка давления
PRESSURE CONTROLLER	регулятор давления
PRESSURE CONTROL UNIT	регулятор давления
PRESSURE CONTROL VALVE	нагнетательный клапан; клапан давления; клапан регулировки давления
PRESSURE CUTOUT SWITCH	мембранный переключатель; реле давления; датчик давления
PRESSURE DEFUELING	слив топлива под давлением
PRESSURE DELIVERY	подвод давления; подача под давлением
PRESSURE DIFFERENTIAL SWITCH	дифференциальное реле давления
PRESSURE DIFFERENTIAL VALVE	клапан разности давления
PRESSURE DOOR	гермостворка (грузовой кабины)
PRESSURE DRAG	сопротивление давления
PRESSURE DROP	падение давления; сброс давления
PRESSURE DROP WARNING LIGHT	сигнализатор падения давления
PRESSURE ENERGY	энергия давления
PRESSURE EQUALIZATION VALVE	клапан выравнивания давления
PRESSURE EQUALIZER	выравниватель давления
PRESSURE FACE	рабочая поверхность (лопатки турбины)
PRESSURE FALL	падение давления
PRESSURE-FED ROCKET	жидкостный ракетный двигатель [ЖРД] с вытеснительной подачей топлива
PRESSURE FEED	подача под давлением, вытеснительная подача
PRESSURE FILTER	напорный фильтр
PRESSURE FLUCTUATIONS	перепады давления
PRESSURE FLUSH (to)	смывать под давлением
PRESSURE FORCE	сила давления
PRESSURE FUELING SYSTEM	вытеснительная система подачи топлива
PRESSURE GA(U)GE	датчик давления

PRESSURE GENERATOR	генератор давления
PRESSURE GRADIENT	градиент давления
PRESSURE HEAD	приемник воздушного давления, ПВД; гидростатический напор; механизм давления
PRESSURE HEIGHT	барометрическая высота
PRESSURE INDICATION SWITCH	мембранный переключатель с индикацией положения
PRESSURE INDICATOR	барометр; манометр
PRESSURE INLET	приемник давления; отверстие для отбора давления
PRESSURE INTAKE	приемник давления; отверстие для отбора давления
PRESSURE LEAKAGE TESTING	испытание на герметичность
PRESSURE LEVEL	уровень давления
PRESSURE LIMITER	ограничитель давления
PRESSURE LINE	нагнетательный трубопровод; напорная линия
PRESSURE LOSS	падение давления; потеря давления
PRESSURE LUBRICATION	смазка под давлением
PRESSURE OPERATED VALVE	пневмоклапан
PRESSURE PATTERN FLYING	полеты по изобаре
PRESSURE-PATTERN NAVIGATION	изобарическая аэронавигация
PRESSURE PICK-OFF	датчик давления
PRESSURE PIPE	напорная линия; нагнетательный трубопровод
PRESSURE PORT	отверстие для отбора давления
PRESSURE PROBE	датчик давления
PRESSURE PUMP	нагнетательный насос
PRESSURE RATE-OF-CHANGE SWITCH	контактный датчик давления
PRESSURE RATIO	степень сжатия; перепад давления
PRESSURE RATIO PROBE	датчик перепада давления
PRESSURE RATIO TRANSMITTER	датчик давления
PRESSURE REDUCER VALVE	редукционный клапан
PRESSURE REDUCING GA(U)GE (VALVE)	редукционный клапан
PRESSURE REFUELING (system)	система централизованной заправки
PRESSURE REGULATING VALVE	регулятор давления
PRESSURE REGULATOR	регулятор давления
PRESSURE RELIEF DOOR	гермостворка (грузовой кабины)
PRESSURE RELIEF PANEL	гермопанель

PRESSURE RELIEF VALVE	предохранительный клапан; редукционный клапан
PRESSURE RISE	повышение давления
PRESSURE SCREW	нажимной винт
PRESSURE SEAL	уплотнение соединения; гермовывод; герметичный спай
PRESSURE SEALED	термоуплотненный
PRESSURE SELECTOR	задатчик давления
PRESSURE SENSING PROBE	датчик давления
PRESSURE SENSING RELIEF	разгрузка давления
PRESSURE SENSITIVE DECAL	наклейка
PRESSURE SENSITIVE INSTRUMENT	манометр
PRESSURE SENSOR (probe)	датчик давления
PRESSURE SETTING	регулирование давления; установка давления
PRESSURE SOURCE	источник давления
PRESSURE SUIT	высотно-компенсирующий костюм
PRESSURE SURGE	скачок давления
PRESSURE SWITCH	мембранный переключатель; реле давления; датчик давления
PRESSURE SYSTEM	нагнетающая система; система создания давления; система подачи под давлением
PRESSURE TAKE-OFF	отбор давления
PRESSURE TEST(ing)	испытание на герметичность
PRESSURE TRANSMITTER (transducer)	датчик давления
PRESSURE TYPE ALTIMETER	барометрический высотомер
PRESSURE VARIATOR	компенсатор давления
PRESSURIZATION	создание избыточного давления, наддув; вытеснение (топлива) избыточным давлением, вытеснительная система (подачи топлива)
PRESSURIZATION DUCT	трубопровод наддува
PRESSURIZE (to)	создавать избыточное давление; повышать давление; нагнетать; герметизировать
PRESSURIZED AREA	зона избыточного давления; герметизированная зона
PRESSURIZED CABIN	герметизированная кабина

PRESSURIZED CAN .... герметизированный контейнер; бачок сжатого воздуха
PRESSURIZED SEAL ....гермоуплотнение
PRESSURIZE HYDRAULIC SYSTEM (to) .... вытеснительная гидросистема
PRESSURIZING AND DUMP VALVE (PDV) .... герметизирующий и сливной клапан
PRESSURIZING DUCT ....трубопровод наддува
PRESSURIZING VALVE .... клапан вытеснительной системы подачи топлива; клапан системы наддува баков
PRESSWORK............... прессованные изделия; прессование изделий
PRESTRESS (to) ....создавать предварительное напряжение (в конструкции)
PRESWIRL .... предварительная закрутка (потока воздуха)
PRETIGHTEN (to) .... предварительно затягивать (соединение)
PREVAILING WINDS ....господствующие ветры
PREVAPORIZATION .... предварительный отвод паров (топлива); предварительное испарение
PREVENT (to) ....предотвращать, предупреждать; предохранять
PREVENT CORROSION (to)............................. предотвращать коррозию
PRICE..цена; стоимость
PRICE-LIST .... прайс-лист
PRICE QUOTE .... ценовая квота
PRICK (to) ....прокалывать; прочищать отверстие острым предметом
PRIMARY AIR .... первичный воздух
PRIMARY AIRFLOW...............воздушный поток в основном контуре; первичный воздушный поток
PRIMARY BATTERY .... основная батарея
PRIMARY COIL .... первичная обмотка (трансформатора)
PRIMARY CURRENT .... ток первичной обмотки (трансформатора)
PRIMARY EXHAUST STREAM... выхлопная струя основного контура (ТРДД)
PRIMARY HEAT EXCHANGER ....теплообменник основного контура
PRIMARY NOZZLE .... сопло основного контура
PRIMARY PART ....исходная заготовка

PRIMARY PRODUCT .... исходный продукт; основной продукт
PRIMARY RADAR .... первичный радиолокатор
PRIMARY RUNWAY .... главная взлетно-посадочная полоса, главная ВПП
PRIMARY TARGET .... основная цель; первичная радиолокационная отметка цели
PRIMARY TRAINING AIRCRAFT .... самолет (для) первоначального обучения
PRIMARY WINDING .... первичная обмотка; главная обмотка; обмотка статора, статорная обмотка
PRIME (to) .... грунтовать, загрунтовывать; заливать бензин; устанавливать детонатор в заряд взрывчатого вещества
PRIME CONTRACTOR .... головная фирма-разработчик; генеральный подрядчик
PRIME MANUFACTURER .... головной завод
PRIME MERIDIAN .... гринвичский меридиан, начальный меридиан
PRIMER .... грунт; грунтовка, грунтовочный слой; грунтовое покрытие; запал; инициирующее взрывчатое вещество
PRIMER COATING .... грунтовое покрытие, грунтовка
PRIMER PUMP .... главный насос
PRIMING .... заливка (насоса); грунтовка; инициирование заряда взрывчатого вещества
PRIMING COAT .... грунтовка, грунтовое покрытие
PRIMING OF A PUMP .... заливка насоса
PRIMING POTENTIAL ....потенциал поляризации
PRIMING PUMP .... заливочный насос
PRINCIPLE .... принцип; закон; правило; составная часть, элемент
PRINT .... оттиск, отпечаток; фотоотпечаток; копия; печать; распечатка
PRINTED .... распечатанный, выведенный на печатающее устройство
PRINTED CIRCUIT .... печатная схема
PRINTED CIRCUIT BOARD .... печатная плата
PRINTED CIRCUIT TERMINALS .... выводы печатной схемы
PRINTED TAPE .... бумажная лента с отпечатанными данными

PRINTER	печатающее устройство, принтер
PRINTER CARD	перфорационная карта
PRINTING	печать; распечатка
PRINTOUT	распечатка, вывод на печатающее устройство
PRIORITY	приоритет; очередность
PRIORITY LANDING	внеочередная посадка
PRIORITY VALVE	приоритетный клапан
PRISM	призма
PRIVATE AIRCRAFT	частное воздушное судно
PRIVATE COMPANY	частная компания
PRIVATE FLYING	полет частного воздушного судна
PRIVATE PILOT	пилот-любитель; пилот частного воздушного судна
PRIVATE PILOT LICENSE	свидетельство пилота-любителя
PRIZE (to)	оценивать
PROBABLE CAUSE	вероятная причина
PROBE	зонд; щуп; пробник; контактная измерительная головка; штырь; электрод
PROBLEM AREA	проблемная область
PROBLEM ITEM REMOVAL	снятие бракованной детали
PROCEDURE	процедура; (технологический) процесс; операция; порядок (действий); установленная схема; метод; методика; алгоритм; правила; технология
PROCEDURE TRACK	порядок действий
PROCEDURE TURN	стандартный разворот, штатный разворот
PROCEED (to)	продолжать
PROCESS	процесс; операция; обработка; способ; метод
PROCESS (to)	обрабатывать; анализировать; воспроизводить фотомеханическим способом
PROCESS COMPUTER	вычислительная машина для управления технологическими процессами
PROCESS DATA (to)	обрабатывать данные
PROCESSING	обработка; производство; производственный; технологический
PROCESSING CIRCUIT	схема обработки
PROCESSING SYSTEM	система обработки
PROCESSING TANK	бачок с обрабатывающим раствором

PROCESSING UNIT	устройство обработки данных; блок обработки данных; процессор
PROCESSOR	процессор
PROCURE (to)	доставать; обеспечивать
PROD	щуп; зонд; пробник
PRODUCE (to)	производить; выпускать
PRODUCIBLE	технологический
PRODUCT	продукт; изделие; произведение (чисел)
PRODUCTION	производство; изготовление; выпуск продукции; выработка; производительность; продукция; изделия; продукты
PRODUCTION AIRCRAFTS	серийные самолеты
PRODUCTION BREAK	нарушение технологической цепочки; приостановка производства
PRODUCTION CONTROL DEPARTMENT	производственный отдел
PRODUCTION DRAWING	рабочий чертеж
PRODUCTION ENGINE	серийный двигатель
PRODUCTION LINE	производственная линия, производственный конвейер
PRODUCTION METHOD	технологический метод; метод производства
PRODUCTION MODEL	серийная модель
PRODUCTION ORDER	производственный заказ
PRODUCTION PHASE	этап серийного производства
PRODUCTION PROCESS	технологический процесс; производственный процесс; выпуск продукции
PRODUCTION RATE	производительность; темп производства; норма выработки
PRODUCTION TEST FLIGHT	заводской испытательный полет
PRODUCTION TOOLING	производственное оборудование
PRODUCTION VERSION	серийный вариант
PRODUCTION WORK	создание серийного образца; изготовление; производство; выпуск продукции
PRODUCT SUPPORT	послепродажное обслуживание
PROFILE	профиль, сечение; режим (полета)
PROFILE ANGLE	угол сечения
PROFILE DESCENT (US)	снижение с постоянной скоростью

PROFILED PROJECTOR .... контурный проектор
PROFILE DRAG .... профильное сопротивление
PROFILED SUPPORT .... профилированная державка
PROFILE THRUST MODE .... режим автоматического изменения тяги в полете по заданному профилю
PROFILING .... обработка на копировальном станке; обработка по копиру; контурная обработка
PROFILING MACHINE .... копировальный станок; станок для контурной обработки
PROFITABILITY .... прибыльность; рентабельность
PROFIT MARGIN .... величина прибыли
PROGNOSTIC CHART .... карта прогнозов, прогностическая карта
PROGNOSTIC SURFACE CHART ..... карта прогнозов приземных ветров
PROGNOSTIC UPPER AIR CHART .... карта прогнозов состояния верхних слоев атмосферы
PROGRAM .... программа; план; проект; программный
PROGRAM (to) .... программировать, составлять программу; разрабатывать программу
PROGRAMABLE .... программируемый
PROGRAM COUNTER .... счетчик команд
PROGRAMMING .... программирование; разработка программ; планирование
PROGRAMMING CARD .... программная (перфо)карта, (перфо)карта программы
PROGRAM MANAGER .... директор программы
PROGRAMME CONTROL UNIT .... блок программного управления
PROGRAMMED CHARTER .... чартерный рейс по объявленной программе
PROGRAMMED CONTROL .... программное управление
PROGRAMMED MODE .... запрограммированный режим
PROGRAMMER .... программист; программирующее устройство
PROGRAMME WORD .... слово программы
PROGRAMMING .... программирование; разработка программ; планирование
PROGRAMMING CARD .... программная (перфо)карта, (перфо)карта программы
PROGRAMMING DEVICE .... программирующее устройство
PROGRAMMING LANGUAGE .... язык программирования

PROGRESS	прогресс, развитие; успехи, достижения; продвижение; ход, течение; развитие
PROGRESSIVE SCANNING	построчная развертка
PROGRESS REPORT	отчет о ходе работы; промежуточный отчет
PROHIBIT (to)	запрещать; мешать, препятствовать
PROHIBITED AREA	запретная для полетов зона
PROHIBITED TAKE-OFF LIGHT	сигнал запрещения взлета
PROJECT	проект; план; конструкция; устройство; схема
PROJECT (to)	проектировать; планировать; конструировать; проецировать
PROJECT ENGINEER	инженер проекта
PROJECTILE	снаряд; пуля; (неуправляемая) ракета; поражающий элемент
PROJECTION	проекция; план; вид; проектирование; планирование; проецирование
PROJECTION SCREEN	проекционный экран
PROMOTIONAL FARE	поощрительный тариф
PRONG	зубец (лопатки турбины); штырь, штырек
PROOF	проверка; проба; доказательство
PROOF (to)	делать непроницаемым
PROOF LOAD	расчетная нагрузка
PROOF PRESSURE	расчетное давление
PROOF TEST	испытание на соответствие расчетным условиям
PROP	стойка; подпорка; раскос; подкос; воздушный винт; винтовой самолет
PROPAGATE (to)	распространяться; проходить (о сигнале); передавать (сигнал); развиваться (о трещине)
PROPAGATION VELOCITY	скорость распространения (звука)
PROP EFFICIENCY	кпд воздушного винта
PROPEL (to)	приводить в движение
PROPELLANT	ракетное топливо; компоненты ракетного топлива
PROPELLANT TANK	бак ракетного топлива
PROPELLER	воздушный винт
PROPELLER BLADE	лопасть воздушного винта
PROPELLER BLADE ANGLE (pitch)	угол установки лопасти воздушного винта

PROPELLER BRAKE	тормоз воздушного винта
PROPELLER CLEARANCE	безопасный зазор между воздушным винтом и фюзеляжем
PROPELLER CONTROL(LER) UNIT (PCU)	регулятор (числа оборотов) воздушного винта
PROPELLER COVER	чехол воздушного винта
PROPELLER DE-ICER	противообледенитель (лопастей) воздушного винта
PROPELLER DRAG	аэродинамическое сопротивление воздушного винта
PROPELLER DRAUGHT	поток от воздушного винта
PROPELLER-DRIVEN AIRCRAFT	винтовой самолет
PROPELLER EFFICIENCY	кпд воздушного винта
PROPELLER ENGINE	винтовой двигатель
PROPELLER GOVERNOR	регулятор (шага) винта
PROPELLER GROUND CLEARANCE	безопасный зазор между воздушным винтом и землей
PROPELLER HUB	втулка воздушного винта
PROPELLER HUB SPINNER	обтекатель втулки воздушного винта
PROPELLER JET	турбовинтовой реактивный самолет
PROPELLER PITCH	шаг воздушного винта
PROPELLER PITCH ANGLE	угол установки лопасти воздушного винта
PROPELLER PITCH LEVER	ручка шага (воздушного винта)
PROPELLER REDUCTION GEAR (box)	редуктор воздушного винта
PROPELLER REMOVER	устройство съема воздушного винта
PROPELLER RPM	скорость вращения воздушного винта (оборотов в минуту)
PROPELLER SETTING	регулировка шага воздушного винта
PROPELLER SHAFT	вал воздушного винта
PROPELLER SHEATHING	обшивка лопастей воздушного винта
PROPELLER SLIP	скольжение воздушного винта
PROPELLER SLIPSTREAM	струя воздушного винта
PROPELLER TEST BED	стенд для испытания воздушных винтов
PROPELLER THRUST	тяга воздушного винта
PROPELLER TORQUE	момент воздушного винта
PROPELLER TORQUE REACTION	реактивный момент воздушного винта

PROPELLER TRACK .... окружность концов лопастей воздушного винта
PROPELLER TURBINE .... турбовинтовой двигатель, ТВД
PROPELLER WAKE (wash) .... спутная струя воздушного винта
PROPELLING .... увеличение угловой скорости; увеличение размаха колебаний; увеличивающий; ускоряющий
PROPELLING NOZZLE .... реактивное сопло (двигателя); реактивный насадок
PROPER ALIGNMENT .... точное выведение на курс; точная настройка
PROPER FUNCTIONING .... надежное функционирование
PROPERLY INSTALLED .... точно установленный
PROPER MIXING .... точное смешивание; расчетное смесеобразование
PROPER OPERATION .... надежное функционирование
PROPER ORBIT .... расчетная орбита; заданная орбита
PROPER POSITIONING .... точное позиционирование
PROPERTIES OF MATERIALS .... свойства материалов
PROPERTY .... свойство; характеристика; качество; способность; характерная особенность
PROPERTY DAMAGE .... характерный дефект
PROPFAN .... тяговый вентилятор (двигателя); турбовинтовентиляторный двигатель, ТВВД
PROPFAN PROPULSION .... турбовинтовентиляторный двигатель, ТВВД
PROPJET .... тяговый вентилятор (двигателя); турбовинтовентиляторный двигатель, ТВВД
PROPORTION .... пропорция; соотношение; соразмерность; часть, доля; состав (смеси)
PROPORTION (to) .... составлять, подбирать состав (смеси); дозировать
PROPORTIONAL FARE .... пропорциональный тариф
PROPORTIONING DEVICE .... дозатор
PROPORTIONING PUMP .... дозировочный насос, насос-дозатор
PROPROTOR .... поворотный несущий винт
PROPSHAFT .... карданный вал
PROPULSION ...... силовая установка, СУ; двигательная установка, ДУ; движущая сила; движение вперед

PROPULSION SYSTEM	силовая установка, СУ; двигательная установка, ДУ
PROPULSION TEST	испытание двигательной установки, испытание ДУ
PROPULSIVE EFFICIENCY	кпд двигательной установки, кпд ДУ
PROPULSIVE FORCE	движущая сила, сила тяги
PROPULSIVE JET	струя, создающая тягу; маршевый реактивный двигатель
PROPULSIVE JETPIPE	реактивная выхлопная труба
PROPULSIVE LIFT	вертикальная тяга подъемных двигателей; подъемная сила при обдуве крыла и закрылков струей газов двигателей
PROPULSIVE THRUST	пропульсивная тяга
PROPULSOR	движитель
PROP UP (to)	поддерживать
PROP WASH	завихрение от воздушного винта
PRO RATA CHARTER	чартерный рейс с пропорциональным распределением доходов
PRORATED FARE	пропорционально распределенный тариф
PROSPECT	поиск; разведка; изыскания
PROSPECT (to)	производить поиск; разведывать; делать изыскания; исследовать
PROTECTED AIRSPACE	защищенное воздушное пространство
PROTECTION COVER	защитный слой; защитный чехол
PROTECTION EQUIPMENT	защитное оборудование
PROTECTION SLEEVE	предохранительный конус
PROTECTIVE CAP	защитный колпачок
PROTECTIVE COATING (finish)	защитное покрытие
PROTECTIVE EARMUFFS	наушники
PROTECTIVE LAYER	защитный слой
PROTECTIVE VARNISH	защитный лак
PROTECTIVE WRAPPING	защитное покрытие; защитная упаковка
PROTECTOR	устройство защиты; разрядник; предохранитель; протектор
PROTON	протон
PROTOTYPE	опытный образец; прототип; макет; модель
PROTOTYPE MODEL	опытная модель

PROTOTYPE PHASE	этап постройки и испытания опытного образца
PROTOTYPING	изготовление опытного образца; макетирование; моделирование
PROTRACTOR	транспортир
PROTRUDE (to)	выдаваться, торчать; выступать
PROTRUDING	выступающий вперед
PROTRUDING PLUNGER	выступающий шток
PROTRUSION	выступ
PROVE (to)	испытывать, опробовать; отлаживать
PROVEN	испытанный, опробованный; отлаженный
PROVIDE (to)	снабжать, обеспечивать; предоставлять, делать; предусматривать
PROVISIONAL CHARTER	предварительно объявленный чартерный рейс
PROVISIONING	обеспечение
PROXIMITY DETECTOR	неконтактный датчик
PROXIMITY FUZE	неконтактный взрыватель, неконтактный датчик цели
PROXIMITY SWITCH	неконтактный переключатель
PROXIMITY WARNING INDICATOR (PWI)	сигнализатор опасных сближений
PRY (bar)	рычаг
PRY (to)	поднимать при помощи рычага
PSI (pound square inch)	фунтов на квадратный дюйм
PSOPHOMETRIC FILTER	псофометрический фильтр
PUBLIC ADDRESS (PA)	оповещение пассажиров
PUBLIC ADDRESS AMPLIFIER	усилитель громкоговорящей системы оповещения пассажиров
PUBLIC ADDRESS INDICATOR	индикатор громкоговорящей системы оповещения пассажиров
PUBLIC ADDRESS SYSTEM	громкоговорящая система оповещения пассажиров
PUBLIC FARE	объявленный тариф
PUBLISHED FARE	опубликованный тариф
PUFF (to)	порыв ветра; струя воздуха
PULL	тяга
PULL (to)	брать ручку управления на себя; тянуть
PULL-BACK SPRING	натянутая пружина
PULL CABLE (to)	натягивать трос

PULL CIRCUIT BREAKER (to)	тянуть ручку рубильника
PULL-DOWN	ввод в пикирование
PULLED-IN	затянутый; втянутый; осаженный
PULLED RIVET	вырванная заклепка
PULLED THREAD	сорванная резьба
PULLER	съемник; экстрактор; приспособление для вытягивания; рабочий патрон
PULLER BOLT	болт-съемник
PULLEY	шкив; блок; ролик
PULLEY BLOCK	таль; полиспаст
PULLEY BRACKET	кронштейн рабочего патрона (протяжного станка)
PULLEY PULLER	съемник шкива
PULLEY WHEEL	шкив (ременной передачи)
PULL-IN	вхождение в синхронизм
PULLING G	создание перегрузки (взятием ручки управления на себя)
PULL-IN TORQUE	втягивающий момент
PULL KNOB	гашетка
PULL-OFF (to)	отрывать
PULL-OFF PLUG	отрывной штепсельный разъем
PULL-OUT	вывод из пикирования; выравнивание при посадке
PULL-OUT (to)	выводить из пикирования; выравнивать при посадке
PULL-OUT TORQUE	предельный перегрузочный момент; момент выпадания из синхронизма; максимальный вращающий момент
PULL OVER (to)	надевать через голову; натягивать
PULLROD (pull rod)	тяга; стержень, работающий на растяжение
PULL-UP	кабрирование
PULL-UP (to)	кабрировать; повышать напряжение (на выходе)
PULL-UP TORQUE	минимальный пусковой момент
PULSATE (to)	пульсировать
PULSATING CURRENT	пульсирующий ток
PULSATING FLOW	пульсирующий поток
PULSATING JET PIPE	пульсирующий воздушно-реактивный двигатель, ПуВРД

PULSATION	пульсация; угловая частота переменного тока
PULSE	импульс; пульсация
PULSE AMPLIFIER	импульсный усилитель
PULSE AMPLITUDE	амплитуда импульса
PULSED LASER	импульсный лазер
PULSED-LASER-HEATED ROCKET	импульсный лазерный ракетный двигатель
PULSE-DOPPLER MODE	импульсно-доплеровский режим
PULSE-DOPPLER RADAR	импульсно-доплеровская радиолокационная станция
PULSED RADAR	импульсная радиолокационная станция, импульсная РЛС
PULSED RADAR SIGNAL	импульсный радиолокационный сигнал
PULSE DURATION	длительность импульса
PULSE FREQUENCY	частота импульса
PULSE GENERATOR	генератор импульсов, импульсный генератор
PULSE JET ENGINE	пульсирующий воздушно-реактивный двигатель, ПуВРД
PULSEMETER	измеритель импульсов
PULSE-NUCLEAR ROCKET	импульсный ядерный ракетный двигатель, импульсный ЯРД
PULSER	импульсный генератор, генератор импульсов; датчик временной диаграммы последовательности импульсов
PULSE RADAR	импульсная радиолокационная станция, импульсная РЛС
PULSE RECURRENCE (repetition)	частота повторения импульсов
PULSE RELAY	импульсное реле
PULSE REPEATER	импульсный повторитель
PULSE SHAPER	формирователь импульсов
PULSE SQUARER	формирователь прямоугольных импульсов
PULSE-TIME MODULATION	времяимпульсная модуляция, ВИМ
PULSE TRAIN	последовательность импульсов, пачка импульсов
PULSE WIDTH	ширина импульсов

PULSING .... генерация импульсов, генерирование импульсов; работа в импульсном режиме; посылка импульсов
PULSO-JET .... пульсирующий воздушно-реактивный двигатель, ПуВРД
PULVERIZE (to) .... распылять; измельчать; превращать в порошок; пульверизировать
PULVERIZER .... форсунка, распылитель; пульверизатор, атомизатор, разбрызгиватель; измельчитель
PUMICE POWDER .... пемзовая пудра
PUMICE STONE .... пемза
PUMP .... насос; накачка; возбуждение; генератор накачки; сигнал накачки
PUMP BODY .... корпус насоса
PUMP CYLINDER .... цилиндр насоса
PUMP DELIVERY .... производительность насоса
PUMP DISPLACEMENT .... перемещение поршня насоса
PUMP-FED ROCKET .... жидкостный ракетный двигатель [ЖРД] с насосной подачей топлива
PUMP GOVERNOR .... регулятор насоса
PUMP HEAD .... напор насоса
PUMP HOUSING .... картер насоса
PUMP IMPELLER (rotor) .... крыльчатка центробежного насоса
PUMPING .... подача [нагнетание] насосом; откачка; вакуумирование, разрежение
PUMP OUTLET .... выходное отверстие (топливного) насоса
PUMP OUTLET LINE .... отводящий трубопровод (топливного) насоса
PUMP PRESSURE LINE .... нагнетающий трубопровод насоса
PUMP RETURN LINE .... возвратный трубопровод насоса
PUMP SPINDLE .... вращающийся центр насоса
PUMP STATION .... насосная станция
PUMP UNPRIMING .... выключение насоса; незапуск насоса
PUMP WOBBLER PLATE .... наклонная шайба аксиально-поршневого насоса
PUNCH .... штамп; пуансон; перфоратор; пробойник; пробивание отверстий, перфорирование, перфорация; перфорированное отверстие
PUNCH (to) .... штамповать; кернить; пробивать, перфорировать

PUNCHED CARD	перфокарта
PUNCHED HOLE	пробитое отверстие
PUNCHED TAPE	перфорированная лента, перфолента
PUNCHER	пробойник; перфоратор; штамповщик
PUNCHING	перфорирование; пробивание отверстий; продавливание; прошивка; штамповка; кернение
PUNCHING MACHINE	дыропробивной пресс
PUNCH MARK	центровочное отверстие (после кернения)
PUNCH MARKING	разметка центровочного отверстия
PUNCH PRESS	дыропробивной пресс
PUNCTURE	прокол; пробой (в диэлектрике)
PURCHASE	покупка, закупка, купля; приобретение; механическое приспособление для поднятия и перемещения грузов; точка опоры
PURCHASE OF LICENCE	покупка лицензии
PURCHASE ORDER	заказ на покупку
PURCHASE PRICE	цена покупки
PURCHASER	покупатель
PURE AIR	чистый воздух
PURE FLUID SYSTEM	гидросистема с чистой рабочей жидкостью
PURELY CIVILIAN-MANNED SPACE STATION	пилотируемая орбитальная станция народнохозяйственного значения
PURGE (to)	очищать; продувать
PURGE VALVE	продувочный клапан
PURGING	очистка; продувка
PURIFIER	очиститель, очистной аппарат
PURITY	чистота
PURPOSE-DESIGNED	специализированный
PURR	спокойная работа двигателя
PURSER	старший бортпроводник
PURSUE (to)	преследовать
PURSUIT MISSION	преследование, погоня, догон (цели), сближение с целью; перехват
PURSUIT PLANE	истребитель-перехватчик
PUSH (to)	нажимать; толкать; отдавать ручку управления от себя

PUSH BACK (to) ....отталкивать; отбрасывать; отодвигать; устранять; нагнетать; подавать под давлением
PUSH-BUTTON (pushbutton) .... нажимная кнопка
PUSH-BUTTON (MICRO)SWITCH .... кнопочный (микро)переключатель
PUSH-BUTTON CONTROL .... кнопочное управление
PUSHER ....автомат отдачи ручки управления; толкающий воздушный винт; самолет с толкающим воздушным винтом
PUSHER-PROP AIRCRAFT .... самолет с толкающим воздушным винтом
PUSHER PROPELLER (pusher screw) ....толкающий воздушный винт
PUSHER PROPFAN ....толкающий турбовинтовентиляторный двигатель, толкающий ТВВД
PUSH-IN (to) .... приближаться
PUSHOVER...уменьшение угла тангажа, вращение по тангажу на пикирование; отдача ручки управления от себя, перевод самолета в пикирование
PUSHOVER-PULLUP .... ввод в пикирование и вывод из пикирования
PUSH-PULL ....двухтактный
PUSH-PULL AMPLIFIER................................... двухтактный усилитель
PUSH-PULL CABLE .... трос механизма тянуще-толкающего типа
PUSH-PULL RAM .... штанга толкающе-тянущего типа
PUSH-PULL ROD ....тяга управления толкающе-тянущего типа
PUSHROD .... толкатель клапана; тяга управления; стержень, работающий на сжатие
PUSH-TO-RESET (to) ....возвращать в исходное положение
PUSH-TO-TEST LIGHT .... световой сигнализатор
PUSH-TO-TEST SWITCH .... кнопка для проверки
PUT (to).. класть, ставить; положить; поставить; вкладывать, вставлять
PUT DOWN (to) .... опускать, класть; снижать, сокращать; записывать
PUT OFF (to) ....откладывать, отсрочивать
PUT ON (to) ....прибавлять; увеличивать
PUT ON SPEED (to) .... увеличивать скорость
PUT ON THE LIGHT (to)... включать освещение
PUT OUT (to)... тушить, гасить
PUT OUT A FIRE (to)..тушить пожар
PUT TOGETHER (to) ....соединять; скреплять; собирать
PUTTY.................шпатлевка; замазка; мастика; полировальный состав

PUTTY KNIFE	шпатель
PYLON	пилон
PYLON-BULKHEAD	силовой шпангоут крепления пилона
PYLON STRUCTURE	конструкция пилона
PYLON TANK	подвесной бак на пилоне
PYLON-TO-WING ATTACH	крепление пилона к крылу
PYREX GLASS	пирекс
PYROMETER	пирометр
PYROMETRIC HARNESS	проводка сигнализаторов пожара
PYROMETRIC LINE	проводка сигнализаторов пожара
PYROMETRY	пирометрия
PYROTECHNIC CARTRIDGE	пиропатрон
PYROTECHNIC CHAIN	пиротехническая цепь
PYROTECHNIC IGNITER	пиротехнический воспламенитель
PYROTECHNIC IGNITION	воспламенение пиротехнического состава
PYROTECHNICS	пиротехнические средства; пиротехника
PYROTECHNIC TRAIN	пиротехническая цепь

Q

QFE	атмосферное давление на уровне аэродрома
Q-FEEL SYSTEM	автомат загрузки
QFE SETTING	установка высотомера по давлению на уровне аэродрома
QFU	магнитный курс посадки
QGO	запрещение посадки
Q-SPRING ASSEMBLY	пружина автомата загрузки
QUADJET	четырехдвигательный реактивный самолет
QUADRANT	сектор; секторная качалка (управления самолетом); квадрант, четверть круга; пеленг; зубчатый сектор
QUADRANT, AILERON	секторная качалка управления элероном
QUADRANT, RUDDER AFT	секторная качалка управления рулем направления
QUADRANTAL DEVIATION	четвертная девиация
QUADRANTAL ERROR CORRECTOR	корректор ошибки четвертной (радио)девиации
QUADRANT ERROR	ошибка четвертной (радио)девиации
QUADRATURE	квадратура, сдвиг по фазе на 90 градусов
QUADRIPOLE	четырехполюсник
QUADRUPLANE	квадриплан
QUADRUPLE LAUNCHER	счетверенная пусковая установка
QUADRUPLE-SLOTTED TRAILING EDGE FLAPS	четырехщелевые закрылки
QUADRUPLEX-REDUNDANT	с четырехкратным резервированием, четырехкратно-резервированный
QUALIFICATION LAUNCH	квалификационный пуск
QUALIFICATION TEST(TING)	квалификационное испытание
QUALIFIED MANPOWER	квалифицированная рабочая сила
QUALIFIED PERSONNEL	квалифицированный персонал
QUALIFIED WORKER (workman)	квалифицированный рабочий
QUALIFY (to)	приобретать квалификацию; оценивать; квалифицировать, определять
QUALIFY AS A PILOT (to)	приобретать квалификацию летчика [пилота]
QUALITATIVE EVALUATION	качественная оценка

QUALITY	качество; добротность; сорт; класс; марка; свойство; характеристика
QUALITY CONTROL	контроль качества
QUALITY FACTOR	показатель качества; качественный фактор
QUANTIFY (to)	определять количество
QUANTIMETER	дозиметр
QUANTITATIVE EVALUATION	количественная оценка
QUANTITY	количество
QUANTITY GAGE	измерительный прибор; уровнемер; топливомер; мерная линейка; дозатор
QUANTITY GAUGING SYSTEM	измерительная система
QUANTITY INDICATOR (gage)	индикатор измерительного прибора
QUANTITY OF HEAT	количество тепла
QUANTITY PER ASSY	количество деталей на сборку
QUANTITY PRODUCTION	крупносерийное производство
QUANTITY SHIPPED	отгруженное количество (изделий)
QUANTIZING	квантование; разбиение (данных) на подгруппы
QUANTUM DETECTOR	детектор фотонов, счетчик фотонов
QUARTER	четверть, четвертая часть; компасный румб
QUARTERING TAIL WIND	попутно-боковой ветер
QUARTERING WIND	боковой ветер
QUARTERLY MAINTENANCE	ежеквартальное техническое обслуживание
QUARTER TURN	четверть витка
QUARTER WAVE AERIAL	четвертьволновая антенна
QUARTZ	кварц; кварцевый резонатор
QUARTZ CONTROLLED	с кварцевым управлением
QUARTZ OSCILLATOR	кварцевый генератор, генератор с кварцевой стабилизацией частоты
QUENCH (to)	тушить; гасить; резко охлаждать; закаливать; подавлять; ослаблять (сигнал)
QUENCHANT	закалочная среда
QUENCHING	гашение; тушение; резкое охлаждение; закалка; подавление; ослабление (сигнала); срыв колебаний
QUENCHING FURNACE	закалочная печь
QUESTION (to)	опрашивать; допрашивать
QUEUE	очередь; очередность; список очередности; система массового обслуживания

QUEUE UP (to)	стоять в очереди; становиться в очередь
QUEUING	организация [образование, формирование] очереди
QUICK	быстрый; оперативный; скоростной
QUICK ACCELERATION	быстрое ускорение
QUICK-ACTING	быстродействующий
QUICK-CHANGE	быстроизменяемый; быстротрансформируемый
QUICK-CONNECT COUPLING	быстросоединяемое соединение
QUICK COUPLER	быстроразъемная муфта
QUICK-DISCONNECT (detachable)	быстроразъемный
QUICK-DISCONNECT CLAMP	быстроразъемный зажим
QUICK DISCONNECT COUPLING	быстроразъемное соединение
QUICK ENGINE CHANGE (QEC)	быстрая замена двигателя
QUICK ENGINE CHANGE UNIT (QECU)	подразделение быстрой замены двигателя
QUICK EXHAUST AIR VALVE	пневмоклапан быстрого выхлопа
QUICK-FEATHERING	быстросоединяемый
QUICKLY-REMOVABLE	быстросъемный
QUICK OPENING GATE VALVE	быстрооткрывающийся запорный клапан
QUICK-OPERATING	быстродействующий
QUICK RELEASE	быстроразъемный
QUICK RELEASE ATTACHMENT	быстроразъемное крепление
QUICK RELEASE COUPLING	быстроразъемное соединение
QUICK RELEASE FASTENER	замок с быстрой разблокировкой
QUICK RELEASE MECHANISM (latch)	замковый механизм с быстрой разблокировкой
QUICK-RESPONSE	быстродействующий
QUICK-SETTING	быстроустанавливаемый
QUICK SHUTDOWN VALVE	быстродействующий отсечной клапан
QUIET	малошумный, с низким уровнем шума
QUIET AIRCRAFT	малошумный летательный аппарат, малошумный ЛА
QUIETER	устройство подавления шумов; фильтр подавления шумовых помех
QUIETEST	бесшумный; с минимальным уровнем шума
QUIETNESS	малошумность

QUIET TAKEOFF	малошумный взлет
QUILL	гильза шпинделя; полый вал; длинная втулка
QUILL SHAFT	полый вал
QUINTUPLE-REDUNDANT	с пятикратным резервированием, пятикратно резервированный
QUOIN	клин
QUOTATION	цена; котировка, курс; технические данные
QUOTE (to)	назначать цену; расценивать; котировать
QUOTE A PRICE (to)	назначать цену
QUOTIENT	часть; доля; отношение; частное

R

RABBET .... канавка; паз; вырез; гнездо; желоб; шпунт
RACE .... путь; быстрое движение; быстрый ход;
вырез; канавка (шкива); желобок;
дорожка качения (на кольце подшипника);
канавка качения; кольцо (подшипника качения);
след за винтом; струя
RACE (to) .... набирать скорость; давать полный ход
RACETRACK .... прямоугольный маршрут полета
(в зоне ожидания); конвейер выдачи багажа
RACETRACK PATTERN .... заход на посадку "по коробочке"
RACEWAY AREA .... канал для электропроводки;
кабельный канал; зона
расположения рулежной дорожки
RACK .... стойка; стенд; подвеска; штатив;
рама; каркас; шасси;
стеллаж; полка; подставка
RACK MOUNT .... крепление в стойке; монтаж в стойке
RACKS .... багажные полки
RACK WHEEL .... барабанчик переключения нитеводителей
RACK WRENCH .... зубчатая рейка, кремальера
RADAR .... радиолокационная станция, РЛС;
радиолокатор
RADAR ADVISORY SERVICE .... консультативная
радиолокационная служба
(управления воздушным движением);
консультативное радиолокационное
обслуживание (воздушных судов)
RADAR ALTIMETER .... радиолокационный высотомер
RADAR ANTENNA .... антенна радиолокационной
станции, антенна РЛС
RADAR APPROACH .... заход на посадку по радиолокатору
RADAR ASSISTANCE .... радиолокационный контроль
RADAR BEACON .... радиолокационный маяк
RADAR BEAM .... радиолокационный луч,
луч радиолокационной станции, луч РЛС
RADAR BLIP .... отметка цели на экране радиолокатора
RADAR CLUTTER .... радиолокационные помехи

RADAR CONTROL .... радиолокационное управление, наведение по радиолокатору

RADAR CONTROLLER .... диспетчер радиолокационного контроля; оператор радиолокационной станции, оператор РЛС

RADAR CONTROL UNIT (RCU) .... блок радиолокационного управления

RADAR COVERAGE .... зона действия радиолокатора

RADAR DATA .... радиолокационные данные

RADAR DATA EXTRACTOR .... блок извлечения радиолокационных данных

RADAR DETECTION .... радиолокационное обнаружение

RADAR-DIRECTED MISSILE .... управляемая ракета с радиолокационным наведением

RADAR DISH ....параболическое зеркало радиолокатора

RADAR DISPLAY .... радиолокационный индикатор

RADAR DISPLAY SYSTEM .... система отображения радиолокационных данных

RADAR ECHO (return) .... радиолокационный отраженный сигнал

RADAR FACILITY ....радиолокационный комплекс

RADAR FIX ....определение местоположения радиолокационными средствами

RADAR GUIDANCE .... радиолокационное наведение

RADAR GUIDED ....с радиолокационным наведением

RADAR GUIDED MISSILE .... управляемая ракета с радиолокационным наведением

RADAR HANDOFF (US) ....передача управления (воздушного судна) другому авиадиспетчеру; передача данных целеуказания

RADAR HANDOVER (GB) ....передача управления (воздушного судна) другому авиадиспетчеру; передача данных целеуказания

RADAR HEADING .... радиолокационный курс; радиопеленг

RADAR HOMING RADAR ....приводной радиолокационный маяк

RADAR HOOD .... купол радиолокационной станции, купол РЛС

RADAR-IDENTIFIED AIRCRAFT ....самолет, опознанный радиолокационной станцией

RADAR INTERROGATOR RADAR	радиолокационный маяк-запросчик
RADAR JAMMER	передатчик радиолокационных преднамеренных помех
RADAR MONITORING	радиолокационный мониторинг
RADAR NAVIGATION SYSTEM	радиолокационная навигационная система
RADAR OPERATOR	оператор радиолокационной станции, оператор РЛС
RADAR-PHOTOGRAPHY	радиолокационная съемка
RADAR PLOT	радиолокационная отметка цели
RADAR RANGE	дальность действия радиолокационной станции [РЛС]
RADAR RESPONSE	отметка на экране радиолокатора; ответный радиолокационный сигнал
RADAR RETURN	радиолокационный отраженный сигнал
RADAR SCANNER	поисковая радиолокационная станция, поисковая РЛС; антенна РЛС
RADAR SCOPE (radar screen)	радиолокационный индикатор, индикатор РЛС
RADAR SEPARATION	радиолокационное эшелонирование, эшелонирование с помощью радиолокационных средств
RADAR SEQUENCING	последовательность радиолокационных сигналов
RADAR SIGNAL	радиолокационный сигнал
RADAR TARGET	радиолокационная цель
RADAR TRACKING	радиолокационное сопровождение
RADAR TRANSPONDER ANTENNA	антенна радиолокационного маяка-ответчика
RADAR TRANSPONDER BEACON	радиолокационный маяк-ответчик
RADAR VECTOR	радиолокационный пеленг
RADAR VECTORING	радиолокационное наведение
RADIAL (VOR)	радиал (направление на радиостанцию)
RADIAL DIFFUSER	радиальный диффузор
RADIAL ENGINE	двигатель со звездообразнорасположенными цилиндрами
RADIAL-FLOW TURBINE	радиальная турбина
RADIAL FORCE	центробежная сила

RADIAL PISTON TYPE PUMP	насос с радиальным расположением поршня
RADIAL PLAY	радиальный люфт, боковой люфт
RADIAL THRUST	радиальная составляющая тяги
RADIANT HEAT	лучистая теплота
RADIATE (to)	излучать
RADIATING POWER	излучаемая мощность, мощность излучения
RADIATION	излучение; радиация; испускание
RADIATION (cosmic)	космическое излучение
RADIATION BELT	радиационный пояс
RADIATION-HEATED ROCKET ENGINE	солнечный [гелиотермический] ракетный двигатель
RADIATION METER	измеритель уровня ионизирующих излучений
RADIATION OF HEAT	тепловое излучение
RADIATOR	радиатор; излучатель
RADIATOR CORE	сердцевина радиатора
RADII	радиусы
RADIO	радиосвязь; радиовещание; радиопередача; радиостанция; радиоприемник
RADIOACTIVITY	радиоактивность
RADIO AERIAL	радиоантенна
RADIO AIDS	радиотехнические средства
RADIO ALTIMETER	радиовысотомер
RADIO ALTITUDE	высота по радиовысотомеру
RADIO A MESSAGE (to)	передавать радиосообщение
RADIO ASTRONOMY	радиоастрономия
RADIO BEACON	радиомаяк
RADIO BEACON NAVIGATION	навигация по радиомаякам
RADIO BEACON STATION	радиомаяк
RADIO BEAM	радиолуч
RADIO BEARING	радиопеленг
RADIO BEARING STATION	радиопеленгаторная станция
RADIO BLIND LANDING	посадка по приборам
RADIO BROADCASTING	радиовещание
RADIO CARRIER WAVE	несущая радиоволна
RADIO CHANNEL	радиоканал
RADIO CIRCUIT	радиосхема
RADIOCOMMUNICATIONS	радиосвязь

RADIO COMPARTMENT	радиорубка
RADIO COMPASS	радиокомпас
RADIO COMPASS INDICATOR	радиомагнитный индикатор (курса полета)
RADIO-CONTROL	радиоуправление
RADIO-CONTROL (to)	осуществлять радиоуправление
RADIO-CONTROLLED	радиоуправляемый
RADIODETECTION	обнаружение радиотехническими средствами
RADIODETERMINATION	радиоопределение
RADIO DIRECTION	радионаведение
RADIO DIRECTION FINDER	радиопеленгатор; радиокомпас
RADIO DIRECTION FINDING	радиопеленгация
RADIOELECTRIC AIDS	радиоэлектронные средства
RADIOELECTRIC DISTURBANCES	радиоэлектрические помехи
RADIOELEMENT	радиоэлемент
RADIOEQUIPMENT	радиооборудование
RADIO FACILITY	радиотехнический комплекс
RADIO FIX	определение местоположения радиотехническими средствами
RADIO FREQUENCY (RF)	радиочастота, РЧ
RADIO FREQUENCY CARRIER	высокочастотная несущая
RADIO-FREQUENCY INTERFERENCE (RFI)	высокочастотные помехи
RADIO-FREQUENCY ION ENGINE	ионный (электростатический) двигатель с высокочастотной ионизацией
RADIOGONIOMETER	радиогониометр
RADIOGONIOMETRY	радиогониометрия
RADIOGRAM	радиограмма
RADIOGRAPHICALLY	рентгенографический; радиографический
RADIOGRAPHIC INSPECTION	рентгенографический контроль
RADIO GUIDANCE	радионаведение
RADIOHEIGHT	высота по радиовысотомеру
RADIOHORIZON	радиогоризонт
RADIOINTERFERENCE	радиопомеха
RADIO INERTIAL	радиоинерциальный
RADIO-ISOTOPE	радиоизотоп, радиоактивный изотоп

RADIOLINK	радиолиния
RADIOLINK TELEMETRY	радиотелеметрия
RADIOLOCATION	радиолокация; радионавигация
RADIOMAGNETIC COMPASS	радиомагнитный компас
RADIOMAGNETIC INDICATOR (RMI)	радиомагнитный индикатор
RADIOMARKER	радиомаркер
RADIOMAST	радиомачта; радиовышка
RADIO MASTER SWITCH	переключатель радиодиапазонов
RADIOMECHANIC	радиомеханический
RADIOMETER	радиометр
RADIOMETRIC	радиометрический
RADIOMONITORING	радиоконтроль
RADIO NAVIGATION	радионавигация
RADIO NAVIGATIONAL AIDS	радионавигационные средства
RADIO NOISE	радиочастотный шум, радиошум; радиопомеха
RADIO NOISE FILTER	фильтр радиошумов; фильтр радиопомех
RADIO OFFICER	радиодиспетчер
RADIO OPERATOR	радиооператор
RADIO PANEL	панель радиоаппаратуры
RADIOPHONY	радиотелефония
RADIO PULSE	радиоимпульс
RADIO RACK	стойка радиоаппаратуры
RADIO RANGE	курсовой радиомаяк; радиус действия (курсового) радиомаяка
RADIO RANGE BEACON	направленный (курсовой) радиомаяк
RADIO RANGE FILTER	фильтр курсового радиомаяка
RADIO RANGE STATION	курсовой радиомаяк
RADIO RECEIVER	радиоприемник
RADIO RELAY LINK	радиорелейная линия
RADIO REMOTE CONTROL	дистанционное радиоуправление
RADIO SET	радиоприемник
RADIO SIGNAL	радиосигнал
RADIOSONDE STATION	передатчик радиозонда
RADIO START	пуск по радиосигналу
RADIO STATION	радиостанция
RADIOTELEPHONE LINK	радиотелефонная линия
RADIOTELEPHONY	радиотелефония; радиотелефонная связь
RADIOTELEPHONY ANTENNA	радиотелефонная антенна

RADIO TRACK(ING)	радиосопровождение
RADIO TRANSMITTER	радиопередатчик
RADIO TRANSMITTING FREQUENCY	частота радиопередачи
RADIO VALVE	радиолампа
RADIO WAVES	радиоволны
RADIUS (LINE)	радиус
RADIUSING	закругление по радиусу
RADIUS OF ACTION	радиус действия
RADIUS OF TURN	радиус разворота
RADOME	обтекатель (антенны радиолокатора)
RAFT (life raft)	аварийно-спасательный плот
RAG	заусенец
RAGGED CLOUDS	разорванные облака
RAID	налет; (воздушное) нападение
RAIDING AIRCRAFT	атакующий летательный аппарат
RAIL (runway alignment indicator lights)	сигнальные огни входа в створ взлетно-посадочной полосы
RAILING	перила; поручень; ограждение
RAILROAD (railway)	железная дорога
RAILWAY LINE	железнодорожная линия
RAIN	дождь
RAIN (to)	лить; падать дождем
RAINBOW	радуга; радужная пленка
RAIN CLOUD	дождевое облако
RAIN EROSION COATING	водоотталкивающее покрытие
RAIN FALL (rainfall)	атмосферные осадки; дождь
RAIN GA(U)GE	дождемер, плювиометр
RAIN GRADIENT	линия потока дождя
RAIN REMOVAL SYSTEM	дренажная система
RAIN REPELLENT	водоотталкивающее покрытие
RAIN REPELLENT SPRAY NOZZLE	распылительная насадка для нанесения водоотталкивающего покрытия
RAIN REPELLENT SYSTEM	система нанесения водоотталкивающего покрытия
RAIN SHOWER	ливневый дождь
RAINWATER	дождевая вода
RAINY WEATHER	дождливая погода
RAISE (to)	поднимать; возводить

RAISED COUNTERSUNK RIVET	заклепка с полупотайной головкой
RAISED IDENTIFICATION	выпуклая маркировка
RAISED METAL	выдавленный металл
RAISED SURFACE	наклонная поверхность
RAISE WING FLAPS (to)	поднимать закрылки
RAISING (temperature)	повышение (температуры)
RAKE	наклон; угол наклона
RAKE ANGLE	угол наклона
RAKED	наклоненный
RAM	толкатель; толкающий шток; силовой цилиндр; пуансон; плунжер
RAM, MAIN UNDERCARRIAGE	подъемник основного шасси
RAM, NOSE UNDERCARRIAGE	подъемник передней опоры шасси
RAM AIR	скоростной напор
RAM AIR DUCT	воздуховод
RAM AIR EXHAUST DOOR	жалюзи системы воздушного охлаждения
RAM AIR INLET	воздухозаборник
RAM AIR INLET DOOR	створка воздухозаборника
RAM AIR MODULATION DOOR ACTUATOR	силовой привод створки воздухозаборника
RAM AIR PRESSURE	давление скоростного напора
RAM AIR SCOOP	ковшовый воздухозаборник
RAM AIR SYSTEM	система принудительного воздушного охлаждения
RAM AIR TURBINE	турбина с приводом от набегающего потока
RAM INTAKE (inlet)	воздухозаборник
RAMJET ENGINE	прямоточный воздушно-реактивный двигатель, ПВРД
RAMJET NOZZLE	сопло прямоточного воздушно-реактивного двигателя, сопло ПВРД
RAMMING INTAKE	напорный воздухозаборник
RAMP	створка (грузового люка); место стоянки; трап; рампа
RAMP ACTUATOR	силовой привод створки (грузового люка)

RAMP EQUIPMENT (ramp service equipment) .... оборудование для уборки перрона (аэровокзала)
RAMP HANDLING SERVICE .... служба уборки перрона (аэровокзала)
RAMP MANAGER .... диспетчер взлетно-посадочной полосы [ВПП]
RAM PRESSURE .... давление скоростного напора
RAM PRESSURE SWITCH .... контактный датчик давления скоростного напора
RAMP SERVICE .... техническое обслуживание взлетно-посадочной полосы [ВПП]
RAMP SERVICEMAN .... техник для обслуживания взлетно-посадочной полосы [ВПП]
RAMP SUPERVISOR .... диспетчер взлетно-посадочной полосы [ВПП]
RAMP TEST .... наземные испытания
RAMP-TIME CONSTANT .... постоянная времени нахождения на стоянке
RAMP-TO-RAMP HOURS .... время в рейсе (от момента страгивания воздушного судна до остановки после рейса на стоянке)
RAM PUMP .... насос с приводом скоростным напором
RAMP VEHICLE .... аэродромная машина
RAMP WEIGHT .... стояночный вес, стояночная масса
RAM RECOVERY .... восстановление давления (в диффузоре)
RAM TEMPERATURE .... температура набегающего потока воздуха
RAM-TYPE PUMP .... насос с приводом скоростным напором
RANDOM .... случайный; беспорядочный; произвольный
RANDOM ACCESS .... произвольный доступ
RANDOM-ACCESS-MEMORY (RAM) .... запоминающее устройство с произвольной выборкой, ЗУПВ
RANDOM CHECK .... выборочная проверка
RANDOM FAILURE .... случайный отказ
RANDOM INTERFERENCES .... случайные помехи
RANDOM NOISE .... флуктуационный шум
RANDOM TRACK .... произвольный маршрут

RANGE	дальность (полета); диапазон; полигон; трасса; (азимутальный) радиомаяк
RANGE DIVIDER	делитель диапазона
RANGE FACTOR	коэффициент дальности
RANGEFINDER	дальномер
RANGE INDICATOR	указатель дальности
RANGE LIGHTS	пограничные огни (ВПП); огни дальности; огни выравнивания (при посадке)
RANGE MARK	отметка дальности
RANGE MARKER	отметчик дальности
RANGE NAVIGATION	навигация по дальности
RANGE OF FIRE	полигон
RANGE OF PRODUCTS	перечень продукции
RANGE OF SPEEDS	диапазон скоростей
RANGE OF VISION	дальность обзора
RANGE TRACK	сопровождение по дальности
RANGING	определение дальности, дальнометрия; установка диапазона; введение пределов
RANGING RADAR	радиолокационный дальномер
RANGING SENSOR	датчик дальности
RAP (to)	простукивать
RAPID ACCELERATION	быстрый разгон, быстрое ускорение
RAPID DECELERATION	быстрое торможение
RAPID DESCENT	быстрый спуск
RAPID EXHAUST VALVE	быстродействующий выпускной клапан
RAPID SETTING	быстрая регулировка; быстрая настройка
RAREFIED AIR	разреженный воздух
RARE GAS	инертный газ
RASP	рашпиль
RASP (to)	обрабатывать рашпилем
RASPINGS	опилки из-под рашпиля
RASTER	растр
RASTER SCAN	растровая развертка
RAT (ram air temperature)	температура набегающего воздушного потока
RAT (ram air turbine)	турбина с приводом скоростным напором
RATCHET	храповой механизм, храповик; храповое колесо; собачка (храпового механизма)
RATCHET ADAPTOR	собачка храпового механизма
RATCHET HANDLE	трещоточный гаечный ключ

RATCHET PAWL	собачка храповика; храповой механизм
RATCHET SPANNER	трещоточный гаечный ключ
RATCHET WHEEL	храповое колесо
RATCHET WRENCH	трещоточный гаечный ключ
RATCON (US) (radar terminal control)	конечный пункт радиолокационного контроля
RATE	скорость; быстрота, темп; интенсивность; вертикальная скорость; частота (событий); производительность; секундный расход (жидкости, газа); стоимость (билета); тариф; норма; степень
RATE (to)	классифицировать
RATE CONTROLLER	регулятор угловой скорости
RATED	калиброванный; тарированный; классифицированный; расчетный
RATED ALTITUDE	расчетная высота
RATED DELIVERY	номинальный расход
RATED HORSE-POWER	номинальная мощность в лошадиных силах
RATED IDLE	режим малого газа
RATED POWER	номинальная мощность
RATED SPEED	расчетная скорость
RATED THRUST	номинальная тяга
RATED TORQUE	номинальный крутящий момент
RATED VALUE	номинальное значение (параметра)
RATED VOLTAGE	номинальное напряжение
RATE GENERATOR	тахогенератор
RATE GYRO	прецессионный гироскоп, скоростной гироскоп
RATE OF CLIMB	скороподъемность, (вертикальная) скорость набора высоты
RATE OF CLOSURE	скорость сближения (воздушных судов)
RATE OF COMPRESSION	степень сжатия
RATE OF DESCENT	скорость снижения
RATE OF DEVIATION	величина отклонения (от курса полета)
RATE OF EXCHANGE	курс обмена валюты, валютный курс
RATE OF FIRE	темп стрельбы, скорострельность; частота пусков (ракет)

RATE OF FLOW	(секундный) расход (газа, жидкости); скорость потока; скорость течения
RATE OF GROWTH	темп роста
RATE OF ROLL	скорость крена
RATE OF SINK	вертикальная скорость снижения
RATE OF SPEED	ускорение
RATE OF TURN	(угловая) скорость разворота
RATE OF YAW	указатель скорости рыскания
RATE PER CENT	процент, процентное отношение
RATE POWER	номинальная мощность
RATERMETER	интегратор
RATE SENSOR UNIT	блок датчиков угловой скорости
RATING	номинал, номинальное значение (параметра)
RATING SPEED	расчетная скорость
RATIO	отношение; соотношение; пропорция; коэффициент; степень
RATIO CHANGER	редуктор
RATIOMETER	логометр
RATIOMETRIC BRIDGE	мост отношений
RATTLE (rattling)	очистка в галтовочном барабане
RATTLE (to)	очищать в галтовочном барабане
RAVEL (to)	расслаивать
RAVELING	расслоение
RAW	сырье, сырьевой материал; сырой, необработанный
RAW DATA	необработанные данные
RAW IRON	чугун
RAW MATERIAL	необработанный материал
RAW METAL	металлическая заготовка; необработанный металл
RAW RADAR DATA	необработанные радиолокационные данные
RAW SURFACE	необработанная поверхность
RAY	луч; пучок; траектория
RCS engine	двигатель реактивной системы управления, двигатель РСУ
REACH	область действия; зона досягаемости; тяговая балка; длина резьбовой части (болта); длина плеча (рычага)

REACH (to)	протягивать, вытягивать; достигать; распространяться
REACH UP (to)	доходить, добираться до; получить доступ к...; приступать к...
REACQUISITION	повторное обнаружение и захват цели; восстановление приема сигналов
REACTANCE	реактивное сопротивление, реактивность
REACTION FORCE	реактивная сила, сила реакции
REACTION-IMPULSE TURBINE	реактивно-активная турбина
REACTION-JET PROPULSION	реактивная силовая установка
REACTION TURBINE	реактивная турбина
REACTIVE LOAD	реактивная нагрузка
REACTIVE POWER	реактивная тяга; реактивная мощность
REACTOR	(ядерный) реактор; катушка индуктивности; конденсатор
READ (to)	считывать (данные); показывать (о приборе); снимать показания (прибора)
READ BACK (to)	считывать в обратном направлении
READER	считывающее устройство; программа считывания
READ IN DATA (to)	вводить данные (в память)
READING	чтение; считывание, отсчет (показаний приборов); показание (прибора); значение параметра (по прибору)
READING ERROR	ошибка считывания
READING LAMP	настольная лампа
READING LIGHT	индивидуальное освещение
READING SPEED	скорость считывания (данных)
READJUST (to)	повторно регулировать; повторно устанавливать
READ-ONLY-MEMORY (ROM)	постоянная память, постоянное запоминающее устройство, ПЗУ
READ OUT (to)	считывать (данные)
READOUT	отсчет; индицируемое значение (параметра)
READ OUT DATA (to)	выводить данные (из памяти)
READY FOR TAKE-OFF	готовность к взлету
READY POSITION	позиция готовности; положение готовности
READY SPARE	имеющаяся в наличии запасная часть
REAGENT	реагент, реактив

REALIGNMENT	повторная юстировка; повторная выставка (инерциальной системы)
REALIZATION	реализация (проекта)
REALIZE (to)	реализовать (проект)
REAL LOAD	активная нагрузка
REAL TIME	реальное время
REAL TIME CLOCK	часы реального времени; генератор импульсов истинного времени
REALUMINISING	повторное алюминирование
REAL VALUE	реальное значение (параметра)
REAM (to)	развертывать, обрабатывать разверткой
REAMED HOLE	развернутое отверстие
REAMER	развертка
REAMER HOLDER	держатель развертки
REAMING	развертывание
REAMING MACHINE	станок для развертывания отверстий
REAR	хвостовая часть; задняя часть; хвостовой; задний
REAR BEARING	задняя опора
REAR DOOR	задняя дверь; задний люк
REAR FACE	обшивка хвостовой части
REAR FLIGHT	полет хвостом вперед (о вертолете)
REAR LIGHT	хвостовой огонь
REAR LOADING RAMP	задний грузовой трап
REAR MOUNT	хвостовое расположение
REAR-MOUNTED	установленный в хвостовой части
REAR SPAR	задний лонжерон
REARVIEW MIRROR	зеркало заднего обзора
REARWARD	задний; хвостовой; расположенный по потоку
REAR WIND	попутный ветер
REARWING SPAR	задний лонжерон
REASON FOR REMOVAL	основание для замены (узла)
REASSEMBLE (to)	повторно собирать
REASSEMBLY	повторная сборка; повторный монтаж
REBALANCE (to)	восстанавливать равновесие
REBLADING	замена лопастей
REBORE (to)	повторно растачивать
REBORING	повторное растачивание

REBUILD (to) .... ремонтировать; восстанавливать; модернизировать
REBUILDING .... ремонт; восстановление; модернизация
REBUSH (to) .... заменять втулки
REBUSHING .... замена втулок
RECADMIUM PLATE (to) .... повторное кадмирование
RECALL ITEM .... элемент памяти
RECAST .... повторная отливка
RECAST (to) .... переливать, отливать заново
RECEDING WING .... сужающееся крыло
RECEIPT .... прием; получение
RECEIVE (to) .... принимать; получать; воспринимать
RECEIVER .... приемник; приемное устройство; заправляемый (в полете) летательный аппарат
RECEIVER AND VOR INDICATOR .... приемник и указатель всенаправленного радиомаяка
RECEIVER PROCESSOR UNIT .... блок обработки данных приемного устройства
RECEIVING ANTENNA .... приемная антенна
RECEPTACLE .... розетка (разъема); (заправочный) штуцер; топливоприемник
RECEPTACLE CONNECTOR .... розеточный соединитель
RECEPTION ALTITUDE .... высота радиоприема
RECEPTOR .... приемник; гнездо
RECERTIFICATION .... повторная сертификация
RECESS .... выемка; впадина; углубление; полость; выточка; вырез; канавка; паз; ниша
RECESS (to) .... делать выточку; прорезать паз
RECESSED .... с выточкой; с прорезанным пазом
RECESSED WASHER .... шайба с прорезью
RECESS HEAD SCREW .... винт с пазом в головке
RECESSING .... растачивание кольцевых канавок
RECHARGEABLE BATTERY .... перезаряжаемая батарея
RECHARGER .... зарядное устройство
RECHARGING .... перезарядка
RECHECK (to) .... перепроверять
RECIPROCAL BEARING .... опора для возвратно-поступательного движения
RECIPROCAL TRACKS .... встречные курсы

RECIPROCATING ENGINE	поршневой двигатель
RECIPROCATING MACHINE	поршневой компрессор
RECIPROCATING PUMP	поршневой насос
RECIPROCATION	возвратно-поступательное движение
RECIRCULARIZATION	повторное формирование круговой орбиты
RECIRCULATING LIQUID	рециркулируемая жидкость
RECIRCULATION FAN	охлаждающий вентилятор
RECKON (to)	вычислять; считать; подсчитывать; подводить итог
RECKONING	вычисление; счисление (пути), определение местоположения счислением пути
RECLAIM (to)	регенерировать; восстанавливать; исправлять; ремонтировать
RECLAIMED OIL	регенерированное масло
RECLEAR (to)	давать повторное разрешение (на посадку)
RECLEARANCE	повторное разрешение (на посадку)
RECLINABLE SEAT BACK	откинутое назад кресло
RECLINE (to)	откидываться назад; полулежать
RECLINE POSITION	откинутое назад положение
RECOGNITION	опознавание; определение, выявление
RECOGNITION LIGHT	опознавательный огонь
RECOGNIZE (to)	опознавать; определять, выявлять
RECOIL	отдача; обратный ход (пружины)
RECOIL DAMPER	амортизатор
RECOMBINE (to)	рекомбинировать
RECOMMENDED	рекомендованный
RECONDITIONING	восстановление; ремонт; модернизация
RECONNAISSANCE AIRCRAFT	разведывательный самолет
RECONNAISSANCE FLIGHT	разведывательный полет
RECONNECT (to)	восстанавливать соединение (схемы); повторно включать; повторно соединять
RECORD	запись; регистрация; учет; внесение поправок; лист учета, ведомость; формуляр
RECORD (to)	записывать; учитывать; вносить поправки; регистрировать
RECORDER	накопитель (информации); самописец; регистрирующее устройство
RECORDER ELECTRONIC UNIT (REU)	регистратор полетных данных

RECORDING .... запись; учет; внесение поправок; регистрация

RECORDING ALTIMETER .... регистрирующий высотомер

RECORDING TAPE .... магнитная лента

RECORDING UNIT .... регистратор; самописец; магнитофон; магнитный накопитель

RECORD PLAYER .... проигрыватель; электропроигрывающее устройство

RECOVER (to) .... восстанавливать заданное положение (воздушного судна)

RECOVERABLE .... спасаемый, безопасно возвращаемый (на Землю)

RECOVERED .... спасенный; многократно использованный; восстановленный

RECOVERY .... вывод, выход (из маневра); спасение, безопасное возвращение (на Землю); восстановление; возвращение к исходному режиму

RECOVERY FACTOR .... коэффициент восстановления

RECOVERY PARACHUTE .... спасательный парашют; парашют системы спасения; противоштопорный парашют

RECTANGULAR APPROACH TRAFFIC PATTERN .... заход на посадку по "коробочке"

RECTANGULAR CUTOUT .... прямоугольный профиль; прямоугольный вырез

RECTANGULAR PULSE .... прямоугольный импульс

RECTANGULAR WING .... прямоугольное крыло

RECTENNA-POWERED ION ENGINE .... ионный (электростатический) ракетный двигатель с питанием от антенны-выпрямителя

RECTIFICATION .... исправление (недостатков), доработка; внесение поправок, корректирование; выпрямление; детектирование; ректификация; перегонка; фракционирование

RECTIFIED AIRSPEED .... земная индикаторная скорость

RECTIFIED CURRENT .... выпрямленный ток

RECTIFIER .... выпрямитель

RECTIFIER DIODE .... выпрямительный диод

RECTIFIER TUBE .... выпрямительная трубка

RECTIFY (to)	выпрямлять; детектировать; ректифицировать; перегонять; фракционировать
RECTIFYING	исправление (недостатков), доработка; внесение поправок, корректирование; выпрямление; детектирование; ректификация; перегонка; фракционирование
RECUPERATOR	рекуператор; регенератор
RECURRENCE FREQUENCY	частота повторений
RECURRENT	периодический
RECYCLING	сброс схемы предстартового отсчета (времени)
RED	красный пигмент; красная краска; красный; красная область спектра
RED BRASS	латунь с низким содержанием цинка, томпак, "красная" латунь
RED DYE PENETRANT INSPECTION	контроль цветным методом с применением жидкости с красным красителем
REDESIGN (to)	модернизировать; перерабатывать; перекомпоновывать
REDESIGNATION	перенацеливание
RED FLARE	красная сигнальная ракета
REDIRECTING	изменение направления
RED LEAD	красный вывод
RED LIGHT	красный огонь
REDRILL (to)	повторно сверлить
REDUCE (to)	уменьшать, снижать; понижать; сокращать; редуцировать; ослаблять
REDUCE AIRFLOW VELOCITY (to)	уменьшать скорость воздушного потока
REDUCED ENERGY TRANSPORT	транспортный самолет с уменьшенным энергопотреблением
REDUCED FARE	сниженный тариф
REDUCE DRAG (to)	уменьшать лобовое сопротивление
REDUCED THRUST	уменьшенная тяга
REDUCED THRUST TAKE-OFF	взлет при уменьшенной тяговооруженности
REDUCED VISIBILITY	уменьшенная видимость
REDUCED VOLUME	уменьшенный объем

REDUCER	редуктор; понижающая передача; редукционный клапан; переходник; переходная муфта
REDUCER UNION	прямой переходник
REDUCER VALVE	редукционный клапан
REDUCING	уменьшение, снижение; понижение; сокращение; редуцирование
REDUCING BUSH	переходная втулка
REDUCING COUPLING	переходное соединение
REDUCING GEAR BOX	редуктор
REDUCING NIPPLE	штуцер; соединительная трубка
REDUCING UNION	прямой переходник
REDUCING VALVE	редукционный клапан
REDUCTION	уменьшение, снижение; понижение; сокращение; редуцирование
REDUCTION GEAR(ing)	редуктор; понижающая передача
REDUCTION GEARBOX	редуктор
REDUCTION GEAR CASING	картер редуктора
REDUCTION GEAR TRAIN	зубчатая передача редуктора
REDUCTION RATIO	передаточное отношение; передаточное число
REDUNDANCY	резервирование; дублирование; избыточность
REDUNDANT	резервированный; дублированный
RED WARNING FLAME	красный предупредительный огонь
RED WARNING LIGHT	красная сигнальная лампа
REEL	барабан; катушка; бобина
REEL (to)	мотать; наматывать; сматывать
REELING DRUM	наматывающий барабан
REEMBARK (to)	повторно грузить
REENGAGE (to)	повторно включать
RE-ENGINE (to)	заменять двигатель
RE-ENGINING	замена двигателя
REENTRY	возвращение в атмосферу; спуск в атмосфере
REENTRY VEHICLE	спускаемый аппарат, СА
REESTABLISH (to)	восстанавливать
REFASTEN (to)	повторно закреплять
REFECTION	легкая закуска

REFER (to)	посылать; адресовать; наводить справку, справляться
REFERENCE CIRCUIT	контрольная схема; эталонная схема
REFERENCE FLIGHT	полет по наземным ориентирам; полет по командам наземных станций
REFERENCE MARK	точка отсчета; контрольная отметка (на приборе)
REFERENCE NUMBER	кодовое число; регистрационный номер
REFERENCE POINT	точка отсчета
REFERENCE SPEED	расчетная скорость
REFERENCE SURFACE	базовая поверхность; контрольная поверхность
REFERENCE VOLTAGE STANDARD	эталон напряжения
REFILL	дозаправка; перезарядка
REFILL (to)	дозаправлять; перезаряжать
REFINE (to)	улучшать, усовершенствовать; доводить (конструкцию); повышать качество
REFINED	усовершенствованный
REFINEMENT	доводка; улучшение, усовершенствование; повышение качества
REFIT (to)	оснащать новым оборудованием, переоборудовать; ремонтировать
REFITTING	переоборудование
REFLECT (to)	отражать
REFLECTANCE	отражающая способность; коэффициент отражения
REFLECTED LIGHT	отраженный свет
REFLECTED SIGNAL	отраженный сигнал
REFLECTED WAVE	отраженная волна
REFLECTING	отражение
REFLECTING MIRROR	отражающее зеркало, отражатель
REFLECTION	отражение; отраженный сигнал
REFLECTIVE MARKER	отражающий маркер
REFLECTIVE TAPE	отражающая ленточная шкала
REFLECTOMETER	рефлектометр
REFLECTOR	отражатель, зеркало
REFLEX GLASS	отражающее стекло
REFORM (to)	улучшать, преобразовывать; реформировать

REFORMING	перестроение (самолетов в полете); переформование; формовка
REFRACTION	рефракция; преломление
REFRACTORY	огнеупорный материал; огнеупорный; тугоплавкий; жаростойкий
REFRACTORY ALLOY	тугоплавкий сплав
REFRACTORY CEMENT	огнеупорный цемент
REFRESHMENT GALLEY	бар
REFRIGERATE (to)	охлаждать
REFRIGERATION UNIT	холодильная установка
REFRIGERATOR	холодильник; холодильная камера
REFUEL (to)	дозаправляться топливом
REFUEL(L)ING OPERATION	дозаправка топливом
REFUEL(L)ING POINT	пункт заправки топливом
REFUEL(L)ING PROBE	топливозаправочная штанга
REFUEL(L)ING STOP	остановка для (до)заправки топливом
REFUEL(L)ING VALVE	топливозаправочный клапан
REFUELER (refueller)	топливозаправщик
REFUELING	дозаправка топливом
REFUELING BOOM	топливозаправочная штанга
REFUELLING FLIGHT	полет с дозаправкой топливом в воздухе
REFUELLING HOSE	топливозаправочный шланг
REFUELLING HYDRANT	топливозаправочный гидрант
REFUELLING IN FLIGHT	дозаправка топливом в полете
REFUELLING TANKER	самолет-заправщик
REFUND (to)	возмещение (убытка); оплата (долга)
REFURBISHING	ремонтно-восстановительные работы
REFUSE BIN	контейнер для отходов
REGENERATIVE SYSTEM	система регенерации
REGENERATOR	регенератор; регенеративный теплообменник
REGIME	режим (работы)
REGION	область; зона; район
REGIONAL AIR NAVIGATION	региональная аэронавигация
REGIONAL CARRIER	региональная авиатранспортная компания
REGIONAL CONTROL	региональный контроль
REGIONAL ROUTE	региональный маршрут

REGIONAL TRAFFIC CONTROL CENTER	региональный диспетчерский центр управления воздушным движением
REGISTER	регистр
REGISTER (to)	регистрировать; совпадать; совмещаться
REGISTERED LUGGAGE (baggage)	зарегистрированный багаж
REGISTERED OFFICE	зарегистрированный офис
REGISTERED PATTERN	зарегистрированная схема
REGISTRATION	регистрация
REGISTRATION NUMBER	регистрационный номер
REGRESS (to)	регрессировать
REGRIND (to)	перешлифовывать; перетачивать (инструмент); притирать
REGULAR FLIGHT	полет по расписанию; регулярный рейс
REGULARITY	правильность
REGULARIZE (to)	упорядочивать
REGULATE (to)	регулировать, упорядочивать, контролировать; стабилизировать
REGULATED CURRENT	стабилизированный ток
REGULATED FLOW	отрегулированное течение
REGULATED VOLTAGE	стабилизированное напряжение
REGULATING SCREW	регулировочный винт
REGULATING VALVE	редукционный клапан
REGULATION	(автоматическое) регулирование; (автоматическая) регулировка; стабилизация
REGULATION PROBE	регулирующий датчик
REGULATIONS	правила; инструкции; предписания
REGULATOR	(автоматический) регулятор; стабилизатор
REGULATOR PISTON	поршень регулятора
REGULATOR VALVE	редукционный клапан
REHABILITATION	восстановление; ремонт
REHARDEN (to)	повторно закаливать
REHEAT	дожигание (топлива); форсаж (двигателя)
REHEAT (to)	дожигать (топливо); форсировать
REHEATED ENGINE	форсированный двигатель
REHEATED THRUST	форсажная тяга

REIGNITION IN FLIGHT	повторный запуск (двигателя) в полете
REINFLATE (to)	повторно надувать; повторно наполнять (воздухом)
REINFORCE (to)	усиливать; упрочнять; укреплять; армировать
REINFORCED CONCRETE	армированный бетон
REINFORCED PLASTIC	армированный пластик
REINFORCEMENT	армирующий материал, упрочнитель; наполнитель; армирование, упрочнение; усиление, подкрепление
REINFORCEMENT PLATE	ребро жесткости
REINFORCEMENT STRAP	упрочняющая лента
REINFORCING ANGLE	угол жесткости
REINFORCING PLATE	ребро жесткости
REINSERTION	повторное выведение (на орбиту)
REINSTALL (to)	повторно устанавливать; перемонтировать
REJECT (to)	браковать, отбраковывать
REJECT(ION)	отказ (механической системы); отбраковка; брак; отходы; отвод, передача (энергии); подавление; ослабление; отражение; режекция
REJECTED PART	бракованная деталь
REJECTED TAKEOFF	прерванный взлет
REJECTION BAND	полоса затухания; полоса ослабления
REJECTION FILTER	режекторный фильтр
REJECTOR CIRCUIT	схема режекции
RELATIONSHIP	(взаимо)зависимость; соотношение; взаимосвязь
RELATIVE BEARING	относительный пеленг
RELATIVE HUMIDITY	относительная влажность
RELATIVE VELOCITY	относительная скорость
RELATIVE WIND	боковой ветер
RELATIVITY	относительность; принцип относительности
RELAUNCH	повторный пуск; повторный старт
RELAY	реле; трансляция; передача (сигнала); ретрансляция; ретранслятор

RELAY (to)	ставить реле; снабжать релейной защитой; транслировать; передавать (сигнал); ретранслировать
RELAY BOX (unit)	блок реле
RELAY CHANGE-OVER SWITCH	переключатель реле
RELAY COIL	катушка реле
RELAY CUT-OFF	отсечка тока реле; выключение реле
RELAY SATELLITE	спутник-ретранслятор
RELAY SOCKET	контактное гнездо реле
RELAY-STATION	радиорелейная станция; ретранслятор
RELEASE	освобождение, отделение; отцепка; разъединение
RELEASE (to)	освобождать; отпускать; выбрасывать; выпускать; размыкать; разъединять
RELEASE BOMBS (to)	сбрасывать бомбы
RELEASE BRAKES (to)	отпускать тормоза
RELEASE BUTTON	пусковая кнопка, кнопка "пуск"
RELEASE HANDLE	пусковой рычаг
RELEASE MECHANISM	пусковой механизм; механизм отцепки
RELEASE NOTE	пометка об отправлении
RELEASE POINT	точка сбрасывания; точка бомбометания; точка отцепки
RELEASE PRESSURE (to)	сбрасывать давление
RELEASER	расцепитель, расцепляющее устройство
RELEASE SPRING	пусковая пружина
RELEASE TIME	время отделения; время отцепки
RELEASE VOLTAGE	выключающее напряжение; пусковое напряжение (реле)
RELEVANT	релевантный
RELIABILITY	надежность
RELIABILITY ANALYSIS	анализ надежности
RELIABILITY REPORT	отчет о надежности
RELIABILITY TRIAL	испытание на надежность
RELIABLE	надежный; безотказный
RELIEF	облегчение; разгрузка; понижение, сброс (давления)
RELIEF CHAMBER	камера декомпрессии

RELIEF COCK	кран разгерметизации
RELIEF CREW	сменный экипаж; сменная бригада (технического обслуживания)
RELIEF VALVE	разгрузочный клапан
RELIEVE (to)	ослаблять; разгружать; понижать, сбрасывать (давление); выпускать (газ)
RELIEVE LOAD (to)	разгружать; уменьшать нагрузку
RELIEVE PRESSURE (to)	сбрасывать давление
RELIEVE TENSION (to)	уменьшать напряжение
RELIGHT (to)	повторно запускать (двигатель), запускать заглохший двигатель
RELIGHTED	повторно запущенный (двигатель)
RELIGHT IN FLIGHT	запускать заглохший двигатель в полете
RELINE (to)	менять футеровку; ремонтировать футеровку
RELOAD (to)	перезагружать; повторно загружать; повторно заряжать
RELOCATE (to)	перемещать; перераспределять
REMACHINING	повторная обработка
REMAIN (to)	оставаться; сохраняться
REMAINDER	остаток (от деления); разность
REMAINING	разность; остаток (от деления)
REMAINING DIFFERENTIAL VOLTAGE	остаточное напряжение
REMAINING SEALANT	излишек герметика
REMANENCE	остаточная магнитная индукция; остаточная намагниченность
REMARK	замечание; пометка; ссылка
REMEDY (to)	исправлять; вылечивать
REMELTING	переплав, переплавка
REMEMBER (to)	помнить; хранить в памяти
REMETAL (to)	повторно заливать баббитом
REMINDER	сигнализатор-указатель; табло напоминания; устройство передачи аварийных сигналов
REMODEL (to)	реконструировать; модернизировать
REMOTE	дистанционный, удаленный, отдаленный; выносной; вынесенный

REMOTE BATCH	пакет, введенный с удаленного терминала
REMOTE COMMAND	команда с удаленного терминала
REMOTE CONTROL	дистанционное управление; телеуправление
REMOTE CONTROL OUTLET (RCO)	розетка дистанционного управления; розетка телеуправления
REMOTE CONTROL PANEL	пульт дистанционного управления; пульт телеуправления
REMOTE CONTROL UNIT (box)	блок дистанционного управления; блок телеуправления
REMOTE GATE	удаленный выход
REMOTELY CONTROLLED	с дистанционным управлением; с телеуправлением
REMOTELY PILOTED	дистанционно-пилотируемый; телепилотируемый
REMOTELY PILOTED VEHICLE (RPV)	дистанционно-пилотируемый летательный аппарат, ДПЛА
REMOTE PROCESSING TERMINAL	удаленный обрабатывающий терминал
REMOTE SENSING	дистанционное зондирование
REMOTE SITE	удаленное местонахождение; удаленная позиция
REMOTE SOUNDING	дистанционное зондирование
REMOVABLE	съемный; передвижной; подвижной; сменный; сменяемый
REMOVABLE LUGGAGE COMPARTMENT	передвижной багажный отсек
REMOVABLE PANEL	съемная панель
REMOVABLE PLUG	съемная свеча; съемное днище
REMOVAL	унос (теплозащитного материала); отвод (тепла); съем; удаление; устранение; снятие (с борта)
REMOVAL RATES	нормы разгрузки
REMOVAL TOOL	оборудование для демонтажа
REMOVAL UNDER INVESTIGATION	снятие (оборудования) для исследования
REMOVE (to)	передвигать, перемещать; снимать; удалять; устранять

REMOVE BURRS (to)	снимать заусенцы
REMOVED	снятый; демонтированный; передвинутый
REMOVE DEFECTS (to)	устранять дефекты
REMOVE ELECTRICAL CONNECTION (to)	размыкать электрическое соединение
REMOVE LOCKWIRE (to)	снимать стопорную проволоку
REMOVE OLD SEALAND (to)	снимать отработанный герметик
REMOVE POWER (to)	отводить энергию
REMOVER	съемник; растворитель
REMOVE SHARP EDGES (to)	закруглять острые кромки
REMOVING STAINS	удаленные пятна (краски)
RENDEZVOUS	встреча (космических аппаратов); сближение
RENDEZVOUS PROCEDURE	последовательность сближения
RENDEZVOUS SENSOR	датчик системы сближения (воздушных судов)
RENDEZVOUS TRAJECTORY	траектория сближения
RENEW (to)	обновлять; заменять; восстанавливать; возобновлять
RENEWABLE	обновленный; замененный; восстановленный
RENEWAL	обновление; замена; смена; восстановление; возобновление
RENOVATE (to)	реконструировать; восстанавливать; регенерировать
RENT (to)	арендовать
RENT A CAR (to)	арендовать автомобиль
RENTAL	сумма арендной платы; арендный доход
REORDER LEAD TIME	срок выполнения повторного заказа
REORIENT (to)	изменять пространственное положение; переориентировать(ся)
REORIENTATION	изменение пространственного положения; переориентация
REPACK (to)	вторично упаковывать; заменять тару
REPAINTING (to)	перекрашивать; подкрашивать
REPAIR	ремонт; восстановление
REPAIR (to)	восстанавливать; ремонтировать
REPAIRABILITY	ремонтная технологичность; ремонтопригодность
REPAIRABLE	ремонтопригодный

REPAIRABLE ITEM	восстанавливаемый узел
REPAIR BY WELDING	ремонт сваркой
REPAIR DIAGRAM	схема ремонта
REPAIR DIMENSIONS	габариты ремонтируемого узла
REPAIRED AREA	ремонтопригодная зона
REPAIRED PART	отремонтированная деталь
REPAIRER	ремонтник; специалист по ремонту
REPAIRING	ремонт; восстановление
REPAIR LOCATION	место ремонта
REPAIRMAN	ремонтник; специалист по ремонту
REPAIR OUTFIT	ремонтное оборудование; комплект инструментов для ремонта
REPAIR PARTS	ремонтируемые детали; заменяемые детали
REPAIR PATCH	замазка для заделки выбоин
REPAIR SCHEME	схема ремонта
REPAIR SHOP	ремонтная мастерская; ремонтный цех
REPAIR SIZE	габарит ремонтируемого узла
REPAIR STATION	станция технического обслуживания
REPAIR (WORK)SHOP	ремонтная мастерская; ремонтный цех
REPARABLE	восстанавливаемый, пригодный для ремонта, поддающийся ремонту
REPARABLES	ремонтируемые детали
REPATRIATE (to)	репатриировать, возвращаться на родину
REPATRIATION	репатриация, возвращение на родину
REPEAT (to)	повторять
REPEATER	ретранслятор; дублирующий прибор
REPEATER COMPASS	дублирующий компас
REPEATER INDICATOR	дублирующий указатель
REPEATER TRANSFORMER	трансформатор ретранслятора
REPEATER UNIT	ретранслятор; дублирующий блок
REPEAT STEP (to)	повторять технологическую операцию
REPEL (to)	отталкивать; отбрасывать
REPELLENT	водоотталкивающий; водонепроницаемый
REPELLENT FLUID	водоотталкивающий состав
REPELLENT FORCE	отталкивающая сила
REPELLING POWER	отталкивающая сила
REPETITION RATE	частота повторения
REPLACE (to)	заменять; замещать
REPLACEABILITY	заменяемость, возможность замены

REPLACEMENT BUSHING	заменяемая втулка
REPLACEMENT OF STUDS	замена шпилек; замена штифтов
REPLACEMENT PARTS	заменяемые детали
REPLATE (to)	менять печатные формы (в машине)
REPLENISH	подпитка (баков)
REPLENISH (to)	пополнять (запасы); дополнять; добавлять; подпитка (баков)
REPLENISHMENT	пополнение (запасов); дополнение; добавление; дозаправка (топливом)
REPORT	отчет; донесение; сообщение; извещение; сводка
REPORT (to)	сообщать; извещать
REPORTED VISIBILITY	сообщенная видимость
REPORTED WIND	ветер по данным метеосводки
REPORTING POINT	контрольный пункт; пункт обязательных донесений
REPOSITION (to)	изменять положение; повторно позиционировать (положение рабочего органа)
REPOWERING	переход на новый электропривод
REPRESENTATION	представление; отображение; задание (функции); обозначение; изображение; воспроизведение
REPRESENTATIVE	представитель
REPRINT	повторный тираж; перепечатка; стереотипное издание; допечатка, дополнительный тираж
REPROCESS (to)	перерабатывать; дорабатывать; регенерировать
REPROCESSING PLANT	перерабатывающий завод
REPROFILING	перепрофилирование
REQUEST	запрос; требование
REQUIRE (to)	требовать; запрашивать
REQUIRED FIELD LENGTH	требуемая длина летного поля
REQUIRED NUMBER	требуемое количество
REQUIRED RESULT	требуемый результат
REQUIRED TENSION	рекомендованное напряжение
REQUIRED TRACK	заданный курс

REQUIREMENT	условие; требование; технические условия; тактико-технические требования
REQUISITE	нужный; необходимый; требуемый
REROUTE (to)	изменять маршрут
REROUTING	изменение маршрута
RESALE	перепродажа
RESCHEDULE (to)	пересматривать график работ
RESCREW (to)	повторно завинчивать; перезатягивать (болт)
RESCUE	спасение; спасательные операции
RESCUE (to)	спасать
RESCUE BASKET	спасательная люлька
RESCUE EQUIPMENT	спасательное оборудование
RESCUE HELICOPTER	спасательный вертолет
RESCUE MISSION	спасательная операция
RESCUE PARTY (team)	спасательная команда
RESCUER	спасатель
RESCUE VEHICLE	спасательный аппарат
RESEAL (to)	повторно уплотнять; заново герметизировать
RESEARCH	исследование; исследовательская деятельность; научно-исследовательские работы, НИР; научно-исследовательский
RESEARCH CENTER	научно-исследовательский центр, НИЦ
RESEARCHER	исследователь
RESEARCH PROGRAM	программа научно-исследовательских работ, программа научных исследований
RESEARCH ROCKET	научно-исследовательская ракета
RESEAT (to)	притирать; подгонять
RESERVATION	бронирование (места); резервирование (перевозки); бронь
RESERVATION(S) AGENT (clerk)	агент по бронированию (мест)
RESERVE	запас; резерв
RESERVED AIRSPACE	зарезервированное воздушное пространство
RESERVED SEAT	забронированное место
RESERVE FUEL	запас топлива; резервное топливо
RESERVE POWER	резервная мощность; резервный источник питания
RESERVE TANK	вспомогательный бак; резервный бак

RESERVOIR	резервуар; бачок
RESET	повторная установка; сброс на нуль; обнуление; возврат в исходное положение
RESET (to)	сбрасывать на нуль, обнулять; приводить в исходное положение
RESET ACTUATOR	механизм обнуления
RESET BUTTON	кнопка обнуления; кнопка возврата в исходное положение
RESET SWITCH	переключатель механизма обнуления
RESETTING	повторная установка; сброс на нуль; обнуление; возврат в исходное положение
RESETTING KNOB	кнопка обнуления; кнопка возврата в исходное положение
RESETTLE (to)	переставлять; возвращать в прежнее состояние
RESET VALVE	клапан для приведения в исходное положение
RESHARPEN (to)	перетачивать (инструмент)
RESIDENT	резидент; резидентная часть (программы); резидентный
RESIDUAL	остаток (топлива); остаточное отклонение; разность
RESIDUAL DEPOSIT	осадок, отстой; нагар; накипь
RESIDUAL LOAD	остаточная нагрузка
RESIDUAL MAGNETISM	остаточный магнетизм
RESIDUAL THRUST	остаточная тяга
RESIDUE	остаток; осадок; отстой; отходы
RESIGN (to)	уходить в отставку; слагать с себя обязанности
RESIGNATION	уход в отставку; отказ от должности; отставка
RESILIENCE	упругость; эластичность; потенциальная энергия упругой деформации; ударная вязкость
RESILIENT	упругий; эластичный
RESIN	смола; полимер
RESIN FILLER	наполнитель из смолы
RESIST (to)	сопротивляться; нести (нагрузку); работать (на изгиб)
RESISTANCE	сопротивление

RESISTANCE BRIDGE .... мост Уитстона для измерения активного сопротивления
RESISTANCE BULB .... термочувствительный баллон
RESISTANCE COIL .... катушка сопротивления
RESISTANCE TEST .... испытания на сопротивление
RESISTANCE THERMOMETER .... резистивный термометр, термометр сопротивления
RESISTANCE TO BENDING .... сопротивление на изгиб
RESISTANCE TO WEAR .... износостойкость
RESISTANCE WELDING .... (контактная) сварка сопротивлением
RESISTIVE LAYER .... активный слой; слой, воспринимающий нагрузку
RESISTIVE LOAD .... активная нагрузка
RESISTIVITY .... удельное сопротивление
RESISTOJET .... омический ракетный двигатель, ракетный двигатель электросопротивления
RESISTOR .... резистор; катушка сопротивления
RESISTOR BOX .... магазин сопротивлений
RESISTOR PROBE .... устройство для проверки резисторов
RESOJET .... пульсирующий воздушно-реактивный двигатель, ПуВРД
RESOLUTION .... разрешающая способность, разрешение (аппаратуры); четкость, резкость (изображения)
RESOLVE (to) .... разрешать; разлагать(ся); распадаться; растворять(ся)
RESOLVER .... решающее устройство; преобразователь координат
RESONANCE .... резонанс
RESONANCE TESTING .... испытание на резонанс
RESONANT .... резонирующий; резонансный (контур)
RESONATOR .... резонатор
RESORT (to) .... обращаться; посещать; бывать; отправляться куда-либо
RESOURCE .... ресурс; запасы
RESPIRATOR .... респиратор; противогаз
RESPOND (to) .... реагировать; срабатывать
RESPONDER .... передатчик радиолокационного маяка
RESPONDER BEACON .... радиомаяк-ответчик

RESPONSE CURVE	амплитудно-частотная характеристика, АЧХ
RESPONSE TIME	время срабатывания; время реакции; постоянная времени; инерционность
RESPONSIVE	управляемый, реагирующий на отклонение рулей; эффективный; чувствительный
RESPRAY (to)	повторно распылять; повторно металлизировать
REST	покой, состояние покоя; опора; подставка; стойка; технологический останов (робота)
RESTAFF (to)	укомплектовывать штат новым персоналом
RESTART	повторный запуск; запуск в полёте
RESTART(ING)	повторный запуск (двигателя)
RESTARTABLE ENGINE	повторно включаемый двигатель
RESTING PLANE	положение для отдыха
RESTING POSITION	место для отдыха
RESTORE (to)	восстанавливать
RESTORING MOMENT	восстанавливающий момент; стабилизирующий момент
RESTORING TORQUE	восстанавливающий крутящий момент
RESTRAIN (to)	фиксировать; ограничивать; удерживать
RESTRICT (to)	ограничивать; дросселировать
RESTRICTED AIRSPACE	ограниченное для полётов воздушное пространство
RESTRICTED FLOW	ограниченный поток
RESTRICTED PARTS REMOVAL	ограниченная замена узлов
RESTRICTED VISIBILITY	ограниченная видимость
RESTRICTING ORIFICE	калибрующее отверстие; ограничитель
RESTRICTION	ограничение; дросселирование (потока); помехи
RESTRICTOR	ограничитель; дроссель
RESTRICTOR SHAFT	вал дросселя
RESTRICTOR VALVE (restrictor)	дросселирующая заслонка
REST ROOM	комната отдыха; туалет
RESULT	результат
RESULTANT FORCE	результирующая сила
RESUME (to)	возобновлять (полёты)

RETAINER	фиксатор; держатель; стопор; замок; стопорная шайба
RETAINER BAR	стержень фиксатора
RETAINER NUT	стопорная гайка; контргайка
RETAINER PLATE	прижимная планка; стопорная планка
RETAINER RING	стопорное кольцо
RETAINING BOLT	стопорный болт
RETAINING (CIR)CLIP	пружинный кольцевой замок; пружинная защелка
RETAINING NUT	стопорная гайка; контргайка
RETAINING PARTS	стопорные детали; фиксирующие элементы
RETAINING PEG	стопорный штифт; фиксатор
RETAINING PIN	стопорный штифт; фиксатор
RETAINING PLATE	прижимная планка; стопорная планка
RETAINING RING	стопорное кольцо
RETAINING SCREW	фиксирующий винт; стопорный винт
RETAINING SPRING	стопорная пружина; пружинный замок
RETAINING STRAP	фиксирующая скоба; стопорная планка
RETAINING VALVE	ограничительный клапан
RETAINING WASHER	стопорная гайка; контргайка
RETARD (to)	замедлять; тормозить; запаздывать; задерживать
RETARDATION	замедление; запаздывание; задержка
RETARDED IGNITION	воспламенение с задержкой
RETARDED POSITION	режим малого газа
RETARD THRUST LEVER (to)	убирать газ, переводить в режим малого газа
RETENTION	фиксация, швартовка (груза)
RETENTION ACTUATOR	силовой привод фиксатора
RETEST (to)	повторно испытывать
RETHREADING DIE	отделочная плашка
RETICKETING	переоформление билетов
RETIME (to)	восстанавливать синхронизацию; перепрограммировать
RETIRE (to)	снимать с эксплуатации
RETIREMENT	снятие с эксплуатации
RETRACT (to)	убирать (шасси); втягивать; отводить; отменять

RETRACTABLE	убираемый; втягиваемый; отводимый; отменяемый
RETRACTABLE GEAR (retractable landing gear)	убирающееся шасси
RETRACTABLE LANDING LIGHT	выдвижная посадочная фара
RETRACTABLE LOBE SILENCER	глушитель с убирающимися ковшами
RETRACTABLE SPADE SILENCER	глушитель с убирающейся сдвижной створкой
RETRACTABLE STAIRWAY	убирающийся трап
RETRACTABLE STOP	убирающийся упор
RETRACTABLE TAIL SKID	убирающаяся хвостовая опора
RETRACTED	убранный; втянутый; отведенный; отмененный
RETRACT FLAPS (to)	убирать закрылки
RETRACTING	уборка (шасси)
RETRACTING SPRING	втягиваемая пружина
RETRACTION	уборка (шасси); втягивание (штока); отвод (гидросмеси); отмена (указания)
RETRACTION ACTUATOR	подъемник шасси
RETRACTION JACK	подъемник шасси
RETRACTION TEST	испытание по уборке (шасси)
RETRAIN (to)	повторно готовить; переучивать; проводить переподготовку
RETREAD(ING)	восстановление шины (колеса)
RETREAD (to)	восстанавливать шину (колеса)
RETREATING BLADE	отступающая лопасть (несущего винта)
RETROACTION	обратное действие; реакция; положительная обратная связь
RETROBURN	тормозной импульс
RETROCEDE (to)	уходить; удаляться; отступать
RETROFIT	модернизация; модификация; доработка; доводка
RETROFIT (to)	модернизировать; модифицировать; дорабатывать; доводить
RETROFIT KIT	комплект оборудования для модернизации
RETROFIT REMOVAL	снятие для доработки
RETROGRADE ORBIT	попятная орбита
RETROGRESS (to)	двигаться в обратном направлении; регрессировать

RETROPACK, RETROPROPULSION	тормозная двигательная установка, ТДУ
RETROROCKET	тормозная двигательная установка, ТДУ
RETROSPECT MIRROR	зеркало обратного обзора
RETURN	обратный полет; восстановление (скорости полета); доход, прибыль; оборот (авиакомпании); возвращение, возврат; отраженный сигнал; отражение (сигнала); отметка (цели)
RETURN (to)	возвращаться; отражаться
RETURN CURRENT	обратный ток
RETURN FARE	тариф "туда - обратно"
RETURN FILTER	фильтр для сливных магистралей
RETURN FLIGHT	полет "туда - обратно"; обратный рейс
RETURN-FLOW COMBUSTION CHAMBER	камера сгорания с противотоком
RETURN LINE	отводящий трубопровод; обратный канал
RETURN OIL	сливаемое масло; отработанное масло
RETURN PORT	сливное отверстие
RETURN RESERVATION	бронирование на обратный рейс; бронирование в оба конца
RETURN SPRING	пружина возврата (в исходное положение)
RETURN SYSTEM	система слива (рабочих жидкостей)
RETURN TICKET	билет "туда - обратно"
RETURN TO SEAT	возвращение на место
RETURN TO TANK	слив (рабочей жидкости) в бак
RETURN TRIP	обратный маршрут полета
REUSABILITY	возможность повторного использования, возможность многоразового применения
REUSABLE	повторно используемый, многоразовый, многоразового использования, многократного применения; возвращаемый, сохраняемый
REUSE	повторное применение
REV (revolution)	виток (орбиты); оборот
REVAMPING	ремонтирующийся; реконструирующийся; модернизируемый
REVENUE	доход, прибыль; оборот (авиакомпании)
REVENUE FLIGHT	коммерческий рейс
REVENUE PASSENGER	коммерческий пассажир

REVENUE PASSENGER-MILE	коммерческие пассажиро-мили
REVENUE STOP	остановка с коммерческими целями
REVENUE TONNE-KILOMETRE	коммерческий тонно-километраж
REVENUE WEIGHT LOAD FACTOR	коэффициент полезной коммерческой загрузки
REVERSAL	реверс, перемена направления; перекладка; реверсивный
REVERSE	реверс; изменение направления полета на обратное
REVERSE (to)	реверсировать; изменять курс на противоположный
REVERSE BOOSTER	тормозной ракетный двигатель
REVERSE BUCKET ACTUATOR	механизм (системы) управления створками реверса (тяги)
REVERSE CURRENT RELAY	реле обратного тока
REVERSED	реверсированный, с отрицательной [обратной] тягой; на обратном курсе
REVERSE FEEDBACK	отрицательная обратная связь
REVERSE FLOW	противоток; обратное течение
REVERSE FLOW COMBUSTOR	камера сгорания с противотоком
REVERSE GEAR	реверсор; реверсивное устройство
REVERSE GRID CURRENT	обратный сеточный ток
REVERSE MOTION	задний ход; обратное движение
REVERSE PITCH	отрицательный угол установки лопастей винта; отрицательный шаг винта
REVERSE PITCH (to)	устанавливать лопасти винта с отрицательным углом
REVERSE PITCH LEVER	рычаг управления отрицательным шагом винта
REVERSE POLARITY	обратная полярность
REVERSER	механизм реверса тяги, реверс
REVERSER BUCKETS	створки реверса тяги
REVERSER CASCADE	решетка реверсора тяги
REVERSER LOCK CONTROL VALVE	клапан управления замком реверса
REVERSER SLEEVE	съемный капот реверсора тяги
REVERSE STOP	упор (рычага) реверса тяги
REVERSE THROTTLE LEVER	рычаг дросселирования реверса тяги

REVERSE THRUST	реверсивная тяга
REVERSE THRUST LEVER	рычаг управления реверса тяги
REVERSE VOLTAGE	обратное напряжение
REVERSIBLE	реверсируемый; обратимый
REVERSIBLE BLADE SCREWDRIVER SET	гайковерт с обратным ходом
REVERSIBLE CONTROL SYSTEM	обратимая система управления
REVERSIBLE-PITCH PROPELLER (airscrew)	тормозной [реверсивный] воздушный винт (изменяемого шага)
REVERSING	реверсирование, реверс, создание отрицательной [обратной] тяги
REVERSING RELAY	реле обратного тока
REVERSING SWITCH	переключатель полярности
REVIEW	экспертиза; анализ; обзор; рецензия
REVISE (to)	пересматривать (план полета)
REVISION DATE	срок модификации
REVITALIZATION	регенерация
REVITALIZED	регенерированный
REVOLUTION	виток (орбиты); оборот
REVOLUTION COUNTER	счетчик числа оборотов
REVOLUTION INDICATOR	указатель скорости вращения
REVOLUTION PER MINUTE	число оборотов в минуту
REVOLVE (to)	вращать(ся)
REVOLVING	вращающийся; обращающийся; оборотный
REVOLVING CYLINDER BARREL	вращающийся блок цилиндров; вращающийся ротор насоса
REVOLVING JOINT	вращающееся соединение
REVOLVING LIGHT	проблесковый огонь
REVOLVING TURRET	вращающаяся турель
REVS-COUNTER	счетчик оборотов
REV UP (to)	запускать двигатель
REV-UP	повышение скорости; предельная скорость; заброс оборотов; раскрутка (двигателя)
REWIND (to)	перематывать назад (пленку)
REWINDER	перемоточное устройство
REWINDING	обратная перемотка (пленки)
REWIRE (to)	перемонтировать схему; заменять проводку

REWORK (to)	вторично обрабатывать; переоборудовать; переналаживать
REWORKED BY DRAWING	модифицированный при проектировании
REWORKED SURFACE	повторно обработанная поверхность
REWORK LIMITS	допуски на повторную обработку
REYNOLDS NUMBER	число Рейнольдса, число Re
RE-ZERO (to)	обнулять, устанавливать на нуль
R.H. (right hand)	правосторонний
RHEOSTAT	реостат
RHOMBIC ANTENNA (aerial)	ромбическая антенна
RHO-THETA SYSTEM	угломерно-дальномерная радионавигационная система
RHUMB LINE	локсодромия
RHUMB LINE TRACK (route)	линия пути по локсодромии
RIB	нервюра; ребро жесткости; фланец; буртик; поясок
RIB (to)	усиливать ребрами жесткости, подкреплять
RIB BAY	секция нервюры
RIBBED	оребренный; оснащенный нервюрами
RIBBON	лента
RIBBON-SAW	ленточная пила
RIB CHORD	хорда нервюры
RIB WEB	стенка нервюры
RICH MIXTURE	обогащенная рабочая смесь
RIDE	полет
RIDGE	выступ; гребень; прилив, ориентирующий выступ; барический гребень; отрог; хребет; гряда (торосов)
RIDGED SURFACE	гофрированная поверхность
RIFLE	нарез (в канале ствола)
RIFLING MACHINE	стволонарезной станок
RIG	стенд; стапель; установка; приспособление
RIG (to)	собирать; устанавливать; регулировать при сборке
RIGGER	сборщик; монтажник
RIGGING	установка; сборка; монтаж; оснащение; такелаж; рычажная передача
RIGGING ANGLE (of incidence)	установочный угол

RIGGING FIXTURE	монтажное приспособление; сборочный стапель
RIGGING LOAD	регулировочная нагрузка; нагрузка при сборке
RIGGING PIN	установочный штифт; монтажный штифт
RIGGING TOOLS	сборочные инструменты; монтажное оборудование
RIGHT (to)	поворачивать направо
RIGHT ANGLE	правый угол
RIGHT-ANGLED ARROW	указатель правого поворота
RIGHT-HANDED SCREW	винт с правой резьбой
RIGHT-HAND THREAD	правосторонняя резьба
RIGHT-HAND WING	правосторонняя консоль крыла
RIGHTING MOMENT	восстанавливающий момент
RIGHT-OF-ENTRY	преимущественное право входа (напр. в зону)
RIGHT-OF-WAY	преимущественное право движения (на аэродроме)
RIGHT SIDE VIEW	правосторонний обзор
RIGHT TURN	правый разворот; правый поворот
RIGID AIRSHIP	дирижабль жёсткой конструкции
RIGID BLADE	жёсткая лопасть; жёсткая лопатка
RIGID COUPLING	жёсткое соединение
RIGIDITY	жёсткость; устойчивость (конструкции)
RIGIDIZATION	жёсткая фиксация
RIGID PIPE	жёсткий трубопровод
RIG TESTED	испытанный на стенде, прошедший стендовые испытания
RIG UP (to)	монтировать; устанавливать
RIM	обод; бандаж (колеса); край; кромка; закраина
RIME	гололёд; обледенение; изморозь
RIM FLANGE	бортовая закраина
RIM SPEED	окружная скорость
RING	кольцо; хомут; обод; обруч; обечайка; круговой шпангоут; вызов; звонок
RING FIN	рулевой винт в кольцевом обтекателе
RING FRAME	кольцевой шпангоут
RING GEAR	кольцевое зубчатое колесо
RING GROOVE	кольцевая канавка; кольцевой паз
RING JOINT, RING GASKET	кольцевое соединение

RING LASER GYRO INERTIAL REFERENCE SYSTEM	инерциальная навигационная система на кольцевом лазерном гироскопе
RING LASER GYRO STRAP-DOWN NAVIGATION SYSTEM	бескарданная навигационная система на кольцевом лазерном гироскопе
RING NUT	круглая гайка
RING PISTON	цилиндрический поршень
RING SEAL	кольцевое уплотнение
RING SPANNER (spanner wrench)	рожковый ключ для круглых гаек
RING-WIPER	поршневое кольцо
RINSE	промывка, промывание; жидкость для промывки, моющий раствор
RINSE (to)	промывать
RINSE-STATION	мойка
RINSE WATER	промывочная вода
RINSING	промывка, промывание; жидкость для промывки, моющий раствор
RIP	разрыв; разрез; скребок
RIPCORD (rip cord)	разрывная веревка аэростата
RIPING PANEL (rip panel)	разрывное полотнище
RIPPLE	рябь; зыбь; чешуйка (на поверхности сварного шва); чешуйчатость; пульсации, колебания
RIPPLE CURRENT	пульсирующий ток
RIP SAW	пила для продольной резки
RISE	подъем; повышение; нарастание; высота подъема; рост; заброс (оборотов двигателя)
RISE (to)	подниматься; повышаться; нарастать
RISE IN TEMPERATURE	повышение температуры
RISER	вертикальная труба; соединительная лямка парашюта
RISE TIME	время подъема
RISING	подъем; повышение; нарастание
RISING STEM	подъемный шток
RISK	риск; опасность
RIVET	заклепка

RIVET (to)	клепать; приклепывать
RIVETED	клепанный; заклепанный
RIVETED JOINT	клепаное соединение
RIVETER	клепальный молоток; клепальная машина; клепальщик
RIVET GUN	клепальный молоток
RIVET HEAD	головка заклепки
RIVETING (rivetting)	клепка, заклепывание; заклепочное соединение; заклепочный
RIVETING DIE	клепочный пуансон
RIVETING GUN	клепальный молоток
RIVETING HAMMER	клепальный молоток
RIVETING MACHINE	клепальная машина
RIVETLESS	соединение без заклепок
RIVET LINE	клепаный шов; ряд заклепок
RIVET PEEN	боек клепального молотка
RIVET PUNCH	клепочный пуансон
RIVET ROW	клепаный шов
RIVET SET (peen)	боек клепального молотка
RIVET SHANK	тело заклепки
RIVET-SNAP	клепальная обжимка
RIVET SPACING	шаг заклепок
RIVNUT	гайкопистон
RMI POINTER (needle)	стрелка радиомагнитного указателя
RMS CURRENT (root-mean square)	среднеквадратический ток
RMS VALUE (RMSV)	среднеквадратическое значение
RNAV WAYPOINT	точка маршрута зональной системы навигации
ROAD	дорога; путь; технологический маршрут
ROAR	рев; грохот; шум
ROAR (to)	шуметь; грохотать; гудеть
ROBBERY	разукомплектовывание (изделия)
ROBOT	робот; робототехническое устройство
ROBOTICS	робототехника
ROBOT PILOT	автопилот
ROCK	движение по крену; угол крена; отклонение (сопла) в поперечной плоскости
ROCKER	противовес; качающаяся рамка; коромысло; балансир
ROCKER ARM	плечо балансира

ROCKER ARM SHAFT	ось балансира
ROCKET	ракета; неуправляемая ракета, НУР; ракетный двигатель
ROCKET BASE	ракетная база
ROCKET BLAST	факел двигателя ракеты
ROCKET BOOSTER (solid)	ракетный двигатель твердого топлива, РДТТ
ROCKET ENGINE	ракетный двигатель
ROCKET FIGHTER	истребитель с ракетным двигателем
ROCKET FIRING	пуск ракеты; запуск ракетного двигателя
ROCKET FLARE	юбка ракеты; осветительная ракета
ROCKETING PRICE	резко подскочившая цена
ROCKET LAUNCHER	ракета-носитель, РН
ROCKET MOTOR (solid)	ракетный двигатель твердого топлива, РДТТ
ROCKET OFF (to)	запускать ракету
ROCKET PLANE	самолет с ракетным двигателем
ROCKET POD	контейнер с неуправляемыми ракетами, контейнер НУР
ROCKET PROPULSION	ракетный двигатель
ROCKET RAMJET	ракетно-прямоточный двигатель, РПД
ROCKETSONDE	метеорологическая ракета, ракетный зонд
ROCKING DOOR	поворотная створка
ROCKING SHAFT	ось качающегося рычага
ROCKING WINGS	покачивание крыльями
ROCK THE WINGS (to)	покачивать крыльями
ROCKWELL HARDNESS MACHINE	прибор для определения твердости по Роквеллу
ROCKWELL HARDNESS NUMBER	число твердости по Роквеллу, твердость по Роквеллу
ROD	тяга; шток; шатун
ROD ASSEMBLY	шатунно-поршневой механизм; система тяг
ROD BIG END	штоковая плоскость цилиндра; конец тяги под шток
ROD COUPLING	соединение тяги
RODDING	система тяг; рычажная передача
ROD END	штоковая плоскость цилиндра; конец тяги под шток
ROD END CLEVIS	вилка тяги

ROD PACKING	уплотнение штока
ROD SMALL END	наконечник золотника
ROLL	крен; угол крена; вращение вокруг продольной оси; пробег; разбег
ROLL (to)	создавать крен; вращаться вокруг продольной оси
ROLL ATTITUDE	положение по крену
ROLL AXIS	продольная ось, ось крена; канал крена, канал поперечного управления
ROLL CAB(INET)	вращающаяся кабина
ROLL CHANNEL	канал крена, канал поперечного управления
ROLL COMPUTER	вычислитель канала крена
ROLL CONTROL	управление по крену, поперечное управление
ROLL DAMPER	демпфер крена
ROLL DAMPING	демпфирование колебаний крена
ROLLED	прокатанный; катаный; вальцованный
ROLLED EDGES	закругленные кромки
ROLLED IN	закатанный в...
ROLLED THREAD	с накатанной резьбой
ROLLER	ролик; валик; барабан; валок; каток; валец; роликовый конвейер; рольганг
ROLLER BEARING	роликоподшипник, роликовый подшипник; подшипник качения; роликовая опора; роликовая направляющая
ROLLER BRACKET	роликовая опора
ROLLER CONVEYOR	роликовый конвейер
ROLLER PIN (rollpin)	цилиндрический штифт
ROLLER SHAFT	ось ролика
ROLLER STAKE	роликовая опора
ROLLER STAKE (to)	устанавливать роликовый подшипник
ROLLER TRACK	роликовый транспортер; рольганг
ROLLER TRAY	желоб роликового конвейера
ROLL FORMING (flowing)	профилирование листового металла на роликовой листогибочной машине; изготовление гнутых профилей
ROLL HEAD	валковая головка, роллерхед
ROLL IN (to)	вход в разворот
ROLLING	движение крена; вращение вокруг продольной оси; разбег; пробег; свертывание в рулон; намотка в рулон; вращение

ROLLING DISTANCE (length)	дистанция пробега; дистанция разбега
ROLLING INSTABILITY	неустойчивость в движении крена, поперечная неустойчивость
ROLLING MILL (sheet metal)	прокатный стан
ROLLING MOMENT	момент вращения
ROLLING PRESS (mill)	прокатный стан
ROLLING STABILITY	поперечная устойчивость, устойчивость в движении крена
ROLLING SURFACE	рольганг
ROLLING TAKE-OFF	взлет с разбегом
ROLLING TOOL	роликовая раскатка; развальцовка
ROLL INSTABILITY	неустойчивость в движении крена, поперечная неустойчивость
ROLL-OFF	спад (амплитудно-частотной характеристики)
ROLL OUT (to)	вытягивать
ROLL-OUT (ROLLOUT)	разворот (на курс полета); посадочная дистанция; отворот; демонстрация новой модели (летательного аппарата), выкатка
ROLLOUT END	дальний конец взлетно-посадочной полосы [ВПП]
ROLLOUT GUIDANCE	управление при выведении на курс
ROLL OVER	неуправляемый крен (в полете); резкое опрокидывание (вертолета)
ROLL RATE	угловая скорость крена
ROLL RATE GYRO	скоростной гироскоп канала поперечного управления
ROLL REFERENCE LINE	начальная линия крена
ROLL SPEED	скорость разбега; скорость пробега; скорость при движении на земле
ROLL SPOT WELDING	точечная сварка прокаткой
ROLL STABILITY	поперечная устойчивость, устойчивость в движении крена
ROLL TRIM	балансировка по крену, поперечная балансировка
ROLLUP	закручивание (потока)
ROLL WHEEL (to)	вращать валик; вращать колесо
ROOF	крыша; покрытие (здания)
ROOM	помещение; пространство
ROOM TEMPERATURE	комнатная температура

ROOMY	просторный; свободный; вместительный
ROOMY CABIN	просторная кабина
ROOT	основание; корень; хвостовик (лопатки турбины)
ROOT CHORD	корневая хорда
ROOT-MEAN SQUARE (RMS)	среднеквадратический
ROOT-MEAN SQUARE CURRENT	среднеквадратический ток
ROOT-MEAN SQUARE VALUE (RMSV)	среднеквадратическое значение
ROOT OF TOOTH	ножка зуба
ROOT RADIUS	радиус корневой части
ROOT RIB	корневая нервюра
ROPE	веревка; трос; канат; такелаж
ROPE SLING	такелажный строп
ROSTER	справочное табло
ROSTERING	дежурство
ROTABLE	поворотный; вращаемый
ROTABLE COMPONENTS	вращающиеся детали
ROTABLE ITEM	заменяемый узел
ROTABLES	взаимозаменяемые детали
ROTAMETER	ротаметр; расходомер
ROTAPLANE	автожир
ROTARY	ротор (двигателя); несущий винт (вертолета)
ROTARY ACTUATOR	силовой привод несущего винта
ROTARY ANTENNA	вращающаяся антенна
ROTARY BREATHER	вращающийся сапун (двигателя)
ROTARY CONVERTER	электромашинный преобразователь
ROTARY ENGINE	ротативный двигатель
ROTARY FILE	роторное картотечное устройство
ROTARY JOINT	соединение вращающихся узлов, вращающееся соединение
ROTARY MOTION	вращательное движение
ROTARY PUMP	вращающийся насос
ROTARY RACK	поворотная стойка
ROTARY SEAL	вращающееся уплотнение; уплотнение вращательного соединения
ROTARY SELECTOR	поворотный переключатель
ROTARY SPEED	угловая скорость вращения
ROTARY SWITCH	поворотный переключатель; поворотный выключатель
ROTARY TABLE	поворотный стол

ROTARY WING	несущий винт
ROTARY-WING(ED) AIRCRAFT	винтокрылый летательный аппарат, винтокрылый ЛА; вертолет
ROTARY-WING PROJECT	проект вертолета
ROTATABLE NOZZLE	поворотное сопло
ROTATE (to)	вращать(ся); поворачивать(ся); изменять угол тангажа
ROTATE CLEAR (to)	свободно вращаться; свободно поворачиваться
ROTATE FREELY (to)	свободно вращаться; свободно поворачиваться
ROTATE PROPELLER (to)	вращать воздушный винт
ROTATING	вращение; разворот; закрутка
ROTATING ASSEMBLIES	вращающиеся узлы
ROTATING BEACON LIGHT	вращающийся бортовой огонь (для предотвращения столкновения самолетов в полете)
ROTATING BLADE (rotor blade)	вращающаяся лопасть (воздушного винта)
ROTATING BUCKETS	отклоняющиеся створки
ROTATING DIAL	поворотная шкала
ROTATING FIELD	вращающееся поле
ROTATING FRAME (loop)	вращающаяся рамка
ROTATING GUIDE VANES (RGV)	поворотные направляющие створки
ROTATING MACHINE	центрифуга
ROTATING PARTS	вращающиеся детали; детали вращающегося узла
ROTATING RADIO BEACON	вращающийся радиомаяк
ROTATING SHAFT	вращающийся вал
ROTATING SLEEVE	вращающаяся муфта
ROTATING SWEEP	круговая развертка; круговое сканирование
ROTATING WING	несущий винт
ROTATION	вращение; разворот; закрутка
ROTATIONAL	вращающийся; поворачивающийся; закрученный
ROTATIONALITY	степень закрученности (потока), завихренность (потока)

ROTATIONAL SPEED (rpm)	угловая скорость вращения (оборотов в минуту)
ROTATIONAL TORQUE	момент вращения
ROTATION OF THE EARTH	вращение Земли
ROTATION SPEED	угловая скорость вращения
ROTATIVE SPEED	угловая скорость вращения
ROTATOR	поворотное устройство; вращатель
ROTOR	ротор; несущий винт (вертолета)
ROTOR BLADE	лопатка ротора (двигателя); направляющий аппарат статора (двигателя)
ROTOR CLUTCH ASSEMBLY	муфта сцепления двигателя с несущим винтом (вертолета)
ROTORCRAFT	винтокрылый летательный аппарат, винтокрыл; вертолет
ROTORCRAFT ROTATING RING	кольцо автомата перекоса вертолета
ROTOR DRIVE SYSTEM	трансмиссия привода несущего винта вертолета
ROTOR GOVERNING SYSTEM	система регулирования оборотов несущего винта
ROTOR HEAD	втулка винта вертолета
ROTOR HUB	втулка несущего винта
ROTOR MAST	колонка несущего винта (вертолета)
ROTOR PYLON	кабан несущего винта
ROTOR SPOOL	муфта несущего винта
ROTOR TIP VELOCITY	окружная скорость несущего винта
ROTOR VALVE	поворотный клапан; поворотная заслонка
ROUGH	черновой; обдирочный; грубый; неровный, шероховатый; крупнозернистый
ROUGH (to)	производить черновую обработку; обдирать; придавать шероховатость (поверхности)
ROUGH AIR	турбулентный воздух; "болтанка"
ROUGH AIRSTRIP	грунтовая взлетно-посадочная полоса, грунтовая ВПП
ROUGH CAST	штукатурка
ROUGH CASTING	необработанная отливка; грубое литье
ROUGH CONTROL	грубое управление
ROUGH FIELD	грунтовый аэродром с неровной поверхностью
ROUGH FORGING	кованая заготовка

ROUGH GRINDING	черновое шлифование
ROUGHING	черновая обработка; обдирка; черновая прокатка
ROUGHING CUT	черновое резание; обдирка
ROUGHING LATHE	обдирочно-токарный станок
ROUGHING OUT	черновая обработка; обдирка
ROUGHING TOOL	черновой инструмент; черновой резец
ROUGH LANDING	грубая посадка
ROUGH LAPPING	грубая притирка
ROUGH MACHINING	черновая обработка
ROUGHNESS	шероховатость; неровность; турбулентность (атмосферы); погрешность (показаний прибора)
ROUGH OUT (to)	обрабатывать начерно; обдирать
ROUGH PAINTED	загрунтованный
ROUGH PLANING	черновая обработка на строгальном станке
ROUGH REAMING	черновая развертка
ROUGH SKETCH	предварительный эскиз
ROUGH STRIP	грунтовая взлетно-посадочная полоса, грунтовая ВПП
ROUGH WEATHER (heavy weather)	сложные метеоусловия
ROUND	круг; окружность
ROUND (to)	скруглять; округлять
ROUND ALL SHARP EDGES (to)	округлять все острые кромки
ROUND BAR	круглый прокат, круглая сталь
ROUND DIE	круглая шкала
ROUNDED	закругленный
ROUND FILE	круглый напильник
ROUND-HEADED BOLT	болт с полукруглой головкой
ROUND HEAD RIVET	заклепка с круглой головкой
ROUND HEAD SCREW (cup head screw)	винт с полукруглой головкой; шуруп с полукруглой головкой
ROUND IRON	круглый прокат, круглая сталь
ROUNDNESS	округлость
ROUND-NOSE PLIERS	круглогубцы
ROUND NUT	круглая гайка
ROUND SHANK	цилиндрический хвостовик
ROUND-THE-CLOCK SERVICE	круглосуточное обслуживание

ROUND-THE-WORLD TICKET	билет на кругосветное путешествие
ROUND-THE-WORLD TRIP	кругосветное путешествие
ROUND TRIP	круговой маршрут полета, маршрут "туда - обратно"
ROUND-TRIP FARE	тариф на полет "туда - обратно"
ROUND-TRIP PROPULSION	ракетный двигатель для (меж)орбитального перелета с возвращением
ROUNDTRIP TICKET	билет "туда - обратно"
ROUTE	маршрут; трасса; путь; курс; направление
ROUTE (to)	направлять
ROUTE AIR NAVIGATION	навигация на маршруте полета
ROUTE BEACON	(радио)маяк на маршруте полета
ROUTE CHART	маршрутная карта
ROUTED	направленный по заданному маршруту
ROUTED BEAM	направленный луч; направленный пучок
ROUTE DESIGNATOR	обозначение маршрута
ROUTE FORECAST	прогноз (погоды) на маршруте полета
ROUTE MANUAL	перечень маршрутов; расписание полетов
ROUTE MARKER	маршрутный маркер
ROUTE OF FLIGHT	маршрут полета
ROUTE OF LINE	авиалиния
ROUTER	фасонно-фрезерный станок; фреза для фасонно-фрезерного станка; программа маршрутизации; трассировщик
ROUTE SEGMENT	участок маршрута
ROUTE STAGE	этап полета; участок маршрута
ROUTE TRAFFIC DENSITY	плотность воздушного движения на маршруте
ROUTINE FLIGHT	ежедневный рейс
ROUTINE FORECAST	регулярный прогноз
ROUTINE INSPECTION	регулярная проверка; регулярный контроль
ROUTINE MAINTENANCE (servicing)	регулярное техническое обслуживание
ROUTINE REPLACEMENT	периодическая замена
ROUTING	маршрут; трасса; прокладка маршрута; выбор маршрута; технологический маршрут; трассировка; маршрутизация; разводка

ROUTING INDICATOR .... указатель утвержденных маршрутов полета
ROUTING MACHINE .... станок для легких работ
ROUTING REPAIR .... текущий ремонт
ROW .... венец (лопаток компрессора); ряд; батарея; проход; строка (матрицы)
ROWING STATION .... расположение ряда кресел
ROW SCANNING .... линейная развертка; линейное сканирование
RPM (rotations, revolutions per minute) .... число оборотов в минуту, частота вращения
RPM CONTROL .... регулирование частоты вращения
RPM CONTROL HANDLE .... ручка управления частотой вращения
RPM CONTROL LEVER .... рычаг управления частотой вращения
RPM INDICATOR .... указатель числа оборотов, тахометр
RPV (remotely piloted vehicle) .... дистанционно-пилотируемый летательный аппарат, ДПЛА
RUB .... трение; натирание; притирание
RUB (to) .... натирать; притирать; полировать; затирать
RUBBER .... каучук; резина; резиновый
RUBBER (SEALING) RING .... резиновое уплотняющее кольцо
RUBBER BOOT .... пластмассовый чехол; резиновый чехол
RUBBER BUFFER .... резиновый амортизатор
RUBBER-COVERED CABLE .... провод в резиновой оплетке
RUBBER-CUSHIONED MOUNT .... виброизолирующая опора; опора с амортизатором
RUBBER FUEL CELL .... мягкий топливный бак из прорезиненной найлоновой ткани
RUBBER GASKET .... резиновая прокладка
RUBBER HOSE .... резиновый шланг
RUBBER PACKING .... резиновая уплотняющая прокладка
RUBBER STAMP .... резиновый штемпель
RUBBER STAMP (to) .... маркировать резиновым штампом
RUBBER STRIP (rub strip) .... резиновая прокладка
RUBBING .... трение; истирание; натирание; притирание; полирование
RUBBING COUMPOUND .... полирующая мастика

RUBBING FIN	шпатель
RUBBING STRIP	полирующая лента
RUBBING WASHER (grommet)	резиновая прокладка
RUB CORRODED AREA (to)	зачищать зону коррозии
RUBIDIUM ION ENGINE	ионный (электростатический) ракетный двигатель на рубидии
RUB OFF (to)	выкатываться (за пределы ВПП)
RUB STRIP	полировальная лента
RUBSTRIP (teflon sheet)	резиновая прокладка
RUDDER	руль направления
RUDDER-BAR (pedals)	педали управления рулем направления
RUDDER BAR CONTROLS	сигналы управления рулем направления
RUDDER BLOWBACK	отдача руля направления
RUDDER BOOSTER (hydraulic unit)	силовой привод руля направления
RUDDER CONTROL	управление рулем направления
RUDDER CONTROL BAR	тяга руля направления
RUDDER CONTROL JACKSHAFT ASSY	силовой привод руля направления
RUDDER CONTROL QUADRANT	секторная качалка руля направления
RUDDER CONTROL SYSTEM LINKAGE	проводка управления рулем направления
RUDDER CONTROL TAB	триммер руля
RUDDER DAMPER	демпфер руля направления
RUDDER DEFLECTION	отклонение руля направления
RUDDER FEEL MECHANISM	механизм загрузки руля направления
RUDDER FEEL SPRING MECHANISM	пружинный механизм загрузки руля направления
RUDDER FIN	вертикальное хвостовое оперение; киль
RUDDER FLUTTER	флаттер руля направления
RUDDER GUST LOCK	струбцина руля направления
RUDDER LIMITER	ограничитель руля направления
RUDDER LOAD RELIEF	разгрузка руля направления
RUDDER PEDAL(S)	педали руля направления
RUDDER PEDAL FORCE	усилия на педали руля направления

RUDDER PEDAL-RUDDER BAR... педали путевого управления, педали руля направления
RUDDER POSITION INDICATOR............................. указатель положения руля направления
RUDDER POSITION SENSOR .... датчик положения руля направления
RUDDER POST... ось руля направления
RUDDER POWER UNIT .... силовой привод руля направления
RUDDER RATIO CHANGE............................... изменение передаточного отношения руля направления
RUDDER SERVO .... сервопривод руля направления
RUDDER SNUBBER ASSY ....демпфер руля направления
RUDDER STANDBY HYDRAULIC SYSTEM .... гидравлический привод руля направления
RUDDER TAB.. триммер руля направления
RUDDER TRAVEL.................................... отклонение руля направления
RUDDER TRAVEL LIMITER .... ограничитель руля направления
RUDDER TRIM.. балансировка руля направления
RUDDER TRIM ACTUATOR .... триммер руля направления
RUDDER TRIM KNOB (wheel)............................... штурвал управления триммером руля направления
RUG ....коврик; ковер
RUG STRIP .... ковровая дорожка
RULE...правило; норма
RULES OF THE AIR .... нормы летной годности, НЛГ
RULING PEN .... рейсфедер
RUMBLE (to) .... резкая дача газа, резкое движение РУД; резко давать газ
RUMBLING NOISE .... шум от неустойчивого горения (в ракетном двигателе)
RUN ....работа; ход; разбег; пробег; гонка, опробование, запуск (двигателя); режим (работы); направление
RUN (to) .... работать; управлять; проходить, вести, соединять
RUN A CIRCUIT (to) .... прокладывать электрическую цепь
RUN AT IDLE (to) .... работать на режиме малого газа
RUNAWAY............................... самопроизвольное отклонение (рулей); уход (параметра); выход из-под контроля (управления)
RUNAWAY OF THE ENGINE............... выход двигателя из-под контроля

RUN BLOCK	подвижной блок
RUN DOWN (to)	прекращать вращение, останавливаться
RUN-DOWN TIME	время выбега гироскопа
RUN DRY (to)	работать без смазки
RUN ENGINE (to)	опробовать двигатель
RUN IDLE (to)	работать на режиме холостого хода
RUN IN (to)	обкатывать, прирабатывать (двигатель)
RUN INTO (to)	выходить на режим
RUNNING	испытание; работа; ход; пробег (воздушного судна)
RUNNING AREA	зона пробега (при посадке); рабочая зона; испытательная площадка
RUNNING CENTRE	испытательный центр
RUNNING DIRECTION	направление пробега (при посадке)
RUNNING ENGINE	работающий двигатель
RUNNING HOURS	наработка в часах
RUNNING IN	обкатка, приработка (двигателя)
RUNNING LANDING	посадка "по-самолетному" (с пробегом после касания); посадка с пробегом
RUNNING LEAK	утечка на рабочем режиме
RUNNING REPAIR	текущий ремонт
RUNNING SEAL	вращающееся уплотнение; уплотнение вращающегося соединения
RUNNING TIME (engine)	время работы (двигателя)
RUNNING WATER	проточная вода
RUN ON (to)	пробегать после посадки
RUN-OUT (runout)	диффузор; сбег (резьбы); износ, изнашивание; выработка; вращение по инерции; выбег (двигателя)
RUN OUT (to)	выпускать (механизацию крыла); терять (высоту)
RUN OUT OF FUEL (to)	вырабатывать топливо
RUN THROUGH (to)	проходить через...
RUN UNDER ITS OWN POWER (to)	переходить на автономное электропитание
RUN UP (to)	увеличивать число оборотов
RUNUP	опробование, гонка (двигателя); пуск (механизма)

RUN-UP AREA (pad)	площадка для опробования двигателей
RUN-UP BOARD	табло индикации результатов опробования двигателя
RUN-UP TESTING	опробование двигателя
RUNWAY	взлетно-посадочная полоса, ВПП
RUNWAY/LOCALIZER SYMBOL	условный код взлетно-посадочной полосы [ВПП]
RUNWAY ALIGNMENT (indicator)	выравнивание при входе в створ взлетно-посадочной полосы [ВПП]
RUNWAY APPROACH SURVEILLANCE RADAR	обзорный радиолокатор подхода к взлетно-посадочной полосе [ВПП]
RUNWAY CENTERLINE	осевая линия взлетно-посадочной полосы [ВПП]
RUNWAY CENTRELINE LIGHTS	осевые огни взлетно-посадочной полосы [ВПП]
RUNWAY CENTRELINE MARKINGS	маркировка осевой линии взлетно-посадочной полосы [ВПП]
RUNWAY CIRCUIT (pattern)	схема расположения взлетно-посадочных полос [ВПП]
RUNWAY CROSSING LIGHTS	огни светового горизонта на взлетно-посадочной полосе [ВПП]
RUNWAY DAY MARKING	маркировка взлетно-посадочной полосы для дневных условий
RUNWAY DESIGNATION MARKINGS	опознавательные знаки взлетно-посадочной полосы [ВПП]
RUNWAY DESIGNATOR	опознавательный знак взлетно-посадочной полосы [ВПП]
RUNWAY DRY	осушивание взлетно-посадочной полосы, осушивание ВПП
RUNWAY EDGE LIGHTS	посадочные огни взлетно-посадочной полосы [ВПП]
RUNWAY EDGE MARKING	маркировка границ взлетно-посадочной полосы [ВПП]
RUNWAY ELEVATION	превышение взлетно-посадочной полосы [ВПП]
RUNWAY END LIGHTS	ограничительные огни взлетно-посадочной полосы [ВПП]

RUNWAY END SAFETY AREA	концевая зона безопасности взлетно-посадочной полосы
RUNWAY EXCURSION	передвижение по взлетно-посадочной полосе [ВПП]
RUNWAY FLOODLIGHTS	посадочные прожекторы для освещения взлетно-посадочной полосы [ВПП]
RUNWAY GRADIENT (slope)	наклон взлетно-посадочной полосы [ВПП]
RUNWAY HEADING	направление взлетно-посадочной полосы [ВПП]
RUNWAY IDENTIFICATION LIGHTS	опознавательные огни взлетно-посадочной полосы [ВПП]
RUNWAY IN SIGHT	взлетно-посадочная полоса в зоне видимости
RUNWAY INTERSECTION SIGN	указатель пересечения взлетно-посадочных полос [ВПП]
RUNWAY-IN-USE (active runway)	эксплуатируемая взлетно-посадочная полоса [ВПП]
RUNWAY LANDING LIGHTS	посадочные огни взлетно-посадочной полосы [ВПП]
RUNWAY LENGTH AVAILABLE	располагаемая длина взлетно-посадочной полосы [ВПП]
RUNWAY LIGHTS	огни взлетно-посадочной полосы, огни ВПП
RUNWAY LOCALIZER	курсовой радиомаяк взлетно-посадочной полосы [ВПП]
RUNWAY MAGNETIC BEARING	магнитный пеленг взлетно-посадочной полосы [ВПП]
RUNWAY NUMBER	номер взлетно-посадочной полосы [ВПП]
RUNWAY PATTERN	схема расположения взлетно-посадочных полос [ВПП]
RUNWAY SIDE STRIPE MARKING	маркировочная линия края взлетно-посадочной полосы [ВПП]
RUNWAY SLOPE	уклон взлетно-посадочной полосы [ВПП]
RUNWAY STRENGTH	прочность взлетно-посадочной полосы [ВПП]
RUNWAY STRIP	взлетно-посадочная полоса, ВПП
RUNWAY STRIP PATTERN	схема летного поля
RUNWAY SURFACE MARKING	маркировка покрытия взлетно-посадочной полосы [ВПП]

RUNWAY SYSTEM	взлетно-посадочная полоса, ВПП
RUNWAY TEXTURE	структура взлетно-посадочной полосы [ВПП]
RUNWAY THRESHOLD	порог взлетно-посадочной полосы, порог ВПП
RUNWAY TOUCHDOWN ZONE MARKING	маркировка зоны приземления на взлетно-посадочной полосе [ВПП]
RUNWAY TURNING	разворот на взлетно-посадочную полосу, разворот на ВПП
RUNWAY VISIBILITY	видимость взлетно-посадочной полосы, видимость ВПП
RUNWAY VISUAL MARKER	указатель дальности видимости взлетно-посадочной полосы [ВПП]
RUNWAY VISUAL RANGE (RVR)	дальность видимости на взлетно-посадочной полосе [ВПП]
RUPTURE (to)	разрываться; разрушаться; давать трещину
RUPTURE TEST	испытание на разрыв
RUSH OF AIR	набегающий воздушный поток
RUSH OF CURRENT	бросок тока
RUSH REPLY	быстрый ответный сигнал; быстрая реакция
RUST	ржавчина
RUST (to)	ржаветь
RUST ARRESTING COMPOUND	противокоррозионный состав, антикоррозионный состав
RUSTED	поржавевший, покрытый ржавчиной
RUST-FREE	нержавеющий
RUST-PREVENTIVE (compound)	противокоррозионный, антикоррозионный (состав)
RUST-PROOF	стойкий к коррозии, нержавеющий
RUSTPROOF STEEL	нержавеющая сталь
RUST REMOVING	удаление ржавчины
RUST-RESISTANT	стойкий к коррозии, нержавеющий
RUST-RESISTING	нержавеющий
RUSTY	ржавый, заржавленный
RUT	желоб; фальц
RUT (to)	заклинивать, заедать; блокировать
RUTTING	заклинивание, заедание; блокировка

S

SABRE SAW BLADE .... пильное полотно; пильная лента; ленточная пила; дисковая пила
SACK (to) .... расфасовывать в мешки
SACKCLOTH .... мешковина
SADDLE .... салазки; суппорт; каретка суппорта; поперечина; траверса; тиски; подушка; подкладка; башмак; промежуточная опора
SADDLE WASHER .... стыковая накладка
SAFE .... безопасный; надежный
SAFE-FROM-DECAY ORBIT .... орбита длительного существования (спутника)
SAFE LEVEL .... уровень безопасности
SAFE LOAD .... безопасная нагрузка; допустимая нагрузка
SAFE OPERATION .... безопасная эксплуатация
SAFE ORBIT .... безопасная орбита
SAFETIED .... закрепленный; законтренный; предохранительный, страхующий
SAFETY .... надежность; безопасность; предохранительное устройство
SAFETY BARRIER NET .... задерживающая сеть (аэродромной тормозной установки)
SAFETY BELT .... привязной ремень (кресла)
SAFETY CATCH .... предохранительная защелка; предохранительный взвод
SAFETY COVER .... защитный кожух
SAFETY CUT-OUT .... плавкий предохранитель
SAFETY DEVICE .... предохранительное устройство
SAFETY DISC .... предохранительный диск
SAFETY DISCHARGE HOSE .... дренажный трубопровод
SAFETY FACTOR .... коэффициент безопасности
SAFETY FEATURE .... оборудование системы безопасности
SAFETY FUSE .... плавкий предохранитель
SAFETY GLASS .... защитное стекло; безосколочное стекло; небьющееся стекло
SAFETY GOGGLES .... защитные очки
SAFETY GUARD .... предохранительное устройство
SAFETY HARNESS .... привязные ремни безопасности

SAFETYING	торможение
SAFETYING DEVICE	устройство торможения
SAFETY INSTRUCTIONS	правила безопасности; инструкции по безопасности
SAFETY LOCKING PIN	предохранительная чека
SAFETY MARGIN	коэффициент безопасности; запас прочности
SAFETY NET	задерживающая сеть (аэродромной тормозной установки)
SAFETY OF FLIGHT	безопасность полета
SAFETY PIN	предохранительная чека
SAFETY PLUG	предохранительная пробка
SAFETY PRECAUTIONS	меры безопасности
SAFETY REGULATIONS	правила безопасности
SAFETY RELAY	блокировочное реле; защитное реле
SAFETY RELIEF VALVE	предохранительный клапан
SAFETY RING	предохранительное кольцо
SAFETY RULES	правила безопасности
SAFETY SERVICE	служба (обеспечения) безопасности
SAFETY STANDARDS	нормы безопасности
SAFETY SWITCH	аварийный выключатель; выключатель цепи пуска
SAFETY VALVE	предохранительный клапан
SAFETY WIRE	контровочная проволока
SAFETY-WIRED	законтренный проволокой, с проволочной контровкой
SAG	прогиб; провисание, провес; дрейф; отклонение от курса
SAG (to)	прогибаться; провисать
SAIL (to)	парить в воздухе; летать
SAILCLOTH	парусина
SAIL-FLYING	планирующий полет; парение
SAILING	планирующий полет; парение
SAIL-MAKER	планер
SAILPLANE (sail plane)	планер
SAIL-PLANING	планирующий полет; парение
SAILWING	парашют-крыло
SALE	продажа; сбыт; торговля; торговая сделка
SALEABLE	пригодный для продажи
SALE MANAGER	коммерческий директор

SALE PRICE	торговая цена
SALES DIRECTOR	коммерческий директор
SALESMAN	продавец
SALES NETWORK	торговая сеть
SALES OFFICE	коммерческий отдел; торговый отдел; отдел продаж
SALES STAFF	штат продавцов
SALIENT	выступ; клин
SALT	соль
SALT SPRAY	солевой туман
SALT WATER	соленая вода
SALT WATER CORROSION	солевая коррозия
SALTY ATMOSPHERE	солевая атмосфера
SALVAGE	спасательные работы; эвакуация с места работы
SALVO	залп
SAMPLE	образец; проба; выборка
SAMPLE INSPECTION	выборочный контроль
SAMPLING	образец; проба; опробывание, взятие пробы; проверка (багажа)
SAND	песок; гравий; формовочная смесь
SAND (to)	пескоструить, очищать пескоструйным аппаратом; зачищать шлифовальной шкуркой
SANDBAG (sand bag)	мешок с песком
SANDBLAST	песчаная струя; пескоструйный аппарат
SANDBLASTING	пескоструйная обработка
SANDBLAST MACHINE	пескоструйный аппарат
SAND CAST	отливка, полученная в песчаной форме
SAND CASTING	литье в песчаную форму; отливка, полученная в песчаной форме
SAND CLOTH	шлифовальная шкурка
SAND DEVIL (whirl)	песчаная буря
SANDER	шлифовальный станок; шлифовальный инструмент
SAND HAZE	пыльная мгла
SANDING	шлифование песком; зачистка шкуркой
SANDING BELT	шлифовальная лента, абразивная лента
SANDPAPER	шкурка, наждачная бумага
SANDPAPER (to)	зачищать шкуркой, зачищать наждачной бумагой

SAND PILLAR	столб пыли
SANDSTONE	песчаник
SANDSTONE WHEEL	шлифовальный круг
SANDSTORM	песчаная буря
SANDWICH	многослойная конструкция с заполнителем; слоистый, многослойный; боковой маневр "сэндвич"
SANDWICHED	с многослойной конструкцией
SANITARY CONTROL	санитарный контроль
SANITARY NAPKINS	гигиенические салфетки
SAS (stability augmentation system)	система улучшения устойчивости
SASH	оконный переплет
SAT (static air temperature)	статическая температура воздуха
SATELLITE	спутник
SATELLITE-BORNE ELECTRONIC SYSTEM	бортовая спутниковая электронная система
SATELLITE PAYLOAD	полезная нагрузка спутника
SATIN (to)	матировать; сатинировать, глянцевать (бумагу)
SATIN FINISH (to)	матировать; сатинировать, глянцевать (бумагу)
SATURATE	насыщать; сатурировать
SATURATED AIR	насыщенный воздух
SATURATION FACTOR	коэффициент насыщения
SAVE (to)	экономить; сберегать; спасать
SAW	пила; отрезной станок; отрезное устройство
SAW BLADE	ножовочное полотно; ленточная пила; дисковая пила
SAWCUT	запил (в носке крыла)
SAWDUST	опилки
SAW-KNIFE	нож с пилообразным лезвием
SAWTOOTH	пилообразный уступ; зубчатый
SAWTOOTH VOLTAGE	пилообразное напряжение
SAWTOOTH WAVE	волна в виде последовательности пилообразных импульсов
SCALE	шкала; масштаб
SCALED-DOWN	масштабно-уменьшенный
SCALE DIVISIONS	деления шкалы, градуировка

SCALE DRAWING	черчение в масштабе
SCALED-UP	масштабно-увеличенный
SCALE MODEL	масштабная модель
SCALE RANGE	пределы шкалы; диапазон измерений
SCALING	масштабирование; изменение масштаба; деление частоты; понижение частоты
SCALING FACTOR	масштабный коэффициент
SCALLOPED	дугообразный вырез; дугообразная выемка; волнообразные неровности (поверхности)
SCALLOPING	волнообразные неровности (поверхности); гребешковые искажения
SCALPEL (cutting tool)	скальпель
SCAN (to)	сканировать; последовательно контролировать показания приборов
SCAN CONVERTER	преобразование (стандарта) развертки
SCANNER	сканирующее устройство, сканер; развертывающее устройство; головка воспроизведения; анализатор (изображения); наблюдатель
SCANNER CONSOLE	панель анализатора; панель сканера
SCANNING	сканирование; поиск; обзор; развертка; осмотр, осматривание
SCANNING APPARATUS	сканирующая аппаратура
SCANNING BEAM	сканирующий пучок; сканирующий луч
SCANNING PATTERN	диаграмма сканирования; диаграмма обзора
SCANNING RADAR	сканирующая радиолокационная станция [РЛС]
SCANNING RATE	скорость сканирования
SCANNING SPEED	скорость сканирования
SCANNING TIME	время сканирования
SCAN PLATFORM	сканирующая платформа
SCANT WEIGHT	ограниченный вес
SCARF	скос кромки; соединение в косой стык
SCARF JOINT	соединение в косой стык; соединение в напуск
SCARF-WELDED	сваренный в напуск
SCATTERED	рассеянный; разбросанный
SCATTERED CLOUDS	рассеянные облака
SCATTERING	рассеяние; разброс (значений)

SCAVENGE (to)	откачивать (топливо); очищать; удалять примеси; продувать; удалять (отработавшие) газы
SCAVENGE FILTER	фильтр системы очистки
SCAVENGE PUMP	насос откачки, откачивающий насос
SCAVENGE SCREEN	сетчатый фильтр системы очистки
SCAVENGING	продувка (цилиндров двигателя); спуск; слив; выхлоп, выпуск
SCAVENGING DUCT	дренажный трубопровод
SCHEDULE	расписание; план; программа; график; регламент; режим (работы); перечень; каталог
SCHEDULED	плановый; регулярный; по графику; по плану; по расписанию; регламентный
SCHEDULED AIRLINE	авиакомпания регулярных перевозок
SCHEDULED AIR SERVICE	регулярные воздушные перевозки
SCHEDULED AT	запланированный на...
SCHEDULED CARRIER	регулярный авиаперевозчик
SCHEDULED FLIGHT	полет по расписанию; регулярный рейс
SCHEDULED REMOVAL	плановое снятие; плановый демонтаж (изделия)
SCHEDULED SERVICE	регулярные (воздушные) перевозки
SCHEDULED SERVICE AIRPORT	аэропорт регулярных воздушных авиалиний
SCHEDULING	планирование; составление расписания; составление технологического маршрута
SCHEMATIC	схема; диаграмма; схематическое изображение; описание схемы
SCHEMATIC DIAGRAM	принципиальная схема
SCHEMATIC WIRING DIAGRAM	монтажная схема
SCHEME	схема; диаграмма; конфигурация; процедура; последовательность операций
SCHOOL AIRCRAFT	учебный самолет
SCIENCE	наука; учение; теория
SCIENTIFIC	научный
SCIENTIFIC APPARATUS	научная аппаратура
SCIENTIFIC RESEARCH	научные исследования
SCIENTIST	ученый
SCINTILLATE (to)	вспыхивать; мерцать

SCISSION	деление; разделение; разрезание; рассечение; расщепление (ядра)
SCISSOR (to)	разрезать; разделять; делить; рассекать; расщеплять (ядра)
SCISSORS	ножницы
SCOBS	опилки; стружки; окалина
SCOOP	ковшовый воздухозаборник; заборник, улавливатель
SCOOP AIR INLET	ковшовый воздухозаборник
SCOOPING	бреющий полет
SCOPE	охват; область (действия); диапазон; размах; индикатор (радиолокатора); электронно-лучевая трубка, ЭЛТ
SCOPE DISPLAY	индикатор радиолокатора
SCORE	задир; зазубрина; зарубка; метка
SCORE (to)	задирать; зазубривать
SCORING	задир; задирание; образование задиров; заедание
SCOTCH	скотч, липкая лента; надрез
SCOUR	водная эрозия; промывка; очистка
SCOUR (to)	размывать; вымывать; эродировать; промывать; очищать
SCOURING	очистка; истирание; фрикционный износ
SCOUT(ING) PLANE	разведывательный самолет
SCOUTING MISSION	разведывательный полет
SCRAMBLING NET	тормозная сетка
SCRAMJET (supersonic combustion ramjet)	гиперзвуковой прямоточный воздушно-реактивный двигатель, ГПВРД, прямоточный воздушно-реактивный двигатель со сверхзвуковым горением, ПВРДсг
SCRAP	отходы; брак; лом
SCRAP (to)	превращать в лом
SCRAPE (to)	скрести; скоблить; чистить; зачищать
SCRAPE OFF (to)	очищать
SCRAPER	скрепер; скребок; шабер
SCRAPER RING	маслосъемное кольцо
SCRAP HEAP	груда лома
SCRAPING NOISE	скрип; скрежет
SCRAPING TOOL	шабер

SCRAP IRON	чугунный лом
SCRAP METAL	металлический лом
SCRAPPED MATERIAL	бракованный материал
SCRAP RATE	процент брака
SCRATCH	царапина; задир
SCRATCH (to)	образовывать царапины; образовывать задиры
SCRATCH-GAUGE	рейсмус
SCREECH	нестабильность горения
SCREECHING	"скрип" (звук при неустойчивой работе двигателя)
SCREEN	экран; заграждение; сетчатый фильтр; решетка; экранирующая сетка
SCREEN (to)	экранировать; показывать на экране; просеивать; отсеивать; сортировать
SCREEN FILTER	сетчатый фильтр
SCREEN GRID	экранирующая сетка
SCREEN TEMPERATURE	температура экрана
SCREEN WIPER	стеклоочиститель
SCREW	винт; болт; шуруп
SCREW (to)	ввинчивать; завинчивать; навинчивать; нарезать резьбу
SCREW ACTUATOR	винтовой подъемник
SCREW BACK (to)	отвинчивать
SCREW BASE	резьбовой цоколь
SCREW, BRAZIER HEAD	винторезная головка
SCREW CALIPER	микрометр
SCREW CLAMP	струбцина; винтовой зажим
SCREW COUPLING	винтовое соединение
SCREW CUTTER	метчик для нарезания резьбы
SCREW CUTTING	нарезание резьбы, резьбонарезание
SCREW CUTTING MACHINE (lathe)	винтонарезной станок
SCREWDRIVER	отвертка
SCREWDRIVER BIT	наконечник отвертки
SCREWDRIVER BLADE TIP	наконечник отвертки
SCREWDRIVER SLOT	шлиц под отвертку
SCREWED	завинченный; с нарезанной резьбой
SCREWED ROD	шток с резьбой; винтовая тяга
SCREWED UP	завинченный
SCREW EYE	резьбовое отверстие

SCREW GEAR	винтовая зубчатая передача; винтовое зубчатое колесо
SCREW HEAD	головка винта
SCREW HOLDING SCREWDRIVER	отвертка
SCREW HOME (to)	завинчивать до отказа
SCREW HOOK	крюк с винтом
SCREWING	завинчивание; стягивание
SCREW JACK	винтовой подъемник; винтовой домкрат
SCREW LAG	винт с квадратной головкой
SCREW NUT	гайка
SCREW OFF (to)	вывинчивать
SCREW OUT (to)	вывинчивать
SCREW PITCH	шаг резьбы
SCREW PITCH GAUGE	резьбовой калибр; резьбовой шаблон
SCREW PLATE	клупп
SCREW PLUG	резьбовая пробка; резьбовая заглушка
SCREW PROPELLER	гребной винт; воздушный винт с изменяемым шагом
SCREW PUMP	винтовой насос
SCREW SPANNER (wrench)	разводной гаечный ключ
SCREW STARTER	винтовой пусковой механизм
SCREW TAP	метчик
SCREW TERMINAL	винтовой зажим
SCREW THREAD	резьба
SCREW TYPE PULLER	винтовой выталкиватель; винтовой съемник
SCREW TYPE PUMP	винтовой насос
SCREW UP (to)	стягивать; затягивать; завинчивать
SCREW UP TIGHT (to)	завинчивать до отказа
SCREW WHEEL	зубчатое колесо; фреза
SCRIBE	гравировка
SCRIBE (to)	гравировать
SCRIBE MARK	метка, зарубка, риска; отметка; ориентир
SCRIBER	разметочный инструмент
SCRIM	холст для перекрытия швов
SCRIM CLOTH	ситовая ткань; полотно сетки (сита)
SCROLL	улитка нагнетателя (воздуха в двигатель)

SCROLL CUP	колпачок улитки нагнетателя (воздуха в двигатель)
SCROLLING	прокручивание, непрерывное перемещение изображения (на экране дисплея)
SCRUB (to)	мыть щеткой; скрести; чистить; промывать
SCRUBBER	скребок; жесткая щетка; скруббер; газоочиститель
SCRUBBING BRUSH	жесткая щетка
SCRUB ROUND (to)	дрожать; вибрировать
SCUFF	истирание; срабатывание; задир; заедание; задирание
SCUFF (to)	истирать(ся); срабатывать(ся); образовывать царапины
SCUFFING	истирание; срабатывание; задир; заедание; задирание
SCUFF PLATE	предохранительная пластинка
SCUM	пена; накипь
SCUPPER	водовыпускное отверстие
SCUPPER ASSY, FILLER	заливная горловина (бака)
SCUPPER DRAIN	дренажное отверстие
SEA	море; волна; волнение
SEABORNE	морской; транспортируемый морем
SEA FOG	морской туман
SEAJET	корабль на подводных крыльях, КПК
SEAL	уплотнение; (гермо)вывод; герметизация; уплотнитель, герметик; сальник
SEAL (to)	уплотнять; герметизировать
SEALANT	герметизирующий состав, герметик
SEALANT BEAD	полоса герметика; слой герметика
SEALANT CUTTING TOOL	резец для герметика
SEAL BUTTERFLY VALVE	дроссельный клапан; дроссельная заслонка
SEAL CARRIER	держатель сальника
SEALED	уплотненный; герметизированный
SEALED BEARING	герметичный подшипник
SEALED BOX	герметизированный корпус
SEALED BULKHEAD	герметичная перегородка, гермоперегородка
SEALED COMPENSATING CHAMBER	герметичная компенсированная камера

SEALED HOUSING	герметичный корпус
SEALED WIRE	опломбированная проволока
SEALER	уплотнитель; герметик
SEALER CEMENT	мастика; герметик
SEA LEVEL	уровень моря
SEA-LEVEL POWER	тяга на уровне моря
SEAL HOLDER	опорная шайба масляного уплотнения
SEAL HOUSING	герметизированный корпус
SEALING	уплотнение; герметизация; пломбирование
SEALING ACTION	герметизация
SEALING BUSH	уплотнительная втулка
SEALING COMPOUND	мастика; герметик
SEALING FACE	уплотняющая поверхность
SEALING FINS	приливы уплотняющего соединения
SEALING GUN	пистолет для герметика
SEALING OF INTEGRAL FUEL TANK	герметизация несущего топливного бака
SEALING RING	кольцевой уплотнитель; уплотняющее кольцо
SEALING RIVET	герметичная заклепка
SEALING STRIP	полоса герметика; полоса уплотнителя
SEALING WASHER	уплотнительная шайба
SEALING WIRE	проволока для пломбирования
SEAL INJECTION	ввод герметика
SEA LINK	морское сообщение
SEAL PACKING	уплотнение соединения, сальник
SEAL RETAINER	опорная шайба масляного уплотнения
SEAL RETAINING CABLE	уплотнитель соединения
SEAL RING	кольцевой уплотнитель; уплотнительное кольцо
SEAL SEGMENT	сегмент уплотнителя
SEAL WASHER	уплотнительная шайба
SEAM	спай; шов
SEAM (to)	спаивать; соединять швом
SEA MARKER	морской маяк
SEAMLESS	бесшовный
SEAMLESS PIPE (tube)	бесшовная [цельнотянутая] труба
SEAM-WELDED	сварной шов; сваренный по шву
SEAM WELDING	роликовая [шовная] сварка

SEAPLANE	гидросамолет
SEAPLANE BASE	место базирования гидросамолетов
SEARCH	поиск (цели); исследование; изыскание; поисковый
SEARCH (to)	производить поиск (цели)
SEARCH AND RESCUE AIRCRAFT	поисково-спасательный самолет
SEARCH-AND-RESCUE MISSION	задача поиска и спасения; полет поисково-спасательного самолета
SEARCHLIGHT (search light)	прожектор
SEARCH RADAR	поисковая радиолокационная станция, поисковая РЛС
SEA-SKIMMER	противокорабельная ракета с траекторией полета над гребнями волн
SEA-SKIMMING	полет над гребнями волн
SEA-SKIMMING MISSILE	противокорабельная ракета с траекторией полета над гребнями волн
SEASONAL	сезонный
SEA SURVEILLANCE RADAR	обзорная радиолокационная станция для наблюдения за акваторией океана
SEAT	кресло; сиденье
SEAT BACK	спинка сиденья
SEAT BELTS	привязные ремни
SEAT COVER	чехол кресла
SEAT DAIS	помост для кресла
SEATED	в кресле
SEA TEST	морские испытания
SEAT FACTOR	коэффициент занятости пассажирских кресел
SEATING	опорная поверхность; опора; гнездо; канавка; паз; места (для сиденья)
SEATING ARRANGEMENT	размещение пассажирских кресел
SEATING CAPACITY	пассажировместимость (воздушного судна)
SEATING FACE	опорная поверхность
SEAT-KILOMETER	пассажиро-километраж (воздушной перевозки)
SEAT-KILOMETER AVAILABLE	располагаемый пассажиро-километраж

SEAT LOAD FACTOR	коэффициент занятости пассажирских кресел
SEAT-MILE COST	стоимость пассажиро-километража
SEAT-MILES	пассажиро-километраж (воздушной перевозки)
SEAT OCCUPIED	занятое кресло
SEAT PITCH	шаг кресел
SEAT RECLINE BUTTON	кнопка для откидывания кресла
SEAT ROW	ряд кресел
SEAT TRACK	рельсовые направляющие кресла
SEAWORTHINESS	мореходность, мореходные качества
SECANT	секущая; секанс
SECONDARY	вспомогательный; вторичный
SECONDARY AIR	вторичный воздух
SECONDARY AIRFLOW	вторичный воздушный поток
SECONDARY AIR INLET DOORS	створки подачи вторичного воздуха
SECONDARY AIR VALVE	клапан подачи вторичного воздуха
SECONDARY CONTROL	вспомогательные органы управления
SECONDARY DUCT	вспомогательный трубопровод
SECONDARY HEAT EXCHANGER	вспомогательный теплообменник
SECONDARY LOAD	нагрузка вторичной цепи силового трансформатора
SECONDARY NOZZLE	сопло внешнего контура
SECONDARY PRODUCT	побочный продукт
SECONDARY RADAR	вспомогательная радиолокационная станция [РЛС]
SECONDARY RUNWAY	вспомогательная взлетно-посадочная полоса, запасная ВПП
SECONDARY SURVEILLANCE RADAR (SSR)	вспомогательная обзорная радиолокационная станция [РЛС]
SECONDARY WINDING	вторичная обмотка
SECOND-CLASS FARES	тариф второго класса
SECOND-IN-COMMAND	второй пилот
SECOND-LEVEL CARRIER	второстепенный авиаперевозчик (по объему перевозок)
SECOND METER	секундомер

SECOND PILOT (copilot)	второй пилот
SECOND STAGE PROPULSION NOZZLE	реактивное сопло второй ступени
SECTION	секция; отсек; сечение; разрез; профиль; часть; отдел
SECTION (to)	вычерчивать сечение
SECTIONAL	секционный; сборный; составной; разборный; разъемный
SECTIONAL VIEW	разрез; сечение (на чертеже)
SECTION DRAWING	разрез на чертеже
SECTION OVERHAUL	частичный ремонт
SECTION THROUGH DAMAGE	разрез в зоне разрушения
SECTOR FLIGHT	полет в установленном секторе
SECTOR GEAR	зубчатый сектор
SECTOR OF INDUSTRY	отрасль промышленности
SECURE (to)	крепить; закреплять; гарантировать; обеспечивать
SECURE A SCREW (to)	завинчивать винт
SECURING CLAMP	зажим; фиксатор
SECURING NUT	стопорная гайка
SECURITY	прочность крепления; надежность; безопасность; секретность; скрытность; защита
SECURITY BLANKET	защитное покрытие, защитный слой
SECURITY OF MOUNTING	прочность монтажа
SECURITY SCREENING	защитное экранирование
SEDIMENT	осадок; отстой; отложения
SEE DETAIL A	смотри деталь А
SEEDING	затравливание; кристаллизация
SEEK (to)	производить поиск; осуществлять самонаведение; самонаводиться (на цель)
SEEKER	головка самонаведения, ГСН; ориентатор
SEEKER HEAD	головка самонаведения, ГСН
SEEK TIME	время поиска
SEEM (to)	казаться, представляться
SEE OFF (to)	провожать (уезжающих)
SEEP (to)	просачиваться, протекать; травить (давление воздуха)
SEEPAGE	утечка, течь; просачивание; травление (давления воздуха)

SEEPAGE DRAIN	отвод утечки
SEE VIEW 2	смотри вид 2
SEGMENT	сегмент; секция; отрезок, участок
SEGMENTED APPROACH PATH	сегментная траектория захода на посадку
SEGMENT OF FLIGHT	участок полета
SEIZE (to)	заедать; застревать; заклинивать
SEIZED-UP	застрявший; заклиненный; заблокированный
SEIZING	заклинивание; заедание; блокировка
SEIZURE	захват (воздушного судна); заедание, заклинивание (детали)
SELCAL (selective calling)	избирательный вызов
SELECT (to)	выбирать; выделять
SELECTED	выбранный; выделенный
SELECTED THRUST	выбранный режим тяги
SELECTION	селекция; отбор; выбор; выборка; выделение
SELECTION CIRCUIT	избирательная [селективная] цепь
SELECTIVE CALL (selcal)	избирательный вызов
SELECTIVE LEVEL METER	селективный уровнемер
SELECTIVE RECEIVER	избирательный приемник
SELECTIVE RELAY	селективное реле
SELECTIVITY	избирательность, селективность
SELECTIVITY SWITCH	селективный переключатель
SELECTOR	селектор; искатель; задатчик (режима работы); переключатель
SELECTOR KNOB	ручка переключателя
SELECTOR RELAY	реле переключателя
SELECTOR SWITCH	селекторный переключатель
SELECTOR VALVE	селекторный клапан; распределитель
SELENIOUS ACID	селеновая кислота
SELENIUM RECTIFIER	селеновый выпрямитель
SELENIUM TUBE	селеновая трубка
SELENOCENTRIC ORBIT	селеноцентрическая орбита
SELF-ACTING	автоматический
SELF-ADAPTIVE	самонастраивающийся
SELF-ADJUSTING	самонастраивающийся
SELF-ALIGNING	самоустанавливающийся; самоцентрирующийся

SELF-ALIGNING BEARING	самоустанавливающийся [самоцентрирующийся] подшипник
SELF-CAPACITY	собственная емкость
SELF-CENTRING	самоцентрирующийся
SELF-CHECKING	самопроверка; самоконтроль
SELF-CLEANING	самоочистка, самоочищение
SELF-CLOSING	самозапирание
SELF-COLOUR	одноцветный, однотонный
SELF-CONTAINED	автономный; блочный; моноблочный
SELF-CONTAINED SHOT-PEENING	автономное дробеструйное упрочнение
SELF-CONTAINED SOURCE	автономный источник
SELF-CONTAINED TOILET DISPOSAL SYSTEM	автономная система удаления отходов
SELF-CONTROL	автоматическое управление; саморегулирование
SELF-COOLING	самоохлаждение, естественное охлаждение, охлаждение окружающим воздухом
SELF-DIRECTIONAL	самонаведение
SELF-DRIVING SPEED	автоматически регулируемая скорость
SELF-EXCITED	самовозбужденный
SELF-EXCITED OSCILLATOR	генератор с самовозбуждением, автогенератор
SELF-EXCITER	автогенератор
SELF-FEEDING	автоматическая подача (горючего)
SELF-FILLING	автоматическая заправка (топливом)
SELF-FLUXING SOLDER	самофлюсующий припой
SELF-GUIDANCE	самонаведение
SELF-HARDENING STEEL	самозакаливающаяся сталь
SELF-IGNITION	самовоспламенение
SELF-INDUCTANCE	собственная индуктивность; коэффициент самоиндукции
SELF-INDUCTION	самоиндукция; коэффициент самоиндукции
SELF-INDUCTION COIL	катушка для увеличения собственной индуктивности цепи
SELF-INSTRUCTION	самообучение
SELF-LOCKING	самоблокировка; самоконтрящийся
SELF-LOCKING NUT	самоконтрящаяся гайка

SELF-LUBRICATED	автоматически смазанный
SELF-LUBRICATED BEARING	автоматически смазанный подшипник
SELF-LUBRICATING	автоматическая смазка
SELF-MONITORING	самоконтроль; самоконтролирующийся; с автоматическим управлением
SELF-PLUGGING	самоуплотняющийся; самозатягивающийся; самозакупоривающийся
SELF-PRIMING	пуск насоса при атмосферном давлении в линии всасывания
SELF-PROPELLED	самоходный
SELF-RECORDING	самопишущий (прибор)
SELF-REGISTERING BAROMETER	самопишущий барометр
SELF-REGULATING	саморегулирование; автоматическая стабилизация
SELF-REGULATING PUMP	саморегулирующийся насос
SELF-RESTORABILITY	самовосстанавливаемость
SELF-RESTORING	самовосстановление
SELF-ROUTING	автоматическая прокладка маршрута
SELF-RUNNING	самозапуск
SELF-SATURATION	самонасыщение
SELF-SCALING	самомасштабирование
SELF-SCANNING	самосканирование
SELF-SCREENING	самоэкранирование
SELF-SEALING	самозатягивающийся; самоуплотняющийся; самогерметизирующийся
SELF-SEALING DISCONNECT	самоуплотняющееся разъемное соединение
SELF-SEALING RIVET	герметичная заклепка
SELF-SHIELDING	самоэкранирование
SELF-STARTING	автоматический пуск; самозапуск
SELF-STEERING	автоматическое управление
SELF-STICKING	самозастревание; самозаедание; самозалипание
SELF-SUSTAINED SPEED	крейсерская скорость; маршевая скорость
SELF-SUSTAINING	крейсерский; маршевый; самоподдерживающийся
SELF-SWITCHING	самопереключение

SELF-SYNCHRONIZING	автосинхронизированный
SELF-TAP(PING) SCREW	самонарезающий винт
SELF-TAPPING	самонарезающий
SELF-TEST	автоматический контроль, самоконтроль, самопроверка; самотестирование
SELF-TUNING	самонастройка; автоподстройка
SELF-VERIFICATION	самоконтроль; самопроверка
SELF-WINDING	автоматическая намотка
SELLER	торговец; продавец
SELLING POINT	обоснование продажи
SELLING PRICE	продажная цена
SEMI-ACTIVE HOMING HEAD	полуактивная головка самонаведения [ГСН]
SEMI-ARTICULATED ROTOR	полушарнирный ротор
SEMI-AUTOMATIC CYCLE	полуавтоматический режим
SEMI-CONDITIONED AIR	полукондиционированный воздух
SEMICONDUCTING MATERIAL	полупроводник
SEMICONDUCTOR	полупроводник; полупроводниковый прибор
SEMI-MONOCOQUE	полумонокок
SEMI-RIGID	полужесткий
SEMI-RIGID FOUR-BLADE PROPELLER	полужесткий четырехлопастный воздушный винт
SEMI-STEEL	сталистый чугун
SEMI-STIFF	полужесткий
SEND (to)	посылать; отправлять; передавать
SENDER	отправитель; передатчик
SENDER VOLTAGE	напряжение передатчика
SENDING AERIAL	передающая антенна
SEND MIXER	преобразователь частоты передатчика
SENIOR EXECUTIVE	старший администратор; старший служащий
SENIOR MANAGEMENT	главная администрация; главное правление
SENIOR TRAFFIC OFFICER	старший дежурный на взлетно-посадочной полосе [ВПП]
SENSE (to)	определять направление; определять ориентацию; фиксировать отклонение; обнаруживать; распознавать; опознавать; воспринимать; зондировать; измерять; контролировать

SENSE ANTENNA .... антенна, исключающая неоднозначность пеленга
SENSE FINDING .... достоверная радиопеленгация
SENSE OF FEEL .... загрузочный механизм, автомат загрузки
SENSING .... определение направления; определение ориентации; определение знака; обнаружение; распознавание; опознавание; восприятие; считывание; измерение; контроль; зондирование
SENSING ANTICIPATOR .... фазоопережающая цепь
SENSING CIRCUIT .... измерительная цепь; цепь обнаружения
SENSING DEVICE (sensor) .... датчик обнаружения; измерительный датчик
SENSING ELEMENT .... чувствительный элемент
SENSING LOOP .... измерительный контур; пеленгаторная антенна
SENSING PROBE .... измерительный датчик; датчик обнаружения
SENSING UNIT .... измерительный блок; устройство обнаружения
SENSITIVE .... чувствительный
SENSITIVE AIRSPEED INDICATOR .... чувствительный указатель воздушной скорости
SENSITIVE ALTIMETER .... чувствительный высотомер
SENSITIVE SWITCH .... чувствительный переключатель
SENSITIVITY (sensitiveness) .... чувствительность
SENSOR .... датчик; чувствительный элемент; сенсор; детектор
SENSOR LOOP .... контур датчика
SENSOR/RESPONDER .... датчик и передатчик
SENSOR UNIT .... блок датчиков; устройство обнаружения
SEPARATE (to) .... отделять(ся); выделять(ся); разделять(ся); сортировать; классифицировать
SEPARATE CHAMBERS .... раздельные камеры
SEPARATE CIRCUITS .... раздельные схемы
SEPARATE COMBUSTION CHAMBERS .... раздельные камеры сгорания
SEPARATE NOZZLES .... раздельные сопла

SEPARATION	отделение; разделение; выделение; сортирование; классификация; отрыв (потока); эшелонирование (полетов)
SEPARATION MANEUVER	маневр на разделение
SEPARATION MOTOR	двигатель системы разделения
SEPARATION ROCKET	ракетный двигатель системы отделения
SEPARATION SERVICE	служба эшелонирования
SEPARATION STANDARDS	нормы эшелонирования (полетов)
SEPARATOR	сепаратор, отделитель; центрифуга
SEPTUM	перегородка
SEQUENCE	последовательность; порядок (следования); ряд; очередность
SEQUENCED FLASHING LIGHTS	бегущие проблесковые огни
SEQUENCE FLASHER	проблесковый огонь
SEQUENCER	программный механизм; программируемый контроллер; устройство задания последовательности (операций)
SEQUENCE VALVE	программный клапан
SEQUENCING	последовательность (операций); цикловое программное устройство; цикловой
SEQUENCING CHAIN	последовательная цепь
SEQUENCING UNIT	программный механизм; программируемый контроллер; устройство задания последовательности (операций)
SEQUENCING VALVE	программный клапан
SERIAL	серийный; последовательный
SERIAL ACCESS	последовательная выборка; последовательный доступ
SERIAL DATA	данные, передаваемые последовательно
SERIALIZATION	организация серийного производства; присвоение серийных номеров
SERIAL NUMBER	серийный номер
SERIAL TRANSFER	последовательная передача
SERIES	серия; ряд; группа; последовательное соединение
SERIES CIRCUIT	последовательная схема; последовательная цепь; последовательный контур

SERIES CONNECTED	последовательно соединенный
SERIES MOUNTING	серийная сборка; последовательная сборка
SERIES PARALLEL	параллельные серии; параллельные ряды
SERIES PRODUCTION	серийное производство
SERIES RADIATOR	последовательный излучатель
SERRATED	нарезанные мелкие зубья; мелкозубый; зазубренный; рифленый
SERRATED COLLET	рифленая конусная втулка; цанговый патрон с рифлеными зажимными планками
SERRATED COUPLING	муфта с мелкозубчатой поверхностью
SERRATED JAW	кулачок с мелкозубчатой присоединительной поверхностью
SERRATED PLATE	мелкозубчатая поверхность; рифленая поверхность
SERRATED TAPE	наждачная лента
SERRATED WASHER	рифленая шайба
SERRATION	зубец, мелкий зуб; мелкомодульное зубчатое соединение
SERVE (to)	использовать(ся); служить; обслуживать
SERVICE	служба; техническое обслуживание; эксплуатация
SERVICE (to)	обслуживать; эксплуатировать
SERVICEABILITY	обслуживаемость; удобство обслуживания; эксплуатационная пригодность; ремонтная технологичность; ремонтопригодность
SERVICEABLE	обслуживаемый; ремонтопригодный; пригодный к эксплуатации
SERVICEABLE CONDITIONS	эксплуатационные условия
SERVICE/ATTENDANTS INTERPHONE	внутренняя связь для бортпроводников
SERVICE BULLETIN (SB)	бюллетень по техническому обслуживанию (авиатехники)
SERVICE CART	официантская тележка
SERVICE CEILING	рабочий потолок
SERVICE CENTRE	центр технического обслуживания
SERVICE COMPARTMENT	технический отсек
SERVICE DOOR	служебная дверь; створка эксплуатационного люка
SERVICE EVALUATION	эксплуатационная оценка

SERVICE LIFE	срок эксплуатации, эксплуатационный срок службы, ресурс
SERVICE LOAD	рабочая нагрузка
SERVICE PANEL	эксплуатационный щиток
SERVICE PERSONNEL	технический персонал; обслуживающий персонал
SERVICE PITS	заправочные колодцы (централизованной системы аэропорта)
SERVICER	устройство обслуживания
SERVICE STATION	станция технического обслуживания
SERVICE TROLLEY	официантская тележка
SERVICE WEAR LIMITS	предельный срок службы
SERVICING	обслуживание, сервис; техническое обслуживание; текущий ремонт
SERVICING CHART	карта технического обслуживания
SERVICING PERSONNEL	технический персонал; обслуживающий персонал
SERVICING POINT	точка технического обслуживания
SERVICING SHOP	цех технического обслуживания
SERVICING STATION	станция технического обслуживания
SERVICING TOWER	пункт технического обслуживания
SERVING CART/TROLLEY	официантская тележка
SERVO	рулевая машинка; серводвигатель, сервомотор; сервопривод; сервомеханизм; система, сервосистема; сервосигнал
SERVO-ACCELEROMETER	сервоакселерометр, акселерометр с сервоприводом
SERVO-ACTUATOR (servoactuator)	сервопривод
SERVO-ALTIMETER	высотомер с сервоприводом
SERVO-AMPLIFIER	сервоусилитель
SERVO-BRACKET	сервоконтроллер
SERVO-BRAKE	серvotormoz
SERVO-CONTROL	сервоуправление; серворегулирование
SERVO-CONTROLLED	с сервоуправлением; с сервоприводом
SERVO-CONTROLLED ACTUATOR	сервопривод
SERVO-CONTROL UNIT	блок сервоуправления
SERVO-DEVICE	сервомеханизм
SERVO-DRIVE	сервопривод
SERVO-DRUM	вал серводвигателя
SERVODYNE (UNIT)	сервопривод; гидроусилитель, бустер

SERVODYNE VALVE	клапан гидроусилителя
SERVOED	с сервоприводом; с сервоуправлением
SERVO-FORCE	усилие сервопривода
SERVO-GEAR	сервомеханизм
SERVOING	сервоуправление; серворегулирование
SERVO-LOOP	следящий контур
SERVO-LUBRICATION	принудительная смазка
SERVO-MECHANISM	сервомеханизм
SERVO-MOTOR	серводвигатель, сервомотор
SERVO PACKAGE	сервопривод; рулевой привод; сервомотор, рулевая машинка; гидроусилитель, бустер
SERVO-PNEUMATIC ALTIMETER	сервопневматический высотомер, высотомер с сервопневматическим приводом
SERVO-POT	сервопотенциометр
SERVO-PRESSURE	давление гидроусилителя
SERVO-ROBOT	робот с сервоуправлением
SERVOS ENGAGE LEVER	рычаг включения сервосистемы
SERVO-SYSTEM	следящая система, сервосистема; система автоматического регулирования, САР
SERVO-TAB	колонка с сервоприводом
SERVO-UNIT	сервопривод; рулевой привод; сервомотор, рулевая машинка; гидроусилитель, бустер
SERVOVALVE(servo-valve)	сервораспределитель; сервоклапан
SET	набор; комплект; стенд; группа; ряд; семейство; партия; радиостанция; приемник; установка; агрегат; аппарат; установка; регулирование; настройка; наладка; юстировка; стабилизация;
SET (to)	устанавливать; регулировать; настраивать; налаживать; юстировать; охватывать(ся); затвердевать; отверждать(ся); закреплять
SET A RIVET (to)	устанавливать заклепки
SET BUG	подвижный индекс прибора
SET BUTTON	кнопка регулировки
SET COUNTER	счетчик системы регулировки
SET COURSE (to)	прокладывать курс на...
SET DOWN (to)	сажать, приземлять (воздушное судно)

SET IN (to)	вставлять в пазы
SET-IN	установка; позиционирование; смещение
SET KNOB	ручка регулировки
SET NUT	установочная гайка; стопорная гайка
SET OF ADAPTERS	блок адаптеров
SET OF ENGINES	связка двигателей; блок двигателей
SET OF SHIMS	комплект шайб; комплект прокладок
SET ON (to)	задавать (курс полета)
SET OUT (to)	выпускать (в полет); отправлять (в рейс)
SET PARKING BRAKE (to)	комплект стояночных тормозов
SET RING	установочное кольцо
SET SCREW	установочный винт; стопорный винт; регулировочный винт
SETSCREW	установочный винт; стопорный винт; регулировочный винт
SET SQUARE	угольник
SET SWITCH	ручка управления
SETTEE	наладочное устройство; установочное устройство; пульт
SETTER	задатчик
SETTING	установка; регулирование; настройка; наладка; юстировка; схватывание; затвердевание; отверждение; стабилизация; фиксация; закрепление
SETTING ANGLE	установочный угол
SETTING CURVE	регулировочная кривая
SETTING GAUGE	прибор для размерной настройки
SETTING KNOB	ручка регулировки
SETTING OFF	сдвиг, смещение, вынос; упреждение; эшелонирование
SETTING PIN	установочный штифт
SETTING RING	установочное кольцо
SETTING SCALE	шкала настройки
SETTING SCREW	установочный винт; стопорный винт; регулировочный винт
SETTING SHIM	регулировочная шайба
SETTING-UP	наладка; настройка
SETTLE (to)	оседать; осаждаться; отстаиваться; устанавливать (в определенное положение)
SETTLEMENT	оседание, осадка; стабилизация

SETTLING	осаждение; отстаивание; осадок; отстой; расслоение; осадка; успокоение (картушки компаса)
SETTLING TIME	время осаждения; время отстаивания; время установления (сигнала)
SET TO ZERO (to)	устанавливать на нуль, обнулять
SET UP (to)	регулировать
SET-UP	сборка; монтаж; наладка; настройка; расположение; размещение; компоновка
SET-UP DIAGRAM	монтажная схема; сборочная схема
SET-UP GAGE	установочный калибр
SET-UP TIME	время сборки; время монтажа; время подготовки к работе; время наладки; время установки
SEVEN STAGE STATOR ASSY	семиступенчатый статор
SEVER (to)	отделять, отрезать; разъединять; разделять
SEVERE DAMAGE	серьезное повреждение
SEVERE TURBULENCE	сильная турбулентность
SEW (to)	шить; сшивать; зашивать; пришивать
SEXTANT	секстант
SHACKLE	(соединительная) скоба; хомут; серьга
SHADE	экран; защитное стекло; светозащитная бленда
SHADED	экранированный; затенённый
SHADED AREA	затенённая область (потока)
SHADOW	затенение; зона радиомолчания; область тени
SHADOW MASK	теневая маска
SHAFT	вал; ось; шпиндель; шток; тяга; стержень; рессора
SHAFT ASSEMBLY	шпиндельный узел
SHAFT BEARING	опора вала
SHAFT GEAR	вал-шестерня
SHAFT HORSEPOWER (SHP, shaft horse-power)	мощность на валу
SHAFT LINE	ось вала
SHAFT POWER	мощность на валу
SHAKE	встряхивание; трещина
SHAKE (to)	трясти; встряхивать

SHAKEDOWN FLIGHT	испытательный полет
SHAKEPROOF	самоконтрящийся
SHAKER (stick shaker)	вибратор; вибростенд
SHALLOW	пологий; мелкий, неглубокий
SHALLOW CLIMB	пологий набор высоты
SHALLOW DESCENT	пологий спуск
SHALLOW DIVE	пологое пикирование
SHALLOW TURN	пологий разворот
SHANK	хвостовик (инструмента); корпус; тело (болта)
SHANK CUTTER	концевая фреза
SHANK DRILL	сверление торца (заготовки)
SHANK LENGTH	длина корпуса; длина тела (болта)
SHAPE	форма; конфигурация; вид; профиль; модель
SHAPE (to)	формировать; придавать форму; формовать; профилировать
SHAPING	компоновка; выбор формы; профилирование (сопла)
SHAPING-MACHINE	поперечно-строгальный станок; фасонно-фрезерный станок
SHARE	часть; доля; акция
SHAREHOLDER	держатель акций; акционер
SHARP	острый, остроконечный; отчетливый, четкий, определенный; сильный; резкий
SHARP CORNER	острый угол
SHARP-CUT OUTLINE	отчетливый контур, четкий контур
SHARP EDGE	острая кромка
SHARP EDGED TOOL	инструмент для заточки кромок
SHARPEN (to)	затачивать; точить, заострять; сужать (пучок); сжимать (диаграмму направленности антенны)
SHARPENING	заточка (инструмента); сужение (пучка); сжатие (диаграммы направленности антенны); обострение (фронта)
SHARPENING MACHINE	заточный станок
SHARPENING STONE	оселок; точило
SHARP-POINTED	остроконечный; с заостренной носовой частью

SHARP TURN	резкий разворот
SHATTER (to)	дробить
SHATTERPROOF	прочный; небьющийся
SHAVER	бритва; электробритва
SHAVER OUTLET	штепсельная розетка для электробритвы
SHAVING	обрезка (заусенцев); шевингование; обрезки; стружки
SHEAR	сдвиг; срез; поперечная сила; сдвигающее усилие; ножницы
SHEAR (to)	сдвигать; срезать; резать
SHEAR BOLT	срезной болт
SHEARED RIVET	срезанная заклепка
SHEAR FLOW	течение с поперечным градиентом скорости; течение вязкой жидкости
SHEARING	сдвиг; срез; сдвигающий (об усилии); касательный (о напряжении); резка ножницами
SHEARING MACHINE	листорезный станок; механические ножницы
SHEARING STRAIN (stress)	касательное напряжение
SHEAR LINK	срезная петля; срезной трос
SHEAR LOAD	поперечная сила; сдвигающее усилие
SHEAR LOCK BOLT	срезной стопорный болт
SHEAR OFF (to)	срезать
SHEAR PHENOMENA	эффект сдвига
SHEAR PIN	срезной штифт
SHEAR RIVET (shear out rivet)	срезная заклепка
SHEARS	ножницы
SHEAR-SHAFT	срезной стержень
SHEAR SPINNING	сдвигающее вращение
SHEAR STEEL	разрезанная сталь
SHEAR STRENGTH	прочность на сдвиг; сопротивление сдвигу; предел прочности при сдвиге
SHEAR STRESS	касательное напряжение
SHEAR TIE	срезной элемент
SHEATH	оболочка; покрытие; корпус; кожух; обшивка
SHEATHE (to)	обшивать; заключать в кожух
SHEATHING	оболочка; покрытие; обшивка

SHEATHING FELT	войлочная обшивка
SHEAVE	шкив; блок; ролик; эксцентрик; тяговая шайба
SHED	укрытие; навес; эллинг; ангар
SHED (to)	сбрасывать; излучать; испускать
SHEDDING	затенение; удаление; сбрасывание (оболочки); излучение, испускание
SHEDDING CIRCUIT	цепь сброса нагрузки; разгрузочная цепь
SHEDDING DAMPER	цепь сброса нагрузки; разгрузочная цепь
SHEEN	сияние; блеск
SHEET	лист; тонколистовая сталь; слой; ведомость; перечень (документ)
SHEET (to)	обшивать листами
SHEET ALUMINIUM	тонколистовой алюминий
SHEET IRON	тонколистовой прокат
SHEET METAL	тонколистовой металл
SHEET METAL FABRICATION SHOP	цех сварки тонколистового металла
SHEET METAL WORK(ing)	обработка тонколистового металла
SHEET METAL WORKER	рабочий по обработке тонколистового металла
SHEET OF GRAPH PAPER	лист миллиметровой бумаги
SHEET OF ICE	слой льда
SHEET OF PAPER	лист бумаги
SHEET-STEEL	тонколистовая сталь
SHELF	полка; стеллаж
SHELF LIFE	долговечность при хранении; срок годности при хранении
SHELF SLIDE	направляющие стеллажа
SHELF STORAGE TIME	срок годности при хранении
SHELL	оболочка; кожух; корпус; обшивка; остов; каркас; снаряд
SHELLAC	шеллак
SHELL MOLD CASTING	литье в оболочковые формы; отливка, полученная литьем в оболочковую форму
SHELL STRUCTURE	оболочечная структура; конструкция корпуса
SHELTER	убежище; укрытие; навес

SHELTER (to)	укрывать
SHELVE A PROJECT (to)	откладывать рассмотрение проекта
SHERARDIZING (sherardization)	шерардизация, диффузионное оцинковывание стали
SHIELD	защита; защитный экран; щиток; щит; козырек; маска; теплозащитное покрытие, ТЗП
SHIELD (to)	экранировать; защищать; маскировать
SHIELDED CABLE	экранированный кабель
SHIELDING	экранирование; экранирующая оболочка; защита; маскирование; затенение; экранирующий; защитный
SHIFT	замена; смена; изменение; перемещение; смещение; отклонение; сдвиг; переключение
SHIFT (to)	перемещать; смещать; сдвигать
SHIFT ALTERATION	изменение; переоборудование; модификация
SHIFT CYCLE	рабочий цикл
SHIFTER WALKING BEAM (torque tube)	подвижная опора
SHIFTING	перемещение; смещение; сдвиг; переключение
SHIFTING GEAR	передвижная шестерня; каретка
SHIFT MECHANISM	механизм переключения; устройство перевода
SHIFT OF THE WIND	поворот ветра
SHIFT SCHEDULE	график внесения изменений
SHIFTWORK	рабочая смена; сменная работа
SHIM	прокладка; прослойка; регулировочная шайба; шайба; клин
SHIM-LAMINATED	многослойная [слоистая] прокладка
SHIM LAMINATION	слоистая структура прокладки; расслоение прокладки
SHIMMING	регулировка прокладкой; подклинивание; регулировка клином; магнитное шиммирование
SHIMMY	шимми, автоколебания (шасси)
SHIMMY DAMPER	демпфер шимми, гаситель автоколебаний (носового колеса)
SHIMMY-FREE	свободный от автоколебаний
SHIM SET	комплект прокладок

SHIM STOCK	щуп (для контроля зазора)
SHIM THICKNESS	толщина прокладки
SHIM UP GAP (to)	регулировать зазор прокладкой
SHIM WASHER	регулировочная шайба
SHINE (to)	светить; блестеть; сверкать
SHINY	ясный, солнечный; отполированный, начищенный, блестящий
SHIP	корабль, судно; (тяжелый) летательный аппарат; дирижабль; воздушное судно; космический корабль, КА
SHIPBOARD	корабельный; палубный; корабельного базирования
SHIPBOARD FIGHTER	палубный истребитель
SHIPBOARD HELICOPTER (shipborne helicopter)	палубный вертолет
SHIPMENT	транспортировка; отправка грузов
SHIPPER	грузоотправитель
SHIPPING	транспортировка; отправка (груза), отгрузка
SHIPPING COVER	транспортировочный чехол
SHIPPING NOTE	накладная на отправку груза
SHIPPLANE	палубный самолет
SHIP-TO-SHIP MISSILE	ракета класса "корабль - корабль"
SHIRT	верхняя мужская сорочка
SHIVER	дрожание; вибрация; осколок; обломок
SHOCK	удар; толчок; скачок уплотнения
SHOCK ABSORBER	амортизатор (шасси); гаситель ударных нагрузок
SHOCK ABSORPTION	амортизация толчков, гашение толчков
SHOCK CARPET	амортизационный коврик
SHOCK CONE	конический скачок уплотнения; конус сверхзвукового воздухозаборника
SHOCK CORD	амортизационный шнур
SHOCK-FREE	бесскачковый (о течении); безударный
SHOCK-HEATED	нагреваемый ударной волной
SHOCK-LOADED	с ударным нагружением
SHOCK LOADS	ударные нагрузки
SHOCKMOUNT	амортизационная платформа; амортизатор
SHOCK-MOUNTED	амортизированный; противоударный

SHOCK PATTERN	система скачков уплотнения
SHOCK-PROOF	амортизированный; противоударный
SHOCK STRUT	амортизационная опора, армстойка (шасси); амортизирующий подкос, амортизатор (шасси)
SHOCK STRUT DOORS	створки амортизационной опоры (шасси)
SHOCK TUBE	ударная труба
SHOCK WAVE	ударная волна; скачок уплотнения
SHOCK WAVE CONE	конический скачок уплотнения
SHOCK WAVE DISTURBANCES	возмущения, обусловленные скачком уплотнения
SHOCK WAVE DRAG	волновое сопротивление
SHOE	башмак; колодка; направляющая; пилон (для наружной подвески)
SHOE BRAKE	колодочный тормоз
SHOOT (to)	стрелять, вести огонь; разгонять (самолет)
SHOOT DOWN (to)	сбивать (цель)
SHOOTING	стрельба; огонь; ведение огня
SHOOTING RATE	темп стрельбы
SHOP	мастерская; цех
SHOP CHECK REMOVAL	снятие с эксплуатации для проведения регламентных работ
SHOP TRAVELLER	передвижной кран в цехе
SHOP-VISIT RATE	частота проведения регламентных работ
SHORING	крепление; усиление; армирование
SHORT	короткое замыкание; недолет (бомбы); короткий сигнал; отходы производства
SHORT CIRCUIT	короткозамкнутая цепь, цепь короткого замыкания
SHORT CIRCUIT CURRENT	ток в цепи короткого замыкания
SHORTED DIODE	короткозамкнутый диод
SHORTEN (to)	укорачивать, сокращать; уменьшать
SHORTENED FUSELAGE	укороченный фюзеляж
SHORTER RUNWAY	укороченная взлетно-посадочная полоса [ВПП]
SHORT HAUL	маршрут малой протяженности
SHORT-HAUL	малой протяженности (о полете)

SHORT-HAUL AIRCRAFT	воздушное судно для местных авиалиний; самолет с малой дальностью полета
SHORT-HAUL FLIGHT	полет на короткие расстояния
SHORT-HAUL SERVICE	воздушные перевозки малой протяженности
SHORT LANDING	посадка с коротким пробегом
SHORT LIFE ORBIT	орбита кратковременного существования (спутника)
SHORT LINE	авиакомпания ближних воздушных перевозок
SHORT/MEDIUM HAUL (short-medium range)	малой и средней протяженности (о полете)
SHORT NOTICE	короткое сообщение
SHORT OF FUEL	недостаток топлива
SHORT OUT (to)	закорачивать; шунтировать накоротко
SHORT-RANGE	малого радиуса действия (о воздушном судне)
SHORT ROUTE	маршрут малой протяженности
SHORT RUNWAY	укороченная взлетно-посадочная полоса [ВПП]
SHORT TAKEOFF	укороченный взлет
SHORT TAKEOFF AND LANDING AIRCRAFT (STOL)	самолет с коротким взлетом и посадкой
SHORT TERM	ближняя перспектива; короткий срок
SHORT WAVE (SW)	коротковолновый, КВ
SHORT WAVE TRANSMITTER	коротковолновый передатчик
SHOT	выстрел; пуск; кратковременный полет (с большой скоростью); запуск (ракетного двигателя); кадр; снимок
SHOT BLASTING	дробеструйная обработка, дробеструйная очистка
SHOTDOWN	поражение воздушной цели
SHOT-PEEN BORES (to)	растачивать с дробеструйным упрочнением
SHOT PEENING	дробеструйное упрочнение
SHOULDER	заплечик; буртик; выступ; уступ; фланец; кромка; поясок; боковая полоса безопасности; обочина (рулежной дорожки)

SHOULDERED BUSHING	втулка с буртиком
SHOULDER HARNESS	привязные ремни
SHOULDER RING	кольцо с буртиком
SHOULDER WING	высокорасположенное крыло
SHOVEL	совковая лопата
SHOW	(авиационная) выставка; показ; демонстрация; демонстрационный полет
SHOW (to)	показывать; демонстрировать; выставлять; экспонировать
SHOWER	ливень
SHRINK (to)	давать усадку; сжиматься; сокращаться; садиться
SHRINKAGE	усадка; сжатие; сокращение; сморщивание; степень обжатия (при прокатке); образование усадочной раковины; коробление
SHRINKING	усадка; сжатие; сокращение; сморщивание; коробление
SHRINKING MACHINE	машина для терморелаксации
SHRINK ON (to)	насаживать (бандаж) в горячем состоянии
SHROUD	кожух; обойма; корпус; бандажный обод; тепловой экран (форсажной камеры)
SHROUD (to)	бандажировать, окружать (лопатки) бандажным ободом
SHROUDED	бандажированный, окруженный бандажным ободом
SHROUDED BLADES	бандажированные лопатки
SHROUDED TAIL ROTOR	хвостовой винт в кольце
SHROUD PLATFORM	наружная платформа
SHROUD RING	бандаж (рабочего колеса турбины)
SHUNT	ответвление; шунт, параллельная цепь
SHUNT (to)	шунтировать, включать параллельно
SHUNT BOX	магазин шунтов
SHUNT CIRCUIT	шунтирующий контур; параллельная цепь
SHUNT CURRENT	ток в параллельной цепи
SHUNT DYNAMO	генератор постоянного тока с параллельным включением
SHUNTED RESISTANCE	шунтирующее сопротивление
SHUNTING	шунтирование, параллельное включение

SHUT (to)	сваривать
SHUTDOWN	останов (двигателя); выключение; прекращение подачи, отсечка (топлива); стоп-кран двигателя
SHUTDOWN (to)	выключать; прекращать подачу, отсекать (топлива)
SHUTDOWN ENGINE (to)	выключать двигатель
SHUTDOWN PROCEDURE	последовательность останова (двигателя); порядок прекращения подачи (топлива)
SHUTOFF	останов (двигателя); выключение; прекращение подачи, отсечка (топлива); стоп-кран двигателя
SHUTOFF (to)	выключать; прекращать подачу, отсекать (топлива)
SHUTOFF COCK	запорный кран; запорный клапан
SHUTOFF ELECTRICAL POWER (to)	отключать электроэнергию
SHUTOFF SOLENOID VALVE	отсечной электромагнитный клапан
SHUTOFF THE ENGINE (to)	выключать двигатель
SHUTOFF VALVE	стопорный клапан; запорный клапан; отсечной клапан; запорный вентиль
SHUTTER	задвижка; заслонка; створка (регулируемого сопла); шторка (прибора); створка; прерыватель; жалюзи; затвор
SHUTTERS ASSEMBLY	блок заслонок
SHUTTLE	многоразовый транспортный космический корабль, МТКК; многоразовый воздушно-космический аппарат, МВКА; возвратно-поступательное движение; челночные перевозки
SHUTTLE BOX	блок заслонок; жалюзи
SHUTTLE BUS	автобус для челночных рейсов
SHUTTLE FLIGHTS	челночные полеты
SHUTTLE MOVEMENT	челночные рейсы
SHUTTLE PASSENGERS (to)	перевозить пассажиров челночными рейсами
SHUTTLE SERVICE	челночное воздушное сообщение
SHUTTLE STOP PLUNGER	шток возвратно-поступательного механизма

SHUTTLE SYSTEM	возвратно-поступательный механизм; система челночных перевозок; многоразовый транспортный космический корабль, МТКК; многоразовый воздушно-космический аппарат, МВКА
SHUTTLE TRIPPING MECHANISM PLUNGER	плунжер возвратно-поступательного механизма
SHUTTLE VALVE	золотниковый клапан
SICKNESS (air)	высотная болезнь
SIDE	сторона; бок; боковой
SIDEBAND	боковая полоса
SIDEBAND POWER	мощность в боковой полосе
SIDE BAR	боковая штанга
SIDE BRACE (stay)	боковой подкос
SIDE-BY-SIDE	рядом, бок о бок
SIDE CLEARANCE (play)	боковой зазор
SIDE COWL(ing)	боковой капот
SIDE CUTTING PLIER	плоскогубцы-бокорезы, косые острогубцы
SIDE ENGINE	боковой двигатель
SIDE ENGINE STRUT	боковой подкос пилона двигателя
SIDE EXIT	боковой выход
SIDE FACE	боковая поверхность; профиль
SIDE GEAR	шасси, убирающееся поперек потока
SIDE HAUL	вспомогательный маршрут полета
SIDE LASH (sidelash)	боковой зазор
SIDELIGHT	подфарник; бортовой иллюминатор
SIDE LOAD	боковая нагрузка, поперечная нагрузка
SIDELOADING CARGO DOOR	боковой грузовой люк
SIDELOBE	боковой лепесток (диаграммы направленности антенны)
SIDELOBE SUPPRESSION	подавление боковых лепестков (диаграммы направленности антенны)
SIDE-LOOKING AIRBORNE MODULAR MULTIMISSION RADAR (SLAMMR)	бортовая многофункциональная модульная радиолокационная станция [РЛС] бокового обзора
SIDE-LOOKING AIRBORNE RADAR (SLAR)	бортовая радиолокационная станция [РЛС] бокового обзора
SIDE MILLING	фрезерование боковой поверхности

SIDE SECTIONAL	боковой разрез; боковое сечение; профильное сечение
SIDESLIP	боковое скольжение, скольжение на крыло
SIDESLIP (to)	скользить на крыло, лететь со скольжением
SIDESLIP ANGLE	угол бокового скольжения
SIDESLIP INDICATOR	указатель бокового скольжения
SIDE STRUT	боковой подкос
SIDETONE	боковая составляющая (спектра сигнала); местный эффект
SIDE TRIP	вспомогательный маршрут полета
SIDEVIEW	боковой обзор
SIDEWALL	боковая стенка
SIDEWALL LINING	облицовка боковых стенок
SIDEWALL PANEL	боковая панель
SIDEWASH	боковой скос потока
SIDE WIND	боковой ветер
SIDE WINDOW PANEL	боковой иллюминатор
SIEVE	сито; решето; металлическая сетка
SIEVE (to)	просеивать; отсеивать; сортировать
SIFT (to)	просеивать; отсеивать; сортировать
SIFTER	сетчатый фильтр
SIFTING	просеивание; отсеивание
SIGHT	визир; прицел; поле зрения
SIGHT-BAR	картушка компаса
SIGHT GA(U)GE	визуальный указатель; измерительный прибор
SIGHT GLASS	смотровое стекло
SIGHT HOLE	смотровое отверстие
SIGHTING	визирование; прицеливание
SIGHTING AUTOCOLLIMATOR	автоколлиматор визира
SIGHTING SYSTEM	система прицеливания; система визирования
SIGHTING TELESCOPE	телескоп прицела; телескоп визира
SIGHT LINE	линия визирования
SIGHTSEEING FLIGHT	прогулочный полет, полет для осмотра достопримечательностей
SIGHT TUBE	трубка оптического прицела; визир

SIGMET (significant meteorological message)	метеорологическое сообщение об опасных явлениях
SIGN	знак; указатель; код; (световой) сигнал
SIGNAL	сигнал
SIGNAL (to)	сигнализировать
SIGNAL(L)ING	передача сигналов; сигнализация
SIGNAL AREA	сигнальная площадка
SIGNAL BOX	индикаторная панель
SIGNAL GENERATOR	генератор сигналов, сигнал-генератор, СГ
SIGNAL INPUT	входной сигнал
SIGNAL LAMP	сигнальная лампа; сигнальный прожектор
SIGNAL LIGHT	сигнальная [контрольная] лампа; сигнальный огонь
SIGNALLING CODE	код сигнализации
SIGNALLING LIGHTS	сигнальные огни
SIGNALLING MIRROR	сигнальное зеркало
SIGNAL MAN (marshaller (GB))	сигнальщик
SIGNALMAN	сигнальщик
SIGNAL MAST	сигнальная мачта
SIGNAL-NOISE RATIO	отношение "сигнал - шум"
SIGNAL PISTOL	ракетница
SIGNAL PROCESSING	обработка сигналов
SIGNAL PROCESSING UNIT (processor)	блок обработки сигналов, процессор сигналов
SIGNAL ROCKET	сигнальная ракета
SIGNAL SUMMATION UNIT	блок суммирования сигналов
SIGNAL-TO-CLUTTER RATIO	отношение "сигнал - помеха"
SIGNAL-TO-INTERFERENCE RATIO	отношение "сигнал - помеха"
SIGNAL-TO-NOISE RATIO	отношение "сигнал - шум"
SIGNATURE	комплекс демаскирующих признаков, заметность (ЛА); характеристика цели
SIGNBOARD	индикаторная панель
SIGNIFICANT WEATHER	опасные метеорологические условия
SIGNIFICANT WEATHER CHART	карта опасных метеорологических условий
SIGN OF OVERHEATING	световой сигнал перегрева
SIGN SOUND BOX	блок звукового сигнализатора
SILENCE	режим отсутствия излучений
SILENCER	шумоглушитель

SILENCING LOBES	зоны отсутствия излучений в диаграмме направленности
SILENT	бесшумный
SILENT AREA	зона (радио)молчания
SILENTBLOCK (silent block)	демпфер
SILICA FIBRE (silica fiber)	кварцевое волокно
SILICA GEL	силикагель
SILICON	кремний; полупроводник
SILICON CARBIDE	карбид кремния, карборунд
SILICONE GREASE	силиконовая консистентная смазка
SILICONE RESIN	кремнийорганическая смола
SILICONE RUBBER	кремнийорганическая [силиконовая] резина; силиконовый [кремнийорганический] каучук
SILICONE VARNISH	кремнийорганический [силиконовый] лак
SILK	шелк; шелковая ситовая ткань; парашют
SILL	порог, уровень; предел, входная кромка (ВПП); предварительная затяжка (пружины)
SILO-BASED	шахтного базирования; находящийся в стартовой шахте
SILVER	серебро
SILVER NITRATE	нитрат серебра
SILVER PLATE (to)	серебрить
SILVER PLATING	серебрение
SILVER SOLDER (to)	паять серебряным припоем
SIMILAR	подобный; аналогичный
SIMILARITY	подобие
SIMPLE MAINTENANCE	несложное техническое обслуживание
SIMPLE REPAIR	несложный ремонт
SIMPLEX PUMP	одноцилиндровый насос
SIMULATE (to)	имитировать; моделировать
SIMULATED FAILURE	имитируемый отказ
SIMULATED FLIGHT	имитируемый полет, полет на тренажере
SIMULATED INSTRUMENT FLIGHT	имитируемый полет по приборам
SIMULATION	моделирование; имитация
SIMULATOR	моделирующая установка; тренажер; имитатор
SIMULATOR FLIGHT	имитируемый полет, полет на тренажере
SIMULATOR TRAINING	обучение на тренажере

SINE CURVE	синусоидальная кривая, синусоида
SINE WAVE (sinewave)	гармоническая волна
SINE-WAVE GENERATOR	генератор гармонических колебаний
SINGLE	одноместный летательный аппарат [ЛА]; однодвигательный ЛА; одноканальный, одинарный, недублированный
SINGLE-ACTING CYLINDER	(гидро)цилиндр одностороннего действия
SINGLE-ACTING PUMP	однопоршневой насос
SINGLE AISLE	один проход (между креслами); однопроходный
SINGLE-BLADE PROPELLER	однолопастный воздушный винт
SINGLE-CHANNEL TRANSPONDER (SCT)	одноканальный приемопередатчик
SINGLE-CLASS LAYOUT	компоновка с одним классом
SINGLE-CRYSTAL	монокристаллический
SINGLE-CRYSTAL BLADE	лопатка из монокристаллического сплава
SINGLE-ENGINE	однодвигательный, с одним двигателем
SINGLE-ENGINED FLIGHT	полет на одном двигателе
SINGLE-ENGINED VERSION	однодвигательный вариант
SINGLE-ENGINE FIGHTER	однодвигательный истребитель
SINGLE-ENGINE GO-AROUND	уход на второй круг при одном работающем двигателе
SINGLE-ENGINE LANDING	посадка с одним работающим двигателем
SINGLE-ENGINE TAKE-OFF	взлет с одним работающим двигателем
SINGLE-ENTRY IMPELLER	односторонняя крыльчатка
SINGLE-FACE JOINING TAPE	односторонняя лента для перекрытия стыков
SINGLE-FIN	однокилевой, с одним килем; с одним ребром
SINGLE-HEADING FLIGHT	полет с постоянным курсом
SINGLE-JET ENGINE	одноконтурный двигатель
SINGLE-JET FIGHTER	однодвигательный реактивный истребитель
SINGLE-NEEDLE	однострелочный (прибор)
SINGLE-NOZZLE ENGINE	односопловой двигатель, двигатель с одним соплом

SINGLE PARTS	отстыкованные детали
SINGLE-PASS ORBIT	одновитковая орбита; орбита с однократным проходом через атмосферу (без рикошетирования); орбита с однократным погружением в атмосферу
SINGLE-PHASE	однофазный
SINGLE-PHASE CURRENT	однофазный ток
SINGLE-PHASE RECTIFIER	однофазный выпрямитель
SINGLE-PHASE TRANSFORMER	однофазный трансформатор
SINGLE-PIECE	цельный, неразъемный, моноблочный
SINGLE-PIECE TOOL	неразъемный инструмент
SINGLE-PILOT	одноместный (летательный аппарат)
SINGLE-POINTER	однострелочный указатель
SINGLE-POLE	однополюсный
SINGLE-POLE SWITCH	однополюсный переключатель
SINGLE-RAIL	монорельсовый
SINGLE-ROTOR	вертолет с одним несущим винтом; однокаскадный
SINGLE-ROTOR ENGINE	однокаскадный двигатель
SINGLE-ROW BEARING	однорядный подшипник
SINGLE RUNWAY	одна взлетно-посадочная полоса, единственная ВПП
SINGLE-SEAT(ER)	одноместный летательный аппарат [ЛА]
SINGLE-SEAT AIRCRAFT	одноместный летательный аппарат [ЛА]
SINGLE-SHAFT ENGINE	одновальный (газотурбинный) двигатель
SINGLE-SHAFT TURBOPUMP	одновальный турбонасосный агрегат [ТНА]
SINGLE-SKID LANDING GEAR	однополозковое шасси
SINGLE-SLOTTED FLAPS	однощелевой закрылок
SINGLE-SPAR	однолонжеронный
SINGLE-SPOOL	однокаскадный
SINGLE-STAGE AXIAL COMPRESSOR	одноступенчатый осевой компрессор
SINGLE-STAGED	одноступенчатый
SINGLE-STAGE FAN	одноступенчатый вентилятор
SINGLE-STAGE TURBINE	одноступенчатая турбина
SINGLE TICKET	билет на полет в одном направлении
SINGLE TRIP	полет в одном направлении

SINGLE-TURBINE HELICOPTER	однотурбинный вертолет
SINGLE-TURBINE VERSION	однотурбинный вариант
SINGLE-WIRE AERIAL	однопроводная антенна
SINK	слив; сток; отвод; поглощение
SINK (to)	парашютировать (при посадке); опускаться, снижаться; проваливаться, терять высоту; впитываться; оседать
SINK CURRENT	ток поглощения
SINKER	сильный нисходящий поток (воздуха)
SINKING SPEED	вертикальная скорость снижения
SINK INTO (to)	поглощать в...
SINK RATE	вертикальная скорость снижения
SINK TANK	сливной бачок
SINTER (to)	спекаться; образовывать окалину
SINTERED ALLOY	спеченный сплав
SINTERED BEARING	расплавленный подшипник
SINTERED BRASS	спеченная латунь
SINTERED BRONZE	спеченная бронза
SINTERED TUNGSTEN	спеченный вольфрам
SINTERING	агломерация, спекание
SINUSOID	синусоида
SINUSOIDAL SIGNAL	синусоидальный сигнал
SIPHON	сифон
SIPHONING	сифонирование
SIREN	сирена
SITE	место; участок; площадка; позиция; стартовый комплекс; местоположение; местонахождение
SITING	размещение; распределение (по зонам)
SITUATION	ситуация; обстановка
SIX-CYLINDER ENGINE	шестицилиндровый двигатель
SIZE	размер; величина; количество
SIZE (to)	устанавливать размер; определять размер
SKELETON DIAGRAM	принципиальная схема
SKETCH	эскиз
SKEW	скошенный; косоугольный
SKEW GEAR	зубчатая передача со скрещивающимися осями
SKID	костыль; полоз; полозковое шасси; боковое скольжение; скольжение, юз; тормоз

SKID (to)	скользить; буксовать; тормозить
SKID DETECTOR	датчик автомата торможения; датчик юза
SKIDDING	скольжение, юз; буксование; внешнее скольжение (при развороте)
SKIDDING TURN	вираж с внешним скольжением
SKID-PROOF	противоскользящий, нескользящий
SKI-JUMP	прыжковый взлет
SKILL	квалификация; мастерство, умение
SKILLED	квалифицированный
SKILLED LABOUR	квалифицированный труд
SKILLED PERSONNEL	квалифицированный персонал
SKILLED WORKER (workman)	квалифицированный рабочий
SKIM	тонкий слой; пленка; пена; накипь; скольжение по поверхности
SKIM (to)	скользить по поверхности; проноситься над поверхностью
SKIM-LEVEL ATTACK	атака с предельно малой высоты над водной поверхностью
SKIMMER	аппарат на воздушной подушке, АВП; ракета с предельно малой высотой полета над водной поверхностью
SKIN	обшивка; оболочка; поверхностный слой; покрытие
SKIN CONTACT	соединение обшивки
SKIN CORROSION	коррозия обшивки; коррозия поверхностного слоя
SKIN EFFECT	поверхностный эффект, скин-эффект
SKIN JOINT	соединение обшивки; шов обшивки
SKIN PANEL	панель обшивки
SKIN PLATE	панель обшивки
SKIPPER	командир воздушного корабля
SKI-RAMP	трамплин
SKIRT	юбка; конический обтекатель
SKY CLEAR	безоблачное [ясное] небо
SKYDROL RESISTANT FINISH (overcast)	обработка скайдролом [огнестойкой гидросмесью]
SKYJACKING	пиратский захват воздушного судна, воздушное пиратство
SKYLIFT	воздушная перевозка

SKY OBSCURED	облачное небо
SKY OVERCAST	облачное небо
SKY WAVE	ионосферная (радио)волна
SKYWAY	воздушная трасса
SLAB	блок; плита; пластина
SLABBING MILL	прокатный стан
SLACK	слабина (троса); провисание; люфт; зазор; нежесткость; упругость
SLACK (to)	провисать
SLACK CONTROLS	упругие органы управления
SLACKEN (to)	ослаблять, распускать; отпускать; разбалтываться
SLACKENED SPRING	ненатянутая пружина
SLACKENING	провисание, провес
SLACKEN OFF (to)	разжимать, ослаблять; распускать; отвинчивать, развинчивать
SLACKNESS	слабина натяжения (троса); провисание
SLACK OFF TENSION (to)	уменьшать напряжение
SLACK TAKE UP CARTRIDGE	завинченная втулка
SLACK TAKE UP SPRING	натянутая пружина
SLAG	шлак
SLAG INCLUSION	шлаковое включение
SLAM	давать газ
SLAM TEST	испытание двигателя на приемистость
SLANT	наклон; уклон; скос; наклонный
SLANT (to)	наклонять(ся); отклонять(ся)
SLANT DISTANCE	наклонная дальность
SLANT TOUCHDOWN	посадка на наклонную поверхность
SLANT VISIBILITY	наклонная видимость, видимость под углом к горизонту
SLANT VISUAL RANGE	дальность наклонной видимости, дальность видимости под углом к горизонту
SLANTWISE (slantways)	наклонная направляющая
SLAP(PING)	стук (клапанов в двигателе)
SLASH	косая черта; наклонный штрих
SLAT	предкрылок
SLAT CARRIAGE	каретка предкрылка
SLAT CONTROL LEVER	рычаг управления предкрылком
SLAT DISAGREEMENT LIGHT	сигнализатор несинхронности выпуска предкрылков

SLAT EXTENSION	выдвижение предкрылка
SLAT LOCK SWITCH	выключатель замка предкрылка
SLAT MONITOR PANEL	контрольный щиток предкрылка
SLAT RETRACTION	уборка предкрылка
SLAT TRACK	направляющая предкрылка
SLAVE	прибор с (дистанционной) коррекцией
SLAVE(D) VALVE	исполнительный клапан
SLAVE BOLT	шпилька
SLAVED	с магнитной коррекцией; скорректированный; синхронный, согласованный
SLAVE ENGINE	вспомогательный двигатель
SLAVING	согласование, синхронизация; коррекция (гироприбора); магнитная коррекция
SLAVING AMPLIFIER	усилитель следящей системы, сервоусилитель
SLAVING RATE	скорость магнитной коррекции
SLEEPER SEAT	спальное место
SLEET	ледяной дождь; мокрый снег; гололёд
SLEEVE	втулка; гильза; хомут; муфта
SLEEVE (to)	вставлять (втулку); соединять
SLEEVE COUPLING	втулочная муфта; глухая муфта
SLEEVE JOINT	втулочная муфта
SLEEVE NUT	глухая гайка
SLEEVE VALVE	трубчатый [золотниковый] клапан
SLENDER	тонкий; с большим удлинением (о фюзеляже); с малым удлинением (о крыле)
SLENDER WING	крыло малого удлинения
SLENDER WINGED AIRCRAFT	самолёт с крылом малого удлинения
SLEW (to)	поворачивать; вращать; переключать масштаб индикатора
SLEW ANGLE	угол поворота
SLEW COMMAND	команда на поворот
SLEWING	перемещение; отклонение (закрылков)
SLEW-WING AIRCRAFT	самолёт с крылом с поворотом в горизонтальной плоскости
SLICE	слой; срез; кристалл; полупроводниковая пластина

SLIDE	аварийно-спасательный трап; скольжение
SLIDE (to)	скользить
SLIDE(-TYPE) VALVE	золотниковый клапан; золотник; задвижка; заслонка
SLIDE ASSEMBLY	узел скользящих контактов
SLIDE BLOCK	ползун
SLIDE BUSHING	скользящая втулка
SLIDE CALIPER RULE	логарифмическая линейка
SLIDE FASTENER	застежка-молния
SLIDE GAUGE	раздвижной калибр; штангенциркуль
SLIDE HAMMER	скользящий молот; скользящий ударник
SLIDE-HAMMER PULLER	инерционный выталкиватель
SLIDE OUT (to)	выдвигать; смещать; сдвигать; сходить; соскальзывать; соскакивать; скользить (при пробеге)
SLIDE OUT OF (to)	соскальзывать; соскакивать
SLIDER	направляющая
SLIDE/RAFT	надувной аварийный плот
SLIDER COIL	катушка со скользящим контактом
SLIDE RULE	логарифмическая линейка
SLIDING	скольжение; сдвижка, сдвигание; сдвижной
SLIDING BAR	ползун; направляющая планка; стопорный механизм
SLIDING CALIPER	штангенциркуль
SLIDING COCKPIT CANOPY	сдвижной фонарь кабины летчика
SLIDING CUTTING LATHE	токарно-отрезной станок
SLIDING HAMMER	кузнечный молот
SLIDING HANDLE	вытяжное кольцо; скользящая рукоятка
SLIDING HEADSTOCK	подвижная шпиндельная бабка
SLIDING PANEL	сдвижная панель
SLIDING PARTS	съемные детали
SLIDING SCALE	подвижная шкала
SLIDING SEAT	съемное кресло
SLIDING SHAFT	тяга; рабочий шток
SLIDING SLAT	скользящий [выдвижной] предкрылок
SLIDING SURFACE	поверхность трения; рабочая поверхность
SLIDING TABLE	съемный столик
SLIDING T-HANDLE	Т-образная скользящая рукоятка

SLIDING WINDOW	форточка (кабины экипажа)
SLIGHT MODIFICATION	незначительная модификация
SLIGHT REPAIR	косметический ремонт; небольшой ремонт
SLIM FUSELAGE	фюзеляж с большим удлинением
SLIMMING COWLING	удлиненный капот
SLIM WING	крыло малого удлинения
SLING	(подвесной) трос; строп
SLING (to)	стропить
SLING HOOK	подвесной крюк
SLINGING	транспортировка грузов на внешней подвеске
SLINGING POINT	узел крепления подъемного троса
SLING LOAD	подвешиваемый на тросе груз
SLING REEL	барабан подъемного троса
SLIP	скольжение; сдвиг; взаимное перемещение (воздушной массы); пролет без опознавания
SLIP (to)	скользить, создавать скольжение; переносить (на другой срок); отставать (по срокам); пролетать без опознавания
SLIP CLUTCH	предохранительная фрикционная муфта
SLIP GAUGE	плоскопараллельная концевая мера длины, плитка Иогансона
SLIP INDICATOR	указатель скольжения
SLIP KNOT	бегущий узел (аэростата)
SLIP ON (to)	накинуть; надеть
SLIPPAGE	скольжение; перенос сроков на более поздние даты; сдвигание графика работ
SLIPPER BEARING	подшипник скользящей посадки (на валу)
SLIPPER TANK	сбрасываемый топливный бак
SLIPPERY RUNWAY	скользкая взлетно-посадочная полоса [ВПП]
SLIPPING TURN	разворот со скольжением
SLIP-PROPELLER SLIP	скольжение воздушного винта
SLIP RATIO	коэффициент скольжения; коэффициент проскальзывания
SLIP-RING (S/R)	скользящее кольцо
SLIP-RING BRUSH	щетка для токосъема с контактных колец

SLIP-RING GROUP	комплект контактных колец
SLIP-RING MOTOR	асинхронный (электро)двигатель с контактными кольцами; (электро)двигатель с фазным ротором
SLIP-RING SHROUD	бандаж контактных колец
SLIP-STREAM (slipstream)	обтекающий (тело) поток; скользящий
SLIPSTREAM	поток, обтекающий тело; спутная струя, струя за (воздушным) винтом; невязкое течение
SLIT	(несквозная) щель, прорезь
SLIT (to)	прорезать
SLITTING SAW	дисковая пила; ножовка; дисковая фреза
SLOG (to)	сильно ударять; колотить
SLOPE	наклон; уклон; склон; проекция (траектории полета) на вертикальную плоскость
SLOPE DOWN	снижаться по глиссаде
SLOPE LIFT	наклонная составляющая подъемной силы
SLOPE UP (to)	отлого подниматься; иметь наклон
SLOPING	профилирование откоса
SLOPPY CONTROL	мягкое управление
SLOSHING	плескание жидкости в баке; перемещение жидкости в трубопроводе
SLOT	(сквозная) щель, прорезь; паз; узкое отверстие
SLOT DRILL	сверление пазов
SLOT SCREW	винт со шлицем
SLOT SEAL	уплотнение щели
SLOTTED	щелевой; шлицованный
SLOTTED (WING) FLAP	щелевой закрылок
SLOTTED AILERON	щелевой элерон
SLOTTED LINE	пунктирная линия
SLOTTED NUT	корончатая гайка
SLOTTED SCREW	винт со шлицем
SLOTTED WING	щелевое крыло
SLOTTING	прорезание канавок; шлицевание; долбление
SLOTTING CHISEL	долото; зубило
SLOTTING CUTTER	пазовая фреза
SLOTTING MACHINE	долбежный станок

SLOW (to)	замедлять, сбавлять скорость
SLOW APPROACH	заход на посадку со сниженной скоростью
SLOW BURNING	замедленное горение
SLOWDOWN (to)	замедлять, снижать (скорость); тормозить
SLOW FLIGHT	малоскоростной полет
SLOWING	торможение; снижение скорости
SLOW LANDING SPEED	замедленная посадочная скорость
SLOW MOTION	замедленное движение
SLOW ROLL	замедленная бочка; медленное вращение вокруг продольной оси
SLOW RUNNING	работа на малых оборотах
SLOW SPEED	замедленная скорость
SLOW STARTING ENGINE	пусковой двигатель с малыми оборотами
SLUDGE	осадок, отстой; шлам; шуга; накипь; углеродистые отложения (в двигателе)
SLUEING ASSY	следящая система курсового гироскопа
SLUGGING WRENCH	ударный гаечный ключ
SLUGGISH	вялый, с замедленной реакцией (об управлении); инертный; с большой инерционностью; малой чувствительности
SLUGGISH BRAKE	малоинерционный тормоз
SLUGGISH RESPONSE	вялая [замедленная] реакция; большая инерционность [запаздывание]
SLUMPING	оседание, оползание; деформация
SLURRY	суспензия
SLUSH	слякоть, снежная каша (на ВПП); шугообразный
SLUSH REMOVER	снегоочиститель
SM (statute mile)	статутная миля
SMALL AREA	небольшая поверхность; небольшая площадь
SMALL BRIDGE	спусковая скоба
SMALL PLATE	небольшая плата; малоразмерная пластина
SMALL SECONDARY AIR INLET DOOR	малогабаритная створка подачи вторичного воздуха

SMALL SIZE	небольшой габарит; небольшой размер; малогабаритный; малоразмерный
SMALL SPAR	малоразмерный лонжерон
SMART	с элементами искусственного интеллекта; высокоточный; высокоавтоматизированный; автономно действующий; самоприцеливающийся; с высокоточным самонаведением
SMART SKIN	обшивка со встроенными датчиками; обшивка с использованием элементов искусственного интеллекта
SMASH	столкновение; катастрофа; полное разрушение
SMASH DOWN (to)	крушить; разрушаться при падении на землю
SMEAR (to)	размываться (об изображении)
SMEARY	вязкий; клейкий; жирный
SMELT (to)	выплавлять (металл)
SMELTING WORK	литье; выплавка (металла)
SMOG	дымная мгла, смог
SMOKE	дым
SMOKE BARRIER	дымозащитный колпак (для пассажиров)
SMOKE BOMB	дымовая бомба
SMOKE DETECTION SYSTEM	система обнаружения дыма
SMOKE EMISSION	дымовыделение
SMOKE EMITTER	дымогенератор
SMOKE FLOAT	дымовой буй
SMOKE-FREE (engine)	бездымный (двигатель)
SMOKE-GENERATOR	дымогенератор
SMOKE GOGGLES	дымозащитные очки
SMOKELESS (smoke-free)	бездымный
SMOKE MASK	маска-противогаз
SMOKE REMOVAL	удаление дыма
SMOKE SCREEN	дымозащитный экран
SMOKE TRAIL	дымный след; струя дыма
SMOKING AREA	зона для курения
SMOOTH (surface)	гладкий; ровный; чистый (о поверхности)
SMOOTH (to)	выравнивать; сглаживать; выглаживать; полировать; обрабатывать начисто
SMOOTH AIR	спокойный воздух

SMOOTH AIRFLOW .... ламинарное течение; плавное обтекание воздушным потоком
SMOOTHER .... сглаживающий фильтр; схема сглаживания
SMOOTH FILE .... личной напильник
SMOOTH FLIGHT .... плавный [спокойный] полет
SMOOTHING .... сглаживание; выравнивание; шлифование; полирование; чистовая обработка; отделка
SMOOTHING HAMMER .... рихтовочный молоток
SMOOTH JAWS .... гладкие губки (тисков)
SMOOTH LANDING .... плавная посадка
SMOOTHLY .... гладко; ровно; плавно
SMOOTH METAL SKIN .... гладкая металлическая обшивка
SMOOTH OPERATION .... плавный рабочий режим; штатный рабочий режим
SMOOTH ROTATION .... плавное вращение
SMOOTH RUNNING .... штатный рабочий режим; плавный рабочий режим
SMOOTH SURFACE .... гладкая [ровная] поверхность
SMOOTH TOUCHDOWN .... плавное касание; мягкое приземление
SMOOTH TREAD .... гладкая опорная поверхность; гладкая поверхность качения
SMOOTH TYRE .... гладкий пневматик
SMOTHER (to) .... задыхаться, страдать от удушья; гасить; тушить
SMUT .... сажа; копоть
SNAG .... зазубрина; выступ; (скрытая) неполадка; неожиданное препятствие; неровный разрыв
SNAG CLEARANCE .... высота выступа
SNAGGING .... обдирка; обдирочное шлифование
SNAKE (to) .... рыскать; делать "змейку", лететь "змейкой"
SNAKE INDICATOR .... индикатор рыскания
SNAKING .... рыскание; колебания рыскания; полет "змейкой"; зигзагообразное руление
SNAP .... (клепальная) обжимка; защелка; запор; замок
SNAP (to) .... зажимать; обжимать; защелкивать; запирать
SNAP FASTENER .... застежка-защелка; кнопка для одежды
SNAP-HEAD RIVET .... заклепка с полукруглой головкой

SNAP-IN	защелкивание
SNAP LOCK	фиксатор с защелкой и пружиной
SNAPPING-IN	зацепление; сцепление
SNAPPY ENGINE	потрескивающий при работе двигатель
SNAPPY MIXTURE	обогащенная смесь
SNAP RING	пружинное упорное кольцо
SNAP RIVET	заклепка с полукруглой головкой
SNAP ROLL	обжимной ролик
SNAP SWITCH	выключатель с минимальным перемещением кнопки
SNATCH	рывок, резкое перемещение (руля)
SNICK	надрез, зарубка
SNIFFLE VALVE	предохранительный клапан двустороннего действия
SNIP	надрез, разрез; обрезок, кусок; лоскут
SNOUT	носовая часть; входной конус
SNOW	снег
SNOW (to)	идет снег
SNOWBOUND	занесенный снегом
SNOW CLEARING	очистка от снега; уборка снега
SNOW-DRIFT (snow bank)	сугроб; снежный занос; буран; вьюга; снежный вихрь
SNOW PLOUGH	снегоочиститель
SNOW REMOVAL	очистка от снега; уборка снега
SNOW REMOVER	снегоочиститель
SNOW SHOWER	снегопад; метель
SNOW STORM	снежная буря
SNOW SWEEPER (plough, blower)	снегоочиститель
SNOW-SWEEPING	очистка от снега; уборка снега
SNUB (to)	гасить инерцию хода; гасить силу инерции (движения)
SNUBBER	амортизатор, демпфер, гаситель (движения)
SNUBBER BLOCK	амортизирующая опора
SNUBBING EFFECT	амортизирующий эффект; эффект торможения
SNUB COMPENSATOR	амортизатор, демпфер, гаситель (движения); амортизирующая прокладка
SNUB ORIFICE	калибровочное отверстие
SNUB PISTON	шток амортизатора

SNUG (to)	закреплять; устанавливать по плотной посадке; поджимать; прикреплять
SNUG (adj.)	уютный; удобный; прилегающий; пригнанный
SNUG BOLT	затянутый болт
SNUG FIT	плотная посадка
SNUG UP (to)	завинчивать; затягивать
SOAK (to)	прогревать оборудование; вымачивать(ся); отмачивать; пропитывать(ся); выдерживать (в нагревательной печи)
SOAKED	пропитанный; выдержанный (в нагревательной печи)
SOAKING	вымачивание; отмачивание; пропитывание, пропитка; выдержка (в нагревательной печи)
SOAP	мыло
SOAP AND WATER SOLUTION	моющий раствор
SOAP DISPENSER	дозатор моющего средства; дозатор мыла
SOAP DISTRIBUTOR	дозатор моющего средства; дозатор мыла
SOAP SOLUTION	мыльный раствор
SOAP TRAY	поддон для мыла
SOAPY WATER	мыльная вода
SOAR (to)	парить, совершать парящий полет
SOARING	парение; планирование
SOARING FLIGHT	парящий полет
SOCKET	(штепсельная) розетка; гнездо (разъема); разъем; штуцер; переходная втулка; муфта; раструб; патрубок
SOCKET CONTACT	гнездо контакта
SOCKET CROSS	крестовина розетки
SOCKET JOINT	муфтовое соединение, муфта; шарнирное соединение, шарнир
SOCKET PIPE	труба с раструбом
SOCKET SET	панель с гнездами (разъемов)
SOCKET WRENCH (spanner)	ключ с гранным углублением; торцовый ключ; (зажимная) втулка с квадратным отверстием
SOCLE	цоколь

SODIUM CHLORIDE	хлорид натрия
SODIUM CYANIDE	цианид натрия, цианистый натрий
SODIUM HYDROXIDE	гидроокись натрия, едкий натр
SOFT	незащищенный; мягкий
SOFT (BRISTLE) BRUSH	мягкая (щетинная) щетка
SOFT ANNEALED	влажный, размокший, размытый
SOFTEN (to)	успокаивать; смягчать; уменьшать твердость [жесткость]; размягчать
SOFT HAIL	снежная крупа
SOFT IRON	мягкое железо
SOFT JAW	(патронный) кулачок из мягкого металла; (зажимная) губка из мягкого металла
SOFTKEY	клавиша с (пере)программируемыми функциями
SOFT LANDING	мягкая посадка
SOFTLY	мягко; тихо
SOFT MATERIAL	мягкий материал
SOFT METAL	мягкий металл
SOFT PENCIL	мягкий карандаш
SOFT SOIL	мягкий грунт
SOFT SOLDER	легкоплавкий [мягкий] припой
SOFT STEEL	мягкая сталь
SOFT TEMPER	лист из мягкой стали
SOFT TOUCHDOWN	мягкая посадка
SOFTWARE	программное обеспечение, ПО; программные средства
SOFT WATER	мягкая вода
SOGGY	сырой; промокший; пропитанный водой; влажный
SOIL	грунт
SOIL (to)	пачкать, грязнить
SOILING	порча материала оседающими из воздуха загрязнениями
SOLAR ARRAY	панель солнечных батарей
SOLAR ASTRONOMY	солнечная астрономия
SOLAR BATTERY	солнечная батарея
SOLAR CELL	солнечный элемент, элемент солнечной батареи
SOLAR CONSTANT	солнечная постоянная
SOLAR ECLIPSE	солнечное затмение
SOLAR ELECTRIC PROPULSION	электрический движитель на солнечной энергии

SOLAR ENERGY	солнечная энергия
SOLAR GENERATOR	солнечный генератор
SOLAR ORBIT	гелиоцентрическая орбита
SOLAR PANEL	панель солнечной батареи
SOLAR POWER	солнечная энергия
SOLAR-POWERED AIRCRAFT	самолет с солнечной силовой установкой
SOLAR-POWERED SPACECRAFT	космический аппарат с солнечным ракетным двигателем
SOLAR RADIATION	солнечное излучение
SOLAR SAIL	солнечный парус
SOLAR SAIL SPACECRAFT	космический аппарат с солнечным парусом
SOLAR SYSTEM	солнечная система
SOLAR THERMAL PROPULSION	гелиотермический двигатель
SOLAR THERMAL ROCKET-POWERED SPACECRAFT	космический аппарат с гелиотермическим ракетным двигателем
SOLAR WIND	солнечный ветер
SOLDER	припой
SOLDER (to)	паять; паять легкоплавким припоем
SOLDERER	паяльщик
SOLDERING	пайка
SOLDERING BIT	жало паяльника
SOLDERING FLUX	флюс для пайки
SOLDERING GUN	паяльный пистолет
SOLDERING IRON	паяльник
SOLDERING LAMP	паяльная лампа
SOLDERING LUG	лепесток для пайки
SOLDERING PLIERS	пинцет для пайки
SOLDERING WIRE (rod)	пруток припоя
SOLDER JOINT	паяное соединение
SOLDER LUG	лепесток для пайки
SOLDER TACK	пятно припоя
SOLE	основание; фундамент; подошва; пята; подкладка
SOLENOID	соленоид
SOLENOID(-OPERATED) VALVE	электромагнитный клапан
SOLENOID-OPERATED	с электромагнитным управлением
SOLID	твердое тело; твердая фаза раствора; твердый; сплошной; объемный, трехмерный

SOLID CLOUDS	сплошная облачность
SOLID COPPER	твердая медь
SOLID CURVE	неразрывная [сплошная] кривая
SOLID FILM DRY LUBRICANT	твердый смазочный материал
SOLID-FUEL BOOSTER	стартовый твердотопливный ускоритель, СТУ; твердотопливная ракета-носитель
SOLID-GRAIN RETRO-ROCKET	твердотопливная тормозная двигательная установка [ТДУ]
SOLIDITY (propeller)	покрытие (винта)
SOLID LENGTH	протяженность; длина
SOLID PROPELLANT	твердое ракетное топливо
SOLID-PROPELLANT IGNITER	воспламенитель заряда твердого ракетного топлива; пиротехнический воспламенитель
SOLID-PROPELLANT ROCKET	ракетный двигатель твердого топлива, РДТТ
SOLID RIVET	объемная заклепка
SOLID ROCKET BOOSTER	стартовый твердотопливный ускоритель, СТУ; твердотопливная ракета-носитель
SOLID SOUND	сплошной звук
SOLID SPAR	сплошной лонжерон
SOLID-STATE	твердотельный, на твердотельных элементах
SOLID-STATE AMPLIFIER	твердотельный усилитель
SOLID-STATE CIRCUITRY	(электронные) схемы на твердотельных элементах
SOLID-STATE COMPONENT	твердотельный элемент
SOLID-STATE TRANSMITTER	передатчик на твердотельных элементах
SOLID TYRE	объемный пневматик
SOLID WIRE	сплошной провод
SOLO FLIGHT	самостоятельный полет
SOLUBLE OIL	эмульгирующееся масло
SOLUTION	решение; раствор
SOLUTION ANALYSIS	анализ решения; процентное соотношение (компонентов раствора)
SOLUTION TREATED	обработанный раствором

SOLVE (to)	растворять; решать
SOLVENT	растворитель
SOMERSAULT	кувыркание в воздухе; фигуры высшего пилотажа
SONAR	гидроакустическая станция, ГАС; гидролокационная станция, гидролокатор; гидролокация
SONIC	звуковой, акустический
SONIC BANG	звуковой удар
SONIC BARRIER (wall)	звуковой барьер
SONIC BOOM	звуковой удар
SONIC LINE	акустическая линия
SONIC SPEED (velocity)	звуковая скорость; скорость звука
SONOBUOY	радиогидроакустический буй, РГАБ
SOOT	сажа; копоть; ультрадисперсный порошок
SOOTING	сажеобразование
SOOT UP (to)	пачкать сажей; загрязнять копотью
SOOTY	загрязненный копотью; запачканный сажей
SOPHISTICATED	совершенный; современный
SORT	сорт; класс; вид; разновидность; сортировка; классификация
SORTIE	боевой вылет
SORT OUT (to)	отбраковывать; отфильтровывать
SOUND	звук; звучание; зонд
SOUND (to)	звучать; зондировать
SOUND BARRIER	звуковой барьер
SOUND BARRIER PANELS	звукопоглощающие панели
SOUNDING	зондирование; измерение глубины эхолотом
SOUNDING BALLOON	шар-зонд
SOUNDING DEVICE	устройство зондирования
SOUNDING ROCKET	зондирующая ракета
SOUND INTENSITY	интенсивность [сила] звука
SOUND ISOLATION (insulation)	звукоизоляция
SOUND LEVEL	уровень звука; уровень звукового давления
SOUND LEVEL INDICATOR (meter)	измеритель уровня звука; шумомер, измеритель уровня шума
SOUND METER	измеритель уровня звука; шумомер, измеритель уровня шума

SOUND POWER LEVEL	уровень акустической [звуковой] мощности
SOUND PRESSURE LEVEL	уровень звукового давления
SOUNDPROOF (to)	звукоизолировать
SOUNDPROOF CHAMBER	звукоизолированная камера
SOUNDPROOFED	звукоизолированный
SOUNDPROOFING	звукоизоляция
SOUND PROPAGATION	распространение звука
SOUND SUPPRESSOR	шумоглушитель; устройство подавления звука
SOUND VOLUME	уровень громкости звука
SOUND WARNING	звуковая сигнализация
SOUND WAVE	звуковая волна
SOURCE	источник
SOUTH	юг
SOUTHBOUND	движущийся на юг
SOUTH LATITUDE	южная широта
SPACE	космос, космическое пространство; пространство, объём; интервал, промежуток; космический
SPACE (to)	размещать с интервалом, зазором; размещать на орбите
SPACE AGENCY	космическое агентство
SPACE ASTROMETRY	космическая астрометрия
SPACE ASTRONOMICS LABORATORY	лаборатория космической астрономии; орбитальная астрономическая лаборатория
SPACE ASTRONOMY	космическая астрономия
SPACE BIOLOGY	космическая биология
SPACEBORNE SYSTEM	бортовая система космического аппарата
SPACE CAPSULE	космическая капсула; орбитальный отсек
SPACE CENTER	космический центр
SPACE CRAFT	космический аппарат, КА
SPACECRAFT	космический аппарат, КА
SPACECRAFT ORBIT	орбита космического аппарата, орбита КА
SPACED	орбитальный; космический; размещённый с зазором
SPACED THREAD SCREW	самонарезающий винт

SPACE ELECTRONICS	космическая электроника
SPACE FLIGHT	космический полет; орбитальный полет
SPACE FLIGHT CENTER	центр космических полетов
SPACELAB	космическая лаборатория; орбитальная лаборатория
SPACE LINE	пространственная линия; линия космической связи
SPACELINER	космический самолет; воздушно-космический самолет, ВКС
SPACE MAN (spaceman)	космонавт, астронавт
SPACE METEOROLOGY	космическая метеорология
SPACE PHYSICS	космическая физика
SPACEPLANE	космический самолет; воздушно-космический самолет, ВКС
SPACEPORT	космодром
SPACE PROBE	космический зонд; автоматическая межпланетная станция, АМС
SPACE PROGRAM	космическая программа
SPACE-QUALIFIED	аттестованный для использования в космической технике
SPACER	распорная втулка; прокладка; промежуточное кольцо; (установочная) шайба
SPACE RADAR TELESCOPE	космический радиотелескоп, КРТ
SPACE RENDEZVOUS	сближение на орбите; сближение в космосе; встреча в космосе
SPACE RESEARCH	космическое исследование
SPACE ROCKET	космическая ракета
SPACER RING	промежуточное кольцо
SPACER WASHER	распорное кольцо; промежуточное кольцо; установочная шайба
SPACESHIP	космический аппарат, КА
SPACE SHUTTLE	многоразовый транспортный космический корабль, МТКК; многоразовый воздушно-космический аппарат, МВКА; возвратно-поступательное движение; челночные перевозки
SPACE SHUTTLE TRANSPORTATION SYSTEM	многоразовая транспортная космическая система, МТКС

SPACE SOUNDING	зондирование из космоса
SPACE STATION	космическая станция; орбитальная станция
SPACE STATION-DOCKED SPACECRAFT	космический корабль, состыкованный с орбитальной станцией
SPACE SUIT	космический скафандр
SPACE TELESCOPE	космический телескоп
SPACE TRAVELLER	космонавт, астронавт
SPACE VACUUM	космический вакуум
SPACE VEHICLE	космический аппарат, КА
SPACING	расстояние; интервал; промежуток; зазор; шаг
SPACING CURRENT	пробельный ток
SPACING RING (washer)	распорное кольцо; промежуточное кольцо; установочная шайба
SPADE	сдвижная створка
SPADE SILENCER	глушитель со сдвижными шторками
SPALLING	растрескивание, разрушение растрескиванием; отслаивание; выкрашивание (контактных поверхностей)
SPAN	размах; наибольший поперечный размер
SPANNER	гаечный ключ
SPANNER WRENCH	гаечный ключ; рожковый ключ (для круглых гаек); вилочный ключ
SPANWISE BEAM	лонжерон, расположенный по размаху крыла
SPANWISE STATIONS	узлы (подвески), расположенные по размаху крыла
SPAR	лонжерон
SPAR BOOM	пояс лонжерона
SPAR CAP	полка лонжерона
SPAR CHORD	хорда лонжерона
SPARE BATTERY	резервная батарея
SPARE FLOAT	сменный поплавок
SPARE FUSE HOLDER	держатель запасного предохранителя
SPARE PARTS	запасные части [детали]
SPARE PARTS SUPPLY	поставка запасных частей
SPARE RANGE	запасной комплект [набор] (деталей)

SPARES	запасные части [детали]
SPARE WHEEL	запасное колесо
SPAR FLANGE	пояс лонжерона
SPARK	искра; искровой разряд
SPARK (to)	искрить; зажигать; воспламенять
SPARK ADVANCE	опережение зажигания
SPARK ARRESTER	искрогасительное устройство, искроуловитель; искровой разрядник
SPARK DISCHARGE	искровой разряд
SPARK EROSION MACHINING	электроэрозионная обработка
SPARK GAP	искровой промежуток; искровой разрядник
SPARK IGNITION	искровое зажигание
SPARKING PLUG	запальная свеча, свеча зажигания
SPARKING PLUG POINTS	электроды запальной свечи [свечи зажигания]
SPARK MANUFACTURING METHOD	электроэрозионный метод обработки
SPARK OUT (to)	выхаживать (при шлифовании)
SPARK PLUG	запальная свеча, свеча зажигания
SPARK PLUG GAP	искровой промежуток в свече зажигания
SPARK PLUG SHELL	корпус свечи зажигания
SPARK-PLUG SPANNER	ключ для установки свечи зажигания
SPARK TESTER	прибор для проверки зажигания
SPARK TESTING SCREWDRIVER	гайковерт для проверки свечей зажигания
SPAR WEB	стенка лонжерона
SPAR WEB WEDGE	клин стенки лонжерона
SPATIAL	пространственный
SPATIAL RESOLUTION	пространственное разрешение
SPATULA	шпатель
SPEAK (to)	говорить
SPEAKER	громкоговоритель; акустическая система; диктор
SPECIAL ALLOY	специальный сплав
SPECIAL TOOLS	специальные инструменты
SPECIAL WRENCH	специальный гаечный ключ
SPECIFIC	удельный; заданный; расчетный
SPECIFICATION	спецификация; инструкция; техническое требование [задание, условие]; заданные характеристики

SPECIFIC FUEL CONSUMPTION (SFC)	удельный расход топлива
SPECIFIC GRAVITY	удельная плотность
SPECIFIC HEAT	удельная теплота
SPECIFIC IMPULSE	удельный импульс
SPECIFIC MASS	удельная масса
SPECIFIC RANGE	заданная дальность полета
SPECIFIC WEIGHT	удельный вес
SPECIFIED LOAD	расчетная нагрузка
SPECIFIED RANGE	расчетная дальность
SPECIFIED VALUE	расчетное значение
SPECIFY (to)	точно определять, устанавливать; специфицировать
SPECIMEN	образец; опытный экземпляр
SPECK	пятно
SPECK OF SOLDER	капля припоя
SPECTRAL BAND	спектральный диапазон
SPECTRAL LINE	спектральная линия
SPECTROGRAPH	спектрограф
SPECTROGRAPHIC ANALYSIS	спектрографический анализ
SPECTRO-HELIOGRAM	спектрогелиограмма
SPECTROMETER	спектрометр
SPECTROMETRIC ANALYSIS	спектрометрический анализ
SPECTRUM ANALYSER	анализатор спектра
SPEECH	переговоры (экипажа)
SPEECH AMPLIFIER	микрофонный усилитель; усилитель речевых сигналов
SPEECH CHANNEL	телефонный канал
SPEECH COIL	звуковая катушка (громкоговорителя)
SPEED	скорость; число оборотов
SPEED BIAS	изменение скорости
SPEED BRACE	ограничитель скорости
SPEED BRAKE	аэродинамический тормоз, тормозной щиток
SPEED BRAKE EXTENSION SYSTEM	система выпуска аэродинамического тормоза
SPEED BRAKE LEVER	рукоятка аэродинамического тормоза
SPEED BRAKE SWITCH	переключатель управления воздушными тормозами
SPEED CONTROL	регулирование скорости
SPEED CONTROL UNIT	блок регулирования скорости

SPEED DECAY	уменьшение скорости; снижение числа оборотов
SPEED DEVIATION	отклонение по скорости
SPEED DIAGRAM	диаграмма скоростей
SPEED DROP	падение скорости
SPEEDER DEVICE	регулятор скорости
SPEEDER HANDLE	коленчатый вал
SPEED FLIGHT	скоростной полет
SPEED GOVERNOR	регулятор числа оборотов; регулятор скорости
SPEED INDICATOR	спидометр, указатель скорости
SPEEDING-UP	ускорение
SPEED LIMIT	предельная скорость, максимальная скорость
SPEED LIMITER	ограничитель скорости
SPEED LOSS	потеря скорости
SPEED OF LIGHT	скорость света
SPEED OF SOUND	скорость звука
SPEEDOMETER	спидометр
SPEED RANGE	диапазон скоростей
SPEED RATIO	соотношение скоростей
SPEED RECORD	рекорд скорости
SPEED REDUCER	устройство снижения числа оборотов
SPEED REDUCTION	снижение скорости; снижение числа оборотов
SPEED REGULATING VALVE	клапан регулирования числа оборотов
SPEED REGULATOR	регулятор числа оборотов
SPEED SELECTOR	задатчик числа оборотов; переключатель скорости
SPEED SENSING	измерение скорости
SPEED SENSING DEVICE	датчик скорости
SPEED SENSOR	датчик скорости
SPEED SWITCH	переключатель числа оборотов; переключатель скорости
SPEED TRANSDUCER	датчик скорости
SPEED TRIAL	скоростные испытания
SPEED UP (to)	увеличивать скорость
SPEED VARIATOR	вариатор скорости
SPEEDWAY	взлетно-посадочная полоса, ВПП

SPEED WRENCH	ключ для регулировки коленчатого вала
SPEND (to)	тратить; расходовать; нести издержки
SPHERE OF ACTIVITY	область деятельности
SPHERICAL	сферический
SPHERICAL BEARING	сферическая опора
SPHERICAL BEARING CAGE	корпус сферической опоры
SPHERICAL BEARING SURFACE	сферическая опорная поверхность
SPHERICAL BUSHING	сферическая втулка
SPHERICAL COLLAR	сферическая втулка
SPHERICAL JOINT	шаровой шарнир, шаровое шарнирное соединение
SPHERICAL NUT	гайка со сферическим торцом
SPIDER	крестовина; крестообразная опора; штурвал
SPIDER CONSTRUCTION	крестообразная конструкция; крестообразная опора
SPIDER PATCH	крестообразная накладка
SPIGOT	охватываемая раструбом деталь; разгрузочная трубка; центрирующий выступ; втулка; втулочное соединение
SPIGOT JOINT	втулочное соединение
SPIKE	штырь; костыль; (толстая) игла; выброс; пик
SPIKE (to)	заострять; пронзать
SPILL (to)	проливать; разливать(ся)
SPILLAGE	пролив(ание), разлив(ание); расплескивание; выплескивание; утечка; потери от утечки; перетекание (части) воздуха снаружи воздухозаборника
SPILLAGE OF FLUID	утечка жидкости
SPILL BURNER	противоточная форсунка
SPILL DOOR	створка перепуска
SPILL LINE	трубопровод системы перепуска
SPILL VALVE	клапан перепуска
SPIN	вращение; штопор (самолета)
SPIN (to)	вращаться; вводить в штопор
SPIN-CHUTE	противоштопорный парашют

SPINDLE	шпиндель; вал(ик); ось; стержень; палец; цапфа; шейка вала
SPINDLE GEARBOX	коробка скоростей главного привода станка
SPIN DOWN (to)	замедлять вращение
SPINE	гаргот (фюзеляжа)
SPIN FLAT	находиться в плоском штопоре, штопорить при малых углах тангажа
SPINNER	вертушка, крыльчатка; обтекатель втулки воздушного винта; ротор (гироскопа)
SPINNER EXTENSION	переходник обтекателя (втулки воздушного винта)
SPINNING	вращение; раскрутка; штопорящий (о самолёте); вращающийся
SPINNING DIVE	крутой штопор; пикирование с вращением вокруг продольной оси
SPINNING LATHE	токарно-давильный станок
SPINNING WHEEL	вращающееся колесо
SPIN-PRONE	подверженный штопору
SPIN-PROOF	противоштопорный; не подверженный штопору
SPIN-RESISTANT	сопротивляющийся штопору; с высокой сопротивляемостью штопору
SPIN STABILIZATION	стабилизация вращением
SPIN-STABILIZED (satellite)	стабилизированный вращением (спутник)
SPIN TABLE	платформа для раскрутки (спутника)
SPIN TESTING	испытание на вращение
SPIN TRIAL	испытание на вращение
SPIN-UP	раскрутка
SPIN-UP TIME	время раскрутки
SPIRAL	спираль; спиральный
SPIRAL ANGLE	угол спирали
SPIRAL DIVE	спиральное пикирование; пикирование по спирали
SPIRAL DOWN (to)	снижаться по нисходящей спирали
SPIRAL GEAR	винтовая передача
SPIRALLY-STABLE	спирально-устойчивый
SPIRALLY-UNSTABLE	спирально-неустойчивый

SPIRAL SPRING	спиральная пружина
SPIRAL STAIRCASE	винтовой трап
SPIRAL UP (to)	подниматься по восходящей спирали
SPIRIT	спирт; (органический) растворитель; спиртные напитки
SPIRIT LEVEL	спиртовой уровень
SPIRIT THERMOMETER	спиртовой термометр
SPIT BACK (to)	выбрасывать сноп пламени
SPITTING	искрение (щеток)
SPITTING BACK	выброс пламени; выхлоп газов
SPLASH	падение (ракеты); барботаж [разбрызгивание масла] (в двигателе)
SPLASH (to)	разбрызгивать (струю жидкости); сбивать (самолет)
SPLASHDOWN	приводнение, падение в воду
SPLASHING	барботаж, разбрызгивание (масла)
SPLASH LUBRICATION	смазывание разбрызгиванием
SPLASHPROOF	водонепроницаемый; брызгонепроницаемый
SPLASH UP (to)	брызгать (струей)
SPLAY	скос; скошенная кромка; расширение; растяжение
SPLAY (to)	скашивать; расширять; растягивать
SPLAYED WHEEL	диск со смещенной осью вращения
SPLICE	соединение внахлестку; сращивание; место сращивания; стык; сросток (кабеля)
SPLICE (to)	соединять внахлестку; сращивать; склеивать (ленту)
SPLICE-ANGLE	угловое соединение
SPLICE BOX	ответвительная муфта; ответвительная коробка
SPLICE CONNECTION	соединение внахлестку
SPLICE FITTING	соединение внахлестку
SPLICE PLATE	соединительная накладка
SPLICING	соединение внахлестку; сращивание; место сращивания; стык; сросток (кабеля)
SPLINE	шлиц; полоса, лента
SPLINE (to)	крепить на шлицах, крепить с помощью шлицевого соединения
SPLINE (DRIVE) SOCKET	соединительная муфта

SPLINED COUPLING SLEEVE ... зубчатое соединение; зубчатая муфта
SPLINED HUB ... шлицевая втулка
SPLINED SHAFT ... шлицевый вал; шпоночный вал; зубчатый вал
SPLINED SLEEVE ... шлицевая муфта
SPLINEWAY ... шпоночная канавка; паз
SPLINT ... чека; шплинт
SPLINTER (to) ... раскалывать(ся); расщеплять(ся)
SPLINTER GLASS ... безосколочное стекло
SPLIT ... расхождение (летательных аппаратов); одинарный переворот, полубочка с нисходящей полупетлей; разъемный (корпус)
SPLIT (to) ... разделять; разобщать; расщеплять (секции тормозного щитка)
SPLIT AXIS APPROACH ... многоэтапный заход на посадку
SPLIT COMPRESSOR ... двухроторный [двухвальный, двухкаскадный] компрессор
SPLIT CRANKCASE ... разъемный картер
SPLIT FLAP ... расщепляющийся закрылок; элерон-щиток
SPLIT FREQUENCY ... частота модуляции
SPLIT GROMMET ... волновод с продольной щелью
SPLIT NUT ... разрезная гайка
SPLIT PIN ... шплинт; чека
SPLIT RACE ... двухпазовая канавка качения
SPLIT RING ... кольцо с прорезью
SPLIT-S ... переворот (фигура пилотажа)
SPLITTER ... разделитель
SPLIT-TURBINE ... двухроторная турбина
SPLIT-UP ... роспуск группы (самолетов)
SPLIT WHEEL ... шкив
SPLUTTER ... шум, стук (двигателя)
SPOIL (to) ... гасить (подъемную силу); перекрывать (поток), выдвигать преграду (в поток)
SPOILER ... интерцептор; защитный щиток (в воздушном потоке)
SPOILER ACTUATOR ... силовой привод интерцепторов
SPOILER ASSY ... блок интерцепторов
SPOILER BRAKING ... (аэродинамическое) торможение с помощью интерцепторов

SPOILER CONTROL VALVE	управляющий клапан интерцептора
SPOILER DEFLECTION	отклонение интерцепторов
SPOILER DOWN TRAVEL	отклонение интерцепторов вниз
SPOILER EXTEND LIGHT	сигнальная лампочка выпуска интерцепторов
SPOILER EXTENDS (to)	выпускать интерцепторы
SPOILER EXTENSION	выпуск интерцепторов
SPOILER EXTENSION LINKAGE	проводка системы управления выпуском интерцепторов
SPOILER HYDRAULIC PRESSURE	давление в гидросистеме управления интерцепторов
SPOILER MIXER	смеситель интерцептора
SPOILER PANEL	турбулизирующий щиток; панель интерцептора
SPOILER POWER SYSTEM	гидравлическая система управления интерцепторами
SPOILER RETRACTION	уборка интерцепторов
SPOKE	спица (колеса); перекладина
SPOKED WHEEL	колесо со спицами
SPONGE	губка, пористый материал; поропласт
SPONGE (to)	мыть губкой
SPONGE CLOTH	пористая ткань
SPONGE RUBBER	пористая резина
SPONGY BRAKE	амортизатор
SPONSON	бортовой выступ, скуловой обтекатель (корпуса вертолета-амфибии)
SPOOFING	постановка уводящих помех
SPOOL	каскад (ТРД); компрессор; ротор (двигателя); барабан; катушка
SPOOL DOWN	выбег, уменьшение частоты вращения (ротора)
SPOOL SHIFT	смещение катушки
SPOOL UP	дача газа, перевод (двигателя) на режим максимальной тяги
SPOON	шпатель
SPOON DOLLY	поддон
SPOON SCRAPER	вогнутый шабер
SPOT	место; место стоянки (ЛА); участок; пятно; прицельная помеха

SPOT (to)	обнаруживать (цель); ставить на стоянку; помещать, размещать
SPOT AN AIRCRAFT (to)	обнаруживать летательный аппарат; ставить самолет на стоянку
SPOTBEAM TRANSMISSION	направленная передача
SPOT CEMENT (to)	склеивать отдельные участки
SPOT CHECK	выборочная проверка; местный контроль
SPOT ELEVATION	отметка высоты
SPOT FACE (to)	цековать
SPOTFACE DEPTH	глубина цекования
SPOT FACING	цекование
SPOTFACING	цекование
SPOT HEIGHT (elevation)	отметка высоты
SPOT LEVEL	отметка высоты
SPOTLIGHT	лампа местного освещения; прожектор
SPOTMARK (to)	определять; устанавливать местонахождение [местоположение]; обнаруживать; пеленговать; засекать; отмечать; ориентировать
SPOT REPAINTING	перекрашивание отдельных участков (поверхности)
SPOTTER	самолет-корректировщик; наблюдатель за воздухом; центровочный инструмент
SPOT TIE (to)	соединять по месту
SPOTTING	корректировка (огня); засечка (целей); центрование; засверливание отверстия
SPOT WELD (to)	вести точечную сварку; сваривать электрозаклепками
SPOT WELDING	точечная сварка; сварка электрозаклепками
SPOT WIND	ветер на определенном участке маршрута
SPOUT	желоб; лоток; выпускное отверстие, слив; сбросное отверстие; горловина; струя; тромб
SPOUT (to)	бить струей
SPRAY	струя; брызги; аэрозоль; распыленная жидкость; распыление; разбрызгивание; распылитель; разбрызгиватель; форсунка; факел распыла; впрыск

SPRAY(to)	распылять; разбрызгивать; напылять; металлизировать напылением; впрыскивать; наносить разбрызгиванием
SPRAY APPLICATION	аэрозольное применение
SPRAY BAR	распылительная штанга, штанга с распыливающими насадками; топливный коллектор форсунок
SPRAY CASTING	литье с распылением
SPRAY CHAMBER	пульверизатор; распылитель; разбрызгиватель
SPRAY COAT	напыляемое покрытие, покрытие напылением
SPRAY-COATED	с напыленным покрытием
SPRAY DEFLECTOR	дефлектор струи
SPRAYER	распылитель; разбрызгиватель; пульверизатор; форсунка; сельскохозяйственный самолет
SPRAY GUN	пистолет-краскораспылитель; металлизационный пистолет
SPRAY GUN NOZZLE	сопло пистолета-краскораспылителя; сопло металлизационного пистолета
SPRAYING	напыление; металлизация напылением; распыление; разбрызгивание
SPRAY PAINTING	окраска распылением
SPRAY RINSE (to)	промывать пульверизатором; промывать распыленной жидкостью
SPREAD	распространение; расширение; протяженность; размах (крыла)
SPREAD (to)	развертывать (крыло)
SPREADER	распорка; растяжка; расширитель; распылитель (удобрений); опыливатель (посевов)
SPREADER BAR	траверса (для подъема двигателя)
SPREADING	распространение; протяжение; расширение, уширение; рассеивание; разброс; растекание
SPRING	пружина; пружинный
SPRING ACTUATOR	пружинный механизм
SPRING BACK	упругое последействие; отскакивание, отскок; обратный ход пружины
SPRING BALANCE	пружинные весы

SPRING BUNGEE	пружинное устройство; амортизатор
SPRING BUSHING	рессора
SPRING CARRIER	опорная подушка рессоры
SPRING CARTRIDGE	пружинный блок
SPRING CARTRIDGE ASSY	пружинный блок; сборочная единица с пружиной
SPRING CHECK	проверка натяжения пружины
SPRING CLIP	хомут рессоры; пружинная клемма; пружина отжимного рычага сцепления
SPRING COLLET	пружинящая втулка
SPRING COMPRESSION	сжатие пружины
SPRING FORCE	жесткость пружины; сила сжатия пружины
SPRING GOVERNOR	пружинный регулятор
SPRING HOUSING	корпус рессоры
SPRINGING	рессорное подвешивание; пружинистость; упругость; эластичность; отскакивание, отскок
SPRING LATCH	пружинная щеколда
SPRING LINKAGE	пружинящее соединение
SPRING LOAD	сила сжатия пружины
SPRING-LOADED	подпружиненный; с пружинной фиксацией
SPRING-LOADED CYLINDER	цилиндр с пружинной загрузкой
SPRING-LOADED GOVERNOR	пружинный регулятор
SPRING-LOADED GUARD	пружинный замок
SPRING-LOADED LATCH MECHANISM	пружинный замковый механизм
SPRING-LOADED PAWL	пружинная защелка
SPRING-LOADED RELIEF VALVE	пружинный предохранительный клапан
SPRING-LOADED VALVE	пружинный клапан
SPRING LOAD SWITCH	отжимная стрелка
SPRING LOCKPIN	пружинная чека
SPRING LOCK WASHER	пружинная стопорная шайба
SPRING PIN	пружинный штифт; пружинный фиксатор
SPRING PLATE	рессорный лист; подпружиненная пластина
SPRING PRELOAD	(предварительный) натяг пружины
SPRING PRESSURE	сила пружины
SPRING RETRACTABLE	возвратная пружина
SPRING RING	пружинное упорное кольцо; пружинная шайба

SPRING ROD	пружинная тяга; пружинный штифт
SPRING SCALE	пружинные весы
SPRING SETTING	тарировка пружины
SPRING SHEET METAL	тонколистовой пружинящий металл
SPRING STEEL	пружинная сталь
SPRING TAB	пружинный сервокомпенсатор
SPRING TRIM MECHANISM	пружинный триммерный механизм
SPRING VALVE	пружинный клапан
SPRING WASHER	пружинная шайба; тарельчатая пружина
SPRING YOKE	пружинная скоба
SPROCKET	звездочка; зуб звездочки; зубчатый барабан
SPROCKET GEAR	зубчатая передача
SPROCKET SPOOL	зубчатый барабан
SPROCKET WHEEL	звездочка
SPUR	зубец; острый выступ; прямозубое зубчатое колесо
SPUR GEAR	прямозубая цилиндрическая зубчатая передача; прямозубое цилиндрическое зубчатое колесо
SPUR-GEAR PUMP	насос с прямозубой цилиндрической зубчатой передачей
SPUR GEAR SHAFT	вал с прямозубой шестерней
SPURIOUS	ложный; случайный
SPURIOUS OSCILLATION	паразитные колебания; паразитная генерация
SPURT	сильная струя
SPURT OF PETROL	струя бензина
SQUADRON	эскадрилья; дивизион; эскадра; отряд; батарея
SQUALL	шквал
SQUARE	квадрат; площадь; угольник; строй (самолетов) "квадрат"; квадратный
SQUARE (to)	возводить в квадрат; придавать квадратную форму; обрабатывать под прямым углом
SQUARED	квадратный
SQUARE DRIVE	привод квадратного сечения
SQUARE END	торец квадратного сечения
SQUARE FLANGE RECEPTACLE	квадратная фланцевая электрическая розетка

SQUARE MEASURE	мера площади
SQUARE METER	квадратный метр
SQUARENESS	перпендикулярность (граней); прямоугольность (импульсов)
SQUARE ROOT	квадратный корень
SQUARE SHANK	хвостовик с лыской
SQUARE SOCKET	квадратная розетка
SQUARE THREAD	прямоугольная резьба
SQUARE WAVE	прямоугольное колебание; волна в виде меандра
SQUARING AMPLIFIER	усилитель - формирователь прямоугольных импульсов
SQUASH	скольжение на крыло, боковое скольжение; расплющивание; раздавливание
SQUAWK (to)	скользить на крыло; расплющивать; раздавливать
SQUAWK	посылать сигналы (радиолокационного обнаружения)
SQUEAK	скрип
SQUEAK (to)	скрипеть
SQUEEZE	сжатие; сдавливание; обжатие; обжим
SQUEEZE (to)	сжимать; сдавливать; обжимать; прессовать; уплотнять; формовать
SQUEEZE PLUG	сжатая пробка
SQUELCH	система бесшумной настройки
SQUIB	пиропатрон; пирозапал; воспламенитель (ракетного двигателя)
SQUIB TEST	испытание пирозапалов; испытание воспламенителей
SQUIRREL-CAGE MOTOR	асинхронный электродвигатель с короткозамкнутым ротором
SQUIRT (to)	разбрызгивать; выдавливать; шприцевать
SQUIRT IN OIL (to)	впрыскивать масло
SSR (secondary surveillance radar)	вспомогательная обзорная радиолокационная станция
STABILATOR	управляемый [цельноповоротный] стабилизатор
STABILITY	устойчивость; стабильность

STABILITY AUGMENTATION COMPUTER (system)	вычислитель системы повышения устойчивости
STABILIZATION	стабилизация
STABILIZE (to)	стабилизировать
STABILIZED AIMING SIGHT	стабилизированный прицел
STABILIZED CONDITION	стабилизированный режим; установившийся режим
STABILIZED DESCENT	снижение в установившемся режиме
STABILIZED FLIGHT	установившийся полет
STABILIZED ORBIT	стабилизированная орбита
STABILIZED PLATFORM	стабилизированная платформа
STABILIZED RATING	установившийся режим
STABILIZED SPEED	установившаяся скорость
STABILIZER	стабилизатор
STABILIZER BRAKE RELEASE HANDLE	рукоятка отпускания тормоза стабилизатора (перед взлетом)
STABILIZER CENTER SECTION	центральная секция стабилизатора
STABILIZER DEFLECTION	отклонение стабилизатора
STABILIZER OUT OF TRIM LIGHT	световой сигнализатор нахождения стабилизатора в режиме разбалансировки
STABILIZER TRIM	балансировка стабилизатора
STABILIZER TRIM CUT OUT SWITCH	выключатель системы продольной балансировки
STABILIZER TRIM INDICATOR	указатель положения управляемого стабилизатора
STABILIZER TRIM JACKSCREW	силовой привод стабилизатора
STABILIZER TRIM LIGHT	световой сигнализатор балансировочного положения стабилизатора
STABILIZER TRIM LIMIT SWITCH	концевой выключатель системы продольной балансировки
STABILIZER TRIM POTENTIOMETER	потенциометр системы продольной балансировки
STABILIZER TRIM SYSTEM	система продольной балансировки

STABILIZER TRIM WARNING SWITCH	выключатель системы продольной балансировки
STABILIZER TRIM WHEEL	штурвал управления стабилизатора
STABILIZING GYRO	гироскоп системы стабилизации
STABILIZING JACKING POINT	место установки силового привода стабилизатора
STABILIZING ROD	тяга стабилизирующей системы
STABLE	устойчивый, стабильный; установившийся; прочный
STACK	труба; канал; выхлопной патрубок; пакет; набор; комплект; блок; батарея
STACKING	эшелонирование (по высоте); складирование; укладка (багажа)
STACKING POINT	точка ожидания
STACK UP (to)	эшелонировать по высоте
STAFF	штаб; персонал; личный состав
STAFF MEMBERS	личный состав; персонал
STAGE	стадия, этап; ступень; фаза; период, каскад; звено; отрезок (маршрута)
STAGE LENGTH	протяженность участка (маршрута)
STAGGER	вынос крыла биплана; эшелонирование
STAGGER (to)	располагать уступами; эшелонировать уступами
STAGGER ANGLE	угол выноса крыла
STAGGERED	расположенный уступами; эшелонированный
STAGING FLIGHT	поэтапный полет, полет по многоэтапному маршруту
STAGNATION POINT	точка полного торможения, критическая точка
STAGNATION PRESSURE	давление торможения, давление в критической точке
STAGNATION STALL	срыв потока в критической точке
STAGNATION TEMPERATURE	температура торможения, температура в критической точке
STAIN	краситель, краска; пятно, пятнышко
STAINLESS	нержавеющий
STAINLESS STEEL LOCKWIRE	стопорная [контровочная] проволока из нержавеющей стали
STAINLESS STEEL WIRE	проволока из нержавеющей стали
STAIR	трап

STAIRCASE (stairway)	(наземный) трап
STAIRWAY DOOR	дверь трапа
STAIRWAY STEP	ступенька трапа
STAKE	подпорка; стойка; столб
STAKE (to)	обозначать вехами; отмечать границу; подпирать; поддерживать; укреплять
STAKING POINT	место установки сферической заглушки
STAKING TOOL	боек для установки сферических заглушек
STALL	срыв (потока); срыв, сваливание (самолета)
STALL (to)	вводить в режим сваливания; сваливаться (о самолете)
STALL(ING) SPEED	скорость срыва, минимальная критическая скорость
STALL AN ENGINE (to)	останавливать двигатель
STALL DIVE	пикирование после сваливания
STALLED TURN	поворот на горке [вертикали]
STALL FENCE	аэродинамический гребень (крыла)
STALL FLIGHT	полет на критическом угле атаки; (испытательный) полет на сваливание
STALLING	срыв (потока); срыв, сваливание (самолета)
STALLING ANGLE	критический угол атаки, угол атаки сваливания (самолета)
STALLING MOMENT	момент срыва
STALL LIGHT	световой сигнализатор о приближении к сваливанию
STALLOMETER	индикатор срыва [сваливания]
STALL RECOVERY	вывод из режима сваливания; восстановление безотрывного обтекания
STALL STAGNATION	критический режим сваливания (самолета)
STALL TURN	поворот на вертикали, поворот на горке
STALL VANE	флюгерный датчик режима сваливания
STALL WARNING	предупреждение о приближении к режиму сваливания
STALL WARNING COMPUTER	вычислитель системы предупреждения режима сваливания
STALL WARNING HORN	сирена сигнализации о приближении к срыву [сваливанию]
STALL WARNING SYSTEM (SWS)	система предупреждения о приближении к срыву [сваливанию]

STALL WARNING TEST .... испытание системы предупреждения срыва [сваливания]
STAMP .... штамп; клеймо; марка; оттиск
STAMP (to) .... штамповать; клеймить; маркировать; наносить обозначение
STAMPING .... (листовая) штамповка; чеканка; клеймение; штампованное изделие; тиснение
STAMPING DIE .... штамп; матрица; пуансон
STAMPING MACHINE ...... штамповочный пресс; клеймовочная машина
STAMPINGS .... штампованные изделия
STAND .... стенд, установка; пусковой стол; место стоянки; стоянка
STAND-ALONE .... автономный
STANDARD .... стандарт; нормы; требования; стандартный; штатный
STANDARD APPROACH .... стандартный заход на посадку
STANDARD ATMOSPHERE .... стандартная атмосфера
STANDARD CLIMB .... стандартный набор высоты
STANDARD DATUM PLANE .... плоскость начала отсчета в стандартной атмосфере
STANDARD DAY .... международная стандартная атмосфера
STANDARD DEVIATION .... среднеквадратичное [стандартное] отклонение
STANDARD DIMENSIONS .... стандартные размеры
STANDARD FREQUENCY .... эталонная частота
STANDARD GAUGE .... эталоный калибр
STANDARD INSTRUMENT .... эталонное средство измерений; эталонный измерительный прибор
STANDARD INSTRUMENT ARRIVAL .... стандартная схема посадки по приборам
STANDARD INSTRUMENT DEPARTURE .... стандартная схема вылета по приборам
STANDARDIZATION .... стандартизация; нормализация; нормирование; аттестация; проверка; калибровка; градуировка
STANDARDIZED .... стандартизованный; нормализованный; нормированный; аттестованный; проверенный; калиброванный; градуированный
STANDARDIZED PRODUCTION .... серийное производство
STANDARD LANDING ORBIT .... штатный посадочный виток

STANDARD MEASURE	эталонная мера
STANDARD MODEL	серийная модель; стандартная модель
STANDARD PATTERN	стандартная схема; стандартный маршрут полета
STANDARD PITCH	стандартный шаг (воздушного винта)
STANDARD PRACTICE	установившаяся практика; общепринятая практика
STANDARD PRESSURE GAUGE	эталонный манометр
STANDARD RADIUS	условный [относительный] радиус
STANDARD REPLACEMENT	стандартная замена
STANDARD SIZE	стандартный размер [габарит]
STANDARD SIZE BUSH	втулка стандартного размера
STANDARD TEMPERATURE	стандартная температура
STANDARD TIME	норма времени; нормативное время; стандартное [поясное] время
STANDARD TIME ZONE	часовой пояс, зона времени
STANDARD WEIGHT	масса в стандартных условиях
STANDARD ZERO FUEL WEIGHT	масса конструкции без топлива
STAND BY	быть готовым, находиться в состоянии готовности
STANDBY	боеготовность; состояние готовности к боевому вылету; резервная система; состояние готовности; резервный, запасной; аварийный; страхующий
STANDBY ACTUATOR	резервный силовой привод
STANDBY AIRCRAFT	резервный самолет; самолет в состоянии готовности к боевому вылету
STANDBY BATTERY	резервная батарея; батарея аварийного питания
STANDBY CREW MEMBER	дублирующий член экипажа
STANDBY EQUIPMENT	резервное оборудование
STANDBY FOR DESCENT	состояние готовности к посадке
STANDBY HYDRAULIC SYSTEM SELECTOR	переключатель аварийной гидравлической системы
STANDBY PASSENGER	ожидающий пассажир
STANDBY POWER	аварийное (электро)питание
STANDBY POWER MODULE	модуль аварийной системы электропитания
STANDBY POWER SYSTEM	аварийная система электропитания

STANDBY SET	резервная установка
STANDBY SYSTEM	резервная система
STAND CLEAR OF (to)	находиться на удалении
STAND-DOWN	простой на земле (исправного самолета)
STAND FIXTURE	стенд
STANDING WAVE	стоячая волна
STANDOFF	применяемый с безопасного расстояния [на безопасном удалении]
STANDPIPE	напорная труба; стояк; цилиндрический резервуар
STAPLE	штапельное волокно; скоба; крюк
STAPLE (to)	заделывать (пакеты) металлическими скобами; шить металлическими скобами
STAR	звезда
STARBOARD	правый борт (воздушного судна)
STARBOARD WING	правая консоль крыла
STAR CONNECTED	звездообразное соединение
STAR NETWORK	звездообразная сеть
STAR SYSTEM	система астронаведения; звездная система
START	старт, пуск; начало (разбега); запуск (двигателя)
START (to)	запускать; пускать; трогаться (с места)
START AN ENGINE (to)	запускать двигатель
START CIRCUIT	пусковая цепь
START CONTROL	управление пуском; управление запуском
START CYCLE	пусковой цикл
START DETENT	стопор начального положения
START ENRICH VALVE	клапан подачи обогащенной смеси при пуске
STARTER	стартер; пусковой механизм
STARTER AIR BOTTLE PRESSURE	давление сжатого воздуха стартера
STARTER AIR SHUTOFF VALVE	клапан отсечки воздуха стартера
STARTER AIR VALVE	пусковой воздушный клапан
STARTER CLUTCH	пусковая муфта
STARTER CUTOFF SPEED	скорость отсечки стартера
STARTER DUCT	воздушный канал стартера
STARTER EXHAUST DUCT	выхлопной канал стартера
STARTER GENERATOR	стартер-генератор

STARTER JAW	храповик стартера
STARTER MOTOR	пусковой двигатель
STARTER PINION	шестерня стартера
STARTER PUNCH	пробойник пускового механизма
STARTING	запуск (двигателя); раскрутка (ротора); стартующий; пусковой
STARTING ATOMIZER	форсунка пускового механизма
STARTING CONTROL	управление (за)пуском
STARTING ENGINE	пусковой двигатель
STARTING HANDLE	пусковая рукоятка; рукоятка стартера
STARTING LINE	линия старта; трубопровод пусковой системы
STARTING MAGNETO	пусковое магнето
STARTING MOTOR	пусковой двигатель
STARTING POINT	место старта
STARTING SEQUENCE	последовательность (за)пуска
STARTING SPEED	стартовая скорость
STARTING SYSTEM	пусковая система; стартовая система
STARTING TORQUE	пусковой момент
STARTING UP	запуск (двигателя); поворот (воздушного винта)
START LEVER	пусковая рукоятка
START LINKAGE	проводка пусковой цепи
START OFF (to)	запускать (двигатель)
START PUMP	пусковой насос
STAR TRACKER	астроориентатор
START SEQUENCE	последовательность (за)пуска
START TIME	время пуска; время старта
START TIMER	реле времени пуска, пусковое реле
STARTUP	(за)пуск; ввод в действие
START-UP (to)	запускать (двигатель); проворачивать (воздушный винт)
START UP CLEARANCE	разрешение на запуск (двигателей)
START UP DATA	параметры запуска (двигателя)
START VALVE	пусковой клапан
STARVE (to)	разряжать (аккумулятор)
STAR WASHER	звездообразная прокладка

STATEMENT	утверждение; показание; сообщение; бюллетень, отчет; формулировка; оператор; предписание; постановка (задачи)
STATE OF REGISTRY	государство регистрации воздушного судна
STATE-OF-THE-ART TECHNIQUE	современная техника
STATIC	статический; фиксированный; неподвижный
STATIC AIR INTAKE	неподвижный воздухозаборник
STATIC AIR TEMPERATURE (SAT)	температура невозмущенного воздуха
STATIC BALANCING	статическая балансировка
STATIC CONVERTER	статический преобразователь
STATIC DISCHARGER	статический разряд
STATIC ELECTRICITY	статическое электричество
STATIC GROUNDING	заземление
STATIC GROUND WIRE	провод заземления
STATIC HEAD	статический напор; насадок для приема статического давления
STATIC INVERTER	статический преобразователь
STATIC LOAD	статическая нагрузка
STATIC LOAD(ING) TEST(ING)	статическое испытание на нагружение
STATIC MARGIN	запас статической устойчивости
STATIC PORT	насадок для приема статического давления
STATIC POWER	статическая мощность
STATIC PRESSURE	статическое давление
STATIC PRESSURE PICK-UP	прием статического давления
STATIC PRESSURE PORT	насадок для приема статического давления
STATIC PRESSURE PROBE	насадок для приема статического давления
STATICS	статика; статические свойства; электростатические явления; атмосферные помехи
STATIC SEAL	уплотнение неподвижного соединения
STATIC SELECTOR VALVE	распределитель статического давления
STATIC SUPPRESSOR	противопомеховый фильтр
STATIC TARGET	неподвижная цель

STATIC THRUST	статическая тяга
STATIC TUBE	приемник воздушного давления, ПВД
STATIC VENT	насадок для приема статического давления
STATIC WEIGHT	статическая масса
STATIC WICK	статический фильтр
STATION	аэродром; станция; место; пункт; пост; база; рабочее место (члена экипажа)
STATION (to)	размещать(ся); базировать(ся)
STATIONARY	стационарный; неподвижный
STATIONARY CYLINDER	неподвижный цилиндр
STATIONARY FLIGHT	установившийся полет
STATIONARY ORBIT	стационарная орбита
STATIONARY PART	неподвижная деталь
STATIONARY SCALE	неподвижная шкала
STATIONARY TARGET	неподвижная цель
STATIONARY VANE	неподвижная лопатка (турбины); лопатка статора
STATIONARY WAVE RATIO (SWR)	коэффициент стоячей волны
STATION BEARING	пеленг радиостанции
STATIONED	позиционный; неподвижный
STATION KEEPING	позиционирование
STATIONKEEPING	зависание (космического аппарата); удержание (КА) на орбите
STATION MANAGER	диспетчер аэродрома
STATION MECHANIC	техник для обслуживания взлетно-посадочной полосы [ВПП]
STATION PASSAGE	проход [коридор] аэровокзала
STATION PERSONNEL	персонал аэропорта
STATION SERVICES	службы аэропорта
STATION STOP	промежуточный аэропорт
STATOR	статор (электродвигателя); неподвижный направляющий аппарат (компрессора)
STATOR BLADE	лопатка статора
STATOR STAGE	ступень статора
STATOR VANE	лопатка статора
STATOSCOPE	статоскоп
STATUS	состояние
STATUS REGISTER	регистр состояния

STATUTE MILE (SM)	статутная [сухопутная] миля
STATUTE MILE PER HOUR (mph)	сухопутных миль в час
STAY	стойка; опора; расчалка; звено
STAY (to)	крепить; закреплять; устанавливать расчалки
STAY BOLT	соединительный болт; распорный болт
STAY CAPACITANCE	паразитная емкость
STAY IN TURN (to)	оставаться в вираже
STAY PLATE	соединительная пластина
STAY ROD	соединительный стержень; распорный стержень
STEADINESS	установившийся; устойчивый
STEADINESS IN FLIGHT	установившийся полет
STEADY	опора; устойчивый; установившийся; стабильный
STEADY (to)	приходить в устойчивое состояние; придавать устойчивость
STEADY APPROACH	заход на посадку на установившемся режиме
STEADY FLIGHT	установившийся полет
STEADY FLOW	установившееся течение
STEADY GRADIENT OF CLIMB	установившийся градиент набора высоты
STEADY LEVEL FLIGHT	установившийся полет
STEADY LIGHT	огонь постоянного свечения
STEADY RED LIGHT	немигающий красный свет
STEADY SIDESLIP	установившееся боковое скольжение
STEADY STATE	установившийся режим
STEADY WARNING	постоянное предупреждение
STEADY WAVE	стационарная волна
STEADY WIND	ветер с постоянной скоростью
STEALTH	малозаметный; скрытно-действующий; с низким уровнем демаскирующих признаков; невидимый
STEALTH(Y) AIRCRAFT	малозаметный летательный аппарат, ЛА с низким уровнем демаскирующих признаков
STEALTHINESS	малозаметность; скрытность действия
STEALTHY	невидимый; малозаметный; скрытно-действующий; с использованием техники снижения демаскирующих признаков "Стелс"

STEALTHY-SHAPED	с обводами, обеспечивающими малую заметность
STEAM	(водяной) пар
STEAM CLEANING	паровая очистка
STEAM CRACKING	крекинг в паровой фазе, парофазный крекинг
STEEL	сталь
STEEL BALL	стальной шарик
STEEL CASTING	стальное литьё
STEEL CLADDING	плакирование стали
STEEL FASTENER	стальной замок; стальная соединительная деталь
STEELING	насталивание
STEEL MUSIC WIRE	стальная струна
STEEL PLATE	стальная пластина
STEEL SHEET	стальной лист
STEEL SPRING	стальная пружина
STEEL STAMP (to)	маркировать сталь; гравировать сталь
STEEL TOWER	стальная вышка; стальная мачта
STEEL VANE	стальная лопатка (статора); стальной неподвижный направляющий аппарат (компрессора)
STEEL WIRE	стальная проволока
STEEL WIRE ROPE	стальной проволочный трос
STEELWORKS	сталелитейный завод
STEEP	крутой подъем; крутой спуск
STEEP (to)	вымачивать; замачивать; пропитывать
STEEP APPROACH	заход на посадку по крутой глиссаде
STEEP ATTITUDE	положение с крутоподнятым [крутоопущенным] носком
STEEP BANK	глубокий крен
STEEP CLIMB	набор высоты по крутой траектории
STEEP DESCENT	снижение по крутой траектории
STEEP DIVE	крутое пикирование
STEEP FRONT WAVE	волна с крутым фронтом
STEEP SLOPE	скольжение с сильным креном
STEEP SPIN	крутой штопор
STEEP TURN	крутой вираж

STEER (to)	править; управлять рулем; управлять (самолетом) в горизонтальной плоскости; выдерживать заданный курс самолета
STEERABLE	управляемый; ориентируемый, поворотный
STEERABLE NOSE LEG	управляемая передняя опора шасси
STEERABLE NOSE WHEEL	управляемое переднее колесо
STEERABLE WHEEL	управляемое колесо
STEER A COURSE (to)	выдерживать курс
STEER DUE WEST	выдерживать курс на запад
STEERING	управление; пилотирование; наведение (на цель); выдерживание курса (полета)
STEERING ACTUATOR	силовой привод системы управления
STEERING ANGLE	угол разворота (колеса передней опоры шасси)
STEERING BOX	редуктор системы управления
STEERING COLLAR	направляющая втулка
STEERING COLUMN	штурвальная колонка
STEERING COMMAND	управляющая команда, сигнал управления
STEERING CONTROL	управление направлением движения
STEERING CYLINDER	цилиндр системы управления
STEERING METERING VALVE	дроссель, регулятор потока; дозирующий распределительный клапан
STEERING MOTOR	двигатель системы управления
STEERING NEEDLE	стрелка прибора системы управления
STEERING RADIUS	радиус поворота
STEERING SERVO-VALVE	распределительный сервоклапан
STEERING SYSTEM	система управления
STEERING WHEEL	штурвал управления
STEERING WHEEL HOLDER	колонка штурвала управления
STEER ONE'S COURSE (to)	выдерживать заданный курс
STELLAR	звездный; астронавигационный
STELLAR ASTRONOMY	звездная астрономия
STELLAR GUIDANCE	астронавигация
STELLITE	спутник
STEM	стержень; шток; штанга; хвостовик (инструмента); плунжер; пуансон
STEM-OPERATED	со штоковым приводом
STEM SEAL	уплотнение штока

STEM STOP	ограничитель хода штока
STENCIL	трафарет
STENCIL (to)	маркировать; наносить по трафарету
STENCIL MARKING	маркировка по трафарету; трафаретная печать
STEP	стадия; этап; ступень; уступ; редан (гидросамолета); шаг; операция; подножка
STEP BEARING	ступенчатый подшипник
STEP-BY-STEP ASSEMBLY	поэтапная сборка
STEP CLIMB	ступенчатый набор высоты
STEP CRUISE	крейсерский полет со ступенчатым изменением высоты
STEP DESCENT	ступенчатый спуск; (по)шаговое понижение
STEPDOWN	ступенчатый спуск; (по)шаговое понижение
STEP-DOWN APPROACH	ступенчатый заход на посадку, заход на посадку по ступенчатой глиссаде
STEPDOWN RATIO	коэффициент понижения трансформатора
STEPDOWN THE CURRENT (to)	понижать напряжение тока
STEPDOWN THE GEAR (to)	уменьшать передаточное число
STEPDOWN TRANSFORMER	понижающий трансформатор
STEP-LADDER	стремянка; трап
STEP ON BOARD (to)	подниматься на борт (воздушного судна)
STEPPED	поэтапный; ступенчатый; (по)шаговый
STEPPED BUSHING	утолщенная [ступенчатая] втулка
STEPPED CLIMB	ступенчатый набор высоты
STEPPED CRUISE	крейсерский полет со ступенчатым изменением высоты
STEPPED GEAR(ing)	пошаговое зацепление
STEPPED LAND	ступенчатый буртик, ступенчатый поясок (золотника)
STEPPED SEAL	ступенчатое уплотнение
STEPPER MOTOR	шаговый электродвигатель
STEPPING	пошаговое изменение; пошаговое приращение
STEPPING-DOWN	постепенное понижение орбиты
STEP SWITCH	шаговое реле; шаговый искатель
STEP-UP	(по)шаговое повышение
STEP-UP PRODUCTION (to)	увеличивать выпуск продукции
STEP-UP RATIO	коэффициент (по)шагового повышения

STEP-UP THE CURRENT (to)	повышать напряжение тока
STEP-UP TRANSFORMER	повышающий трансформатор
STEREO PLOTTER	стереоскопический графопостроитель
STERN	корма, кормовая часть; хвостовая часть; хвостовой
STERNPOST (stern post)	хвостовая кабина; хвостовая часть; кабанчик руля направления
STEWARD	бортпроводник
STEWARDESS	бортпроводница
STICK	ручка; рукоятка; стержень; шток; прут(ок); серия бомб
STICK (to)	управлять; пилотировать; застревать; заедать
STICK FORCE	усилие на ручке управления
STICKING	застревание; заедание; слипание; прилипание; залипание; спекание (контактов)
STICKING RELAY	бистабильное реле
STICK JERK	резкая дача ручки управления
STICK LOAD	усилие на ручке управления
STICK PUSHER	толкатель ручки; штоковый толкатель
STICK SHAKER	механизм тряски ручки (сигнализатор приближения к срыву); вибратор; вибростенд
STIFF	жесткий; негибкий; тугой; заклиненный; без свободного перемещения; заедающий
STIFF-BRISTLE(ED) BRUSH	жесткая щетинная щетка
STIFF BRUSH	жесткая щетка
STIFFEN (to)	придавать жесткость
STIFFENED	подкрепленный, усиленный; с элементом жесткости
STIFFENED SKIN PANEL	подкрепленная панель обшивки
STIFFENER	элемент жесткости
STIFFENING ANGLE	угол жесткости
STIFFENING FLANGE	усиливающий фланец
STIFFENING PLATE	ребро жесткости; усиливающая пластина
STIFF EXAMINATION	трудный экзамен
STIFFNESS	жесткость
STIFF TO OPERATE	сложность выполнения маневра
STIFF WIND	сильный ветер
STILL AIR	невозмущенная атмосфера

STILL AIR FLIGHT .... полет в невозмущенной атмосфере
STIMULATE (to) .... стимулировать; возбуждать; интенсифицировать
STING .... (хвостовая) державка (модели); щуп; зонд
STIPPLE .... точечный пунктир; штриховые элементы, создающие фон
STIR (to) .... перемешивать, мешать
STIRRER .... смеситель; мешалка; смесительный аппарат
STIRRUP .... скоба; стремя; хомут; серьга (весов)
STIRRUP-TYPE RUDDER CONTROL .... рулевое управление с помощью стремянных тяг
STITCH .... стежок; петля
STITCH (to) .... пространивать, прокладывать строчку; шить, сшивать; брошюровать
STITCH WELD (to) .... вести прерывистую роликовую [шовную] сварку
STITCH WELDING .... прерывистая роликовая [шовная] сварка
STOCK .... запас; склад; накопитель; фонд; стапель
STOCK (to) .... создавать запасы, запасать; сдавать на склад; хранить на складе
STOCK CAR .... серийный автомобиль
STOCK ENGINE .... серийный двигатель
STOCK-KEEPER .... кладовщик
STOCK OF SPARE PARTS .... склад запасных частей
STOL (short takeoff and landing) .... короткие взлет и посадка, КВП
STOL AIRCRAFT .... самолет короткого взлета и посадки, СКВП
STOLPORT .... аэродром для самолетов короткого взлета и посадки, аэродром для СКВП
STONE .... абразивный брусок; оселок
STONE (to) .... притирать бруском
STONING .... притирка бруском
STOOL ASSEMBLY .... промежуточная опора; поддон; подставка; стул
STOP .... упор; ограничитель; останов; остановка; завершение полета; торможение; кратковременная посадка; кнопка "стоп"
STOP (to) .... останавливать(ся); ограничивать; завершать полет; тормозить; совершать кратковременную посадку

STOP ADJUSTMENT	регулирование упора
STOP-AND-GO	учебные взлет-посадка; посадка с последующим немедленным взлетом
STOP BAND	полоса задерживания (фильтра); полоса ослабления; полоса затухания
STOP BOLT	стопорный болт
STOP DRILLING	сверление до останова
STOP GATE	стопорный [запорный] вентиль
STOP HOLE	глухое отверстие
STOP NUT	колпачковая гайка
STOP-OFF	герметизация разъема; защитное покрытие
STOPOVER	промежуточная остановка
STOPPAGE	засорение (трубопровода)
STOPPER	стопорный механизм; стопор; стопорный стержень; пробка; схема подавления паразитных колебаний
STOPPER CIRCUIT	схема подавления паразитных колебаний
STOP PIN	стопорный штифт; штифтовый упор
STOPPING	остановка; торможение
STOPPING DEVICE	стопорное устройство
STOPPING-OFF WAX (lacker)	защитный лак
STOPPING SEGMENT	участок торможения
STOPPING UP	обтюрация; закрывание; дросселирование; заделывание; замазывание; затягивание (отверстия)
STOP RING	стопорное кольцо
STOP SCREW	винт-упор; зажимной винт; стопорный винт
STOP TIME	время останова
STOP VALVE	стопорный [запорный] клапан
STOP WASHER	стопорная шайба
STOP WATCH (stopwatch)	секундомер
STOPWAY (overrun)	концевая полоса торможения
STOPWAY LIGHTING	светосигнальное оборудование концевой полосы торможения
STOP WITHDRAWAL	отвод инструмента в выключенном положении
STORAGE	хранение; устройство для хранения; аккумулятор

STORAGE BATTERY	аккумуляторная батарея
STORAGE BOX	контейнер для хранения
STORAGE CELL	элемент аккумуляторной батареи
STORAGE CHARGES	плата за хранение; складские расходы
STORAGE CONTAINER	контейнер для хранения
STORAGE INSTRUCTIONS	правила хранения
STORAGE LIFE	долговечность при хранении; срок годности при хранении
STORAGE OIL	масло для консервации
STORAGE TUBE	запоминающая электронно-лучевая трубка
STORE	запас; резерв; склад; хранилище; авиационное подвесное изделие, АПИ; запоминающее устройство, ЗУ
STORE (to)	хранить, сдавать на хранение; запоминать; хранить
STORED	запомненный, введенный в запоминающее устройство
STORED ERROR	ошибка в памяти запоминающего устройства
STORED FLIGHT PLAN	программа полета в памяти запоминающего устройства
STOREKEEPER	кладовщик
STORE MEMORY	запоминающее устройство, ЗУ
STORM	шторм; буря; ураган; гроза
STORM AREA	грозовая область
STORM WIND	ураганный ветер
STORMY	грозовой; штормовой
STOVE	печь; сушильная камера; воздухонагреватель
STOVE (to)	нагревать в печи; сушить в печи
STOVE-PIPE (stovepipe)	нагревательная трубка
STOVL (short take-off, vertical landing)	короткий взлет и вертикальная посадка, КВВП
STOVL AIRCRAFT	самолет короткого взлета и вертикальной посадки, СКВВП
STOW (to)	перекладывать (створки реверса); укладывать (багаж); загружать (воздушное судно)

STOWAGE .... перекладка (створок реверса); укладка (багажа); размещение; плата за хранение на складе; место хранения (на борту); уборка (агрегата) в походное положение

STOWAGE BIN .... бункер для хранения; накопительный бункер; бункер-магазин (деталей)

STOWAGE COMPARTMENT (locker, unit) .... ниша шасси; агрегатный отсек

STOWAWAY .... безбилетный пассажир

STOW IN COIL (to) .... свертывать спиралью

STOWING CONDITION .... порядок размещения (груза); правило укладки (груза)

STOW LATCH CYLINDER .... цилиндр запирания замка шасси

STOW POSITION .... убранное положение (шасси)

STRAFE (to) .... обстреливать; атаковать с бреющего полета

STRAFING .... штурмовка (наземных целей с воздуха)

STRAIGHT .... прямая линия; прямолинейный участок; полеты по прямой

STRAIGHT AND LEVEL FLIGHT .... горизонтальный полет по прямой

STRAIGHTAWAY .... прямая линия; прямой

STRAIGHTAWAY SPEED .... скорость на прямолинейном участке (полета)

STRAIGHT BUSHING .... спрямляющая втулка; прямая втулка

STRAIGHT COURSE .... прямолинейный курс следования

STRAIGHT CUT SHEARS .... прямые механические ножницы

STRAIGHT EDGE .... прямая кромка

STRAIGHTEDGE .... прямоугольная направляющая; поверочная линейка; прямоугольная кромка; прямоугольное ребро

STRAIGHTEN (to) .... выпрямлять(ся); спрямлять; выправлять; править; рихтовать

STRAIGHTENER .... правильная машина; устройство для правки; направляющее [спрямляющее] устройство

STRAIGHTENING MACHINE .... правильная машина; устройство для правки

STRAIGHTENING TOOL .... инструмент для выпрямления; рихтовочный инструмент

STRAIGHTEN THE AIRFLOW (to)	спрямлять воздушный поток; обеспечивать прямоточное течение
STRAIGHT FLIGHT	прямолинейный полет, полет по прямой
STRAIGHT FLOW	невозмущенный поток; прямолинейное течение
STRAIGHT-FLOW	прямоточный (двигатель)
STRAIGHT-IN	посадка с прямой; с прямой
STRAIGHT-IN APPROACH	заход на посадку с прямой
STRAIGHT-JET	одноконтурный с осевым компрессором; прямоточный (двигатель)
STRAIGHT LINE	прямая линия
STRAIGHT MISSED APPROACH	уход на второй круг при заходе на посадку с прямой
STRAIGHT PART	спрямляющая деталь
STRAIGHT PLUG	спрямляющая втулка; прямая втулка
STRAIGHT UNION	прямой переходник
STRAIGHT WING	прямое крыло
STRAIGHT-WINGED	с прямым крылом
STRAIN	(механическое) напряжение; деформация; деформированное состояние; натяжение; растяжение
STRAIN (to)	деформировать(ся); натягивать; растягивать; создавать напряжение
STRAINED LINK	деформированное соединение
STRAINER	(сетчатый) фильтр; прямоточный (топливный) фильтр
STRAIN GAUGE (gage)	тензодатчик, тензометр
STRAINING	деформирование; фильтрование; процеживание
STRAINING-SCREW	стяжной винт
STRAKE	(фюзеляжный) гребень; боковой наплыв (на фюзеляже); наплыв (крыла); ребро
STRAND	пучок; прядь; жила (провода); пруток; скрутка
STRANDED WIRE	скрученный (многожильный) провод
STRANDING MACHINE	каблескруточный станок
STRANGLED	дросселированный
STRAP	лямка; ремень; лента; полоска
STRAP (to)	крепить ремнем
STRAP BUCKLE	ленточная скоба

STRAPDOWN ATTITUDE-HEADING REFERENCE SYSTEM	бесплатформенная система измерения углов тангажа, крена и курса самолета; бесплатформенная курсовертикаль
STRAPDOWN ATTITUDE REFERENCE SYSTEMS	бесплатформенная система ориентации
STRAPDOWN INERTIAL PLATFORM	жестко закрепленная [неподвижная] инерциальная платформа
STRAPDOWN INERTIAL REFERENCE SYSTEM	бесплатформенная инерциальная система
STRAPDOWN SYSTEM	бесплатформенная система
STRAP-ON BOOSTER	навесной ускоритель; подвесной ускоритель; боковой (разгонный) ракетный блок
STRAP-TYPE CLAMP	ленточный зажим; прихват
STRAP WRENCH	плоский гаечный ключ
STRATEGIC	стратегический
STRATEGIC AIR COMMAND	стратегическое авиационное командование, САК
STRATEGIC ALERT FORCES	стратегические силы в полной боевой готовности
STRATEGIC NUCLEAR ARMS	стратегические ядерные вооружения
STRATEGIC WEAPONS	стратегическое оружие
STRATOCIRRUS	слоисто-перистые облака
STRATOCRUISER	самолет с крейсерским полетом в стратосфере
STRATOCUMULUS	слоисто-кучевые облака
STRATOLINER	стратосферный пассажирский самолет
STRATOPAUSE	стратопауза
STRATOSPHERE	стратосфера
STRATOSPHERIC AIRCRAFT (balloon)	стратосферный летательный аппарат (аэростат)
STRATUS	слоистые облака
STRAW COLOR	соломенный цвет
STRAY	рассеяние
STRAYS	атмосферные помехи
STREAK	полоска; прожилок; прослой
STREAKS OF GAS	струйки газа

STREAM	струя; поток; течение
STREAMER	длинная узкая струя, шлейф; парашют с нераскрывшимся куполом; запоминающее устройство на бегущей магнитной ленте
STREAM FLOW	струйное течение
STREAMLINE	линия воздушного потока; линия обтекания; невозмущенное течение; ламинарное обтекание
STREAMLINE (to)	придавать обтекаемую форму; устанавливать по потоку
STREAMLINED AIRFLOW	ламинарное течение
STREAMLINED BODY	(удобо)обтекаемое тело
STREAMLINED STRUT	обтекаемая стойка
STREAMLINING	придание обтекаемой формы; обтекаемость; ламинарность (течения)
STRENGTH	сила; прочность; сопротивление; напряженность (поля); концентрация; численность (персонала)
STRENGTHEN (to)	усиливать; упрочнять; армировать; повышать концентрацию (раствора)
STRENGTHENED	усиленный; упрочненный; армированный
STRENGTHENED STRUCTURE	упрочненная конструкция
STRENGTHENED WING RIB	упрочненная нервюра крыла
STRENGTHENER	подкрепляющий элемент (конструкции)
STRENGTH OF A CURRENT	сила тока
STRENGTH OF MATERIALS	прочность материалов
STRESS	усилие; напряжение; нагрузка
STRESS (to)	напрягать; нагружать
STRESS ANALYSIS	расчет напряжений; исследование напряжений
STRESS BOX	кессонная конструкция
STRESS DIAGRAM	диаграмма напряжений
STRESSED	несущий; нагруженный
STRESSED BOX	несущий отсек
STRESSED SKIN STRUCTURE	конструкция несущей обшивки
STRESS LIMIT	предел перегрузки; предел напряжения
STRESS LOAD	нагрузка; нагружение
STRESS RELEASE	разгрузка; снятие напряжений
STRESS RELIEF	снятие напряжений
STRESS RELIEF TREATMENT	(термо)обработка для снятия напряжений

STRESS SKIN	несущая обшивка; работающая обшивка
STRETCH	вытягивание; удлинение
STRETCH (to)	вытягивать; удлинять
STRETCHED	с удлиненным фюзеляжем (о самолете); с увеличенным размахом (о крыле)
STRETCHED THREADS	вытянутая резьба
STRETCHED UPPER DECK	удлиненная верхняя палуба (воздушного судна)
STRETCHED VERSION	удлиненный вариант (воздушного судна)
STRETCHER	натяжное приспособление; правильно-растяжная машина; вытяжное устройство; расширитель; удлинитель
STRETCH-FORMING PRESS	пресс для формования растяжением
STRETCH MODULUS	модуль упругости, модуль Юнга
STRETCH OF WING	размах крыла; удлинение крыла
STRIATED	бороздчатый; полосатый
STRICT	точный; определенный, не допускающий отклонений
STRIKE	удар; ударный
STRIKE (to)	наносить удар
STRIKE AIRCRAFT	ударный самолет
STRIKE BATH	ударная ванна, ванна затяжки
STRIKE PLATE	запорная планка (замка)
STRIKER	ударник; боек ударника
STRIKER PLATE	защелка; шаблон; наличник молота
STRIKING	электролитическое осаждение металла в ударном режиме; (контактное) зажигание дуги; профилирование с помощью шаблона; разряд молнии
STRIKING END	ударник; боек ударника
STRIKING VELOCITY	скорость соударения
STRIKING VOLTAGE	напряжение контактного зажигания дуги
STRING	тонкая веревка; бечевка; шпагат; строп; струна; прожилок; нитка
STRING (to)	натягивать; завязывать; привязывать
STRING CABLE (to)	натягивать кабель
STRINGER	стрингер
STRINGERLESS	бесстрингерный
STRIP	грунтовая взлетно-посадочная полоса, (грунтовая) ВПП; летная полоса; перемычка; накладка; лента

STRIP (to)	разбирать (на части); разоборудовать; снимать; удалять, демонтировать
STRIP CADMIUM PLATING (to)	удалять кадмиевое покрытие
STRIPE	(маркировочная) линия; полоска; лента
STRIP IRON	металлическая лента
STRIP LIGHT	огни взлетно-посадочной полосы; направленное освещение
STRIPPED END	оборванный край; деформированная кромка
STRIPPED THREAD	сорванная резьба
STRIPPER	съемник; раствор для удаления покрытия
STRIPPING	разборка; демонтаж; удаление покрытия
STRIPPING OF THREAD	снятие резьбы
STRIPPING PLIERS	щипцы
STRIPPING SOLUTION	раствор для удаления покрытия
STRIPPING TOOL	оборудование для демонтажа; инструмент для разборки
STRIP RUB	резиновая лента
STRIP SKIN	ленточная обшивка
STRIP STEEL BAND	металлическая лента
STROBE	строб-импульс, стробирующий [селекторный] импульс; метка шкалы дальности
STROBE LIGHT	проблесковый огонь
STROBOSCOPE	стробоскоп
STROBOSCOPE TACHOMETER	стробоскопический тахометр
STROKE	ход; такт; удар, толчок
STROKE CYCLE	ход поршня
STROKE LENGTH	длина хода
STROKE VOLUME	объем цилиндра
STRONG	прочный; твердый; сильный
STRONG CURRENT	сильный ток
STRONG LIGHT	интенсивное освещение
STRONG RIB	прочная нервюра
STRONG SPRING	мощная пружина
STRONG WIND	сильный ветер
STRUCTURAL	конструкционный; структурный
STRUCTURAL LOAD FACTOR	коэффициент запаса прочности конструкции
STRUCTURALLY SIGNIFICANT ITEM (SSI)	основной конструкционный элемент

STRUCTURAL RATIO	относительная масса конструкции
STRUCTURAL REPAIR MANUAL	инструкция по ремонту конструкции
STRUCTURAL STEEL	конструкционная сталь
STRUCTURAL TEST	конструкционные испытания, испытания конструкции
STRUCTURAL YIELDING	пластическая деформация струцкции
STRUCTURE	конструкция; силовой набор; структура; устройство; схема
STRUT	стойка; подкос; распорка; опора; пилон
STRUT BRACED	подкосный
STRUT DRAIN LINE	дренажный трубопровод в пилоне
STRUT HINGE	шарнирная опора
STRUT MOUNTED ENGINE	двигатель на пилоне
STRUTTING	установка подпорных стоек; крепление подпорками; установка пилонов
STUB	короткая стойка; штырь; укороченная деталь; ответвление (от рулежной дорожки)
STUB AXLE	поворотная цапфа
STUB FILLET	укороченный буртик
STUB PLANE	корневая часть крыла; центроплан; укороченная консоль крыла
STUB TANK	укороченный бак
STUB TEETH	укороченный зуб
STUBWING	центроплан
STUD	стойка; цапфа; палец; штифт; шип; штырь; шпилька; стержень; болт; винт
STUD BOLT	резьбовая шпилька
STUDENT PILOT	летчик-курсант, обучаемый летчик
STUD EXTRACTOR (remover)	съемник шпилек; шпильковерт
STUD HOLE	отверстие под штифт
STUD MORTISE	паз под шип
STUD REMOVER (extractor)	съемник шпилек; шпильковерт
STUD STOP	фиксатор штифта
STUDY	исследование; изучение
STUDY PROJECT	аван-проект; исследовательский проект
STUFF	материал; вещество; сырье; полуфабрикат; наполнитель
STUFF (to)	устанавливать [монтировать] компоненты (на плате); наполнять; засорять

STUFFED	заполненный; наполненный
STUFFING	установка [монтаж] компонентов (на плате); заполнение; наполнение
STUFFING GLAND	сальник; прокладка сальника
STUFFING BOX	сальниковая набивка; сальник
STUNT (to)	выполнять фигуры высшего пилотажа
STUNT-FLYING (trick-flying)	выполнение фигур высшего пилотажа
STUNTS	фигуры высшего пилотажа
STURDINESS	крепость; мощность; прочность
STURDY	стойкий; твердый; прочный
S-TURN	S-образный разворот; "змейка"(маневр)
STYLUS CADMIUM PLATE (plating)	кадмирование резца; кадмирование пера (самописца)
STYLUS PROBE	щуп; резец; пишущий узел; перо (самописца)
SUBASSEMBLY	предварительная сборка; подсборка; узловая сборка; сборочный узел
SUBCARRIER	поднесущая; цветовая несущая
SUBCIRCUIT	цепь ответвления; подсхема; часть схемы
SUBCONTRACT	субконтракт
SUBCONTRACTING	заключение субконтрактов
SUBCONTRACTOR	субподрядчик
SUBDIAL	вспомогательная шкала
SUBJECT	предмет; объект
SUBJECT (to)	подчинять; подвергать; представлять
SUBMANAGER	заместитель управляющего; помощник менеджера
SUBMARINE	подводная лодка, ПЛ; подводный
SUBMERGE (to)	погружаться в воду; исчезать из виду; углубляться
SUBMERGED ENGINE	конформный двигатель; утопленный в конструкцию двигатель
SUBMERGED FUEL BOOSTER PUMP	погруженный топливный подкачивающий насос
SUBMERGED PUMP	погруженный насос
SUBMERGED WING	полуутопленное крыло
SUBORBITAL	суборбитальный
SUBSIDIARY	вспомогательный; дополнительный
SUBSIDIARY FAILURE	второстепенный отказ
SUBSIDIZE (to)	субсидировать

SUBSIDY	субсидия, дотация; денежное ассигнование
SUBSONIC	дозвуковой
SUBSONIC FLIGHT	дозвуковой полет, полет на дозвуковой скорости
SUBSONIC JET	дозвуковой реактивный самолет
SUBSONIC SPEED	дозвуковая скорость
SUBSONIC WIND TUNNEL	дозвуковая аэродинамическая труба [АДТ]
SUB-SPAR	вспомогательный лонжерон
SUBSTANDARD	дополнительные нормы; отраслевой стандарт
SUBSTELLAR POINT	географическое место звезды
SUBSTITUTABILITY	заменяемость, заменимость, возможность замены
SUBSTITUTE	заместитель; заменитель; суррогат
SUBSTITUTE (to)	заменять; замещать
SUBSTITUTE RIVET	заклепка для замены
SUBSYNCHRONOUS SATELLITE	спутник на субсинхронной орбите
SUBSYSTEM	подсистема; узел системы
SUBTRACT (to)	вычитать
SUBWAY	метрополитен
SUBZERO	минусовая температура
SUCCEED (to)	достигать цели; следовать (за чем-либо); обеспечивать
SUCCESS	исправность
SUCK(ING)	всасывающий
SUCKED BOUNDARY LAYER	всасываемый пограничный слой
SUCK IN (to)	всасывать; впитывать
SUCK-IN DOOR	створка подачи [впуска, всасывания] дополнительного воздуха
SUCTION	всасывание; отсасывание; разрежение, пониженное давление; всасывающий
SUCTION DEFUELING	слив топлива посредством разрежения
SUCTION EFFECT	эффект отсоса (пограничного слоя)
SUCTION FACE	зона разрежения
SUCTION FAN	отсасывающий вентилятор
SUCTION GAGE	вакуумметр, вакуумный манометр
SUCTION GRIP	воздушный вентиль, клапан
SUCTION LINE	отсасывающий [всасывающий] трубопровод
SUCTION PORT	всасывающее отверстие

SUCTION PUMP	вакуум-насос; отсасывающий насос
SUCTION RELIEF VALVE	предохранительный клапан всасывающего трубопровода
SUCTION SLOT	щель для отсасывания пограничного слоя
SUCTION VALVE	клапан всасывающего трубопровода; всасывающий [впускной] клапан
SUITABLE	пригодный; соответствующий; подходящий
SUITCASE	небольшой плоский чемодан
SUITCASE HANDLE	ручка триммера
SUITE	набор; комплект
SULFIDATION	осернение
SULFINUZATION	сульфидирование
SULFURIZATION	сульфурирование, сульфуризация
SULPHATE	сульфат, соль серной кислоты
SULPHATING (sulphation)	сульфатирование
SULPHIDATION	сульфидирование
SULPHUR (sulfur)	сера; зеленовато-желтый
SULPHURATE (to)	пропитывать серой, сульфировать
SULPHUR DIOXIDE	двуокись серы
SULPHURIC ACID (sulfuric acid)	серная кислота
SULPHURIZED PAPER	сульфированная бумага
SULPHUR OXIDE (SOx)	окись серы
SULTRY	знойный; душный
SUM	сумма; итог
SUM (to)	суммировать; складывать; подводить итог
SUMMATION UNIT	сумматор, суммирующее устройство; блок суммирования
SUMMING	суммирование, сложение; подведение итога; совокупность, итог
SUMMING AMPLIFIER	суммирующий усилитель
SUMMING LINKAGE	суммирующая цепочка
SUMP	картер; (масляный) поддон
SUMP DRAIN VALVE	сливной кран картера
SUMP VENT LINE	линия продувки картера
SUN-AND-PLANET GEAR	планетарная (зубчатая) передача
SUNDRY	различный; разный
SUN GEAR	солнечное [центральное] зубчатое колесо
SUNGLASSES	солнцезащитные очки
SUN-POWERED AIRCRAFT	самолет с солнечной силовой установкой

SUNRISE	восход солнца; утренняя заря
SUNSET	заход солнца, закат
SUN'S GRAVITY	притяжение Солнца
SUNSHADE (sun shade)	зонтик от солнца; навес; тент
SUN SHIELD	солнцезащитный экран
SUNSHIP	дирижабль с солнечной силовой установкой
SUNSYNCHRONOUS	гелиосинхронный; гелиостационарный
SUNSYNCHRONOUS ORBIT	гелиосинхронная [гелиостационарная] орбита
SUN VISOR	солнцезащитный щиток
SUPERALLOY	сверхпрочный сплав; высоколегированный сплав
SUPERCHARGE (to)	перегружать; работать с наддувом
SUPERCHARGED	перегруженный; работающий с наддувом
SUPERCHARGED ENGINE	двигатель с нагнетателем; двигатель с наддувом
SUPERCHARGER	нагнетатель; компрессор
SUPERCHARGING	наддув
SUPERCOOLED	переохлажденный
SUPERCRITICAL AIRFOIL	сверхкритический профиль
SUPERCRITICAL WING	крыло со сверхкритическим профилем
SUPERFICIAL CORROSION	поверхностная коррозия
SUPERFINISHING	суперфиниширование
SUPERHEATED	перегретый
SUPERHEATER	паропрегреватель
SUPERHEAT SCALE	шкала перегрева
SUPERHEAT TEMPERATURE INDICATOR	индикатор перегрева
SUPERIMPOSITION	наложение, совмещение
SUPERINTENDENT	управляющий; руководитель; директор
SUPERSEDE (to)	заменять; не принимать во внимание; аннулировать; отменять
SUPERSONIC	сверхзвуковой
SUPERSONIC BANG	звуковой удар
SUPERSONIC BOMBER	сверхзвуковой бомбардировщик
SUPERSONIC BOOM	звуковой удар
SUPERSONIC CYCLE	этап сверхзвукового полета
SUPERSONIC FLIGHT	сверхзвуковой полет, полет на сверхзвуковой скорости
SUPERSONIC FLOW	сверхзвуковое течение; сверхзвуковой поток

SUPERSONIC FREQUENCY (US)	ультразвуковая частота
SUPERSONIC LINK	сверхзвуковая связь
SUPERSONIC NOZZLE	сверхзвуковое сопло
SUPERSONIC SPEED	сверхзвуковая скорость
SUPERSONIC TRANSPORT (SST)	сверхзвуковой пассажирский самолет, СПС
SUPERSONIC WIND TUNNEL	сверхзвуковая аэродинамическая труба
SUPERVELOCITY	высокая сверхзвуковая скорость
SUPERVISOR	супервизор; диспетчер; управляющая программа; инспектор; контролер
SUPERVISORY PERSONNEL	персонал технического контроля; персонал диспетчерского управления
SUPPLEMENT	добавка; присадка; дополнительный угол
SUPPLEMENTAL	дополнительный
SUPPLEMENTAL OXYGEN	дополнительный кислород
SUPPLEMENTAL OXYGEN OUTLET	штуцер дополнительной кислородной системы
SUPPLEMENTAL OXYGEN SELECTOR	переключатель дополнительной кислородной системы
SUPPLEMENTAL VALVE	дополнительный клапан
SUPPLEMENTARY	дополнительный
SUPPLEMENTARY MAINTENANCE	дополнительное техническое обслуживание
SUPPLEMENTARY STALL RECOGNITION SYSTEM	дополнительная система сигнализации о приближении к срыву [сваливанию]
SUPPLIER	поставщик
SUPPLY	снабжение; поставка; подача; подвод; питание; электропитание; электроснабжение; запас(ы)
SUPPLY (to)	снабжать; поставлять; подавать; подводить; питать; подводить электропитание
SUPPLY BOTTLE	баллон сжатого воздуха; питающий баллон
SUPPLY DROPPING	сбрасывание предметов снабжения (с самолетов)
SUPPLY DUCT	питающий трубопровод

SUPPLY FILTER	фильтр в системе питания
SUPPLY HOSE	питающий трубопровод
SUPPLY LINE	питающий трубопровод
SUPPLY MAIN	магистральный трубопровод; питающая линия
SUPPLY MANIFOLD	распределительный коллектор
SUPPLY PRESSURE	давление в линии нагнетания
SUPPLY VOLTAGE	напряжение электропитания
SUPPORT	опора; опорная стойка; подпорка; державка; направляющая; обеспечение; обслуживание; поддержка
SUPPORT (to)	опирать(ся); подпирать; нести; выдерживать; крепить; обеспечивать; обслуживать; поддерживать
SUPPORT ANGLE	угол опорной стойки
SUPPORT BEAM	опорная балка; несущая балка
SUPPORT BEARING	опорный подшипник
SUPPORT CRADLE	опорная подушка
SUPPORTED	закрепленный; обеспеченный; поддержанный; обслуженный
SUPPORT EQUIPMENT	вспомогательное оборудование
SUPPORT FITTING	арматура; опорное крепление
SUPPORTING	крепление; обеспечение; обслуживание; поддержка
SUPPORT MOUNT	опора; стойка; держатель
SUPPORT PLATE	опорная плита; поддерживающая планка
SUPPORT SURFACE	опорная поверхность
SUPPRESS (to)	подавлять; гасить
SUPRESSED AERIAL	антенна, подавленная радиопомехами
SUPRESSION GRID	антидинатронная сетка
SUPRESSOR	подавитель; устройство подавления; ограничитель; гаситель; устройство гашения; ограничитель напряжения
SURBOOKING	дополнительное бронирование
SURCHARGE	перегрузка
SURFACE	поверхность; площадь; покрытие; поверхностный
SURFACE (to)	планировать; профилировать; выравнивать поверхность; сглаживать; обрабатывать поверхность; покрывать поверхность

SURFACE BLEMISH	дефект поверхности; поверхностное повреждение
SURFACE BREAK-UP	разрыв поверхности, поверхностный разрыв
SURFACE CHECK	контроль качества поверхности
SURFACE COATING	поверхностный слой
SURFACE CONDITION	состояние поверхности
SURFACE DEFECTS	поверхностные дефекты; дефекты поверхности
SURFACE DEFLECTION	деформация поверхности
SURFACE-EFFECT SHIP	корабль на воздушной подушке, КВП
SURFACE FINISH	обработка поверхности; шероховатость поверхности
SURFACE GRINDING	плоское шлифование
SURFACE IMPERFECTIONS	дефект поверхности; поверхностный дефект
SURFACE LINK TRAFFIC	перевозки наземным транспортом
SURFACE PLANING	строгание поверхности; обработка на строгальном станке
SURFACE PLATE (table)	поверочная плита; разметочная плита; шабровочная плита
SURFACE POSITION INDICATOR	индикатор состояния поверхности
SURFACE PREPARATION	подготовки поверхности (к обработке)
SURFACE PROTECTION	защита поверхности
SURFACE ROUGHNESS	шероховатость поверхности; высота микронеровностей профиля
SURFACE SERVO	сервопривод поверхности управления
SURFACE SHIP	надводный корабль
SURFACE SURVEILLANCE RADAR	радиолокационная станция [РЛС] обзора земной поверхности
SURFACE TEMPERATURE	температура поверхности
SURFACE-TO-AIR	"поверхность - воздух"; противовоздушный
SURFACE-TO-SURFACE	"поверхность - поверхность"
SURFACE TREATMENT	обработка поверхности
SURFACE VESSEL	надводное судно; надводный корабль
SURFACE WAVE	поверхностная волна; земная (радио)волна
SURFACE WIND	ветер у земли, приземный ветер

SURFACING	(аэродромное) покрытие
SURGE	импульс; толчок; колебание, пульсация; плескание (топлива в баке); помпаж
SURGE BLEED VALVE	продувочный клапан; дренажный клапан
SURGE CHAMBER	уравнительная камера
SURGE DAMPER	амортизатор; демпфер; гаситель (колебаний)
SURGE-DAMPING VALVE	демпфирующий клапан
SURGE-FREE ACCELERATION	приемистость (двигателя) без появления помпажа
SURGE GENERATOR	генератор импульсов, импульсный генератор; блокинг-генератор
SURGE GUARD	противопомпажное устройство
SURGE LINE	граница помпажа
SURGE MARGIN	запас по помпажу
SURGE OF CURRENT	выброс [бросок] тока
SURGE OF PRESSURE	скачок давления
SURGE PUMP	диафрагменный насос
SURGE RELIEF VALVE	предохранительный демпфирующий клапан
SURGE TANK	уравнительный бак
SURGE VALVE	демпфирующий клапан
SURGING	колебания; пульсация; помпаж
SURPLUS	излишек; избыток; остаток
SURPRISE AIR ATTACK	внезапный воздушный удар
SURROUNDING	окрестный, близлежащий, окружающий; периферический
SURROUNDING AIR	окружающий воздух
SURROUNDING SURFACE	окружающая поверхность
SURVEILLANCE MISSION	разведывательный полет
SURVEILLANCE RADAR	обзорный радиолокатор
SURVEILLANCE RADAR APPROACH (SRA)	заход на посадку по обзорному радиолокатору
SURVEILLANCE SATELLITE	разведывательный спутник
SURVEY	осмотр; обследование; наблюдение; съемка; обзор
SURVEY FLIGHT	полет для съемки; наблюдательный полет
SURVIVAL EQUIPMENT (survival kit)	средства спасения
SURVIVAL SUIT	морской спасательный костюм

SURVIVING PASSENGERS (survivors) .... спасшиеся [выжившие] пассажиры
SUSCEPTIBILITY .... восприимчивость; чувствительность; уязвимость; подверженность (неблагоприятным воздействиям); вероятность поражения (самолета)
SUSPEND (to) .... (при)останавливать; временно прекращать; подвешивать
SUSPENDED MATERIAL .... суспендированное [взвешенное] вещество
SUSPENDED SOLIDS .... взвешенные твердые частицы
SUSPENDED WATER .... подвешенная вода (в почвогрунте)
SUSPENDER BAR .... подвесная тяга
SUSPEND ITS SERVICE (to) .... (временно) приостанавливать обслуживание
SUSPENSION .... подвеска; подвешивание; взвешенное состояние, суспензия; подвесной
SUSTAIN (to) .... поддерживать; обеспечивать
SUSTAINED FLIGHT .... установившийся полет
SUSTAINED WAVE .... незатухающая волна
SUSTAINER .... маршевый двигатель
SUSTAINING ENGINE .... маршевый двигатель
SUSTENANCE .... средства жизнеобеспечения
SWAB .... тампон; щетка
SWAB (to) .... мыть; вытирать, подтирать
SWAGE .... пуансон; матрица; оправка; обжимка; обжимной штамп
SWAGE (to) .... обжимать; осаживать
SWAGED TERMINAL .... зажим; клемма
SWAGE TOOL .... инструмент для обжатия втулки подшипника
SWAGING .... оправка; оправа; закатка
SWAGING MACHINE .... обжимной станок; машинка для закатки крышек
SWAN .... строй самолетов "лебедь"
SWARF .... отходы обработки; (металлические) обрезки; (металлическая) стружка
SWASH .... биение боковой поверхности (рабочего колеса турбины); перекос (движущихся поверхностей)

SWASH CHECK .... контроль перекоса (движущихся поверхностей)

SWASH PLATE (swashplate) .... наклонная шайба, наклонный диск (аксиально-поршневого насоса); кольцо автомата перекоса (несущего винта вертолета)

SWASH PLATE PUMP .... аксиально-поршневой насос с наклонной шайбой

SWAY .... раскачивание, качание; (линейное) боковое колебательное движение самолета

SWAY (to) .... раскачивать(ся), качать(ся)

SWEAT (to) .... выпотевать; испаряться через пористую поверхность

SWEAT COOLING .... испарительное охлаждение

SWEEP .... стреловидность; азимутальное сканирование (антенны); колебание; качание частоты; горизонтальная развертка; поиск (и уничтожение) противника; рейд, налет; пролет (летательного ап

SWEEP (to) .... развертывать; перемещать луч в пространстве; уничтожать, сметать; обстреливать; производить поиск; атаковать (наземные цели)

SWEEPABLE .... сканирующий

SWEEP ANGLE .... угол стреловидности

SWEEPBACK .... прямая [положительная] стреловидность

SWEEPBACK ANGLE .... угол прямой стреловидности

SWEEPBACK C/4 .... прямая стреловидность по линии четвертей хорд

SWEEPBACK WING .... крыло прямой стреловидности

SWEEP DOWN (to) .... резко идти на снижение

SWEEPER .... аэродромная уборочная машина

SWEEP FLANGE .... полого отогнутый фланец

SWEEPFORWARD .... обратная [отрицательная] стреловидность

SWEEPFORWARD WING .... крыло обратной стреловидности, КОС

SWEEP FUNCTION .... функция развертки

SWEEP GENERATOR (sweeper) .... генератор развертки; генератор качающейся частоты

SWEEPING .... уборка

SWEEPING CONTACT ARM .... держатель вращающейся щетки (аэродромной уборочной машины)
SWEEP MEASURING SETUP .... блок измерения качающейся частоты
SWEEP OSCILLATOR .... генератор развертки; генератор качающейся частоты
SWEEP ROTATION .... период развертки; частота сканирования [обзора пространства]
SWEEP SPEED .... скорость развертки; скорость сканирования [обзора пространства]
SWEEP TIME .... временной интервал развертки; временной интервал сканирования [обзора пространства]
SWEEP UNIT .... генератор развертки
SWEEP UP (to) .... резко набирать высоту
SWEEP VOLTAGE GENERATOR .... генератор напряжения развертки
SWELL(ING) .... набухание; разбухание; вспучивание; вздутие
SWELL (to) .... набухать; разбухать; вспучиваться; вздуваться
SWEPT-BACK .... прямой стреловидности (о крыле)
SWEPT-FORWARD .... обратной стреловидности (о крыле)
SWEPT GENERATOR .... генератор качающейся частоты
SWEPT VOLUME .... рабочий объем цилиндров, литраж
SWEPT WING .... стреловидное крыло
SWERVE (to) .... отклоняться (от курса)
SWILL .... неумеренное употребление спиртного; полоскание; обливание водой
SWILL (to) .... напиваться; полоскать; обливать водой
SWING .... раскачивание, качание, колебание; разворот по курсу
SWING (to) .... рыскать; колебаться; качаться; раскачиваться разворачиваться (в горизонтальной плоскости); поворачивать(ся)
SWING A COMPASS (to) .... списывать девиацию компаса
SWING DOOR .... качающаяся дверь
SWINGING .... самопроизвольный уход (с курса полета); списание (девиации); качание; колебание
SWINGING PEDAL .... подвижная педаль
SWING JOINT .... поворотное соединение

SWING LATCH	шарнирный узел
SWING TAIL	отводимая в сторону хвостовая часть (транспортного самолета)
SWING THE PROPELLER (to)	раскручивать воздушный винт
SWING WINDOW (to)	поворачивать окно
SWING WING	крыло изменяемой стреловидности
SWING WING AIRCRAFT	самолет с крылом изменяемой стреловидности
SWING WING CONFIGURATION	конфигурация крыла изменяемой стреловидности
SWIRL	вихрь; завихрение; вихревое движение
SWIRL (to)	завихрять
SWIRL ARC IGNITER	форсуночный электровоспламенитель
SWIRL ATOMIZER	вихревая [центробежная] форсунка
SWIRL CHAMBER	вихревая камера (сгорания)
SWIRL CUP	вихревая [центробежная] форсунка
SWIRLER	центробежная [вихревая] форсунка
SWIRLER VANE	турбулизатор; лопаточный стабилизатор горения
SWIRL NOZZLE	вихревая [центробежная] форсунка
SWIRL PLATE	турбулизатор (потока)
SWIRL PLUG	форсуночная пробка; пробка распылителя
SWIRL TYPE NOZZLE	вихревая [центробежная] форсунка
SWIRL VANE	турбулизатор; лопаточный стабилизатор горения
SWITCH	выключатель; переключатель; сигнализатор
SWITCH (to)	переключать; коммутировать; выключать; прерывать; разъединять
SWITCHABLE	переключаемый; коммутируемый
SWITCH ACTUATOR	рубильник; переключатель
SWITCHBOARD (switch board)	коммутатор; щиток управления
SWITCH BOX	коммутационная стойка; коммутатор
SWITCH CHANGE OVER	переключатель
SWITCHED	коммутированный; выключенный; разъединенный
SWITCH GUARD	колпачок переключателя
SWITCH HOLD-IN SOLENOID	соленоид цепи синхронизации переключения
SWITCH IN (to)	включать

SWITCHING	переключение; коммутация; выключение; прерывание; разъединение
SWITCHING OFF	выключение
SWITCHING ON	включение
SWITCHING PANEL	распределительный щит; коммутационная панель; наборное поле
SWITCHING RELAY	переключающее реле
SWITCHING UNIT	переключатель; коммутатор
SWITCHING VOLTAGE	коммутационное напряжение, переключающее напряжение
SWITCH-INVERTER	коммутатор
SWITCH KEY	переключатель
SWITCH KNOB	кнопочный переключатель
SWITCH OFF (to)	выключать
SWITCH OFF THE IGNITION (to)	выключать зажигание
SWITCH ON (to)	включать
SWITCH-ON INTENSITY	напряжение включения цепи
SWITCHOVER	коммутация
SWITCH OVER (to)	переключать
SWITCH PANEL (electrical)	распределительный щит; коммутационная панель; наборное поле
SWITCH POSITION	положение переключателя
SWITCH TERMINALS	клеммы переключателя
SWIVEL	поворот; разворот; шарнирное соединение; поворотный; шарнирный, вращающийся
SWIVEL (to)	поворачивать(ся); разворачивать(ся)
SWIVEL ADJUSTMENT	регулировка шарнирного соединения
SWIVEL BEARING	подшипник со сферическими вкладышами; самоустанавливающийся подшипник
SWIVEL CONNECTION	шарнирное соединение
SWIVEL END	торец шарнирного соединения
SWIVEL FITTING	фиттинг с накидной гайкой (для присоединения шланга)
SWIVEL GLAND	гидрошарнир (в системе шасси)
SWIVEL HORN (extinguisher)	шарнирный раструб огнетушителя
SWIVEL JOINT (coupling)	шарнирное соединение
SWIVELLING	самоориентирование (задней пары колес тележки основного шасси)
SWIVELLING BLADE	самоориентирующаяся лопасть

SWIVELLING ENGINE.................................поворотный [ориентируемый] двигатель
SWIVELLING JET PIPE (nozzle) ....поворотное сопло
SWIVEL LINK (main gear) .... вертлюжное звено (основного шасси)
SWIVEL MIRROR.. шарнирное зеркало
SWIVEL NUT.. накидная гайка (для присоединения шланга)
SWIVEL PIN................................поворотный стержень; шарнирный палец
SWIVEL SHACKLE..................................... шарнирное соединение; вертлюг; вертлюжок
SWIVEL UNION..................................... гидрошарнирное соединение (на стойках шасси)
SWIVEL YOKE.. поворотная рамка
SWOOP ....пикирование
SYLPHON................................сильфон, гофрированная мембрана
SYMBOL...................условный знак (на аэронавигационной карте); символ; эмблема; код
SYMBOLIC AIRPLANE................................... символ самолета, "самолетик" (на пилотажном приборе)
SYMMETRICALLY...симметричный
SYMMETRIC THRUST APPROACH .... заход на посадку при симметричной тяге (двигателей)
SYMMETRY AXIS...ось симметрии
SYMMETRY PLANE.. плоскость симметрии
SYNCHRO AMPLIFIER ....синхронный преобразователь; усилитель сигналов синхронизации
SYNCHRONISM .... синхронизм; синхронность
SYNCHRONIZATION .... синхронизация
SYNCHRONIZATION CONTROL................. синхронизирующая команда
SYNCHRONIZATION SIGNAL .... синхронизирующий сигнал, синхросигнал
SYNCHRONIZE (to) .... синхронизировать
SYNCHRONIZE BUTTON........................... кнопка синхронизации
SYNCHRONIZED MOVEMENT .... момент синхронизации
SYNCHRONIZER .... синхронизатор, устройство синхронизации
SYNCHRONIZER INDICATOR............. сельсин-индикатор; синхроскоп
SYNCHRONIZER TACHOMETER .... счетчик числа оборотов; тахометр

SYNCHRONIZING SYSTEM	система синхронизации
SYNCHRONOUS BUS	шина синхронного питания
SYNCHRONOUS COORDINATION	синхронная координация
SYNCHRONOUS INTERFERENCE	синхронные помехи
SYNCHRONOUS METEOROLOGICAL SATELLITE	синхроный метеорологический спутник
SYNCHRONOUS MOTOR	синхронный (электро)двигатель
SYNCHRONOUS ORBIT	синхронная [стационарная] орбита
SYNCHRONOUS SATELLITE	синхронный спутник, спутник на синхронной орбите
SYNCHRONOUS SLAVING	синхронизация по опорному сигналу
SYNCHRO-RESOLVER CONVERTER	преобразователь угла поворота ротора решающего сельсина (в цифровой код)
SYNCHRO UNIT	блок синхронизации
SYNOPTIC CHART	синоптическая карта, карта погоды
SYNOPTIC DIAGRAM (pane)	синоптическая диаграмма, диаграмма погоды
SYNTHESIZER	синтезатор
SYNTHETIC ELASTOMER	синтетический эластомер
SYNTHETIC FIBER	синтетическое волокно
SYNTHETIC LACQUER	синтетический лак
SYNTHETIC LOAD	синтетическая нагрузка
SYNTHETIC MATERIAL	синтетический материал
SYNTHETIC OIL	синтетическое масло
SYNTHETIC PETROL	синтетический бензин
SYNTHETIC RESIN	синтетическая смола
SYNTHETIC RUBBER	синтетический каучук
SYNTHETIC TRAFFIC	моделируемые перевозки; моделируемый транспортный поток
SYNTONIZE (to)	настраивать (на волну)
SYPHON	сифон
SYRINGE	шприц; пожарный насос; помпа; опрыскиватель; поливальная установка
SYRINGE (to)	спринцевать; впрыскивать
SYRUPY (GB)	липкий; густой; сиропообразный
SYSTEM	система; комплекс; установка; устройство; порядок; классификация; метод; способ
SYSTEM(S) ENGINEERING	проектирование систем; системотехника
SYSTEM COMPONENTS	компоненты системы

T

TAB .... вспомогательная поверхность управления; триммер; щиток; сервокомпенсатор; пластинка
TAB CONTROL LINKAGE .... проводка системы управления триммером
TABLE .... стол; пульт; таблица
TABLE OF CONTENTS .... таблица объемов
TABLET .... карниз; поясок; пластинка с паспортными данными; таблетка
TAB LINKAGE .... тяга триммера
TAB NUT .... барашек, крыльчатая гайка
TAB SURFACE .... вспомогательная поверхность управления
TABULAR .... табличный; пластинчатый; слоистый
TABULATE (to) .... сводить в таблицы, табулировать
TABULATION .... табуляция, табулирование; составление таблицы, сведение таблицы; таблица; табличные данные
TABWASHER (tab washer) .... стопорная шайба
TABWASHERED NUT .... гайка со стопорной шайбой
TACAN (tactical air navigation) .... угломерно-дальномерная радионавигационная система ближнего действия "Такан"
TACAN AERIAL .... антенна радионавигационной системы "Такан"
TACAN INDICATOR .... дисплей радионавигационной системы "Такан"
TACAN RECEIVER .... приемник радионавигационной системы "Такан"
TACHOGENERATOR .... тахогенератор
TACHOMETER .... тахометр, счетчик числа оборотов
TACHOMETER CONTROL .... регулирование тахометра
TACHOMETER GENERATOR (tachogenerator) .... тахогенератор
TACHOMETER GOVERNING .... регулирование тахометра
TACHOMETER INDICATOR .... индикатор тахометра
TACHOMETER SWITCH .... переключатель тахометра
TACHOMETER TRANSMITTER .... датчик тахометра
TACHOMETRIC CONTROL .... тахометрическое регулирование

TACK	(временное) скрепление, закрепление; прихватка, прихваточный шов
TACKLE	оснастка; оборудование; снаряжение; оснащение
TACKLE BLOCK	таль
TACK RIVET (to)	прихватывать заклепку
TACK WELD	прихватка, короткий сварной шов
TACK WELD (to)	сваривать прихваточными швами
TACK WELD(ing)	сварка прихваточными швами
TACTICAL	тактический
TACTICAL AERIAL NAVIGATION SYSTEM (Tacan)	тактическая радионавигационная система ближнего действия "Такан"
TACTICAL AIR COMMAND	тактическое авиационное командование, ТАК
TACTICAL COMBAT AIRCRAFT (TKF)	тактический боевой самолет
TACTICAL MISSILE	тактическая управляемая ракета [УР]
TACTICAL MISSION	тактическая задача; вылет для выполнения тактической задачи
TACTICAL NAVIGATION COMPUTER	тактический навигационный вычислитель
TACTICAL SUPPORT	тактическая поддержка; тактическое обеспечение
TACTICAL SUPPORT AIRCRAFT	самолет тактической поддержки
TACTICAL SUPPORT MISSION	задача тактической поддержки; вылет для тактической поддержки
TACTICAL WEAPON	тактическое оружие
TAG (label)	ярлык; этикетка; (багажная) бирка; метка
TAG (to)	помечать, проставлять метки; маркировать; обозначать
TAG BLOCK	блок метки
TAGGED	маркированный; помеченный; обозначенный
TAIL	хвост; хвостовое оперение; хвостовая часть; замыкающий летательный аппарат; хвостовой; попутный (ветер)
TAIL ACCESSORY COMPARTMENT	хвостовой агрегатный отсек
TAIL ASSEMBLY	хвостовое оперение (в сборе); сборка хвостового оперения

TAIL BOOM	хвостовая балка
TAIL BUMPER	хвостовая пята [предохранительная опора]
TAIL BUMPER SKID	хвостовая предохранительная опора; хвостовой костыль (на самолетах без хвостового колеса)
TAIL CHUTE	хвостовой (тормозной) парашют
TAIL COMPARTMENT	хвостовой отсек
TAIL CONE	хвостовой обтекатель
TAIL CRUTCH	хвостовая опора
TAIL DEICE BUTTON	кнопка противообледенительной системы хвостового оперения
TAIL DIVE (to)	скользить на хвост
TAIL DOWN	с опущенной хвостовой частью
TAIL DRAG CHUTE	хвостовой тормозной парашют
TAIL DUCT	трубопровод в хвостовой части
TAIL END	хвостовой наконечник
TAILERON	дифференциальный стабилизатор
TAIL FIN (tailfin)	хвостовой стабилизатор; хвостовое оперение; шайба оперения; киль (разнесенного хвостового оперения)
TAIL GLIDE (to)	скользить на хвост
TAIL HEAVINESS	перетяжеление хвостовой части; тенденция к кабрированию
TAIL HEAVY	перетяжеленный на хвост; с задней центровкой
TAIL HOOK (tailhook)	хвостовой тормозной крюк; тормозной гак
TAIL-IN	вставленный в паз
TAILING	заделанный конец (элемента конструкции)
TAIL JACK	хвостовой разъем
TAIL LANDING GEAR	задняя опора шасси
TAILLESS	бесхвостый, без горизонтального хвостового оперения
TAIL LIGHT	хвостовой (аэронавигационный) огонь
TAILOFF	обнуление тяги, спад тяги до нуля
TAIL ON	с хвостовым оперением
TAILOR (to)	разрабатывать; проектировать; пригонять; подгонять; подстраивать; адаптировать; приспосабливать
TAILORED SEAT	подогнанное кресло

TAIL PIPE	выхлопная труба
TAIL PLANE	стабилизатор
TAIL PLANE TRIM JACK	силовой привод триммера хвостового стабилизатора
TAIL PLUG	центральное тело сопла
TAIL POD	хвостовая гондола
TAIL PROP	хвостовой воздушный винт
TAIL PYLON	хвостовая балка
TAIL ROTOR	хвостовой винт
TAIL SECTION	хвостовая секция
TAIL SHAFT	вал привода хвостового винта
TAIL SHOCK WAVE	хвостовая ударная волна
TAIL SHUTOFF VALVE	отсечной клапан хвостового оперения
TAIL SKID	предохранительная хвостовая опора; хвостовой костыль
TAIL SKID ANNUNCIATOR	сигнализатор выпуска хвостовой опоры
TAIL SKID DOOR	створка ниши хвостовой опоры
TAIL SKID STRUT	стойка хвостовой опоры
TAIL SLIDE	скольжение на хвост, "колокол"
TAIL SPIN	снижение в штопоре
TAIL STAND	хвостовая платформа; хвостовая подставка
TAIL STOCK	задняя бабка; центрирующая бабка; упор
TAIL SURFACE	горизонтальный стабилизатор
TAIL UNIT	хвостовое оперение
TAIL UP	с поднятой хвостовой частью
TAIL WAVE	хвостовая волна
TAIL WHEEL (tailwheel)	хвостовое колесо (шасси)
TAIL WIND (tailwind)	попутный ветер
TAIL WIND COMPONENT	составляющая попутного ветра
TAIL WIND CONDITION	характеристика попутного ветра
TAKE (to)	брать; доставать; добывать; действовать; подвергаться; поддаваться; фотографировать; поглощать, впитывать; снимать показания приборов; воспринимать (нагрузку)
TAKE A DRIFT (to)	регистрировать снос (воздушного судна)
TAKE A FIX (to)	регистрировать местоположение [местонахождение]; пеленговать

TAKE DELIVERY (to)	поставлять, осуществлять поставку
TAKE HEADING (to)	ложиться на курс
TAKE LOADS (to)	воспринимать нагрузки
TAKE MEASUREMENTS (to)	проводить измерения, измерять
TAKEOFF (T/O)	взлет; старт; отрыв от земли; отбор (мощности)
TAKE-OFF (to)	взлетать; стартовать; отрываться от земли; отбирать (мощность)
TAKEOFF (POWER) RATING	взлетная тяга [мощность]
TAKEOFF ACCELERATION DISTANCE	дистанция разгона при взлете
TAKEOFF AREA	зона взлета
TAKEOFF CLEARANCE	разрешение на взлет
TAKEOFF DATA	взлетные параметры, параметры взлета
TAKEOFF DATA CHART	таблица взлетных параметров
TAKEOFF DISTANCE	взлетная дистанция
TAKEOFF DISTANCE AVAILABLE (TODA)	располагаемая взлетная дистанция
TAKEOFF DISTANCE REQUIRED	требуемая взлетная дистанция
TAKEOFF GROSS WEIGHT	максимальный взлетный вес, максимальная взлетная масса
TAKEOFF LENGTH	взлетная дистанция
TAKEOFF OPERATING MINIMA	эксплуатационный взлетный минимум
TAKEOFF PATH	траектория взлета
TAKEOFF PERFORMANCE	взлетные параметры; взлетная характеристика
TAKEOFF POWER	взлетная тяга
TAKEOFF ROLL	разбег при взлете
TAKEOFF RUN	разбег при взлете; дистанция разбега при взлете
TAKEOFF RUN AVAILABLE (TORA)	располагаемая дистанция разбега при взлете
TAKEOFF RUN REQUIRED	требуемая дистанция разбега при взлете
TAKEOFF SAFETY SPEED	безопасная взлетная скорость
TAKEOFF SPEED	взлетная скорость
TAKEOFF THRUST	взлетная тяга
TAKEOFF TIME	время взлета; время старта
TAKEOFF TO TOUCHDOWN TIME	время полета (от взлета до посадки)

TAKEOFF VISIBILITY	видимость при взлете
TAKEOFF WARNING HORN	звуковая сигнализация взлета
TAKEOFF WEIGHT	взлетный вес, взлетная масса; стартовый вес, стартовая масса
TAKEOFF WEIGHT LIMITATION	ограничение взлетного [стартового] веса
TAKE ON (to)	брать (работу); нанимать (на службу); брать на борт
TAKEOVER	переход на ручное управление; взятие управления на себя; передача управления
TAKEOVER (to)	переходить на ручное управление; брать управление на себя; передавать управление
TAKE OVER FROM (to)	принимать от другого (напр. должность); перевозить; доставлять
TAKE POSITION (to)	занимать место (стоянки); выходить на заданный эшелон (полета)
TAKE READINGS AT POINTS (to)	считывать [снимать] показания
TAKE STEER (to)	ложиться на курс
TAKE THRUST (to)	воспринимать тягу (силовой установки)
TAKE TO THE AIR (to)	завоевывать превосходство в воздухе; взлетать, подниматься в воздух
TAKE UP (to)	поднимать; подтягивать; закреплять; выбирать (трос); поглощать; принимать (пассажиров)
TAKE UP SLACK (to)	выбирать слабину; давать натяжку
TAKING-OFF	разматывание проволоки (с барабана); отбор (мощности)
TALC	тальк
TALCUM POWDER	порошок талька; тальковая пудра
TALK (to)	разговаривать; говорить
TALKING ALTIMETER	звуковой высотомер
TALL	высокий; большой
TALLNESS	высота
TALLOW	мазь; смазка
TALLY	число, группа, серия, счет; единица счета; бирка; этикетка; ярлык

TALLY-SHEET	учетный листок
TANDEM	тандемный, с последовательным расположением
TANDEM ACTUATORS	последовательно соединенные силовые приводы
TANDEM LANDING GEAR	велосипедное шасси
TANDEM MOUNTING	последовательная сборка
TANDEM-SEAT TRAINER	учебный самолет с тандемным расположением кресел
TANG	хвостовик (инструмента)
TANGENTIAL	тангенциальный
TANGENTIAL FORCE	тангенциальная сила
TANGENTIAL RUNWAYS	периферийные взлетно-посадочные полосы, тангенциально расположенные ВПП
TANGENTIAL VELOCITY	тангенциальная скорость
TANGENT POINT	точка касания
TANGLE	петля; узел
TANGLE (to)	спутывать; запутывать; связывать
TANG OF WASHER	ус пружинной шайбы
TANK	топливный бак; резервуар; цистерна; бассейн
TANKAGE	баки; система баков; емкость баков
TANK BOTTOM	днище бака
TANK BURN	прогар топливного бака
TANK CAPACITY	емкость топливного бака
TANK CIRCUIT	цепь с заграждающим фильтром
TANK DUMP VALVE	клапан ускоренного слива бака; клапан сброса давления в баке
TANK END	днище топливного бака
TANK ENDPLATE	днище топливного бака
TANKER(-CARGO) AIRCRAFT	самолет-заправщик
TANKER TRUCK	топливозаправщик
TANK SELECTOR VALVE	кран переключения топливных баков
TANK SERVICE	расходный бак
TANK SHELL	оболочка бака
TANK TRAILER	прицеп-цистерна; топливозаправщик
TANK TRUCK	топливозаправщик
TANK UP (to)	наполнять топливный бак
TANK VENT PIPE	дренажный трубопровод топливного бака
TANTALUM	тантал

TANTALUM CAPACITOR	танталовый конденсатор
TAP	пробка; кран; вентиль; выпускное отверстие; спускное отверстие; метчик; лапка; ус, лепесток (стопорной шайбы); ушко; небольшая петля; этикетка; бирка; ярлык
TAP (to)	выпускать жидкость (через отверстие); нарезать резьбу (метчиком)
TAP BOLT	болт с винтовой резьбой
TAPE	ленточная шкала; лента
TAPE (to)	связывать лентой; упаковывать в ленту; заклеивать липкой лентой; изолировать лентой
TAPE DRIVER	(программа-)драйвер накопителя на магнитной ленте
TAPE PLAYER	устройство воспроизведения магнитной записи
TAPE PRINTER	ленточное печатающее устройство
TAPE PUNCH	ленточный перфоратор
TAPER	сужение; конус; конусность; конусообразность; коническая форма; ослабление, спад; плавный переход
TAPER (to)	сужать(ся); сводить на конус; изменяться по толщине
TAPER BOLT	конический болт
TAPER BORE	коническое отверстие; отверстие, расточенное на конус
TAPE READER	устройство (для) считывания с ленты, устройство ввода с ленты
TAPE RECORDER	устройство (для) записи на (магнитную) ленту; магнитофон
TAPE RECORDING	запись на ленту; запись на ленте
TAPERED	трапециевидный; суживающийся; переменной толщины
TAPERED AIRFOIL	трапециевидная аэродинамическая поверхность
TAPERED FILLER	прокладка переменной толщины; суживающаяся горловина бака
TAPERED FLANGE	суживающийся фланец
TAPERED HARDWOOD WEDGE	деревянный клин
TAPERED NUT	гайка с конусной резьбой

TAPERED PIN	конический штифт
TAPERED PROFIL	трапециевидный профиль
TAPERED PUNCH	конический пуансон
TAPERED ROLLER BEARING	роликоподшипник с коническим отверстием
TAPERED SECTION	суживающийся отсек; трапециевидная секция
TAPERED SHIM	клин; прокладка переменной толщины
TAPERED WING	суживающееся крыло; трапециевидное крыло
TAPE REEL	бобина с лентой
TAPE REPRODUCER	магнитофон; ленточный реперфоратор; ленточный дубликатор
TAPER GAUGE	конический щуп
TAPERING	обработка наклонной поверхности; обработка на конус; утонение; придание конусности
TAPER IN THICKNESS	уменьшение толщины
TAPER MILLING	фрезерование наклонной плоскости
TAPER PIN	конический штифт
TAPER RATIO	сужение (крыла)
TAPER REAMER	коническая развертка
TAPER REAMING	обработка конической разверткой
TAPER ROLLER BEARING	роликоподшипник с коническим отверстием
TAPER SHANK BOLT	болт с коническим хвостовиком
TAPER THREAD	коническая резьба
TAPE RULE	мерная лента, рулетка
TAPE SCALE	ленточная шкала (прибора)
TAPE-TO-CARD	перфолента
TAPE UNIT	запоминающее устройство [накопитель] на ленте
TAPE USED COUNTER	счетчик (расхода) ленты (магнитофона)
TAPE WRAP	угол обхвата магнитной головки
TAP HANDLE	вороток для метчиков
TAP HOLDER	патпое для метчиков; метчикодержатель
TAP HOLE	выпускное отверстие; отверстие под резьбу
TAPING	скрепление лентой; изолирование; обмотка (рукава)

TAP NOZZLE	штуцер
TAP OFF (to)	отбирать воздух (от компрессора)
TAP OUT (to)	продувать, вытеснять, выталкивать; выбивать
TAPPED COIL	катушка с отводами
TAPPED HOLE	резьбовое отверстие, обработанное метчиком
TAPPET	кулак; кулачок; эксцентрик; палец; штифт; толкатель
TAPPET HOOK	крюк толкателя
TAPPET LEVER	коромысло; качалка (управления)
TAPPET ROD	толкатель; тяга толкателя
TAPPING	нарезание резьбы метчиком; ответвление, отвод (трубопровода)
TAPPING MACHINE	гайконарезной станок [автомат]; станок для нарезания резьбы метчиком
TAP PLATE	фильера; винторезная головка
TAP VALVE	кран; вентиль
TAP WATER	водопроводная вода
TAP WRENCH	вороток; клупп
TAR	гудрон; смола
TARE	тара
TARGET	цель; мишень
TARGET DRONE	беспилотная мишень
TARGET ILLUMINATION	подсветка цели
TARGET ILLUMINATOR	устройство подсветки цели; радиолокатор подсветки цели, РПЦ
TARGET PLANE	самолет-цель
TARGET RETURN	эхо-сигнал, отраженный сигнал
TARGET TOWER	самолет-буксировщик цели
TARGET TOWING (trailing)	буксировка цели
TARGET TYPE REVERSER	реверсер тяги со струеотражательными заслонками
TARIFF	тариф; шкала ставок; шкала сборов; тарифная ставка; пошлина
TARMAC(CADAM)	щебеночное покрытие [основание] с пропиткой битумной связкой; дегтебетон
TARNISH (to)	матовая поверхность; тонкий налет; оксидная пленка
TARPAULIN	брезент

TARTARIC ACID	винная кислота
TAS (true airspeed)	истинная воздушная скорость
TAS COMPUTER	вычислитель истинной воздушной скорости
TASK	задача, задание
TASK ELAPSED TIME	время выполнения задачи
TAUT	натяжение; стягивание
TAUTEN (to)	туго натягивать, напрягать; натягиваться, напрягаться
TAUTNESS	натянутость; степень натяжения
TAX FREE SHOP	магазин беспошлинной торговли
TAXI (to)	рулить
TAXI BACK (to)	отруливать назад
TAXI CHANNEL	рулежная дорожка
TAXI CLEARANCE	разрешение на руление
TAXI-HOLDING POSITION (point)	место ожидания при рулении
TAXI-IN	заруливание (на стоянку)
TAXI IN (to)	заруливать (на стоянку)
TAXI INSTRUCTIONS	правила руления
TAXI LIGHT	рулежная фара
TAXI-OUT	выруливание (со стоянки)
TAXI OUT (to)	выруливать (со стоянки)
TAXI PATH	траектория руления
TAXI PLANE (taxiplane)	самолет-такси
TAXI POST	место остановки перед выруливанием на взлетную полосу
TAXI ROUTE	траектория руления
TAXI SPEED	скорость руления
TAXI STRIP	рулежная дорожка
TAXIWAY (taxi-strip)	рулежная дорожка
TAXIWAY CLEARANCE	минимально допустимое расстояние между рулежными дорожками
TAXIWAY LIGHT(ING)	огни освещения рулежной дорожки
TAXIWAY LINK	(радио)связь при рулении
TAXIWAY PATTERN	схема расположения рулежных дорожек
TAXIWAY ROUTING	прокладка маршрута при рулении
TAXIWAY TURN-OFF MARKINGS	маркировка рулежных дорожек
TAXYING (taxiing)	руление, рулежка
TAXYING LIGHTS	огни освещения рулежной дорожки
TAXYING PATTERN (circuit)	схема руления
TBO (time between overhauls)	межремонтный ресурс

TCA (terminal control area) .... диспетчерская зона аэродрома
T-COUPLING .... Т-образное соединение
TEAM .... экипаж; команда; бригада; группа
TEAM WORK .... работа экипажа
TEAR .... разрыв; задир; срабатывание; износ
TEAR (to) .... разрывать; вырывать; задирать; срабатываться; изнашиваться
TEAR DOWN (to) .... разбирать; демонтировать
TEARDROP PROCEDURE .... схема выхода на посадочный круг отворотом на расчетный угол
TEARING .... образование разрыва; разрыв; образование трещин; задир (поверхности); срабатывание; изнашивание
TEARING STRAIN .... напряжение разрыва; разрывающее усилие
TEARING STRENGTH .... прочность на отрыв
TEAR OFF (to) .... вырывать
TEAR PROOF .... прочный; нервущийся
TECHNICAL .... технический
TECHNICAL CANCELLATION .... отмена рейса по техническим причинам
TECHNICAL DATA .... технические данные [характеристики]
TECHNICAL DATA SHEET .... перечень технических данных
TECHNICAL FEATURES .... технические характеристики
TECHNICAL FLIGHT .... технический полет
TECHNICAL INCIDENT .... непредвиденный отказ техники; техническая предпосылка к (авиационному) происшествию
TECHNICAL INSTRUCTION .... техническая инструкция; технический инструктаж
TECHNICAL MANAGER .... технический директор
TECHNICAL MANUAL .... технический справочник
TECHNICAL OFFICE .... техническое бюро
TECHNICAL SPECIFICATION .... техническая спецификация
TECHNICAL STOP(OVER) .... посадка по техническим причинам
TECHNICAL SUPPORT .... техническое обеспечение; техническая поддержка
TECHNICIAN .... техник
TECHNIQUE .... техника; технология; способ, метод

TECHNOLOGY	технология
TEE	маркировочное "Т"(на аэродроме)
TEE-CONNECTION	тройное соединение
TEE CONNECTOR	тройник (для электроцепей); тройной электросоединитель
TEE FITTING	Т-образный патрубок
TEE JUNCTION	Т-образное соединение
TEE SECTION	Т-образный [тавровый] профиль
TEETH	зубья
TEETHING TROUBLE	поломка зубчатого зацепления
TEE UNION	тройник
TEFLON BACK-UP RING	опорное тефлоновое кольцо
TEFLON CHANNEL SEAL	тефлоновое уплотнение трубопровода
TEFLON-LINED	с тефлоновым вкладышем
TEFLON LINED BEARING	подшипник с тефлоновым вкладышем
TEFLON LINING	тефлоновая прокладка
TEFLON RING	тефлоновое кольцо
TEFLON SEAL	тефлоновое уплотнение
TEFLON TAPE	тефлоновая лента
TELECAST	телевизионное вещание
TELECOMMAND	телеуправление
TELECOMMUNICATION	электросвязь
TELECONTROL	дистанционное управление, телеуправление
TELECONTROL ANTENNA	антенна телеуправления
TELECONTROLLED	дистанционно управляемый, телеуправляемый
TELECOPIER	приемопередаточный факсимильный аппарат
TELECOPY	факсимильная копия
TELEGRAM	телеграмма
TELEGUIDED	с телевизионным наведением; телеуправляемый
TELEMETERING	телеизмерение, телеметрия; телеметрическая система
TELEMETRY	телеметрия
TELEMETRY ANTENNA	антенна телеметрической системы
TELEMETRY BEACON	радиомаяк телеметрической системы
TELEMETRY DATA	телеметрические данные
TELEMETRY INSTALLATION	телеметрическая станция

TELEMETRY INSTRUMENTS	телеметрическое оборудование
TELEMETRY RECEIVER	приемник телеметрической системы
TELEMETRY ROOM	зал телеметрического оборудования
TELEMETRY STATION	телеметрическая станция
TELEMETRY TRANSMITTER	передатчик телеметрической системы
TELEPHONE	телефон
TELEPHONE CALL	телефонный звонок
TELEPHONE CHANNEL	телефонный канал
TELEPHONE COMMUNICATION	телефонная связь
TELEPHONE EXCHANGE	телефонная станция
TELEPHONE HANDSET	микротелефонная трубка
TELEPHONE LINE	телефонная линия
TELEPHONE OPERATOR	телефонист
TELEPHONE SERVICE	телефонная служба
TELEPHONY	телефония
TELEPHONY CHANNEL	телефонный канал
TELEPHOTOMETRY	телефотометрия
TELEPRINTER	телетайп
TELEPRINTER OPERATOR	телетайпистка
TELEPROCESSING	дистанционная обработка, телеобработка (данных)
TELESCOPE	телескоп
TELESCOPED END	телескопический наконечник
TELESCOPIC LENS	телеобъектив
TELESCOPIC SHAFT	телескопическая ось
TELESCOPING ANTENNA	телескопическая антенна
TELESCOPING DUCT	телескопический трубопровод
TELETALK	переговорное устройство
TELETYPE(WRITER)	телетайп
TELEVISION BROADCAST SATELLITE	спутник телевизионного вещания
TELEVISION DISPLAY	телевизионный экран
TELEVISION GUIDED	телеуправляемый; с телевизионным наведением
TELEWRITER	ленточный перфоратор
TELEX	телекс, абонентское телеграфирование
TELL (to)	говорить, сообщать
TELLTALE LIGHT	дежурное освещение (кабины пассажиров)

TEMPER	отпуск; улучшение (структуры металла после отпуска); твёрдость стали после отпуска; добавка; легирующие металлы
TEMPER (to)	отпускать (сталь); улучшать структуру (металла)
TEMPERATURE	температура
TEMPERATURE BRIDGE CIRCUIT	мостовая термометрическая схема
TEMPERATURE BULB	температурный зонд; датчик температуры
TEMPERATURE CHANGES	изменения температуры
TEMPERATURE CONTROL	терморегулирование
TEMPERATURE CONTROLLER	терморегулятор
TEMPERATURE CONTROL VALVE	клапан терморегулятора; терморегулирующий клапан
TEMPERATURE DIFFERENTIAL METHOD	метод сборки при перепаде температур
TEMPERATURE DIVERTER VALVE	перепускной клапан системы кондиционирования воздуха
TEMPERATURE GRADIENT	градиент температур, температурный градиент
TEMPERATURE INDICATOR	термоиндикатор; термометр
TEMPERATURE PICK-UP	температурный зонд; датчик температуры
TEMPERATURE PROBE	температурный зонд; датчик температуры
TEMPERATURE RANGE	температурный диапазон, диапазон температур
TEMPERATURE READING DEVICE	термоустройство считывания данных
TEMPERATURE RECOVERY FACTOR	коэффициент восстановления температуры
TEMPERATURE REGULATOR	терморегулятор
TEMPERATURE RELIEF VALVE	термостатический предохранительный клапан
TEMPERATURE RISE	увеличение температуры, нагрев
TEMPERATURE SELECTOR	
TEMPERATURE SENSING ELEMENT (device)	термодатчик, температурный датчик

TEMPERATURE SENSING PROBE	термоэлектрический зонд; термопара
TEMPERATURE SENSOR	термодатчик, температурный датчик
TEMPERATURE SWITCH	термовыключатель; термопредохранитель
TEMPERATURE THERMOCOUPLE PROBE	термоэлектрический зонд; термопара
TEMPERATURE TRANSDUCER	температурный преобразователь
TEMPERED STEEL	отпущенная сталь
TEMPERING	отпуск (стали); закалка с последующим отпуском
TEMPERING FURNACE	печь для отпуска стали
TEMPLATE	шаблон; трафарет; калибр; лекало; эталонное изображение; образец; эталон
TEMPLATE GAGE	шаблон
TEMPORARY REPAIR	текущий ремонт
TEMPORIZATION	отсрочка
TEND (to)	стремиться
TENDENCY	тенденция
TENDER	тендер; подряд; предложение
TENON	шип; шпоночный выступ; торцовая шпонка; поводок хвостовика; поводковая лапка (сверла)
TENON (to)	соединять шипом
TEN-POWER MAGNIFICATION	десятикратное увеличение мощности
TENSATOR	устройство для измерения натяжения
TENSE	натянутый; напряжённый; жёсткий
TENSILE	растяжимый; вязкий
TENSILE STRAIN	деформация растяжения; относительное растяжение
TENSILE STRENGTH (KSI)	предел прочности на разрыв; прочность на разрыв
TENSILE STRESS (load)	растягивающее напряжение; напряжение при растяжении
TENSILE STRETCH	растяжение; удлинение
TENSILE TEST SPECIMEN	образец для испытания на растяжение [прочности на разрыв]
TENSILE YIELD	процент удлинения при разрыве
TENSIO(N)-METER	тензиометр
TENSIOMETER	тензиометр

TENSION	напряжение, напряженное состояние; растяжение; растягивающее усилие; натяжение; электрическое напряжение
TENSION ADJUSTER	регулятор натяжения
TENSION BOLT	высоконапряженный болт
TENSION LINK	высоконапряженное соединение
TENSION LOAD	растягивающая нагрузка
TENSION LOAD (to)	натягивать; растягивать
TENSION PIN	высоконапряженный штифт
TENSION REGULATOR	регулятор напряжения; регулятор натяжения
TENSION SPRING	пружина растяжения
TENSION TEST	испытание на растяжение
TENSION TIE	натяжной элемент; стяжной хомут
TENSOR	тензор; натяжное устройство
TEN-TON ENGINE	двигатель с тягой десять тонн
TERM	термин; член; терм; элемент; составляющая
TERMINAL	узловой [базовый] аэродром; конечный аэропорт, аэропорт назначения; аэровокзал; терминал; зажим; клемма; контакт; полюс(ный наконечник); ввод; вывод; вход; выход; оконечный
TERMINAL AIRPORT	узловой [базовый] аэродром; конечный аэропорт, аэропорт назначения; аэровокзал
TERMINAL AREA CHART	схема зоны (конечного) аэропорта
TERMINAL BAR	полюсный наконечник; клемма вывода
TERMINAL BLOCK	клеммная колодка; стояночная колодка (под колеса воздушного судна)
TERMINAL BLOCK COVER	крышка клеммной колодки
TERMINAL BOARD	соединительная пластина; контактный вывод
TERMINAL BOX	клеммная коробка
TERMINAL BUILDING	аэровокзал, здание аэровокзала
TERMINAL CONTROL AREA (TCA)/REGION	узловой диспетчерский район
TERMINAL CONTROL RADAR	аэродромная радиолокационная станция
TERMINAL CONTROL UNIT (TCU)	устройство управления терминалами

TERMINAL COVER	крышка клеммной колодки
TERMINAL FORECAST	прогноз для конечного аэропорта
TERMINAL LEAD	вывод; контактный зажим
TERMINAL LUG	наконечник проводника
TERMINAL PLATE	контактная пластинка; полюсный наконечник
TERMINAL PLIERS	плоскогубцы
TERMINAL POST	контактный столбик
TERMINAL RESISTANCE	входное [выходное] сопротивление ненагруженной схемы
TERMINAL STATION	оконечная станция
TERMINAL STRIP	гребенка контактов соединителя; колодка изолятора прямоугольного соединителя
TERMINAL STUD	контактный зажим
TERMINAL VELOCITY	конечная скорость
TERMINAL VOLTAGE	напряжение на зажимах
TERMINAL WEATHER	метеоусловия на аэродроме посадки
TERNEPLATE (terne plate)	жесть с матовым свинцово-оловянным покрытием; лист со свинцово-оловянным покрытием
TERRAIN	местность
TERRAIN CLEARANCE	высота над местностью, геометрическая высота
TERRAIN CONTOUR	горизонталь; изогипса
TERRAIN FOLLOWING RADAR	радиолокационная станция следования рельефу местности
TERRAIN LIGHT SWITCH	переключатель огней освещения взлетно-посадочной полосы
TERRESTRIAL STATION	наземная станция
TERRESTRIAL SURFACE	земная поверхность
TEST	испытание; контроль; проверка; тест
TEST (to)	испытывать; опробовать; контролировать; проверять; тестировать
TEST BAND	проверяемый диапазон
TEST BAR (test piece)	испытательная шина
TEST BED	испытательный стенд
TESTBED	испытательный стенд
TEST-BED AIRCRAFT	самолет - летающая лаборатория
TEST BENCH (stand)	испытательный стенд
TEST BOARD	тестовая плата; контрольное табло

TEST BUTTON	кнопка управления; контрольная кнопка; кнопка системы тестирования
TEST CAMPAIGN	испытательная операция; контрольная операция; тестовая операция
TEST CENTER	испытательный центр
TEST CONNECTOR	контрольный [проверочный] соединитель
TEST DATA	испытательные данные, данные испытаний
TEST ENGINE	испытываемый двигатель; опытный [экспериментальный] двигатель
TEST EQUIPMENT	испытательное оборудование
TESTER	контрольно-измерительный прибор; установка для испытаний; испытательный стенд; тестер, прибор для проверки; пробник; щуп; зонд
TEST FIRING	испытательный пуск
TEST FITTING	разъем контрольно-проверочной аппаратуры
TEST FIXTURE	испытательный стенд
TEST FLIGHT	испытательный полет, летное испытание
TEST GAGE	контрольный [эталонный] калибр
TEST HARNESS	комплект измерительных кабелей
TEST INDICATOR	контрольный индикатор
TESTING	испытание; опробование; контроль; проверка; тестирование
TESTING CURRENT	испытательный ток
TESTING EQUIPMENT	испытательное оборудование
TESTING LABORATORY (room)	испытательная лаборатория
TEST INSTALLATION	испытательная установка; испытательный стенд
TEST INSTRUMENTATION	контрольно-проверочное оборудование; испытательное оборудование
TEST JACK	контрольное гнездо
TEST JIG	испытательная колодка; испытательная стойка
TEST KIT	испытательный комплект (аппаратуры)
TEST KNOB	кнопка управления; контрольная кнопка; кнопка системы тестирования
TEST LABORATORY	испытательная лаборатория
TEST LAMP	измерительная лампа
TEST LEAD	измерительный наконечник
TEST LIGHT	контрольная [сигнальная] лампа
TEST METER	измерительный прибор; контрольный прибор

TEST PATTERN	тестовый код; тестовая комбинация; тестовая последовательность; испытательная таблица
TEST PHASE	этап испытаний
TEST PIECE	испытываемый образец, образец для испытаний
TEST PILOT	летчик-испытатель
TEST PLUG	разъем контрольно-проверочной аппаратуры
TEST PRESSURE	испытательное давление
TEST PROGRAM	программа испытаний
TEST REPORT	отчет об испытаниях
TEST RIG	испытательный стенд
TEST RUN	тестовый запуск; тестовый прогон
TEST SECTION	рабочая часть (аэродинамической трубы)
TEST SET	испытательная установка
TEST SET-UP	контрольная наладка; экспериментальная наладка; испытательный стенд; испытательная установка
TEST SHEET	протокол испытаний
TEST SPECIMEN	испытываемый образец, образец для испытаний
TEST STAND	испытательный стенд
TEST SWITCH	кнопка управления
TEST TONE	испытательный тональный сигнал
TEST TUBE	пробирка
TEST VALVE	проверочный клапан
TETHERED TEST	испытание на привязи
TETRODE	тетрод
TEXTURE	строение, структура; текстура
T-FITTING	Т-образное соединение
TGT (turbine gas temperature)	температура газов в турбине
T-HANDLE	Т-образная рукоятка
THAW	оттепель; таяние, оттаивание
THAW (to)	таять, оттаивать
THEODOLITE	теодолит
THEORETIC(AL)	теоретический
THEORETICAL ANALYSIS	теоретический анализ
THEORETICAL DIMENSION	теоретический размер
THEORETICAL STUDY	теоретическое исследование
THEORY OF RELATIVITY	теория относительности

THERMAL (thermic)	тепловой; теплотворный; термический
THERMAL ANTIICING (TAI)	тепловая противообледенительная система
THERMAL BARRIER	тепловой барьер
THERMAL BATTERY	тепловая батарея
THERMAL BLANKET	теплозащитное покрытие; термоизоляция
THERMAL CIRCUIT BREAKER	тепловой выключатель
THERMAL COMPENSATOR	термокомпенсатор
THERMAL CONDUCTIVITY	теплопроводность
THERMAL CONTRACTION	тепловое сжатие; тепловая усадка
THERMAL CONTROL	терморегулирование
THERMAL CRACK	термическая трещина, трещина теплового расширения
THERMAL CUT-OUT	термовыключатель
THERMAL CYCLE	тепловой цикл
THERMAL DISSIPATION	рассеяние теплоты
THERMAL EFFICIENCY	термический коэффициент полезного действия [кпд]
THERMAL EXPANSION	тепловое расширение
THERMAL FATIGUE FAILURE	термоусталостная трещина
THERMAL GRADIENT	температурный градиент
THERMAL ICE PROTECTION	тепловая противообледенительная защита
THERMAL IMAGING	тепловидение
THERMAL INSULATION	термоизоляция
THERMAL JET ENGINE	воздушно-реактивный двигатель, ВРД
THERMALLOY	термаллой (железоникелевый термомагнитный сплав)
THERMALLY INSULATED	теплоизолированный
THERMAL NOISE	тепловой шум
THERMAL PLUG	плавкий предохранитель
THERMAL PROTECTION	тепловая защита
THERMAL PROTECTION CUTOUT	электрический выключатель с тепловым расцепителем
THERMAL RADIATION	тепловое излучение
THERMAL RELAY	термореле, тепловое реле
THERMAL RELIEF VALVE	предохранительный термоклапан
THERMAL SCREEN	тепловой экран

THERMAL SENSITIVE PAINT	термочувствительная краска
THERMAL SHIELD	теплозащитный экран
THERMAL SHOCK	тепловой удар; термический скачок
THERMAL STRESS	тепловое напряжение
THERMAL SWITCH	термовыключатель
THERMAL TIMER RELAY	термореле [тепловое реле] времени
THERMAL TREATMENT	термообработка
THERMIC LOAD LIMITER	ограничитель тепловых нагрузок
THERMIC POWER	тепловая мощность; теплотворная способность
THERMIONIC	термоэлектронный, термоионный
THERMISTANCE SENSOR	терморезисторный датчик
THERMISTOR	терморезистор, термистор
THERMOBAROMETER	термобарометр; высотомер
THERMO-CHEMICAL	термохимический
THERMOCONTROL	терморегулирование
THERMOCOUPLE	термопара; термоэлемент
THERMOCOUPLE HARNESS	жгут выводов термопар
THERMOCOUPLE LEAD	вывод термопары
THERMOCOUPLE PROBE	термоэлектрический зонд; термопара
THERMOCOUPLE THERMOMETER	термоэлектрический термометр
THERMODYNAMIC EFFICIENCY	термодинамический коэффициент полезного действия [кпд]
THERMODYNAMIC MACHINE	термодинамический генератор
THERMODYNAMIC POWER	термодинамическая мощность
THERMODYNAMIC PRINCIPLE	термодинамический принцип
THERMODYNAMICS	термодинамика
THERMOELECTRIC	термоэлектрический
THERMOELECTRICITY	термоэлектричество
THERMOELECTRIC POWER GENERATOR	термоэлектрический генератор
THERMOELECTRIC VOLTAGE	термоэлектрическое напряжение
THERMOFORMING	горячая штамповка
THERMOGRAPH	термограф; прибор для формирования инфракрасных изображений
THERMOGRAPHY	термография, фотографирование в инфракрасном диапазоне
THERMOGRAVIMETRIC	термогравиметрический

THERMOGRAVIMETRY	термогравиметрия
THERMOMAGNETISM	термомагнетизм
THERMOMETER	термометр
THERMOMETRY	термометрия, измерение температуры
THERMOMOTION	тепловое движение
THERMONUCLEAR	термоядерный
THERMOPILE	термобатарея
THERMOPLASTIC	термопластичный
THERMOPLASTIC RESIN	термопластическая смола
THERMOREGULATOR	терморегулятор
THERMO-RELIEF VALVE	предохранительный термоклапан
THERMO-RESISTOR	терморезистор, термистор
THERMOSETTING	термическая усадка, термоусадка
THERMOSETTING RESIN	термореактивная смола
THERMO-SHRINKABLE	термическая усадка, термоусадка
THERMOSIPHON	термосифон
THERMOSTAT	термостат
THERMOSTATIC	термостатический
THERMOSTATICALLY CONTROLLED	термостатированный; с термостатическим регулированием
THERMOSTATIC PROBE	термостатический датчик
THERMOSTATIC SWITCH	термовыключатель; термостат
THERMOSTATIC VALVE	регулятор температуры; термостатический клапан
THERMOSWITCH	термовыключатель, тепловой выключатель
THERMOWELDABLE	термосвариваемый, термосварной
THERMOWELDED	термосваренный
THICKLER	устройство для отключения поплавкового регулятора в карбюраторе; катушка обратной связи
THICKNESS	толщина
THICKNESS-CHORD RATIO	относительная толщина (профиля)
THICKNESS GAUGE	толщиномер; калиброметр
THICKNESS RATIO	относительная толщина (профиля)
THICKNESS TAPER	изменение толщины (крыла вдоль размаха)
THICK WASHER	толстая шайба; толстая прокладка
THICK WING	толстое крыло
THIMBLE	втулка; муфта; гильза; стакан
THIN	тонкий; тусклый; бледный, слабый, неяркий

THIN (to)	делать тонким; утонять; заострять
THIN AIR	разреженный воздух
THIN COAT	тонкий слой
THIN-FILM HYBRID MICROCIRCUIT	гибридная тонкопленочная микросхема
THING	вещь; предмет; имущество
THINK (to)	думать; размышлять; мыслить; полагать; считать; предполагать
THINNER	разбавитель; разжижитель
THIN NUT	низкая гайка
THIN OIL	маловязкое масло
THIN SHEET	тонкий лист
THIN SPANNER	плоский гаечный ключ
THIN WALL	тонкая стенка
THIN-WALLED	тонкостенный
THIN WASHER	тонкая шайба; тонкая прокладка
THIN WING	тонкое крыло
THIRD CREWMAN'S SEAT	кресло бортмеханика
THIRD CREW MEMBER	бортмеханик; бортинженер
THIRD-LEVEL CARRIER (airline)	третьестепенный (авиа)перевозчик (по объему перевозок)
THOMSON BRIDGE	двойной мост, мост Томсона
THOROUGH	тщательный, основательный, досконально, детальный, полный; совершенный
THOROUGH CHECK	тщательная [детальная] проверка
THOROUGHLY	тщательно
THOUSAND	тысяча
THRASH (to)	ударять; стучать; вибрировать
THRASHING	перегрузка; вибрация
THREAD	резьба; виток резьбы; рисунок (пневматика)
THREAD (to)	нарезать резьбу; навинчивать(ся); наворачивать(ся)
THREAD CHASER	резьбонарезная гребенка; винторезная плашка
THREAD CUTTER	нарезание резьбы, резьбонарезание; механизм обрезки нитей
THREADED	с нарезанной резьбой, резьбовой
THREADED AREA	сечение резьбы
THREADED BUSHING	резьбовая муфта; резьбовая втулка

THREADED END	конец с резьбой
THREADED END STUD	резьбовая шпилька
THREADED HOLE	резьбовое отверстие
THREADED INSERT	резьбовая втулка
THREADED PLUG	резьбовая пробка
THREADED PROTECTOR	резьбовой предохранитель
THREADED ROD	резьбовая шпилька
THREAD ENGAGEMENT	резьбовое зацепление
THREADER	резьбонарезной станок; винторезный станок; болторезный станок
THREAD FILE	надфиль; цепочечный файл
THREAD GRINDING	резьбошлифование
THREADING BAR	планка для нарезания резьбы
THREADING DIE	резьбонакатная плашка
THREADING TOOLS	резцедержатель для резьбонарезного инструмента
THREAD INSERT	резьбовая втулка
THREAD LEAD-IN	фаска на резьбе
THREAD LENGTH	длина резьбы
THREAD LUBRICANT	смазка для резьбы
THREAD PROTECTOR	предохранитель резьбы
THREAD RESTORER	устройство восстановления резьбы
THREAD ROLLING	накатывание резьбы
THREAD ROOT	основание резьбы
THREAD RUNOUT	сбег, выбег (резьбы)
THREAD STRIPPING	повреждение резьбы
THREAT	угроза, источник угрозы; средство поражения; средство воздушного нападения; нападающий летательный аппарат; атакующая ракета
THREATEN (to)	угрожать; предвещать
THREE-AXIS	трехосный
THREE AXIS DATA GENERATOR	курсовертикаль; центральная гировертикаль; гироблок
THREE-AXIS INDICATOR	авиагоризонт
THREE AXIS RATE SENSOR	гиродатчик угловых скоростей тангажа, крена и рыскания
THREE AXIS RATE TRANSMITTER	устройство передачи данных гиродатчика угловых скоростей тангажа, крена и рыскания

THREE-AXIS STABILIZATION	стабилизация по трем осям, пространственная стабилизация
THREE-AXIS STABILIZED	стабилизированный по трем осям
THREE-BLADE(D) PROPELLER (airscrew)	трехлопастный воздушный винт
THREE-ENGINE AIRCRAFT	трехдвигательный самолет
THREE-ENGINE APPROACH	заход на посадку с тремя работающими двигателями
THREE-ENGINED	трехдвигательный, с тремя двигателями
THREE-ENGINE FERRY	перегонка (воздушного судна) с использованием трех двигателей
THREE-ENGINE GO AROUND	уход на второй круг с тремя работающими двигателями
THREE-ENGINE JET AIRCRAFT	трехдвигательный реактивный самолет
THREE-FREQUENCY TRANSMITTER	передатчик, работающий на трех частотах
THREE-JAW(ED) CHUCK	трехкулачковый патрон
THREE-LOBE HULL	трехлепестковый корпус
THREE-MAN FLIGHT CREW	экипаж из трех человек
THREE-PHASE	трехфазный
THREE-PHASE CURRENT	трехфазный ток
THREE-PHASE MOTOR	трехфазный электродвигатель
THREE-PHASE POWER	трехфазный источник энергии
THREE-PHASE POWER LINE	трехфазная линия электропередачи
THREE-PIECE	состоящий из трех частей; трехсекционный
THREE-PLY	трехслойная фанера
THREE-POLE SWITCH	трехполюсный переключатель
THREE-POLE TOGGLE SWITCH	трехполюсный тумблер
THREE-POSITION SWITCH	трехпозиционный переключатель
THREE-SEATER	трехместный
THREE-SHAFT ENGINE	трехвальный двигатель
THREE-SPOOL	трехвальный; трехроторный; трехкаскадный
THREE-STAGE TURBINE	трехкаскадная турбина
THREE-SWITCH CONTACTOR	трехпозиционный переключатель
THREE-TIMES THE SPEED OF SOUND	скорость, превышающая звуковую в три раза
THREE-TURBINE HELICOPTER	трехтурбинный вертолет

THREE-VIEW DRAWING	чертеж в трех проекциях
THREE-WAY VALVE	трехпутевой пневмораспределитель; трехпутевой гидрораспределитель
THRESHOLD	порог, торец (взлетно-посадочной полосы, ВПП); предел (нагрузки); граница; порог чувствительности (прибора); барьер (звуковой)
THRESHOLD AGE	предельный срок службы
THRESHOLD CRUISING SPEED	минимальная крейсерская скорость
THRESHOLD LIGHT	лампа освещения порога (входной двери); входные огни (ВПП)
THRESHOLD SPEED	скорость прохождения порога (ВПП)
THROAT	горловина; критическое сечение (сопла); сужение (канала); рабочая часть (аэродинамической трубы)
THROAT MICROPHONE	ларингофон
THROAT OF THE NOZZLE	критическое сечение сопла
THROB(BING)	биение; пульсация
THROTTLE	рычаг управления двигателем, РУД; дроссель, дроссельный клапан; дроссельная игла; дроссельная заслонка; газ (двигателя)
THROTTLE (to)	дросселировать; давать газ
THROTTLEABLE	дросселируемый, с регулируемой тягой
THROTTLE BACK (to)	убирать [сбрасывать] газ
THROTTLE CONTROL	управление газом (двигателя); сектор газа
THROTTLE CONTROL LEVER	сектор газа; рычаг управления двигателем, РУД
THROTTLE CREEP	изменение степени дросселирования
THROTTLED	задросселированный (двигатель)
THROTTLE DOWN (to)	дросселировать (двигатель)
THROTTLE FRICTION LOCK	фрикционный тормоз рычага управления двигателем [РУД]
THROTTLE INTERLOCK	блокировка рычага управления двигателем [РУД]
THROTTLE LEVER	рычаг управления двигателем, РУД
THROTTLE LEVER STAGGER	выдвижение рычага управления двигателем [РУД]

THROTTLE LIGHT	световой сигнализатор дросселирования (двигателя)
THROTTLE LOCKING FEATURE	блокировка рычага управления двигателем [РУД]
THROTTLE PLATE	дроссельная заслонка
THROTTLE POSITION INDICATOR	указатель положения рычага топлива
THROTTLE QUADRANT	сектор газа (двигателя)
THROTTLE UP (to)	увеличивать тягу (двигателя)
THROTTLE VALVE	дроссельная заслонка; дроссельный клапан
THROTTLE WARNING LIGHT	световой сигнализатор дросселирования (двигателя)
THROTTLING	дросселирование
THROUGH BOLT	сквозной (анкерный) болт
THROUGH CRACK	сквозная трещина
THROUGH FLIGHT	транзитный рейс
THROUGH HOLE	сквозное отверстие
THROUGHPUT	массовый расход; объём выпуска (продукции); производительность; пропускная способность; проходная мощность; пропускаемая мощность; коэффициент использования
THROUGH-ROD CYLINDER	цилиндр с двусторонним штоком
THROUGH SERVICE	прямое (воздушное) сообщение
THROUGH TRAFFIC	транзитные рейсы, транзитное воздушное сообщение
THROW	бросок; толчок; полное перемещение; размах; дуга качания (балансира)
THROW (to)	бросать; толкать
THROWER	форсунка; разбрызгиватель
THROW-WEIGHT	выводимая масса
THRUST	тяга; сила тяги; осевая нагрузка; толчок; удар
THRUST AUGMENTOR	форсажная камера для увеличения тяги
THRUST AXIS	линия тяги
THRUST BALL BEARING	упорный шарикоподшипник
THRUST BLOCK	упор; упорный подшипник; вкладыш упорного подшипника
THRUST BOOST	прирост тяги
THRUST BRAKE GATE	защёлка рычага управления двигателем [РУД]

THRUST BRAKE INTERLOCK ACTUATOR...................... силовой привод реверса тяги
THRUST BRAKE THROTTLE INTERLOCK ....блокировка реверса тяги
THRUST BRAKING .... торможение реверсированием тяги
THRUST BUSHING ....опорное кольцо
THRUST CABLE .... трос управления тягой двигателя
THRUST CENTER .... центр приложения силы тяги
THRUST COEFFICIENT ....коэффициент тяги
THRUST COMPUTER... вычислитель тяги
THRUST CORRECTION ....коррекция тяги
THRUST CUTOFF .... выключение [отсечка] двигателя
THRUST DECAY .... сброс [спад, снижение, падение] тяги; догорание (топлива), завершение горения
THRUSTER .... микродвигатель, микроракетный двигатель; ракетный двигатель малой тяги; жидкостный ракетный двигатель реактивной системы управления, ЖРД РСУ
THRUST FORCE .... сила тяги
THRUST HANDLE........................... рычаг управления двигателем, РУД; сектор газа
THRUST INDICATOR ....указатель тяги
THRUST LEVER .... рычаг управления двигателем, РУД; сектор газа
THRUST LINE .... линия действия силы тяги
THRUST LINK .... толкающая штанга; силовой подкос
THRUST LOSS ....падение тяги
THRUST MANAGEMENT SYSTEM (TMS)... система регулирования тяги
THRUST MISALIGNMENT.........................эксцентриситет вектора тяги
THRUST PROPELLER..............................толкающий воздушный винт
THRUST RECOVER VALVE.......................клапан восстановления тяги
THRUST REVERSE(R) ....реверс(ер) тяги
THRUST REVERSER ACTUATION .... приведение в действие реверсера тяги
THRUST REVERSER CASCADE ....решетка реверсера тяги
THRUST REVERSER CONTROL CAM .... кулачок системы управления реверсером тяги
THRUST REVERSER DEFLECTOR .... дефлектор реверсера тяги
THRUST REVERSER DIRECTIONAL VALVE............... переключатель реверсера тяги
THRUST REVERSER LEVER .... ручка реверсера тяги

THRUST RING	сопловое кольцо; силовой шпангоут (двигателя)
THRUST SPOILER	гаситель тяги; дефлектор реактивной струи; сопловая заслонка
THRUST-TO-FRONTAL AREA RATIO	отношение тяги к площади миделевого сечения
THRUST-TO-WEIGHT RATIO	тяговооруженность (летательного аппарата)
THRUST TRANSMITTER	датчик тяги
THRUST VECTOR	вектор тяги
THRUST VECTORING NOZZLE	сопло с управляемым [отклоняемым] вектором тяги; поворотное сопло; сопло с поворотными створками
THRUST WASHER	упорная шайба; упорное кольцо; упорный подшипник
TICKLER COIL	катушка обратной связи
TIDY	опрятный, аккуратный; чистый; в хорошем состоянии
TIE	связь; стяжка; затяжка; поперечина; траверса; поперечное ребро (жесткости); натяжной элемент
TIE (to)	соединять; связывать; затягивать
TIE-BAR/TIE-ROD	поперечина; траверса; поперечное ребро (жесткости)
TIE BOLT	соединительный болт; распорный болт
TIE BREAKER	механический выключатель
TIE BUS	(электрическая) шина
TIE-DOWN	швартовка (летательного аппарата); крепление (груза)
TIE-DOWN FITTING	крепежная арматура; крепежные элементы
TIE-DOWN LUG	соединительная втулка
TIE-DOWN POINT	крепежная точка
TIE-DOWN RING	крепежное кольцо
TIE-DOWN TRACK	крепежный паз
TIE-DOWN WEBBING	ребро жесткости; крепежные элементы
TIE OFF (to)	резать; перерезать
TIE ROD	расчалка; соединительная тяга; затяжка; стяжка; анкерный болт; стяжная шпилька

TIE UP THE FREQUENCY (to)	перекрывать диапазон частот
TIGHT	плотный; крутой; герметичный; плотно пригнанный; компактный
TIGHT AREA	компактная зона; малый круг (над аэродромом)
TIGHTEN (to)	затягивать; подтягивать; натягивать; уплотнять; уменьшать интервал (между самолетами в строю)
TIGHTEN BOLT (to)	затягивать болт
TIGHTENING THE TURN	увеличение крутизны [форсирование] разворота
TIGHTENING TORQUE	момент затягивания
TIGHTEN UP THE STEERING (to)	устранять люфт рулевого управления
TIGHT FIT	тугая [неподвижная] посадка
TIGHTNESS	герметичность
TIGHT ROPE	уплотнитель
TIGHT SCHEDULE	плотный график; жесткий график
TIGHT SEAL	герметичное уплотнение
TIGHT TURN	крутой разворот
TILE	облицовочная плитка; теплозащитная плитка
TILT	наклон; наклонение; отклонение; угол наклона; наклонная поверхность; поворот (крыла)
TILT (to)	изменять угол наклона; наклонять(ся); отклоняться; опрокидываться
TILT CONTROL	регулировка (угла) наклона
TILT-FAN	поворотный (тяговый) вентилятор
TILTING	наклон; наклонение; опрокидывание; кантование
TILTING OF SPINDLE	наклон шпинделя
TILTING ROTOR	воздушный винт с изменяемым наклоном (оси вращения); поворотный несущий винт; самолет вертикального взлета и посадки [СВВП] с поворотными несущими винтами
TILT-PROP	воздушный винт с изменяемым наклоном (оси вращения)
TILT SEAT	откидное кресло
TILT SELECTOR	рычаг управления наклоном (оси вращения воздушного винта)

TILT TABLE	откидной столик
TILT WING	поворотное крыло; самолет вертикального взлета и посадки [СВВП] с поворотным крылом
TIMBER	деревянная балка; деревянный брус
TIME	время; период; продолжительность
TIME (to)	рассчитывать по времени; измерять время
TIME BASE	временная развертка; развертывающее устройство
TIME BELT	часовой пояс
TIME BETWEEN OVERHAULS (TBO)	межремонтный ресурс, наработка между капитальными ремонтами
TIME BOMB	бомба замедленного действия
TIME BUFFERED	хранимые в блоке памяти (данные)
TIME CLOCK	таймер
TIME CONSTANT	постоянная времени
TIME CONTROLLED OVERHAUL	регулярный периодический ремонт
TIME DELAY	временная задержка; замедление
TIME DELAY (to)	замедлять; задерживать по времени
TIME DELAY NETWORK	цепь временной задержки
TIME DELAY RELAY	реле задержки
TIME DELAY SWITCH	реле времени; переключатель с выдержкой времени
TIME DELAY THERMAL RELAY	тепловое реле времени
TIME DELAY UNIT	элемент выдержки времени
TIME IN SERVICE	чистое полетное время (с момента отрыва до момента касания); время эксплуатации
TIME IN THE AIR	налет часов; время пребывания в воздухе
TIME LAG	отставание по времени; запаздывание по времени
TIME LAG EFFECT	эффект запаздывания по времени
TIME LIMIT	временной предел
TIME-LIMITED	ограниченный по времени
TIME LOCKING RELAY	реле задержки
TIME OF ACCELERATION	время разгона; время приемистости (двигателя)
TIME OF CLIMB	время набора заданной высоты, скороподъемность

TIME OF DEPARTURE	время вылета
TIME OUT	время простоя, нерабочее время, простой
TIME PERIOD	временной период
TIMER	часы; хронометр; таймер; реле времени; схема синхронизации
TIME RELAY	реле задержки
TIME REMOVAL	плановое снятие (двигателя), плановый демонтаж
TIMER RELAY	реле времени; реле схемы синхронизации
TIME SCHEDULE	расписание, график (полетов)
TIME SHARING	разделение времени; режим разделения времени
TIME SHARING SYSTEM	система разделения времени
TIME SIGNAL	временной сигнал
TIME SINCE LAST SHOP VISIT	время с момента последнего заводского ремонта
TIME SINCE OVERHAUL (TSO)	время с момента профилактического ремонта
TIME SLOT	временной интервал
TIME SWITCH	выключатель с часовым механизмом
TIME TABLE	расписание; график
TIMETABLE	расписание (полетов); график (работ)
TIME THE IGNITION (to)	момент воспламенения
TIME-TO-CLIMB	время набора заданной высоты, скороподъемность
TIME-TO-GO	оставшееся (до события) время
TIME-TO-GO INDICATOR	индикатор оставшегося (до события) времени
TIME ZONE	часовой пояс
TIMING	измерение времени; отсчет времени; регулировка времени; хронометраж; синхронизация; временная селекция; стробирование
TIMING CHAIN	временной канал; синхронизирующий канал
TIMING CYCLE	временной цикл
TIMING DEVICE	синхронизирующее устройство
TIMING DIAGRAM	временная диаграмма; распределение временных интервалов
TIMING GAUGE	реле времени

TIMING GEAR	хронометрическая аппаратура; аппаратура синхронизации
TIMING LIGHT	стробирующий свет; стробоскоп (для проверки установки момента зажигания)
TIMING MECHANISM	временной механизм
TIMING SHAFT	вал распределителя зажигания
TIMING SIGNAL	синхронизирующий сигнал
TIMING VALVE	блокирующий клапан
TIMING WASHER	регулировочный диск
TIN	олово; оловянный; белая жесть
TIN (to)	покрывать оловом, лудить
TINFOIL	станиоль, оловянная фольга
TINKER (to)	лудить
TINNED	покрытый слоем олова, луженый
TINNER	лудильщик, жестянщик
TINNER SNIPS	ножницы для резки жести
TINNING	лужение; облуживание; полуда, оловянное покрытие
TINPLATE	белая жесть, луженое листовое железо
TINPLATE (to)	покрывать оловом, лудить
TINPLATED BRASS	покрытая оловом латунь
TIN PLATED STEEL	белая жесть, луженое листовое железо
TIN PLATING (tinning)	лужение
TINSEL	металлическая фольга
TINSMITH	лудильщик, жестянщик
TIN SNIPS	ножницы для резки жести
TIN SOLDER (to)	паять [лудить] оловянным припоем
TINT	краска; оттенок; цветовой тон
TINY SHOCK WAVE	небольшая ударная волна
TIP	конец, наконечник; концевая часть, законцовка (крыла)
TIP (to)	снабжать наконечником; опрокидывать; кантовать
TIP CHORD	концевая хорда
TIP EDGE	концевая кромка
TIP LOSS	отрыв концевой части [законцовки] (крыла)
TIPPING	скольжение на хвост; опрокидывание; качание; сваливание на крыло; перекос; выбивание (гироскопа)

TIPPING OF AIRPLANE	опрокидывание [переворачивание] самолета; сваливание самолета на крыло
TIP RADIUS	радиус законцовки (крыла); концевой радиус
TIP SPEED	окружная скорость
TIP STALL	концевой срыв
TIP STALLING SPEED	минимальная критическая окружная скорость
TIP TANK	концевой топливный бак (в крыле)
TIP-UP SEAT	откидное кресло
TIP VORTEX	концевой вихрь
TIRE (tyre)	пневматик, шина; покрышка
TIRE BEAD	борт шины
TIRE CREEPING ON WHEEL	проскальзывание шины на колесе
TIRE PRESSURE	давление пневматика
TIRE WEAR	износ протектора
TISSUE PAPER	тонкая папиросная бумага
TITANIUM	титан
TITANIUM ALLOY	титановый сплав
TITANIUM FORGING	штампованная поковка из титана
TITLE	титр, надпись; заголовок; название; титульный лист
TITRATE (to)	титровать
TOBOGGAN	сани
TODAY	сегодня
TOE	упорный блок; переднее нижнее ребро; пятка; подпятник; носок (зуба)
TOE-BRAKE	педальный [ножной] тормоз
TOED-IN	установленные под углом сходимости (двигатели или колеса)
TOE-IN	сближение носовых частей, сходимость; ножной, с ножным приводом
TOE-PEDAL	ножная педаль
TOGETHER	вместе, совместно; одновременно
TOGGLE	коленчатый рычаг
TOGGLE-JOINT	коленно-рычажное соединение
TOGGLE-LEVER	коленчатый рычаг; рычаг коленнорычажного механизма
TOGGLE LINK	коленно-рычажное соединение
TOGGLE PAD	изогнутый контактный столбик
TOGGLE-PRESS	коленно-рычажный пресс

TOGGLE SWITCH	тумблер
TOILET	туалет
TOILET BOWL	туалетный бачок
TOILET DRAIN	спускное отверстие в туалете
TOILET PAPER	туалетная бумага
TOLERANCE	допуск, зазор, допустимое отклонение; выносливость; переносимость
TOLERANCE BAND	поле допуска
TOMMY BAR	рукоятка торцевого ключа
TON	тонна (1000 кг)
TONE	тональный сигнал; тон; тембр; цветовой тон; оттенок (цвета)
TONE (to)	тонировать
TONE BURST	тональная посылка
TONE CONTROL	регулировка тембра; регулятор тембра
TONE FILTER	фильтр тонального сигнала
TONGS	клещи; щипцы; плоскогубцы
TONGUE	шип; гребень; выступ; ус; шпунт; лапка (стопорной шайбы); язычок
TONNE-KILOMETER AVAILABLE	достигнутый тонно-километраж (воздушных перевозок)
TOO	слишком; также; тоже
TOOL	инструмент; приспособление; оснастка
TOOL (to)	обрабатывать инструментом; налаживать (станок)
TOOL BAG	инструментальная сумка
TOOL BOX	инструментальный ящик
TOOL CABINET	инструментальный шкаф
TOOL CHEST	инструментальный ящик
TOOL DRAWING	рабочий чертеж
TOOL HOLDER	резцедержатель; державка; инструментальная оправка; футляр с инструментами
TOOLING	технологическая оснастка; инструментальная оснастка; инструменты
TOOLING MANUFACTURE	изготовление технологической оснастки; изготовление инструментальной оснастки; изготовление инструментов
TOOL KIT	набор [комплект] инструментов
TOOL MAKER	инструментальщик

TOOL OUTFIT	набор [комплект] инструментов
TOOLPOST	резцедержатель
TOOL REST	резцедержатель; поворотная часть суппорта
TOOL SLIDE	инструментальные салазки; салазки суппорта; рабочие салазки (протяжного станка); ползун суппорта
TOOL STOCK	резцедержатель; поворотная часть суппорта
TOOL THE SEALANT (to)	накладывать мастику
TOOTH (teeth)	зуб
TOOTH (to)	нарезать зубья; зацеплять(ся)
TOOTHED QUADRANT	зубчатый сектор
TOOTHED WASHER	зубчатая шайба
TOOTHED WHEEL	зубчатое колесо
TOOTH FORM	форма [профиль] зуба
TOOTHING	зубчатый венец; зубчатое зацепление; нарезание зубьев
TOOTH LOCKWASHER	зубчатая пружинная шайба
TOOTH PITCH	шаг зубьев
TOP	вершина; верхняя точка; верхняя кромка (облаков); верх (летательного аппарата)
TOP COAT	поверхностное [наружное] покрытие
TOP DEAD CENTER (TDC)	верхняя мертвая точка
TOP GEAR	верхняя шестерня
TOP OF CLIMB	конец набора высоты
TOP OF DESCENT	начало [высота начала] снижения
TOP OFF (to)	пополнять запас топлива (в баках); подкачивать воздух; подзаряжать аккумулятор; производить подпитку
TOP OF FIN	верхняя кромка киля
TOP OF STROKE	верхняя точка хода поршня
TOP OF THE RANGE	вершина диапазона
TOPOGRAPHICAL	топографический
TOPOGRAPHY	топография
TOPPING	обработка вершин (зубьев); модификация профиля головки (зуба)
TOP POSITION	верхнее положение
TOP SKIN	верхняя обшивка

TOP SPEED	максимальная скорость
TOP UP (to)	пополнять запас топлива (в баках); подкачивать воздух; подзаряжать аккумулятор; производить подпитку
TOP VIEW	вид сверху
TORCH	факел; (сварочная) горелка; газовый резак; паяльная лампа
TORCH BRAZE (to)	паять с помощью паяльной лампы
TORCH CUTTING	резка газовым резаком
TORCH IGNITER	воспламенитель газовой горелки [паяльной лампы]
TORCHING	факелообразование; догорание топлива после отсечки подачи
TORIC SEAL	тороидальное уплотнение
TORNADO	торнадо; шквал
TOROID MODULATOR	модулятор на тороидальной катушке
TORPEDO	торпеда
TORPEDO (to)	торпедировать; уничтожать
TORPEDO BOMBER	самолет-торпедоносец
TORPEDOING	торпедирование
TORPEDO RACK	торпедодержатель
TORPEDO TUBE	торпедный аппарат, ТА
TORQUE	крутящий [вращающий, изгибающий] момент
TORQUE (to)	затягивать, докреплять (соединение)
TORQUE ARM	удерживающий рычаг (тормоза); реактивная штанга
TORQUE BOX	кессон (крыла)
TORQUE BULKHEAD	шпангоут кессонного отсека
TORQUE COEFFICIENT	коэффициент момента
TORQUE COMPENSATOR CAM	кулачок компенсатора момента
TORQUE DATA	величина крутящего момента
TORQUE DRIVER	динамометрическая отвертка
TORQUE DYNAMOMETER	крутильный динамометр
TORQUE EFFECT	крутящий [вращающий] момент
TORQUEING	затяжка, докрепление (соединений)
TORQUE LIMITER	ограничитель крутящего момента
TORQUE LINK	шлиц-шарнир, двухзвенник (опоры шасси)
TORQUE LOADING	нагружение при кручении [изгибе]
TORQUE METER	датчик момента кручения

TORQUEMETER	измеритель крутящего момента
TORQUE MOTOR	моментный двигатель (гироскопа), мотор коррекции
TORQUE PUMP	вихревой насос
TORQUE RANGE	диапазон крутящих моментов
TORQUE SHAFT	крутящий вал; торсионный вал
TORQUE SPANNER	гаечный ключ с ограничением по крутящему моменту
TORQUE SWITCH	выключатель коррекции (гироскопа)
TORQUE TIGHTEN (to)	затягивать динамометрическим ключом
TORQUE TUBE	трубовидная деталь с высоким сопротивлением кручению
TORQUE VALUE	величина крутящего [вращающего, изгибающего] момента
TORQUE WRENCH	гаечный ключ с ограничением по крутящему моменту
TORQUE WRENCH ADAPTER	адаптер динамометрического ключа
TORSION	кручение; деформация кручения; скручивание
TORSIONAL	торсионный; крутящий
TORSIONAL MOMENT	крутящий момент
TORSIONAL STRAIN	деформация кручения
TORSIONAL STRENGTH (rigidity)	прочность при кручении; сопротивление скручиванию; предел прочности при кручении
TORSIONAL TEST	испытание на кручение
TORSION BAR	торсионный вал; торсион
TORSION BOX	кессон (крыла)
TORSION COUPLING	соединение торсионных валов
TORSION LINK	шлиц-шарнир, двухзвенник (опоры шасси)
TORSION SPRING	пружина кручения, торсионная пружина
TORUS	тор
TOTAL	сумма; итог
TOTAL AIR TEMPERATURE	полная температура потока (заторможенного до нулевой скорости)
TOTAL EQUIVALENT HORSEPOWER	полная эквивалентная мощность в лошадиных силах
TOTAL FLIGHT TIME	общее время налета (летчика)
TOTAL FUEL QUANTITY INDICATOR	указатель суммарного запаса топлива

TOTAL FUEL WEIGHT	суммарная масса топлива
TOTAL HEAD	полное давление
TOTALIZER	суммирующее устройсто, сумматор
TOTAL LENGTH	общая длина
TOTAL PRESSURE	полное давление
TOTAL PRESSURE PROBE	приемник полного давления
TOTAL SPAN	общий размах (крыла)
TOTAL TEMPERATURE	полная температура
TOTAL TEMPERATURE PROBE	датчик для замера полной температуры
TOTAL WEIGHT	суммарный вес; суммарная масса
TOTE (to) (US)	перевозить
TOTE TRAY	поддон для транспортировки
TOUCH (to)	касаться; контактировать
TOUCH-ACTIVATED	с сенсорным управлением
TOUCH-AND-GO	приземление [касание] с уходом на второй круг
TOUCH-DATA DISPLAY	сенсорный дисплей, дисплей с сенсорным экраном
TOUCHDOWN	приземление
TOUCHDOWN (to)	приземляться
TOUCHDOWN POINT	точка приземления; точка касания (при посадке)
TOUCHDOWN SPEED	скорость при приземлении, скорость при касании (ВПП)
TOUCHDOWN ZONE	зона приземления, зона касания (ВПП)
TOUCH-PANEL	пульт сенсорного управления
TOUCHSCREEN	сенсорный экран
TOUCH-SENSITIVE	сенсорный
TOUCH-UP	отделка, завершение покраски
TOUCH-UP (to)	отделывать, класть последние мазки
TOUGH	термическое улучшение; закалка с высоким отпуском
TOUGHEN (to)	делать жестким, упрочнять
TOUGHENED	с повышенной жесткостью, упрочненный
TOUGHNESS	жесткость; прочность; ударная вязкость
TOUR	(воздушное) путешествие; (воздушная) перевозка
TOURING AIRCRAFT (plane)	туристическое воздушное судно
TOURIST CLASS	туристический [экономический] класс

TOURIST CLASS SEAT	место в туристическом [экономическом] классе
TOURIST FLYING	туристический полет
TOURIST'S SEAT	место в туристическом [экономическом] классе
TOURIST TRAFFIC	туристические воздушные перевозки
TOW	буксир(ный трос); буксируемый летательный аппарат
TOW (to)	буксировать
TOWAGE	буксировка
TOWAGE VEHICLE	буксировщик, тягач
TOW AN AIRCRAFT (to)	буксировать летательный аппарат
TOW-BAR	буксировочная штанга
TOWED GLIDER	буксируемый планер
TOWEL	полотенце; салфетка
TOWEL (to)	вытираться полотенцем [салфеткой]
TOWEL RACK	держатель салфеток
TOWER	вышка, башня; мачта; башенная опора; диспетчерский пункт посадки
TOWER CAB	кабина (диспетчерской) вышки
TOWING	буксировка
TOWING IN	отбуксировка (самолета тягачом) со стоянки
TOWING LUG	буксировочный узел (на передней опоре шасси)
TOWING OUT	отбуксировка (самолета тягачом) со стоянки
TOWING VEHICLE	буксировщик, тягач
TOW-LINE	буксировочный трос
TOW-LUG	буксировочный узел (на передней опоре шасси)
TOW-PLANE	самолет-буксировщик
TOW-ROPE	буксировочный трос
TOXIC	токсичный, ядовитый
TOXIC VAPOR	токсичные пары
TRACE	след; трасса; развертка
TRACE (to)	прослеживать; отыскивать (неисправность)
TRACE ADJUST	корректировка курса
TRACER	трассер; прокладчик курса (на планшете); запрос о розыске (пропавшего багажа)

TRACER BULLET	трассирующая пуля
TRACING	слежение; прослеживание; трассировка; траектория; нанесение (маршрута полета) на карту; выделение целей (на фоне помех)
TRACING BULLET	трассирующая пуля
TRACING PAPER	калька; копировальная бумага
TRACK	след; путь; линия (фактического) пути; направление; маршрут; курс; колея
TRACK (to)	прокладывать курс; оставлять след; сопровождать [вести] цель
TRACK(ING) RADAR	радиолокационная станция сопровождения, РЛС слежения
TRACK ANGLE	путевой угол
TRACK ANGLE ERROR	ошибка путевого угла
TRACK ARROW	стрелка заданного путевого угла
TRACK BAR	указатель курса
TRACK CHART	маршрутная карта
TRACK DESIGNATOR	обозначение [код] маршрута
TRACK DEVIATION	курсовая девиация
TRACK DIVERSION	изменение маршрута полета; отклонение от курса полета
TRACKER	устройство сопровождения [слежения]; координатор цели; следящая система; оператор сопровождения [слежения]
TRACK ERROR	ошибка выдерживания путевого угла; боковое отклонение от курса
TRACK GUIDANCE	вывод (воздушного судна) на линию пути
TRACKING	сопровождение (цели); слежение (за целью); регулировка соконусности (несущего винта); устранение увода (лопастей воздушного винта); отработка, отслеживание (команд)
TRACKING AIRCRAFT	самолет сопровождения
TRACKING ANTENNA	антенная система сопровождения [слежения]
TRACKING BEACON	маяк системы сопровождения [слежения]
TRACKING RATE	скорость сопровождения [слежения]
TRACKING STATION	станция сопровождения [слежения]
TRACK-KEEPING	выдерживание курса
TRACK LEG	участок маршрута

TRACK ROD	соединительная тяга
TRACK SELECTOR	задатчик курса
TRACK WHILE SCAN	сопровождение (цели) в режиме обзора
TRACTION	тяга, тяговое усилие; сцепление (колес с покрытием)
TRACTION WHEEL	ведущее колесо
TRACTOR AIRCRAFT	самолет с тянущим винтом
TRACTOR PROPELLER (tractor airscrew)	тянущий воздушный винт
TRADE	торговля; отрасль торговли
TRADE MARK	торговая марка
TRADE-OFF	оптимизация [выбор оптимального варианта] проектного решения; компромисс(ное решение)
TRADESMAN	торговец; специалист
TRADE UNION	профсоюз
TRADE UNIONIST	член профсоюза
TRADE UNION LEADER	профсоюзный лидер
TRADE WIND	пассат
TRAFFIC	воздушное движение; транспортный поток; перевозки; объем перевозок; грузооборот; пассажирооборот
TRAFFIC CONTROL	управление воздушным движением, УВД
TRAFFIC FLOW	воздушное движение; поток (пассажиров)
TRAFFIC GROWTH	увеличение воздушного движения; увеличение объема перевозок
TRAFFIC JAM	затор в движении; скопление транспорта
TRAFFIC LEVEL	уровень воздушных перевозок; эшелон воздушного движения
TRAFFIC LOAD	объем воздушных перевозок
TRAFFIC PATTERN (US) AERODROME CIRCUIT (GB)	схема движения (в зоне аэродрома)
TRAFFIC STOP	остановка с коммерческими целями; место прекращения движения (на аэродроме)
TRAIL	след; спутная струя; путь
TRAIL (to)	выпускать(ся) по потоку (за самолетом); буксировать(ся)
TRAILED TARGET	буксируемая воздушная мишень

TRA

TRAILER	(автомобильный) прицеп; трейлер
TRAILING EDGE	задняя кромка; задний фронт импульса
TRAILING EDGE FAIRING	обтекатель задней кромки
TRAILING EDGE FLAPS	закрылки
TRAILING VORTEX	вихревой след; сбегающий вихрь
TRAIL LINE	спутный след
TRAIN	поезд; последовательность; ряд; серия; цепь; цепочка; пачка (импульсов)
TRAIN (to)	обучать, готовить; тренировать
TRAINEE	обучаемый; курсант
TRAINER	тренажер; учебно-тренировочный самолет, УТС; инструктор
TRAINING	тренировка, подготовка; обучение
TRAINING CENTER	центр подготовки (летчиков)
TRAINING COURSE	учебный курс, курс обучения
TRAINING FLIGHT	тренировочный полет
TRAINING MANUAL	руководство по обучению
TRAINING MISSION	тренировочный полет
TRAINING PERIOD	период обучения
TRAINING SIMULATOR	тренажер
TRAIN OF GEAR	зубчатая передача; кинематическая цепь из зубчатых передач
TRAJECTORY	траектория
TRAMMEL	элипсограф; штангенциркуль; установочный шаблон
TRANSACTION	транзакция; обработка запроса (в диалоговых системах); запись файла изменений
TRANSATLANTIC AIRCRAFT (plane)	трансатлантическое воздушное судно
TRANSATLANTIC LINK (route)	трансатлантический маршрут
TRANSBORDER FLIGHT	полет за рубеж
TRANSCEIVER	приемопередатчик
TRANSCODER	транскодер
TRANSCONDUCTANCE	крутизна (характеристики); активная междуэлектродная проводимость
TRANSCONTINENTAL FLIGHT	трансконтинентальный полет
TRANSCRIBER	преобразователь (данных)
TRANSDUCER	преобразователь; датчик; приемник

TRANSDUCTOR	насыщающийся (электрический) реактор
TRANSFER	передача; обмен; перенос; перемещение; (межорбитальный) перелёт; перевод
TRANSFER BOBBIN	катушка для перемотки (магнитной ленты)
TRANSFER BUS	обходная шина
TRANSFER GEARBOX (TGB)	коробка передач
TRANSFER GYROSCOPE	переносный гироскоп
TRANSFER LINE	трубопровод перекачки (топлива)
TRANSFER MACHINE	автоматическая станочная линия; автоматическая сборочная линия; агрегатный станок с многопозиционным поворотным столом; транспортно-загрузочное устройство
TRANSFER OF FUEL	перекачка топлива
TRANSFER PANEL	перемещаемый поддон; панель транспортера
TRANSFER PORT	отверстие для перекачки (топлива)
TRANSFER PUMP	насос для перекачки (топлива)
TRANSFERRED	перекаченный (о топливе); переданный
TRANSFER RELAY	реле переключения
TRANSFER SLEEVE	переходная втулка
TRANSFER SWITCH	переключатель на другой источник питания
TRANSFER TABLE	таблица переключений
TRANSFER TANK	бак для перекачки топлива
TRANSFER TRAFFIC	воздушные перевозки с пересадками
TRANSFER TUBE	трубопровод для перекачки (топлива)
TRANSFER VALVE	перепускной клапан
TRANSFORM (to)	трансформировать; преобразовывать; превращать
TRANSFORMER	трансформатор
TRANSFORMER RECTIFIER UNIT	трасформатор-выпрямитель
TRANSFORMER SYNCHRO	синхронизирующий трансформатор
TRANSHIPMENT	перегрузка (с одного воздушного судна на на другое); пересадка
TRANSIENT	неустановившийся [переходный] процесс; переходный, неустановившийся
TRANSIENT CONDITION	неустановившийся [переходный] режим
TRANSIENT FLIGHT	неустановившийся полёт

TRANSIENT HEATING	неустановившийся нагрев
TRANSIENT PHASE	переходный этап
TRANSIENT RESPONSE	переходная характеристика
TRANSIENT STATE	переходное состояние
TRANSIENT WAVE	переходная волна
TRANSISTOR	транзистор
TRANSISTORIZED	транзисторный
TRANSISTORIZED AMPLIFIER	транзисторный усилитель
TRANSIT	транзит; переход (в другое состояние); перевозка; прохождение; транзитный; переходный
TRANSIT (to)	переходить
TRANSIT-COMPASS (transit-theodolite)	теодолит, угломерный инструмент
TRANSIT FLIGHT	транзитный рейс
TRANSIT HALL (lounge)	зал для транзитных пассажиров
TRANSIT INSTRUMENT	теодолит, угломерный инструмент
TRANSITION	переход; превращение; трасформация; момент турбулизации пограничного слоя
TRANSITION ALTITUDE (level)	высота перехода (к горизонтальному полету)
TRANSITION FIT	промежуточная подгонка
TRANSITION FLIGHT	полет с выходом на режим полной тяги
TRANSITION LAYER	переходный слой
TRANSITION LEVEL	эшелон перехода (в процессе полета)
TRANSIT TIME	продолжительность (промежуточной) остановки
TRANSLATE (to)	сдвигать; поступательно перемещать; переносить; транслировать (программу); преобразовывать, трансформировать
TRANSLATING COWL	сдвигаемый капот
TRANSLATING SLEEVE	переносной рукав
TRANSLATION	перевод; перемещение, передвижение; поступательное движение; горизонтальное перемещение; поступательный
TRANSLATOR	транслятор, транслирующая программа; преобразователь; конвертор, блок транспонирования частоты
TRANSLUCENT	полупрозрачный

TRANSMISSION .... передача; привод; коробка передач, коробка скоростей; трансмиссия; прохождение (сигнала); распространение (волны)
TRANSMISSION ANTENNA .... передающая антенна
TRANSMISSION ASSEMBLY .... передающий блок; передатчик
TRANSMISSION FACTOR .... коэффициент прохождения; коэффициент пропускания
TRANSMISSION FREQUENCY .... частота передачи
TRANSMISSION GEAR .... трансмиссия; коробка передач, коробка скоростей
TRANSMISSION GEARBOX .... трансмиссия
TRANSMISSION SHAFT .... передаточный [трансмиссионный] вал
TRANSMISSION SHAFT BEARING .... подшипник передаточного [трасмиссионного] вала
TRANSMISSION UNIT .... передатчик, передающее устройство
TRANSMISSOMETER .... измеритель (метеорологической) дальности видимости, трасмиссомер
TRANSMIT (to) .... передавать; посылать; распространять(ся); пропускать
TRANSMIT ANTENNA .... передающая антенна
TRANSMIT BLIND (to) .... передавать без приема
TRANSMIT FREQUENCY .... частота передачи
TRANSMIT/RECEIVE .... передача и прием, приемопередача
TRANSMITTANCE .... прозрачность; коэффициент пропускания
TRANSMITTED PULSE .... излученный [переданный] импульс
TRANSMITTER .... передатчик
TRANSMITTER POWER .... мощность передатчика
TRANSMITTER-RECEIVER .... приемопередающее устройство, приемопередатчик
TRANSMITTER-RESPONDER .... ответчик; приемоответчик
TRANSMITTING ANTENNA .... передающая антенна
TRANSMITTING STATION .... передающая (радио)станция
TRANSOCEANIC AIRCRAFT .... трансокеанское воздушное судно
TRANSOCEANIC FLIGHT .... трансокеанский полет
TRANSONIC ACCELERATION .... разгон до трансзвуковых скоростей, трансзвуковой разгон
TRANSONIC FLIGHT .... трансзвуковой полет, полет на трансзвуковой скорости

TRANSONIC SPEED	трансзвуковая скорость
TRANSONIC TUNNEL	трансзвуковая аэродинамическая труба
TRANSPIERCE (to)	проникать, проходить сквозь
TRANSPIRATION-COOLED TURBINE BLADE	лопатка турбины с испарительным охлаждением
TRANSPIRATION COOLING	испарительное охлаждение
TRANSPOLAR FLIGHT	трансполярный полет
TRANSPONDER	ответчик; приемоответчик
TRANSPONDER BEACON	радиомаяк-ответчик
TRANSPONDER CHANNEL	канал приемоответчика
TRANSPONDER CODE	код приемоответчика
TRANSPORT	перевозка, транспортировка; транспортное средство; транспорт; транспортировка; перевозка
TRANSPORTATION DOLLY	транспортировочная тележка
TRANSPORTATION STAND	передвижная стойка
TRANSPORT BY AIR (railway)	перевозка по воздуху (по железной дороге)
TRANSPORT COVER	зона действия транспортных средств
TRANSPORT HELICOPTER	транспортный вертолет
TRANSPORT MOUNT	опорная рама для транспортировки (изделий)
TRANSPORT PLANE (transport airplane)	транспортный самолет
TRANSPORT PLUG	запорный клапан
TRANSSHIPMENT	перевалка (грузов)
TRANSVERSAL	пересекающая линия, трансверсаль; секущая
TRANSVERSE BEAM	поперечная балка
TRANSVERSE FRAME	шпангоут; поперечный набор
TRANSVERSE STABILITY	поперечная устойчивость
TRANSVERSE SUPPORT	поперечная опора
TRAP	решетка; ловушка, уловитель; режекторный [полосно-задерживающий, заграждающий] фильтр; параллельный резонансный контур схемы режекции
TRAP (to)	улавливать; поглощать; отделять, сепарировать; захватывать
TRAPEZOIDAL	трапециедальный, трапециевидный
TRAPEZOIDAL THREAD	трапециевидная резьба

TRAPPED	невырабатываемый (остаток топлива)
TRAPPED AIR	захваченный воздух
TRAPPED AIR BUBBLES	пузырьки захваченного воздуха
TRAPPING	улавливание; отделение; сепарация; захват; режекция; обнаружение (цели)
TRAP VALVE	запорный клапан
TRASH BOX	мусорный ящик, урна
TRAVEL	путешествие; поездка; проезд; рабочий ход; шаг; (самопроизвольное) смещение; распространение
TRAVEL (to)	перемещаться; путешествовать; (самопроизвольно) смещаться
TRAVEL(L)ER	путешественник; мостовой кран; балка мостового крана; бегунок
TRAVEL(L)ING	путешествие; передвижение
TRAVEL AGENCY	туристическое агентство
TRAVEL AGENT	агент по оформлению туристических перевозок
TRAVEL IN GROUP (to)	путешествовать в группе, совершать групповое путешествие
TRAVEL INSURANCE	страхование путешествия
TRAVELLER'S CHEQUE	дорожный чек
TRAVEL LIMITER HOOK	захват ограничителя хода (поршня)
TRAVELLING BAG	дорожная сумка
TRAVELLING CASE	дорожный чемодан
TRAVELLING WAVE TUBE	лампа бегущей волны, ЛБВ
TRAVELLING WAVE TUBE AMPLIFIER (TWTA)	усилитель на лампе бегущей волны [ЛБВ]
TRAVEL STOP	ограничитель перемещения
TRAVEL TIME	продолжительность путешествия
TRAVERSE	перемещение; переход; проход; траверса, поперечина; пересечение
TRAVERSE (to)	пересекать; перемещать(ся); переходить; проходить
TRAY	лоток; желоб; поддон
TRAY FASTENER	крепление лотка; крепление поддона
TREAD	рисунок (протектора); колея, ширина колеи; обод (колеса); бандаж (колеса)
TREADLE	педаль; ножной привод

TREAT (to)	подвергать технологической обработке, обрабатывать; очищать
TREATMENT	(технологическая) обработка; очистка
TREBLE	верхние (звуковые) частоты; тройной
TREBLE TAB WASHER	тройная стопорная шайба
TREETOP HEIGHT	высота бреющего полета
TREILLIS	решетка
TREMBLER	молоточек (электрического звонка)
TRENCH	канал; желоб; канавка; углубление
TREND	общее направление развития, тенденция; ход
TRESTLE	козелок (для хранения отъемных частей воздушного судна)
TRIAC	симметричный триодный тиристор, симистор
TRIAL	испытание; проба
TRIAL FLIGHT	испытательный полет, летное испытание
TRIAL PERIOD	испытательный период, период испытаний
TRIANGLE OF VELOCITIES	треугольник скоростей
TRIANGLE WAVE	волна в виде последовательности треугольных импульсов
TRIANGULAR	треугольный
TRIANGULAR ABRASIVE STONE	трехгранный абразивный брусок
TRIANGULAR FILE	трехгранный напильник
TRIANGULAR SHAPE	треугольная форма [конфигурация]
TRICHLORETHYLENE VAPOUR	пары трихлорэтилена
TRICK FLYING (riding)	акробатический полет
TRICKLE	капельница
TRICLE (to)	капать; струиться
TRICLE CURRENT	прерывистый поток
TRICYCLE	трехколесный
TRICYCLE GEARED AIRCRAFT	самолет с трехколесным шасси
TRICYCLE LANDING GEAR	трехколесное шасси
TRICYCLE UNDERCARRIAGE	трехколесное шасси
TRIG	стопорный кулачок (балансира весов)
TRIG (trigonometry)	тригонометрия
TRIG (to)	тормозить, заклинивать; подпирать, поддерживать
TRIGGER (to)	запускать; инициировать; включать

TRIGGER	триггер; триггерная схема; бистабильный мультивибратор; схема с внешним запуском; пусковое устройство; спусковой механизм
TRIGGER ACTION	запуск; включение; срабатывание
TRIGGER DIODE	симметричный диодный тиристор [динистор]
TRIGGERED MODE	пусковой режим; режим бистабильного мультивибратора
TRIGGERED PULSE	инициирующий [пусковой] импульс
TRIGGER GUARD	пусковая схема; триггерная схема
TRIGGER LEVEL	пороговый уровень срабатывания триггерной схемы
TRIGGER PULSE	инициирующий [пусковой] импульс
TRIGGER RELAY	пусковое реле
TRIGONOMETRIC FUNCTION	тригонометрическая функция
TRIJET (AIRCRAFT)	трехдвигательный реактивный самолет
TRIM	балансировка; балансировочное положение [отклонение]; уравновешивание; триммирование; снятие усилий с рулей (отклонением триммера); триммер; внутренняя отделка (кабины)
TRIM (to)	балансировать; уравновешивать; триммировать; снимать усилия с рулей
TRIM(ING) TAB (flap)	триммер
TRIM ACTUATOR	механизм управления триммером
TRIM ADJUSTMENT	балансировка с помощью триммера; коррекция балансировки; изменение положения триммера
TRIM AIR	балансировочная масса воздуха
TRIM AUGMENTATION COMPUTER	вычислитель системы улучшения балансировки
TRIM BOX	блок триммирования
TRIM CAPABILITY	балансировочный диапазон
TRIM COMPUTER	вычислитель корректирующих отклонений (поверхностей управления)
TRIM CONTROLS	балансировочные щитки
TRIM CONTROL SWITCH	выключатель органов балансировки
TRIM COUPLER	блок связи с системой балансировки
TRIM CUTOUT SWITCH	выключатель органов балансировки

TRIM DRAG	балансировочное сопротивление, сопротивление органов балансировки
TRIM DRIVE UNIT	электромотор (системы) триммирования
TRIM/FEEL UNIT	автомат загрузки (системы управления) и балансировки
TRIM FORCE	балансировочное усилие
TRIM HANDLE	ручка триммера
TRIM INDICATOR	указатель положения триммера
TRIM KNOB	кнопка триммера
TRIM LINE	балансировочное положение
TRIMMED ATTITUDE	балансировочное положение
TRIMMED SPEED	балансировочная скорость
TRIMMER	триммер; подстроечный элемент
TRIMMING	балансировка, уравновешивание; триммирование, снятие нагрузки (с рычага управления)
TRIMMING DEVICE	триммер; балансировочное устройство
TRIMMING FUNCTION	функция триммирования [балансировки]
TRIMMING MACHINE	электродвигатель системы балансировки
TRIMMING TAILPLANE	управляемый стабилизатор
TRIM MOTOR	электродвигатель системы триммирования
TRIM OUT (to)	сбалансировать, оттриммировать
TRIM PANEL	балансировочный щиток
TRIM POT	потенциометр
TRIM RATE	быстрота балансировки, скорость отклонения триммера
TRIM SERVO-CONTROL	серводвигатель системы триммирования
TRIM SETTING	балансировка с помощью триммера; коррекция балансировки; изменение положения триммера
TRIM TAB (trimming tab)	триммер
TRIM TABLE	регулировочная таблица
TRIM TANK	уравновешивающий [центровочный] бак
TRIM VALVE	регулировочный клапан
TRIM WHEEL	штурвал управления триммером
TRINGLE	узкая полочка; ремешок
T-RING PACKING	Т-образное кольцевое уплотнение
TRIODE	триод

TRIP	полет; рейс; расцепляющее устройство; выключатель; защелка
TRIP (to)	отпирать; размыкать, разъединять; поворачивать(ся)
TRIP ARM	выключающее устройство; разъединяющий механизм; спусковой механизм
TRIP CHECK	проверка рейса
TRIP COIL	расцепляющая катушка
TRIP FREE CIRCUIT BREAKER	размыкатель цепи
TRIP FUEL	топливо на полет по маршруту
TRIP FUEL WEIGHT	масса топлива для полета по маршруту
TRIP GEAR	расцепляющий механизм
TRIPHASE	трехфазный
TRIPLANE	триплан
TRIPLE SPOOL	трехвальный
TRIPLEXER	триплексер
TRIPOD	тренога; штатив
TRIPOD BRACE	трехстоечный подкос
TRIP OFF LIGHT	световой сигнализатор размыкания (цепи); лампочка механизма отцепки
TRIPPING	расцепление; размыкание; отключение
TRIPPING OFF	отрыв, срыв (потока); отставание, отклеивание, отслаивание
TRIPPING VOLTAGE	напряжение размыкания
TRIPPLE-POLE SWITCH	трехполюсный переключатель
TRIPROCESSOR	строенный процессор
TRIPROPELLANT	трехкомпонентное ракетное топливо
TRIP TIME	время полета по маршруту
TRIP VALVE	отсечной клапан; быстродействующий затвор
TROLLEY	тележка
TROLLEY STOWAGE	уборка тележки шасси; ниша тележки шасси
TROOP CARRIER	военно-транспортный самолет
TROOP TRANSPORT	военное транспортное средство; воинские перевозки
TROPOPAUSE	тропопауза
TROPOPAUSE CHART	схема тропопаузы

TROPOSPHERE	тропосфера
TROPOSPHERIC SCATTER	тропосферное рассеяние
TROUBLE	авария; неисправность, дефект, повреждение
TROUBLE CHART	табло сигнализации отказов
TROUBLESHOOTER	ремонтный мастер
TROUBLE SHOOTING	обнаружение неисправности
TROUGH	жёлоб; лоток; корыто; канавка; углубление
TRUCK	грузовой автомобиль; автомобильный тягач; (грузовая) тележка
TRUCK ASSY	(многоколёсная) тележка
TRUCK BEAM	штанга тележки
TRUCK PIVOT	шарнир тележки
TRUCK TYPE GEAR	тележечное шасси
TRUE	точность; правильность; точный; правильный
TRUE AIRSPEED (TAS)	истинная воздушная скорость
TRUE AIRSPEED COMPUTER	вычислитель истинной воздушной скорости
TRUE AIRSPEED INDICATOR	индикатор истинной воздушной скорости
TRUE ALTITUDE	абсолютная высота (над уровнем моря)
TRUE ATMOSPHERE SENSE LINE	приёмник статического давления
TRUE BEARING	истинный пеленг
TRUE COURSE	истинный курс
TRUE COURSE ANGLE	истинный путевой угол
TRUE HEADING	истинный курс
TRUE HORIZON	истинный горизонт
TRUE MACH NUMBER	истинное число Маха
TRUENESS	точность; правильность; отсутствие погрешностей; отсутствие биения
TRUE NORTH	истинный [географический] север
TRUE POLE	истинный [географический] полюс
TRUE POSITION	истинное положение
TRUE TRACK	истинный курс; фактическая линия пути
TRUE TRACK ANGLE	истинный путевой угол
TRUE UP (to)	выверять; выравнивать; регулировать; юстировать
TRUE WIND DIRECTION	истинное направление ветра

TRUNCATE (to)	округлять; усекать; укорачивать; срезать; прерывать (счет)
TRUNK	магистраль; желоб; труба; канал связи; корпус; стержень; магистральный; главный
TRUNK CARRIER	авиаперевозчик на магистральной авиалинии
TRUNK CIRCUIT	магистральная линия связи
TRUNK LINE (trunk route)	магистральная авиалиния
TRUNNION	цапфа; подвеска (кронштейна); крестовина (кардана)
TRUNNION BLOCK	система катков; крестовина кардана
TRUSS	ферма, ферменная конструкция; раскос; рама
TRUSS (to)	усиливать; упрочнять; армировать
TRUSS BOOM	штанга ферменной конструкции
TRUSS MEMBER	элемент ферменной конструкции
TRUSS STRUCTURE	ферменная конструкция
TRUTH TABLE	таблица истинности
TRY	испытание, проба
TRY (to)	испытывать; проверять; пробовать
TRYING	испытание; проверка; проба; трудный; тяжелый
TRY OUT (to)	испытывать, опробовать; проверять
T-SECTION	Т-образный профиль
T-SLOT	Т-образная щель
T-TAIL	Т-образное хвостовое оперение
T-TAILED	с Т-образным хвостовым оперением
TUB	подвесной бак
TUBCART	подвесная тележка
TUBE	труба; трубка; трубопровод; аэродинамическая труба, АДТ
TUBE BENDER	трубогибочная машина, машина для гибки труб
TUBE CLAMP	трубный зажим; хомут для трубопровода
TUBE CUTTER	труборез
TUBE FITTING	трубопроводная арматура
TUBE FLARING TOOL	оборудование для развальцовки труб
TUBE LAUNCHER	трубчатая пусковая установка
TUBELESS	бескамерный; бесствольный

TUBELESS TYRE (tire)	бескамерная шина
TUBE SIZE	диаметр трубы
TUBE WRENCH	трубный ключ; трубные клещи
TUBING	система труб; трубопровод
TUBING COIL	змеевик
TUBO-ANNULAR	трубчато-кольцевой
TUBULAR	трубчатый
TUBULAR SHAFT	трубчатый вал
TUBULAR SPANNER	трубный ключ; трубные клещи
TUBULAR SPAR	трубчатый лонжерон
TUCK IN (to)	уборка
TUCK UNDER (to)	подвешивать снизу; затягивать (самолет) в пикирование; подныривать (под глиссаду)
TUG	буксировщик; тягач; самолет - буксировщик планеров; космический аппарат - буксир; межорбитальный транспортный аппарат, МТА
TUG (to)	буксировать; тянуть
TUG AIRCRAFT	самолет - буксировщик планеров
TUMBLE CLEANING	очистка в поворотном барабане
TUMBLER	опрокидывающее устройство, опрокидыватель; очистной барабан; тумблер
TUMBLER SWITCH	тумблер
TUMBLING	вращение тела вокруг поперечной оси; кувыркание; потеря устойчивости (ракеты); поворот элементов отображения (в машинной графике)
TUNABLE	настраиваемый
TUNE (to)	регулировать; настраивать(ся); подстраивать(ся)
TUNED	настроенный; отрегулированный
TUNED AMPLIFIER	резонансный усилитель
TUNED GYROSCOPE	настраиваемый гироскоп
TUNED-ROTOR GYROSCOPE	динамически настраиваемый гироскоп, гирофлекс
TUNE IN (to)	настраивать
TUNE IN TO (to)	настраиваться на...
TUNER	устройство настройки; блок настройки; селектор (телевизионных) каналов; тюнер
TUNER CIRCUIT	схема настройки; схема согласования

TUNE UP (to)	настраивать; налаживать; регулировать
TUNE-UP SET	регулировочная аппаратура; наладочное приспособление
TUNGSTEN	вольфрам
TUNGSTEN ARC WELDING	дуговая сварка вольфрамовым электродом
TUNGSTEN CARBIDE	карбид вольфрама
TUNGSTEN STEEL	вольфрамовая инструментальная сталь
TUNING	настройка; регулировка
TUNING CABLE	силовой кабель; фидер; питающий провод, кабель электроснабжения
TUNING CIRCUIT	перестраиваемая схема
TUNING COIL	настроечная катушка
TUNING CONTROL	настройка; орган настройки
TUNING CYCLE	цикл настройки
TUNING DEVICE	регулятор настройки
TUNING FORK	камертон
TUNING FORK OSCILLATOR	настраиваемый камертонный генератор
TUNING LINE	перестраиваемая линия
TUNING METER	индикатор настройки
TUNING OSCILLATOR	перестраиваемый генератор
TUNING STRIP	линия настройки
TUNING TOOL	настроечное приспособление; инструмент для регулировки
TUNING UP	регулировка; настройка; выверка; подгонка; отработка
TUNNEL	туннель; лаз; труба; аэродинамическая труба, АДТ
TUNNEL DIODE	туннельный диод
TUNNEL TEST	испытание в аэродинамической трубе [АДТ]
TURBID	плотный; густой; темный; туманный; неясный
TURBINE	турбина
TURBINE AIR INLET PORT	входное отверстие турбины
TURBINE AIR OVERHEAT	перегрев воздушного потока турбины
TURBINE BEARING	подшипник турбины
TURBINE BLADE	лопатка турбины

TURBINE BYPASS	перепуск воздуха на турбине; степень двухконтурности турбины
TURBINE CASE (casing)	корпус турбины
TURBINE COOLER UNIT	устройство охлаждения турбины; турборефрижератор
TURBINE COUPLING	соединение трубопроводов
TURBINE DISC	диск (рабочего колеса) турбины
TURBINE DISCHARGE PRESSURE	давление газов за турбиной
TURBINE DRIVEN PUMP	турбонасос
TURBINE ENGINE	газотурбинный двигатель, ГТД
TURBINE EXHAUST CASE	выходной патрубок турбины
TURBINE EXHAUST DIFFUSER	выходной диффузор турбины
TURBINE EXHAUST OUTLET	выхлопное отверстие турбины
TURBINE GAS TEMPERATURE (TGT)	температура газов в турбине
TURBINE INLET TEMPERATURE (TIT)	температура газов на входе в турбину
TURBINE MID FRAME	силовая конструкция между ступенями турбины
TURBINE NOZZLE	сопловой блок турбины; реактивное сопло турбины
TURBINE NOZZLE CASE (box)	картер турбины
TURBINE NOZZLE GUIDE VANE	направляющая лопатка соплового аппарата турбины
TURBINE OUTLET CASING	кожух выхлопного отверстия турбины
TURBINE OUTLET TEMPERATURE	температура на выходе турбины
TURBINE-POWERED AIRCRAFT	газотурбинный летательный аппарат [ЛА], ЛА с газотурбинным двигателем, ЛА с ГТД
TURBINE REAR FRAME (TRF)	силовая конструкция выходной части турбины
TURBINE ROTOR	ротор турбины
TURBINE SECTION	секция турбины
TURBINE SHAFT	вал турбины
TURBINE STAGE	ступень турбины
TURBINE STATOR	статор турбины

TURBINE WHEEL	ротор турбины
TURBO-ALTERNATOR	турбогенератор переменного тока
TURBO-BLOWER	турбонагнетатель
TURBOCHARGED	с турбонаддувом; с турбокомпрессором
TURBOCHARGED ENGINE	двигатель с турбонаддувом; двигатель с турбокомпрессором
TURBOCHARGED VERSION	вариант (двигателя) с турбокомпрессором [турбонагнетателем]
TURBOCHARGER	генератор сжатого воздуха, турбокомпрессор; турбонагнетатель
TURBOCOMPRESSOR (turbo compressor)	турбокомпрессор
TURBOCOMPRESSOR AIR INLET	воздухозаборник турбокомпрессора
TURBOCOMPRESSOR CHECK VALVE	обратный клапан турбокомпрессора
TURBO-ENGINE	газотурбинный двигатель, ГТД
TURBOFAN (turbo-fan)	турбореактивный двухконтурный двигатель, ТРДД
TURBOFAN ENGINE (TFE)	турбореактивный двухконтурный двигатель, ТРДД
TURBOGENERATOR	турбогенератор
TURBOJET	турбореактивный двигатель, ТРД
TURBOJET AIRCRAFT	самолет с турбореактивным двигателем, самолет с ТРД
TURBOJET ENGINE (TJE)	турбореактивный двигатель, ТРД
TURBO MACHINERY (turbomachinery)	турбомашины
TURBOMOTOR	турбодвигатель
TURBO POWERED AIRCRAFT (plane)	самолет с турбовинтовым двигателем, самолет с ТВД
TURBOPROP	турбовинтовой двигатель, ТВД; турбовинтовой самолет, самолет с ТВД
TURBO PROPELLED AIRCRAFT (turboprop)	самолет с турбовинтовым двигателем, самолет с ТВД
TURBO-PROPELLER (turboprop)	турбовинтовой двигатель, ТВД; турбовинтовой самолет, самолет с ТВД
TURBO-PROPELLER ENGINE	турбовинтовой двигатель, ТВД
TURBOPROP-POWERED	оснащенный турбовинтовым двигателем, оснащенный ТВД
TURBO-PUMP (turbopump)	турбонасосный агрегат, ТНА
TURBO-RAMJET	турбопрямоточный двигатель, ТПД

TURBOSHAFT ENGINE (turbo-shaft)	турбовальный газотурбинный двигатель, турбовальный ГТД
TURBOSHAFT POWERPLANT	газотурбинная силовая установка
TURBOSTARTER	турбостартер
TURBO-SUPERCHARGED (TS)	с турбонагнетателем
TURBO-SUPERCHARGER	турбонагнетатель
TURBOTRAIN	турбопоезд
TURBULENCE	турбулентность; болтанка (при полете в турбулентной атмосфере)
TURBULENCE DETECTION	радиолокационное обнаружение турбулентности в атмосфере
TURBULENCE PENETRATION	пробивание турбулентности
TURBULENCE SMOOTHING	сглаживание турбулентности
TURBULENT AIR	турбулентный воздух
TURBULENT AIR DESCENT	спуск в турбулентной атмосфере
TURBULENT AIR HOLDING	полет в турбулентной зоне ожидания
TURBULENT BOUNDARY LAYER	турбулентный пограничный слой
TURBULENT FLOW	турбулентное течение
TURBULENT RE-ATTACH	восстановление безотрывного обтекания
TURBULENT WAKE	турбулентный след
TURBULENT WIND FLOW	турбулентный поток
TURN	вираж; разворот
TURN (to)	делать разворот, разворачиваться
TURN(ING) TABLE	поворотный стол
TURN-AND-BANK INDICATOR	указатель поворота и крена
TURN AND PITCH CONTROLLER	рукоятка управления тангажом и разворотом (на пульте автопилота)
TURN-AND-SLIP INDICATOR	указатель поворота и скольжения
TURNAROUND	пункт возврата (замкнутого маршрута полета); разворот на противоположный курс; подготовка к очередному пуску [старту]; межполетная подготовка; межполетные ремонтно-восстан
TURNAROUND AREA	зона разворота на обратный курс
TURNAROUND INSPECTION	проверка в ходе межполетной подготовки

TURNAROUND TIME	время на межполетную подготовку; время разворота на противоположный курс
TURN-AWAY	отворот (маневр воздушного судна в полете)
TURN-BACK	возвращение; обратный ход; возврат
TURNBUCKLE	стяжная муфта
TURNBUCKLE BARREL	корпус стяжной муфты
TURN CONTROLLER KNOB	ручка управления разворотом
TURN DOWN (to)	убавлять (свет, газ); отворачивать; сворачивать; отказывать (кому-либо); отвергать (предложение)
TURNED BACK	развернувшийся на обратный курс (самолет)
TURNER	поворотное устройство; токарный станок; токарь
TURN IN	вираж; разворот
TURN IN (to)	доворачивать (к линии курса)
TURN INDICATOR	гирополукомпас, указатель поворота
TURNING	разворачивание; выполнение разворота
TURNING ANGLE	угол разворота
TURNING BACK	разворот на обратный курс
TURNING CUTTER	токарный резец
TURNING RADIUS	радиус разворота
TURNING VANE	поворотная лопатка
TURNKEY INSTALLATION	установка "под ключ"
TURN-KEY SYSTEM (turnkey)	сдача "под ключ"
TURN KNOB	кнопка разворота
TURN NEEDLE	указатель поворота
TURN OFF (to)	выключать; отключать
TURN-OFF LIGHTS	огонь обозначения места сруливания (со взлетно-посадочной полосы)
TURN-OFF STRIPS	рулежные дорожки
TURN OFF SWITCH (to)	разъединять; прерывать; выключать; размыкать
TURN ON (to)	включать
TURN OUT (to)	отворачивать (от курса) с креном; гасить (свет); выключать; выпускать (продукцию)
TURNOVER	оборот; оборачиваемость; поворот на обратный курс

TURN OVER (to)	переворачивать(ся), выполнять переворот (на спину); вращаться
TURNOVER STAND	вращающийся стенд; поворотный стапель
TURN POINT	рубеж разворота (на противоположный курс)
TURN RADIUS	радиус разворота
TURN RATE	угловая скорость разворота
TURN ROUND	промежуточная посадка; вращение; поворот; закрутка; раскрутка
TURN ROUND (to)	оборачиваться; поворачиваться; переворачивать
TURN ROUND TIME	продолжительность стоянки при промежуточной посадке
TURN SELECTOR SWITCH	переключатель режима разворота
TURNTABLE	поворотный стартовый стол
TURN TRUE (to)	восстанавливать точность (разворота)
TURN TURTLE (to)	капотировать; закрывать капотом [обтекателем]
TURN UP (to)	поднимать(ся) вверх; прибавлять; усиливать; увеличивать; переворачивать на спину
TURPENTINE (oil)	скипидар
TURPENTINE VARNISH	скипидарный лак
TURRET	турельная установка; вращающаяся пусковая установка
TURRET LATHE	токарно-револьверный станок
TUYERE	фурма (донного конвейера)
TV GUIDED	с телевизионным наведением
TV SCREEN	телевизионный экран
TV SIGNAL	телевизионный сигнал
TWEEZERS	пинцет, щипчики
TWICE-THE-SPEED-OF-SOUND	скорость, в два раза превышающая скорость звука
TWILIGHT	сумерки
TWILIGHT ZONE	зона вечерних сумерек
TWIN	двойник
TWIN AISLE	двойной проход между креслами (в пассажирской кабине)
TWIN-BOOM FUSELAGE	двухбалочный фюзеляж
TWIN CYLINDER	двойной цилиндр

TWINE	шпагат; бечевка; шнур
TWINE (to)	скручивать, вить, свивать
TWIN-ENGINE	двухдвигательный, с двумя двигателями
TWIN-ENGINE(D) HELICOPTER	двухдвигательный вертолет
TWIN-ENGINED AIRCRAFT	двухдвигательный летательный аппарат
TWIN-ENGINED JET	двухдвигательный реактивный самолет
TWIN-ENGINED VERSION	двухдвигательный вариант
TWIN-ENGINE JET AIRCRAFT	двухдвигательный реактивный самолет
TWIN-ENGINE LAYOUT	двухдвигательная компоновка
TWIN-FIN	двухкилевой, с двухкилевым оперением
TWIN IGNITION	двойное зажигание
TWINJET	двухдвигательный реактивный самолет
TWIN-JET PLANE (aircraft)	двухдвигательный реактивный самолет
TWINKLE (to)	мерцать, сверкать; мигать; мелькать; излучать (неровный свет)
TWIN-PISTON	двухдвигательный
TWIN-SEATER	двухместный
TWIN-SHAFT	двухвальный
TWIN-SPOOL	двухвальный
TWIN SPOOL AXIAL FLOW ENGINE	двигатель с двухкаскадным осевым компрессором
TWIN SPOOL ENGINE	двухвальный двигатель
TWIN SPOOL TURBOFAN	двухвальный турбореактивный двухконтурный двигатель, двухвальный ТРДД
TWIN SPOOL TURBOJET	двухвальный турбореактивный двигатель, двухвальный ТРД
TWIN-TAIL SURFACES	двухкилевое [разнесенное] оперение
TWIN TURBINE (helicopter)	(вертолет) с двумя газотурбинными двигателями [ГТД]
TWIN-TURBOPROP	с двумя турбовинтовыми двигателями, с двумя ТВД
TWIN-TURBOPROP TRANSPORT	транспортный самолет с двумя турбовинтовыми двигателями [ТВД]
TWIN VERTICAL TAILS	двухкилевое [разнесенное] оперение
TWIN WHEELS	спаренные колеса
TWIN WIRE	спаренный провод

TWIRL	вихрь; вращение; кручение
TWIRL (to)	вертеть; кружить; крутить; завихрять(ся)
TWIST	крутка (крыла); полубочка, переворот через крыло
TWIST DRILL	сверление спиральным сверлом
TWISTED	сплетенный; переплетенный; витой
TWISTED WIRES	переплетенные провода; сплетенные провода
TWIST GRIP	спиральный зажим
TWISTING	кручение, скручивание
TWISTING LOAD	скручивающая [крутящая] нагрузка
TWO-AISLE	двухпроходный
TWO-BLADED PROPELLER (two-blade airscrew)	двухлопастный воздушный винт
TWO-BLADE ROTOR	двухлопастный несущий винт
TWO-CREWMEMBER COCKPIT	двухместная кабина экипажа
TWOFOLD	двойной; сдвоенный
TWO-GYRO PLATFORM	двухгироскопная платформа
TWO-LIP DRILL	сверло с двумя режущими кромками
TWO-MAN COCKPIT	двухместная кабина экипажа
TWO-MAN CREW	экипаж из двух человек
TWO-PHASE	двухфазный
TWO-PHASE MOTOR	двухфазный электродвигатель
TWO-PILOT AIRCRAFT	летательный аппарат с экипажем из двух человек
TWO-PILOT CREW	двухместная кабина экипажа
TWO-PIN	двухштырьковый
TWO-PLY	двухслойный
TWO-POLE	двухполюсный
TWO-POSITION	двухпозиционный
TWO-SEAT AIRCRAFT	двухместный летательный аппарат
TWO-SEATER	двухместный летательный аппарат
TWO-SEAT VERSION	двухместный вариант
TWO-SEGMENT FLAP	двухсекционный закрылок
TWO-SEGMENT TRAILING EDGE FLAP	двухсекционный закрылок
TWO-SHAFT TURBOFAN	двухвальный турбореактивный двухконтурный двигатель, двухвальный ТРДД
TWO-SPAR	двухлонжеронный
TWO-SPEED	двухскоростной

TWO-SPOOL	двухвальный
TWO-STAGE	двухкаскадный; двухступенчатый
TWO-STAGE COMPRESSOR	двухступенчатый компрессор
TWO-STAGE SHOCK ABSORBER	двухступенчатый амортизатор
TWO STEP RELAY	двухпозиционное реле
TWO-STROKE	двухтактный (двигатель)
TWO-STROKE ENGINE	двухтактный двигатель
TWO-TONE CHIME	двухтональная звуковая сигнализация
TWO-WAY	двусторонний; двухпутный; двухходовой
TWO-WAY AMPLIFIER	приемопередающий усилитель
TWO-WAY CYLINDER	двухходовой цилиндр
TWO-WAY RADIO	приемопередатчик
TWO-WAY RADIO COMMUNICATION	двусторонняя радиосвязь
TWO-WAY RESTRICTOR	двусторонний ограничитель
TWO-WAY VALVE	двухходовой клапан; двухпутевой гидрораспределитель [пневмораспределитель]
TWO-WIRE	двухпроводный; двухжильный (провод)
TWO-WIRE CIRCUIT	двухпроводная схема
TWO-WIRE SYSTEM	двухпроводная система
TYPE	тип; род; класс
TYPE APPROVAL	сертификация; официальная приемка (изделия)
TYPE CERTIFICATION	сертификация
TYPE OF AIRCRAFT	тип воздушного судна; тип летательного аппарата [ЛА]
TYPE OF FLIGHT	тип полета
TYPE RATING	типовая классификация; типовое нормирование
TYPE TEST	сертификационное испытание
TYPEWRITER	печатающее устройство
TYPHOON	тайфун
TYPICAL PAYLOAD	типовая полезная нагрузка
TYRE (tire)	пневматик, шина; покрышка
TYRE CREEP(ING)	старение пневматика
TYRE-GAUGE	манометр
TYRE-INFLATOR	насос для накачивания шин
TYRE-LEVER	литерный рычаг
TYRE PRESSURE	давление в пневматике
TYRE PRESSURE GAUGE	датчик давления в пневматике
TYRE WALL	боковая поверхность пневматика

U

U-BOLT	U-образный болт
UHF AERIAL	антенна ультравысоких частот, антенна УВЧ
UHF TRANSCEIVER	ультравысокочастотный приемопередатчик, УВЧ-приемопередатчик
U-IRON	U-образное железо
ULTIMATE LIFE	предельный рабочий ресурс; предельный срок службы
ULTIMATE LOAD	предельная нагрузка
ULTIMATE STRENGTH	предел прочности; предельное напряжение
ULTRA HIGH FREQUENCY (UHF)	ультравысокая частота, УВЧ
ULTRA LIGHT ALLOY	сверхлегкий сплав
ULTRALIGHT GLIDER	сверхлегкий планер
ULTRA LIGHT MOTORISED (ULM)	сверхлегкий летательный аппарат, СЛА
ULTRA SHORT TAKEOFF AND LANDING (USTOL)	сверхкороткие взлет и посадка
ULTRA SHORT TAKEOFF AND LANDING AIRCRAFT	самолет сверхкороткого взлета и посадки
ULTRA SHORT WAVE (USW)	ультракороткие волны, УКВ
ULTRASONIC	ультразвуковой
ULTRASONICALLY CLEANING	ультразвуковая очистка
ULTRASONIC CLEANING	ультразвуковая очистка
ULTRASONIC FLOWMETER	ультразвуковой расходомер
ULTRASONIC INSPECTION	ультразвуковая дефектоскопия
ULTRASONIC SPEED	ультразвуковая скорость
ULTRASONIC WELDING	ультразвуковая сварка
ULTRAVIOLET LAMP	ультрафиолетовая лампа
ULTRAVIOLET LIGHT	ультрафиолетовое световое излучение
ULTRAVIOLET RADIATION	ультрафиолетовое излучение
ULTRAVIOLET SPECTRUM	спектр ультрафиолетового излучения
UMBILICAL CABLE (cord)	отрывной кабель (питания)
UMBILICAL CONNECTOR	фюзеляжный электроразъем
UMBILICAL MAST (tower)	кабель - заправочная мачта
UMBRELLA AERIAL	зонтичная антенна

UNABLE	неспособный; слабый
UNACCELERATED FLIGHT	полет без ускорения
UNACCOMPAGNIED BAGGAGE	несопровождаемый багаж
UNAFFECTED	не подвергшийся влиянию
UNAFFECTED BY AIR	не подвергшийся влиянию воздуха
UNALLOYED	нелегированный
UNANNEALED	не подвергшийся термообработке, без термообработки
UNATTENDED	не сопровождаемый; не обслуживаемый; дистанционно [автоматически] управляемый; не посещаемый
UNAUGMENTED	без системы улучшения устойчивости; нефорсированный, без форсажной камеры
UNAVAILABILITY	непригодность; несоответствие требованиям; неготовность; коэффициент неготовности; коэффициент простоя
UNAVAILABLE	не имеющийся в наличии; непригодный; несоответствующий требованиям
UNBALANCE	нарушение балансировки, разбалансировка; рассогласование
UNBALANCE (to)	нарушать равновесие [балансировку], разбалансировать
UNBALANCED	несбалансированный, неуравновешенный; без (аэродинамической) компенсации
UNBALANCED OUTPUT	заземленный выход
UNBALANCING	нарушение балансировки, разбалансировка; рассогласование
UNBALLASTING	неустойчивый; незабалластированный
UNBEND (to)	выпрямлять, разгибать; ослаблять напряжение; рихтовать, править
UNBENDING	негнущийся; ненапряженный
UNBLOCK (to)	разблокировать, деблокировать
UNBOLT (to)	отвинчивать [откручивать] болт
UNBREAKABLE	неломкий, нехрупкий
UNBROKEN	неразбитый; целый
UNBURNED	несгоревший
UNBURNED FUEL	несгоревшее топливо
UNCAP (to)	открывать, откупоривать; отвинчивать
UNCHANGED	неизменившийся
UNCHECKED BAGGAGE	незарегистрированный багаж

UNCLAIMED BAGGAGE	невостребованный багаж
UNCLIP (to)	раскреплять; разжимать
UNCLUTCH (to)	разжимать; освобождать
UNCOIL (to)	разматывать; сматывать
UNCOMFORTABLE	неудобный; некомфортабельный
UNCONTROLLABLE	неуправляемый
UNCONTROLLED AIRCRAFT	неуправляемый летательный самолет; беспилотный летательный аппарат, БЛА
UNCONTROLLED AIRSPACE	неконтролируемое воздушное пространство
UNCONVENTIONAL	нетрадиционный; необычный
UNCOOLED	неохлаждаемый
UNCOUPLE (to)	расцеплять; разъединять; отсоединять; отключать
UNCOUPLED	разъединенный; расцепленный; отсоединенный; отключенный
UNCOUPLING	разъединение; расцепление
UNCOVER (to)	снимать
UNCOWLING	раскапотирование
UNCRIMP (to)	вынимать из оправы
UNCTUOUS	жирный; липкий
UNCURED	невулканизированный; неотвержденный
UNCUT	неразрезанный; нешлифованный; несокращенный (текст)
UNDAMAGED	неповрежденный; неразрушенный
UNDAMPED	незадемпфированный; незатухающий
UNDEFORMED AREA	недеформированная зона
UNDELIVERED	непоставленный
UNDER	внизу; ниже; под
UNDERBANK (to)	крениться; входить в вираж
UNDERCARRIAGE DOOR	створка ниши шасси
UNDERCARRIAGE LEG STRUT	амортизатор опоры шасси
UNDERCARRIAGE RETRACTION	уборка шасси
UNDERCARRIAGE SELECTOR	рычаг управления положением шасси
UNDERCARRIAGE STRUT	опора шасси
UNDERCOAT(ING)	грунтование (под окраску)
UNDERCOWL AREA	область подкапотного пространства
UNDERCUT(ING)	подрезание; вырезание выемки; заглубление; ослабление (сварного шва)

UNDERCUT RELIEF	снятие напряжений при подрезании
UNDEREQUIPPED	недооборудованный
UNDEREXCITED	недовозбуждённый; недооблучённый
UNDERFEED (to)	питать снизу; заправлять снизу
UNDERFLUSH	углублённый; убранный; конформный
UNDER-FREQUENCY	пониженная частота
UNDERGO TESTS (to)	подвергать испытаниям, проводить испытания
UNDERGROUND	подземный
UNDERGROUND TEST	подземное испытание
UNDER LICENSE	по лицензии
UNDERLIE (to)	лежать в основе (чего-либо); лежать (под чем-либо)
UNDERLYING SURFACE	подстилающая поверхность
UNDERPOWERED	с пониженной мощностью
UNDER PRESSURE	под давлением
UNDERPRESSURE	пониженное давление; разрежение, вакуум
UNDERPRESSURED	с пониженным давлением
UNDERPRESSURE SENSING ELEMENT	датчик пониженного давления
UNDERPRESSURE VALVE	перепускной клапан; разгрузочный клапан
UNDER REPAIR	находящийся в ремонте; ремонтируемый
UNDERSHOOT	недолёт до торца взлётно-посадочной полосы
UNDERSHOOT (to)	не долететь до торца взлётно-посадочной полосы; терпеть аварию из-за недолёта до торца ВПП
UNDERSHOOT AREA	зона перед порогом взлётно-посадочной полосы [ВПП]
UNDERSHOOT LANDING (undershooting)	посадка с недолётом до торца взлётно-посадочной полосы [ВПП]
UNDERSIDE	обратная сторона
UNDERSIZE	заниженный размер, размер ниже номинального
UNDERSIZED	меньше заданного [номинального] размера; неполномерный; заниженного размера

UNDERSLUNG	подвесной, подвешенный, крепящийся снизу, подфюзеляжный; снизу, под фюзеляжем груз
UNDERSLUNG POD	подвесной контейнер
UNDERSPEED	пониженная скорость; пониженная частота вращения
UNDERSPEED PROTECTION	защита от понижения скорости [частоты вращения]
UNDERSTRUCTURE	основание; шасси
UNDERSURFACE (under surface)	нижняя поверхность (фюзеляжа); подстилающая поверхность
UNDER TEMPERATURE SENSING ELEMENT	детектор пониженных температур
UNDER VACUUM	под действием вакуума
UNDERVOLTAGE	пониженное напряжение
UNDERWATER LOCATOR BEACON	подводный локационный буй
UNDERWING	подкрыльный, установленный под крылом
UNDERWING FUELLING	подача топлива из подкрыльного бака
UNDERWING FUEL TANK	подкрыльный топливный бак
UNDERWING LOADS	подкрыльные грузы
UNDERWING PYLON	подкрыльный пилон
UNDILUTED	неразбавленный, неразведенный
UNDIRECTIONAL CONDUCTIVITY	ненаправленная проводимость
UNDOCKING	расстыковка
UNDULATE (to)	колебаться волнообразно; вызывать волнообразное движение
UNDULATOR	ондулятор
UNDULY	чрезмерно
UNDUMPABLE FUEL	несливаемое топливо
UNEMPLOYED	безработный
UNEMPLOYMENT	безработица
UNEQUIPPED	неоснащенный; неподготовленный
UNEVEN	неровный; шероховатый; неравномерный; нерегулярный; нечетный
UNEVEN BURNING	неравномерное горение
UNEXCITED	невозбужденный
UNEXPECTED	неожиданный, непредвиденный, внезапный
UNFASTEN (to)	откреплять, отстегивать; ослаблять; отпирать

UNFASTEN CLAMP (to)	разблокировывать фиксатор; отодвигать защелку
UNFEATHERING	расфлюгирование (воздушного винта)
UNFED	без энергоснабжения; без топлива
UNFILTERED	неотфильтрованный
UNFINISHED	недоведенный; не отделанный начисто
UNFITTED	неснабженный; необорудованный
UNFLANGED	бесфланцевый
UNFLYABLE	непригодный к выполнению полетов
UNFOLD (to)	раскрывать(ся), раскладывать(ся), развертывать(ся)
UNFREEZE (to)	деблокировать, разблокировать; освобождать от контроля; прекращать "замораживание" зарплаты
UNGEAR	выключать, разъединять; выводить из строя
UNGLAZED	незастекленный; неполированный; неглазурованный
UNGLAZED PAPER	нелощеная бумага
UNGUARDED POSITION	неохраняемое место; незащищенная позиция
UNGUIDED ROCKET	неуправляемая ракета; неуправляемая авиационная ракета, НАР
UNHOOK (to)	отцеплять; расстегивать
UNIDENTIFIED	неопознанный
UNIDENTIFIED FLYING OBJECT (UFO)	неопознанный летающий объект, НЛО
UNIDIRECTIONAL	однонаправленный
UNIFIED	унифицированный
UNIFILAR	одноволокнистый
UNIFORM	однородный; постоянный; ровный; сплошной
UNIFORM (to)	делать однообразным; одевать в форму
UNIFORM COAT	сплошное покрытие
UNIFORMITY	однородность; равномерность
UNIFORM LOAD	постоянная нагрузка
UNIFORM TEMPERATURE	постоянная температура
UNIJUNCTION TRANSISTOR	однопереходный транзистор
UNILATERAL	односторонний
UNINFLAMMABLE	невоспламеняемый
UNINFLATED	ненадутый

UNION	соединение; муфта; штуцер; патрубок; объединение
UNION NUT	соединительная гайка
UNION RING	соединительное кольцо
UNIPOLAR	униполярный, однополярный
UNIT	(командный) пункт; комплект (оборудования); транспортное средство; аппарат; установка; блок; узел; секция; звено; единица измерения
UNIT FLYING HOURS	время налета оборудования
UNIT OF ENERGY	единица количества энергии
UNIT OF HEAT	единица количества тепла
UNIT OF POWER	единица мощности
UNIT OF PRESSURE	единица давления
UNIT OF TIME	единица времени
UNIT OF VELOCITY	единица скорости
UNIT OF WORK	единица работы
UNIT OPERATING COST	стоимость контейнерных перевозок
UNIT PRICE	стоимость изделия
UNIT THRUST	удельная тяга
UNITY	единица
UNIVERSAL	универсальный
UNIVERSAL BLOCK	кардан
UNIVERSAL ELBOW	регулируемое поворотное соединение
UNIVERSAL GRAVITATION	всемирное тяготение
UNIVERSAL-HAND DOLLY	универсальная ручная тележка
UNIVERSAL HEAD	агрегатная головка; универсальный наконечник
UNIVERSAL JOINT	кардан, универсальный шарнир
UNIVERSAL JOINT-GIMBAL	универсальный шарнир; карданный шарнир
UNIVERSAL LINK	универсальная связь
UNIVERSAL MILLING MACHINE	универсальный фрезерный станок; фрезерный станок общего назначения
UNIVERSAL SHAFT	карданный вал
UNKNOT (to)	развязывать (узел)
UNLADE (to)	разгружать (воздушное судно); снимать нагрузку (с элементов конструкции)
UNLADING	разгрузка (воздушного судна)

UNLATCH (to)	расцеплять; освобождать защелку (реле); открывать запор, разблокировать фиксатор
UNLATCHING	расцепка (космических аппаратов)
UNLEADED FUEL	топливо без содержания тетраэтилсвинца
UNLESS	если не, пока не; кроме, за исключением
UNLIMITED SERVICE LIFE	неограниченный срок службы
UNLOAD (to)	разгружать; выгружать; снимать нагрузку
UNLOADER	разгрузочная машина; разгрузочное устройство; разгрузочный клапан
UNLOADING	разгрузка; выгрузка; слив (топлива)
UNLOADING OPERATION	разгрузочная операция, выгрузка
UNLOADING POINT	место выгрузки
UNLOADING VALVE	разгрузочный клапан
UNLOCK (to)	отпирать; разъединять; расцеплять; размыкать; деблокировать; освобождать
UNLOCKING	отпирание [открытие] замков; разъединение; расцепление; размыкание; деблокировка; освобождение; разжимание; расконтривание (гайки)
UNLOCKING CYLINDER	силовой цилиндр механизма расцепки
UNLOCKING HANDLE	ручка механизма расцепки
UNLOCK ROD	стержень устройства расцепки; стержень деблокирующего механизма
UNLOCK ROLLER	ролик механизма расцепки
UNLOCK TOOL	инструмент для расцепки
UNMACHINED	необработанный
UNMANAGEABLE	трудно контролируемый; трудно поддающийся обработке
UNMANNED	беспилотный; автоматический
UNMANNED VEHICLE	беспилотный летательный аппарат, БЛА
UNMEASURED	неизмеренный
UNMODULATED	немодулированный
UNOBSTRUCTED	свободный
UNPACK (to)	распаковывать; разгружать
UNPACKED	неупакованный, без упаковки; распакованный; разгруженный
UNPAVED STRIP	грунтовая взлетно-посадочная полоса
UNPIN (to)	расстегивать; развязывать
UNPLASTICIZED	непластифицированный

UNPLATED	без гальванического покрытия; неметаллизированный
UNPLUG (to)	раскупоренный
UNPOLISHED	неотполированный; неотшлифованный; неотделанный; без блеска
UNPREPARED STRIP (runway)	неподготовленная взлетно-посадочная полоса [ВПП]
UNPRESSURIZED AREA	негерметизированная зона
UNPRIMING (of a pump)	выключение; незапуск (насоса); отказ системы запуска (насоса)
UNPRINTED	ненапечатанный; рукописный, непечатный
UNPROFITABLE ROUTE	невыгодный [нерентабельный] маршрут
UNPROTECTED	незащищенный
UNPUBLISHED ROUTE	необъявленный маршрут
UNQUENCHED	невыключенный свет
UNRAVEL (to)	расследовать; объяснять (причины катастрофы)
UNRECORDED	незаписанный; назафиксированный; незапротоколированный
UNREFINED	неочищенный; неотшлифованный
UNREFUELED	без дозаправки топливом
UNREFUELED RANGE	дальность полета без дозаправки топливом
UNREGISTERED	незарегистрированный
UNREGULATED	нерегулярный
UNREPORTED	несообщенный; не доведенный до сведения; незарегистрированный
UNRESERVED (seats)	незарезервированные (места)
UNRESPONSIVE ENGINE	невосприимчивый двигатель
UNREVERSE (to)	выключать обратную тягу (двигателя); выводить из отрицательной тяги (воздушный винт)
UNRIVET (to)	расклепывать; отцеплять, отделять
UNROLL (to)	развертывать(ся); раскатывать(ся)
UNSAFE	опасный, рискованный; ненадежный
UNSAFE CONDITION	опасные условия (эксплуатации)
UNSAFE GEAR	ненадежное шасси
UNSAFE LANDING	посадка в сложных метеоусловиях; рискованная посадка

UNSAFE TAKE-OFF	взлет в сложных метеоусловиях; рискованный взлет
UNSAFETY (to)	рисковать, подвергать опасности
UNSATISFACTORY START	незапуск (двигателя)
UNSCHEDULED	незапланированный
UNSCHEDULED AIRLINE	авиакомпания нерегулярных перевозок
UNSCHEDULED ENGINE REMOVAL	нерегламентное снятие двигателя (на ремонт)
UNSCHEDULED FLIGHT	полет вне расписания; нерегулярный рейс
UNSCHEDULED FUEL TRANSFER	незапланированная перекачка топлива
UNSCHEDULED MAINTENANCE	нерегламентное техническое обслуживание
UNSCHEDULED REMOVAL	незапланированное снятие с эксплуатации
UNSCREENED	неэкранированный; незащищенный (экраном); незамаскированный
UNSCREW (to)	отвинчивать; развинчивать; выворачивать (винт)
UNSEAL (to)	вскрывать; распечатывать; разгерметизировать
UNSEAT (to)	ссаживать, лишать места
UNSERVICEABLE	непригодный для эксплуатации
UNSERVICEABLE PARTS	непригодные (для эксплуатации) узлы [детали]
UNSEW (to)	распарывать (полотно)
UNSHACKLE (to)	освобождать; деблокировать
UNSHRINKABLE	безусадочный
UNSHROUDED BLADE	консольная [одноопорная] лопатка
UNSKILFUL LANDING	неудачная посадка
UNSKILLED	неквалифицированный; неумелый, неопытный
UNSKILLED MANPOWER	неквалифицированная рабочая сила
UNSLING (to)	отвязывать, снимать
UNSOLDER (to)	распаивать; разрывать, разрушать
UNSPRUNG	неподрессоренный; непружинящий
UNSTABLE	неустойчивый

UNSTABLE BALANCE	неустойчивое равновесие
UNSTALL (to)	не подвергаться срыву [сваливанию]
UNSTEADINESS	неустойчивость
UNSTEADY	неустановившийся (режим); неустойчивый (полет)
UNSTEADY FLOW	неустановившееся течение
UNSTICK	разбег; отрыв (при взлете)
UNSTICK (to)	отрываться, взлетать; разбегаться
UNSTICK DISTANCE	длина разбега (при взлете)
UNSTICK SPEED	скорость отрыва (при взлете)
UNSTOP (to)	удалять помехи; откупоривать
UNSTRAP (to)	отстегивать (привязные ремни)
UNSTRESSED	ненапряженный; без нагрузки
UNSUPPORTED	незакрепленный, свободный; неподдерживаемый, неподкрепленный
UNSWEPT	нестреловидный
UNTAPERED	без сужения, нетрапециевидный (о крыле)
UNTEMPERED	незакаленный
UNTESTED	неиспытанный, непроверенный
UNTIE (to)	развязывать, отвязывать
UNTIGHTEN (to)	отвертывать (гайку); разгерметизировать
UNTIL CONTACT	до касания; до контакта
UNTIMELY	преждевременно
UNTRAITED	нехарактерный
UNTUNED	ненастроенный; непериодический
UNTWIST	отрицательная крутка
UNTWIST(to)	раскручивать(ся), расплетать(ся)
UNUSABLE	непригодный; невырабатываемый (остаток топлива)
UNVARNISHED	нелакированный
UNWARRANTED	негарантированный; произвольный; необоснованный
UNWIND (to)	раскручивать; разматывать; сматывать
UNWORTHINESS	непригодность (к эксплуатации); несоответствие (нормам летной годности)
UNWRAP (to)	разворачивать, развертывать
UNYIELDING	неподатливый; не дающий осадки
UP	в воздухе; в полете; набор высоты; увеличение расходов; "верх" (надпись на контейнере)

UPDATE	модернизация; обновление; коррекция; внесение поправок
UPDATE (to)	корректировать
UPDATED	модернизированный, усовершенствованный; скорректированный
UPDATED PAGES	обновленные страницы (инструкции)
UPDATE SYSTEM	система коррекции [обновления данных]
UPDATING	модернизация; обновление; корректировка
UPDRAFT (US)	восходящий поток
UPDRAUGHT (GB)	восходящий поток
UPGRADE	повышение качества; наращивание ресурсов
UPGRADE (to)	повышать качество; модернизировать; (у)совершенствовать; наращивать ресурсы
UPGRADING	повышение качества; наращивание ресурсов
UP GUST	восходящий воздушный порыв
UPHOLD (to)	поддерживать; подкреплять
UPHOLSTERING	обивка
UPHOLSTERY	обивка, обивочный материал
UPKEEP	выполнение профилактического обслуживания (авиационной техники)
UPKEEP COST	стоимость профилактического обслуживания (авиационной техники)
UPLATCH	замок убранного положения (шасси)
UPLATCH CHECK	проверка установки шасси в убранном положении на замки
UPLATCH DETENT	защелка замка убранного положения шасси
UPLATCH LEVER	рычаг управления установкой шасси на замки
UPLEG	восходящий участок траектории
UPLIFT	подъем, набор высоты; загрузка (воздушного судна); объем перевозки (за один рейс)
UPLIFT (to)	поднимать(ся), набирать высоту; принимать на борт
UPLIFT FUEL	количество заправляемого топлива (на рейс); топливо на участок подъема [набора высоты]
UPLINK	радиолиния "земля - борт"
UPLOCK	замок убранного положения (шасси)
UPLOCK (to)	ставить шасси на замок убранного положения

UPLOCK MECHANICAL RELEASE HANDLE	ручка механической установки шасси на замок убранного положения
UP MOTION	набор высоты
UPON (on)	на
UPPER	верхний; высший
UPPER AIR CHART	карта верхних слоев атмосферы
UPPER AIR DATA	характеристики верхних слоев атмосферы
UPPER AIR FORECAST	прогноз для верхнего воздушного пространства
UPPER-AIR TEMPERATURE	температура верхних слоев атмосферы
UPPER CHORD	верхняя хорда (крыла)
UPPER CONTROL AREA	верхний район управления воздушным движением
UPPER DECK	верхняя палуба (воздушного судна)
UPPER DECK ESCAPE SLIDE	аварийный [спасательный] трап для верхней палубы (воздушного судна)
UPPER DRAG STRUT	верхний диагональный подкос
UPPER EQUIPMENT PANEL	верхняя приборная панель
UPPER FLIGHT INFORMATION	полетная информация для верхнего эшелона
UPPER FLIGHT INFORMATION CENTER (UIC)	центр полетной информации для верхнего района (полетов)
UPPER FLIGHT INFORMATION REGION (UIR)	верхний район полетной информации
UPPER LIP	верхняя кромка воздухозаборника
UPPER PART	верхняя часть
UPPER SIDE STRUT	верхний боковой подкос
UPPER SKIN	верхняя обшивка
UPPER SURFACE	верхняя поверхность
UPPER SURFACE BLOWING (USB)	сдув пограничного слоя с верхней поверхности (крыла)
UPPER SURFACE BLOWING (USB) TRAILING EDGE FLAP	закрылок с системой управления пограничным слоем на верхней поверхности (крыла)
UPPER TORQUE BOX	верхний кессон крыла
UPPER WIND	ветер в верхних слоях атмосферы

UPPER WIND REPORT	данные о ветре в верхних слоях атмосферы
UPPER WING	верхнее крыло (биплана); верхняя поверхность крыла (моноплана)
UP POSITION	верхнее положение
UPRATED ENGINE	форсированный двигатель
UPRATING	форсирование мощности (двигателя)
UPRIGHT	вертикальный; прямой; отвесный; перпендикулярный
UPRIGHT POSITION	вертикальное положение
UPSET	потеря управляемости (самолета); нарушение управления; высадка (давлением); опрокидываемый; осадка (при сварке); разводка (инструмент); некатастрофический отказ; сбой; опрокинутый
UPSET (to)	терять управляемость [устойчивость]; нарушать; опрокидывать(ся)
UPSETTING	высадка
UPSTAIRS	вверх (по лестнице); вверху; верхнее воздушное пространство; в воздухе; в полете
UPSTOP	верхний упор
UPSTREAM	расположенный выше по потоку
UP-STROKE	движение (поршня) вверх
UPSTROKE	движение (поршня) вверх
UPTILT (to)	кантовать на ребро
UP-TO-DATE	современный, новейший, соответствующий современным требованиям
UP-TO-DATE AIRLINE FLEET	современный парк воздушных судов авиакомпании
UPWARD GRADIENT	уклон вверх; градиент, направленный вверх
UPWARD MOTION	движение вверх; набор высоты
UPWARDS	вверх
UPWARD VISION	верхний обзор; обзор верхней полусферы
UPWASH	снос потока (воздуха) вверх
UPWIND	против ветра
URGENCY	срочность; крайняя необходимость
USABLE	полезный; используемый; вырабатываемый; располагаемый
USABLE DISTANCE	располагаемая дистанция
USABLE FUEL	используемое топливо

USAGE	потребление, расход; коэффициент использования; частота использования, используемость
USE	использование; применение; потребление; режим
USE (to)	использовать; применять; потреблять
U-SECTION	U-образная секция
USED AIRCRAFT	списанное воздушное судно; воздушное судно с выработанным ресурсом
USEFUL	полезный, пригодный
USEFUL LIFE	срок службы, долговечность
USEFUL LOAD	полезная нагрузка, ПН; полезный груз, ПГ
USEFUL POWER	полезная мощность
USER	пользователь; абонент
USE SPECIAL CARE (to)	обращать специальное внимание на...
U-SHAPED BRACKET	U-образный кронштейн
U-SHAPED MAGNET	подковообразный магнит
USING	использование, применение
UTILITY	многоцелевой; общего назначения; эффективность; полезность
UTILITY HELICOPTER	вертолет общего назначения
UTILITY HYDRAULIC RESERVOIR	гидравлический бак общего назначения
UTILITY HYDRAULIC SYSTEM	гидросистема общего назначения
UTILITY LIGHT	общее освещение
UTILITY OUTLET	общий слив; общий сток
UTILITY PRESSURE	давление в системе общего назначения
UTILITY RESERVOIR	бак общего назначения
UTILITY SYSTEM	система общего пользования
UTILIZATION	использование, применение, утилизация; вырабатывание (топлива); коэффициент использования; коэффициент загруженности
UTILIZATION FLEXIBILITY	универсальность применения [использования]
UTILIZE (to)	использовать, применять
U-TUBE	двухколенчатая [сифонная] трубка; U-образный трубопровод

V

VACANCY ... вакансия; пробел; пропуск
VACANT ... незанятый; свободный; вакантный; холостой (ход)
VACATE (to) ... освобождать; уходить в отставку; отменять; аннулировать
VACUUM ... вакуум; разреженное пространство; безвоздушное пространство
VACUUM BAG ... вакуумный фильтр
VACUUM BRAKE ... тормозная система с вакуумным усилителем привода
VACUUM CELL ... вакуумный элемент
VACUUM CHAMBER ... вакуумная камера
VACUUM CLEAN (to) ... чистить пылесосом, пылесосить
VACUUM CLEANER ... пылесос
VACUUM FAN ... вытяжной вентилятор
VACUUM FURNACE ... вакуумная печь
VACUUM GAUGE ... вакуумметр
VACUUM LAMP ... электровакуумная лампа
VACUUM METER ... вакуумметр
VACUUM PACKED ... в вакуумной упаковке
VACUUM PUMP ... вакуум-насос
VACUUM REGULATOR ... регулятор понижения давления
VACUUM RELAY ... вакуумное реле
VACUUM RELIEF VALVE ... вакуумный (предохранительный) клапан
VACUUM SOURCE ... вакуумная установка
VACUUM TUBE ... электровакуумная лампа
VACUUM TUBE RECTIFIER ... выпрямитель на электровакуумной лампе
VACUUM TUBE VOLTMETER ... вольтметр на электровакуумной лампе
VACUUM VALVE ... вакуумный клапан; вакуумный вентиль
VACUUM WELDING ... вакуумная сварка
VALID ... действительный; действующий
VALIDATE (to) ... утверждать; ратифицировать; подтверждать
VALIDIFY (to) ... подтверждать достоверность
VALISE ... саквояж, чемодан; вализа (мешок дипкурьера)
VALLEY POINT ... минимум
VALUABLES LOCKER ... малогабаритный сейф
VALUE ... величина, значение
VALUE (to) ... оценивать, исчислять

VALUE-ADDED TAX (VAT)	налог на добавленную стоимость
VALVE	клапан; вентиль; кран; электронная лампа
VALVE AMPLIFIER	ламповый усилитель
VALVE BASE	цоколь лампы
VALVE BODY	корпус лампы
VALVE BOX (case, chest)	блок клапанов
VALVE CAP	колпачок клапана
VALVE CHAMBER	корпус задвижки; камера гидротехнического затвора; клапанная камера
VALVE CORE	сердечник клапана, золотник
VALVE GALVANOMETER	ламповый гальванометр
VALVE GEAR	привод клапанного механизма
VALVE GRINDING	притирка клапанов
VALVE-GUIDE	направляющая втулка клапана
VALVE-HEAD	головка клапана
VALVE HOLDER	держатель лампы; ламповый патрон
VALVE-LIFTER	толкатель клапана
VALVE-NEEDLE	игла клапана
VALVE PIN	шток клапана
VALVE PLATE	пластина клапана
VALVE POSITION LIGHT	сигнализатор положения клапана
VALVE RATING	расчетная производительность клапана
VALVE-ROCKER	коромысло клапана
VALVE ROCKER SHANK	стойка коромысла клапана
VALVE ROD	шток клапана
VALVE SEAT	седло клапана
VALVE SPRING	пружина клапана
VALVE STEM	шток клапана
VALVE TAPPET	толкатель клапана
VALVE TIMING	момент открытия [закрытия] клапана; газораспределение (двигателя)
VALVE VOLTMETER	ламповый вольтметр
VALVE WATTMETER	ламповый ваттметр
VAN	передвижной пункт (на аэродроме); фургон
VANADIUM	ванадий
VANE	лопатка (турбины); лопасть; руль; крыльчатка; направляющее устройство
VANE-ANEMOMETER	анемометр с мельничкой
VANE PUMP	лопастный насос; пластинчатый насос

VANE TIP	кромка лопасти
VANE-TYPE PUMP	лопастный насос; пластинчатый насос
VANITY CABINET	шкаф
VAPOR	пар(ы)
VAPOR BARRIER	пароизоляция, паронепроницаемый слой
VAPOR BLAST(ING)	мокрая пескоструйная обработка; жидкостное хонингование
VAPOR DEGREASE (to)	обезжиривать в парах растворителя
VAPOR DEGREASING	обезжиривание в парах растворителя
VAPOR FREE FUEL	дегазированное топливо
VAPORIZATION	испарение; парообразование; выпаривание
VAPORIZE (to)	испарять
VAPORIZER	испаритель
VAPORIZING BURNER	форсунка испарительного типа
VAPOR LOCK	паровая пробка; газовый мешок
VAPOROUS	парообразный; туманный
VAPOR PHASE INHIBITOR (VPI)	летучий [парофазный] ингибитор
VAPOR PROOF	паронепроницаемый
VAPOR RELIEF	выпуск газа
VAPOR RELIEF VALVE	паровой клапан; паровой вентиль
VAPOUR	пар(ы)
VAPOUR BLAST	внезапное выделение газа
VAPOURIZE (to)	испарять(ся); выпаривать
VAPOUR LINE (vent)	вентиляционный [дренажный] трубопровод
VAPOUR LOCK	паровая пробка; паровой мешок
VARHOUR	вар-час (единица реактивной энергии)
VARIABLE	переменная (величина); параметр; переменный; изменяемый
VARIABLE AREA	изменяемая площадь
VARIABLE BLEED VALVE	регулируемый дренажный клапан
VARIABLE BYPASS VALVE (VBV)	регулируемый дренажный клапан
VARIABLE CAPACITOR	варикап, конденсатор переменной емкости
VARIABLE CONDENSER	конденсатор переменной емкости
VARIABLE DELIVERY	регулируемая подача
VARIABLE DELIVERY HYDRAULIC PUMP	гидравлический насос с регулируемой подачей

VARIABLE DELIVERY PUMP	регулируемый насос
VARIABLE DISPLACEMENT	переменный рабочий объем
VARIABLE EJECTOR NOZZLE	регулируемое эжекторное сопло (с изменяемым критическим сечением)
VARIABLE ELECTROSTATIC CAPACITOR	электростатический конденсатор переменной емкости
VARIABLE FIELD	переменное поле
VARIABLE FLOW PUMP	насос с регулируемым расходом
VARIABLE GEOMETRY AIRCRAFT	самолет изменяемой геометрии
VARIABLE GEOMETRY AIR INTAKE	воздухозаборник изменяемой геометрии
VARIABLE GEOMETRY FIGHTER	истребитель изменяемой геометрии
VARIABLE GEOMETRY NOSE	носок изменяемой геометрии
VARIABLE GEOMETRY WING	крыло изменяемой геометрии
VARIABLE INCIDENCE WING	крыло с переменным углом установки
VARIABLE INLET GUIDE VANE	поворотная регулируемая лопатка входного направляющего аппарата
VARIABLE PITCH	изменяемый шаг
VARIABLE-PITCH FAN	вентилятор с изменяемым шагом
VARIABLE PITCH MECHANISM	механизм с изменяемым шагом
VARIABLE-PITCH PROPELLER	воздушный винт с изменяемым шагом
VARIABLE PRIMARY NOZZLE	основное регулируемое сопло
VARIABLE RANGE BALLISTIC MISSILE (VRBM)	баллистическая ракета переменной дальности
VARIABLE-REACTANCE OSCILLATOR	генератор с переменным реактивным сопротивлением
VARIABLE RESISTANCE	регулируемое сопротивление
VARIABLE RESISTOR	регулируемый резистор; варистор
VARIABLE RESTRICTOR	регулируемый ограничитель
VARIABLE SPEED INPUT	переменный входной сигнал скорости
VARIABLE SPEED UNIT	регулятор скорости
VARIABLE STATOR VANES (VSV)	поворотные лопатки статора
VARIABLE SWEEP	изменяемая стреловидность (крыла)

VARIABLE-SWEPT	переменной стреловидности (о крыле)
VARIABLE TORQUE	переменный момент
VARIANCE	вариация; дисперсия; изменчивость
VARIATION	изменение, перемена; отклонение; вариация; колебание; пульсация; (магнитное) склонение
VARIATION COMPASS	компас с магнитным склонением
VARIATOR	вариатор
VARIOMETER	указатель скорости набора высоты, вариометр
VARIOMETRIC REGULATION	регулировка с помощью катушки переменной индуктивности
VARIOUS	различный; разнообразный
VARISTOR	варистор
VARMETER	варметр, измеритель реактивной мощности
VARNISH	масляный лак; олифа
VARNISH (to)	покрывать масляным лаком; лакировать
VARNISHING	лакировка, покрытие лаком
VARNISH REMOVER	растворитель масляного лака
VARY (to)	менять, изменять; расходиться; отклоняться; отличаться
VARYING VOLTAGE	переменное напряжение
VASELINE	вазелин
VAT	бак; резервуар
VAULT	свод; хранилище; сейф
V-BAND CLAMP	клиновой зажим
V-BAND COUPLING	V-образное соединение
V-BELT	клиновой ремень
V-BLOCK	призма; прокладка с V-образным вырезом
VECTOR	вектор; наведение; задание направления; векторный
VECTOR (to)	наводить; задавать направление, направлять
VECTORED	наводимый; отклоненный; с регулируемым вектором
VECTORED-LIFT	изменяемый вектор подъемной силы
VECTORED-LIFT FIGHTER (VLF)	истребитель с изменяемым вектором подъемной силы; истребитель вертикального взлета с изменяемым вектором тяги подъемных двигателей
VECTORED-LIFT THRUST	вертикальная тяга, создаваемая поворотными двигателями

VECTORED THRUST	тяга, регулируемая по величине и направлению
VECTORED-THRUST AIRCRAFT	самолет с изменяемым вектором тяги (силовой установки)
VECTORED-THRUST ENGINE	двигатель с изменяемым вектором тяги
VECTORING	наведение; управление; отклонение вектора тяги
VECTOR ROCKET	ракетный двигатель системы ориентации
VECTOR SUM	векторная сумма
VECTOR THRUST	векторная тяга
VECTOR VOLTMETER	векторный вольтметр
VEE	V-образная форма; клин; V-образный
VEE-BELT	клиновой ремень
VEE BLOCK	прокладка с V-образным вырезом; призма
VEE ENGINE	V-образный двигатель
VEER	изменение направления (полета)
VEER (to)	(из)менять направление (полета)
VEERING OF THE WIND	вращение ветра по часовой стрелке
VEE ROD	V-образная тяга
VEER OFF (to)	отклоняться от курса, отклоняться от заданного направления движения
VEE TAIL	V-образное хвостовое оперение
VEGETABLE OIL	растительное масло
VEHICLE	летательный аппарат, ЛА; транспортное средство
VEHICLE ASSEMBLY BUILDING (VAB)	корпус вертикальной сборки
VEINED	мраморный
VELOCIMETER	измеритель скорости потока
VELOCITY	скорость; вектор скорости
VELOCITY COMPONENTS	составляющие вектора скорости
VELOCITY DETECTOR	тахогенератор, тахометрический датчик
VELOCITY ENERGY	кинетическая энергия
VELOCITY GENERATOR	тахогенератор, тахометрический датчик
VELOCITY GRADIENT	градиент скорости
VELOCITY LANDING GEAR OPERATION (VLO)	максимально допустимая скорость для выпуска шасси

VELOCITY NEVER EXCEED (VNE)	непревышаемая скорость
VELOCITY OF LIGHT	скорость света
VELOCITY OF SOUND	скорость звука
VELOCITY PICK-UP	датчик скорости, тахогенератор, тахометр
VELOCITY SENSOR	датчик скорости, тахогенератор, тахометр
VELOCITY STALL OPERATING	полет на скорости сваливания
VELOCITY TRIANGLE	треугольник скоростей
VELOCITY VECTOR	вектор скорости
VENDOR	продавец
VENEER	шпон; однослойная фанера; защитное покрытие; облицовка
VENEERING	облицовка шпоном; фанерование
VENEERING-WOOD	однослойная фанера
V-ENGINE	V-образный двигатель
VENT	дренажное отверстие; вентиляционное отверстие; выходное [выпускное] отверстие
VENT (to)	выпускать, отводить наружу
VENT BOX	коробка дренажных клапанов
VENT CHECK VALVE	обратный клапан дренажной системы
VENT HOLE	дренажное отверстие; вентиляционное отверстие
VENTILATE (to)	вентилировать
VENTILATED AREA	вентилируемая зона
VENTILATING AIR INTAKE	воздухозаборник вентиляционной системы
VENTILATION (ventilating)	вентилирование, вентиляция, проветривание; аэрация
VENTILATOR	вентилятор
VENTING	продувка; дренирование; вентиляция; сообщение с атмосферой
VENTING CIRCUIT	схема вентиляции; схема аэрации
VENTING PASSAGE	вентиляционный канал; дренажный канал
VENTING SYSTEM	дренажная система; система вентиляции
VENT INLET	входное вентиляционное отверстие
VENT LINE	вентиляционный [дренажный] трубопровод

VENT MANIFOLD	система вентиляционных [дренажных] трубопроводов
VENT OUTLET	выходное вентиляционное отверстие
VENTRAL FIN	подфюзеляжный киль
VENTRAL STAIR	подфюзеляжный трап
VENT SCOOP	воздухозаборник вентиляционной системы
VENT SCREW	винт дренажной системы
VENT SLOT	вентиляционная щель
VENT SURGE TANK	уравнительный дренированный бак
VENT TANK	дренированный бак
VENTURI	трубка [расходомер] Вентури
VENTURI OUTLET	выходное отверстие трубки Вентури
VENTURI SECTION	сечение трубки Вентури
VENTURI TUBE	трубка Вентури
VENT VALVE	дренажный клапан
VERIFICATION	проверка; контроль; подтверждение
VERIFY (to)	проверять; контролировать; подтверждать
VERNIER	верньерный двигатель, двигатель малой тяги
VERNIER CALLIPER (caliper)	штангенциркуль с нониусом
VERNIER MOTOR	корректирующий двигатель малой тяги
VERNIER PROTRACTOR	транспортир с нониусом
VERNIER ROCKET	корректирующий ракетный двигатель малой тяги
VERNIER SLEEVE	стяжная муфта с нониусом
VERSATILE	многоцелевой, универсальный
VERSATILE AIRCRAFT	многоцелевой летательный аппарат
VERSATILITY	универсальность
VERTEX	вершина траектории
VERTEX ANGLE	угол вершины траектории
VERTICAL	вертикаль; вертикальная плоскость; вертикальная линия; вертикальный, отвесный
VERTICAL ACCELEROMETER	измеритель вертикальных ускорений
VERTICAL-ATTITUDE TAKEOFF	вертикальный взлет
VERTICAL AXIS	вертикальная ось
VERTICAL CLIMB	вертикальный набор высоты (вертолетом)
VERTICAL DESCENT RATE	вертикальная скорость снижения
VERTICAL FIN	киль; вертикальное хвостовое оперение

VERTICAL GYRO (VG)	гировертикаль
VERTICAL HEAD MILLING MACHINE	вертикально-фрезерный станок
VERTICAL LAUNCH	вертикальный пуск
VERTICAL LIFT	вертикальная составляющая подъемной силы; вертикальный подъем
VERTICAL MILLING MACHINE	вертикально-фрезерный станок
VERTICAL MODE	режим вертикального полета (вертолета)
VERTICAL RATE-OF-CLIMB	вертикальная скорость набора высоты
VERTICAL REFERENCE UNIT (system)	датчик гировертикали
VERTICAL RIB	вертикальная нервюра
VERTICAL SPEED	скорость набора высоты
VERTICAL SPEED INDICATOR (VSI)	указатель скорости набора высоты
VERTICAL STABILIZER	вертикальный стабилизатор; вертикальное оперение; киль
VERTICAL SWEEP	вертикальная развертка
VERTICAL TAIL	вертикальное (хвостовое) оперение
VERTICAL TAKEOFF	вертикальный взлет
VERTICAL-TAKEOFF-AND-LANDING (VTOL) AIRCRAFT	самолет вертикального взлета и посадки, СВВП
VERTICAL TURN	разворот с креном 90 градусов
VERTICAL VISIBILITY	вертикальная видимость
VERTICAL WIND	восходящий [нисходящий] поток ветра, вертикальный ветер
VERTICAL WIND SHEAR	вертикальный сдвиг ветра
VERTIPLANE	конвертируемый летательный аппарат, конвертоплан
VERTIPORT	вертолетный аэродром
VERY HIGH FREQUENCY (VHF)	очень высокая частота, ОВЧ; сверхвысокая частота, СВЧ
VERY IMPORTANT PERSON (VIP)	очень важная персона
VERY LOW FREQUENCY (VLF)	очень низкая частота, ОНЧ
VESSEL	сосуд; резервуар; баллон; контейнер; корабль; судно; гидросамолет
VEST	спасательный жилет

VFR FLIGHT (visual flight rules) ... полет по правилам визуального полета
V-GEAR ... шевронная зубчатая передача; шевронное зацепление
VHF (very high frequency) ... очень высокая частота, ОВЧ
VHF AERIAL (antenna) ... антенна очень высокого диапазона частот
VHF ANTENNA THERMAL ANTIICING SYSTEM ... тепловая противообледенительная антенна ОВЧ диапазона
VHF COMMUNICATION ... связь на очень высоких частотах, ОВЧ связь
VHF COMMUNICATIONS TRANCEIVER ... приемопередатчик системы связи на ОВЧ
VHF COVERAGE ... перекрываемый диапазон очень высоких частот, перекрываемый ОВЧ диапазон
VHF DIRECTION FINDER (VDF) ... радиопеленгатор ОВЧ диапазона
VHF NAVIGATION RADIO ... радионавигационная аппаратура ОВЧ диапазона
VHF OMNIDIRECTIONAL RADIORANGE ... всенаправленный ОВЧ-радиомаяк, всенаправленный радиомаяк очень высокого диапазона частот
VHF OMNIRANGE (VOR) ... всенаправленный ОВЧ-радиомаяк, всенаправленный радиомаяк очень высокого диапазона частот
VHF RECEIVER ... приемник очень высокого диапазона частот, ОВЧ приемник
VHF TRANCEIVER ... передатчик очень высокого диапазона частот, ОВЧ передатчик
V-HOLDER ... V-образный держатель; оправка с V-образной кольцевой канавкой на фланце
VHR NAVIGATION ... навигация с очень высокой разрешающей способностью
VIAL ... пузырек; флакон; ампула
VIBRATE (to) ... вибрировать; колебаться
VIBRATING ... вибрация; вибрирование; колебание
VIBRATION ... вибрация; тряска; колебание
VIBRATION AMPLIFIER ... усилитель колебаний

VIBRATION CAUTION ANNUNCIATOR	табло сигнализации опасной вибрации (двигателя)
VIBRATION DAMPER	демпфер вибраций, виброгаситель
VIBRATION DATA	характеристики вибрации
VIBRATION DETECTOR	вибрационный датчик
VIBRATION EFFECT	воздействие вибрации
VIBRATION INDICATOR	индикатор вибрации
VIBRATION ISOLATING MOUNT	амортизационная подвеска
VIBRATION MONITOR TEST BUTTON	кнопка контроля вибрационного монитора
VIBRATION PICK-UP	вибрационный датчик
VIBRATION TEST(ING)	вибрационные испытания, виброиспытания
VIBRATOR	вибратор; прерыватель; пусковая катушка
VIBRATOR ISOLATOR	виброизолятор
VIBRATORY FREQUENCY	частота вибрации
VIBRATORY STRESS	вибрационная нагрузка; вибрационное напряжение
VIBRO-ENGRAVE (to)	вибрűгравировать
VIBRO-ETCH (to)	вибрűгравировать
VIBRO-ETCHER	вибрűгравер
VIBRO-ETCHING	вибрűгравирование
VICE (vise)	тиски; клещи; зажимное приспособление
VICE CLAMPS	тисочки
VICINITY	окрестность; зона подхода к заданной координате
VICKERS HARDNESS MACHINE	прибор для определения твердости по Викерсу
VICTUAL (to)	снабжать продовольствием; запасаться продовольствием
VIDEO-AMPLIFIER	видеоусилитель
VIDEO CHANNEL	видеоканал
VIDEO DISPLAY	видеотерминал; устройство отображения, дисплей
VIDEO DISPLAY TERMINAL (VDT)	видеотерминал
VIDEO EXTRACTOR	выделитель видеосигналов
VIDEO FREQUENCY (VF)	частота видеосигнала, видеочастота
VIDEO RECORDER	видеомагнитофон
VIDEO-SIGNAL	видеосигнал

VIDEO SIGNAL DISPLAY	видеотерминал; устройство отображения, дисплей
VIDEO TAPE	видеолента
VIDEO TAPE RECORDER	видеомагнитофон
VIDEO TEST SIGNAL	испытательный видеосигнал
VIEW	вид; обзор; изображение
VIEWER	оптический прибор наблюдения; устройство [просмотра] наблюдения
VIEWFINDER (view-finder)	видоискатель
VIEW FLIGHT RULES (VFR)	правила визуального полета, ПВП
VIEWING	наблюдение; видение; обзор; визирование; наводка
VIEWING ANGLE	угол обзора
VIEWING AXIS	линия визирования
VIEWING PORT	смотровое отверстие; смотровое окно
VIEW LENS (viewer)	смотровая линза, окуляр
VIEWPOINT	точка обзора
VIEWPORT	смотровое отверстие; смотровое окно
VINYL	винил
VINYL LAYER	слой винила
VIP (very important person)	очень важная персона
VIP CABIN LAYOUT	компоновка кабины для очень важных персон
VIP INTERPHONE MODULE	переговорное устройство для очень важных персон
VIP LOUNGE	зал для очень важных персон
VIP TRANSPORT	транспорт для очень важных персон
VIRTUAL IMAGE	мнимое изображение
VISA	виза
VISCOSITY	вязкость
VISCOUS	вязкий; тягучий; густой; липкий; клейкий
VISCOUS (FLUID) DAMPER	гидравлический амортизатор
VISCOUS FLOW	вязкое течение, течение вязкой жидкости
VISCOUS SHIMMY DAMPER	гидравлический демпфер шимми шасси
VISE	тиски; клещи; зажимное приспособление
VISE-GRIP WRENCH	клещи
VISIBILITY	видимость, дальность видимости; обзор

VISIBILITY FLYING RULES (VFR)	правила визуального полета, ПВП
VISIBILITY MINIMUM	минимум видимости
VISIBLE	видимый
VISIBLE DAMAGE	видимое разрушение [повреждение]
VISIBLE PART	видимая часть
VISIBLE SIGNAL	оптический сигнал
VISION	зрение; система технического зрения; видимый объект
VISION FREQUENCY	видеочастота
VISITOR	посетитель
VISITOR'S CARD	карточка посетителя
VISOR	смотровой щиток (гермошлема)
VISUAL	визуальный; зрительный; видимый; наглядный; оптический
VISUAL AID TO APPROACH	визуальное средство захода на посадку
VISUAL APPROACH	визуальный заход на посадку
VISUAL APPROACH SLOPE INDICATOR SYSTEM (VASIS)	система визуальной индикации глиссады
VISUAL AURAL RANGE (VAR)	курсовой радиомаяк с визуально-звуковой индикацией
VISUAL BEARING	визуальный пеленг
VISUAL CHECK	визуальный контроль; визуальная проверка
VISUAL CONTACT APPROACH	визуальный заход на посадку
VISUAL CUE	визуальный ориентир
VISUAL DETECTION RANGE	дальность визуального обнаружения
VISUAL DISPLAY (UNIT)	видеотерминал; устройство отображения, дисплей
VISUAL DOWNLOCK INDICATOR	визуальный индикатор выпуска шасси
VISUAL EXAMINATION	визуальная проверка
VISUAL FLIGHT	визуальный полет
VISUAL FLIGHT RULES (VFR)	правила визуального полета, ПВП
VISUAL GLIDE SLOPE INDICATOR	визуальный индикатор глиссады

VISUAL GROUND AIDS	наземные визуальные средства
VISUAL HOLDING POINT	зона ожидания для визуальных полетов
VISUAL INDICATION	визуальная индикация
VISUAL INSPECTION	визуальная проверка
VISUALIZATION	визуализация
VISUAL LANDING CIRCUIT	визуальная схема посадки
VISUALLY INSPECT (to)	проводить визуальный осмотр
VISUAL METEOROLOGICAL CONDITIONS (VMC)	визуальные метеорологические условия
VISUAL NAVIGATION AID	визуальные навигационные средства
VISUAL OMNIDIRECTIONAL RADIO RANGE (VOR)	всенаправленный ОВЧ-радиомаяк, всенаправленный радиомаяк очень высокого диапазона частот
VISUAL PLOTTING	визуальная прокладка курса
VISUAL POINT	визуальная метка
VISUAL RANGE	дальность видимости
VISUAL REFERENCE POINT	визуальный контрольный ориентир
VISUAL SIMULATOR	визуальный моделирующий стенд
VISUAL SLOPE AID	визуальный индикатор глиссады
VISUAL TUNING	визуальная регулировка
VISUAL WARNING	визуальная сигнализация
VIVID	яркий; четкий, ясный
VIZOR	смотровой щиток (гермошлема)
VOICE	голос; речь; речевой сигнал
VOICE CHANNEL	телефонный канал
VOICE COMMUNICATIONS	передача речевых сообщений, речевая связь; телефонная связь
VOICE CONVERSATION	переговоры (экипажа)
VOICE FEATURE	спектральная компонента речи
VOICE FREQUENCY (VF)	частота речевого [телефонного] сигнала
VOICE GENERATOR	генератор речевых сигналов
VOICE LOGGER	регистратор речевых сообщений
VOICE POWER	мощность речевого сигнала
VOICE RECORDER	магнитофон для записи речевых сообщений, речевой магнитофон

VOICE RECORDER/PLAYER	магнитофон для записи и воспроизведения речевых сообщений, речевой магнитофон
VOICE RECORDER UNIT	магнитофон для записи речевых сообщений, речевой магнитофон
VOICE ROTATING BEACON (VRB)	курсовой радиомаяк ближнего действия с вращающейся антенной
VOICE SERVICE	радиовещание
VOICE TRANSMISSION	телефония; передача речевых сообщений
VOID	пустота; пробел, пропуск
VOID DATE	непроставленная дата
VOID SPACE	пустота, вакуум
VOILE	вуаль; тонкая прозрачная ткань
VOLATILE	ветреный; непостоянный, изменчивый
VOLATILE LIQUID (fluid)	летучая жидкость
VOLATILITY	летучесть, испаряемость
VOLATILIZE (to)	улетучивать(ся); испарять(ся)
VOLLEY	ливень; град
VOLPLANE	планирование
VOLPLANE (to)	планировать
VOLT	вольт, В
VOLTAGE	напряжение
VOLTAGE ACROSS TERMINALS	напряжение на клеммах
VOLTAGE AMPLIFIER	усилитель напряжения
VOLTAGE CABLE	силовой кабель; кабель под напряжением
VOLTAGE COEFFICIENT	коэффициент напряжения
VOLTAGE DROP	падение напряжения
VOLTAGE OUTPUT	выходное напряжение
VOLTAGE RANGE	разброс напряжения
VOLTAGE RATING	номинальное напряжение; максимально допустимое напряжение
VOLTAGE REGULATOR	регулятор напряжения
VOLTAGE STABILIZER	стабилизатор напряжения
VOLTAGE SURGE	выброс напряжения; перенапряжение
VOLTAGE WAVE	волна напряжения
VOLTAMETER	вольтаметр, кулонометр
VOLTAMMETER	вольтамперметр
VOLT-AMPERE	вольт-ампер
VOLTMETER	вольтметр
VOLT RISE	повышение напряжения

VOLUME	объем; вместимость, емкость; громкость; уровень громкости
VOLUME ADJUSTMENT	регулировка громкости
VOLUME CONTROL	регулировка громкости; регулировка усиления
VOLUME FLOW RATE	объемный расход (жидкости, газа)
VOLUME LEVEL LIGHT	сигнализатор уровня громкости
VOLUME REGULATOR	регулятор расхода; регулятор громкости
VOLUMETRIC	объемный
VOLUMETRIC ANALYSIS	объемный анализ
VOLUMETRIC CAPACITY	емкость
VOLUMETRIC COMPRESSOR	компрессор
VOLUMETRIC DISPLACEMENT	рабочий объем
VOLUMETRIC EFFICIENCY	объемная производительность; объемный кпд; коэффициент заполнения; удельная емкость (конденсатора)
VOLUMETRIC FLOWMETER	расходомер
VOLUMETRIC SHUT OFF SYSTEM	запирающее устройство расходомера
VOLUMETRIC TOP-OFF SYSTEM	система автоматического прекращения заправки (топливом)
VOLUTE	спиральная камера (центробежного насоса)
VOR (very high frequency omnidirectional range)	всенаправленный ОВЧ-радиомаяк, всенаправленный радиомаяк очень высокого диапазона частот
VOR ANTENNA	антенна всенаправленного ОВЧ-радиомаяка
VOR CONVERTER	преобразователь всенаправленного ОВЧ-радиомаяка
VOR FAIL FLAG	бленкер сигнализации отказа всенаправленного ОВЧ-радиомаяка
VOR RECEIVER	приемник всенаправленного радиомаяка ОВЧ-диапазона
VOR RECEIVER TEST FACILITY	комплекс для испытаний приемников всенаправленных ОВЧ-радиомаяков
VOR STATION	всенаправленный ОВЧ-радиомаяк, всенаправленный радиомаяк очень высокого диапазона частот
VORTEX	вихрь; завихрение

VORTEX COMBUSTION CHAMBER	вихревая камера сгорания
VORTEX FLOW	вихревое [турбулентное] течение
VORTEX GENERATOR	генератор вихря, турбулизатор
VORTEX LAYER	вихревой слой
VORTEX LINE	вихревая линия
VORTEX RATE SENSOR	вихревой датчик угловой скорости
VORTEX RING	вихревое кольцо, кольцевой вихрь
VORTEX SHEDDING	вихревой след, вихревая зона; срыв [сбегание] вихрей
VORTEX SHEET	вихревая пелена
VORTEX SINK RATE	вертикальная скорость вихря
VORTEX SPOILER	вихревой интерцептор
VORTEX STRENGTH	интенсивность вихря
VORTEX TANGENTIAL VELOCITY	тангенциальная скорость вихря
VORTEX TRAIL	вихревой след
VORTICAL	вихревой; вращательный
VORTICITY	завихренность (воздушной массы); турбулентность
VORTILON (vortex inducing pylon)	завихритель, вихреобразующий пилон, турбулизатор, турбулизирующий гребень
VOR TRACK (VOR radial)	направление на всенаправленный ОВЧ-радиомаяк
V-POINTER	V-образный указатель
V-PULLEY	шкив с V-образной канавкой
V-SECTION	V-образный профиль
V-SHAPED	V-образный
V/STOL (vertical/short takeoff and landing)	вертикальный или короткий взлет и посадка, ВКВП
V-TAIL	V-образное хвостовое оперение
VTOL (vertical takeoff and landing)	вертикальные взлет и посадка, ВВП
VTOL AIRCRAFT	самолет вертикального взлета и посадки, СВВП
VTOL TERMINAL	площадка для самолетов вертикального взлета и посадки, площадка для СВВП
V-TYPE ENGINE	V-образный двигатель

VULCANITE ....эбонит
VULCANIZATION (vulcanizing) ....вулканизация
VULCANIZE (to) ....вулканизировать
VULCANIZED RUBBER .... вулканизированная резина
VULCANIZING ....вулканизация
VULNERABILITY .... уязвимость; небольшая защищенность;
слабое прикрытие

W

WAD	пробка (из мягкого материала); тампон
WADDING	(мягкая) набивка
WAFER	слоистый [вафельный] материал; слоистая пластина; плата; подложка
WAFERED	вафельный; гофрированный
WAFERED SHEET	слоистый [вафельный] лист
WAFER SWITCH	галетный переключатель
WAFFING	взлет самолета после короткого разбега
WAFFLE PANEL	слоистая [вафельная] панель
WAG(G)ON	грузовая тележка; грузовой вагон; автофургон
WAGE	заработная плата
WAGGLE	неустойчивое состояние (в полете); раскачивание (воздушного судна) относительно продольной оси
WAIST	средняя [центральная] часть фюзеляжа
WAISTED	с сужением в средней части, с поджатием (фюзеляжа)
WAIT (to)	ждать; дожидаться; ожидать
WAITER	официант
WAITING LINE	очередь
WAITING LIST	лист ожидания (места на рейс)
WAITING ROOM	зал ожидания
WAITLIST	лист ожидания (места на рейс)
WAITLIST (to)	"ставить на лист ожидания" (пассажира)
WAKE	турбулентный след; спутная струя
WAKE DISPLACEMENT	перемещение турбулентного следа [спутной струи]
WAKE DRAG	сопротивление спутной струи
WAKE TURBULENCE	турбулентность спутной струи
WAKE VORTEX TURBULENCE	турбулентность спутной струи
WALK	пешеходная дорожка; проход; маршрут
WALK AREA	пешеходная зона
WALKAROUND INSPECTION (check)	внешний осмотр (воздушного судна)
WALKIE-TALKIE	"уоки-токи" (портативная дуплексная радиостанция)

WALKING BEAM	балансир; качалка (в системе управления воздушным судном)
WALKING BEAM HANGER	подвесной кронштейн балансира
WALKING SURFACE	пешеходная зона
WALKWAY	пешеходная дорожка; движущаяся пешеходная дорожка
WALKWAY STRIP	пешеходная дорожка
WALL	стенка; перегородка; фронт
WALL BALANCE	центровка перегородки
WALL PANEL	стеновая панель
WALL THICKNESS	толщина стенки [перегородки]
WANDER	отклонение; смещение; дрейф; медленное изменение (параметров)
WANDERING	уход; отклонение (от заданного курса)
WANKEL-TYPE ROTARY ENGINE	ротативный двигатель Янкеля
WANT (to)	хотеть, желать
WAREHOUSE	склад
WARFARE AIRCRAFT	боевой самолет
WARHEAD	боевая часть, БЧ; головная часть, ГЧ; боевой блок, ББ
WARM	тепло; нагрев; теплый
WARM (to)	греть; нагреваться
WARM AIR	теплый воздух
WARM FRONT	теплый фронт
WARMING	нагрев; разогрев; подогрев; прогрев
WARMING PAD	площадка для прогрева (двигателей)
WARMING UP	прогрев (двигателей)
WARMING UP THE ENGINE	прогрев двигателей
WARMING UP TIME	продолжительность прогрева
WARM-UP	прогрев (двигателя)
WARM-UP (to)	прогревать (двигатель)
WARM-UP CYCLE	цикл прогрева (двигателя)
WARM-UP POWER	мощность для прогрева (двигателя)
WARM-UP TIME	продолжительность прогрева (двигателя)
WARM WATER	теплая вода
WARN (to)	предупреждать, предостерегать; сигнализировать
WARNING	предупреждение, предостережение; сигнализация
WARNING AREA	зона предупреждения

WARNING BELL	звуковой аварийный сигнализатор
WARNING DEVICE	аварийный сигнализатор; устройство аварийной сигнализации
WARNING FLAG	флажковый индикатор системы аварийной сигнализации
WARNING HORN	сирена аварийной сигнализации
WARNING HORN SILENCING RELAY	реле выключения сирены аварийной сигнализации
WARNING INDICATOR	индикатор системы предупреждения
WARNING LAMP	световой сигнализатор
WARNING LIGHT	сигнальная лампа, лампа аварийной сигнализации; световая аварийная сигнализация
WARNING MODE LIGHT	световая сигнализация в аварийном режиме
WARNING MODE RESET	сброс режима аварийной сигнализации
WARNING RELAY BOX	блок реле аварийной сигнализации
WARNING ROD	штырь-сигнализатор
WARNING SIGN	сигнал предупреждения
WARNING SYSTEM	система аварийной сигнализации
WARP	коробление; деформация; искривление; перекос; крутка (крыла)
WARP (to)	коробиться; деформироваться; искривляться; перекашиваться
WARPAGE	коробление; деформация; искривление; перекос
WARPAGE OF BLADES OR VANES	деформация лопастей [лопаток]
WARPED SHAFT	деформированный вал; искривленный вал
WARPED WHEEL	деформированное колесо; искривленное колесо
WARPING	крутка (крыла)
WARPING CONTROL	контроль деформации [искривления]
WAR-PLANE	боевой самолет
WARPLANE	боевой самолет
WARRANT	гарантия
WARRANTY	гарантийный срок
WARSHIP	боевой корабль
WASH	спутная струя

WASH (to)	мыть, промывать; отмывать; размывать
WASHBASIN	умывальная раковина
WASHBASIN BOWL	умывальная раковина
WASHER	моечная машина; промывочный аппарат; шайба; кольцевая прокладка; кольцо; диск
WASHER CUTTER	фреза для нарезания шайб
WASH IN	положительная крутка (крыла)
WASHING	мойка; промывка, промывание
WASHING MACHINE	моечная машина
WASH IN KEROSINE (to)	промывать в керосине
WASH OUT	отрицательная крутка (крыла)
WASHOUT NETWORK	схема смыва [вымывания]
WASHROOM	моечный цех; туалет
WASHWATER TANK	резервуар промывной воды
WASTAGE	потери; утруска груза в пути
WASTAGE OF FUEL	утечка топлива
WASTE	отходы; мусор; отбросы
WASTE (to)	портить; бесполезно расходовать (материал)
WASTE BAG HOLDER	держатель пластикового мешка для сбора отходов
WASTE BIN	мусоросборник
WASTE CONTAINER	контейнер для отходов; урна
WASTED FUEL	слитое топливо
WASTE DISPOSAL SYSTEM	система удаления отходов
WASTED WATER	сточная вода; отработанная вода
WASTE HEATER	обогреватель, работающий на отработавших газах
WASTE OUTLET	сливное отверстие
WASTE-PIPE	сливная труба; выпускной трубопровод
WASTE SYSTEM	система удаления отходов
WASTE TANK	сливной бачок
WASTE WATER	сточные воды
WASTE WATER DRAIN MAST	коллектор сточных вод
WASTE-WEIR	водослив, водосброс; спускная труба
WAT (weight-altitude-temperature-limitations)	ограничения, накладываемые зависимостью "масса самолета - высота аэродрома - температура воздуха"
WATCH	наблюдение; контроль; дежурство в эфире, радионаблюдение; часы

WATCH (to)	следить за метеорологическими условиями; дежурить в эфире, наблюдать за эфиром
WATCH FREQUENCY	частота метеорологической аппаратуры
WATCH OUT FOR (to)	обращать внимание на ...
WATER	вода; объем воды; расход
WATER AERODROME	водный аэродром для гидросамолетов
WATER AIRCRAFT	гидросамолет, самолет-амфибия
WATER BASE	водная база; водоем
WATER BATH	водяная баня; водяной термостат
WATER BOMBER	противопожарный самолет
WATER BOOST PUMP	водяной насос
WATER BRAKE	тормоз с водяным охлаждением; гидротормоз
WATER-BREAK-FREE SURFACE	сплошная поверхность водяной пленки
WATER CABINET	отсек водяного бака
WATER COCK	водяной кран
WATER COLUMN	водяной столб
WATER CONDENSATION	конденсация влаги
WATER CONNECTOR	соединитель водяного трубопровода
WATER CONTAINER	водяной резервуар
WATER CONTENT	содержание воды
WATER COOLED	с водяным охлаждением
WATER COOLER	водоохладитель
WATER EXTINGUISHER	водяной огнетушитель
WATER FILTER	водяной фильтр
WATER GAUGE (gage)	указатель уровня воды (в системе)
WATER GUN	брандспойт
WATER HAMMER(ING)	гидравлический удар
WATER HARDEN (to)	закаливать с охлаждением в воде
WATER HEAD	напор воды; водоприемник
WATER HEATER	подогреватель воды
WATER INJECTION	впрыск воды
WATER INJECTION MANIFOLD	форсунка для впрыска воды
WATER INJECTION PUMP	водяной насос
WATER JACKET	водяная рубашка
WATER JET	водяная струя
WATER JET CUTTER	водоструйный резак
WATER JET TOOL	оборудование для резки водяной струей
WATER LEVEL	уровень воды (в системе)

WATER LINE (waterline)	ватерлиния
WATER MANOMETER	водяной манометр
WATER/METHANOL (W/M)	водно-спиртовая смесь, водный раствор метилового спирта
WATER/METHANOL CONTROL UNIT (WMCU)	регулятор водно-спиртовой смеси
WATER/METHANOL INJECTION	впрыск водно-спиртовой смеси
WATER/METHANOL PUMP	насос водно-спиртовой смеси
WATER NOZZLE	водоструйное сопло; гидравлический насадок
WATER POWER	гидравлическая энергия
WATER PROOF (waterproof)	водонепроницаемый; водостойкий
WATERPROOFING	гидроизоляция
WATER PUMP	водяной насос
WATER QUENCH (to)	закаливать в воде
WATER REGULATOR	регулятор расхода воды
WATER-REPELLENT	гидрофобный состав
WATER RESISTING	водонепроницаемость; гидродинамическое сопротивление
WATER SEAL	гидроизоляция
WATER SEPARATOR (UNIT)	водоотделитель
WATER SOFTENER	умягчитель воды; установка для умягчения воды
WATER SOFTENING	умягчение воды
WATER SOLUBLE OIL	масло, растворимое в воде; эмульгирующее масло
WATER SPOUT	водяной смерч
WATER SPRAY GUN	водяной пульверизатор
WATER STORAGE TANK	бак для хранения воды
WATER SUPPLY SYSTEM	система водоснабжения
WATER SURFACE	поверхность воды, водная поверхность
WATER SYSTEM	система водоснабжения
WATER TANK	резервуар водоснабжения
WATER TIGHT (watertight)	водонепроницаемый
WATERTIGHT FUSELAGE	водонепроницаемый фюзеляж
WATER TRAP	водоотделитель; пароосушитель
WATER TYPE FIRE EXTINGUISHER	водяной огнетушитель
WATER VAPO(U)R	водяной пар
WATER WASHABLE	моющийся водой
WATT	ватт, Вт

WATTAGE	активная мощность в ваттах
WATT-HOUR	ватт-час
WATT-HOUR METER	счетчик электроэнергии
WATTLESS	реактивный, "безваттный"
WATTMETER	ваттметр
WAVE	волна; колебание; (колебательный) сигнал; форма сигнала
WAVE (to)	колебаться
WAVE BAND	диапазон длин волн
WAVE DRAG	волновое сопротивление
WAVE FORM (waveform)	форма волны, форма колебаний; колебательный сигнал
WAVEFRONT	волновой фронт; фронт импульса
WAVE GUIDE (waveguide)	волновод, волноводный тракт
WAVEGUIDE LENS	волноводная линза
WAVE LENGTH	длина волны
WAVE-METER	волномер; частотомер
WAVE MOTION	волновое движение
WAVEOFF	запрещение посадки на воду (для гидросамолетов)
WAVE OFF (to)	уходить на второй круг
WAVE PROPAGATION	распространение волн
WAVER (to)	колебаться; дрожать
WAVE RANGE	диапазон волн
WAVE SHAPE	форма волны [колебания, сигнала]
WAVE TRAIN	последовательность волн, волновой пакет
WAVE TRAP	резонансный контур схемы режекции (на входе радиоприемника)
WAVINESS	волнообразность; волнистость; рифленость; макронеровности (обработанной поверхности)
WAX	воск; парафин; модельная восковая масса
WAX (to)	вощить; парафинировать
WAXING	вощение; парафинирование
WAX-PAPER (waxed paper)	парафинированная бумага
WAY	путь; трасса; маршрут
WAYBILL	(грузовая) накладная; коносамент
WAY-LEAVE	разрешение на полет над территорией
WAYPOINT (way-point)	промежуточный пункт маршрута (полета); точка маршрута (полета)
WAYPOINT SELECTOR	задатчик точек маршрута полета

W-CLAMSHELL THRUST REVERSER .... механизм реверса тяги с W-образными заслонками
WEAK .... слабый; недостаточный; бедный (о горючей смеси)
WEAK CELL .... разряженный элемент аккумулятора
WEAK CURRENT .... слабый ток
WEAKEN (to) .... ослаблять; обеднять (состав горючей смеси)
WEAK MIXTURE .... обедненная смесь (горючего)
WEAKNESS .... непрочность; неустойчивость
WEAK SPRING .... слабая пружина
WEAPON LOAD .... боевая нагрузка
WEAPON SELECTION PANEL .... пульт управления вооружением
WEAPON SYSTEM .... система оружия; система вооружения
WEAPON UNIT .... единица вооружения
WEAR .... износ; изнашивание; истирание; срабатывание
WEAR (to) .... изнашиваться; истираться; срабатываться
WEAR AND TEAR .... износ; амортизация
WEAR INDICATOR .... индикатор износа
WEARING .... износ; изнашивание; истирание; срабатывание
WEARING SKID .... износостойкое полозковое шасси (вертолета)
WEARING SURFACE .... износостойкая поверхность
WEAR LIMITS .... максимально допустимый износ (инструмента)
WEAR PLATE .... износостойкая накладка
WEAR TOLERANCE .... допуск на износ
WEATHER .... погода, погодные условия; метеоусловия, метеорологическая обстановка
WEATHER (to) .... подвергать(ся) атмосферным влияниям; выдерживать; выносить
WEATHER AVOIDANCE TECHNIQUE .... метод прогнозирования стихийных атмосферных явлений
WEATHER BROADCAST .... метеосводка
WEATHER CELL .... атмосферный элемент
WEATHER CHART .... метеорологическая карта
WEATHER CLUTTER .... атмосферные помехи
WEATHERCOCK .... флюгер
WEATHERCOCK EFFECT .... установка флюгера по воздушному потоку

WEATHER CONDITIONS	метеорологические условия, метеоусловия
WEATHER ECHO	отраженный сигнал метеорадиолокатора
WEATHER FORECAST	прогноз погоды
WEATHER INFORMATION	метеорологическая информация
WEATHER MAN	синоптик
WEATHER MAPPING (map)	метеорологическая карта
WEATHER PATTERN	метеорологическая карта
WEATHER RADAR	метеорадиолокатор
WEATHER RADAR ANTENNA	антенна метеорадиолокатора
WEATHER RADAR TEST PATTERN	карта метеорадиолокатора
WEATHER RECONNAISSANCE FLIGHT	полет для проведения метеорологической разведки
WEATHER REPORT	сводка погоды
WEATHER RESISTING (resistant)	устойчивость к метеоусловиям
WEATHER RETURN (echo)	отраженный сигнал метеорадиолокатора
WEATHER STATION	метеорологическая станция
WEATHER TAG	метеосводка
WEATHER TARGET (return, echo)	отраженный сигнал метеорадиолокатора
WEAVE (to)	ткать; плести
WEAVING	плетение
WEB	ребро; стенка лонжерона; вертикальная стенка
WEBBED	ребристый, оребренный
WEBBING	тканевый материал; тканевая лента, тесьма
WEDGE	клин; полоса повышенного давления (в атмосфере)
WEDGE (to)	заклинивать
WEDGE DOLLY	клиновидный упор
WEDGE SETTING	регулировка с использованием клина (испытательной таблицы)
WEDGE SHAPED	клиновидный
WEEK	неделя
WEEKLY	еженедельно, каждую неделю
WEEKLY LINK	еженедельное сообщение
WEEPING	запотевание; просачивание воды
WEFT	ткань; плетенка; переплетение
WEIGH (to)	взвешивать

WEIGHING	взвешивание
WEIGHING MACHINE	весы
WEIGHT	вес, масса; груз; загрузка; нагрузка
WEIGHT (to)	утяжелять; взвешивать
WEIGHT-ALTITUDE-TEMPERATURE LIMITATIONS (WAT)	ограничения, накладываемые зависимостью "масса самолета - высота аэродрома - температура воздуха"
WEIGHT AND BALANCE CHART	диаграмма весов и центровок
WEIGHT AND BALANCE SHEET (form)	сводка по весам и центровкам
WEIGHTED	утяжеленный; средневзвешенный
WEIGHT EMPTY	вес пустого летательного аппарата; сухая масса
WEIGHTING	груз; нагрузка; взвешивание
WEIGHTLESSNESS	невесомость
WEIGHT LIMITATION CHART	диаграмма ограничений по массе
WEIGHT LOAD FACTOR	коэффициент коммерческой загрузки
WEIGHT SAVING	экономия веса
WEIGHTY	тяжелый
WEIR	водослив
WELD	сварка
WELD (to)	сваривать
WELDABILITY	свариваемость
WELDABLE	свариваемый
WELD BEAD	наплавленный металл
WELD CLUSTER	сварное соединение
WELDED	сваренный
WELDER	сварочная машина; сварочный аппарат; сварочная установка
WELD FIXTURE	сварочное приспособление
WELDING	сварка, сваривание
WELDING ELECTRODE	сварочный электрод
WELDING FILLER ROD	присадочный пруток для сварки
WELDING FLUX	паяльный флюс
WELDING ROD	присадочный пруток для сварки
WELD(ING) RUN	длина основного шва (при сварке); проход при наложении основного шва
WELDING TORCH	сврочная горелка
WELD METAL (material)	сварочный металл (материал)
WELD SPOT	сварная точка

WELL	ниша; отсек
WELL-BALANCED	устойчивый; сбалансированный
WELL-PROVEN	доказанный; обоснованный
WELL-TRAINED CREW	подготовленный экипаж
WELL-TRIED PRINCIPLES	испытанные [проверенные] методы
WELL-WORN	сильно изношенный
WELT	фальц; бортик; пояс (трикотажного изделия)
WELTING	пропуск вязания; обшивка, оторочка; бортовка
W-ENGINE (arrow engine)	W-образный двигатель
WEST	запад; западный
WESTBOUND	движущийся на запад
WEST VARIATION	западное склонение
WET	мокрый; влажный; сырой
WET ABRASIVE BLAST CLEANING	жидкостно-абразивная очистка
WET BLASTING (abrasive)	жидкостно-абразивная очистка
WET BULB TEMPERATURE	температура смоченного термометра
WET-BULB THERMOMETER	смоченный термометр
WET CELL	наливной элемент, элемент с жидким электролитом
WET ENGINE	двигатель с масляным картером
WET LEASE	аренда воздушного судна вместе с экипажем
WETNESS	влажность, сырость
WET POWER	мощность [тяга] при впрыске (воды или водно-спиртовой смеси)
WET RUNWAY	мокрая взлетно-посадочная полоса, мокрая ВПП
WET SANDING	жидкостно-пескоструйная очистка
WET SUMP	картер; масляный поддон
WETTABILITY	смачиваемость
WET TAKEOFF POWER	взлетная тяга при впрыске (воды или водно-спиртовой смеси)
WETTED	смачиваемый (о поверхности); омываемый (воздушным потоком)
WETTED AREA	смачиваемая площадь
WETTED FUEL CELL	омываемый потоком отсек топливного бака
WETTED SURFACE	смачиваемая поверхность
WET THRUST	тяга при впрыске (воды или водно-спиртовой смеси)
WETTING	смачивание

WETTING AGENT	смачивающий компонент
WHEATSTONE BRIDGE	мост Уитстона
WHEEL	колесо; штурвал; штурвальчик; маховик; маховичок
WHEEL (to)	вращаться; поворачивать(ся)
WHEEL ALIGNMENT	центровка колеса
WHEEL ARCH	ниша колеса
WHEEL BALANCING	балансировка колёс
WHEEL BASE	база шасси
WHEEL BAY	ниша шасси
WHEEL BRAKE	тормоз колеса
WHEEL BRAKING	торможение колеса
WHEEL CAMBER	развал колёс
WHEELCASE	коробка приводов; центральный привод
WHEEL CENTERED INDICATOR	индикатор центровки колёс
WHEEL CENTERING DEVICE	устройство центровки колёс
WHEEL CHOCK	колодка под колесо
WHEEL DISK	диск колеса
WHEEL DRESSER	устройство для правки шлифовального круга
WHEEL FAIRING	обтекатель колеса
WHEEL FLANGE	гребень колеса
WHEEL GUARD	штурвальчик
WHEEL HUB	ступица колеса; барабан колеса (шасси)
WHEEL LEVER	рычаг управления колесом
WHEEL LOCK	замок колеса
WHEEL-LOCK MECHANISM	механизм стопорения колеса
WHEEL RIM	внутренняя боковая поверхность обода колеса
WHEEL ROUND (to)	поворачивать колесо
WHEELS ARE CHOCKED	колёса заклинены
WHEELS LOCKED	шасси на замках
WHEEL SNUBBER	амортизатор колеса
WHEELS-OFF	отрыв (самолёта при взлёте)
WHEELS-ON	касание (при посадке)
WHEELS OUT	шасси выпущено
WHEEL SPAT	обтекатель колеса
WHEEL SPINDLE (assembly)	шлифовальный шпиндель
WHEEL SPIN-UP	раскрутка колеса
WHEEL STEERING	управление колесом
WHEELS UP	шасси убрано

WHEELS-UP LANDING	посадка с убранным шасси, посадка на фюзеляж
WHEEL TRACK	колея шасси
WHEEL TRAIN	шасси
WHEEL TREAD	обод колеса; бандаж колеса
WHEEL-UP LANDING	посадка с убранным шасси, посадка на фюзеляж
WHEEL WELL	ниша колеса (шасси)
WHEEL WELL DOORS	створки ниши колеса (шасси)
WHEEL WELL FIRE DETECTION	обнаружение пожара в нише колеса (шасси)
WHEEL WELL LIGHT SWITCH	выключатель освещения в нише колеса (шасси)
WHEEZE	"сопение" (двигателя)
WHET (to)	править; точить, затачивать
WHETSTONE (whet-stone)	точило; точильный камень; оселок
WHIFF	струя, дуновение; свист
WHIP	штырь; прут
WHIP (to)	поднимать (груз) с помощью лебедки; обматывать; оплетать; схлестываться
WHIP ANTENNA (whip aerial)	гибкая штыревая антенна
WHIPPING	прогиб; провисание; биение (каната)
WHIPSTALL	"колокол вперед", падение на хвост без опрокидывания на спину
WHIRL	завихрение; вихрь; вихревое движение
WHIRL (to)	завихрять; вращать
WHIRL COMPONENT	составляющая вихря
WHIRLING MOTION	вихревое движение; вращательное движение, вращение
WHIRL TEST BENCH	стенд для динамических испытаний несущих винтов
WHIRL VELOCITY	скорость потока в вихре
WHIRLWIND	завихрение воздушной массы; воздушный вихрь
WHIRR	шум (двигателя)
WHIRR (to)	создавать шум, шуметь
WHISKER	нитевидный кристалл; контактный волосок
WHISPER OF PRESSURE	акустическое давление

WHISTLE	свист; свистящий атмосферик
WHITE	белый; белила; белая краска
WHITE FROST	белый иней
WHITE HOT (to)	накаливать
WHITE LEAD	свинцовые белила
WHITE METAL	медный штейн; баббит
WHITE METAL BORE	отверстие в баббите
WHITE METAL LINING	прокладка из баббита
WHITE NOISE	белый шум
WHITEOUT	состояние видимости, при котором лед, небо и горизонт не отличимы друг от друга
WHITE SPIRIT	уайт-спирит
WHITWORTH THREAD	дюймовая резьба
WHIZZ	свист
WHOLE LENGTH	общая длина
WHORL	виток (спирали); изгиб
WICK	фитиль; тампон
WIDE	широкий, обширный, большой, огромный
WIDE-ANGLE	широкоугольный
WIDE-ANGLE LENS	широкоугольный объектив
WIDEBAND (wide band)	широкополосный
WIDEBAND AMPLIFIER	широкополосный усилитель
WIDE-BAND TRANSMISSION	широкополосная передача
WIDE-BODIED JETLINER	широкофюзеляжный реактивный пассажирский самолет
WIDE-BODY AIRCRAFT	широкофюзеляжный самолет [аэробус]
WIDE-BODY JET	широкофюзеляжный реактивный пассажирский самолет
WIDEN (to)	расширять; распространять
WIDE OPEN	широко раскрытый
WIDESPREAD	распространенный
WIDE TURN	пологий разворот
WIDE WASHER	широкая шайба
WIDTH	ширина, полоса; раствор (луча); пролет (между опорами ангара)
WILD	нестабилизированный
WIN (to)	выиграть; одержать победу; извлекать; добывать
WINCH	лебедка; коленчатый рычаг; изогнутая рукоятка

WIND	ветер; воздушный поток, поток воздуха
WIND (to)	дуть; обдувать
WINDAGE	сопротивление воздуха; снос (воздушного судна) ветром; поправка на снос ветром
WIND ANGLE	угол ветра
WIND-BREAK (windbreak)	порывистый ветер
WIND COCK	флюгер; флюгерная подвеска (модели в аэродинамической трубе); моментные аэродинамические весы
WIND COMPONENT	составляющая ветра
WIND-CONE	ветровой конус
WIND CORRECTION	поправка на ветер
WIND DIRECTION	направление ветра
WIND EDDY	вихрь; завихрение
WIND EFFECT	влияние ветра
WINDER	намоточный станок; лентопротяжный механизм
WIND FORCE	сила ветра
WIND-GAUGE	анемометр
WIND GRADIENT	градиент ветра
WIND GUST	порыв ветра
WIND INDICATOR	анемометр
WINDING	обмотка; намотка; наматывание; перемотка; виток
WINDING OFF	сматывание, перематывание (магнитной ленты)
WINDING WHEEL	бобина для перематывания (магнитной ленты)
WINDMILL	авторотация; воздушный винт; вертолет
WINDMILL (to)	авторотировать
WINDMILLING	авторотация
WINDMILLING ACTION	процесс авторотации
WINDMILLING DRAG	сопротивление воздушного винта; сопротивление авторотации
WINDMILLING PROPELLER	воздушный винт в режиме авторотации
WINDMILLING TIME	продолжительность авторотации
WIND NIL	безветрие, отсутствие ветра
WIND OFF (to)	разматывать(ся); раскручивать(ся)
WINDOW	иллюминатор; форточка; стекло, остекление

WINDOW FAILURE	разрушение иллюминатора; разрушение стекла
WINDOW FRAME	блок иллюминатора; блок остекления
WINDOW HEAT(ING)	нагрев остекления
WINDOW OVERHEAT LIGHT	сигнализатор перегрева остекления
WINDOW PANE	оконное стекло; стекло иллюминатора
WINDOW PANEL	панель остекления
WINDOW RABBET	паз для панели остекления
WINDOW SHADE	шторка остекления; шторка иллюминатора
WINDOW-TYPE INDICATOR	широкоформатный дисплей
WIND PRESSURE	давление ветра
WIND RESISTANCE	сопротивление ветра
WIND ROSE	роза ветров
WINDSCREEN (GB)	лобовое стекло (кабины экипажа)
WINDSCREEN FRAME	блок лобового стекла (кабины экипажа)
WINDSCREEN WASHER (cleaner)	стеклоочиститель лобового стекла (кабины экипажа)
WINDSCREEN WIPER	стеклоочиститель лобового стекла (кабины экипажа)
WIND SHEAR	сдвиг ветра
WINDSHEAR	сдвиг ветра
WIND SHEAR PROTECTION	защита от сдвига ветра
WINDSHIELD (US)	лобовое стекло (кабины экипажа); козырек (приборной доски)
WINDSHIELD AIR CONTROL	управление предотвращением запотевания лобового стекла (кабины экипажа)
WINDSHIELD ANTI-ICE CONTROLLER	регулятор противообледенительной системы лобового стекла (кабины экипажа)
WINDSHIELD ANTI-ICING	предотвращение обледенения лобового стекла (кабины экипажа)
WINDSHIELD BIRD IMPACT TESTING CANNON	пушка для испытания лобовых стекол на птицестойкость
WINDSHIELD DEFOGGING	предотвращение запотевания лобового стекла (кабины экипажа)

WINDSHIELD FAULT INDICATOR .... индикатор повреждения лобового стекла (кабины экипажа)
WINDSHIELD FRONT PANEL .... передняя панель лобового остекления (кабины экипажа)
WINDSHIELD GLAZING .... лобовое остекление (кабины экипажа)
WINDSHIELD HEATING .... нагрев лобового стекла (кабины экипажа)
WINDSHIELD PANE/PANEL .... панель лобового стекла (кабины экипажа)
WINDSHIELD POST .... стойка рамы лобового стекла (кабины экипажа)
WINDSHIELD SIDE PANEL .... боковая панель лобового стекла (кабины экипажа)
WINDSHIELD WASHER PUMP .... насос стеклоочистителя лобового стекла (кабины экипажа)
WINDSHIELD WIPER .... стеклоочиститель лобового стекла
WIND SHIFT .... сдвиг ветра
WIND SOCK .... ветроуказатель
WIND SPEED .... скорость ветра
WINDSPEED INDICATOR .... анемометр
WIND-STOCKING .... указание направления ветра, ветроуказание
WINDSTORM .... буря; метель; ураган
WIND TUNNEL .... аэродинамическая труба, АДТ
WIND-TUNNEL BALANCE .... весы в аэродинамической трубе [АДТ]
WIND-TUNNEL EXPERIMENTAL CHAMBER .... рабочая камера аэродинамической трубы [АДТ]
WIND-TUNNEL FAN .... вентилятор аэродинамической трубы [АДТ]
WIND-TUNNEL GUIDE-VANES (cascades) .... лопатки направляющего аппарата аэродинамической трубы [АДТ]
WIND-TUNNEL NOZZLE .... сопло аэродинамической трубы [АДТ]
WIND TUNNEL TEST(ING) .... испытание в аэродинамической трубе, продувка в АДТ
WIND-TUNNEL TESTING HOURS .... часы продувок в аэродинамической трубе [АДТ]

WIND TUNNEL TEST SECTION	рабочая камера аэродинамической трубы [АДТ]
WIND UP (to)	проворачивать воздушный винт
WIND VANE	флюгер
WINDVANE	флюгер
WIND VECTOR	вектор ветра
WIND VELOCITY	скорость ветра
WIND VELOCITY INDICATOR	анемометр
WINDWARD	против ветра
WIND WHISTLING	свист ветра
WINDY	ветреный
WING	крыло; (авиационное) подразделение; отряд
WING (to)	лететь на самолете
WING (RE)FUELLING STATION	крыльевой топливозаправочный пункт
WING AERODYNAMIC CENTER	аэродинамический центр крыла
WING AIRFOIL	аэродинамический профиль крыла
WING ANTI-ICE AUTO TRIP OFF	автоматическое выключение противообледенительной системы крыла
WING ANTI-ICE PANEL	противообледенительная панель крыла
WING ANTI-ICE VALVE	клапан противообледенительной системы крыла
WING ANTI-ICING	предотвращение обледенения крыла
WING AREA	площадь крыла
WING ASPECT RATIO	относительное удлинение крыла
WING BENDING	изгиб крыла
WING BENDING STRESS	напряжение при изгибе крыла
WING BOLSTER BEAM	центральный лонжерон крыла
WING BOX	кессон крыла
WING CENTER SECTION	центральная секция крыла
WING CHORD	хорда крыла
WING-COMMANDER	командир авиационного крыла; подполковник авиации
WING CURVE	профиль крыла
WING DE-ICING	предотвращение обледенения крыла
WING DEPTH	толщина крыла
WING DOWN	низкорасположенное крыло
WING DRAG	аэродинамическое сопротивление крыла
WING DROP	опускание крыла; сваливание на крыло

WING DROPPING	опускание крыла; сваливание на крыло
WING DUCTING	система трубопроводов в крыле
WING EFFICIENCY	эффективность крыла
WING FAIRING	обтекатель крыла
WING FENCE	гребень крыла
WING FILLET	зализ крыла
WING FIXED NAVIGATION LAMP	крыльевой аэронавигационный огонь
WING FLAP CONTROL LEVER	рычаг управления закрылками
WING FLAP DEFLECTION	отклонение закрылков
WING FLAP GATE	ограничитель закрылка
WING FLAP HANDLE	рычаг управления закрылками
WING FLAP LINKAGE	проводка [рычажный механизм] управления закрылками
WING FLAP POSITION INDICATOR	указатель положения закрылков
WING FLAPS	закрылки
WING FLOAT	подкрыльевой поплавок
WING FLOODLIGHT	крыльевой прожектор
WING FLUTTER	флаттер крыла
WING FOLD HINGE JOINT	шарнирное соединение для складывания крыла
WING FUEL TANK	крыльевой топливный бак
WING FUSELAGE FAIRING	обтекатель стыка крыла с фюзеляжем
WING HARD POINT	силовой узел подвески на крыле
WING HEAT	нагрев крыла
WING HEAVINESS	утяжеление крыла
WING HEAVY AIRCRAFT	самолет с аэродинамической схемой "летающее крыло"; самолет с крылом большой массы
WING ILLUMINATION LIGHT	габаритный огонь крыла
WING ILLUMINATION LIGHT SWITCH	выключатель габаритного огня крыла
WING INCIDENCE	угол атаки крыла
WING INSPAR STRUCTURE	конструкция лонжеронного крыла
WING JACK	подкрыльный подъемник
WING LEADING EDGE SLOT	щель в передней кромке крыла
WING LEADING EDGE TANK	топливный бак в носке крыла
WINGLESS	бескрылый

WINGLET	вертикальная шайба, вертикальная законцовка крыла
WINGLETTED WING	крыло с вертикальными шайбами
WING LIFT	подъемная сила крыла
WING LIFT/DRAG RATIO	аэродинамическое качество крыла
WING LOAD(ING)	нагрузка на крыло
WING-MOUNTED	установленный на крыле
WING NUT	барашковая шайба
WING OVER (to)	переворачиваться через крыло
WING PROFILE	профиль крыла
WING PYLON	подкрыльный пилон
WING REAR SPAR	задний лонжерон крыла
WING RIB	нервюра крыла
WING RIGGING	установка крыла; монтаж крыла
WING ROCKING	раскачивание по крену, покачивание с крыла на крыло
WING ROOT	корневая часть крыла
WING ROOT ATTACHMENT	крепление корневой части крыла
WING ROOT FAIRING	обтекатель корневой части крыла
WING-ROOT FILLET	зализ корневой части крыла
WING ROOT RIB	нервюра корневой части крыла
WING SECTION	профиль [сечение] крыла
WING SETTING	угол установки крыла; (заданный) угол стреловидности крыла
WING SHAPE	профиль крыла
WING SHUTOFF VALVE	отсечный клапан крыльевого топливного бака
WING SKIN	обшивка крыла
WING SKIN PANELS	панели обшивки крыла
WING SLAT	предкрылок
WING SLOT	щель в крыле
WING SOCKET	крыльевой (заправочный) штуцер
WING SPAN (wingspan)	размах крыла
WING SPAR	лонжерон крыла
WING SPAR BOX	центральный кессон крыла
WING SPREAD	размах крыла
WING STATION (WS)	узел подвески на крыле
WING STRUCTURAL LOADS	нагрузка на конструкцию крыла
WING STRUCTURE	конструкция крыла

WING STRUT	подкос крыла
WING SURFACE	поверхность крыла
WING SWEEP	стреловидность крыла
WING TANK	крыльевой топливный бак
WING THERMAL ANTI-ICING	предотвращение обледенения крыла
WING TIP	законцовка крыла
WINGTIP	законцовка крыла
WING TIP AUXILIARY FUEL TANK	вспомогательный топливный бак в законцовке крыла
WING TIP FIN	стабилизатор [руль направления] на конце крыла
WING-TIP FLOAT	концевой подкрыльный поплавок
WING TIP LIGHT	(аэронавигационный) огонь на конце крыла
WING TIP MOUNTED TAIL LIGHT	хвостовой (аэронавигационный) огонь на конце крыла
WING TIP RAKE	скос законцовки крыла
WING TIP VORTEX	концевой вихрь крыла
WING-TO-BODY FAIRING	обтекатель стыка крыла с фюзеляжем
WING-TO-FUSELAGE ATTACHMENT	пристыковка крыла к фюзеляжу
WING-TO-FUSELAGE FAIRING (fillet)	обтекатель стыка крыла с фюзеляжем
WING-TO-FUSELAGE JUNCTION	стык крыла с фюзеляжем
WING TOP SKIN	верхняя обшивка крыла
WING-TO-STRUT INTERFACE	соединение крыла с подкосом
WING TWIST	крутка крыла
WING UP	высокорасположенное крыло
WING VENTILATION INTAKE	крыльевое вентиляционное отверстие
WING WAKE	спутная струя крыла
WING WALK (walkway)	дорожка для хождения по крылу
WINKING	мерцание
WIPE (to)	вытирать, обтирать, протирать; наносить покрытие тонким равномерным слоем
WIPE OFF (to)	стереть; уничтожить; ликвидировать
WIPER	очиститель, щетка; стеклоочиститель; контактная щетка; обтирочное устройство

WIPER ARM	стеклоочиститель
WIPER BLADE	стеклоочиститель; щетка стеклоочистителя
WIPER CONTROL PANEL	пульт управления стеклоочистителем
WIPER LUBRICATION	смазка язычковой масленкой
WIPER RING	грязесъемное кольцо (штоков гидроцилиндров)
WIPER SHAFT	кулачковый вал
WIRE	провод; проводка; трос; расчалка
WIRE (to)	прокладывать проводку
WIRE AMMETER (hot)	тепловой амперметр
WIRE-BRACED	расчаленный; расчалочный (о конструкции)
WIRE BREAK	разрыв провода
WIRE BRUSH	проволочная щетка
WIRE BRUSH (to)	чистить проволочной щеткой
WIRE BUNDLE	жгут проводов
WIRE CLAMP	зажим жгута
WIRE CONNECTION	проволочное соединение; соединение электропроводки
WIRE CUTTER (wire cutting tool)	кусачки; острогубцы; ножницы для проволоки
WIRED IN PARALLEL	соединенный параллельно
WIRE-DRAW (wiredraw) (to)	волочить проволоку; дросселировать
WIRE-DRAWING	волочение проволоки; дросселирование
WIRE FERRULE	запирающий механизм; стопор; замок; зажим
WIRE GAUZE	тканая проволочная сетка
WIRE GAUZE FILTER	фильтр из проволочной сетки
WIRE GUARD	защитная сетка; экранирующая сетка; предохранительная решетка
WIRE GUIDED	управляемый по проводам
WIRE-GUIDED MISSILE	ракета с электродистанционной системой управления (по проводам)
WIRE HEATING ELEMENT	проволочный нагревательный элемент
WIRE INSERT	проволочная вставка; проволочный предохранитель
WIRELESS	радиосвязь; радиоприемник; беспроволочный

WIRELESS (to)	передавать по радио; посылать радиограмму
WIRELESS AERIAL	радиоантенна
WIRELESS OPERATOR	радист, радиооператор
WIRELESS SET	радиоприемник
WIRELESS TELEGRAPHY	радиотелеграфия
WIRELESS TELEPHONY	радиотелефония
WIRELOCK (to)	контрить проволокой
WIRE LOCKING	контрение [контровка] проволокой
WIRE LOOP	проволочная петля; проволочная антенна
WIRE LOOPER PLIER	круглогубцы
WIRE MESH	проволочная сетка
WIRE MESH FILTER	сеточный фильтр
WIRE MESH GUARD	защитная сетка; экранирующая сетка; предохранительная решетка
WIRE MESH SCREEN (filter)	экранирующая сетка
WIRE NETTING	проволочная сетка
WIRE PLIERS	круглогубцы
WIRE ROPE	металлический кабель
WIRE SAFETYING	контрение [контровка] проволокой
WIRE SIEVE	проволочное сито
WIRE SNIPS	ножницы для проволоки
WIRE STRAINER	приспособление для натягивания проводов
WIRESTRIKE	столкновение с проводами
WIRE STRIPPER (wire stripping tool)	устройство для зачистки проводов
WIRE STRIPPING PLIERS	бокорезы для зачистки проводов
WIRE TERMINAL	проволочный вывод
WIRE THREAD INSERT	проволочная вставка; проволочный предохранитель
WIRE TWISTER WRENCH	щипцы для контрения проволокой
WIRE-TWISTING PLIERS	круглогубцы для контрения проволокой
WIRE UP (to)	скреплять проволокой
WIRE WHEEL	проволочная катушка
WIRE WRAP	монтаж проводов накруткой
WIRING	электропроводка
WIRING BOARD	монтажная плата

WIRING DIAGRAM	монтажная схема; принципиальная (электрическая) схема
WIRING DIAGRAM MANUAL (WDM)	руководство по составлению монтажной схемы
WIRING HARNESS	жгут проводов
WIRING LUG	наконечник провода
WIRING PLATE	монтажная плата
WIRING SCHEMATIC DIAGRAM (scheme)	принципиальная электрическая схема
WIRING SHOP	монтажный цех
WISP	плазменный сгусток
WITHDRAW (to)	извлекать, удалять
WITHDRAWAL FROM SERVICE	снятие с эксплуатации
WITHDRAWAL SOLENOID	электрозадвижка; электромагнитный фиксатор
WITHDRAW ROPE (to)	разматывать кабель
WITHIN	в, внутри; с внутренней стороны; в течение
WITHIN 10 DAYS	в течение 10 дней
WITHIN LIMITS	в пределах ограничений
WITHIN THE NEXT TWO HOURS	в течение следующих двух часов
WITHIN TOLERANCE (to be)	быть в пределах допусков
WITHOUT	с наружной стороны; снаружи, вне; без
WITHOUT DAMAGING	без разрушений
WITHOUT POWER	без силовой установки; безмоторный
WITHSTAND (to)	выдерживать; противостоять; сопротивляться
WITHSTAND A SHOCK (to)	выдерживать ударное воздействие
WITHSTAND PRESSURE (to)	выдерживать давление
WITNESS WIRE	контрольный провод
WOBBLE	качание; колебание; биение; неустойчивое движение; рыскание (воздушного судна по курсу); автоколебание (передних колес тележки шасси); тряска (двигателя)
WOBBLE (to)	качаться, колебаться
WOBBLE FREQUENCY	частота модуляции
WOBBLE PLATE PUMP	лопастный насос

WOBBLE PUMP	ручной насос
WOOD	древесина
WOOD AUGER	деревянный шнек
WOOD BLOCK	торец; деревянная шашка
WOOD CASE	деревянный ящик
WOODEN HANDLE	деревянная ручка
WOOD MALLET	деревянный молоток, киянка
WOODRUFF KEY	сегментная шпонка, шпонка Вудруфа
WOOD SCREW	шуруп
WOOD SHAVINGS	стружки
WOOD SPATULA	деревянный шпатель
WOOD TIMBER (suitable)	деловая древесина; лесоматериал
WOODWORK	деревянные изделия; плотничные работы; столярные работы
WOODWORKING MACHINERY	деревообрабатывающие станки
WOOF (weft)	уток; уточная пряжа [нить]
WOOL	шерсть; шерстяная пряжа; шерстяная ткань
WORD	слово
WORK	работа; действие; функционирование; обработка
WORK (to)	работать; действовать; функционировать; обрабатывать
WORK-BENCH (workbench)	рабочее место; стенд; верстак
WORK BLOCK	функциональный блок
WORK CARD	рабочая карта
WORK CREW	рабочая бригада
WORKER	рабочий; станочник, оператор станка; работник
WORK-FORCE (workforce)	рабочая сила
WORK-HARDEN (to)	упрочнять; наклепывать
WORK-HARDENED	механически упрочненный
WORKING	работа; действие; функционирование; обработка
WORKING CONDITION	рабочие условия
WORKING CONTACT	нормально разомкнутый контакт; замыкающий контакт
WORKING DAY	рабочий день
WORKING DEPTH	глубина захода (зубьев)
WORKING DRAWING	рабочий чертеж

WORKING FREQUENCY	рабочая частота
WORKING HOURS	часы работы
WORKING LOAD	рабочая нагрузка
WORKING MAN	рабочий; станочник, оператор станка
WORKING ORDER (in)	в рабочем состоянии
WORKING PARTS	рабочие узлы [детали]
WORKING PISTON	рабочий поршень
WORKING POWER	полезная мощность
WORKING PRESSURE	рабочее давление
WORKING SEAL	рабочее давление
WORKING SPEED	рабочая скорость
WORKING STROKE	рабочий ход
WORKING SURFACE	рабочая поверхность
WORKING TEMPERATURE	рабочая температура
WORKING VOLTAGE	рабочее напряжение
WORK-IN-PROGRESS	незавершенное производство
WORK LOAD (workload)	рабочая нагрузка; загруженность
WORKLOAD	рабочая нагрузка; загруженность; трудоемкость
WORKMAN	рабочий; станочник, оператор станка
WORKMANSHIP	качество изготовления (изделия); профессиональное мастерство; квалификация
WORK ORDER	заказ на изготовление
WORKPIECE	обрабатываемая деталь; заготовка; обрабатываемое изделие
WORK PLACE	рабочее место, рабочий участок
WORKSHOP	цех; производственный участок; мастерская
WORKSHOP CHIEF	начальник цеха [производственного участка]
WORKSPACE	рабочая область (памяти); рабочее пространство
WORK SPEED	рабочая скорость
WORK STAND (workstand)	рабочая лестница
WORKSTAND (work stand)	(испытательный) стенд; верстак; рабочая позиция
WORK STATION	автоматизированное рабочее место, АРМ; рабочая позиция
WORK STOPPAGE	задержка в работе
WORK-TO-RULE	"итальянская" забастовка, "работа по правилам"; замедление работы путем точного соблюдения всех правил

WORLD MARKET	мировой рынок
WORLD SPEED RECORD	мировой рекорд скорости
WORLDWIDE NETWORK	глобальная система
WORLDWIDE REPUTATION	мировая репутация
WORM	червяк; шнек; змеевик; винтовой конвейер
WORM (to)	нарезать резьбу
WORM BIT	сверло
WORM DRIVE	червячный привод; червячная передача
WORM GEAR(ING)	червячное колесо; червячная передача
WORM SCREW	ходовой винт; червяк
WORM WHEEL	червячное колесо
WORN (out)	изношенный; истертый; сносившийся; сработавшийся
WORN PART	сработавшаяся деталь
WOUND	бобина, катушка
WOUND ROTOR	фазный ротор
WOVEN	сплетенный; переплетенный; тканый
WRAP (to)	обертывать; упаковывать; наматывать; соединять накруткой (провод)
WRAP A CABLE (to)	наматывать кабель
WRAPPED	упакованный; намотанный; соединенный накруткой
WRAPPER	оберточный материал; обертка; упаковка; упаковочная машина
WRAPPING	обертывание; упаковывание; защитное покрытие; поясная изоляция (кабеля)
WRAPPING PAPER	упаковочная бумага
WREATHE (to)	сплетать, свивать; обвивать
WRECK	поломка; авария; катастрофа
WRECKAGE	обломки (разбившегося летательного аппарата)
WRECKER	техническая помощь
WRECKING TRUCK (lorry)	машина технической помощи
WRENCH	ключ
WRENCHING	затяжка (гаечным ключом)
WRENCH-TIGHTEN (to)	затягивать ключом
WRETCHED WEATHER	плохая погода; сложные метеоусловия
WRING	скручивание; кручение
WRING (to)	скручивать; деформировать; натягивать
WRINKLE	морщина; складка

WRINKLE (to)	морщить; сминаться
WRINKLED	морщинистый; измятый
WRINKLING	сморщивание; складки; сеть морщин
WRIST	палец (кривошипа, шатуна); запястный шарнир (робота)
WRITE (to)	записывать; вводить (данные)
WRITER	записывающее устройство; редактор; программа ввода данных
WRITTEN	записанный
WRONG	неправильный; ошибочный; ложный
WRONG HANDLING	ошибочное пилотирование (воздушного судна)
WRONG POSITION (wrong location)	неправильная позиция; неверное положение
WROUGHT	выделанный; отделанный
WROUGHT IRON (steel)	сварочная [ковкая, мягкая] сталь
WT (wireless telegraphy)	радиотелеграфия
WYE	тройник; соединение звездой, соединение по схеме звезда
WYE CONNECTOR	тройник

X

X	момент пуска ракеты
X-ABREAST SEATING	компоновка кресел по X в ряд
X-AXIS	продольная ось (воздушного судна), ось абсцисс, ось X
X-RAY (to)	прсвечивать рентгеновыми лучами
X-RAY DIFFRACTION	дифракция рентгеновых лучей
X-RAY EXAMINATION	радиографический контроль
X-RAY INSPECTION	радиографический контроль
X-RAY TUBE	рентгеновская трубка
X-RAYS	рентгеновы лучи
X-7 MAGNIFICATION	семикратное увеличение
X-RUNWAYS	перекрещивающиеся взлетно-посадочные полосы [ВПП]
X-TRANSLATION	линейное перемещение вдоль продольной оси

Y

Y-AXIS	поперечная ось (воздушного судна)
Y-CONNECTOR	Y-образный соединитель
YANK	рывок, дергание
YANK (to)	дергать, рвануть; резко переводить (рукоятку)
YARD	ярд (0,914 м); сортировочный пункт; склад; погрузочная площадка
YARD-MEASURE	измерительная линейка [лента, рулетка]
YARDAGE	складирование, хранение; плата за хранение
YARN	пряжа; нить, нитки; шпагат
YAW	рыскание; угол рыскания; скольжение; угол скольжения; отклонение от курса, снос
YAW (to)	создавать движение рыскания, рыскать; скользить; лететь со сносом
YAW ANGLE	угол рыскания; угол сноса
YAW AXIS	нормальная ось координат, ось ординат; ось рыскания; канал рыскания [путевого управления]
YAW-AXIS ACCELEROMETER	акселерометр для регистрации ускорений в движении рыскания, акселерометр рыскания
YAW CHANNEL	канал рыскания, канал путевого управления
YAW COMPUTER (yaw channel computer)	вычислитель канала рыскания [путевого управления]
YAW CONTROL	управление по рысканию, путевое управление
YAW DAMPER	демпфер рыскания; гаситель путевых колебаний
YAW DAMPER SWITCH	выключатель демпфера рыскания
YAW DAMPER WARNING FLAG	флажок сигнализации демпфера рыскания
YAW DAMPING	демпфирование рыскания, демпфирование путевых колебаний
YAW INDICATOR	индикатор путевого управления
YAW-OFF	апериодическое отклонение по рысканию
YAW(ING) RATE	угловая скорость рыскания
YAW RATE GYROSCOPE	гиродатчик угловой скорости рыскания
YAW ROTATION	вращение вокруг поперечной оси

YAW(ING) STABILITY	путевая устойчивость
YAW STABILITY AUGMENTATION SYSTEM	система повышения путевой устойчивости
YAW STABILIZATION	путевая стабилизация
YAW RATE STABILIZATION	стабилизация (по) угловой скорости рыскания
YAW TRIM	путевая балансировка; триммер руля направления
YAWING	движение рыскания; вращение вокруг нормальной оси
YAWING AXIS	нормальная ось координат, ось рыскания; канал рыскания, канал путевого управления
YAWING MOMENT	путевой момент, момент рыскания
YEAR	год
YEARLY	ежегодно; раз в год
YEARLY INSPECTION	ежегодная проверка
YEARLY MAINTENANCE	ежегодное техническое обслуживание
YELLOW	желтый
YELLOW ANODIZING	желтое анодирование
YELLOW-BAND AREA	зона ограниченного движения
YELLOW METAL	желтый металл; латунь
YIELD	производительность; мощность; текучесть (металла); выход; коэффициент вторичной эмиссии
YIELD (to)	производить; вырабатывать; добывать; извлекать; отдавать
YIELD CAPACITY	производительность
YIELD LOAD	нагрузка, соответствующая началу текучести
YIELD POINT	предел текучести
YIELD STRENGTH	предел текучести
YIELD STRESS	предел текучести; напряжение пластического течения
YIELDING	пластическая [остаточная] деформация; текучесть; течение; переход в состояние текучести
YOKE	Y-образный [роговидный] штурвал; штурвал управления
YOKE (to)	соединять

YOKE BOLT .... болт шарнирного соединения; ось вильчатой винтовой муфты
YOKE JOINT .... вильчатая винтовая муфта
YOKE PIN .... ось вильчатой винтовой муфты
YOKE PLATE .... тарелка автомата перекоса
YOUNG'S MODULUS .... модуль упругости, модуль Юнга
YOUTH FARE .... молодежный тариф
Y-SHAPED .... Y-образный, роговидный (штурвал); вильчатый
Y-TRANSLATION .... линейное перемещение (воздушного судна) вдоль поперечной оси [оси Y]

Z

Z-AXIS	вертикальная ось
Z-CORRECTION	поправка на уход курсового гироскопа
Z-SECTION	Z-образный профиль
Z-SECTION STRINGER	стрингер с Z-образным профилем
ZAP FLAP	(взлетно-посадочный) щиток со скользящей осью вращения, выдвижной щиток
ZEE FRAME	Z-образная рамка
ZEE SECTION	Z-образный профиль
ZENER DIODE	стабилитрон
ZENER VOLTAGE	напряжение стабилитрона
ZENITHAL PROJECTION	азимутальная проекция
ZERO	нуль (шкалы); нулевая точка; начало координат; нулевой
ZERO (to)	обнулять; сбрасывать; очищать
ZERO ACCIDENT RATE	безаварийность
ZERO ADJUSTING SCREW	винт установки в нулевое положение
ZERO ADJUSTMENT	установка на нуль
ZERO AIRSPEED	нулевая воздушная скорость
ZERO ALTITUDE	нулевая высота
ZERO CEILING	нулевая высота нижней кромки облачности
ZERO FLAG	флажок на нулевой отметке
ZERO FLIGHT TIME	начало отсчета времени полета; момент начала полета
ZERO FLOW PRESSURE	нулевой скоростной напор
ZERO FUEL WEIGHT	масса (воздушного судна) без топлива
ZERO-G	невесомость; нулевая перегрузка
ZERO-GRAVITY	невесомость; нулевая перегрузка
ZERO LEAKAGE	нулевая утечка
ZERO LEVEL	нулевой уровень
ZERO-LIFT ANGLE	угол нулевой подъемной силы
ZERO LIFT TRAJECTORY	траектория нулевой подъемной силы
ZERO LOAD	нулевая нагрузка
ZERO OFFSET	нулевое смещение; нулевой параллакс
ZERO OUTPUT SIGNAL	нулевой выходной сигнал

ZERO PITCH	нулевой шаг
ZERO POINT	нуль функции; нулевая точка, нуль; начало координат; начало отсчета
ZERO READING INSTRUMENT	индикатор нуля
ZERO RELEASE	сброс на нуль
ZERO SETTING	установка на нуль
ZERO SHIFT	нулевое отклонение
ZERO SINKING RATE	нулевая вертикальная скорость снижения
ZERO STABILITY	нулевая устойчивость
ZERO STATE	состояние (логического) нуля; уровень (логического) нуля
ZERO TENSION	нулевое напряжение
ZERO THE DIAL INDICATOR (to)	устанавливать на нуль шкалу индикатора
ZERO THRUST	нулевая тяга
ZERO TORQUE	нулевой крутящий момент
ZERO-TRACK UNDERCARRIAGE	велосипедное шасси
ZERO VISIBILITY	нулевая видимость
ZERO WIND COMPONENT	нулевая составляющая ветра
ZERO WIND CONDITION	отсутствие ветра
ZERO WIND TAKEOFF WEIGHT	взлетная масса при нулевом ветре
ZERO YAW	нулевое рыскание
ZERO-ZERO	нулевая видимость
ZERO-ZERO LANDING	посадка при нулевой видимости
ZERO-ZERO EJECTION SEAT	кресло для катапультирования на нулевой высоте и скорости
ZEROED	обнуленный, установленный на нуль
ZIGZAG	зигзаг; ломаная линия; зигзагообразный
ZIGZAG (to)	делать зигзаги; выполнять маневр "зигзаг"
ZIGZAG RIVETING	зигзагообразная клепка
ZINC	цинк
ZINC (to)	цинковать, оцинковывать
ZINC CHROMATE PRIMER	хроматоцинковая грунтовка
ZINC-PLATE	гальваническое цинкование
ZINC PLATED	гальванически оцинкованный
ZINC-PLATING	гальваническое цинкование
ZINC-WORKER	гальваник
ZINKING	цинкование, оцинковывание
ZIP	застежка-молния

ZIP(PER) BAG .... сумка с застежкой-молнией
ZIP FASTENER .... застежка-молния
ZIPPER .... застежка-молния
ZIRCONIATED TUNGSTEN .... вольфрам с циркониевым покрытием
ZIRCONIUM (ZR) .... цирконий
ZONE .... зона; область; район;
участок; диапазон; часовой пояс
ZONE/CABIN BREAKDOWN ....разбивка кабины
воздушного судна по массе
ZONE CONTROL .... зональное управление
ZONE MARKER .... зональный маркерный (радио)маяк
ZONE OF CONFUSION .... зона воздействия помех
ZONE TEMPERATURE .... зональная температура
ZONE TEMPERATURE SELECTOR .... задатчик
зональной температуры
ZONE TIME .... поясное время
ZONE TRIM OVERTEMPERATURE SWITCH .... термореле;
тепловой автомат защиты
ZONING .... зонирование (воздушного пространства)
ZOOM .... резкий набор высоты, "горка"; "свеча"
ZOOM (to) .... резко [круто] набирать высоту,
переводить самолет на крутой набор высоты
ZOOM CEILING .... динамический потолок самолета
ZOOM UP (to) .... резко [круто] набирать высоту
ZOOMING .... набор высоты с разгона,
динамический набор высоты; трансфокация;
наплыв изображения; масштабирование
ZOOMING UP .... набор высоты с разгона,
динамический набор высоты
Z-TRANSLATION .... линейное перемещение
(воздушного судна) вдоль нормальной оси [оси Z]
ZULU TIME .... среднее гринвичское время,
среднее время по Гринвичу

Personal notes

Personal notes

ABBREVIATIONS - СОКРАЩЕНИЯ

A

A AIRCRAFT
(атмосферный) летательный аппарат, ЛА; самолет; вертолет; воздушное судно

AA AUTOPILOT
автопилот

AAA ANTI-AIRCRAFT ARTILLERY
артиллерия противовоздушной обороны, артиллерия ПВО

AACO ARAB AIR CARRIERS ORGANIZATION
Организация арабских авиатранспортных компаний

AAH ADVANCED ARMED HELICOPTER
усовершенствованный боевой вертолет

AAH ADVANCED ATTACK HELICOPTER
усовершенствованный ударный вертолет

AAM AIR-TO-AIR MISSILE
управляемая ракета класса "воздух - воздух"

AASIR ADVANCED ATMOSPHERIC SOUNDER AND IMAGING RADIOMETER
усовершенствованный радиометр для зондирования атмосферы и получения изображений (облачного покрова)

AATV AIR-TO-AIR TEST VEHICLE
опытная ракета класса "воздух - воздух"

ABC ADVANCED BOOKING CHARTER
чартерный рейс с предварительным бронированием мест

ABC ADVANCING BLADE CONCEPT
принцип использования подъемной силы наступающих лопастей соосных воздушных винтов

ABM ABEAM
на пересекающихся курсах; на траверзе

ABM ANTI-BALLISTIC MISSILE
противоракета; противоракетная оборона, ПРО

ABRES	ADVANCED BALLISTIC REENTRY SYSTEM
	программа "Абрес" по изучению условий входа головных частей в атмосферу
ABRV	ADVANCED BALLISTIC REENTRY VEHICLE
	усовершенствованная баллистическая головная часть
A/C	ABSOLUTE CEILING
	абсолютный потолок
A/C	AIRCRAFT
	(атмосферный) летательный аппарат, ЛА; самолет; вертолет; воздушное судно
A/C	ALTERNATING CURRENT
	переменный ток
ACCS	AIR COMMAND AND CONTROL SYSTEM
	воздушная система командования и управления; воздушный командный пост, ВКП
ACCS	AIRCRAFT COMMUNICATIONS SYSTEM
	самолетная система связи
ACCU	AUTOMATIC CHART CONTROL UNIT
	автоматический блок управления аэронавигационной картой
ACDU	AUTOMATIC CHART DISPLAY UNIT
	автоматическое устройство отображения аэронавигационной карты
ACF	AIR COMBAT FIGHTER
	истребитель воздушного боя
ACLS	AUTOMATIC CARRIER LANDING SYSTEM
	автоматическая система посадки самолетов (на авианосец)
ACM	AIR COMBAT MANEUVERS
	маневры в воздушном бою
ACM	AIR CYCLE MACHINE
	двигатель с воздушным циклом
ACMI	AIR COMBAT MANEUVERING INSTRUMENTATION
	пилотажный стенд [тренажер] для отработки воздушного боя
ACT	ACTIVE CONTROL TECHNOLOGY
	техника (систем) активного управления
ACT	ADVANCED COMPUTER TECHNOLOGY
	усовершенствованная вычислительная техника
ACU	AVIONIC CONTROL UNIT
	блок управления бортовым радиоэлектронным оборудованием [БРЭО]

ACV	AIR-CUSHION VEHICLE	

ACV AIR-CUSHION VEHICLE
корабль на воздушной подушке, КВП

AD AIRWORTHINESS DIRECTIVE
директива по нормам летной годности, директива по НЛГ

A/D ANALOG-DIGITAL
аналого-цифровой

ADA ADVISORY AREA
консультативная зона

ADAMS AIRBORNE DATA ANALYSIS AND MONITORING SYSTEM
бортовая система анализа и контроля данных

ADATS AIR DEFENCE/ANTITANK SYSTEM
комбинированный зенитно-противотанковый ракетный комплекс

ADC AIR DATA COMPUTER
вычислитель воздушных параметров; ЭВМ системы обработки данных воздушной обстановки

ADCN ADVANCE DRAWING CHANGE NOTICE
извещение о предстоящем внесении изменений в чертеж

ADEN AUGMENTOR DEFLECTOR EXHAUST NOZZLE
выхлопное поворотное сопло форсажной камеры (самолета вертикального взлета и посадки, СВПП); выхлопное поворотное сопло двигателя с форсажным режимом

ADF AUTOMATIC DIRECTION FINDER
автоматический (радио)пеленгатор; автоматический (радио)компас

ADI ATTITUDE DIRECTOR INDICATOR
командный авиагоризонт

ADP AUTOMATIC DATA PROCESSING
процессор акустических данных

ADR ADVISORY ROUTE
маршрут консультативного обслуживания

ADSEL ADDRESS SELECTION SYSTEM
система выборки адреса

ADV AIR DEFENCE VERSION/VARIANT
самолет в варианте противовоздушной обороны [ПВО]

AEA ASSOCIATION OF EUROPE AIRLINES
Ассоциация европейских авиакомпаний

AECMA	ASSOCIATION OF EUROPEAN AEROSPACE MANUFACTURERS
	Ассоциация европейских аэрокосмических фирм
AEI	ANALYTICAL EXPERIMENT INTEGRATION
	аналитическая интеграция результатов эксперимента
AERA	AUTOMATED EN ROUTE AIR TRAFFIC CONTROL
	автоматическое управление воздушным движением на маршруте
AEW	AIRBORNE EARLY WARNING
	дальнее (радиолокационное) обнаружение с летательного аппарата, ДРЛО с ЛА
AF	AUDIO FREQUENCY
	звуковая частота
AFCS	AUTOMATIC FLIGHT CONTROL SYSTEM
	автоматическая бортовая система управления полетом, АБСУ
AFCS	AVIONIC FLIGHT CONTROL SYSTEM
	автоматическая система управления полетом
AFFDL	AIR FORCE FLIGHT DYNAMICS LABORATORY
	лаборатория динамики полета ВВС
AFGL	AIR FORCE GEOPHYSICS LABORATORY
	геофизическая лаборатория ВВС
AFS	AUTOMATIC FLIGHT SYSTEM
	автоматическая система управления полетом
AFTI	ADVANCED FIGHTER TECHNOLOGY INTEGRATOR
	комплексная программа изучения техники усовершенствованного истребителя
AFTN	AERONAUTICAL FIXED TELECOMMUNICATION NETWORK
	наземная сеть авиационной фиксированной (электро)связи
AGC	AUTOMATIC GAIN CONTROL
	автоматическая регулировка усиления, АРУ
AGARD	ADVISORY GROUP FOR AEROSPACE RESEARCH AND DEVELOPMENT
	консультативная группа по НИОКР в области аэрокосмической техники
AGI	AIR GROUND INTERCEPT
	перехват ракеты класса "воздух - земля"
AGL	ABOVE GROUND LEVEL
	над уровнем земли

AHRS	ATTITUDE AND HEADING REFERENCE SYSTEM
	пилотажно-навигационный комплекс
AI	AIRBORNE INTERCEPT (pulse radar)
	бортовая (импульсная) радиолокационная станция [РЛС] перехвата
AIA	AEROSPACE INDUSTRIES ASSOCIATION OF AMERICA
	Американская ассоциация авиационно-космической промышленности
AIAA	AMERICAN INSTITUTE OF AERONAUTICS AND ASTRONAUTICS
	Американский институт аэронавтики и астронавтики
AIDATS	ARMY IN FLIGHT DATA TRANSMISSION SYSTEM
	армейская система передачи полетных данных (на землю)
AIDS	AIRBORNE INTEGRATED DATA SYSTEM
	бортовая комплексная информационная система летательного аппарата
AIL	AVIONICS INTEGRATION LABORATORY
	комплексная лаборатория разработки бортового радиоэлектронного оборудования [БРЭО]
AIREP	AIR REPORT
	донесение с борта
AIRFILE	AIRFILED FLIGHT PLAN
	план полетов в зоне аэродрома
AIROF	ANODIC IRIDIUM OXIDE FILM
	анодная иридиевая окисная пленка
AIRS	ADVANCED INERTIAL REFERENCE SPHERE
	усовершенствованная инерциальная измерительная система
ALC	AIR LOGISTICS CENTER
	авиационный центр материально-технического обеспечения
ALCM	AIR-LAUNCHED CRUISE MISSILE
	крылатая ракета воздушного базирования, авиационная КР
ALLD	AIRBORNE LASER LOCATOR DESIGNATOR
	бортовой лазерный локатор-целеуказатель
ALS	AUTOMATIC LANDING SYSTEM
	автоматическая система посадки
ALT	ALTITUDE
	высота

ALT	APPROACH AND LANDING TEST
	программа испытания по отработке захода на посадку и приземления (орбитального самолета)
ALTN	ALTERNATE
	запасный (аэродром); вариант
ALU	ARITHMETIC AND LOGIC UNIT
	блок арифметических и логических операций
ALWT	ADVANCED LIGHT-WEIGHT TORPEDO
	легкая усовершенствованная торпеда
AMARV	ADVANCED MANEUVERING REENTRY VEHICLE
	усовершенствованная маневрирующая головная часть МБР
AMPS	ATMOSPHERIC, MAGNETOSPHERIC AND PLASMA IN SPACE
	комплект приборов для исследования атмосферы, магнитосферы и плазмообразований в космосе
AMR	ADVANCED MEDIUM-RANGE
	усовершенствованное оружие средней дальности действия
AMRAAM	ADVANCED MEDIUM-RANGE AIR-TO-AIR MISSILE
	усовершенствованная управляемая ракета класса "воздух - воздух" средней дальности
AMSL	ABOVE MEAN SEA LEVEL
	над средним уровнем моря
AMST	ADVANCED MEDIUM-RANGE STOL TRANSPORT
	перспективный средний транспортный самолет короткого взлета и посадки [СКВП]
AMT	ACCELERATED MISSION TESTING
	ускоренные испытания на продолжительность эксплуатации
AMTI	AIRBORNE MOVING TARGET INDICATOR
	бортовой индикатор движущихся целей
AND	ALPHANUMERIC DISPLAY
	буквенно-цифровой дисплей
ANMC	AMERICAN NATIONAL METRIC COUNCIL
	Американский национальный совет по метрическим мерам
ANMI	AIR NAVIGATION MULTIPLE INDICATOR
	индикатор аэронавигационной системы
AOA	ANGLE OF ATTACK
	угол атаки

AOCS	ATTITUDE AND ORBIT CONTROL SYSTEM подсистема управления угловым пространственным положением и параметрами орбиты (космического аппарата)
AOG	AIRCRAFT-ON-GROUND пребывание летательного аппарата на земле
AOPA	AIRCRAFT OWNERS & PILOTS ASSOCIATION Ассоциация летчиков и владельцев самолетов
AP	ARMOURED PIERCING бронебойный
A/P	AUTOPILOT автопилот
APIT	ADVANCE PURCHASE INCLUSIVE TOUR воздушная перевозка типа "инклюзив тур" с предварительной оплатой всех услуг
APP	APPROACH приближение, подход; сближение; заход на посадку; причаливание; приближение к срыву [к сваливанию]; метод
APSI	AIRCRAFT PROPULSION SUBSYSTEM INTEGRATION комплексирование силовой установки с планером и бортовыми системами самолета
APU	AUXILIARY POWER UNIT вспомогательный источник электропитания; вспомогательная силовая установка, ВСУ
ARBS	ANGLE RATE BOMBING SYSTEM синхронный бомбардировочный прицел с измерением скорости перемещения угла визирования цели
ARC	AUTOMATIC RADIO COMPASS автоматический радиокомпас
ARCP	AIR REFUELING CONTROL POINT контрольная точка заправки топливом в полете
ARIP	AIR REFUELING INITIAL POINT точка начала заправки топливом в полете
ARM	ANTI-RADIATION MISSILE противорадиолокационная ракета, ПРР
ARPA	ADVANCED RESEARCH PROJECTS AGENCY Управление перспективных научно-исследовательских и опытно-конструкторских работ [НИОКР]

ARPS	ADVANCED RADAR PROCESSING SYSTEM усовершенствованная система обработки радиолокационных сигналов
ARTCC	AIR ROUTE TRAFFIC CONTROL CENTER центр управления воздушным движением на маршруте
ARTCRBS	AIR TRAFFIC CONTROL RADAR BEACON SYSTEM система радиолокационных маяков для управления воздушным движением
ARTS	AUTOMATED RADAR TERMINAL SYSTEM автоматическая аэродромная радиолокационная система
ARW	AEROELASTIC RESEARCH WING аэроупругое экспериментальное крыло
ASALM	ADVANCED STRATEGIC AIR-LAUNCHED MISSILE перспективная стратегическая авиационная управляемая ракета
ASAR	ADVANCED SURFACE-TO-AIR RAMJET усовершенствованный прямоточный воздушно-реактивный двигатель для зенитных управляемых ракет
ASAR	ADVANCED SYNTHETIC APERTURE RADAR усовершенствованная радиолокационная станция с синтезированной апертурой
ASAT	ANTI-SATELLITE SYSTEM противоспутниковая система
ASD	AIRBUS SUPPORT DIVISION управление технического обслуживания консорциума "Эрбас индастри"
ASDA	ACCELERATE-STOP DISTANCE AVAILABLE располагаемая дистанция прерванного взлета
ASDAR	AIRCRAFT-TO-SATELLITE DATA REPORTING передача данных с самолета на спутник (связи)
ASDE	AIRPORT SURFACE DETECTION EQUIPMENT индикатор аэродромной диспетчерской радиолокационной станции
ASE	AIRBORNE SUPPORT EQUIPMENT вспомогательное бортовое оборудование
ASEM	ANTI-SURFACE EURO-MISSILE консорциум "Евромиссиль" по разработке противокорабельных ракет

ASI	AIRSPEED INDICATOR указатель воздушной скорости
ASIR	AIRSPEED INDICATOR READING считывание показаний указателя воздушной скорости
ASL	ABOVE SEA LEVEL над уровнем моря
ASLV	AUGMENTED SATELLITE LAUNCH VEHICLE ракета-носитель с форсированной тягой для запуска спутников
ASM	AIR-TO-SHIP MISSILE авиационная противокорабельная ракета
ASM	AIR-TO-SURFACE MISSILE управляемая ракета класса "воздух - поверхность"
ASM	ADVANCED SYSTEM MONITOR усовершенствованное устройство контроля бортовых систем
ASMR	ADVANCED SHORT-TO-MEDIUM-RANGE перспективный самолет малой или средней дальности
ASMT	ANTI-SHIP MISSILE TARGET ракета-мишень для противокорабельных ракет
ASPJ	AIRBORNE SELF-PROTECTION JAMMER усовершенствованный бортовой передатчик помех для защиты от средств противовоздушной обороны
ASR	AIRPORT SURVEILLANCE RADAR обзорная аэродромная радиолокационная станция
ASRAAM	ADVANCED SHORT-RANGE AIR-TO-AIR MISSILE усовершенствованная ракета ближнего действия класса "воздух - воздух"
AST	ADVANCED SIMULATION TECHNOLOGY усовершенствованная техника моделирования
ASTF	AEROPROPULSION SYSTEMS TEST FACILITY аэрогазодинамическая установка для испытаний реактивных двигателей
ASW	ANTI-SUBMARINE WARFARE противолодочная оборона, ПЛО
A/T	AUTO-THROTTLE автомат тяги
ATA	ACTUAL TIME OF ARRIVAL фактическое время прилета

ATA	AIR TRANSPORT ASSOCIATION Ассоциация воздушного транспорта (США)
ATAF	ALLIED TACTICAL AIR FORCE объединенные тактические ВВС НАТО
ATC	AIR TRANSPORT COMMITTEE комитет воздушного транспорта
ATC	AIR TRAFFIC CONTROL управление воздушным движением, УВД
ATCA	ADVANCED TANKER/CARGO AIRCRAFT усовершенствованный транспортный самолет-заправщик
ATCRBS	AIR TRAFFIC CONTROL RADAR BEACON SYSTEM система радиолокационных маяков для управления воздушным движением
ATCS	AIR TRAFFIC COMMUNICATIONS STATION станция связи системы управления воздушным движением
ATD	ACTUAL TIME OF DEPARTURE фактическое время вылета
ATDE	ADVANCED TECHNOLOGY DEMONSTRATOR ENGINE демонстрационный двигатель с использованием усовершенствованной технологии
ATEGG	ADVANCED TURBINE ENGINE GAS GENERATOR газогенератор усовершенствованного газотурбинного двигателя
ATIS	AIRPORT TERMINAL INFORMATION SERVICE служба автоматической передачи информации в районе аэродрома
ATIS	AUTOMATIC TERMINAL INFORMATION SYSTEM служба автоматического оповещения летчиков в пункте прибытия самолетов
ATM	AIR TURBINE MOTOR пневмотурбинный двигатель
ATMR	ADVANCED TECHNOLOGY MEDIUM RANGE среднемагистральное воздушное судно с использованием усовершенствованной технологии
ATO	ACTUAL TIME OVERFLIGHT фактическое время прилета в заданную точку
ATS	APPLICATIONS TECHNOLOGY SATELLITE спутник для отработки прикладной техники связи

ATS	ACCEPTANCE TEST SPECIFICATION
	технические условия приемочных испытаний
ATW	ANTI-TANK WARFARE
	противотанковая оборона
AU	ASTRONOMICAL UNIT
	астрономическая единица
AVC	AUTOMATIC VOLUME CONTROL
	автоматическое регулирование громкости
AVTR	AIRBORNE VIDEO-CASSETTE TAPE
	пленка бортового видеомагнитофона
AUVS	ASSOCIATION FOR UNMANNED VEHICLE SYSTEMS
	Ассоциация фирм разработчиков беспилотных летательных аппаратов
AVSI	ADVANCED SPEED INDICATOR
	усовершенствованный указатель скорости
AWACS	AIRBORNE WARNING AND CONTROL SYSTEM
	самолетный комплекс дальнего радиолокационного обнаружения и управления
AWANS	AVIATION WEATHER AND NOTAM SYSTEM
	система метеорологического информационного обеспечения экипажей воздушных судов
AWG	AMERICAN WIRE-GAUGE
	американская система классификаций сечений проводов
AWOP	ALL-WEATHER OPERATIONS PANEL
	группа экспертов (ИКАО) по всепогодным полетам
AWSACS	ALL-WEATHER STANDOFF ATTACK AND CONTROL SYSTEM
	всепогодная система управления нанесением удара (по цели) без выхода в зону объектовой ПВО
AWY	AIRWAY
	воздушная трасса, авиатрасса; воздушная линия, авиалиния

B

BAC	BOEING AEROSPACE Co.
	фирма "Боинг аэроспейс компани"
BBL	BEACON AND BLIND LANDING
	заход на посадку и приземление по маякам в сложных метеорологических условиях
BC	BACK COURSE
	обратный курс следования

BCAC	BOEING COMMERCIAL AIRPLANE Co. фирма "Боинг коммершиэл эйрплейн компани"
B-CAS	BEACON COLLISION AVOIDANCE SYSTEM бортовая система предупреждения столкновений с использованием радиомаяка
BCD	BINARY CODED DECIMAL десятичное число в двоичном коде
BDC	BOTTOM DEAD CENTER нижняя мертвая точка
BFO	BEAT FREQUENCY OSCILLATOR генератор биений
BGRV	BOOST GLIDE REENTRY VEHICLE планирующая головная часть с ускорителем для входа в атмосферу
BHP	BRAKE HORSE POWER замеренная мощность
BITE	BUILT-IN TEST EQUIPMENT аппаратура встроенного контроля
BL	BUTTOCK LINE линия стыковки
BLC	BOUNDARY LAYER CONTROL управление пограничным слоем
BLKD	BULKHEAD шпангоут; перегородка
BM	BACK MARKER задний аэронавигационный маркер
BMEWS	BALLISTIC MISSILE EARLY WARNING RADAR SITE система дальнего предупреждения о пуске баллистических ракет
BMS	BOEING MATERIAL SPECIFICATION технические требования фирмы "Боинг" к материалам
BPI	BITS PER INCH бит на дюйм
BS	BODY STATIONS сечения фюзеляжа
BSI	BRITISH STANDARDS INSTITUT Британский институт стандартов
BSS	BROADCAST SATELLITE SERVICE служба спутникового вещания

BTU	BRITISH THERMAL UNIT Британская тепловая единица

C

C3	COMMAND, CONTROL AND COMMUNICATIONS SYSTEM система командования, управления и связи
C3I	COMMAND, CONTROL, COMMUNICATIONS AND INTELLIGENCE командование, управление, связь и разведка
CA	CAPTIVE ACTIVE PHASE этап полета без отделения от носителя
CAA	CIVIL AERONAUTICS ADMINISTRATION управление гражданской авиации
CAAA	COMMUTER AIRLINE ASSOCIATION OF AMERICA Американская ассоциация местных авиатранспортных компаний
CAB	CIVIL AERONAUTICS BOARD комитет гражданской авиации (США)
CAD	CIVIL AVIATION DEPARTMENT департамент [управление] гражданской авиации
CAD	COMPUTER AIDED DESIGN система автоматизированного проектирования, САПР
CAD	CUSHION AUGMENTATION DEVICE двигатель с форсажной камерой для образования воздушной подушки
CADAM	COMPUTER-GRAPHICS AUGMENTED DESIGN AND MANUFACTURING проектирование и производство на основе компьютерной графики
CADC	CENTRAL AIR DATA COMPUTER центральный вычислитель (системы обработки) воздушных параметров
CADD	COMPUTER-AIDED DESIGN AND DRAFTING система автоматизированного проектирования [САПР] с изготовлением чертежей
CADDS	COMPUTER-AUTOMATED DESIGN AND DRAFTING SYSTEM система автоматизированного проектирования [САПР] с изготовлением чертежей

CAM	COMPUTER AIDED MANUFACTURING
	автоматизированное [машинное] производство, производство с использованием вычислительных машин
CAML	CARGO AIRCRAFT MINELAYER
	транспортный самолет-установщик мин
CAS	CALIBRATED AIRSPEED
	индикаторная воздушная скорость
CAST	COMPUTERIZED AUTOMATIC SYSTEM TESTER
	автоматизированный тестер для проверки автоматических систем
CAT	CLEAR AIR TURBULENCE
	турбулентность атмосферы без облачности
CATO	CIVIL AIR TRAFFIC OPERATIONS
	полеты гражданской авиации по воздушным трассам
C/B	CIRCUIT BREAKER
	автомат защиты сети, АЗС
CBIT	CONTRACT BULK INCLUSIVE TOUR
	массовая перевозка типа "инклюзив тур" по контракту
CCD	CHARGE-COUPLED DEVICE
	прибор с зарядовой связью, ПЗС
CCF	CHARTER CLASS FARE
	чартерный тариф
CCF	CHARTER COMPETITIVE FARE
	чартерный конкурирующий тариф
CCMS	CHECKOUT CONTROL AND MONITOR SUBSYSTEM
	система предстартовой проверки, управления и контроля
CCV	CONFIGURATED CONTROL VEHICLE
	летательный аппарат [ЛА] с конфигурацией, определяемой системой управления
CCW	COUNTERCLOCKWISE
	(движущийся) против часовой стрелки
CD	COEFFICIENT OF DRAG
	коэффициент лобового сопротивления
CD	COMPASS DEVIATION
	девиация (авиа)компаса
CDI	COURSE DEVIATION INDICATOR
	указатель отклонения от курса
CDP	COMPRESSOR DISCHARGE PRESSURE
	давление на выходе компрессора

CDRS — COMMAND DATA RETRIEVAL SYSTEM
система запуска, управления и возвращения (беспилотного аппарата)

CDTI — COCKPIT DISPLAY OF TRAFFIC INFORMATION
кабинный индикатор для отображения информации о воздушном движении

CDU — CONTROL DISPLAY UNIT
блок управления и индикации

CE — COMPASS ERROR
ошибка (авиа)компаса

CEAT — FRENCH AERONAUTICAL TEST CENTRE (at Toulouse)
авиационный испытательный центр (в Тулузе)

CFAR — CONSTANT FALSE-ALARM RATE
постоянная частота ложных тревог

CFR — CONTACT FLYING RULES
правила визуального полета

CFRP — CARBON FIBER-REINFORCED PLASTIC
пластик, армированный углеродными волокнами, углепластик

CG — CENTER OF GRAVITY
центр тяжести

CI — CAPTIVE INERT TESTING
стендовое испытание

CIAS — CALIBRATED INDICATED AIRSPEED
индикаторная воздушная скорость

CIG — COMPUTER IMAGE-GENERATION
формирование изображения с помощью вычислительной машины

CIM — COMPUTER INTEGRATED MANUFACTURING
комплексное автоматизированное производство

CIRRIS — CRYOGENIC INFRARED RADIANCE INSTRUMENTATION
криогенное оборудование для измерения инфракрасного излучения

CL — CENTER LINE
осевая линия

CL — COEFFICIENT OF LIFT
коэффициент подъемной силы

CLC — COURSE LINE COMPUTER
вычислитель курса

CLMB	CLIMB
	набор высоты, подъем
CMOS	COMPLEMENTARY METAL-OXIDE-SEMICONDUCTOR
	комплементарная структура "метал - окисел - проводник", КМОП-структура
CMT	COMPUTER MANAGING TRAINING
	подготовка на тренажере
CNES	FRANCE'S SPACE AGENCY (Centre National d'Etudes Spatiales)
	Национальный центр космических исследований Франции
COMINT	COMMUNICATIONS INTELLIGENCE
	разведка средств связи; радиоразведка
COSPAR	COMMITTEE ON SPACE RESEARCH
	комитет по исследованию космического пространства "КОСПАР"
CPL	COMMERCIAL PILOT'S LICENCE
	свидетельство пилота коммерческой авиации
CPL	CURRENT FLIGHT PLAN
	текущий план полета
CPU	CENTRAL PROCESSOR UNIT
	центральный процессор
CPY	COPY
	копировать
CRC	CONTROL AND REPORTING CENTRE
	центр управления и оповещения
CRES	CORROSION RESISTANT STEEL
	коррозионно-стойкая сталь
CRM	COLLISION RISK MODEL
	модель риска столкновения
CRT	CATHODE-RAY TUBE
	электронно-лучевая трубка, ЭЛТ
CRU	CRUISE
	крейсерский полет
CSD	CONSTANT SPEED DRIVE
	привод постоянных оборотов
CSK	COUNTERSINK
	(раз)зенковка
CSS	COCKPIT SYSTEM SIMULATOR
	имитатор бортовых систем кабины

CTOL   CONVENTIONAL TAKE-OFF AND LANDING
самолет с обычными взлетом и посадкой

CTS   COMMUNICATIONS TECHNOLOGY SATELLITE
спутник для отработки техники связи

CTVS   COCKPIT TELEVISION SENSOR
телевизионный датчик в кабине экипажа

CVR   COCKPIT VOICE RECORDER
магнитофон в кабине летательного аппарата; речевой регистратор переговоров в кабине экипажа

CW   CONTINUOUS WAVE
непрерывное излучение; непрерывный режим работы; незатухающая волна; pl незатухающие колебания

D

DA   DRIFT ANGLE
угол сноса

DABS   DISCRETE-ADDRESS BEACON SYSTEM
система маяков дискретного адресования

DAC   DIGITAL-ANALOG CONVERTER
аналого-цифровой преобразователь

DADC   DIGITAL AIR DATA COMPUTER
цифровой вычислитель воздушных данных

DAIS   DIGITAL AVIONICS INFORMATION SYSTEM
информационная система на базе цифрового бортового радиоэлектронного оборудования [БРЭО]

DARC   DIRECT ACCESS RADAR CHANNEL
канал непосредственного доступа к радиолокационным данным

DARPA   DEFENCE ADVANCED RESEARCH PROJECTS AGENCY
Управление перспективных исследований министерства обороны США

DART   DATA ANALYSIS AND REPRODUCTION TOOL
оборудование для анализа и воспроизведения данных

DAS   DATA ACQUISITION AND RECORDING SYSTEM
система сбора данных

DBMS   DATA BASE MANAGEMENT SYSTEM
система управления базой данных

DBS   DOPPLER BEAM SHARPENING
сужение луча доплеровской радиолокационной станции [РЛС]

DC	DIRECT CURRENT
	постоянный ток
DCN	DRAWING CHANGE NOTICE
	извещение о внесении изменения в чертеж
DECM	DEFENCE ELECTRONIC COUNTERMEASURES
	оборонительное радиоэлектронное подавление [РЭП]
DEEC	DIGITAL ELECTRONIC ENGINE CONTROL
	цифровое электронное управление двигателем
DEPT	DEPARTMENT
	управление; департамент; отдел
DESC	DESCENT
	спуск, снижение; снижаться
DEST	DESTINATION
	пункт назначения; конечная остановка
DEW	DISTANT EARLY WARNING
	рубеж дальнего радиолокационного обнаружения, рубеж ДРЛО
DEWIZ	DISTANT EARLY WARNING IDENTIFICATION ZONE
	зона опознавания воздушных целей сети РЛС ПВО дальнего обнаружения
DF	DIRECTION FINDING
	(радио)пеленгация
DFA	DEFLECTED FLAPS APPROACH
	заход на посадку с выпущенными закрылками
DFDR	DIGITAL FLIGHT DATA RECORDER
	бортовой цифровой регистратор данных
DFE	DERIVATIVE FIGHTER ENGINE
	модифицированный двигатель истребителя
DFWES	DIRECT FIRE WEAPONS EFFECTS SIMULATION
	моделирование поражающего действия оружия для стрельбы прямой наводкой
DG	DIRECTIONAL GYROSCOPE
	курсовой гироскоп
DH	DECISION HEIGHT
	высота принятия решения, ВПР
DI	DEVIATION INDICATOR
	индикатор отклонения
DIA	DIAMETER
	диаметр

DIAS	DELIVERY AND IMPACT ANALYSIS анализ точности доставки и приземления груза
DIM	DIMENSION размер, габарит
DINS	DORMANT INERTIAL NAVIGATION SYSTEM инерциальная навигационная система наведения головных частей ракет
DIS	DISTANCE TO WAYPOINT расстояние до контрольной точки маршрута
DLC	DATA LINK CONTROL управление линией передачи данных
DLS	DME LANDING SYSTEM система посадки с помощью радиодальномерной аппаратуры
DME	DISTANCE MEASURING EQUIPMENT радиодальномер; (радио)дальномерное оборудование
DMMH/FH	DIRECT MAINTENANCE MAN-HOURS PER FLIGHT HOUR прямые трудозатраты за полетный час на техническое обслуживание
DMSP	DEFENCE METEOROLOGICAL SATELLITE PROGRAM программа запусков метеорологических спутников министерства обороны
DOA	DOMINANT OBSTACLE ALLOWANCE допуск на максимальную высоту препятствия
DOC	DIRECT OPERATIONAL COST прямые эксплуатационные расходы, ПЭР
DOS	DISK OPERATING SYSTEM дисковая операционная система
DPM	DYE PENETRANT METHOD метод дефектоскопии на основе проникающего красителя
DPH	DIAMOND PYRAMID HARDNESS твердость по Виккерсу
DPO	DEFENCE PLANNING OFFICE управление планирования министерства обороны
DR	DEAD RECKONING счисление пути
DRVS	DOPPLER RADAR VELOCITY SENSOR доплеровский радиолокационный датчик скорости

DSARC	DEFENCE SYSTEMS ACQUISITION REVIEW COUNCIL совет по анализу систем министерства обороны
DSCS	DEFENCE SATELLITE COMMUNICATION SYSTEM спутниковая система связи министерства обороны (США)
DSN	DEEP SPACE NETWORK сеть станций слежения, управления и связи с космическими аппаратами в дальнем космосе
DSP	DEFENCE SUPPORT PROGRAM программа создания спутниковой системы обнаружения межконтинентальных баллистических ракет [МБР]
DTA	DESIRED TRACK ANGLE требуемый путевой угол
DTCS	DRONE TARGET CONTROL SYSTEM система управления беспилотными мишенями
DWG	DRAWING чертеж

E

EADI	ELECTRONIC ATTITUDE DIRECTOR INDICATOR электронный командный авиагоризонт
EAF	EXECUTIVE AIR FLEET парк административных самолетов
EAR	ELECTRONICALLY AGILE RADAR радиолокационная станция с электронным сканированием (луча)
EAROM	ELECTRICALLY ALTERABLE READ-ONLY MEMORY электронно перепрограммируемая постоянная память
EAS	EQUIVALENT AIRSPEED эквивалентная [индикаторная] воздушная скорость
EAT	EXPECTED APPROACH TIME предполагаемое время захода на посадку
EBF	EXTERNALLY BLOWN FLAP закрылок с наружным обдувом
ECAC	EUROPEAN CIVIL AVIATION CONFERENCE Европейская конференция по вопросам гражданской авиации
ECAM	ELECTRONIC CENTRALIZED AIRCRAFT MONITOR электронный централизованный бортовой блок контроля

ECCM	ELECTRONIC COUNTER-COUNTERMEASURES радиоэлектронная защита, РЭЗ
ECDI	ELECTRONIC COURSE DEVIATION INDICATOR электронно-лучевой индикатор отклонений от курса следования
ECL	EMITTER COUPLED LOGIC логика с эмиттерными связями
ECM	ELECTRONIC COUNTERMEASURES радиоэлектронное подавление, РЭП
ECOM	ELECTRONIC COMPUTER-ORIGINATED MAIL электронная почта
ECS	ENVIRONMENTAL CONTROL SYSTEM система жизнеобеспечения, СЖО; система кондиционирования
ECS	EUROPEAN COMMUNICATIONS SATELLITE европейский спутник связи
EDM	ELECTRO-DISCHARGE MACHINING электроискровая обработка
EDP	ELECTRONIC DATA PROCESSING электронная обработка данных
EDU	ELECTRONICS DISPLAY UNIT электронный блок индикации (данных)
EEC	ELECTRONIC ENGINE CONTROL электронное управление двигателем
EET	ESTIMATED ELAPSED TIME расчетное время (полета) до назначенной точки
EFC	ENROUTE FLIGHT CHECK проверка на маршруте полета
EFIS	ELECTRONIC FLIGHT INSTRUMENT-SYSTEM электронный пилотажный индикатор
EGT	EXHAUST GAS TEMPERATURE температура истекающих газообразных продуктов сгорания, температура выходящих газов
EHF	EXTREMELY HIGH FREQUENCY сверхвысокая частота, СВЧ
EHP	EFFECTIVE HORSE POWER эффективная мощность (в лошадиных силах)
EHP	EQUIVALENT HORSE POWER эквивалентная мощность (в лошадиных силах)

EHSI	ELECTRONIC HORIZONTAL SITUATION DISPLAY комплексный электронный индикатор навигационной обстановки
EICAS	ENGINE-INDICATING AND CREW-ALERTING SYSTEM система отображения параметров двигателя и оповещения экипажа
ELEV	ELEVATION превышение; высота (над уровнем моря)
ELF	EXTREMELY LOW FREQUENCY очень низкая частота, ОНЧ
ELINT	ELECTRONIC INTELLIGENCE радио- и радиотехническая разведка, РРТР
ELT	EMERGENCY LOCATOR TRANSMITTER аварийный приводной передатчик
EMF	ELECTROMOTIVE FORCE электродвижущая сила, эдс
EMI	ELECTROMAGNETIC INTERFERENCE электромагнитные помехи
EMP	ELECTROMAGNETIC PULSE электромагнитный импульс, ЭМИ
EMT	EFFECTIVE MEGATONNAGE эффективная масса в мегатоннах
EMUX	ELECTRICAL MULTIPLEX SUBSYSTEM электрическая мультиплексная подсистема
ENGR	ENGINEER инженер
EO	ELECTRO-OPTIC(AL) оптико-электронный; электрооптический
EOARD	EUROPEAN OFFICE OF AEROSPACE RESEARCH AND DEVELOPMENT управление НИОКР в области аэрокосмической техники
EPCS	ELECTRONIC PROPULSION CONTROL SYSTEM электронная система управления двигателем
EPR	ENGINE PRESSURE RATIO степень повышения давления в двигателе
EPROM	ERASABLE PROGRAMMABLE ROM стираемое программируемое постоянное запоминающее устройство

EPR	ETHYLENE PROPYLENE RUBBER этиленпропиленовый каучук
EPS	EXTERNAL POWER SUPPLY внешний источник энергоснабжения
EPU	EMERGENCY POWER UNIT аварийный блок питания
EROS	EARTH RESOURCES OBSERVATION SYSTEM система (спутников) для наблюдения за природными ресурсами Земли
EROS	EMITTER-RECEIVER FOR OPTICAL SYSTEMS приемопередающее устройство для оптических систем
ERTS	EARTH RESOURCES TECHNOLOGY SATELLITE экспериментальный спутник для исследования природных ресурсов
ESA	EUROPEAN SPACE AGENCY Европейское космическое агентство, ЕКА
ESHP	EQUIVALENT SHAFT HORSEPOWER эффективная мощность на валу (в лошадиных силах)
ESM	ELECTRONIC SUPPORT MEASURES средства радиоэлектронной поддержки
ESSS	EXTERNAL STORES SUPPORT SYSTEM система внешних узлов подвески
ESTEC	EUROPEAN SPACE RESEARCH AND TECHNOLOGY CENTER Европейский научно-исследовательский центр космической техники
ETA	ESTIMATED TIME OF ARRIVAL расчетное время прибытия
ETABS	ELECTRONIC TABULAR DISPLAY электронный дисплей для табличного отображения информации
ETD	ESTIMATED TIME OF DEPARTURE расчетное время вылета
ETE	ESTIMATED TIME ENROUTE расчетное время в пути
ETG	ELECTRONIC TARGET GENERATOR электронный генератор цели
ETS	ENGINEERING TEST SATELLITE спутник для технических испытаний

EVM	ENGINE VIBRATION MONITORING система контроля вибрации
EW	EARLY WARNING дальнее обнаружение
EW	ELECTRONIC WARFARE радиоэлектронная борьба, РЭБ
EWA	EARLY WARNING AIRCRAFT самолет дальнего обнаружения
EWSM	ELECTRONIC WARFARE SUPPORT MEASURES средства обеспечения радиоэлектронной борьбы [РЭБ]

F

FAA	FEDERAL AVIATION AGENCY (USA) Федеральное управление гражданской авиации (США)
FAE	FUEL-AIR EXPLOSIVE BOMB боеприпас объемного взрыва, объемно-детонирующее взрывчатое вещество, топливно-воздушная взрывчатая смесь, аэрозольное ВВ
FAF	FINAL APPROACH FIX контрольная точка конечного этапа захода на посадку
FAR	FEDERAL AVIATION REGULATIONS федеральные авиационные правила
FAR	FEDERAL AVIATION REQUIREMENTS федеральные авиационные требования
FAS	FEEL AUGMENTATION SYSTEM автомат загрузки
FAX	FINAL APPROACH FIX конечный участок захода на посадку
FBW	FLIGHT-BY-WIRE электродистанционное управление
FCS	FLIGHT CONTROL SYSTEM система управления полетом
FCSC	FLIGHT CONTROL SYSTEM CONTROLLER контроллер системы управления полетом
FCU	FUEL CONTROL UNIT командно-топливный агрегат, КТА
FD	FLIGHT DIRECTOR командно-пилотажный индикатор

FDAU	FLIGHT DATA ACQUISITION UNIT бортовой самописец эксплуатационных параметров
FDM	FREQUENCY DIVISION MULTIPLEX частотное мультиплексирование
FDPS	FLIGHT DATA PROCESSING SYSTEM система обработки полетных данных
FDR	FLIGHT DATA RECORDER регистратор параметров полета, бортовой регистратор данных
FDS	FLIGHT DIRECTOR SYSTEM командно-пилотажная система, система командно-пилотажных приборов
FDS	FOG-DISPERSAL SYSTEM система рассеивания тумана
FDSU	FLIGHT DATA STORAGE UNIT блок сбора полетной информации
FDVR	FLIGHT DATA AND VOICE RECORDER речевой самописец и самописец полетных данных
FET	FIELD EFFECT TRANSISTOR полевой транзистор
FF	FREE FLIGHT свободный полет
FFCC	FORWARD FACING CREW COCKPIT кабина экипажа с передним обзором
FIC	FLIGHT INFORMATION CENTER центр полетной информации
FIP	FLUORESCENT INDICATOR PANEL флуоресцирующая приборная доска
FIR	FLIGHT INFORMATION REGION район полетной информации, РПИ
FISC	FLIGHT INSTRUMENT SIGNAL CONVERTER преобразователь сигналов в системе управления полетом
FL	FLIGHT LEVEL эшелон полета
FLAME	FIGHTER-LAUNCHED ADVANCED MATERIAL EQUIPMENT запускаемое с истребителя оборудование для оценки перспективных материалов

FLEXAR	FLEXIBLE ADAPTIVE RADAR
	универсальная адаптивная радиолокационная станция
FLIR	FORWARD-LOOKING INFRARED
	тепловизионная система переднего обзора
FLR	FORWARD LOOKING RADAR
	радиолокационная станция переднего обзора
FLT	FLIGHT
	полет; режим полета; рейс
FM	FAN MARKER
	веерный маркер
FM	FREQUENCY MODULATION
	частотная модуляция
FMCS	FLIGHT MANAGEMENT COMPUTER SYSTEM
	бортовая цифровая вычислительная машина системы управления полетом; бортовой цифровой вычислительный комплекс, БЦВК
FMCW	FREQUENCY MODULATED CONTINUOUS WAVE
	непрерывное излучение с частотной модуляцией
F/O	FIRST OFFICER
	второй летчик [пилот]
FOB	FREIGHT ON BOARD
	груз на борту
FOD	FOREIGN OBJECT DAMAGE
	повреждение посторонними предметами
FOI	FOLLOW-ON INTERCEPTOR
	перспективный истребитель-перехватчик
FOSS	FIBER OPTIC SENSOR SYSTEM
	система волоконно-оптических датчиков
FS	FIN STATIONS
	узлы киля
FS	FUSELAGE SECTION
	сечение фюзеляжа
FSD	FULL-SCALE DEVELOPMENT
	окончательная разработка
FSS	FLIGHT SERVICE STATION
	станция службы обеспечения полетов
FSS	FIXED SATELLITE SERVICE
	служба связи со спутниками на фиксированных частотах

FSS	FRONT SPAR STATION передний узел лонжерона
FWD	FORWARD передний; передовой; вперед

G

G/A	GROUND/AIR "земля - воздух"
GAMA	GENERAL AVIATION MANUFACTURES ASSOCIATION Ассоциация производителей авиации общего назначения
GAS	GASOLINE бензин
GCA	GROUND CONTROLLED APPROACH (радиолокационная) система захода на посадку по командам с земли
GCI	GROUND CONTROL INTERCEPT управление перехватом с земли
GCMS	GAS CHROMATOGRAPH MASS SPECTROMETER газовая хроматография и масс-спектрометрия
GCU	GENERAL CONTROL UNIT блок управления общего назначения
GE	GENERAL ELECTRIC CO. фирма "Дженерал электрик"
GIT	GROUP INCLUSIVE TOUR групповая воздушная перевозка типа "инклюзив тур"
GEODS	GROUND-BASED ELECTRO-OPTICAL DEEP SPACE наземная оптико-электронная система слежения за дальним космосом
GEOS	GEOSYNCHRONOUS OPERATIONAL ENVIRONMENTAL SATELLITE геосинхронный спутник для исследования окружающей среды
GLCM	GROUND-LAUNCHED CRUISE MISSILE крылатая ракета наземного базирования
GLLD	GROUND LASER LOCATOR DESIGNATOR наземный лазерный локатор-целеуказатель
GMS	GEOSYNCHRONOUS ORBIT METEOROLOGICAL SATELLITE геостационарный метеорологический спутник

GMT	GREENWICH MEAN TIME	

GMT GREENWICH MEAN TIME
среднее время по Гринвичу

GND GROUND
наземный

GP GLIDE PATH
глиссада; траектория полета по глиссаде

GPC GENERAL PURPOSE COMPUTER
универсальная вычислительная машина

GPS GLOBAL POSITIONING SYSTEM
глобальная спутниковая навигационная система, ГСНС

GPSCS GENERAL PURPOSE SATELLITE COMMUNICATIONS SYSTEM
спутниковая система связи общего назначения

GPU GROUND POWER UNIT
аэродромный пусковой агрегат, АПА

GPWS GROUND PROXIMITY WARNING SYSTEM
система предупреждения опасного сближения с землей

GS GLIDE SLOPE
глиссада; наклон глиссады

GSA GLIDE SLOPE ANGLE
угол наклона глиссады

GSE GROUND SUPPORT EQUIPMENT
наземное вспомогательное оборудование

GTO GATE TURN OFF
двухоперационный диодный тиристор

GTOW GROSS TAKE-OFF WEIGHT
максимальная взлетная масса

H

HAA HEIGHT ABOVE AIRPORT
относительная высота (полета) над аэродромом

HAC HEADING ALIGNMENT CIRCLE
цилиндр выверки курса, ЦВК

HALO HIGH-ALTITUDE LARGE OPTICS
крупногабаритная высотная оптика

HARM HIGH-SPEED ANTIRADIATION MISSILE
высокоскоростная противорадиолокационная ракета

HAS	HEADING AND ATTITUDE SENSOR датчик системы определения курса и положения объекта
HDG	HEADING курс
HDUE	HIGH-DYNAMIC USER EQUIPMENT пользовательское оборудование с большим эксплуатационным диапазоном
HE	HIGH-EXPLOSIVE фугасное [бризантное] взрывчатое вещество; фугасный (снаряд); осколочно-фугасный (снаряд); с разрывным зарядом
HEAO	HIGH-ENERGY ASTRONOMY OBSERVATORY астрономические наблюдения высокоэнергетических объектов [частиц]
HEAT	HIGH EXPLOSIVE ANTI-TANK фугасно-бронебойный; противотанковый (снаряд) с разрывным зарядом
HELCIS	HELICOPTER COMMAND INSTRUMENTATION SYSTEM приборная командная система вертолета
HF	HIGH FREQUENCY высокая частота, ВЧ
HIMAT	HIGHLY MANEUVERABLE AIRCRAFT TECHNOLOGY программа исследования техники высокоманевренных летательных аппаратов
HIP	HOT ISOSTATIC PRESSING горячее изостатическое прессование
HIT	HOMING INTERCEPTOR TECHNOLOGY техника перехвата самонаводящимися противоракетами
HLA	HEAVY-LIFT AIRSHIP дирижабль большой грузоподъемности
HLD	HOLDING удержание; захват; стабилизация
HLH	HEAVY-LIFT HELICOPTER вертолет большой грузоподъемности
HMU	HELMET-MOUNTED SIGHT нашлемный прицел
HO	HEAD OFFICE головной отдел

HOBOS	HOMING BOMBING SYSTEM
	самонаводящаяся бомба "Хобос"
HOE	HOMING OVERLAY EQUIPMENT
	испытание по внеатмосферному перехвату самонаводящимися противоракетами (боевых блоков МБР)
HOLD	HOLDING PATTERN
	маршрут полета в зоне ожидания
HOVVAC	HOVERING VEHICLE VERSATILE AUTOMATIC CONTROL
	универсальная автоматическая система управления на режиме висения
HP	HIGH PRESSURE
	высокое давление; высоконапорный, работающий при высоком давлении
HPD	HORIZONTALLY POLARIZED DIPOLE
	горизонтально поляризованный диполь
HSI	HORIZONTAL SITUATION INDICATOR
	плановый навигационный прибор, ПНП; авиагоризонт
HSS	HIGH SPEED STEEL
	быстрорежущая сталь
HSS	HIGH STRENGTH STEEL
	высокопрочная сталь
HSST	HIGH-SPEED SURFACE TRANSPORT
	высокоскоростной наземный транспорт
HT	HIGH TENSION
	высокое напряжение
HTPB	HYDROXY-TERMINATED POLYBUTADIENE
	полибутадиен с конечной гидроксильной группой
HUD	HEAD-UP DISPLAY
	коллиматорный (авиационный) индикатор (на лобовом стекле)
HVM	HYPERVELOCITY MISSILE
	управляемая ракета с высокой гиперзвуковой скоростью полета
HYDR	HYDRAULIC
	гидравлический
Hz	HERTZ
	герц

I

IACS   INTEGRATED AVIONICS CONTROL SYSTEM
комплексная система управления бортовым радиоэлектронным оборудованием

IAF   INTERNATIONAL ASTRONAUTICAL FEDERATION
Международная астронавтическая федерация, МАФ

IAS   INDICATED AIRSPEED
приборная воздушная скорость

IATA   INTERNATIONAL AIR TRANSPORT ASSOCIATION
Международная ассоциация воздушного транспорта, ИАТА

ICNI   INTEGRATED COMMUNICATION-NAVIGATION-IDENTIFICATION
объединенные функции связи, навигации и распознавания

ICAM   INTEGRATED COMPUTER AIDED MANUFACTURING
комплексно-автоматизированное производство

ICAO   INTERNATIONAL CIVIL AVIATION ORGANIZATION
Международная организация гражданской авиации, ИКАО

ICBM   INTERCONTINENTAL BALLISTIC MISSILE
межконтинентальная баллистическая ракета, МБР

ID   INNER DIAMETER
внутренний диаметр

ID   INSIDE DIAMETER
внутренний диаметр

IDPS   INTEGRATED DATA PROCESSING SYSTEM
система комплексной обработки данных

IDS   INTERDICTION-DEFENCE-STRIKE
изоляция сил противника и нанесение удара с воздуха

IECMS   INFLIGHT ENGINE CONDITION MONITORING SYSTEM
система контроля параметров двигателя в полете

IFF   IDENTIFY FRIENDS OR FOES
радиолокационное опознавание "свой - чужой";
система радиолокационного опознавания "свой - чужой"

IFFA   INDEPENDENT FEDERATION OF FLIGHT ATTENDANTS
независимая федерация бортпроводников

IFR   INSTRUMENT FLIGHT RULES
правила полетов по приборам

IFS	INTEGRATED FLIGHT SYSTEM
	интегрированная система управления полетом
IFSD	INFLIGHT SHUTDOWN
	отсечка двигателя в полете
IGV	INLET GUIDE VANE
	регулируемая створка входного отверстия диффузора; регулируемая лопатка; входной направляющий аппарат, ВНА
IHAS	INTEGRATED HELICOPTER AVIONICS SYSTEM
	интегральная система бортового радиоэлектронного оборудования вертолета
IHP	INDICATED HORSE POWER
	индикаторная мощность
ILS	INSTRUMENT LANDING SYSTEM
	система посадки по приборам
ILVSI	INSTANT LEAD VERTICAL SPEED INDICATOR
	индикатор мгновенной вертикальной скорости
IM	INNER MARKER
	ближний маркер
IMC	INSTRUMENT METEOROLOGICAL CONDITIONS
	сложные метеоусловия, требующие пилотирования по приборам; приборные метеорологические условия, ПМУ
IMN	INDICATED MACH NUMBER
	индикаторное число М
IMP	INTERFACE MESSAGE PROCESSOR
	сопрягающий процессор для обработки сообщений
IMU	INERTIAL MEASURING UNIT
	инерциальный измерительный блок
INBD	INBOARD
	прибывающий; прилетающий
INE	INERTIAL NAVIGATION ELEMENT
	компонент инерциальной навигационной системы
INS	INERTIAL NAVIGATION SYSTEM
	инерциальная навигационная система, ИНС
INU	INERTIAL NAVIGATION UNIT
	инерциальный навигационный блок
IOC	INITIAL OPERATIONAL CAPABILITY
	начальная рабочая конфигурация (системы)

IONDS	INTEGRATED OPERATIONAL NUCLEAR DETECTION SYSTEM
	комплексная эксплуатационная система обнаружения ядерных взрывов
IP	INTERMEDIATE PRESSURE
	среднее давление; средненапорный, работающий при среднем давлении
IPC	ILLUSTRATED PARTS CATALOG
	иллюстрированный каталог запасных частей
IR	INSTRUMENT RATING
	уровень квалификации, дающий право полетов по приборам
IRAS	INFRARED ASTRONOMICAL SATELLITE
	спутник с инфракрасной аппаратурой для астрономических исследований
IRBM	INTERMEDIATE RANGE BALLISTIC MISSILE
	баллистическая ракета средней дальности
IRIS	IMPROVED ROTOR ISOLATION SYSTEM
	усовершенствованная система демпфирования вибраций несущего винта
IRIS	INFRARED IMAGERY OF SHUTTLE
	эксперимент по получению инфракрасного изображения многоразового транспортного космического корабля
IRR	INTEGRAL ROCKET-RAMJET
	комбинированный ракетно-прямоточный двигатель, КРПД
IRS	INERTIAL REFERENCE SYSTEM
	инерциальная измерительная система
IRTM	INFRARED THERMAL MAPPER
	инфракрасная аппаратура картографирования Земли
IRU	INERTIAL REFERENCE UNIT
	инерциальный измерительный блок
ISA	INTERNATIONAL STANDARD ATMOSPHERE
	Международная стандартная атмосфера, МСА
ISADS	INTEGRATED STRAPDOWN/AIR DATA SENSOR
	комплексная система бесплатформенных инерциальных датчиков и датчиков воздушных сигналов
ISDU	INERTIAL NAVIGATION SENSOR DISPLAY
	отображение параметров инерциальной навигационной системы

ISEES	INTERNATIONAL SUN-EARTH EXPLORER международный спутник серии "Эксплорер" для исследования солнечно-земных связей
ISO	INTERNATIONAL STANDARDS ORGANIZATION Международная организация по стандартизации, ИСО
ISPM	INTERNATIONAL SOLAR-POLAR MISSION международный полет по полярной орбите для исследования Солнца
ISS	INTEGRATED SENSOR SYSTEM комплексная система датчиков
ISTA	INTELLIGENCE, SURVEILLANCE AND TARGET ACQUISITION разведка, наблюдение и целеуказание
IT	INCLUSIVE TOUR воздушная перевозка типа "инклюзив тур"
ITC	ILLUSTRATED CATALOG иллюстрированный каталог
ITEWS	INTEGRATED TACTICAL ELECTRONIC WARFARE SYSTEM комплексная тактическая система радиоэлектронной борьбы
ITSS	INTEGRATED TACTICAL SURVEILLANCE SYSTEM комплексная (спутниковая) тактическая система наблюдения
IUS	INERTIAL UPPER STAGE инерциальная верхняя ступень; межорбитальный транспортный аппарат, МТА
IVSI	INSTANTANEOUS VERTICAL SPEED INDICATOR индикатор текущей вертикальной скорости
IVVC	INSTANTANEOUS VELOCITY VERTICAL CONTROL вычислитель мгновенных значений вертикальной скорости полета

J

JAR	JOINT AIRWORTHINESS REGULATION общеевропейские нормы летной годности
JATO	JET ASSISTED TAKEOFF взлет с реактивным ускорителем
JFS	JET FUEL STARTER стартер, работающий на реактивном топливе

JP	JET PROPELLANT
	реактивное топливо
JPL	JET PROPULSION LABORATORY
	Лаборатория реактивного движения
JPT	JET PIPE TEMPERATURE
	температура выходящих газов реактивного двигателя
JTIDS	JOINT TACTICAL INFORMATION DISTRIBUTION SYSTEM
	объединенная система распределения тактической информации

K

KCAS	KNOTS CALIBRATED AIRSPEED
	индикаторная воздушная скорость в узлах
KIAS	KNOTS INDICATED AIRSPEED
	приборная воздушная скорость в узлах
KIFIS	KOLLSMAN INTEGRATED FLIGHT INSTRUMENT SYSTEM
	комплексная система пилотажных приборов фирмы "Коллсмэн"
KMH	KILOMETERS PER HOUR
	километров в час, км/ч
KT	KNOT
	узел
KVA	KILOVOLT-AMPERE
	киловольт-ампер
KW	KILOWATT
	киловатт, кВт

L

L/A	LIGHTER-THAN-AIR
	легче воздуха; воздухоплавание
LAB	LOW-ALTITUDE BOMBING
	бомбометание с низких высот
LAD	LOW-ALTITUDE DISPENSER
	низковысотная авиационная кассета, авиационная кассета для малых высот
LAMPS	LIGHT AIRBORNE MULTI-PURPOSE SYSTEM
	легкий многоцелевой палубный вертолет "Лэмпс"

LASERCOM	LASER COMMUNICATIONS SYSTEM	
	лазерная (спутниковая) система связи	
LATAR	LASER-AUGMENTED TARGET ACQUISITION	
	лазерная система обнаружения, опознавания и захвата цели	
LAX	LOS ANGELES INTERNATIONAL AIRPORT	
	Лос-Анджелесский аэропорт	
LCC	LAUNCH CONTROL CENTER	
	центр управления пуском	
L/D	LIFT-TO-DRAG	
	аэродинамическое качество	
LDA	LANDING DISTANCE AVAILABLE	
	располагаемая посадочная дистанция	
LDEF	LONG-DURATION EXPOSURE FACILITY	
	экспериментальный спутник для исследования длительного воздействия космоса на материалы	
LDG	LANDING GEAR	
	шасси; опора шасси	
LE	LEADING EDGE	
	носок (напр. крыла); передняя кромка	
LED	LIGHT-EMITTING DIODE	
	светоизлучающий диод	
LEM	LUNAR EXCURSION MODULE	
	лунный посадочный модуль	
LF	LOW FREQUENCY	
	низкая частота, НЧ	
LFR	LOW FREQUENCY RADIO RANGE	
	диапазон нижних радиочастот	
L/G	LANDING GEAR	
	шасси; опора шасси	
LH	LEFT HAND	
	левосторонний	
LLTV	LOW LIGHT TELEVISION	
	телевидение для низких уровней освещенности	
LLV	LOW LEVEL VECTORING	
	наведение на низких высотах	
LMNA	LAND-BASED MULTI-PURPOSE NAVAL AIRCRAFT	
	многоцелевой самолет ВМС сухопутного базирования	
LMT	LOCAL MEAN TIME	
	среднее местное время	

LNAV	LATERAL NAVIGATION	
	навигация в боковой плоскости	
LOADS	LOW ALTITUDE DEFENCE SYSTEM	
	система обороны на малых высотах	
LOC	LOCALIZER	
	курсовой (радио)маяк	
LOFT	LINE ORIENTED FLIGHT TRAINING	
	летная подготовка в условиях, максимально приближенных к реальным	
LORAN	LONG RANGE AID FOR NAVIGATION	
	радионавигационная система дальнего действия "Лоран"	
LOTAWS	LASER OBSTACLE AND TERRAIN AVOIDANCE SYSTEM	
	лазерная система предупреждения столкновения с землей и облета препятствий	
LOX	LIQUID OXYGEN	
	жидкий кислород, ЖК	
LP	LOW PRESSURE	
	низкое давление; низконапорный, работающий при низком давлении	
LPP	LOAD PRESENT POSITION	
	ввод текущих координат	
LRCA	LONG-RANGE COMBAT AIRCRAFT	
	боевой самолет дальнего действия	
LRSOM	LONG-RANGE STAND-OFF MISSILE	
	ракета дальнего действия, запускаемая за пределами зоны объектовой противовоздушной обороны (цели)	
LRU	LINE REPLACEABLE UNIT	
	быстросъемный блок	
LSI	LARGE SCALE INTEGRATION	
	большая интегральная схема, БИС; интеграция высокого уровня	
LST	LASER-SPOT TRACKER	
	устройство сопровождения подсвеченной лазером цели	
LST	LOCAL SIDERAL TIME	
	местное звездное время	
LT	LOCAL TIME	
	местное время	
LT	LOW TENSION	
	низкое напряжение	

LTA	LIGHTER-THAN-AIR	
	легче воздуха; воздухоплавание	
LTD	LASER TARGET DESIGNATOR	
	лазерный целеуказатель	
LTH	LIGHT TRANSPORT HELICOPTER	
	легкий транспортный вертолет	
LTMRS	LASER RANGER AND MARKER TARGET SEEKER	
	головка наведения лазерного целеуказателя-дальномера	

M

MAC	MEAN AERODYNAMIC CHORD	
	средняя аэродинамическая хорда, САХ	
MAD	MAGNETIC ANOMALY DETECTOR	
	магнитный обнаружитель (подводной лодки)	
MAL	MALFUNCTION	
	неисправность	
MARS	MULTIPLE AERIAL REFUELING SYSTEM	
	система одновременной заправки топливом в полете нескольких самолетов	
MARV	MANEUVERING REENTRY VEHICLE	
	маневрирующий боевой блок, маневрирующий ББ	
MASR	MICROWAVE ATMOSPHERIC SOUNDING RADIOMETER	
	сверхвысокочастотный радиометр для зондирования атмосферы	
MATS	MILITARY AIR TRANSPORT SERVICE	
	военно-транспортная авиация, ВТА	
MAW	MARINE AIRCRAFT WING	
	авиационное крыло морской пехоты	
MAX	MAXIMUM	
	максимум	
MBT	MICROPROGRAMMABLE BUS TERMINAL	
	микропрограммируемая шина данных	
MCL	MAXIMUM CLIMB THRUST	
	максимальная тяга при наборе высоты	
MCR	MAXIMUM CRUISE THRUST	
	максимальная крейсерская тяга	
MDA	MINIMUM DESCENT ALTITUDE	
	минимальная высота снижения (при заходе на посадку)	

MDBS	MULTIPLEX DATA BUS SUBSYSTEM	
	мультиплексная шина данных	
MEA	MINIMUM EN ROUTE ALTITUDE	
	минимальная высота по маршруту полета	
MEC	MAIN ENGINE CONTROL	
	блок управления основного двигателя	
MECH	MECHANICAL	
	механический	
MED	MEDICAL	
	медицинский	
MEK	METHYLETHYLKETONE	
	метилэтилкетон	
MET	METEOROLOGICAL	
	метеорологический	
MET	MISSION ELAPSED TIME	
	время с момента начала полета	
MF	MEDIUM-FREQUENCY	
	средняя частота	
MFP	MAIN FUEL PUMP	
	основной топливный нрасос	
MFPA	MONOLITHIC FOCAL PLANE ARRAY	
	монолитная фокальная антенная решетка	
MHD	MAGNETOHYDRODYNAMICS	
	магнитогидродинамика	
MIL	MILITARY	
	военный; боевой	
MIM	MULTIPLEX INTERFACE MODULE	
	мультиплексный интерфейсный модуль	
MIN	MINIMUM	
	минимальный	
MIN	MINUTE	
	минута	
MIR	MULTI-TARGET INSTRUMENTATION RADAR	
	измерительная радиолокационная станция для определения характеристик групповой цели	
MIRV	MULTIPLE INDEPENDENTLY TARGETED REENTRY VEHICLE	
	разделяющаяся головная часть с индивидуальным наведением [РГЧ ИИ] боевых блоков (на заданные цели)	

MISC	MISCELLANEOUS	
	разное	
MIT	MASSACHUSETTS INSTITUTE OF TECHNOLOGY	
	Массачусетсский технологический институт	
MLG	MAIN LANDING GEAR	
	основная стойка шасси	
MM	MIDDLE MARKER	
	средний маркер	
MMAS	MINI-MANNED AIRCRAFT SYSTEM	
	малоразмерный пилотируемый летательный аппарат	
MMH	MONOMETHYLHYDRAZINE	
	монометилгидразин	
MMR	MACH METER READING	
	отсчет по указателю числа М; показание М-метра	
MNOS	METAL NITRIDE OXIDE SEMICONDUCTOR	
	структура "металл - нитрид - оксид - полупроводник", МНОП-структура	
MOCA	MINIMUM OBSTRUCTION CLEARANCE ALTITUDE	
	минимальная высота пролета препятствий	
MOS	METAL OXIDE SEMICONDUCTOR	
	структура "металл - оксид - полупроводник", МОП-структура	
MPA	MARITIME PATROL AIRCRAFT	
	патрульный самолет береговой авиации	
MPD	MULTIPURPOSE DISPLAY	
	многоцелевой дисплей	
MPH	MILES PER HOUR	
	миль в час	
MPS	MULTIPLE PROTECTIVE SHELTER	
	рассредоточенные защищенные стартовые позиции (МБР)	
MRA	MINIMUM RECEPTION ALTITUDE	
	минимальная высота приема	
MRASM	MEDIUM-RANGE AIR-TO-SURFACE MISSILE	
	крылатая ракета "воздух - поверхность" средней дальности	
MRBM	MEDIUM RANGE BALLISTIC MISSILE	
	баллистическая ракета средней дальности	
MRCA	MULTIPLE COMBAT AIRCRAFT	
	многоцелевой боевой самолет	

MRV	MANEUVERING REENTRY VEHICLE маневрирующая головная часть; маневрирующий боевой блок
MRV	MULTIPLE REENTRY VEHICLE разделяющаяся головная часть, РГЧ
MSBLS	MICROWAVE SCANNING BEAM LANDING SYSTEM система посадки со сканирующим микроволновым лучом
MSI	MULTISPECTRAL IMAGER многоспектральный формирователь изображений
MSL	MEAN SEA LEVEL средний уровень моря
MSS	MULTISPECTRAL SCANNER многоспектральное сканирующее устройство
MSU	MODE SELECTOR UNIT селектор мод
MTBF	MEAN TIME BETWEEN FAILURES средняя наработка между отказами
MTBR	MEAN TIME BETWEEN REMOVALS среднее время работы между ремонтами
MTC	MACH TRIM COMPENSATOR корректор числа М
MTD	MOVING TARGET DETECTOR индикатор движущихся целей, ИДЦ
MTI	MOVING TARGET INDICATOR индикатор движущихся целей, ИДЦ
MTU	MOTOREN UND TURBINEN-UNION фирма "Моторен унд турбинен юнион" (Германия)
MUX	MULTIPLEXER мультиплексер
MVUE	MAN-PACK/VEHICULAR USER EQUIPMENT переносное/возимое оборудование

N

NACA	NATIONAL ADVISORY COMMITTEE FOR AERONAUTICS Национальный консультативный комитет по авиации
NACSTA	NACELLE STATIONS узлы крепления гондолы (двигателя)

NAD	NOTHING ABNORMAL DETECTED ничего неисправного не обнаружено
NAS	NATIONAL AIRCRAFT STANDARD национальный авиационный стандарт
NAS	NATIONAL AIRSPACE национальное воздушное пространство
NASA	NATIONAL AERONAUTICS AND SPACE ADMINISTRATION Национальное управление по аэронавтике и исследованию космического пространства, НАСА (США)
NASC	NATIONAL AEROSPACE STANDARDS COMMITTEE Национальный комитет авиационно-космических стандартов
NAT	NORTH ATLANTIC TRACK маршрут над территорией Северной Атлантики
NATO	NORTH ATLANTIC TREATY ORGANIZATION Организация Североатлантического договора
NAV	NAVIGATION навигация
NAVAID	NAVIGATION AID навигационные средства
NBAA	NATIONAL BUSINESS AIRCRAFT ASSOCIATION Национальная ассоциация служебной авиации
NCU	NAVIGATION COMPUTER UNIT компьютер навигационной системы
NDB	NON-DIRECTIONAL BEACON всенаправленный (радио)маяк
NDT	NON DESTRUCTIVE TEST неразрушающее испытание
NEAD	NACELLE EQUIPMENT ACCESS DOOR крышка смотрового люка оборудования в гондоле
NESS	NATIONAL EARTH SATELLITE SERVICE национальная система спутникового контроля окружающей среды
NGE	NAVIGATIONAL GUIDANCE EQUIPMENT навигационное оборудование
NGT	NEXT GENERATION TRAINER учебно-тренировочный самолет [УТС] следующего поколения

NGV	NOZZLE GUIDE VANES
	сопловой направляющий аппарат
NLG	NOSE LANDING GEAR
	передняя стойка шасси
NM	NAUTICAL MILE
	морская миля
NPR	NOISE POWER RATIO
	отношение мощности помехи к мощности сигнала
NRV	NON-RETURN VALVE
	односторонний клапан
NTSB	NATIONAL TRANSPORTATION SAFETY BOARD
	Национальное управление безопасности перевозок (США)
NTO	NITROGEN TETROXIDE
	четырехокись азота
NU	NAVIGATION UNIT
	навигационный блок
NWS	NATIONAL WEATHER SERVICE
	национальная метеорологическая служба

O

OAO	ORBITING ASTRONOMICAL OBSERVATORY
	орбитальная астрономическая обсерватория
OAS	OFFENSIVE AVIONICS SYSTEM
	комплекс бортового радиоэлектронного оборудования [БРЭО]
OAST	OFFICE OF AERONAUTICS AND SPACE TECHNOLOGY
	отдел авиационно-космической техники
OAT	OUTSIDE AIR TEMPERATURE
	температура наружного воздуха
O/B	ON BOARD
	бортовой; на борту
OBI	OMNI-RANGE BEARING INDICATOR
	ненаправленный индикатор; индикатор всенаправленного маяка
OCA	OCEANIC CONTROL AREA
	океанический диспетчерский район
OCL	OBSTACLE CLEARANCE LIMIT
	минимальная (безопасная) высота пролета препятствий

OD	OUTER DIAMETER	

- **OD** — OUTER DIAMETER
  внешний диаметр
- **ODR** — OMNIDIRECTIONAL RANGE
  всенаправленный [ненаправленный] маяк
- **OFT** — ORBITAL FLIGHT TEST
  орбитальные летные испытания
- **OG** — ON GROUND
  на земле
- **OM** — OUTER MARKER
  дальний маркер
- **OME** — ORBITAL MANEUVERING ENGINE
  жидкостный ракетный двигатель системы орбитального маневрирования, ЖРД СОМ
- **OMS** — ORBITAL MANEUVERING SYSTEM
  система орбитального маневрирования, СОМ
- **OPEC** — ORGANIZATION OF PETROLEUM EXPORTING COUNTRIES
  Организация стран - экспортеров нефти ОПЕК
- **O/R** — ON REQUEST
  по требованию, по запросу
- **OSTA** — OFFICE OF SPACE AND TERRESTRIAL APPLICATIONS
  управление исследований космоса и природных ресурсов Земли
- **OTHB** — OVER-THE-HORIZON BACKSCATTER
  загоризонтная радиолокационная станция с обратным рассеянием
- **OTOW** — OPERATIONAL TAKE-OFF WEIGHT
  взлетная масса снаряженного самолета
- **OTS** — OPERATIONAL TEST SATELLITE
  спутник для эксплуатационных испытаний
- **OUTBD** — OUTBOARD
  внешний; удаленный от фюзеляжа

P

- **PA** — PASSENGER ADDRESS SYSTEM
  система оповещения пассажиров
- **PA** — POWER AMPLIFIER
  усилитель мощности

PA	PRESSURE ALTITUDE
	барометрическое давление
PA	PUBLIC ADDRESS
	оповещение пассажиров
PALS	PRECISION APPROACH AND LANDING SYSTEM
	точная система захода на посадку и приземления
PAM	PAYLOAD ASSIST MODULE
	разгонный блок; межорбитальный транспортный аппарат, МТА
PAM	PULSE AMPLITUDE MODULATION
	амплитудно-импульсная модуляция, АИМ
PAPI	PRECISION APPROACH PATH INDICATOR SYSTEM
	указатель траектории точного захода на посадку
PAR	PRECISION APPROACH RADAR
	радиолокационная станция [РЛС] точного захода на посадку
PAR	PERIMETER ACQUISITION RADAR
	периферийная радиолокационная станция [РЛС]
PATCO	PROFESSIONAL AIR TRAFFIC CONTROLLERS ORGANIZATION
	профсоюз авиадиспетчеров
PATCS	PITCH AUGMENTATION CONTROL SYSTEM
	система повышения управляемости по тангажу
PBS	PUBLIC BROADCASTING SERVICE
	служба оповещения пассажиров
PCA	POSITIVE CONTROL AREA
	зона устойчивого управления
PCB	PLENUM CHAMBER BURNING
	сжигание топлива в контуре вентилятора
PCL	PARCEL
	посылка
PCM	PULSE CODE MODULATION
	кодово-импульсная модуляция, КИМ
PCU	POWER CONTROL UNIT
	устройство управления электропитанием; бустер
PCU	PROPELLER CONTROL UNIT
	блок управления воздушного винта
PDCS	PERFORMANCE DATA COMPUTER SYSTEM
	бортовой цифровой вычислительный комплекс [БЦВК] для оптимизации летно-технических характеристик (в полете)

PDS	PASSIVE DETECTION SYSTEM	

PDS PASSIVE DETECTION SYSTEM
пассивная система обнаружения

PDV PRESSURIZING AND DUMP VALVE
клапан наддува и дренажа

PERC PERISHABLE CARGO
скоропортящийся груз (для воздушной перевозки)

PFPA POTENTIAL FLIGHT PATH ANGLE
потенциальный угол траектории полета

PFRT PRELIMINARY FLIGHT RATING
предварительная аттестация летного состава

PGRV PRECISION GUIDED REENTRY VEHICLE
головная часть [ГЧ] с высокоточной системой наведения; боевой блок [ББ] с высокоточной системой наведения

PHM PATROL HYDROFOIL MISSILE
ракетный сторожевой катер на подводных крыльях

PIO PILOT INDUCED OSCILLATION
раскачка летательного аппарата летчиком

PLSS POSITION LOCATION STRIKE SYSTEM
высокоточный самолетный разведывательно-ударный комплекс

PM PHASE MODULATION
фазовая модуляция

PMC POWER MANAGEMENT CONTROL
регулировка мощности

PMS PERFORMANCE MANAGEMENT SYSTEM
система регулировки характеристик

PNR POINT OF NO RETURN
рубеж возврата

PNVS PILOT NIGHT-VISION SYSTEM
прибор ночного видения летчика

PO PILOT OFFICER
летчик - лейтенант авиации

POS POSITION
местоположение; местонахождение

PP POWER PLANT
силовая установка, СУ; двигательная установка, ДУ

PPH POUND PER HOUR
фунтов в час

PPI	PLAN POSITION INDICATOR	
	индикатор кругового обзора, ИКО	
PPM	POUND PER MINUTE	
	фунтов в минуту	
PPS	POUND PER SECOND	
	футов в секунду	
PROM	PROGRAMMABLE READ-ONLY MEMORY	
	программируемое постоянное запоминающее устройство	
PSF	POUNDS PER SQUARE FOOT	
	фунтов на квадратный фут	
PSGR	PASSENGER	
	пассажир	
PSI	POUND PER SQUARE INCH	
	фунтов на квадратный дюйм	
PSLV	POLAR SATELLITE LAUNCH VEHICLE	
	ракета-носитель для выведения спутников на полярную орбиту	
PSN	POSITION	
	(место)положение; местонахождение	
PSU	PASSENGER SERVICE UNIT	
	управление обслуживания пассажиров	
PVC	POLYVINYL CHLORIDE	
	поливинилхлорид, полихлорвинил, хлорполивинил	
PVD	PLAN VIEW DISPLAY	
	плановый индикатор воздушной обстановки	
PWI	PROXIMITY WARNING INDICATOR	
	сигнализатор опасных сближений	
PWR	POWER	
	мощность; энергия	

Q

QEC	QUICK ENGINE CHANGE UNIT	
	съемная гондола двигателя	
QRA	QUICK REACTION ALERT	
	силы быстрого реагирования	
QRC	QUICK REACTION INTERCEPTOR	
	высокоманевренный перехватчик	

QSRA	QUIET SHORT-HAUL RESEARCH AIRCRAFT
	экспериментальный малошумный самолет для местных авиалиний
QT	QUALIFICATION TEST
	квалификационное испытание
QTY	QUANTITY
	количество

R

RADAR	RADIO DETECTION AND RANGING
	радиолокация; радиолокационная станция, РЛС
RAF	ROYAL AIR FORCE
	ВВС Великобритании
RAM	RANDOM-ACCESSS-MEMORY
	память [запоминающее устройство, ЗУ] с произвольной выборкой; резидентный метод доступа
RASSR	RELIABLE ADVANCED SOLID-STATE RADAR
	надежная усовершенствованная радиолокационная станция на твердотельных элементах
RAT	RAM AIR TURBINE
	турбина с приводом от набегающего потока воздуха
RCC	REINFORCED CARBON CARBON
	упрочненный углерод-углеродный композиционный материал
RCG	REACTION CURED GLASS
	теплозащитное покрытие на основе оплавления тетраборида кремния в реакции с двуокисью кремния
RCO	REMOTE CONTROL OUTLET
	необслуживаемая станция управления
RCU	RADAR CONTROL UNIT
	блок управления радиолокационной станцией
RCVV	REAR COMPRESSOR VARIABLE VANE
	регулируемые лопатки направляющего аппарата компрессора высокого давления
REC	RADIO ELECTROMAGNETIC COMBAT
	радиоэлектронная борьба, РЭБ

RECAT	REDUCED-ENERGY CONSUMPTION OF THE AIR TRANSPORTATION SYSTEM программа исследования высокоэкономичной воздушной транспортной системы
REU	RECORDER ELECTRONIC UNIT бортовой самописец; электронное регистрирующее устройство
RF	RADIO FREQUENCY радиочастота; высокая частота; высокочастотный, ВЧ
RFI	RADIO FREQUENCY INTERFERENCE радиопомехи
RGV	ROTATING GUIDE VANES вращающиеся лопатки направляющего аппарата
RH	RIGHT HAND правосторонний
RHI	RANGE-HEIGHT INDICATOR индикатор "дальность - высота"
RMI	RADIO MAGNETIC INDICATOR радиомагнитный указатель курсовых углов
RMS	REMOTE MANIPULATOR SYSTEM манипулятор с дистанционным управлением
RN	REYNOLDS NUMBER число Рейнольдса
RNC	RADIO NAVIGATION CHART радионавигационная карта
RNWY	RUNWAY взлетно-посадочная полоса, ВПП
ROC	REQUIRED OPERATIONAL CAPABILITY требуемые эксплуатационные характеристики
ROCC	REGION OPERATIONS CONTROL CENTER региональный оперативный центр управления системы ПВО
ROM	READ-ONLY-MEMORY постоянная память, постоянное запоминающее устройство
RPM	REVOLUTIONS PER MINUTE число оборотов в минуту
RPM	ROTATIONS PER MINUTE число оборотов в минуту

RPRT	REPORT сообщение
RPRV	REMOTELY PILOTED RESEARCH VEHICLES экспериментальный дистанционно-пилотируемый летательный аппарат [ДПЛА]
RQ	REQUEST требование; заявка
RSBN	REFERENCED SCANNING-BEAM SHORT-RANGE NAVIGATION SYSTEM навигационная система ближнего действия со сканирующим лучом
RSDS	RANGE SAFETY DISPLAY SYSTEM система индикации службы безопасности полигона
RSRA	ROTOR SYSTEMS RESEARCH AIRCRAFT экспериментальный винтокрылый летательный аппарат
RTA	RECEIVER/TRANSMITTER ANTENNA приемопередающая антенна
RTE	ROUTE маршрут; трасса; путь
RTG	RADIOISOTOPE THERMOELECTRIC GENERATOR радиоизотопный термоэлектрический генератор
RTV	ROOM TEMPERATURE VULCANIZING клей-герметик, вулканизирующийся при комнатной температуре
RVR	RUNWAY VISUAL RANGE дальность видимости на взлетно-посадочной полосе [ВПП]
RWR	RADAR WARNING RECEIVERS приемник системы оповещения (экипажа) о радиолокационном облучении, РЛ приемник системы оповещения (экипажа)
RWY	RUNWAY взлетно-посадочная полоса, ВПП

S

SAAC	SIMULATOR FOR AIR-TO-AIR COMBAT (пилотажный) стенд для моделирования воздушного боя
SABRE	SELF-ALIGNING BALLISTIC REENTRY вход в атмосферу по саморегулируемой баллистической траектории

SAC — STRATEGIC AIR COMMAND
стратегическое авиационное командование, САК

SACEUR — SUPREME ALLIED COMMANDER EUROPE
верховный главнокомандующий объединенными вооруженными силами НАТО в Европе

SAGW — SURFACE-TO-AIR GUIDED WEAPON
зенитная управляемая ракета, ЗУР

SAIL — SHUTTLE AVIONICS INTEGRATION LABORATORY
комплексная лаборатория бортового радиоэлектронного оборудования многоразового транспортного космического корабля, лаборатория разработки БРЭО МТКК

SALT — STRATEGIC ARMS LIMITATION TALKS
переговоры об ограничении стратегических вооружений, переговоры об ОСВ

SAM — SURFACE-TO-AIR MISSILE
зенитная управляемая ракета, ЗУР

SAR — SEARCH AND RESCUE
поиск и спасение

SAS — STABILITY AUGMENTATION SYSTEM
система повышения устойчивости

SAT — STATIC AIR TEMPERATURE
статическая температура воздуха

SATCO — SIGNAL AUTOMATED AIR TRAFFIC CONTROL
система связи для автоматического управления воздушным движением

SAW — SURFACE ACOUSTIC WAVE
поверхностная акустическая волна, ПАВ

S/C — SERVICE CEILING
практический потолок (самолета); динамический потолок (вертолета)

SCT — SINGLE-CHANNEL TRANSPONDER
одноканальный приемопередатчик

SDC — SIGNAL DATA CONVERTER
преобразователь сигналов

SDI — STRATEGIC DEFENCE INITIATIVE
эшелонированная ПРО с элементами космического базирования, стратегическая оборонная инициатива, СОИ

SDMS	SPATIAL DATA MANAGEMENT SYSTEM система управления пространственными координатами
SEAM	SIDEWINDER EXPANDED ACQUISITION MODE система увеличения дальности и улучшения характеристик захвата цели ракетой "Сайдуиндер"
SELCAL	SELECTIVE CALLING SYSTEM система избирательного вызова
SEO	SATELLITE FOR EARTH OBSERVATION спутник для наблюдения за земной поверхностью
SEP	SOLAR ELECTRIC PROPULSION электрический ракетный двигатель [ЭРД], питаемый от солнечной энергетической установки
SFC	SPECIFIC FUEL CONSUMPTION удельный расход топлива
SFIR	SPECIFIC FORCE INTEGRATING RECEIVER интегрирующий акселерометр
SGEMP	SYSTEM-GENERATED ELECTROMAGNETIC PULSE генерируемый системой электромагнитный импульс
SHF	SUPERHIGH FREQUENCY сверхвысокая частота, СВЧ
SHP	SHAFT HORSEPOWER мощность на валу (в л.с.)
SID	STANDARD INSTRUMENT DEPARTURE стандартная схема вылета по приборам
SIF	SELECTIVE IDENTIFICATION FEATURE сигнал селективного опознавания; устройство селективного опознавания
SIGINT	SIGNALS INTELLIGENCE радио- и радиотехническая разведка, РРТР
SIGMENT	SIGNIFICANT METEOROLOGICAL MESSAGE метеорологическое сообщение об опасных явлениях
SIOP	SINGLE INTEGRATED OPERATIONAL PLAN единый комплексный оперативный план
SIRE	SPACE INFRARED EXPERIMENT эксперимент по регистрации инфракрасного излучения космических объектов
SIRE	SATELLITE INFRARED EXPERIMENT программа экспериментальных исследований спутниковых инфракрасных датчиков

SIROF	SPUTTERED IRIDIUM OXIDE FILM	

SIROF SPUTTERED IRIDIUM OXIDE FILM
напыленная иридиевая окисная пленка

SL SEA LEVEL
уровень моря

SLAR SIDE-LOOKING AIRBORNE RADAR
бортовая радиолокационная станция [РЛС] бокового обзора

SLAT SHIP-LAUNCHED AIR-TARGET
корабельная воздушная мишень

SLBM SUBMARINE-LAUNCHED BALLISTIC MISSILE
баллистическая ракета подводной лодки, БРПЛ

SM STATUTE MILE
статутная миля

SMCS STRUCTURAL MODE CONTROL SYSTEM
система демпфирования упругих колебаний

SMET SIMULATED MISSION ENDURANCE TESTING
моделируемые испытания на продолжительность полета

SMM SOLAR MAXIMUM MISSION
спутник для исследования Солнца в период максимальной активности

SMS SYNCHRONOUS METEOROLOGICAL SATELLITE
метеорологический спутник на геосинхронной орбите

SMU SHOP MAINTENANCE UNIT
подразделение технического обслуживания

SPADOC SPACE DEFENCE OPERATIONS CENTER
оперативный центр противокосмической обороны

SPAS SHUTTLE PALLET SATELLITE
спутник-платформа, выводимый многоразовым транспортным космическим кораблем

SPO SYSTEM PROGRAM OFFICE
управление программой разработки системы

SQ.FT SQUARE FOOT
квадратный фут

SQ.IN SQUARE INCH
квадратный дюйм

SRA SURVEILLANCE RADAR APPROACH
заход на посадку по обзорному радиолокатору

SRAM SHORT-RANGE ATTACK MISSILE
управляемая ракета ближнего действия "воздух - земля"

SRR	SHORT-RANGE RESCUE HELICOPTER спасательный вертолет ближнего действия
SRR	SHORT-RANGE RECOVERY HELICOPTER поисково-спасательный вертолет ближнего действия
SSB	SINGLE SIDEBAND метод модуляции на одной боковой полосе
SSI	STRUCTURALLY SIGNIFICANT ITEM важный конструкционный компонент
SSM	SURFACE-TO-SURFACE "поверхность - поверхность"
SSME	SPACE SHUTTLE MAIN ENGINE основной жидкостный ракетный двигатель многоразового транспортного космического корабля, основной ЖРД МТКК
SSR	SECONDARY SURVEILLANCE RADAR вспомогательная обзорная радиолокационная станция, вторичный обзорный радиолокатор
SSSM	SURFACE-TO-SUBSURFACE MISSILE управляемая ракета класса "поверхность - подводная лодка"
SST	SUPERSONIC TRANSPORT сверхзвуковой пассажирский самолет, СПС
SSUS	SPIN-STABILIZED UPPER STAGE верхняя ступень, стабилизируемая вращением
STAB.STA	STABILIZER STATIONS узлы крепления стабилизатора
STAC	SUPERSONIC TACTICAL AIRCRAFT сверхзвуковой тактический самолет
STAR	STANDARD TERMINAL ARRIVAL ROUTE штатный маршрут входа в зону аэродрома
STAR RPV	SHIP-DEPLOYABLE TACTICAL AIRBORNE RPV корабельный дистанционно-пилотируемый летательный аппарат
START	STRATEGIC ARMS REDUCTION TALKS переговоры о сокращении стратегических вооружений, переговоры о ССВ
STAT	SMALL TRANSPORT AIRCRAFT TECHNOLOGY техника малоразмерного транспортного самолета
STM	SUPERSONIC TACTICAL MISSILE сверхзвуковая тактическая управляемая ракета

STOL	SHORT TAKE-OFF AND LANDING (AIRCRAFT)
	самолет короткого взлета и посадки, СКВП
STOVL	SUPERSONIC SHORT TAKEOFF AND VERTICAL LANDING
	сверхзвуковой самолет короткого взлета и вертикальной посадки, сверхзвуковой СКВВП
STP	STOP
	стоп
STP	SPACE TEST PROGRAM
	программа испытаний в космосе
STS	SPACE TRANSPORTATION SYSTEM
	транспортная космическая система, ТКС; многоразовый транспортный космический корабль, МТКК
STWD	STEWARD
	бортпроводник
SUAWACS	SOVIET AIRBORNE WARNING AND CONTROL SYSTEM
	советская система дальнего радиолокационного обнаружения и управления
SVR	SHOP VISIT RATE
	частота регламентных проверок
SW	SHORT WAVE
	коротковолновый, КВ
SWR	STATIONARY WAVE RATIO
	коэффициент стоячей волны
SWS	STALL WARNING SYSTEM
	система предупреждения о приближении к срыву [сваливанию]

T

TAC	TACTICAL AIR COMMAND
	тактическое авиационное командование, ТАК
TACAN	TACTICAL AIR NAVIGATION AID
	тактическая аэронавигационная система "Такан" ближнего действия
TACTS	TACTICAL AIRSCREW COMBAT TRAINING SYSTEM
	система боевой подготовки экипажей самолетов тактической авиации
TADS	TARGET ACQUISITION AND DATA SYSTEM (and designation sight)
	система обнаружения и целеуказания

TAI	THERMAL ANTI-ICING	

TAI THERMAL ANTI-ICING
тепловая противообледенительная система

TAM TECHNICAL AREA MANAGER
технический руководитель района полетов

TAS TRUE AIRSPEED
истинная воздушная скорость

TAS TRACKING ADJUNCT SYSTEM
вспомогательная система сопровождения

TASES TACTICAL AIRBORNE SIGNAL EXPLOITATION SYSTEM
тактическая бортовая система обнаружения источников электромагнитного излучения

TAT TOTAL AIR TEMPERATURE
полная температура потока

TAWC TACTICAL AIR WARFARE COMMAND
тактическое авиационное командование, ТАК

TAWDS TARGET ACQUISITION WEAPONS DELIVERY SYSTEM
система обнаружения и доставки оружия к цели

TBO TIME-BEFORE-OVERHAUL
наработка до ремонта

TC TURBOCOMPRESSOR
турбокомпрессор

TCA TERMINAL CONTROL AREA
узловой диспетчерский район

T-CAS THREAT-ALERT AND COLLISION AVOIDANCE SYSTEM
система предупреждения об опасных сближениях и возможности столкновения

TCS TELEVISION CAMERA SET
блок телевизионной камеры

TCU TERMINAL CONTROL UNIT
радиолокационная станция управления в зоне аэродрома

TCV TERMINAL-CONFIGURED VEHICLE
самолет с оптимизированной для захода на посадку и взлета системой управления

TDC TOP DEAD CENTER
верхняя мертвая точка

TDI TIME DELAY INTEGRATION DEVICE
реле времени; временной автомат

TDMA	TIME-DIVISION MULTIPLE ACCESS коллективный доступ с временным разделением (каналов)
TDRSS	TRACKING AND DATA RELAY SATELLITE SYSTEM спутниковая система слежения и ретрансляции данных
TE	TRAILING EDGE задняя кромка
TEC	TECHNICAL FLIGHT технический полет
TEL	TRANSPORTER-ERECTOR-LAUNCHER транспортно-пусковая установка, ТПУ
TEWS	TACTICAL ELECTRONICS WARFARE SYSTEM тактическая система радиоэлектронной борьбы [РЭБ]
TFE	TURBOFAN ENGINE турбореактивный двухконтурный двигатель, ТРДД
TF/TA	TERRAIN FOLLOWING/TERRAIN AVOIDANCE облет и обход препятствий
TGB	TRANSFER GEARBOX редуктор; передаточный механизм
TGT	TURBINE GAS TEMPERATURE температура газов на турбине
THP	THRUST HORSEPOWER тяговая мощность (в л.с.)
TIG	TUNGSTEN-INERT GAS сварка вольфрамовым электродом в среде инертного газа
TISEO	TARGET IDENTIFICATION SYSTEM ELECTRO-OPTICAL оптико-электронная система опознавания цели
TIT	TURBINE INLET TEMPERATURE температура газов на входе турбины
TK	TRACK ANGLE путевой угол
TKE	TRACK ANGLE ERROR ошибка выдерживания путевого угла; боковое отклонение от курса
TKF	TACTICAL COMBAT AIRCRAFT боевой тактический самолет
TML	TERMINAL узловой аэродром
TMN	TRUE MACH NUMBER истинное число М

TMS	THRUST MANAGEMENT SYSTEM
	система управления вектором тяги
T/O	TAKEOFF
	старт; взлет
TOA	TIME OF ARRIVAL
	время прибытия
TOD	TOP OF DESCENT
	верхняя точка траектории спуска
TODA	TAKE-OFF DISTANCE AVAILABLE
	располагаемая взлетная дистанция
TORA	TAKE-OFF RUN AVAILABLE
	располагаемая длина разбега для взлета
TOW	TUBE-LAUNCHED, OPTICALLY TRACKED, WIRE-GUIDED
	управляемая по проводам противотанковая ракета "Toy"
TPE	TURBOPROP ENGINE
	турбовинтовой двигатель, ТВД
TRAM	TARGET RECOGNITION ATTACK MULTISENSOR
	многодатчиковая подсистема обнаружения цели и управления огнем
TRU	TRANSFORMER-RECTIFIER UNIT
	трансформаторно-выпрямительный блок
TRVL	TRAVEL
	путешествие; поездка
T/S	TURN AND SLIP INDICATOR
	указатель поворота и скольжения
TSO	TIME SINCE OVERHAUL
	наработка после капитального ремонта
TSO	TECHNICAL STANDARD ORDER
	заявка на технический стандарт
TSTMUX	TEST MULTIPLEXER
	испытательный мультиплексер
TSU	TELESCOPIC SIGHT UNIT
	телескопический прицел
TTB	TANKER/TRANSPORT/BOMBER
	заправщик/транспортный самолет/бомбардировщик
TTL	TRANSISTOR-TRANSISTOR LOGIC
	транзисторно-транзисторные логические схемы
TVC	THRUST VECTOR CONTROL
	управление вектором тяги

TVM	TRACK VIA-MISSILE
	командное наведение через бортовую аппаратуру ракеты
TWT	TRAVELING WAVE TUBE
	лампа бегущей волны, ЛБВ

U

UAMS	UPPER ATMOSPHERE MASS SPECTROMETER
	масс-спектрометр для исследования верхних слоев атмосферы
UDMH	UNSYMMETRICAL DIMETHYLHYDRAZINE
	несимметричный диметилгидразин
UFO	UNIDENTIFIED FLYING OBJECT
	неопознанный летающий объект, НЛО
UHF	ULTRA HIGH FREQUENCY
	ультравысокая частота, УВЧ
UIC	UPPER FLIGHT INFORMATION CENTER
	центр полетной информации для верхнего района (полетов)
UIR	UPPER INFORMATION REGION
	верхний район (полетной) информации
ULM	ULTRA LIGHT MOTORISED
	сверхлегкий летательный аппарат, СЛА
U/S	UNSERVICEABLE
	не пригодный к эксплуатации; неисправный
USAF	US AIR FORCE
	ВВС США
USB	UPPER SURFACE BLOWING
	сдув пограничного слоя с верхней поверхности крыла
USTOL	ULTRA SHORT TAKEOFF AND LANDING
	взлет и посадка с очень коротким разбегом и пробегом
UTTAS	UTILITY TACTICAL TRANSPORT AIRCRAFT SYSTEM
	многоцелевой военно-транспортный вертолет

V

VAP	VISUAL AIDS PANEL
	визуальный пульт управления
VAP	VISUAL APPROACH
	визуальный заход на посадку

VAR	VISUAL AURAL RANGE
	визуально-звуковой (радио)маяк
VAS	VISUAL AUGMENTATION SYSTEM
	система увеличения изображения
VASIS	VISUAL APPROACH SLOPE INDICATOR SYSTEM
	система визуальной индикации глиссады
VAST	VERSATILE AVIONICS SHOP TESTER
	универсальная контрольно-измерительная установка для проверки и ремонта бортового радиоэлектронного оборудования
VBV	VARIABLE BYPASS VALVE
	регулируемый перепускной клапан
Vc	DESIGN CRUISING SPEED
	расчетная крейсерская скорость
VD	DESIGN DIVING SPEED
	расчетная скорость пикирования
VDT	VIDEO DISPLAY TERMINAL
	видеоиндикаторное устройство, видеотерминал
VF	VOICE FREQUENCY
	звуковая частота; диапазон звуковых частот
VF	FLAP LIMITING SPEED
	предельная скорость отклонения закрылка
VFR	VISIBILITY FLYING RULES
	правила визуального полета, ПВП
VFR	VISUAL FLIGHT RULES or VIEW FLIGHT RULES
	правила визуального полета
VIMD	SPEED FOR MINIMUM DRAG
	скорость при минимальном лобовом сопротивлении
VIMP	SPEED FOR MINIMUM POWER
	скорость при минимальной тяге
VG	VERTICAL GYRO
	гировертикаль
VHF	VERY HIGH FREQUENCY
	очень высокая частота, ОВЧ
VHRR	VERY HIGH RESOLUTION RADIOMETER
	радиометр с очень высокой разрешающей способностью
VHSIC	VERY HIGH SPEED INTEGRATED CIRCUIT
	сверхбыстродействующая интегральная схема

VIP	VIDEO INTEGRATOR AND PROCESSOR
	устройство объединения и обработки информации
VIP	VERY IMPORTANT PASSENGER
	очень важный пассажир
VIP	VERY IMPORTANT PERSON
	очень важная персона
VLBI	VERY LONG BASELINE INTERFEROMETRY
	интерферометр со сверхдлинной базой
VLF	VECTORED-LIFT FIGHTER
	истребитель с изменяемым вектором подъемной силы
VLF	VERY LOW FREQUENCY
	очень низкая частота, ОНЧ
VLO	VELOCITY LANDING GEAR OPERATION
	скорость выпуска шасси
VLSI	VERY LARGE SCALE INTEGRATION
	сверхбольшая интегральная схема, СБИС; интеграция очень высокого уровня
VMC	VISUAL METEOROLOGICAL CONDITIONS
	визуальные метеорологические условия, ВМУ
VNAV	VERTICAL NAVIGATION
	навигация в вертикальной плоскости, вертикальная аэронавигация
VOIR	VENUS ORBITING IMAGING RADAR
	радиолокационная станция космического аппарата для получения изображения Венеры
VOL	VOLUME
	объём; громкость
VOR	VISUAL OMNIRANGE
	всенаправленный маяк
VPD	VERTICALLY POLARIZED DIPOLE
	вертикально поляризованный диполь
VPI	VAPOR PHASE INHIBITOR
	летучий [парофазный] ингибитор
VRB	VHF RECOVERY BEACON
	аварийно-спасательный маяк ОВЧ диапазона
VRBM	VARIABLE RANGE BALLISTIC MISSILE
	баллистическая ракета переменной дальности
VSD	VERTICAL SITUATION DISPLAY
	устройство отображения обстановки в вертикальной плоскости

VSI	VERTICAL SPEED INDICATOR указатель скорости набора высоты
VSS	VECTOR SCORING SYSTEM векторная система определения промаха
V/STOL	VERTICAL/SHORT-TAKEOFF-AND-LANDING вертикальный и короткий взлет и посадка
VSV	VARIABLE STATOR VANES регулируемые лопатки статора
VTK	VERTICAL TRACK DEVIATION отклонение траектории по вертикали
VTO	VERTICAL TAKE-OFF вертикальный старт [взлет]
VTOL	VERTICAL-TAKEOFF-AND-LANDING вертикальные взлет [старт] и посадка

W

WAAS	WIDE AREA ACTIVE SURVEILLANCE SYSTEM активная система наблюдения с широким полем обзора
WAT	WEIGHT-ALTITUDE-TEMPERATURE зависимость "масса (самолета) - высота (аэродрома) - температура (воздуха)"
WDM	WIRING DIAGRAM MANUAL монтажная схема с разводкой проводов
WGHT	WEIGHT масса; вес
WIDE	WIDE-ANGLE INFINITY DISPLAY EQUIPMENT широкоугольное оборудование для отображения бесконечно удаленных объектов
WL	WATERLINE ватерлиния
WMCU	WATER/METHANOL CONTROL UNIT устройство контроля состава спирто-водяной смеси
WND	WIND ветер
WOWS	WIRE OBSTACLE WARNING SYSTEM система предупреждения о приближении к линиям электропередач

WPT	WAYPOINT
	точка маршрута
WS	WING STATION
	узел подвески на крыле
WT	WEIGHT
	вес; масса
WT	WIRELESS TELEGRAPHY
	радиотелеграфия

Y

Y/D	YAW DAMPER
	демпфер рыскания
YIG	YTTRIUM-IRON GARNET
	железоиттриевый гранат

Z

ZFW	ZERO FUEL WEIGHT
	масса (самолета) без топлива

Impression par

FRANCE QUERCY
IMPRIMERIE
CAHORS

N° d'impression : 40769 FF - Dépôt légal : mai 1994